生态环境监测技术培训教程

刘德全　张雪容　编著

中国环境出版集团 · 北京

图书在版编目（CIP）数据

生态环境监测技术培训教程 / 刘德全，张雪容编著
. —北京：中国环境出版集团，2023.12（2024.8 重印）
ISBN 978-7-5111-5699-0

Ⅰ. ①生…　Ⅱ. ①刘…②张…　Ⅲ. ①生态环境—环境监测—中国—技术培训—教材　Ⅳ. ① X835

中国国家版本馆 CIP 数据核字（2023）第 232168 号

责任编辑　曲　婷
封面设计　彭　杉

出版发行　中国环境出版集团
（100062　北京市东城区广渠门内大街 16 号）
网　　址：http：//www.cesp.com.cn.
电子邮箱：bjgl@cesp.com.cn.
联系电话：010-67112765（编辑管理部）
010-67112736（第五分社）
发行热线：010-67125803，010-67113405（传真）

印　　刷　玖龙（天津）印刷有限公司
经　　销　各地新华书店
版　　次　2023 年 12 月第 1 版
印　　次　2024 年 8 月第 2 次印刷
开　　本　787×1092　1/16
印　　张　43.5
字　　数　800 千字
定　　价　170.00 元

《生态环境监测技术培训教程》编著人员名单

技术顾问 陈春贻　刘　军

主　　编 刘德全　张雪容

副 主 编 高缨红　龙晓娟　高裕雯　柯钊跃　杨万斌　徐小静　张秋华

编　　委（按姓氏笔画排序）

王伟民　叶　欣　叶　珊　刘　莎　许　旺
李　勇　李茂亿　李海啸　杨玉敏　余欣繁
谷铁安　张　力　张　旭　张晓淳　陈弘丽
陈沛江　陈海坚　林玉君　周志洪　孟庆华
贾成俊　黄　昇　康玉芬　彭　虹　彭　倩
蒋冰艳　舒　保　谢小东　谢志宜　谢宏琴
解光武　翟宇红　樊丽妃　潘晓峰

序

2019年10月，生态环境部等六部委联合举办了“第二届全国生态环境监测专业技术人员大比武”活动（以下简称“大比武”），广东代表队在大比武中拿到了全部4个奖项的第一，包括生态环境监测综合比武团体第一名和个人第一名。这一优异成绩的背后，充分展现了广东省生态环境监测人员科学严谨的高超技能和积极拼搏的精神风貌。为进一步总结第二届大比武经验成果，发挥好“千里眼”“顺风耳”的作用，编著组精心筹划，组织一批广东省技术骨干，提炼生态环境监测的知识重点和操作要点，追踪最新监测技术标准，融入编者多年生态环境监测工作的实践经验，经过3年时间的打磨，集腋成裘、披沙拣金，编著了一本知识内容广泛、贴近现阶段监测工作实际的生态环境监测技术培训教程。谨此，对参加本书编撰出版付出辛勤汗水和智慧的人员表示衷心的感谢。

本书密切结合当前环境监测实际，以环境监测全过程为脉络，分六部分系统全面地介绍环境监测技术知识。第一部分为生态环境监测入门概要，论述了我国生态环境监测发展历程以及当前新的监测领域与技术，介绍了生态环境监测入门基础知识，让读者能一览生态环境监测全貌；第二部分为生态环境现场监测技术，覆盖水和废水、地下水、空气和废气、土壤、固体废物、噪声和海洋等领域，从布点到现场监测，再到样品采集、运输和保存，辅以实际工作案例，旨在使读者能了解和掌握现场监测的基本技能，快速投入实际工作中；第三部分为生态环境实验室分析技术，包括常规分析技术、重金属分析技术、有机污染物分析技术和生物分析技术，从概述到分析技术再到常用分析方法解析，深入浅出，理论结合实际，力图让读者对生态环境监测分析技术与方法有一个全面的掌握，同时融入当前环境监测前沿热点，介绍了新污染物分析技术；第四部分为生态环境其他监测技术，包括自动监测、应急监测和生态质量监测，介绍了相关基础知识以及如何开展该类工作，尤其是让读者初步了解生态质量监测；第五部分为生态环境监测质量管理与质量控制，介绍质量管理体系各要素，以及环境监测各环节的质量控制措施，并收集了检测机构现场评审和监督检查中发现的问题，作为案例分享；第六部分为生态环境综合评价，介绍了环境质量和污染源排放中各领域的评价依据和评价方法。

本书对环境监测各领域各环节的基础知识、基本技能进行了全面阐述，对在监测管理和技术工作中遇到的重点和难点问题进行了详细解答，同时分享了大量实际应用案例，具有很强的科学性、针对性和指导性。相信这本培训教程的出版，将会更好地指导全国环境监测培训工作，进一步提高环境监测技术人员的管理和业务技术能力，促进全国环境监测工作整体水平的提升，为保障生态环境监测数据质量，打赢打好污染防治攻坚战作出贡献。

由于编者的水平和经验有限，书中难免存在疏漏和错误之处，敬请同行专家和广大读者批评指正。

2023 年 10 月

目 录

第一部分　生态环境监测入门概要

第二部分　生态环境现场监测技术

第三部分　生态环境实验室分析技术

第四部分　生态环境其他监测技术

第五部分 生态环境监测质量管理与质量控制

第六部分 生态环境综合评价

第一部分
生态环境监测入门概要

第一章　绪　论

第一节　生态环境监测发展历程

1.1　背景与历程

环境监测是在19世纪末由英美等发达国家首先开展的，至今已有100多年历史。早在20世纪50年代初期，我国一些政府部门和行业就开始对环境中某些污染物质进行分析。例如，水利、地质部门对地下水、地表水进行水化学的常规项目测定；卫生部门对大气、饮用水和作业现场进行调查和测定。1972年6月，国务院批转的《国家计委、国家建委关于官厅水库污染情况和解决意见的报告》提出，由卫生部负责提出建立全国“三废”监测检验系统的规划，拟定必要的监测检验制度。1973年，《关于保护和改善环境的若干规定（试行草案）》就“认真开展环境监测工作”作出专门规定，要求“以现有卫生系统的卫生防疫单位为基础”担负起监测任务，并规定了环境监测机构的职责。《环境保护规划要点和主要措施》则提出了“到一九八〇年，全国基本形成健全的环境监测系统”的目标。党的十一届三中全会以后，以环境保护部门的监测站为中心的环境监测网络开始形成。1978年，中共中央批转的《环境保护工作汇报要点》对“加强环境监测工作”提出了一系列重要措施，要求“国务院环境保护部门设立全国环境监测总站，并加强同卫生、水利、农林、水产、气象、地质、海洋、交通、商业、工业等部门的协作，合理分工，密切配合，组成全国的环境监测网络”。1979年，《中华人民共和国环境保护法（试行）》将“统一组织环境监测，调查和掌握全国环境状况和发展趋势，提出改善措施”作为国务院设立的环境保护机构的一项主要职责。为了更好地组织、推进环境监测工作，城乡建设环境保护部于1983年7月颁发了《全国环境监测管理条例》，对环境监测的任务、机构的职责与职能、监测站的管理、环境监测网、报告制度等作出明确规定。1988年7月，环保工作从城乡建设部分离出来，成立独立的国家环境保护局。此后在1998年、2008年，国家环保机构又发生两次大的改革。1998年，国家环境保护局升格为国家环境保护总局；2008年，升格为环境保护部，成为国务院组成部门；2018年，成立生态环境部。其中，生态环境部职能中规定：制定生态环境监测制度和规范、拟订相关标准并监督实施；会同有关部门统一规划生态环境质量监测站点设置，组织实施生态环境质量监测、污染源监督性监测、温室气体减排监测、应急监测；组织对生态环境质量状况进行调查评价、预警预测，组织建设和管理国家生态环境监测网和全国生态环境信息网；建立和实行生态环境质量公告制度，统一发布国家生态环境综合性报告和重大生态环境信息。从职能来看，生态环境监测工作是我国生态环境保护事业的重要组成部分。

1.2　生态环境监测定义

目前，在相关的国家生态环境法律法规中并没有直接定义生态环境监测，由于国家的生态环境监测管理办法迟迟没有出台，也导致延迟了生态环境监测定义的面世。国家市场监督管理总局、生态环境部在《检验检测机构资质认定　生态环境监测机构评审补充要求》中对生态环境监测进行了定义：第二条　本补充要求所称生态环境监测，是指运用化学、物理、生物等技术手段，针对水和废水、环境空气和废气、海水、土壤、沉积物、固体废物、生物、噪声、振动、辐射等要素开展环境质量和污染排放的监测（检测）活动。但该概念中显然没有包含关于原生态监测的定义；《生态环境监测规划纲要（2020—2035年）》也对生态环境监测进行了定义：生态环境监测是指按照山水林田湖草系统观的要求，以准确、及时、全面反映生态环境状况及其变化趋势为目的而开展的监测活动，包括环境质量、污染源和生态状况监测。其中，环境质量监测以掌握环境质量状况及其变化趋势为目的，涵盖大气、地表水、地下水、海洋、土壤、辐射、噪声、温室气体等全部环境要素；污染源监测以掌握污染排放状况及其变化趋势为目的，涵盖固定源、移动源、面源等全部排放源；生态状况监测以掌握生态系统数量、质量、结构和服务功能的时空格局及其变化趋势为目的，涵盖森林、草原、湿地、荒漠、水体、农田、城乡、海洋等全部典型生态系统。环境质量监测、污染源监测和生态状况监测三者之间相互关联、相互影响、相互作用。不过在后来的《区域生态质量评价办法（试行）》中，将上述定义中的“生态状况监测”转变为“生态质量监测”。

第二节　生态环境监测展望与趋势

近十年来生态环境监测经历了快速的发展时期，监测领域不断有新的拓展，新的监测技术也层出不穷。下面将分别对新的监测领域与新的监测技术进行描述。

2.1　新的监测领域

2.1.1　“十三五”期间

“十三五”期间，国家的重点监测领域主要包括黑臭水体监测、小型化水质多参数自动监测、海洋监测、VOCs 监测、恶臭气体监测、土壤环境监测、固定污染源重金属监测和大气传输通道城市监测等方面。

黑臭水体监测：国家对城镇环境治理力度不断加大，黑臭水体治理产业发展前景巨大，必然会拉动黑臭水体水质监测领域快速发展。

小型化水质多参数自动监测：随着生态环境监测网络的发展和水质网格化监测的推广，水环境自动监测站需要进行更密集的布点，以满足污染溯源、水质预警、河长考核等大数据应用需求。小型化水质多参数自动监测系统与固定站房式水站相比具有占地面积小、无须征地、安装灵活、建设周期短、投资少、成本低等优势，成为水质监测产品热点。

海洋监测：海洋监测装备技术的发展势必紧跟国家海洋强国战略需求，将现代信息技术与海洋装备、海洋活动深度结合。长期、定点、连续的多要素同步测量技术是研究海洋环境变化规律和实现目标监测警戒的重点。

VOCs 监测：2018 年，《中华人民共和国环境保护税法》实施，虽然应税污染物种类中并没有列出 VOCs，但苯、甲苯等类型的 VOCs 物质已经被纳入征税范围，预计未来还有更多的挥发性有机物被纳入应税范围。此外，第二次全国污染源普查工作也在加速推进。政策刺激之下，空气站和污染源 VOCs 监测需求有望加速释放。

恶臭气体监测：随着人们对美好生活环境要求的提高和恶臭等有毒有害气体监测技术的不断发展，以恶臭气体环境污染监测为创新创业的切入点，用电子方法替代人工方法精准确定恶臭的成分，从而使得对恶臭气体的在线监测在将来成为行业热点。

土壤环境监测：加大 ICP-MS 法等痕量和超痕量分析技术应用以提升土壤环境监测的精确度；现场快速分析技术也将得到广泛运用。

固定污染源重金属监测：随着全国重金属环境监测体系建设的推进，相关企业安装重金属监测设施的需求将增加。

大气传输通道城市监测：加大走航监测、激光雷达监测、尘沙遥感监测等技术的应用。

2.1.2 “十四五”期间

“十四五”期间，国家重点监测的领域包括碳监测、生态质量监测、水生态监测、多领域协同监测预测预警技术、智慧监测等其他新技术应用领域。

碳监测：加快推动大气碳监测相关卫星研制发射，统筹运用现有遥感监测资源，提高天空地海一体化碳监测水平。开展全球 - 区域 - 点源等多尺度甲烷浓度及排放量遥感估算方法研究，形成星地协同甲烷浓度监测、异常泄漏识别及应急响应监测能力。构建温室气体监测技术体系，加强主要温室气体及其同位素监测分析技术研究，建立涵盖排放源和环境空气温室气体的自动监测设备技术要求及检测方法。完善温室气体监测质量控制和量值传递 / 溯源体系，联合开展标准气体研制，保障监测数据等效可比。

生态质量监测：是指利用物理、化学、生化、生态学等技术手段，对生态环境中的各个要素、生物与环境之间的相互关系、生态系统结构和功能进行监控和测试。生态质量监测不同于环境质量监测，生态学的理论及检测技术决定了它具有以下几个特点：①综合性：生态监测是对个体生态、群落生态及相关的环境因素进行监测，涉及农、林、牧、副、渔、工等各个生产领域。②长期性：由于许多自然和人为活动对生态系统的影响都是一个复杂而长期的过程，只有通过长期的监测和多学科综合研究，才能揭示生态系统变化的过程、趋势及后果，从而为解决这些变化造成的各种问题提供科学有效的途径。③复杂性：生态系统是一个具有复杂结构和功能的系统，系统内部具有负反馈的自我调节机制，对外界干扰具有一定的调节能力和时滞性。人为活动与自然干扰都会对生态系统产生影响。这两种影响常常很难被准确区分，这给监测及数据解释带来了较大困难。④分散性：生态质量监测平台或生态监测站的设置相隔较远，监测网络的分散性很大。同时由于生态过程的缓慢性，生态监测的时间跨度也很大，所以通常采取周期性的间断监测。⑤具有独特的时空尺度：根据生态质量监测的监测对象和内容，生态质量监测可分为宏观生态监测和微观生态监测。任何一个生态监测都应从两个尺度上进行，即宏观监测以微观监测为基础，微观监测以宏观监测为主导。生态监测的宏观、微观尺度不能相互替代，二者相互补充才能真正反映生态系统在人为影响下的生物学反应。生态质量监测网中的"点"即为生态监测样地，以反映生态质量整体状况评估和生态保护修复成效评估为目标，依据我国地形地貌、气候水文、生态类型、土地利用现状及变化以及交通条件等，参考生态样地监测技术规范，基于最邻近点指数法和面积指数法优化，在全国布设 2.3 万个样地，监测生态系统群落结构和关键物种组成。生态质量监测涉及生物、地理、环境、生态、物理、化学、计算机等诸多学科，是多学科交叉的综合性监测技术，包括地面、航空、卫星。

水生态监测：指通过对水生生物、水文要素、水环境质量等的监测和数据收集，分析评价水生态的现状和变化，为水生态系统保护与修复提供依据的活动，它是理化监测方法的重要补充，在水环境监测和评估过程中起着十分重要的作用。

多领域协同监测预测预警技术：基于大规模计算和模拟仿真技术，实现人、机、物高度互联，综合考虑大气、海洋、生物、固体地球的相互作用，开展交通、水利、通信、卫生、电力、防恐和社会舆情等多行业领域协同的系统化监测预测预警，以实现监测微观化、泛在化、综合化，预测标准化、规范化、智能化，预警自动化、网络化、精准化，监测预测预警自动化、智能化、一体化。

智慧监测：国家建立高智能化监测创新平台，积极培育以自动感知为核心的生态环境高端服务，支撑科学治污、精准治污。建立互联共享的智慧汇集"新机制"。完善监测数据共享和合作开发机制，多部门联合制定监测数据共享制度及清单，推动能源、交通、农业、林业、水利、气象等数据与智慧监测平台真正实现共享。制定统一的数据标准规范，推动各级数据互联互通。

其他新技术应用领域：①目前最有代表性的是实验室自动化与智能化。实验室智能化是一个系统工程。实验室自动化不仅是动作执行层面的操作，它应该是涉及样本流、信息流、操作流的全方位系统工程，不仅要完成对实验仪器的操作，更要对实验仪器产生的结果或实验流程的数据结果进行整合处理。②开展持久性有机污染物、环境内分泌干扰物、全氟化合物等重点管控新污染物调查监测试点。③开展 VOCs 组分、氮氧化物、紫外辐射强度等光化学监测。④建立海洋生态监测网络，加强河口、海湾、珊瑚礁、海草床等典型海洋生态系统和滨海湿地、红树林等重要海洋生物栖息地监测，开展海洋领域环境 DNA 监测试点。⑤围绕国际热点环境问题和新兴海洋环境问题，在近岸、近海重点断面开展海洋垃圾和微塑料监测，在重点区域开展海水低氧、海洋酸化监测，探索开展温室气体“海—气”交换通量监测。

2.2 新的监测技术

国家持续加大了对环境监测技术的开发应用扶持力度，鼓励推进人工智能、5G通信、生物科技、超级计算、精密制造等高新技术在生态环境监测领域的应用，加大集成化、自动化、智能化、小型化监测装备研发与推广力度，加强遥感遥测、便携式现场快速监测、全自动实验室等设备技术验证，促进监测技术与业务的革命性创新，实现更科学、更精准、更全面、更快速。推动开展颗粒物、VOCs、氨等直读式监测设备、重金属大气污染物排放监测设备、土壤监测设备的研发，推动便携式监测仪器应用于生态环境执法监管。强化生态环境监测首台（套）重大技术装备示范应用，加快形成一批拥有自主知识产权的高端精密监测装备和关键核心部件。

环境监测技术主要由光学、电子、信息、材料、生物等众多学科交叉融合而成，在相关领域技术发展突破的基础上，气、水、土等单项监测和综合监测技术水平得到迅速提升，从而产生各类新的环境监测技术。目前环境监测技术主要集中于光谱、色谱、质谱、遥感等领域，同时智能监测、生物传感、傅里叶红外（FTIR）、激光雷达（LIDAR）、激光诱导击穿光谱（LIBS）、无人机遥测、卫星遥感等新的技术也相继涌现。环境监测领域技术正向灵敏度高、选择性强的分析方向发展，向多监测参数实时、在线、自动化监测以及区域动态遥测方向发展，向环境多要素、大数据综合信息评价技术方向发展。

基于AI算法的大数据融合的数据分析与预警技术：大数据、物联网、AI云计算等新一代信息技术的突破发展，为生态环境信息化、智能化建设注入了新的活力。该技术主要结合智能多元化感知技术、深度挖掘和模型分析、智能管理决策和信息技术等创新，通过大规模的系统应用和大数据服务，使环境管理从粗放型向精细化、精准化转变，从被动响应向主动预见转变，从经验判断向大数据科学决策转变，真正形成源头防控、过程监管、综合治理、全民共治的环境管理闭环，从而实现从“数字环保”向“智慧环保”的跨越。

基于新材料与器件的微型智能化环境要素传感技术：新材料、新型器件等领域的技术突破，有望为环境监测技术带来革命性突破或现有仪器性能的极大提升，实现微型化、智能化的环境要素传感监测。例如，基于胶体量子点纳米材料，可以制作微型光谱仪，从而带来基于光谱分析原理的环境监测技术的重大突破。

基于光谱、质谱的环境痕量污染物快速在线监测技术：光谱、质谱技术高端环境监测仪器在解决复杂污染问题、有效控制污染源节能减排、应对环境变化等方面提供有效的技术支撑。近年来，高光谱技术不断应用于水环境的网格化连续监测，实现全水域大范围、持续性监测，水污染事件的快速预警和污染源排查，为水污染溯源及治理提供新的技术和产品。

基于无人机/雷达/卫星遥感的生态环境要素的高分辨率遥测/遥感技术：机载和星载平台的环境污染物遥测/遥感监测技术的重大突破，对于提升大气、水环境遥测/

遥感动态监测，提高环境遥测 / 遥感资源综合应用效能等有重要意义。我国加快推进生态环境监测相关卫星立项、研制、发射及应用，探索商业化运营服务。推动北斗卫星系统导航定位、通信数传等专线服务应用。加强高空平台遥感监测和遥感地面真实性检验技术研究，逐步建立示范站点，探索遥感与地面监测数据互验、关联分析和融合应用。提升全球遥感数据获取和影像处理能力，研发极地、全球陆地和海洋监测产品。近年来，我国在卫星遥感、激光雷达等环境监测技术领域已达到国际先进水平。3S（地理信息系统、全球定位系统和遥感）技术在土壤环境监测中得到应用，能够快速地实现对土壤的采样工作，掌控土壤环境情况。光学遥测技术、气溶胶雷达、单颗粒气溶胶飞行时间质谱仪等获得广泛应用，构建了典型区域大气环境综合立体监测网络。

第二章　生态环境监测入门基础

第一节　监测分类

1.1　监测类别

根据不同的分类规则，目前常按环境要素、功能、目的来进行分类。

1.1.1　按环境要素分类

1.1.1.1　水质环境监测

水质环境监测包括水环境质量监测与污染物排放监测，简称水和废水监测。监测对象包括天然水（江、河、湖、地下水）、各种行业的工业废水和生活污水等。主要监测项目大体可分为两类：一类是反映水质污染的综合指标，如温度、色度、浊度、pH、电导率、悬浮物、溶解氧、化学需氧量和生化需氧量等；另一类是有毒物质，如酚、氰、铅、铬、镉、汞、镍和有机农药、苯并［*a*］芘（BaP）等。另外，还应测定水体的流速和流量。

1.1.1.2　大气环境监测

大气环境监测包括大气环境质量监测与大气污染排放监测，简称空气和废气监测。大气环境质量监测的主要指标包括二氧化硫、二氧化氮、一氧化碳、臭氧、PM_{10}（可吸入颗粒物）、$PM_{2.5}$（细颗粒物），TSP（总悬浮颗粒物）、氮氧化物（NO_x）、铅（Pb）、苯并［*a*］芘，还有各级人民政府根据需要监测的镉、汞、砷、六价铬［Cr（Ⅵ）］、氟化物。我们日常所见的空气质量指数就是由上述前 6 种污染物按标准计算出来的。大气污染物的浓度与气象条件有着密切的关系，在监测大气污染物的同时还需测定风向、风速、气温、气压等气象参数。此外，局部地区还可根据具体情况增加某些特有的监测项目。废气监测的主要指标包括卤化氢、非甲烷总烃等气态污染物和烟尘等颗粒态污染物。

1.1.1.3　土壤环境监测

土壤环境监测是指为了解土壤环境质量状况，以防治土壤污染危害为目的，对土壤污染程度、发展趋势进行的分析测定，包括土壤环境质量的现状调查、区域土壤环境背景值的调查、土壤污染事故调查和污染土壤的动态观测。土壤环境监测一般包括准备、布点、采样、制样、分析测试、评价等步骤，质量控制 / 质量保证贯穿始终。土壤污染主要由两方面因素引起，一是工业废弃物，主要是废水和废渣浸出液污染；二是化肥和农药污染。土壤污染的主要监测项目是对土壤、作物中有害重金属（如铬、铅、镉、汞）及有机农药进行监测。

1.1.1.4　固体废物监测

固体废物监测是对固体废物进行监视和测定的过程。固体废物是指在生产、生活和其他活动过程中产生的丧失原有利用价值或者虽未丧失利用价值但被抛弃或者放弃的固态、半固态和置于容器中的气态的物品、物质以及法律、行政法规规定纳入固体废物管理的物品、物质。

1.1.1.5　噪声监测

噪声监测是指用仪器对噪声源向周围生活环境辐射噪声的测量。噪声的常用监测指标包括：噪声的强度，即声场中的声压；噪声的特征，即声压的各种频率组成成分。噪声测量仪器主要有声级计、频率分析仪、实时分析仪、声强分析仪、噪声级分析仪、噪声剂量计、自动记录仪、磁带记录仪。

1.1.1.6　海洋监测

海洋监测是在设计好的时间和空间内，使用统一的、可比的采样和监测手段，获取海洋环境质量要素和陆源性入海物质资料。海洋监测根据监测介质不同可分为水质监测、沉积物监测、生物生态监测和大气监测；根据海区地理区位来分，可分为近岸海域监测、近海海域监测和远海海域监测。主要监测任务包括海水质量监测，海洋沉积物质量监测，海洋大气污染物沉降监测，河口、海湾、海岛、红树林、珊瑚礁等典型海洋生态系统健康监测，海水浴场监测，海洋垃圾和微塑料监测等。

1.1.1.7　其他监测

振动、辐射等环境污染监测，将不在本书中涉及。

1.1.2　按功能分类

通常按功能分为环境质量监测、污染源监测、生态（质量）监测。

环境质量监测主要监测环境中污染物的分布和浓度，以确定环境质量状况，定时、定点的环境质量监测历史数据，为评价环境质量和环境影响提供依据，为研究污染物迁移转化规律提供基础数据。

污染源监测主要采用各种监测技术确定污染物的排放来源、排放浓度和污染物种类等，为解决污染纠纷、控制污染物排放和评价污染源对环境的影响提供依据。

生态（质量）监测是指利用物理、化学、生化、生态学等技术手段，对生态环境中的各个要素、生物与环境之间的相互关系、生态系统结构（包括生物和群落、生物种群）功能进行监控和测试。通过不断监视自然和人工生态系统及生物圈其他组成部分（外部大气圈、地下水等）的状况，观测与评价生态系统对自然变化及人为变化所做出的反应，是对各类生态系统结构和功能的时空格局的度量，反映人类活动对自然环境变化的影响。

1.1.3　按目的分类

在设置工作流程或程序时，经常以例行（或常规）监测、执法监测、应急监测、自行监测分类。

例行监测：指根据上级生态环境部门下达的环境监测任务所开展的环境监测工作。

执法监测：指配合执法部门开展执法行动的监测工作。

应急监测：指由于突发性环境污染事故所开展的环境监测。

自行监测：指企业按照环境保护法律法规要求，为掌握本单位的污染物排放状况及其对周边环境质量的影响等情况，组织开展的环境监测活动。

第二节 监测程序

开展监测主要包括任务下达、方案编制、采样监测、样品流转、样品分析、报告编制签发、结果报送与归档、质量控制等程序。

2.1 任务下达

监测工作根据不同的任务来源，或由上级生态环境主管部门以年度任务的形式下达，或因临时执法工作的需要下达，也有一些应急任务派发的监测工作，还有一些是由于不同类型单位的委托生成的监测工作。具体来源可以参照监测工作分类。

2.2 方案编制

方案编制包括了监测工作的全过程，对开展监测工作有指导性作用。监测方案编制详见本章第三节，在此不再赘述。

2.3 采样监测

采样监测包括监测前准备和现场采样监测两部分。

在采样监测前，需要根据调查情况制订采样监测计划，并准备满足监测要求的设备耗材。

现场采样监测必须按相关标准规范实施，监测设备在现场使用前后进行相应的性能核查，同步做好现场监测记录。若对工厂企业等排污单位进行现场监测，记录应有被监测单位陪同人员签名确认。

2.4 样品流转

对每一交接环节都要做好记录，保证样品在整个监测过程中质量不变和保管期间不损坏、不丢失、不混淆。

2.5 样品分析

确保样品在有效期内按相关标准规范分析，做好相关的记录，及时提交数据。

2.6 报告编制签发

在规定的时间内按照监测方案内容编写监测报告，经复核、审核后再签发。

2.7　结果报送与归档

报告需及时报送并归档。

2.8　质量控制

质量控制应贯穿监测全过程，包括采样过程、分析过程与报告编写过程等，其中每一过程都要可追溯。

第三节　监测方案编制

3.1　编制目的

生态环境监测从工作环节上由采样监测前准备、现场采样监测、实验室分析测试、监测结果汇总复核审核、监测报告编审签发报送组成；从工作涉及的要素上由人员、设备、试剂耗材、监测方法、设施环境等构成；从内部管理体系上由质量管理、技术管理和行政管理三大体系构成，因此生态环境监测是一项需经历多个环节、涉及多个要素的技术工作。为了保证技术工作主线运行的有效性，行政管理需为技术管理主线提供支持和服务，需将质量管理融入技术管理全过程，为任务委派方或合约方提供具有代表性、准确性、精密性、可比性和完整性的监测结果。任何一项生态环境监测任务，都是一项系统性工作，工作链条长、涉及面广，技术管理、行政管理和质量管理互相关联、互相影响。为了使生态环境监测工作或任务有序开展，在监测工作开展之前，以书面方式明确监测内容（包括监测类别、点位、频次、指标等）、开展时间、结果评判标准、结果用途、结果提交方式等，对监测工作的任务量、时间紧急程度进行全面的评估和判断，以便提前策划，合理调配人员、设备、器材、车辆等资源，优化和明确工程流程和方式，细化各环节工作要求、工作进度、质量控制措施等，以保障监测工作全过程顺利开展，按预期或合同要求提交监测结果或报告。监测方案可作为监测机构内部开展监测工作的指导性文件，也可作为监测任务委派方了解掌握监测工作的安排及落实情况的文件。

3.2　编制原则

编制监测方案时应确保达到任务（合同）约定的要求，监测内容全面完整无遗漏，项目参与人员数量和资质符合要求，监测设备数量和性能符合要求，试剂耗材的种类、数量、性能符合方案中采用的监测方法要求，现场采样、样品流转和保管、样品处置和前处理、样品分析测试全过程符合方法要求，明确外委检测的方式和数据报送等要求，明确监测全过程质量控制方式和要求，明确监测结果报送方式和时间，对工作进度做出合理安排。

3.3 方案的作用

监测方案是开展某项监测任务的作业指导文件，方便任务委派方了解和掌握项目进展，指导监测机构系统有效推进项目的各项监测工作，其主要作用包括但不限于以下几个方面：

（1）监测任务委派方通过监测方案能够清晰地了解到监测任务开展的整体情况，包括监测内容、质量控制、工作进度等，以便掌握监测结果获得的方式和时间。

（2）监测机构负责人通过监测方案可掌握该任务的整体投入和工作成果，包括项目的人力、设备投入，时间及进度安排、监测结果及提交方式等，以便合理安排机构的整体工作。

（3）监测任务项目负责人通过监测方案了解项目的整体安排和人力、物力投入，以便合理安排和调度人员、车辆、设备等资源，保证按期保质保量完成监测任务，提交监测结果。

（4）项目参与人通过监测方案能够清晰地知道自己的工作内容、工作要求、时间安排，以便准确完整地理解和落实监测工作分工，保证按方案要求完成工作任务。

3.4 方案的分类

根据监测工作内容、环节和作用，监测方案可分为总体监测方案、阶段性（专项）监测方案。

（1）总体监测方案

为了对某项监测工作有一个整体安排和部署，以便让相关方了解工作开展情况，用于指导相关人员开展监测工作，需制定总体监测方案。

（2）阶段性（专项）监测方案

为了对各细分环节的工作有更细致详尽的安排，不同环节的工作往往由监测机构内部不同部门来完成。为使方案更有可操作性，在总体监测方案的基础上，可根据监测任务的复杂程度，制定不同工作环节或不同工作内容的细分方案，一般包括现场采样监测方案、实验室分析测试方案、质量控制方案。

现场采样监测方案：对现场采样监测环节的工作进行安排，以此拟订的方案称为现场采样监测方案。工作环节包括从现场采样监测准备开始至返回监测机构驻地，完成样品交接的全过程。

实验室分析测试方案：对实验室分析测试环节的工作进行安排，以此拟订的方案称为实验室分析测试方案。工作环节包括从样品接收至完成实验室内分析测试数据审核，提交测试结果的全过程。

质量控制方案：对监测任务的质量控制提出要求，保证监测结果具有代表性、准确性、精密性、可比性和完整性，以此拟订的方案称为质量控制方案。

对于某项具体的监测任务，可以独立于监测方案拟订配套的质量控制方案，也可以把质量控制的内容融合在监测方案之中，不单独拟订质量控制方案。

通常情况下，简单的监测任务，不单独拟订质量控制方案，较复杂的监测任务，需拟订专门的质量控制方案。

对于特别复杂或新开展的监测任务，必要时可委托独立于监测机构的第三方拟订质量控制方案并实施。

3.5　方案的主要内容

（1）总体监测方案

总体监测方案是为了任务委派方、监测机构的管理者和项目负责人对监测任务有一个整体上的了解，一般由项目负责人组织制定。总体监测方案应包括任务概述、监测内容、任务量、人员安排、设备器材、方法选择、质控措施、安全措施与防护、任务分工与安排、工作进度与时间要求等内容，主要内容包括但不限于以下几个方面：

任务概述：说明任务来源，主要的监测类别和内容，监测结果提交时限、方式等。

监测内容：包括监测点位、监测项目、监测频次、监测方法、工作量。

人员安排：明确项目负责人、参与人员和人员分工，包括采样和现场监测、样品管理、实验室分析测试、报告编审、报告发送和管理人员等。

设备配备：包括采样设备、现场监测设备、实验室分析设备、辅助设备的安排、标准物质的配备和数量。

试剂耗材：包括采样器材、样品盛装容器、固定剂、实验试剂、实验用水等。

现场采样与监测：明确现场采样和监测工作的内容和程序，包括现场核查、点位布设、采样与现场监测技术和质量控制要求，样品处置与运输要求及安排。

样品测试：包括样品制备、样品处理、分析测试、数据处理与审核。

质量控制：质量控制措施及其比例、频次及实施要求，质控结果判定依据和应用。

分包管理：说明是否涉及分包，如果涉及分包，明确分包的方式、分包结果报送方式及要求。

结果评价：明确结果提交方式和时间要求，明确是否需提供不确定度和对结果进行评价。

工作进度：现场采样与监测、室内分析测试的时间安排及进度要求，各监测结果提交时限要求。

安全防护：包括配备的安全设施、制定的安全措施、现场采样与监测安全防护要求、实验室安全注意事项与措施等。

（2）现场采样监测方案

现场采样监测方案一般由现场监测部门根据总体监测方案组织制定，用来指导现场采样监测工作，主要内容应包括人员安排与分组、车辆配备、监测项目及频次、监测点位及数量、监测方法选择、样品处置与运输、现场监测条件、安全防护措施、外部协助与服务（如采样船租用、用电协调）等，主要内容包括但不限于以下几个方面：

人员安排：确定现场采样监测负责人、现场采样监测成员及分组、分工。

车辆安排：根据现场采样监测分组确定车辆、驾驶人员和路线安排。

监测项目：确定监测项目与监测频次、现场监测项目及监测技术要求。

监测点位布设：确定采样监测点位数量及布设位置。

现场采样监测方法：确定现场采样、监测方法及技术要求。

采样监测设备：采样监测设备种类数量及分组安排。

样品管理：明确样品处置与运输保存方式及要求。

现场条件：明确现场监测条件要求及控制措施。

安全防护：明确现场采样监测的安全防护要求及需要采取的防护措施。

外部协助与服务：确定外部协助与服务的方式，事先做好沟通，获得联系方式。例如，地表水采样是否需要租船，废气采样监测时是否需要被测单位提供用电，环境空气采样时是否需要向周边企事业单位或居民借用市电等。

（3）实验室分析测试方案

实验室分析测试方案一般由实验室分析部门根据总体监测方案组织制定，用来指导实验室分析工作分工与安排，主要内容包括各监测指标的分析责任人、数据复核人和审核人、分析设备与辅助设备安排、标准物质与试剂耗材、时间与进度安排、质控措施与比例、数据和结果提交方式、结果异常情况汇报与处理、实验室安全等，主要内容包括但不限于以下几个方面：

人员安排：确定各项目的分析测试人员、复核人员、审核人员。

设备配备：前处理设备、分析测试设备、辅助设备、标准物质种类及数量安排。

试剂耗材：所需试剂耗材的种类及数量。

样品处理：样品前处理、分析测试、数据复审核时间与工作进度安排。

质控措施：各项目采取的质控措施与频次要求。

结果提交：明确实验室测试数据结果提交方式。

结果异常处理；确定实验室分析测试结果异常的处理流程和方式。

安全防护：明确实验室分析测试的安全防护要求及需采取的防护措施。

（4）质量控制方案

质量控制方案一般由质量管理部门根据总体监测方案组织制定，用来指导整个监测过程的质量控制工作，保证监测结果的代表性、准确性、精密性、可比性和完整性，方案的主要内容包括采样监测前、现场采样监测环节、实验室分析环节和数据报告审核环节的质量控制措施，并应在方案中明确实施的责任主体、频次和比例、结果评定依据、质量控制结果不合格的处置等，主要内容包括但不限于以下几个方面：

1）监测前质量控制

试剂耗材：试剂耗材经验收合格，对检测结果有影响的关键试剂耗材需进行技术指标验收并符合要求。

采样器材：采样器材的材质、性能、容量符合方法及规范要求，明确容器清洗要求并每批次进行一定比例的抽检，经抽检合格才能投入使用。

监测设备：计量设备经检定 / 校准并确认符合使用要求，辅助设备经核查性能符合使用要求。

2）现场采样监测环节质量控制

人员：现场采样监测人员持证上岗，对现场采样监测的人员明确要求，如现场采样监测应保证至少 2 名人员同时在场。

设备：设备出入库要求、设备核查与标定要求。

质控措施：明确各项目需采取的质控措施及频次，包括全程序空白（现场空白）、设备空白、现场平行、现场加标样等，必要时开展方法比对、设备比对等。

3）实验室分析环节质量控制

人员：实验室分析人员持证上岗。

校准曲线：明确校准曲线制作与检验要求。

质控措施：明确各项目需采取的质控措施及频次，包括试剂空白、实验室空白、室内平行、标样测试、加标分析等，必要时开展方法比对、设备比对、人员比对、留样复测、外部实验室间比对等。

4）数据报告审核环节质量控制

数据复核审核：数据复核、数据审核人员应具备相应能力并经授权。

报告编制审核：报告审核人员具备相应能力并经授权。

报告签发报送：由具备相应授权签字领域的人员签发，指定人员对报告进行打印盖章发送。

监测方案编制模板参考附录 1。

第二部分 生态环境现场监测技术

第三章　水和废水

第一节　概　述

常规的水和废水监测对象包括地表水、工业废水、生活污水等。地表水和废水对应不同的监测技术规范和评价标准体系。

地表水监测，是为了掌握水环境质量状况和水系中特性指标的动态变化，对水的各种特性指标取样、测定，并记录或发出信号的程序化过程。常用的监测技术规范为《地表水环境质量监测技术规范》（HJ 91.2—2022），评价标准包括《地表水环境质量标准》（GB 3838—2002 ）及专门领域的水质标准，如《农田灌溉水质标准》（GB 5084—2021）、《渔业水质标准》（GB 11607—89）等。

工业废水和生活污水监测，常用的技术规范为《污水监测技术规范》（HJ 91.1—2019），评价标准包括有《污水综合排放标准》（GB 8978—1996）、各地方出台的综合排放标准、各行业水污染物排放标准体系。工业水污染物排放标准是国家污染物排放标准中覆盖较全的一个领域。

水质现场监测，包括水质现场参数的测量和水样采集，在监测方案制订完成后，现场监测人员按照审批后的监测方案，制订详细的采样计划。常规的监测过程包括设备耗材的准备、人员组织、采样时间安排、交通路线制订、现场监测点位确认和布设、监测因子和监测频次的确定、现场参数测量、原始记录填写、样品采集、样品保存和流转，监测过程还应按照要求做好质量控制。

地表水环境质量监测，根据已布设的点位开展监测，在执行地表水监测任务时，现场监测人员须严格按照已经在地图上标识的准确位置开展监测工作。因特殊原因无法开展监测的，需及时报告情况，获得确认后，继续开展或停止监测。

近年来，生态环境部门发布实施了各类排污单位自行监测技术指南、排污许可证申请与核发技术规范、污染源排污口规范化设置导则、排放口标志牌技术规格要求、排放口二维码标识等一系列技术规范。工业废水的现场监测大部分情况下可以在排污单位找到规范的废水排放口。

第二节　点位布设

2.1　地表水

2.1.1　监测断面的布设

监测断面在总体和宏观上须能反映水系或所在区域的水环境质量状况。各断面的具体位置须能反映所在区域环境的污染特征，尽可能以最少的断面获取足够的、有代表性的环境信息，同时还需考虑实际采样时的可行性和方便性。在监测过程中，常用的采样断面有4类，包括：

背景断面：为评价某一完整水系的水质状况，未受或很少受人类生活和生产活动影响，能够反映水环境背景值的监测断面。

对照断面：具体判断某一区域水环境污染程度时，位于该区域所有污染源上游处，能够反映这一区域水环境本底值的监测断面。

控制断面：用来反映水环境受污染程度及其变化情况的监测断面。

削减断面：工业废水或生活污水在水体内流经一定距离而达到最大程度混合，污染物受到稀释、降解，其主要污染物浓度明显降低的断面。

在开展地表水环境质量监测过程中，如河流水系水质监测往往需要监测人员掌握基本点河流监测断面的设置技术规范要求。

河流监测的对照断面，应设置在河流流经本区域大型污染源之前，便于了解该水体在大型污染源汇入之前的水质状况，避开废水、污水流入或回流处。

控制断面应设置在排污区（口）下游，污水与地表水基本混匀处。控制断面的数量、控制断面与排污区（口）的距离可根据以下因素决定：主要污染区数量及其间距、各污染源实际情况、主要污染物迁移转化规律和其他水文特征等。此外，还应考虑对纳污量的控制程度，即各控制断面控制的纳污量应不小于该河段总纳污量的80%。如果某河段的各控制断面均有至少5年的监测资料，可根据现有资料优化断面，确定控制断面的位置和数量。

河口断面应设置在地貌上具备明显河流特征处，宜靠近河口，原则上在最后一个排污区（口）的下游，能反映河流汇入海洋、湖泊或其他河流之前的水质状况。

受潮汐影响的入海潮汐河流，以及流量和水位受潮汐影响的感潮河段，由于受到潮汐影响，监测断面的设置有特殊的要求。潮汐河流监测断面的设置原则与其他河流相同。设有防潮桥闸的潮汐河流，根据需要在桥闸上游设置断面；根据潮汐河流水文特征，潮汐河流的对照断面一般设在潮区界以上。若潮区界在该城市管辖区域之外，则在城市河段上游设置1个对照断面；潮汐河流监测断面应设置在水面退平时可采集到地表水（盐度小于2‰）样品处。当河流水量减少时，若长期在水面退平时不能采集到地表水（盐度小于2‰）样品，则应调整断面。

湖泊和水库监测垂线的设置要求：湖泊和水库通常只设置监测垂线，如有特殊情况可参照河流的有关规定设置监测断面；湖泊和水库的不同水域，如进水区、出水区、深水区、浅水区、湖心区、岸边区等，按水体类别设置监测垂线；湖泊和水库若无明显功能区别，可用网格法均匀设置监测垂线；受污染物影响较大的重要湖泊和水库，应在污染物主要迁移途径上设置控制断面。

在开展应急监测或临时调查监测任务时，现场的各项条件复杂，需要根据实际情况对具体监测断面的采样条件、安全保证、样品采集保障等进行评估，监测人员应按照《地表水环境质量监测技术规范》（HJ 91.2—2022）和现场综合条件设置监测断面。

2.1.2 采样点的布设

江河、渠道监测断面上设置的采样垂线数与各垂线上的采样点的设置应符合表 3-1 和表 3-2 的要求，湖泊、水库监测垂线上采样点的设置应符合表 3-3 的要求。

表 3-1 江河、渠道采样垂线数的设置

水面宽度（b）	垂线数
$b \leqslant 50$ m	1 条（中泓线）
50 m $< b \leqslant 100$ m	2 条（左、右岸有明显水流处）
$b > 100$ m	3 条（左、中、右）

注：1. 垂线布设应避开污染带，监测污染带应另加垂线。
2. 确能证明断面水质均匀时，可仅在中泓线设置垂线。
3. 凡在该断面要计算污染物通量时，应按本表设置垂线。

表 3-2 江河、渠道采样垂线上采样点的设置 *

水深（h）	采样点数
$h \leqslant 5$ m	上层[a]一点
5 m $< h \leqslant 10$ m	上层、下层[b]两点
$h > 10$ m	上层、中层[c]、下层三点

注：* 凡在该断面要计算污染物通量时，应按本表设置采样点。
[a] 水面下或冰下 0.5 m 处。水深不到 0.5 m 时，在 1/2 水深处。
[b] 河底以上 0.5 m 处。
[c] 1/2 水深处。

表 3-3 湖泊、水库监测垂线采样点的设置

水深（h）	采样点数
$h \leqslant 5$ m	一点（水面下 0.5 m 处，水深不足 1 m 时，在 1/2 水深处设置采样点）
5 m $< h \leqslant 10$ m	二点（水面下 0.5 m，水底以上 0.5 m）

续表

水深（h）	采样点数
h>10 m	三点（水面下 0.5 m，中层 1/2 水深处，水底以上 0.5 m）

注：1. 根据监测目的，如需要确定变温层（温度垂直分布梯度≥0.2℃ /m 的区间），可从水面向下每隔 0.5 m 测定并记录水温、溶解氧和 pH，计算水温垂直分布梯度。

2. 湖泊、水库有温度分层现象时，可在变温层增加采样点。

3. 有充分数据证实垂线上水质均匀时，可酌情减少采样点。

4. 受客观条件所限，无法实现底层采样的深水湖泊、水库，可酌情减少采样点。

2.2 废水

在开展废水采样前，监测人员应先了解排污单位的行业类别、排放口、受纳水体等情况，对于不同类别的污染物，需要在不同的位置进行采样。

第一类污染物，指能在水环境或动植物体内蓄积，对人体健康产生长远不良影响的有害物质。《污水综合排放标准》（GB 8978—1996）中规定了 13 种第一类污染物，包括总汞、烷基汞、总镉、总铬、六价铬、总砷、总铅、总镍、苯并［a］芘、总铍、总银、总 α 放射性、总 β 放射性。各地区的地方标准可能在此基础上设置不同的第一类污染物。

第二类污染物，指其长远影响小于第一类污染物的有害物质。

2.2.1 污染物排放监测点位

在污染物排放（控制）标准规定的监控位置设置监测点位。

环境中难以降解或能在动植物体内蓄积，对人体健康和生态环境产生长远不良影响，具有致癌、致畸、致突变作用的第一类污染物监测，根据环境管理要求确定的应在车间或生产设施排放口监控的水污染物，在含有此类水污染物的污水与其他污水混合前的车间或车间预处理设施的出水口设置监测点位。如果含此类水污染物的同种污水实行集中预处理，则车间预处理设施排放口是指集中预处理设施的出水口。如环境管理有要求，还可同时在排污单位的总排放口设置监测点位。

对于其他水污染物，监测点位设在排污单位的总排放口。如环境管理有要求，还可同时在污水集中处理设施的排放口设置监测点位。

2.2.2 污水处理设施处理效率监测点位

监测污水处理设施的整体处理效率时，在各污水进入污水处理设施的进水口和污水处理设施的出水口设置监测点位；监测各污水处理单元的处理效率时，在各污水进入污水处理单元的进水口和污水处理单元的出水口设置监测点位。

第三节　监测因子和频次

3.1　地表水

3.1.1　监测因子

根据监测目的，选择国家和地方地表水环境质量标准中要求控制的监测项目。地表水监测因子按照《地表水环境质量标准》（GB 3838—2002）共有109项（表3-4），环境管理部门根据管理要求，按月、季度、年开展不同监测因子的监测。各地区根据本地区污染源特征和水环境保护功能，以及本地区经济、监测条件和技术水平适当增加监测项目，地表水常见增加的监测项目包括悬浮物、透明度、电导率、叶绿素a、氧化还原电位、浮游藻类等。

表3-4　地表水监测因子

项目类别	监测因子
地表水环境质量标准基本项目	水温、pH、溶解氧、高锰酸盐指数、化学需氧量、五日生化需氧量、氨氮、总磷、总氮、铜、锌、氟化物、硒、砷、汞、镉、六价铬、铅、氰化物、挥发酚、石油类、阴离子表面活性剂、硫化物、粪大肠菌群
集中式生活饮用水地表水水源地补充项目	硫酸盐、氯化物、硝酸盐、铁、锰
集中式生活饮用水地表水水源地特定项目	三氯甲烷、四氯化碳、三溴甲烷、二氯甲烷、1,2-二氯乙烷、环氧氯丙烷、氯乙烯、1,1-二氯乙烯、1,2-二氯乙烯、三氯乙烯、四氯乙烯、氯丁二烯、六氯丁二烯、苯乙烯、甲醛、乙醛、丙烯醛、三氯乙醛、苯、甲苯、乙苯、二甲苯、异丙苯、氯苯、1,2-二氯苯、1,4-二氯苯、三氯苯、四氯苯、六氯苯、硝基苯、二硝基苯、2,4-二硝基甲苯、2,4,6-三硝基甲苯、硝基氯苯、2,4-二硝基氯苯、2,4-二氯苯酚、2,4,6-三氯苯酚、五氯酚、苯胺、联苯胺、丙烯酰胺、丙烯腈、邻苯二甲酸二丁酯、邻苯二甲酸二（2-乙基己基）酯、水合肼、四乙基铅、吡啶、松节油、苦味酸、丁基黄原酸、活性氯、滴滴涕、林丹、环氧七氯、对硫磷、甲基对硫磷、马拉硫磷、乐果、敌敌畏、敌百虫、内吸磷、百菌清、甲萘威、溴氰菊酯、阿特拉津、苯并[*a*]芘、甲基汞、多氯联苯、微囊藻毒素-LR、黄磷、钼、钴、铍、硼、锑、镍、钡、钒、钛、铊

3.1.2　监测频次

确定采样频次的原则，要依据不同的水体功能、水文要素和污染源、污染物排放等实际情况，力求以最低的采样频次，取得最具有时间代表性的样品，既要满足反映水质状况的要求，又要切实可行。

地表水环境质量例行监测一般按月或按季度开展，若月度内断面所处河流因自然原因或人为干扰使其河流特征属性发生较大变化，可开展加密监测。受潮汐影响的监测断面，可分别采集涨潮和退潮水样并测定。涨潮水样应在水面涨平时采样，退潮水样应在水面退平时采样。仅评价地表水环境质量时，可只采集退潮水样。

其他监测目的，如地表水环境调查，可根据调查的目的，设置连续监测 3 d、7 d 等，利用一个周期内的数据更好地评估地表水环境质量的情况。

3.2　废水

3.2.1　监测因子

排污单位的污水监测因子应按照排污许可证、污染物排放（控制）标准、环境影响评价文件及其审批意见、其他相关环境管理规定等明确要求的污染控制项目来确定。其中企业自行监测方案如果已明确了排污单位的废水监测因子和监测频次，应该严格按照已经备案的自行监测方案执行。根据已发布的行业标准，不同行业的废水监测因子参考表 3-5。

表 3-5　废水监测因子

类型	监测因子
畜禽养殖业	化学需氧量、生化需氧量、悬浮物、氨氮、总磷、粪大肠菌群数、蛔虫卵
电镀行业	pH、悬浮物、化学需氧量、氨氮、总氮、总磷、石油类、氟化物、总氰化物、总铬、六价铬、总镍、总镉、总银、总铅、总汞、总铜、总锌、总铁、总铝
农村生活污水	pH、悬浮物、化学需氧量、氨氮、动植物油、总磷、总氮
制浆造纸工业	pH、色度、悬浮物、五日生化需氧量、化学需氧量、氨氮、总氮、总磷、可吸附有机卤素、二噁英
船舶生活污水	pH、悬浮物、化学需氧量、五日生化需氧量、氨氮、总氮、总磷、总氯（总余氯）、耐热大肠菌群数
纺织染整工业	pH、化学需氧量、五日生化需氧量、悬浮物、色度、氨氮、总氮、总磷、二氧化氯、可吸附有机卤素、硫化物、苯胺类、六价铬
钢铁工业	pH、悬浮物、化学需氧量、氨氮、总氮、总磷、石油类、挥发酚、总氰化物、氟化物、总铁、总锌、总铜、总砷、六价铬、总铬、总铅、总镍、总镉、总汞
肉类加工工业	pH、悬浮物、化学需氧量、五日生化需氧量、氨氮、动植物油、大肠菌群数
合成氨工业	pH、悬浮物、化学需氧量、氨氮、总氮、总磷、氰化物、挥发酚、硫化物、石油类
磷肥工业	pH、悬浮物、化学需氧量、氟化物、总磷、总氮、氨氮、总砷
烧碱工业	pH、悬浮物、化学需氧量、石油类、氨氮、总磷、总氮、总钡、活性氯、总镍
聚氯乙烯工业	pH、悬浮物、化学需氧量、五日生化需氧量、石油类、氨氮、总氮、总磷、硫化物、氯乙烯、总汞

续表

类型		监测因子
医疗废水		pH、悬浮物、化学需氧量、五日生化需氧量、氨氮、动植物油、石油类、阴离子表面活性剂、色度、挥发酚、总氰化物、总汞、总镉、总铬、六价铬、总砷、总铅、总银、总α放射性、总β放射性、总余氯、粪大肠菌群数、肠道致病菌、肠道病毒、结核杆菌
危险废物填埋场废水		pH、悬浮物、化学需氧量、五日生化需氧量、总有机碳、氨氮、总氮、总铜、总锌、总钡、氰化物、总磷、氟化物、总汞、烷基汞、总砷、总镉、总铬、六价铬、总铅、总铍、总镍、总银、苯并［*a*］芘
城镇污水处理厂	基本控制项目	pH、色度、悬浮物、化学需氧量、五日生化需氧量、动植物油、石油类、阴离子表面活性剂、氨氮、总氮、总磷、粪大肠菌群数
	部分一类污染物	总汞、烷基汞、总镉、总铬、六价铬、总砷、总铅
	选择控制项目	总镍、总铍、总银、总铜、总锌、总锰、总硒、苯并［*a*］芘、挥发酚、总氰化物、硫化物、甲醛、苯胺类、总硝基化合物、有机磷农药、马拉硫磷、乐果、对硫磷、甲基对硫磷、五氯酚、三氯甲烷、四氯化碳、三氯乙烯、四氯乙烯、苯、甲苯、二甲苯、乙苯、氯苯、1,4- 二氯苯、1,2- 二氯苯、对硝基氯苯、苯酚、间 - 甲酚、2,4- 二氯酚、2,4,6- 三氯酚、邻苯二甲酸二丁酯、邻苯二甲酸二辛酯、丙烯腈、可吸附有机卤化物
柠檬酸工业		pH、色度、悬浮物、化学需氧量、五日生化需氧量、氨氮、总磷、总氮
味精工业		pH、悬浮物、化学需氧量、五日生化需氧量、氨氮
啤酒工业		pH、悬浮物、化学需氧量、五日生化需氧量、氨氮、总磷
皂素工业		pH、色度、悬浮物、化学需氧量、五日生化需氧量、氨氮、总磷、氯化物
煤炭工业	煤炭工业废水	总汞、总镉、总铅、总砷、总锌
	采煤废水	pH、悬浮物、化学需氧量、石油类、总铁、总锰
	选煤废水	pH、悬浮物、化学需氧量、石油类、总铁、总锰
羽绒工业		pH、悬浮物、化学需氧量、五日生化需氧量、氨氮、总氮、总磷、阴离子表面活性剂、动植物油
合成革与人造革工业		pH、色度、悬浮物、化学需氧量、氨氮、总氮、总磷、甲苯、二甲基甲酰胺
发酵类制药工业		pH、色度、悬浮物、化学需氧量、五日生化需氧量、氨氮、总氮、总磷、总有机碳、急性毒性、总锌、总氰化物
化学合成类制药工业		pH、色度、悬浮物、化学需氧量、五日生化需氧量、氨氮、总氮、总磷、总有机碳、急性毒性、总铜、总锌、总氰化物、挥发酚、硫化物、硝基苯类、苯胺类、二氯甲烷、总汞、烷基汞、总镉、六价铬、总砷、总铅、总镍
提取类制药工业		pH、色度、悬浮物、化学需氧量、五日生化需氧量、氨氮、总氮、总磷、总有机碳、急性毒性、动植物油

续表

类型	监测因子
中药类制药工业	pH、色度、悬浮物、化学需氧量、五日生化需氧量、氨氮、总氮、总磷、总有机碳、总氰化物、急性毒性、总汞、总砷
生物工程类制药工业	pH、色度、悬浮物、化学需氧量、五日生化需氧量、氨氮、总氮、总磷、总有机碳、急性毒性、动植物油、挥发酚、甲醛、乙腈、总余氯、粪大肠菌群数
混装制剂类制药工业	pH、悬浮物、化学需氧量、五日生化需氧量、氨氮、总氮、总磷、总有机碳、急性毒性
制糖工业	pH、悬浮物、化学需氧量、五日生化需氧量、氨氮、总氮、总磷
淀粉工业	pH、悬浮物、化学需氧量、五日生化需氧量、氨氮、总氮、总磷、总氰化物
酵母工业	pH、色度、悬浮物、化学需氧量、五日生化需氧量、氨氮、总氮、总磷
油墨工业	pH、色度、悬浮物、化学需氧量、五日生化需氧量、石油类、动植物油类、挥发酚、氨氮、总氮、总磷、苯胺类、总铜、苯、甲苯、乙苯、二甲苯、总有机碳、总汞、烷基汞、总镉、总铬、六价铬、总铅
陶瓷工业	pH、悬浮物、化学需氧量、五日生化需氧量、氨氮、总氮、总磷、石油类、硫化物、氟化物、总铜、总锌、总钡、总镉、总铬、总铅、总镍、总钴、总铍、可吸附有机卤化物
铝工业	pH、悬浮物、化学需氧量、氟化物、氨氮、总氮、总磷、石油类、总氰化物、硫化物、挥发酚
铜、锌工业	pH、悬浮物、化学需氧量、氨氮、总氮、总磷、总锌、总铜、硫化物、氟化物、总铅、总镉、总汞、总砷、总镍、总铬
铜、镍、钴工业	pH、悬浮物、化学需氧量、氨氮、总氮、总磷、总锌、总铜、硫化物、氟化物、总铅、总镉、总汞、总砷、总镍、总铬、石油类
镁、钛工业	pH、悬浮物、化学需氧量、石油类、氨氮、总氮、总磷、总铜、六价铬、总铬
硝酸工业	pH、悬浮物、化学需氧量、氨氮、总氮、总磷、石油类
硫酸工业	pH、悬浮物、化学需氧量、氨氮、总氮、总磷、石油类、硫化物、氟化物、总砷、总铅
稀土工业	pH、悬浮物、化学需氧量、氨氮、总氮、总磷、总锌、氟化物、石油类、总铅、总镉、总砷、总铬、六价铬、钍铀总量
钒工业	pH、悬浮物、化学需氧量、硫化物、氨氮、总氮、总磷、氯化物、石油类、总锌、总铜、总铅、总镉、总砷、总汞、总铬、六价铬、总钒
汽车维修业	pH、悬浮物、化学需氧量、五日生化需氧量、氨氮、总氮、总磷、石油类、阴离子表面活性剂
发酵酒精和白酒工业	pH、色度、悬浮物、化学需氧量、五日生化需氧量、氨氮、总氮、总磷
橡胶制品工业	pH、悬浮物、化学需氧量、五日生化需氧量、氨氮、总氮、总磷、总锌、石油类

续表

类型	监测因子
铁矿采选工业	pH、悬浮物、化学需氧量、氨氮、总氮、总磷、石油类、总锌、总铜、总锰、总硒、硫化物、氟化物、总汞、总镉、总铬、六价铬、总砷、总铅、总镍、总铍、总银
缫丝工业	pH、悬浮物、化学需氧量、五日生化需氧量、氨氮、总氮、总磷、动植物油
毛纺工业	pH、悬浮物、化学需氧量、五日生化需氧量、氨氮、总氮、总磷、动植物油
麻纺工业	pH、色度、悬浮物、化学需氧量、五日生化需氧量、氨氮、总氮、总磷、可吸附有机卤素
电池工业	pH、悬浮物、化学需氧量、氨氮、总氮、总磷、氟化物、总锌、总锰、总汞、总银、总铅、总镉、总镍、总钴
制革及毛皮加工工业	pH、色度、悬浮物、化学需氧量、五日生化需氧量、氨氮、总氮、总磷、硫化物、动植物油、氯离子、总铬、六价铬
锡、锑、汞工业	pH、悬浮物、化学需氧量、氨氮、总氮、总磷、石油类、硫化物、氟化物、总铜、总锌、总锡、总汞、总镉、总铅、总砷、六价铬
石油炼制工业	pH、悬浮物、化学需氧量、五日生化需氧量、氨氮、总氮、总磷、总有机碳、石油类、硫化物、挥发酚、总钒、苯、甲苯、二甲苯、乙苯、总氰化物、苯并[*a*]芘、总铅、总砷、总镍、总汞、烷基汞
石油化学工业	pH、悬浮物、化学需氧量、五日生化需氧量、氨氮、总氮、总磷、总有机碳、石油类、硫化物、氟化物、挥发酚、总钒、总铜、总锌、总氰化物、可吸附有机卤化物、苯并[*a*]芘、总镍、总汞、总镉、总铅、总砷、总铬、六价铬
合成树脂工业	pH、悬浮物、化学需氧量、五日生化需氧量、氨氮、总氮、总磷、总有机碳、可吸附有机卤化物、苯乙烯、丙烯腈、环氧氯丙烷、苯酚、双酚A、乙醛、氟化物、甲醛、总氰化物、丙烯酸、苯、甲苯、乙苯、氯苯、1,4-二氯苯、二氯甲烷、总铅、总镉、总砷、总镍、总汞、烷基汞、总铬、六价铬
无机化学工业	pH、悬浮物、化学需氧量、氨氮、总氮、总磷、总氰化物、石油类、硫化物、氟化物、总铜、总锌、总锰、总钡、总锶、总钴、总钼、总锡、总锑、总汞、总砷、总镉、总铅、六价铬、总银、总铬、总镍、总铊、总α放射性、总β放射性
再生铜、铝、铅、锌工业	pH、悬浮物、化学需氧量、氨氮、总氮、总磷、石油类、硫化物、总铜、总锌、总铅、总砷、总镍、总镉、总铬、总锑、总汞
电子工业	pH、悬浮物、化学需氧量、总有机碳、氨氮、总氮、总磷、总氰化物、石油类、硫化物、氟化物、阴离子表面活性剂、总铜、总锌、总砷、总镉、总铅、六价铬、总铬、总镍、总银

注：各级生态环境主管部门或排污单位可根据本地区水环境质量改善需求、污染源排放特征等条件，增加监测项目。

3.2.2 监测频次

排污单位的排污许可证、相关污染物排放（控制）标准、环境影响评价文件及其审批意见、其他相关环境管理规定等对采样频次有规定的，按规定执行。

如未明确采样频次，按照生产周期确定采样频次。生产周期在 8 h 以内的，采样时间间隔应不小于 2 h；生产周期大于 8 h 的，采样时间间隔应不小于 4 h；每个生产周期内采样频次应不少于 3 次。如无明显生产周期，稳定、连续生产，采样时间间隔应不小于 4 h，每个生产日内采样频次应不少于 3 次。排污单位间歇排放或排放污水的流量、浓度、污染物种类有明显变化的，应在排放周期内增加采样频次。雨水排放口有明显水流动时，可采集一个或多个瞬时水样。

为确认自行监测的采样频次，排污单位也可在正常生产条件下的一个生产周期内进行加密监测，周期在 8 h 以内的，每小时采 1 次样；周期大于 8 h 的，每 2 h 采 1 次样；但每个生产周期采样次数不少于 3 次；采样的同时测定流量。

第四节 容器选择

常见的水质采样容器包括聚乙烯等材质塑料容器（通常用 P 标识）、硬质玻璃容器（通常用 G 标识），细分则包括溶解氧瓶、不同衬垫瓶盖的玻璃瓶、棕色避光玻璃瓶、无色玻璃瓶、可灭菌瓶、无菌袋、顶空瓶、吹扫瓶以及对应不同容量、不同形状和开口的采样瓶（表 3-6）。采样容器的选择应符合分析方法标准和通用技术规范要求。

表 3-6 常见的采样容器及适用项目

序号	1	2	3	4	5
采样容器	聚乙烯瓶	玻璃瓶	溶解氧瓶	无菌袋	顶空吹扫瓶
图片示例					
适用项目	氟化物、氰化物、碘化物以及部分金属类指标等	油类、挥发酚、大部分有机物和金属类指标等	五日生化需氧量	微生物类	挥发性有机物

随着前处理技术的发展，部分水样采集容器可以在采样后直接安装在设备上进行自动化前处理，减少水样的转移和人员操作的步骤，如石油类和动植物油类的专用采样瓶。

第五节 现场采样监测

5.1 地表水采样监测

目前地表水采样主要依据《地表水环境质量监测技术规范》（HJ 91.2—2022）、《水质 采样技术指导》（HJ 494—2009），包含江河、湖泊、水库和渠道等地表水的监测。采样前需要确定采样负责人，制定采样计划并组织落实，明确监测任务、目的和要求，人员、仪器、时间、安全、不可抗拒因素（如自然灾害情况）不能采样说明等。

采样监测设备：为了采集到代表性样品，便于现场监测人员操作，目前监测前采样器材准备包含采样器、静置容器、样品瓶，水样保存剂和其他所需辅助设备（如低温保存箱、水桶、虹吸采样装置、采样绳、过滤装置、GPS 定位系统、照相机、安全防护用品）。采样器现有表层采样器、深层采样器、自动采样器、石油类采样器等。地表水有现场测定项目需要现场测定仪器，如 pH 计、溶解氧仪、水温计、电导率仪、透明度盘、浊度仪、离心机等。

采样方式：主要有船只采样、桥上采样、涉水采样、无人机、无人船等采样方式。一般情况下，水文参数测定与水质监测同步进行，水文参数包括天气状况、气温、气压、水位、流速、流量等。现场采样发现特殊情况需如实记录并拍照留存，如因特殊情况只能在岸边采集水样、监测断面无水或仅有不连贯积水、潮汐河流受盐度干扰只采集表层水样、河流汇入河口出现倒流现象。

地表水需采集水样量、使用容器瓶和保存方式应符合标准分析方法或《水质 样品的保存和管理技术规定》（HJ 493—2009）的规定。不同的监测项目有不同的采样要求，具体如下：

（1）在同一监测断面分层采样，应自上而下进行。

（2）除特殊要求监测项目，采样器、静置容器和样品瓶在使用前需用水样分别荡洗 2～3 次。

（3）采样时不可搅动水底的沉积物，部分监测项目（如高锰酸盐指数、化学需氧量、氨氮、总磷、总氮等）需将样品自然静置 30 min。

（4）使用虹吸装置时应将进水尖嘴保持插至水样表层 50 mm 以下。

（5）石油类、五日生化需氧量、硫化物、粪大肠菌群、叶绿素 a 等标准分析方法有特殊要求需要单独采样。

（6）采集石油类样品，先破坏可能存在的油膜，使用专门的石油类采样器，在水面下至 30 cm 水深采集柱状水样。

（7）采集五日生化需氧量、硫化物和有机物等项目，水样应注满样品瓶，并使用专用保存容器。

（8）采集溶解态金属水样时，需用孔径为 0.45 μm 的滤膜过滤。

（9）采集总磷水样时，自然静置 30 min 仍有大量可沉降性固体的水样，应重新采样并根据原水浊度选择延长静置时间或离心的方式处理。

（10）采集水样含有明显藻类，水样全部通过孔径为 63 μm 过滤筛后，自然静置 30 min，使用虹吸管取上层水样。

检查核对：采样结束后，需对监测点位置、采集数量、采集样品标签、样品量进行清点检查，确保采样工作完成。

5.2　废水采样监测

目前废水采样主要依据《污水监测技术规范》（HJ 91.1—2019）、《水质　采样技术指导》（HJ 494—2009）及《固定污染源监测　质量保证与质量控制技术规范（试行）》（HJ/T 373—2007）。采样前需制定监测方案，包含监测目的、点位、项目、方法等要求。

采样监测设备：废水采样器材主要是采样器具、样品容器和辅助用品。采样器具可选用聚乙烯、不锈钢、聚四氟乙烯等材质。样品容器可选用硬质玻璃、聚乙烯材质。对于现场监测项目，选择现场测试仪器（如水温计、pH 计等），必要时可准备快速分析设备。辅助用品一般包含保存剂、样品箱、低温保存箱、记录表格、标签、安全防护用品等。

现场监测调查：废水监测前，需对排污单位进行现场监测调查，包括排污单位和监测点位基本信息（排污许可证、监测点排放口设置、排放口编号等），监测期间是否正常生产、生产负荷、污水处理设施处理工艺、污水处理设施运行是否正常及运行负荷、污水排放去向及排放规律等，调查需由排污单位人员确认。

对于排污单位管理，一般对污染物浓度和废水排放量两项进行监管。

流量监测：废水一般以管道或渠道设施排放，对于排污单位流量监测可采用流速计法、浮标法、容积法、溢流堰法、水平衡法、排水系数法、巴氏槽法、浓度法、皮托管测速计法、文丘里测速计法、孔板流量计法、管道量水角尺法、无压管道及明渠流量的测算。目前部分排污单位已安装自动污水流量计，通过计量部门检定或通过验收的，可采用流量计的流量值。

废水采样包含瞬时采样和混合采样两种方式，对于这两种采样方式的选择，需根据排污单位排放规律、排放物标准限值要求、监测目的、监测项目分析标准等要求进行。

采样要求：采样时应去除水面的杂物、垃圾等漂浮物，不可搅动水底部的沉积物；采样前先用水样荡涤采样容器和样品容器 2～3 次，部分监测项目采样前不能荡洗采样器具和样品容器，如动植物油类、石油类、挥发性有机物、微生物等；部分监测项目在不同时间采集的水样不能混合测定，如水温、pH、色度、动植物油类、石油类、生化需氧量、硫化物、挥发性有机物、氰化物、余氯、微生物、放射性等；部分监测项目保存方式不同，须单独采集储存，如动植物油类、石油类、硫化物、挥发酚、氰化物、余氯、微生物等；部分监测项目采集时须注满容器，不留顶上空间，如生化需氧量、挥发性有机物等。

检查核对：采样结束后，对现场记录与实际样品数进行检查核对，如有错误或遗漏，应立即补采或重采。如采样现场未按要求采集到样品，应记录现场情况。

第六节　样品保存与流转

为尽可能地降低水样的物理、化学和生物的变化，必须在采样时针对水样的待测指标及其特性增加措施，并缩短运输时间，尽快将水样送至实验室进行分析。

水样在采集完成后，采集的水样按监测项目标准分析方法规定添加适量保存剂，标准分析方法中没有规定的，按《污水监测技术规范》（HJ 91.1—2019）、《地表水环境质量监测技术规范》（HJ 91.2—2022）、《水质　样品的保存和管理技术规定》（HJ 493—2009）等相关规定执行。水样允许保存的时间与水样的性质、分析的项目、溶液的酸度、贮存容器的材质、比表面积以及存放的温度等多种因素有关，在添加保存剂的过程中，所用器具不可混用，避免交叉污染，同时保存剂的纯度应得到有效保障。

样品保存的基本要求包括抑制微生物作用、减缓化合物或络合物的水解及氧化还原作用、减少组分的挥发和吸附损失，保存方法一般分为冷藏 / 冷冻法和化学法。

6.1　水样的保存

水样从采集到分析这段时间内，由于物理的、化学的、生物的作用会发生不同程度的变化，为了使这种变化降至最小程度，须在采样时对样品加以保护。水样的保存方式应满足项目分析方法和通用技术规范的要求。

6.1.1　冷藏 / 冷冻法

冷藏保存水样：从采集样品后到运输至实验室期间，在 1～5℃冷藏并暗处保存水样，冷藏并不适用于长期保存，对废水的保存时间较短。

冷冻保存水样：-20℃的冷冻温度一般能延长贮存期，但分析挥发性物质不适用冷冻程序。另外，如果样品包含细胞、细菌或微藻类，在冷冻过程中，会破裂、损失细胞组分，同样不适用冷冻。

6.1.2　化学法

加入一些化学试剂可固定水样中的某些待测组分，保存剂可事先加入空瓶中，也可在采样后立即加入水样中。所加入的保存剂不能干扰待测成分的测定，其纯度和等级必须达到分析的要求。所加入的保存剂有可能改变水中组分的化学或物理性质，因此选用保存剂时一定要考虑到对测定项目的影响。例如，待测项目是溶解态物质时，酸化会引起胶体组分和固体的溶解，则必须在过滤后酸化保存。必须要做保存剂的空白试验，特别是对微量元素的检测。要充分考虑加入保存剂所引起待测元素数量的变化。例如，酸类会增加砷、铅、汞的含量。因此，样品中加入保存剂后，应保留做空白试验。

控制溶液 pH：测定金属离子的水样常用硝酸酸化至 pH 为 1～2，既可以防止重金属的水解沉淀，又可以防止金属在器壁表面上的吸附，同时在 pH 为 1～2 的酸性介质中还能抑制生物的活动。用此法保存，大多数金属可稳定数周或数月。测定氰化物的水样需加氢氧化钠调至 pH＞12。测定六价铬的水样应加氢氧化钠调至 pH≈8，因在酸性介质中，六价铬的氧化电位高，易被还原。

加入抑制剂：为了抑制生物作用，可在样品中加入抑制剂。在测酚水样中用磷酸调溶液的 pH，加入硫酸铜以控制苯酚分解菌的活动。

加入氧化剂：水样中痕量汞易被还原，引起汞的挥发性损失，加入硝酸－重铬酸钾溶液可使汞维持在高氧化态，汞的稳定性大为改善。

加入还原剂：测定硫化物的水样，加入抗坏血酸对保存有利。含余氯水样能氧化氰离子，可使酚类、烃类、苯系物氯化生成相应的衍生物。为此，在采样时加入适当的硫代硫酸钠予以还原，除去余氯干扰。

在采集受到潮汐影响的地表水时，应特别注意水样的盐度。在加入保存剂时应考虑到氯离子含量的影响，避免水样在实验室前处理阶段因加入的保存剂的量不合适造成无法准确调 pH。

6.2　水样的运输及交接

水样采集后应尽快送实验室分析，运输前应将容器的外（内）盖盖紧，必要时粘贴封条。装箱时应用泡沫塑料等分隔，以防破损。除防震、避免日光照射外，还应防止沾污。

同一采样点的样品瓶应尽量装在同一个箱子中，如分装在几个箱子内，应做好标识并确保无遗漏，运输前再检查所采水样是否已全部装箱。

现场监测人员与实验室接样人员进行样品交接时，须清点和检查样品，并在交接记录上签字。样品交接记录内容包括交接样品的日期和时间、样品数量和性状、测定项目、保存方式、交样人、接样人等。

第七节　质量控制

水和废水的现场监测质量控制主要包括现场参数测量的质量控制和采样过程的质量控制。

现场参数测量受仪器的影响大，日常应做好仪器的保养维护，可使用仪器比对、与实验室分析比对等方式验证设备的性能和准确性。

水环境质量监测采样器具和污染源监测采样器具应分类标识和分开存放，不得混用。采样前对清洗干净的采样器具进行空白本底抽检，每个采样批次的每种器具至少抽取 3%，检测结果应低于方法检出限或方法规定的限值。对监测质量有影响的试剂耗材使用前应进行抽检，被测目标物检测结果应低于方法检出限或方法规定的限值。

7.1　现场参数测量的质量控制

pH：每批样品测定前应对仪器进行校准，当样品 pH 变化较大或监测场地变化时均应重新校准。每连续测定 20 个样品或每批次（＜20 个样品 / 批）应分析 1 个有证标准样品或标准物质，测定结果应在保证值范围内，否则应重新校准，重新测定该批次样品。每 20 个样品或每批次（≤20 个样品 / 批）应分析 1 个平行样。当 pH 为 6～9 时，允许差为 ±0.1 个 pH 单位；当 pH≤6 或 pH≥9 时，允许差为 ±0.2 个 pH 单位。测定结果取第一次测定值。

水温：测定前需要保证水温计无损坏，能够正常使用，且在校准 / 检定有效期范围内。对于水温计的选择需要根据水深情况、是否为测定表层水温来定。

透明度：测量需要根据地表水水质状况来选择测量方法，目前有两种测量方法：铅字法和塞氏盘法，两种方法均需要经过多次测量读数。透明度盘若使用时间较长，白漆颜色发黄后必须重新涂漆，以保证测量准确性。

电导率：测量时若发现样品中含有粗大悬浮物质、油和脂干扰时，可先测定水样，再测校准物质，以了解干扰情况。若存在干扰，需过滤或萃取水样后再进行电导率结果测定。

氧化还原电位：测定的同时需要测定水温，不同温度下饱和甘汞电极的电极电位会有区别。

7.2 采样过程的质量控制

现场监测应按监测方案选用的项目分析方法要求，采集质量控制样品。一般现场采样的质量控制手段有全程序空白样品和现场平行样品。

全程序空白样品：将实验用水代替实际样品，置于样品容器中并按照与实际样品一致的程序进行测定。一致的程序包括运至采样现场、暴露于现场环境、装入采样瓶中、保存、运输以及所有的分析步骤等。每批次水样应采集不少于 10% 的现场平行样品，样品数量较少时，每批次水样至少做 1 份样品的现场平行样品，与水样一起送实验室分析，空白测定值应满足标准分析方法规定的要求。

现场平行样品：对均匀样品，凡可做平行双样的监测项目应采集现场平行样品，每个采样批次至少采集一个现场平行样品。参考标准分析方法中平行样相对偏差的判定要求，若现场平行样品测定结果差异较大，应查找原因，必要时重新采样。

在同一个采样点采集现场平行样品，同步进行水样前处理、水样分装、保存剂添加、冷藏和冷冻储存等操作步骤。可采用等体积轮流分装方式或使用分样工具同时分装方式。现场平行样品中的一份交付实验室分析，另一份以明码或密码方式交付实验室分析。

第八节　工作案例

以地表水监测为例，列举开展水和废水监测工作时的主要工作流程。在实际落实各个工作环节过程中，由于监测目的、任务的要求、现场条件等各种因素的不同，应根据实际情况做出调整。

8.1　接受监测任务

案例项目的监测目的：为满足生态环境局对某河河口断面水质管理需求，为改善水环境质量、提升水环境要素达标率和科学综合管理提供决策支持，管理部门委托某监测机构对指定断面进行地表水水质监测。

8.2　监测依据

（1）《国家地表水环境质量监测网监测任务作业指导书（试行）》（环办监测函〔2017〕249号）。

（2）《地表水环境质量监测技术规范》（HJ 91.2—2022）。

（3）《水质　样品的保存和管理技术规定》（HJ 493—2009）。

（4）《水质　采样技术指导》（HJ 494—2009）。

（5）《地表水环境质量标准》（GB 3838—2002）。

（6）甲方委托书/协议及相关工作要求文件。

8.3　现场勘察及编制监测方案

8.3.1　现场勘察

监测前需完成现场勘察，为了便于收集罗列点位信息，编制现场勘察信息确认表，内容包括点位名称、点位的地图所在位置经纬度信息、采样位置照片（有明显参照物）、采样位置全景图等，便于与环境管理部门沟通确认，以及采样人员找到正确的位置。当监测点位有异常时及时与委托方确认后再执行监测。现场勘察的点位如表3-7所示。

表3-7　现场勘察点位

序号	采样点位名称	采样点位经纬度	点位图	现场点位照片
1	某河河口	××°××′××.××″N，××°××′××.××″E		

8.3.2　编制监测方案

按照监测方案的内容要求，编制适用于本机构开展工作的监测方案。

监测因子：pH、化学需氧量、五日生化需氧量、氨氮、总磷、总氮、铜（溶解态）、镍（溶解态）、铅（溶解态）、锌（溶解态）、六价铬、粪大肠菌群。

监测时间：当月上旬监测 1 次。

监测项目分析方法按《地表水环境质量标准》（GB 3838—2002）中规定的标准分析方法，分析方法的选用应符合评价要求。评价标准执行《地表水环境质量标准》（GB 3838—2002）中的标准限值。

8.4 采样前准备

仪器设备准备：pH 计（含校准液）、手持 GPS 定位仪、车载冰箱（含减震、分隔固定）、空盒气压表、等速风向仪、温湿度计、虹吸装置、便携式抽滤装置、浊度计、便携式离心机、采水器、水样静置容器（含防尘盖）、拍照录像设备、救生衣、救生绳、交通安全警示装置等。

耗材及其他：地表水专用样品瓶、一次性滴管、一次性手套、水样保存剂、pH 试纸、废弃物品回收袋、样品标签、样品箱封条、采样原始记录、签字笔等。

人员：采样任务组长张某，负责统筹采样的准备、安排、实施等全过程，保证采样和监测过程的规范；采样组员李某、金某负责协助采样组长落实各项采样工作。采样组按照监测方案提前准备仪器设备和耗材，规划好路线和当天行程的安排。特别是时效性短的样品，应该合理安排路程保证样品及时送回，并在送回样品时提前与样品交接人员沟通对接。采样人员应该在采样前熟悉监测方案，避免出现没有按照方案规定的检测方法采样而造成采样无效等问题。

车辆：由于需要野外作业，本次安排 SUV 一辆，司机按照采样组长的要求负责采样的接送，确保行车的安全。司机赵某提前一天收到任务通知，并确认好车辆的状态，保证行程按照组长的规划执行。

8.5 样品采集及现场监测

到达采样监测点位现场，结合现场勘察信息确认表的指引，使用定位仪准确定位并核对周边环境与现场勘察点位的一致性，如果由于天气变化等致使监测点位异常，应及时向部门管理人员汇报。

根据采样位置的现场环境情况，本次监测点位可选择桥上采样或涉水采样。桥上采样可满足现场项目测定的要求，涉水采样现场人员应站在采样点下游，逆流采集水样，避免搅动底部沉积物导致水样污染。

在同一监测断面分层采样时，应自上而下进行，避免不同层次水体混扰。除粪大肠菌群分析方法有特殊要求外，采样器、静置容器和样品瓶在使用前应先用水样分别荡洗 2～3 次。现场按照《水质　pH 值的测定　电极法》（HJ 1147—2020）完成 pH 的监测，测定结果保留小数点后 1 位，并注明样品测定时的温度。

采集的水样倒入静置容器中，保证足够用量，自然静置 30 min。自然静置时使用防尘盖遮挡，避免灰尘污染。

使用虹吸装置取上层不含沉降性固体的水样，移入样品瓶，虹吸装置进水尖嘴应保持插至水样表层 50 mm 以下位置。

不同监测因子，按照技术规范要求选择不同的采样容器、采样量、保存剂。添加保存剂的过程中，所有器具不得混用，避免交叉污染。

正式开始采样时可至少一人操作，另一人辅助采样同时记录相关数据、信息，并汇总地表水监测相关照片。

8.6　样品保存、运输及交接

样品保存：采样完成后，按照监测方案的内容清点本次采样的样品（含质控样）是否满足要求，采样人员相互检查确认后，收拾现场并完成样品的封存。

样品保存的方式，应根据实验室选用的方法做具体的调整，本次检测指标对应的保存要求见表 3-8。

表 3-8　样品保存要求

指标	保存要求
化学需氧量	水样加固定剂后置于 4℃下保存
五日生化需氧量	水样在 0～4℃的暗处运输和保存
氨氮	水样加硫酸使水样酸化至 pH＜2，低温保存
总磷	做好现场前处理，水样加硫酸使水样酸化至 pH≤1 保存
总氮	水样加硫酸使水样 pH 为 1～2，常温保存
可溶性元素	采集后立即用 0.45 μm 滤膜过滤，去初始的滤液 50 mL，用少量滤液清洗采样瓶，收集所需体积的滤液于采样瓶中，加入适量硝酸溶液将酸度调节至 pH＜2
六价铬	非磨口玻璃瓶采样，水样加入氢氧化钠调节 pH 约为 8
粪大肠菌群	无菌瓶采样后在 10℃以下冷藏 6 h 时内送至实验室检测

样品运输：水样运输前，应将采样瓶的外（内）盖盖紧，需要冷藏保存的样品应按照标准要求保存，放置于车载冰箱，并在运输过程中使用带温度数显的冰箱确保冷藏效果。装入车载冰箱使用减震材料分隔固定，以防破损。水样采集后尽快送往实验室。根据采样点的地理位置和各项目标准分析方法允许的保存时间，规划采样送样时间，选用适当的运输方式，以免延误。采样组长及采样员应按照提前做好的规划确保样品的运输时效性和安全性。

样品交接：水样交付实验室时，实验室确认封条为完好后再打开清点样品，核查样品的有效性并填写交接记录表。采样组确保采样记录、样品标签及包装应完整，移交样品时同步移交采样记录，若发现样品异常或处于损坏状态，应如实记录，并尽快采取相关处理措施，必要时重新采样。

8.7　质量控制

全程序空白样：每个采样批次至少采集一个全程序空白样，本批次采集一个。

现场平行样：每个采样批次至少采集一个现场平行样，本批次采集一个。

8.8 安全管理及注意事项

为了保证采样人员安全，现场需合理放置交通安全警示装置，按规范使用救生衣和救生绳，应为外出采样人员购置意外保险。现场用于添加保存剂的滴管、一次性手套等废弃物品需收集密封于废弃物品回收袋，带回实验室存放于指定位置规范流转，避免污染环境。

第四章　地下水

第一节　概　述

从环境保护和污染防治角度上讲，地下水，指赋存于地表以下的饱和含水层的重力水。地下水环境监测是以准确把握地下水环境质量状况和地下水体中污染物的动态分布变化情况为目的开展的监测。地下水水质污染是一个复杂的环境地球化学作用过程，受污染物自身理化性质、水文地质条件、水文地球化学作用、人类活动、土地利用状况等多种因素影响及相互作用，这种干扰加剧了地下水系统的不稳定性，造成了地下水污染的系统复杂性，地下水污染治理工作难度大、耗资高、耗时长。地下水资源保护措施从“先污染，后治理”向“预防为主，防治结合”转变，近些年，我国陆续出台《全国地下水污染防治规划（2011—2020 年）》（环发〔2011〕128 号）《华北平原地下水污染防治工作方案》（环发〔2013〕49 号）和《水污染防治行动计划》（国发〔2015〕17 号），对我国地下水污染防治工作提出了明确的目标和任务。

地下水环境依据《地下水环境监测技术规范》（HJ 164—2020）开展监测，该标准包括环境监测点布设、环境监测井建设与管理、样品采集与保存、监测项目和分析方法、监测数据处理、质量保证和质量控制以及资料整编等方面的要求。地下水环境质量依据《地下水质量标准》（GB/T 14848—2017）进行评价，该标准规定了地下水质量分类、指标及限值，适用于地下水质量调查、监测、评价与管理。

第二节　点位布设

2.1　监测点布设原则

监测点布设应遵循区域、污染源和饮用水水源的代表性，以及层位代表性原则，总体上能反映监测与评价范围内地下水环境质量状况。

2.2　监测点布设方法

2.2.1　区域地下水监测点

根据区域水文地质条件及地下水开发利用情况进行分层监测布点。岩溶区监测点按照地下河系统径流网形状和规模布设，在主管道露头、天窗处、主管道与支管道间的补给、径流区适当布设监测点；在重大或潜在的污染源分布区适当加密地下水监测点；岩溶发育完善、地下河分布复杂的地区，可根据现场情况增加 2～4 个监测点。裂隙发育区的监测点尽量布设在相互连通的裂隙网络上。

2.2.2 地下水饮用水源监测点

地下水饮用水水源监测点布设，以开采层为监测重点。

孔隙水和风化裂隙水：地下水型饮用水水源保护区和补给区面积小于 50 km^2 时，水质监测点不少于 7 个；面积为 50～100 km^2 时，监测点不得少于 10 个；面积大于 100 km^2 时，每增加 25 km^2，监测点至少增加 1 个。

2.2.3 污染源地下水监测点

污染源地下水监测以第一含水层为主，主要有以下几种类别：

工业污染源：在污染源上游合适位置设置 1 个对照点，污染扩散范围设置 3～5 个点，下游和两侧不得少于 1 个点。

农业污染源：农业污染源监测点在农用区地下水流向上游边界布设 1 个对照点，污染扩散区根据农业面源类型，布设点位数。再生水农用区污染扩散监测点布设不少于 6 个，面积大于 100 km^2 时，监测点不少于 20 个，且面积以 100 km^2 为起点，每增加 15 km^2，监测点数量增加 1 个；畜禽养殖场和养殖小区污染扩散监测点不少于 3 个，若养殖场和养殖小区面积大于 1 km^2，在场区内监测点数量增加 2 个；高尔夫球场污染扩散监测点不少于 3 个，高尔夫球场内部监测点不少于 1 个。

第三节 监测因子和频次

地下水监测指标依据《地下水质量标准》（GB/T 14848—2017）选择，分为基础指标和特征指标。

监测项目以常规项目为主，不同地区可在此基础上，根据当地的实际情况选择非常规项目。同时为便于水化学分析审核，还应补充钾、钙、镁、重碳酸根、碳酸根、游离二氧化碳等项目。

监测频次：地下水质量监测每季度至少一次，污染源监测根据需要开展。

第四节 采样设备与容器

4.1 采样器具选择

根据样品检测项目，选择相应的采样设备及容器，具体见表 4-1 和表 4-2。

表 4-1 采样设备选择

检测项目		采样器具							
		敞口定深采样器	闭合定深采样器	气囊泵	蠕动泵	潜水泵	离心泵	惯性泵	气提泵
现场检测	电导率	√	√	√	√	√	√	√	√
	pH	√	√	√	√	√	√	√	√
	碱度	√	√	√	√	√	√	√	×
	氧化还原电位	√	√	√	√	○	○	√	×
无机组分检测	主量离子	√	√	√	√	√	√	√	√（亚硝酸根除外）
	痕量金属	√	√	√	√	√	√	√	×
有机组分检测	非挥发性有机物	√	√	√	√	√	√	√	√
	挥发性有机物（VOCs）	×	√	√	√	○	×	×	×
	半挥发性有机物（SVOCs）	×	√	√	√	○	×	×	×
	总有机碳（TOC）	√	√	√	√	○	×	×	×
	总有机卤（TOX）	×	√	√	√	○	×	×	×
微生物指标		√	√	√	√	√	√	√	√
溶解气体		×	√	√	√	√	×	×	×
水中氢氧同位素		√	√	√	√	√	√	√	√

注：√—适用；×—不适用；○—在排水口安装有流量控制阀时可用。

表 4-2 采样容器材料选择

适合检测项目	取样器具本体及抽水管材质
标准涉及的项目	含氟聚合物：常用聚四氟乙烯（PTFE）
除有机物外的检测项目	热性塑料：聚氯乙烯（PVC/UPVC/CPVC）、聚乙烯（PE）、交联聚乙烯（PEX）、耐热聚乙烯（PE-RT）、低密度聚乙烯（LDPE）、中密度聚乙烯（MDPE）、高密度聚乙烯（HDPE）、改性聚丙烯（PPH/PPR/PPB）、丙烯腈－苯乙烯－丁二烯共聚物（ABS）、聚丁烯（PB）
	铝塑复合材料（PAP）、增强聚乙烯（RTP）、玻璃钢、陶瓷
	尼龙、硅胶
除痕量金属外的检测项目	铸铁、钢、镀锌钢、不锈钢、铜

4.2 采样器具的使用

4.2.1 可调流量潜水泵

基本原理：潜水泵是泵体和驱动叶轮的电机都潜入水中工作的一种水泵，体积小、扬程高，可选规格（流量、扬程和口径）较多。

适用范围：可调流量潜水泵通过变频器控制电机转速，降低对水体扰动，从而实现流速可控，流量一般在100 mL/min～10 L/min，扬程一般小于200 m；适用于监测井、生活生产和农用灌溉井从特定深度采集大部分监测项目检测用的样品。低流速时可用于油类、挥发性有机物样品的采集。

采样前准备：采样前连接好出水管、变频控制器及潜水泵头等部件，先将泵头放置于规范取水位置（严禁空转泵体造成烧泵），再将变频控制器连接移动电源。

采样：开启电源，通过调节变频器电压大小控制调节潜水泵电机转速，从而实现潜水泵出水流速可调节。采样时，保持低流速运转，不引起水体有较大搅动或水位明显下降，实现低流速、低扰动的采样方式。

4.2.2 气囊泵

基本原理：气囊泵采用塑料瓶挤水原理设计。当把气囊泵放入采样井水中时，在静水压力的作用下，水通过在底部的止回阀进入泵体，气囊泵充满时，止回阀关闭。通过空压机注入的气体进入泵体和气囊外壁之间的空间，挤压气囊使水上升到管线，在顶部的止回阀使进入管线的水不能回流，释放气体，气囊再次充水。以同样的方法重复进行，抽取地下水。

适用范围：气囊泵采样时压缩空气不接触地下水样品，可不受扰动采集具有代表性的样品，适合于采集含有挥发性有机物等样品。使用气囊泵的采样井直径应大于50 mm，采样深度一般小于150 m。

采样前准备：采样前连接好排气管、出水管、气压控制器、空压机和气囊泵头等部件。采样前启动空压机，使空压机产生压缩空气备用。将气囊泵头放至规范取水深度，通过控制器调节泵气压力，气囊泵出水流速跟泵气压力相关，根据经验公式，实现低流速出水下泵气压力计算公式如下：泵气压力（psi）= 泵头放置深度（m）× 1.4 × 1.1，根据经验公式及所需出水流速进行现场调节泵气压力大小。

采样：通过控制器调节泵气与排气的时间，泵气时间即为出水管路出水，根据泵体积及所需出水量设置泵气时间；排气时间即为泵体回水时间，根据泵体放置深度及泵体回水速度设置排气时间。启动控制器，通过加压和排放循环不断重复，即可开始采样。采样时出水管作为采样管，可直接用样品容器接取样品。

4.2.3 蠕动泵

适用范围：蠕动泵属于抽吸扬升取样泵的一种，通过产生真空把地下水抽吸到地表。蠕动泵流量很小，流速可调节，样品不与取样泵的部件接触，可用于采集地下水样品中的挥发性有机物（VOCs）、溶解金属。该泵野外维护和维修方便，可直接在取样时进行样品过滤，最大扬程 8 m，一般抽水量在 120 mL/min～3.5 L/min。

采样前准备：采样前将负极电极夹连接到 12 V 直流电源的负极，正极电极夹连接到 12 V 直流电源的正极，并将硅管长端下入井内。

采样：开启电源，沿顺时针方向转动流速调节旋钮，从硅管一端采集样品。采样时，应保持较低流速，不引起水体较大搅动或水位明显下降。

4.2.4　敞口定深采样器

基本原理：敞口定深采样器是一个在底部装有止回阀（向下移动时打开，向上移动时关闭）的圆筒容器。当采样器沉入水中时，它的口是敞开的，水不停留在采样器中，到达预定深度启动机械装置，关闭采样器底端的阀，取到所需深度的样品。

适用范围：敞口定深采样器直径一般在 50～150 mm，容量在 1～5 L，适合在近水面位置采取样品，尤其适合人工开凿的大口井采样。

采样前准备：采样前首先用有深度记号的绳索连接好采样器，然后下入井水中预订深度。

采样：提出采样器，采集上来的样品应立即转至样品容器中。

4.2.5　闭合定深采样器

基本原理：闭合定深采样器是一种能采集不同深度样品的采样器。这类采样器一般为排空式设计，由两端开口并带有启闭阀门控制装置的圆筒容器组成。到达预订深度后，启动机械或电控装置，打开采样器进水阀门，地下水进入采样器中，取到样品后，关闭采样器阀门提出井口。

适用范围：闭合定深采样器直径一般在 50～100 mm，采样体积在 1～5 L，采样深度小于 500 m，能够从漂浮的油及其他物质之下采取有代表性的地下水样品，可以在采样器设定的范围内，采取任意深度的地下水样品。

采样前准备：气控式定深取样器下入井内之前，连接好管线，用高压手动泵（气瓶或空气压缩机）进行充气，按照充气压力大于取样深度水压力，在地表对取样器进行充气。下入井内达到预定深度后，慢慢释放气体，在水柱静水压力的作用下，取样区域的水充满取样器。

采样：电控式定深取样器下入井内之前，连接好控制电缆，取样器阀门关闭。下入井内预定深度后，在地面接通电源打开电磁阀，在水柱静水压力的作用下，取样区域的水充满取样器。提出井口后，采集上来的样品可在现场转至样品容器中。

4.2.6　离心泵

基本原理：离心泵是利用叶轮旋转而使水发生离心运动来工作的。水泵在启动前，应使泵壳和吸水管内充满水，然后启动电机，使泵轴带动叶轮和水做高速旋转运动，水发生离心运动，被甩向叶轮外缘，经蜗形泵壳的流道流入水泵的压水管路。

适用范围：采样用离心泵抽水流量一般在 15～500 L/min，扬程一般小于 50 m，适用于水位埋深小于 8 m 的地下水样品采取。井用离心泵提水管路中的负压可使气体组分和挥发性有机物脱出，不适用于挥发性有机物样品采取。

4.2.7 惯性泵

基本原理：惯性泵在管线的底端安装一个止回阀，管线下降时，阀门打开，地下水进入管线中，管线上升时底阀关闭，通过上下往复运动抽出地下水。

适用范围：惯性泵泵管直径一般在 8～30 mm，抽水量在 0.5～5 L/min，可用于 10～200 mm 直径的井清洗和采样。深度在 30 m 以内采用人工惯性泵，连续抽水时使用机械惯性泵，机械惯性泵采样深度可达到 90 m。

采样：采样时，应在气、水分离后的水箱中用样品容器采取样品。采样时抽水管作为采样管，可直接用样品容器接取样品。采样应一井一泵，以消除采样点间的交叉污染。

4.2.8 气提泵

基本原理：气提泵利用升液管内外液体的密度差，提升地下水。

适用范围：水混合器在动水位以下的浸没深度与其扬水高度之比不宜小于 0.5。气提泵抽水不受水中泥沙和采样井直径的影响，可以用于不同水位和水量采样井的清洗和采样。

4.2.9 分层采样系统

分层抽水采样系统主要由充气封隔系统、抽水系统组成。充气封隔系统由地面的高压氮气、压力调节器、充气管线、止水双封隔器气囊（上封隔器为过电缆封隔器）组成。抽水系统由地面供电系统，位于上、下封隔器气囊间的过滤器，专用水泵，电缆及排水管组成。

第五节 现场采样监测

地下水样品采集指通过使用适当的工具，从地下水监测点位中取得具有代表性的地下水样品。

5.1 基本流程

地下水样品采集的基本流程如图 4-1 所示。

5.2 点位确认

在监测井四个方向拍照并用 GPS 定位确认采样点位。

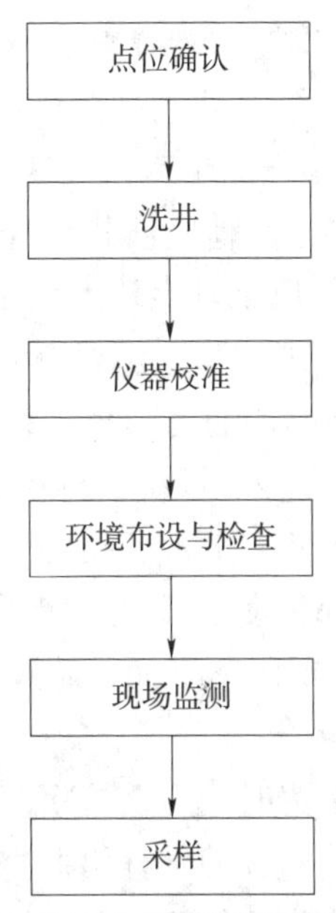

图 4-1　地下水样品采集的基本流程

5.3　采样前洗井

一般情况下采样深度在地下水水面 0.5 m 以下。对于低密度非水溶性有机物污染，采样点位设置在含水层顶部；对于高密度非水溶性有机物污染，采样点位设置在含水层底部和不透水层顶部。采样前洗井过程中产生的废水，应排泄至距离井口附近 2 m 以上的渠道，不能回灌入井内或附近地表水体。如采集的水质样品可能有污染风险时，应统一收集作为污水处理处置。

5.4　仪器校准

采样前对仪器设备进行校准。

5.5　样品采集

5.5.1　采样方法

采样前洗井达到要求后，测量并记录水位，若地下水水位变化小于 10 cm，可立即采样；若地下水水位变化超过 10 cm，应待地下水位再次稳定后采样；若地下水回补速度较慢，原则上应在水位回补达到抽水前水位后 2 h 内完成地下水采样。

5.5.2　样品采集及保存方法

样品采集一般按照挥发性有机物（VOCs）（优先采用气囊泵或低流量潜水泵）、半挥发性有机物（SVOCs）、稳定有机物及微生物样品、重金属和普通无机物的顺序采集。使用流速可控的装置，在控制抽水装置或者采样管路的水流速率的情况下将水质样品装入样品容器（如采用潜水泵，可通过在出水口安装一个四通阀，再连接采样导管的方式控制流速），采集 VOCs 样品出水口流速要低于 0.1 L/min，采集 SVOCs 样品出水口流速要在 0.2～0.5 L/min，其他检测指标样品采集时应控制出水口流速低于 1 L/min，如果样品在采集过程中水质易发生较大变化，可适当加大采样流速。采样流速宜采用 0.1～1 L 测量范围流量计或容量法测量。

采样时，除细菌总数、大肠菌群、油类、溶解氧和有机物等有特殊要求的项目外，要先用采样水荡洗采样器与水样容器 2～3 次，再将水样采入容器。

采集 VOCs 水样时必须注满容器，上部不留空隙。使用低流量潜水泵采样时，应将采样管出水口靠近样品瓶中下部，使水样沿瓶壁缓缓流入瓶中，过程中应避免出水口接触液面，直至在瓶口形成一向上弯月面，旋紧瓶盖，避免采样瓶中存在顶空和气泡。

使用贝勒管进行地下水样品采集时，应缓慢沉降或提升贝勒管。取出后，通过调节贝勒管下端出水阀或低流量控制器，使水样沿瓶壁缓缓流入瓶中，直至在瓶口形成一向上弯月面，旋紧瓶盖，避免采样瓶中存在顶空和气泡。

测定硫化物、油类、细菌类和放射性等项目的水样应分别单独采样。

5.6 采样记录

样品采集过程应对周边环境、洗井、取样、装样以及采样过程中现场检测等环节进行拍照记录，以备质量控制审核与检查。

地下水采样记录内容包括采样现场描述和现场测定项目记录两部分。其中现场测定项目为 pH 和浊度，测定方法与洗井时使用的方法仪器相同。若洗井过程中发现水面有浮油类物质，需要在采样记录单里明确注明。每个采样人员应认真填写地下水采样记录，字迹应端正、清晰，各栏内容填写齐全。

当天第一个点位洗井前对 pH 计、溶解氧仪、电导率和氧化还原电位仪等检测仪器进行现场校正，校正结果填入地下水监测井洗井记录表，过程中可根据实际情况现场校正仪器，确保性能正常，符合使用要求。

第六节 样品保存、运输与交接

（1）水样采集后根据监测目的、监测项目和监测方法的要求，按样品保存要求在样品中加入保存剂，将水样容器瓶盖紧、密封，贴好标签，置于 4℃冷藏箱内保存；并选用适当的运输方式尽快运送至实验室分析，在现场工作开始前，需安排好水样运输工作，以防延误。

（2）水样装箱前应将水样容器内外盖盖紧，对装有水样的玻璃磨口瓶应用聚乙烯薄膜覆盖瓶口并用细绳将瓶塞与瓶颈系紧；除防震、避免日光照射和低温运输外，还要防止新的污染物进入容器或沾污瓶口使水样变质。

（3）装箱时应用泡沫塑料分隔，以防破损；同一采样点的样品应装在同一包装箱内，如需分装在两个或多个包装箱时，需在每个箱内放入相同的现场采样记录表；运输前应检查现场记录上的所有水样是否全部装箱。

（4）水样运输时应有押运人员，样品送达实验室后，由样品管理人员接收。

（5）样品管理人员需对样品进行符合性检查，包括样品包装、标识及外观是否完好；对照采样记录单检查样品名称、采样地点、样品数量、形态是否一致；核对保存剂加入情况；样品是否冷藏，冷藏温度是否满足要求；样品是否有损坏或污染等情况。

（6）当样品有异常或对样品是否适合测试有疑问时，样品管理人员应及时向送样人员或采样人员询问，并记录有关说明及处理意见。当明确样品有损坏或污染时，需重新采样。

（7）样品管理人员确定样品符合交接条件后，进行样品登记，填写《样品保存与交接检查记录表》，并由双方签字确认。

（8）样品贮存间应有冷藏、防水、防盗和门禁措施，样品管理人员应保持贮存间清洁、通风、无腐蚀的环境，并对贮存环境加以维持和监控。

（9）样品流转过程中，除样品唯一性标识需转移和样品测试状态需标识外，任何人任何时候都不得随意更改样品唯一性编号，分析原始记录应记录样品唯一性编号。

第七节　质量控制

地下水采样质量控制目标是采样人员使用规定的方法开展地下水监测，确保监测工作过程的统一性、规范性和监测结果的准确性、可比性。采样过程的质量控制按照采样流程分为采样前准备质量控制、点位确认质量控制、采样前洗井质量控制、现场监测质量控制、样品采集质量控制、样品保存质量控制、样品流转与交接质量控制7个环节。

7.1　采样前准备质量控制

人员要求：每个样品采集工作组内按工作人员分工各司其职，并指定1名具有2年以上地下水监测现场采样工作经验、熟悉地下水监测相关技术规范要求的技术人员作为质量检查员，负责对本单位采样工作进行全过程的内部质量控制，并配合外部质量控制单位开展监督检查和审核等工作。采样组长、质量检查员和样品采集核心技术人员应参加并通过上岗考核。

采样设备容器确认：采样前应对所使用的采样物资列出清单，逐一检查是否符合相关规定，确认所用仪器和试剂的适用性和有效性。采样组应在采样前对采样器具和样品容器按不少于3%的比例进行质量抽检，抽检合格后方可使用；待测项目水样容器空白值应低于分析方法的实验室检出限。

7.2 点位确认质量控制

照片拍摄尽量清晰，以能体现所要求的内容为准。当采样组发现现场情况与监测井档案中记录的不一致，或目标经纬度与现场实际经纬度差异较大，站点名称与现场实际地址不一致，目标监测井性质不一致（专业井 / 机民井 / 出露点等），监测井成井深度差异较大等情况，应先对点位进行复核，确认后再开始采样。

7.3 采样前洗井质量控制

洗井前应检查器具的适用性、水泵下方的深度以及出水口的位置是否符合相关规定。所有仪器下放至井中之前，应用纯净水冲洗或刷洗。仪器从井中提出时，应检查探头或进水口处是否有可见颗粒物或残余的油类物质。

洗井过程当中要使用仪器或手工测量实时监测水位下降情况，确保水位下降小于10 cm。若洗井过程中水位持续下降，首先应结合地层岩性判断该监测井是否是低渗透性井，如不是，需评估监测井是否已淤堵。可将井内积水抽干，等待回水恢复至抽水前静止水位，重新抽水并马上现场检测相关指标，达到稳定要求后立即采样。洗井过程应及时填写相关记录，并拍摄关键环节的照片或视频。洗井过程中产生的废水应集中收集处置。

7.4 现场监测质量控制

采样当天应对 pH 计、溶解氧测定仪、电导率仪和氧化还原电位仪等检测仪器进行现场校正并记录。

7.5 样品采集与保存、交接质量控制

现场采样监测应当在洗井达到出水量稳定且水质澄清时开展。其他具体要求参照本书第三章水和废水第七节质量控制。

第八节 工作案例

以某化工园区地下水采样方案为例，列举开展地下水监测工作时主要工作流程。

8.1 采样工具准备

采样人员在接到采样计划单时，按采样计划表准备采样工具，同时应检查其状态、电源、性能等，确保计量器具的校准或检定合格在有效期内，其他设备都在正常运行状态。

8.2 采样器具清洗

检查容器壁是否吸收或吸附某些待测组分，采样器具严密封口，且易于开启。定期对水样容器清洗质量进行抽查，检测其待测项目（不包括细菌类指标）能否检出。

待测项目水样容器空白值应低于分析方法的检出限，否则应立即对实验条件、水样容器来源及清洗状况进行核查，查出原因并纠正。使用贝勒管时，一井配一管。

（1）用刷子刷洗、空气鼓风、湿鼓风、高压水或低压水冲洗等方法去除黏附较多的污染物；

（2）用肥皂水等不含磷洗涤剂洗掉可见颗粒物和残余的油类物质；

（3）用水流或高压水冲洗去除残余的洗涤剂，自来水应为经水处理系统处理的饮用水；

（4）用蒸馏水或去离子水冲洗；

（5）采集的样品中含有金属类污染物时，须用 10% 的硝酸冲洗，然后用蒸馏水或去离子水冲洗。不存在金属污染物的地下水，此步骤可省略；

（6）采集的水样中含有机污染物水样时，应用有机溶剂进行清洗，常用的有机溶剂有丙酮、己烷等，其中丙酮适用于多数情况，己烷适用于多氯联苯（PCBs）污染的情况。

水样容器选择和洗涤方法参照所选的分析方法、《地下水环境监测技术规范》（HJ 164—2020）等相关要求的容器的洗涤和采样体积技术指标执行。

依据《化工园区地下水样品采集、保存和流转质量控制工作手册》（土壤函〔2021〕10 号附件 3）和《2022 年化工园区地下水环境监测采样工作实施方案》的要求，在采样前对样品容器按不少于 3% 的比例进行质量抽检。控制要求依据相关检测方法进行判定，由采样容器分析结果可见，结果均合格。

8.3　采样深度

按照地下水采样要求，监测井滤水管在丰水期间需要有 1 m 的滤水管位于水面以上；枯水期需有 1 m 的滤水管位于地下水面以下。根据园区地质勘查资料，该地区土层从上到下大致顺序为人工填土层、粉质黏土、粉砂、卵石、粉质黏土、强风化灰岩、中风化岩带，稳定水位深埋为 2.60～3.60 m。底部考虑留 0.5 m 的沉淀管。因此，开筛位置初步定为 1.0～6.5 m。地下水采样深度根据实际情况进行确定。

根据《地下水环境监测技术规范》（HJ 164—2020）和《化工园区地下水环境状况调查评估技术方案》（土壤函〔2021〕10 号附件 1）等的相关要求，结合园区的实际情况，地下水样品应在地下水水位线 0.5 m 以下采集。

在地下水样品取样前，利用油水界面仪测定地下水位，并检测是否存在 LNAPL（低密度非水溶性有机物）。采样过程如发现有 NAPL（非水溶性有机物）存在时，应按规定采集 LNAPL 或 DNAPL（高密度非水溶性有机污染物）水样，采样深度分别在潜水面附近和含水层底板位置。

8.4　采样频次

地下水监测采样至少 1 次，条件许可的情况下地下水可在枯水期、丰水期分别进行采样。

8.5 采样前洗井

参照《化工园区地下水环境状况调查评估技术方案》（土壤函〔2021〕10号附件1）以及重点行业企业调查的相关技术规定，本园区采样前洗井要求如下：

（1）采样前洗井至少在成井洗井24 h后开始。

（2）采样前洗井避免对井内水体产生气提、气曝等扰动。本园区建议采用贝勒管进行洗井，贝勒管汲水位置为井管底部，应控制贝勒管缓慢下降和上升，原则上洗井水体积应达到3～5倍滞水体积。

（3）洗井前对pH计、电导率仪等检测仪器进行现场校正，校正结果填入“地下水采样井洗井记录单”。

（4）开始洗井时，以小流量抽水，记录抽水开始时间，同时洗井过程中每隔5 min读取并记录pH、温度（t）、电导率、溶解氧（DO）、氧化还原点位（ORP）及浊度，连续3次采样达到以下要求结束洗井：①pH变化范围为±0.1；②温度变化范围为±0.5℃；③电导率变化范围为±3%；④DO变化范围为±10%，当DO＜2.0 mg/L时，其变化范围为±0.2 mg/L；⑤ORP变化范围为±10 mV；⑥10 NTU＜浊度＜50 NTU时，其变化范围应在±10%以内；浊度＜10 NTU时，其变化范围为±1.0 NTU；若含水层处于粉土或黏土地层时，连续多次洗井后的浊度≥50 NTU时，要求连续3次测量浊度变化值小于5 NTU。

（5）若现场测试参数无法满足（4）中的要求，则洗井水体积达到3～5倍采样井内水体积后即可进行采样。

（6）采样前洗井过程填写地下水采样井洗井记录单。

（7）采样前洗井过程中产生的废水，统一收集处置。

8.6 地下水样品采集

（1）采样洗井达到要求后，测量并记录水位。若地下水水位变化小于10 cm，则可以立即采样；若地下水水位变化超过10 cm，应待地下水位再次稳定后采样；若地下水回补速度较慢，应在洗井后2 h内完成地下水采样。

注：若洗井过程中发现水面有浮油类物质，需要在采样记录单里明确注明。

（2）当含水层渗透性低，导致无法进行贝勒管采样时，可采用低渗透性含水层采样方法。

（3）当洗井后地下水浊度仍较大时需采用0.45 μm微孔滤膜进行过滤后再采集地下水样品。

（4）地下水样品采集应先采集用于检测VOCs的水样，然后再采集用于检测其他水质指标的水样。对于未添加保护剂的样品瓶，地下水采样前需用待采集水样润洗2～3次。

（5）本园区使用贝勒管进行地下水样品采集，应缓慢沉降或提升贝勒管。取出后，通过调节贝勒管下端出水阀，使水样沿瓶壁缓缓流入瓶中，直至在瓶口形成一向上弯月面，旋紧瓶盖，避免采样瓶中存在顶空和气泡。

（6）地下水装入样品瓶后，及时记录样品编码、采样日期和采样人员等信息，打印后贴到样品瓶上。采集完成后，样品瓶用泡沫塑料袋包裹，并立即放入现场装有冷冻蓝冰的样品箱内保存。

（7）地下水平行样采集要求不少于总样品数的10%。

（8）使用非一次性的地下水采样设备，在采样前后需对采样设备进行清洗，清洗过程中产生的废水，应集中收集处置。

（9）地下水采样过程中做好人员安全和健康防护，佩戴安全帽和一次性个人防护用品（口罩、手套等），废弃的个人防护用品等垃圾应集中收集处置。

（10）样品采集拍照记录要求：地下水样品采集过程对洗井、装样（用于VOCs、SVOCs、重金属和地下水水质监测的样品瓶），以及采样过程中现场快速监测等环节进行拍照记录，每个环节至少1张照片，以备质量控制。

8.7 地下水平行样设置

在开展现场样品采集工作前确定地下水平行样采集点位及对应的编码信息。地下水平行样应不少于总样品数的10%。每份平行样品需要采集3个，其中，2个送目标样品检测实验室，另1个送比对实验室。通过比较实验室内平行样和实验室间对比样测试结果的一致性进行精密度外部质量监控。具体采样位置根据现场情况决定。

8.8 运输空白样和全程序空白样采集工作安排

运输空白样：每批次地下水样品至少配备1个运输空白样品。采样前在实验室将二次蒸馏水或通过纯水设备制备的水作为空白试剂水放入地下水样品瓶中密封，将其带到现场。采样时使其瓶盖一直处于密封状态，一份随样品运回检测实验室，另一份送至质控对比实验室，按与样品相同的分析步骤进行处理和测定，用于检查样品运输过程中是否受到污染。

全程序空白样：每批次地下水样品至少配备1个全程序空白样。采样前在实验室将二次蒸馏水或通过纯水设备制备的水作为空白试剂水放入地下水样品瓶中密封，将其带到现场。与采样的样品瓶同时开盖和密封，一份随样品运回检测实验室，另一份送至质控对比实验室，按与样品相同的分析步骤进行处理和测定，用于检查样品从采集到分析全过程是否受到污染。

8.9 地下水样品保存、流转、交接

8.9.1 样品保存与流转

样品保存与流转应做好样品标识，并按如下要求进行：

（1）样品唯一性标识由样品唯一性编号、样品基本信息和样品测试状态标识组成。可根据具体情况确定唯一性编号方法。

（2）样品唯一性标识应在样品容器较醒目且不影响正常监测的位置。

（3）在实验室测试过程中由测试人员及时做好分样、移样的样品标识转移，并根据测试状态及时做好相应的标记。

（4）样品流转过程中，除样品唯一性标识需转移和样品测试状态需标识外，任何人、任何时候都不得随意更改样品唯一性编号。分析原始记录应记录样品唯一性编号。

（5）地下水样品变化快、时效性强，监测后的样品均留样保存意义不大，但对于测试结果异常的样品，应按样品保存条件要求保留适当时间。留样样品应有留样标识。

8.9.2 样品交接

（1）样品运输过程中应避免日光照射，置于4℃低温冷藏箱中保存，气温异常偏高或偏低时还应采取适当保温措施。

（2）不得将现场测定后的剩余水样作为实验室分析样品送往实验室。

（3）水样装箱前应将水样容器内外盖盖紧，对装有水样的玻璃磨口瓶应用聚乙烯薄膜覆盖瓶口并用细绳将瓶塞与瓶颈系紧。

（4）同一采样点的样品瓶尽量装在同一箱内，与采样记录逐件核对，检查所采水样是否已全部装箱。

（5）装箱时应用泡沫塑料或波纹纸板垫底和间隔防震。有盖的样品箱应有“切勿倒置”等明显标志。

（6）运输时应有押运人员，防止样品受污染。

（7）样品送达实验室后，由样品管理员接收。

（8）样品管理员对样品进行符合性检查，包括样品包装、标志及外观是否完好；对照采样记录单检查样品名称、采样地点、样品数量、形态等是否一致；核对保存剂加入情况；样品是否按照要求进行冷藏；样品是否有损坏、污染。

（9）当样品有异常，或对样品是否适合测试有疑问时，样品管理员应及时向送样人员或采样人员询问，样品管理员应记录有关说明及处理意见。当确认样品有损坏或污染时须重新采样。

（10）样品管理员确定样品符合交接条件后，需填写样品交接登记表，可参见《地下水环境监测技术规范》（HJ 164—2020）。

第五章　空气和废气

第一节　空　气

1.1　概论

空气污染，又称大气污染，是指由于人类活动或自然过程，使得排放到大气中的物质的浓度及持续时间足以对人类的舒适感、健康以及对设施或环境产生不利影响。这些排放到大气中对人或环境产生不利影响的物质称为空气污染物（大气污染物）。这个定义提及了污染源头、时空持续性和产生后果。产生源头即人类活动或自然过程产生的物质排入大气中；时空持续性则是指该种或多种物质呈现出足够的浓度，达到了足够的时间；满足了上述条件后，对人、财物或环境产生不利影响。

因此，为了追踪污染物种类、浓度的变化，了解空气污染情况，我国在2012年修订发布了《环境空气质量标准》（GB 3095—2012），还出台了各种环境空气污染物的监测分析方法以及点位布设、手工采样、自动监测和数据统计评价等技术规范，对全国各地环境空气污染物进行重复测定，统一的监测方法、评价方式和执行标准让各地数据有了可比性，监测数据向公众公开以便居民了解生活环境的空气质量状况，对各城市空气质量还进行了排名。

随着科技的发展，空气质量监测技术经历了技术变革，逐渐从一开始的化学法测定发展到仪器分析阶段，从无机检测进入有机检测中，从手工采样实验室分析迈向自动连续在线监测，从单一物质检测转变为分析技术联用多物质同步测量，从不同粒径颗粒物浓度监测向成分分析发展，从一次污染物监测向二次污染物生成前驱物监测发展，并开展源解析研究。

本节主要从环境空气手工监测技术出发，将环境空气监测中点位布设、监测因子及频次、监测采样操作和注意事项等内容进行了系统的阐述，旨在使读者能快速了解和掌握环境空气手工监测的基本技能。

1.2　点位布设

空气质量的优劣是通过监测数据来评价的。由于我国地域辽阔，在每个区域都进行布点监测，监测网络越密，监测点位越多，获得信息最大的环境空气监测数据就越接近实际情况，更能说明环境空气质量状况。但是从经济和可操作性角度来看，这是难以实现的。因此为了获得有代表性的监测数据，通过合理设计环境空气监测网点，力求以最少的点位，获得尽可能多的、有代表性的、能说明空气质量状况的监测数据，才是科学高效经济可行的做法。目前，世界各国都是采取这样的方式进行监测网设计布点的，并随着城市发展、建成区扩建等不断优化点位，新增或调整网络内点位，加以完善。完美的监测网络是不存在的，永久固定的网络也是不存在的。除了需要考虑经济性外，监测网络布设还应考虑监测任务目的、区域地形地貌地势和气候变化状况等因素。因此，进行空气质量监测网络设计时，应尽可能做到以下内容：在目标监测区域内，能够提供足够的、完整的、有代表性的环境质量信息；以社会经济和技术水平为基础，根据监测的目的进行经济效益分析；还要考虑其他可能影响监测点位的因素，如点位交通便利性、电力供应和通信网络、周边环境和微气候等。

通过设立环境空气监测网，可以了解全国、区域或各个城市的空气污染物的浓度水平、背景水平、变化趋势，确定空气质量状况是否满足环境质量标准的要求，为大气污染防控政策制定、规划编制等提供依据。

在进行环境空气质量监测网具体监测点位布设时，应重点考虑代表性、可比性、整体性、前瞻性和稳定性。

根据监测目的和点位功能的不同，可以将环境空气质量监测点分为以下几种：环境空气质量评价城市点、环境空气质量评价区域点、环境空气质量背景点、污染监控点、路边交通点。

环境空气质量评价城市点：简称城市点，是以监测城市建成区的空气质量整体状况和变化趋势为目的而设置的监测点。该类型点位参与城市环境空气质量评价，设置的最少数量根据标准由城市建成区面积和人口数量确定；每个城市点代表范围一般为半径 500 m 至 4 km，有时也可扩大到半径 4 km 至几十千米（如空气污染物浓度较低，其空间变化较小的地区）的范围。

环境空气质量评价区域点：简称区域点，是以监测区域范围空气质量状况和污染物区域传输及影响范围为目的而设置的监测点，参与区域环境空气质量评价。每个区域点代表范围一般为半径几十千米。

环境空气质量背景点：简称背景点，是以监测国家或大区域范围的环境空气质量本底水平为目的而设置的监测点。每个背景点代表性范围一般为半径 100 km 以上。

污染监控点：是为监测本地区主要固定污染源及工业园区等污染源聚集区对当地环境空气质量的影响而设置的监测点，代表范围一般为半径 100～500 m，也可扩大到半径 500 m～4 km（如考虑较高的点源对地面浓度的影响时）。

路边交通点：是为监测道路交通污染源对环境空气质量影响而设置的监测点，代表范围为人们日常生活和活动场所中受道路交通污染源排放影响的道路两旁及其附近区域。

此外，出于环境影响预测评价、受污染物影响的区域或城镇村庄空气质量现状调查、建设项目环境保护设施竣工验收监测、排污单位自行监测等目的，还可能在一些拟建设空气、居民敏感点设置空气质量手工监测点位。环境空气质量手工监测指的是在监测点位上用采样装置采集一定时段的环境空气样品，将采集的样品在实验室分析、处理的过程。空气质量手工监测采样点位应根据监测任务的目的、要求布设，必要时进行现场踏勘后确定。所选的点位应具有较好的代表性，监测数据能客观反映一定空间范围内空气质量水平或空气中所测污染物浓度水平。监测点位的布设和数量应满足监测目的及任务要求，具体按照 HJ 664—2013 相关要求执行。

监测点位布设的技术要求有：①监测点应地处相对安全、交通便利、电源和防火措施有保障的地方。②监测点采样口周围水平面应保证有 270° 以上的捕集空间，不能有阻碍空气流动的高大建筑、树木或其他障碍物；如果采样口一侧靠近建筑，采样口周围水平面应有 180° 以上的自由空间。从采样口到附近最高障碍物之间的水平距离，应为该障碍物与采样口高度差的 2 倍以上，或从采样口到建筑物顶部与地平线的夹角小于 30°。③采样口距地面高度在 1.5～15 m 内，距支撑物表面 1 m 以上。有特殊监测要求时，应根据监测目的进行调整。④采样点位布设的其他技术要求按照 HJ 664—2013 执行。⑤对大气降雨（雪）采样点位的布设可参照《大气降水样品的采集与保存》（GB 13580.2—1992）要求执行。

1.3　监测因子与频次

《环境空气质量标准》（GB 3095—2012）中规定的基本项目污染物，包括二氧化硫（SO_2）、二氧化氮（NO_2）、可吸入颗粒物（PM_{10}）、细颗粒物（$PM_{2.5}$）、一氧化碳（CO）、臭氧（O_3）；其他污染物指基本污染物以外的其他项目污染物，在 GB 3095—2012 中列举了总悬浮颗粒物（TSP）、氮氧化物（NO_x）、铅（Pb）、苯并［a］芘（BaP）；此外 GB 3095—2012 附录 A 还给出了镉、汞、砷、六价铬和氟化物的参考浓度限值；目前挥发性有机物类（VOCs）、温室气体类（二氧化碳、甲烷等）、消耗臭氧层物质（ODS）也受到了较多的关注。

空气质量监测因子的选取、频次应根据监测目的确定。

（1）开展环境质量评价时，应对基本项目污染物进行调查，同时根据评价污染源的类型确定其他污染物项目。对于 GB 3095—2012 及地方环境质量标准中未包含的污染物，可参照 HJ 2.2—2018 中附录 D 的浓度限值，对上述标准中都未包含的污染物，可参照选用其他国家、国际组织发布的环境质量浓度限值或基准值，但应做出说明，经生态环境主管部门同意后执行。开展环境质量现状监测时，应至少取得 7 d 有效数据。

（2）开展大气降雨（雪）分析时，监测因子主要是电导率、pH、阴阳离子以及有机酸（甲酸、乙酸和草酸）等。逢雨雪必测 pH 和降水量。采样应取每次降水的全过程样（降水开始至结束），若一天中有几次降水过程，可合并为一个样品测定。若遇连续几天降水，可收集上午 8：00 至次日上午 8：00 的降水，即 24 h 降水样品作为一个样品进行测定。

（3）开展空气自动监测设备比对监测工作，根据自动监测设备对应的监测因子选择。环境空气中的 SO_2、NO_2、NO_x、CO、O_3、TSP、PM_{10}、$PM_{2.5}$、Pb、苯并［a］芘等污染物的采样时间及采样频率，根据 GB 3095—2012 中污染物浓度数据有效性规定的要求确定。其他污染物可参照执行，或者根据监测目的、污染物浓度水平及监测分析方法的检出限等因素确定。

（4）污染物被动采样时间及采样频率应根据监测点位周围环境空气中污染物的浓度水平、分析方法的检出限及监测目的确定。监测结果可代表一段时间内待测环境空气中污染物的时间加权平均浓度或浓度变化趋势。通常，硫酸盐化速率及氟化物（长期）采样时间为 7～30 d，但要获得月平均浓度，样品的采样时间应不少于 15 d；降尘采样时间为（30 ± 2）d。

（5）开展排污单位自行监测，排污单位周边环境质量影响监测点位的监测指标参照排污单位环境影响评价文件及其批复等管理文件的要求执行，或根据排放的污染物对环境的影响确定。若环境影响评价文件及其批复等管理文件有明确要求的，排污单位周边环境质量监测频次按照要求执行。否则，涉气重点排污单位空气质量每半年至少监测一次，发生突发环境事故对周边环境质量造成明显影响的，或周边环境质量相关污染物超标的，应适当增加监测频次。

（6）开展验收监测，监测因子确定的原则如下：①环境影响报告书（表）及其审批部门审批决定中确定的污染物；②环境影响报告书（表）及其审批部门审批决定中未涉及，但属于实际生产可能产生的污染物；③环境影响报告书（表）及其审批部门审批决定中未涉及，但现行相关国家或地方污染物排放标准中有规定的污染物；④环境影响报告书（表）及其审批部门审批决定中未涉及，但现行国家总量控制规定的污染物；⑤其他影响环境质量的污染物，如调试过程中已造成环境污染的污染物，国家或地方生态环境部门提出的、可能影响当地环境质量、需要关注的污染物等。环境空气质量监测一般不少于 2 d，采样时间按具体监测分析方法标准或技术规范执行。

1.4 现场采样监测

根据污染物种类、性质、浓度水平及仪器设备的不同，可以将现场监测方法分为手工采样法和仪器监测法（直读）。手工采样法既可以根据采样动力的有无分为主动采样法和被动采样法，也可根据污染物的形态区别（气态污染物、颗粒态污染物和两态共存）进行划分。

（1）手工采样法

主动采样法：采用提供动力的装置（电动或手动），通过抽取的方法进行采样，可以分为溶液吸收法、吸附管采样法、滤料采样法（空气中颗粒态污染物大多采用滤膜进行采样，故也称为滤膜采样法）、固定容器采样法（直接采样法）。

被动采样法：不需要抽气动力的，将采样装置或气样采集介质暴露于环境空气中，利用环境空气中待测污染物分子自然扩散、迁移、沉降等作用而直接采集污染物的采样方法，或者是对自然降雨进行收集从而分析雨水中的污染因子。

两种方法优缺点也很明显，由于主动采样通过主动动力将周边小范围的污染物采集下来，对周边范围的空气流动、污染物分布等产生细微的影响，因此采集的样本有局限性，但其采样时间控制、地点更换均比较灵活，可以短时间也可以长时间进行；

相对而言，被动采样法得到的数据结果更有代表性，但其收集污染物的过程需要较长的时间，无法满足快速监测的需求，对空气中发生快速化学反应的污染物不适用，也受气象条件影响，适用范围相对较窄。

（2）仪器监测法

仪器监测法无须将样品带回实验室进行分析，实时给出污染物的浓度水平，为生态环境管理部门实时掌握空气质量状况提供准确数据。研究和开发便携准确的污染物直读监测仪器是现代环境监测技术发展的趋势。

目前，环境空气质量监测网配置的自动监测设备均能实现空气中主要污染物的实时监测，更甚者还开发了在线源解析技术，实时分析颗粒物的化学组分和挥发性有机物的组成成分。这些都是自动监测技术相关内容，需要安装在固定位置开展监测，不易携带，不在手工监测的范畴内。本节所讲述的是已经实现便携化、小型化的空气污染物直读式监测方法，可在布设好的监测点位开展监测工作，主要是非分散红外法、紫外光度法和定电位电解法。

非分散红外法：可用于环境空气中一氧化碳的瞬时测定。样品气体进入仪器，在前吸收室吸收 4.67 μm 谱线中心的红外辐射能量，在后吸收室吸收其他辐射能量，两室因吸收能量不同，破坏了原吸收室内气体受热产生相同振幅的压力脉冲，变化后的压力脉冲通过毛细管加在差动式薄膜微音器上，被转化为电容量的变化，通过放大器再转变为与浓度成比例的直流测量值。

紫外光度法：可用于环境空气中臭氧的瞬时测定，也适用于环境空气中臭氧的连续自动监测。当空气样品以恒定的流速通过除湿器和颗粒物过滤器进入仪器的气路系统时分为两路：一路为样品空气，一路通过选择性臭氧洗涤器成为零空气，样品空气和零空气在电磁阀的控制下交替进入样品吸收池（或分别进入样品吸收池和参比池），臭氧对 253.7 nm 波长的紫外光有特征吸收，仪器的微处理系统根据朗伯－比尔定律由透光率计算臭氧浓度。

定电位电解法：可用于环境空气中二氧化硫、二氧化氮、一氧化碳的瞬时测定。被测气体由进气孔通过渗透膜扩散到敏感电极表面，在敏感电极、电解液、对电极之间进行氧化反应，参比电极在传感器中不暴露在被分析气体之中，用来为电解液中的工作电极提供恒定的电化学电位。被测气体通过渗透膜进入电解槽，传感器电解液中扩散吸收的二氧化硫、二氧化氮、一氧化碳等目标污染物发生氧化反应，与此同时产生对应的极限扩散电流，在一定范围内电流大小与污染物浓度成正比。这里需要强调的一点是，各污染物反应原理不同，使得传感器的内部构造不同，因此需根据监测仪器设备配置传感器种类和数量，以实现同步监测上述污染物，而不是共用同一个传感器，同时实现二氧化硫、二氧化氮、一氧化碳浓度出数。

我们可以根据污染物形态、评价标准和浓度限值、方法检出限和灵敏度、采样时长、装置耗材有无和易得程度来选择合适的监测方法，再根据监测方法中对应的采样方法，开展空气中污染物的监测。

1.4.1 手工采样法

1.4.1.1 滤膜采样法

滤膜采样法适用于总悬浮颗粒物、可吸入颗粒物、细颗粒物等大气颗粒物的质量浓度监测（HJ 1263—2022、HJ 618—2011 和 HJ 656—2013）及成分分析，以及颗粒物中重金属、苯并［*a*］芘、氟化物（小时和日均浓度）等污染物的样品采集（HJ 539—2015、HJ 657—2013、HJ 777—2015、HJ 779—2015、HJ 955—2018、HJ 956—2018、HJ 1133—2020 等）。

（1）采样系统

采样系统由颗粒物切割器、滤膜夹、流量测量及控制部件、采样泵、温湿度传感器、压力传感器和微处理器等组成。

总悬浮颗粒物采样系统性能和技术指标应满足 HJ/T 374—2017 的规定，可吸入颗粒物和细颗粒物采样器性能和技术指标应符合 HJ 93—2013 的规定。

根据样品采集目的可选用玻璃纤维滤膜、石英滤膜等无机滤膜或聚四氟乙烯、聚氯乙烯、聚丙乙烯、混合纤维等有机滤膜。比如，玻璃纤维滤膜机械强度差，但耐高温、阻力小、不易吸水，可用于采集大气中总悬浮颗粒物和可吸入颗粒物，样品可以用酸和有机溶剂提取，用于分析颗粒物中的其他污染物，但由于选用的玻璃原料有杂质，致使某些金属元素本底含量较高，此时可采用石英滤膜代替；又如，过氯乙烯或聚四氟乙烯滤膜由于其不易吸水、阻力小，带静电，采样效率高，易溶于乙酸丁酯等有机溶剂，消解处理无固态残留，且本底空白值低，可用于颗粒物中元素的分析，但缺点就是机械强度差，需要带支撑夹托住。样品采集可选取尺寸为 200 mm × 250 mm 的方形滤膜或直径 90 mm 的圆形滤膜，或根据所选采样器适配大小的滤膜尺寸，一般情况下小流量颗粒物采样器（工作点流量为 16.7 L/min）适用直径 47 mm 的滤膜；滤膜阻力在气流速度为 0.45 m/s 时，单张滤膜阻力不大于 3.5 kPa。对总悬浮颗粒物、可吸入颗粒物、细颗粒物采样来说，对于直径为 0.3 μm 的标准粒子，滤膜的捕集效率分别不低于 99%、99%、99.7%。

（2）采样前准备

1）清洗颗粒物切割器，采用软性材料进行擦拭。采样期间如遇特殊天气，如扬沙、沙尘暴天气或重度及以上污染过程时应及时清洗。采样时长超过 7 d 时，也需定期清洗。

2）如果切割器对大颗粒物有去除要求（如需涂抹凡士林或硅脂，这点需要特别重视，不涂抹会直接影响颗粒物采样），采样人员应严格按照仪器说明书执行。

3）使用经检定合格的温度计对采样器的温度测量示值进行检查，当误差超过 ± 2℃时，应对采样器进行温度校准。

4）使用经检定合格的气压计对采样器压力传感器进行检查，当误差超过 ± 1 kPa 时，应对采样器进行压力校准。

5）使用经检定合格的标准流量计对采样器流量进行检查，当流量示值误差超过采样流量 2% 时，应对采样器进行流量校准。

6）进行采样系统气密性检查。

7）如果所使用仪器的说明书中对环境温度、气压、采样流量等校准方法和顺序有特别要求时，需按照仪器说明进行校准。

8）采样滤膜的材质、本底、均匀性、稳定性需符合所采项目监测分析方法标准要求。如有前处理需要，则根据监测分析方法标准要求对采样滤膜进行相应的前处理。使用前检查滤膜边缘是否平滑，薄厚是否均匀，且无毛刺、无污染、无碎屑、无针孔、无折痕、无损坏。

9）采样前应确保滤膜夹无污染、无损坏。

10）采样前、后用经检定合格的标准流量计校验采样系统的流量，流量误差应小于 5%。

（3）采样

1）到达采样现场后，观测并记录气象参数和天气状况。

2）正确连接好采样系统，核查滤膜编号，用镊子将采样滤膜平放在滤膜支撑网上并压紧，滤膜毛面或编号标识面朝进气方向，将滤膜夹正确放入采样器中；设置采样开始时间、结束时间等参数，启动采样器进行采样。当多台采样器同时采样时，中流量采样器相互之间的距离为 1 m 左右，大流量采样器相互之间的距离为 2～4 m。

3）采样结束后，取下滤膜夹，用镊子轻轻夹住滤膜边缘，取下样品滤膜（如条件允许应尽量在室内完成装膜、取膜操作），并检查滤膜是否有破裂或滤膜上尘积面的边缘轮廓是否清晰、完整，否则该样品作废，需重新采样。整膜分析时样品滤膜可平放或向里均匀对折，放入已编号的滤膜盒（袋）中密封；非整膜分析时样品滤膜不可对折，需平放在滤膜盒中。记录采样起止时间、采样流量，以及气温、气压等参数。

（4）样品运输和保存

样品运输和保存应按照相应监测分析方法标准要求进行。一般情况下，应做到以下内容：

1）样品采集后，立即装盒（袋）密封，尽快送至实验室分析，并做好交接记录。

2）样品运输过程中，应避免剧烈振动。对于需平放的滤膜，保持滤膜采集面向上。

3）需要低温保存的样品，在运输过程中应有相应的保存措施以防样品损失。

4）样品到达实验室应及时交接，尽快分析。如不能及时称重及分析，应将样品放在 4℃条件下冷藏保存，并在监测分析方法标准要求的时间内完成称量和分析；对分析有机成分的滤膜，采集后应按照监测分析方法标准要求进行保存至样品处理前，为防止有机物的损失，不宜进行称量。

（5）记录与结果表述

采样记录应包括但不限于采样日期、采样地点、经纬度、天气状况及气象五参数、监测项目、监测仪器型号及编号、样品编号、采样起止时间及累计时间、采样前后的采样流量及平均流量、采样体积及标准要求换算至某种状态下的采样体积。

环境空气中颗粒物的浓度按照重量法进行计算，根据过滤介质采样前后的增重除以采样体积再经过单位换算得到的结果，空气中颗粒物一般采用温度为实际环境温度、压力为实际环境大气压时的实际状态下的采样体积，而无组织排放则是采用温度为273.15K、压力为101.325 kPa时的标准状态下的采样体积，具体应根据相关质量标准或排放标准确定。

颗粒物浓度可按下式计算：

$$c=\frac{W_2-W_1}{V}\times 1\,000$$

式中，c——颗粒物（总悬浮颗粒物、可吸入颗粒物或细粒颗物）的质量浓度，μg/m^3；

W_1——采样前过滤介质的质量，mg；

W_2——采样后过滤介质的质量，mg；

V——根据相关质量标准或排放标准采用相应状态下的采样体积，m^3；

1 000——mg与μg质量单位换算系数。

注意：不同单位换算系数不同，应根据实际系数进行换算。

对于颗粒物中重金属、苯并［*a*］芘、氟化物等，则公式中的W_2-W_1为对应的污染物质量，若非对整膜进行分析，只是截取一小部分滤膜进行分析的话，最终结果还应根据成分分析时截取的部分面积占整膜污染物捕集有效面积的比例进行换算。

有效数字及数值修约相关要求按照GB/T 8170—2008、HJ 663—2013和监测项目的监测分析方法标准要求执行。异常值的判断和处理按照GB/T 4883—2008的要求执行。当出现异常值时，应查找原因，原因不明的异常值不应随意剔除。

（6）注意事项

总悬浮颗粒物、可吸入颗粒物和细颗粒物手工监测方法的质量保证和质量控制要求分别见HJ 1263—2022、HJ 618—2011和HJ 656—2013。颗粒物中重金属、有机物等污染物的质量保证和质量控制按照各项目监测分析方法标准要求执行。

1.4.1.2 溶液吸收采样法

溶液吸收采样法适用于二氧化硫、二氧化氮、氮氧化物、臭氧等气态污染物的样品采集（HJ 482—2009、HJ 483—2009、HJ 479—2009、GB/T 15435—1995、HJ 504—2009等）。

（1）采样系统

采样系统主要由采样管路、采样器、吸收装置等部分组成。采样器各组成部分的技术要求见HJ/T 375—2007和HJ/T 376—2007。常见的吸收装置主要有气泡吸收管（瓶）、多孔玻板吸收管（瓶）和冲击式吸收管（瓶）等，结构如图5-1所示，吸收装置技术要求按相关监测分析方法标准规定执行。溶液吸收法的采样管路可用不锈钢、玻璃和聚四氟乙烯等材质，采集氧化性和酸性气体应避免使用金属材质采样管。不同污染物采集所用的吸收管（瓶），应根据监测方法要求进行选取。在使用溶液吸收法时，同时还应注意以下几个问题：

选择吸收率：当采气流量一定时，为使气液接触面积增大，提高吸收效率，应尽可能地使气泡直径变小，液体高度加大，尖嘴部的气泡速度减慢。但不宜过度，否则管路内压增加，无法采样。建议通过实验测定实际吸收效率来进行选择。

吸收管：由于加工工艺等问题，应对吸收管的吸收效率进行检查，选择吸收效率为 90% 以上的吸收管，尤其是使用气泡吸收管和冲击式吸收管时；新购置的吸收管要进行气密性检查，将吸收管内装适量的水，接至水抽气瓶上，两个水瓶的水面差为 1 m，密封进气口，抽气至吸收管内无气泡出现，待抽气瓶水面稳定后，静置 10 min，抽气瓶水面应无明显降低；吸收管路的内压不宜过大或过小，可能的话要进行阻力测试。采样时，吸收管要垂直放置，进气内管要置于中心的位置。

稳定性：部分方法的吸收液或吸收待测污染物后的溶液稳定性较差，易受空气氧化、日光照射而分解或随现场温度的变化而分解等，应严格按操作规程采取密封、避光或恒温采样等措施，并尽快分析。

采样过程：现场采样时，要注意观察不能有泡沫抽出。采样后，用样品溶液洗涤进气口内壁 3 次，再倒出分析。

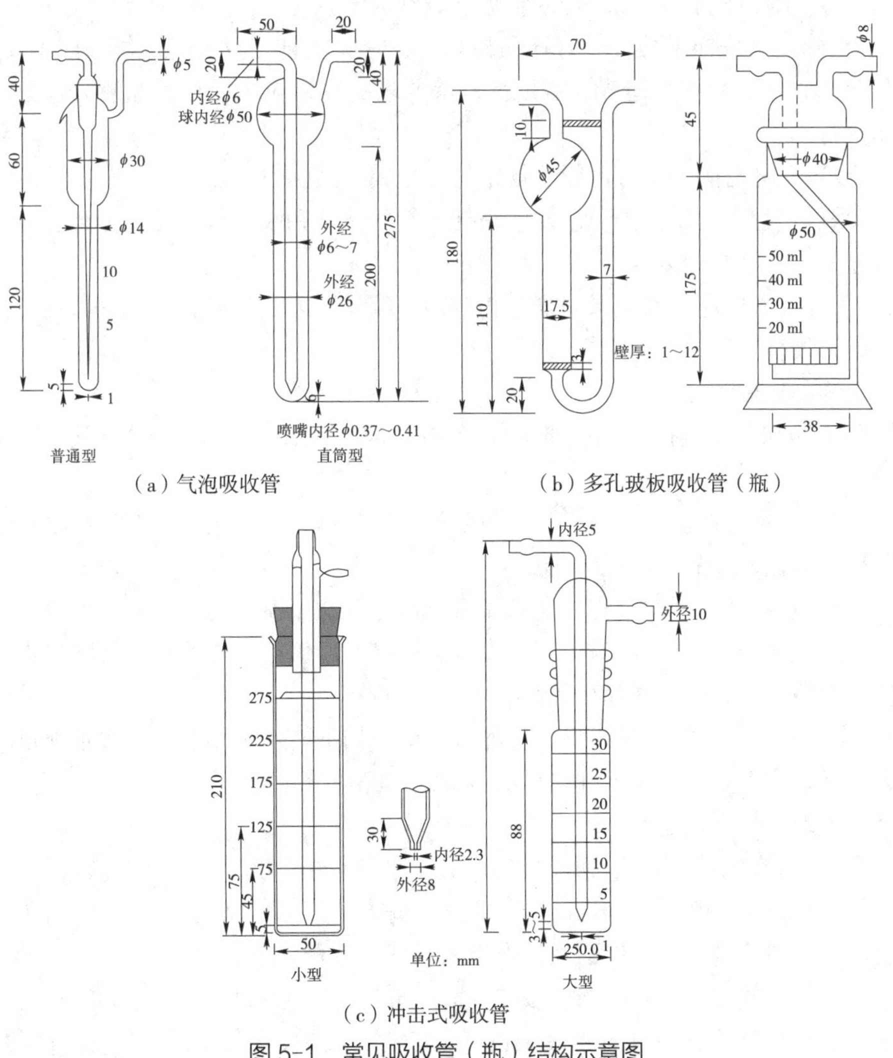

图 5-1　常见吸收管（瓶）结构示意图

（2）采样前准备

清洁：检查采样管路是否洁净，如不洁净应进行清洗或更换。

吸收管（瓶）、吸收液的准备：选择合适的吸收管（瓶），装入相应的吸收液，具体要求见相关监测分析方法标准规定。吸收管（瓶）阻力测定及吸收效率测试见 HJ 194—2017 附录 A 和附录 B。

气密性检查：将吸收管（瓶）及必要的前处理装置正确连接到气体采样管路，打开仪器，调节流量至规定值，封闭吸收管（瓶）进气口，吸收管（瓶）内不应冒气泡，采样仪器的流量计不应有流量显示，或者按照 HJ/T 375—2017 中相关要求执行。

流量校准：采样前、后用经检定合格的标准流量计校验采样系统的流量，流量误差应小于 5%，采样流量校准见 HJ 194—2017 附录 C。观察恒流装置、仪器温控装置、采样器压力传感器、计时器是否正常。

（3）采样

1）到达采样现场，观测并记录气象参数和天气状况。

2）正确连接采样系统，做好样品标识。注意吸收管（瓶）的进气方向不要接反，防止倒吸。采样过程中有避光、温度控制等要求的项目应按照相关监测分析方法标准的要求执行。

3）设置采样时间，调节流量至规定值，采集样品。

4）采样过程中，采样人员应观察采样流量的波动和吸收液的变化，出现异常时要及时停止采样，查找原因。

5）采样过程中应及时记录采样起止时间、流量，以及气温、气压等参数，记录内容应完整、规范。

（4）样品运输和保存

样品运输和保存应按照相应监测分析方法标准要求进行。一般情况下，应做到以下内容：

1）样品采集完成后，应将样品密封后放入样品箱，样品箱再次密封后尽快送至实验室分析，并做好样品交接记录。

2）应防止样品在运输过程中受到撞击或剧烈振动而损坏。

3）样品运输及保存中应避免阳光直射。需要低温保存的样品，在运输过程中应采取相应的冷藏措施，防止样品变质。

4）样品到达实验室应及时交接，尽快分析。如不能及时测定，应按各项目的监测分析方法标准要求妥善保存，并在样品有效期内完成分析。

（5）记录与结果表述

采样记录应包括但不限于采样日期、采样地点、经纬度、天气状况及气象五参数、监测项目、监测仪器型号及编号、样品编号、采样起止时间及累计时间、采样前后的采样流量及平均流量、采样体积及标准要求换算至某种状态下的采样体积。

环境空气中气态污染物的浓度按照相应的分析方法（如滴定法、光度法、色谱法、仪器法等）进行计算，得到吸收液中目标污染物的质量，再除以采样体积得到的结果

（注意单位换算），空气中气态污染物一般采用温度为 298.15 K、压力为 101.325 kPa 时参比状态下的采样体积，而无组织排放则是采用温度为 273.15 K、压力为 101.325 kPa 时标准状态下的采样体积，具体应根据相关质量标准或排放标准确定。

气态污染物浓度可按下式计算：

$$c = \frac{m}{V}$$

式中，c——气态污染物的质量浓度，μg/m³；

m——吸收液中目标污染物的质量，μg；

V——根据相关质量标准或排放标准采用相应状态下的采样体积，m³。

这里需要强调的是，如果不是将吸收液整份进行分析，只是吸取部分吸收液或稀释进行分析的话，最终结果还应根据选取比例或稀释比例进行换算。

有效数字及数值修约相关要求按照 GB/T 8170—2008、HJ 663—2013 和监测项目的监测分析方法标准要求执行。异常值的判断和处理按照 GB/T 4883—2008 的要求执行。当出现异常值时，应查找原因，原因不明的异常值不应随意剔除。

（6）注意事项

吸收管（瓶）的阻力、吸收效率、发泡的均匀性应符合监测分析方法标准要求，不符合要求的吸收管（瓶）不得使用。夏季、冬季采样过程中要采取适当的保护措施，防止因温度过高、过低而导致吸收液蒸干、结冰，吸收管（瓶）冻裂等情况的发生。

质量保证和质量控制要求按照 HJ 194—2017 和各项目监测分析方法标准（HJ 482—2009、HJ 483—2009、HJ 479—2009、GB/T 15435—1995、HJ 504—2009）相关要求执行。

1.4.1.3　吸附管采样法

吸附管采样法适用于汞、部分挥发性有机物等气态污染物的样品采集（HJ 542—2009、HJ 583—2010、HJ 584—2010 等）。

（1）采样系统

采样系统主要由采样管路、采样器、吸附管等部分组成。采样器各组成部分的技术要求见 HJ/T 375—2007 和 HI/T 376—2007。吸附管为装有各类吸附剂的普通玻璃管、石英管或不锈钢管等，吸附剂的类型、粒径、填装方式、填装量及吸附管规格需符合相关监测分析方法标准要求。常见的固体吸附剂有活性炭、硅胶和有机高分子等。常见吸附管结构见图 5-2～图 5-4。

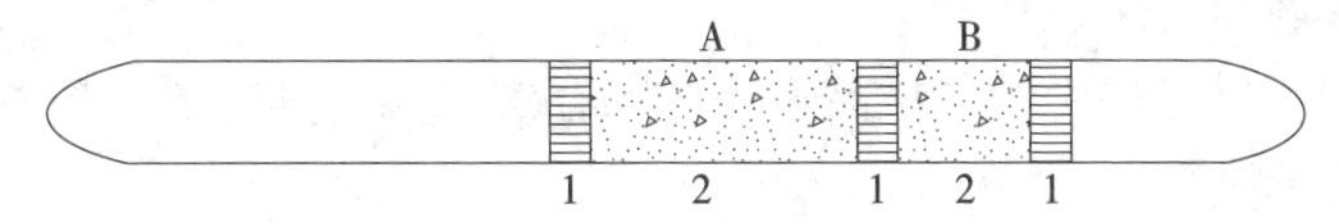

1—玻璃棉；2—活性炭；A—100 mg 活性炭；B—50 mg 活性炭。

图 5-2　活性炭吸附管

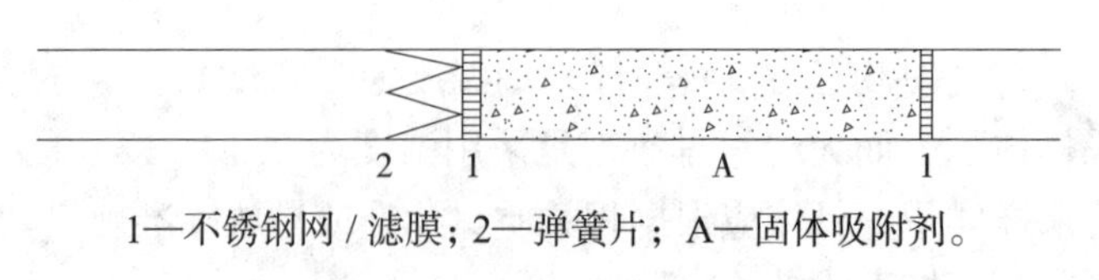

1—不锈钢网 / 滤膜；2—弹簧片；A—固体吸附剂。

图 5-3 高分子材料吸附管

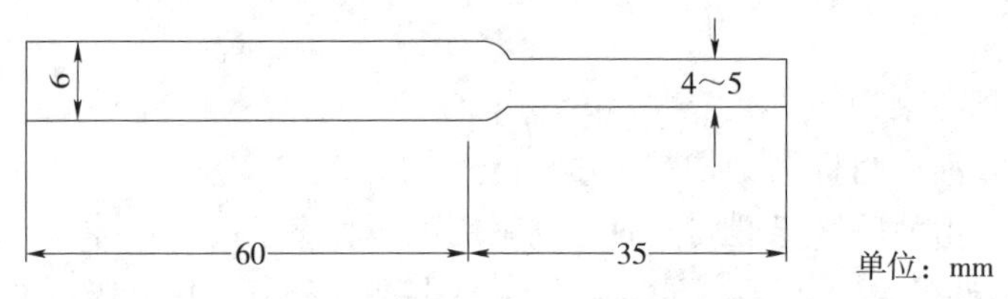

图 5-4 石英采样管（内填充酸化过的巯基棉采集空气中的汞）

（2）采样前准备

1）检查所选采样设备是否运行正常。

2）按监测分析方法标准要求准备好相应的吸附管，密封两端。

3）吸附管在使用前应按比例抽取一定数量进行空白和吸附 / 解吸（脱附）效率测试，结果应符合各项目监测分析方法标准要求；新购和采集高浓度样品后的热脱附管在使用前需进行老化。

4）气密性检查时，选取与采样相同规格的吸附管，按采样要求正确连接到采样仪器上，打开采样泵，堵住吸附管进气端，流量计流量应归零，否则应对采样系统进行漏气检查。

5）采样前、后用经检定合格的标准流量计校验采样系统的流量，流量误差应小于 5%。

（3）采样

1）到达采样现场，观测并记录气象参数和天气状况。

2）正确连接采样系统，做好样品标识。注意吸附管的进气方向不可接反，分段填充的吸附管 2/3 填充物段为进气端，大小口径不同的吸附管其大孔径一端为进气端。吸附管进气端朝向应符合监测分析方法标准的规定，垂直放置并进行固定。

3）设置采样时间，调节流量至规定要求，采集样品。采样过程中，对吸收温度有控制要求的，需采取相应措施。

4）采样过程中应及时记录采样起止时间、流量，以及气温、气压等参数，记录内容应完整、规范。

（4）样品运输和保存

参照本节滤膜采样法中的“样品运输和保存”内容，其他要求按各项目监测分析方法标准相关要求执行。

（5）记录与结果表述

参照本节滤膜采样法中的“记录与结果表述”内容，其他要求按各项目监测分析方法标准相关要求执行。

（6）注意事项

若现场空气中含有较多颗粒物，可在采样管前连接过滤装置。为防止吸附剂颗粒进入采样器内部，采样器的进气口需有合适的过滤装置。空气中水蒸气或水雾太大会影响采样效率，采样时空气相对湿度应小于90%。采样时流量应稳定，采样前后的流量相对偏差应不大于10%。吸附管采样法的实际采样体积应小于安全采样体积，必要时应在采样前按照监测分析方法标准要求进行穿透试验，以保证吸收效率，避免样品损失。样品箱要有防震和防撞措施，防止样品在运输过程中发生损坏。

质量保证和质量控制要求按照HJ 194—2017和各项目监测分析方法标准（HJ 542—2009、HJ 583—2010、HJ 584—2010等）相关要求执行。

1.4.1.4　滤膜－吸附剂联用采样法

滤膜－吸附剂联用采样法适用于多环芳烃类、二噁英类、有机氯农药类等半挥发性有机物的样品采集。

（1）采样系统

在滤膜采样法的基础上，增加气态污染物捕集装置，主要包括装填吸附剂的采样筒、采样筒架及密封圈等。

采样系统性能和技术指标应符合HJ 691—2014的规定，具有自动累计采样体积，且可根据气温、气压自动换算累计标况采样体积的功能，应具有自动定时、断电再启、自动补偿由于电压波动和阻力变化引起的流量变化的功能。根据监测目的、相关标准的要求选择切割器，切割器的性能参数指标应满足HJ 93—2013的要求。

采样头主要由滤膜及滤膜支撑部分、装填吸附剂的采样筒、采样筒架及硅橡胶密封圈等组成，详见图5-5。采样头的材料应选用不锈钢或聚四氟乙烯等不吸附有机物或不与被测污染物发生化学反应的惰性材料，滤膜及滤膜支撑部分包括滤膜上压环、密封垫圈、滤膜、滤膜支撑网和滤膜支撑架。采样筒架内部装有玻璃采样筒，玻璃采样筒底部有吸附剂固定网，玻璃采样筒的长度应足够长，可放入两块吸附剂或一定质量不同吸附剂的组合。常用的吸附剂为密度0.022 g/cm^3聚氨基甲酸酯泡沫（PUF）、大孔树脂或两种吸附剂的组合。采样筒与滤膜支撑架之间、玻璃采样筒底部均有硅橡胶密封垫圈起密封作用。

（2）采样前准备

1）吸附剂的材质、本底、均匀性、稳定性、采样效率等需符合相应项目的监测分析方法标准要求，必要时按监测分析方法标准要求进行前处理。

2）采样筒的准备按照目标污染物监测分析方法执行，采样筒架及密封圈应确保无污染、无损坏。

3）按监测分析方法标准要求将吸附剂放于采样筒内，采样筒用洁净的铝箔包裹备用。

4）滤膜使用前应根据监测方法的要求进行高温灼烧等前处理，其他要求参见本节滤膜采样法。

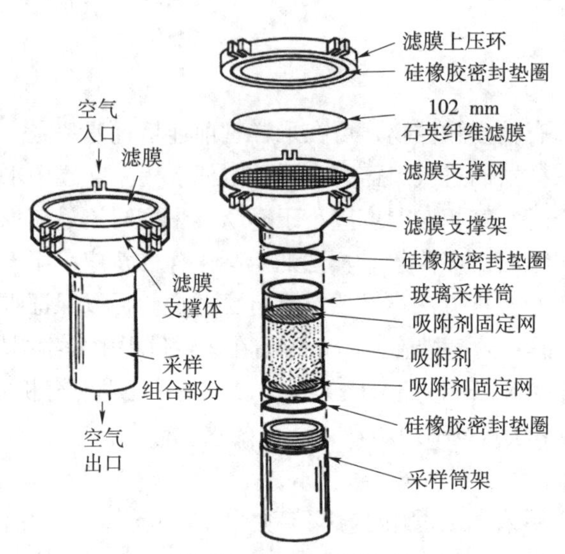

图 5-5　半挥发性有机物采样头结构示意图

（3）采样

1）根据仪器说明书把采样筒放入采样器的采样筒架内，确保密封圈安装正确，气密性完好后进行采样。

2）采样结束后，关闭电源，卸下采样头，将采样头带到干净、无污染和避光的地方，戴上白色棉手套或外科医用手套，将玻璃采样筒从采样头下端取出，用原来包裹采样筒的铝箔包裹好。

3）小心地用镊子将滤膜取下，将样品向里对折后与玻璃采样筒放在一起。用铝箔包好，放入样品保存筒中，盖上盖，再贴上标签。

4）将采样筒保存在低于 4℃的环境内，如果样品不能在 24 h 内分析，则应将滤膜和吸附剂放置于专用的密封样品盒内，并立即放入 4℃冷藏箱内保存至样品处理前，以防止有机物的分解。

5）样品采集后，对采样器进行单点流量校准，如果采样前后的流量波动大于 10%，应做可疑标志，并重新校正采样器，必要时应重新采样。

6）其他要求参见本节滤膜采样法、HJ 691—2014 和 HJ 77.2—2008 等。

（4）样品运输和保存

参照本节滤膜采样法、吸附管采样法的“样品运输和保存”内容，其他要求按各项目监测分析方法标准相关要求执行。

（5）记录与结果表述

参照本节滤膜采样法、吸附管采样法的“记录与结果表述”内容，其他要求按各项目监测分析方法标准相关要求执行。

（6）注意事项

质量保证和质量控制要求按照 HJ 194—2017 和各项目监测分析方法标准（HJ 77.2—2008、HJ 691—2014、HJ 1224—2021 等）相关要求执行。

1.4.1.5　注射器采样法

适用于总烃、甲烷、非甲烷总烃样品采集（HJ 604—2017 等）。

采样系统：注射器通常由玻璃、塑料等材质制成，采样前根据方法要求选择。一般采用容积 100 ml 带有惰性密封头的注射器。

采样前准备：将注射器按监测分析方法标准要求进行洗涤、干燥等处理后密封备用。采样前，所用注射器要通过气密性和空白检查，并保证内部无残留气体。

采样：采样时，移去注射器的密封头，抽吸现场空气 3～5 次，然后抽取一定体积的气样（一般为注射器满刻度），密封后将注射器进口朝下、垂直放置，使注射器的内压略大于大气压。做好样品标识，记录采样时间、地点、气温、气压等参数。

样品运输和保存：样品运输和保存应按照相应监测分析方法标准要求进行。一般情况下，采样后注射器应小心轻放，防止损坏，保持针头端向下状态迅速放入样品箱内；样品保温并避光保存，采样后尽快分析，在监测分析方法标准规定的时限内测定完毕。

注意事项：注射器气密性检查：注射器内芯与外筒间应滑动自如，先吸入空气至最大刻度，用配套密封头封好进气口，垂直放置 24 h，剩余空气应不少于 60%。注射器及配套密封头的材质不能污染、吸附样品，不可与样品发生化学反应。新的或使用过的注射器，需及时清洗、烘干，以排除可能的干扰。清洗后的注射器应排尽内部气体，密封保存在洁净环境中。将注入除烃空气的采样容器带至采样现场，与同批次采集的样品一起送回实验室分析。

质量保证和质量控制要求按照 HJ 194—2017 和各项目监测分析方法标准（HJ 604—2017 等）相关要求执行。

1.4.1.6　气袋采样法

气袋适用于采集化学性质稳定、不与气袋起化学反应的低沸点气态污染物，如一氧化碳、总烃、甲烷、非甲烷总烃、臭气浓度以及部分挥发性有机物等污染物的样品采集（GB/T 9801—1988、HJ 604—2017、HJ 1262—2022 等）。气袋常用的材质有聚四氟乙烯、聚乙烯、聚氯乙烯和金属衬里（铝箔）等。根据监测分析方法标准要求和目标污染物性质等选择合适的气袋。

（1）采样系统

气袋采样方式可分为真空负压法和正压注入法。真空负压法采样系统（图 5-6）由进气管、气袋、真空箱、阀门和抽气泵等部分组成；正压注入法用双联球、注射器、正压泵等器具通过连接管将样品气体直接注入气袋中。

空气中总烃、甲烷、非甲烷总烃、臭气浓度一般采用真空负压法进行采样；一氧化碳的采样采用的是正压注入法（GB/T 9801—1988），其气袋为金属衬里（铝箔）气袋。

（2）采样前准备

采样前气袋应清洗干净，确保无残留气体干扰。采样前应检查气袋是否密封良好，是否有破裂损坏等情况，并进行气密性检查，确保采样系统不漏气。

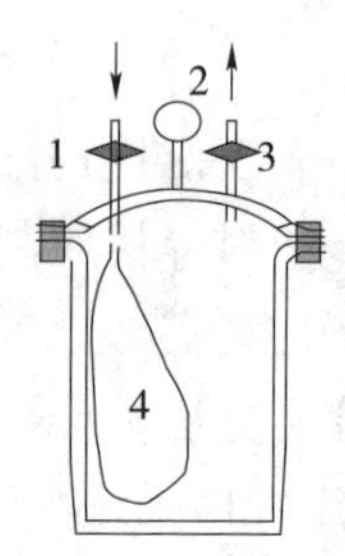

1—进气截止阀；2—负压表；3—抽气截止阀；4—采样袋。

图 5-6 真空负压法采样装置

（3）采样

一氧化碳采用双联球将样品气体挤入采气袋中。

总烃、甲烷、非甲烷总烃、臭气浓度则以气袋采集样品，用真空气体采样箱将空气样品引入气袋，至最大体积的 80% 左右，立刻密封。

采样前应用现场空气清洗气袋 3～5 次后再正式采样，采样后迅速将进气口密封，做好标识，并记录采样时间、地点、气温、气压等参数。

（4）样品运输和保存

样品运输和保存应按照相应监测分析方法标准要求进行。一般情况下，采样后气袋应迅速放入运输箱内，防止阳光直射，并采取措施避免气袋破损；当环境温差较大时，应采取保温措施；样品存放时间不宜过长，应在最短的时间内送至实验室分析，保存时间应满足各项目监测分析方法标准对样品时限的相关要求。

（5）注意事项

进气管、接头或阀门等辅助装置需选用惰性材质，气袋体积应满足监测分析方法标准对采样量的要求。使用前需对气袋进行吸附或渗透检查，稳定性差的不宜使用。每批气袋使用前需进行空白实验和检漏试验。气袋的检漏方法：当气袋充满空气后，浸没在水中，不应冒气泡。

1.4.1.7 真空罐（瓶）采样法

真空罐（瓶）采样法适用于挥发性有机物、臭气浓度等污染物的样品采集（HJ 759—2023、HJ 1262—2022 等）。

真空罐适用于环境空气中丙烯等 65 种挥发性有机物的测定，其他挥发性有机物如果通过方法适用性验证，也可采用 HJ 759—2023 进行采样测定，65 种挥发性有机物见 HJ 759—2023 附录 A；真空瓶适用于环境空气、无组织排放监控点空气和固定污染源废气样品中臭气的采集。

（1）采样系统

真空罐一般由内表面经过惰性处理的金属材料制作，真空瓶一般由硬质玻璃制作，通常配有进气阀门和真空压力表，可重复使用。

真空瓶与真空处理装置（图 5-7）由真空瓶、抽气真空泵、真空表、气量计和连接管等组成。气量计材质应选用无味材料，连接管应为聚四氟乙烯（PTFE）材质或其他无味无吸附材质短管。

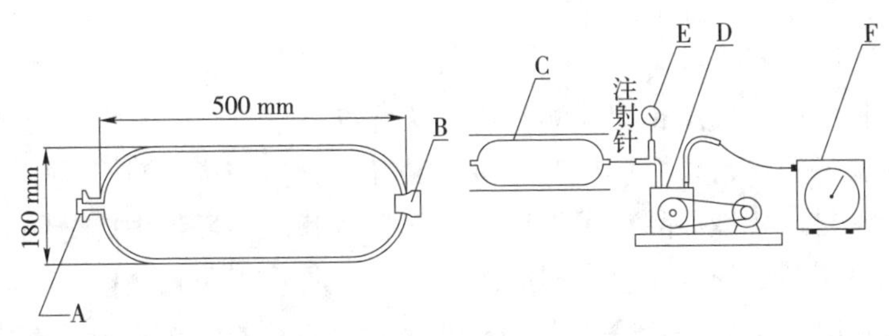

A—进气口硅胶塞；B—充填衬袋口硅胶塞；C—真空瓶；D—抽气真空泵；E—真空表；F—气量计。

图 5-7　真空瓶与真空处理装置示意图

（2）采样前准备

采样前，真空罐（瓶）应先清洗或加热清洗 3～5 次，再抽真空（<10 Pa），真空度应符合相关监测分析方法标准的要求。每批次真空罐（瓶）应进行空白测定。采样所用的辅助物品也应经过清洗，密封带到现场，或者事先在洁净的环境中安装好，封好进气口带到现场。

将除湿定容后的真空瓶，在采样前抽真空至负压 1.0×10^5 Pa。观测并记录真空瓶内压力，至少放置 2 h，真空瓶压力变化不能超过规定负压 1×10^5 Pa 的 20%，否则不能使用，需更换真空瓶。

其他具体技术操作参见 HJ 759—2023、HJ 1262—2022。

（3）采样

用真空罐采集空气样品可分为瞬时采样和恒流采样两种方式。瞬时采样时在罐进气口处加过滤器，恒流采样时在罐进气口安装限流阀和过滤器。采样需加装过滤器，去除空气中的颗粒物。

瞬时采样：将清洗后并抽成真空的采样罐带至采样点，安装过滤器后，打开采样罐阀门，开始采样。待罐内压力与采样点大气压力一致后，关闭阀门，用密封帽密封。记录采样时间、地点、温度、湿度、大气压。

恒定流量采样：将清洗后并抽成真空的采样罐，带至采样点，安装流量控制器和过滤器后，打开采样罐阀门，开始恒流采样，在设定的恒定流量所对应的采样时间达到后，关闭阀门，用密封帽密封。记录采样时间、地点、温度、湿度、大气压。采样罐容积为 3.2 L 和 6 L 时，不同恒定流量对应的采样时间见表 5-1。

表 5-1　不同恒定流量对应的挥发性有机物采样时间

3.2 L		6 L	
采样流量 /（ml/min）	对应采样时间 /h	采样流量 /（ml/min）	对应采样时间 /h
48	1	90	1
6.2	8	12	8
2.1	24	3.8	24

真空瓶采样时，直接打开真空瓶进气端胶管的止气夹（或进气阀），使瓶内充入样品气体至常压，随即用止气夹封住进气口。

（4）样品运输和保存

样品运输和保存应按照相应监测分析方法标准要求进行。一般情况下，挥发性有机物样品在常温下保存，采样后尽快分析，20 d 内分析完毕。对于臭气，样品采集后应对样品进行密封，环境样品与污染源样品在运输和保存过程中应分隔放置，并防止异味污染。真空瓶存放的样品应有相应的包装箱，防止光照和碰撞，气袋样品应避光保存。臭气样品均应在 17～25℃条件下进行保存。进行臭气浓度分析的样品应在采样后 24 h 内测定。

（5）注意事项

真空罐（瓶）清洗后，每 20 只应至少取 1 只注入高纯氮气分析，确定是否清洗干净。每个采集过高浓度样品的真空罐（瓶）清洗后，在下一次使用前均应进行本底污染分析。

玻璃真空瓶易碎，不锈钢真空罐的内壁进行过惰性处理，强烈碰撞会导致内壁变形或涂层脱落，致使样品保存效率下降，因此在运输、保存、使用过程中需小心谨慎，做好保护。使用后的真空瓶应及时用空气吹洗，当使用后的真空瓶污染较严重时，应采用蒸沸或重铬酸钾洗液清洗的方法处理。对新购置的真空瓶或新配置的胶塞，应进行漏气检查。用带有真空表的胶塞塞紧真空瓶的大口端，抽气减压到绝对压力 1.33 kPa 以下，放置 1 h 后，如果瓶内绝对压力不超过 2.66 kPa，则视为不漏气。

1.4.1.8 被动采样法

被动采样法适用于硫酸盐化速率、氟化物（长期）、降尘等污染物的样品采集（HJ 481—2009、HJ 1221—2021、《空气和废气监测分析方法》（第四版增补版）第三篇第一章七）。由于不同污染物的被动采样装置区别较大，此节将基于单个特定的污染物进行内容表述。

（1）硫酸盐化速率

该方法是将用碳酸钾溶液浸渍过的玻璃纤维滤膜（碱片）暴露于环境空气中，环境空气中的二氧化硫、硫化氢、硫酸雾等与浸渍在滤膜上的碳酸钾发生反应，生成硫酸盐而被固定的采样方法。

采样装置：采样装置由采样滤膜和采样架组成，采样架由塑料皿、塑料垫圈及塑料皿支架构成，如图 5-8 所示。

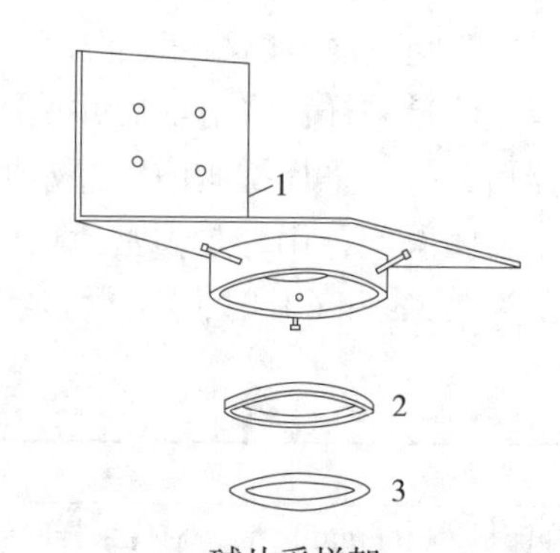

碱片采样架

1—塑料皿支架；2—塑料皿；3—塑料垫圈。

图 5-8 硫酸盐化速率被动采样装置示意图

采样前准备：将玻璃纤维滤膜剪成直径 70 mm 的圆片（或购置符合要求的市售产品），毛面向上，平放于 150 ml 的烧杯口上，用刻度吸管均匀滴加 30% 碳酸钾溶液

1.0 ml 于每张滤膜上，使其扩散直径为 5 cm。将滤膜置于 60℃下烘干，贮存于干燥器内备用。

采样：将滤膜毛面向外放入塑料皿中，用塑料垫圈压好边缘，装在塑料袋中携带至采样现场；将塑料皿中滤膜面向下，用螺栓固定在塑料皿支架上，并将塑料皿支架固定在距地面高 3～15 m 的支持物上，采样高度为 5～10 m，如放置在屋顶上，距基础面的相对高度应大于 1.5 m，记录采样点位、样品编号、放置时间（年、月、日、时）等。放置时间为（30 ± 2）d。

样品运输和保存：采样结束后，取出塑料皿，用锋利小刀沿塑料垫圈内缘刻下直径为 5 cm 的样品膜，将滤膜样品面向里对折后放入样品盒（袋）中。记录采样结束时间（年、月、日、时），并核对样品编号及采样点。

记录与结果表述：采样记录可以参照表 5-2。

表 5-2　硫酸盐化速率采样原始记录表

采样目的：		方法依据：		滤膜面积 /cm^2：		
采样点周边情况描述：						
序号	采样点名称	样品编号	放样时间（年月日时）	收样时间（年月日时）	采样天数 /d	备注
样品保存情况：						

采样人：　　　　送样人：　　　　接样人：

1）采用硫酸钡重量法进行分析，按下式计算：

$$\text{硫酸盐化速率（SO}_3\text{，mg/100 cm}^2\text{碱片·d）}=\frac{(W_s-W_b)}{S\cdot n}\times\frac{M_{SO_3}}{M_{BaSO_4}}\times100=\frac{(W_s-W_b)}{S\cdot n}\times34.3$$

式中，W_s——样品碱片中测得的硫酸钡重量，mg；

W_b——空白碱片中测得的硫酸钡重量，mg；

M_{SO_3}——SO_3 分子量；

M_{BaSO_4}——$BaSO_4$ 分子量；

S——样品碱片有效采样面积，cm^2；

n——碱片采样放置天数，精确至 0.1 d。

2）采用铬酸钡分光光度法进行分析，按下式计算：

$$\text{硫酸盐化速率（SO}_3\text{，mg/100 cm}^2\text{碱片·d）}=\left(W\times\frac{V_t}{V_a}-W_0\right)\times\frac{1000}{100\times S\cdot n}$$

式中，W——测定时所取样品溶液中三氧化硫含量，μg；

W_0——每张空白碱片所含三氧化硫的量，μg；

V_t——样品溶液总体积，ml；

V_a——测定时所取样品溶液体积，ml；

S——样品碱片有效采样面积，cm^2；

n——碱片采样放置天数，精确至 0.1 d。

3）采用离子色谱法分析样品溶液中硫酸根离子，按下式计算：

$$\text{硫酸盐化速率}（SO_3，mg/100\,cm^2\text{碱片}\cdot d）=\frac{(W-1/2W_0)}{S\cdot n}\times\frac{M_{SO_3}}{M_{SO_4^{2-}}}\times\frac{100}{1\,000}=\frac{(W-1/2W_0)}{S\cdot n}\times 0.083\,3$$

式中，W——样品溶液中硫酸根含量，μg；

W_0——空白碱片溶液中硫酸根含量，μg；

M_{SO_3}——SO_3 分子量；

$M_{SO_4^{2-}}$——SO_4^{2-} 分子量；

S——样品碱片有效采样面积，cm^2；

n——碱片采样放置天数，精确至 0.1 d。

碱片样品溶液和空白溶液中硫酸根离子的含量按下式计算：

$$W(SO_4^{2-}，\mu g)=K\cdot h\cdot V_t$$

式中，K——硫酸根标准溶液浓度和峰高比值，μg/（ml · mm）；

h——样品溶液硫酸根离子峰高，mm；

V_t——样品溶液总体积，ml。

注意事项：制备碱片时，滴加碳酸钾溶液应保证滤膜浸渍均匀，不得出现空白。采样支架及设备，在保证基本尺寸合乎要求的条件下，固定塑料皿的方法可根据具体情况自行设计和加工。采样点除考虑气象因素的影响及采样地点之间的合理布局之外，还应注意不要接近烟囱等含硫气体污染源，并尽量避免人的干扰。

（2）氟化物

HJ 481—2009 适用于环境空气中氟化物长期平均污染水平的测定，空气中的氟化物（氟化氢、四氟化硅）等与浸渍在滤纸上的氢氧化钙反应而被固定。用总离子强度调节缓冲液浸提后，以氟离子选择电极法测定，获得石灰滤纸上氟化物的含量。测定结果可反映放置期间空气中氟化物的平均污染水平。

采样装置：采样装置（图 5-9）由一个采样盒和防雨罩组成。采样盒为外径 130 mm、内径 126 mm、高 25 mm（不包括盖）的平底塑料盒，具盖，盒内具有外径 125 mm、内径 110 mm 的塑料环状垫圈和固定滤纸片用的塑料焊条（或弹簧圈）；采用盆口直径 300 mm、高 90 mm 的防雨罩，盆底用铁皮焊一个直径 130 mm、高 35 mm 的圈，可用于安装采样盒。

采样前准备：制备石灰悬浊液，称取 56 g 氧化钙，加 250 ml 水，在搅拌下缓慢加入 72%（*m/v*）高氯酸（优级纯）250 ml，加热至产生白烟。冷却后再加水 200 ml，加热蒸发至产生白烟，重复3次，如有沉淀物，用玻璃砂芯漏斗（G3）过滤。在搅拌下向所得透明滤液加入2.5 mol/L氢氧化钠溶液（优级纯）1 000 ml，得到氢氧化钙悬浊液。静置沉降后，倾出上清液，再用水重复洗涤5～6次，最后加水至5 000 ml，质量分数约为1%，密闭保存，用时摇匀。准备石灰滤纸，用两个大培养皿（直径约15 cm）各放入少量石灰悬浊液，将直径12.5 cm定性滤纸放入第一个培养皿中浸透、沥干，再放在第二个培养皿中浸透、沥干（浸渍5～6张滤纸后，换新的石灰悬浊液），然后摊放在大张干净、无氟的定性滤纸上，于60～70℃烘干，装入塑料盒（袋）中，密封好放入干燥器中备用，干燥器中不加干燥剂。

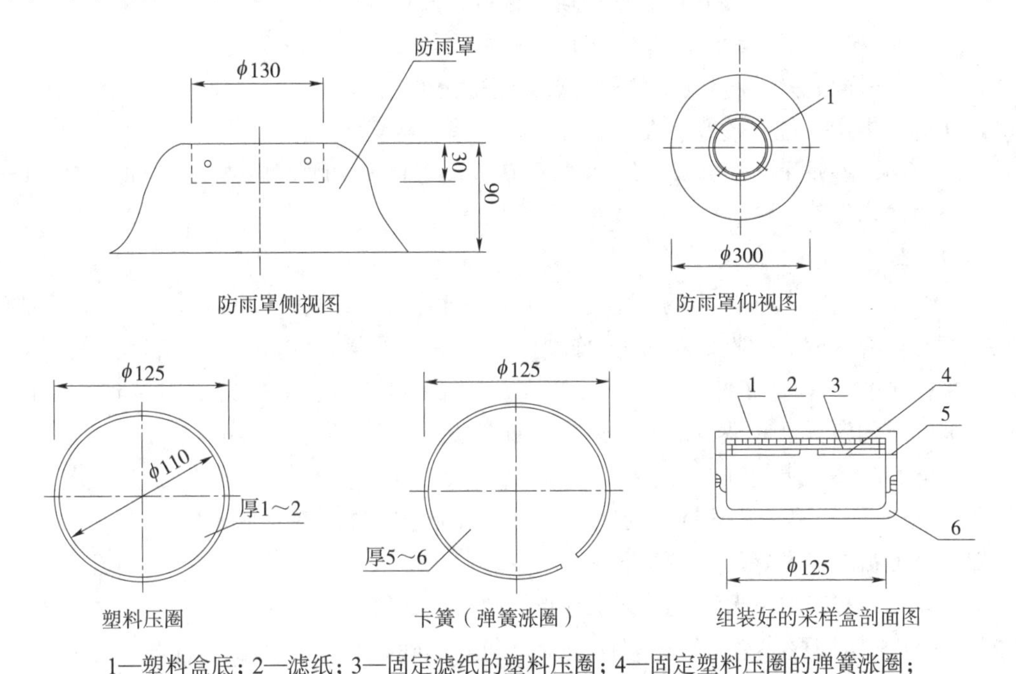

1—塑料盒底；2—滤纸；3—固定滤纸的塑料压圈；4—固定塑料压圈的弹簧涨圈；5—卡簧销钉；6—塑料盒盖。

图5-9　环境空气中氟化物长期平均污染水平的采样装置

采样：取一张石灰滤纸，平铺在平底塑料采样盒底部，用环状塑料卡圈压好滤纸边，再用具有弹性的塑料焊条或卡簧沿盒边压紧（盒上可安装铆钉卡住焊条）。将滤纸牢牢地固定，盖好盖，携至采样点；采样点之间距离一般为1 km左右，距污染源近时，采样点之间距离可缩小，远离污染源的采样点之间距离可加大。采样点应设在较空旷的地方，避开局部小污染源（如烟囱等）。采样装置可固定在离地面3.5～4 m的采样架或电线杆上；在建筑物密集的地方，可安装在楼顶，与基础面相对高度应大于1.5 m；采样时，将装好石灰滤纸的采样盒的盒盖取下，装入采样防雨罩的底部铁圈内，固定好，使石灰滤纸面向下，暴露在空气中，采样时间为7 d到一个月。做好采样记录，记录放样品地点、样品编号及放样时间（年、月、日、时）等。

样品运输与保存：收取样品时，从防雨罩取出采样盒，加盖密封，带回实验室。

做好相应记录。采集后的样品贮存在实验室干燥器内，在 40 d 内分析。

记录与结果表述：采样记录可参照本节硫酸盐化速率中相关表格，将碱片面积更换为滤纸面积。环境空气中氟化物的浓度 ρ 按下式计算：

$$\rho=\frac{(W-W_0)}{S\cdot n}$$

式中，ρ——空气中氟化物的浓度，μg/（dm^2·d）；

W——测得的石灰滤纸样品的氟含量，μg；

W_0——测得的空白石灰滤纸平均氟含量，μg；

S——样品滤纸暴露在空气中的面积，dm^2；

n——样品滤纸在空气中放置天数，精确至 0.1 d。

所得结果用 3 位有效数字表示。

注意事项：质量保证和质量控制要求按照 HJ 194—2017 和项目监测分析方法标准（HJ 481—2009）相关要求执行。

（3）降尘

适用于环境空气中降尘的测定（HJ 1221—2021），空气中可沉降的颗粒物，沉降在装有乙二醇水溶液做收集液的集尘缸内，经蒸发、干燥、称重后，计算降尘量。

采样装置：集尘缸为内径（15 ± 0.5）cm，高 30 cm 的圆柱形缸，材质为有机玻璃、玻璃或陶瓷，缸底平整，内壁光滑。如有磨损，应立即更换。

采样前准备：集尘缸放到采样点前，加入 120 ml 乙二醇水溶液（乙二醇与水 1∶1 体积比混合），干旱、蒸发量大的地区可酌情增加乙二醇水溶液加入量。加好溶液后，用保鲜膜覆盖缸口做好防尘，并记录。

采样：放缸时取下保鲜膜，记录地点、缸号、放缸时间（年、月、日、时）。按月（28～31 d）定期更换集尘缸，采样记录时间应精确到 0.1 d。取缸时应核对地点、缸号，并记录取缸时间（年、月、日、时），用保鲜膜覆盖缸口做好防尘，带回实验室。在夏季多雨及冬季多雪季节，应注意缸内积水或积雪情况，为防水或雪满溢出，应及时更换新缸，采集的样品合并后测定。在样品收集过程中，如缸内收集液高度低于 0.3 cm，应适当补充乙二醇水溶液。

样品运输和保存：样品采集后应尽快分析。如不能 24 h 内分析，应将样品进行以下处理，并补加适量乙二醇，并用保鲜膜覆盖烧杯口，7 d 内测定。处理步骤如下：测量集尘缸的内径（按不同方向至少测定 3 处，取其算术平均值，精确至 0.1 cm），然后用光洁的镊子将落入缸内的树叶、昆虫等异物取出，并用水将附着在异物上的尘粒冲洗下来后，将异物弃掉。用软质硅胶刮刀把缸壁刮洗干净，将缸内溶液和尘粒通过金属或尼龙筛（孔径 1 mm），全部转入 500 ml 烧杯中，用水反复冲洗截留在筛网上的异物以及软质硅胶刮刀，将附着在上面的尘粒冲洗下来后，将筛上异物弃掉。

记录与结果表述：采样记录可参照本节硫酸盐化速率中相关表格，将碱片面积更换为集尘缸内径或缸口面积。环境空气中降尘总量按下式计算：

$$降尘量\left[t/\left(km^2\cdot 30\ d\right)\right]=\frac{\left(W_1-W_0-W_2\right)}{S\cdot n}\times 30\times 10^4$$

式中，W_1——降尘、瓷坩埚和乙二醇水溶液蒸发至干并在（105±5）℃恒重后的重量，g；

W_0——瓷坩埚在（105±5）℃烘干恒重后的重量，g；

W_2——采样操作和样品保存等量的乙二醇水溶液蒸发至干并在（105±5）℃恒重后的空白试样重量，g；

S——集尘缸缸口面积，cm^2；

n——采样天数（精确到 0.1 d）；

30——一个采样周期，以 30 d 计；

10^4——g/cm^2 转换为 t/km^2 的单位换算系数。

测定结果保留 1 位小数，最多保留 3 位有效数字。

注意事项：①树叶、枯枝、鸟粪、昆虫、花絮等会对测定产生干扰，样品测定前应去除。②选择采样点时，应优先考虑集尘缸不易损坏的地方，还要考虑操作者易于更换集尘缸，采样点一般设在建筑物的屋顶，采样点周围应设置明显标识，防止误入。③集尘缸放置高度应距离地面 8～15 m，即普通住宅 3～5 层。在同一地区，各采样点集尘缸的放置高度应尽可能保持一致。在保证监测点具有空间代表性的前提下，若所选监测点位周围半径 300～500 m 建筑物平均高度在 25 m 以上，无法满足高度设置要求时，集尘缸放置高度可在 20～30 m 选取。如放置在屋顶上，集尘缸口离建筑物墙壁、屋顶等支撑物表面的距离应大于 1 m，避免支撑物上扬尘的影响。④集尘缸的支架应稳定和坚固，防止摇摆或被风吹倒。⑤在林区、公园等鸟类聚集处布设点位时，可根据需要，在不影响样品采集和人体安全的前提下，通过声波、光波、加装防鸟装置等方式驱鸟。⑥在清洁区设置对照点。⑦其他质量保证和质量控制要求按照 HJ 194—2017 和项目监测分析方法标准（HJ 1221—2021）相关要求执行。

（4）降雨（雪）

适用于大气降水样品的采集。监测因子包括 pH、电导率、NO_2^-、NO_3^-、NH_4^+、F^-、Cl^-、SO_4^{2-}、K^+、Na^+、Ca^{2+}、Mg^{2+}、有机酸（甲酸、乙酸和草酸）等。

需要强调的一点是，在生态环境监测领域涉及的监测类别中，大气降水属于水（含大气降水）和废水类别，由于大气降水布点、采样及相关注意事项等与环境空气监测相近，故放在空气章节进行统一描述，但不能因此认为大气降水归类于环境空气类别。

采样系统：采集大气降水可用降水自动采样器采样，或用聚乙烯塑料小桶（上口直径 40 cm、高 20 cm）采样。采集雪水可用聚乙烯塑料容器，上口直径 60 cm 以上。样品采集后，尽快用过滤装置除去降水样品中的颗粒物。过滤装置如图 5-10 所示，过滤装置应选用孔径为 0.45 μm 的有机微孔滤膜作过滤介质。

采样前准备：采样器具、过滤器在第一次使用前，用 10%（V/V）盐酸（或硝酸）浸泡一昼夜，用自来水洗至中性，再用去离子水冲洗多次。然后加少量去离子水振摇，用离子色谱法检查水中 Cl^-。若和去离子水相同，即为合格。晾干，加盖保存在清洁的橱柜内。采样器、过滤器每次使用后，先用去离子水冲洗干净，晾干，然后加盖保存。过滤用的滤膜使用前应放入去离子水中浸泡 24 h，并用去离子水洗涤数次后，才可用于过滤操作。

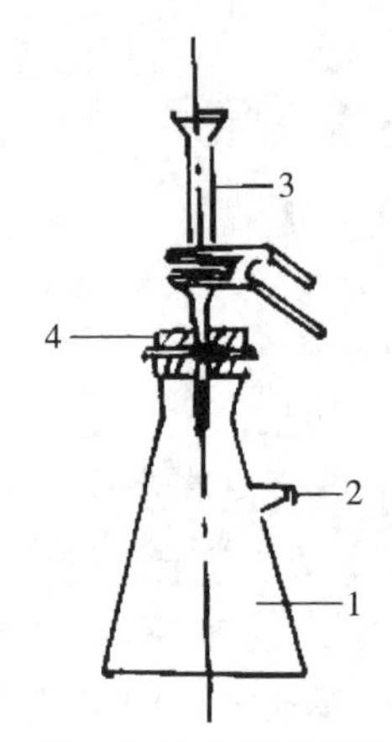

1—抽滤瓶；2—接抽气泵；3—带砂芯的玻璃过滤器；4—胶塞；5—0.45 μm 滤膜。

图 5-10　过滤装置示意图

采样：采样器放置的相对高度应在 1.2 m 以上。每次降雨（雪）开始，立即将备用的采样器放置在预定采样点的支架上，打开盖子开始采样（或自动降雨（雪）采样器的盖子打开应不晚于降水开始的 5 min），并记录开始采样时间。不得在降水前打开盖子采样，以防干沉降的影响。采样应取每次降水的全过程样（降水开始至结束），若一天中有几次降水过程，可合并为一个样品测定。若遇连续几天降雨，可收集上午 8：00 至次日上午 8：00 的降水，即 24 h 降水样品作为一个样品进行测定。

样品运输和保存：采集的样品应移入洁净干燥的聚乙烯塑料瓶中，密封保存。在样品瓶上贴上标签、编号，同时记录采样地点、日期、起止时间、降水量。样品采集后，将用于测电导率和 pH 的降水样品装入干燥清洁的白色聚乙烯塑料瓶中，无须过滤。测定其他因子的样品应尽快用过滤装置除去降水样品中的颗粒物，将滤液装入干燥清洁的白色塑料瓶中，不加添加剂，密封后放在冰箱中保存，以减缓由于物理作用（如挥发作用和吸收大气中的 SO_2、酸碱气体等）、化学作用（SO_2 氧化成 SO_4^{2-}、NO_2^- 氧化成 NO_3^-）和生物作用（如某些微生物是以 NH_4^+、NO_3^- 为养料的）导致样品中待测组分的改变。

降水中各组分的保存容器和贮存方式及保存时间见表 5-3。

表 5-3　降水样品的保存

待测项目	贮存容器	贮存方式	保存时间
电导率	聚乙烯瓶	冰箱（3～5℃）	24 h
pH	聚乙烯瓶	冰箱（3～5℃）	24 h

续表

待测项目	贮存容器	贮存方式	保存时间
NO_2^-	聚乙烯瓶	冰箱（3～5℃）	24 h
NO_3^-	聚乙烯瓶	冰箱（3～5℃）	24 h
NH_4^+	聚乙烯瓶	冰箱（3～5℃）	24 h
F^-	聚乙烯瓶	冰箱（3～5℃）	一个月
Cl^-	聚乙烯瓶	冰箱（3～5℃）	一个月
SO_4^{2-}	聚乙烯瓶	冰箱（3～5℃）	一个月
K^+	聚乙烯瓶	冰箱（3～5℃）	一个月
Na^+	聚乙烯瓶	冰箱（3～5℃）	一个月
Ca^{2+}	聚乙烯瓶	冰箱（3～5℃）	一个月
Mg^{2+}	聚乙烯瓶	冰箱（3～5℃）	一个月
有机酸	玻璃瓶或聚乙烯瓶	冰箱（4℃以下冷藏密封保存）	2 d
		若用 NaOH（ρ=40 g/L）调节 pH 为 8～10	7 d

注意事项：①在测定样品时，要先测定 pH。②不可用测定 pH 和电导率的样品过滤后用作后续其他因子的测定。③雪水等固态降水样品应待其自然融化后再过滤取样，不得在其完全融化前取部分样品进行测定。④其他质量保证和质量控制要求按照各项目监测分析方法标准相关要求执行。

1.4.2 仪器监测法（直读）

1.4.2.1 非分散红外法

（1）仪器基本要求

一氧化碳红外分析仪量程为 0～62.5 mg/m³，最低检出浓度为 0.3 mg/m³。

（2）采样前准备

仪器调零：开机接通电源预热 30 min，启动仪器内装泵抽入氮气，用流量计控制流量为 0.5 L/min。调节仪器调零电位器，使记录器指针指在所用氮气的一氧化碳浓度的相应位置。使用霍加拉特管调零时，将记录器指针调在零位。

仪器标定：在仪器进气口通入流量为 0.5 L/min 的一氧化碳标定气，调节仪器灵敏度电位器，使记录器指针调在一氧化碳浓度的相应位置。

（3）监测步骤

使用仪器现场连续监测，将样品气体直接通入仪器进气口，待仪器读数稳定后直接读取指示格数。

也可采用本节气袋采样法中的双联球采集样品气体至铝箔袋中，接入仪器进行测量。

（4）采样后工作

完成测定后，应通入干燥零气清洗仪器管路一段时间后再关机。零气制备参照采样前准备相关内容。

（5）记录与结果表述

根据仪器显示的格数进行记录，按下式计算一氧化碳浓度。

$$c=1.25\times n$$

式中，c——样品气体中一氧化碳浓度，mg/m^3；

n——仪器指示的一氧化碳格数；

1.25——一氧化碳体积分数（ppm）换算成质量浓度（mg/m^3）的换算系数。

其他要求可参照本节溶液吸收采样法的“记录与结果表述”相关内容。

（6）注意事项

仪器启动后，必须充分预热，确认稳定后再进行样品测定，否则影响测定的准确度。仪器一般用高纯氮气调零，也可以用经霍加拉特管（加热至 90～100℃）净化后的空气调零。为了确保仪器的灵敏度，在测定时，使空气样品经硅胶干燥后再进入仪器，防止水蒸气对测定的影响。仪器可连续测定。用聚四氟乙烯管将被测空气引入仪器中，接上记录仪，可 24 h 或长期检测空气中一氧化碳浓度变化情况。

1.4.2.2 紫外光度法

（1）仪器基本要求

1）基于紫外光度法的环境臭氧分析仪主要由以下几部分组成：

紫外吸收池：应由不与臭氧起化学反应的惰性材料制成，并具有良好的机械稳定性，受环境温度变化的影响。吸收池温度控制精度为 ±0.5 ℃，吸收池中样品空气压力控制精度为 ±0.2 kPa。

紫外光源灯：如低压汞灯，其发射的紫外单色光集中在 253.7 nm，而 185 nm 的光（照射氧产生臭氧）通过石英窗屏蔽去除。光源灯发出的紫外辐射应足够稳定，能够满足分析要求。

紫外检测器：能定量接收波长 253.7 nm 处辐射的 99.5%。其电子组件和传感器的响应稳定，能满足分析要求。

带旁路阀的涤气器：其活性组分能在环境空气样品流中选择性地去除臭氧。

采样泵：安装在气路的末端，抽吸空气流过臭氧分析仪，能保持流量在 1～2 L/min。

流量控制器：紧接在采样泵的前面，可适当调节流过臭氧分析仪的空气流量。

空气流量计：安装在紫外吸收池的后面，流量范围为 1～2 L/min。

温度指示器：能测量紫外吸收池中样品空气的温度，准确度为 ±0.5℃。

压力指示器：能测量紫外吸收池内样品空气的压力，准确度为 ±0.2 kPa。

2）校准用的主要设备主要包括以下内容：

紫外校准光度计：其构造和原理与环境臭氧分析仪相似，其准确度优于 ±0.5%，重复性相对偏差小于 ±1%。但没有内置去除臭氧的涤气器。因此提供给校准仪的零空气必须与臭氧发生器的零空气为同一来源。

注：1. 该仪器用于校准臭氧的传递标准或环境臭氧分析仪，只允许使用洁净的经过除湿过滤的校准气体，不得用于测定环境空气。该仪器应每年用臭氧标准参考光度计（SRP）比对或校准一次。

2. 有的紫外校准光度计内置零气源、臭氧发生器和准确的流量稀释装置。

传递标准：可根据本实验室条件，选择下列传递标准之一作为校准环境臭氧分析仪的工作标准，包括紫外臭氧分析仪和带配气装置的臭氧发生器。紫外臭氧分析仪构造与前文环境臭氧分析仪相同。但作为臭氧传递标准使用时，不可同时用于测定环境空气。带配气装置的臭氧发生器与零气源连接后，能够产生稳定的接近系统上限浓度的臭氧（0.5 μmol/mol 或 1.0 μmol/mol），能够准确控制进入臭氧发生器的零空气的流量，至少可以对发生的初始臭氧浓度进行 4 级稀释，发生的臭氧浓度用紫外校准光度计或经过上一级溯源的紫外臭氧分析仪测量。该仪器用于对环境臭氧分析仪进行多点校准和单点校准。

输出多支管：输出管线的材质应采用不与臭氧发生化学反应的惰性材料，如硅硼玻璃、聚四氟乙烯等。为保证管线内外的压力相同，管线应有足够的直径和排气口。为防止空气倒流，排气口在不使用时应封闭。

典型的紫外光度臭氧测量系统、臭氧校准系统气路示意图见图 5-11、图 5-12。

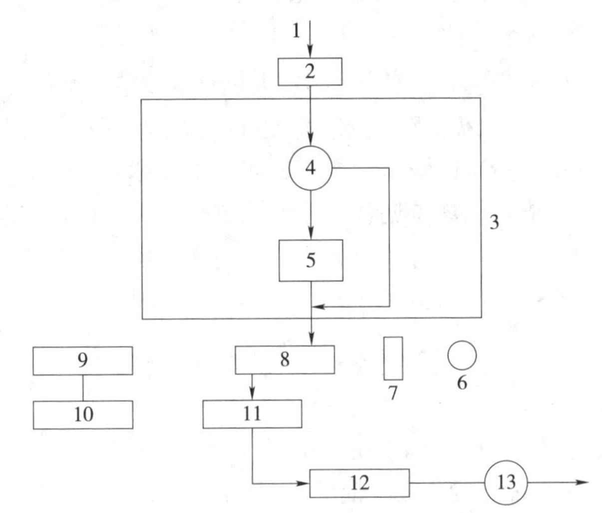

1—空气输入；2—颗粒物过滤器和除湿器；3—环境臭氧分析仪；4—旁路阀；5—涤气器；6—紫外光源灯；7—光学镜片；8—UV 吸收池；9—UV 检测器；10—信号处理器；11—空气流量计；12—流量控制器；13—泵。

图 5-11 典型的紫外光度臭氧测量系统示意图

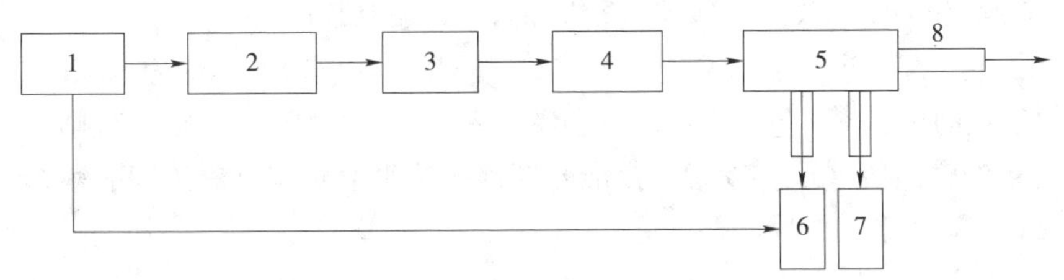

1—零空气；2—流量控制器；3—流量计；4—臭氧发生器；5—输出多支管；6—紫外校准光度计接口；7—环境臭氧分析仪或其他传递标准接口；8—排气口。

图 5-12 典型的臭氧校准系统气路示意图

（2）采样前准备

对臭氧分析仪进行校准，包括用紫外校准光度计校准传递标准和用传递标准校准环境臭氧分析仪。

1）用紫外校准光度计校准传递标准

由于传递标准的不同，这里就包括了两种，即用紫外校准光度计校准臭氧发生器类型的传递标准和用紫外校准光度计校准臭氧分析器类型的传递标准。

a）用紫外校准光度计校准臭氧发生器类型的传递标准

按图 5-12 连接零空气、臭氧发生器和紫外校准光度计，调节进入臭氧发生器的零空气流量使产生不同浓度的臭氧，用紫外校准光度计测量其质量浓度值。输入到输出多支管的空气流量应超过仪器需要总量的 20%，并适当超过排气口的大气压力。

严格按仪器说明书操作各仪器，待仪器充分预热后，运行下列校准步骤：

零点调整：引导零空气进入输出多支管，直至获得稳定的响应值（零空气需稳定输出 15 min）。必要时，调节臭氧发生器的零点电位器使读数等于零或进行零补偿。记录紫外校准光度计的输出值（I_0）。

跨度调节：调节臭氧发生器，使产生所需要的最高摩尔分数的臭氧（0.5 μmol/mol 或 1.0 μmol/mol），稳定后，记录紫外校准光度计的输出值（I）。必要时，调节臭氧发生器的跨度电位器，使其指示的输出读数接近或等于计算的浓度值。如果跨度调节和零点调节相互关联，则应重复零点调整和跨度调节步骤，再检查零点和跨度，直至不做任何调节，仪器的响应值均符合要求为止。使用紫外校准光度计的测量参数，按下式计算标准状态下（273.15 K、101.325 kPa）输出多支管中臭氧的质量浓度：

$$\rho_0=\frac{101.25}{p}\times\frac{T\times 273.15}{273.15}\times\frac{-\ln\left(I/I_0\right)}{1.44\times 10^{-5}}\times\frac{1}{D}$$

式中，ρ_0——标准状态下臭氧的质量浓度，μg/m^3；

D——紫外臭氧校准光度计吸收池的光程，m；

I/I_0——含臭氧空气的透光率，即样气和零空气的光强度之比；

1.44×10^{-5}——臭氧在 253.7 nm 处的吸收系数，m^2/μg；

p——光度计吸收池压力，kPa；

T——光度计吸收池温度，℃。

注：有的紫外臭氧校准仪直接输出臭氧的浓度值，可省略上述计算步骤。

多点校准：调节进入臭氧发生器的零空气流量，在仪器的满量程范围内，至少发生 4 个浓度点的臭氧（不包括零浓度点和满量程点），对每个浓度点分别测定、记录并计算其稳定的输出值（ρ_i）。以紫外校准光度计的输出值对应臭氧浓度的稀释率绘图。按下式计算多点校准的线性误差。

$$E_i=\frac{\rho_0-\rho_i/R}{A_0}\times 100\%$$

式中，E_i——各浓度点的线性误差，%；

ρ_0——初始臭氧质量浓度或摩尔分数，mg/m^3 或 μmol/mol；

ρ_i——稀释后测定的臭氧质量浓度或摩尔分数，mg/m^3 或 μmol/mol；

R——稀释率，等于初始浓度流量除以总流量。

注：1. 为评估校准的精密度重复该校准步骤。

2. 各浓度点的线性误差必须小于 ±3%，否则，检查流量稀释的准确度。

b）用紫外校准光度计校准臭氧分析仪类型的传递标准

按图 5-12 连接零空气、臭氧发生器、紫外校准光度计和紫外臭氧分析仪，按与上述用紫外校准光度计校准臭氧发生器类型的传递标准相同的步骤，进行零点调节、跨度调节和多点校准，并分别记录、计算紫外校准光度计的输出值和臭氧分析仪的响应值。以紫外校准光度计的测量值对应臭氧分析仪的响应值绘制校准曲线。校准曲线的斜率应为 0.97～1.03，截距应小于满量程的 ±1%，相关系数应大于 0.999。

2）用传递标准校准环境臭氧分析仪

按图 5-12 连接零空气、臭氧发生器、环境臭氧分析仪和经过上一级溯源的紫外臭氧分析仪或其他传递标准，按与上述用紫外校准光度计校准臭氧发生器类型的传递标准相同的步骤，进行零点调节、跨度调节和多点校准，并分别记录环境臭氧分析仪的输出值。以传递标准的参考值对应臭氧分析仪的响应值绘制校准曲线。校准曲线的斜率应为 0.95～1.05，截距应小于满量程的 ±1%，相关系数应大于 0.999。

（3）监测步骤

在有温度控制的实验室安装臭氧分析仪或安装在适当的位置，以减少任何温度变化对仪器的影响。

接通电源，打开仪器主电源开关，仪器至少预热 1 h 或根据生产厂界说明书要求预热。

按生产厂家的操作说明正确设置各种参数，包括 UV 光源灯的灵敏度、采样流速；激活电子温度和压力补偿功能等；向仪器中导入零空气和样气，检查零点和跨度，待仪器稳定后读数。

（4）记录与结果表述

用合适的记录装置记录臭氧浓度。可将臭氧分析仪与记录仪、数据记录器和计算机等适当的记录装置连接，记录臭氧的浓度。

大多数臭氧分析仪能够测量吸收池内样品空气的温度和压力，并根据测得的数据自动将采样状态下臭氧的质量浓度换算为标准状态或参比状态下的质量浓度。若无此功能，可参照下式计算。

$$\rho_{标准状态}=\rho\times\frac{101.325}{p}\times\frac{t+273.15}{273.15}$$

$$\rho_{参比状态}=\rho\times\frac{101.325}{p}\times\frac{t+273.15}{298.15}$$

式中，$\rho_{标准状态}$——标准状态下臭氧的质量浓度，mg/m^3；

$\rho_{参比状态}$——参比状态下臭氧的质量浓度，mg/m^3；

ρ——仪器读数，采样温度、压力条件下臭氧的质量浓度，mg/m^3；

p——光度计吸收池压力，kPa；

t——光度计吸收池温度，℃。

具体换算为标准状态还是参比状态下的结果，应根据监测分析方法或评价标准要求执行。

（5）注意事项

采样管线须采用玻璃、聚四氟乙烯等不与臭氧起化学反应的惰性材料。为了缩短样品空气在管线中的停留时间，应尽量采用短的采样管线。实验证明，如果样品空气在管线中停留时间少于 5 s，臭氧损失小于 1%。

过滤器由滤膜及其支架组成，其材质应选用聚四氟乙烯等不与臭氧起化学反应的惰性材料。滤膜的材质为聚四氟乙烯，孔径为 5 μm；一般新滤膜需要经过环境空气平衡一段时间才能获得稳定的读数；应根据环境中颗粒物浓度和采样体积定期更换滤膜，一片滤膜最长使用时间不得超过 14 d。当发现在 5～15 min 内臭氧含量递减 5%～10% 时，应立即更换滤膜。

符合分析校准程序要求的零空气，可以由零气发生装置产生，也可以由零气钢瓶提供。如果使用合成空气，其中氧的含量应为合成空气的（20.9 ± 2）%。来源不同的零空气可能含有不同的残余物质从而产生不同的紫外吸收。因此，向紫外光度计提供的零空气必须与校准臭氧浓度时臭氧发生器所用的零空气为同一来源。

质量保证和质量控制要求按照项目监测分析方法标准（HJ 590—2010）相关要求执行。

1.4.2.3　定电位电解法

（1）仪器基本要求

定电位分析仪器，可用于分析空气中二氧化硫、二氧化氮、一氧化碳。测定范围为 1 ppb～2 ppm（SO_2、NO_2）、0.5～50 ppm（CO）。

仪器响应时间应＜180 s，精度、线性、零点漂移和跨度漂移均要求≤ ± 2%F.S.，采样流量 350 ml/min。

（2）采样前准备

开机之前仔细检查仪器各部分，按仪器说明书的要求连接好气路和电路。接通电源，仪器预热约 1.5 h。

进行调零，仪器经预热后，接零过滤器运行 0.5 h 后观察模拟输出电压值，调整零点调节钮，使其输出值在零附近，至输出稳定后为止。

进行标定，仪器通入量程浓度 80% 的标准气 10 min 后，调节跨度调节钮，使仪器输出值与标气浓度值相符。输出值稳定后停供标气。

重复进行调零、标定整个完整过程 2～3 次。

（3）监测步骤

将仪器带至采样点，打开仪器电源开关，仪器预热约 1.5 h。打开泵开关，按仪器使用说明书操作，使其进入测定状态。接入气路，对待测气体进行连续测定，待仪器指示值稳定后记录。

监测完毕，先关闭泵开关，然后关闭仪器电源开关。

（4）记录与结果表述

直接记录仪器读数，亦可将仪器与记录仪、数据记录器和计算机等适当的记录装置连接，记录污染物的浓度。

仪器对二氧化硫、二氧化氮、一氧化碳测定的结果，应以标准状态或参比状态下的质量浓度表示。若仪器示值单位为 ppm 且无法自动转化时，应按下式换算为标准状态下的质量浓度：

$$C_{\text{质量浓度}}=C_{\text{体积分数}} \times f$$

式中，$C_{\text{质量浓度}}$——二氧化硫、二氧化氮、一氧化碳的质量浓度，mg/m^3；

$C_{\text{体积分数}}$——定电位电解分析仪器中二氧化硫、二氧化氮、一氧化碳的指示浓度，ppm；

f——从体积分数（ppm）换算为质量浓度（mg/m^3）的换算系数，二氧化硫为 2.86，二氧化氮为 2.05，一氧化碳为 1.25。

标准状态和参比状态换算可参照本节溶液吸收采样法中的“记录与结果表述”相关内容，具体换算为标准状态还是参比状态下的结果，应根据监测分析方法或评价标准要求执行。

（5）注意事项

1）由于传感器的灵敏度高，所以禁止过载的情况发生，不允许用香烟、火柴测试仪器是否响应。

2）保证气路的畅通。因为传感器是在流动的气体中工作，故不允许堵住气路，以免传感器的透气膜受损。

3）为了减少测定误差，仪器的工作流量应与标定（校准）时的流量相等。

4）仪器的进气口必须安装有去除空气中水汽的干燥过滤器，该过滤器应对被测的二氧化硫、二氧化氮、一氧化碳等气体无吸附作用。

5）仪器可用于野外监测，但不要在强光直射下使用，如在野外最好有遮阳、遮雨篷。

6）仪器校准周期视仪器使用情况而定，短时间使用前必须校准；连续使用时，最长不得超过 7 d 校准一次。

7）在室内运行，室温不得超过 40℃，在有空调装置的室内运行要注意冷凝水不要进入仪器。

8）在杂电信号干扰严重的情况下运行时，要注意接好地线。

9）传感器有使用寿命，应定期更换。若仪器精度、线性等相关参数不符合要求，或标定后仍无法准确监测气体浓度，说明传感器已老化，需到期更换。

第二节 固定源废气

2.1 概论

废气指的是生活和生产过程中排放的含有污染物质的气体。根据其产生的行业不同，可以分为电力工业废气、化学工业废气、建材行业废气、水泥工业废气、采矿工业废气、交通运输业废气等。根据废气中污染物的种类不同，又可以分为气体物质和悬浮在气体中的气溶胶颗粒物质，在多数情况下，气体污染物和颗粒态污染物是共同存在的。

根据污染源或污染物分类的不同，废气监测方法也呈现不同的技术特点。比如我国是以无组织排放源造成的后果来对无组织排放实行监督和限制，采用的基本方式是规定设立监控点和规定监控点的空气浓度限值。因此，一般情况下，无组织排放废气与环境空气质量的监测方法实际上是可以通用的。除了无组织排放源，还有固定源（也称为有组织排放源）、移动源等，其特征污染物和相应监测方法存在一定差异，但总体来讲，殊途同归，废气监测的目的都是在复杂的气体介质中分离出特定污染物或消除杂质（非目标物质）的干扰，准确定性和定量。

废气这种介质，虽与空气同源，但其存在特异性，污染物浓度高、干扰杂质种类多，还可能存在高温高湿高压条件，导致废气和空气在监测方法选择上存在较大的差别。

无论是手工监测还是自动监测，要获得真实准确的结果，对所采集样品的代表性有很高要求。首先是选取合适的采样位置和采样点，其次才是根据污染源和目标化合物的特点，选取合适的分析方法、采样装置和分析设备，最后是操作步骤和结果计算。

2.2 采样位置和采样点

固定源废气的监测，监测的代表性和准确性很大程度上取决于排污口规范化设置情况，在非规范化的排污口进行监测，可能无法保证监测人员的安全或监测工作的开展。首先，固定源废气监测应选择有代表性的采样位置和采样点。有组织排放废气采样位置和采样点的一般设置方法可参考《固定源排气中颗粒物测定与气态污染物采样方法》（GB/T 16157—1996）、《固定源废气监测技术规范》（HJ/T 397—2007）等监测方法或技术规范中的具体规定执行，同时还应考虑执行的排放标准、具体污染物分析方法中有组织排放废气监测相关要求。国内多省市也针对点位设置出台了相关标准，如北京市地方标准《固定污染源监测点位设置技术规范》（DB 11/1195—2015）、山东省地方标准《固定污染源废气监测点位设置技术规范》（GB37/T 3535—2019）等，还有中国环境监测总站主要参与起草的团体标准《固定污染源废气排放口监测点位设置技术规范》（T/CAEPI 46—2022），采样位置、采样点和采样平台等设置要求也可参考上述相关标准。

此外，国家正组织相关单位编制《固定污染源排放口监测点位设置技术指南》，目前已经向社会征求意见，截至本书统稿完成，该标准尚未发布。若日后发布，本节相关内容中涉及点位设置的均应以最新标准规定为准。

2.2.1　采样位置

《固定源排气中颗粒物测定与气态污染物采样方法》（GB/T 16157—1996）规定了采样位置应优先选择在垂直管段，应避开烟道弯头和断面急剧变化的部位以及对测试人员操作有危险的场所。采样位置应设置在距弯头、阀门、变径管下游方向不小于6倍直径和距上述部件上游方向不小于3倍直径处（如是矩形烟道的话，此处指当量直径），也就是俗称的“上三下六”。《固定源废气监测技术规范》（HJ/T 397—2007）则对上述内容进行了补充，增加了圆形或矩形（含方形）烟道无法满足“上三下六”情况下的做法，即测试现场空间有限，很难满足上述要求（指“上三下六”的规定）时，可选择比较适宜的管段采样，但采样断面与弯头等的距离至少是烟道直径的1.5倍，并应适当增加测点的数量和采样频次；补充了烟气流速要求，即选定的采样断面气流速度最好在5 m/s以上。这是测定颗粒物或颗粒态污染物、排气流量时，选取采样位置的一般规定，但部分特别的监测因子，还应根据其分析方法标准要求进行，如《饮食业油烟排放标准（试行）》（GB 18483—2001）中对油烟采样位置有略微不同的规定，采样位置应设置在距弯头、变径管下游方向不小于3倍直径，和距上述部件上游方向不小于1.5倍直径处。

如果是仅测定气态污染物，由于气态污染物混合比较均匀，其采样位置可不受上述规定限制，但应避开涡流区。需注意在测定气态污染物时若同步测定烟气流量等参数，还是需要满足上述规定要求。

污染物在线监测系统也有其相关规定，具体可参照HJ 75—2017、HJ 76—2017。

2.2.2　采样平台

选定好合适的采样位置后，必要时应设置采样平台。GB/T 16157—1996和HJ/T 397—2007均规定了采样平台应有足够的工作面积使监测人员安全、方便地操作，平台面积应不小于1.5 m^2，并设有1.1 m高的护栏，采样孔距平台面1.2～1.3 m。HJ/T 397—2007还补充了平台承重应不小于200 kg/m^2，并设有不低于10 cm的脚部挡板和监测仪器设备需要的工作电源。此外，照明、安全设施等也应符合监测要求。上述关于采样平台的要求，经常被受测企业忽视，导致现场操作条件有限。《环境二噁英监测技术规范》（HJ 916—2017）则要求采样平台面积不少于4 m^2，当监测平台高于地面5 m时，应有Z字梯、旋梯或升降梯通往监测平台。《固定污染源烟气（SO_2、NO_x、颗粒物）排放连续监测技术规范》（HJ 75—2017）要求采样或监测平台应易于人员和监测仪器到达，当采样平台设置在离地面高度＞2 m的位置时，应有通往平台的斜梯（或Z字梯、旋梯），宽度应＞0.9 m；当采样平台设置在离地面高度＞20 m的位置时，应有通往平台的升降梯。

2.2.3 采样孔

在选定合适的采样位置上开设采样孔，采样孔内径应不小于 80 mm，采样孔管长应不大于 50 mm。这里采样孔管长指的是烟囱外伸出的部分，其伸入在烟囱内壁的长度并未说明，但为了不影响烟囱内壁附近的采样点的监测，监测人员应了解其内伸长度。采样孔不使用时应用盖板、管堵或管帽封闭。当采样孔仅用于采集气态污染物（不含流量测定）时，其内径应不小于 40 mm。《固定污染源废气　低浓度颗粒物的测定　重量法》（HJ 836—2017）和《锅炉烟尘测试方法》（GB 5468—1991）有不同规定或建议：GB 5468—1991 对测孔规格进行了规定，在孔口接上直径为 75 mm，长度为 30 mm 左右的短管；HJ 836—2017 给了推荐，监测低浓度颗粒物时宜选用 90～120 mm 内径的采样孔。表 5-4 列举了采样孔设置规格要求。

表 5-4　采样孔设置规格要求

序号	标准依据	内容	采样孔要求
1	GB/T 16157—1996 和 HJ/T 397—2007	仅采集气态污染物	内径应不小于 40 mm，采样孔管长应不大于 50 mm
2	GB/T 16157—1996 和 HJ/T 397—2007	采集气态污染物以外的污染物（含流量测定）	内径应不小于 80 mm，采样孔管长应不大于 50 mm
3	HJ 836—2017	采集低浓度颗粒物	应符合 GB/T 16157 中相关要求，内径应不小于 80 mm，宜选用 90～120 mm 内径的采样孔
4	GB 5468—1991	采集锅炉烟尘	内径为 75 mm，长度为 30 mm 左右的短管

对正压输送高温或有毒气体的烟道，应采用带有闸板阀的密封采样孔。这是基于测试人员安全和减少污染物泄漏排放的考虑。几种封闭形式的采样孔见图 5-13、图 5-14。

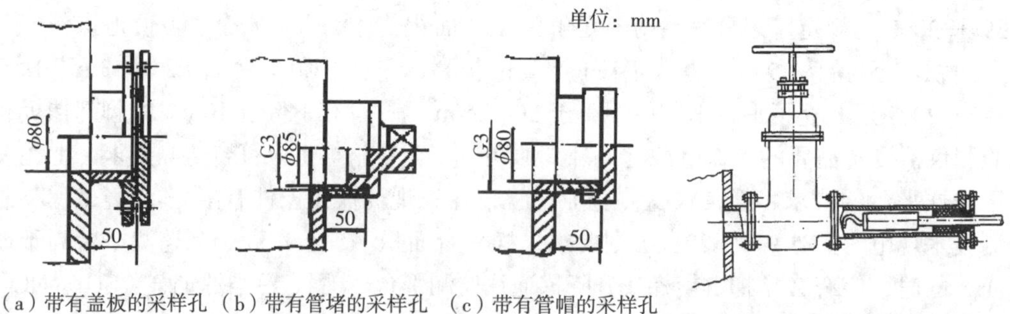

（a）带有盖板的采样孔（b）带有管堵的采样孔（c）带有管帽的采样孔

图 5-13　几种封闭形式的采样孔

图 5-14　带闸板阀的密封采样孔

对圆形烟道，采样孔应设在包括各测定点在内的相互垂直的直径线上（图 5-15）；对矩形（含方形）烟道，采样孔应设在包括各测定点在内的延长线上（图 5-16）。需要强调的一点是，上述采样方法或技术规范提及的采样孔设置均指圆形或矩形（含方形）烟道，目前我国废气监测的相关标准或技术规范尚无针对其他形状断面的监测布点方法，故不建议开孔位置设置在不规则形状的断面位置，其采样代表性未经过验证，无法保证数据的准确性和代表性。

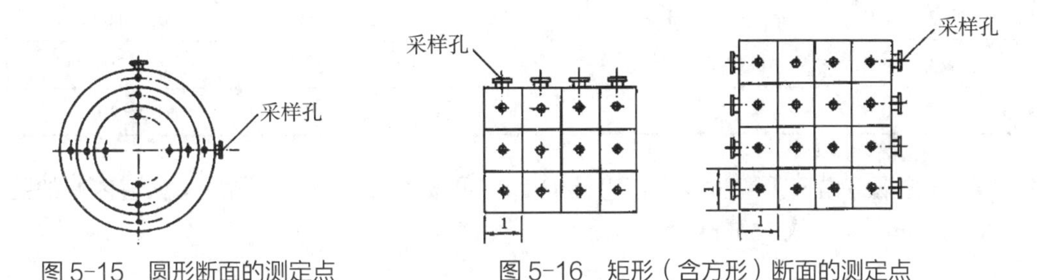

图 5-15　圆形断面的测定点　　图 5-16　矩形（含方形）断面的测定点

2.2.4　采样点位置和数目

烟道内同一断面不同位置上各点的颗粒物粒径分布、浓度和气流速度通常不均匀。因此，要取得有代表性的颗粒物样品，必须在烟道断面按一定的规则进行多点测量、等速采样。颗粒物监测的两大基本原则就是多点、等速。气体进入采样嘴的速度大于或小于采样点的烟气速度都将使采样结果产生偏差。

由于气态污染物在采样断面内一般是混合均匀的，在符合本节采样位置中气态污染物监测相关规定的前提下，可取靠近烟道中心的一点作为采样点。但当气体中含有固态有害物质、细小液滴、雾滴或形成气溶胶形态（部分有机污染物，在不同的烟气温度下，可能存在颗粒态或以气态污染物形式存在，也可能双态共存），且是我们的目标监测因子时，则应按颗粒物采样方式进行等速采样。污染物的不同存在形态，使用的采样方法和设备会有所不同，这里先做简单了解，后面会进一步详细叙述。

断面内测点的位置和数目，主要根据烟道断面的形状、尺寸和流速分布情况而定。当烟道布置不能满足“上三下六”要求时，应增加采样线和测点。

当水平烟道内积灰时，测定前应尽可能将积灰清除，原则上应将积灰部分从断面内扣除，按有效断面布设采样点。

（1）圆形烟道

对于满足上述“上三下六”要求的圆形烟道，可只选预期浓度变化最大的一条直径线上的测点，即相互垂直的直径线只需监测 1 条；直径小于 0.3 m、流速分布比较均匀、对称的小烟道可取烟道中心作为测点。不同直径的圆形烟道的等面积环数、测量直径数及测点数可见表 5-5，原则上测点不超过 20 个。

表 5-5　圆形烟道分环及测点数的确定

烟道直径 /m	等面积环数 / 个	测量直径数 / 条	测点数 / 个
＜0.3			1
0.3～0.6	1～2	1～2	2～8

续表

烟道直径 /m	等面积环数 / 个	测量直径数 / 条	测点数 / 个
0.6～1.0	2～3	1～2	4～12
1.0～2.0	3～4	1～2	6～16
2.0～4.0	4～5	1～2	8～20
>4.0	5	1～2	10～20

测点距烟道内壁距离（以烟道直径 D 计）可按下式确定。当测点距烟道内壁的距离小于 25 mm 时，取 25 mm。

$$L_n = \frac{D}{2}\left[1 \pm \sqrt{\frac{\pm(2n-2x-1)}{2x}}\right]$$

式中，D——烟道直径；

L_n——第 n 测点至烟道内壁的距离，mm；

n——测点顺序编号；

x——划分的等面积环数，当 $n \leqslant x$ 时，取负号；当 $n > x$ 时，取正号。

（2）矩形或方形烟道

对于矩形或方形烟道，将烟道断面分成适当数量的等面积小块，各块中心即为测点。小块的数量可参照表 5-6 选取，原则上测点不超过 20 个。

表 5-6　矩形烟道的分块和测点数

烟道断面面积 /m²	等面积小块长边长度 /m	测点总数 / 个
<0.1	<0.32	1
0.1～1.0	<0.35	1～4
0.5～1.0	<0.50	4～6
1.0～4.0	<0.67	6～9
4.0～9.0	<0.75	9～16
>9.0	≤1.0	≤20

对于满足上述“上三下六”要求、烟道断面面积小于 0.1 m^2、流速分布比较均匀和对称的小烟道，可取断面中心作为测点。

2.3　监测因子

排污单位的废气监测项目应按照排污许可证、污染物排放（控制）标准、环境影响评价文件及其审批意见、其他相关环境管理规定等明确要求的污染控制项目来确定。根据已发布的行业标准，废气监测因子可参照表 5-7。

表 5-7　废气监测因子

序号	行业 / 企业 / 污染物类型	排放标准编号	有组织废气监测因子①	无组织废气监测因子②
1	恶臭污染物	GB 14554—1993	氨、硫化氢、三甲胺、甲硫醇、甲硫醚、二甲二硫、二硫化碳、苯乙烯、臭气浓度	同有组织
2	工业炉窑	GB 9078—1996	颗粒物、二氧化硫、烟气黑度	颗粒物
3	煤炭工业	GB 20426—2006	颗粒物	颗粒物、二氧化硫
4	电镀行业	GB 21900—2008	氯化氢、铬酸雾、硫酸雾、氮氧化物、氰化氢、氟化物	—
5	合成革与人造革工业	GB 21902—2008	二甲基甲酰胺（DMF）、苯、甲苯、二甲苯、VOCs、颗粒物	同有组织
6	陶瓷工业	GB 25464—2010	颗粒物、二氧化硫、氮氧化物、烟气黑度、铅及其化合物、镉及其化合物、镍及其化合物、氟化物、氯化物	颗粒物
7	铝工业	GB 25465—2010	颗粒物、二氧化硫、氮氧化物、氟化物、沥青烟	颗粒物、二氧化硫、氟化物、苯并[a]芘
8	铅、锌工业	GB 25466—2010	颗粒物、二氧化硫、氮氧化物、硫酸雾、铅及其化合物、汞及其化合物	同有组织
9	铜、镍、钴工业	GB 25467—2010	颗粒物、二氧化硫、氮氧化物、硫酸雾、氯气、氯化氢、砷及其化合物、镍及其化合物、铅及其化合物、氟化物、汞及其化合物	同有组织
10	镁、钛工业	GB 25468—2010	颗粒物、二氧化硫、氮氧化物、氯气、氯化氢	同有组织
11	硝酸工业	GB 26131—2010	氮氧化物	同有组织
12	硫酸工业	GB 26132—2010	二氧化硫、硫酸雾、颗粒物	同有组织
13	火电厂	GB 13223—2011	颗粒物、二氧化硫、氮氧化物、汞及其化合物、烟气黑度	—
14	稀土工业	GB 26451—2011	颗粒物、二氧化硫、氮氧化物、硫酸雾、氯气、氯化氢、氟化物、钍+铀总量	同有组织
15	钒工业	GB 26452—2011	颗粒物、二氧化硫、氮氧化物、硫酸雾、氯气、氯化氢、铅及其化合物	同有组织

续表

序号	行业/企业/污染物类型	排放标准编号	有组织废气监测因子①	无组织废气监测因子②
16	橡胶制品工业	GB 27632—2011	颗粒物、氨、甲苯及二甲苯、非甲烷总烃	颗粒物、甲苯及二甲苯、非甲烷总烃
17	炼焦化学工业	GB 16171—2012	颗粒物、二氧化硫、氮氧化物、氨、硫化氢、苯并［a］芘、氰化氢、苯、酚类、非甲烷总烃	同有组织
18	铁矿采选工业	GB 28661—2012	颗粒物	颗粒物
19	钢铁烧结、球团工业大气	GB 28662—2012	颗粒物、二氧化硫、氮氧化物、氟化物、二噁英类	颗粒物
20	炼铁工业	GB 28663—2012	颗粒物、二氧化硫、氮氧化物	颗粒物
21	炼钢工业	GB 28664—2012	颗粒物、氟化物、二噁英类	颗粒物
22	轧钢工业	GB 28665—2012	颗粒物、二氧化硫、氮氧化物、氯化氢、硫酸雾、铬酸雾、硝酸雾、氟化物、苯、甲苯、二甲苯、非甲烷总烃	颗粒物、硫酸雾、氯化氢、硝酸雾、苯、甲苯、二甲苯、非甲烷总烃
23	铁合金工业	GB 28666—2012	颗粒物、铬及其化合物	颗粒物、铬及其化合物
24	水泥工业	GB 4915—2013	颗粒物、二氧化硫、氮氧化物、汞及其化合物、氟化物、氨	颗粒物、氨
25	水泥窑协同处置固废	GB 30485—2013	颗粒物、二氧化硫、氮氧化物、汞及其化合物、氟化物、氨、氯化氢、氟化氢、铊+镉+铅+砷及其化合物、铍+铬+锡+锑+铜+钴+锰+镍+钒及其化合物、二噁英类	—
26	砖瓦工业	GB 29620—2013	颗粒物、二氧化硫、氮氧化物、氟化物	颗粒物、二氧化硫、氟化物
27	电池工业	GB 30484—2013	硫酸雾、铅及其化合物、汞及其化合物、镉及其化合物、镍及其化合物、沥青烟、氟化物、氯化氢、氯气、氮氧化物、非甲烷总烃、颗粒物	同有组织
28	锡、锑、汞工业	GB 30770—2014	颗粒物、二氧化硫、氮氧化物、硫酸雾、氟化物、锡及其化合物、锑及其化合物、汞及其化合物、镉及其化合物、铅及其化合物、砷及其化合物	硫酸雾、氟化物、锡及其化合物、锑及其化合物、汞及其化合物、镉及其化合物、铅及其化合物、砷及其化合物

续表

序号	行业 / 企业 / 污染物类型	排放标准编号	有组织废气监测因子①	无组织废气监测因子②
29	工业锅炉	GB 13271—2014	颗粒物、二氧化硫、氮氧化物、汞及其化合物、烟气黑度	—
30	生活垃圾焚烧企业	GB 18485—2014	颗粒物、二氧化硫、氮氧化物、一氧化碳、氯化氢、汞及其化合物、镉＋铊及其化合物、锑＋砷＋铅＋铬＋钴＋铜＋锰＋镍及其化合物、二噁英类	—
31	殡葬行业（火葬场）	GB 13801—2015	颗粒物、二氧化硫、氮氧化物、一氧化碳、氯化氢、二噁英类、烟气黑度	—
32	石油炼制工业	GB 31570—2015	颗粒物、二氧化硫、氮氧化物、硫酸雾、氯化氢、镍及其化合物、沥青烟、苯并［a］芘、苯、甲苯、二甲苯、非甲烷总烃	颗粒物、氯化氢、苯并［a］芘、苯、甲苯、二甲苯、非甲烷总烃
33	石油化学工业	GB 31571—2015	颗粒物、二氧化硫、氮氧化物、非甲烷总烃、氯化氢、氟化氢、溴化氢、氯气、废气有机特征污染物	颗粒物、氯化氢、苯并［a］芘、苯、甲苯、二甲苯、非甲烷总烃
34	合成树脂工业	GB 31572—2015	颗粒物、二氧化硫、氮氧化物、二噁英类、非甲烷总烃、苯乙烯、丙烯腈、1,3- 丁二烯、环氧氯丙烷、酚类、甲醛、乙醛、甲苯二异氰酸酯（TDI）、二苯基甲烷二异氰酸酯（MDI）、异佛尔酮二异氰酸酯（IPDI）、多亚甲基多苯基异氰酸酯（PAPI）、氨、氟化氢、氯化氢、光气、硫化氢、丙烯酸、丙烯酸甲酯、丙烯酸丁酯、甲基丙烯酸甲酯、苯、甲苯、乙苯、氯苯类、二氯甲烷、四氢呋喃、邻苯二甲酸酐	颗粒物、氯化氢、苯、甲苯、非甲烷总烃
35	无机化学工业	GB 31573—2015	颗粒物、二氧化硫、氮氧化物、硫化氢、氯气、氯化氢、氰化氢、氨、硫酸雾、氟化物、铬酸雾、砷及其化合物、铅及其化合物、汞及其化合物、镉及其化合物、锡及其化合物、镍及其化合物、锌及其化合物、锰及其化合物、锑及其化合物、铜及其化合物、钴及其化合物、钼及其化合物、锆及其化合物、铊及其化合物	硫化氢、硫酸雾、氯气、氯化氢、氟化物、铬酸雾、氰化氢、氨、砷及其化合物、铅及其化合物、汞及其化合物、锑及其化合物、镍及其化合物、镉及其化合物、锰及其化合物、钴及其化合物、钼及其化合物、铊及其化合物

续表

序号	行业 / 企业 / 污染物类型	排放标准编号	有组织废气监测因子①	无组织废气监测因子②
36	再生铜、铝、铅、锌工业	GB 31574—2015	颗粒物、二氧化硫、氮氧化物、硫酸雾、氯化氢、氟化物、二噁英类、砷及其化合物、铅及其化合物、锡及其化合物、锑及其化合物、镉及其化合物、铬及其化合物	硫酸雾、氯化氢、氟化物、砷及其化合物、铅及其化合物、锡及其化合物、锑及其化合物、镉及其化合物、铬及其化合物
37	烧碱、聚氯乙烯工业	GB 15581—2016	颗粒物、二氧化硫、氮氧化物、氯气、氯化氢、汞及其化合物、氯乙烯、二氯乙烷、非甲烷总烃、二噁英类	氯气、氯化氢、汞及其化合物、氯乙烯、二氯乙烷
38	制药工业	GB 37823—2019	颗粒物、二氧化硫、氮氧化物、二噁英类、非甲烷总烃、TVOC、苯系物、光气、氰化氢、苯、甲醛、氯气、氯化氢、硫化氢、氨	光气、氰化氢、苯、甲醛、氯气、氯化氢
39	涂料、油墨及胶粘剂工业	GB 37824—2019	颗粒物、二氧化硫、氮氧化物、二噁英类、非甲烷总烃、TVOC、苯系物、苯、异氰酸酯类、1,2- 二氯乙烷、甲醛	苯、甲醛
40	危险废物焚烧企业	GB 18484—2020	颗粒物、二氧化硫、氮氧化物、一氧化碳、氯化氢、氟化氢、汞及其化合物、铊及其化合物、镉及其化合物、铅及其化合物、砷及其化合物、铬及其化合物、锡＋锑＋铜＋锰＋镍＋钴及其化合物、二噁英类	—
41	储油库企业	GB 20950—2020	非甲烷总烃	非甲烷总烃
42	油品运输单位	GB 20951—2020	密闭性、非甲烷总烃	—
43	加油站企业	GB 20952—2020	液阻、密闭性、非甲烷总烃	非甲烷总烃
44	医疗废物处理处置企业	GB 39707—2020	消毒处理设施：非甲烷总烃、颗粒物； 焚烧设施：颗粒物、二氧化硫、氮氧化物、一氧化碳、氯化氢、氟化氢、汞及其化合物、铊及其化合物、镉及其化合物、铅及其化合物、砷及其化合物、铬及其化合物、锡＋锑＋铜＋锰＋镍及其化合物、二噁英类	—

续表

序号	行业 / 企业 / 污染物类型	排放标准编号	有组织废气监测因子①	无组织废气监测因子②
45	铸造工业	GB 39726—2020	颗粒物、二氧化硫、氮氧化物、非甲烷总烃、TVOC、苯系物、苯、铅及其化合物	颗粒物、铅及其化合物、非甲烷总烃
46	农药制造工业	GB 39727—2020	颗粒物、二氧化硫、氮氧化物、二噁英类、非甲烷总烃、TVOC、氰化氢、氯气、氟化氢、氯化氢、氨、硫化氢、光气、丙烯腈、苯、苯系物、甲醛、酚类、氯苯类	氰化氢、光气、酚类、甲醛、氯化氢、氯气、苯、氯苯类、丙烯腈、非甲烷总烃
47	玻璃工业	GB 26453—2022	颗粒物、二氧化硫、氮氧化物、氯化氢、氟化物、砷及其化合物、锑及其化合物、铅及其化合物、锡及其化合物、氨、非甲烷总烃、苯系物、苯	颗粒物、氨、非甲烷总烃、砷及其化合物、铅及其化合物、苯
48	印刷工业	GB 41616—2022	颗粒物、二氧化硫、氮氧化物、苯系物、苯、非甲烷总烃	非甲烷总烃、苯
49	矿物棉工业	GB 41617—2022	颗粒物、二氧化硫、氮氧化物、氨、非甲烷总烃、酚类、甲醛	颗粒物、氨、非甲烷总烃、甲醛
50	石灰、电石工业	GB 41618—2022	颗粒物、二氧化硫、氮氧化物、氨、氰化氢	颗粒物、氨、氰化氢

注：①所列因子仅供参考，实际监测中应根据生产工艺、原辅料使用情况，选择特征排放因子开展监测。

②所列因子仅供参考，实际监测中应根据无组织排放源及收集处理情况，选择特征排放因子开展监测，可参考有组织废气监测因子。

2.4 现场采样监测

废气采样方法与环境空气采样方法大同小异，但因废气流量大还可能夹杂着其他更为复杂的污染物或在高温高湿环境下，因此大多选用配备有抗负压较强采样泵的主动采样法，并没有被动式采集废气的方法。根据污染物种类、性质、浓度水平及仪器设备的不同，同样可以将现场监测方法分为手工采样法和仪器监测法。一般情况下，开展废气的监测主要是根据目标污染物的形态区别（气态污染物、颗粒态污染物和两态共存）、检验检测机构的设备条件选用对应监测分析方法来确定采样方法的。

采样前应根据污染物状态，确定采样方法和采样系统（装置）。若开展排放速率或排放量的测定，采样同时还应测定排气流量。废气监测中，颗粒态污染物手工采样实验室分析可选用滤料采样法结合重量法得到采样时间内的平均浓度；气态污染物既可选用仪器监测法直接得到浓度水平，也可选用手工采样中的溶液吸收法、吸附管采样法或固定容器采样法，结合实验室分析方法得到废气中气态污染物的浓度；而废气中可能存在两种形态共存的污染物，可以通过组合滤料采样法和溶液吸收法，或将溶液吸收更换成吸附效率更高的吸附剂来进行采样捕集污染物，这里两态共存的污染物不仅包括二噁英、多环芳烃、有机氯农药等半挥发性有机物，也包括因烟气湿度较大在烟道中可能形成小液滴的气态污染物。

监测分析方法的选用应充分考虑相关排放标准的规定、监测分析方法标准的适用范围、被测污染源排放特点、污染物排放浓度的高低、所采用监测分析方法的检出限和干扰等因素。相关排放标准中有监测分析方法的规定时，应采用执行标准中规定的方法标准或新发布的适用范围相同的方法标准。对相关排放标准未规定监测分析方法的污染物项目，应选用国家环境保护标准、环境保护行业标准规定的方法。在某些项目的监测中，尚无方法标准的，可采用国际标准化组织（ISO）或其他国家的等效方法标准，但应经过验证合格，其检出限、准确度和精密度应能达到质控要求。

因此，学会根据污染物形态的不同和选取的监测方法，来确定合适的采样方法和对应的采样系统（装置），是一个环境监测技术人员必备的基本技能。

废气监测中，烟气参数的测定至关重要，其测定结果的应用贯穿于整个废气监测的过程。由于一般情况下废气监测结果均换算为标准状态下（273.15 K、压力为101 325 Pa）不含水分的干废气含量（除评价标准有特别要求外），因此基本上所有的废气监测结果计算公式都会涉及烟气参数。缺少烟气参数，等速采样无法实现，采样后相关计算无法进行（如干排气流量、采样体积等）。烟气参数测量的准确与否直接影响污染物监测结果的准确性。因此，在开展废气监测前，或与废气监测同步，应按要求认真做好烟气参数的测定。

2.4.1 烟气参数的测定和计算

2.4.1.1 烟气温度

烟气温度简称烟温，直接影响排气密度、流速、流量和采气体积的测量。常见的颗粒物采样方法——皮托管平行测速采样法，其采样管上就包含有温度计测量探头，结合压力测试单元和微电脑计算模块可实时计算测点处的流速，从而动态调整采样泵采气速度，实现等速采样。

测量位置和测点：根据本节采样孔、采样点位置小节所述的相关内容确定，一般情况下可在靠近烟道中心的一点测定。

测量仪器：可选用玻璃水银温度计、热电偶温度计或电阻温度计。

水银玻璃温度计：精确度应不低于2.5%，最小分度值应不大于2℃。

热电偶或电阻温度计：其示值误差不大于 ±3℃。热电偶根据其电偶的组成可以分为镍铬－铳（旧译为鐮）铜、镍铬－镍铝、铂－铂铑，分别可用于800℃以下、1 300℃以下、1 600℃以下的烟气。电阻温度计主要为铂电阻，通常用于500℃以下的烟气。

测量步骤：将温度测量单元插入烟道中测点处，封闭测孔，待温度计读数稳定后读数。使用玻璃温度计时，注意不可将温度计抽出烟道外读数。

2.4.1.2　水分含量

烟气水分含量，亦称烟气含湿量，用于湿烟气和干烟气之间的换算。根据不同的测量对象选用冷凝法、干湿球法或重量法中的一种方法测定。根据 HJ 836，低浓度颗粒物采样规定不能采用干湿球法测量，可选用冷凝法、重量法或仪器法测定。

（1）冷凝法

由烟道中抽取一定体积的排气使之通过冷凝器，根据冷凝出来的水量加上从冷凝器排出的饱和气体含有的水蒸气量，计算排气中的水分含量。

测量位置和测点：根据本节采样孔、采样点位置小节所述的相关内容确定，一般情况下可在靠近烟道中心的一点测定。

测量仪器：测量排气中水分含量的采样系统如图 5-17 所示。它由烟尘采样管、冷凝器、干燥器、温度计、真空压力表、转子流量计和抽气泵等部件组成。相关设备技术要求按 GB/T 16157—1996 中 5.2.2 小节的规定进行。

测定步骤：①将冷凝器装满冰水，或在冷凝器进、出水管上接冷却水，将仪器按图 5-17 所示连接。②检查系统是否漏气，如发现漏气应分段检查、堵漏，直到满足检漏要求，检漏方法可参照本节滤料采样法常规颗粒物采样中相关做法。③打开采样孔，清除孔中的积灰。将装有滤筒的采样管插入烟道近中心位置，封闭采样孔。开动抽气泵，以 25 L/min 左右的流量抽气，同时记录采样开始时间。抽取的排气量应使冷凝器中的冷凝水量在 10 ml 以上。④采样时每隔数分钟记录冷凝器出口的气体温度 t_V，转子流量计读数 Q_r'，流量计前的气体温度 t_r，压力 P_r，以及采样时间 t。如系统装有累计流量计，应记录开始采样及终止采样时的累积流量。⑤采样结束，将采样管出口向下倾斜，取出采样管，将凝结在采样管和连接管内的水倾入冷凝器中。用量筒测量冷凝水量。

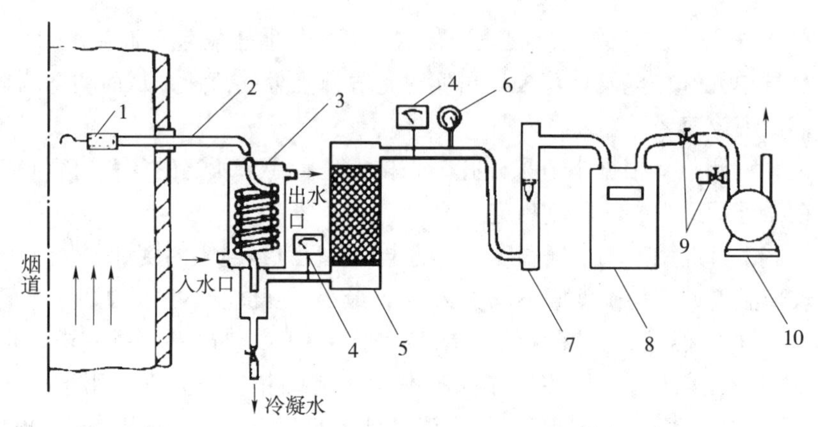

1—滤筒；2—采样管；3—冷凝器；4—温度计；5—干燥器；
6—真空压力表；7—转子流量计；8—累计流量计；9—调节阀；10—抽气泵。

图 5-17　冷凝法测定排气水分含量装置

结果计算：冷凝法测得的水分含量可按下式计算。

$$X_{\mathrm{SW}}=\frac{461.8(273+t_r)G_{\mathrm{W}}+P_V V_{\mathrm{a}}}{461.8(273+t_r)G_{\mathrm{W}}+(B_{\mathrm{a}}+P_r)V_{\mathrm{a}}}\times 100$$

式中，X_{SW}——排气中的水分含量体积百分数，%；

B_{a}——大气压力，Pa；

G_{W}——冷凝器中的冷凝水量，g；

P_r——流量计前气体压力，Pa；

P_V——冷凝器出口饱和水蒸气压力（可根据冷凝器出口气体温度 t_{V} 从空气饱和时水蒸气压力表中查得），Pa；

Q_r'——转子流量计读数，L/min；

t——采样时间，min；

t_r——流量计前气体温度，℃；

V_{a}——测量状态下抽取烟气的体积（$V_{\mathrm{a}}\approx Q_r'\times t$），L。

（2）干湿球法

使气体在一定的速度下流经干、湿球温度计。根据干、湿球温度计的读数和测点处排气的压力，计算出排气的水分含量。

测量位置和测点：根据本节采样孔、采样点位置小节所述的相关内容确定，一般情况下可在靠近烟道中心的一点测定。

测量仪器：干湿球法采样装置由采样管、干湿球温度计、真空压力表、转子流量计、抽气泵组成，见图 5-18。相关设备技术要求按 GB/T 16157—1996 中 5.2.3 的规定进行。

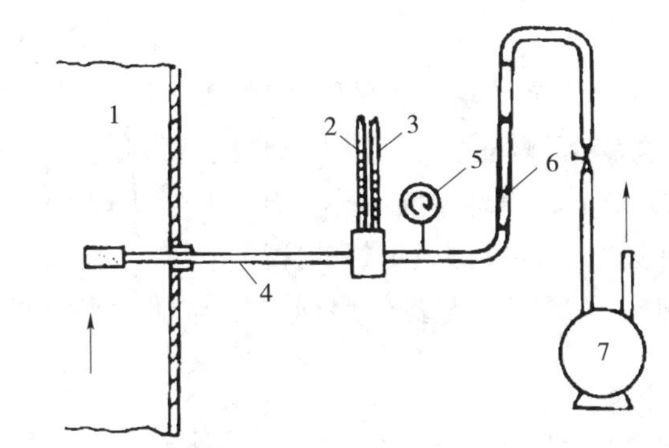

1—烟道；2—干球温度计；3—湿球温度计；4—保温采样管；
5—真空压力表；6—转子流量计；7—抽气泵。

图 5-18　干湿球法测定排气水分含量装置

测定步骤：①检查湿球温度计的湿球表面纱布是否包好，然后将水注入盛水容器中。②打开采样孔，清除孔中的积灰。将采样管插入烟道中心位置，封闭采样孔。③当排气温度较低或水分含量较高时，采样管应保温或加热数分钟后，再开动抽气泵。以 15 L/min 流量抽气。④当干、湿球温度计温度稳定后，记录干球和湿球温度。⑤记录真空压力表的压力。

结果计算与应用：干湿球法测得的水分含量可按下式计算。

$$X_{\mathrm{SW}}=\frac{P_{\mathrm{bv}}-0.000\,67\left(t_{c}-t_{b}\right)\left(B_{a}-P_{b}\right)}{\left(B_{a}+P_{s}\right)}\times 100$$

式中，X_{SW}——排气中的水分含量体积百分数，%；

P_{bV}——温度为 t_b 时饱和水蒸气压力（根据 t_b 值，由空气饱和时水蒸气压力表中查得），Pa；

t_b——湿球温度，℃；

t_c——干球温度，℃；

P_b——通过湿球温度计表面的气体压力，Pa；

B_a——大气压力，Pa；

P_s——测点处排气静压，Pa。

基于干湿球法原理的含湿量自动测量装置，其微处理器控制传感器测量、采集湿球、干球表面温度以及通过湿球表面的压力及排气静压等参数，同时由湿球表面温度导出该温度下的饱和水蒸气压力，结合输入的大气压，根据公式自动计算出烟气含湿量。

干湿球法是依据湿球中水分蒸发速度与被测气体湿度相关的原理建立的一种测量方法。水分的蒸发需要吸收湿球的热量，导致湿球温度下降，因此湿球温度下降值与气体湿度大小相关，其相关关系服从上述计算式。在以下几种条件下这种相关关系被破坏，该法的运用受到限制：

1）被测气体处于饱和状态，湿球水分不再蒸发，不宜用于干湿球法测量气体的含湿量。

2）被测气体温度过高，导致湿球温度升至100℃，这时湿球温度不再受气体湿度的影响，因此不能用干湿球法测量这种状态下气体的含湿量。

3）湿球水分蒸发殆尽后，湿球温度明显上升，测量机理消失，必须给湿球补充水后再进行测量。此法不适合于连续测量烟气的含湿量。

4）连续对多源进行测量时，需要待湿球温度与环境平衡后再进行下一个源的测量。

（3）重量法

由烟道中抽取一定体积的排气，使之通过装有吸湿剂的吸湿管，排气中的水分被吸湿剂吸收，吸湿管的增重即为已知体积排气中含有的水分量。

测量位置和测点：根据本节采样孔、采样点位置小节所述的相关内容确定，一般情况下可在靠近烟道中心的一点测定。

测量仪器：重量法测量排气中水分含量的装置（图5-19）由头部带有颗粒物过滤器的加热或保温的气体采样管、U形吸湿管或雪菲尔德吸湿管（图5-20）（内装氯化钙或硅胶等吸湿剂）、真空压力表、温度计、转子流量计和抽气泵组成，此外还需要天平对吸湿管进行重量称量。相关设备技术要求按GB/T 16157—1996中5.2.4的规定进行。

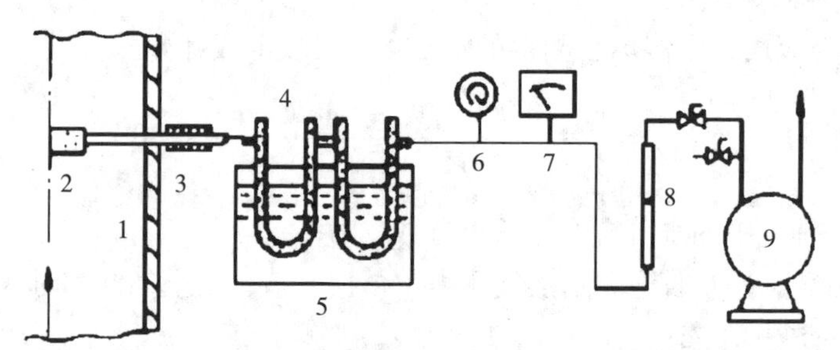

1—烟道；2—过滤器；3—加热器；4—吸湿管；5—冷却水槽；
6—真空压力表；7—温度计；8—转子流量计；9—抽气泵。

图5-19　重量法测定排气水分含量的装置

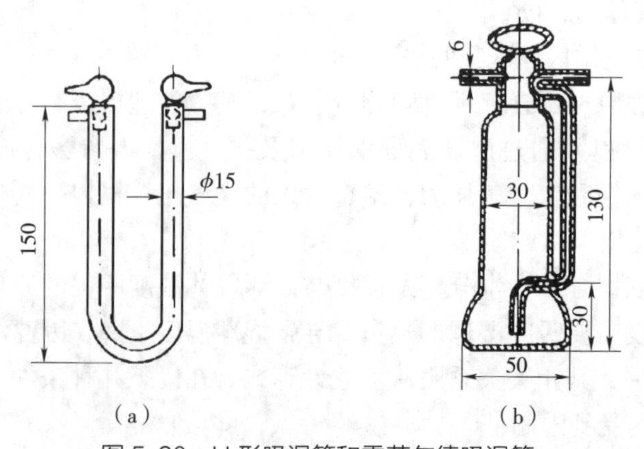

图5-20　U形吸湿管和雪菲尔德吸湿管

测定步骤：①测量前需进行准备工作，将粒状吸湿剂装入U形吸湿管或雪菲尔德吸湿管内，并在吸湿管进、出口两端充填少量玻璃棉，关闭吸湿管阀门，擦去表面的附着物后，用天平称重。②将仪器按图5-19连接。③检查系统是否漏气，检查漏气的方法是将吸湿管前的连接橡皮管堵死，开动抽气泵，至压力表指示的负压达到13 kPa时，封闭连接抽气泵的橡皮管，如真空压力表的示值在1 min内下降不超过0.15 kPa，则视为系统不漏气。④将装有滤料的采样管由采样孔插入烟道中心后，封闭采样孔，对采样管进行预热。⑤打开吸湿管阀门，以1 L/min流量抽气，同时记下采样开始时间。采样时间视排气的水分含量大小而定，采集的水分量应不小于10 mg。⑥记下流量计前气体的温度、压力和流量计读数。⑦采样结束，关闭抽气泵，记下采样终止时间，关闭吸湿管阀门，取下吸湿管。⑧擦去吸湿管表面的附着物后，用天平称重。

结果计算与应用：重量法测得的水分含量可按下式计算。

$$X_{\mathrm{SW}}=\frac{1.24G_m}{V_d\left(\dfrac{273}{273+t_r}+\dfrac{B_a+P_r}{101\,325}\right)+1.24G_m}\times 100$$

式中，X_{SW}——排气中的水分含量体积百分数，%；

G_m——吸湿管吸收的水分质量，g；

V_d——测量状况下抽取的干气体体积（$V_d \approx Q_r' \times t$），L

Q_r'——转子流量计读数，L/min；

t——采样时间，min；

t_r——流量计前气体温度，℃；

P_r——流量计前气体压力，Pa；

B_a——大气压力，Pa；

1.24——在标准状态下，1 g水蒸气所占的体积，L。

2.4.1.3　烟气成分

烟气成分分析主要是测定烟气中的O_2、CO、CO_2，可用来计算气体分子量，进而根据各成分的分子量和体积百分数，结合烟温、含湿量、压力等参数，可计算排气密度。烟气成分采用奥氏气体分析仪或等效的仪器监测法测定。仪器监测法可参照本节仪器监测法（直读），如一氧化碳分析有非色散红外吸收法、定电位电解法，二氧化碳分析有非分散红外吸收法。氧含量的测定有电化学法，如定电位电解法、氧化锆法，还有物理分析法，如磁性测氧法。奥氏气体分析仪法采用溶液吸收原理，能同时测定二氧化碳、氧含量和高浓度的一氧化碳。若采用等效的仪器法测定烟气成分，则应换算成体积百分比，为方便后续计算，下面重点介绍前文未提及的相关方法。

（1）奥氏气体分析仪法

用不同的吸收液分别对排气的各成分逐一进行吸收，根据吸收前、后排气体积的变化，计算出该成分在排气中所占的体积百分数。

1）测量位置和测点

根据本节采样孔、采样点位置小节所述的相关内容确定，一般情况下可在靠近烟道中心的一点测定。

2）采样装置和测量仪器

采样装置奥氏气体分析仪的组成见图 5-21，此外还需要带有滤尘头的内径 ϕ6 mm 的聚四氟乙烯或不锈钢采样管、二连球（或便携式抽气泵）、球胆（或铝箔袋）。

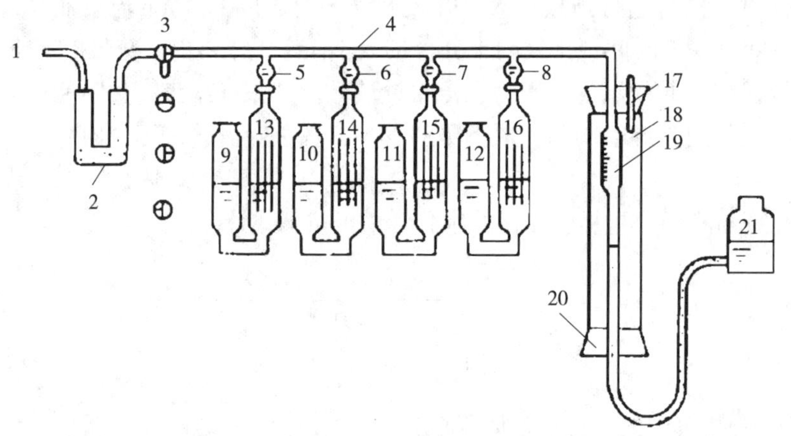

1—进气管；2—干燥器；3—三通旋塞；4—梳形管；5、6、7、8—旋塞；9、10、11、12—缓冲瓶；13、14、15、16—吸收瓶；17—温度计；18—水套管；19—量气管；20—胶塞；21—水准瓶。

图 5-21 奥氏气体分析仪

3）试剂

化学试剂应选用分析纯。

氢氧化钾溶液：将 75.0 g 氢氧化钾溶于 150.0 ml 的蒸馏水中，将上述溶液装入吸收瓶 16 中。

焦性没食子酸碱溶液：称取 20.0g 焦性没食子酸溶于 40.0 ml 蒸馏水中，55.0 g 氢氧化钾溶于 110.0 ml 水中。将两种溶液装入吸收瓶 15 内混合。为了使溶液与空气完全隔绝，防止氧化，可在缓冲瓶 11 内，加入少量液体石蜡。

铜氨络离子溶液：称取 250.0 g 氯化铵，溶于 750.0 ml 水中，过滤于装有铜丝或铜粒的 1 000 ml 细口瓶中，再加 200.0 g 氯化亚铜，将瓶口封严，放数日至溶液褪色。使用时量取上述溶液 105.0 ml 和 45.0 ml 浓氨水，混匀，装入吸收瓶 14 中。

封闭液：含 5% 硫酸的氯化钠饱和溶液约 500 ml，加 1 ml 甲基橙指示液，取 150.0 ml 装入吸收瓶 13。其余的溶液装入水准瓶 21 内。

4）采样步骤

将采样管、二连球（或便携式抽气泵）与球胆（或铝箔袋）连好；将采样管插入到烟道近中心处，封闭采样孔；用二连球或抽气泵将烟气抽入球胆或铝箔袋中，用烟气反复冲洗排空 3 次，最后采集约 500 ml 烟气样品，待分析。

5）分析步骤

检查奥氏气体分析仪的严密性：将吸收液液面提升到旋塞5、6、7、8的下标线处，关闭旋塞。各吸收瓶中的吸收液液面应不下降；打开三通旋塞3，提高水准瓶，使量气管液面位于50 ml刻度处，关闭三通旋塞3，再降低水准瓶，量气管中液位经2～3 min不发生变化。

取气样：将盛有排气样的球胆或铝箔袋连接奥氏气体分析器进气管1，将三通旋塞3连通大气，抬高水准瓶，使量气管液面至100 ml处，然后将旋塞3连通烟气样品，降低水准瓶，使量气管液面降至零处，再将旋塞3连通大气，提高水准瓶，排出气体，反复2～3次，以冲洗整个系统，排除系统中残余空气；将旋塞3连通气样，取烟气样品100 ml，取样时使量气管中液面降到“0”刻度稍下，并保持水准瓶液面与量气管液面在同一水平面上，关闭旋塞3，待气样冷却2 min左右后，提高水准瓶，使量气管内凹液面对准“0”刻度线。

分析：分析的顺序是CO_2、O_2、CO，稍提高水准瓶，再打开旋塞8将气样送入吸收瓶，往复抽送烟气样品4～5次后，将吸收瓶16的吸收液液面恢复至原位标线，关闭旋塞8，对齐量气管和水准瓶液面，读数。为了检查是否吸收完全，打开旋塞8，重复上述操作，往复抽送气样2～3次，关闭旋塞8，读数。两次读数相等，表示吸收完全，记下量气管体积。该体积为CO_2被吸收后气体的体积a；用吸收瓶15、14、13分别吸收气体中的氧、一氧化碳和吸收过程中放出的氨气。操作方法同上，读数分别为b和c；分析完毕，将水准瓶抬高，打开旋塞3排出仪器中的烟气，关闭旋塞3后再降低水准瓶，以免吸入空气。

6）结果计算与应用

排气各成分的体积百分含量计算如下：

二氧化碳：$X_{CO_2}=(100-a)\%$；

氧：$X_{O_2}=(a-b)\%$；

一氧化碳：$X_{CO}=(b-c)\%$；

氮：$X_{N_2}=c\%$。

式中，a、b、c——CO_2、O_2、CO被吸收液吸收后烟气体积的剩余量，ml；

100——所取的烟气体积，ml。

（2）电化学法测定氧

被测气体中的氧气，通过传感器半透膜充分扩散进入铅镍合金－空气电池内。经电化学反应产生电能，其电流大小遵循法拉第定律，与参加反应的氧原子摩尔数成正比，放电形成的电流经过负载形成电压，测量负载上的电压大小得到氧含量数值。

测量位置和测点：根据本节采样孔、采样点位置小节所述的相关内容确定，一般情况下可在靠近烟道中心的一点测定。

测量仪器：测氧仪和采样管及样气预处理器。

测量步骤：按仪器使用说明书的要求连接气路，并对气路系统进行漏气检查，开启仪器气泵，当仪器自检完毕，表明工作正常后，将采样管插入被测烟道中心或靠近中心处，抽取烟气进行测定，待氧含量读数稳定后，读取数据。

（3）氧化锆氧分仪法测定氧

利用氧化锆材料添加一定量的稳定剂以后，通过高温烧成，在一定温度下成为氧离子固体电解质。在该材料两侧焙烧上铂电极，一侧通气样，另一侧通空气，当两侧氧分压不同时，两电极间产生浓差电动势，构成氧浓差电池。由氧浓差电池的温度和参比气体氧分压，便可通过测量仪表测量出电动势，换算出被测气体的氧含量。

测量位置和测点：参照电化学法测定氧的测量位置和测点。

测量仪器：氧化锆氧分仪和采样管及样气预处理器。

测量步骤：按仪器使用说明书的要求连接气路，并对气路系统进行漏气检查。接通电源，按仪器说明书要求的加热时间使监测器加热炉升温。开启仪器气泵，当仪器自检完毕，表明工作正常后，将采样管插入被测烟道中心或靠近中心处，抽取烟气进行测定，待指示稳定后读取氧含量数据。

（4）热磁式氧分仪法测定氧

氧受磁场吸引的顺磁性比其他气体强许多，当顺磁性气体在不均匀磁场中，且具有温度梯度时，就会形成气体对流，这种现象称为热磁对流，或称为磁风。磁风的强弱取决于混合气体中含氧量多少。通过把混合气体中氧含量的变化转换成热磁对流的变化，再转换成电阻的变化，测量电阻的变化，就可得到氧的百分含量。

测量位置和测点：参照电化学法测定氧的测量位置和测点。

测量仪器：热磁式氧分仪和采样管及样气预处理器。

测量步骤：按仪器使用说明书的要求连接气路，并对气路系统进行漏气检查。开启仪器气泵，当仪器自检完毕，表明工作正常后，将采样管插入被测烟道中心或靠近中心处，抽取烟气进行测定，待指示稳定后读取氧含量数据。

氧含量的应用：根据相关排放标准，污染物应折算为过量空气系数 α 或基准氧含量 $O_{2基}$时的排放浓度。

折算为过量空气系数 α 的折算公式可按下式计算：

$$\bar{C}=\bar{C}'\cdot\frac{\alpha'}{\alpha}$$

式中，$\bar{C}$——折算成过量空气系数为 α 时的颗粒物或气态污染物排放浓度，mg/m^3；

$\bar{C}'$——颗粒物或气态污染物实测浓度，即上文浓度计算的结果，mg/m^3；

α'——在测点实测的过量空气系数；

α——有关排放标准中规定的过量空气系数。

过量空气系数的计算见下列两式：

$$\alpha=\frac{21}{21-X_{O_2}}$$

$$或\ \alpha=\frac{21}{21-79\dfrac{X_{O_2}-0.5X_{CO}}{100-\left(X_{O_2}+X_{CO_2}+X_{CO}\right)}}$$

式中，X_{O_2}、X_{CO_2}、X_{CO}——排气中氧、二氧化碳、一氧化碳的体积分数。

目前，大部分排放标准均采用基准氧含量来代替过量空气系数进行折算，折算为基准氧含量 $O_{2基准}$折算公式可按下式计算，该式不适合纯氧燃烧，富氧燃烧可参照执行：

$$\bar{C}=\bar{C}'\frac{\left(21-O_{2基准}\right)}{O_{2初始}-O_{2实测}}$$

式中，$O_{2基准}$——相关排放标准中规定的基准氧含量，%；

$O_{2初始}$——助燃空气初始氧含量，%；采用空气助燃时为 21；

$O_{2实测}$——实测的烟气氧含量，%。

2.4.1.4 排气压力

气体的压力［静压、动压和两者之和（全压）］通常用连接压力计的测压管测定。

（1）测量仪器

常用的仪器有皮托管和压力计。皮托管根据其结构不同可分为标准型皮托管和 S 形皮托管。压力计包括有 U 形压力计、斜管微压计、大气压力计等。

标准型皮托管：标准型皮托管的构造是一个弯成 90° 的双层同心圆管，前端呈半圆形，正前方有一开孔，与内管相通，用来测定全压。在距前端 6 倍直径处外管壁上开有一圈孔径为 1 mm 的小孔，通至后端的侧出口，用于测定排气静压，结构如图 5-22 所示。按照上述尺寸制作的皮托管其修正系数为 0.99 ± 0.01，如果未经标定，使用时可取修正系数 K_p 为 0.99。标准型皮托管的测孔很小，当烟道内颗粒物浓度大时，易被堵塞。它适用于测量较清洁的排气。

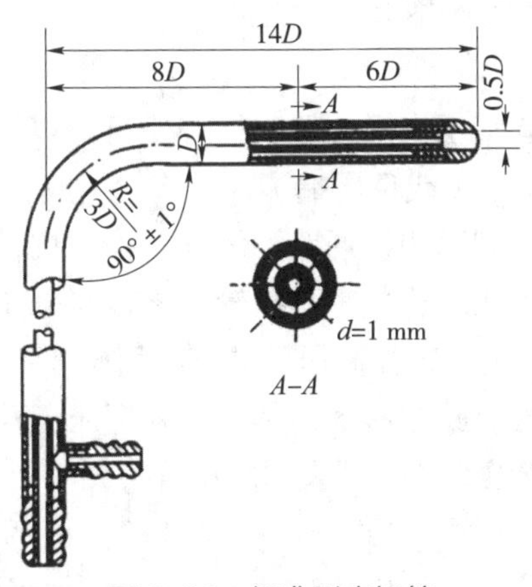

图 5-22 标准型皮托管

S 形皮托管：S 形皮托管由两根相同的金属管并联组成。测量端有方向相反的两个开口，测定时，面向气流的开口测得的压力为全压，背向气流的开口测得的压力小于静压，结构如图 5-23 所示。按图 5-23 设计制作的 S 形皮托管其修正系数 K_p 为 0.84 ± 0.01。制作尺寸与上述要求有差别的 S 形皮托管的修正系数需进行校正。其正、反方向的修正系数相差应不大于 0.01。S 形皮托管的测压孔开口较大，不易被颗粒物堵塞，且便于在厚壁烟道中使用。

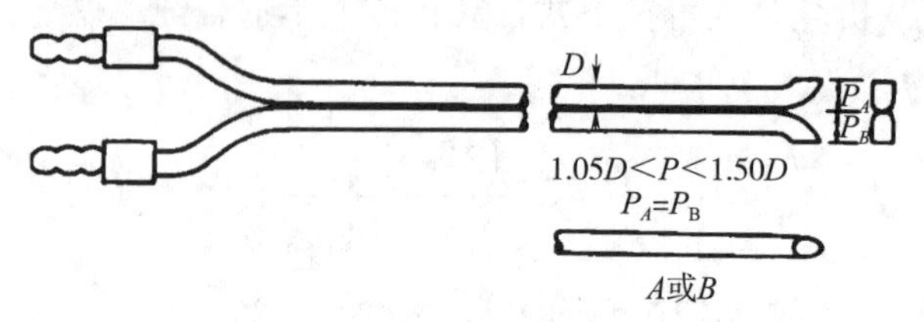

图 5-23　S 形皮托管

S 形皮托管在使用前须用标准型皮托管在风洞中进行校正。S 形皮托管的速度校正系数按下式计算：

$$K_{PS}=K_{PN}\sqrt{\frac{P_{dN}}{P_{dS}}}$$

式中，K_{PN}、K_{PS}——标准型皮托管和 S 形皮托管的速度校正系数；

P_{dN}、P_{dS}——标准型皮托管和 S 形皮托管测得的动压值，Pa。

U 形压力计：U 形压力计用于测定排气的全压和静压，其最小分度值应不大于 10 Pa。压力计由 U 形玻璃管制成，内装压有液体，常用测压液体有水、乙醇和汞，视被测压力范围选用。U 形压力计的误差较大，不适宜测量微小压力。

斜管微压计：斜管微压计用于测定排气的动压，测量范围为 0～2 000 Pa，其精确度应不低于 2%，最小分度值应不大于 2 Pa。

大气压力计：最小分度值应不大于 0.1 kPa。

（2）测量步骤

准备工作：将微压计调整至水平位置；检查微压计液柱中有无气泡；检查微压计是否漏气。向微压计的正压端（或负压端）入口吹气（或吸气），迅速封闭该入口，如微压计的液柱面位置不变，则表明该通路不漏气；检查皮托管是否漏气；用橡皮管将全压管的出口与微压计的正压端连接，静压管的出口与微压计的负压端连接；由全压管测孔吹气后，迅速堵严该测孔，如微压计的液柱面位置不变，则表明全压管不漏气；此时再将静压测孔用橡皮管或胶布密封，然后打开全压测孔，此时微压计液柱将跌落至某一位置，如果液面不继续跌落，则表明静压管不漏气。

测量气流的动压（P_d）（图 5-24）：将微压计的液面调整到零点；在皮托管上标出各测点应插入采样孔的位置。将皮托管插入采样孔；使用 S 形皮托管时，应使开孔平面垂直于测量断面插入。如断面上无涡流，微压计读数应在零点左右；使用标准皮托管时，在插入烟道前，切断皮托管和微压计的通路，以避免微压计中的酒精被吸入连接管中，使压力测量产生错误；在各测点上，使皮托管的全压测孔正对着气流方向，其偏差不得超过 10°，测出各点的动压，分别记录在表中；重复测定一次，取平均值；测定完毕后，检查微压计的液面是否回到原点。

测量气流的静压（P_s）（图 5-24）：将皮托管插入烟道近中心处的一个测点；使用S形皮托管测量时只用其一路测压管。其出口端用胶管与U形压力计一端相连，将S形皮托管插入烟道近中心处，使其测量端开口平面平行于气流方向，所测得的压力即为静压；使用标准型皮托管时，用胶管将其静压管出口端与U形压力计一端相连，将皮托管伸入到烟道近中心处，使其全压测孔正对气流方向，所测得的压力即为静压。

测量大气压力（B_a）：使用大气压力计直接测出，也可以根据当地气象站给出的数值，加或减因测点与气象站标高不同所需的修正值。即标高每增加 10 m，大气压力约减小 110 Pa。

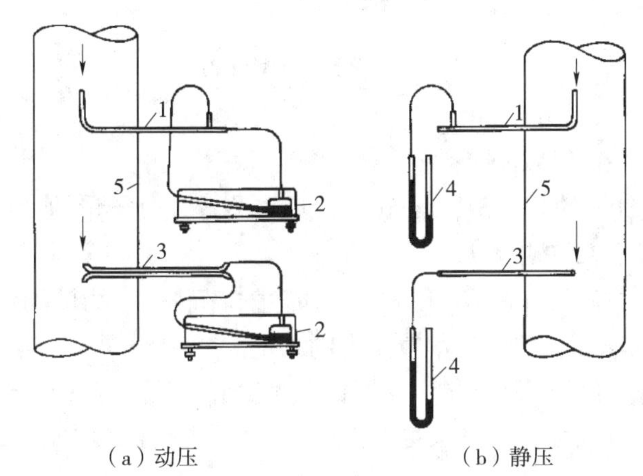

1—标准皮托管；2—斜管微压计；3—S形皮托管；4—U形压力计；5—烟道。

图 5-24 动压及静压测定装置

2.4.1.5 排气分子量、排气密度

（1）排气分子量的计算

1）排气气体分子量的计算

已知各成分气体的体积百分数 X_i 和其分子量 M_i，排气气体的分子量按下式计算：

$$M_s = \sum X_i M_i$$

式中，M_s——排气气体的分子量，kg/kmol；

X_i——某一成分气体的体积百分数，%，测定方法见本节烟气成分；

M_i——某一成分气体的分子量，kg/kmol。

2）干排气气体分子量的计算

干排气气体的分子量 M_{sd} 按下式计算：

$$M_{sd} = X_{O_2}M_{O_2} + X_{CO}M_{CO} + X_{CO_2}M_{CO_2} + X_{N_2}M_{N_2}$$

3）湿排气气体分子量的计算

湿排气气体的分子量 M_s 按下式计算：

$$M_s = \left(X_{O_2}M_{O_2} + X_{CO}M_{CO} + X_{CO_2}M_{CO_2} + X_{N_2}M_{N_2}\right)\left(1 - X_{SW}\right) + X_{SW}M_{H_2O}$$

（2）排气密度的计算

1）排气密度和其分子量、气温、压力的关系

由下式计算：

$$\rho_s = \frac{M_s\left(B_a + P_s\right)273}{22.4 \times 101\,300\left(273 + t_s\right)}$$

根据计算可以变成下式：

$$\rho_s = \frac{M_s\left(B_a + P_s\right)}{8\,312\left(273 + t_s\right)}$$

$$8\,312 = \frac{22.4 \times 101\,300}{273}$$

式中，ρ_s——排气的密度，kg/m^3；

M_s——排气气体的分子量，kg/kmol，见本节排气分子量的计算；

B_a——大气压力，Pa；

P_s——排气的静压，Pa；B_a 和 P_s 的测量见本节排气压力的测定；

t_s——排气的温度，℃，见本节温度的测定。

注：以下都是依据《固定污染源排气中颗粒物测定与气态污染物采样方法》（GB/T 16157—1996）中标准状态下干排气的定义，即其指的温度为 273 K、压力为 101 300 Pa 条件下不含水分的排气，但要注意的是，在《大气污染物综合排放排标准》（GB 16297—1996）、《固定污染源废气监测技术规范》（HJ/T 397—2007）中，标准状态指的是温度为 273 K，压力为 101 325 Pa 时的状态，压力数值存在细微不同，对结果影响可忽略不计。

2）标准状态下湿排气的密度

按下式计算：

$$\rho_n = \frac{M_s}{22.4}$$

式中，ρ_n——标准状态下湿排气的密度，kg/m^3；

M_s——湿排气气体的分子量，kg/kmol，计算方法见本节排气分子量的计算。

3）测量状态下烟道内湿排气的密度

按下式计算：

$$\rho_s = \rho_n \frac{273}{273 + t_s} \times \frac{B_a + P_s}{101\,300}$$

式中，ρ_s——测量状态下烟道内湿排气的密度，kg/m^3；

P_s——排气的静压，Pa。

2.4.1.6　排气流速、流量

（1）排气流速

由于气体流速与气体动压的平方根成正比，可根据测得的动压计算气体的流速。

根据测得某测点处的动压、静压以及温度等参数，由公式计算出排气流速。

1）测点处气流速度

测点处气流速度 V_s 可按下式计算：

$$V_s = K_p\sqrt{\frac{2P_d}{\rho_s}} = 128.9K_p\sqrt{\frac{(273+t_s)P_d}{M_s(B_a+P_s)}}$$

当干排气成分与空气近似，排气露点温度为 35～55℃、排气的绝对压力在 97～103 kPa 时，V_s 可按下式计算：

$$V_s = 0.076K_p\sqrt{(273+t_s)}\cdot\sqrt{P_d}$$

对于接近常温、常压条件下（t=20℃，B_a+P_s=101 300 Pa），通风管道的空气流速 V_a 可按下式计算：

$$V_a = 1.29K_p\sqrt{P_d}$$

式中，V_s——湿排气的气体流速，m/s；

V_a——常温常压下通风管道的空气流速，m/s；

K_p——皮托管修正系数。

2）平均流速的计算

烟道某一断面的平均流速$\bar{V}_s$可根据断面上各测点测出的流速 V_{si}，由下式计算：

$$\bar{V}_s = \frac{\sum_{i=1}^{n}V_{si}}{n} = 128.9K_p\sqrt{\frac{273+t_s}{M_s(B_a+P_s)}}\cdot\frac{\sum_{i=1}^{n}\sqrt{P_{di}}}{n}$$

式中，P_{di}——某一测点的动压，Pa；

n——测点的数目。

当干排气成分与空气近似，排气露点温度在 35～55℃、排气的绝对压力在 97～103 kPa 时，某一断面的平均流速$\bar{V}_s$可按下式计算：

$$\bar{V}_s = 0.076K_p\sqrt{(273+t_s)}\cdot\frac{\sum_{i=1}^{n}\sqrt{P_{di}}}{n}$$

对于接近常温、常压条件下（t=20℃，B_a+P_s=101 300 Pa），通风管道中某一断面的平均空气流速$\bar{V}_s$可按下式计算：

$$\bar{V}_s = 1.29K_p\frac{\sum_{i=1}^{n}\sqrt{P_{di}}}{n}$$

（2）流量的计算

1）工况下湿排气流量 Q_s

按下式计算：

$$Q_s = 3\,600 \cdot F \cdot \bar{V}_s$$

式中，Q_s——工况下湿排气流量，m^3/h；

F——测定断面面积，m^2；

$\bar{V}_s$——测定断面的湿排气平均流速，m/s。

2）标准状态下干排气流量 Q_{sn}

按下式计算：

$$Q_{sn} = Q_s \cdot \frac{B_a + P_s}{101\,300} \cdot \frac{273}{273 + t_s}(1 - X_{SW})$$

3）常温常压条件下，通风管道中的空气流量

按下式计算：

$$Q_s = 3\,600 \cdot F \cdot \bar{V}_a$$

2.4.2　手工采样法

2.4.2.1　滤料采样法

滤料采样法，固定源废气监测中，主要是用来采集颗粒态污染物，采用采样管在烟道、烟囱及排气筒（以下简称烟道）内对颗粒物进行等速采样，并将颗粒物截留在位于采样管的过滤介质上，随后通过称量过滤介质的增重质量或分析收集物的某种特定污染成分，结合采样体积计算获得污染物浓度。与空气监测不同，废气的过滤介质既有滤膜，也有各种材质的滤筒。

颗粒物（烟尘）采样主要有3种方法：《锅炉烟尘测试方法》（GB 5468—1991）、《固定源排气中颗粒物测定与气态污染物采样方法》（GB/T 16157—1996）和《固定污染源废气　低浓度颗粒物的测定　重量法》（HJ 836—2017），适用范围各有侧重，有部分内容重叠。GB 5468—1991 规定了锅炉出口（处理设施进口）原始烟尘浓度、锅炉烟尘排放浓度、烟气黑度及有关参数的测试方法。由于锅炉排放监测工况要求不是在其排放标准《锅炉大气污染物排放标准》（GB 13271—2014）中规定的，而是在 GB 5468—1991 中规定的，因此不应理解为 GB 5468—1991 与 GB/T 16157—1996 有任何矛盾，实施监测时除执行 GB 5468—1991 规定外，GB 5468—1991 中不详之处可引用 GB/T 16157—1996 相关内容。GB/T 16157—1996 规定了在固定污染源烟道排气中颗粒物的测定方法和气态污染物的采样方法，2018 年修改单指出在测定固定污染源排气（废气）中颗粒物浓度时，浓度小于等于 20 mg/m^3 时，适用 HJ 836—2017；浓度大于 20 mg/m^3 且不超过 50 mg/m^3 时，该标准与 HJ 836—2017 同时适用。HJ 836—2017 规定了测定固定污染源废气中低浓度颗粒物的重量法。

需要注意的是，这里的测定浓度指的是实测浓度，并非折算浓度。采用 GB/T 16157—1996 测定浓度小于等于 20 mg/m^3 时，测定结果表述为“＜20 mg/m^3”，采用 HJ 836—2017 测定浓度大于 50 mg/m^3 时，测定结果表述为“＞50 mg/m^3”。

（1）采样位置和采样点

根据本节采样位置和采样点相关内容确定。

（2）采样方法、维持等速采样的方法和采样装置

基于颗粒物采样的两个基本原则“等速采样”和“多点采样”，根据所需监测目的，可以将过滤介质、采样点、采样时间进行搭配组合，形成3种采样方法，移动采样、定点采样、间断采样。移动采样是指用一个滤筒（滤膜）在已确定的采样点上移动采样，各点的采样时间相同，求出采样断面的平均浓度，日常监测中多用该种采样方法。定点采样是指每个测点上采一个样，求出采样断面的平均浓度，并可了解烟道断面上颗粒物浓度变化情况，即每个采样点均使用一个滤筒（滤膜）进行采样，称重分析。间断采样是指对有周期性变化的排放源，根据工况变化及其延续时间，分段采样，然后求出其时间加权平均浓度。

维持颗粒物等速采样的方法有普通型采样管法（预测流速法）、皮托管平行测速采样法、动压平衡型采样管法和静压平衡型采样管法4种，普通型采样管法是4种维持颗粒物等速采样方法中的基础，其他方法可以说是普通型采样管法的不同改良版本，因此掌握普通型采样管法，可以更好地理解整个颗粒物采样原理和操作，起到筑牢基础的作用。可根据不同测量对象状况，选用其中的一种方法。有条件的，应尽可能采用自动调节流量烟尘采样仪，以减少采样误差、提高工作效率，这种方法属于皮托管平行测速采样法。现在市售颗粒物采样器基本上全是自动调节流量烟尘采样仪，仪器自带的微处理测控系统可实现自动等速跟踪采样，是基于上述皮托管平行测速采样法对设备进行升级改造开发的，本节采样步骤是基于该设备进行介绍的。

1）普通型采样管法

普通型采样管法（预测流速法）是在采样前预先测出各测点处的排气温度、压力、水分含量和气流速度等参数，结合所选用的采样嘴直径，计算出等速采样条件下各采样点所需的采样流量，然后按该流量在各测点采样。相关设备技术要求按GB/T 16157—1996中8.3小节的规定。等速采样的流量按下式计算：

$$Q'_r = 0.000\,47d^2 \cdot V_s\left(\frac{B_a + P_s}{273 + t_s}\right)\left[\frac{M_{sd}\left(273 + t_r\right)}{B_a + P_r}\right]^{1/2}\left(1 - X_{sw}\right)$$

式中，Q_r'——等速采样流量的转子流量计读数，L/min；

d——采样嘴直径，mm；

V_s——测点气体流速，m/s；

B_a——大气压力，Pa；

P_s——排气静压，Pa；

P_r——转子流量计前气体压力，Pa；

t_s——排气温度，℃；

t_r——转子流量计前气体温度，℃；

M_{sd}——干排气的分子量，kg/kmol；

X_{SW}——排气中的水分含量体积百分数，%。

当干排气成分和空气近似时，等速采样流量 Q_r' 可按下式计算：

$$Q'_r = 0.0025 \cdot V_s \left(\frac{B_a + P_s}{273 + t_s} \right) \left[\frac{(273 + t_r)}{B_a + P_r} \right]^{1/2} (1 - X_{SW})$$

普通型采样管法适用于工况比较稳定的污染源采样。尤其是在烟道气流速度低、高温、高湿、高粉尘浓度的情况下，均有较好的适应性，并可配用惯性尘粒分级仪测量颗粒物的粒径分级组成。

采样装置由普通型采样管、颗粒物捕集器、冷凝器、干燥器、流量计量和控制装置、抽气泵等几部分组成，见图 5-25。当排气中含有二氧化硫等腐蚀性气体时，在采样管出口还应设置腐蚀性气体的净化装置（如双氧水洗涤瓶等）。

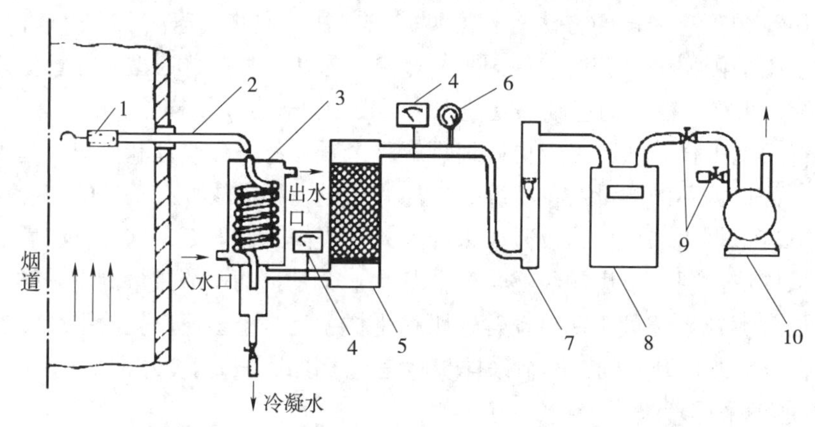

1—滤筒；2—采样管；3—冷凝器；4—温度计；5—干燥器；6—真空压力表；7—转子流量计；8—累计流量计；9—调节阀；10—抽气泵。

图 5-25　普通型采样管法颗粒物采样装置

注：采样管可根据需要选择具有加热功能的采样管。

2）皮托管平行测速采样法

此法与普通型采样管法基本相同，将普通采样管、S 形皮托管和温度计固定在一起，采样时将三个测头一起插入烟道中同一测点，根据预先测得的排气静压、水分含量和当时测得的测点动压、温度等参数，结合选用的采样嘴直径，由编有程序的计算器及时算出等速采样流量（等速采样流量的计算与预测流速法相同）。手动调节采样流量至所要求的转子流量计读数进行采样，或由微电脑迅速计算出颗粒物等速采样流量并自动调节采样流量进行等速采样。采样流量与计算的等速采样流量之差应在 10% 以内。此法的特点是当工况发生变化时，可根据所测得的流速等参数值，及时调节采样流量，保证颗粒物的等速采样条件。相关设备技术要求按 GB/T 16157—1996 中 8.4 小节的规定进行。

采样装置由组合采样管、除硫干燥器、流量计量箱、抽气泵等部分组成。采样装置如图 5-26 所示，组合采样管由普通型采样管和与之平行放置的 S 形皮托管、热电偶温度计固定在一起组成，三者之间的相对位置见图 5-27。除硫干燥器由气体洗涤瓶（内装 3% 双氧水 600～800 ml）和干燥器串联组成。流量计量箱由温度计、真空压力表、转子流量计和累计流量计等组成。

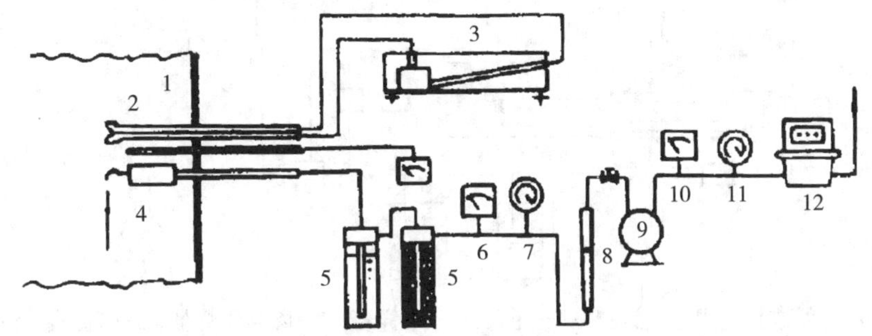

1—烟道；2—皮托管；3—斜管微压计；4—采样管；5—除硫干燥器；6—温度计；
7—真空压力表；8—转子流量计；9—真空泵；10—温度计；11—压力表；12—累计流量计。

图 5-26　皮托管平行测速法固体颗粒物采样装置

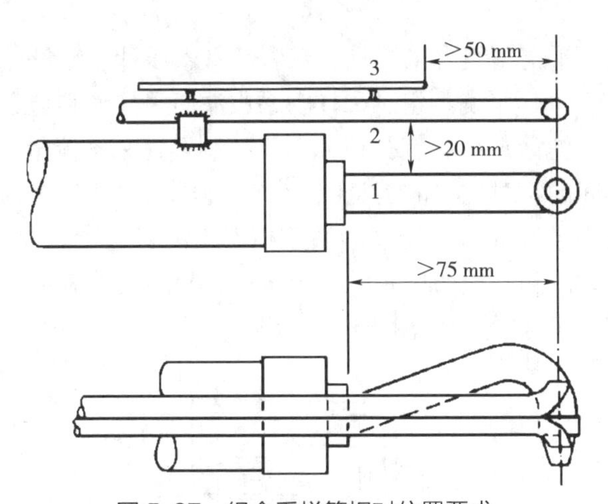

图 5-27　组合采样管相对位置要求

皮托管平行测速自动烟尘采样仪比上述装置多了微电脑处理系统。仪器的微处理测控系统根据各种传感器检测到的静压、动压、温度及含湿量等参数，计算烟气流速，选定采样嘴直径，采样过程中仪器自动计算烟气流速和等速跟踪采样流量，控制电路调整抽气泵的抽气能力，使实际流量与计算的采样流量相等，从而保证了烟尘自动等速采样，采样装置见图 5-28。

3）动压平衡型采样管法

将装有孔板的采样管、S 形皮托管、温度计组装成一体，采样时将组合式采样管插入烟道测点处。借助于双联斜管微压计或双联微压差表，手动调节采样流量使采样抽气时孔板产生的压差与采样管平行放置的皮托管测出的气体动压相等进行采样；或借助于微压差传感器，由微电脑自动调节采样流量使采样抽气时孔板产生的压差与采样管平行放置的皮托管测出的气体动压相等进行采样。此法的特点是，当工况发生变化时，它通过双联斜管微压计或双联微压差表的指示和微压差传感器，可及时调节采样流量，保证等速采样的条件。相关设备技术要求按 GB/T 16157—1996 中 8.5 的规定进行。

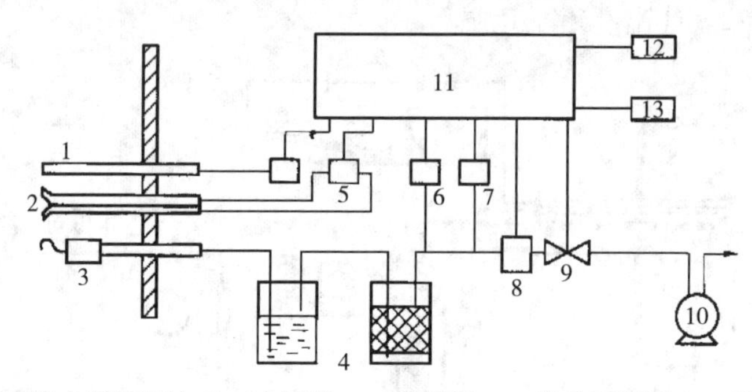

1—热电偶或热电阻温度计；2—皮托管；3—采样管；4—除硫干燥器；5—微压传感器；6—压力传感器；7—温度传感器；8—流量传感器；9—流量调节装置；10—抽气泵；11—微处理系统；12—微型打印机或接口；13—显示器。

图 5-28　皮托管平行测速自动烟尘采样仪

采样装置由动压平衡型组合采样管、双联斜管微压计、流量计量箱和抽气泵等部分组成，见图 5-29。动压平衡型组合采样管系由滤筒采样管和与之平行放置的 S 形皮托管构成，采样管的滤筒夹后装有孔板，用于控制等速采样流量。S 形皮托管用于测量排气流速。二者间的相对位置应满足图 5-27 的要求。标定时孔板上游应维持 3 kPa 的真空度，孔板的系数和 S 形皮托管的系数相差应不超过 2%。双联斜管微压计用于测定 S 形皮托管的动压和孔板的压差，二微压计之间的误差应不大于 5 Pa。该法除增加一累计流量计外，其他与普通型采样管法相同。

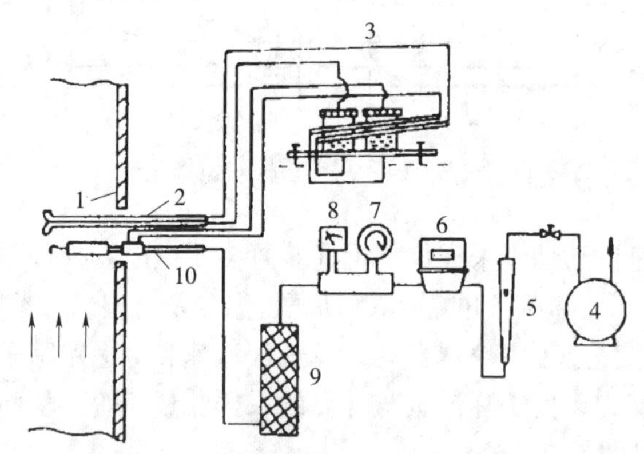

1—烟道；2—皮托管；3—双联斜管微压计；4—抽气泵；5—转子流量计；6—累计流量计；7—真空压力表；8—温度计；9—干燥器；10—采样管。

图 5-29　动压平衡法固体颗粒物采样装置

4）静压平衡型采样管法

静压平衡型等速采样管法是利用在采样管入口配置专门采样嘴，在嘴的内外壁上分别开有测量静压的条缝，手动或自动调节采样流量使采样嘴内、外条缝处静压相等，达到等速采样条件。此法用于测量低含尘浓度的排放源，操作简单、方便。但在高含尘浓度及尘粒黏结性强的场合下，此法的应用受到限制，也不宜用于反推烟气流速和流量，以代替流速流量的测量。相关设备技术要求按 GB/T 16157—1996 中 8.6 的规定执行。

静压平衡等速采样装置主要由静压平衡采样管、压力偏差指示计、流量计量箱和抽气泵等部分组成，见图 5-30。静压平衡采样管结构见图 5-31，其应在风洞中对不同直径的采样嘴在高、中、低不同流速下进行标定，至少各标定 3 点，其等速误差应不大于 ±5%。

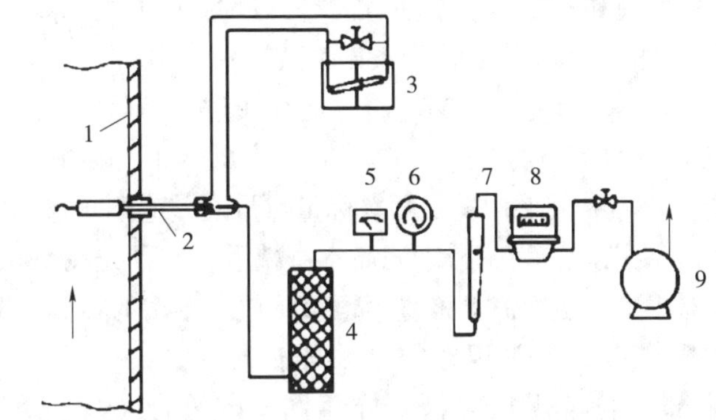

1—烟道；2—采样管；3—压力偏差指示器；4—干燥器；5—温度计；
6—真空压力表；7—转子流量计；8—累计流量计；9—抽气泵。

图 5-30 静压平衡法固体颗粒物采样装置

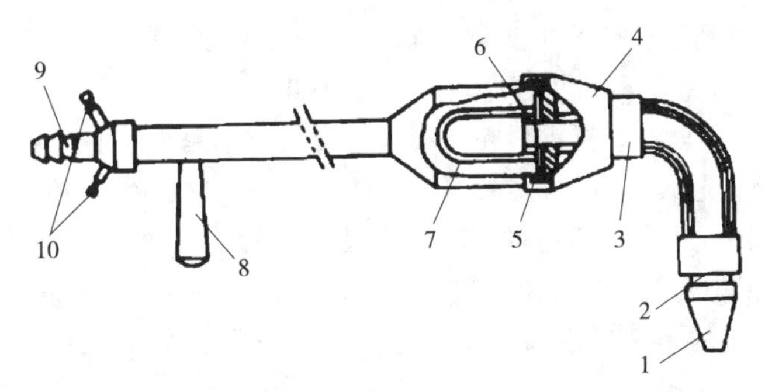

1—采样嘴；2—内套管；3—取样座；4—紧固连接套；5—垫片；
6—滤筒压环；7—滤筒；8—手柄；9—采样管出口接头；10—静压管出口接头。

图 5-31 静压平衡采样管结构

（3）采样前准备工作

采样前的准备工作可以分为三部分：准备设备和耗材、设备检查、耗材处理。如情况允许的前提下（执法、暗访或飞行检查等无法提前获知信息除外），应提前对被测单位生产设施、工况、污染治理设施和排污口基本情况进行调查。

按照被测物质的对应标准分析方法中有关有组织排放监测的采样部分所规定的仪器设备、耗材和试剂做好准备。主要包括检查仪器设备是否完好，试剂是否齐全，制备的纯水或溶剂是否符合要求，需要提前绘制的标准曲线是否绘制和符合规定，用于现场监测的仪器设备的数量及所需的辅助材料，如记录本（表）、气袋、滤膜、滤筒、连接管、连接导线、简单的工具、镊子、胶布、毛刷等是否齐全。准备采样器时应注意检查电路系统、气路部分功能是否正常，检查系统是否漏气，如发现漏气，应再分段检查、堵漏，直至合格。排气温度测量仪表、斜管微压计、空盒大气压力计、真空压力表（压力计）、转子流量计、干式累计流量计、采样管加热温度、分析天平、采样嘴、皮托管系数等至少半年自行校正一次。

涉及重量法分析的，采样前应对过滤介质（滤筒、滤膜或其他介质、一体化采样头整体称量等）进行处理和称重。需要注意的是，过滤介质的称量应在恒温恒湿的天平室中进行，应保持采样前和采样后称量条件一致。

以颗粒物的监测为例，首先可用铅笔将过滤介质进行编号（亦可在盛装容器上编号进行区分），在 105～110℃烘烤 1 h，取出放入干燥器中，在恒温恒湿的天平室中冷却至室温，用感量 0.1 mg 天平称量，两次称量重量之差应不超过 0.5 mg。当滤筒在 400℃以上高温排气中使用时，为了减少滤筒本身减重，应预先在 400℃高温箱中烘烤 1 h，然后放入干燥器中冷却至室温，称量至恒重，放入专用的容器中保存备用。

低浓度颗粒物采样装置与常规颗粒物采样有所区分，主要是在于其采用了组合式采样管，其余部件与常规颗粒物采样相同，应符合《烟尘采样器技术条件》（HJ/T 48—1999）中采样装置的要求。组合式采样管由低浓度采样头及采样头固定装置代替常规颗粒物采样所用的滤筒及滤筒采样管。组合式采样管结构详见 HJ 836—2017。基本准备过程与常规颗粒物类似，但是低浓度颗粒物监测增加了采样装置瞬时流量准确度、累计流量准确度的校准要求，同时由于其采用的是整体式的采样头，需进行清洗、烘烤、安装、称量等程序。相关步骤如下：

采样前的清洗步骤：采样前，在去离子水介质中用超声波清洗前弯管、密封铝圈和不锈钢托网，清洗 5 min 后再用去离子水冲洗干净，以去除各部件上可能吸附的颗粒物。将上述部件放置在烘箱内烘烤，烘烤温度 105～110℃，烘干至少 1 h。石英材质滤膜应烘焙 1 h，烘焙温度为 180℃或大于烟温 20℃（取两者较高的温度）。冷却后，将滤膜和不锈钢托网用密封铝圈同前弯管封装在一起，放入恒温恒湿设备平衡至少 24 h。

采样前的称量步骤：将清洗烘干、安装好滤膜并恒温恒湿平衡 24 h 后的采样头，放入在恒温恒湿设备内用天平称重，每个样品称量 2 次，每次称量间隔应大于 1 h，2 次称量结果间最大偏差应在 0.20 mg 以内。记录称量结果，以 2 次称量的平均值作为称量结果。当同一采样头 2 次称量中的质量差大于 0.20 mg 时，可将相应采样头再平衡至少 24 h 后称量；如果第二次平衡后称量的质量同上次称量的质量差仍大于 0.20 mg，可将相应采样头再平衡至少 24 h 后称量；如果第三次平衡后称量的质量同上次称量的质量差仍大于 0.20 mg，在确认平衡称量仪器和操作正确后，此采样头作废。

（4）采样

到达采样平台后，核实生产设施工况和处理设施运转情况。应在生产设备处于正常运行状态下进行，或根据有关污染物排放标准的要求，在所规定的工况条件下测定。

在现场监测期间，应有专人负责对被测污染源工况进行监督，保证生产设备和治理设施正常运行，工况条件符合监测要求。

1）常规颗粒物采样

开展采样监测时，常规颗粒物监测步骤可参照以下内容（采用的是自动调节流量皮托管平行测速法）。

采样系统连接：对采样系统进行组装连接，用橡胶管将组合采样管的皮托管与主机的相应接嘴连接，将组合采样管（皮托管）的烟尘取样管与洗涤瓶和干燥瓶连接，再与主机的相应接嘴连接。

参数设置：仪器接通电源，自检完毕后，输入日期、时间、大气压、管道尺寸等参数。仪器计算出采样点数目和位置，将各采样点的位置在采样管上做好标记。

气密性检查：对设备进行气密性检查（检查装置系统的漏气情况）。检查系统是否漏气，如发现漏气应分段检查、堵漏，直到满足检漏要求。

流量计量装置放在抽气泵前的，其检漏方法有两种。

方法一：在系统的抽气泵前串一满量程为 1 L/min 的小量程转子流量计。检漏时，将装好滤筒的采样管进口（不包括采样嘴）堵严，打开抽气泵，调节泵进口处的调节阀，使系统中的压力表负压指示为 6.7 kPa，此时，小量程流量计的流量如不大于 0.6 L/min，则视为不漏气。

方法二：检漏时，堵严采样管滤筒夹处进口，打开抽气泵，调节泵进口的调节阀，使系统中的真空压力表负压指示为 6.7 kPa，关闭连接抽气泵的橡皮管，在 0.5 min 内如真空压力表的指示值下降不超过 0.2 kPa，则视为不漏气。

在仪器携往现场前，已按上述方法进行过检漏的，现场检漏仅对采样管后的连接橡皮管到抽气泵段进行检漏。

流量计量装置放在抽气泵后的检漏方法：在流量计量装置出口接一三通管，其一端接 U 形压力计另一端接橡皮管。检漏时，切断抽气泵的进口通路，由三通的橡皮管端压入空气，使 U 形压力计水柱压差上升到 2 kPa，堵住橡皮管进口，如 U 形压力计的液面差在 1 min 内不变，则视为不漏气。抽气泵前管段仍按前面的方法检漏。部分商业化的市售采样器有内置检漏程序，应按其仪器说明书进行操作。

采样流程：打开烟道的采样孔，清除孔中的积灰；仪器压力测量进行零点校准后，将组合采样管插入烟道中，测量各采样点的温度、动压、静压、全压及流速，选取合适的采样嘴，测定烟气中水分含量（烟气参数测量方法见本节烟气参数的测定和计算）；记下滤筒的编号（记录在采样原始记录纸以及输入仪器中备查），将已称重的滤筒（滤膜或其他过滤介质）装入采样管内，旋紧压盖，注意采样嘴与皮托管全压测孔方向一致；设定每点的采样时间，输入滤筒编号，将组合采样管插入烟道中，密封采样孔；使采样嘴及皮托管全压测孔正对气流，位于第一个采样点。启动抽气泵，开始采样。第一点采样时间结束，仪器自动发出信号，立即将采样管移至第二采样点继续进行采样。依次类推，按顺序在各点采样。采样过程中，采样器自动调节流量保持等速采样；采样完毕后，从烟道中小心地取出采样管，注意不要倒置。用镊子将滤筒取出，放入专用的容器中保存；用仪器保存或打印出采样数据。

2）低浓度颗粒物采样

低浓度颗粒物采样可参照以下步骤：

a）根据现场实际测量的烟道尺寸，按要求选择采样平面，确定采样点数目。

b）记录现场基本情况，并清理采样孔处的积灰。

c）将采样头装入组合式采样管，固定，记录采样头编号。

d）检查系统是否漏气。

e）开始采样，采样步骤参见上述颗粒物采样步骤的要求，或按照相应仪器操作方法使用微电脑平行自动采样，采样过程中采样嘴的吸气速度与测点处的气流速度应基本相等，相对误差小于10%。当烟气中水分影响采样正常进行时，应开启采样管上采样头固定装置的加热功能。加热应保证采样顺利进行，温度不应超过110℃。

f）结束采样后，取下采样头，用聚四氟乙烯材质堵套塞好采样嘴，将采样头放入防静电的盒或密封袋内，再放入样品箱。

g）采集全程序空白样。采样过程中，采样嘴应背对废气气流方向，采样管在烟道中放置时间和移动方式与实际采样相同。全程序空白样应在每次测量系列过程中进行一次，并保证至少一天一次。为防止在采集全程序空白样过程中空气或废气进入采样系统，必须断开采样管与采样器主机的连接，密封采样管末端接口。

h）采集同步双样时，每个样品均应采集同步双样，同步双样的采集应符合 HJ 836—2017 附录 A 的要求。这里并非要求所有样品均需采集同步双样，而是如果需要采样同步双样时，本次任务的每个样品均应采集同步双样。

（5）样品运输和保存

颗粒物样品应保存在原有已编号的称量盒中，低浓度颗粒物采样头则是放入防静电的密封袋或特制采样头盒，密闭存放，存放过程中避免强烈的晃动或保存在振动环境中，及时运输进行样品交接。

对于滤筒样品，将采样后的滤筒在105～110℃烘烤1 h，取出放入干燥器中，在恒温恒湿的天平室中冷却至室温，用感量0.1 mg天平称量至恒重，两次称量重量之差应不超过0.5 mg。

对于低浓度颗粒物样品，可将采样后的采样头运回实验室后，用蘸有丙酮的石英棉对采样头外表面进行擦拭清洗，清洗过程应在通风橱中进行。清洗后，采样头在烘箱内105～110℃烘烤1 h，待干燥冷却后放入恒温恒湿设备平衡至少24 h。将处理平衡后的采样头，在恒温恒湿设备内用天平称重，称重步骤和要求同采样前准备工作中的称量步骤。采样前后采样头重量之差，即为所取的颗粒物量。应对称重后的采样头进行检查，检查是否存在滤膜破损或其他异常情况，若存在异常情况，则样品无效。

整个过程应保证采样前后的恒温恒湿设备平衡条件、称量设备不变。

（6）记录与结果表述

固定污染源排气中颗粒态污染物采样原始记录应包括但不限于：采样任务编号、企业名称、采样日期、采样依据、仪器型号及编号、气压表型号及编号、气压、环境温度、采样点名称、监测项目、样品编号、采样介质、介质编号、烟道尺寸、采样点数量及位置、采样流量、流速、标干风量、计前压力、计前温度、采样起止时间、采样体积、标况下采样体积、样品现场处理情况，采样原始记录应有采样人、复核人及审核人签名。

1）浓度计算

颗粒物浓度按下式计算：

$$C_{\mathrm{nd}}=\frac{m}{V_{\mathrm{nd}}}\times10^{6}$$

式中，C_{nd}——颗粒物浓度，mg/m^3；

m——样品所得颗粒物重量，g；

V_{nd}——标准状态下干采气体积，L。

如果采用定点采样的方法，即每个测点上采一个样，监测断面的颗粒物平均浓度可按下式计算：

$$\bar{C}'=\frac{C'_1V_1F_1+C'_2V_2F'\cdots+C'_nV_nF_n}{V_1F_1+V_2F_2\cdots+V_nF_n}$$

式中，$\bar{C}'$——颗粒物的平均浓度，mg/m^3；

C_1'，C_2'，$\cdots C_n'$——各采样点颗粒物浓度，mg/m^3；

V_1，V_2，$\cdots V_n$——各采样点排气流速，m/s；

F_1，F_2，$\cdots F_n$——各采样点所代表的面积，m^2。

这里可以理解为单位面积流量加权平均浓度，该公式也适用于气态污染物。

除非评价标准有特别要求外，一般情况下废气监测结果均换算为标准状态下（273.15 K、压力为 101 325 Pa）不含水分的干废气含量。颗粒物的浓度计算结果保留到小数点后 1 位。

2）排放量计算

污染物的排放速率按下式计算：

$$G=\bar{C}_{实测}\times Q_{\mathrm{sn}}\times10^{-6}$$

式中，G——污染物排放速率，kg/h；

$\bar{C}_{实测}$——污染物实测排放浓度，mg/m^3；

Q_{sn}——标准状态下干排气量，m^3/h。

该公式也适用于气态污染物。

3）采样体积计算

污染物的量是通过实验分析得到的，而采样体积的计算，是结合采样过程中的参数计算得到的。与环境空气不同，由于废气监测在烟道中处于高温高压高湿状态，采样体积通常受到烟道内温度、压力和水分干扰，而且需要选用抗负压性能良好的采样泵进行采样，并在流量计前测量压力、温度等相关参数，这就决定了废气监测采样体积的换算与环境空气不同。

a）使用转子流量计时的体积计算

当转子流量计前装有干燥器时，标准状态下干排气采气体积按下式计算：

$$V_{\mathrm{nd}}=0.27Q'_{r}\sqrt{\frac{B_{\mathrm{a}}+P_{r}}{M_{\mathrm{sd}}\left(273+t_{r}\right)}}\cdot t$$

式中，V_{nd}——标准状态下干采气体积，L；

Q_r'——采样流量，L/min；

M_{sd}——干排气气体分子量，kg/kmol；

B_{a}——大气压力，Pa；

P_r——转子流量计前气体压力，Pa；

t_r——转子流量计前气体温度，℃；

t——采样时间，min。

当被测气体干气体分子量近似于空气时，标准状态下干气体体积可按下式计算：

$$V_{\mathrm{nd}}=0.05Q'_{r}\sqrt{\frac{B_{\mathrm{a}}+P_{r}}{273+t_{r}}}\cdot t$$

b）使用干式累计流量计时的体积计算

使用干式累计流量计，流量计前装有干燥器，标准状态下干采气体积按下式计算：

$$V_{\mathrm{nd}}=K\left(V_{2}-V_{1}\right)\frac{273}{273+t_{d}}\cdot\frac{B_{\mathrm{a}}+P_{d}}{101\,325}$$

式中，V_1、V_2——采样前后累计流量计的读数，L；

t_d——流量计前气体温度，℃；

P_d——流量计前气体压力，Pa；

K——流量计的修正系数。

需要注意的是，标准大气压为 101 325 Pa，废气监测中部分排放标准或监测方法中有时修约为 101 300 Pa，对结果影响可忽略不计，下同。

c）使用湿式累计流量计时的体积计算

使用湿式累计流量计，流量计前装有干燥器，标准状态下干采气体积按下式计算：

$$V_{\mathrm{nd}}=K\left(V_{2}-V_{1}\right)\frac{273}{273+t_{w}}\cdot\frac{B_{\mathrm{a}}+P_{w}-P_{WV}}{101\,325}$$

式中，t_w——流量计前气体温度，℃；

P_w——流量计前气体压力，Pa；

P_{WV}——温度为 t_w 时饱和水蒸气的压力，Pa。

（7）注意事项

质量保证和质量控制要求按照 HJ/T 373—2007、HJ/T 397—2007 和低浓度颗粒物的监测分析方法标准（HJ 836—2017）相关要求执行。

2.4.2.2　溶液吸收采样法

指利用废气中被测组分能迅速溶解于吸收液或能与吸收液迅速发生化学反应的原理，采集气态污染物的采样方法。采用不同的吸收液，可以进行多种气态污染物的采样。此外，当固定污染源废气中湿度较大，气态污染物（如氯化氢、溴化氢、氟化氢等）吸湿以雾滴的形式存在时，布点和采样仍应符合本节滤料采样法的规定。

（1）采样系统

由采样管、连接导管、吸收瓶、流量计量箱和抽气泵等部件组成，见图 5-32。当流量计量箱放在抽气泵出口时，抽气泵应严密不漏气。根据流量计量和控制装置的类型，烟气采样器可分为孔板流量计采样器、累计流量计采样器和转子流量计采样器。

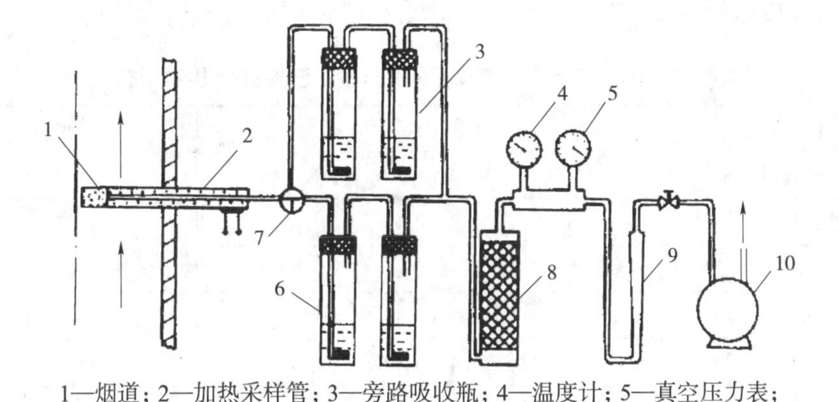

1—烟道；2—加热采样管；3—旁路吸收瓶；4—温度计；5—真空压力表；
6—吸收瓶；7—三通阀；8—干燥器；9—流量计；10—抽气泵。

图 5-32　烟气采样系统

1）采样管

根据被测污染物的特征，可以采用以下几种型式采样管（图 5-33）。

a 型采样管：适用于不含水雾的气态污染物的采样。

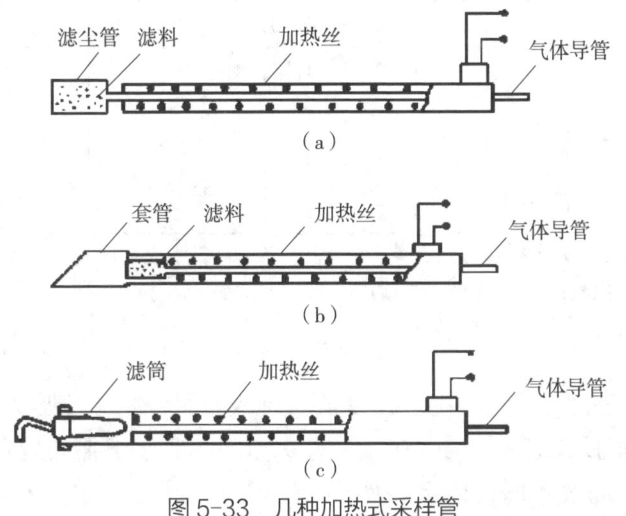

图 5-33　几种加热式采样管

b 型采样管：在气体入口处装有斜切口的套管，同时装滤料的过滤管也进行加热，套管的作用是防止排气中水滴进入采样管内，过滤管加热是防止近饱和状态的排气将滤料浸湿，影响采样的准确性。

c 型采样管：适用于既有颗粒物又有气态污染物的低湿烟气的采样，滤筒采集颗粒物，串联在系统中的吸收瓶则采集气态污染物。

2）连接管

选择不吸收亦不和待测污染物起化学反应并便于连接与密封的材料。不同污染物适用的材质不同。为了避免采样气体中水分在连接管中冷凝，从采样管到吸收瓶或从采样管到除湿器之间要进行保温，连接管线较长时要进行加热，连接管内径应大于 6 mm，管长应尽可能短。表 5-8 列出了气态污染物使用的连接管和滤料。

表 5-8 16 种气态污染物使用的采样管、连接管和滤料的材质

气体名称	采样管和连接管	滤料
二氧化硫	1，2，3，4，5，6，7，8	9，10
氮氧化物	1，2，3，4，5，8	9
氟化物	1，5	10
氯	2，3，4，5，6	9，10
氯化氢	2，3，4，5，6，8	9，10
硫化氢	1，2，3，4，5，6，7，8	9，10
溴	2，3，5，8	9
酚	1，2，3，5，8	9
苯	2，3，5，8	9
二硫化碳	2，3，5，8	9
硫醇	1，2，3，5	9
氨	1，2，3，4，5，6	9，10
一氧化碳	1，2，3，4，5，8	9，10
丙烯醛	1，2，5，8	9
光气	1，2，3，5	9
氰化氢	1，2，3，4，5，6	9，10

注：1—不锈钢；2—硬质玻璃；3—石英；4—陶瓷；5—氟树脂或氟橡胶；6—氯乙烯树脂；7—聚氯橡胶；8—硅橡胶；9—无碱玻璃棉或硅酸铝纤维；10—金刚砂。

3）吸收瓶

常用的吸收瓶有多孔玻板吸收瓶、大型气泡吸收瓶、冲击式吸收瓶，如图 5-34 所示。吸收瓶多孔筛板鼓泡要均匀，在流量为 0.5 L/min 时，其阻力应在（5 ± 0.7）kPa；采用标准磨口，应严密不漏气；连接嘴应做成球形或锥形。

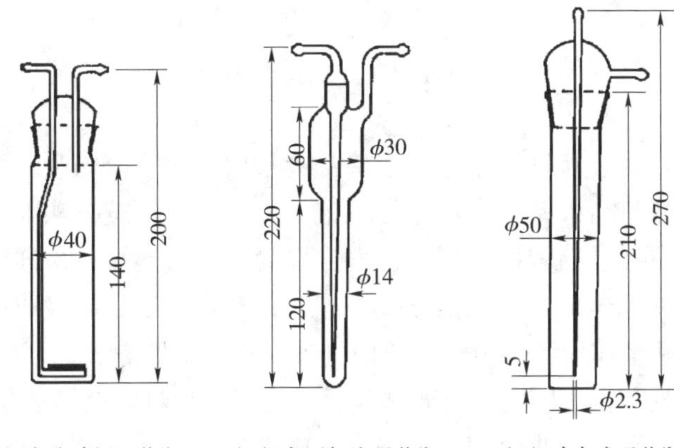

（a）多孔玻板吸收瓶　（b）大型气泡吸收瓶　（c）冲击式吸收瓶

图 5-34　常用的几种吸收瓶

4）流量计量装置

用于控制和计量采样流量，主要部件应包括干燥器、温度计、真空压力表、转子流量计、累计流量计、流量调节装置等。

5）抽气泵

采样动力，可用隔膜泵或旋片式抽气泵，抽气能力应能克服烟道及采样系统阻力。当流量计量装置放在抽气泵出口端时，抽气泵应不漏气。

若固定污染源废气中湿度较大，气态污染物（如氯化氢、溴化氢、氟化氢等）吸湿以雾滴的形式存在时，在本节滤料采样法的基础上增加分流阀，一路直接接在流量计量及控制装置（一般采用颗粒物采样器）上，另一路将采样流量控制在 0.5～1.0 L/min 接入装有吸收液的吸收瓶后，再接入流量计量及控制装置（图 5-35）。

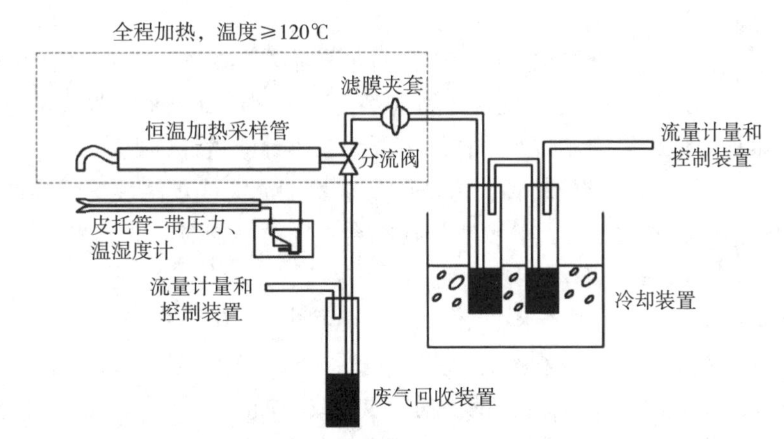

图 5-35　形成液滴的气态污染物有组织废气采样装置示意图

（2）采样前准备工作

采样管的准备与安装：清洗采样管，使用前清洗采样管内部，干燥后再用；更换滤料，当充填无碱玻璃棉或其他滤料时，充填长度为 20～40 mm；采样管插入烟道近中心位置，进口与排气流动方向成直角。如使用入口装有斜切口套管的采样管，其斜切口应背向气流；采样管固定在采样孔上，应不漏气；在不采样时，采样孔要用管堵或法兰封闭。

吸收瓶与采样管、流量计量箱的连接：吸收瓶、吸收液与吸收瓶贮存，按实验室化学分析操作要求进行准备，并用记号笔记上样品编号；按方法要求用连接管将采样管、吸收瓶、流量计量箱和抽气泵连接，连接管应尽可能短；采样管与吸收瓶和流量计量箱连接，应使用球形接头或锥形接头连接；准备一定量的吸收瓶，各装入规定量的吸收液，其中两个作为旁路吸收瓶使用；吸收瓶磨口处漏气，可以用硅密封脂涂抹；吸收瓶和旁路吸收瓶在入口处，用玻璃三通阀连接；吸收瓶应尽量靠近采样管出口处，当吸收液温度较高而对吸收效率有影响时，应将吸收瓶放入冷水槽中冷却；采样管出口至吸收瓶之间连接管要用保温材料保温，当管线长时，须采取加热保温措施。

漏气试验：将各部件按要求连接；关上采样管出口三通阀，打开抽气泵抽气，使真空压力表负压上升到 13 kPa，关闭抽气泵一侧阀门，如压力计压力在 1 min 内下降不超过 0.15 kPa，则视为系统不漏气；如发现漏气，要重新检查、安装，再次检漏，确认系统不漏气后方可采样。

（3）采样

1）采集气态污染物

采集气态污染物时，可按下列步骤进行：

预热采样管：打开采样管加热电源，将采样管加热到所需温度。

置换吸收瓶前采样管路内的空气：正式采样前，令排气通过旁路吸收瓶采样 5 min，将吸收瓶前管路内的空气置换干净。

采样：流量波动不大于 ±10%。使用累计流量计采样器时，采样开始要记录累计流量计读数。

采样时间：视待测污染物浓度而定，但每个样品采样时间一般不少于 10 min。

采样结束：切断采样管至吸收瓶之间气路，防止烟道负压将吸收液与空气抽入采样管。使用累计流量计采样器时，采样结束要记录累计流量计读数。

采样过程可根据污染物的特性、方法的要求增加冰浴或水浴装置，维持吸收液的温度，达到较高的吸收效率。具体要求还应结合不同污染物对应的监测分析方法。

2）采集形成液滴的气态污染物

采集气态污染物，但因废气湿度较大形成液滴时，可按下列步骤进行：

布点参数设置：按本节滤料采样法要求进行布点、测量烟气参数等，采样装置组装可参照图 5-35，并根据需求增加吸收瓶的数量或增加冷水浴、冰水浴等控温设备。

管路连接：在采样管后连接分流阀，其中一路接滤膜夹套，并串联数支内装一定体积的吸收液的吸收瓶（具体数量、吸收瓶规格、吸收液种类和体积应根据不同污染物的监测分析方法要求确定），采集目标气体污染物。采样过程保持采样管及加热装置温度在 120℃，以避免水汽在吸收瓶之前凝结。将分流阀另一路接入采样器中。连接管应尽可能短并检查系统的气密性和可靠性。

温度设置：将采样管插入烟道中，采样管加热温度不低于烟气温度，密封采样孔。

采样：进行等速采样。使采样嘴及皮托管全压测孔正对气流，位于第一个采样点。启动抽气泵，开始采样。第一点采样时间结束，仪器自动发出信号，立即将采样管移至第二采样点继续进行采样。依次类推，按顺序在各点采样。采样过程中，采样器自动调节流量保持等速采样。

采样参数：等速采样的同时，通过分流阀将目标污染物气体采样流量控制在0.5～1.0 L/min，根据目标污染物的浓度选择适当的采样时间，连续1 h采样，或在1 h内以等时间间隔采集3～4个样品，或按相关排放标准要求进行，同时测定温度、压力等参数。

（4）样品运输和保存

采样后，若吸收液有蒸发或消耗，应添加至采样开始时的体积或刻度，确保采样过程无损耗。采集的样品应放在不与被测物产生化学反应的容器内，容器要密封并注明样品号。尽快对样品进行测定，样品放置时间、运输和保存方式、空白样品的制作和个数应严格执行对应监测方法要求。

若目标污染物是气态污染物的，只是因湿度较大形成液滴，则无须收集过滤介质，只需将吸收瓶密封保存。按监测分析方法规定的措施进行样品运输和保存，并在相应的时效内送至实验室分析。

（5）记录与结果表述

采样时应详细记录采样时工况条件、环境条件和样品采集数据（采样流量、采样时间、流量计前温度、流量计前压力、累计流量计读数等），如采样器可给出实际采样体积和标况采样体积，也可记录。但要注意的是，标况采样体积是根据环境温度和大气压进行换算的，采样器校准时应对该两项参数进行校准，否则提供的采样体积只能作为参考。若目标污染物是气态污染物的，只是因湿度较大形成液滴可参考本节滤料采样法相关记录内容。

气态污染物浓度可按下式计算：

$$C_{nd}=\frac{m}{V_{nd}}\times 10^6$$

式中，C_{nd}——气态污染物浓度，mg/m^3；

m——样品吸收液通过指定的分析方法所得气态污染物的量，g，根据不同的分析方法结果计算得到，相关计算公式可见本书实验室分析章节或对应污染物的监测分析方法标准；

V_{nd}——标准状态下干采气体积，L。

采样体积的计算可参见本节滤料采样法。

（6）注意事项

采样后应再次进行漏气检查，如发现漏气，应修复后重新采样。在样品贮存过程中，如采集在样品中的污染物浓度随时间衰减，应在现场随时进行分析。

2.4.2.3 吸附管采样法

指利用空气中被测组分通过吸附、溶解或化学反应等作用被阻留在固体吸附剂上的原理，采集气态污染物的采样方法。

（1）采样系统

由采样管、连接导管、吸附管、流量计量箱和抽气泵等部件组成。采样管、连接导管、流量计量箱和抽气泵等装置要求基本与本节溶液吸收采样法相同。

常见吸附管有活性炭吸附管、高分子材料吸附管，如图 5-36、图 5-37 所示。吸附剂根据被测污染物性质选择，吸附管内吸附剂填充要紧密，不得松动或有隙流。采样前后，吸附管两端要密封，吸附剂填充柱长度，应根据被测污染物浓度、采样时间确定。

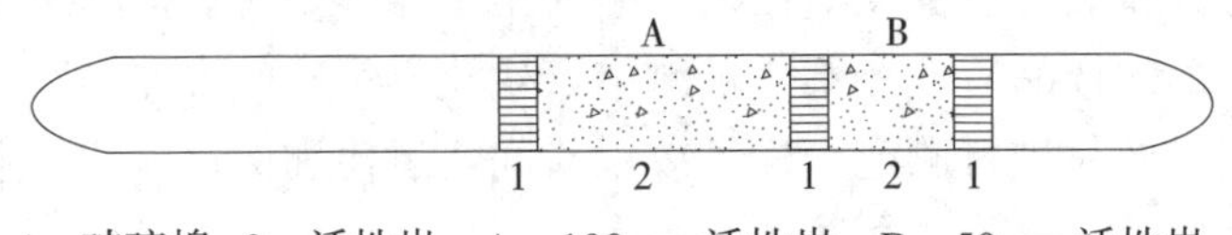

1—玻璃棉；2—活性炭；A—100 mg 活性炭；B—50 mg 活性炭。

图 5-36　活性炭吸附管

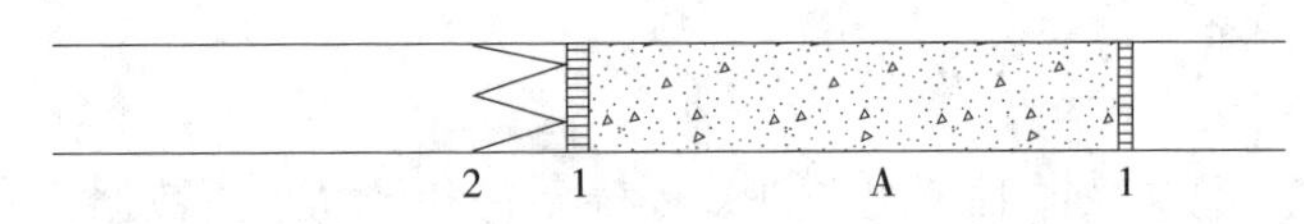

1—不锈钢网 / 滤膜；2—弹簧片；A—固体吸附剂。

图 5-37　高分子材料吸附管

（2）采样前准备工作

采样管的准备与安装：清洗采样管，使用前清洗采样管内部，干燥后再用；更换滤料，当充填无碱玻璃棉或其他滤料时，充填长度为 20～40 mm；采样管插入烟道近中心位置，进口与排气流动方向成直角。如使用入口装有斜切口套管的采样管，其斜切口应背向气流；采样管固定在采样孔上，应不漏气；在不采样时，采样孔要用管堵或法兰封闭。

吸附管与采样管、流量计量箱的连接：按方法要求用连接管将采样管、吸附管、流量计量箱和抽气泵连接，连接管应尽可能短；吸附管应尽量靠近采样管出口处；采样管出口至吸附管之间连接管要用保温材料保温，当管线长时，须采取加热保温措施；用活性炭、高分子多孔微球作吸附剂时，如烟气中水分含量体积百分数大于 3%，为了减少烟气水分对吸附剂吸附性能的影响，应在吸附管前串接气水分离装置，除去烟气中的水分。

漏气试验：将各部件按要求连接；关上采样管出口三通阀，打开抽气泵抽气，使真空压力表负压上升到 13 kPa，关闭抽气泵一侧阀门，如压力计压力在 1 min 内下降不超过 0.15 kPa，则视为系统不漏气；如发现漏气，要重新检查、安装，再次检漏，确认系统不漏气后方可采样。

（3）采样

预热采样管：打开采样管加热电源，将采样管加热到所需温度。

采样：接通采样管路，调节采样流量至所需流量进行采样，采样期间应保持流量恒定，波动应不大于 ±10%。使用累计流量计采样器时，采样开始要记录累计流量计读数。

采样时间：视待测污染物浓度而定，但每个样品采样时间一般不少于 10 min。

采样结束：使用累计流量计采样器时，采样结束要记录累计流量计读数。

（4）样品运输和保存

采集好的样品，立即用聚四氟乙烯帽将采样管的两端密封，避光密闭保存。样品放置时间、运输和保存方式、空白样品的制作和个数应严格执行对应监测方法要求。

（5）记录与结果表述

采样时应详细记录采样时工况条件、环境条件和样品采集数据（采样流量、采样时间、流量计前温度、流量计前压力、累计流量计读数等），如采样器可给出实际采样体积和标况采样体积，亦可记录。但要注意的是，标况采样体积是根据环境温度和大气压进行换算的，采样器校准时应对该两项参数进行校准，否则提供的采样体积只能作为参考。

结果计算可参见本节滤料采样法和溶液吸收采样法的“记录与结果表述”相关内容。

（6）采样注意事项

采样后应再次进行漏气检查，如发现漏气，应修复后重新采样。

2.4.2.4　滤筒－吸收液联用采样法

滤筒－吸收液联用采样法适用于氟化物、硫酸雾等样品采集（HJ/T 67—2017、HJ 544—2016 等）。

（1）采样系统

在本节滤料采样法的基础上，在采样系统采样管后、流量计量装置前增加装有吸收液的吸收瓶（图 5-38）。

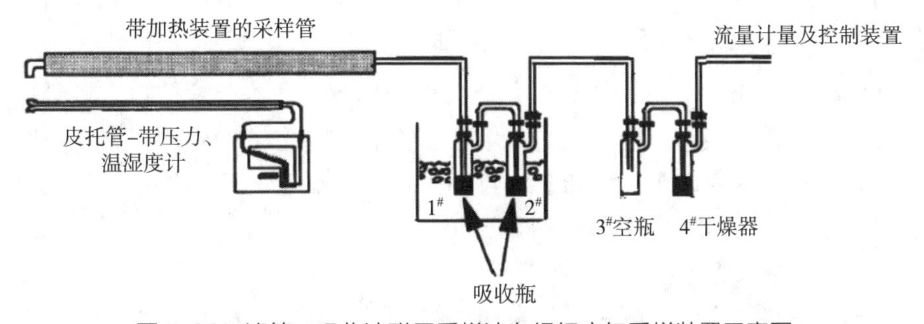

图 5-38　滤筒－吸收液联用采样法有组织废气采样装置示意图

注：1. 带加热装置的采样管前端或后端带有捕集颗粒态污染物的滤筒或滤膜及其支撑装置。

2. 图中吸收瓶的数量可根据监测分析方法的要求增加或减少。

（2）采样前准备

采样前准备可参考本节滤料采样法和溶液吸收采样法相关内容。采集颗粒物的过滤介质应满足对粒径大于 3 μm 的颗粒物阻隔效率不低于 99.9%，可不用进行称量操作，但应注意若滤筒（或滤膜）的空白值高于检出限，则应进行清洗处理，可参照以下方法或按监测分析方法要求进行。用实验用水反复浸洗滤筒，将滤筒装入盛有实验用水的大烧杯，用石蜡封口膜或表面皿盖好烧杯，放入超声波清洗器中清洗 10 min，然后测定浸泡水的电导率，电导率值应小于 3.0 mS/m，否则重复上述步骤；将洗涤完毕的滤筒放在滤筒架上，置于干燥箱中常温晾干，干燥后放入滤筒盒中备用。

（3）采样

滤筒－吸收液联用采样法可按下列步骤进行：

1）按要求进行布点、测量烟气参数等，采样装置组装可参照图 5-30，并根据需求增加吸收瓶的数量或增加冷水浴、冰水浴等控温设备。

2）将滤筒（或滤膜）装入采样系统中的滤筒夹（滤膜夹）内，采集颗粒态目标污染物或液滴。如果过滤介质未伸入烟道中，另置于采样管后端，则应采取保温装置，确保烟气中水分不在该处冷凝。

3）在颗粒物采样器后串联数支内装一定体积的吸收液的吸收瓶（具体数量、吸收瓶规格、吸收液种类和体积应根据不同污染物的监测分析方法要求确定），采集目标气体污染物和穿透过滤介质的细小液滴，然后再与空瓶及干燥器连接。连接管应尽可能短并检查系统的气密性和可靠性。

4）设定每个测点的采样时间，将采样管插入烟道中，采样管加热温度不低于烟气温度，密封采样孔。

5）进行等速采样。使采样嘴及皮托管全压测孔正对气流，位于第一个采样点。启动抽气泵，开始采样。第一点采样时间结束，仪器自动发出信号，立即将采样管移至第二采样点继续进行采样。依次类推，按顺序在各点采样。采样过程中，采样器自动调节流量保持等速采样。

6）采样过程中，根据目标污染物的浓度选择适当的采样时间，连续 1 h 采样，或在 1 h 内以等时间间隔采集 3～4 个样品，或按相关排放标准要求进行，同时测定温度、压力等参数。

（4）样品运输和保存

采样完毕后，小心取出过滤介质，放入专用容器（如旋盖式广口聚乙烯密封管、滤膜盒等）中，密封保存。用少量实验用水冲洗采样嘴及弯管内壁，洗涤液应收集一并送分析。将吸收瓶两端用聚乙烯管密封好待测。按监测分析方法规定的措施进行样品运输和保存，并在相应的时效内送样分析。

（5）记录与结果表述

参考本节滤料采样法和溶液吸收采样法的“记录与结果表述”相关内容，但要注意的是目标污染物呈双态形式存在的，污染物含量应是颗粒态和气态的加和。

（6）注意事项

质量保证和质量控制要求按照 HJ/T 373—2017 和各项目监测分析方法标准相关要求执行。

吸收瓶、连接管及各器皿均应用实验用水反复洗涤并防止被污染。采样管与过滤介质、过滤介质与吸收瓶、吸收瓶之间的连接管均应尽可能短。

2.4.2.5　滤筒－吸附剂联用采样法

滤筒－吸收液联用采样法适用于二噁英类、多环芳烃类等半挥发性有机物的样品采集（HJ 77.2—2008、HJ 646—2013 等）。

（1）采样系统

在本节滤料采样法的基础上，增加气态污染物捕集装置。整个系统构成包括采样管、滤筒（或滤膜）、气相吸附单元（装填吸附剂的吸附阱）、冷凝装置、流量计量和控制装置、采样泵等部分，详见图 5-39。

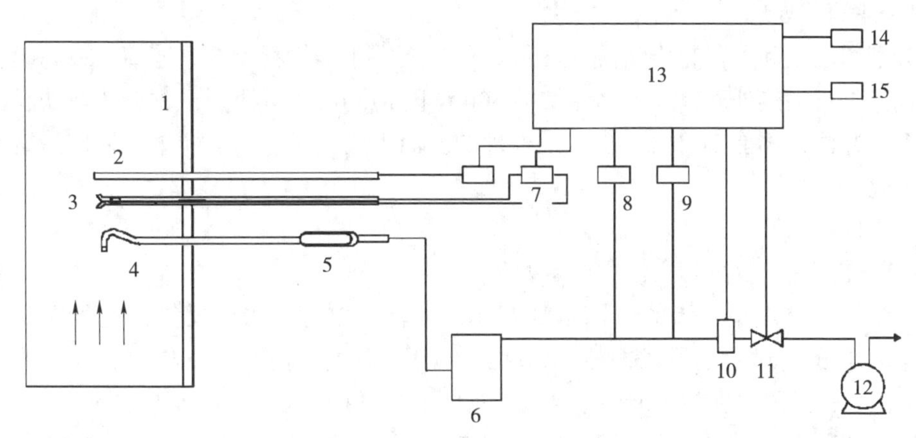

1—烟道；2—热电偶或热电阻温度计；3—皮托管；4—采样管；5—滤筒（或滤膜）；6—带有冷凝装置的气相吸附单元；7—微压传感器；8—压力传感器；9—温度传感器；10—流量传感器；11—流量调节装置；12—采样泵；13—微处理系统；14—微型打印机或接口；15—显示器。

图 5-39　滤筒－吸附剂联用采样装置示意图

采样管：采样管材料为硼硅酸盐玻璃、石英玻璃或钛合金属合金，采样管内表面应光滑流畅。采样管应带有加热装置，以避免在采样过程中废气中的水分在采样管中冷凝，采样管加热应在 105～125℃。当废气温度高于 500℃时，应使用带冷却水套的采样管，使废气温度降低到滤筒正常工作的温度范围内。采样嘴的内径不小于 4 mm，精度为 0.1 mm，弯曲角度应为不大于 30° 的锐角。

滤筒（或滤膜）：采集废气样品使用的玻璃纤维滤筒（或滤膜）或石英纤维滤筒（或滤膜）：要求对粒径大于 0.3 μm 颗粒物的阻留效率超过 99.95%（穿透率小于 0.05%）。滤筒（或滤膜）托架：滤筒（或滤膜）托架用硼硅酸盐玻璃或石英玻璃制成，尺寸要与滤筒（或滤膜）相匹配，应便于滤筒（或滤膜）的取放，接口处密封良好。

气相吸附单元（带冷凝装置）：带有冷凝装置的气相吸附单元：冷凝装置用于分离、贮存废气中冷凝下来的水，贮存冷凝水容器的容积应不小于 1 L。气相吸附单元可以是气相吸附柱，气相吸附柱一般是内径 30～50 mm、长 70～200 mm、容量 100～150 ml 的玻璃管，可装填 20～40 g 吸附材料；也可以是 PUF 充填管；还可以是冲击瓶和气相吸附柱相组合。

流量计量和控制装置：用于指示和控制采样流量的装置，能够在线监测动压、静压、计前温度、计前压力、流量等参数。流量计在废气采样装置正常使用状态下使用标准流量计进行校准。推荐使用具有温度、压力校正功能的累计流量计。

采样泵：泵的空载抽气流量应不少于 60 L/min，当采样系统负载阻力为 20 kPa 时，流量应不低于 30 L/min。

（2）采样前准备

玻璃纤维滤筒（或滤膜）、PUF、树脂吸附剂使用之前应进行处理。

1）滤筒前处理

分别用丙酮和甲苯超声清洗 30 min，然后真空干燥。石英纤维滤筒（或滤膜）也可以选择进行加热处理，放入马弗炉中 600℃下加热 6 h。处理后的滤筒（或滤膜）密封保存，并注意不能有折痕。从每批处理的滤筒（或滤膜）中抽样进行目标污染物的空白试验。

2）PUF 前处理

PUF 使用之前的处理方法主要有两种：

方法一：首先用煮沸的蒸馏水洗 PUF，再将其放入温水中反复搓洗干净，控干 PUF 中的水分，用丙酮预清洗去除水分后，再用丙酮索氏提取 16 h 以上。

方法二：用丙酮在超声波池中清洗 3 次，每次 30 min。

以上两种方法任选其一。清洗后的 PUF 在真空干燥器中 50℃以下加热 8 h，而后保存在密封的 PUF 充填管中。

3）树脂前处理

树脂使用之前的处理方法主要有两种：

方法一：树脂用丙酮洗净后，再用甲苯索氏提取 16 h 以上。

方法二：分别用丙酮和甲苯在超声波池中清洗 3 次，每次 30 min。

以上两种方法任选其一。清洗后的树脂在真空干燥器中 50℃以下加热 8 h，而后保存在密闭容器中。对处理好的吸附材料进行目标污染物的空白试验。

以上材料均可选择符合目标污染物监测分析方法要求的市售商业产品。

（3）采样

根据烟道断面大小，确定采样点数和位置，按本节滤料采样法要求进行布点，采样装置组装可参照图 5-39。

1）开始采样前，预先测定各采样点处的废气温度、水分含量、压力、气流速度等参数，结合所选采样嘴直径，计算出等速采样条件下各采样点所需的采样流量（具体参数测定可见本节烟气参数的测定和计算）。

2）根据样品采样量和等速采样流量，确定总采样时间及各点采样时间。由于废气采样的特殊性，采样需在一段较长的时间内进行以避免短时间的不稳定工况对采样结果造成影响，采样时间根据对应污染物监测分析方法确定，样品采样量还应同时满足方法检出限的要求。二噁英类采样时间一般不小于 2 h。

3）若有加标要求，则应按监测分析方法要求，采样前加入采样内标，加标回收率应满足相关要求。

4）连接废气采样装置，检查系统的气密性。

5）将采样管插入烟道第一采样点处，封闭采样孔，使采样嘴对准气流方向（其与气流方向偏差不得大于 10°），启动采样泵，迅速调节采样流量到第一采样点所需的等速流量值，采样流量与计算的等速流量之间的相对误差应在 ±10% 的范围内。采样期间当压力、温度有较大变化时，需随时将有关参数输入计算器，重新计算等速采样流量，并调节流量计至所需的等速采样流量。若滤筒阻力增大到无法保持等速采样，则应更换滤筒后继续采样。

6）第一点采样后，立即将采样管移至第二采样点，迅速调整采样流量到第二采样点所需的等速流量值，继续进行采样。依此类推，按顺序在各点采样。若采用具有自动跟踪等速采样功能的采样器，移动测点时采样器会自动调节流量保持等速采样。

7）采样过程中，气相吸附柱应注意避光，并保持在 30℃以下。

（4）样品运输和保存

采样结束后，迅速抽出采样管，同时停止采样泵，记录起止时间、累计流量计读数等参数。拆卸采样装置时应尽量避免阳光直接照射。取出滤筒保存在专用容器中，用水冲洗采样管和连接管，冲洗液与冷凝水一并保存在棕色试剂瓶中。气相吸附柱两端密封后避光保存。按监测分析方法规定的保存措施进行保存样品，并在相应的时效内送至实验室分析。

（5）记录与结果表述

一般要求参照本节滤料采样法和吸附管采样法相关内容，同时需要注意对应监测分析方法要求。

（6）注意事项

采样设备和材料（过滤材料、吸附材料等）在使用之前充分洗净。过滤及吸附材料应贮存在密闭容器中以避免污染。安装工具和采样器部件应冲洗干净以减少引起污染的可能性。固定好所有组件后，应检查仪器密闭状态，确保操作时无泄漏。气体流量计应保证达到方法的精确度要求，并且定期校准。

根据相应样品的采样标准或规范确认样品的代表性。废气采样应当避开采样对象的不稳定工作阶段，最好在工作条件稳定 1 h 后开始采样。如果采样过程中出现故障或其他变化，则应详细记录故障或变化情况以及采取的措施和效果。采集到的样品应被贮存在密闭容器内以避免损失或被周围环境污染。样品运输或贮存时应避光，应冷藏贮存。

其他质量保证和质量控制要求按照 HJ/T 373—2007 和各项目监测分析方法标准相

关要求执行。

2.4.2.6 注射器采样法

适用于总烃、甲烷、非甲烷总烃样品采集（HJ/T 397—2007、HJ 38—2017 等）。

（1）注射器基本要求

注射器为硬质玻璃制作，容积 100 ml 或 200 ml，最小分度值为 1 ml。

（2）采样前准备

1）注射器在安装前要进行漏气检查。用水将注射器活栓润湿后，吸入空气至刻度 1/4 处，用橡皮帽堵严进气孔，反复把活栓推进拉出几次，如活栓每次都回到原来的位置，可视为不漏气。

2）注射器与其他部件连接，使用球形或锥形接头连接。

3）将注射器按图 5-40 所示连接，注射器要尽量靠近采样管。

4）采样系统漏气检查，堵死采样管出口端连接管，打开抽气泵抽气，至真空压力表压力升到 13 kPa 时，关上抽气泵一侧阀门，如压力表压力在 1 min 内下降不超过 0.15 kPa，则视为系统不漏气。

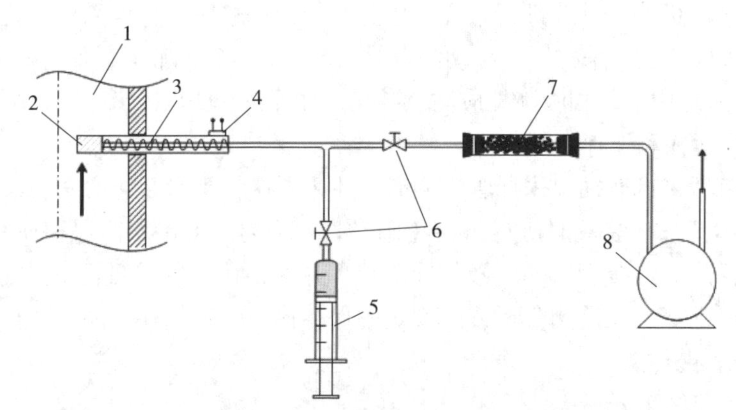

1—排气管道；2—玻璃棉过滤头；3—Teflon 连接管；4—加热套管；5—注射器；
6—阀门；7—活性炭过滤器；8—抽气泵。

图 5-40 注射器采样装置

（3）采样

开启加热采样管电源，采样时采样管加热并保持在（120 ± 5）℃（有防爆安全要求的除外），采样前，打开抽气泵以 1 L/min 流量抽气 5 min，置换采样系统的空气。打开注射器阀门，玻璃注射器应用样品气清洗至少 3 次，采样时将气体一次抽入预订刻度，关闭注射器进口阀门，取下注射器用惰性密封头密封。

（4）样品运输和保存

采集样品的玻璃注射器应小心轻放，防止破损，保持针头端向下状态放入样品保存箱内保存和运送。

样品常温避光保存，采样后尽快完成分析。玻璃注射器保存的样品，放置时间一般不超过 8 h，具体应按照各项目监测分析方法要求进行。

（5）记录与结果表示

固定污染源排气中气态污染物采样原始记录应包括采样任务编号、企业名称、采样日期、采样依据、气压表型号及编号、气压、环境温度、采样点名称、监测项目、样品编号、采样时间、样品现场处理情况，采样原始记录应有采样人、复核人及审核人签名。

监测结果按对应污染物监测分析方法、排放标准要求进行计算和表述。

（6）注意事项

1）采样前采样容器应使用除烃空气［总烃含量（含氧峰）≤0.40 mg/m³（以甲烷计）；或在甲烷柱上测定，除氧峰外无其他峰］清洗，然后进行检查。每20个或每批次（少于20个）应至少取1个注入除烃空气［总烃含量（含氧峰）≤0.40 mg/m³（以甲烷计）；或在甲烷柱上测定，除氧峰外无其他峰］，室温下放置不少于实际样品保存时间后，按样品测定步骤分析，总烃测定结果应低于标准方法检出限。

2）采样容器在采样现场应存放在密闭的样品保存箱中，以避免污染。

2.4.2.7　气袋采样法

适用于挥发性有机物、挥发性卤代烃、甲硫醇等8种含硫有机化合物、臭气浓度样品采集（HJ 732—2014、HJ 1006—2018、HJ 1078—2019等）。

（1）气袋基本要求

低吸附性和低气体渗透率，不释放干扰物质，经实验验证所监测的目标VOCs在气袋中能稳定保存的氟聚合物薄膜气袋。具有可接上采样管的聚四氟乙烯（Teflon）材质的接头，该接头同时也是一个可开启和关闭的阀门装置。采样气袋的容积至少1 L，根据分析方法所需的最少样品体积来选择采样气袋的容积规格。采样前应观察气袋外观，检查是否有破裂损坏等可能漏气的情况，如发现则弃用。

（2）采样前准备

按图5-41所示连接安装采样系统后，取下采样管玻璃棉过滤头，堵住采样管前端，用一个三通阀将真空压力表安装于调节阀门前的管路上，再通过快速接头（或其他方式）跳开真空箱直接连接到Teflon连接管；开启抽气泵抽气，使真空压力表读数达到13 kPa，关闭调节阀；如真空压力表在1 min内下降不超过0.15 kPa，则视为系统不漏气。如发现漏气应进行分段检查，找出漏点，及时解决。

（3）采样

1）采样前将气袋直接连到抽气泵，将气袋中的气体抽去后装入真空箱，并关闭密封真空箱。

2）将加热采样管伸入采样孔内，进气口位置应尽量靠近排放管道中心位置，如果排气筒内废气温度高于环境温度，则开启加热采样管电源，将采样管加热到（120±5）℃。

3）将调节阀门前的管道通过快速接头直接连接到Teflon连接管，跳开真空箱连接，然后开启抽气泵持续抽气一段时间，将采样管内的气体置换成排气管道内的气体，然后断开连接。

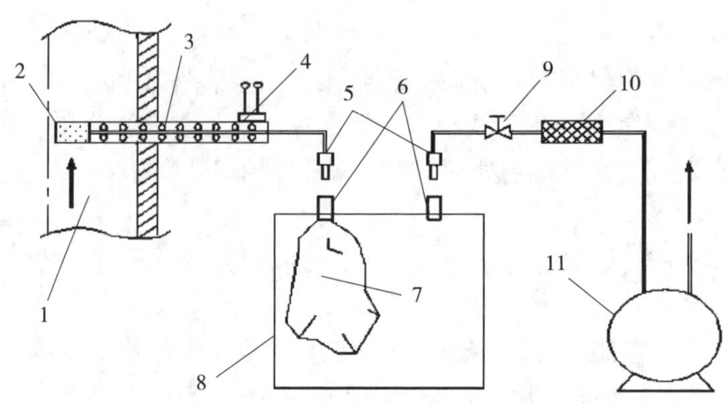

1—排气管道；2—玻璃棉过滤头；3—Teflon 连接管；4—加热采样管；5—快速接头阳头；
6—快速接头阴头；7—采样气袋；8—真空箱；9—阀门；10—活性炭过滤器；11—抽气泵。

图 5-41 气袋采样装置

4）迅速将 Teflon 采样管连接到真空箱接入气袋的接口，将调节阀门前的管路连接到真空箱的另一接口，加热烟枪连接气袋，开始采样。观察真空箱内的气袋，当气袋内采样体积达到气袋最大容积的 80% 左右时采样结束，关闭抽气泵。将 Teflon 连接管从真空箱接口上断开。

5）将抽气泵直接接上真空箱连接采样袋的接口端，打开抽气泵将气袋中的样品气体排净。

6）重复以上 4）和 5）步骤 3 次，使样品气体老化气袋内表面，降低气袋内表面吸附导致的样品损失干扰。

7）恢复采样气路连接，当气袋内采样体积达到气袋最大容积的 80% 左右，采样结束，关闭抽气泵及气袋上的阀门，取下气袋，贴上注明样品编号的标签。

8）测定并记录排气管道内废气温度、废气流量和含湿量等。

9）记录样品编号、样品采样时的工况条件、环境温度、大气压力、采样时间等信息。

（4）样品运输和保存

采样结束后气袋样品立即放入避光保温的容器内保存，直至样品分析前取出。气袋样品须及时进行分析，一般在采样后 8～36 h 进行样品分析，具体应按照各项目监测分析方法要求进行。

（5）记录与结果表示

固定污染源排气中气态污染物采样原始记录应包括采样任务编号、企业名称、采样日期、采样依据、气压表型号及编号、气压、环境温度、采样点名称、监测项目、样品编号、采样时间、样品现场处理情况，采样原始记录应有采样人、复核人及审核人签名。

监测结果按对应污染物监测分析方法、排放标准要求进行计算和表述。

（6）注意事项

1）样品采集应优先使用新气袋。如需重复使用采样气袋，必须在采样前进行空白试验。在已经使用过的气袋中注入除烃零空气后密封，室温下放置一段时间，放置时间不少于实际监测时样品保存时间，然后使用与样品分析相同的操作步骤测定目标VOCs浓度，如果浓度均低于方法检出限，可继续使用该气袋，抽空袋内气体后保存；否则必须弃用。

2）采样管进气口位置应尽量靠近排放管道中心位置，采样管长度应尽可能短。

2.4.2.8　真空瓶采样法

适用于总烃、甲烷、非甲烷总烃、臭气浓度等样品采集（HJ 905—2017、HJ/T 397—2007、HJ 38—2017等）。

（1）采样系统的组成

真空瓶采样系统由加热管（根据不同因子的监测分析方法是否要求）、真空瓶、洗涤瓶、干燥过滤器和抽气泵等组成，见图5-42。

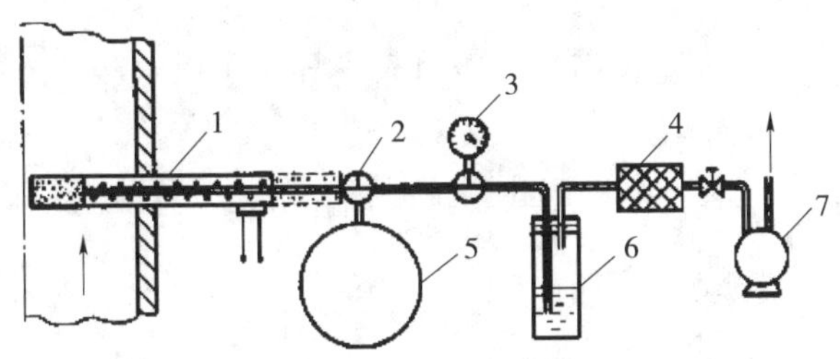

1—加热采样管；2—三通阀；3—真空压力表；4—过滤器；5—真空瓶；6—洗涤瓶；7—抽气泵。

图5-42　真空瓶采样系统

（2）采样前准备

1）真空瓶在安装前要进行漏气检查。真空瓶漏气检查：将真空瓶与真空压力表连接，抽气减压到绝对压力为1.33 kPa，放置1 h后，如果瓶内绝对压力不超过2.66 kPa，视为不漏气。

2）在真空瓶内放入适量的吸收液，用真空泵将真空瓶减压，直至吸收液沸腾，关闭旋塞，采样前用真空压力表测量并记下真空瓶内绝对压力。

3）取100 ml的洗涤瓶，内装洗涤液，如待测气体是酸性，则装入5 mol/L氢氧化钠溶液，如是碱性，则装入3 mol/L硫酸溶液洗涤气体。

4）将真空瓶按图5-42所示连接，真空瓶要尽量靠近采样管。

5）采样系统漏气检查：按图5-42所示连接系统。关上采样管出口三通阀，打开抽气泵抽气，使真空压力表负压上升到13 kPa，关闭抽气泵一侧阀门，如压力在1 min内下降不超过0.15 kPa，则视为系统不漏气。如发现漏气，要重新检查、安装，再次检漏，确认系统不漏气后方可采样。采样前，打开抽气泵以1 L/min流量抽气约5 min，置换采样系统内的空气。

（3）采样

开启加热采样管电源（根据不同因子的监测分析方法是否要求），采样时采样管加热并保持在（120±5）℃（有防爆安全要求的除外），采样前，打开抽气泵以1 L/min

流量抽气 5 min，置换采样系统的空气。打开真空瓶旋塞，使气体进入真空瓶，然后关闭旋塞，将真空瓶取下。

（4）样品运输和保存

采集样品的真空瓶应小心轻放，防止破损，放入样品保存箱内保存和运送。

样品常温避光保存，采样后尽快完成分析。放置时间根据具体的监测分析方法确定。

（5）记录与结果表示

固定污染源排气中气态污染物采样原始记录应包括采样任务编号、企业名称、采样日期、采样依据、气压表型号及编号、气压、环境温度、采样点名称、监测项目、样品编号、采样时间、样品现场处理情况，采样原始记录应有采样人、复核人及审核人签名。

监测结果按对应污染物监测分析方法、排放标准要求进行计算和表述。

（6）注意事项

恶臭样品采集，排气温度较高时，应对采样导管予以水冷却或空气冷却，使采集的气体接近常温。

当管道内压力为负压时不能采用此系统采样，可将采样位置移至风机后的正压处。

2.4.3 仪器监测法（直读）

2.4.3.1 定电位电解法

适用于二氧化硫、氮氧化物、一氧化碳的测定（HJ 57—2017、HJ 693—2014、HJ 973—2018 等）。

（1）仪器基本要求

分析仪主机应含气体流量计和控制单元、抽气泵、传感器等；采样管含滤尘装置和加热装置、导气管、除湿冷却装置、便携式打印机等。

（2）采样前准备

1）测定仪气密性检查

按仪器使用说明书，正确连接分析仪、采样管、导气管等，达到仪器工作条件后可堵紧进气口，若仪器的采样流量示值在 2 min 内降至零，表明气密性合格。若检查不合格，应查漏和维护，直至检查合格。

2）测定仪校准

将标准气体通入测定仪进行测定，若示值误差符合相关方法标准要求，测定仪可用，否则，需校准。校准方法如下：

量程校准气袋法：先检查或用气体流量计校准测定仪的采样流量。用标准气体将洁净的集气袋充满后排空，反复 3 次，再充满后备用。按仪器使用说明书中规定的校准步骤进行校准。

量程校准钢瓶法：先检查或用气体流量计校准测定仪的采样流量。将标准气体钢瓶与测定仪采样管连接，打开钢瓶气阀门，调节转子流量计，以测定仪规定的流量将标准气体导入测定仪。按仪器使用说明书中规定的校准步骤进行校准。

零点校准：按仪器使用说明书，正确连接仪器的主机、采样管（含滤尘装置和加热装置）、导气管、除湿冷却装置，以及其他装置。将加热装置、除湿冷却装置及其他装置等接通电源，达到仪器使用说明书中规定的条件。打开主机电源，以清洁的环境空气或氮气为零气，进行仪器零点校准。样品测定结果应处于仪器校准量程的20%～100%，否则应重新选择校准量程。

（3）样品测定

1）将测定仪采样管前端置于排气筒中采样点上，堵严采样孔，使之不漏气。

2）启动抽气泵，以测定仪规定的采样流量取样测定，待测定仪稳定后，按分钟保存测定数据，取连续5～15 min测定数据的平均值，作为一次测量值。

3）一次测量结束后，依照仪器说明书的规定用零气清洗仪器。

（4）采样后工作

取得测量结果后，用零气清洗测定仪；待其示值回到零点附近后，关机断电，结束测定。

（5）注意事项

监测前，测定零气和标准气体，计算示值误差、系统偏差。若示值误差和/或系统偏差不符合相关标准的要求，应查找原因，进行仪器维护或修复，直至满足要求。

监测后，再次测定零气和标准气体，计算示值误差、系统偏差。若示值误差和系统偏差符合相关标准的要求，判定样品测定结果有效；否则，判定样品测定结果无效。

若监测分析方法标准说明可采取包括采样管、导气管、除湿装置等全系统示值误差的检查代替分析仪示值误差和系统偏差的检查，其评价执行相关监测分析方法标准对全系统示值误差的要求。

每个月至少进行一次零点漂移、量程漂移检查，且应符合相关标准的要求。否则，应及时维护或修复仪器。

对于二氧化硫的测定，若测定仪未开展一氧化碳干扰试验或一氧化碳干扰试验未通过，废气中一氧化碳浓度超过50 μmol/mol时测得的二氧化硫浓度分钟数据，应作为无效数据予以剔除。若测定仪已通过一氧化碳干扰试验，废气中一氧化碳浓度超过干扰试验确定的一氧化碳浓度最高值时测得的二氧化硫浓度分钟数据，以及超过干扰试验确定的二氧化硫浓度最高值的二氧化硫浓度分钟数据，均应作为无效数据予以剔除。对一次测量值，应获得不少于5个有效二氧化硫浓度分钟数据。测定仪更换二氧化硫传感器后，应重新开展干扰试验。

2.4.3.2　非分散红外吸收法

适用于二氧化碳、二氧化硫、氮氧化物的测定（HJ 870—2017、HJ 629—2011、HJ 692—2014等）。

（1）仪器基本要求

分析仪主机应含气体流量计和控制单元、抽气泵、检测器等；NO_2转换器（测氮氧化物时需配置），采样管含滤尘装置和加热装置等、导气管、除湿冷却装置、便携式打印机等。

（2）采样前准备

1）测定仪气密性检查

按仪器使用说明书，正确连接分析仪、采样管、导气管等，达到仪器工作条件后可堵紧进气口，若仪器的采样流量示值在 2 min 内降至零，表明气密性合格。若检查不合格，应查漏和维护，直至检查合格。

2）测定仪校准

将标准气体通入测定仪进行测定，若示值误差符合相关方法标准要求，测定仪可用，否则，需校准。校准方法如下：

气袋法量程校准：先检查或用气体流量计校准测定仪的采样流量。用标准气体将洁净的集气袋充满后排空，反复 3 次，再充满后备用。按仪器使用说明书中规定的校准步骤进行校准。

钢瓶法量程校准：先检查或用气体流量计校准测定仪的采样流量。将标准气体钢瓶与测定仪采样管连接，打开钢瓶气阀门，调节转子流量计，以测定仪规定的流量将标准气体导入测定仪。按仪器使用说明书中规定的校准步骤进行校准。

零点校准：按仪器使用说明书，正确连接仪器的主机、采样管（含滤尘装置和加热装置）、导气管、除湿冷却装置，以及其他装置。将加热装置、除湿冷却装置及其他装置等接通电源，达到仪器使用说明书中规定的条件。打开主机电源，以清洁的环境空气或氮气为零气，进行仪器零点校准。

（3）样品测定

将测定仪采样管前端置于排气筒中采样点上，堵严采样孔，使之不漏气。

二氧化碳：启动抽气泵，以测定仪规定的采样流量取样测定，待测定仪稳定后，按分钟保存测定数据，取至少连续 5 min 测定数据的平均值，作为一次测量值。

二氧化硫：启动抽气泵，以测定仪规定的采样流量取样测定，待测定仪稳定后记录分析仪读数，同一工况下连续测定 3 次，取其平均值作为测量结果。

氮氧化物：启动抽气泵，以测定仪规定的采样流量取样测定，待测定仪稳定后即可记录读数，每分钟至少记录一次测量结果。

一次测量结束后，依照仪器说明书的规定用零气清洗仪器。

样品测定结果应为仪器校准量程的 20%～100%，否则应重新选择校准量程。

（4）采样后工作

取得测量结果后，用零气清洗测定仪；待其示值回到零点附近后，关机断电，结束测定。

（5）注意事项

监测前，测定零气和标准气体，计算示值误差、系统偏差。若示值误差和 / 或系统偏差不符合相关标准的要求，应查找原因，进行仪器维护或修复，直至满足要求。

监测后，再次测定零气和标准气体，计算示值误差、系统偏差。若示值误差和系统偏差符合相关标准的要求，判定样品测定结果有效；否则，判定样品测定结果无效。

若监测分析方法标准说明可采取包括采样管、导气管、除湿装置等全系统示值误差的检查代替分析仪示值误差和系统偏差的检查，其评价执行相关标准对全系统示值误差的要求。

每个月至少进行一次氮氧化物检测器零点漂移、量程漂移检查，且应符合相关标准的要求。每半年至少进行一次二氧化碳检测器零点漂移、量程漂移检查，且应符合相关标准的要求。否则，应及时维护或修复仪器。

对于氮氧化物的检测器，每半年至少进行一次 NO_2 至 NO 转换效率的测定，若转化效率低于 85%，建议更换还原剂。

2.4.3.3　非色散红外吸收法

适用于一氧化碳的测定（HJ/T 44—1999）。

（1）仪器基本要求

分析仪主机应含气体流量计和控制单元、抽气泵、检测器等，采样管含滤尘装置和加热装置等、导气管、除湿冷却装置、便携式打印机等。

（2）采样前准备

1）测定仪气密性检查

按仪器使用说明书，正确连接分析仪、采样管、导气管等，达到仪器工作条件后可堵紧进气口，若仪器的采样流量示值在 2 min 内降至零，表明气密性合格。若检查不合格，应查漏和维护，直至检查合格。

2）测定仪校准

将标准气体通入测定仪进行测定，若示值误差符合相关方法标准要求，测定仪可用，否则，需校准。校准方法如下：

气袋法量程校准：先检查或用气体流量计校准测定仪的采样流量。用标准气体将洁净的集气袋充满后排空，反复 3 次，再充满后备用。按仪器使用说明书中规定的校准步骤进行校准。

钢瓶法量程校准：先检查或用气体流量计校准测定仪的采样流量。将标准气体钢瓶与测定仪采样管连接，打开钢瓶气阀门，调节转子流量计，以测定仪规定的流量将标准气体导入测定仪。按仪器使用说明书中规定的校准步骤进行校准。

零点校准：按仪器使用说明书，正确连接仪器的主机、采样管（含滤尘装置和加热装置）、导气管、除湿冷却装置，以及其他装置。将加热装置、除湿冷却装置及其他装置等接通电源，达到仪器使用说明书中规定的条件。打开主机电源，以清洁的环境空气作为零点校正气，若环境中一氧化碳浓度大于待测样品浓度的 1% 时，需用纯氮校零。

（3）样品测定

将测定仪采样管前端置于排气筒中采样点上，堵严采样孔，使之不漏气。

启动气泵，用烟气清洗采样管道，以测定仪规定的采样流量取样测定，待测定仪稳定后，记录分析仪读数（可连续记录分钟值或 1 h 内等时间间隔采集 3～4 样）。

测量结束后，依照仪器说明书的规定用零气清洗仪器。

样品测定结果尽可能为仪器校准量程的 20%～100%。

（4）采样后工作

取得测量结果后，用零气清洗测定仪；待其示值回到零点附近后，关机断电，结束测定。

（5）注意事项

气袋法采集样品时应尽快分析，室温下保存最长不超过 36 h。

监测前后均需进行气密性检查，确保整个采样过程气密性良好。

2.4.3.4 便携式紫外吸收法

适用于二氧化硫、氮氧化物的测定（HJ 1031—2019、HJ 1132—2020）。

（1）仪器基本要求

分析仪主机应含光源、检测器、吸收池、控制单元等，气体流量计，抽气泵，采样管，导气管，除湿除尘装置，打印机等。

采用热湿法测定废气样品的仪器应配置测定废气中水分含量的检测器，无须配置除湿装置，但应当同步测定废气中水分含量。

注：热湿法是指废气不经过冷凝除水而直接测定高温湿态废气浓度的方法。

（2）采样前准备

1）测定仪气密性检查

按照仪器使用说明书连接仪器的采样管、输送管线、预处理单元和分析单元，开启仪器电源，使仪器预热稳定。密封仪器采样管入口。启动仪器采样泵开始抽气，同时观察仪器气路中的压力传感器和流量传感器的显示值。当流量传感器显示进气流量接近 0 时，记录压力传感器显示的负压值；此时开始计时，保持抽气 30 s，压力传感器负压下降不超过 0.2 kPa。若检查不合格，应查漏和维护，直至检查合格。

2）测定仪校准

将标准气体通入测定仪进行测定，若示值误差符合相关方法标准要求，测定仪可用，否则，需校准。校准方法如下：

气袋法量程校准：先检查或用气体流量计校准测定仪的采样流量。用标准气体将洁净的集气袋充满后排空，反复 3 次，再充满后备用。按仪器使用说明书中规定的校准步骤进行校准。

钢瓶法量程校准：先检查或用气体流量计校准测定仪的采样流量。将标准气体钢瓶与测定仪采样管连接，打开钢瓶气阀门，调节转子流量计，以测定仪规定的流量将标准气体导入测定仪。按仪器使用说明书中规定的校准步骤进行校准。

零点校准：按仪器使用说明书，正确连接仪器的主机、采样管（含滤尘装置和加热装置）、导气管、除湿冷却装置，以及其他装置。将加热装置、除湿冷却装置及其他装置等接通电源，达到仪器使用说明书中规定的条件。打开主机电源，以清洁的环境空气或氮气为零气，进行仪器零点校准。

（3）样品测定

采样管安装：将测定仪采样管前端置于排气筒中采样点上，堵严采样孔，使之不漏气。

二氧化硫测定：启动抽气泵，以测定仪规定的采样流量取样测定，待测定仪稳定后记录分析仪读数，每分钟保存一个均值，连续取样 5～15 min 测定数据的平均值可作为一个样测定值。

氮氧化物测定：启动抽气泵，以测定仪规定的采样流量取样测定，待测定仪稳定后即可记录读数，每分钟保存一个均值，连续取样 5～15 min 测定数据的平均值可作为一个样品测定值。测定过程中如发现二氧化氮浓度超过方法测定下限，应中止测定，用二氧化氮标准气体校准仪器后，重新进行测定。

采样要求：样品测定结果应为仪器校准量程的 20%～100%，否则应重新选择校准量程，如测定结果小于测定下限，则不受本条限制。

（4）采样后工作

取得测量结果后，用零气清洗测定仪；待其示值回到零点附近后，关机断电，结束测定。

（5）注意事项

监测前，测定零气和标准气体，计算示值误差、系统偏差。若示值误差和/或系统偏差不符合相关标准的要求，应查找原因，进行仪器维护或修复，直至满足要求。

监测后，再次测定零气和标准气体，计算示值误差、系统偏差。若示值误差和系统偏差符合相关标准的要求，判定样品测定结果有效；否则，判定样品测定结果无效。

可采取包括采样管、导气管、除湿装置等全系统示值误差的检查代替分析仪示值误差和系统偏差的检查，其评价执行相关标准对示值误差的要求。

每个月至少进行一次零点漂移、量程漂移检查，如仪器长期未使用（超过 1 个月），在下一次使用时应当进行一次零点漂移、量程漂移检查，检查结果应符合相关标准的要求。否则，应及时维护或修复仪器。

第三节　无组织排放废气

3.1　概论

无组织排放，指的是大气污染物不经过排气筒的无规则排放。无组织排放源指设置于露天环境中具有无组织排放的设施，或指具有无组织排放的建筑构造（如车间、工棚等）。低矮排气筒的排放属于有组织排放，但在一定条件下也可造成与无组织排放相同的后果。

根据无组织排放和无组织排放源的概念，我们可以发现，无组织排放包括开放式作业场所或露天堆放场所逸散，以及具有无组织排放的建筑构造（如车间、工棚等）通过缝隙、通风口、敞开门窗和类似开口（孔）的排放等。而我国是以无组织排放源造成的后果来对无组织排放实行监督和限制的，采用的基本方式是规定设立监控点和规定监控点的空气浓度限值，监控点是为了判断无组织排放是否超过标准限值而设立的监测点。同时，我们也可以发现，无组织排放污染物进入大气环境中，受到大气污染物的迁移扩散规律、气象条件等的影响。由于无组织排放的具体情况，气象条件和地形变化都是多种多样的，因此监测实际情况是多种多样的，监测人员可能遇到本节内容叙述之外的具体情况，此时应发挥创造性，在符合无组织排放监测相关标准要求和其他有关原则规定的前提下，科学合理地布设监控点，进行无组织排放监测。

无组织排放监测的难点就在于如何科学合理地布设有代表性的监控点，真实反映无组织排放状况。目前无组织排放监控点的设置方法主要按照《大气污染物综合排放标准》（GB 16297—1996）附录C进行，该附录进行了原则性指导，但也进行了强调，实际监测时应根据情况因地制宜设置监控点。2000年，为了配合《大气污染物综合排放标准》（GB 16297—1996）的实施，进一步规范大气污染物无组织排放监测的技术要求，原国家环境保护总局制定了《大气污染物无组织排放监测技术导则》（HJ/T 55—2000）。HJ/T 55—2000同GB 16297—1996的附录C相衔接，从大气污染物的迁移扩散规律出发，结合无组织排放的各种具体情况，对气象条件的简易测定、气象条件适宜程度的判定、监测时段选择和监控点设置方法等做出进一步规定和指导。2019年，为加强对VOCs无组织排放的监控和管理，生态环境部制定了《挥发性有机物无组织排放控制标准》（GB 37822—2019），规定了VOCs物料储存无组织排放控制要求、VOCs物料转移和输送无组织排放控制要求工艺过程VOCs无组织排放控制要求、设备与管线组件VOCs泄漏控制要求、敞开液面VOCs无组织排放控制要求，以及VOCs无组织排放废气收集处理系统要求、企业厂区内及周边污染监控要求。除上述标准外，相关行业排放标准、地方综合性排放标准等都对无组织排放监测提出相关要求，在开展监测时，应根据实际情况遵照执行。

3.2 基本要求

由于无组织排放的实际情况是多种多样的，故本节内容仅对大气污染物无组织排放监测监控点的设置进行原则性指导，一般应按以下要求进行。相关大气污染物排放标准或监测分析方法中另有规定的也应执行。

3.2.1 监控点设置

排放标准要求的“无组织排放监控浓度值”计值方式为监控点与参照点浓度差值的污染物，其监控点应设在无组织排放源下风向2～50 m的浓度最高点，相对应的参照点设在排放源上风向2～50 m。监控点和参照点距无组织排放源最近不应小于2 m。需要强调的一点是，监控点应设于排放源下风向的浓度最高点，不受单位周界的限制。这里提到的单位周界是指单位与外界环境接界的边界，通常应依据法定手续确定边界；若无法定手续，则按目前的实际边界确定；对厂界存在争议的，应按项目环境保护主管部门和地方环境保护主管部门的决定确定。

排放标准要求的“无组织排放监控浓度值”计值方式为周界外浓度最高点的污染物，监控点设在单位周界外10 m范围内的浓度最高点，但若现场条件不允许（如周界沿河岸分布），可将监控点移至周界内侧。若经估算预测，无组织排放最大落地浓度区域超出 10 m 范围之外，将监控点设置在该区域内。监控点的设置高度范围为 1.5～15 m。

为了确定无组织排放浓度的最高点，实际监控点最多可设置 4 个。参照点应以不受被测无组织排放源影响，可以代表监控点的背景浓度为原则，只设 1 个。对需要说明污染物来源的无组织监测排放监测，一般需要设置参照点。若受工业园或整个小尺度区域内其他污染源影响时，原则上可增加参照点的数量，即在受影响区域外另外增加设置参照点，用于进行污染物来源分析。

3.2.2　采样时间和频次

无组织排放监控点的采样，一般采用连续 1 h 采样计平均值。若污染物浓度过低，需要时可适当延长采样时间；如果分析方法的灵敏度高，仅需短时间采集样品时，应实行等时间间隔采样，在 1 h 内采集 4 个样品计平均值。

无组织排放参照点的采样应同监控点的采样同步进行，采样时间和采样频次均应相同。为了捕捉监控点浓度最高的时间分布，每次监测安排的采样时间可多于 1 h。

3.2.3　监测因子

无组织排放废气监测因子可参照表 5-7。

3.2.4　其他规定

部分行业排放标准中对无组织排放监测点位另有规定，应按相关规定设置监测点位。

（1）水泥厂粉尘无组织排放指水泥厂厂区内作业场所物料堆存、开放式输送扬尘以及设备、管线等大气污染物泄漏。要求在距厂界外 20 m 处（无明显厂界，以车间外或堆场外 20 m 处）上风向与下风向同时布设参考点和监控点，同步进行总悬浮颗粒物（TSP）采样，以监控点与参照点总悬浮颗粒物 1 h 浓度平均值的差值与标准限值进行比较；氨的监控点设在下风向厂界外 10 m 范围内浓度最高点，以监控点处 1 h 浓度平均值与标准限值进行比较。氨与总悬浮颗粒物布设点位的原则不同，其布设位置不应相同。

（2）工业炉窑无组织排放指烟尘、生产性粉尘和有害污染物不通过烟囱或排气系统的泄漏等。无组织排放烟尘及生产性粉尘监测点设置在厂房门窗排放口处；若工业炉窑露天设置（或有顶无围墙），监测点应选在距烟（粉）尘排放源 5 m、最低高度 1.5 m 处任意点。选取监控点 1 h 浓度最大值与标准限值进行比较。

（3）常规机焦炉和热回收焦炉顶无组织排放的采样点在炉顶装煤塔与焦炉炉端机侧和焦侧两侧的 1/3 处、2/3 处各设一个；半焦炭化炉在单炉炉顶设置一个测点。应在正常工况下采样，颗粒物、苯并［a］芘和苯可溶物监测频次为每天采样 3 次，每次连续采样 4 h；H_2S、NH_3 监测频次为每天采样 3 次，每次连续采样 30 min。机焦炉和热回收焦炉的炉顶监测结果以所测点位中最高值计。

（4）钢铁行业大气污染物无组织排放的采样点设在生产厂房门窗、屋顶、气楼等排放口处，并选浓度最大值。若无组织排放源是露天或有顶无围墙，监测点应选在距烟（粉）尘排放源 5 m、最低高度 1.5 m 处任意点，并选浓度最大值。无组织排放监控点的采样，采用任何连续 1 h 的采样计平均值，或在任何 1 h 内，以等时间间隔采集 4 个样品计平均值。

（5）涉及挥发性有机物（VOCs）无组织排放的企业或生产设施、建设项目，其单位边界及周边 VOCs 监测仍按一般规定执行，而其厂区内 VOCs 无组织排放监控点应设在厂房外。监控污染物为非甲烷总烃（NMHC）。对厂区内 VOCs 无组织排放进行监控时，在厂房门窗或通风口、其他开口（孔）等排放距离地面 1.5 m 以上位置处进行监测。若厂房不完整（如有顶无围墙），则在操作工位下风向离地面 1.5 m 以上位置处进行监测。厂区内 NMHC 任何 1 h 平均浓度的监测采用 HJ 604—2017、HJ 1012—2018 规定的方法，以连续 1 h 采样获取平均值，或在 1 h 内以等时间间隔采集 3～4 个样品计平均值。厂区内 NMHC 任意一次浓度值的监测，按便携式监测仪器相关规定执行。

3.3 采样前准备

3.3.1 被测单位基本情况调查

首先，了解被测单位的名称、性质和立项建设时间。被测单位的名称应采用其全称，与单位公章所示名称相同。单位的性质是指该单位属企业单位还是事业单位；所属行业和企业规模（大、中、小）。了解被测单位立项建设的时间，是为了确定其应执行现有源还是新建源的排放标准。

其次，调查主要原、辅材料和主、副产品，相应用量和产量等。应重点调查用量大，并可能产生大气污染的材料和产品。应列表说明，并予以必要的注解。

最后，根据调查资料绘制被测单位平面布置图，亦可由企业提供，现场调查核实。应包括但不限于以下内容：标出基本方位；车间和其他主要建筑物的位置，名称和尺寸；有组织排放和无组织排放口及其主要参数；排放污染物的种类和排放速率；单位周界围墙的高度和性质（封闭式或通风式）；单位区域内的主要地形变化等。还应对被测单位周界外的主要环境敏感点，包括影响气流运动的建筑物和地形分布、有无排放被测污染物的源存在等进行调查，并标于平面布置图中。

3.3.2 被测无组织排放源的基本情况调查

除排放污染物的种类和排放速率（估计值）之外，还应重点调查被测无组织排放源的排出口形状，尺寸、高度及其处于建筑物的具体位置等，应有无组织排放口及其所在建筑物的照片。

3.3.3 排放源所在区域的气象资料调查

一般情况下，可向被测污染源所在地区的气象台（站）了解当地的常年气象资料，其内容应包括：按月统计的主导风向和风向频率；按月统计的平均风速和最大、最小风速；按月统计的平均气温和气温变化情况等。如有可能，最好直接了解当地的逆温和大气稳定度等污染气象要素的变化规律。了解当地常年气象资料，是为了对监测时段的选择做指导。监测时段的选择见本章 3.3.5。

3.3.4　仪器设备准备

按照被测物质对应的标准分析方法中有关无组织排放监测的采样部分所规定的仪器设备和试剂做好准备，监测方法的选择见本章 3.5.1。另外，准备现场风向、风速简易测定仪器。通常可用三杯式轻便风向风速表，亦可采用其他具有相同功能的轻便式风向风速表。仪器应通过计量监督部门的性能检定合格，并在使用前做必要调试和检查。

3.3.5　工况要求、监测日期和监测时段的选择

按照《大气污染物综合排放标准》（GB 16297—1996）中 8.3 的规定：在对污染源的日常监测中，采样期间的工况应与当时的运行工况相同，排污单位的人员和实施监测的人员都不应任意改变当时的运行工况；为了处理厂群矛盾等具有特定目的的监测，应根据需要提出对采样期间的工况要求，经当地生态环境管理部门批准后执行。

但是，我国大气污染物排放标准对无组织排放实行限制的原则是，即使在最大负荷的生产和排放，以及在最不利于污染物扩散稀释的条件下，无组织排放监控值亦不应超过排放标准所规定的限值，因此，监测人员应在不违反上述原则的前提下，选择尽可能高的生产负荷及不利于污染物扩散稀释的条件进行监测。

因此，对无组织排放的监督监测，选择下面列举的各种情况进行：

（1）被测无组织排放源的排放负荷应处于相对较高的状态，或者至少要处于正常生产和排放状态。

（2）监测期间的主导风向（平均风向）便利于监控点的设置，并可使监控点和被测无组织排放源之间的距离尽可能缩小。

（3）监测期间的风向变化、平均风速和大气稳定度三项指标对污染物的稀释和扩散影响很大，应按照本章 3.4 中各气象因子于无组织排放监测适宜程度的判定方法，对照本地区的常年气象数据选择较适宜的监测日期。

（4）在通常情况下，选择冬季微风的日期，避开阳光辐射较强烈的中午时段进行监测是比较适宜的。

3.4　现场监测

3.4.1　现场气象条件的简易测定和判定

气象条件直接影响到无组织排放监测监控点的布设，应注意气象条件对无组织排放监测结果的影响。对现场的气象条件进行简易测定和判断是设置监控点的依据，亦

是确定本次监测在何种气象条件（适宜程度）下进行的真实记录。

总的来说，就是在采样起始前进行风向风速、局部流场、涡流现象的测定及大气稳定度的判定。

3.4.1.1　风向和风速的简易测定

将轻便风向风速表置于被测单位开阔地带。若现场无适当的开阔地带，可将轻便风向风速表置于高处（但一般不超过 15 m），进行风向风速测定。

按照仪器说明书的规定，打开轻便风向风速表的制动开关，并开始读数，每隔 1 min 读一个即时风向和风速值，连续测定 10 min，共得到 10 个风向值（精确到 5°）和 10 个风速值（精确到 0.1 m/s）。如果当时的风向和风速变化较大，10 min 的测定仍显不足，可适当延长测定时间。

由 10 个风速读数计算得出 10 min 平均风速；由 10 个风向读数计算得到平均风向和风向变化的标准差（ ± S°）填入表 5-9 中。

表 5-9　空旷地带的风向风速简易测定结果

测定时间	风向读数 /（°）	平均风向（ ± S°）	风速读数 /（m/s）	平均风速 /（m/s）

注：风向度的坐标原点为 × 度。

需要特别注意的是，风向和风速的测定除采样之前进行外，还应在采样过程中重复 1～2 次，如发现风向有显著变化，应移动监控点位置后重新采样。

3.4.1.2　局地流场的简易测定

当无组织排放源的下风向具有一处或多处建筑构造，或存在其他影响气流运动的地形变化等，以致可能影响污染物的迁移途径时，必须进行局地流场的简易测定。

以单位平面布置图为参照，自无组织排放源为起点至拟设置采样点（监控点）的途径之中，凡气流运动可能因受阻而改变方向之处的上方和下方，均应设置局地流场的测点，选定后的测点应标于单位平面图上，并同时标上测点编号等标记。

局地流场的简易测定仍使用轻便风向风速表。在一个测点只测定 1 min 平均风向，必要时可重复测定 1～2 次。将局地流场的测定结果填于表 5-10 中，同时还要将各测点的 1 min 平均风向标明于单位平面图中。

表 5-10　局部流场测定结果

测定时间	测点编号	测点位置	1 min 平均风向 /（°）	备注
	1			
	2			
	3			
	4			

注：如果总体风向的变化较大，可能引起某一局地流场测点同时存在两种不同的流向，则应注意测试，并将两种不同的流向同时标明于记录表格和厂区平面布置图上。

对标有测点流向的平面图进行仔细分析，得到比较完整的局地流场图。要特别注意分析可能存在的复杂局地流场，若发现测点和测试的数据不够，应进行必要的补测，直至弄清楚局地流场情况为止。

3.4.1.3　大气稳定度的简易判定

大气稳定度等级划分为强不稳定、不稳定、弱不稳定、中性、较稳定、稳定共六级，用 A、B、C、D、E、F 表示。

按照下面的顺序计算和判定大气稳定度：

（1）依据一年中的日期序数 d_n 计算太阳倾角 δ；

（2）依据太阳倾角 δ，当地纬度 ϕ，当地经度 λ 和北京时间计算太阳高度角 h_0；

（3）由太阳高度角 h_0 和云量，经查表得出太阳辐射等级；

（4）根据地面风速和太阳辐射等级，由查表得出大气稳定度等级。

大气稳定度等级是对污染物的稀释和扩散具有重要影响的参数，有关的计算和查表方法详见 HJ/T 55—2000 附录 A。

3.4.1.4　涡流现象及涡流孔穴尺寸的简易测定

（1）涡流现象

涡流是在气流运动中受到切变力的作用而形成的，当气流在运动中遇到物体阻挡时，就会产生涡流，其结果是在物体的背风面形成回旋气流，称为孔穴，也即涡流。典型的涡流总是发生在建筑物的背风面，如图 5-43 所示。

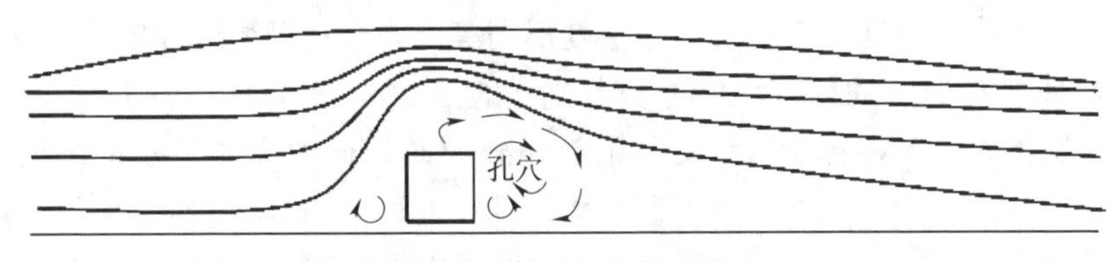

图 5-43　涡流形成示意图

孔穴的尺寸大小和其中气流回旋的激烈程度不仅与风速有关，也同阻挡物体的大小和形状有关，孔穴的大小可以估算，也可用简易的方法实测。

（2）涡流孔穴尺寸的估算

如图 5-44 所示，若建筑物的水平宽度为 W；高度为 H；顺风长度为 L，那么涡流区（孔穴）的水平宽度 Y_r、高度 Z_r 和顺风长度 X_r 可分别按下列公式估算。

$$Y_r=1.5W$$

$$Z_r=1.5H$$

$$X_r/H=(A \cdot W/H)/(1+B \cdot W/H)$$

式中，A、B——系数，由下式确定：

当 $L/H<1$ 时：

$$A=-2.0+3.7(L/H)-1/3A=-2.0+3.7(L/H)-1/3$$

$$B = 0.15 + 0.305(L/H) - 1/3B = 0.15 + 0.305(L/H) - 1/3$$

当 $L/H > 1$ 时，$A=1.75$，$B=0.25$。

（3）用轻便式风向风速表判定涡流区边界

先将风向风速表置于较远离涡流区的位置，观察风向标的方位和摆动情况，然后逐渐向涡流区靠近，待观察到风向标的方位和摆动情况发生明显变化，即可判断该位置已进入涡流区。

（4）目测法判定涡流区边界

准备好适当的人造烟源（如采用适当大小的香柱），并将其置于涡流边界的上风向，用肉眼直接观察烟流的运动情况，并用以确定涡流区域的边界。

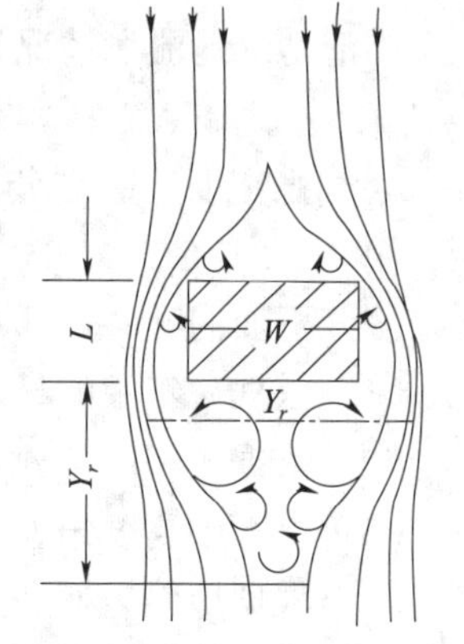

图 5-44　孔穴尺寸估算示意图

3.4.2　气象条件的应用

根据各气象因子的数值，将无组织排放监测的适宜程度分为 4 类。

a 类：不利于污染物的扩散和稀释，适宜进行无组织排放监测；

b 类：较不利于污染物的扩散和稀释，较适宜进行无组织排放监测；

c 类：有利于污染物的扩散和稀释，较不适宜进行无组织排放监测；

d 类：很有利于污染物的扩散和稀释，不适宜进行无组织排放监测。

风向变化大小、风速大小、大气稳定度不同等级均会对无组织排放监测带来影响，三者对无组织排放监测的适宜程度分类分别见表 5-10、表 5-11、表 5-12。平均风向本身对污染物的扩散和稀释没有意义，用 10 min 平均风向的标准差（本节风向和风速的简易测定）代表风向变化的大小。以平均风速（亦可以 10 min 平均风速测定值为依据，见本节风向和风速的简易测定）来划分其对无组织排放监测适宜程度。

表 5-11　风向变化的适宜程度分类

风向变化大小（±S°）	＜15°	15°～29°	30°～45°	＞45°
适宜程度分类	a	b	c	d

表 5-12　风速的适宜程度分类

平均风速 /（m/s）	1.0*～2.0	2.1～3.0	3.1～4.5	＞4.5
适宜程度分类	a	b	c	d

注：* 风速小于 1.0 m/s 应看作静风或准静风，该种情况下的无组织排放监测另有说明。

表 5-13　大气稳定度的适宜程度分类

大气稳定度等级	F、E	D	C	B、A
适宜程度分类	a	b	c	d

由表 5-11、表 5-12、表 5-13 所做出的适宜程度分类，并非严格和绝对意义上的分类，监测人员应结合本地区的具体情况和特点，选择在本地区既实际可行，又具有比较适宜的气象条件进行无组织排放监测。

在一般情况下，风向变化、平均风速和大气稳定度三项气象因子中，以其中适宜程度最差的一项所达到的类别来估计该次监测中气象条件总的适宜程度。如果三项气象因子中的任一项达到 d 类，或者其中两项达到 c 类，则该次无组织排放监测应取消，或更换时日。

平均风向本身对污染物的稀释和扩散没有意义，但它将影响无组织排放监控点（监测点）的位置，包括影响污染物的迁移途径和距离等。所以，平均风向的选择应结合源的具体情况考虑。

3.4.3　点位布设

前文简单介绍了无组织排放监控点的位置设置要求，接下来进行展开，详细叙述布点的具体操作和注意事项。

3.4.3.1　单位周界外监控点设置

（1）一般情况下设置监控点的方法

所谓“一般情况”，是指无组织排放源同其下风向的单位周界之间有一定距离，以致可以不必考虑排放源的高度、大小和形状因素，在这种情况下，排放源应可看作一个点源。此时监控点（最多可设置 4 个）应设置于平均风向轴线的两侧，监控点与无组织排放源所形成的夹角不超出风向变化的 $\pm S°$（10 个风向读数的标准偏差）范围，如图 5-45 所示。

在单位周界外设置监控点的具体位置，还要考虑到围墙的通透性（围墙的通风透气性质），按下列方法设置监控点。

1）当围墙的通透性很好时，可紧靠围墙外设监控点。

2）当围墙的通透性不好时，亦可紧靠围墙设监控点，但把采气口抬高至高出围墙 20～30 cm，如图 5-46 中 A 点处。

3）围墙的通透性不好，又不便于把采气口抬高，此时，为避开围墙造成的涡流区，宜将监控点设于距围墙 1.5～2.0 h［h 为围墙高度（m）］，距地面 1.5m 处，如图 5-46 中 B 点所示。

（2）存在局地流场变化情况下的监控点设置方法

当无组织排放源与其下风向的围墙（周界）之间，存在若干阻挡气流运动的物体时，由于局地流场的变化，将使污染物的迁移运动变得复杂化。此时需要按本节“局地流场的简易测定”进行局地流场简易测试，并依据测试结果绘制局地流场平面图。监测人员需要对局地流场平面图进行研究和分析，尤其需要对无组织排放的污染物运动路线中的某些不确定因素进行仔细分析后，再决定设置监控点的位置。

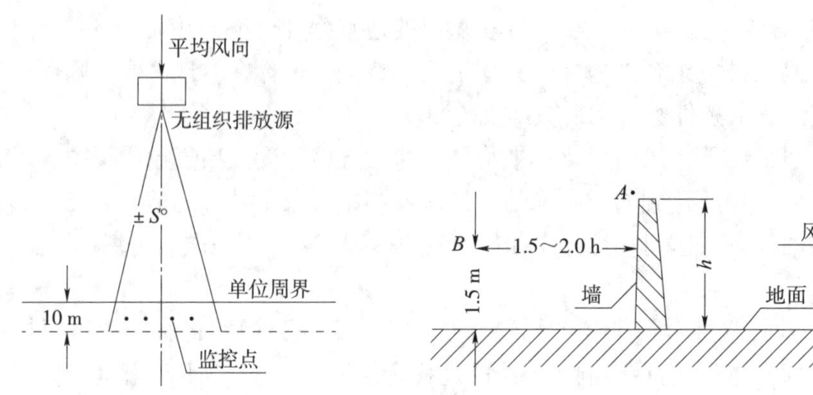

图 5-45　一般情况下的监控点设置示意图　　图 5-46　不透风围墙外设监控点的参考方法

（3）无组织排放源紧靠围墙时的监控点设置方法

无组织排放源紧靠围墙（单位周界）时，既对监测带来有利的一面，同时也有其特殊的复杂性，此时监控点应分别按以下几种情况进行设置。

1）排放源紧靠某一侧围墙，风朝向与其相邻或相对的围墙时，如该排污单位的范围不大，排放源距与之相对或相邻的围墙（单位边界）不远，仍可按前述（1）、（2）的方法设置监控点。

2）如果排放源紧靠某一侧围墙，风朝向与其相邻或相对的围墙，且排污单位的范围很大，此时在排放源下风向设监控点已失去意义，主要的问题是考察无组织排放对其相近的围墙外是否造成污染和超过标准限值。所以，在这种情况下应选择在风朝向排放源相近一侧围墙时，在近处围墙外设监控点；或于静风及准静风（风速小于 1.0 m/s）状态下，依靠无组织排放污染物的自然扩散，在近处围墙（单位周界）外设置监控点。

3）无组织排放源靠近围墙（单位周界），风向朝向排放源近处围墙，且排放源具有一定高度，应分别按下列情况设置监控点：

首先估算无组织排放污染物最大落地浓度区域，将监控点设置于最大落地浓度区域范围内（图 5-47 中 *A* 点）。按此原则设置的监控点位置，可以越出围墙外 10 m 范围。最大落地浓度区的位置和距离估算公式如下。

$$X_{\max}=\left(\frac{H}{\sqrt{2}b}\right)^{q-1}$$

式中，*H*——排放源有效高度。对于无组织排放，通常可以不考虑其热力和动力抬升，所以可用排放源的几何高度代替有效高度，m；

b、*q*——垂直扩散参数 σ_z 幂函数表达式的系数，即 $\sigma_z=bx^q$，其具体数值见 HJ/T 55—2000 附录 E。

图 5-47 中的 *A* 点虽然是最大落地浓度，但无组织排放的污染物已由 *P* 点迁移至 *A* 点，已经过一段距离的稀释扩散，浓度已大大降低，所以在条件许可的情况下，应仍然将监控点设置于周界围墙边，但将采样进气口提高到图 5-47 中 *B* 点处，*B* 点的高

度按下式计算。

$$a=\left(\frac{H-X}{\sqrt{2}b}\right)^{q-1}$$

式中，H——B 点的高度，m；

a——排放源至 B 点的水平距离，m。

若计算得到的 B 点高度超过 15 m，则应将 B 点位置做水平移动，直至其计算高度落在 15 m 以下的范围。

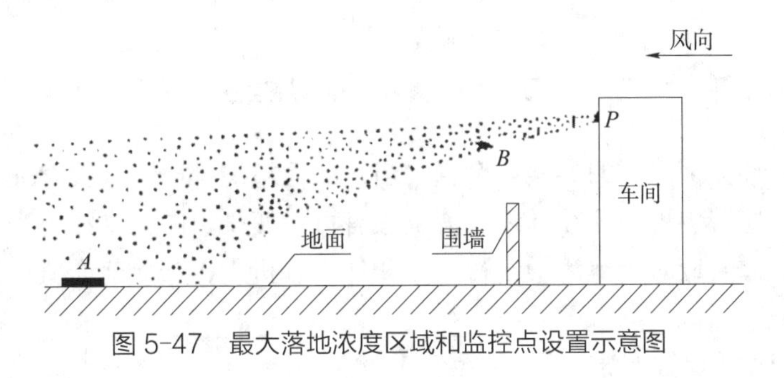

图 5-47　最大落地浓度区域和监控点设置示意图

3.4.3.2　排放源上下风向监控点和参照点设置

（1）参照点的设置方法

设置参照点的原则要求：环境中的某些污染物（如 GB 16297—1996 表 1 中规定的 SO_2、NO_x、颗粒物和氟化物等）具有显著的本底（或称背景）值，因此无组织排放源下风向监控点的污染物浓度，其中一部分由本底（或背景）值做出贡献，另一部分由被测无组织排放源做出贡献，设置参照点的目的是了解本底值的大小。所以，设置参照点的原则要求是：参照点应不受或尽可能少受被测无组织排放源的影响，避开其他无组织排放源和有组织排放源的影响，尤其要避开对其造成明显影响而同时对监控点无明显影响的排放源；参照点的设置，要以能够代表监控点的污染物本底浓度为原则。

参照点的设置范围：参照点最好设置在被测无组织排放源的上风向，以排放源为圆心，以距排放源 2 m 和 50 m 为圆弧，与排放源成 120° 夹角所形成的扇形范围内设置，避开近处污染源影响，如图 5-48 所示，由 C、D、E、F 围成的扇形。

平均风速≥1 m/s 时的参照点设置：平均风速≥1 m/s 时，由被测排放源排出的污染物一般只能影响其下风向，故参照点可在避开近处污染物影响的前提下，靠近被测无组织排放源设置，以便较好地代表监控点的本底浓度值。

平均风速＜1 m/s（包括静风）时参照点设置：当平均风速＜1 m/s 时，被测无组织排放源排出的污染物随风迁移作用减小，污染物自然扩散作用相对增强，污染物可能以不同程度出现在被测排放源上风向，此时设置参照点，既要避开近处其他源的影响，又要在规定的扇形范围内在被测无组织排放源较远处设置。

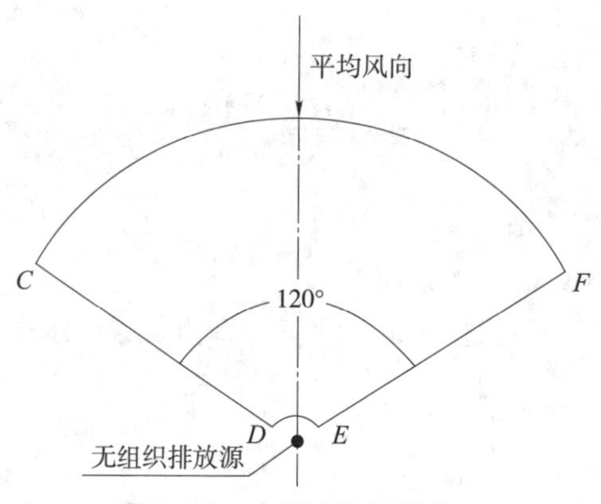

图 5-48　参照点的设置范围

存在局地环流情况下的参照点设置：当被测无组织排放源周围存在较多建筑物和其他物体时，应警惕可能存在局地环流，它有可能使排出的污染物出现在无组织排放源的上风向，此时应对局地流场进行测定和仔细分析后，按照前面所说原则决定参照点设置位置。

（2）监控点的设置方法

设置监控点的原则要求：设置监控点于无组织排放源下风向，距排放源 2～50 m 的浓度最高点，设置监控点时不需要回避其他源的影响。

一般情况下设置监控点的方法：在无特殊因素影响的情况下，监控点应设置在被测无组织排放源的下风向，尽可能靠近排放源处（距排放源最近不得小于 2 m），4 个监控点要设置在平均风向轴线两侧，与被测源形成的夹角不超出风向变化的标准差（ ± S°）的范围，如图 5-49 所示。

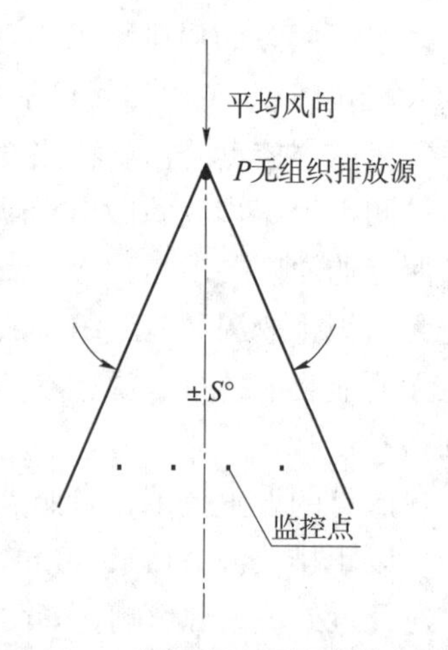

图 5-49　一般情况下设置监控点的方法

处于涡流区内的监控点设置：如果无组织排放源处于建筑物的正背风面（图 5-50），其下风向将不可避免处于涡流区内。由无组织排放的污染物在涡流中将受到搅拌混合，此时监控点的设置将不受上述夹角限制，应根据情况在可能的浓度最高处设置监控点。实际上建筑物背风面的涡流剧烈程度既与风速有关，也与建筑物的大小、形状等因素有关，所以监测人员最好在现场用轻便风向风速表或人造烟源按“涡流现象及涡流孔穴尺寸的简易测定”进行简易测定，并按测定结果判断无组织排放的污染物受到搅拌混合的激烈程度和分布情况，决定监控点的布设方法。无组织排放源处于建筑物的侧背风区（图 5-51），则排放的污染物可能部分处于涡流区，部分未处于涡流区，此时应尽可能避开涡流区，于非涡流区内设置监控点。在这样的情况下设置监控点，仍然必须用轻便式风向风速表或人造烟源对排放源附近的流场做一些简易的测定和分析，依据流场的具体情况设定监控点的位置。

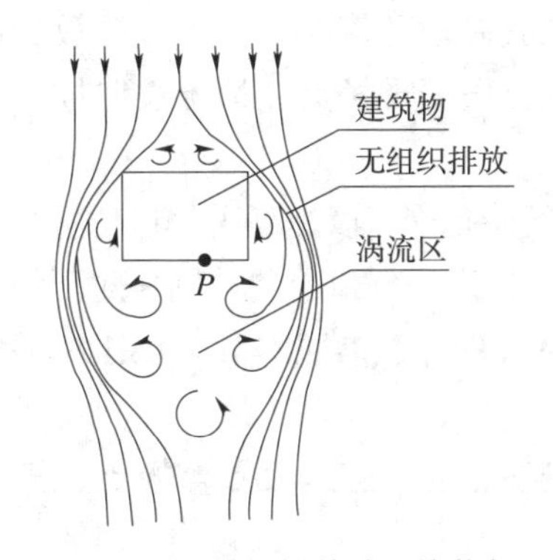

图 5-50　无组织排放的污染物处于涡流区内

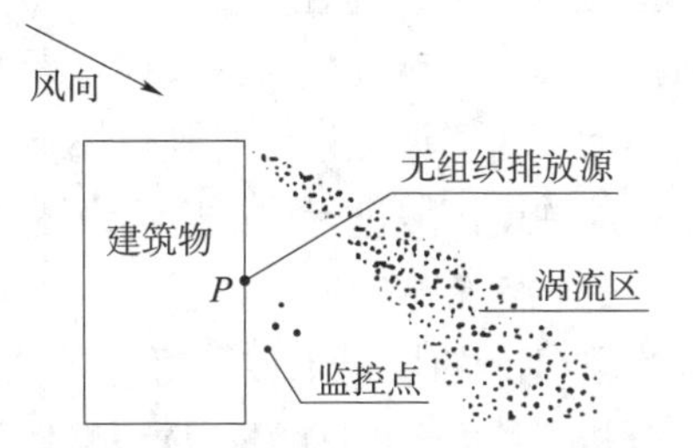

图 5-51　排放源处于侧背风区的监控点设置示意图

无组织排放源处于建筑物迎风面的监控点设置：无组织排放源处于建筑物正迎风面时（图 5-52），排放的污染物向源的两侧运动，此时应将监控点设置在排放源两侧，较靠近排放源，并尽可能避开两侧小涡旋的位置。监测现场排放源近旁的气流状况仍应预先做简易调查，然后再确定监控点的具体位置。无组织排放源处于建筑物的侧迎风面时，污染物将向其下风向紧贴墙面运动，此时应在排放源下风向靠墙（图 5-53*A* 点）设置监控点，亦可同时在下风向墙尽头处（图 5-53*B* 点）设监控点。

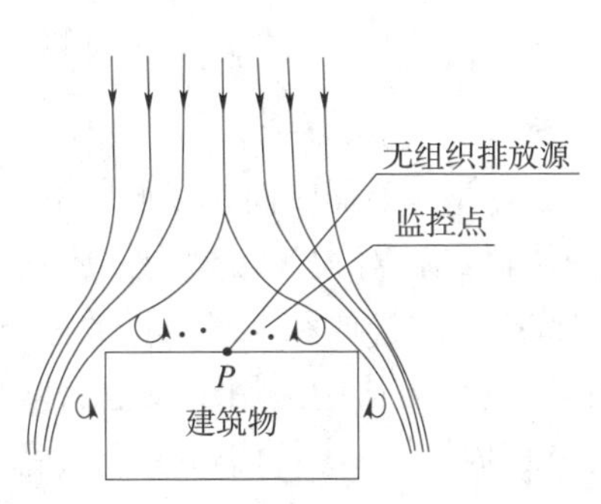

图 5-52　排放源处于正迎风面的监控点设置

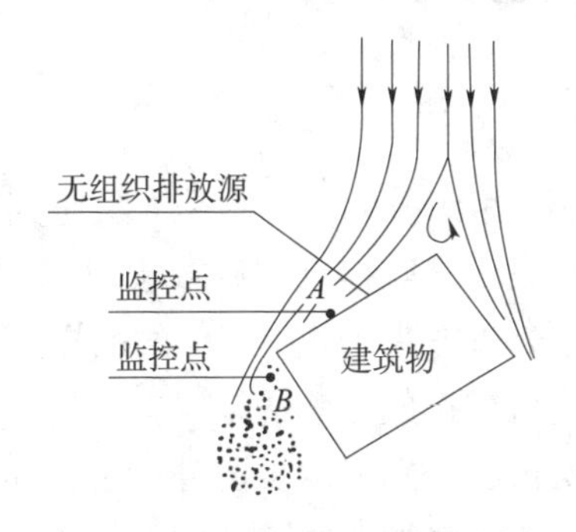

图 5-53　排放源处于建筑物侧迎风面时的监控点设置

同一个无组织排放源，存在两个以上排放点的监控点设置：如果在监测以前可以确定，多个排放点中某一点的排放速率（指单位时间的污染物排放量）明显大于另外的排放点，则监控点应针对其中排放速率最大者设置，另外的排放点可不予考虑。如果在监测前可以确认，其中两个排放点的排放速率较接近，且污染物的扩散条件正常（指无涡流和局地环流等情况），应通过查表（HJ/T 55—2000 附录 F 2y 数值表）做出估计。当两个排放点间的距离小于表中 2y 时，两个排放点下风向的浓度叠加区中的浓度将超过其中任一排放点单独形成的扩散区浓度，可将 4 个监控点中的 2 个设于浓度叠加区，另两个针对两单独的排放点设置，最终取其中的实测浓度最高者计值；若两个排放点间的距离大于 2y，应分别针对两个排放点设置监控点，最终取测值最高者计值，不考虑在浓度叠加区设监控点。若存在涡流或局地环流时，两个点排放的污染物混合作用加剧，情况更为复杂，此时要因地制宜，根据现场具体情况设监控点，并更多地考虑在混合区设监控点。

排放源具有一定高度时的监控点设置：如果条件允许，以提高采气口位置来抵消排放源的高度，这样设点最为有利。如果条件不允许提高采气口位置，则需对无组织排放的最大落地浓度区域进行估算后再设置监控点，估算的方法参照本章 3.4.3.1 相关内容。

3.4.3.3 复杂情况下监控点设置

在特别复杂的情况下，不可能单独运用上述各点的内容来设置监控点，需对情况做仔细分析，综合运用有关条款设置监控点。

在特别复杂的情况下，不大可能对污染物的运动和分布做确切的描绘和得出确切的结论，此时监测人员应尽可能利用现场可利用的条件，如利用无组织排放废气的颜色、嗅味、烟雾分布、地形特点等，甚至采用人造烟源或其他手段，借以分析污染物的运动和可能的浓度最高点，并据此设置监控点。

由于无组织排放的具体情况，气象条件和地形变化都是多种多样的。监测人员很可能遇到本节叙述之外的具体情况，此时应发挥创造性，在符合相关标准和原则规定的前提下，科学合理地解决监控点设置方法。

3.5 监测方法和计值

3.5.1 监测方法

对于无组织排放的控制是通过对其造成的环境空气污染程度而予以监督的，所以，无组织排放的“监控点”设置于环境空气中。我国已经针对大气污染物排放制定了配套的标准分析方法，其中有关的采样部分已分别按有组织排放和无组织排放做出规定，因此，无组织排放监测的采样方法应按照配套标准分析方法中适用于无组织排放采样的方法执行，个别尚缺少配套标准分析方法的污染物项目，应按照适用于环境空气监测方法中的采样要求进行采样。

相关监测方法的分类、采样设备和操作步骤可参照本章第一节“现场采样监测”相关内容。

无组织排放监测的样品分析方法应按照大气污染物排放标准相配套的标准分析方法（其中适用于无组织排放部分）执行，个别没有配套标准分析方法的污染物，应按照适用于该污染物环境空气监测的标准（或统一）分析方法执行。

3.5.2 计值方法

所谓计值方法是确定某污染源的“无组织排放监控浓度值”的方法，它用以同排放标准中的“无组织排放监控浓度限值”进行比较，以判断该污染源的无组织排放是否达到（或超过）标准值。因此，应该根据排放标准的相关要求，进行计算。一般情况下，无组织排放监控浓度值的计值方法分别按下面两种情况进行计算。需要强调的是，在无组织排放监测中所得的监控点的浓度值不扣除低矮排气筒所做的贡献值。

周界外浓度最高点：按规定在污染源单位周界外设监控点的监测结果，以最多4个监控点中的测定浓度最高点的测值作为“无组织排放监控浓度值”。其中，浓度最高点的测值应是1 h连续采样或由等时间间隔采集的4个样品所得的1 h平均值。

监控点与参照点浓度差值：按规定分别在无组织排放源上、下风向设置参照点和监控点的监测结果，以最多4个监控点中的浓度最高点测值扣除参照点测值所得之差值，作为“无组织排放监控浓度值”。其中，监控点和参照点测值是指1 h连续采样或由等时间间隔所得4个样品的1 h平均值。

第四节　实际工作案例

4.1　任务场景

某水泥厂新建成日产4 500 t的新型干法预分解窑水泥熟料生产线及其配套水泥粉磨和余热发电设施，在原有工程辅助原料均化堆场西南面建设1个石灰石预均化堆场、1个辅助原料均化堆场。在原有工程水泥粉磨系统东北侧建设1套水泥粉磨系统（$2^{\#}$水泥磨）及3个水泥库。在新建的熟料烧成系统窑头、窑尾分别设置1台AQC炉、SP炉，配备1台9 MW的汽轮发电机组，建设1座汽轮发电机房、1套锅炉水处理系统和1座发电循环泵站等生产辅助设施。其中，原煤预均化堆场、综合材料仓库、机电维修站、供电供水工程、储运工程、生活和办公等配套设施均依托原有工程，不新建。

项目主要建设内容见表5-14，主要生产设备见表5-15。

项目年产水泥熟料148.5万t，最终产品包括商品水泥熟料80万t/a，水泥80万t/a，余热发电站年发电量为$6\ 048 \times 10^{4}$ kW·h。

表5-14　项目主要建设内容

工程类别	名称		项目建设内容
主体工程（水泥生产）	生产线规模及数量		4 500 t/d熟料新型干法水泥生产线一条（公司第2条）
	熟料生产组成单元	石灰石预均化堆场	长形预均化堆场65 m×400 m，1座，储量106 000 t
		联合储库	辅助原料均化堆场65 m×400 m，1座，堆放黏土、高硅、铁尾矿
		原煤预均化堆场	依托原有工程
		原料配料站	石灰石库2个，Φ12 m×62 m，储量19 000 t；高硅库1个，Φ6 m×19 m，储量480 t；黏土库1个，Φ6 m×19 m，储量440 t；铁粉库1个，Φ6 m×19 m，储量600 t
		黏土预均化堆场	依托原有工程
		原料粉磨系统	辊式磨，1台

续表

工程类别	名称		项目建设内容
主体工程（水泥生产）	熟料生产组成单元	生料均化库	圆库 Φ22.5 m×62 m，1 座，储量 40 000 t
		熟料烧成系统	Φ4.8 m×72 m 回转窑
		熟料库	圆库 1 个，Φ75 m×42 m，储量 200 000 t
		水泥配料站	石灰石库 1 个，Φ7 m×14.4 m，储量 750 t；火山灰库 1 个，Φ6 m×19.3 m，储量 400 t；石膏库 1 个，Φ6 m×19.3 m，储量 450 t
		水泥粉磨	磨机 Φ4.2 m×11.5 m，辊压机 CLF140-65，1 台
		水泥包装	依托原有工程
		散装水泥库	圆库 Φ18 m，3 个，储量 3×6 600 t
	余热电站	窑头 AQC 余热锅炉	1 台，带灰预沉降室，锅炉蒸发量 18.426 t/h
		窑尾 SP 余热锅炉	1 台，锅炉蒸发量 25.10 t/h
		汽轮发电机组	发电功率：9 000 kW，年发电量：6 048 万 kW · h
公用工程	供水工程		消防给水系统、生产循环给水系统，配套消防供水站
			给水处理装置 1 套，处理能力为 400 m^3/h
	排水工程		雨污分流设计，污水收集进入废水处理站
	供电工程		引自 220 kV 变电站及余热电站，设置 110 kV 总降压配电站及各用电单元 10 kV 降压配电站
			依托原有工程窑体供电备用柴油发电机，功率 1 500 kW
环保工程	除尘设施		窑头、窑尾废气高效袋式除尘，其余布袋除尘
	SNCR 脱硝设施		氨水储罐 1 个，储量 100 m^3；卸载泵 1 个；氨水输送泵 2 个；喷枪 10 支；储气罐 1 个
	消声降噪设施		设备降噪及工人个人防护
	污水处理与回用设施		设置废水处理及循环水系统站
	生活污水处理设施		依托原有工程
	矿山绿化与复垦		依托原有工程
储运工程	石灰石矿山		依托原有工程
	石灰石运输		依托原有工程
	公路连接线及汽车运输队		依托原有工程
办公及生活设施	办公楼		依托原有工程
	倒班宿舍		依托原有工程
	食堂		依托原有工程

表 5-15 项目主要生产设备

序号	项目名称	主机名称	台数/台	生产能力	年利用率/%
1	石灰石破碎	双转子锤式破碎机	1	1 500 t/h	28.1
2	石灰石长形预均化堆场	侧式悬臂式堆料机	1	2 200 t/h	23.4
		桥式刮板取料机	1	900 t/h	46.9
3	砂页岩破碎	反击式破碎机	1	300 t/h	29.1
4	辅助原料预均化堆场	侧式悬臂堆料机	1	400 t/h	16.6
		桥式刮板取料机	1	250 t/h	19.9
5	原料粉磨与废气处理	辊式磨	1	400 t/h	64.0
		高温风机	1	860 000 m^3/h	90.4
		原料磨风机	1	900 000 m^3/h	64.0
		窑尾袋收尘器	1	900 000 m^3/h	90.4
		窑尾袋收尘器排风机	1	950 000 m^3/h	90.4
6	2 号线熟料烧成系统	旋风预热器带分解炉	1	4 500 t/d	90.4
		回转窑	1	4 500 t/d	90.4
		控制流篦式冷风机	1	4 500 t/d	90.4
		窑头袋收尘器	1	600 000 m^3/h	90.4
		窑头袋收尘器废气排风机	1	620 000 m^3/h	90.4
7	煤粉制备（2# 煤磨）	管磨	1	38 t/h	60.4
8	水泥粉磨（2# 水泥磨）	水泥磨	1	140 t/h	65.2
		辊压机 CLF140-65	1	500 kW	65.2
		O-Sepa 选粉机	1	—	65.2
		袋式收尘器	1	180 000 m^3/h	65.2
		离心通风机	1	200 000 m^3/h	65.2

（1）项目有组织排放废气及治理设施

水泥熟料生产及水泥粉磨在物料破碎、粉磨、煅烧、储存及运输等工艺中，都伴随着颗粒物的产生和排放，颗粒物是最主要的污染物。主要颗粒物包括：

矿山颗粒物：产生于矿山剥离、钻孔、爆破、采装、运输及破碎过程；

原辅料颗粒物：产生于各种原料的装卸、破碎、运输、储存过程；

煤颗粒物：产生于煤粉制备、储存及转运过程；

回转窑颗粒物：产生于生料粉磨、预热、分解及熟料煅烧过程；

熟料颗粒物：产生于熟料冷却、破碎、输送及储存过程；

水泥磨颗粒物：产生于水泥粉磨、输送及储存过程。

另外，回转窑熟料烧成过程产生的高温煅烧废气还含二氧化硫（SO_2）、氮氧化物（NO_x）、氟化物、汞及其化合物、一氧化碳等污染物。

项目共设置了 59 台袋式除尘器。除尘器对各有组织排放的含尘废气均进行除尘处理，除尘器收集的颗粒物返回原料、半成品、成品中再次利用。

项目采用窑外预分解煅烧工艺，物料与气体接触充分。含硫原辅料和燃料在熟料烧成过程中产生的 SO_2 与物料中的氧化钙和碱性氧化物充分接触，形成硫酸钙及亚硫酸钙降低废气中 SO_2 排放；窑内局部高温带形成的 NO_x 带入低温带时部分 NO_x 发生自还原以降低废气中 NO_x 的含量。项目采用分解炉分级燃烧技术，通过合理确定喷入燃料量、喷入位置来降低熟料烧成系统的 NO_x 排放。项目在熟料生产线的窑尾分解炉后设置有 1 套 SNCR 脱硝设施，将氨水和压缩空气混合后通过 10 支喷枪喷入预热塔，将烟气中大部分 NO_x 还原为 N_2 和水，降低废气中 NO_x 排放浓度。

项目废气处理设施建设清单见表 5-16。

表 5-16　项目废气处理设施建设清单

序号	2 号线工段	布袋除尘器信息				
		数量 / 台	型号	设备编号	设计风量 / （m^3/h）	排气筒高度 /m
1	石灰石输送（石灰石堆棚进口靠窑侧）	3	LCPM-GS32-5	08E05	11 160	13
2				08E06	11 160	13
3				08E07	11 160	9
4	黏土破碎（黏土破碎房旁）	2	LCPM-GS32-6	11F05	13 390	8
5				11F06	13 390	8
6	黏土输送（黏土至混合材堆棚输送中转站）	2	LCPM-GS32-3	11F11	6 900	12
7				11F13	6 900	12
8	黏土输送（混合材堆棚进口靠山侧）	1		11F16	6 900	12
9	黏土输送（混合材堆棚靠山侧）	1		11F20	6 900	14
10	原料输送（生料配料右侧）	1		15E44	6 900	19.5
11	原料输送（石灰石堆棚右侧）	1		15E11	6 900	9
12	原料输送（石灰石堆棚靠山侧）	5		15E15	6 900	9
13				15E27	6 900	9
14				15E31	6 900	14
15				15E33	6 900	14
16				15E21	6 900	14
17	原料输送（原料堆棚靠山侧）	1		15E37	6 900	14

续表

序号	2号线工段	布袋除尘器信息				
		数量/台	型号	设备编号	设计风量/（m^3/h）	排气筒高度/m
18	熟料库旁	2	LCPM-GS32-6	66E31	13 390	7.5
19				66E46	13 390	7.5
20	窑尾	1	TDM-384/12	54E05	900 000	160
21	生料至调配站（混合材堆棚出口靠窑侧）	2	FGM32-3	23E10	6 900	9.5
22				23E11	6 900	13
23	生料至调配站（生料调配站旁）	1		23E12	6 900	15
24	生料调配库旁	1	FGM32-5	35E22	11 160	7
25	生料调配库顶	1		35E12	11 160	25
26	生料调配库底	1		35F22	11 160	6
27	生料调配库顶	1		35F12	11 160	25
28	窑头	1	TDM-216/16	54E16	600 000	60
29	生料调配库顶	2	FGM32-4	35E06	8 930	25
30				35E08	8 930	25
31	生料入磨（生料调配库右侧）	1	FGM32-6	35E26	13 390	7
32	生料入磨（立磨旁）	2		41E34	13 390	23
33				41E40	13 390	9
34	生料选粉（立磨旁）	1		41E24	13 390	11
35	生料入库（生料均化库旁）	1		41E37	13 390	11
36	生料均化库底	1		52E07	13 390	6.5
37	生料均化库顶	1	FGM64-4	42E06	17 800	65
38	煤磨主收尘（煤磨站房顶）	1	FGM128-2×7M	73E08	105 000	43
39	煤粉仓（煤磨站房顶）	1	FGM32-4（M）	73E35	8 930	43
40	原煤转运站（煤磨站房进口靠江侧）	1	FGM32-6	72.11	8 930	40
41	熟料库顶	1	FGM96-5	66E01	33 400	55
42	熟料库旁	4	LCPM-GS32-4	66E45	8 930	7
43			LCPM-GS32-6	66E30	11 160	7
44				66E32	11 160	7
45			LCPM-GS32-4	66E47	8 930	7

续表

序号	2号线工段	布袋除尘器信息				
		数量/台	型号	设备编号	设计风量/（m^3/h）	排气筒高度/m
46	水泥配料站顶	4	LCPM-GS32-5	83D09	11 160	23
47				83D11	11 160	23
48				83D13	11 160	23
49				83D17	11 160	23
50	1# 水泥库顶	1	LCPM-GS64-4	86D07	13 400	42
51	2# 水泥库顶	1		86D08	13 400	42
52	3# 水泥库顶	1		86D09	13 400	42
53	水泥配料库旁	2	LCPM-GS32-5	83D45	11 160	5
54				83D46	11 160	5
55	水泥磨尾收尘器	1	FGM96-9	84D30	60 000	26
56	水泥磨主收尘器	1	JPF16/8/2*14	84D50	240 000	30
57	入库提升机顶部	1	LCPM-GS32-5	86D121	11 160	30
58	入库提升机底部	1		84D72	11 160	9
59	石灰石破碎	1	LCPM-GSA96-5	02C05	33 400	15
总计		59	—	—	—	—

（2）项目无组织排放废气及治理设施

项目产生的无组织排放废气主要为物料破碎、堆存、输送、装卸过程中散发的含尘废气，扬尘的大小与物料粒径、比重、湿度、落差、风速、风向、物流密度等因素有关，主要污染物为颗粒物；此外，无组织排放废气还包括 SNCR 脱硝设施氨水装卸、储存、输送过程中跑、冒、滴、漏损失挥发产生的含氨废气，主要污染物为氨。

为有效控制无组织颗粒物排放，项目设置了封闭 / 半封闭的堆场或储库，物料堆存和卸车均在场库内；输送物料的皮带机尽量降低物料落差，加强密闭，物料中转和提升处设置了除尘设施；厂区内铺设了混凝土道路。为有效控制无组织氨排放，氨水外购并汽车运输进厂后泵送至密闭氨水储罐（100 m^3），使用时由密闭管路将氨水和压缩空气混合后通过 10 支喷枪喷入预热塔。

根据项目建设内容进行验收监测，本案例仅涉及废气监测，其他验收内容省略。

4.2　点位布设和监测内容

项目厂区各工段共配备了 59 台袋式除尘器。按同类型除尘器抽测的原则，选择不同类型的污染源和排气量大的设施进行抽测，本次验收共抽测 36 台除尘器，除尘器抽测率为 61%。另由于大部分除尘设施进口管道设置无法满足开孔监测条件，故只对部分除尘器除尘效率进行抽测，本次验收共抽测 10 个除尘器进口。有组织排放废气监测点位见表 5-17。

在厂界外 20 m 上风向处设 1 个参照点，下风向设 3 个监控点，监测无组织排放颗粒物达标情况；在下风向厂界外 10 m 范围内设 3 个监控点，监测无组织排放氨浓度情况。具体监测点位根据现场监测时风向适时调整。

废气监测内容主要包括：①有组织排放废气，除尘器进口监测因子为烟气流量、颗粒物排放浓度及排放速率；除尘器出口监测因子为烟气流量、颗粒物排放浓度及排放速率；此外，对窑尾环保设施进行监测时，分别于 SNCR 脱硝设施开启和关闭状态下在窑尾除尘器进口监测氮氧化物及速率；窑尾环保设施正常运行时，在窑尾除尘器出口监测二氧化硫、氮氧化物、氟化物、汞及其化合物、氨等污染物的排放浓度及排放速率。②除尘器除尘效率。③窑尾 SNCR 脱硝设施脱硝效率。④厂界无组织排放颗粒物浓度。⑤厂界无组织排放氨浓度。

废气监测频次包括：有组织排放颗粒物、氟化物、汞及其化合物和氨：每天监测 3 次，连续监测 2 d；有组织排放二氧化硫和氮氧化物：每次监测 1 h 取均值，每天监测 3 次，连续监测 2 d；除尘器除尘效率：每天监测 3 次，连续监测 2 d；SNCR 脱硝装置脱硝效率：每天监测 3 次，连续监测 2 d；无组织排放颗粒物、氨：每天 4 次，连续 2 d。

4.3　评价标准

根据项目环评批复及排污许可证要求，项目大气污染物排放浓度、单位产品排放量应符合《水泥工业大气污染物排放标准》（GB 4915—2013）要求。项目厂界有组织排放、无组织排放废气污染物排放标准限值分别见表 5-18 和表 5-19。

4.4　监测分析方法选择及质控措施

有组织废气采样按《固定源废气监测技术规范》（HJ/T 397—2007）规定进行，无组织废气采样按《大气污染物无组织排放监测技术导则》（HJ/T 55—2000）及《大气污染物综合排放标准》（GB 16297—1996）规定进行，其他方法见表 5-20。

监测人员持证上岗，监测所用仪器经过计量部门检定合格并在有效期内使用。采样及样品保存方法符合相关标准要求。废气采样分析系统在采样前进行气路检查、流量校准，保证整个采样过程中分析系统的气密性和计量准确性。

表 5-17 废气监测布点及监测因子

序号	2 号线工段	数量 / 台	型号	设计风量 /（m^3/h）	进 / 出口内径 /mm	排气筒高度 /m	排气筒编号	是否抽测		监测因子
								进口	出口	
1	石灰石输送（石灰石堆棚进口靠窑侧）	3	LCPM-GS32-5	11 160	500/500	13	08E05		√	烟气参数、颗粒物
2				11 160	500/500	13	08E06			
3				11 160	500/500	9	08E07		√	
4	黏土破碎（黏土破碎房旁）	2	LCPM-GS32-6	13 390	460/460	8	11F05		√	
5				13 390	460/460	8	11F06			
6	黏土输送（黏土至混合材堆棚输送中转站）	2	LCPM-GS32-3	6 900	460/460	12	11F11		√	
7				6 900	460/460	12	11F13			
8	黏土输送（混合材堆棚进口靠山侧）	1		6 900	460/460	12	11F16		√	
9	黏土输送（混合材堆棚靠山侧）	1		6 900	460/460	14	11F20			
10	原料输送（生料配料右侧）	1		6 900	460/460	19.5	15E44		√	
11	原料输送（石灰石堆棚右侧）	1		6 900	460/460	9	15E11			
12	原料输送（石灰石堆棚靠山侧）	5		6 900	460/460	9	15E15			
13				6 900	460/460	9	15E27		√	
14				6 900	460/460	14	15E31			
15				6 900	460/460	14	15E33		√	
16				6 900	460/460	14	15E21			
17	原料输送（原料堆棚靠山侧）	1		6 900	460/460	14	15E37		√	
18	熟料库旁	2	LCPM-GS32-6	13 390	460/460	7.5	66E31			
19				13 390	460/460	7.5	66E46		√	

续表

序号	2号线工段	数量/台	型号	设计风量/（m^3/h）	进/出口内径/mm	排气筒高度/m	排气筒编号	是否抽测		监测因子
								进口	出口	
20	窑尾*	1	TDM-384/12	900 000	4 000/4 000	160	54E05	√	√	烟气参数、颗粒物、二氧化硫、氮氧化物、氟化物、汞及其化合物、氨、含氧量
21	生料至调配站（混合材堆棚出口靠窑侧）	2	FGM32-3	6 900	460/460	9.5	23E10		√	烟气参数、颗粒物
22				6 900	460/460	13	23E11		√	
23	生料至调配站（生料调配站旁）	1		6 900	460/460	15	23E12			
24	生料调配库旁	1	FGM32-5	11 160	460/460	7	35E22			
25	生料调配库顶	1		11 160	460/460	25	35E12		√	
26	生料调配库底	1		11 160	460/460	6	35F22	√	√	
27	生料调配库顶	1		11 160	460/460	25	35F12			
28	窑头	1	TDM-216/16	600 000	4 000/4 000	60	54E16	√	√	
29	生料调配库顶	2	FGM32-4	8 930	460/460	25	35E06		√	
30				8 930	460/460	25	35E08		√	
31	生料入磨（生料调配库右侧）	1	FGM32-6	13 390	460/460	7	35E26			
32	生料入磨（立磨旁）	2		13 390	460/460	23	41E34		√	
33				13 390	460/460	9	41E40		√	
34	生料选粉（立磨旁）	1		13 390	460/460	11	41E24		√	
35	生料入库（生料均化库旁）	1		13 390	460/460	11	41E37			
36	生料均化库底	1		13 390	460/460	6.5	52E07			

续表

序号	2号线工段	数量/台	型号	设计风量/（m^3/h）	进/出口内径/mm	排气筒高度/m	排气筒编号	是否抽测		监测因子
								进口	出口	
37	生料均化库顶	1	FGM64-4	17 800	500/500	65	42E06		√	烟气参数、颗粒物
38	煤磨主收尘（煤磨站房顶）	1	FGM128-2×7M	105 000	4 000/4 000	43	73E08	√	√	
39	煤粉仓（煤磨站房顶）	1	FGM32-4（M）	8 930	460/460	43	73E35			
40	原煤转运站（煤磨站房进口靠江侧）	1	FGM32-6	8 930	460/460	40	72.11		√	
41	熟料库顶	1	FGM96-5	33 400	900/900	55	66E01		√	
42	5# 熟料库旁	4	LCPM-GS32-4	8 930	460/460	7	66E45			
43			LCPM-GS32-6	11 160	460/460	7	66E30	√	√	
44				11 160	460/460	7	66E32			
45			LCPM-GS32-4	8 930	460/460	7	66E47		√	
46	水泥配料站顶	4	LCPM-GS32-5	11 160	460/460	23	83D09		√	
47				11 160	460/460	23	83D11			
48				11 160	460/460	23	83D13		√	
49				11 160	460/460	23	83D17			
50	1# 水泥库顶	1	LCPM-GS64-4	13 400	460/460	42	86D07	√	√	
51	2# 水泥库顶	1		13 400	460/460	42	86D08			
52	3# 水泥库顶	1		13 400	460/460	42	86D09		√	
53	水泥配料库旁	2	LCPM-GS32-5	11 160	460/460	5	83D45	√	√	
54				11 160	460/460	5	83D46			

续表

序号	2号线工段	数量/台	型号	设计风量/（m^3/h）	进/出口内径/mm	排气筒高度/m	排气筒编号	是否抽测		监测因子
								进口	出口	
55	水泥磨尾收尘器	1	FGM96-9	60 000	2 000/2 000	26	84D30	√	√	烟气参数、颗粒物
56	水泥磨主收尘器	1	JPF16/8/2*14	240 000	4 000/4 000	30	84D50	√	√	
57	入库提升机顶部	1	LCPM-GS32-5	11 160	460/460	30	86D121		√	
58	入库提升机底部	1	LCPM-GS32-5	11 160	460/460	9	84D72			
59	石灰石破碎	1	LCPM-GSA96-5	33 400	900/900	15	02C05	√	√	
总计		59	—	—	—	—	—	10	36	—

注：* 对窑尾环保设施进行监测时，分别于 SNCR 脱硝设施开启和关闭状态下在窑尾除尘器进口监测氮氧化物浓度及速率；窑尾环保设施正常运行时，在窑尾除尘器出口监测二氧化硫、氮氧化物、氟化物、汞及其化合物、氨等污染物的排放浓度及排放速率。

表 5-18 项目有组织排放废气污染物排放标准限值

生产设备名称			单机生产能力/（t/d）	排气筒最低允许高度/m	颗粒物		二氧化硫		氮氧化物（以 NO_2 计）		氟化物（以总氟计）		汞及其化合物	氨
					排放浓度/（mg/m^3）	吨产品排放量[b]/（kg/t）	排放浓度/（mg/m^3）	吨产品排放量[b]/（kg/t）	排放浓度/（mg/m^3）	吨产品排放量[b]/（kg/t）	排放浓度/（mg/m^3）	吨产品排放量[b]/（kg/t）	排放浓度/（mg/m^3）	排放浓度/（mg/m^3）
水泥制造	水泥窑及窑尾余热利用系统[a]	执行标准 GB 4915—2013	—	160[c、d]	30	—	200	—	400	—	5	—	0.05	10
	烘干机、烘干磨、煤磨及冷却机	执行标准 GB 4915—2013	—	15	30	—	—	—	—	—	—	—	—	—
	破碎机、磨机、包装机及其他通风生产设备	执行标准 GB 4915—2013	高出本体建筑物 3 m 以上[e]		20	—	—	—	—	—	—	—	—	—

注：a. 烟气中 O_2 含量 10% 状态下的排放浓度。

b. 单位产品排放量中水泥窑、熟料冷却机以熟料产出量计算，生料磨以生料产出量计算，水泥磨以水泥产出量计算，煤磨以产生的煤粉计算，烘干机、烘干磨以产生的干物料计算。对于窑磨一体机，在窑磨联合运转时，以磨机产生的物料量计算，在水泥窑单独运转时，以水泥窑产出的熟料量计算。

c. 环评批复要求，窑尾烟囱高度不得低于 160 m。

d. 根据 GB 4915—2013 要求，水泥窑及窑尾余热利用系统排气筒周围半径 200 m 范围内有建筑物时，排气筒高度还应高出最高建筑物 3 m 以上，项目窑尾排气筒高度高于周边半径 200 m 范围内最高建筑物 3 m 以上。

e. 除储库底、地坑及物料转运点单机除尘设施外，其他排气筒高度应不低于 15 m。

f. 除提升输送、储库下小仓的除尘设施外，生产设备排气筒（含车间排气筒）一律不得低于 15 m。

表 5-19　项目厂界无组织排放废气污染物排放标准限值

污染物	GB 4915—2013 表 3/（mg/m³）	限值含义	无组织排放监控位置
颗粒物（TSP）	0.5	监控点与参照点总悬浮颗粒物（TSP）1 h 浓度值的差值	厂界外 20 m 处上风向设参照点，下风向设监控点
氨	1.0	监控点处 1 h 浓度平均值	监控点设在下风向厂界外 10 m 范围内浓度最高点

表 5-20　废气监测方法

<table>
<tr><th>序号</th><th>监测因子</th><th>监测分析方法</th><th>方法来源</th><th>方法分类（本章）</th><th>检出限</th></tr>
<tr><td>1</td><td>烟气流量</td><td rowspan="2">固定污染源排气中颗粒物测定与气态污染物采样方法</td><td rowspan="2">GB/T 16157—1996 及其修改单</td><td>2.4.1.6 排气流速、流量</td><td>—</td></tr>
<tr><td rowspan="2">2</td><td rowspan="2">有组织排放颗粒物</td><td>2.4.2.1 滤料采样法</td><td>当监测结果小于 20 mg/m³，表述为<20 mg/m³</td></tr>
<tr><td>固定污染源废气　低浓度颗粒物的测定　重量法</td><td>HJ 836—2017</td><td>2.4.2.1 滤料采样法</td><td>1 mg/m³</td></tr>
<tr><td>3</td><td>二氧化硫</td><td>定电位电解法</td><td>HJ 57—2017</td><td>2.4.3 仪器监测法（直读）</td><td>3 mg/m³</td></tr>
<tr><td>4</td><td>氮氧化物</td><td>定电位电解法</td><td>HJ 693—2014</td><td>2.4.3 仪器监测法（直读）</td><td>3 mg/m³</td></tr>
<tr><td>5</td><td>氟化物</td><td>氟离子选择电极法</td><td>HJ/T 67—2001</td><td>2.4.2.4 滤筒-吸收液联用采样法</td><td>0.04 mg/m³</td></tr>
<tr><td>6</td><td>无组织排放颗粒物</td><td>总悬浮颗粒物的测定　重量法</td><td>HJ 1263—2022</td><td>1.4.1.1 滤膜采样法</td><td>0.007 mg/m³</td></tr>
<tr><td>7</td><td>汞及其化合物</td><td>冷原子吸收分光光度法</td><td>HJ 543—2009</td><td>2.4.2.2 溶液吸收采样法</td><td>0.01 mg/m³</td></tr>
<tr><td>8</td><td>有组织排放氨</td><td rowspan="2">纳氏试剂分光光度法</td><td rowspan="2">HJ 533—2009</td><td>2.4.2.2 溶液吸收采样法</td><td>0.25 mg/m³</td></tr>
<tr><td>9</td><td>无组织排放氨</td><td>1.4.1.2 溶液吸收采样法</td><td>0.01 mg/m³</td></tr>
<tr><td>10</td><td>含氧量</td><td>电化学法</td><td>《空气和废气监测分析方法》（第四版）</td><td>2.4.1.3（2）电化学法测定氧</td><td>0.1%（V/V）</td></tr>
</table>

第六章　土　壤

第一节　概　述

土壤是人类赖以生存的重要基础，为人类提供了生存栖息之地，也为地球上所有的生物群体提供了生存的环境。土壤是指地球表面的一层疏松的物质，由各种颗粒状矿物质、有机物质、水分、空气、微生物等组成，能生长植物。然而随着经济的发展，我国土壤污染问题日益凸显，土壤环境安全问题引起社会广泛关注。为了遏制土壤污染的态势，国家于2018年出台《中华人民共和国土壤污染防治法》，开展土壤污染调查，掌握土壤环境质量状况成为土壤污染防治首要工作。为开展农用地分类管理和建设用地准入管理提供技术支撑，保障农产品质量和人居环境安全，国家先后发布了《土壤环境质量　农用地土壤污染风险管控标准（试行）》（GB 15618—2018）和《土壤环境质量　建设用地土壤污染风险管控标准（试行）》（GB 36600—2018），而目前国家土壤环境监测主要依据《土壤环境监测技术规范》（HJ/T 166—2004）。

土壤环境监测按其目的分为土壤环境质量监测、土壤背景值监测和地块调查监测3种类型。土壤环境质量监测是对指定的有关项目进行定期的、长时间的监测，以确定土壤环境质量及污染源状况、评价控制措施的效果，衡量环境标准实施情况和环境保护工作的进展。土壤环境监测的目的是通过多种技术方法测定土壤中的环境指标，确定土壤环境的质量，为预防和控制土壤环境污染提供依据。土壤背景值监测的目的是掌握土壤的自然本底值，为环境保护、环境区划、环境影响评价及制定土壤环境质量标准等提供依据。地块调查监测主要包括仲裁监测、建设项目环境影响评价监测、项目竣工验收监测、咨询服务监测和考核验证监测等。土壤是一个开放的体系，土壤与其他环境要素的污染物会相互迁移、影响，因此对土壤进行监测时要注意与水、大气等其他环境要素的监测相结合，才能客观地反映实际情况。

第二节　点位布设

土壤监测点位布设的常用方法遵循全面性、代表性、客观性、可行性和连续性等原则。根据不同的监测目的，土壤监测布点方式一般可分为土壤环境质量监测和土壤污染状况调查两类。

2.1　布点方法

2.1.1　简单随机

将监测单元分成网格，每个网格编上号码，决定采样点样品数后，随机抽取规定的样品数的样品，其样本号码对应的网格号，即为采样点。随机数的获得可以利用掷骰子、抽签、查随机数表的方法。简单随机布点是一种完全不带主观限制条件的布点方法。

2.1.2　分块随机

根据监测区域内的土壤类型，可将区域分成几块，每块内污染物较均匀，块间的差异较明显。将每块作为一个监测单元，在每个监测单元内再随机布点。在正确分块的前提下，分块布点的代表性比简单随机布点好，如果分块不正确，分块布点的效果可能会适得其反。

2.1.3　系统随机

将监测区域分成面积相等的几部分（网格划分），每网格内布设一采样点，这种布点称为系统随机布点。如果区域内土壤污染物含量变化较大，系统随机布点比简单随机布点所采样品的代表性要好。

2.2　土壤环境质量监测

2.2.1　点位类型

我国土壤环境质量监测点位分为背景点位（以下简称背景点）、基础点位（以下简称基础点）和风险监控点位（以下简称监控点）3 类。

背景点：以评价区域土壤环境状况背景水平为目的，布设在未受或受人类活动影响小的区域，反映元素的自然含量和有机污染物的浓度水平。

基础点：以评价区域农用地土壤总体环境状况的变化趋势为目的，覆盖全部县域、主要土壤类型和主要农产品产地。

监控点：以监控土壤环境污染源周边和敏感区域土壤环境现状及变化趋势为目的，主要布设在（但不限于）有色金属采选、有色金属矿冶炼、石油开采、石油加工、化工、电镀、制革、焦化和铅蓄电池 9 类重点监管行业周边；固废集中处理处置场和畜禽养殖场等疑似污染地块周边；饮用水水源地等敏感区域周边等。

2.2.2　基础资料收集准备

图件资料：主要包括行政区划图、土地利用分布图、土壤类型图、农业区划图、河流水系图、交通（公路）图和地形地貌图等基础性图件以及空间分辨率为 1～4 m

的多光谱正射遥感影像数据。

土壤污染源信息：主要包括所在区域重点污染源类型、主要污染物、排放方式、排放量及其影响范围等；固体废物堆存、处理处置场所分布及其对周边土壤环境状况的影响等。

土壤环境监测历史数据：主要包括全国土壤污染状况调查、农产品产地土壤重金属污染调查、国家土地质量地球化学监控、全国土壤污染状况详查和土壤环境质量例行监测等关于土壤和农作物污染调查的相关数据。

2.2.3 点位布设

2.2.3.1 背景点

背景点应覆盖主要土壤类型和行政区。结合点位所属土地利用类型或使用功能等实际情况，在“七五”全国土壤环境背景值调查监测点、“十一五”全国土壤污染状况调查中背景点和国家土地质量地球化学监控点的基础上进行筛选、优化和补充获得。保留历史监测点中仍然符合背景点要求的监测点，也可在国家环境空气背景站和生态观测站等受人为影响较小的范围内新设背景点。

2.2.3.2 基础点

基础点应覆盖全部县域、主要土壤类型和主要农产品产地。基础点布设一般包括五个步骤：确定布点区域、选取历史监测点位、调整点位密度、优化点位数量和调整点位位置。

（1）确定布点区域

基础点基于全国全部农用地（以耕地为主），利用 GIS 技术设置 4 个限制条件：

1）利用土地利用解译数据提取地区水系图层；

2）利用交通路网数据生成地区内主要交通干线两侧各 150 m 缓冲区图层；

3）利用污染源点位数据生成地区内污染源 600 m 缓冲区图层；

4）利用遥感解译数据生成地区内居住用地 300 m 缓冲区图层。

（2）选取历史监测点位

历史监测点位分类：依据历史点位监测结果得出单项污染指数（P_{ip}），分为不超标（$P_{ip} \leqslant 1$）、轻微轻度超标（$1 < P_{ip} \leqslant 3$）和中重度超标（$P_{ip} > 3$）3 类，并与可布点区域进行叠加。

获取历史监测点位信息：进一步叠加行政区划图、土壤类型图和主要农产品产地等图层，与历史点位做叠置分析，获取点位对应的土壤类型、行政区和主要农产品产地等信息。

（3）调整点位密度

按照覆盖全部县域、主要土壤类型和主要农产品产地的目标，若历史监测点位数量或分布范围不足，应按点位类型（此处点位类型指不超标、轻微轻度超标和中重度超标 3 类，下同）比例新增监测点位。

点位密度基本要求包括：①各县级行政单元按点位类型比例应至少布设 3 个监测

点位。②各省级行政单元中主要的土壤类型应至少布设3个监测点位。③各省级行政单元种植当地主产或特色农产品的产地至少布设30个监测点位。

点位密度的调整原则：①依据区域面积、污染程度、土壤类型和农产品产地等因素，可分区域和分类型增减监测点位密度。点位密度增加不设限制，但点位密度减少幅度不得超过50%。②点位应倾向当地常年主栽、种植面积较广且对污染物相对敏感农产品的主产区。农作物种类的优先顺序按照三大主粮生产区、商品粮基地、蔬菜基地、水果基地、茶叶基地及其他农产品产地的次序依次递减。③土壤污染物含量空间分异较大或地势起伏较大的区域，点位密度可酌情增加。④土壤类型和土地利用类型一致且大片分布，或受人类生产活动影响较小的区域，或高背景且有数据支持农产品不超标的区域，点位密度可适当降低。

（4）优化点位数量

若同一乡镇行政单元内存在2个或2个以上同种属性点位（如污染程度或农产品种类一致）时，应对这些点位进行优化调整。

优化调整的依据：①首选历史监测点位。②若均为历史监测点位，对不超标和轻微轻度超标点位应保留监测时间距今较久的点位；对中重度超标点位，应保留监测时间距今较近的点位。③若监测时间也相同，应保留污染程度较高的点位。④若监测时间相同且污染程度也相同，应保留当地常年播种面积较大且对污染物相对敏感的农产品产地的点位。⑤时间、污染程度和农产品种类均相同时，可随机挑选点位。

调整范围：点位调整应在地市级行政单元内进行，尽可能在县级行政单元内完成，按照行政区不同、土壤类型不同和农产品种类不同的优先顺序进行调整。

（5）调整点位位置

利用遥感影像逐一对点位进行检查，对不符合要求的点位应进行调整，主要包括：点位属性与实际不相符的，点位位置不具采样条件的，点位位置落在边界上、代表性不强的，点位不具有长期监测延续性等。

2.2.3.3　监控点

（1）划分监测单元

根据监测目的、监测精度和监测区域环境状况等因素划分监测单元，后续根据数据空间分布规律，可进一步细分调整。

划分监测单元的原则：

1）重点污染源（含工业园区）大气影响范围：根据不同类型、规模行业企业大气污染物扩散特征，确定重点污染源大气影响范围。

2）使用同一水源灌溉并可以确认水源受到污染的农用地：可基于农用地的自然聚集情况，按水系分布、灌区分布、地形地貌等信息划分监测单元；同时受灌溉水污染影响和大气污染影响的，优先按灌溉水污染影响划分监测单元。

3）矿山或固体废物集中处理处置场所：地表产流（主要指因雨水冲刷而形成的污染范围）及地下水影响范围划分监测单元。

4）因尾矿库溃坝污染的农用地区域：以受污染区域为一个监测单元。

5）饮用水水源地保护区以一级保护区范围：按照饮用水水源地的类型、规模、供水人口和保护级别等实际情况划分。

（2）点位布设

以重点污染源为中心，按放射状、网格法（原则上，按每 500 m × 500 m 网格布设 1 个点位）布设点位。影响范围小于 1 km^2 时，点位数量可为 4～9 个；影响范围大于 1 km^2 时，点位数量可为 7～14 个。

当网格中农用地面积占比小于 10% 时，根据实际管理需要可不布设点位；当矿区下游农用地破碎且网格内农用地占比小于 10% 时，可在下游两岸农用地每隔 1～2 km 随机布设 1 个点位。

（3）点位位置调整

原则上，在网格内选择有代表性的农用地地块中间的开阔地带进行布点。

1）若网格内农用地地块间面积差异不明显，优先选择网格中心位置地块。

2）若网格内农用地地块间面积差异明显，优先选择面积最大的地块。

3）若网格内同时存在水田和旱地，优先选择水田。

4）若网格内高程差别十分明显（如沟谷、丘陵和梯田等），优先选择地势较低的地块。

2.2.4 现场核查

2.2.4.1 核查内容

对上述确定的监测点位进行现场核查，以确定监测点位是否满足要求。现场核查的主要内容包括土地利用类型、农产品类型、土壤类型、点位周边环境和采样条件等。

2.2.4.2 点位调整

（1）属于以下条件之一时，应进行点位调整：

1）现场环境不具备采样条件；

2）监测点位土地利用类型或土壤类型与实际情况不符，如监测点位的土地利用类型为“耕地”，实际为“工矿和交通用地”；

3）监测点位与交通道路、居民点或污染源的距离不满足要求；

4）监测点位的土地利用方式已发生变化或将发生变化，不具有长期监测的连续性；

5）监测点位位置不具代表性，如监测点位位于洼地、坡脚、水土流失严重处或表土被破坏处等。

（2）现场核查点位调整原则：

就近原则：在监测点位周边就近选择符合要求的位置。

一致性原则：调整后监测点位的土地利用类型、土壤类型、作物类型等与原监测点位保持一致，且不易发生变化。

代表性原则：调整后监测点位应布设在地形稳定的原生土壤上，应避开新近堆积土、污染源、交通道路、居民区和河（湖、库、塘）等地。

2.3　土壤污染状况调查

总体要求：为确认地块内及周围区域当前和历史污染源情况，布点前需对地块资料信息进行收集分析和现场踏勘，根据资料分析和现场踏勘情况进行污染识别，若无可能的污染源，可以结束调查工作；若有可能的污染源，则应开展布点调查。

土壤污染状况调查可分为三个阶段：

第一阶段土壤污染状况调查是以资料收集、现场踏勘和人员访谈为主的污染识别阶段；

第二阶段土壤污染状况调查是以采样与分析为主的污染证实阶段，通常可以分为初步采样分析和详细采样分析两步进行；

第三阶段土壤污染状况调查以补充采样和测试为主，获得满足风险评估及土壤和地下水修复所需的参数，主要工作内容包括地块特征参数和受体暴露参数的调查。

2.3.1　前期准备

2.3.1.1　资料收集

收集、分析地块历史与现状基础资料，主要包括地块利用变迁资料、地块环境资料、地块相关记录、有关政府文件以及地块所在区域的自然和社会信息。当调查地块与相邻地块存在相互污染的可能时，须调查相邻地块的相关记录和资料。

2.3.1.2　现场踏勘

现场踏勘的重点内容应包括：有毒有害物质的使用、处理、储存、处置；生产过程和设备，储槽与管线；恶臭、化学品味道和刺激性气味，污染和腐蚀的痕迹；排水管或渠、污水池或其他地表水体、废物堆放地、井等；并观察和记录地块及周围是否有可能受污染物影响的居民区、学校、医院、饮用水水源保护区以及其他公共场所等，并在报告中明确其与地块的位置关系。

2.3.1.3　人员访谈

访谈对象：受访者为地块现状或历史的知情人，如地块管理机构和地方政府的官员，环境保护行政主管部门的官员，地块过去和现在各阶段的使用者，以及地块所在地或熟悉地块的第三方，如相邻地块的工作人员和附近的居民。

访谈内容：包括资料收集和现场踏勘所涉及的疑问，以及信息补充和已有资料的考证。

2.3.1.4　污染识别信息分析及结论

明确地块内及周边区域当前和历史上有无可能的污染源，并进行不确定性分析。若无可能的污染源，可以结束调查工作；若有可能的污染源，应说明可能的污染类型、污染来源和重点区域，明确地块特征污染物（关注污染物），并提出初步采样调查建议。

2.3.2 初步采样点位布设

2.3.2.1 土壤监测点位布设

根据地块具体情况、地块内外污染源分布、水文地质条件以及污染物迁移和转化等因素，判断地块污染物在土壤和地下水中的可能分布，为制定布点采样方案提供依据。

工作单元：根据原地块使用功能和污染特征，选择污染程度较重的若干工作单元作为污染物识别的工作单元。

点位要求：原则上选择工作单元的中央或明显污染的部位；对于污染较均匀和地貌破坏严重的地块，可采用系统随机布点法，在每个工作单元的中心采样。

2.3.2.2 地下水采样监测点位布设

点位要求：采样监测点位总数不少于 3 个；应沿地下水流向布设点位，可在地下水流向上游、地下水可能污染较严重区域和地下水流向下游分别布设监测点位，必要时在污染较重区域加密布点；一般应在地下水流向上游的一定距离设置对照监测井。

点位深度：根据监测目的、所处含水层类型及其埋深和相对厚度来确定监测井的深度，且不穿透浅层地下水底板；地下水样品采样深度应在监测井水面 0.5 m 以下；对于存在低密度非水溶性有机物（LNAPL）污染的地下水，取样位置应设置在含水层顶部；对于存在高密度非水溶性有机污染物（DNAPL）污染的地下水，取样位置应设置在含水层底部。

其他要求：若场地面积较大、地下水污染较重，且地下水较丰富，可在场地内地下水径流的上游和下游各增加 1～2 个监测井；若场地内没有符合要求的浅层地下水监测井，则可根据调查结论在地下水径流的下游布设监测井；若场地地下岩石层较浅，没有浅层地下水富集，则在径流的下游方向可能的地下水蓄水处布设监测井；若前期监测的浅层地下水污染非常严重，且存在深层地下水时，可在做好分层止水条件下增加一口深井至深层地下水，以评价深层地下水的污染情况；若调查至风化层或地下 15 m 仍无地下水的，可不监测地下水，并提供岩芯照片等佐证材料。

2.3.2.3 地表水及沉积物采样监测点位布设

如果地块内有地表水，则在疑似污染严重的位置布设地表水和底泥采样点。

地表水点位：布设要求参照 HJ 91.2—2022；必要时在地表水上游一定距离布设对照监测点位；在监测污染物浓度时，应同时监测地表水的径流量，以判定污染物向地表水的迁移量。

地表水采样时段：考察污染场地的地表径流对地表水的影响时，可分别在降雨期和非降雨期进行采样；如需反映场地污染源对地表水的影响，可根据地表水流量分别在枯水期、丰水期和平水期进行采样。

沉积物：地块内存在可能因废（污）水汇集形成的沉积物，则应对汇集区域（如池、塘和湖等）进行采样监测。

2.3.2.4 场地残余废弃物采样监测点位布设

根据前期调查结果对可能为危险废物的残余废弃物直接采样，相关要求参照

HJ 298—2019。

2.3.3　详细采样点位布设

详细采样分析是在地块初步采样分析的基础上，进一步补充翔实的地块环境信息并开展采样和分析，确定土壤污染程度和范围。本节主要讲详细采样阶段的土壤点位布设要求。

工作单元：对于污染较均匀和地貌严重破坏的地块，可采用系统布点法划分单元；当地块不同区域的使用功能或污染特征的差异明显，可采用分区布点法划分单元；单个工作单元的面积原则上不超过 1 600 m^2；面积较小的地块，工作单元的数量不少于 5 个。

点位要求：一般在工作单元的中心采样。

对于土壤污染状况调查工作，还需注意的是：

（1）为了确保理论点位与实际相符，遵循土壤监测点位布设的全面性、代表性、客观性、可行性和连续性，在完成点位理论布设后需要进行一次全面的现场点位核查工作；采样点位现场核查工作需根据点位布设的要求对点位现场实际情况进行判断核实，为后续采样奠定基础。

（2）目前该项工作的依据主要有《建设用地土壤污染状况调查　技术导则》（HJ 25.1—2019）、《建设用地土壤污染风险管控和修复　监测技术导则》（HJ 25.2—2019）等标准规范；但部分省市也陆续发布了更严格的地方标准，在土壤污染状况调查工作中应参照执行。

第三节　监测因子和频次

3.1　土壤环境质量监测

3.1.1　基础点位

监测频次：一般 5 年监测 1 轮。

监测项目：土壤 pH、有机质和阳离子交换量等理化三项；镉、汞、砷、铅、铬、铜、锌、镍 8 种重金属以及两类有机污染物，分别是多环芳烃（苊烯、苊、芴、菲、蒽、荧蒽、芘、苯并［*a*］蒽、䓛、苯并［*b*］荧蒽、苯并［*k*］荧蒽、苯并［*a*］芘、茚苯［1,2,3-*c*,*d*］芘、二苯并［*a*,*h*］蒽和苯并［*g*,*h*,*i*］苝）和有机氯（六六六总量即 *α*- 六六六、*β*- 六六六、*γ*- 六六六、*δ*- 六六六总和；滴滴涕总量即 *p*,*p*′- 滴滴伊、*p*,*p*′- 滴滴滴、*o*,*p*′- 滴滴涕、*p*,*p*′- 滴滴涕总和）。

3.1.2　风险点位

监测频次：一般风险点每 5 年监测 2 轮，重点风险点需每年监测 1 轮。

监测项目：基础点位的所有项目以及特征污染物等。

3.1.3 背景点位

监测频次：一般 5 年监测 1 轮。

监测项目：包括土壤 pH、有机质和阳离子交换量等理化三项；砷、镉、钴、铬、铜、氟、汞、锰、镍、铅、硒、钒、锌、锂、钠、钾、铷、铯、银、铍、镁、钙、锶、钡、硼、铝、镓、铟、铊、钪、钇、镧、铈、镨、钕、钐、铕、钆、铽、镝、钬、铒、铥、镱、镥、钍、铀、锗、锡、钛、锆、铪、锑、铋、钽、碲、钼、钨、溴、碘和铁 61 种无机元素的全量以及两类有机污染物，分别是多环芳烃（苊烯、苊、芴、菲、蒽、荧蒽、芘、苯并［*a*］蒽、䓛、苯并［*b*］荧蒽、苯并［*k*］荧蒽、苯并［*a*］芘、茚苯［1,2,3-*c*,*d*］芘、二苯并［*a*,*h*］蒽和苯并［*g*,*h*,*i*］苝）和有机氯（六六六总量即 *α*- 六六六、*β*- 六六六、*γ*- 六六六、*δ*- 六六六总和；滴滴涕总量即 *p*,*p*′- 滴滴伊、*p*,*p*′- 滴滴滴、*o*,*p*′- 滴滴涕、*p*,*p*′- 滴滴涕总和）；特征污染物等。

3.2 土壤污染状况调查

监测频次：一般为一次性调查。

3.2.1 初步调查

初步调查检测项目应包括必测项目和地块特征污染物。

必测项目：土壤检测项目按《土壤环境质量　建设用地土壤污染风险管控标准（试行）》（GB 36600—2018）表 1 执行；地下水不设置必测项目；地表水检测项目参考地下水执行；沉积物检测项目参照土壤执行。

选测项目：土壤、地下水、地表水和沉积物的选测项目应根据地块污染识别确定的特征污染物选取。

3.2.2 详细调查

详细调查检测项目应包含初步调查确定的地块土壤和地下水等超标污染物。

第四节　样品采集

4.1 采样工具

4.1.1 表层和剖面土壤样品

工具类：镐头、铁锹、铁铲、圆状取土钻、螺旋取土钻、竹片以及适合特殊采样要求的工具，如土壤调查需要的气动土壤采样器、无扰动采样器、抓斗式采泥器、活塞式柱状采泥器、重力式柱状采泥器、根系土壤取样器、心形土壤取样器、土壤取样钻机、不锈钢麻花钻和不锈钢荷兰钻等。

器材类：GPS、手持便携式打印机、采样终端、罗盘、数码照相机、卷尺、铝盒、样品袋、样品瓶、运输箱等。

文具类：土壤样品标签、点位编号标志、土壤比色卡、剖面标尺、采样现场记录表、铅笔、资料夹等。

其他：现场采样定性试剂、采样用车辆及冷藏箱、安全防护用品（如工作服、工作鞋、安全帽、药品箱）等。

4.1.2　深层土壤样品

钻孔取样：手工钻探采样设备包括螺纹钻、管钻、管式采样器等。机械钻探包括实心螺旋钻、中空螺旋钻、套管钻等。

槽探采样：采样铲或采样刀。

4.2　采样方法

土壤采样方法分为表层土、剖面土和分层土（深井）3 类。

4.2.1　土壤表层采样

土壤表层采样可以采集单独样品，也可以采集混合样品。

（1）单独样品

单独样品在坐标点单点一般取 0～20 cm 土壤。取土方法为，先用铁铲三面切割一个大于取土量的、20 cm 高的土方立面，取适量土壤，注意应尽可能做到取样量上下一致，不要斜向切割。开展农田土壤环境监测时，需采集耕作层土样，种植一般农作物采 0～20 cm，种植果林类农作物采 0～60 cm。

（2）混合样品

混合样品是在设定的采样区域内多点取土。采集方法包括单对角线法、双对角线法、棋盘式法和蛇形法等。采样点位确定后，一般设定 20 m × 20 m 为采样区（也可根据现场情况适当扩大，如 100 m × 100 m），在设定的采样区域内，按混合采样法采集分点样品，分点取土方法与单独样品相同，等量混合后合成一份混合样品。土壤有机污染物测试样品（以下简称土壤有机样品）不采混合样品。

单对角线法：适用于污灌农田土壤，以单对角线等分点为采样分点，一般设 5 个采样分点。

双对角线法：适用于面积较小、地势平坦、土壤组成和受污染程度相对比较均匀的地块，设分点 5 个左右。

棋盘式法：适宜中等面积、地势平坦、土壤不够均匀的地块，设分点 10 个左右；受污泥或垃圾等固体废物污染的土壤，分点应在 20 个以上。

蛇形法：适宜于面积较大、土壤不够均匀且地势不平坦的地块，设分点 10～30 个，多用于农业面源污染型土壤。

4.2.2　土壤剖面采样

特殊要求的监测（如土壤背景点）可采用剖面采样。剖面的规格一般为 1.5 m（长）× 0.8 m（宽）× 1.2 m（深）。挖掘土壤剖面要使观察面向阳，将表土和底土分两侧放置。

典型的自然土壤剖面分为 A 层（表层，腐殖质淋溶层）、B 层（亚层，淀积层）、C 层（风化母岩层，母质层）和底岩层。地下水位较高时，剖面挖至地下水出露时为止；山地丘陵土层较薄时，剖面挖至风化层。对 B 层发育不完整（不发育）的山地土壤，只采 A、C 两层。水稻土按照 A 耕作层、P 犁底层、C 母质层（或 G 潜育层、W 潴育层）分层采样，对 P 层太薄的剖面，只采 A、C 两层（或 A、G 层或 A、W 层）。

土壤剖面可根据颜色、结构、质地、松紧度、温度和植物根系分布等划分土层；通过仔细观察，将剖面形态、特征自上而下逐一记录。采样取土时，应自下而上在各层最典型的中部逐层采集。用小铲切取一片土壤样，每个采样点的取土深度和取样量应一致。用于重金属分析的样品，应将与金属采样器接触部分的土壤弃去。

4.2.3　深层土壤采样

土壤污染状况调查评估通常采用分层采样。若确知或疑似土壤污染物渗透到土壤深层，为了解土壤污染深度，应当采用分层采样法采集土壤样品。基本要求是尽量减少土壤扰动，保证土壤样品在采样过程不被二次污染，一般不应采集混合样。具体要求如下：

（1）采样深度应到达第一饱和含水层并穿透填土层。土壤污染状况调查工作应综合考虑污染物迁移情况、构筑物及管线破损情况、土壤特征等因素，最大深度应设置到未受污染的深度为止。对于重点行业企业用地采样深度宜为 5～8 m；如因风化层、含水层底板埋深较浅等原因，采样深度小于 5 m，应详细说明并提供依据。其他用地采样深度不宜小于 3 m。

（2）地下罐（槽）、地下管道及沟渠周边采样点的采样深度应超过其底部以下 3 m。

（3）分层原则如下：采样深度应扣除地表非土壤硬化层厚度，应采集 0～0.5 m 表层土壤样品，0.5 m 以下深层土壤样品根据判断布点法采集；0.5～6 m 土壤采样间隔不超过 2 m；不同性质土层至少采集一个土壤样品，地下水位线附近应至少设置一个土壤采样点。同一性质土层厚度较大或出现明显污染痕迹时，根据实际情况在该层位增加采样点。

（4）同一土层宜通过现场专业判断或根据现场快速检测设备的监测结果，筛选相关污染物含量最高点进行采样。

（5）对存在异味的地块，可对土壤气进行监测。

（6）当采集用于测定不同类型污染物的土壤样品时，应优先采集用于测定挥发性有机物的土壤样品。

第五节　样品流转与保存

5.1　样品流转

5.1.1　样品流转计划

提前制订样品流转计划，应包含：样品总份数、样品种类、粒径、样品质量、交接人员、交接时间和地点等；明确是否拆分平行样品和插入质控样品等内容。

5.1.2　样品运输

样品流转要严格按照流转计划执行，确保安全、及时送达。

按照计划分装样品，核对样品数量、样品重量、标签信息、样品目的地和样品应送达时限等，如有缺项和错误，应及时补齐和修正后方可运输。土壤样品运输过程中应有样品箱，并做好适当的减震隔离，严防破损、混淆或沾污。每个样品箱对应一份样品清单，以备交接时快速区分查找相应样品。用于测试无机项目的样品应全程避光常温保存。用于测试有机项目的样品应全程保存于专用冷藏箱（4℃以下避光保存）。为防止运输过程中瓶塞松动，可用封口膜缠绕瓶口，并尽快送至分析实验室。

5.2　样品保存

5.2.1　实验室样品

用于实验室分析的样品应依据各个监测分析方法要求保存。

分析取用后的剩余土壤样品，待全部数据报出后，应移交到实验室样品贮存室保存，以备必要时核查或复测。待数据审核完成后，方可处理。其余样品类型，按各个监测分析方法要求处理，有效期内的样品可用于核查或复测，超过有效期的样品及时丢弃。

5.2.2　样品库样品

样品库样品主要指永久保存的土壤样品。土壤样品库要求能长期保持干燥、通风、无阳光直射、无污染，要严防潮湿霉变、防虫、鼠害。用于测试有机项目的样品不宜长期保存。

应建立土壤样品库管理制度：土壤样品入库、领用均需严格办理手续并填写入库记录和领用记录；应定期整理样品，定期检查样品库室内环境，防止霉变、虫鼠害及标签脱落。

第六节　质量保证和质量控制

6.1　样品采集质量管理

6.1.1　总体要求

采样人员应经过技术培训，持证上岗，且实行专项任务专人负责制。

采样人员必须能够正确使用采样工具，掌握采样质量要求，了解布点原则，清楚土壤样品的采样深度、采样方式、样品重量、样品编码规则和样品保存条件，能够正确使用定位仪以及手持终端。

采样质量实行多级质量检查制度，采样小组在现场对土壤样品及相关记录100%自检；采样单位抽检全部任务10%以上的现场记录。

6.1.2　具体要求

防止采样过程中的交叉污染：钻机采样过程中，在第一个钻孔开钻前要进行设备清洗；进行连续多次钻孔的钻探设备应进行清洗；同一钻机在不同深度采样时，应对钻探设备、取样装置进行清洗；与土壤接触的其他采样工具重复利用时也应清洗。一般情况下可用清水清理，也可用待采土样或清洁土壤进行清洗；必要时或特殊情况下，可采用无磷去垢剂溶液、高压自来水、去离子水（蒸馏水）或10%硝酸进行清洗。

采集现场质量控制样：作为现场采样质量控制的重要手段，质量控制样一般包括现场平行样、空白样及运输样，质控样品的分析数据可从采样到样品运输、贮存和数据分析等不同阶段反映数据质量。样品采集平行样是从相同的点位收集并单独封装和分析的样品，同种采样介质，应采集至少一个样品采集平行样，比例应满足相关工作要求，一般不低于总样品数的10%。用于分析挥发性有机物指标的样品时，建议每次运输应采集至少一个运输空白样，即从实验室带到采样现场后，又返回实验室的与运输过程有关的样品，以便了解运输途中是否受到污染、样品是否损失。

现场采样及监测记录：可使用表格描述土壤特征、可疑物质或异常现象等，同时应保留现场相关影像记录，其内容、页码、编号要齐全便于核查；记录应在现场填写，准确、完整、可追溯，如有改动应注明修改人及时间。

6.2　样品制备、流转与保存质量管理

6.2.1　样品制备人员

样品制备人员应经过技术培训，掌握土壤各监测项目的样品制备技术要求，实行专项任务专人负责制。

6.2.2　样品制备质量自检

样品制备自检是指样品制备人员在样品制备过程中，对样品状态、工作环境、制备工作情况和原始记录进行自我检查。检查内容包括样袋（瓶）是否完整，标签是否清晰和正确，样品重量是否满足要求，样品编号是否正确，原始记录填写是否准确规范等。

6.2.3　样品制备质量检查

需要进行样品制备的各类样品，样品制备单位应配备专门的质量监督员，负责样品制备过程的质量监督，按照相关技术和管理要求对整个样品制备过程进行质量检查，并填写现场检查记录。

在样品制备全过程中，应随时检查原始记录填写的及时性、正确性和规范性，包括信息齐全、正确、真实和修改规范等，不允许事后补记。样品制备原始记录应与样品分析测试的原始记录一同归档保存，以便核查。若无样品制备原始记录，应视为样品制备质量不合格。

对于土壤样品制备，风干、存放、研磨、过筛、混匀、取样和分装操作都是保证土壤样品代表性的关键操作步骤，应对土壤样品状态、工作环境和操作规范性等进行监督检查。

6.2.4　样品流转和保存质量管理

应对土壤样品流转环节和样品保存环节开展监督抽查，包括样品运输过程、样品交接过程的规范性、样品保存条件、保存时间是否满足要求、样品标签是否脱落以及记录填写完整性等。

第七节　工作案例

本节以某市土壤环境质量监测为工作实例进行阐述。

7.1　点位布设

7.1.1　布点区域概述

某市位于某省中南部，某江三角洲西部，土地面积约为 17 546 km^2，约占某省陆地面积的 8.3%，区域人口超过 200 万人。某市属亚热带海洋气候，少霜无雪，气候温和，雨量充沛，年平均降水量超过 2 000 mm，年平均气温约为 20℃。此外，某市耕作土壤土质肥沃，垦耕历史悠久，耕地面积约为 3 500 km^2，占土地总面积的 20%。

7.1.2　资料和方法

（1）主要资料搜集：农用地监测网格、土壤类型图、土地利用现状矢量图、交通路网矢量图、行政区划图、历史土壤调查监测点位信息和监测数据等。

（2）数据处理

1）所有空间数据统一采用 CGCS2000 坐标系统及投影坐标系。

2）对于行政区划图，按照“县级行政区划”进行分割，分别优化布点，再执行融合处理，获得全省土壤布点图层。

3）对土地利用现状图，按“地类名称”执行融合处理，融合相邻的同种土地利用类型图斑。

4）将包含地理要素数据的行政区划图、土壤类型图、土地利用类型图等图件加载到 ArcGIS 里，使用空间校正工具将各图层与行政区划图建立对应点，进行校正。

5）以某市历史土壤污染状况调查点位监测数据为基础，结合传统统计学、地统计学、分形法、空间抽样等，对某市土壤环境质量网点位进行优化，建立一种某市土壤环境监测最优尺度，如 4 km × 4 km、8 km × 8 km、16 km × 16 km 等网格最优尺度。在最优网格中心布点，耕地与林地边缘交错、区域面积过大或过小等特殊情况可适当调整，对均匀布点的相邻监测点位，如所代表区域内土壤类型和作物种类相同，可将相邻区域合并为同一土壤采样单元。针对某市历史土壤污染状况调查的数据，使用内梅罗指数进行评价，根据国家《土壤环境功能区划指南》中关于土壤环境功能区划分的标准，对某市历史调查的点位进行划分，分为保护点（$P_{ip} \leqslant 1$）、安全保障点（$1 < P_{ip} \leqslant 3$）和整治点（$P_{ip} > 3$）3 类。

7.1.3 布设原则和过程

（1）点位设计

创建初始理论网格点：根据历史数据计算的最优网格尺度，利用 ArcGIS 软件在 1∶25 万电子地图上采用网格法布点，以耕地为范围建立如 8 km × 8 km 网格（林地监测点采用如 16 km × 16 km 网格进行布设），利用面积占优法，在每个网格耕地（或林地）面积超过 40% 的网格中央布设一个监测点。某市共有初始理论网格点 380 个，其中耕地 80 个，见图 6-1。

平移初始网格点：将获得的加密后网格点与土地利用现状图做叠置分析，获取各网格点对应的土地利用类型，将非耕地（或者非林地）监测点进行平移处理。平移原则如下：

原则 1：网格中心点落在大面积的河（湖、库）面的，应取消该类网格中心点；部分网格落在河（湖、库）区内的中心点，应将点位平移至网格区内的最近距离的非河（湖、库）区。将坐落在水库坑塘的初始网格点，平移到平原水田处，见图 6-2。

原则 2：网格中心点落在山地，中心点所在山地采样困难的，取消该类网格中心点，在山地周围边缘区布点网格内选取（或增加）监测点作为备选。

原则 3：以交通道路网图生成 150 m 缓冲区，将 150 m 缓冲区跟网格点做叠置分析，判断网格点是否落在交通路网 150 m 范围内，将落在此范围内的网格点，平移到同一网格内、距离道路 150 m 以上的耕地处，见图 6-3。

原则 4：将过于靠近监测图层图斑边界的网格点，适当往图斑中部移动，见图 6-4。

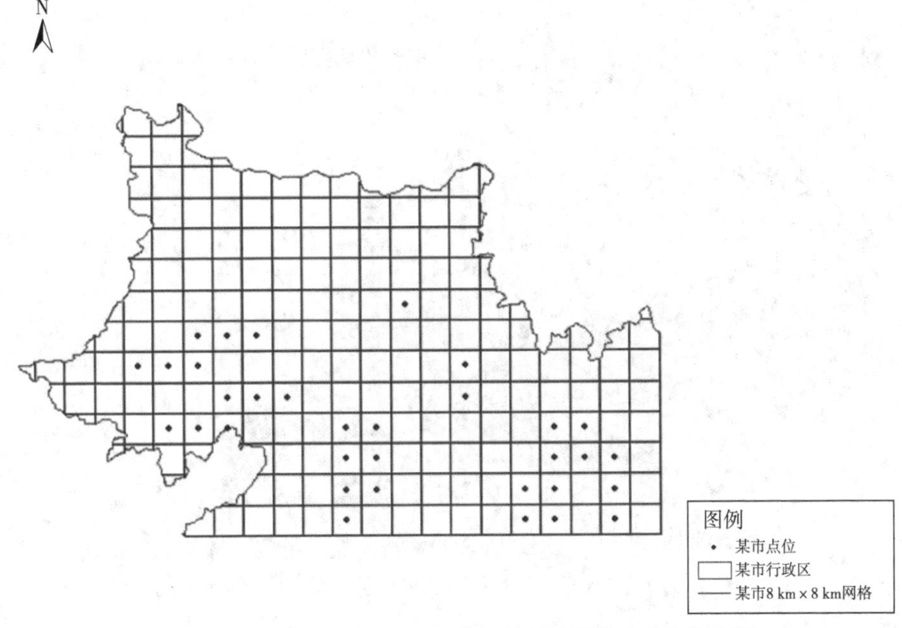

图 6-1　耕地面积大于 40% 的初始理论网格点分布示意图

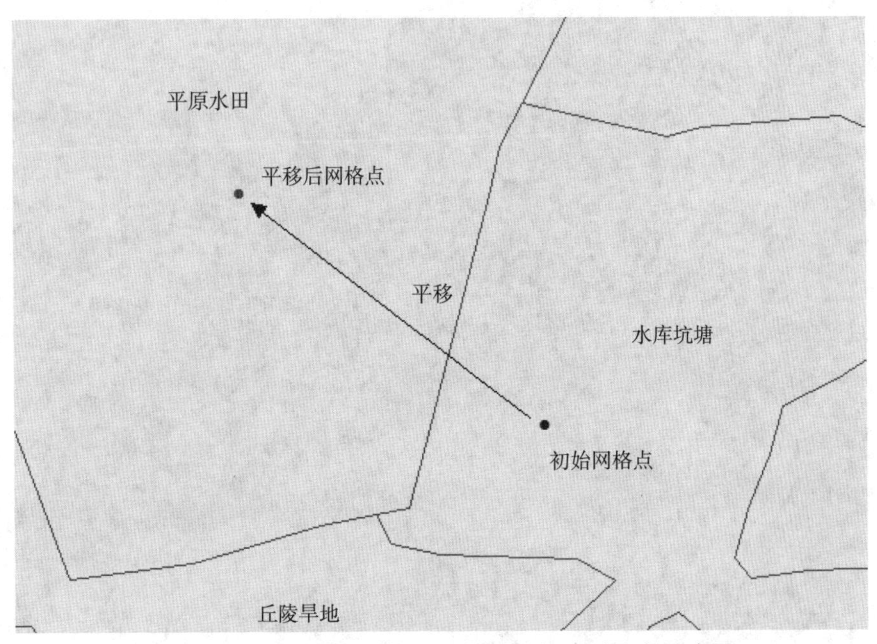

图 6-2　水库坑塘的初始网格点平移到平原水田处示意图

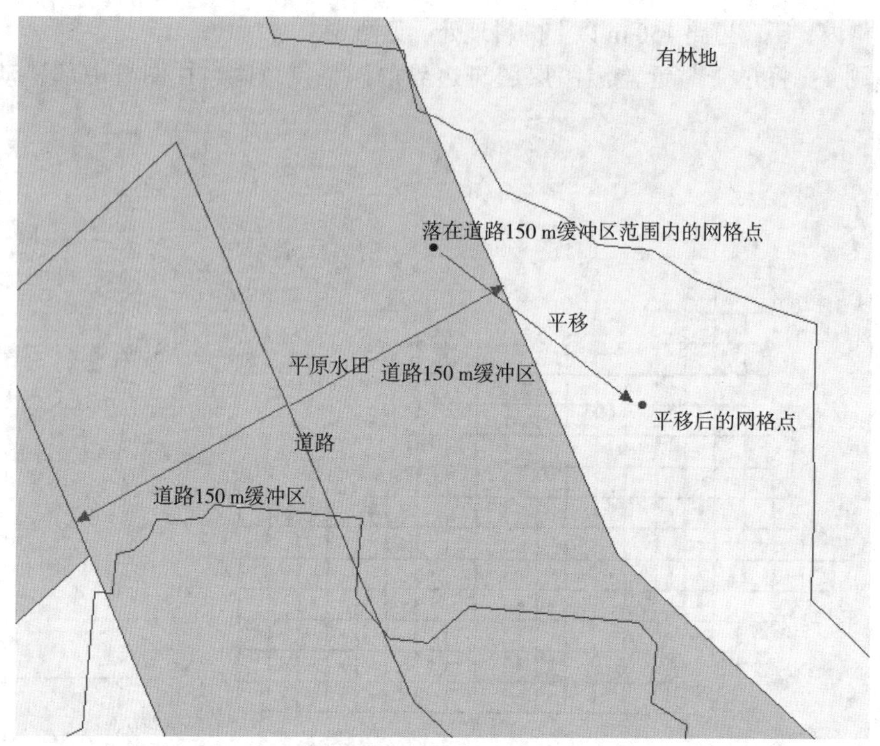

图 6-3 道路 150 m 内的网格点平移到 150 m 以外示意图

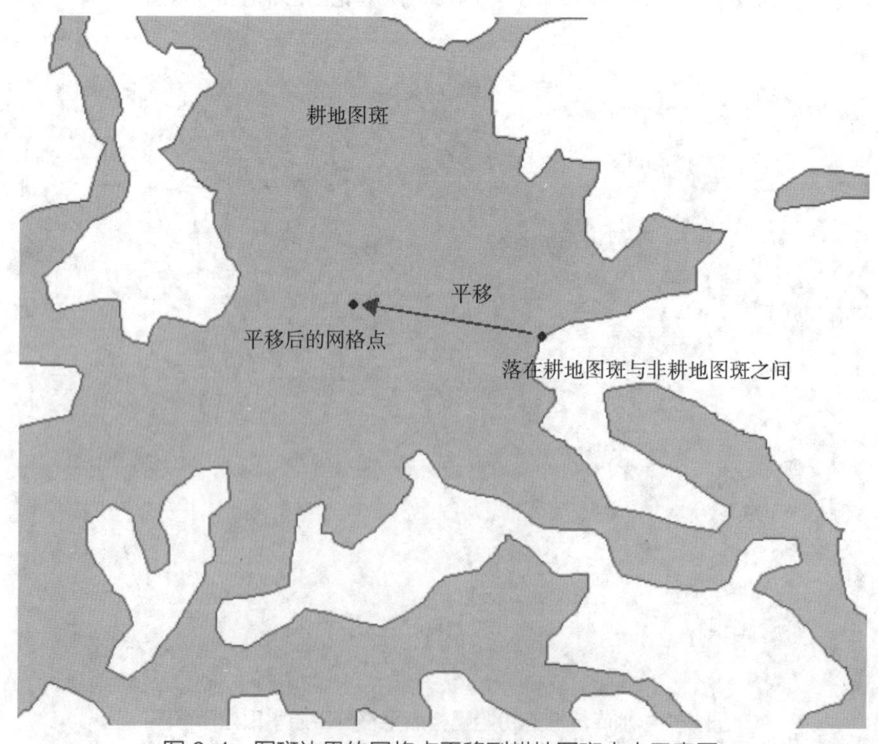

图 6-4 图斑边界的网格点平移到耕地图斑中央示意图

替换初筛点：将全市历史点分为保护点（P_{ip}≤1）、安全保障点（1<P_{ip}≤3）和整治点（P_{ip}>3），并按照不同土地利用类型和地区进行统计。最后将这3类点位用不同颜色在电子地图上标识出来。同一网格内，用距离最近的历史土壤污染状况调查的点位代替网格内的耕地（或林地）监测点。首选整治点，其次是安全保障点，最后为保护点，来代替网格内的基础监测点。

补充土壤类型缺失的耕地监测点位：监测点位要覆盖主要的耕地土壤类型。若未覆盖主要的耕地土壤类型，则选取耕地范围内最大片的未覆盖土壤类型图斑的中部位置，新增监测点位。

补充县（区）缺失的耕地监测点位：全市共10个县（区），其中6个县（区）已布设1～8个耕地监测点，布设耕地点位较多的县有某某市、某某县、某某区，数量分别为8个、7个和6个。另外4个县（区）未布设耕地监测点，计算其耕地面积表明，耕地面积介于0～302 km^2，在上述4个县（区）中选取范围内最大片的耕地图斑中部位置，各新增1个监测点位。

（2）点位核查

结合某市实际情况，全省共布设理论基础耕地点位84个，需实地核查。

准备工作：首先准备手持GPS定位仪、越野车、手提电脑、数码相机、野外调查表等工具以及电子地图、现场核查表等。

现场核查原则：首先确认基础点位是否落在耕地或林地内，对于距离居民点300 m以内的点位（容易受到人为干扰，不具有长期监测的连续性）、周边600 m范围内存在污染源（如垃圾厂、砖瓦厂、养殖厂、煤矿厂、化肥厂等）的点位、土地利用方式正在变化或将要变化的点位（如规划修建高速公路、铁路等），不具有长期监测的点位要进行平移，平移范围不超过2 km。

现场核查记录：按照现场核查环境现状填写核查记录。野外记录一律采用纸质表填写备档，建议再转化成电子版。内容为核查点编号（按照初筛点信息表填写）、所处地点（详细到村）、点位确认后经纬度、调整原因、远景照片编号、近景照片编号。

7.2　样品采集

采样人员确认目标采样点坐标，采样位置以目标点位为圆心、半径30 m范围内，观察、优选符合土壤采样代表性要求的位置进行采样。

某市土壤基础耕地点采样方式均采用土壤表层梅花点法（五点法）采集2.5 kg左右混合样，采集无机样品和有机样品按照如下要求进行：

（1）采样深度：0～20 cm表土。

（2）清除杂物：去除土壤表层不属于土壤部分的植物、杂质、石块等。

（3）取土方法为：先用铁铲三面切割一个大于取土量、20 cm高的土方立面，取适量土壤，注意应尽可能做到取样量上下一致，不要斜向切割。土壤采样按照“土方立面”方式采集。

（4）采样量：土壤无机项目测试样品一般采样量不少于2 000 g，土壤有机污染物项目测试样品一般为250 g，有特殊要求时可以适当增减采集样品量。混合样品超量时，需混匀后反复按四分法弃去，最后留下所需的土壤样品量。

采样人员应持“样品采集手持终端”或者记录表格，现场记录采样点周围环境状况，特别是污染源分布状况。认真填写采样现场记录表，打印样品标签，记录实际样点经纬度，并进行信息保存和上传等操作。采样结束时，需逐项检查土壤样品和现场记录，如有缺项或破损应及时补齐更正。

7.3 样品流转与保存

样品保存：①用于测试无机项目的土壤样品，采样后将土壤样品先装入塑料袋，然后再套上布袋。对于有机污染物测试项目的土壤样品，须装满棕色密封样品玻璃瓶（带有聚四氟乙烯衬垫的棕色螺口玻璃瓶或广口磨口棕色玻璃瓶）；为防止样品沾污瓶口，可将硬纸板围成漏斗状，将样品装入样品瓶中。②用于测试挥发性或半挥发性有机物质的样品，需要采集土壤新鲜样品，新鲜样品必须采集单独样品。土壤新鲜样品测试前，应在4℃以下避光保存，必要时在-18℃以下冷冻保存。

样品标签：现场必须填写和打印样品标签，且必须内外双标签，即一张放入样品袋（瓶）内，另一张置于样品袋（瓶）外；可统一打印带有二维码的不干胶标签。若使用纸质样品标签，可将标签装入小自封袋中，再装入袋中，以避免因湿气导致字迹模糊。标签的信息应完整，包括样品编号、采集地点、经纬度、采样深度、土壤类型、土地利用类型、采样人员和采样日期等。记录人员必须逐项记录，并与记录表核对。

样品运输：样品运输前应进行清点，核对样品数量、性状等无误后，将样品置于运输样品箱，可使用减震材料分隔固定，以防破损；根据样品的监测项目确定保存条件，需要冷藏保存的样品应使用车载冰箱或其他装置，在运输全过程中使用温度计等确保冷藏效果；根据样品各监测项目标准分析方法允许的保存时间，当同批次采集的数量较多时，应合理规划时间和路线，保证样品在保存时效内送达实验室。

样品交接；样品送达实验室后，交接双方均需清点核实样品，包括样品数量、包装容器、保存温度、样品应送达时限等；若发现样品瓶破损或样品存在异常状况，应如实记录具体情况，尽快采取相关处理措施；双方确认无误后，在样品交接记录上签字，并记录交接时间。

其他要求：土壤采样过程中应做好人员安全，佩戴安全帽和手套等，严禁用手直接采集土样，使用后废弃的个人防护用品应统一收集处置；采样前后应对采样器进行除污和清洗，不同土壤样品采集应更换手套，避免交叉污染。

第七章　固体废物

第一节　概　论

《中华人民共和国固体废物污染环境防治法》（以下简称《固废法》）规定，固体废物是指在生产、生活和其他活动中产生的丧失原有利用价值或者虽未丧失利用价值但被抛弃或者放弃的固态、半固态和置于容器中的气态的物品、物质以及法律、行政法规规定纳入固体废物管理的物品、物质。液态废物和置于容器中的气态废物的污染防治，也属于该法的管辖范围，但是，排入水体的废水和排入大气的废气污染防治除外。判断物质是否属于固体废物，可以根据《固体废物鉴别标准　通则》（GB 34330—2017）进行鉴别。

固体废物来源广泛，种类繁多，性质各异。按其污染特性可分为危险废物和一般废物。按其来源可分为城市固体废物、工业固体废物和农业固体废物，目前环境领域，较多情况下主要接触到的是工业固体废物。

涉及固体废物采样的标准主要有《工业固体废物采样制样技术规范》（HJ/T 20—1998）、《固体化工产品采样通则》（GB/T 6679—2003）、《生活垃圾采样和分析方法》（CJ/T 313—2009）、《危险废物鉴别技术规范》（HJ 298—2019）等。

1.1　专业术语定义

工业固体废物：在工业、交通等生产活动中产生的固体废物。

批：进行特性鉴别、环境污染监测、综合利用及处置的一定质量的固体废物。

批量：构成一批固体废物的质量。

份样：用采样器一次操作从一批的一个点或一个部位按规定质量所采取的固体废物。

份样量：构成一个份样的固体废物的质量。

份样数：从一批中所采取的份样个数。

小样：由一批中的 2 个或 2 个以上的份样或逐个经过粉碎和缩分后组成的样品。

大样：由一批的全部份样或全部小样或将其逐个进行粉碎和缩分后组成的样品。

试样：按规定的制样方法从每个份样、小样或大样所制备的供特性鉴别、环境污染监测、综合利用及处置分析的样品。

最大粒度：筛余量约 5% 时的筛孔尺寸。

环境事件涉及的固体废物：指固体废物非法转移、倾倒、贮存、利用、处置等环境事件涉及的固体废物，以及突发环境事件及其处理过程中产生的固体废物。

危险废物：列入国家危险废物名录或者根据国家规定的危险废物鉴别标准和鉴别方法认定的具有危险特性的固体废物。

医疗废物：属于危险废物的一种，指的是医疗卫生机构在医疗、预防、保健以及其他相关活动中产生的具有直接或间接传染性、毒性以及其他危害性的废物。

农业固体废物：在农业活动过程中产生的固体废物，主要包括农业种植生产、农副产品加工、畜禽养殖业所产生的废物，如农作物秸秆、农用薄膜、畜禽尸体、排泄物及毛羽等。

第二节　工业固体废物监测采样和布点

2.1　布点采样的基本原则与要求

固体废物采样是为了从一批工业固体废物中采集具有代表性的样品，通过试验和分析，获得在允许误差范围内的数据。因此，布点、采样是一个关键的前置环节，布点是否合理、采集样本是否具有代表性，都直接关系到分析结果的可靠性，甚至起着决定性作用。可以这样讲，采样误差＞制样误差＞分析误差，数据的代表性很大程度取决于样品的代表性。

在土壤采样中，两条最重要的原则是“随机”和“等量”，在固体废物采样中同样适用，但固体废物的来源广泛，排放的方式各异，盛放容器也有桶、袋、罐不等，甚至非法倾倒集中堆放或散落在环境中，因此固体废物的采集有其复杂和困难的一面。

2.2　方案设计（采样计划制订）

为了使采集的工业固废样品具有代表性，在采集之前应进行采样方案设计或采样计划制订，方案内容包括采样目的和要求、背景调查和现场勘察、采样程序、安全措施、质量控制、采样记录和报告等，背景调查和现场勘察时要重点调查研究生产工艺过程、废物类型、排放数量、废物堆积历史、危害程度和综合利用等情况。采集有害废物时应根据其有害特性采取相应安全措施。

根据固体废物的监测目的，固体废物监测主要可以分为以下几类：①特性鉴别和分类；②环境污染监测；③综合利用或处置；④污染环境事故调查分析和应急监测；⑤科学研究；⑥环境影响评价；⑦法律调查、法律责任、仲裁等。特性鉴别中大多数情况适用于危险废物鉴别。对无法按《国家危险废物名录》判定其种类的固体废物，则需按照国家规定的危险废物鉴别标准和鉴别方法认定。综合利用或处置方面，需对固体废物所含成分进行测定，对具体用途固体废物进行监测，判断其是否符合相关污染控制标准或协同处置标准，如填埋处置的是否符合《生活垃圾填埋场污染控制标准》（GB 16889—2008）、《一般工业固体废物贮存和填埋污染控制标准》（GB 18599—2020）或《危险废物填埋污染控制标准》（GB 18598—2019）填埋场入场标准等，焚烧或协同处置的是否符合入炉入窑要求，综合利用的是否符合《农用污泥中污染物控制标准》（GB 4284—2018）、《铬渣污染治理环境保护技术规范（暂行）》（HJ/T 301—2007）相关要求等。

采样目的明确后，要开展现场踏勘，调查以下影响采样方案制定的因素，主要包括：工业固体废物的产生（处置）单位、产生时间、产生形式（间断还是连续）、贮存（处置）方式；工业固体废物的种类、形态、数量、特性（含物性和化性）；工业固体废物试验及分析的允许误差和要求；工业固体废物污染环境、监测分析的历史资料；工业固体废物产生或堆存或处置或综合利用现场踏勘，了解现场及周围环境。

进行工业固体废物采样时，可依以下步骤进行：明确批废物，选派采样人员，明确采样目的和要求，进行背景调查和现场踏勘，确定采样法，确定份样量，确定份样数，确定采样点，选择采样工具，制定安全措施，制定质量控制措施，采样，组成小样（或）大样。采样时应记录工业固体废物的名称、来源、数量、性状、包装、贮存、处置、环境、编号、份样量、份样数、采样点、采样法、采样日期、采样人等。必要时根据记录填写采样报告。

2.3　采样方法的选择

为了采集有代表性的固体废物样品，对样品采集方法的选择尤为重要，尽可能地采集到组分比例与总体相同的样本。HJ/T 20—1998 中指出了 5 种采样方法：简单随机采样法、系统采样法、分层采样法、两段采样法和权威采样法，可根据规范要求选择适当的采样方法。

2.3.1　简单随机采样法

一批废物，当对其了解很少，且采取的份样比较分散也不影响分析结果时，对这一批废物不做任何处理，不进行分类也不进行排队，而是按照其原来的状况从批废物中随机采取份样。简单随机采样法可以采取抽签法或随机数表法来进行。抽签法是指先对所有采份样的部位进行编号，同时把号码写在纸片上（纸片上号码代表采份样的部位），掺合均匀后，从中随机抽取份样数的纸片，抽中号码的部位就是采份样的部位，此法只宜在采份样的点不多时使用。

2.3.2　系统采样法

一批按一定顺序排列的废物，按照规定的采样间隔，每隔一个间隔采取一个份样，组成小样或大样。在一批废物以运送带、管道等形式连续排出的移动过程中，按一定的质量或时间间隔采份样，份样间的间隔可根据表 7-1 规定的份样数和实际批量按下式计算：

$$T \leqslant Q/n \text{ 或 } T' \leqslant 60Q/(G \cdot n)$$

式中，T——采样质量间隔，t；

Q——批量，t；

n——按下文切乔特公式计算出的份样数或表 7-1 中规定的份样数；

G——每小时排出量，t/h；

T'——采样时间间隔，min。

采第一个份样时，不可在第一间隔的起点开始，可在第一间隔内随机确定。在运送带上或落口处采份样，须截取废物流的全截面。所采份样的粒度比例应符合采样间隔或采样部位的粒度比例，所得大样的粒度比例应与整批废物流的粒度分布大致相符。

2.3.3 分层采样法

根据对一批废物已有的认识，将其按照有关标志分若干层，然后在每层中随机采集份样。一批废物分次排出或某生产工艺过程的废物间歇排出过程中，可分 n 层采样，根据每层的质量，按比例采取份样。同时，必须注意粒度比例，使每层所采份样的粒度比例与该层废物粒度分布大致相符。

第 i 层采样份数 n_i 按下式计算：

$$n_i = n \cdot Q_L/Q$$

式中，n_i——第 i 层应采份样数；

n——按下文切乔特公式计算出的份样数或表 7-1 中规定的份样数；

Q_L——第 i 层废物质量，t；

Q——批量，t。

2.3.4 两段采样法

简单随机采样、系统采样、分层采样都是一次就直接从批废物中采取份样，称为单阶段采样。当一批废物由许多车、桶、箱、袋等容器盛装时，由于各容器件比较分散，所以要分阶段采样。首先从批废物总容器件数 N_0 中随机抽取 n_1 件容器，然后再从 n_1 件的每一件容器中采 n_2 个份样。

推荐当 $N_0 \leqslant 6$ 时，取 $n_1=N_0$；

当 $N_0>6$ 时，n 按下式计算：

$$N_1 \geqslant 3N_0^{1/3}\text{（小数进整数）}$$

推荐第二阶段的采样数 $n_2 \geqslant 3$，即 n_1 件容器中的每个容器均随机采上、中、下最少 3 个份样。

2.3.5 权威采样法

由对被采批工业固体废物非常熟悉的个人来采取样品而置随机性于不顾。这种采样法，其有效性完全取决于采样者的知识。尽管权威采样有时也能获得有效的数据，但对大多数采样情况，建议不采用这种采样方式。

2.4 采样点（采样位置）的确定

可根据以下规则确定采样点（采样位置）：对于堆存、运输中的固态工业废物和大池（坑、塘）中的液体工业固体废物，可按对角线形、梅花形、棋盘形、蛇形等点分布确定采样点（采样位置）；对于粉末状、小颗粒的工业固体废物，可按垂直方向、一定深度的部位确定采样点（采样位置）；对于容器内的工业固体废物，可按上部（表面下相当于总体积的 1/6 深处）、中部（表面下相当于总体积的 1/2 深处）、下部（表面下相当于总体积的 5/6 深处）确定采样点（采样位置）；根据采样方式（简单随机采样法、系统采样法、分层采样法、两段采样法等）确定采样点（采样位置）。

2.5　样品采集份样数及份样量的确定

按照《工业固体废物采样制样技术规范》（HJ/T 20—1998）要求确定样品采集份样数及份样量。通常来讲，样本量多，代表性就强。因此，份样量不能少于某一限度；但份样量达到一定限度之后，再增加重量也不能显著提高采样的准确度。份样量取决于废物的粒度上限，废物的粒度越大，均匀性越差，份样量就应越多，它大致与废物的最大粒度直径某次方、废物不均匀性程度成正比。

2.5.1　份样量的确定

对于固态批废物可按切乔特公式计算：

$$Q \geqslant K \times d^{a}$$

式中，Q——份样量应采集的最低重量，kg；

d——废物中最大粒度的直径，mm；

K——缩分系数，代表废物的不均匀程度，废物越不均匀，K 值越大，对于一般情况，K 值取 0.06；

a——经验常数，随废物的均匀程度和易破碎程度而定，对于一般情况，a 值取 1。

对于液态批废物的份样量以不小于 100 ml 的采样瓶（或采样器）所盛量为准。

2.5.2　份样数的确定

分为公式法和查表法。

（1）公式法

当已知份样间的标准偏差和允许误差时，可按 $n \geqslant (t \times s/\Delta)^2$（其中 n 为必要份样数；t 为选定置信水平下的概率度；s 为份样间的标准偏差；Δ 为采样允许误差）计算份样数。

取 $n \to \infty$ 时的 t 值作为最初 t 值，以此算出 n 的初值。用对应于 n 初值的 t 值代入，不断迭代，直至算得的 n 值不变，此 n 值即为必要份样数。

（2）查表法

当份样间标准偏差或允许误差未知时，可按表 7-1 确定份样数。

表 7-1 固体废物采集份样数量及份样量确定表 （固体：t；液体：1 000 L）

批量大小	最少份样数 / 个	批量大小	最少份样数 / 个
＜1	5	≥100	30
≥1	10	≥500	40
≥5	15	≥1 000	50
≥30	20	≥5 000	60
≥50	25	≥10 000	80

2.6 制样、样品的保存和预处理

采集的固体废物应按照 HJ/T 20—1998 中的要求进行制样和样品的保存。

2.7 质量保证和质量控制

固体废物采样可采取的质控措施主要有以下几种：

（1）为了保证在允许误差范围内获得工业固体废物具有代表性的样品，需在采样全过程进行质量控制。

（2）采样前，应设计详细的监测方案 / 采样计划，认真按方案 / 计划操作。

（3）对采样人员应进行培训。工业固体废物采样是一项技术性很强的工作，应由受过专门培训、有经验的人员承担。采样人员应熟悉工业固体废物的性状，掌握采样技术，懂得安全操作的有关知识和处理方法。采样时，应由 2 人以上在场进行操作。

（4）采样工具、设备所用材质不能和待采工业固体废物有任何反应，不能使待采工业固体废物污染、分层和损失。采样工具应干燥、清洁，便于使用、清洗、保养、检查和维修。任何采样装置（特别是自动采样器）在正式使用前均应做可行性试验。

（5）采样过程中要防止待采固废受到污染和发生变质。

（6）与水、酸、碱有反应的固废应在隔绝水、酸、碱的条件下采样（如反应十分缓慢，在采样精确度允许条件下，可以通过快速采样消除这一影响）。

（7）组成随温度变化的工业固体废物，应在其正常组成所要求的温度下采样。

（8）盛样容器材质与样品物质不起作用，没有渗透性，具有符合要求的盖、塞或者阀门，使用前应洗净、干燥；对光敏性工业固体废物样品，盛样容器应是不透光的（使用深色材质容器或容器外罩深色外套）。

（9）样品盛入容器后，在容器壁上应随即贴上标签。标签包括但不限于以下内容：样品名称及编号、工业固体废物批及批量、产生单位、采样部位、采样日期、采样人等。

（10）样品运输过程中应防止不同工业固体废物样品之间的交叉污染，盛样容器不可倒置、倒放，应防止破损、浸湿和污染。

（11）填写好、保存好采样记录和采样报告。

（12）采样过程中可采集不少于10%的平行样。

采样全过程应由专人负责。此外，还应注意工具和容器的清洁，以及所用材料是否会影响测定的结果，防止工具、容器和样品以及样品之间的互相污染。含水量多的泥状样品应装聚乙烯瓶内，而坚硬块状样品应装在布口袋内。相关质量控制措施亦可参考《工业固体废物采样制样技术规范》（HJ 20—1998）4.5“质量控制”。

第三节　危险废物鉴别采样

由于监测目的不同，危险废物鉴别采样与工业固体废物采样有类似部分，但也有其相关规定，按照《危险废物鉴别标准　通则》（GB 5085.7—2007）鉴别程序和规则进行，鉴别程序如下：

（1）依据法律规定和《固体废物鉴别标准　通则》（GB 34330—2017），判断待鉴别的物品、物质是否属于固体废物，不属于固体废物的，则不属于危险废物。

（2）经判断属于固体废物的，则首先依据《国家危险废物名录》鉴别。凡列入《国家危险废物名录》的固体废物，属于危险废物，不需要进行危险特性鉴别。

（3）未列入《国家危险废物名录》，但不排除具有腐蚀性、毒性、易燃性、反应性的固体废物，依据《危险废物鉴别标准　腐蚀性鉴别》（GB 5085.1—2007）、《危险废物鉴别标准　急性毒性初筛》（GB 5085.2—2007）、《危险废物鉴别标准　浸出毒性鉴别》（GB 5085.3—2007）、《危险废物鉴别标准　易燃性鉴别》（GB 5085.4—2007）、《危险废物鉴别标准　反应性鉴别》（GB 5085.5—2007）和《危险废物鉴别标准　毒性物质含量鉴别》（GB 5085.6—2007），以及《危险废物鉴别技术规范》（HJ 298—2019）进行鉴别。凡具有腐蚀性、毒性、易燃性、反应性中一种或一种以上危险特性的固体废物，属于危险废物。

（4）对未列入《国家危险废物名录》且根据危险废物鉴别标准无法鉴别，但可能对人体健康或生态环境造成有害影响的固体废物，由国务院生态环境主管部门组织专家认定。

因此，如果需要对固体废物的危险特性进行鉴别，应按照《危险废物鉴别技术规范》（HJ 298—2019）要求进行采样。

样品采集应遵循的原则一般为，首先确定采样对象，再确定所需份样数和份样量，然后确定采样时间和频次，选择合适的采样方法进行采样，最后根据所采样品检测结果判定是否属于危险废物。

3.1　采样对象的确定

应根据固体废物的产生源进行分类采样，禁止将不同产生源的固体废物混合。

生产原辅料、工艺路线、产品均相同的两个或两个以上生产线，可以采集单条生产线产生的固体废物代表该类固体废物。

固体废物为GB 34330—2017所规定的丧失原有使用价值的物质时，每类物质作为一类固体废物，分别采样鉴别。采样应满足以下要求：如危险特性全部来源于该物质本身，且在使用过程中危险特性不变或降低，应采集该物质未使用前的样品；如危险特性全部或部分来源于使用过程，应在该物质不能继续按照原有设计用途使用时采样。

固体废物为 GB 34330—2017 所规定的生产过程（含固体废物利用、处置过程）中产生的副产物，应根据产生工艺节点确定固体废物类别，每类固体废物分别采样鉴别。采样应满足以下要求：应在该固体废物从正常生产工艺或利用工艺中分离出来的工艺环节采样；应在生产设施、设备、原辅材料和生产负荷稳定的生产期采样。

固体废物为 GB 34330—2017 所规定的环境治理和污染控制过程中产生的物质，应在污染控制设施污染物来源、设施运行负荷和效果稳定的生产期采样；应根据环境治理和污染控制工艺流程，对不同工艺环节产生的固体废物分别进行采样。

固体废物为生产和服务设施更换或拆除的固定式容器、反应容器和管道，粉状、半固态、液体产品使用后产生的包装物或容器，以及产品维修或产品类废物拆解过程产生的粉状、半固态、液体物料的盛装容器，采样对象应为容器中的内容物，每类内容物作为一类固体废物，分别采样（内容物指容器内盛装的物质，盛装不同种类内容物的容器均应被采集）。

水体环境、污染地块治理与修复过程产生的，需要按固体废物进行处理处置的水体沉积物及污染土壤等环境介质，应尽可能在未发生二次扰动的情况下，根据水体、污染地块污染物的扩散特征和环境调查结果，对不同污染程度的环境介质进行分类采样。

对于堆存状态的固体废物，如其生产过程尚未终止，应采集生产中产生的样品；如其生产过程已经终止，则采集堆存的固体废物。

需要开展危险废物鉴别的建筑废物，应尽可能在拆除、清理之前或过程中，根据建筑物的组成和污染特性进行分类，分别采样。

3.2 份样数的确定

危险废物鉴别需根据待鉴别固体废物的质量确定采样份样数，待鉴别固体废物的质量越大，所采份样数越多。固体废物采集所需最小份样数根据表 7-2 确定。

表 7-2 固体废物采集所需最小份样数

固体废物质量（以 q 表示）/t	最少份样数 / 个	固体废物质量（以 q 表示）/t	最少份样数 / 个
$q \leqslant 5$	5	$90 < q \leqslant 150$	32
$5 < q \leqslant 25$	8	$150 < q \leqslant 500$	50
$25 < q \leqslant 50$	13	$500 < q \leqslant 1\,000$	80
$50 < q \leqslant 90$	20	$q > 1\,000$	100

堆存状态的固体废物，应以堆存的固体废物总量为依据，按照表 7-2 确定需要采集的最小份样数。

生产工艺过程中产生的固体废物，以生产设施自试生产以来的实际最大生产负荷时的固体废物产生量为依据，按照表 7-2 确定需要采集的最小份样数。生产原辅料、工艺路线、产品均相同的两个或两个以上生产线，以固体废物产生量最大的单条生产线最大产生量为依据，按照表 7-2 确定需要采集的最小份样数。

（1）固体废物产生量根据以下方法确定：

1）连续产生固体废物时，以确定的工艺环节一个月内的固体废物产生量为依据，按照表 7-2 确定需要采集的最小份样数。如果连续产生时段小于一个月，则以一个产生时段内的固体废物产生量为依据。

2）间歇产生固体废物时，如固体废物产生的时间间隔小于或等于一个月，应以确定的工艺环节一个月内的固体废物最大产生量为依据，按照表 7-2 确定需要采集的最小份样数。如固体废物产生的时间间隔大于一个月，以每次产生的固体废物总量为依据，按照表 7-2 确定需要采集的最小份样数。

（2）以下情形固体废物的危险特性鉴别可以不根据固体废物的产生量确定采样份样数。

1）鉴别样品的危险特性全部来源于该物质本身，且在使用过程中危险特性不变或降低时，可适当减少采样份样数，份样数不少于 2 个。固体废物为本章所规定的废弃包装物、容器时，内容物的采样参照本条执行。

2）固体废物为废水处理污泥，如废水处理设施的废水的来源、类别、排放量、污染物含量稳定，可适当减少采样份样数，份样数不少于 5 个。

3）固体废物来源于连续生产工艺，且设施长期运行稳定、原辅材料类别和来源固定，可适当减少采样份样数，份样数不少于 5 个。

4）贮存于贮存池、不可移动大型容器、槽罐车内的液态废物，可适当减少采样份样数。敞口贮存池和不可移动大型容器内液态废物采样份样数不少于 5 个；封闭式贮存池、不可移动大型容器和槽罐车，如不具备在卸除废物过程中采样，采样份样数不少于 2 个。

5）贮存于可移动的小型容器（容积≤1 000 L）中的固体废物，当容器数量少于根据表 7-2 所确定的最小份样数时，可适当减少采样份样数，每个容器采集 1 个固体废物样品。

6）固体废物非法转移、倾倒、贮存、利用、处置等环境事件涉及固体废物的危险特性鉴别，因环境事件处理或应急处置要求，可适当减少采样份样数，每类固体废物的采样份样数不少于 5 个。

7）水体环境、污染地块治理与修复过程产生的，需要按照固体废物进行处理处置的水体沉积物及污染土壤等环境介质，以及突发环境事件及其处理过程中产生的固体废物，如鉴别过程已经根据污染特征进行分类，可适当减少采样份样数，每类固体废物的采样份样数不少于 5 个。

3.3 份样量的确定

固体废物样品采集的份样量首先应满足分析操作的需要，还应依据固体废物的原始颗粒最大粒径，不小于表 7-3 中规定的质量。

半固态和液态废物样品采集的份样量应满足分析操作的需要。

表 7-3 不同颗粒直径的固体废物的一个份样所需采集的最小份样量

原始颗粒最大粒径（以 d 表示）/cm	最小份样量 /g
$d \leqslant 0.50$	500
$0.50 < d \leqslant 1.0$	1 000
$d > 1.0$	2 000

3.4 采样时间和频次

对于连续产生的固体废物，样品应分次在一个月（或一个产生时段）内等时间间隔采集；每次采样在设备稳定运行的 8 h（或一个生产班次）内完成。每采集一次，作为 1 个份样。

对于间歇产生的固体废物，根据确定的工艺环节一个月内的固体废物的产生次数进行采样：如固体废物产生的时间间隔大于一个月，仅需要选择一个产生时段采集所需的份样数；如一个月内固体废物的产生次数大于或者等于所需的份样数，遵循等时间间隔原则在固体废物产生时段采样，每次采集 1 个份样；如一个月内固体废物的产生次数小于所需的份样数，将所需的份样数均匀分配到各产生时段采样。

3.5 检测结果判定

固体废物危险特性鉴别使用 GB 5085.1—2007、GB 5085.2—2007、GB 5085.3—2007、GB 5085.4—2007、GB 5085.5—2007 和 GB 5085.6—2007 规定的相应方法和指标限值。在对固体废物样品进行检测后，检测结果超过上述标准中相应限值的份样数大于或者等于表 7-4 中的超标份样数限值，即可判定该固体废物具有该种危险特性。

表 7-4 检测结果判断方案

份样数 / 个	超标份样数限值	份样数 / 个	超标份样数限值
5	2	32	8
8	3	50	11
13	4	80	15
20	6	≥100	22

注意事项：

（1）如果采集的固体废物份样数与表 7-4 中的份样数不符，按照表 7-4 中与实际份样数最接近的较小份样数进行结果的判断。

（2）采样份样数小于表 7-2 规定最小份样数时，检测结果超过 GB 5085.1—2007、GB 5085.2—2007、GB 5085.3—2007、GB 5085.4—2007、GB 5085.5—2007 和 GB 5085.6—2007 中相应标准限值的份样数大于或者等于 1，即可判定该固体废物具有该种危险特性。

（3）在进行毒性物质含量危险特性判断时，当同一种毒性成分在一种以上毒性物质中存在时，以分子量最高的物质进行计算和结果判断。

（4）经鉴别具有危险特性的，应当根据其主要有害成分和危险特性确定所属危险废物类别，并按代码“900-000-××”（×× 为《国家危险废物名录》中危险废物类别代码）进行归类。

第四节　主要污染物分析方法和评价方式的确定

不同工业生产过程产生的固体废物所含污染物各不相同，污染因子的选择应根据固体废物产生的主要来源、固体废物的性质成分进行确定，如采矿、冶炼等行业产生的固体废物污染因子主要为重金属；化工、医药、造纸等行业产生的固体废物污染因子主要为有机物和酸碱浸出液等。

4.1　浸出毒性分析

固体废物受到水的冲淋及浸泡，其中的有害成分将会转移到水相而导致二次污染。浸出毒性分析的目的在于通过浸出试验制备浸出液，用于了解固体废物的浸出毒性，获得各污染物的浸出浓度，是验收监测中固体废物常做的分析，判断是否存在环境污染风险或符合最终处置准入要求的手段之一。在进行浸出毒性分析时，浸出剂、浸出条件、所用容器、浸出温度、振动方式、振动及静止时间等的选择，均极大地影响分析结果的高低。具体的监测分析方法按照固体废物浸出毒性浸出方法（HJ/T 299—2007、HJ/T 300—2007）、《危险废物鉴别标准　浸出毒性鉴别》（GB 5085.3—2007）及相关的环境保护标准方法进行。

目前，固体废物浸出毒性浸出方法有多种，不同的浸出毒性浸出方法适用范围不同。GB 5086.1—2007 翻转法适用于固体废物中无机污染物（氰化物、硫化物等不稳定污染物除外）的浸出毒性鉴别。HJ/T 299—2007 硫酸硝酸法和 HJ/T 300—2007 醋酸缓冲溶液法则适用于固体废物及其再利用产物，以及土壤样品中有机物和无机物的浸出毒性鉴别（不适用于含有非水溶性液体的样品）。其中硫酸硝酸法以硝酸 / 硫酸混合溶液作为浸提剂，模拟废物在不规范填埋处置、堆存或经无害化处理后废物的土地利用时，其中的有害组分在酸性降水的影响下，从废物中浸出而进入环境的过程；而醋酸缓冲溶液法以醋酸缓冲溶液为浸提剂，模拟工业废物在进入卫生填埋场后，其中的有害组分在填埋场渗滤液的影响下，从废物中浸出的过程。HJ 557—2010 水平振荡法适用于评估在受到地表水、地下水浸沥时，固体废物及其他固态物质中无机污染物

（氰化物、硫化物等不稳定污染物除外）的浸出风险（不适用于含有非水溶性液体的样品）。

《危险废物鉴别标准 浸出毒性鉴别》（GB 5085.3—2007）规定了按照 HJ/T 299—2007 方法（硫酸硝酸法）制备浸出液，提出了 50 种危害成分项目的前处理方法和分析方法。我国陆续发布了固体废物的监测分析方法标准，用于测定固体废物和固体废物浸出液中的污染因子。需要注意的是，GB 5085.3—2007 附录中的分析方法仅在无相应的国家和行业标准下适用，待适用于测定特定危害成分项目的标准发布后，按标准的规定执行。

4.2 总量分析

浸出毒性分析只能判断固体废物通过浸出后的污染物浓度，并不能判断固体废物中有毒成分的总量，也无法知道固体废物毒性的浸出率。那么，在废弃物堆积如山的环境条件下，受各种环境因素的影响，毒物浸出率又将会发生什么变化呢？鉴于此，进行固体废物中有害成分总量分析在环境管理上有着重要意义，不仅能够对固体废物中有害成分有全面的了解，而且还是确定固体废物有没有资源化价值的手段之一。我国对固体废物中的有害成分总量还没有标准，但许多国家都已经有了规定，如《巴塞尔公约》对固体废物中的 As、Hg、Cu、Pb、Cd、Zn、Cr^{6+}、Se、Te、Sb、Bi 等重金属及其化合物的总量限值都做了详细规定。

在进行固体废物的总量分析时，各种溶解方式以及不同的操作方法等，都将极大地影响分析结果的高低。因此，在选择固体废物的全溶解分析方法时，要慎重考虑。2013 年以来，我国陆续发布了固体废物总量的监测分析方法标准，如《固体废物 挥发性有机物的测定 顶空 / 气相色谱 - 质谱法》（HJ 643—2013）、《固体废物 汞、砷、硒、铋、锑的测定 微波消解 / 原子荧光法》（HJ 702—2014）、《固体废物 铍、镍、铜和钼的测定 石墨炉原子吸收分光光度法》（HJ 752—2015）、《固体废物 22 种金属元素的测定 电感耦合等离子体发射光谱法》（HJ 781—2016）、《固体废物 有机氯农药的测定 气相色谱 - 质谱法》（HJ 912—2017）等，用以分析固体废物及固体废物浸出液中的污染物含量。

4.3 农用用途检测

《农用污泥污染物控制标准》（GB 4284—2018）规定了城镇污水处理厂污泥农用时的污染物控制指标。城镇污水处理厂污泥指的是城镇污水处理厂在污水净化处理过程中产生的含水率不同的半固态和固态物质，不包括栅渣、浮渣和沉砂池沙砾。对于城镇污水处理厂污泥，经无害化处理达标后，可用于耕地、园地和牧草地。

污泥产物农用时，根据其污染物的浓度将其分为 A 级和 B 级污泥产物，其监测因子和浓度限值应满足表 7-5 的要求。

此外，污泥产物农用时，其卫生学指标及限值还应满足蛔虫卵死亡率≥95%、粪大肠菌群菌值≥0.01，理化指标及其限值应满足含水率≤60%、pH 为 5.5～8.5、粒径≤10 mm、有机质（以干基计）≥20%。

表 7-5　污泥产物的污染物浓度限值　　　单位：mg/kg

序号	控制项目	污染物限值	
		A 级污泥产物	B 级污泥产物
1	总镉（以干基计）	<3	<15
2	总汞（以干基计）	<3	<15
3	总铅（以干基计）	<300	<1 000
4	总铬（以干基计）	<500	<1 000
5	总砷（以干基计）	<30	<75
6	总镍（以干基计）	<100	<200
7	总锌（以干基计）	<1 200	<3 000
8	总铜（以干基计）	<500	<1 500
9	矿物油（以干基计）	<500	<3 000
10	苯并［*a*］芘（以干基计）	<2	<3
11	多环芳烃（PAHs）（以干基计）	<5	<6

注：A 级污泥产物允许使用的农用地类型是耕地、园地、牧草地，B 级污泥产物允许使用的农用地类型是园地、牧草地、不种植农作物的耕地。

上述污染因子的监测分析方法主要是参考土壤监测分析方法，如《土壤质量　总汞的测定　冷原子吸收分光光度法》（GB/T 17136—1997）、《土壤和沉积物　铜、锌、铅、镍、铬的测定　火焰原子吸收分光光度法》（HJ 491—2019）、《土壤质量　铅、镉的测定　石墨炉原子吸收分光光度法》（GB/T 17141—1997），还有《城市供水　多环芳烃的测定　液相色谱法》（CJ/T 147—2018）、《城市污水处理厂污泥检验方法》（CJ/T 221—2005）等。

《农用粉煤灰中污染物控制标准》（GB 8173—1987）是为了防止农用粉煤灰对土壤、农作物、地下水、地面水的污染，保障农牧渔业生产和人体健康而制定的，适用范围是火力发电厂湿法排出的、经过一年以上风化的、用于改良土壤的粉煤灰。

粉煤灰农用时，其监测因子和控制标准限值应满足表 7-6 的要求。

表 7-6　农用粉煤灰中污染物控制标准值　　　单位：mg/kg 干粉煤灰

序号	控制项目	最高允许含量	
		在酸性土壤上（pH<6.5）	在中性和碱性土壤上（pH≥6.5）
1	总镉（以 Cd 计）	5	10
2	总砷（以 As 计）	75	75
3	总钼（以 Mo 计）	10	10
4	总硒（以 Se 计）	15	15

续表

序号	控制项目		最高允许含量	
			在酸性土壤上（pH<6.5）	在中性和碱性土壤上（pH≥6.5）
5	总硼（以水溶性B计）	敏感作物	5	5
		抗性较强作物	25	25
		抗性强作物	50	50
6	总镍（以Ni计）		200	300
7	总铬（以Cr计）		250	500
8	总铜（以Cu计）		250	500
9	总铅（以Pb计）		250	500
10	全盐量与氯化物		非盐碱土	盐碱土
			3 000（其中氯化物 1 000）	2 000（其中氯化物 600）
11	pH		10.0	8.7

4.4 填埋处置入场要求检测

《生活垃圾填埋场污染控制标准》（GB 16889—2008）和《危险废物填埋污染控制标准》（GB 18598—2019）规定了填埋废物的入场要求。建设项目产生的或经处理的固体废物满足相关要求，可入场填埋。

《生活垃圾填埋场污染控制标准》（GB 16889—2008）规定了可直接进入生活垃圾填埋场填埋处置的固体废物主要有以下几类：①由环境卫生机构收集或自行收集的混合生活垃圾，以及企事业单位产生的办公废物；②生活垃圾焚烧炉渣（不包括焚烧飞灰）；③生活垃圾堆肥处理产生的固态残余物；④服装加工、食品加工以及其他城市生活服务行业产生的性质与生活垃圾相近的一般工业固体废物。

生活垃圾焚烧飞灰和医疗废物焚烧残渣（包括飞灰、底渣）经处理后满足下列条件，可以进入生活垃圾填埋场填埋处置：①含水率小于30%；②二噁英含量（或等效毒性量）低于3 μg/kg；③按照《固体废物　浸出毒性浸出方法　醋酸缓冲溶液法》（HJ/T 300—2007）制备的浸出液中危害成分质量浓度低于表7-7规定的限值。

表7-7　进入生活垃圾填埋场的固体废物浸出液污染物质量浓度限值

序号	污染物项目	质量浓度限值 /（mg/L）
1	汞	0.05
2	铜	40
3	锌	100
4	铅	0.25
5	镉	0.15

续表

序号	污染物项目	质量浓度限值 /（mg/L）
6	铍	0.02
7	钡	25
8	镍	0.5
9	砷	0.3
10	总铬	4.5
11	六价铬	1.5
12	硒	0.1

一般工业固体废物经处理后，按照 HJ/T 300—2007 制备的浸出液中危害成分质量浓度低于表 7-7 规定的限值，亦可进入生活垃圾填埋场进行填埋处置。

《危险废物填埋污染控制标准》（GB 18598—2019）规定了危险废物填埋场填埋废物的入场要求：

（1）不得填埋的废物：医疗废物；与衬层具有不相容性反应的废物；液态废物不得进入危险废物填埋场填埋。

（2）除（1）所列废物，满足下列条件或经预处理满足下列条件的废物，可进入柔性填埋场：①根据 HJ/T 299—2007 制备的浸出液中有害成分浓度不超过表 7-8 中允许填埋控制限值的废物；②根据 GB/T 15555.12—1995 测得浸出液 pH 在 7.0～12.0 的废物；③含水率低于 60% 的废物；④水溶性盐总量小于 10% 的废物，测定方法按照 NY/T 1121.16—2006 执行，待国家发布固体废物中水溶性盐总量的测定方法后执行新的监测方法标准；⑤有机质含量小于 5% 的废物，测定方法按照 HJ 761—2015 执行；⑥不再具有反应性、易燃性的废物。

（3）进入刚性填埋场的废物：除（1）所列废物，不具有反应性、易燃性或经预处理后不再具有反应性、易燃性的废物，可进入刚性填埋场。砷含量大于 5% 的废物，应进入刚性填埋场处置，测定方法按照表 7-8 执行。

表 7-8　危险废物允许填埋的控制限值

序号	污染物项目	稳定化控制限值 /（mg/L）	检测方法
1	烷基汞	不得检出	GB/T 14204—1993
2	汞（以总汞计）	0.12	GB/T 15555.1—1995、HJ 702—2014
3	铅（以总铅计）	1.2	HJ 766—2015、HJ 781—2016、HJ 786—2016、HJ 787—2016
4	镉（以总镉计）	0.6	HJ 766—2015、HJ 781—2016、HJ 786—2016、HJ 787—2016

续表

序号	污染物项目	稳定化控制限值 /（mg/L）	检测方法
5	总铬	15	GB/T 15555.5—1995、HJ 749—2015、HJ 750—2015
6	六价铬	6	GB/T 15555.4—1995、GB/T 15555.7—1995、HJ 687—2014
7	铜（以总铜计）	120	HJ 751—2015、HJ 752—2015、HJ 766—2015、HJ 781—2016
8	锌（以总锌计）	120	HJ 766—2015、HJ 781—2016、HJ 786—2016
9	铍（以总铍计）	0.2	HJ 752—2015、HJ 766—2015、HJ 781—2016
10	钡（以总钡计）	85	HJ 766—2015、HJ 767—2015、HJ 781—2015
11	镍（以总镍计）	2	GB/T 15555.10—1995、HJ 751—2015、HJ 752—2015、HJ 766—2015、HJ 781—2016
12	砷（以总砷计）	1.2	GB/T 15555.3—1995、HJ 702—2014、HJ 766—2015
13	无机氟化物（不包括氟化钙）	120	GB/T 15555.11—1995、HJ 999—2018
14	氰化物（以 CN 计）	6	暂时按照 GB 5085.3—2007 附录 G 方法执行，待国家固体废物氰化物监测方法标准发布实施后，应采用国家监测方法标准

第八章　噪　声

第一节　概　述

1.1　噪声的定义

从物理定义而言，振幅和频率上完全无规律的振动称为噪声。从环境保护角度而言，噪声是指在工业生产、建筑施工、交通运输和社会生活中产生的干扰周围生活环境的声音。

1.2　噪声的危害

在日常生活中，因工业生产、建筑施工、交通运输和社会生活中产生的干扰居民生活的环境噪声无处不在，噪声会影响人们的居住舒适度，还会对身体健康造成不利影响，会损伤人的听力，引起听力下降、耳鸣或耳聋；会干扰人的睡眠，降低睡眠质量，让人无精打采；会影响神经系统，引起内分泌失调；会影响工作效率，让人无法静心地学习或工作；会使血压上升，严重时会危害人体健康。随着城市化进程的推进，城市建成区在扩大、城市居住人口在增加，噪声对城市居民的日常生活影响也越发严重，影响范围更广、影响时间更长、受影响人群更广泛，噪声扰民的投诉也越来越频繁，民众对于噪声污染的危害有了更深的认识和体会。

为了防治环境噪声污染，保障人们有良好的生活环境，保护人体健康，1989 年 9 月 26 日国务院发布了《中华人民共和国环境噪声污染防治条例》，自 1989 年 12 月 1 日起施行；1996 年 10 月 29 日首次通过了《中华人民共和国环境噪声污染防治法》，并于 1997 年 3 月 1 日起施行，2018 年 12 月 29 日通过修改。随着生态文明建设的推进，为了防治噪声污染，保障公众健康，保护和改善生活环境，维护社会和谐，促进经济社会可持续发展，2021 年 12 月 24 日通过了《中华人民共和国噪声污染防治法》，《中华人民共和国环境噪声污染防治法》同时废止。还静于民，守护和谐安宁的生活环境成为广泛民众的共识。生态环境部于 2023 年 1 月 17 日发布了《关于加强噪声监测工作的意见》（环办监测〔2023〕2 号），对噪声监测提出了明确要求。

1.3　噪声的分类

1.3.1　按来源分类

我国城市环境噪声按噪声源的特点分类，可分为四大类：工业生产噪声、建筑施工噪声、交通运输噪声和社会生活噪声。

工业生产噪声：工业生产噪声是指工业企业在生产活动中使用固定设备等产生的噪声。工业生产噪声主要来自机器和高速运转设备。

交通运输噪声：主要指的是机动车辆、飞机、火车和轮船等交通工具在运行时发出的噪声。交通运输噪声声源流动性大，影响面广。

建筑施工噪声：建筑施工过程中产生的干扰周围生活环境的声音。建筑施工噪声主要来源于各种建筑机械噪声。

社会生活噪声：是指人为活动所产生的除工业生产噪声、交通运输噪声和建筑施工噪声之外的干扰周围生活环境的声音。

1.3.2 按时间特性分类

稳态噪声：指噪声声压级的变化较小（一般不大于 3 dB），且不随时间有大幅度变化的噪声。

非稳态噪声：指噪声强度随时间而有起伏波动（声压变化大于 3 dB）的噪声。

脉冲噪声：指持续时间小于 1s 的单个或多个突发声组成的噪声，声压级原始水平升至峰值又回至原始水平所需的持续时间短于 500 ms，其峰值声压级大于 40 dB。

1.3.3 按频率分类

低频噪声：主频率低于 300 Hz 的噪声（也有的按低于 200 Hz 为低频噪声进行划分）。

中频噪声：主频率在 300～800 Hz 的噪声。

高频噪声：主频率高于 800 Hz 的噪声。

1.3.4 按照评价用途分类

（1）城市声环境

区域声环境（区域环境噪声）：评价城市声环境质量的其中一种方式，用于评价整个城市环境噪声总体水平，分析城市声环境状况的年变化规律和变化趋势。

道路交通声环境（道路交通噪声）：评价城市声环境质量的其中一种方式，用于反映道路交通噪声源的噪声强度，分析道路交通噪声声级与车流量、路况等的关系及变化规律，分析城市道路交通噪声的年变化规律和变化趋势。

功能区声环境（功能区噪声）：评价城市声环境质量的其中一种方式，用于评价声环境功能区监测点位的昼间和夜间达标情况，反映城市各类功能区监测点位的声环境质量随时间的变化状况。

（2）污染源噪声

评价某特定主体噪声排放情况，评价污染源噪声排放主体的噪声污染产生、排放状况，以及对周边噪声敏感建筑物和敏感人群的影响程度。污染源噪声包括工业企业厂界环境噪声、社会生活环境噪声、建筑施工场界噪声、铁路边界噪声、城市轨道交通车站站台噪声、城市轨道交通（地下段）结构噪声、机场周围飞机噪声等。

1.4　监测分类

生态环境领域的噪声监测按照评价用途分类开展，主要分为声环境质量监测和污染源噪声监测两大类。本章仅针对生态环境监测常用的监测指标和标准方法进行介绍。

1.5　监测依据

城市声环境质量依据《环境噪声监测技术规范　城市声环境常规监测》（HJ 640—2012）、《声环境质量标准》（GB 3096—2008）开展监测和结果评价。

污染源噪声依据相关监测技术规范开展监测和评价，包括《工业企业厂界环境噪声排放标准》（GB 12348—2008）、《社会生活环境噪声排放标准》（GB 22337—2008）、《建筑施工场界环境噪声排放标准》（GB 12523—2011）、《环境噪声监测技术规范　结构传播固定设备室内噪声》（HJ 707—2014）、《铁路边界噪声限值及其测量方法》（GB 12525—1990）、《城市轨道交通（地下段）结构噪声监测方法》（HJ 793—2016）、《城市轨道交通车站站台声学要求和测量方法》（GB 14227—2006）、《机场周围飞机噪声测量方法》（GB/T 9661—1988）、《机场周围飞机噪声环境标准》（GB 9660—1988）等。

1.6　监测因子

噪声监测常见因子包括等效连续A声级（简称：等效声级，简写：L_{eq}）、最大声级（L_{max}）、累积百分声级（如L_{10}、L_{50}、L_{90}）、倍频带能量平均压级、低频A声级、有效感觉噪声级（简写：L_{EPN}）等。单位为分贝（dB）。

1.7　监测时段

昼间：6：00—22：00的时段；夜间：22：00—次日6：00的时段。

县级以上人民政府为环境噪声污染防治的需要（如考虑时差、作息习惯差异等）而对昼间、夜间的划分另有规定的，应按其规定执行。

1.8　监测方式

手工监测：用于各种声环境质量和污染源噪声监测，适用于短时间监测。

自动监测：目前主要用于区域声环境等声环境质量监测，适用于长时间连续监测。

第二节　点位布设

2.1　声环境监测

2.1.1　布点原则

声环境质量监测点位的布设要能真实反映城市建成区的声环境质量状况，其中区域环境噪声监测结果应能客观反映整个城市建成区环境噪声总体水平；道路交通噪声监测应能客观反映城市建成区内各类道路和不同道路特点的交通噪声排放特征，能总体反映城市交通噪声的排放特征和强度；功能区噪声监测应能客观反映城市建成区各功能区监测点位的昼间和夜间达标情况。

2.1.2　点位确定

（1）区域环境噪声

根据所在行政区域的城市建成区分布和面积，按照《环境噪声监测技术规范　城市声环境常规监测》（HJ 640—2012）4.2 的规定，进行点位数量确定和测点位置优化，具体要求如下：

点位数量确定：将整个城市建成区划分成多个等大的正方形网格（1 000 m×1 000 m）对于未连成片的建成区，正方形网格可以不衔接，网格中水面面积或无法监测的区域（如禁区）面积为 100% 及非建成区面积大于 50% 的网格为无效网格。整个城市建成区有效网格总数应多于 100 个，即点位数量应多于 100 个。

测点位置选择：在已经划定的每一个网格中心布设 1 个监测点位，若网格中心点不宜测量（如水面、禁区、马路行车道等，将监测点位移动到距离中心点最近的可测量位置进行测量。测点位置选择要距离任何反射物（地面除外）至少 3.5 m 外测量，监测点位高度距地面 1.2～4.0 m，一般情况在距地面 1.2 m 以上，必要时可置于高层建筑上，以扩大监测受声范围。使用监测车辆测量，传声器应固定在车顶部 1.2 m 高度处。

测点位置确定：每个点位的监测结果代表所在网格的噪声水平，因此，在点位确定过程中，应经过实地核查、监测、比对等方式确定具体的测点位置，确定的点位应逐级上报至生态环境部批准为法定点位，经批准点位不能随意变更。

（2）道路交通噪声

根据所在行政区域的声环境功能规划，按照《环境噪声监测技术规范　城市声环境常规监测》（HJ 640—2012）5.2 的规定，进行点位数量确定和测点位置优化，具体要求如下：

点位数量确定：根据城市的人口数量划分城市规模，依据城市规模确定点位数量。常住人口大于 1 000 万人的巨大城市和常住人口在 300 万～1 000 万人（含）的特大城市，点位数量应≥100 个；常住人口在 100 万～300 万人（含）的大城市，点位数量应≥80个；常住人口在50万～100万人（含）的中等城市，点位数量应≥50个；常住人口在50万（含）以下的小城市，点位数量应≥20个。一个点位可代表一条或多条相近的道路。根据各类道路的路长比例分配点位数量。

测点位置选择：监测点位应能反映城市建成区内各类道路（城市快速路、城市主干路、城市次干路、含轨道交通走廊的道路及穿过城市的高速公路等）交通噪声排放特征，应能反映不同道路特点（考虑车辆类型、车流量、车辆速度、路面结构、道路宽度、敏感建筑物分布等）交通噪声排放特征；测点选在路段两路口之间，距任一路口的距离大于50 m，路段不足100 m的选路段中点，测点位于人行道上，水平距离距路面（含慢车道）20 cm处，垂直高度距地面1.2～6.0 m。测点应避开非道路交通源的干扰，传声器指向被测声源。

测点位置确定：每个点位的监测结果代表所在道路路段的噪声排放特点和强度，因此，在点位确定过程中，应经过实地核查、监测、比对等方式确定具体的测点位置，确定的点位应逐级上报至生态环境部批准为法定点位，经批准点位不能随意变更。

（3）功能区噪声

根据所在行政区域的声环境功能规划，按照《环境噪声监测技术规范　城市声环境常规监测》（HJ 640—2012）6.2的规定，进行点位数量确定和测点位置优化，具体要求如下：

点位数量确定：根据城市的人口数量划分城市规模，依据城市规模确定点位数量。常住人口大于1 000万人的巨大城市和常住人口在300万～1 000万人（含）的特大城市，点位数量应≥20个；常住人口在100万～300万人（含）的大城市，点位数量应≥15个；常住人口在50万～100万人（含）的中等城市，点位数量应≥10个；常住人口在50万（含）以下的小城市，点位数量应≥7个。各类监测功能区点位数量比例按照该城市功能区面积比例确定。

测点位置选择：通过普查监测法，在各类功能区粗选出其等效声级与该功能区平均等效声级无显著差异，能反映该类功能区声环境质量特征的测点若干个，再根据点位数量要求和如下原则确定本功能区的监测点位：①能满足监测仪器测试条件，安全可靠。②监测点位能保持长期稳定。③能避开反射面和附近的固定噪声源。④监测点位应兼顾行政区划分。⑤4类声环境功能区选择有噪声敏感建筑物的区域。

点位普查监测：0～3类声环境功能区普查监测：将要普查监测的某一声环境功能区分成多个等大的正方格，网格要完全覆盖住被普查的区域，且划分有效网格总数应多于100个。测点应设在每一个网格的中心，测点选择在距离任何反射物（地面除外）至少3.5 m外测量，距地面高度1.2 m以上。必要时可置于高层建筑上，以扩大监测受声范围。使用监测车辆测量，传声器应固定在车顶部1.2 m高度处。监测分别在昼间工作时间和夜间22：00—24：00（时间不足可顺延）进行。在前述测量时间内，每次每个测点测量10 min的等效声级L_{eq}，同时记录噪声主要来源。监测应避开节假日和非正常工作日；4类声环境功能区普查监测：以自然路段、站场、河段等为基础，考虑交通运行特征和两侧噪声敏感建筑物分布情况，划分典型路段（包括河段）。在每个典型路段对应的4类区边界上（指4类区内无噪声敏感建筑物存在时）或第一排噪声敏感建筑物户外（指4类区内有噪声敏感建筑物存在时）选择1个测点进行噪声监测。这些测点应与站、场、码头、岔路口、河流汇入口等相隔一定的距离，避开这些地点的噪声干扰。监测点位距地面高度1.2 m以上。监测分昼、夜两个时段进行。分别测量如下规定时间内的等效声级 L_{eq} 和交通流量，对铁路、城市轨道交通线路（地面段），应同时测量最大声级 L_{max}，对道路交通噪声应同时测量累积百分声级 L_{10}、L_{50}、L_{90}。根据交通类型的差异，规定的测量时间为，铁路、城市轨道交通（地面段）、内河航道两侧：昼、夜各测量不低于平均运行密度的1 h值，城市轨道交通（地面段）的运行车次密集，测量时间可缩短至20 min。高速公路、一级公路、二级公路、城市快速路、城市主干路、城市次干路两侧：昼、夜各测量不低平均运行密度的20 min值。监测应避开节假日和非正常工作日。

测点位置确定：根据普查监测结果和各类功能区最低点位数量要求，确定监测点位。每个点位的监测结果代表所在功能区的噪声排放水平，因此，在点位确定的前期普查过程中，应经过实地核查、监测、比对、评估，最终确定测点的数量和位置，确定的点位应逐级上报至生态环境部批准为法定定点监测点位，经批准的定点监测点位不能随意变更。

2.1.3 点位变更

经确定后的声环境监测点位列入生态环境监测部门年度的常规监测任务，并严格按照经确定的监测点位名称、类型、经纬度开展监测。监测点位不能随意变更，但需根据城市变化适时进行调整。

整体变更：因城市规模、用地情况发生变化、城市建成区和功能区划调整等原因，原有点位的监测结果不能代表该城市的噪声总体水平和现状时，应按点位确定的技术要求和审批流程，重新进行点位确定，原则上不超过5年调整1次。

个别调整：城市的声环境质量监测点位距上次调整在5年之内，且城市规模和建成区等未发生明显变化，大部分监测点位仍具有代表性，只是个别点位因城市建设、临时施工等原因无法开展监测或不具有原点位的代表性，可向点位批准部门申请变更后做个别点位的调整。

2.2 污染源噪声监测

2.2.1 布点原则

污染源噪声的点位布设应能客观真实反映污染源噪声排放主体的噪声污染产生、排放状况，以及对周边噪声敏感建筑物和敏感人群的影响程度，且能满足监测仪器测试条件，现场监测人员、设备安全可得到保障。

2.2.2　点位确定

（1）工业企业厂界环境噪声和社会生活环境噪声

分别按照《工业企业厂界环境噪声排放标准》（GB 12348—2008）、《社会生活环境噪声排放标准》（GB 22337—2008）中 5.3 的规定执行，具体要求如下：

1）一般情况下，在边界外 1 m、高度 1.2 m 以上，距任一反射面距离不小于 1 m 的位置布点。

2）当边界有围墙而且周围有受影响的敏感建筑物时，边界外 1 m、高于围墙 0.5 m 以上。

3）当边界无法测量到声源的实际排放状况时，应同时在边界外 1 m 和受影响敏感建筑物户外 1 m 处设监测点。

4）室内噪声测量时，测点应设于距任一反射面至少 0.5 m 以上、距地面 1.2 m 高度处，在受噪声影响方向的窗户开启状态下测量。

5）固定设备结构传声至敏感建筑物室内，室内测点应距任一反射面至少 0.5 m 以上、距地面 1.2 m 以上、窗户关闭状态下测量，被测房间内的其他可能干扰测量的声源应关闭。

（2）建筑施工场界噪声

按照《建筑施工场界环境噪声排放标准》（GB 12523—2011）中 5.3 的规定执行，具体要求如下：

1）一般情况设在建筑施工场界外 1 m、高度 1.2 m 以上的位置。

2）当场界有围墙且周围有噪声敏感建筑物时，测点应设在场界外 1 m、高于围墙 0.5 m 以上的位置，且位于噪声影响的声照射区域。

3）当场界无法测量到声源的实际排放时，如声源位于高空、场界有声屏障、噪声敏感建筑物高于场界围墙等情况，测点可设在噪声敏感建筑物外 1 m 处的位置。

4）当场界距离噪声敏感建筑物较近时，其室外不满足测量条件时，可在噪声敏感建筑物室内测量，测点设在室内中央、距室内任一反射面 0.5 m 以上、距地面 1.2 m 高度以上。

（3）铁路边界噪声

按照《铁路边界噪声限值及其测量方法》（GB 12525—1990）中 3.2 和 5.1 的规定执行，距离铁路外侧轨道中心线 30 m、高于地面 1.2 m、距离反射物不小于 1 m 处布点。

（4）城市轨道交通车站站台噪声

按照《城市轨道交通车站站台声学要求和测量方法》（GB 14227—2006）中 5.4 的规定，在车站站台中部、距离地面高度为 1.6 m 的位置布点。

（5）城市轨道交通（地下段）结构噪声

按照《城市轨道交通（地下段）结构噪声监测方法》（HJ 793—2016）中 5.1 的规定执行，具体要求如下：

对于一般测量点位，应布设在城市轨道交通（地下段）沿线噪声敏感建筑物室内。对于高层建筑物，应优先选择在底层房间布设测点。传声器应置于靠近但不在被测房间室内中央处，以避免房间驻波对测量产生影响。

当需要确定城市轨道交通（地下段）结构噪声空间分布时，应增设补充测点。测量结构噪声水平分布时，应在轨道水平垂线方向敏感建筑物室内布设测点，测点可按照距临近轨道水平距离倍增的方式进行布设；测量结构噪声垂直分布时，应在高层建筑物同一垂线下，不同楼层的相同房间内布点。

传声器应距离地面高度 1.2 m、距离墙面或其他反射面 0.5 m 以上、距外窗 1 m 以上，指向靠近城市轨道交通铁轨一侧墙壁。

（6）机场周围飞机噪声

按照《机场周围飞机噪声测量方法》（GB/T 9661—1988）中 3.2 的规定执行，测量传声器安装在开阔平坦的地方，高于此地面 1.2 m、高于其他反射面 1 m 以上，传声器膜片基本位于飞机标称飞行航线和测点所确定的平面内。

第三节　监测设备

3.1　设备原理

声级计是最基本的噪声测量仪器，在把声信号转换成电信号时，可以模拟人耳对声波反应速度的时间特性；对高低频有不同灵敏度的频率特性以及不同响度时改变频率特性的强度特性。因此，声级计是一种主观性的电子仪器。

3.2　设备类型

3.2.1　声级计

手持式积分平均声级计、噪声频谱分析仪：适用于手工噪声监测，分 1 型和 2 型两种。测量 35 dB 以上噪声可用 2 型设备。测量 35 dB 以下的噪声、城市轨道交通车站站台噪声、城市轨道交通（地下段）结构噪声时，应使用 1 型声级计。当需要进行噪声频谱分析时，应使用 1 型并具有频谱分析功能的设备，且覆盖方法要求的所有频段。

3.2.2　声级校准器

分 1 型和 2 型两种，分别用于校准 1 型和 2 型噪声分析仪。

3.2.3　辅助设备

手持式风速仪，用于手工监测噪声时测定风速；记录仪或录音机，用于机场周围飞机噪声测量。

3.3　设备检定 / 校准

噪声监测仪器属于强检设备，应定期送经授权检定机构进行检定，检定合格的仪器才能投入使用。每次测量前后必须在测量现场对仪器进行校准和验证，监测前后仪器示值偏差不得大于 0.5 dB，否则该次测量结果无效。

声级校准器、手持式风速仪、记录仪或录音机应委托有资质的校准机构对计量指标进行校准。

3.4　设备维护

为了保证噪声监测仪处于良好状态，满足监测工作要求，日常应做好仪器保养和维护，包括如下要求：保持仪器外部清洁；传声器不用时应干燥保存；传声器膜片应保持清洁，不得用手触摸；仪器长期不用时，应每月通电 2 h，霉雨季节应每周通电 2 h；仪器使用完毕应及时将电池取出；定期送计量部门检定。

声级校准器和风速仪等应按仪器使用要求进行维护，并定期送校和核查。

第四节　现场监测（手工）

4.1　监测前准备

在出发现场监测前，应先拟定现场监测计划，明确监测内容、人员分组分工、设备配备等；做好设备性能核查，可通过校准、设备比对等方式对噪声监测仪、声校准器、风速仪进行核查，检查电池的电量，配备备用电池、延长电缆、仪器支架等。

4.2　现场监测

4.2.1　通用步骤及要求

噪声监测的主要步骤大体上相同，主要步骤如下：

现场情况核查：到达监测点位，核实点位信息，检查现场情况，确定现场是否满足监测工作开展要求。

气象条件测量与确定：测量风速，确定气象条件是否适合开展监测，应在无雨、无雪、风速小于 5 m/s 的气象条件下测量。

开机与仪器校准：将噪声监测仪的传声器加上防风罩，打开噪声监测仪，核查设备是否正常、时间设置是否正确，确定无误后用声级校准器对噪声监测仪进行校准，把噪声监测仪的示值调整到声级校准器的标准值（校准证书上的校准结果）。

开展监测：把噪声监测仪计权模式设置为规范要求的模式，除城市轨道交通（地下段）结构噪声和机场周围飞机噪声之外的其他噪声监测，计权模式均设置为“A”“F”（快）挡。开展监测时应关注监测时间、时长符合规范要求。

仪器核验与关机：用声级校准器对噪声监测仪进行测量后校验，如果仪器的示值偏差不大于 0.5 dB，则结果有效，关闭仪器，完成本点位的现场监测。如果仪器的示值偏差大于 0.5 dB，则测量结果无效，须重新开展监测。

监测记录填写：监测期间应同步做好原始记录的填写。

4.2.2 特别要求

针对不同的监测类别、不同的监测对象，在监测时间和时段、现场核查关注内容、监测持续时间、背景噪声测量方面存在一定的差异，下面就常用的监测指标和方法进行介绍。

4.2.2.1 声环境监测

（1）监测时间和时段

区域环境噪声和道路交通噪声：①昼间监测每年 1 次，应在昼间正常工作时段内进行，并应覆盖整个工作时段。②夜间监测每 5 年 1 次，在每个 5 年规划的第三年监测，比如，“十四五”期间，2023 年应开展夜间监测，监测从夜间起始时间开始。③监测工作应安排在每年的春季或秋季，每年的监测日期应相对固定，监测应避开节假日和非正常工作日。

功能区噪声：每年每季度监测 1 次，历年的同期监测日期应相对固定，应避开节假日和非正常工作日。

（2）现场核查

到达监测点位后，核对包括经纬度等点位信息，检查现场情况是否发生重大变化，是否有影响声环境质量的新增噪声源等。对于道路交通噪声监测，还要关注是否有新设置的路口等。

（3）监测持续时间

区域环境噪声每个监测点位测量 10 min 的等效声级；道路交通噪声每个监测点位测量 20 min 的等效声级；功能区噪声每个点位连续测量 24 h，记录小时等效声级。

（4）其他及注意事项

监测点位的位置与高度一经确定不能随意改动。应在规定的时间内测量，不得挑选监测时间或随意按暂停键。

区域环境噪声和功能区噪声监测过程中，凡是自然社会可能出现的声音（如叫卖、说话声、小孩哭声、鸣笛声等）均不应予以排除。

测量等效声级的同时，应测量并记录累积百分声级 L_{10}、L_{50}、L_{90}、L_{max}、L_{min} 和标准偏差（SD）。

道路交通噪声要同步分类（大型车、中小型车）记录车流量。

4.2.2.2 污染源噪声监测

（1）现场核查

工业企业厂界环境噪声、社会生活环境噪声、建筑施工场界噪声：对被测对象进行现场核查，确定被测对象的生产、营业、施工时间、主要声源的位置和特点，周边噪声敏感点的位置等。根据现场核查情况和点位布设原则，确定监测时间（昼间噪声、夜间噪声）、监测点具体位置。

铁路边界噪声：对被测铁路及边界进行现场核查，确定被测铁路的机车运行时间表、机车运行平均密度、周边噪声敏感点的位置等。根据现场核查情况，确定昼间、夜间机车运行平均密度的某一个小时作为监测时间开展监测，并依据布点原则确定监测点具体位置。

城市轨道交通车站站台噪声：对被测量站台进行现场核查，确定被测站台的列车类型、进出站台时间表，站台的环境条件（是否为露天），周边噪声敏感点的位置等。根据现场核查情况，确定各种列车类型的进站和出站分别 10 次的测量时间，应选择没有会车的时间内测量，并依据布点原则确定监测点具体位置。

城市轨道交通（地下段）结构噪声：对被测量城市轨道及沿线敏感建筑物进行现场核查，开展预监测以判断测试条件是否符合，确定被纳入测量的敏感建筑物位置及房间等。根据现场核查情况，依据布点原则确定监测点具体位置。

机场周围飞机噪声：对被测量机场进行事先的资料核实和现场核查，获得包括入港航班时刻表及机型、各航班的航迹等相关信息。

（2）监测持续时间

工业企业厂界环境噪声、社会生活环境噪声：被测声源是稳态噪声，采用 1 min 等效声级；被测声源是非稳态噪声时，测量被测声源有代表性时段的等效声级，必要时测量被测声源整个正常工作时段的等效声级。

建筑施工场界噪声：测量连续 20 min 等效声级，夜间同时测量最大声级。

铁路边界噪声：连续测量 1 h 的等效声级。

城市轨道交通车站站台噪声：在列车头部进站到停止的时间内测量列车进站的等效声级，在列车起步至列车尾部离开站台时间内测量列车出站的等效声级，每种列车进出站分别测量不小于 10 次。

城市轨道交通（地下段）结构噪声：分别于昼间、夜间在各测点连续测量不低于平均运行密度的 20 min 结构噪声，测量期间应包含至少 6 次噪声事件。如监测在夜间进行或列车平均运行密度较低，未能在测量中包含 6 次以上噪声事件，则应适当延长测量时间，若延长测量时长至 1 h 后仍不能满足通行车次要求时，则以实际测量车次为准。数据采集应以时间历程监测为基础，所采集噪声应至少包含测量时段内各测量每单位时间内噪声等效声级，并能够将全部采集数据进行记录。

机场周围飞机噪声：用简易测量时，用慢响应读取一次飞行过程的 A 声级最大值，在飞机低空高速通过及跑道附近的测量点用快响应读取 A 声级和 D 声级最大值。

（3）背景噪声测量要求

工业企业厂界环境噪声、社会生活环境噪声：选择不受被测声源影响且其他声环境与测量声源保持一致，测量时段与被测声源测量的持续时间相同。

建筑施工场界噪声：选择不受被测声源影响且其他声环境与测量声源保持一致。如果被测声源是稳态噪声，测量 1 min 的等效声级，被测声源是非稳态噪声时，测量 20 min 的等效声级。

铁路边界噪声：选择在无机车通过时测量。

城市轨道交通车站站台噪声：选择在没有列车通过时测量。

（4）其他及注意事项

工业企业厂界环境噪声、社会生活环境噪声、建筑施工场界噪声：在正式开展前开展预监测以确定噪声类型（稳态、非稳态）。如果被测对象昼间和夜间均正常生产、营业或施工，则需对昼间和夜间进行测量；如果仅在昼间生产、营业或施工，可不进行夜间噪声测量；如果仅在夜间生产、营业或施工，可不进行昼间噪声测量。如果夜间有频发噪声或偶发噪声，则需同时监测最大声级。

铁路边界噪声监测：如果铁路昼间和夜间均有机车运行，则需对昼间噪声和夜间噪声进行测量。如果铁路仅在昼间有机车运行，可不进行夜间噪声测量；如果铁路仅在夜间有机车运行，则不进行昼间噪声测量。

城市轨道交通车站站台噪声：混响时间的测量应在站台保持空场状态时，测量用的声源应置于站台一端，距地面高度应为 1.5 m。在站台上有代表性的位置布设不少于 3 个监测点开展监测，各监测点应偏离站台纵向中心线 1.5 m。开启噪声监测仪，选取的倍频程中心频率为 500 Hz，传声器距地面高度为 1.6 m 处进行测量。

城市轨道交通（地下段）结构噪声：开展预监测以判断测试条件是否符合，确定被纳入测量的敏感建筑物位置及房间等。选择在无其他结构传播固定设备室内噪声影响的房间进行测量，且房间不受其他振动激发声源的影响（如货架、墙壁悬挂物等）。被测房间在测量过程中应能够关闭所有门窗，并且能够关闭所有可能干扰噪声测量的全部声源（如电视机、空调机、风扇、镇流器等）。对于高层建筑物，应选择在底层房间布设测点。正式开展监测，采用倍频程时间历程方式进行测量，测量量应至少包含（不限于）16 Hz、31.5 Hz、63 Hz、125 Hz、250 Hz 中心频率每单位时间等效声压级 $L_{P,t}(f)$ 和全频率 A 计权每单位时间等效声压级 $L_{A,t}$。

机场周围飞机噪声：①开展预监测以判断监测条件是否符合，包括气象条件（无雨、无雪，地面上 10 m 高处的风速不大于 5 m/s，相对湿度不应超过 90%、不应小 30%）、飞机噪声与背景噪声（飞机噪声级最大值至少超过环境背景噪声级 20 dB，测量结果才被认为可靠）。②使用同一台声级校准器对所有噪声监测仪进行校准。③把噪声仪传声器安装在开阔平坦的地方，高于地面 1.2 m、离其他反射面 1 m 以上，注意避开高压电线和大型变压器。传声器膜片基本位于飞机标称飞行航线和测点所确定的平面内，即掠入射。④用最大声级 L_{Amax} 或 L_{Dmax} 及持续时间 T_d 计算有效感觉噪声 L_{EPN}。⑤现场监测完成后，要求机场提供实际入港航班时刻表及机型、各航班的航迹等，保证监测结果的有效性。

4.2.3　监测原始记录

（1）记录信息

声环境质量：①监测原始记录通用信息包括监测机构名称、点位名称、点位编号、点位所在功能区类别、监测设备型号编号、声校准器型号编号、监测前校准值、监测后校准值、气象条件、监测时间（详细到时分）、监测结果（L_{eq}、L_{10}、L_{50}、L_{90}、L_{max}、L_{min}），标准差（结果计算获得）监测期间的异常情况。②区域环境噪声和功能区噪声监测记录信息还应包含主要声源及代码，道路交通噪声监测记录信息还应包含监测期间的车流量（按大型车、中小型车分别统计）。

污染源噪声：监测原始记录应记录监测机构名称，被测对象名称、地址、平面布置和监测布点图，监测设备型号编号，声校准器型号编号，监测前校准值，监测后校准值，气象条件，监测时间（详细到时分），监测结果，监测期间的异常情况等。

（2）记录填写

记录的填写应在监测工作当时进行，不得追记和补记，如有修改，应保证能清晰地看到修改前的内容。特别是监测点位布设示意图应在现场绘制。

（3）记录保存

应将监测结果打印条与原始记录一并保存，如果是使用容易褪色的热敏纸打印，应将打印条复印后保存，如果用电子方式保存记录，应保证记录安全、不被修改、方便查询。

4.3　数据处理与结果表示

4.3.1　声环境质量

（1）区域环境噪声

按照《环境噪声监测技术规范　城市声环境常规监测》（HJ 640—2012）中 4.4 的规定对所监测城市各点位数据进行统计，形成该城市区域环境噪声监测结果统计表，统计表的信息应包括监测年度、城市代码、监测机构、点位名称及点位代码、监测时间（月、日、时、分）、监测结果（L_{eq}、L_{10}、L_{50}、L_{90}、L_{max}、L_{min}）、标准差（SD）、主要声源代码、功能区代码、需说明的特殊情况等备注信息。

（2）道路交通噪声

按照《环境噪声监测技术规范　城市声环境常规监测》（HJ 640—2012）中 5.4 的规定对所监测城市各点位数据进行统计，形成该城市的道路交通声监测结果统计表，统计表的信息应包括监测年度、城市代码、监测机构、点位名称及点位代码、监测时间（月、日、时、分）、监测结果（L_{eq}、L_{10}、L_{50}、L_{90}、L_{max}、L_{min}）、标准差（SD）、车流量信息（大型车、中小型车）、需说明的特殊情况等备注信息。

一条道路设置了 1 个以上监测点位时，按照点位代表的道路长度进行加权平均，计算获得该条道路的平均等效声级，计算公式如下：

$$\bar{L}=\frac{1}{l}\sum_{i=1}^{n}\left(l_i \times L_i\right)$$

式中，$\bar{L}$——道路交通昼间平均等效声级（$\bar{L}_d$）或夜间平均等效声级（$\bar{L}_n$），dB（A）；

l——监测的路段总长，$l=\sum_{i=1}^{n} l_i$，m；

l_i——第 i 测点代表的路段长度，m；

L_i——第 i 测点测得的等效声级，dB（A）。

（3）功能区噪声

按照《环境噪声监测技术规范　城市声环境常规监测》（HJ 640—2012）中 6.4 的规定对所监测城市各点位数据进行统计，形成该城市的功能区噪声监测结果统计表，统计表的信息应包括监测年度、城市代码、监测机构、监测时段（昼间、夜间）、点位名称及点位代码、功能区代码、监测时间（月、日、时）、监测结果（L_{eq}、L_{10}、L_{50}、L_{90}、L_{max}、L_{min}）、标准差（SD）、需说明的特殊情况等备注信息。

4.3.2　污染源噪声

（1）工业企业厂界环境噪声和社会生活环境噪声

按照《工业企业厂界环境噪声排放标准》（GB 12348—2008）、《社会生活环境噪声排放标准》（GB 22337—2008）中的 5.7 和《环境噪声监测技术规范　噪声测量值修正》（HJ 706—2014）中 5 的规定对测量结果进行修正，具体要求如下：

1）噪声测量值与背景噪声值相差大于 10 dB（A）时，噪声测量值不做修正。

2）噪声测量值与背景噪声值相差在 3～10 dB（A）时，噪声测量值与背景噪声值的差值取整后，按表 8-1 进行修正。

表 8-1　污染源噪声测量结果修正表　　单位：dB（A）

差值	3	4～5	6～10
修正值	−3	−2	−1

3）噪声测量值与背景噪声值相差小于 3 dB（A）时，应采取措施降低背景噪声，视情况按 1）和 2）执行，仍无法按前两款要求执行的，按噪声监测技术规范的有关规定执行。

各点位监测结果单独进行评价，昼间、夜间监测结果单独评价，不同监测日期的结果单独评价，因此，无须对不同点位、不同时间的监测结果进行加和平均，每个监测结果单独报出。修正或无须修正的监测结果，均修约到个位数后报出。

（2）建筑施工场界噪声

按照《建筑施工场界环境噪声排放标准》（GB 12523—2011）中 5.7 和《环境噪声监测技术规范　噪声测量值修正》（HJ 706—2014）中 5 的规定对测量结果进行修正，具体要求如下：

1）噪声测量值与背景噪声值相差大于 10 dB（A）时，噪声测量值不做修正。

2）噪声测量值与背景噪声值相差在 3～10 dB（A）时，噪声测量值与背景噪声值的差值取整后，按表 8-1 进行修正。

3）噪声测量值与背景噪声值相差小于 3 dB（A）时，应采取措施降低背景噪声，视情况按 1）和 2）执行，仍无法按前两款要求执行的，按噪声监测技术规范的有关规定执行。

各点位监测结果单独进行评价，昼间、夜间监测结果单独评价，不同监测日期的结果单独评价，因此，无须对不同点位、不同时间的监测结果进行加和平均，每个监测结果单独报出。修正或无须修正的每个监测结果，均修约到个位数后报出。

（3）铁路边界噪声

按照《铁路边界噪声限值及其测量方法》（GB 12525—1990）中的 5.4 和《环境噪声监测技术规范　噪声测量值修正》（HJ 706—2014）中 5 的规定对测量结果进行修正，具体要求如下：

1）背景噪声值比噪声测量值低 10 dB（A）以上时，噪声测量值不做修正。

2）若噪声测量值与背景噪声值相差小于 10 dB（A），则按表 8-2 进行修正。

表 8-2　铁路边界噪声结果修正表　　单位：dB（A）

差值	3	4～5	6～9
修正值	-3	-2	-1

各测点以昼间、夜间的 1 h 等效声级代表该铁路边界的昼间、夜间噪声。修正或无须修正的监测结果，均修约到个位数后报出。

（4）城市轨道交通车站站台噪声

按照《城市轨道交通车站站台声学要求和测量方法》（GB 14227—2006）中的 5.3.4 的规定对测量结果进行修正，具体要求如下：

1）背景噪声值比噪声测量值低 10 dB（A）以上时，噪声测量值不做修正。

2）噪声测量值与背景噪声值相差在 5～10 dB（A）时，噪声测量值与背景噪声值的差值修约后，按表 8-3 进行修正。

表 8-3　城市轨道交通车站站台噪声结果修正表　　单位：dB（A）

站台噪声与背景噪声的声级差值	＞10	6～10	5
站台噪声的修正值	0	-1	-2

3）站台噪声与背景噪声的声级差值小于 5 dB（A）时应重新测量。

按照《城市轨道交通车站站台声学要求和测量方法》（GB 14227—2006）中 5.6、5.7 的规定对每种列车运行状态不少于 10 次的测量结果进行算术平均，算术平均结果修约到整数位后报出。

（5）城市轨道交通（地下段）结构噪声

按照《城市轨道交通（地下段）结构噪声监测方法》（HJ 793—2016）中 6 的规定进行监测数据处理，具体要求如下：

1）特征频率的确定。特征频率需根据时间历程测量数据确定。应在满足事件截取条件的基础上，优先选择在各中心频率时间历程数据中平均峰值最高的频率为特征频率，对于平均峰高较接近的两个或几个频率，应选择列车不通过时声压较低的频率为特征频率。

2）事件截取。结构噪声事件应在选定的特征频率下的时间历程数据进行事件截取。即以各次列车通行过程所对应的事件最大声压级（$L_{max,i}$）为基础，取 $L_{max,i}-10$ dB 为判定条件，获得该条件下各次噪声事件的持续时间 $t_{c,i}$（s），并获取所有事件各测量量声升压变化。

3）事件持续时间。对个各噪声事件，其持续时间最短应不小于 3 s，持续时间小于 3 s 的事件应视为无效事件。

按照《城市轨道交通（地下段）结构噪声监测方法》（HJ 793—2016）中 7 的规定对监测结果进行计算，具体要求如下：

室内噪声等效声级计算公式：

$$L_{eq}=10\lg\left(\frac{1}{T}\sum_{n=1}^{T_c}10^{0.1L_{A,n}}\right)$$

式中，$L_{A,n}$——噪声事件总持续时间（T_c）内第 n 秒等效 A 声级，dB（A）；

T——总测量时长，s。

倍频带能量平均声压级计算公式：

$$\overline{L_p(f)}=10\times\lg\left(\frac{1}{T_c}\sum_{n=1}^{T_c}10^{0.1\left(L_{p,n}(f)\right)}\right)$$

式中，T——全部噪声事件持续时间之和，s；

$L_{p,n}(f)$——持续时间内 f 频率第 n 秒等效声压级，dB（A）。

低频 A 声级计算公式：

$$\overline{L_{AL}}=10\lg\sum_{i=1}^{k}10^{0.1\left(\overline{L_p(f)}-L_i(f)\right)}$$

式中，k——计权中心频率个数；

$L_i(f)$——与 f 频率相对应的 A 计权值，dB（A）。

（6）机场周围飞机噪声（仅针对简易测量法）

按照《机场周围飞机噪声环境标准》（GB 9661—1988）中 5.3 的规定对测量结果信号进行导出、处理，计算出有效感觉噪声级（L_{EPN}），具体要求如下：

监测信号处理：用声级计读出并记录一次飞行噪声的 A 声级或 D 声级的最大声级；记下飞行时间、飞行状态、飞机型号等信息；分析处理这些导出信息。

监测结果计算：根据导出和分析的监测及过程记录信息，进行结果计算，获得最终监测结果。

1）算出持续时间（T_d）；

2）计算有效感觉噪声级（L_{EPN}），计算公式：

$$\begin{aligned} L_{EPN} &= L_{Amax} + 10\lg(T_d / 20) + 13 \\ &= L_{Dmax} + 10\lg(T_d / 20) + 7(dB) \end{aligned}$$

用计算出的有效感觉噪声级（L_{EPN}）作为报出的监测结果。

第五节　质量控制

5.1　监测前

每次监测工作开始前，应使用同精度的声级校准器对噪声监测仪进行校准，比如1型的噪声分析仪，应使用1型的声级校准器进行校准，应将噪声监测仪的监测结果调整到声级校准器的标准值（有资质的校准机构出示的校准证书上的示值）。

5.2　监测过程

（1）噪声分析仪的精度、气象条件、监测方式应符合监测方法要求。

（2）城市声环境质量监测，应在规定的时间内进行监测，不得挑选监测时间或随意按暂停键；噪声污染排监测，应选择有代表性的时段开展监测，并根据声源类型选择监测时长。

（3）开展环境质量监测时，应避开反射面、固定噪声源、树木、电磁干扰、风口等，保证监测结果的代表性和准确性；开展噪声污染排放监测时，噪声分析仪的传声器应尽量正对噪声源。

5.3　监测结束时

每次监测工作结束时，应使用同精度的声级校准器对噪声监测仪进行校验，验证监测前、后的示值偏差是否在0.5 dB范围内，否则测量结果无效，应重新开展监测。

第六节　实际工作案例

6.1　声环境监测

（1）区域环境噪声监测案例

某地级市的区域环境噪声测点位共110个，该市在2021年3月进行了昼间噪声监测，该市2023年区域环境噪声监测应如何开展？

正确做法：2023年为“十四五”期间第三年，应开展昼间和夜间监测。按照该市往年的监测日期，选择在春季的3月非节假日的6—10日、13—17日、20—24日、27—31日开展监测。监测从夜间起始时间开始，昼间正常工作时段内进行，并覆盖整个工作时段，每个监测点位测量10 min的等效声级L_{eq}，记录累积百分声级L_{10}、L_{50}、L_{90}、L_{max}、L_{min}和标准偏差（SD），完成110个点位监测后，对所有点位监测结果进行汇总，形成该市2023年区域声环境监测结果汇总表。

（2）道路交通噪声监测案例

某地级市的道路交通噪声监测点位共126个，该市在2021年9月进行了昼间噪声监测，该市2023年道路交通声噪声应如何开展？

正确做法：2023年为“十四五”期间第三年，应开展昼间和夜间监测。按照该市往年的监测日期，选择在秋季的9月非节假日的4—8日、11—15日、18—22日开展监测。监测从夜间起始时间开始，昼间正常工作时段内进行，并覆盖整个工作时段，每个监测点位测量20 min的等效声级L_{eq}，记录累积百分声级L_{10}、L_{50}、L_{90}、L_{max}、L_{min}和标准偏差（SD），分类（大型车、中小型车）记录车流量。完成126个点位监测后，对所有点位监测结果进行汇总，形成该市2023年道路交通噪声监测结果汇总表。

（3）功能区噪声监测案例

某地级市的功能区声监测点位共5个，2021年第一季度2月开展了监测，该市在2022年第一季度功能区噪声监测应如何开展？

正确做法：按照该市往年的监测日期，选择在2月下旬非节假日的21—25日开展监测。各监测点位按已经确定的、往年固定位置和高度安装噪声监测仪器，连续监测24 h，得出每小时及昼间、夜间的L_{eq}。记录小时等效声级L_{eq}、L_d、L_n和最大声级L_{max}，并记录累积百分声级L_{10}、L_{50}、L_{90}、L_{max}、L_{min}和标准偏差（SD），对5个点位监测结果进行汇总，形成该市2022年第一季度功能区噪声监测结果汇总表。

6.2 污染源噪声监测

（1）工业企业厂界环境噪声现场监测案例

某生态环境监测机构接受了一家工业企业厂界环境噪声监测的委托任务，对其开展昼间和夜间噪声监测并进行达标评价，见图8-1。

正确做法：监测机构按客户要求和拟订的监测计划，于正常工作日某一天上午到达现场，经跟企业负责人沟通，该企业的正常生产时间是8：00—18：00，晚上不生产，经现场核查，企业南侧为景观水池和办公楼，北侧为车间，中部西侧为仓库，东、南、西安装的是镂空的金属护栏，北侧为2.5 m左右实体围墙，西和南侧紧临主干道，东侧、北侧紧临的是空地，距离100 m左右分别是居民住宅和学校。现场监测人员确定在东、西两侧靠北侧车间的距离厂界1 m处各设置了1个监测点位，在北侧距离实墙外1 m处布点了1个监测点位，共布设了3个监测点位，南侧厂界无噪声敏感点，且厂区内靠南侧无声源，故南侧无须布点监测，在昼间开展一次测量。开展监测时，1#、3#传声器距离地面1.2 m处，正对厂区，2#传声器距离地面2.9 m（实体围墙经测量实际高度为2.4 m）处，正对厂区，详见图8-2。

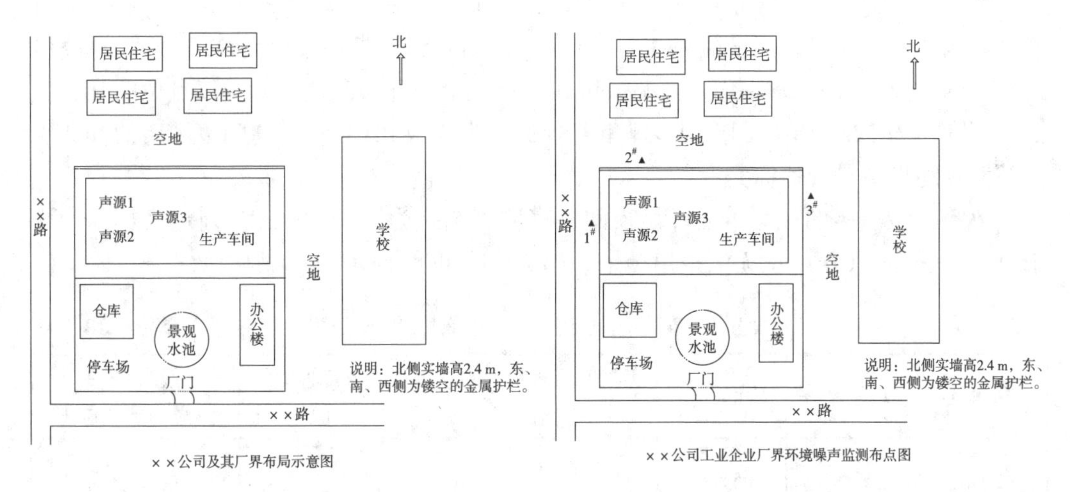

图 8-1　XX 企业布局示意图　　　图 8-2　XX 企业噪声监测布点图

（2）工业企业厂界环境噪声监测结果修正案例

某监测机构对处于 2 类区的某工业企业开展了昼间厂界环境噪声监测，测量结果为 64.5 dB（A），背景值测量结果为 60.3 dB（A），请问该点位的昼间监测结果是否达标？

解答：该点位的昼间监测结果为 62 dB（A），判定为超标［限值为 60 dB（A）］，详见表 8-4。

表 8-4　工业企业厂界环境噪声结果修正表　　单位：dB（A）

实测结果	背景值	实测值与背景值的差值（修约到个位）	实测值与背景值的修正值	实测值 - 背景值	报出结果（修约到个位）
64.5	60.3	4	2	62.5	62

（3）社会生活环境噪声监测结果修正案例

1）某监测机构对处于 2 类区的某卡拉 OK 厅开展社会生活环境噪声夜间监测，测得噪声值为 57.8 dB（A），同步开展测得背景值为 47.2 dB（A），问该点位本次测量的夜间噪声是否达标？

解答：该点位夜间监测结果为 58 dB（A），判定为超标［限值为 50 dB（A）］，详细过程见表 8-5。

表 8-5　某卡拉 OK 厅社会生活环境噪声结果修正表　　单位：dB（A）

实测结果	背景值	实测值与背景值的差值（修约到个位）	实测值与背景值的修正值	报出结果（修约到个位）
57.8	47.2	11	0（无须修正）	58

2）某监测机构对处于 2 类区的某酒店冷却塔引起噪声投诉开展社会生活环境夜间

噪声监测，23：10 时，测量值为 53.5 dB（A），同步测得背景值为 51.2 dB（A）；凌晨 2：00 酒店冷却塔仍正常工作，监测人员在原点位重新开展测量，测量该点位的社会生活环境噪声为 52.4 dB（A），同步测量背景噪声为 49.2 dB（A），请问该酒店的社会生活环境夜间噪声是否达标？

解答：该酒店的社会生活环境夜间噪声监测结果为 49 dB（A），判定为达标，详细过程见表 8-6（第 1 次无法报出结果，第 2 次降低背景噪声后结果有效）。

表 8-6　某酒店社会生活环境噪声结果修正表　　单位：dB（A）

测量序号	实测结果	背景值	实测值与背景值的差值	实测值与背景值的修正值	报出结果（修约到个位）
第 1 次	53.5	51.2	2（修约前 2.3）	—（无法修正）	—（无法报出）
第 2 次	52.4	49.2	3（修约前 3.2）	3	49（修约前 49.4）

第九章　海　洋

第一节　概　述

海域泛指特定界限内的边缘海区域，是该区域内的海面、水体、海床及其底土构成的立体空间。海洋可划分为内水（内海）、领海、毗连区、群岛水域、专属经济区、大陆架、公海、国际海底区域、用于国际航行的海峡等。领海基线是一国领土或内水与领海的分隔线，是海洋法中划分其他海域的起算线。内海（内水）是领海基线向陆地一面的水域构成国家内水的一部分，领海是沿海国的主权及与其陆地领土及其内水以外邻接的一带海域，领海宽度从领海基线量起为 12 nmile①，专属经济区为领海以外并邻接领海的区域，从测算领海宽度的基线量起延至 200 nmile。

海洋监测是在设计好的时间和空间内，使用统一的、可比的采样和监测手段，获取海洋环境质量要素和陆源性入海物质资料。海洋监测根据介质分类，可分为水质监测、沉积物监测、生物监测和大气监测；根据监测要素分类，可分为常规项目监测、有机污染物和无机污染物监测；按海区的地理区位来分，可分为近岸海域监测、近海海域监测和远海海域监测；按照监测任务来分，可分为海水水质监测、海洋沉积物质量监测、海水浴场监测、典型海洋生态系统健康监测、海洋垃圾和微塑料监测等常规监测任务，此外新增海洋大气污染物沉降、海洋自然保护地生态状况和滨海湿地生态状况等试点监测任务。

海水水质监测：海水水质监测是海洋生态环境质量监测的基础，准确掌握管辖海域海水中各主要指标的时空分布，客观分析海水水质的状况及变化趋势，是保证海洋环境保护工作发展的核心需求。海水水质监测对实施污染防治，有效管理和保护海洋生态环境具有重要的作用，对合理利用海洋环境资源，改善海洋环境质量具有重要意义。监测主要以传统的手工监测为主，同时在重点海域布设自动监测浮标，开展海水水质自动监测。

海洋沉积物质量监测：海洋沉积物是反映海洋环境质量的重要介质，掌握我国管辖海域沉积物类型和质量状况，对了解污染物质在海洋沉积物中的分布、污染程度及变化状况具有重要意义。

海水浴场监测：海水浴场环境质量与海洋经济发展和人民群众生活密切相关，掌握海水浴场环境质量，对于满足公众环境知情权、保障游泳者人体健康与安全具有重要作用。

① 1 nmile≈1 852 m

典型海洋生态系统健康监测：典型海洋生态系统涵盖河口、海湾、滨海湿地、红树林、珊瑚礁、海草床、海岛等海洋生态系统，对海域典型海洋生态系统实施有效监测和评价，有助于了解典型海洋生态系统状态、功能及其生态过程，为生态系统管理和保护提供科学依据。监测涉及海水水质、海洋沉积物质量、海洋生物质量、海洋生物群落和栖息地状况等五大类指标。

海洋垃圾监测：海洋塑料污染是近年来全球广泛关注的热点环境问题，被列为环境与生态科学研究领域的第二大科学问题。开展海洋垃圾和微塑料监测，对于掌握我国海洋垃圾和微塑料污染现状，制定管控措施和我国参与全球环境治理具有重要意义。

第二节　监测实施方案编制

根据国家监测任务要求或管理需求，编制海洋生态环境监测实施方案，指导监测任务实施。监测实施方案应明确监测依据、监测任务、职责分工、监测船只、监测设备器具材料、走航计划和安全保障等内容。对于国家任务等已明确监测内容的任务，应完全按照国家方案要求制定监测方案，对于研究性监测、现场应急监测等，应根据具体任务要求和监测目的，合理布设监测点位，确定监测频次，选取监测指标，编制监测方案。

2.1　监测依据

列明监测任务的来源，工作开展的依据，包括方案、文件、通知等。

2.2　监测任务

2.2.1　点位布设

近岸海域环境监测点位布设遵循监测点位的代表性、可比性、整体性、稳定性和前瞻性原则，同时遵循近岸密、远岸疏，发达地区密、原始海岸疏的原则。以最少数量的点位，获取能够满足监测目的的数据。

点位布设主要遵循《海洋监测规范》（GB 17378—2007）、《近岸海域环境监测点位布设技术规范》（HJ 730—2014）、《近岸海域环境监测技术规范》（HJ 442—2020）、《海洋调查规范》（GB/T 12763—2007）和《海洋监测技术规程》（HY/T 147—2013）的相关要求。沉积物点位布设尽量与海水水质点位一致。

生物质量样品主要通过底栖拖网捕捞、渔船捕捞、养殖采样或市场直接购买。底栖拖网捕捞生物时，生物质量监测点位布设，应在对监测海域自然环境及社会状况进行调查研究的基础上根据监测目的布设。

海洋生物除特殊需要外，可结合水质、沉积物等环境监测点位，采用网格式或断面等方式布设；开阔海区测站可适当减少，半封闭或封闭海区测站可适当加密；监测站位一经确定，不应轻易更改，不同测站航次的监测站位保持不变。

2.2.2 调查海域和监测点位

根据监测任务点位经纬度信息，绘制监测点位图，监测点位可以依据监测任务或要素不同进行区分，同时叠加海图、遥感图和海洋功能区划等，对调查海区及周边海底地形、功能分区、污染源、环境风险源和环境敏感点分布等情况充分了解，便于后期监测船只选择、航线规划、进度安排和后期分析评价。

2.2.3 监测时间、频次

按照方案要求，进一步明确监测时间和频次。海水水质监测一般按照季节分春季（3—5 月）、夏季（6—8 月）和秋季（9—11 月）进行采样，沉积物监测 2 年开展一次，于夏季采样，监测时间确定除需要考虑季节因素外，还需要考虑天气、台风、禁航等因素。对于一些有潮期要求的水质监测及潮间带生物监测，需要重点关注调查海区潮汐状况，根据大小潮、涨落潮情况合理计划采样时间，以免错过采样时机。此外，红树林、珊瑚礁、海草床和海岛生态系统特征生物指标监测时间和频次，根据生物群落区系特征和生物习性确定。

2.2.4 监测项目

监测项目依据监测方案、监测目的和监测条件等确定。近岸海域水质常规监测指标 28 项，包括水文气象、pH、溶解氧、COD、营养盐、重金属、石油类等，此外选取部分点位开展《海水水质标准》全项目监测。沉积物常规监测指标 11 项，主要包括硫化物、石油类、有机碳、粒度和重金属等。生物质量常规监测指标 9 项，包括石油烃、重金属和麻痹性贝毒等。对于突发海洋环境事件，主要选择特征污染因子或事故造成环境污染影响的主要因子开展监测。海洋生物监测除开展常规浮游植物、浮游动物和大型底栖生物监测，还应根据生态系统类型，选择潮间带生物、游泳动物、珊瑚礁、红树林、海草床及海域特征珍稀濒危生物开展监测。

2.2.5 采样、保存、运输和分析方法

根据监测项目和检测能力，首先明确分析方法，根据分析方法，确定采样体积、前处理、保存和运输条件。分析方法优先选择国家标准和行业标准，若无，可选择环境质量标准、技术规程等。分析方法必须满足检出限低于环境的实际浓度，方法的适用浓度范围覆盖监测海域环境质量浓度。

2.3 职责分工

对于需要多方配合的监测任务，应根据监测方案职责分工，明确承担单位、监测任务、监测人员和监测岗位。综合性监测航次一般配置专业技术人员 9～12 名，设置总指挥 1 名，负责全船工作调度、安全防护、突发事件处置、同船长协调沟通等；质控员 1 名，负责整个航次采样过程质控工作，协助完成样品交接工作；海水监测人员

3～4 名，负责海水采样、分装、前处理及信息填写，现场水文、气象和水质指标监测；沉积物监测人员 1～2 人，负责沉积物样品采集、分装、前处理及信息填写；生物监测人员 3～4 名，负责浮游植物、浮游动物、底栖生物采样、固定及信息填写等；每个岗位至少应配备一名替补人员。

2.4 监测船只

监测船舶应符合海事、船级社对船舶管理的要求，同时满足监测需求的作业空间、设备设施、人员配置等。监测船只的选择根据调查海域范围、监测指标、水深、潮汐和船舶吃水深度等情况确定。对于近岸海域水质、沉积物和典型海洋生态系统等综合性监测一般选用 500 吨级调查船（配快艇）开展监测，对于内湾较多、水深较浅、海底地形复杂的海湾一般选用当地熟悉作业环境的渔船或大型快艇进行。根据监测任务时间要求和海洋天气情况合理确定监测船期安排。

2.5 设备、器具和材料

根据监测项目和采样分析方法，制定航次监测设备、器具和材料清单，详细注明名称、规格、数量和必要备注。一般包括现场监测设备类（多参数水质分析仪、风速风向仪、流速流向仪等）、采样器具类（采水器、采泥器、浮游生物网等）、样品容器类（塑料瓶、棕色玻璃瓶、广口塑料瓶等）、试剂类（固定剂、前处理试剂等）、安全防护用品（安全帽、救生衣、药品等）及其他必要物资（文具、食物、饮用水等）。

为保障航次顺利开展，所有采样器具至少备份 1 套，以防海上采样期间意外滑落、损坏，耽误采样进程。出航前，认真检查所有采样器具、试剂等是否齐全，数量是否满足要求，生物网具各部分有无破损、网底管是否密合，采泥器开合是否顺滑，采样瓶、固定剂是否充足等。监测船只作业甲板、吃水深度、配套设备（电动绞车、冲水设备、捕捞网具等）是否满足采样需求。

2.5.1 海水水质

海水水质采样常用采样器包括表层采水器、表层油类分析采水器、Go-Flo 采水器和 Niskin 采水器。

表 9-1 常用海水采样器具

类型	材质	特点
有机玻璃采水器	有机玻璃	采水体积 1～5 L 不等，适用于除油类、细菌学指标以外的大多数监测项目表层样品采集
表层油类分析采水器	不锈钢	采水体积 0.5～1 L，用来采集表层石油烃类等水样
Go-Flo	聚氯乙烯	采水体积 3～60 L，在预订深度下用锤控制，密封性好。非常适合痕量金属样品的采集
Niskin	聚氯乙烯	采水体积 3～60 L，锁合装置涂聚氯乙烯膜

2.5.2　沉积物

沉积物采样航前准备应重点关注采样器和辅助器材的选择。常用采样器包括掘式（抓斗式）采泥器、箱式采泥器和管式采泥器。

表 9-2　常用采泥设备

类型	材质	特点
掘式（抓斗式）采泥器	不锈钢	适用于采集较大面积的表层样品
箱式采泥器	不锈钢	适用于大面积、一定深度沉积物样品的采集
管式采泥器	不锈钢	适用于采集柱状样品

2.5.3　生物生态

采水器：用于浮游植物样品采集，常用采水器包括球阀式采水器、卡盖式采水器。采水器容积可为 2.5 L、5 L 或 10 L。

浅水Ⅰ型浮游生物网：用于采集大型浮游动物及鱼卵、仔稚鱼。网长 145 cm，网口内径 50 cm，网口面积 0.2 m^2，筛绢规格 CQ14 或 JP12。

浅水Ⅱ型浮游生物网：用于采集中、小型浮游动物。网长 140 cm，网口内径 31.6 cm，网口面积 0.08 m^2，筛绢规格 CB36 或 JP36。

浅水Ⅲ型浮游生物网：用于采集浮游植物样品，供分析浮游植物种类组成时采用。网长 140 cm，网口内径 37 cm，网口面积 0.1 m^2，筛绢规格 JF62 或 JP80。

采泥器：用于大型底栖生物样品定量采样，常用采泥器包括抓斗式采泥器和“大洋-50”型采泥器。抓斗式采泥器采样面积 0.1 m^2，适用于近岸海域取样，“大洋-50”型采泥器取样面积 0.05 m^2，适用于无动力设备的小船在内湾取样。

大型底栖生物拖网：用于大型底栖生物样品定性或半定量采样，常用拖网包括阿拖网、三角形拖网和双刃拖网。阿拖网普遍适用于底质平缓港湾、近海和大洋，三角形拖网适于沿岸浅水和底质较复杂的海区，双刃拖网适用于底质为岩礁、碎石或沙砾的海区。

滩涂定量采样器：用于滩涂潮间带生物采样，规格 25 cm × 25 cm × 30 cm，配套平头铁锨。

定量框：用于岩岸潮间带生物采样，规格 25 cm × 25 cm，高生物量区可用 10 cm × 10 cm 规格，配套小铁铲、凿子、刮刀等。

游泳动物拖网：用于游泳动物拖网取样，配套专业调查船或渔船，常用拖网包括专用底层拖网、变水层拖网、有翼单囊拖网等。

流量计：用于浮游生物网滤水量测定。未经检定的流量计，使用前必须检定或在平静海区经现场标定后方可使用。标定方法是将流量计按实际使用时的位置，安装在不带网衣的网圈上，并按实际采样时的拖网速度从一定深度（10 m 或 30 m）垂直拖至表层，记录其转数。如此反复 5～10 次，取得转数平均值，再计算每转的流量，此值至少需保留 3 位有效数字。

旋涡分选装置（或三层套筛）：用于从沉积物样品中分选大型底栖生物或潮间带生物，套筛分三层，上层网目为 2 mm、中层 1 mm、底层 0.5 mm。

船载电动绞车：用于采水器、生物网具和采泥器提升，无电动绞车时可用手摇绞车代替。

2.6 走航计划

综合监测任务、监测点位、海底地形、潮汐、港口码头、监测船只吃水深度、航速等情况，确定每日起航码头、起航时间，监测站点、走航路线、到达码头、到达时间，绘制监测航线图。

2.7 安全保障

为保障监测航次顺利开展，保护监测人员生命和设备安全，出航前须制定安全保障措施，设置安全监督员。所有监测人员均应购买意外保险，并进行安全培训，熟悉所用船舶的“船舶应变部署系统”，掌握应变部署和自救方法。采样作业须等到船舶稳定后进行，采样作业期间，监测人员须穿戴救生衣、安全帽等防护设备，所有监测设备和器具须采取固定、防滑措施。如遇水深较浅大船无法到达，需放快艇进行采样时，应参照上述要求，明确相关安全规定。在海况不允许或船长声明没有安全保证的情况下，监测人员应服从船长及安全监督员安排，在无安全保证的情况下，任何人不得以任何理由强行要求出海采样。

2.8 质量控制

海洋监测质量保证是海洋监测的一项十分重要的技术管理工作。海洋监测质量保证是对整个海洋监测过程的全面质量管理。海洋监测质量控制是海洋监测工作的重要组成部分，是为达到海洋监测质量要求所采取的一切技术活动（如采样、实验室分析测试等），是监测过程的控制方法。

海水、沉积物样品采集的质量控制按照《海洋监测规范　第 3 部分：样品采集、贮存与运输》（GB 17378.3—2007）和《近岸海域环境监测技术规范》（HJ 442—2020）的相关要求。水质样品采集的质量控制由质控人员负责安排和检查，质控手段主要包括容器空白样、现场空白样和现场平行样。

海洋生物生态现场样品采集的质量控制按照《海洋监测规范　第 7 部分：近海污染生态调查和生物监测》（GB 17378.7—2007）进行，微生物、叶绿素 a 样品采集采用现场平行双样进行质量控制，平行样应占样品总量的 10% 以上。

第三节　现场采样监测

样品采集主要遵循《海洋监测规范》（GB 17378—2007）、《近岸海域环境监测点位布设技术规范》（HJ 730—2014）、《近岸海域环境监测技术规范》（HJ 442—2020）、《海洋调查规范》（GB/T 12763—2007）和《海洋监测技术规程》（HY/T 147—2013）的相关要求。

采集样品需具有代表性，能客观表征海洋环境的真实情况，不仅代表原环境，而且应在采样及其处理过程不变化、不添加、不损失。海洋样品采集涉及海水水质、沉积物、生物质量、海洋生物。

3.1　海水水质

监测船到达点位前 20 min，停止排污和冲洗甲板。到达点位时，核对并记录点位位置信息，测其实际水深，确定采样层次及钢丝绳应放长度。

采样人员首先监测风速、风向、气温、水温、pH、溶解氧和盐度等现场监测指标。其中风速、风向的监测需监测人员站在前甲板等开阔位置，确保四周无障碍、不挡风；水温、pH、溶解氧和盐度等现场监测指标可通过多参数水质分析仪进行原位监测，对于底层水质的监测，需通过合理的配重（可通过定制外置架子）确保分析仪到达指定的水深。同时，因海上现场环境比较复杂，分析仪易出现数据漂移问题，监测人员需通过历史数据比对，及时发现问题，校准或更换仪器。

根据风向和流向，采用向风逆流采样，水样按照按悬浮物和溶解氧（生化需氧量）→化学需氧量（其他有机物测定项目）→汞→ pH →盐度→营养盐→其他重金属→叶绿素 a →浮游植物（水采样）的顺序进行分装。

采样完成后，立即检查现场监测记录表，核对样品数量，及时根据样品保存要求保存样品，确认无误后通知船方起航。

3.2　沉积物

海洋沉积物采样一般与水质采样同步开展，一般在水质采集完成后开展，防止海底沉积物搅动对水质产生影响。

3.3　海洋生物生态

船只到站停稳后，应核对并记录点位位置信息，测其实际水深，确定采样层次及钢丝绳应放长度。

（1）浮游生物

1）水样采集

浮游植物调查，一般只需采集水样。采样层次根据监测点位水深确定，水深在 15 m 以内的采表、底两层，水深大于 15 m 的采表、中、底三层，一般每次采水量 500 ml，采样后应及时按每升水样加 6～8 ml 碘液固定。浮游植物水样采集与叶绿素 a 和水质项目采水同步进行。

2）垂直拖网采样

分别采用浅水Ⅲ型、Ⅱ型和Ⅰ型浮游生物网自底至表垂直拖曳采集浮游植物、中小型浮游动物和大型浮游动物（含鱼卵、仔稚鱼）。采集过程操作步骤及注意事项如下：

采前检查：每次下网前检查网具有否破损，网底管是否闭紧；检查网底管和流量计是否处于正常状态，记录流量计读数。

放网：网口入水后，以不超出 1 m/s 的匀速持续下降，以钢丝绳保持紧直为准；当网具接近海底时，绞车应减速，沉锤着底钢丝绳出现松弛时，应立即停车，以防止网具触底沾污底泥。钢丝绳与水面垂线夹角超过 45° 或网口刮底应加重沉锤重新采样。

收网：网具达到海底后可立即起网，速度保持在 0.5 m/s 左右，网口未露出水面前不可停车，网口离开水面时应减速并及时停车，遇网口刮碰船底，应重新采样。

收集样品：把网升至适当高度，记录流量计读数后用冲水设备自上而下反复冲洗网衣外表面，使黏附于网上的标本集中于网底管内，将网收入甲板，开启网底管活门，把标本装入样品瓶，再关闭网底管活门，用洗耳球冲洗筛绢套，如此反复多次，直至残留标本全部收入样本瓶。网衣冲洗过程中切勿使冲洗的海水进入网口，导致样品人为增加。

样品固定：及时加入样品体积 5% 的甲醛溶液进行固定。

样品标签应包含采集项目、样品编号、采样日期、采样点位等信息，样品标签应牢固并做防水处理，防止掉落或沾污。采样完成后，按照相关要求填写采样记录表，详细记录采样信息。

（2）大型底栖生物

1）沉积物样品采集

沉积物采样一般使用 0.1 m^2 采泥器，每站取样 3 次；在港湾或无动力设备小船上，可用 0.05 m^2 采泥器，每站取 3 次。采用抓斗式采泥器进行沉积物样品采集并分选大型底栖生物过程操作步骤及注意事项如下：

投放采泥器：将采泥器活门上的铁链挂在挂钩上，慢慢开动绞车，提升采泥器，随着钢丝绳拉紧，两颚瓣自动张开。采泥器上升到略超过船舷时，即转动吊杆将其送出舷外，待稳定后慢慢下降，入水后再快速下降。当放出的钢丝绳松弛时应立即停车，放出钢丝绳长度稍长于水深。采泥器提升过程中，应佩戴安全帽，并双手扶稳采泥器直至吊杆将采泥器送出舷外并下降至船舷以下，以防船舶晃动过程中采泥器不受控制摇摆伤及人身安全。

提升采泥器：开始用慢速提升，离底后改用中快速，接近水面时，再用慢速。当采泥器超过船舷时，应立即停车，转动吊杆使之移近船舷，再慢慢下降，将采泥器放在一预先准备的接样盘中。然后将活门上的铁链重新挂于挂钩上，慢慢开动绞车，使采泥器离开白铁盘，使泥样落入盘中，如此反复采集沉积物样方 3 次，并记录采样面积、沉积物样品厚度、类型等信息。采集的沉积物样品出现洒漏、样方明显倾斜或凸起时，需废弃重新采样。

分选：将采集的沉积物样品移入三层套筛，用冲水装置反复冲洗网筛中沉积物，将细小的泥砂洗出，冲洗过程中保持水速适中，既要保证可以冲散泥沙，又不可溢出网筛，以防止大型底栖生物样品冲出网筛，淘洗完成后用镊子等工具将截留在网筛上的生物按类群、大小或软硬分别装瓶，难以挑拣的生物连同余渣务必一起装入样品瓶，回实验室分拣。

样品固定：样品用 5% 甲醛溶液固定保存。

2）拖网取样

根据调查海区水深和底质状况选择适宜网具进行。大型底栖生物拖网取样操作步骤及注意事项如下：

投网：拖网应在每一测站各调查项目完成后进行，防止沉积物搅动对其他调查项目影响。放出绳长一般为水深的 3 倍左右，保障网口与底质贴合。

拖网：航速约 2 节，船速大于 4 节时可采取间歇开车。拖网时间从放绳完毕网着底开始，至起网为止。

起网：应先降低船速，然后起网。网袋内有泥砂时，移入 2 mm 套筛冲洗，并将挂在网衣上生物挑拣干净。

分拣：自网中取出标本后，按类群、大小或软硬分别装瓶。标本量大时，可取部分称重，并计算各类群或各种类个体，换算成标本总数量。

样品固定：样品用 5% 甲醛溶液固定保存。

（3）潮间带生物

根据调查断面类型，选取适宜的采样器具进行潮间带生物采样。潮间带生物采样受潮汐限制，为获得低潮带样品，须在大潮期最低潮时进行，因此需提前查询调查地点潮汐情况，合理安排采样时间。

1）滩涂采样

滩涂潮间带生物采样，选用滩涂定量采样器进行，每个站位通常采 8 个样方，滩面沉积物类型较一致、生物分布较均匀时，每个站位可取 4 个样方。样方位置的确定切忌人为，可用标志绳索，于站位两侧水平拉直，每隔 5 m 或 10 m 设置 1 个样方。取样过程操作步骤和注意事项如下：

框样：取样时，先将取样器挡板插入框架凹槽，用力插入滩涂内至采样器全部没入，观察记录表面可见生物及数量。

取样：用铁锹清除挡板外侧泥沙，拔去挡板，铲取样品，如发现底层仍有生物存在时，应将取样器再往下压，直至采集不到生物为止。

分选：同大型底栖生物。

固定：5% 中性甲醛溶液固定。

2）岩石岸采样

岩石岸潮间带生物采样，一般选用 25 cm × 25 cm 的定量框，每个站位采 2 个样方，若生物栖息密度很高，且分布较均匀，可采用 10 cm × 10 cm 定量框。确定样方位置应在宏观观察基础上选取能代表该水平高度上生物分布特点的位置。取样时，先将框内易碎生物计数，并观察记录优势种的覆盖面积。然后用小铁铲、凿子或刮刀将框内所有生物刮取干净。对某些栖息密度很低的底栖生物或营穴居、跑动快的种类，可采用 25 m^2 或 100 m^2 的大面积计数，并采集其中的部分个体，求平均个体重，换算成单位面积的数量和重量。采集生物全部装入标本瓶中，样品加入 5% 中性甲醛固定液固定。

样品标签应包含采集项目、样品编号、采样日期、采样点位等信息，样品标签应牢固并做防水处理，防止掉落或沾污。

第四节 样品保存和流转

海水水质、沉积物和海洋生物样品保存和运输主要遵循《海洋监测规范 第 3 部分：样品采集、贮存与运输》（GB 17378.3—2007）、《海洋监测规范 第 7 部分：近海污染生态调查和生物监测》（GB 17378.7—2007）和《近岸海域环境监测技术规范》（HJ 442—2020）的相关要求。

4.1 海水水质

海水水质样品保存和运输过程应注意以下事项：

（1）营养盐过滤后样品冷冻保存；或现场过滤后冷藏，24 h 内送回实验室分析；

（2）石油类样品现场萃取后冷藏保存；或现场固定，24 h 内送回实验室并萃取完毕；

（3）悬浮物、叶绿素 a 等冷藏或冷冻保存；

（4）样品运输前，检查采样记录，清点样品数量、检查样品状态、保存期限等信息。如样品运输人员与采样分析人员不同，填写样品交接单。

4.2 沉积物

用于贮存沉积物样品的容器主要为广口硼硅玻璃瓶、聚乙烯袋或聚苯乙烯。聚乙烯和聚苯乙烯容器适于痕量金属样品的贮存。

样品容器要盖紧盖子，以避免任何沾污或蒸发。运输时注意防止容器破裂。

4.3 海洋生物生态

海洋生物样品一般用 500 ml 广口塑料瓶并加入甲醛等固定剂进行保存。样品容器应加内盖，并盖紧盖子，以避免样品洒漏和甲醛等有毒气体挥发。根据采样记录核对样品，核对无误后所有样品应装入牢固的样品箱，样品框应有充足高度，保证样品瓶不受外力挤压。

第五节　实际工作案例

根据《××××年国家生态环境监测方案》海洋生态系统健康状况监测有关要求，以大亚湾海湾生态系统为例，编制监测方案，组织开展监测工作。

典型海洋生态系统健康状况监测涉及监测指标多、监测范围广，需要多家单位配合实施，为保障项目顺利实施，项目实施前需要制定详细监测方案，以保障监测任务顺利开展。

5.1　工作内容

（1）监测范围和监测点位

根据国家方案要求的监测范围和监测点位，列明监测点位信息表（表9-3），包括点位编码、经纬度、监测指标等，绘制监测点位示意图。

表9-3　2020年大亚湾海洋生态系统健康状况监测点位表

序号	点位编码	经度/（°）	纬度/（°）	生态系统	监测指标
1	DYW01	114.658	22.700	海湾	水质、沉积物、海洋生物
××	××	××	××	××	××

（2）监测时间、频次

按照方案要求，典型海洋生态系统健康状况监测1次/年，于8月实施。考虑到8月南海海域台风频发，为保障项目按时完成，计划8月上旬开展，具体时间根据海洋天气状况调整。海水水质、沉积物质量、生物质量和海洋生物监测同步开展。

（3）监测项目

大亚湾生态系统健康状况监测属于综合性海洋生态环境监测工作，监测指标涉及海水、沉积物、海洋生物、生物质量和栖息地状况等5类共55项，此外结合海漂垃圾和微塑料监测任务，增加相关监测指标。由于监测指标较多，表9-4分类列出了所有监测指标。

表9-4　监测指标

序号	监测要素	监测指标
1	海水	水文气象指标：风向、风速、天气、水温、水色、水深、透明度、海况 化学指标：盐度、pH、溶解氧、化学需氧量、氨氮、亚硝酸盐氮、硝酸盐氮、活性磷酸盐、总氮、总磷、石油类、悬浮物、叶绿素a、铜、锌、总铬、汞、镉、铅、砷
2	沉积物	硫化物、石油类、有机碳、汞、镉、铅、砷、铜、锌、铬、粒度
3	生物质量	铜、锌、铬、总汞、镉、铅、砷、石油烃和麻痹性贝毒
4	栖息地	岸线：类型长度、空间位置、变化情况及原因
		湿地：类型及面积，空间位置、面积变化情况、整治修复情况
		围填海：新增围填海活动的利用类型、空间位置、面积变化情况

续表

序号	监测要素	监测指标
5	海洋生物	浮游植物：种类、密度、多样性、优势种
		大中型浮游动物（Ⅰ型网）：种类、密度、生物量、多样性、优势种
		中小型浮游动物（Ⅱ型网）：种类、密度、多样性、优势种
		大型底栖生物：种类、密度、生物量、多样性、优势种
6	海漂垃圾	种类、数量、重量、来源
7	微塑料	种类、数量、重量、来源

（4）采样、保存、运输和分析方法

现场采样、保存、运输和分析主要依据《海洋监测规范》（GB 17378）、《海洋调查规范》（GB/T 12763）和《近岸海域环境监测规范》（HJ 442—2020）中的方法实施，见表 9-5、表 9-6。

表 9-5　样品处理、保存和容器的洗涤

测项	容器	容器规格 /ml	处理及保存方法	最长保存时间 /h	容器洗涤
pH	—	—	现场测定	—	—
××	××	××	××	××	××

表 9-6　生态环境质量监测指标及分析方法

序号	监测指标	分析方法	引用标准
1	水温	颠倒温度计法 /CTD 法 / 电极法	GB 17378.4—2007
××	××	××	××

5.2　职责分工

根据监测方案职责分工，明确承担单位、监测任务、监测人员和监测岗位，见表 9-7。

表 9-7　生态系统健康状况监测岗位设置及工作内容

序号	岗位	人员	主要工作内容
1	总指挥	1 名，××	负责全船工作指挥调度、安全防护
2	质控员	1 名，××	负责采样过程质控
3	海水	4 名，××	负责海水采样、现场指标检测
4	沉积物	2 名，××	负责沉积物采样
5	生物	4 名，××	负责浮游生物、底栖生物和生物质量样品采样
6	海漂、微塑料	2 名，××	负责海漂垃圾、微塑料采样和现场观测

5.3　监测设备、器具和材料

根据监测项目和采样分析方法，编制备航物资清单，见表 9-8。

表 9-8　备航物资清单

类别	名称	数量	规格	准备情况
监测设备类	××	××	××	××
采样器具类				
样品容器类				
试剂类				
安全防护用品类				
其他类				

5.4　走航计划

根据大亚湾海域监测点位、监测船只和海域状况，确定每日起航码头、起航时间，监测站点、走航路线、到达码头、到达时间，制订走航计划，绘制监测航线图，见表 9-9。

表 9-9　××××年大亚湾生态系统健康状况监测工作安排

日期	工作安排
8 月 3 日	船只、人员到达大亚湾惠州市渔政码头，12:00 前所有监测设备装船，开展起航前全面检查
8 月 4 日	8:00 惠州渔政码头起航，计划开展 DYW13、WS2、DYW08、DYW09、DYW07、WS3、DYW10、DYW02、DYW15、WS1 等 10 个点位监测，航程约 75 km，用时 10 h，预计 18:30 靠泊惠州市渔政码头
8 月 5 日	8:00 惠州渔政码头起航，计划开展 WS5、WS6、WS7、DYW12、DYW06、DYW03、DYW05、DYW16 等 8 个点位监测，航程约 90 km，用时 10 h，预计 18:30 靠泊惠州市渔政码头
8 月 6 日	8:00 惠州渔政码头起航，计划开展 DYW04、DYW01、WS4、DYW17、DYW18、DYW11、DYW14 等 7 个点位监测，航程约 60 km，用时 7.5 h，预计 15:30 靠泊惠州市渔政码头，监测人员上岸
8 月 7 日	返回湛江港

注：时间根据采样时间 30 min/ 点，航速 15 km/h 估算，以海上实际监测进度为准。

第三部分
生态环境实验室分析技术

第十章　常规分析技术

第一节　概　述

在环境监测分析领域，环境介质分为水和废水、环境空气和废气、土壤和沉积物等，监测分析的手段主要以环境分析化学为主，内容分为重金属分析、有机物分析和常规项目分析。

本章主要是讨论环境监测中常规项目的监测分析方法，以下我们称为常规分析方法。常规分析方法是指环境分析化学中，除有机污染物、重金属污染物仪器分析以外的分析方法；所分析的常规项目大部分为综合性指标。

常规分析方法是环境监测工作中使用范围最广泛的一类方法，其种类繁多，是环境监测分析方法的基础。通常包括重量法、容量法、分光光度法、电化学法及离子色谱法等。在环境监测领域，各种常规分析方法应用的项目主要有以下几种：

重量法：悬浮物、溶解性总固体、低浓度颗粒物、含水率等；

容量法：化学需氧量、高锰酸盐指数、氯化氢、有机质等；

分光光度法：氨氮、总磷、总氮、挥发酚、氰化物、硫化物、阴离子表面活性剂、石油类等；

离子色谱法：阴离子（氟离子、氯离子、硫酸盐、硝酸盐、亚硝酸盐、磷酸盐、溴、亚硫酸盐等）；阳离子（钠、铵、钾、镁、钙）等；

电化学分析法：pH、电导率、氟化物、有机卤素、五日生化需氧量等；

流动注射法：氰化物、硫化物、挥发酚、阴离子表面活性剂、六价铬、总氮等；

气相分子吸收光谱法：氨氮、亚硝酸盐氮、硝酸盐氮、总氮、硫化物等。

1.1　特点

（1）操作简单、费用低

常规分析方法一般通过过滤、称量、滴定、比色等操作进行分析，操作简单、便捷。所使用的仪器设备主要有天平、pH 计、滴定管、水浴锅、高压锅、培养箱、分光光度计、离子色谱分析仪等，体型相对较小，仪器和耗材价格低，应用范围广。

虽然常规分析操作步骤简单，但是如果设备没有维护保养好，操作细节不注意，仍然会导致结果出现偏离。以重量法为例，如果天平所处环境温湿度不合适或操作不当，也会导致称量数据不稳定，使得称量结果不准确。

（2）技术进步空间大

目前，常规分析主要以手工操作为主，而人为因素会导致分析结果平行性、准确性受影响。如滴定管读数误差、温度控制误差、时间控制误差、环境温湿度影响等。随着科技进步，自动化仪器的出现，如半自动滴定器、全自动蒸馏仪、自动萃取装置、全自动恒温恒湿称量系统、流动注射仪、气相分子吸收光谱仪等，解放了分析人员的双手，简化了分析步骤，使得常规的手工操作逐渐实现自动化，大大节省了人力。

（3）分析方法多

大多数常规分析项目都有两个甚至两个以上的分析方法。如溶解氧可以用电极法和容量法；石油类可以用重量法和红外分光光度法；氨氮可以用分光光度法、流动注射法、气相分子吸收光谱法等；氰化物可以用分光光度法和流动注射法。分析人员应根据水样的来源、浓度范围、干扰情况等信息选择合适的监测方法。比如氰化物项目，污染源的样品基体复杂，前处理要求高，最好选用分光光度法；如果是比较干净的地表水，可以选用流动注射法。因此，在实际分析过程中，需要根据样品信息选择最佳的分析方法。

1.2　重要性

常规项目监测是生态环境监测的重要构成部分，也是环境管理的重要依据。通过常规项目监测，可以全面、客观地了解所监测的生态环境其污染状况及动态变化规律。

（1）常规项目是环境状况综合性评价指标

常规项目往往与人体感官密切相关，是环境状况综合性评价的指标。如pH，是衡量水溶液酸碱性质的一个综合性物理化学指标；高锰酸盐指数，被作为水质受有机污染物和还原性物质污染程度的综合指标；五日生化需氧量是利用水中有机物在一定条件下所消耗的氧，来间接表示水中有机物的含量，是水体受有机物污染的最主要指标之一；溶解氧，指溶解于水中的氧的量，是评价水体自净能力的指标。常规监测项目超标，往往人体感知明显，群众反馈较多，因此也一直是环境监测及监管部门最为关注的指标。

（2）常规项目是表征环境质量的基本指标

常规项目在环境评价中占比最大，是表征环境质量的基本指标。例如“十二五”期间，国家对化学需氧量、二氧化硫、氨氮和氮氧化物四项主要污染物实施国家总量控制和减排，这四项污染物均为常规项目。

以水环境质量为例，《地表水环境质量标准》（GB 3838—2002）表1的基本项目和表2的补充项目共29项指标，其中20项指标可以用常规分析完成；《地下水质量标准》（GB/T 14848—2017）包括常规指标及非常规指标，39项常规指标中有6项可以用常规分析完成；《海水水质标准》（GB 3097—1997）35项指标中有13项可以用常规分析完成。

（3）常规项目是监测分析的基础和考核的重点

常规分析是监测分析的基础，是中国环境监测总站重点考核项目。常规分析技术，是环境监测工作者最基本的技能要求，是适用范围最广、最基础、最便捷、最经典的监测分析技术。例如重量法和容量法的操作技术，一直以来都是关注的重点。

常规分析项目也是历年监测比武青睐的实操选择“对象”，如第一届全国监测技术人员大比武的氯化物（容量法），第二届全国监测技术人员大比武的高锰酸盐指数（容量法）和六价铬（分光法），并且在现场实操中，对实验人员的操作技术要求很高，选手总得分的 80% 取决于样品分析结果的准确性，对实验操作技能提出了很高的要求。

1.3 存在的问题

由于环境监测常规分析开展的时间较早，很多分析方法已经使用了 30 多年。随着分析经验的积累、分析仪器的进步，发现存在以下问题：

（1）未明确前处理的时间或具体方式。如水样过滤是在现场还是回到实验室进行，过滤是选择自然沉降还是离心等，水样沉降时间和沉降方式的差异会对后续的实验结果产生影响。高锰酸盐指数水浴加热未明确锥形瓶是否加盖，而加盖会比不加盖结果高一些等。

（2）监测分析方法选择存在差异。同一个监测项目可能存在多个标准方法，方法选择的不一致也会导致结果差异，如氨氮、挥发酚等；而前处理方面，现行的标准方法会列出多种前处理方式，受实验室条件和技术人员经验的限制，选择不同的前处理方式也会造成监测结果不一致。

（3）实验室内部质量控制存在差异。常规分析中部分方法因年代久远，缺少明确的质控要求；部分方法的质控要求过于严格，实际操作中存在困难。

（4）常规分析的自动化智能化亟待提升。“十四五”时期，生态环境质量改善进入了由量变到质变的关键时期，面对“提气、降碳、强生态，增水、固土、防风险”的管理需求，生态环境监测面临新的挑战。近十年来，全国环境监测技术水平有了突飞猛进的发展，如何利用先进手段推动环境监测技术的现代化，尤其是常规分析的自动化智能化，是我们面临的一项艰巨而重要的任务。

本章由环境监测一线工作人员编写，对方法原理、前处理技术、分析过程中注意事项、仪器操作技术、仪器的使用和维护、仪器常见故障及排除等方面做了探讨和总结，力求为环境监测实际工作提供帮助，提高监测人员能力，做到事半功倍；同时随着监测技术水平的发展和我国经济实力的增强，监测仪器的品牌向多样化发展，仪器自动化程度有了大幅提高，我们也在本章中有所介绍，旨在给各种要求的环境监测实验室提供借鉴。

第二节 常规分析技术

2.1 基本操作技术

2.1.1 滴定

滴定是容量分析法的基本操作，正确使用滴定管是每一位环境分析人员必须要掌握的分析技术之一。

2.1.1.1　滴定管种类

根据所装溶液性质的不同，滴定管分为两种：酸式滴定管和碱式滴定管，如图 10-1 所示。酸式滴定管的下端有玻璃活塞开关，可以控制滴定速度。酸式滴定管主要用于盛装酸性溶液、氧化还原性溶液和盐类稀溶液，不得用于装碱性溶液，因为玻璃的磨口部分易被碱性溶液腐蚀，使塞子无法转动。碱式滴定管的下端连接一橡皮管，管内放一颗直径比橡皮管内径略大一些的玻璃珠，用于控制溶液的滴定速度，橡皮管下端连一尖嘴玻璃管。碱式滴定管主要用于盛装碱性溶液和无氧化性溶液，不宜装对橡皮管有腐蚀性（强氧化性或酸性）的溶液，如碘、高锰酸钾、硝酸银和盐酸等。

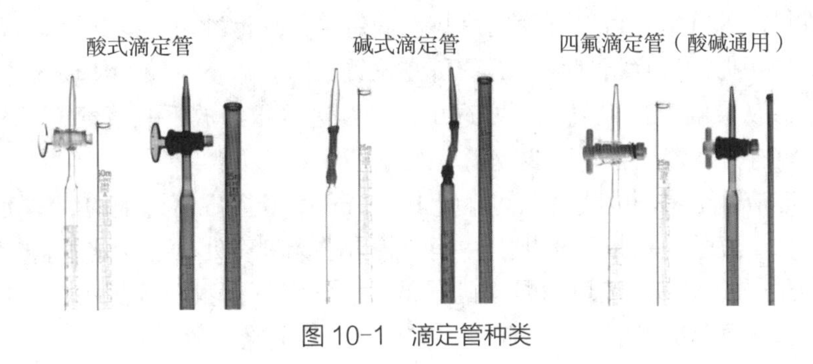

图 10-1　滴定管种类

按照颜色的不同，滴定管分为无色透明滴定管和棕色滴定管。有些需要避光的溶液，如硝酸银、高锰酸钾、硫代硫酸钠等都要用棕色滴定管盛装，以防止溶液在滴定过程中分解。

随着材料技术的发展，由聚四氟乙烯活塞代替玻璃活塞做成的聚四氟乙烯滴定管逐渐占据市场。聚四氟乙烯材质耐酸碱，该类滴定管可盛装酸、碱、盐、氧化剂和还原剂等溶液，是一种通用型滴定管。

2.1.1.2　滴定管使用

由于现在环境监测实验室主要使用的是聚四氟乙烯滴定管，以下将以介绍该类滴定管使用为主。

（1）准备

检查外观：检查滴定管是否完好无损，刻度是否清晰，活塞是否灵活。酸式滴定管检查旋塞是否匹配，碱式滴定管检查胶管孔径与玻璃珠大小是否合适，胶管是否有孔洞、裂纹和硬化等。

检漏：滴定管用小烧杯加水至“0”刻度线以上，将其夹在滴定管架上直立 2 min，用滤纸检查旋塞周围是否有水渗出，滴定管尖端是否有水滴。如不漏水，再旋转旋塞 180° 直立 2 min，再用滤纸检查。

洗涤：用自来水充分洗净并将管外壁擦干以便观察内壁是否挂水珠。用去离子水洗涤 3 次，每次用水约 5 ～ 10 ml。装入水后，应先用两只手平端滴定管两端无刻度处，慢慢转动，使水流遍全管。再打开活塞放出少量水以冲洗滴定管出口管，最后关闭活塞，边转动边向管口倾斜将其余大部分水从滴定管出口倒出。洗干净的滴定管应完全被水均匀润湿而不挂水珠。

润洗：滴定管在装入待测溶液前应用待测液润洗3次，每次5～10 ml，润洗方法与洗涤方法相同，以确保待测液不被残存的去离子水稀释。

装液：左手拿滴定管略微倾斜，右手拿烧杯或细口瓶，让溶液沿滴定管内壁缓缓流下。注意不要太快，以免产生气泡。待液面至零刻度线附近时，用布擦干外壁，垂直固定在铁架台上。

排气：注意观察活塞附近是否有气泡，如有气泡必须将其除去。对于酸式滴定管或聚四氟乙烯滴定管，可将其稍倾斜，左手迅速打开活塞，使溶液冲出管口而除去气泡。对于难排除的气泡，可打开活塞后抖动滴定管使气泡冲出。碱式滴定管应将橡皮管向上弯曲，用拇指和食指捏住玻璃珠所在位置，向右边挤压胶管使玻璃珠移至手心一侧，使溶液从尖嘴喷出，气泡随之逸出，继续边挤压边放下胶管气泡可全部排出。排出气泡后需补充溶液至零刻度线或稍上处。

读数：溶液调至零刻度线后，需静置1～2 min，让附在管壁上的液体完全流下后方可进行读数。读数时拇指和食指捏住滴定管上端无刻度处，使滴定管自然悬垂，视线与弯月面最低点相切，读取弯月面的最低点。滴定管读数应读到小数点后第二位。如果溶液太深导致无法观察到弯月面时，应从液面最上缘读数。

（2）滴定

滴定前读数：建议每次滴定前都先将液面调至零刻度线，并记录读数。

滴定手势和动作：用左手控制旋塞。拇指在前控制旋塞，食指和中指在后，无名指和小指弯曲在旋塞下方和滴定管之间的直角内。转动旋塞时手指弯曲，手掌中心要空。注意不要让手掌心顶出旋塞而使旋塞松动漏液。滴定过程中，右边拿锥形瓶，使锥形瓶的瓶底距离白瓷板2～3 cm，同时调节滴定管的高度，使管尖伸入锥形瓶下1～2 cm，边滴加溶液边摇动锥形瓶，使其向同一方向做圆周运动，使溶液混合均匀。注意，摇动时用手腕的力量，不要大幅度前后振荡，以免溅出溶液。

控制滴定速度：滴定过程中要注意观察滴定剂落点处溶液颜色的变化，开始滴定时滴定剂的加入不会引起溶液颜色的变化，可适当加快滴定速度，可使溶液快速滴出而不连成线。在接近滴定终点时，滴落点周围会出现短暂性的颜色变化并快速消失，随着离终点越来越近，颜色消失速度渐慢。当变色在转1～2圈锥形瓶才消失时应滴一滴摇几下，通常最后还需要半滴操作，它是准确控制终点的关键。滴加半滴时可慢慢控制旋塞使液滴悬挂在管尖而不滴落，将其靠在锥形瓶内壁，并用洗瓶以少量水冲洗锥形瓶内壁溶液靠点处，滴到终点为止。

滴定后读数：滴定完毕后需等待1 min，在滴定管壁附着的液体全部流下后，将滴定管从管架上取下读数。

整理：滴定管内剩余的溶液应弃去，不要倒回原瓶，以免沾污整瓶溶液。滴定管无明显污渍时，可先用自来水冲洗，再用去离子水冲洗。如有污渍或洗后管内壁挂有水珠，需用铬酸洗液浸泡，然后再用自来水和去离子水清洗，直至管内壁不挂水珠，即为干净。

2.1.2　称量

物质的称量是化学实验最基本的操作之一。要想获得准确的称量结果，除了要选择满足称量精度要求的天平，遵守天平使用规范外，还要根据称量需要和被称物的性质选择合适的称量方法，并遵守相应的称量规程。使用合理的称量仪器并正确地称量物质是实验取得成功的有力保障。

在使用天平进行称量时，需要根据不同的称量对象和精密度要求选用不同的天平，采用不同的称量方法和操作步骤。常用的称量方法有直接称量法、固定质量称量法和差减称量法。

2.1.2.1　直接称量法

直接称量法是直接将待称物置于秤盘或容器秤出质量的方法。适用于干燥洁净且性质稳定的非粉末状固体物质。如小烧杯、容量瓶、坩埚等。在环境监测分析中，《环境空气　总悬浮颗粒物的测定　重量法》（HJ 1263—2022）、《固定污染源废气　低浓度颗粒物的测定　重量法》（HJ 836—2017）均是采用直接称量法。

具体操作为：天平去皮后，戴好手套将待称物放入天平秤盘中心，关上天平门，待显示屏读数稳定时即可读取数值。

2.1.2.2　固定质量称量法

固定质量称量法用于称量某一固定质量的试剂（如基准物质）或试样，又称增重法。适用于不易吸潮、在空气中稳定的试样。在环境监测分析中，《水质　化学需氧量的测定　重铬酸盐法》（HJ 828—2017）配制浓度为 0.250 0 mol/L $K_2Cr_2O_7$ 标准溶液时，需要准确称取经 105℃烘箱干燥至恒重的基准级重铬酸钾 12.258 g，即采用该称量方法。

具体操作为：称量盛试样用的洁净、干燥的容器（如小烧杯）或称量纸，去皮归零。用药勺将试样分次逐步加入容器中，直至天平达到预先确定的数值为止。取试样时，瓶盖需倒置，药勺移到烧杯或称量纸中心上方，拇指和中指捏住药勺中部，食指轻敲药勺颈部，使药品缓缓落入烧杯中，直至达到所需的质量。注意，药勺取样前后均不得直接放在桌面上。若所加入试剂的量超过指定质量，则必须重新称量，药勺中剩余的样品必须弃于回收试剂瓶中。

2.1.2.3　差减称量法

差减称量法是从两次称量的质量之差来计算的，又称减量法。适用于易吸潮变质样品的准确称量。这样称量的结果准确，但是不便称取指定重量。

具体操作为：将适量试样装入称量瓶中密闭称量，准确称取其质量为 M_1。然后将称量瓶从天平盘移至接收容器小烧杯的上方，右手捏取称量瓶盖，轻轻打开后，将称量瓶慢慢向下倾斜，用瓶盖轻轻敲击瓶口，使试样缓慢落入小烧杯中。估计达到需要的量时，一面缓慢地将称量瓶竖直，一面轻轻敲击瓶口，使附在瓶口的试样落入称量瓶，再盖好瓶盖。将称量瓶重新放入天平中称量，质量为 M_2。称取的试样质量即为

M_1–M_2。

2.1.3 移液

移液管和吸量管是在分析中常用的移液量器。移液管是一根细长中间膨大的玻璃管，能准确移取一定量体积的液体。常见的移液管容积有 5 ml、10 ml、20 ml、25 ml、50 ml 等。吸量管是一根带有多刻度的玻璃管，能准确吸取不同体积的溶液。常用的吸量管容积有 1 ml、2 ml、5 ml、10 ml 等。

以下以移液管为例介绍其使用方法。

检查：移液管在使用前应检查标线是否清晰，管尖和管口是否有破损。管口破损可能导致无法有效控制液面，管尖破损则会导致移取体积不准确。

洗涤：移液管使用前需进行洗涤。先用自来水洗涤，在烧杯中盛自来水，将移液管下部伸入水中，右手拿住管颈上部，用洗耳球轻轻将水吸入至管内容积的一半左右，用右手食指按住管口，取出后将管横放，左右两只手的拇指和食指分别拿住管的上下两端转动，使水布满全管，然后直立将水放出。反复洗涤 3 次。再用去离子水洗涤。用去离子水反复润冲 3 次，方法同前所述。

润洗：移取溶液前，为确保被移溶液浓度不发生变化，应先用滤纸片擦去管外的水，再吸净移液管尖端内部的水，最后用被移溶液润洗 3 次。润洗方法与洗涤方法相同。注意润洗时勿使溶液回流，以免稀释溶液。

移取：吸取溶液时，移液管尖端应插入待吸溶液的液面下 1～2 cm 处。注意液面与管尖的位置，应使管尖随液面下降而下降。吸液时一只手的大拇指和中指拿着移液管标线上方，另一只手拿洗耳球将溶液吸入管内。当液面上升到标线以上时，移去洗耳球，立即用食指按住管口，移液管提离液面，管尖靠在瓶口内壁，稍放松食指使液面缓缓下降。当溶液的弯月面与标线相切时，立即用食指摁住管口。将移液管转入锥形瓶中，锥形瓶要略微倾斜，管尖靠瓶内壁，移液管垂直，然后松开食指使溶液自然沿瓶壁流下。管尖插入瓶底放液是错误的。溶液全部流出后再停留 15 s，取出移液管。

移液管管尖的溶液一般不需要吹出。本身带有“吹”字样的移液管则需用洗耳球将留在管尖的溶液吹下。

放置：移液管使用完毕后，需清洗干净，然后放在移液管架上，放置时尖端朝下。

2.1.4 定容

定容是指使用容量瓶配制准确浓度溶液时，加水离刻度线还有 1～2 cm 时，再用胶头滴管吸水注入容量瓶里，视线与凹液面最低处相切，使其到达刻线的过程。在环境监测分析中，配制曲线、标样稀释、配一定浓度的试剂等都需要进行定容操作。

容量瓶是一种细颈梨形的玻璃瓶，带有磨口玻璃塞，瓶身上标有温度与容积标识，瓶颈上刻有环形标线。常见的容量瓶规格有 50 ml、100 ml、250 ml、500 ml、1 000 ml 等。容量瓶有无色和棕色两种，棕色容量瓶主要用来配制需要避光的物质，如常见的硝酸银溶液。

2.1.4.1　检查

容量瓶在使用前应先检查标线位置距离瓶口是否太近，标线是否清晰，磨口塞是否漏液。如果标线距离瓶口太近或漏液，则不宜使用。

试漏：用烧杯加水至容量瓶标线附近，盖上瓶塞，并用力旋紧后，一只手的食指按住瓶塞，其余手指拿住瓶颈标线上部，另一只手的拇指、食指和中指的指尖托住瓶底边缘，倒立 2 min。用滤纸片检查瓶塞周围是否有水渗出。如不漏水，则将瓶直立，转动瓶塞 180° 后，拧紧瓶塞，再次倒立 2 min 检查。不漏水方可使用。瓶塞要用橡皮筋或细绳系在瓶颈上，以免瓶塞不配套而漏液。

2.1.4.2　洗涤

容量瓶先用自来水洗涤几次，倒出水后，若内壁不挂水珠，再用去离子水冲洗备用。若内壁挂水珠，则必须用洗液洗涤。容量瓶不能用刷子刷洗，否则可能刮花内壁，导致体积不准。

2.1.4.3　转移定容

（1）配制标准溶液

搅拌溶解：将准确称量的物质置于洗净的烧杯中，加适量去离子水，用玻棒搅拌至其完全溶解。搅拌时玻棒不能触碰烧杯壁，搅拌结束后，玻棒应靠在烧杯嘴的对侧。

转移：将玻棒插入容量瓶里端，靠着瓶颈内壁，烧杯嘴紧靠玻棒，慢慢倾斜烧杯，使溶液沿玻棒顺壁流下。待溶液流完后，将烧杯沿玻棒上提，同时将烧杯逐渐直立，使附在玻棒与烧杯嘴之间的液滴回到烧杯中。

冲洗转移：将玻棒放回烧杯，倾斜烧杯，用去离子水冲洗烧杯内壁和玻棒，将洗涤液按照前面的方法定量转入容量瓶中。一般应重复 5～7 次，以保证定量转移完全。

定容：用去离子水将瓶颈附着的溶液洗下，当加水至容积一半时，用右手的食指和中指夹住瓶塞的扁头，将容量瓶拿起并水平方向摇荡，将溶液初步混匀。注意不要让溶液接触瓶塞及瓶颈磨口。继续加水至接近标线时，静置 1～2 min，待瓶颈上的液体流下后，左手提起容量瓶瓶颈上端，用滴管逐滴加水至标线。此时眼睛应平视弯液面下沿与环形线相切处。

混匀：用一只手指按住瓶塞，其余手指拿住瓶颈标线上部，另一只手的拇指、食指和中指的指尖托住瓶底边缘，倒转容量瓶，使瓶内气泡上升到顶部，振摇 5～10 s，再倒转过来。如此反复 10 次以上，使溶液充分混匀。

注意事项：容量瓶在使用过程中，不能用手掌握住瓶身和瓶塞。不要用容量瓶长期存放溶液，应转移到磨口试剂瓶中保存。热溶液应冷却到室温后再进行配制。

（2）稀释溶液

用容量瓶和移液管搭配可以稀释溶液，也就是将浓溶液准确地稀释成一定体积的稀溶液。在我们监测分析实验中，最常见的就是配制曲线时，需要将高浓度的标准溶液稀释成低浓度的标准溶液。

稀释操作：参照移液管或吸量管的操作，准确吸取一定体积的溶液放入容量瓶内，然后按照上述操作稀释至标线，摇匀即可。

2.2 样品前处理

2.2.1 过滤

过滤是利用物质溶解度不同分离可溶物与难溶物的过程，是常规分析中常见的前处理方式。如氨氮、悬浮物、有机卤素等。环境监测分析中常用常压过滤和减压过滤。常压过滤较慢，但是设备简单，占地小，适合体积少或者容易过滤的固液分离。减压过滤用时短，更加便捷，适合体积大或者难过滤的固液分离。

2.2.1.1 常压过滤

常压过滤所需仪器有铁架台、烧杯、漏斗、玻璃棒和滤纸等。在常压过滤过程中，要注意“一贴二低三靠”：

一贴：滤纸要紧贴漏斗壁。

二低：一是滤纸的边缘要稍低于漏斗的边缘；二是在整个过滤过程中还要始终注意到滤液的液面要低于滤纸的边缘。

三靠：一是待过滤的液体倒入漏斗中时，盛有待过滤液体的烧杯的烧杯嘴要靠在倾斜的玻璃棒上；二是玻璃棒下端要靠在三层滤纸一边；三是漏斗的颈部要紧靠接收滤液的接收器的内壁。

常压过滤装置示意图如图 10-2 所示。

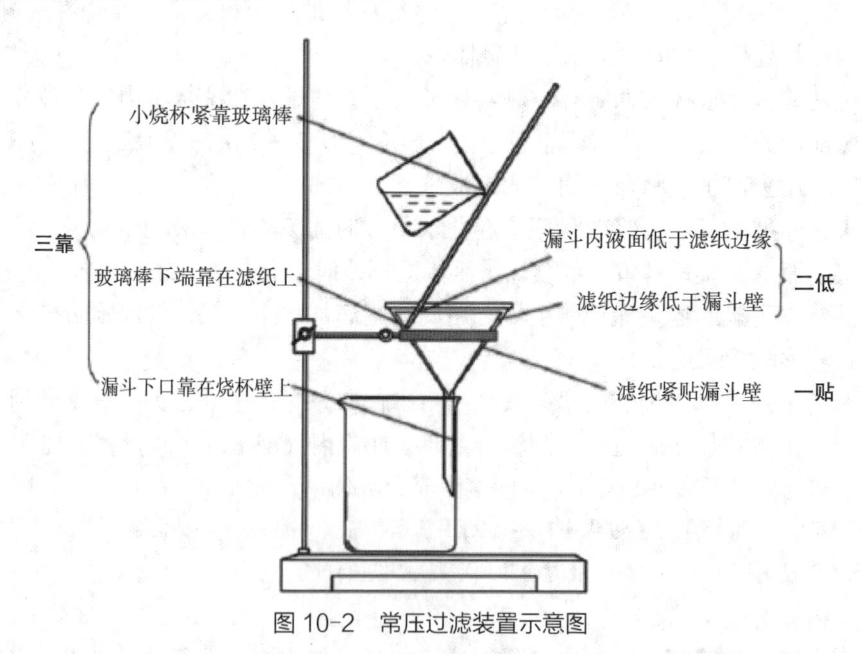

图 10-2　常压过滤装置示意图

2.2.1.2 减压过滤

常规分析中最常用的是减压过滤。传统的抽滤装置，可以抽取较大体积的样品，但是抽取完成后拿滤膜较不方便，玻璃瓶易碎。聚丙烯或聚砜材质的抽滤瓶有耐酸、轻便、防摔、拿取滤膜方便的优点，但是抽滤样品的体积较少。

抽滤操作及注意事项如下：

（1）组装抽滤装置。首先要组装好抽滤装置，然后检查气密性。需要检查漏斗与抽滤瓶之间连接是否紧密，抽滤瓶和抽气泵的连接管是否漏气。组装时要注意漏斗管下端斜面应朝向支管口，但不能靠得太近，以免滤液被抽走。

（2）修剪滤纸，使其略小于布氏漏斗，但要把所有的孔都覆盖住。滴加蒸馏水润湿滤纸，微微开启抽气阀使滤纸与漏斗连接紧密。

（3）打开抽气泵开关，倒入固液混合物，开始抽滤。尽量使要过滤的物质处在布氏漏斗中央，防止其未经过滤，直接通过漏斗和滤纸之间的缝隙流下。

（4）过滤完之后，先拔掉抽滤瓶接管，后关闭抽气泵。

（5）从漏斗中取出固体时，应将漏斗从抽滤瓶上取下，左手握漏斗管，倒转，用右手“拍击”左手，使固体连同滤纸一起落入洁净的纸片或表面皿上。揭去滤纸，如有需要，再对固体做干燥处理。抽滤瓶中的溶液应从上口倒出。

2.2.2　离心

离心是固液或液液分离的一种前处理方式。根据一组物质的密度和在溶液中的沉降系数、浮力等不同，用不同离心力使其从溶液中分离、浓缩和纯化的方法。主要用到的仪器为离心机。

离心机利用转子高速旋转产生的强大的离心力，加快液体中颗粒的沉降速度，把样品中不同沉降系数和浮力密度的物质分离开。按分离因素 F_r 可分为：常速离心机（$F_r \leqslant 3\,500$）、高速离心机（$F_r=3\,500 \sim 50\,000$）和超高速离心机（$F_r > 50\,000$）。

离心操作时，需要注意以下几个方面：

（1）离心时的离心管需平衡。使用各种离心机时，必须事先在天平上精密地平衡离心管和其内容物，平衡时重量之差不得超过各个离心机说明书上所规定的范围。每个离心机不同的转头有各自的允许差值，转头中绝对不能装载单数的管子。当转头只是部分装载时，管子必须互相对称地放在转头中，以便负载均匀地分布在转头的周围。

（2）选用合适的离心管。装载溶液时，要根据待离心液体的性质及体积选用适合的离心管。尽量使用带盖离心管，液体不得装得过多，以防离心时甩出，造成转头不平衡、生锈或被腐蚀。每次使用后，必须仔细检查转头，及时清洗、擦干；搬动时要小心，不能碰撞，避免造成伤痕；转头长时间不用时，要涂上一层上光蜡保护；严禁使用显著变形、损伤或老化的离心管。

（3）若要在低于室温的温度下离心时，转头在使用前应放置在冰箱或置于离心机的转头室内预冷。

（4）离心过程中不得随意离开，应随时观察离心机上的仪表是否正常工作。如有异常的声音应立即停机检查，及时排除故障。

（5）每个转头各有其最高允许转速和使用累积时限，使用转头时要查阅说明书，不得过速使用。

在离心机配置上，可重点关注最大转速、水平转子最大容量、是否需要冷冻等指标。以氨氮项目为例，要求离心效率高，耗时短，离心体积要达 100 ml 及以上，离心孔位多，可同时完成多样品离心操作。

2.2.3 水浴（油浴）

在实验过程中，为了防止加热物质受热不均匀，往往会使用热浴处理，如水浴、油浴等。水浴的最高温度为 100℃，而油浴的温度一般为 100～250℃。油浴操作与水浴基本相同，在操作时需更为谨慎，防止油外溢或油浴温度升高过快，引起失火。

水浴锅主要用于实验室蒸馏、干燥、浓缩、恒温加热等，是环境监测常用的工具。在环境监测常规分析中，高锰酸盐指数、氰化物、甲醛等项目需要用到水浴锅，土壤有机质的分析需要用到油浴锅。在使用水浴锅或油浴锅时，要注意以下方面：

（1）严格控温。加热温度是实验分析的关键因素，直接影响分析结果。因此，水浴锅或油浴锅需根据检测项目的使用温度进行仪器检定。

（2）合适的加热介质。水浴锅尽量使用纯水，避免产生水垢。油浴锅使用的油需严格按照标准要求，油不合适会产生分析结果误差。

（3）使用前要仔细阅读产品说明书。注水时不可将水流入控制箱内，以防触电；加水或油之前切勿接通电源，严禁空烧。

在选择水浴锅或油浴锅时，需要关注温控范围、控温精度、水浴箱或油浴箱容量、安全性能等。需特别注意的是，由于加热管的分布以及温度传导时差问题等原因，一些水浴锅不同位置的水温会有差异，在做高锰酸盐指数分析时影响分析结果。因此选购时需注意水浴锅的加热方式、加热管位置等因素，尽量降低因水浴温度不同带来的影响。

2.2.4 蒸馏

蒸馏是一种利用各组分沸点不同，使低沸点组分蒸发，再冷凝以达到分离目的的前处理方式。与萃取等前处理方式相比，它的优点在于不需使用系统组分以外的其他溶剂，从而保证不会引入新的杂质。在环境监测常规分析中，硫化物、氰化物、挥发酚、氨氮等项目都需用蒸馏进行前处理。

传统的蒸馏设备，加热、蒸馏、冷凝和接收部分各自独立，操作烦琐，效率较低。由于缺乏蒸馏终点控制，重现性较差。目前，全自动一体化蒸馏仪、智能一体化蒸馏仪等全自动蒸馏设备逐渐代替传统设备。全自动蒸馏仪主要由加热装置、蒸馏装置、循环冷却水装置和接收装置组成。接收装置设置了蒸馏终点检测和自动停止加热功能，实现了智能温度控制。在使用过程中，要特别注意以下几点：

（1）留意循环水的水位，防止循环水不够导致冷凝效果不佳。

（2）注意观察有无水垢生成。若水箱和管路有水垢，会影响冷凝效果。

（3）各连接处的密闭性是否良好。蒸馏前需检查蒸馏装置的密闭性。

（4）投放沸石防止暴沸。如果是分析特别复杂的水样，或是已知有机物含量较高的水样，进行蒸馏前处理时，注意防止暴沸甚至爆炸。

（5）不宜将测定地表水与测废水的蒸馏设备混用。每次实验前后，应清洗整个蒸馏设备。要特别注意定期清洗冷凝水的管路，以防细菌滋生。

（6）调节加热功率，控制好馏液速度。

在选购自动蒸馏仪时，需重点关注以下几个参数：①冷却水单元。外置的冷却水单元体积较大，需放通风橱外面。但是制冷效率相对较高，维护方便，适合长时间大批量样品分析。一体化蒸馏仪内置冷却水单元，整体体积相对较小，但是散热和冷凝效果会稍差些，适合一次性少量样品分析。②终点控制方式。目前有红外和称重两种终点控制方式，需关注红外控制是否灵敏，重量感应是否准确。相对来说重量控制终点会更有效。

2.2.5　加热回流

在室温下，有些反应速率很小或难以进行，为了使反应尽快进行，常需要使样品较长时间保持沸腾。在这种情况下就需要使用回流冷凝装置，使蒸气不断在冷凝管内冷凝然后返回反应器中，以防止反应物中的物质逃逸损失。

《水质　化学需氧量的测定　重铬酸盐法》（HJ 828—2017），该方法需加热回流 2 h。传统的加热回流装置冷凝水不能重复利用，难控温，不能自动计时，电炉加热安全隐患大，操作较麻烦。新型的加热回流装置可同时加热多个样品，加热面板控温均匀，带自动计时功能，到时间能自动停止加热，空气冷凝代替水冷凝，更环保、更安全。

目前市面上的加热回流装置也有多种型号。购买时需关注加热面板、同时加热的样品数、冷凝方式、冷凝效果、自动计时等参数。常见的冷凝方式有风冷加水冷、空气冷两种。空气冷管子细长，操作时需特别小心。

2.2.6　萃取

萃取的方式包括液液萃取、固液萃取等。在这里我们只讨论液液萃取，它是利用物质在两种互不相溶（或微溶）的溶剂中溶解度或分配系数的不同，使溶质从一种溶剂内转移到另外一种溶剂中的方法。在环境水质监测中，待测物含量较低达不到分析方法的灵敏度要求时，可以考虑使用萃取的方式，起到分离与富集的作用。在常规分析中，石油类、阴离子和挥发酚等需要萃取前处理。按照萃取方式可以分为间歇萃取和连续萃取。间歇萃取多在分液漏斗内进行，若一次萃取不能达到预期要求，可做两次或多次萃取。常见的连续萃取，如索氏提取，常用于有机污染物的前处理，另章详述。

对液液萃取而言，选择萃取剂应考虑：①两相必须互不混溶，萃取剂对被萃取物的溶解度尽可能大，对干扰物的溶解度尽可能小；②两相必须能快速分离，最好不生成乳状物；③不干扰测定；④萃取剂应有一定的化学稳定性和较小的毒性。

萃取操作时，需要注意以下几个方面：①水样体积不得超过分液漏斗容量的 2/3；②振荡初始时，注意放气，平衡内部气压；③按照少量多次的原则，每次用部分萃取剂进行多次萃取的效果较之使用全量萃取剂一次萃取的效果要好，但萃取次数不宜过多，否则增加工作量，并且容易出现操作失误；④萃取结束后静置分层，如界面不清，可适当增加萃取剂或电解质，也可以用离心的方式。

传统的萃取多通过手动摇荡，耗时耗体力。现在，市场上出现了垂直振荡仪、萃取振荡仪、萃取净化振荡器等自动化设备，含有调节振荡频率、设置振荡时间、同时振荡多个样品等功能，大大提高萃取净化效率，降低工作强度。

自动萃取装置多采用振荡萃取、旋转萃取、射流萃取等，一般由萃取瓶、空气压缩机或旋转机箱组成，工作原理是利用气压或旋转等方式，使水样与萃取剂充分碰撞，从而实现全自动萃取。优点是能够减轻实验人员的劳动强度，避免与有毒试剂直接接触，提高萃取效率和分析结果稳定性。在仪器配置时，需要关注萃取的模式是否满足标准方法的规定；萃取效率（一般要求大于95%）；萃取的转速、振荡频率是否符合标准方法要求；萃取瓶的卡扣是否牢固；萃取瓶的清洗是否简便；有无对废液排放进行收集等。萃取多使用有机溶剂，因此还需关注仪器体积是否小巧，能否放在通风橱内。

2.2.7 酸化—吹气—吸收

硫化物采用酸化—吹气—吸收法进行前处理,《水质　硫化物的测定　亚甲基蓝分光光度法》（HJ 1226—2021）给出的是玻璃仪器的组合。需要提前连接管路、检查气密性以及控制氮气流量、液体总量不超过60 ml，操作烦琐、条件不易控制。市面上的自动酸化吹气仪基本都能实现酸化吸收、氮气吹脱等一体化设计，并且能够实现独立的转子流量计控制氮气流速，节约硫化物前处理时间，适合实验室内多个尤其大批量硫化物样品的测定工作。但无论是手工搭建的吹气装置，还是自动化的酸化吹气仪，它们的原理都是一样的，气密性对回收率的影响最大。在使用的过程中，要特别注意气密性的检查和管路定期更换。

硫化物的加标回收率经常偏低，是因为吹气法预处理时，反应瓶装置中的空气必须在加酸吹出硫化氢之前赶尽，空气没有完全除尽将导致结果偏低；装置的气密性要良好，一旦发生漏气，结果也会偏低；严格控制氮气流速，过慢则反应不充分，过快则导致液体冲出；加入*N,N*-二甲基对苯二胺溶液时一定要沿试管壁缓慢加入，立即密塞，上下颠倒的速度一定要慢，不能剧烈摇晃，速度过快容易造成硫化物损失；加入硫酸铁铵溶液也要沿试管壁，迅速密塞，快速摇匀，让反应充分。

2.2.8 高压高温消解

高压高温消解是常规分析中总磷总氮的前处理方式。通过高压提高消解温度，快速达到完全消解的目的。在实验室中，通常使用蒸汽灭菌锅来实现。

蒸汽灭菌锅是一种利用电热丝加热水产生蒸汽，并能维持一定压力的装置。主要由一个可以密封的桶体、压力表、排气阀、安全阀、电热丝等组成。灭菌锅在103.4 kPa（1.05 kg/cm^2）蒸汽压下，温度可达到121.3℃。常见的蒸汽灭菌锅分为手提式高压灭菌锅和立式高压灭菌锅。蒸汽灭菌锅具有一定危险性，操作不当会引发一系列的安全问题。

以手提式灭菌锅为例，在使用过程中需要注意以下几个方面：

使用前需检查：手提式灭菌锅有内桶和外桶，在使用前应检查外桶是否有足够的水。因为加热水产生蒸汽才能维持较高压力，水的高度至少要超过加热块或加热丝，防止加热过程中缺水。

消解管需放稳：放入内桶中的器皿应包裹好并平放，尽量避免堆放，以防消解过程中倒塌。禁止触碰内桶桶壁，排气管不能被堵住。

正确开关阀门：刚开始加热时，放气阀应处于打开状态，安全阀是常闭状态。当水加热沸腾，保持放气阀喷气一段时间后，再关闭放气阀；不能打开放气阀排气减压，否则瓶内液体会剧烈沸腾，冲掉瓶塞而外溢甚至导致容器爆裂。

压力问题：关闭放气阀之后一定要在旁边监控压力表，防止压力过大，安全阀冲开；消解结束后，须待灭菌锅内压力降至与大气压相等后才可开盖；压力表列入强检目录，需进行周期检定。

采购灭菌锅时，可重点关注以下参数：

智能化全自动控制：控制灭菌压力，温度，时间。温度动态数字显示，灭菌结束发出结束信号，到时间自动断电等。

超温自动保护装置：超过设定温度，自动切断加热电源。

低水位报警：缺水时能自动切断电源，声光报警。

漏电保护：配置漏电保护装置。

2.3　仪器设备

2.3.1　电子分析天平

分析天平是国家规定的强制检定计量量具，由计量部门定期检定。在环境监测领域常用的是电子分析天平（以下简称电子天平），悬浮物、低浓度颗粒物、PM_{10}、$PM_{2.5}$、烟尘等分析项目都要使用电子天平。

2.3.1.1　分类和选型

常见的电子天平有百分之一天平（精度 0.01）、千分之一天平（精度 0.001）、万分之一天平（精度 0.000 1）、十万分之一天平（精度 0.000 01）、百万分之一天平（精度 0.000 001）等。

选购电子天平时，需关注以下技术参数：①精度。不同方法要求的称量精度不同，需按照实际工作需求选择。②稳定性。天平的稳定性直接影响数据结果。③是否有串口与电脑连接。如果有直接打印称量数据要求的，可选择有串口的天平。④使用环境温湿度要求。

2.3.1.2 基本操作及注意事项

电子天平的使用，包括预热、校准、称量、称量结果的记录或打印、使用登记及清洁等步骤。

预热：预热是影响称量结果准确性的关键因素。电子天平在使用前通常需要充分预热，而每台天平的预热时间往往不同。一般来说，电子天平的准确度等级越高，所需预热时间就越长，可根据电子天平使用说明书中的要求进行预热，必要时可延长预热时间（通常环境温度越低，预热时间越长）。一般情况下，不同精度的电子天平预热时间不同。分度值 $d \geqslant 1$ mg 的精密天平，预热时间大约需要 30 min；分度值 $d \geqslant 0.1$ mg 的分析天平，预热时间大约需要 4 h；分度值 $d \geqslant 0.01$ mg 的半微量天平，预热时间大约需要 12 h；分度值 $d \geqslant 0.001$ mg 的超微量 / 微量天平，预热时间大约需要 24 h。

校准：电子天平在使用中因环境条件变化和人为因素影响等原因，计量性能时常会发生细微的变化，这就需要日常使用中对其进行校准。电子天平应在每日或每次使用前进行校准，必要时可增加校准的频次。电子天平的校正方式可分为内校型和外校型两种。所谓内校，就是电子天平带有内部标定的砝码，方便随时调取，一键进行标定。外校型必须要按校正键，从外部放置砝码进行人工校正。内校型电子天平可以使用内置或外部砝码进行校准，外校型电子天平只能使用外部砝码进行校准。在实验室环境（温度和湿度等）发生变化、电子天平安放位置发生变动及重新调节水平之后都需要进行校准工作。根据上述校准的条件要求，使用随温度变化而启动自动校准的天平，是保证称量结果可靠性的最佳选择。

称量：在使用天平进行称量时，需要根据不同的称量对象和不同的天平，采用不同的称量方法和操作步骤，常用的称量方法有直接称量法、固定质量称量法、减重称量法。称量样品时，尽量要使样品和盛装样品的容器与天平间及称量室内的温湿度一致；如果不一致，由于温湿度的交换和重新平衡，就会对称量结果造成影响。因此，从这个角度来讲，称量时称量室内不要放置硅胶等干燥剂。另外，天平作为精密称量设备，其内部元件非常精密和精细。当湿度较大时，不但会对秤盘、屏蔽板和屏蔽环等造成腐蚀，而且会对其内部元件造成影响，进而对称量结果造成影响。从这个角度来讲，称量室内应放置硅胶等干燥剂。因此，综合以上两点，正确的做法是：在不进行称量操作时，称量室内应放置硅胶等干燥剂，以保护天平内部元件和外部配件。在进行称量操作时，应在操作进行半小时前取出干燥剂，打开侧门，使称量室内外温湿度在称量时达到平衡，从而保证称量结果的准确。

记录：称量过程中或称量完成后，应即时对称量结果进行记录或打印。

登记：在称量工作完成后，应根据相关要求立即进行登记。

清洁：称量完成后应对天平进行清洁。粉末样品遗撒，切忌用洗耳球吹或用毛刷直接清理。正确的做法是：将秤盘下面的屏蔽板和屏蔽环拆下来，拿到称量室（玻璃防风罩）外进行清洁，避免样品散落至传感器内部。液体样品遗洒，可用棉球或干布吸收液体，并打开防风罩玻璃，待其挥发完全后再进行使用。电子天平使用完毕后，天平周围与称量相关的样品和用具应随身带离。

2.3.1.3 维护和保养

为保障和延长电子天平的使用寿命，除正确使用外，还要在日常工作中对其进行定期维护和保养。

（1）电子天平应有专人负责保管，并定期进行维护和保养。维护周期与天平的使用频率、使用环境及操作者称量的熟练程度有关，一般为1周至1个月。如果天平间比较标准，操作者严格按照操作规范进行操作，则维护保养的周期可以长一些。

（2）电子天平长期（1周以上）不用时，应罩上天平罩或盖上防尘布，以保持天平的安全和清洁。应保持存放位置的干燥，并定期通电检查天平的运行是否正常，一般建议每隔3～6个月至少通电4～8 h。

（3）搬动过的天平必须重新校正、调水平，并对天平的计量性能作全面检查，无误后方可使用。

（4）被称物的质量不得超过天平的最大载荷。

（5）电子天平不能称量有磁性的物质。

（6）电子天平间的空调（冷气或暖气）不能直吹称量室。

（7）称取吸湿性、挥发性或腐蚀性物品时，应将称量容器盖紧后称量，且尽量快速，注意不要将被称量物（特别是腐蚀性物品）撒落在秤盘上。如果不慎将称量物撒落在秤盘上，应立即进行清理。

2.3.1.4 异常解析

电子天平在称量过程中如果出现示值不稳定，原因可能有以下几点：

（1）样品性质造成的影响。如称量吸湿性样品、挥发性样品、腐蚀性样品或磁性样品时，可能会导致电子天平示值一直变化。

（2）静电造成的影响。包括称量物和称量容器本身所带的静电，电子天平本身所带的静电以及称量环境所带的静电等造成的影响。

（3）温湿度造成的影响。如电子天平预热时间不够，称量物或称量容器与称量室内温湿度不一致，阳光直射带来的温度变化，干燥剂放置不当导致称量室内外温湿度不一致，天平间内放置液体带来的温湿度变化等造成的影响。

（4）气流造成的影响。如空调、冰箱、暖气或其他散热装置产生的气流，打开的门窗带来的气流，通风橱柜通风带来的气流变化，人员走动带来的气流变化，称量人员操作不当带来的气流等造成的影响。

（5）机械振动造成的影响。如不稳定的称量台、真空泵、压缩机或离心机等有强烈高频或低频的振动，通风橱柜开启带来的振动，称量人员操作不当带来的振动等造成的影响。

（6）其他原因造成的影响。如称量人员的其他不当操作，电子天平发生故障，电子天平与有磁性的仪器距离太近等其他原因造成的影响。

在实际称量操作过程中，如果出现电子天平示值一直在变化的问题，先找出上述可能导致示值变化的原因，然后再针对具体问题，找出相应的解决办法。也可以在原计划满足称量精度要求称样量的基础上，增加称样量，减小示值不稳定带来的称量误差。

2.3.1.5 恒温恒湿称量系统

随着科技的发展，国家标准对重量法精密度的要求也越来越高。温湿度的平衡是保证称量准确性的关键。例如《固定污染源废气　低浓度颗粒物的测定　重量法》（HJ 836—2017）对检出限、称量环境温湿度的变化范围提出了很高的要求。恒温恒湿称量系统代替了传统的称量环境，对温湿度进行了精准的控制，保证称量的准确性。

恒温恒湿称量系统由温湿度控制、恒温恒湿箱体、高精度电子天平、显示器、送风循环系统、防震保护组成。恒温恒湿称量系统主要特点为恒温恒湿控制精度高，稳定过程好，称量环境能较好达到稳定状态，稳定后随时可进行称重测试，具有防震保护功能。恒温恒湿设备实现样品在高精度恒温恒湿箱体内温度湿度平衡，电子天平在高精度恒温恒湿箱体内工作。能实时显示控制箱体温度、湿度，控制的温度和湿度范围大。恒温恒湿设备箱体上有两个操作入口，并用乳胶手套进行隔离，避免人工操作对恒温恒湿条件的影响。

《固定污染源废气　低浓度颗粒物的测定　重量法》（HJ 836—2017）和《环境空气颗粒物（$PM_{2.5}$）手工监测方法（重量法）技术规范》（HJ 656—2013）要求样品在称量时温度控制在 15～30℃任意一点（控温精度 ±1℃）、相对湿度（50±5）%，和以往的冷却干燥称量方式相比，恒温恒湿平衡可以有效减少称量波动，提高称量的稳定性。

2.3.2 pH 计

pH 计，又称酸度计，是用来测定溶液酸碱度的一种仪器。酸度计采用电势法来测量 pH，其基本原理是将一个连有内参比电极的氢离子指示电极和一个外参比电极同时浸入某一待测溶液中而形成原电池，在一定温度下产生一个内外参比电极之间的电池电动势。把 pH 玻璃电极和参比电极组合在一起的电极就是 pH 复合电极。根据外壳材料的不同分塑壳和玻璃两种。相对两个电极而言，复合电极最大的好处就是使用方便，目前国内外实验室 pH 计主要使用复合电极，并带有温度补偿功能。

2.3.2.1 分类和选型

pH 计是环境监测分析中最常见的仪器，可分为便携式 pH 计和实验室 pH 计。《水质　pH 的测定　电极法》（HJ 1147—2020）要求采样后 2 h 内完成水样 pH 测定，大多数情况下都无法在保存时间内送达实验室，因此水的 pH 大多数在现场使用便携式 pH 计测量。

在选购 pH 计时，需重点关注测量范围、电极类型、测量精度、分辨率、温度补偿功能、环境要求等技术参数，以满足环境监测分析标准要求。

2.3.2.2 基本操作及注意事项

以下操作按照带有温度补偿功能的实验室 pH 计来介绍。

（1）开机预热。为保证测量精度和稳定性，pH 计需开机 30 min 后再进行测量。

（2）电极准备。拔下电极保护瓶，拉下电极的橡皮套，用蒸馏水清洗电极，用滤纸吸干电极底部的水，轻轻吸干玻璃球部的水。

（3）校准。仪器使用前，必须进行校准。校准可分为单点校准和多点校准。校正溶液通常使用 pH 为 4.00、6.86 和 9.18 的三种标液。单点校正只需要一种标准溶液定位，这种方法比较简单，用于要求不太精确的情况下测量。最常用的是两点校正法或三点校正法来校正电极斜率。在两点校正时，一般第一次选择 pH=6.86 的缓冲溶液，第二次选择与待测溶液的 pH 较接近的缓冲溶液。

（4）测量。将电极与温度探头一起插入待测液，轻轻摇动溶液使其均匀，待读数稳定后读取溶液的 pH。

（5）清洗整理。测量完毕后，必须用蒸馏水清洗电极，然后用滤纸擦干，套上电极保护瓶，使电极浸泡在保护溶液中。合上电极加液孔的橡皮套，防止补充液干涸。

2.3.2.3　维护和保养

目前实验室使用的电极以复合电极为主，其优点是使用方便，不受氧化性或还原性物质的影响，且平衡速度较快。若电极按要求进行维护，可延长使用寿命。

（1）新电极需按照说明书进行活化和维护。

（2）使用前，检查电极前端的球泡。正常情况下，电极应该透明而无裂纹；球泡内要充满溶液，不能有气泡存在。

（3）测量浓度较大的溶液时，尽量缩短测量时间，用后仔细清洗，防止被测液黏附在电极上而污染电极。

（4）清洗电极后，不要用滤纸擦拭玻璃膜，而应用滤纸吸干，避免损坏玻璃薄膜，防止交叉污染，影响测量精度。

（5）复合电极不用时，可充分浸泡在 3 mol/L 氯化钾溶液中。如果长时间不用，将电极放回包装盒常温干燥保存。

（6）电极受污染时，可用低于 1 mol/L 稀盐酸溶解无机盐垢，用稀洗涤剂（弱碱性）除去有机油脂类物质，稀乙醇、丙酮、乙醚除去树脂高分子物质，用酸性酶溶液（如食母生片）除去蛋白质血球沉淀物，用稀漂白液、过氧化氢除去颜料类物质。

2.3.2.4　异常解析

如果 pH 计在测量时出现数值不稳，原因可能有如下几点：

（1）同一样品多次测量数值不同，有可能是测量温度不同。测量样品应尽量保持测量温度一致。也有可能随着时间的推移，样品本身发生化学变化，引起 pH 的变化。

（2）应检查电极是否已损坏。

（3）重新校准，检查校准后测量数值稳定性。

（4）检查玻璃球是否附着一些有机物或者杂质。

（5）观察水样是否为纯水水样。

2.3.3　分光光度计

分光光度计是用分光能力强的棱镜或光栅来分光，棱镜或光栅将入射光色散成光谱带，从而获得纯度较高、波长范围较窄的各波段的单色光，提高了方法的灵敏度、选择性和准确度。同时分光光度计采用适当的光源与检测器，使测定谱带范围涵盖可见光部分、紫外区与红外区等波段，应用范围更宽广。在环境监测常规分析项目中，分光光度计应用广泛。氨氮、总磷、总氮、硝酸盐氮、亚硝酸盐氮、叶绿素 a、石油类、阴离子表面活性剂、氰化物等都需要用到分光光度计分析。

2.3.3.1　分类和选型

分光光度计常用的波长为：200～380 nm 的紫外光区、380～780 nm 的可见光区、2.5～25 μm（按波数计为 4 000～400 cm^{-1}）的红外光区。按照波长范围可分为紫外分光光度计、可见光分光光度计（或比色计）、红外分光光度计。紫外 / 可见光分光光度计按照仪器的原理可分为单光束、双光束和双波长分光光度计三种基本类型。分光光度计的基本结构由光源、单色器、吸收池（样品室）、检测器和数据处理及记录（计算机）等组成。

红外分光光度计主要用于有机分析方面，具体为：①化合物中各原子团组合排列情况，可以根据红外光谱中出现的特征官能团波数来确定；②鉴定立体异构体和同分异构体，如红外光谱 900～660 cm^{-1} 区内可看到苯环取代位置不同的同分体；③检查化学反应是否已进行完全；④未知物定性，从红外光谱可得到此未知物主要官能团的信息，确定它是属于哪类化合物。再结合元素分析、高分辨质谱、核磁共振等方式可鉴定化合物的结构。红外分光光度计在常规分析中的应用主要是油类项目，目前已有地表水、地下水、海水、生活用水和工业废水等各种水体及土壤中石油类、饮食行业油烟监测的国家标准。在日常工作中，需要根据测试的样本选择适宜的方法，如《水质　石油类和动植物油类的测定　红外分光光度法》（HJ 637—2018）适用于工业废水和生活污水中的石油类和动植物油类的测定；《水质　石油类的测定　紫外分光光度法（试行）》（HJ 970—2018）适用于地表水中的石油类的测定。以《土壤　石油类的测定　红外分光光度法》（HJ 1051—2019）为例，采用的萃取剂是四氯乙烯，使用前须按照标准要求进行品质检验和判定，确认符合要求后方可使用；同一厂家不同批次的四氯乙烯，在使用前均需要检验，并且在样品测试的原始记录上注明四氯乙烯的批号，便于溯源。

经查 2020 年 10 月 26 日市场监管总局关于调整实施强制管理的计量器具目录的公告（https: //gkml.samr.gov.cn/nsjg/jls/202010/t20201026_322641.html），分光光度计不属于强制检定名录。列入目录且监管方式为“强制检定”和“型式批准、强制检定”的工作计量器具，使用中应接受强制检定，其他工作计量器具不再实行强制检定，使用者可自行选择非强制检定或者校准的方式，保证量值准确。

据仪器信息网《我国分析仪器及应用的发展现状和最新进展》（李昌厚，2019 年）报道，在我国应用领域，全球的紫外光谱仪器生产商所占市场的前 10 名中，我国占 4 名（40%）。紫外 / 可见分光光度计的品牌众多，在品牌选择上应更关注波长范围、低杂散光以及操作的便利性。仪器性能指标上，需要考虑波长扫描范围、波长准确度、分辨率（如测试正己烷中的甲苯）、光谱带宽是否满足标准方法的需要。如叶绿素 a 项目，需要考虑 750 nm、664 nm、647 nm、630 nm 四个波长同时测定。

2.3.3.2　基本操作及注意事项

（1）以紫外 / 可见分光光度计为例，基本操作步骤及注意事项如下：

预热仪器：一般预热 20～30 min，以仪器说明书为准。为了防止光电管疲劳，不要连续光照。预热仪器时和在不测定时应将比色皿暗箱盖打开，使光路切断。

选定波长：根据实验要求，选定所需要的波长。

调节“0”点和调节 T=100%，并且连续测定几次。

测定：将待测溶液装入比色皿，用擦镜纸轻轻擦拭后，放入吸收池样品架内，测试吸光度。拿比色皿时，手指不要碰比色皿的透光面，以免沾污；比色皿外壁的水用擦镜纸或细软的吸水纸擦干，以保护透光面；测定一系列溶液的吸光度时，通常按由稀到浓的顺序测定，以减少测量误差。

关机：实验完毕，切断电源，将比色皿取出洗净，并将比色皿座架及暗箱用软纸擦净。

（2）使用紫外 / 可见分光光度计的注意事项有：

比色皿的选择：从比色皿的材质来看，显色液的吸收波长在 370 nm 以上时，可用石英或玻璃比色皿，在 370 nm 以下时则须采用石英比色皿。选择不同光程的比色皿，是根据待测溶液的吸光度而定，以使所测溶液的吸光度值在 0.1～0.7 为宜，也有书要求在 0.2～0.8 为宜。当溶液的吸光度不在此范围时，可以通过改变溶液浓度及选择不同厚度的比色皿来控制。

比色皿的方向性：使用新比色皿时要检验其方向性，判断不同方向对检测的影响。对于干净优质的比色皿，其方向性对实验结果影响较小；如果比色皿质量一般，如材质不均匀的、使用多了造成磨损的，其不同方向可能造成结果存在较大差异。因此，调零的时候，吸光度值最接近 0，标记一下方向，之后每次测试都按照这个方向。

不能把比色皿的方向性和比色皿的配对混为一谈。比色皿的方向性是一个比色皿，配对使用涉及的是两个或两个以上比色皿的问题，配对的目的是消除光程带来的误差。实验中同时使用两个或两个以上比色皿时，首次使用前一定要做配对实验。配对实验的过程为：选择实际使用的波长，将两个比色皿都注入蒸馏水，将其中一只的透射比调至 100% 处，测量另一个比色皿的透射比，若透射比之差不大于 0.5%，可配套使用。

比色皿的使用：使用时，应以所测溶液润洗后方可盛样。如果比色皿外部被浸湿，可用擦镜纸轻轻擦干。使用挥发性溶剂，如三氯甲烷、四氯化碳、丙酮等，比色皿应具盖。连续测试多个样品时，要注意每测定完一个样品，需多次洗涤比色皿，用待测溶液润洗后再进行盛样测试。一般情况下，比色皿可用稀硝酸浸泡片刻，再用自来水和蒸馏水依次冲洗洁净，倒扣在清洁的滤纸上控干，放入干燥器保存。急用时可水洗后用乙醇洗涤并吹干，也可将比色皿在新配制的铬酸洗液中浸洗片刻，取出立即用自来水、蒸馏水冲净备用，但测定六价铬、铬酸雾要避免使用铬酸洗液。比色皿在任何情况下都不得长时间浸于溶液中，以免脱胶散裂。

需特别注意的是，红外测油仪出厂时设定了校正系数，在使用过程中要注意进行校正系数的检验。具体做法是，根据所需浓度，取适量的石油类标准使用液，配制成标准溶液进行测定。如果测定值与标准值的相对误差在 ±10% 以内，则校正系数可采用，否则重新测定校正系数并检验，直至符合条件为止。

2.3.3.3 日常维护和保养

分光光度计是精密仪器，正确安装、使用和保养对保持仪器良好的性能和保证测试的准确度有重要作用。

（1）分光光度计应安装在稳定的工作台上，周围不应有强磁场，以防电磁干扰，室内应温度适宜、干燥、无腐蚀性气体，光线不宜过强。

（2）仪器工作电压一般为 220 V，允许 ±10% 的电压波动。为保持光源灯和检测系统的稳定性，在电源电压波动较大的实验室最好配备稳压器。

（3）为了延长光源使用寿命，在不用时关闭光源灯。如果光源灯亮度明显减弱或不稳定，应及时更换新灯。更换后要调节好灯丝位置，不要用手直接接触窗口或灯泡，避免油污黏附，若不小心接触过，要用无水乙醇擦拭。

（4）单色器是仪器的核心部分，装在密封盒内，不能拆开，为防止色散元件受潮发霉，必须经常更换干燥剂。

（5）光电转换元件不能长时间曝光，应避免强光照射或受潮积尘。

2.3.4 流动注射/连续流动分析仪

流动注射/连续流动分析仪在环境监测中已得到广泛应用，目前已有氨氮、总磷、总氮、氰化物、硫化物、挥发酚、阴离子表面活性剂、六价铬的流动注射标准方法和氨氮、总氮、磷酸盐和总磷的连续流动分析标准方法。两者在结构上非常相似，在原理上却是有差别的。流动注射分析仪的原理是：试剂在封闭的管路中连续流动，一定体积的样品通过样品注入阀注入载流，载流携带样品在封闭的反应器与试剂混合，形成具有一定吸光度的混合物，流过光度检测器后形成检测峰形。连续流动分析仪的原理是：试样与试剂在蠕动泵的推动下进入化学反应模块，在密闭的管路中连续流动，被气泡按一定间隔规律地隔开，并按特定的顺序和比例混合、反应，显色完全后进入流动检测池进行光度检测。

连续流动分析仪与流动注射分析仪两者都是分光法，但混匀显色的方式不一样。以阴离子表面活性剂为例，两者的原理都是阴离子表面活性剂和亚甲基蓝反应生成蓝色化合物、氯仿萃取、相分离器分离、分光法测定。但是连续流动是用气泡间隔，反应完全进入检测器；流动注射是载液连续流动无气泡间隔，不需完全反应进入检测器。

与传统手工方法相比，流动注射连续流动分析法操作简便，分析速度快，精密度高，易于自动连续分析，极大地提高工作效率。

2.3.4.1 特点和选型

流动注射分析仪包括进样部分和分析部分，其中进样部分包括进样器和蠕动泵，分析部分包括分析流路和检测器。分析通道具有独立的蠕动泵、化学分析模板、光电检测器、系统控制和信号采集电路。通道内置该方法需要的在线加热、在线蒸馏、在线紫外消解和在线萃取等前处理装置，稳定时间快。

流动注射分析仪的主要特点有：①无气泡间隔，样品与载流以及样品之间容易扩散，因此管路直径一般比较小，且分析需要在短时间内完成。②非稳态监测，因分析时间短，样品与试剂尚未完全反应，因此需严格控制外部条件，如样品和试剂加入量、反应时间和温度等。③设备简单，国产品牌多，价格较低。

连续流动分析属稳态监测，给定的条件（如温度、时间等）使反应达到平衡态（稳态）后进行测定，即试剂与样品完全反应后进行测定。一般情况下，稳态监测反应时间足够长，反应条件的细微变化不会引起灵敏度的变化，适合大批量样品连续分析。

本节列出的技术指标（表 10-1），只在使用的水和化学试剂满足要求的前提下方可达到。仪器性能测试包括工作曲线的线性范围、检出限、精密度、准确度、基线漂移的测试。指标仅供仪器选型配置时参考使用，如有更新，请以最新标准为准。

表 10-1　各模块基本性能指标

分析项目	方法原理	线性范围	检出限	精密度	准确度
高锰酸盐指数	高锰酸钾褪色光度法	0.5～5 mg/L	≤0.1 mg/L	≤1%	± 3% 以内
氨氮	水杨酸光度法	0.01～5 mg/L	≤0.005 mg/L	≤1%	± 3% 以内
挥发酚	4- 氨基安替比林光度法	0.001～0.2 mg/L	≤0.000 3 mg/L	≤1%	± 3% 以内
硝酸盐	在线镉柱还原重氮耦合光度法	0.01～2.0 mg/L（以 N 计）	≤0.000 5 mg/L（以 N 计）	≤1%	± 3% 以内
亚硝酸盐	重氮耦合光度法	0.02～2.0 mg/L（以 N 计）	≤0.001 mg/L（以 N 计）	≤1%	± 3% 以内
氰化物	异烟酸巴比妥酸光度法	0.02～0.2 mg/L	≤0.000 5 mg/L	≤1%	± 3% 以内
阴离子表面活性剂	亚甲基蓝光度法	0.02～2.0 mg/L	≤0.010 mg/L	≤2%	± 3% 以内
总磷	在线消解磷钼蓝光度法	0.01～2.0 mg/L（以 P 计）	≤0.004 mg/L	≤1%	± 3% 以内
总氮	在线镉柱还原重氮耦合光度法	0.05～2.0 mg/L	≤0.015 mg/L	≤2%	± 3% 以内
硫化物	亚甲基蓝光度法	0.01～1.0 mg/L	≤0.005 mg/L	≤3%	± 3% 以内

2.3.4.2　基本操作及注意事项

（1）流动注射分析仪和连续流动分析的操作基本相似，分为以下步骤：

开机：将蠕动泵管按位置卡好，以实验用水代替所有试剂，清洗管路；

测试空白样：将管路放入相应的试剂中运行一定时间，待基线走平后，测试空白样，测得空白峰面积符合仪器说明书规定，确认仪器稳定；

绘制标准曲线和样品测试：如果浓度高于标准曲线最高点，要对样品进行稀释；

测试完毕：测试结束后，将进样管和所有试剂的管路放入清洗水中，清洗一定时间后排空（阴离子表面活性剂模块的氯仿试剂管不需水洗直接排空）；松开蠕动泵压块，将管路从蠕动泵上拿下，关闭电源。

（2）流动注射分析仪和连续流动分析要求使用的试剂需过滤、脱气，以减少基线噪声；注意防止管路堵塞。对于常见的分析项目，注意事项还包括以下方面：

总磷：试剂和环境温度对分析结果有一定影响，冰箱贮存的试剂应放置至室温后使用，分析过程中室温波动不宜过大；加热器在加热温度接近 80℃时，应保证加热器的管路中有液体流动。

氰化物：实验过程中要佩戴一次性口罩和防护眼镜，并在通风橱中进行；氰化物遇酸会生成剧毒的氢氰酸气体，禁止氰化物与酸的直接接触；禁止与氰化物标准溶液直接接触；撒出来的氰化物可用硫酸亚铁法处理。

挥发酚：分析过程中要注意在线蒸馏模块的使用情况，如检测谱图出现双峰或驼型峰，则说明在线蒸馏模块的蒸馏膜破裂，应及时更换新的蒸馏膜。为延长蒸馏膜的使用寿命，分析完成后，应通入去离子水清洗，再通入空气保持其干燥。若分析过程中连续出现气泡的毛刺峰，或发现脱气管两端漏液，则需要更换脱气管。

阴离子表面活性剂：要注意氯仿和亚甲蓝的质量，如质量较差，可能会导致灵敏度下降；实验所用的玻璃器皿必须保证洁净，不得使用洗涤剂清洗；萃取膜会随着使用时间加长而发生堵塞或者破漏现象，需及时更换。

2.3.4.3 日常维护和保养

对仪器进行日常维护和保养，不但可以保证测量的准确性，还可以延长仪器的使用寿命。

（1）仪器的光源有一定的寿命，较长时间不工作时应关掉光源；如果出现灯不亮、灯泡发黑、亮度明显减弱或不稳定等情况，应及时更换灯泡。

（2）流通池的状态直接影响测量结果，应保证流通池处于正常状态，尤其注意保护透光面，严禁用手指触摸透光面，只能使用镜头纸轻轻擦拭。对于阴离子表面活性剂，应注意流通池不得有水相，否则应用乙醇去除。

（3）每次实验开始之前，用去离子水清洗管路至少 15 min；仪器使用后，用去离子水清洗至少 15 min，再泵入空气 10 min，将管路内的液体排空后方可关机；并且要按照项目要求清洗仪器，否则本底会变得越来越高。

（4）浑浊样品不能直接进样，否则会堵塞管路。

（5）分析流路中的排废管要置于废液瓶的液面上，以免排废不顺畅。

（6）不建议长时间运行，因为长时间挤压泵管会产生弹性疲劳，有可能导致进样和试剂不稳定，从而使得结果不准；实验结束后，将蠕动泵的压盖松开，最好每天更换不同的蠕动泵泵管位置，避免因泵管疲劳造成的分析数据不准确。

2.3.5 气相分子吸收光谱仪

在整个光谱检测仪器的发展和进展方面，特别应该指出的是，近年来，我国的新型光谱仪器不断涌现，比如气相分子吸收光谱仪。它的原理是：在规定的分析条件下，将待测成分转变成气态分子载入测量系统，测定其对特征光谱的吸收。气相分子吸收光谱仪适用于水质氨氮、凯氏氮、亚硝酸盐氮、硝酸盐氮、总氮、硫化物等项目的测试。

2.3.5.1　特点和选型

气相分子吸收光谱仪的优点有：试剂配方简单，通常是 1～2 种，不超过 3 种，具备集成自动进样系统，无须样品前处理，抗干扰能力强，可实现无人值守大批量样品测试，具备测试结束后自动清洗和待机功能。缺点：气态分子响应值不高，低浓度样品较难做得准，比如低于 0.1 mg/L 的亚硝酸盐氮。分析效率不算快，分析一个样品一般需要 4～7 min。个别项目清洗仪器较为烦琐，如总氮和硝酸盐氮，清洗时间需要约 1 h。可分析项目较少，只适用于能通过反应生成气体分子产物的项目。

我们在配置气相分子吸收光谱仪时，需要关注的技术参数有：波长准确度，全波段≤±0.2 nm；波长重复性≤0.1 nm；稳定性要求，在正常的条件下，光源预热 30 min 后，波长 213.9 nm 时，测定基线稳定性，漂移量≤0.001 Abs/2 min；精密度（6 次），以氨氮为例，要求 RSD≤1.0%。

2.3.5.2　基本操作及注意事项

气相分子吸收光谱仪的基本操作比较简单，基本操作步骤分为：打开气源，按照仪器说明书调节压力；依次打开仪器电源、操作软件，等待仪器自检；选择测试项目；仪器预热；管路润洗；样品测试；清洗关机。

在使用过程中要特别注意，开启加热功能时，务必保证整个管路有液体流过，严禁空烧；分析结束后，必须充分清洗仪器；不要随意改变连接管路的长短和材质；务必保持管路畅通，防止打折、堵塞和液封；禁止空调等排风、通风设施直对仪器送风。

2.3.5.3　日常维护和保养

操作及维护方面，不建议长时间运行仪器，因为长时间挤压泵管会产生弹性疲劳，会出现进样和试剂不稳定，导致结果不准。此外，要特别注意实验室的本底干扰，如氨水、硝酸对氨氮项目的干扰。

2.3.6　离子色谱仪

离子色谱仪是一种常见的分析仪器，可用于分离、测定阴阳离子和有机酸等化合物，应用非常广泛。生态环境监测领域主要用于测定地表水中的氟离子、氯离子、硝酸盐（氮）、亚硝酸盐（氮）、硫酸盐等项目；降水中氟离子、氯离子、硝酸根、硫酸根、铵离子、钾离子、钠离子、钙离子、镁离子等项目；环境空气和废气中硫酸雾、氯化氢、氟化氢、有机酸（乙酸、甲酸和草酸）等项目。

2.3.6.1　选型

实验室应根据监测标准要求、实验室内分析项目和工作量选择合适的离子色谱仪配置，如选配样品盘时，建议尽量选配大容量的样品盘；若一台仪器需同时用于阴阳离子的分析，建议配备双通道；若经常分析高浓度废水，建议配备在线稀释装置；若日常分析样品量大，建议配备在线过滤装置。表 10-2 列出某两种不同品牌仪器的配置以供参考。

表 10-2　不同品牌仪器参数配置表

品牌	甲	乙
工作站系统	可兼容多个工作站系统	单一工作站系统
智能检测	分段检测，故障排除及数据回溯	无
气路	无须外接气体	需外接气体增压
阴阳离子离子切换	选配，可自动切换两通道	分单通道和双通道
二氧化碳脱气	离子色谱专用内置脱气泵	使用液相脱气泵
在线前处理	有在线过滤技术	无
梯度淋洗	四元梯度淋洗	四元梯度淋洗
单标多点技术	可选配，精度 1∶10 000	可选配，精度 1∶1 000
高压泵	流量：0～20 ml/min；耐压 0～50 MPa；增量 0.001 ml/min；精度好于 0.1%；重复性好于 0.1%	流量：20 ml/min；耐压≥40 MPa，增量 0.001 ml/min；精度好于 0.1%；重复性好于 0.1%
色谱柱	有快速柱和高容量柱	有快速柱和高容量柱
抑制器	阴离子采用化学抑制，100% 耐强酸、100% 耐有机溶剂	默认电解水膜抑制
	阳离子采用电子抑制，无须实物，无后续成本	阳离子检测需要抑制器
电导检测器	量程 0～15 000 μS/cm	量程 0～15 000 μS/cm
	电导池温度稳定性：＜0.001℃	电导池温度稳定性：0.001℃
	电导池耐压 5 MPa，有压力过保护装置，压力增高超过 5 MPa 即可断开流路	耐压≥10 MPa
基线噪声	0.2 nS/cm（0～15 000 μS/cm 测得）	± 0.1 nS/cm（0～150 μS/cm 测得） ± 2 nS/cm（150～15 000 μS/cm 测得）
自动进样器	可兼容选配 36 位、56 位或 146 位等多种自动进样器	可兼容选配 40 位、50 位、100 位等多种自动进样器

2.3.6.2　基本操作及注意事项

离子色谱仪一般为全自动设备，使用仪器工作站系统的样品分析程序即可控制进样、检测、结果计算输出等整个流程。现就使用过程中应注意的事项提出以下几点：

（1）建议为离子色谱仪配置柱温箱以减少温度波动对色谱图带来的影响。

（2）注意检查淋洗液的存量，以免出现淋洗液抽空造成高压泵的空转，损伤泵部件。

（3）注意观察管路中是否有气泡，若有应及时排气，以免因气泡造成的系统不稳定。

（4）样品序列完成后及时对整个系统进行冲洗，保证系统的清洁性。

（5）保护柱和分离柱安装时务必注意柱子的方向性。

（6）注意经常检查各液体输送管路是否清洁，及时更换脏污的管路及管路上的滤膜或筛板。更换管路时要看好管路型号，尤其是外观相近的，可能内径不同，如果本来粗内径的换上了细内径的，就会抽不动溶液，出现“假气泡”现象。

（7）虽然离子色谱仪的自动化程度很高，将样品放入自动进样器样品盘后基本都可以实现无人值守情况下的仪器分析，但建议尽可能在实验过程中多观察仪器运行状况及谱图结果，如是否正常进样、废液是否有正常排出、空白样或质控样结果是否合格等，发现问题及时解决，避免造成仪器空转或出错中止运行、某批次质控样不合格而使成批次的样品重新分析等情况，节约分析时间及样品重新测定所消耗的精力。

（8）仪器运行过程中应注意避免身体（尤其手、头发等）接触到仪器的运转部件（如进样盘、蠕动泵），以免人身或者仪器受到损害。

2.3.6.3　维护和保养

离子色谱仪用水水质要求：为减少水中杂质对分析结果及仪器系统各部件带来的不利影响，一般要求洗脱液用水、稀释用水、再生液用水、冲洗用水均使用超纯水，电阻率须达到 18.2 MΩ · cm。

离子色谱仪零部件保养：离子色谱仪高压泵为易损耗零件，有可能出现密封圈老化受损、活塞被盐结晶磨损等情况，建议经常检查泵头是否有漏液，系统压力是否有异常波动，根据仪器使用频率定期对泵头进行维护。色谱柱闲置时应冲洗干净，长期不用的色谱柱应按说明书要求的保存条件合理保存。

2.3.6.4　离子色谱仪常见故障、异常分析与排除

（1）硬件系统显示故障的情况

分析过程中仪器停止自动进样：①应检查样品管是否放置到位，有可能是样品管没有正确放置导致运行过程中样品盘的转动被卡。②检查自动进样器与主机或工作站系统之间的连线（信号传输）是否正常。

系统压力过高：①检查各段管路是否畅通。②检查保护柱是否已过载或接近过载。拆除保护柱，若系统压力恢复正常，说明是保护柱问题，需要更换保护柱。③检查室温是否过低，室温过低时系统压力会升高，应使室温保持在 15℃以上。

系统压力过低：①检查系统各管路接头处是否有泄漏，若有则加固相应位置。②检查系统流路中是否走空或存在大量气泡，及时补充溶液并进行排气操作。

系统压力波动：检查高压泵内密封圈、单向阀等元件是否已损坏，必要时更换部件。

（2）色谱图异常

样品峰出现拖尾：①保护柱饱和。拆掉保护柱观察离子峰是否峰形正常，若峰形

正常说明有可能是保护柱饱和，更换保护柱后再进行观察。②进入系统的样品量过大。应减少进样体积或将样品稀释后进样。

基线漂移：①温度波动造成。保持室温恒定或使用柱温箱。②系统平衡时间不够，增加平衡时间即可。

基线噪声异常增大：①淋洗液中气体含量高。对淋洗液进行超声波或者真空泵脱气。②分离柱受到污染。此时应冲洗或更换分离柱。③脉冲阻尼器出现问题。需要维修或更换脉冲阻尼器。

图 10-3 展示了一种典型的基线不稳情况。

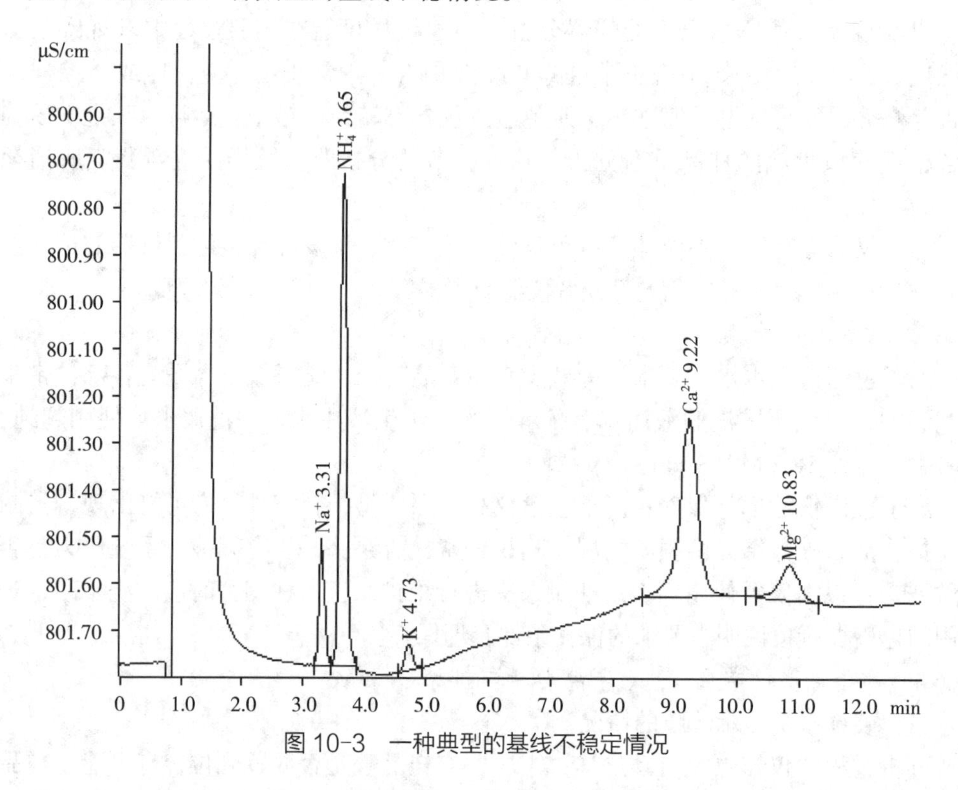

图 10-3　一种典型的基线不稳定情况

色谱图无峰：①检查进样系统蠕动泵管是否正常卡紧运转，进样管内样品液面是否有明显下降以判断仪器是否有正常吸样。②检查进样通路是否被堵塞以至于样品没有正常进入分析柱及检测器。

离子保留时间不稳定：①淋洗液成分发生了改变。如在 Na_2CO_3-$NaHCO_3$ 淋洗液体系中，空气中的 CO_2 进入淋洗液中会导致保留时间延长，应避免使用配制时间过久的淋洗液。②检查高压泵部件是否出现问题。③检查分离柱柱效是否降低导致保留时间前移。一般分离柱柱效降低时会伴随柱压的异常变化或者峰形变差。④温度波动。应保持室温恒定或使用柱温箱。

第三节　常规分析方法解析

3.1　容量法

3.1.1　方法流程

容量分析法，又称滴定分析法，是将一种具有已知准确浓度的试剂滴加到含待测物质的溶液中，至所加试剂与待测物质按化学计量完成定量反应为止，然后根据试剂溶液的浓度和用量计算待测物质的含量，这是一种相对分析法。容量分析应具备的条件：定量地完成反应，没有副反应；迅速地完成反应，速度较慢的反应可用有效的方法（如加热或加催化剂等）提高反应速度；有可靠且简单的方法确定滴定终点，如选择合适的指示剂、氧化还原电位或 pH 等；干扰物共存但不干扰主反应，或可用适当方法消除干扰。

根据标准溶液与被测物质间所发生的化学反应类型不同，将滴定分析法分为酸碱滴定法、沉淀滴定法、络合滴定法、氧化还原滴定法。根据滴定方式可以分为直接滴定法、返滴定法、置换滴定法和间接滴定法四种。

滴定操作流程详见本章 2.1.1 滴定。下面简要地介绍四种不同的滴定方式。

（1）直接滴定法

直接滴定法是用标准溶液直接滴定被测物质的一种方法。凡是能同时满足反应定量完全、反应速度快、有适宜的指示剂，都可以采用直接滴定法。直接滴定法是滴定分析法中最常用、最基本的滴定方法。例如，用 HCl 滴定 NaOH、用 $K_2Cr_2O_7$ 滴定 Fe^{2+} 等。

（2）返滴定法

当遇到下列几种情况下，不能用直接滴定法：当试液中被测物质与滴定剂的反应慢，如 Al^{3+} 与 EDTA 的反应，被测物质有水解作用。用滴定剂直接滴定固体试样时，反应不能立即完成，如 HCl 滴定固体 $CaCO_3$。某些反应没有合适的指示剂或被测物质对指示剂有封闭作用时，如在酸性溶液中用 $AgNO_3$ 滴定 Cl^- 缺乏合适的指示剂。对上述这些问题，通常都采用返滴定法。

返滴定法就是先准确地加入一定量过量的标准溶液，使其与试液中的被测物质或固体试样进行反应，待反应完成后，再用另一种标准溶液滴定剩余的标准溶液。

例如，高锰酸钾与有机物的反应需要一定的时间，采用直接法的话滴定时间较长，不易把握。而使用返滴定法，将加热温度控制在 80℃左右，使用过量的高锰酸钾，使有机物完全氧化，再用草酸钠滴定剩余的高锰酸钾，取得很好的效果。

（3）置换滴定法

对于某些不能直接滴定的物质，也可以使它先与另一种物质起反应，置换出一定量能被滴定的物质来，然后再用适当的滴定剂进行滴定。这种滴定方法称置换滴定法。

例如，硫代硫酸钠不能用来直接滴定重铬酸钾和其他强氧化剂，这是因为在酸性溶液中氧化剂可将 $S_2O_3^{2-}$ 氧化为 $S_4O_6^{2-}$ 或 SO_4^{2-} 等混合物，没有一定的计量关系。但是，硫代硫酸钠却是一种很好的滴定碘的滴定剂。这样一来，如果在酸性重铬酸钾溶液中加入过量的碘化钾，用重铬酸钾置换出一定量的碘，然后用硫代硫酸钠标准溶液直接滴定碘，计量关系便非常好。实际工作中，就是用这种方法以重铬酸钾标定硫代硫酸钠标准溶液浓度的。

（4）间接滴定法

有些物质虽然不能与滴定剂直接进行化学反应，但可以通过别的化学反应间接测定。例如高锰酸钾法测定钙就属于间接滴定法。由于 Ca^{2+} 在溶液中没有可变价态，所以不能直接用氧化还原法滴定。但若先将 Ca^{2+} 沉淀为 CaC_2O_4，过滤洗涤后用 H_2SO_4 溶解，再用 $KMnO_4$ 标准溶液滴定与 Ca^{2+} 结合的 $C_2O_4^{2-}$，便可间接测定钙的含量。

3.1.2 方法重难点解析

容量法主要用于常量和微量分析，简便、快速且应用广泛，有较高的准确度。下面从基准物质和标准滴定溶液、滴定管的选择和使用、滴定终点等方面讨论如何提高滴定分析的准确度。

3.1.2.1 基准物质和标准滴定溶液

基准物质直接影响滴定分析的准确度，它必须具备以下条件：纯度要＞99.99%，有已知灵敏度的定性方法可供检验其纯度；使用时易溶于水（或稀酸、稀碱）；稳定好，不易吸水、二氧化碳等，在空气中不被氧化，干燥时不分解；组成恒定，标定时按化学反应式定量完成，没有副反应或逆反应。具有较大的摩尔质量，降低称量误差。常用的基准物质有无水碳酸钠、邻苯二甲酸氢钾、重铬酸钾、溴酸钾、硝酸银、碳酸钙等。

基准物质必须在充分干燥后称量。制备标准滴定溶液的浓度应在规定浓度的 ±5% 范围以内。在标定和使用标准滴定溶液时，滴定速度一般应保持在 6～8 ml/min。称量工作基准物质的质量小于或等于 0.5 g 时，按精确至 0.01 mg 称量；大于 0.5 g 时，按精确至 0.1 mg 称量；若标准有要求，则按标准要求执行。标准溶液的容器标签上必须准确标注名称、日期、浓度和配制人姓名。

除另有规定外，标准滴定溶液在 10～30℃下，密封保存时间一般不超过 6 个月。超过保存时间的标准滴定溶液进行复标定后可以继续使用。标准滴定溶液在 10～30℃，开封使用过的标准滴定溶液保存时间一般不超过 2 个月（倾出溶液后立即盖紧）。当标准滴定溶液出现浑浊、沉淀、颜色变化等现象时，应重新制备。贮存标准滴定溶液的容器，其材料不应与溶液起理化作用，不得长期保存在容量瓶中。

3.1.2.2 滴定管的选择和使用

根据滴定量选择合适的滴定管以控制滴定误差。不得使用大容量滴定管连续滴定多份试样，也不宜使用容积小于滴定量的滴定管滴定样品。根据所用的滴定试剂的性质选择滴定管。使用光敏感和化学性质不稳定的滴定试剂，如硝酸银、高锰酸盐钾等，应使用棕色滴定管。无论用哪种滴定管，都必须掌握三种加液方法：逐滴滴加；加1滴；加半滴。

络合滴定常在烧杯进行，方便调节pH。若在烧杯中进行滴定，烧杯应放在白瓷板上，将滴定管出口尖嘴伸入烧杯约1 cm，滴定管应放在左后方，但不要靠壁，右手持玻棒搅动溶液，加半滴溶液时，用玻棒末端承接悬挂的半滴溶液，放入溶液中搅拌。

溴酸钾法、碘量法等需要在碘量瓶中进行反应和滴定，碘量瓶是带有磨口玻璃塞和水槽的锥形瓶，喇叭型瓶口与瓶塞柄之间形成一圈水槽，槽中加纯水可形成水封，防止瓶中溶液反应生成的气体（Br_2、I_2等）逸失，反应一定时间后，打开瓶塞水流即流下并可冲洗瓶塞和瓶壁，接着进行滴定。

随着科技发展，出现了瓶口滴定器等自动化设备，它比滴定管操作方便、滴定准确度更高。瓶口滴定器采用特制的10 ml注射器，可连续滴定和吸液并累计显示滴定量。它属于高精度滴定，误差范围在A级玻璃滴定管标准的范围内；操作流畅，易掌控的手动旋钮可保证灵敏而且准确的控制每一滴滴液。通过转动手动旋钮的方向，滴定器将进行自动检测是补液还是滴定。还有半自动滴定仪，它将数字滴定管、内置的磁力搅拌器、触控式显示器和符合GLP标准的计量或滴定应用文档整合在一台设备中。使用该仪器可以快速准确地完成手工滴定，滴定体积可以精确到μl级别。

3.1.2.3　滴定终点

滴定分析一般依据指示剂的变色来确定滴定终点，还可以通过电位变化来确定终点。

在选择指示剂时，要选择一种变色范围恰好在滴定曲线的突跃范围之内，或者至少要占滴定曲线突跃范围一部分的指示剂。这样当滴定正好在滴定曲线突跃范围之内结束时，其最大误差不超过0.1%。

若指示剂过量或其浓度过大，则变色迟钝。同时指示剂本身也是弱酸或弱碱，会消耗滴定剂。强酸滴定强碱时，使用甲基红作为指示剂，不能使用酚酞指示剂；而强碱滴定强酸时，则使用酚酞指示剂，不能使用甲基红作为指示剂。

手工滴定，是根据指示剂的颜色变化指示滴定终点，目测标准溶液消耗体积，计算分析结果。而自动电位滴定法则是通过电位的变化，由仪器自动判断终点。由于自动电位滴定法是根据滴定曲线的一阶导数确定终点，等当点与终点的误差非常小，准确度高，避免了人工滴定法由于要加指示剂可能因加入量、指示终点与等当量间、操作者对颜色判断等的误差；电动定位滴定法无须使用指示剂，故对有色溶液、浑浊度以及没有适合指示剂的溶液均可测定。但电位滴定法在环境监测监测标准很少，只有《水质　氯化物的测定　全自动电位滴定法》（DB61/T 1306—2019）（陕西省地方标准）、《水质化学需氧量的测定电位滴定法》（T/ZSZJX 006—2020）（中山市团体标准）等为数不多的标准。

3.1.3　标准应用介绍

容量法具有操作方便、快速、准确度高、应用范围广、费用低的特点，在环境监测中得到较多应用。下面就环境监测中常用的容量法进行介绍。

3.1.3.1 《水质　高锰酸盐指数的测定》(GB/T 11892—1989)

高锰酸盐指数是反映水体中有机及无机可氧化物质污染的常用指标。定义为在一定条件下，用高锰酸钾氧化水样中的某些有机物及无机还原性物质，由消耗的高锰酸钾量计算相当的氧量。高锰酸盐指数是一个条件性相对指标，在实际测试中受到水浴温度及时间、样品 pH、空白、高锰酸钾溶液浓度等影响。

(1)空白实验

空白实验反映实验用水、试剂纯度以及操作过程中的污染情况。空白实验在整个分析中尤为重要，特别是将样品稀释测定，计算时需代入计算。

值得注意的是，根据标准要求，高锰酸钾指数测定所用水应该是不含任何有机物的蒸馏水，而蒸馏水保存时间的长短会造成蒸馏水空白值的差异，而空白值差异直接影响高锰酸钾指数的测定结果。所以最好使用新鲜蒸馏水。

(2)水浴时间与温度

高锰酸盐指数是一个条件指标。实验证明，随着反应时间增加，反应越完全，滴定所消耗的高锰酸钾就越多，高锰酸盐指数就越大。因此实验过程中要严格控制沸水浴的时间，等水沸腾后才开始计时，沸水浴中加热(30±2)min。需要进行多个样品分析时，建议将加热时间间隔开，留有充裕的时间进行滴定。同时，需要注意水浴锅不同孔温度的不均匀性，需要反复实验，探索不同孔适合的水浴时间。在水浴时，有些品牌的标准溶液需要加上盖子，在测定时要认真阅读操作说明。

(3)溶液 pH

高锰酸盐指数测定所采用的酸性滴定法属于氧化还原反应，反应体系的酸度对整个实验的速度和方向有较大影响，因此酸度必须适宜。当酸度较低时，高锰酸钾容易被氧化为二氧化锰沉淀，使高锰酸钾的氧化性降低，测定结果偏低；酸性越大高锰酸钾氧化性越大，氧化水样还原性物质也就越多，表现的高锰酸盐指数就越大。

(4)高锰酸钾标准溶液浓度

高锰酸钾标准溶液的浓度要适中，使校正系数 *K* 值在 0.950～1.01。当高锰酸钾标液浓度偏高时，加入 10 ml 草酸钠溶液后，不足以还原溶液中剩余的高锰酸根，导致紫红色无法全部褪去。当高锰酸盐浓度偏低时，空白消耗会增多，使测定结果偏低。每次实验前都需要对高锰酸钾溶液进行标定，便于实验顺利进行。

(5)滴定过程

高锰酸钾法滴定过程需要把握好试样的温度、滴定速度和时间以及终点观察。

滴定温度高锰酸钾对草酸钠进行氧化主要是一个吸热反应的过程，温度越高，反应的速度也会越快。用高锰酸钾滴定剩余的草酸钠时，滴定温度要求在 60～80℃。当反应温度超过 90℃时，会导致草酸分解；当反应温度低于 60℃时，高锰酸钾与草酸钠的反应速度缓慢，则会影响氧化反应的程度。加热时，若溶液红色褪去，说明样品浓度过高，需重新取样稀释后测定。

滴定时间应控制在 2 min 内完成，时间过长会使试样温度下降，使测定结果偏高。

在观察颜色变化时，可以将白纸置于锥形瓶下方，偏于观察滴定终点颜色变化。

全自动高锰酸盐指数分析仪按照 ISO 8467 国际标准和 GB/T 11892—1989 国家标准，样品中加入 10 ml 高锰酸钾溶液和 10 ml 硫酸溶液，混合后加入 100℃的水浴池中加热 30 min。在酸性环境下，高锰酸钾将样品中的有机污染物质氧化，然后加入 10 ml 草酸钠溶液还原剩余的高锰酸钾，再用高锰酸钾溶液回滴过量的草酸钠。仪器自动计算得出 COD_{Mn} 值。仪器通过氧化还原电位（ORP）判定滴定终点，高锰酸钾采用双重计量方式，不受水体浊度、色度影响，运行稳定可靠。表 10-3 是不同品牌的全自动高锰酸盐指数分析仪使用的方法比对。

表 10-3　不同品牌的全自动高锰酸盐指数分析仪使用的方法比对

仪器	所用方法
品牌 1	酸 / 碱高锰酸盐指数指数测定
品牌 2	水浴消解 - 颜色滴定
品牌 3	水浴消解 - 气相分子吸收光谱法测定
品牌 4	水浴 / 电热消解 - 颜色滴定

3.1.3.2 《水质　化学需氧量的测定　重铬酸盐法》（HJ 828—2017）

化学需氧量的测定通常采用《水质　化学需氧量的测定　重铬酸盐法》（HJ 828—2017）。其分析原理是在水样中加入已知量的重铬酸钾溶液，并在强酸介质下以银盐作催化剂，经沸腾回流后，以试亚铁灵为指示剂，用硫酸亚铁铵滴定水样中未被还原的重铬酸钾，由消耗的重铬酸钾的量计算出消耗氧的质量浓度。分析过程中要注意以下问题：

（1）氯离子的影响。在酸性条件下氯离子可被重铬酸钾氧化为氯气，消耗一定量的氧化剂，从而导致测定结果偏高。氯离子干扰消除的方法通常有：硫酸汞或硫酸锰遮蔽法、硝酸银溶液沉淀法、稀释法、吸收法等。这些方法各有特点，但均可有效地消除氯离子对化学需氧量测定所带来的影响，采用哪种方法，更多地取决于操作者的熟练程度。当稀释后水样含氯离子浓度还大于 1 000 mg/L，需选用其他合适的方法。

（2）水样有浮油、悬浊物较多时影响取样均匀性，对重复性有影响。因此，无论是在清洁水样还是在悬浮物较高的水样的分析过程中，都必须摇匀取样并且准确把握取样量，以避免分析结果出现偏差。

（3）实验过程：消解过程要保持持续微沸状态，以及回流冷凝效果良好（对于风冷的冷凝方式，室内温度对冷凝效果有影响）。

（4）硫酸亚铁铵浓度会随时间变化，需要每次使用前进行标定，以免影响结果准确。

市面上的全自动 COD_{Cr} 分析仪按原理主要分为两类（表 10-4）：第一类是符合《化学需氧量（COD_{Cr}）水质在线自动监测仪技术要求及检测方法》（HJ 377—2019）国家行业标准的重铬酸钾高温消解分光光度法；第二类是符合《水质　化学需氧量的测

定 重铬酸盐法》(HJ 828—2017)标准，即重铬酸钾氧化，加热回流，采用颜色法判断终点自动滴定分析。

表 10-4 不同全自动 COD_{Cr} 分析仪比较

仪器设备	所有方法	特点
产地为荷兰某品牌全自动 COD_{Cr} 分析仪	密闭消解 - 分光光度法、密闭消解 - 滴定法	支持两种方法
产地为加拿大某品牌全自动 COD_{Cr} 分析仪	快速消解 - 分光光度法	可做 COD_{Cr}、高锰酸盐指数及浊度
国产全自动 COD_{Cr} 分析仪	加热回流 - 滴定法	采用颜色法判断滴定重点

3.1.3.3 《土壤检测 第 6 部分：土壤有机质的测定》(NY/T 1121.6—2006)

重铬酸钾 - 氧化还原滴定法广泛应用于土壤有机质的监测，但是该法操作烦琐，特别是在油浴加热时要注意保持沸腾状态，又要防止重铬酸钾分解。

(1)称量。方法要求准确称取 0.05～0.5 g 的样品，为减少称样误差，建议采用减重法。

(2)土壤有机质必须采用风干样品。因为水稻土及一些长期渍水的土壤，由于较多的还原性物质存在，可消耗重铬酸钾，使结果偏高。

(3)加热时，产生的二氧化碳气泡不是真正沸腾，应该以液面开始翻动，并有较大气泡时开始准确计时，温度要严格控制在 170～180℃，并严格控制油浴时间为(5 ± 0.5)min。

加热后如果溶液颜色为黄棕色或者黄中带绿，说明样品量太多或者重铬酸钾用量不够，有机碳的氧化不完全，需要重做。

3.2 重量法

3.2.1 方法流程

重量分析时一般是将被测组分与试样中的其他组分分离，转化为一定的称量形式后称量，由称得的质量确定被测组分的含量。根据分离方法的不同，重量分析一般分为挥发法、电重量法和沉积法。重量法的基本操作包括样品溶解、沉淀、过滤、洗涤、烘干、灼烧以及称重等步骤。

主要操作过程：

溶解：将试样溶解制成溶液，根据不同的性质选择适当的溶剂。对于不溶于水的试样，一般采用酸溶法，碱溶法或熔融法。

沉淀：加入适当的沉淀剂，使与测组分迅速定量反应生成难溶化合物沉淀。

过滤和洗涤：过滤使沉淀与母液分开，根据沉淀的性质不同，过滤沉淀时常采用无灰滤纸或玻璃砂芯坩埚，洗涤沉淀是为了除去不挥发的盐类杂质和母液，洗涤时要选择适当的洗液，以防止沉淀溶解形成胶体。洗涤沉淀要采用少量多次的洗法。

烘干与灼烧：烘干可以除去沉淀中水分和挥发性物质，同时使沉淀组成达到恒定。烘干的温度和时间随着沉淀不同而异，灼烧可除去沉淀的水分和挥发性物质外，还可以将初始生成的沉淀在高温下转化为恒定的沉淀。灼烧温度一般在800℃以上。以滤纸过滤的沉淀，常置于瓷坩埚中进行烘干和灼烧。若沉淀需加氢氟酸处理，应改用铂坩埚。使用玻璃砂芯坩埚过滤的沉淀，应在电烘箱里烘干。

称重恒重：称得沉淀质量即可计算分析结果，无论沉淀是烘干还是灼烧，其最后称重必须达到恒重。

3.2.2　方法重难点解析

3.2.2.1　滤膜

过滤操作中滤膜常用孔径有：0.2 μm、0.45 μm、0.8 μm 等。使用者可根据流动相与样品对杂质颗粒大小的要求选用不同孔径。滤膜的材料有很多种，其性能又有所不同，常用微孔滤膜有如下几种：

水系微孔滤膜：一般用于纯水相的过滤。水系滤膜一般由纤维素类的材料制成。水系滤膜系列包括醋酸纤维素膜、硝酸纤维素膜、混酯膜再生纤维素膜等。

有机系微孔滤膜：用于有机溶剂的过滤。常用有机系微孔滤膜：聚四氟乙烯膜、聚偏二氟乙烯膜、聚偏氟乙烯膜。

混合滤膜过滤：一般水系、有机系通用。混合滤膜：尼龙膜、改性的聚偏氟乙烯（改良亲水性）、聚四氟乙烯膜（改良亲水性）、聚偏二氟乙烯膜（改良亲水性）。脂肪族尼龙，有良好的亲水性，耐适当浓度的酸碱，不仅适用于含有酸碱性的水溶液，也适用于含有有机溶剂，例如醇类、烃类、醚类、酯类，苯和苯的同系物，二甲基甲酰胺等，是使用范围最广的微孔滤膜之一。

颗粒物过滤滤膜：随着颗粒物监测工作的广泛开展及监测目的多样化，石英、特氟龙等多种材质滤膜被应用到颗粒物手工监测中。尤其在南方高温高湿情况下，使用质量差的玻纤滤膜采样会有很多残渣，直接影响手工监测的准确性。采样前对滤膜的质量进行检查，是必要的环节。

滤膜存在的主要问题：①玻纤材质的滤膜，质地比较松软，部分处理不好的滤膜边缘会有不平整、掉渣的现象。这种掉渣的现象，直接导致称量的负偏差。②部分滤膜长期不用，表面变色，受到污染。因此，为保证整个监测中数据的质量，应在滤膜使用前先检查滤膜的质量，检查方式为目测，不得有针孔或毛刺。

3.2.2.2　恒重

在重量分析法中，都涉及一个恒重的问题，经烘干、灼烧或规定条件下平衡的拟承载试样的空载体或试样，相邻两次称重之差不得超过该检测方法规定的允差时的重量即为恒重。例如水质悬浮物的测定，载有悬浮物的滤膜在103～105℃下烘干1 h后移入干燥器中，冷却到室温称重，再反复烘干、冷却称量，直至两次称量的重量差≤0.4 mg。在重量法分析中不管恒重的要求是多少，都有恒重允差规定，不同的分析项目恒重要求不一致，再就是恒重计算的取值问题。包括水中悬浮物测定（GB/T 11901—1989）在内的不少方法，在最后一次达到恒重后该如何取值就很模糊。主要存在恒重是取最后两次的平均值，还是按达到恒重的最后一次的重量的问题。现有标准规定如下：

（1）只规定恒重允差的标准

1）《水质　悬浮物测定　重量法》（GB/T 11901—1989）为两次重量相差不超过 0.4 mg。

2）《固定源废气监测技术规范》（HJ/T 397—2007）规定：滤筒在 105～110℃烘烤 1 h，取出放入干燥器，在恒温恒湿的天平室中冷却至室温，两次重量之差应不超过 0.5 mg。

3）《固定污染源排气中沥青烟的测定　重量法》（HJ 45—1999）规定："恒重"是指间隔 24 h 的两次称重之差，$3^{\#}$ 滤筒应不大于 5.0 mg。

4）《固定污染源废气　苯可溶物的测定　索氏提取—重量法》（HJ 690—2014）规定：天平室温度应维持在 18～35℃，相对湿度应小于 50%。在同一平衡条件下，再次平衡 1 h 后称重，两次重量之差应小于 0.25 mg。

5）《土壤　干物质和水分的测定　重量法》（HJ 613—2011）规定的恒重是指样品烘干后，再以 4 h 烘干时间间隔对冷却后的样品进行两次连续称重，前后差值不超过最终测定质量的 0.1% 为恒重。

6）《固体废物　有机质的测定　灼烧减量法》（HJ 761—2015）规定的恒重差是指连续两次的重量差不大于 0.001 g。

7）《土壤　水溶性和酸溶性硫酸盐的测定　重量法》（HJ 635—2012）规定的恒重是指连续两次的重量差小于 0.2 mg。

（2）有恒重计算要求的标准

1）《环境空气颗粒物（$PM_{2.5}$）手工监测方法（重量法）技术规范》（HJ 656—2013）规定：滤膜首次称量后，在相同条件平衡 1 h 后需再次称量。当使用大流量采样器时，同一滤膜两次称量质量之差应小于 0.4 mg（万分之一天平）；当使用中流量或小流量采样器时，同一滤膜两次称量质量之差应小于 0.04 mg（十万分之一天平）；以两次称量结果的平均值作为滤膜称重值。

2）《固定污染源废气　低浓度颗粒物的测定　重量法》（HJ 836—2017）的恒重要求较为苛刻，样品滤膜于 15～30℃任意一点，湿度（50 ± 5）%RH 平衡 24 h，恒重差不得＞0.20 mg，取两次称量结果的平均值，若第三次与第二次＞0.20 mg，则样品作废（不允许再次恒重）。同一滤膜前后两次称量之差超出以上范围则该滤膜作废。关于恒重取值问题，例如《空气中 $PM_{2.5}$ 和固定源废气浓度颗粒物》的恒重取值应依据 HJ 656—2013 和 HJ 836—2017 规定以两次称量结果的平均值作为滤膜称重值；方法标准中有明确规定的按其规定执行的，因试样的干燥温度、湿度、时间及重复操作的冷却时间对结果影响较大，环境因素变动、操作误差、天平砝码的影响和空气浮力等影响到称量结果的准确性，尤其是当待测物样品增重甚微时，恒重取值不当将会加大结果的误差。标准有明确规定的按规定取值，方法中没有明确规定的建议以两次称量结果的平均值作为滤膜或滤筒的称重值。

3.2.2.3　空白

《固定污染源废气　低浓度颗粒物测定　重量法》（HJ 836—2017）提出了全程序空白的概念，全程序空白指除采样过程中采样嘴背对气流不采集废气外，其他操作与实际样品操作完全相同获得的样品。采全程序空白样时，采样嘴应背对废气气流方向，采样管在烟道中放置时间和移动方式与实际采样相同。全程序空白样应在每次测量系列过程中进行一次，并保证至少一天一次。为防止在采集全程序空白样过程中空气或废气进入采样系统，必须断开采样管与采样器主机的连接，密封采样管末端接口。全程序空白样是一种质控措施，是衡量样品在测定过程中是否受到污染的一种手段。任何低于全程序空白样增重的样品均无效。全程序空白样增重除以对应测量系列的平均体积不应超过排放限值的 10%。另外，颗粒物浓度低于方法检出限时，对应的全程序空白样增重应不高于 0.5 mg，失重应不多于 0.5 mg。同时应考虑不同批次滤膜的差异性，在准备不同批次空白滤膜的同时最好分批次制作标准滤膜。

3.2.2.4　温湿度

温度和湿度：湿度高低会使得待测物和承载物质量发生增减量的变化，尤其是在待测物增量小的情况下影响权重更大；温度变化会使得气体体积发生改变，造成明显的质量偏差，在对称量瓶等有较大内部体积的器皿进行称重时，必须等到内部温度与外部温度都与称重前温度相同，恒温恒湿平衡可有效减少称量波动，提高称量的稳定性。为消除或检查采样前后称重环境变化造成的称重误差，对待测物增重少的项目，应采取带标准滤膜或全程序空白样来进行质量控制。

3.2.2.5　称量

称量方法：为了消除天平的随机误差，获得准确的恒重差，每次称重应当在称量部件从干燥器中取出后 1 min 内完成，初次读数后，分别按 5 s 的等时间间隔读取另外两个读数，记录 3 个读数的平均值做为一次称量结果；第一次称量结束后，将称量部件放回干燥器平衡或烘箱处理至规定时间，将天平归零后再进行第二次称量，两次称量符合允许误差取平均，不符合就再进行第三次恒重。

3.2.3　应用举例

下面以悬浮物为例，介绍《水质　悬浮物的测定　重量法》（GB/T 11901—1989）的原理、重难点及注意事项。

（1）测定原理

水质中的悬浮物是指水样通过孔径为 0.45 μm 的滤膜，截留在滤膜上并于 103～105℃烘干至恒重的固体物质。

（2）重难点

现有《水质　悬浮物测定　重量法》（GB/T 11901—1989）发布 30 年均未作修改，随着环境管理日趋严格和环境污染治理技术的不断进步，需要适应超低浓度准确测量的监测要求，滤膜增重检测结果应具有准确定量意义。例如对低浓度悬浮物样品监测分析时，只取 100 ml 水样检测，按 0.4 mg 的恒重差会导致测得结果误差偏大。因此需要增加取样体积和滤膜增重的要求，并降低恒重允差，比如样品取样体积不得少于 100 ml，低浓度水质必须加大取样量以保证滤膜增重不低于 5 mg。避免取 100 ml 水样时，滤膜只需增重 1 mg［《城镇污水处理厂污染物排放标准》（GB 18918—2002）一级 A 标准悬浮物标准为 10 mg/L，取 100 ml 样品后滤膜增重为 1 mg］就会产生超标是否准确的争议，因为 0.4 mg 的恒重允差与 1 mg 的增重两者相差竟高达 40%（0.4 mg 恒重允许量与标准值 1 mg 的占比值），但如果与 5 mg 相比则降低至 8%（0.4 mg 恒重允许量与 5 mg 的占比值）。

《环境水质监测质量保证手册》要求，悬浮物检测结果 5～100 mg/L 时，室内精密度应≤20%，但恒重允差大和滤膜增重小时，容易造成平行双样的质控数据不合格。因此需增加滤膜增重。小于 2 mg 时应采用感量为 0.01 mg 的同一台天平称量，并将恒重允差适当调低。同时还需对测试过程中烘干温度的准确性、滤膜质量、冷却恒重与称量环境条件、滤膜的全程序空白样和称量的方法等做出细化的要求，以保证在使用高精度天平和恒重允差降低后的方法具有可操作性。

悬浮物的测定一般使用重量法，悬浮物的测定原理虽然简单，但操作步骤很多，影响因素因此增加，最大的影响因素即为滤膜的水溶性问题，由于滤膜中水溶性物质溶于水所造成滤料的失重现象对水质悬浮物测定造成严重负干扰，空白甚至较清洁的地表水测定结果出现很大的负数值。针对此问题，对滤膜先进行脱除水溶性物质，再烘干处理，制作成空白滤膜，以处理后的滤膜进行悬浮物的测定。一般操作如下：先把滤膜用水浸泡 2 h，超声 30 min，用扁嘴无齿镊子夹取滤膜放于事先备好的托盘中，并用干净的白纸盖住，防止滤膜卷边，置于阴凉处晾干几天。最后将托盘整体移入烘箱中 103～105℃烘干 0.5 h 后，取出置于干燥器内冷却至室温，用分析天平称其重量，反复烘干、冷却、称量，直至两次称量至恒重，两次称量重量差≤0.2 mg，作为空白滤膜备用。

（3）注意事项

所用聚乙烯瓶或硬质玻璃瓶要用洗涤剂洗净，再依次用自来水和蒸馏水冲洗干净，采样前再用即将采集的水样清洗 3 次，采集具有代表性水样 500～1 000 ml。

漂浮或浸没的不均匀固体物质不属于悬浮物质应从采集的水样中除去。采集的水样应尽快分析测定。如需放置，应贮存在 4℃冷藏箱中，但最长不得超过 7 d。贮存水样时不能加入任何保护剂。

对样品悬浮物较多或较少都会影响测定结果。一般以测定 5～100 mg 悬浮物量作为量取试样体积的适用范围。

滤膜用水浸泡或者烘干时间过长会损害其本身的韧性，造成测试过程中易破损，因此需要加以注意，以浸泡 2 h 后抽 500 ml 纯水为宜。为了节省时间，也可不先浸泡，多用纯水抽洗，但是抽洗水量不宜超过 2 000 ml，否则也会造成滤膜韧性的损害。另外，抽洗水也可以使用清澈透明的自来水，实验结果与纯水无明显差异。

3.3　分光光度法

3.3.1　方法流程

利用分光光度法对物质进行定量测定，主要有以下几种方法：

（1）标准管法：将待测溶液与已知浓度的标准溶液在相同条件下分别测定 A 值，然后按 $C_{待测}=(A_{待测}/A_{标准})\times C_{标准}$求得待测溶液中物质的含量。

（2）标准曲线法：先配制一系列浓度由小到大的标准溶液，分别测定出它们的 A 值，以 A 值为横坐标，浓度 C 为纵坐标，作标准曲线（A-C 工作曲线），可以求出标准曲线的回归方程。在测定待测溶液时，操作条件应与制作标准曲线时相同，以待测液的 A 值从标准曲线得出该样品的相应浓度。

（3）吸光系数法：当某物质溶液的浓度为 1 mol/L，比色皿厚度为 1 cm 时，溶液对某波长的吸光度称为该物质的摩尔吸光系数，以 ε 表示。ε 值可由手册中查出，例如亚铁氮二杂菲配合物的 ε 值等于 11 000 L/（cm·mol），已知某物质 ε 值，只要测出其 A 值再根据下式便可求得样品的浓度：$c=A/\varepsilon$。

常用的定量方法是标准曲线法，具体流程包括预处理、取样（考虑稀释与否）、加入显色剂显色（关注显色温度、时间、pH 等是否满足方法要求）、测试记录吸光度（关注波长、比色皿选取合适的光程）等步骤，测试标准曲线和测试样品的条件要保持一致。以纳氏试剂法测定水中氨氮为例，经过预处理（根据需要选择絮凝沉淀或蒸馏）后的水样，取 10.0 ml 稀释到 50.0 ml，加入 1.0 ml 酒石酸钾钠，摇匀，加入 1.0 ml 纳氏试剂（上清液），显色 10 min，于 420 nm，2 cm 比色皿比色，得到吸光度；同时测定标准曲线、平行和加标实验。

3.3.2　方法重难点解析

分光光度法的重难点大致分为以下几个方面：

（1）测量条件的选择：如测定波长的选择，标准方法中都会给出测定波长，我们只需要严格按照标准来执行；但是在进行未知物分析、非标准方法制定时，我们需要找出合适的测定波长，进行全波长扫描识别出最大吸收波长，一般情况下最大吸收波长就是最适合的测定波长，除非有干扰情况无法排除，则选择第二的吸收波长。

（2）显色条件的控制：包括显色剂用量、酸度、显色温度、显色时间等；显色条件控制的好坏，直接影响标准曲线的线性和灵敏度，进而影响准确度。以氨氮项目为例，《国家地表水环境质量监测网监测任务作业指导书（试行）》对氨氮标准曲线 a、b、r 值建议是≤0.005、0.006 0～0.007 8、≥0.999 5，否则较难得到满意的准确结果。

（3）干扰及消除：对于废水样品的测试来说，干扰及消除是最难的地方，也是造成结果差异的来源之一。水样带色或浑浊以及含其他一些干扰物质，影响待测物的测定。以氨氮项目为例，对于较清洁的水，可采用絮凝沉淀法，对污染严重的水或工业废水，则以蒸馏法使之消除干扰。两者的方法原理是不同的。

絮凝沉淀法的原理是加适量的硫酸锌于水样中，并加氢氧化钠使呈碱性，生成氢氧化锌沉淀，再经过滤除去颜色和浑浊等；而蒸馏法是通过调节水样的 pH 在 6.0～7.4，加入适量氧化镁使呈微碱性进行蒸馏，释出的氨，被吸收于硫酸（采用水杨酸—次氯酸比色法）或硼酸（采用纳氏试剂法或酸滴定法）溶液中。同一份水样，采用不同的预处理方式，得到的结果往往会有差异；笔者实验室于 2021 年 9—11 月对同一批河涌水样共计 40 份水样进行了两种预处理方法的对比，发现蒸馏法的数据略低于絮凝沉淀法。因此，在分光光度分析时，要根据样品性状按照方法要求选取合适的预处理方法，并详细记录，便于数据的可比和溯源。

3.3.3 标准应用介绍

分光光度法由于其操作简单便捷、快速准确，在环境监测常规分析中的应用很广泛。在 2019 年的第二届全国环境监测大比武中就考核了六价铬这个分光光度法的项目，刚刚结束的第三届广东省环境监测技术大比武也考核了阴离子表面活性剂和氨氮这两个分光光度法的项目，可见其重要性和普及性。

3.3.3.1 《水质 阴离子表面活性剂的测定 亚甲蓝分光光度法》（GB/T 7494—1987）

（1）方法基本原理

阳离子染料亚甲蓝与阴离子表面活性剂作用，生成蓝色的盐类，统称亚甲蓝活性物质（MBAS）。该生成物可被氯仿萃取，其色度与浓度成正比，用分光光度计在波长 652 nm 处测量氯仿层的吸光度。

（2）仪器、试剂与材料

分光光度计：能在 652 nm 进行测量，配有 10 mm 比色皿；250 ml 分液漏斗：活塞不得用油脂润滑，可采用聚四氟乙烯材质的活塞。在测定过程中，仅使用公认的分析纯试剂和蒸馏水，或具有同等纯度的水。直链烷基苯磺酸钠贮备液建议使用市售有证标准溶液。校准和测定应使用同一批氯仿、亚甲蓝和洗涤液。

（3）样品的前处理

过滤：在测定前需按照标准要求进行过滤。

调节 pH：每次滴加碱和酸时应充分摇匀，避免酸或碱过量。

萃取：萃取时应缓慢放气，避免溶液溅出。若使用异丙醇破乳，则绘制校准曲线也应加入同样量的异丙醇。样品浓度过高时，应减少取样量。在快速分析（如突发环境事件）中，可采用一次萃取简化法。

（4）样品的测试

按照标准步骤完成校准曲线的绘制和样品的测定，样品浓度应在曲线范围内。若曲线浓度点包含标准中 200 μg 的点时，应注意其吸光度是否高于 0.8。

（5）质量控制与质量保证

按照标准要求完成空白实验、校准溶液的测定，空白实验的吸光度不应超过 0.02。若水样为污水，则实验室空白数量不低于两个。应选取一定比例的样品进行平行样测定。可选用分析标准样品、自配标准溶液或实验室加标回收来控制准确度，其标准样品和自配标准溶液不得与绘制校准曲线的标准溶液来源相同。

（6）废液处理

统一收集废液，交有资质的单位处理。

3.3.3.2 《水质　六价铬的测定　二苯碳酰二肼分光光度法》（GB/T 7467—1987）

（1）方法基本原理：在酸性溶液中，六价铬与二苯碳酰二肼反应生成紫红色化合物，于 540 nm 处进行分光光度测定。

（2）试剂与材料：测定过程中，除非另有说明，均使用分析纯试剂和蒸馏水或同等纯的水，所有试剂应不含铬。特别要注意，六价铬使用到的玻璃器皿不得使用铬酸洗液浸泡。铬标准溶液可使用重铬酸钾（GR）配制，但配制前应在 110℃干燥 2 h，也可直接使用市售有证标准物质。铬标准使用液应当天配制。显色剂若出现颜色变深，则应重新配制。

（3）样品的前处理：若样品不含悬浮物，是低色度的清洁地面水可直接测定。其他干扰可按照标准方法步骤进行样品的预处理。

（4）样品的测试：按照标准要求完成校准曲线的绘制和样品的测定。每个样品的显色时间应和校准曲线的一致。应根据样品和校准曲线选择合适光程的比色皿，在保证足够的灵敏度的同时吸光度不应大于 0.8。

（5）质量控制与质量保证：应分析一定比例的实验室空白，若水样类型为污水，则实验室空白数量不低于两个。空实验室空白应低于方法检出限。选取一定比例的样品进行平行样测定。可选用分析标准样品、自配标准溶液或实验室加标回收来控制准确度，其标准样品和自配标准溶液不得与绘制校准曲线的标准溶液来源相同。

（6）废液处理：统一收集废液，交有资质的单位处理。

3.4　电化学法

电化学分析是利用物质的电化学性质测定物质成分的分析方法。它是仪器分析法的一个重要组成部分，以电导、电位、电流和电量等电化学参数与被测物质含量之间的关系作为计量的基础。通过测量电化学参数得到样品组成、含量的信息经仪器对信息处理后即可对样品进行定性定量分析。

根据电化学性质，电化学分析法大体可分成五类：电位分析法、电导分析法、电解分析法、库仑分析法、伏安法和极谱法。电化学法具有灵敏度较高、准确度高、测量范围宽、仪器设备较简单等特点。

在环境监测分析中，电化学法应用在水质和土壤的 pH、电导率、溶解氧、酸碱度、氟化物等项目的测定，涉及玻璃电极法、离子选择电极法、电导率仪法、库仑法、电位滴定法、阳极溶出伏安法等。

3.4.1　*方法流程*

试样的准备：测水质 pH 和溶解氧不需要预处理，土壤 pH 则需将样品用水浸提

30 min；如果测氟离子，有干扰或污染严重，则需要蒸馏。测 pH 的水样需与标准缓冲溶液的温度均控制在（25 ± 1）℃，两者温差不能超过 2℃；测氟化物的水样需与标准溶液温度相同，温差不得超过 ± 1℃。

仪器预热和校准：pH 计和离子计都需要提前开机，预热让仪器稳定。测 pH 需要校准，具体操作见本章 2.3.2.2。离子计不需要校准，做氟化物样品时同时做曲线。

分析试样：仪器的使用参照本章 2.3.2.2，主要是电极使用的一些注意事项，分析前后均需要用去离子水冲洗，并用滤纸轻轻吸干电极表面的水分，不能擦拭，以免损坏电极。

读数：等仪器示值稳定后再读数。

3.4.2 方法重难点解析

3.4.2.1 温度控制

无论是 pH 电极、溶解氧电极还是氟离子电极，温度对其数值都有显著的影响。温度对于酸性溶液的 pH 影响不明显，中性和碱性溶液 pH 随温度升高而降低。这是因为随着温度的升高，水的电离程度加大，水电离出的 H^+ 浓度变大。酸性溶液本身 H^+ 浓度比较大，水电离的 H^+ 浓度增加对其影响不大。而中性和碱性溶液本身 H^+ 浓度比较小，主要由水电离产生，温度升高 H^+ 浓度增大，其 pH 自然就下降。温度对氟离子选择电极的斜率产生影响，导致电动势随温度不同而不同。但是研究表明，只要标准溶液和样品在同一温度条件下测定，同一样品在不同温度条件下测得的数值都在标准范围内。

pH 和溶解氧与温度的关系见表 10-5 和表 10-6。

表 10-5　标准缓冲溶液在不同温度下的 pH（来自 GB 6904.1—1986）

温度 /℃	邻苯二甲酸氢钾	中性磷酸盐	硼砂
5	4.01	6.95	9.39
10	4.00	6.92	9.33
15	4.00	6.90	9.27
20	4.00	6.88	9.22
25	4.01	6.86	9.18
30	4.01	6.85	9.14
35	4.02	6.84	9.10
40	4.03	6.84	9.07
45	4.04	6.83	9.04
50	4.06	6.83	9.01
55	4.07	6.84	8.99
60	4.09	6.84	8.96

表 10-6　各种温度下饱和溶解氧值

温度 /℃	溶解氧 /（mg/L）	温度 /℃	溶解氧 /（mg/L）
0	14.64	18	9.46
1	14.22	19	9.27
2	13.82	20	9.08
3	13.44	21	8.90
4	13.09	22	8.73
5	12.74	23	8.57
6	12.42	24	8.41
7	12.11	25	8.25
8	11.81	26	8.11
9	11.53	27	7.96
10	11.26	28	7.82
11	11.01	29	7.69
12	10.77	30	7.56
13	10.53	31	7.43
14	10.30	32	7.30
15	10.08	33	7.18
16	9.86	34	7.07
17	9.66	35	6.95

因此，在实验分析过程中，一定要按照相应标准严格控制好环境温度、样品温度、缓冲溶液温度、标准溶液温度、饱和稀释水温度等，使得分析结果准确可靠。

3.4.2.2　搅拌速度

搅拌可以有助于加速待测溶液中离子的扩散，使待测物浓度始终保持稳定均衡，测定时电极电位容易稳定便于快速读数。搅拌速度过快或过慢对电极电位、补偿温度、电极电位响应时间都有影响。速度过快容易形成旋涡，电极周围易产生气泡，容易使溶液浓度不稳定，电位值产生偏差。搅拌速度过慢，则会延长电极电位的稳定时间，测定时间较长。水质 pH 测定时，标准要求缓慢水平搅拌；土壤 pH 测定时要求轻轻摇动试样；氟化物测定时要求搅拌速度适中，稳定，不要形成涡流，测定过程中应连续搅拌。

因此，在用电极法测水样时，需要控制搅拌速度，不能过快或过慢，以免影响数值的准确性。

3.4.2.3　电极维护

应用电极法分析时，电极是仪器的关键部件，其性能是整个方法的关键。电极使用前后需要按照说明维护保养，以保证其性能良好。使用电极前，需检查电极填充液是否正常。用蒸馏水冲洗电极后，需用滤纸轻轻吸干表面水分，而不能大力擦拭。电极需清洗干净并按要求保存。不同电极的维护方式会有差别，具体操作需按照其说明书进行。

3.4.3 应用举例

3.4.3.1 《水质 五日生化需氧量（BOD_5）的测定 稀释接种法》（HJ 505—2009）

生化需氧量是指在规定的条件下，微生物分解水中的某些可氧化的物质，特别是分解有机物的生物化学过程消耗的溶解氧。目前，大部分实验室都采用了溶解氧仪测定水样五日培养前后的溶解氧数值，因此将该方法归类于电极法的应用。

生化需氧量是一个相对指标，在分析过程要注意以下方面：

（1）接种液

标准给出了多种接种液的获得方式，可购买也可自己制备。在实际分析过程中，发现含有难降解物质的工业废水如电镀、印染、造纸、医药等行业，接种液中的微生物难以在该类废水中存活，使得化学需氧量结果很高的废水测得生化需氧量很低。按照标准中 4.2.4，培养该类接种液需要 3～8 d 的时间。对于分析人员来说，执法监测要求样品信息不能明确，导致在分析该项目时接种液不能提前准备，使得分析结果很难准确。每一类难降解废水的成分不同，需要驯化能适应该类废水的微生物，才能保证该类废水生化需氧量测定结果的可靠。

保证接种液的质量。选用接种液时，应保证所使用的接种液化学需氧量不能过大，接种稀释水的空白要严格按照标准要求控制。培养接种液时，微生物繁殖如图 10-4 所示。刚开始时，营养物质充足，微生物快速繁殖，然后到一定时间后趋于稳定。最后营养物质不足，微生物内部开始竞争，数量逐步下降，进入衰退期。因此，在长期培养接种液时，要时刻留意接种液微生物的数量，需适时添加营养物质供微生物繁殖，将微生物数量控制在一定范围内。

（2）稀释倍数

BOD_5 测定的第二难点就是稀释倍数的确定。按照标准，样品稀释的程度应使消耗的溶解氧质量浓度不小于 2 mg/L，培养后样品的剩余溶解氧质量浓度不小于 2 mg/L。稀释倍数过大，则消耗的溶解氧质量浓度可能小于 2 mg/L；稀释倍数过小，则培养后样品的剩余溶解氧质量浓度可能小于 2 mg/L。由于样品保存时间短，加上培养时间长，当 5 d 后发现溶解氧结果不符合要求时，已经无法重新分析，只能重新采样。因此，分析前确定合适的稀释倍数则非常关键。按照标准中的 R 比值进行估算，一些水样分析往往会失败。比如，生活污水、污水处理厂的一些废水可生化程度很高，这类水往往要适当提高稀释比例。而电镀、印染、造纸等污水可生化程度低，这类水往往要降低稀释比例。多年的 BOD_5 分析结果发现，大部分的生活污水有臭味，自带大量微生物，可生化性强，BOD_5 与 COD 的比值介于 40%～70%，有些甚至超过 70%。食品、汽车制造、线路板等行业的废水较易被微生物分解，当 COD 浓度低于

100 mg/L 时，BOD_5 与 COD 的比值介于 20%～40%；当 COD 浓度高于 100 mg/L 时，BOD_5 与 COD 的比值介于 30%～60%。而电镀、印染、石化等行业的废水含有大量的重金属、纤维、染料等成分，对微生物产生抑制甚至杀灭其活性，导致 BOD_5 测定结果偏低，BOD_5 与 COD 的比值介于 5%～30%。

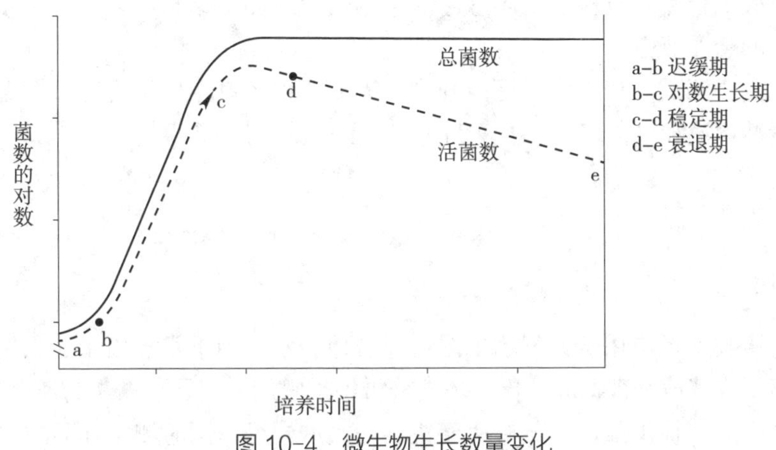

图 10-4　微生物生长数量变化

因此，分析人员在分析前必须明确水样的种类，选择合适的接种液，并且做出正确的判断，选择合适的稀释比，保证 BOD_5 结果准确可靠。

（3）温度

BOD_5 分析的第三大难点是温度的控制。温度的控制包括培养箱温度和样品温度两个方面。

BOD_5 是一个条件性指标，其测定过程与微生物的活性和增长速率有关。一般认为 20～40℃是微生物最适宜生长的温度，分解有机物能力最强。在该范围内温度提升 10℃，微生物活性提高 1～2 倍。由于培养箱每相差 1℃就会引起 5% 左右的测定误差，因此必须严格保证培养箱的温度控制在（20 ± 1）℃内，确保测定结果的精密度和准确度。

温度对溶解氧的影响非常大，一般来说，溶解氧随温度的升高而降低。由于目前的溶解氧仪还没有温度补偿功能，因此应尽量保证样品和接种稀释水在培养前温度控制在（20 ± 1）℃内，从而减少分析误差。因为 5 日培养后样品均在（20 ± 1）℃内，因此分析前样品的温度控制在（20 ± 1）℃内是非常有必要的。

3.4.3.2 《土壤检测　第 2 部分：土壤 pH 的测定》（NY/T 1121.2—2006）

土壤 pH 是第二届全国监测技术人员大比武项目之一。其分析原理是当把 pH 玻璃电极和甘汞电极插入土壤悬浊液时，构成一电池反应，两者之间产生一个电位差，由于参比电极的电位是固定的，因而该电位差的大小取决于试液中的氢离子活度，其负对数即为 pH，在 pH 计上直接读出。虽然操作步骤不复杂，但是仍需要注意多个方面的细节。

去除 CO_2 的蒸馏水：煮沸去除 CO_2 的蒸馏水不能敞开放凉，需趁热倒进一密闭玻璃容器或封上保鲜膜冷却。

选用合适的电极：土壤加水之后形成悬浮液，用普通的pH电极测悬浮液有可能会很难稳定。目前市场有专门测土壤悬浮液的电极，因此测土壤pH可选择这种类型的电极，提高结果的准确性。

插入电极的位置：电极在土壤悬浮液中的位置对测定结果有影响，尽量将电极置于泥浆上层的悬浮液中。

温度控制：测试过程中为保证准确度，需要严格控制温度，可通过恒温水浴装置控制校准缓冲溶液和试样溶液的温度为（25 ± 1）℃。

3.5 离子色谱法

3.5.1 方法流程

离子色谱技术可应用于大气、干湿沉降、地表水、地下水、废水、土壤、植物样品中阴阳离子或其他有害物的分析。环境分析中最常用的离子色谱法为离子交换色谱，它具有选择性好、检出限低、分析速度快、一次进样可以同时测定样品中多种离子等优点。

离子色谱系统主要构成包括四部分：淋洗液储存和传输单元、分离柱单元、检测器单元和数据处理单元。另外，可根据需要配置自动进样器单元、在线过滤单元、在线稀释单元、在线淋洗液发生器单元等部件以提高工作效率和测定准确度。

在离子色谱分析过程中，样品通过进样器进入离子色谱系统后被淋洗液（流动相）带入分离柱，样品中不同组分随着淋洗液的不断流动在不同时间被从分离柱上洗脱出来，组分通过检测器时被检测到，以洗脱时间定性，信号值定量，即可得到样品中不同组分的浓度。

3.5.1.1 分离原理

分离柱是离子色谱的核心单元，由柱管和填料构成，一般根据分离目的选择不同类型填料的柱子。离子交换色谱分离柱中的填料为带有离子交换功能基的固体微粒（固定相），固定相由三部分组成，包括载体、间隔基和承载离子交换的基团。当样品随着淋洗液进入分离柱后，样品中各离子将固定相上的离子交换基团置换下来后被固定相短暂固定，之后又被淋洗液中的淋洗离子从固定相上置换下来，这个过程在分离柱中反复发生，最终样品中各离子从分离柱柱头随着淋洗液的不断流动被洗脱至分离柱的柱尾，从柱子出来后进入检测器被检测到。图10-5展示了淋洗分离过程。

3.5.1.2 定性原理

由于不同离子与固定相间的亲和力不同，洗脱时间（又称保留时间）也不同，因此在检测器上测得相应信号（出现色谱峰）的时间也不同，在已知某种离子的保留时间的情况下，可以通过对应的保留时间对色谱峰进行定性。

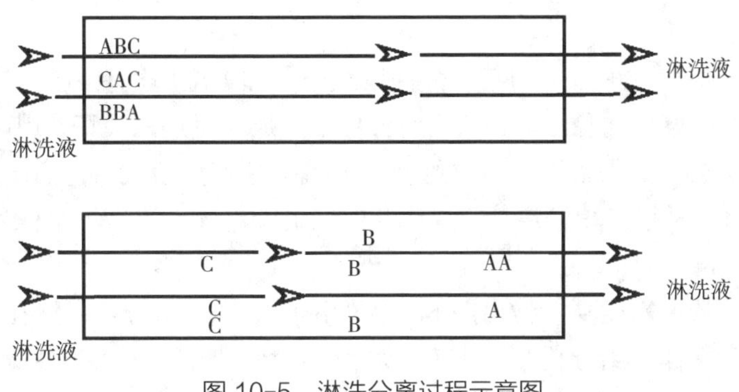

图 10-5 淋洗分离过程示意图

3.5.1.3 定量原理

离子被洗脱后随着淋洗液进入检测器，利用检测器信号与离子浓度的相关性，可以测得离子浓度。

3.5.1.4 抑制原理

在使用电导检测器时，水溶液中的离子通过电导检测器即会产生信号，所以淋洗液本身就会产生很高的背景信号值，淋洗液信号值相对样品离子的信号值而言要大得多，通常会影响对样品离子的测定，可在淋洗液携带样品进入检测器之前，让其先通过抑制器，使高电导率的淋洗液转换为低电导率的水或稀碳酸溶液，有效降低淋洗液背景信号值；同时，抑制器还可起到将样品中配对离子转换为电导率更高的离子的效果，从而提高样品离子的电导率，伴随淋洗液背景电导的降低，样品离子的测定灵敏度便可大大提高，检出限显著降低。

3.5.2 方法重难点解析

3.5.2.1 样品预处理方法

环境分析的样品在进入离子色谱系统之前通常都需要经预处理。离子色谱的样品基质按照前处理由简单到复杂的顺序大体可分为三类：①地表水、降水等基体简单的水溶液；②生活污水、工业废水等基体复杂的水溶液；③固体样品。测定第一类样品时，我们一般只需要经过简单的稀释和 0.45 μm 滤膜过滤后即可上机分析；测定第二类样品时，则需要我们对样品进行稀释、过滤、吸附、离心、过预处理柱或离子交换树脂等方式的前处理；测定第三类样品时，则需要我们对样品进行浸提、酸溶、碱溶等处理后使用最终所得的溶液进行上机分析。

样品预处理的目标是消除样品中的干扰组分以及使待测组分在溶液中呈离子形态，主要目的是保护离子色谱系统和改善色谱图。

（1）保护离子色谱系统

对管路的保护。样品在流经系统管路时，样品中的杂质会很容易附着在管路内壁，容易造成管路的堵塞，在降低管路使用寿命的同时也会造成样品的交叉污染，或者造成样品中目标离子被截留，影响测定定量的准确性，因此应将样品制备至澄清溶液并经过滤后方可上机。

对分离柱的保护。样品中的某些强保留组分（如重金属、有机物）在进入分离柱后可能会难以从分离柱洗脱出来，从而对分离柱造成不可逆的损坏，引起柱效的降低；即使是可洗脱的组分如果浓度过高也可能造成色谱柱容量超载，色谱图上出现很高的平台峰或拖尾峰，从而使得分离柱需要很长时间的冲洗才能进行下个样品的测定。

（2）改善色谱图

离子色谱法的灵敏度高，检出限低，极低浓度的样品组分都可以在色谱图上有所展现，因此复杂基体会给分析测定带来不利影响。例如非目标离子会造成对色谱图中目标离子峰的干扰，影响目标离子峰的定性定量；样品中强保留组分所造成的柱效降低会造成单个色谱峰峰形变差，出现严重的伸舌峰或拖尾峰，此外还会使得色谱峰间的分离度变差。拖尾峰和伸舌峰情况如图 10-6 所示。

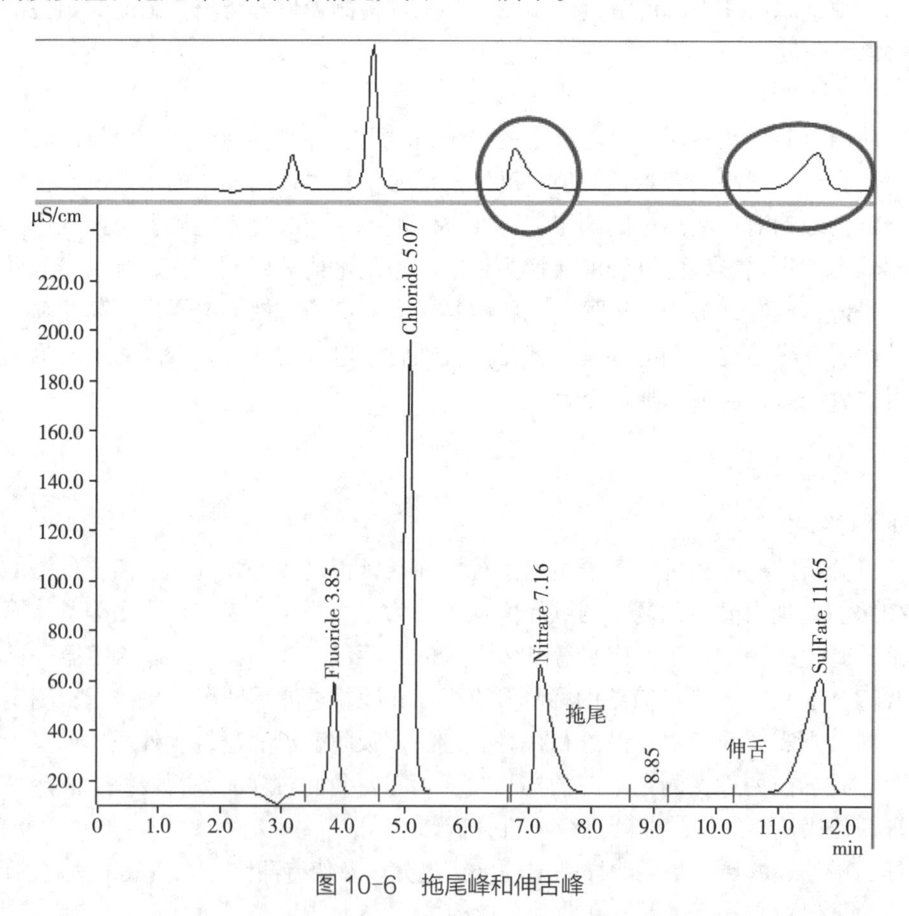

图 10-6　拖尾峰和伸舌峰

一般情况下对未知样品可以先稀释 100 倍后再进样，或者采用其他分析手段对样品离子浓度进行预检验，以避免一次注入高浓度组分造成色谱柱容量的超载。

表 10-7 列出了常用的几种预处理方式。

表 10-7 离子色谱法预处理方式

预处理方式	所用试剂耗材	适用性或注意事项
稀释	水、淋洗液	适用于阴离子分析，使用淋洗液稀释样品可以减小系统峰，建议分析低含量成分时使用淋洗液稀释
	硝酸（1 mmol/L）	适用于阳离子分析，注意为避免玻璃中的 Na 离子被硝酸溶出，样品的处理应当在塑料容器中进行
过滤	0.22 μm 或 0.45 μm 滤膜	所有样品均应过滤，尽量选用 0.22 μm 的滤膜。注意过滤时会有部分离子被颗粒物吸附带走
固相萃取	硅胶类萃取柱、阴、阳离子交换树脂类萃取柱、螯合树脂类萃取柱、碳纳米管等	注意应选择干扰组分保留而待测离子不保留的萃取柱，目前已经有多种品类的商品化萃取柱（H^+ 柱、OH^- 柱、Ag^+ 柱、Ba^{2+} 柱、非极性固相萃取、极性固相萃取、吸附柱等），可根据柱子使用说明及价格考虑选择使用

3.5.2.2 分离度的要求及影响因素

分离度代表了色谱图中相邻两峰的分离程度，计算方法为相邻两峰的保留时间之差与此两峰峰宽均值之比，一般可利用仪器软件直接得出，通常要求相邻两峰之间的分离度达 1.5 以上。

影响分离度的因素主要有：

（1）分离柱本身的性能，一般根据方法推荐选择合适类型的分离柱。

（2）分离柱的柱效：柱效降低时，分离度变差；柱容量越高，越有利于分析含有高浓度组分的样品中的低浓度组分。分离柱价格较为昂贵，通常为保护分离柱，在分离柱之前会连接一个保护柱，以截留溶液中有可能对分离柱造成损害的污染物，延长分析柱的使用寿命。

（3）淋洗液：在淋洗液种类不变的前提下，淋洗液的浓度越高，淋洗液中离子置换的效率就越高，保留时间一般会前移，峰之间会变得比较紧凑；淋洗液浓度降低时，各离子保留时间一般会后移，峰之间的分离度会得到改善。值得注意的是，淋洗液浓度越高对高价离子的保留时间的影响比对低价离子的保留时间影响更大。当淋洗液的组成改变时，离子的保留时间也会相应地改变，向淋洗液中加入适当的有机溶剂（常用甲醇、乙腈等）或者络合物，可以改变离子的保留时间，起到提高分离效果的作用。

通常情况下，经过正确的样品制备技术排除样品中的基质干扰之后，选择合适的分离柱类型、淋洗液种类、淋洗液流速，即可以得到良好的分离效果。

3.5.2.3 灵敏度的影响因素

仪器本身配置：有的仪器所配置的检测器可以调节灵敏挡，必要时可以提高灵敏挡以增加灵敏度，但要注意灵敏度提高时基线噪声的变化程度。

进样量：其他条件不变的情况下增加进样量可以提高灵敏度。进样量的调节可以通过更换不同容量定量环或者利用仪器本身的定量进样系统进行。

3.5.2.4　准确度的影响因素

色谱系统中有气泡：淋洗液或者样品中即使是很微小的气泡都可能对测定结果产生干扰，因此需要对淋洗液和样品进行脱气。

溶液配制带来的偏差：在进行标准溶液或者样品定量量取时由于设备的缺陷或人员操作上的失误造成所配制溶液浓度的偏差，进而造成结果定量的不准确。在实验过程中应注意使用检定合格的移液器具和容量器皿，并避免引入外界污染。在绘制校准曲线后，须进行标准或者质控样品的测定，测定结果合格后方可使用此校准曲线对样品测定结果进行计算。

色谱管路的清洁度：随着分析样品数量的增加，样品进样管路、淋洗液输送管路的清洁度会变差，杂质和样品在管路内壁或者管路的过滤部件上逐渐累积，会造成样品间的交叉污染或者样品中目标离子被截留等情况。在分析过程中应注意在样品批次间加强对管路的冲洗，时常检查管路，若发现管路内壁明显脏污，过滤器的滤膜或筛板变色等情况，应及时更换清洁的配件，并经常检查空白样品和质控样品结果是否合格。

实验用水的纯度：环境分析样品中的离子含量一般都比较低，为降低实验用水所带来的测定误差，实验用水须采用超纯水（电导率≤0.055 μS/cm）。对超纯水的空白检验中较容易出现问题的离子为氯离子，若超纯水为实验室自行制备，应注意避免在制备过程中引入外界的污染。

3.5.2.5　精密度的影响因素

环境分析中一般会要求进行平行样的测定，精密度变差主要有以下原因：

（1）样品通路被污染或有样品残留。若前一个样品离子浓度过高，没有被完全洗脱，会在下一个样品分析时有残留，导致样品测定值重现性差。

（2）温度不稳定。温度会影响溶液中离子的电导，在使用电导检测器分析过程中，若温度不稳定，测定之间的重现性会变差。

3.5.2.6　对负峰的处理措施

在抑制型离子色谱的谱图中，淋洗液经过分离柱和抑制器后进入检测器所被测得的电导即为基线电导。样品溶液通过分离柱，其中的离子组分被固定相保留，样品中不含离子的水层首先进入检测器在检测器上产生信号，此时测得的电导比基线电导低，反应在色谱图上即出现负峰。当目标离子的保留性较弱，出峰时间与负峰出峰时间相近时，目标离子的定性定量就会被干扰。

水负峰的位置不受淋洗液浓度改变的影响，而与分离柱的特性和淋洗液的流速有关。水负峰的大小与淋洗液浓度和样品进样体积正相关，若水负峰过大影响目标离子定量，可使用淋洗液代替水来配制样品，使样品溶液的基质与淋洗液相同，从而消除水负峰的干扰。

3.5.2.7　色谱条件的选择

在环境样品的分析中，应首先根据目标离子的特性来选择相应的分离柱和检测器，当目标离子在通过分离柱无法有效分离，但是在不同属性的检测器上会被有选择性的检测到时，可以使用相应的检测器来进行目标离子的测定。当分离柱和检测器选定后，亦可通过改变流速、淋洗液配比、淋洗液浓度等条件来得到满意的色谱图，同时应尽量缩短分析时间。

3.5.2.8　注意事项

（1）尽管有的标准对试剂纯度的要求只到分析纯或要求较低，建议在性价比合适的情况下尽量使用更高纯度的试剂和水。

（2）尽量购买市售有证标准溶液，这可以减少实验操作的烦琐性，降低实验误差；若使用同一标准方法同时分析多种目标离子，但只有单一离子标准溶液市售的话，可以向有关标准溶液生产部门咨询定制多离子混合标液。

（3）不得使用含有目标离子的酸溶液对实验器具进行清洗，以免引入外来污染。

（4）实验室对样品进行过滤时，宜选用合适容量的一次性注射器加针头式过滤器对水样进行过滤，使用真空抽滤装置进行过滤不仅操作烦琐耗时，还容易产生样品间的交叉污染；考虑到水样一般要求过滤后保存，若样品量较多，运回实验室后再进行大批量的集中过滤后保存较不可行，宜由采样人员在采样现场即完成过滤操作。

（5）空白实验、连续校准、平行样检查、准确度控制等质控要求务必按标准严格执行，以确保实验数据的科学性和有效性。

（6）实验中产生的固体废物、废液应妥善保管，交由有资质的单位进行处理。

实验室应根据监测标准要求、实验室内分析项目和工作量选择合适的离子色谱仪配置，基本配置如选配样品盘时，建议尽量选配大容量的样品盘；若一台仪器需同时用于阴阳离子的分析，建议配备双通道。

离子色谱法自 1975 年问世以来发展很快，随着各种新科技、新材料的出现，离子色谱仪各部件的制造技术也迅猛发展。在涉及分析关键环节的色谱柱填料、抑制器、检测器等方面的技术在近些年尤有提高。在这些技术之外，其他的一些辅助技术如自动进样、自动稀释、在线过滤、在线淋洗液发生器等也得到越来越多的关注和重视。在环境分析工作方面通常面临着样品量大、样品基质复杂的情况，而上述技术的发展对提高工作效率、减少样品交叉污染、保证分析结果的准确性方面有很大的帮助。目前各离子色谱仪供应厂商也搭配了不同特性或档次的仪器供实验室选择，建议实验室在采购仪器时全面了解，按需配置。

第十一章　重金属分析技术

第一节　概　述

1.1　来源

金属一般是指具备特有光泽（对可见光强烈反射）而不透明、具有延展性及导热导电性的一类物质。重金属是指比重大于5的金属（密度大于4.5 g/cm^{3}的金属），包括金、银、铜、铁、铅等。一般来说，环境污染方面所说的重金属主要是指汞、镉、铅、铬以及类金属砷等生物毒性显著的元素。

重金属污染主要来源工业污染，其次是交通污染、生活垃圾污染、化肥农药污染等（表11-1）。工业污染大多通过企业产生的废渣、废水、废气排入环境，如电镀行业及矿产开采、冶炼、加工行业等；交通污染主要是汽车尾气的排放、汽车轮胎磨损产生的大量含重金属的有害气体和粉尘的沉降所引起的；生活污染主要是一些生活垃圾的污染，如废旧电池、破碎的照明灯、化妆品等；农业使用的化肥、农药均含有微量重金属元素，这类化肥、农药的过度使用为农田带来重金属污染。

表11-1　重金属污染来源

金属元素	来源
铅	油漆、涂料、蓄电池、冶炼、五金、机械、电镀、化妆品、染发剂、釉彩碗碟、餐具、燃煤、膨化食品、自来水管等
镉	电镀、采矿、冶炼、燃料、电池和化学工业等
铬	矿石加工、金属表面处理、印染、皮革制剂、鞣革、橡胶、陶瓷、化妆品原料等
镍	冶炼镍矿石及冶炼钢铁、镀镍工业、机器制造业、金属加工业等
铜	铜锌矿的开采和冶炼、金属加工、机械制造、钢铁生产、石油化工等
汞	贵金属冶炼、化妆品、照明用灯、仪表厂、食盐电解、齿科材料、燃煤等
砷	采矿、冶金、化工、化学制药、农药生产、纺织、玻璃、制革等
硒	矿山开采、冶炼、炼油、制造硫酸及特种玻璃等
银	感光材料生产、胶片洗印、印刷制版、冶炼、金属及玻璃镀银行业等
铊	有色金属矿山开采、冶炼等
锌	锌矿开采、冶炼加工、机械制造以及镀锌、仪器仪表、有机物合成和造纸等

1.2　危害

重金属一般以天然浓度广泛存在于环境中，但由于人类的生产生活、工业污染等因素，以各种化学状态或化学形态存在的重金属，进入环境或生态系统后，造成各类环境要素的直接污染；而重金属具有生物累积性、难降解性等特点，可以在大气、水体、土壤等环境要素中存留、积累和相互迁移，从而引起间接污染。重金属污染物被生物体吸收后，在组织中不断蓄积和富集，通过食物链逐级传递，污染物浓度也会随之逐级提高，最终可能会使生态系统结构和功能受损。

重金属对环境的影响，不仅取决于金属的种类、理化性质，还取决于金属的浓度及存在的价态和形态。金属有机化合物（如有机汞、有机铅、有机砷、有机锡等）比对应的金属无机化合物毒性要强得多；可溶态的金属又比颗粒态金属的毒性要大；六价铬比三价铬毒性要大；部分无毒害性的金属元素浓度累积超过某一阈值后也会有剧烈的毒性，使动植物中毒，甚至死亡。

重金属进入人体的途径主要有工业品、农业品、生活用品、食物及环境等。重金属在人体内，由于其生物不可降解性、长的生物半衰期以及在不同身体部位如脂肪组织中积累的潜力，严重威胁人体健康；还会通过增加体内氧化应激，产生自由基破坏脂质、蛋白质、酶、DNA，同时还可以通过抑制基因表达、替代必需元素和诱导癌细胞产生等方式造成人体急性中毒、亚急性中毒、慢性中毒，对人体健康造成不可逆转的危害。重金属污染问题日益受到人们的重视，如日本发生的水俣病（汞污染）和骨痛病（镉污染）等公害病，我国陕西、云南、安徽等地儿童血铅超标事件、镉超标“毒大米”事件等，因此重金属污染防控工作意义深远。

1.3　管理要求

2022年，生态环境部印发了《关于进一步加强重金属污染防控的意见》，进一步强化重金属污染物排放控制，有效防控涉重金属环境风险。上述文件指出，重点重金属污染物为铅、汞、镉、铬、砷、铊、锑，实施污染物排放量总量控制的重金属为铅、汞、镉、铬、砷，明确了重金属污染防控工作重点和目标任务。

生态环境监测作为环境保护和污染治理工作的技术支撑，其中重金属监测工作覆盖了水、气、土、固废等各个领域。《地表水环境质量标准》（GB 3838—2002）规定了8个基本项目和10个饮用水水源特定项目的金属指标限值；《地下水质量标准》（GB/T 14848—2017）规定了6个常规项目、6个毒理性项目和9个非常规项目的金属指标限值；《海水水质标准》（GB 3097—1997）规定了10个金属指标的浓度限值；《污水综合排放标准》（GB 8978—1996）规定了13项第一类污染物名单，其中有10项为金属或其化合物；《环境空气质量标准》（GB 3095—2012）规定了铅的浓度限值；《生活垃圾焚烧污染控制标准》（GB 18485—2014）规定了10个金属及其化合物的烟气污染物限值；《土壤环境质量　农用地土壤污染风险管控标准（试行）》（GB 15618—2018）规定了8个基本项目的金属指标污染风险筛选值；《土壤环境质

量 建设用地土壤污染风险管控标准（试行）》（GB 36600—2018）规定了7个基本项目和4个其他项目的金属指标污染风险筛选值和管制值；《危险废物鉴别标准》（GB 5085）规定了14个金属及其化合物的浸出毒性鉴别标准值和数十种毒性物质鉴别标准值。由此可见，重金属分析是生态环境监测工作中不可或缺的组成部分，进一步研究和探索重金属分析技术对实际工作的开展具有指导作用。

第二节 分析技术

环境样品主要有气态、液态和固态三种类型，而目前用于重金属分析的仪器主要以液体进样技术分析为主。针对各种类型的样品，监测人员会采用不同的样品采集介质与采集方法，而后通过适当的前处理步骤将各种介质中的重金属转化为溶液中的可溶金属离子，然后根据监测项目、样品浓度等因素，选用不同的分析仪器。

水中的重金属以可溶态和颗粒态的形式存在，根据不同的监测目的，监测对象可分为可溶态和总量重金属。对于地表水和地下水样品（汞、砷、硒除外），以及海水（汞除外）样品，测定可溶态金属含量；对于废水样品，测定总量重金属。测定可溶态重金属，应在样品采集时经0.45 μm滤膜过滤并酸化，可直接上机分析；测定总量重金属，需经过酸消解后再上机分析。

气中的重金属主要存在于颗粒物中，而汞由于熔沸点较低，常温下易挥发，以气态和颗粒态的形式同时存在。颗粒物的采集主要以滤筒、滤膜为主；气态汞的采集主要以填充吸附管和吸收液为主，捕集原理为物理吸附和化学吸附。气体样品的前处理方式主要取决于待测元素的性质、采集样品的介质及分析仪器的类型。前处理方式可分为湿法消解法、干灰化法和碱熔法，其中湿法消解最为常用。滤膜样品也可不经前处理，用X射线荧光光谱法进行无损分析。

重金属固体样品包括土壤、沉积物、固体废物和海洋生物体等类别，根据不同的监测目的，可以采用不同的前处理方式。例如，测量重金属总量时，固体样品先进行预处理（风干、研磨和过筛，或者浸出），经酸消解或碱融后，上机分析。测量特定价态和有效态时，固体样品经过预处理（风干、研磨和过筛）后，再由特定浸提剂提取，然后上机分析。一些无损分析技术如X射线荧光光谱法，样品经过适当的预处理（风干、研磨和过筛），压片后进行分析。

重金属常用的仪器分析技术包括原子吸收光谱、原子荧光光谱、电感耦合等离子体质谱/发射光谱和X射线荧光光谱等。原子吸收光谱研究时间最长，我国现行的原子吸收分析标准最全面，但该技术每次只能分析一个元素，分析效率较低；原子荧光光谱是我国自主研发的重金属分析技术，在汞分析方面表现出优异的性能，但可分析元素较少；电感耦合等离子体质谱能实现金属痕量分析，其与电感耦合等离子体发射光谱均能实现多元素同时分析，大大提高了分析效率，但是这两种技术在我国土壤分析方面尚缺少相应的监测标准。每类方法的原理和仪器结构均具有各自的特点和短板，也存在不同类型的干扰。

本节将介绍各种前处理技术及仪器分析技术，前处理技术将从原理、操作过程及注意事项等方面做介绍，仪器分析技术将从基本原理、仪器结构、干扰及消除、测量条件选择及优化仪器使用维护及注意事项等方面做介绍，希望能给环境监测的同行带来启发。

2.1　前处理技术

在元素分析技术中，除了少数分析方法可以直接分析固体或者悬浮进样外，大部分情况需要将样品经预处理和前处理后转化为水溶液。这个制备转化的前处理过程一般是溶解、干灰化等操作，固体样品一般还需要进行样品制备的预处理后，再进行前处理操作。

2.1.1　样品预处理

在生态环境监测中，样品需要有代表性，与水质样品和气体样品采集相比，固体样品采样误差远大于分析误差。所以固体样品除了要按照采样技术规范布点，采集足够的样品外，还要对固体样品进行制备，以保证固体样品在后续前处理时的代表性及均匀性。

2.1.1.1　制样

（1）基本原理

开展土壤分析时，野外采集的样品需要经过风干、研磨、过筛的操作，制备成均质的粉末样品，再进行前处理，图 11-1 展示了土壤制样的一般流程。

（2）操作步骤

风干：采集后的样品需要送样人和接样人共同清点核实样品，在交接单上确认，样品交接单由双方各存一份备查，尽快进行风干。在风干室将土样放置于风干盘中，摊成 2～3 cm 的薄层，适时地压碎、翻动，拣出碎石、沙砾、植物残体。

研磨过筛：在磨样室将风干的样品倒在有机玻璃板上，用木锤敲打，用木棍、木棒、有机玻璃棒再次压碎，拣出杂质，混匀，并用四分法取压碎样，过孔径 2 mm（10 目）尼龙筛。过筛后的样品全部置无色聚乙烯薄膜上，并充分搅拌混匀，再采用四分法取其两份，一份交样品库存放，另一份作样品的细磨用。粗磨样可直接用于土壤 pH、阳离子交换量、元素有效态含量等项目的分析。用于细磨的样品再用四分法分成两份，一份研磨到全部过孔径 0.25 mm（60 目）筛，用于农药或土壤有机质、土壤全氮量等项目分析；另一份研磨到全部过孔径 0.15 mm（100 目）筛，用于土壤元素全量分析，也就是我们需要的样品。

（3）注意事项

风干：设置风干室对样品进行风干，风干室不得有阳光直射土壤，通风良好，整洁，无扬尘，无易挥发性的化学物质。风干室需要监控环境条件，土壤可以使用白色搪瓷盘、木盘等作为容器，应注意白色搪瓷盘表面不应该生锈，防止污染土壤样品。将土壤摊成 2～3 cm 的薄层，以提高风干时的效率，对于特别湿润的样品，为了加快

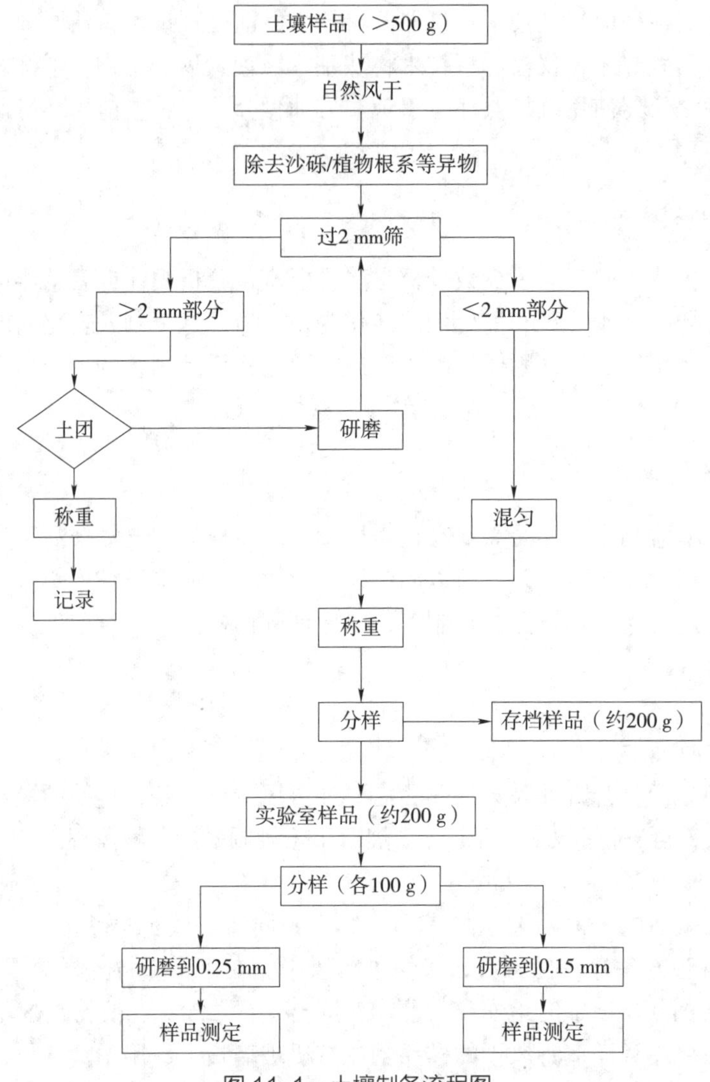

图 11-1　土壤制备流程图

风干速度，应适时地使用非金属工具压碎、翻动，让土壤均匀地风干，为了样品不会在翻动时扬尘污染其他样品，可以对每个样品之间进行物理间隔。部分标准或作业指南指出，允许使用恒温风干机进行风干，但一般温度不得超过 40℃，以防部分易挥发元素因高温而损失。在风干的过程中，把样品中的碎石、沙砾、动植物残体、垃圾等不属于土壤的物质尽可能去除，建议同时将去除的物质进行保存备查。在实际工作中，不可能 100% 地去除杂质，特别是非常细小的动植物残体，可以在后续工序中适时摇晃样品使这部分较轻的杂质浮于表面，再一起去除。另外，部分砂土或砂壤土砂石比例非常高，去除杂质后，样品量可能会变得比较少，不利于后面的分析、留样，甚至不具备代表性，此时建议重采样品。

研磨过筛：研磨分为粗磨及细磨两个步骤。研磨时可以使用玛瑙研钵或白色瓷研钵手动研磨，也可以使用球磨仪等仪器进行研磨。整个研磨过程为了保证样品代表性，除四分法去除的样品外，需要研磨的样品都应该全部过筛，切忌偷懒研磨至足够后续分析的样品量后就停止研磨。实际工作中，通过录像监控土壤制备过程是一种重要质控手段。在研磨过程中适时对杂质进行清除。过筛前，应检查筛子筛孔中是否存在上一个样品的残留。必要时，用吹风的方法吹去粉尘，或用乙醇浸洗后用冷风吹干。测定样品中的金属组分时，过筛用的筛子以尼龙筛或绢筛为宜。

2.1.1.2　浸出

（1）基本原理

生态环境监测中进行固体废物浸出毒性鉴别时，需要先对固体废物进行浸出。根据不同情况，使用对应的试剂对固体废物进行浸出，以模拟地表水、地下水、酸性降水、渗滤液等对固体废物中有害组分的提取的过程。

（2）操作步骤

固体样品拿到后要根据分析的项目，选择样品浸出的方法。

水平振荡法：此方法模拟固体废物在特定场合中受到地表水或地下水的浸沥，有害组分浸出进入环境的过程。水平振荡法以纯水为浸提剂，称取 100 g 样品，按液固比（m/V）为 10：1 加入所需体积的浸提剂，在水平振荡装置上调节振荡频率为（110 ± 10）次 /min，振幅为 40 mm，在室温下振荡 8 h 后静置 16 h。

硫酸硝酸法：此方法模拟废物在不规范填埋处置、堆存或经无害化处理后废物的土地利用时，有害组分在酸性降水的影响下，浸出进入环境的过程。硝酸硫酸法以 pH 为 3.20 ± 0.05 的硫酸和硝酸混合溶液为浸提剂，称取 150～200 g 样品，按液固比（m/V）为 10：1 加入所需体积的浸提剂，在翻转式振荡装置上调节转速为（30 ± 2）r/min，在（23 ± 2）℃下振荡（18 ± 2）h。

醋酸缓冲溶液法：此方法模拟工业废物在进入卫生填埋场后，有害组分在填埋场渗滤液影响下，从废物中浸出的过程。醋酸缓冲溶液法以两种不同配比的醋酸溶液为浸提剂，两种浸提剂 pH 分别为 4.93 ± 0.05 和 2.64 ± 0.05。运用此法时，需先测定样品的 pH，以 pH 确定适用的浸提剂，再称取 75～100 g 样品，按液固比为 20：1 加入所需体积的浸提剂，在翻转式振荡装置上调节转速为（30 ± 2）r/min，在（23 ± 2）℃下振荡（18 ± 2）h。

（3）注意事项

测定固体废物浸出毒性前，需对固体废物样品进行预处理，主要包括样品制备及含水率测定两个环节，具体的操作步骤与工作要求与土壤样品的制备存在差异。

1）在固体废物的制样环节，需注意的是：

固态样品：制样主要包括粉碎、筛分、混合、缩分四个步骤。粉碎是指用机械或人工的方法对样品破碎和研磨，常用的手段与土壤研磨类似，但考虑到部分固态废物硬度较高，也可使用颚破仪等设备。筛分是指根据粒度选择相应的筛号，分阶段筛出一定粒度范围的样品。不同标准对样品粒径的要求有所区别，如水平振荡法要求样品颗粒全部通过 3 mm 孔径的筛，翻转振荡法要求样品颗粒全部通过 9.5 mm 孔径的筛，测定全量时要求样品经自然风干或冷冻干燥后过100目筛。混合是指用机械设备或人工转堆法，使过筛的样品充分混匀。缩分阶段，一般通过份样缩分法、圆锥四分法、二分器缩分法等方法使试样缩分至分析所需用量。

液态样品：制样主要包括混合、缩分两个步骤。根据所盛样品的容器类型及体积大小，选用人工摇晃、滚动、倒置或手工、机械搅拌等方式使样品具有均匀性。样品混匀后，采用二分法，每次减量一半，直至分析用量的10倍为止。

样品保存：每份样品保存量至少应为实验和分析用量的3倍；样品装入容器后应立即贴上样品标签；样品保存期为1个月，易变质的不受此限制。

含水率测定：测定固体废物含水率时，称取50～100 g样品于具盖容器中，于105℃下烘干，恒重至两次称量值的误差小于 ±1%。需注意的是，如果样品中含有初始液相，需进行压力过滤；干固体百分率小于或等于9%的，所得到的初始液相即为浸出液，直接进行分析；干固体百分率大于总样品量9%的，将滤渣进行浸出操作，并将浸出液与初始液相混合后进行分析；进行含水率测定后的样品，不得用于浸出毒性试验。

2）在测定固体废物浸出毒性时，需注意的是：

浸提剂体积计算：浸出时称取的样品应以干基算，根据样品的含水率计算初始液相含量，再折算需加入的浸提剂体积。

浸提环境要求：三个浸出方法在样品浸提步骤的环境条件要求有所区别，水平振荡法的要求为室温，翻转振荡法的要求为（23±2）℃，在运用不同的方法时应注意环境条件的控制。

质控措施：每批次样品应按比例加入浸出空白、基体加标等质控措施，确保数据的准确性。

适用方法：一般来说，三个浸出方法均适用于金属元素的测定，但特定类型的样品会指定具体的分析方法，如生活垃圾填埋废物的浸出液测定需使用醋酸缓冲溶液法进行样品浸出。

2.1.1.3 压片

基本原理：在使用XRF等仪器时，无须对样品进行消解处理，一般需要对制备好的均质土壤样品进行压片处理，这是一种无损处理手段。

操作步骤：用硼酸或高密度低压聚乙烯粉垫底、镶边或塑料环镶边，将5 g左右过筛样品于压片机上以一定压力制成7 mm厚度的薄片，根据压力机镶边材质确定压力及停留时间。

注意事项：在使用硼酸镶边时，压片压力可以设置为40 T，停留时间30 s。该法使用GSS系列标准物质，为了避免粒径差异导致测定误差，建议使用过200目筛的土壤样品。部分成型较为困难的样品，可以加入一定比例的黏结剂辅助压片，但进行仪器校准的标准物质也应同样加入一定比例的黏结剂，从而减少粒度大小、组分不均匀和矿物效应等影响。黏结剂的加入对于低原子序数元素起到了稀释的效果，也会对中原子序数的元素测定增加背景，故是否选择需要权衡。

2.1.2 湿法消解

（1）基本原理

湿法消解一般指在氧化酸的存在下，在一定的温度、压力下，借助化学反应使样品分解，将待测成分转化为离子形式存在于消解液中以供测试的样品处理方法。湿法消解时可以使用一种酸，也可以混合多种酸。常用的消解试剂有各类酸：硝酸、盐酸、氢氟酸、高氯酸、双氧水，以及各类酸按不同比例混合后的试剂，如王水等。

硝酸：硝酸是一种强氧化性的无机酸，对氧化物、硫化物、碳酸盐等溶解能力强。硝酸可以溶解除金、铂等少数金属以外的大多数金属及其氧化物，但它不能破坏硅质组分，需要配合盐酸和氢氟酸来提升硝酸的消解能力。

盐酸：盐酸是一种易挥发且具有还原性的酸，具有络合溶出能力，能溶解活泼金属及多数金属氧化物、氢氧化物、碳酸盐等，盐酸没有氧化能力，不能破坏硅质组分，一般不能分解有机物。盐酸会和铬、砷、锑、锡、硒等形成易挥发性的化合物。

氢氟酸：氢氟酸是最有效的分解含硅材料的无机酸，利用这一特性来消解土壤等含硅质组分的样品。测定含有氢氟酸的样品，会对测定过程中使用到的玻璃和石英器皿及仪器组件产生腐蚀，通常在测定前使用高氯酸来驱赶掉其中的氢氟酸或用耐氢氟酸材质的器材代替。使用氢氟酸消解样品应在聚四氟乙烯器皿中进行。氢氟酸在消解中常和盐酸、硝酸、高氯酸等配合使用。

高氯酸：高氯酸为无机含氧酸中最强的酸之一，热的浓高氯酸具有强氧化性，能彻底分解有机物。但热的浓高氯酸直接与有机物接触会发生爆炸，一般先用硝酸对含有机物的样品进行处理。高氯酸盐都较稳定，且易溶于水。常使用高氯酸来驱赶氢氟酸等其他酸和分解一些矿石样品。

过氧化氢（双氧水）：纯的过氧化氢是淡蓝色的黏稠状液体，可与水以任意比例混溶，是一种强氧化剂，水溶液俗称双氧水，为无色透明液体。过氧化氢是理想的溶剂，因为它既不引进任何外来的阳离子和阴离子，又不腐蚀设备。能单一被双氧水溶解的试样并不多，同时过氧化物热稳定性差，在溶液加热时分解产生气体，所以在微波消解样品时应在通风橱中预消解，以免微波过程中压力过大发生危险。

王水：王水是由1体积的浓硝酸和3体积的浓盐酸混合而成，具有强烈的腐蚀性。在王水中含有硝酸、氯分子和氯化亚硝酰等一系列强氧化剂，同时还有高浓度的氯离子。它可以溶解大部分金属。

其他：在土壤消解时，可以使用有多种组合形式的酸，这些酸主要包括硝酸、盐酸、氢氟酸、高氯酸，一般含有氢氟酸的酸消解属于全分解，我国大部分元素的分析研究数据一般是指全分解下的元素总量值。

湿法消解一般分为常压消解和高压消解。常压消解一般指将敞口容器置于电热板上或铝加热部件上，在一定条件下加热消解或回流消化，使试样分解。常见的电热板消解，以及现在环境监测标准中提及越来越多的石墨电热消解仪，都属于常压消解。高压消解在常压湿消化法的基础上密封加压，将样品与酸放在密闭的特制压力消解器中，在一定压力及适当的温度下使样品分解。而微波消解法，则是高压消解法的代表。常压消解无须特殊设备，优点是便于多个样品同时消解、易观测、易实现自动化等，是分析测定痕量元素时最主流的分析方法；缺点则是容易受到污染，另外因为是常压下的消解，消解的温度取决于消解液的组成，很多时候无法获取足够的热能进行消解。而微波消解正好解决这方面的问题，密闭的空间能提供足够的压力及温度，既可以减少反应试剂的用量，也可以提高前处理的速度，另外对于容易挥发的元素，密闭的空间也能保证元素不会损失；缺点则是较为危险，操作不当容易造成较严重的安全问题，另外对应的设备也相对昂贵。

（2）操作步骤

水质样品：现有关于水质重金属样品前处理的方法标准很多，主要使用硝酸、盐酸、王水、双氧水或高氯酸进行消解，消解的酸组合、时间、加热温度各不相同。用于质谱测定的电热板消解法通常加入硝酸－盐酸混合酸并保持在不沸腾的状态下回流消解；用于发射光谱法的电热板消解常加入硝酸并保持在不沸腾的状态加热近干，冷却后，再加入适量硝酸及去离子水经加热使残渣溶解。对于基体复杂的样品可加入少量高氯酸消解；消解液若有不溶物，可静置或经离心后取清液上机测试。

气体颗粒物样品：气体颗粒物样品主要使用稀王水进行加热消解，可以选择电热消解法，也可以使用微波消解法。取整张或部分滤膜样品，用陶瓷剪刀剪成小块置于消解罐中，加入硝酸盐酸混合溶液，使滤膜浸没其中，加盖，置于消解罐组件中并旋紧，放到微波转盘架上。设定消解温度为 200℃，消解持续时间为 15 min，开始消解。消解结束后，取出消解罐组件，冷却，用水淋洗内壁，加入约 10 ml 水，静置半小时进行浸提，过滤，用水定容待测。电热板消解法是把样品放在烧杯里盖上表面皿，由于常压消解热效率低，所以需要在 100℃加热回流 2 h 后冷却。后续同样需要静置半小时进行浸提，过滤，定容，待测。若滤膜样品取样量较多，可适当增加硝酸－盐酸混合溶液的体积，使滤膜浸没其中。如果是滤筒样品，剪成小块后，加入足量的硝酸－盐酸混合溶液，使滤筒浸没其中。

土壤样品：土壤样品消解一般分为全分解消解和非全分解消解，加入了氢氟酸的酸消解是全分解，反之是非全分解消解。一般全分解使用四酸消解，用硝酸和盐酸对样品事先进行预处理，氧化掉部分有机质，减少基体及溶出部分元素，酸的加入量应考虑对空白本底的影响，不宜太多，本底即便非常低也需要考虑赶酸时间等因素；赶酸至近干后可以加入氢氟酸，氢氟酸常温下和二氧化硅反应，所以可以使用较低温度充分与土壤接触，同时需加大摇晃样品频率；最后加入高氯酸，提高消解液的沸点，提高消解温度，驱赶前面三种酸，而高氯酸也会在此温度下缓慢分解。

微波消解时，出于安全考虑，不建议加入高氯酸进行密闭环境下的消解，可以使用别的酸消解，由于在高压条件下消解，消解速度会加快。消解完毕后，仍然需要赶酸，赶酸时，加入高氯酸可以驱逐干净氢氟酸等腐蚀性较强的酸，由于微波消解足够彻底，也可以不引入高氯酸，但是在赶酸时容易煮干，操作过程需注意。赶酸完毕后，还需要使用稀酸溶液温热回溶，再进行定容。

非全分解消解常见的是王水或 1 : 1 王水消解土壤中的 Hg、As 等元素，该法通常把样品及王水加入比色管，加塞后水浴加热，定期摇晃放气，最后定容。此法对于 Hg、As 这种容易溶出的元素，有很好的消解效果。

（3）注意事项

在生态环境监测中，湿法消解使用的试剂大部分为酸，或者以酸为溶质的试剂，在使用时一定要对试剂有一个充分的了解，并使用防酸口罩、防腐蚀眼镜、耐酸手套等防护措施。很多酸具有挥发性，除了对人体有危害，对环境的危害也不容小觑，所以进行湿法消解时，一般在通风橱里操作。另外也要注意消解时加酸的顺序，硝酸和盐酸反应相对缓和，在高压消解和特殊样品的常压消解时，可以事先加入硝酸或者盐酸对样品进行低温预消解或者常温常压静置过夜，防止直接高温反应过烈造成危险。在操作消解仪器时，一定要注意热安全，而高压消解还要注意高压安全，高压消解后，罐内存在较高的压力，必须严格按照操作说明书的要求进行开盖处理。在选择消解器皿时，一般建议使用聚四氟乙烯材质的消解器皿，该器皿不会被氢氟酸腐蚀，不易污染，而且能承受一定的温度，部分加以改良的器皿甚至能耐受 280℃，但也有 160℃就开始变形损坏的聚四氟乙烯的器皿，所以在使用前必须严格按照说明书来使用。

湿法消解时，酸种类的选择对于前处理非常关键。生态环境监测人员选择试剂应严格按照标准或者作业指导书上的操作步骤，但是如果是以科研为目的，则应根据各种酸的具体使用效果而定。例如土壤元素分析时，应该注意目标元素是否为全分解下的浓度，即是否需要含有氢氟酸的混合酸消解体系。我国目前土壤元素含量的研究中，除了汞、砷、硒等元素外，大部分元素含量是全分解处理后测得的。HJ 491—2019 是经典的采用四酸的全分解消解法，而 HJ 803—2016 则是王水消解法。虽然两者测试的元素有重合，但是不同消解法下得出的结果必然是不一样的。由于没有氢氟酸的介入，无论是常压消解还是高压消解，样品消解后仍然会存在残渣，此为正常现象。在分析土壤中的汞或砷时，亦有国际方法使用 1+1 王水进行提取，方法中使用比色管为消解容器，加塞并处于沸水浴中，应注意定期摇晃保证消解充分。同时由于王水受热产生的气体容易使比色管塞崩出而产生意外，故需要定期排气，但此操作并不会影响数据的准确度，实际工作中也可以使用自动消解仪及消解罐带盖操作。目前分析气体颗粒物样品时，一般使用硝酸盐酸混合试剂进行浸没消解，但是部分科研项目为了让颗粒物中的金属彻底释放出来，也在气态颗粒物中引入氢氟酸进行消解。

生态环境监测中，一般使用硝酸、盐酸或者混合酸对样品进行简单的消解，氢氟酸用于样品的全分解，高氯酸和双氧水一般用于氧化样品中的有机物。选择哪种酸消解，首先，要考虑我们的分析目的，其次，考虑我们使用的酸会不会和部分元素产生干扰的反应，例如高氯酸可能与铬反应生成易挥发物质导致铬损失，硫酸与铅反应产生沉淀导致损失，盐酸与银反应产生沉淀导致损失。再次，为了在分析中标准曲线与样品酸基体一致，应该选择仪器能耐受并且不会产生干扰的酸，例如在使用配备石英雾化器的 ICP-OES 时应该注意避免使用氢氟酸，或更换为聚四氟乙烯的雾化器和雾化室，也可以加入高沸点酸对氢氟酸进行赶酸处理。最后，还应选择不会产生额外干扰的酸，例如不带碰撞反应池的ICP-MS，不建议使用盐酸进行水质前处理，因为氯离子会对砷的分析产生质谱干扰。

2.1.3 干灰化法

基本原理：在煤样分析的时候，干灰化法是常见的前处理方法。干灰化法的实质是在高温下氧化分解样品，这是一种经典的方法，常用来除去试样中的有机基质，以便消除有机物对重金属分析的干扰。该法操作简单，去除有机物彻底，还能同时处理大批量样品。其缺点是因为没有引入酸试剂，其反应时间较长，另外该法并不适合一些容易挥发的元素，通用性较差。

操作步骤：新鲜的或者干燥的试样（通常经103～105℃烘干）经过称重后移入合适的坩埚中，再置于高温的马弗炉中，经过程序升温到达一定的温度后，保持几个小时进行灼烧灰化，使有机物与空气中的氧气作用，经过脱水、炭化、分解、氧化等过程，有机成分被彻底分解为二氧化碳、水和其他气体而挥发，直至残渣为白色或浅灰色为止。残渣用酸进一步的溶解。

注意事项：在操作时，要注意坩埚不得污染样品，也不能与样品产生反应，一般建议使用铂坩埚、镍坩埚和陶瓷坩埚等。另外，由于高温下不好翻动样品，若处理后发现样品还有黑色物质，则认为样品没有灰化彻底。在计算时，还应该注意样品是鲜样还是干燥后的样品，根据情况进行计算。

2.1.4 熔融

基本原理：熔融是将样品与特定的固体试剂混合，加热到这些试剂熔点以上的温度，固体试样与熔剂间发生多相化学反应，样品被分解为可溶于水或酸的化合物，使其易于在下一步浸取成分的过程。该法是一种高效分解方法，主要用于无法用酸分解或酸分解不完全的试样，如复杂矿石、合金等。目前环境标准中，熔融分解用于测锰、钡等11种常量元素，土壤环境监测常见8种微量或痕量的重金属（铜、锌、镉、铅、镍、铬、汞、砷）分析元素并不适用该法。

操作步骤：这里以偏硼酸锂碱融法举例，先在铂金坩埚底部加入少量的碳酸钠垫底，再依次加入约2/3的熔剂（由碳酸钠、四硼酸锂和偏硼酸锂组成）和适量样品，最后放入剩余的熔剂，使其铺在混合物表面。将铂金坩置于马弗炉中，升温至1 000℃，保持30 min，停止加热。然后用坩埚钳夹住铂金坩埚直立于已盛有100 ml水的500 ml烧杯中，待熔融物出现裂纹后，取出坩埚并向坩埚内加水直至没过熔融物，当熔融物与坩埚脱离后，将脱落的熔融物转移至250 ml烧杯中。取硝酸-盐酸混合溶液，先用少许硝酸-盐酸混合溶液多次淋洗坩埚壁上的沉淀，淋洗液移入烧杯中，再用水冲洗坩埚，最后将剩余的硝酸-盐酸混合溶液加入烧杯，使熔融物全部溶解，将烧杯中的溶液转移至500 ml容量瓶中，用水定容至标线，待测。

注意事项：熔融法操作时危险程度较大，特别是样品从马弗炉取出后，若完全冷却后再加水不容易溶解，若加水过早则容易出现飞溅。在分解有机物含量较高的样品时，试样可能反应激烈而易溅出，可以在 500℃的马弗炉中先进行预灰化处理，使有机质氧化分解，再进行处理。应注意控制马弗炉的温度，马弗炉的温度和热电偶位置有关，在熔样前要检查热电偶是否安放在适当位置。试样在熔融后马上观测，若熔剂和试样成为均匀的流体，中间无气泡和不溶物，表明试样已经完全分解，否则应该重新熔融。有机质较多的试样不宜直接用铂坩埚分解，容易使坩埚变黑。熔融方法有许多种，试剂、温度、容器各不相同，在测试不同元素时会有不一样的效果，应事先了解相关标准和编制说明。由于该法基体效应比较严重，在仪器上机时也应考虑仪器对基体的耐受程度，同时使用基体匹配法等去进行分析，以减少基体效应等的干扰。该法试剂量较大，在使用时应尽量使用高纯试剂。

2.1.5　浸提

基本原理：环境监测中的土壤样品提取主要包括六价铬的提取、有效态提取，另外还有碳酸盐结合态、铁锰氧化物结合态、有机态和残余态等提取。在试剂、温度及土壤 pH 等不同的提取条件下，样品的测定结果存在差异，实际上部分提取法提取率不高，判断前处理效果的手段主要依靠标准物质。

操作过程：在分析土壤六价铬时，准确称取一定量样品置于烧杯中，加入碱性提取溶液，再加入氯化镁和磷酸氢二钾 - 磷酸二氢钾缓冲溶液。放入搅拌子，用聚乙烯薄膜封口，置于搅拌加热装置上。常温下搅拌样品后，加热搅拌至 90～95℃，后冷却至室温。用滤膜抽滤，将滤液用硝酸调节溶液的 pH 至 7.5 ± 0.5，定容待测。在分析有效态元素时，称取一定量样品，加入 20.0 ml 二乙烯三胺五乙酸 - 氯化钙 - 三乙醇胺（DTPA-$CaCl_2$-TEA）浸提液。在（20 ± 2）℃条件下，振荡 2 h。将浸提液离心后经中速定量滤纸过滤后测定。

注意事项：在对六价铬进行提取时，应该尽量使用大的搅拌转子，以提高提取效率。由于操作较为烦琐，建议使用抽滤泵对曲线及样品进行串联过滤，以提高整体的前处理效率。在操作过程中注意滤膜是否破损，一旦破损，则重新处理。在提取土壤有效态元素时，若测定所需的浸提液体积较大，可适当增加取样量，但应保证样品和浸提液比为 1∶2（*m/V*），同时应使用与体积匹配的浸提容器，确保样品充分振荡。

2.1.6　萃取浓缩

基本原理：萃取浓缩是利用络合剂与重金属发生络合反应，再根据金属络合物在两种互不相容的溶剂中的溶解度或分配系数不同，将化合物从一种溶剂转移到另一种溶剂中，多次萃取或反萃，使得目标化合物浓缩达到一定可检测的浓度范围。萃取浓缩常用于海水中重金属分析的前处理。

操作过程：原子吸收光谱法常用来测定海水中金属元素，具体做法：用无火焰原子吸收分光光度法测定时，用吡咯烷二硫代甲酸铵（APDC）和二乙氨基二硫代甲酸钠（DDTC）混合溶液络合金属后，经甲基异丁基酮萃取后直接上机测试（一般指铜、铅、镉）；用火焰原子吸收分光光度法测定时，在此基础上添加一定量的硝酸溶液进行反萃，取其中的硝酸反萃液上机测定水质中的重金属元素（一般指铅、镉），也可直接取其中的有机相直接上机测定（一般指铜、锌、总铬）。

电感耦合等离子体发射光谱法（ICP-OES）是常见分析重金属元素手段之一，有相关研究单位结合 EPA 海水前处理与 ICP-OES 分析技术成功实现了海水中重金属元素（铜、铅、锌、铬）的快速测定。具体做法：用吡咯烷二硫代甲酸铵（APDC）和二乙氨基二硫代甲酸钠（DDTC）混合溶液络合海水样品中的金属后，经精制氯仿萃取后用硝酸反萃取，取水相上机测定。

注意事项：由于海水中重金属元素多为痕量，其浓度甚至可低至 ng/L，因此萃取用的有机溶剂一般需要注意纯度，尽量降低因溶剂带来的干扰；有机溶剂萃取时会产生压力，因此剧烈振荡前一定要进行排气。具体做法为分液漏斗倾斜，上口朝下，下口朝上，缓慢打开旋钮，整个过程必须在通风橱中进行。

2.2 仪器分析技术

2.2.1 原子吸收

2.2.1.1 基本原理

原子吸收光谱仪一般包括五个组成部分，分别为光源、原子化器、光学系统、检测器和软件控制及数据处理系统。仪器原理为：同种原子的锐线光源发出待测元素的特征谱线，经过原子化器时，原子化器把样品中的待测元素原子化，待测元素的基态原子蒸气，接受光源的照射后，吸收了一定的特征辐射能量，其剩余的透射光速经过光学系统的聚焦、分光等定性过程后，到达检测器进行定量，而软件则是仪器的大脑，控制着仪器的一系列运作。

2.2.1.2 仪器结构

（1）光源

原子吸收光谱仪的光源包括空心阴极灯、高强度空心阴极灯、无极放电灯、氘灯等，前三者产生锐线光源，氘灯产生连续光源，其性能影响着原子吸收分析的检出限、精密度及稳定性等。

空心阴极灯：空心阴极灯为现在原子吸收中最常见的主灯源，是一种产生锐线发射光谱的低压气体放电管，主要使用阴极内壁材料原子激发发射原子特征谱线，空心阴极灯的性能取决于其辐射光是否够强，背景光强是否较小，辐射稳定性是否够好和寿命等，而这些性能取决于其灯的工艺与材料质量等，很多实验表明，空心阴极灯是否能满足要求，是根据自己仪器检测的结果而决定的，不能硬套给出的默认参数。

高强度空心阴极灯：这种灯一般在原子荧光中应用的较多。该灯通过增加一个产生热电子发射的辅助灯丝和一个辅助阳极，令其产生的共振谱线比一般的空心阴极灯提高 10 倍左右，从而改善了线性范围、信噪比等指标。

无极放电灯：无极放电灯适合一些弱光元素的分析，其特点是辐射光强大，谱线宽度窄，光谱纯度高。无极灯里面没有电极，灯内发电依靠的是外部施加电场，所以一般会带有独立的发生器来产生电场，电场使气体原子激发，温度升高，从而使待激发物质原子化，与气体原子碰撞后激发。其产生的共振谱线比一般的空心阴极灯提高数十倍左右。

氘灯：氘灯一般作为背景校正灯使用，氘灯一般的校正值在 190～360 nm，辐射峰值在 200～250 nm。而部分厂商使用高聚焦短弧氙灯作为连续光源，代替空心阴极灯作为光源使用。

（2）原子化系统

原子化系统顾名思义是使待测元素原子化的系统，一般为火焰原子化系统和石墨炉原子化系统，前者分析速度快，但灵敏度较弱，后者分析程序多，速度较慢，但灵敏度较高，使用者应根据分析元素的特性及浓度综合考虑，使用适当的原子化器进行分析。

火焰原子化系统：火焰原子化器是应用最为广泛的原子化器之一，其结构一般为雾化器、预混合室、燃烧器及控制组件。火焰原子化的进样方式是，利用高速气流冲击试样溶液，使之雾化成气溶胶，并在混合室中被助燃气带入与燃气混合进入燃烧器，待测溶液在高温火焰中气溶胶经过脱溶剂、熔融、蒸发等过程，变成自由原子蒸气，原子蒸气对光源发射的特征辐射能量进行吸收。火焰一般为碳氢火焰，而燃气和助燃气的主要的搭配为乙炔加空气，所以在仪器外需要乙炔和空气的供给，空气一般需要空气压缩机进行压缩，而气体的供给需要压力控制、压力指示、流量控制、流量指示、安全监控、杂质过滤等部件。

无火焰原子化系统：无火焰原子吸收一般指石墨炉原子吸收，其结构一般为石墨管、管夹持件、金属护套、电极座组成。石墨管是石墨炉的核心部件，不同的石墨管拥有不同的特点，应该选择合适的石墨管进行分析，管夹持件通常也被称为石墨锥，其作用为夹持石墨管并兼作石墨管供电电极，金属护套是石墨管和管夹持件的支撑体，也是石墨炉与电源、保护气源、冷却水源的连接件，电极座用于连接金属护套和供电电缆。在石墨炉中，是通过通电的方式加热原子化器达到需要的温度，使注入的样品的待测元素原子化，从而实现对光源发射的辐射进行吸收。石墨炉能在极短的时间内迅速升温至千度，因此供电电源需要为石墨炉提供大电流，电源功率也比很多仪器要高。同时由于在较为密闭的环境中提供 3 000℃左右的高温，石墨炉需要冷却循环水和气体进行冷却。

无火焰原子化系统还包括低温原子化系统，或称冷原子吸收法，该法只适用于汞的测定，汞原子常温下容易气化，无须火焰或电热进行原子化。汞元素可以通过富集再加热或还原进行气化。

（3）光学系统

光学系统可以简单的区分为外光路和分光系统。外光路是将光源的光汇聚，让其穿过原子化器最后聚焦到单色器的入射狭缝，商品化的外光路可以分为单光束和双光束两种类型，单光束光能损失少，结构简单，缺点是不能消除光源波动和基线漂移的影响，一般认为需要较长时间的预热才能开始工作。而双光束的优点则是利用切光器将光分为双光路，其中一路作为参比，其优缺点与单光速相反，因此预热时间较短。

但是随着原子吸收的不断发展，无论是单光束还是双光束都有不错的方案扬长避短，所以在购置仪器时不应认为某种外光路系统绝对有缺点，应结合实际情况。分光系统一般密闭在仪器中，作用是从辐射光源的复合光中分离需要的特征分析线，该系统一般由狭缝、准直镜、分光元件、聚光镜构成，其按照功能部件的空间分为李洛特型（Littrow）、蔡尼－特纳型（Zeni-Terner）、艾伯特型（Ebert），三种结构在商品仪器中都有应用。

（4）检测器

光电倍增管是常见的检测器，随着固体光电检测器的发展，也有使用电荷耦合器件等固体光电器作为检测器。但是光电倍增管仍然是最常用的检测器，其工作原理是基于外光电效应，将光源发射的光子转变成真空的电子，再利用二次电子发射效应使电子数倍增加，部分厂商使用双光电倍增管，这样的结构能解决检测过程中由于时间引起的背景扣除的误差。而固态检测器有电荷耦合器件（CCD）、电荷注入器件（CID）等几种，其光电转化基于内光电效应。

（5）软件控制及数据处理系统

笔者认为，原子吸收发展成熟，不同的厂商在技术上发展差异虽大，但在日常分析中性能都是能满足要求的，软件控制及数据处理系统是提高工作效率比较直接的办法。原子吸收的软件一般能控制调整光源电流，火焰原子化器的燃气助燃气比、高度，石墨炉原子化器阶梯式升温、样品注入体积，光学系统的狭缝宽度，检测器的负高压等条件，另外优秀的软件还应能带自动保护设备，以回避因误操作火焰及电热高温的危险。数据处理系统同样关键，应同时兼顾少量样品分析和大批量样品分析的设置体验。环境监测数据追求真实可溯源，因此软件数据溯源的便捷性也应考虑。

2.2.1.3　干扰及消除

原子吸收的干扰一般分为物理干扰、化学干扰、光谱干扰。

（1）物理干扰及消除

物理干扰一般由样品的黏度、表面张力、盐度太大导致，一般可以对样品进行消解处理，也可以通过稀释、对进样系统老化或者标准加入法解决。而石墨炉原子吸收则还可以使用灰化升温去除部分干扰物质。

（2）化学干扰及消除

影响基态原子数目的化学干扰因素都可以称为化学干扰。在火焰原子吸收中，待测元素在火焰中受到干扰元素影响产生了不容易原子化的雾粒。一些碱金属的电离电位很低，火焰温度太高的话，基态原子再次电离，也让基态原子无法被原子吸收法测量。另外还有一些元素在高浓度时，会对一些特定且含量较低的元素产生干扰。针对这三种干扰，处理的办法一般有加入基体改进剂或者化学分离、稀释等。加入何种基体改进剂，需要大量的经验。基体改进剂的功能有几类，有和干扰元素结合从而释放待测元素的，有和待测元素结合从而保护待测元素的，有和待测元素结合后助熔的，有通过加入易电离元素从而抑制待测元素电离。而化学分离一般使用APDC-MIBK、DDTC-MIBK或离子缔合物进行萃取，因火焰法的元素信号较弱，萃取同时也达到了富集的效果。无论使用哪种手段进行干扰去除，原则都是不能引入新的干扰、注意空白的控制，而且一般校准曲线需同时使用相同手段进行处理。

石墨炉原子吸收中，石墨管与待测元素容易形成解离能大的碳化物，在高温下也难以原子化，为了避免这种情况，可以使用热解石墨管、金属舟或涂层石墨管。另外也会使用基体改进剂或萃取后进行分析，其作用和火焰原子吸收类似，再利用灰化升温去除干扰物质。

（3）光谱干扰及消除

光谱干扰是光谱类仪器独有的干扰。光谱干扰的来源是来自错误的吸收信号。这些错误的吸收信号一般是正干扰，例如来自元素邻近线的干扰，由于原子吸收是锐线光源吸收，故一般这种邻近线相差要小于 0.2 nm 才可能存在，同时不能因为看到某些书籍中某元素与待测元素是邻近线就认为一定不能用，能不能用首先要取决于分析精度，再考虑干扰元素本身的浓度，及相对产生的干扰是否对结果产生不可接受的后果。另外还有连续分子干扰和光散射干扰，前者主要来自基体，NaCl、KCl、SO_2 等干扰物质在高温时产生分子干扰，这些干扰主要集中在 200～250 nm，而后者则主要体现在石墨炉原子吸收上，升温程序的不当，蒸发的盐类粒子和碳粉都会产生光散射，230 nm 以下的光散射较为严重。

光谱干扰的去除办法同样有加入基体改进剂、稀释、标准加入法等手段。而处理光谱干扰最有效的办法，是使用背景扣除功能，不同的仪器会带有不同背景扣除手段，背景扣除手段一般分为 3 种。

氘灯法：氘灯法是最常见的背景扣除方式，无论国产仪器还是进口仪器一般都会配备，氘灯法的原理是元素灯的辐射被待测元素和背景吸收，测量的是总吸收，而氘灯作为参比光源，被背景吸收，总吸收减去背景吸收为待测元素真正的吸收。氘灯的最佳工作波段为 190～350 nm，大于这个波段时，尽管一般样品产生的背景已经比较低，但由于氘灯能量减少，噪声变大，不建议进行校正。氘灯法校正的优点是对灵敏度影响较弱，一般使吸光度减少 1%～10%，优于塞曼法。其缺点除了使用范围有要求外，双光源的光斑位置不一定相同，容易影响校正效果，另外氘灯由于是连续光源，故样品中如果通带宽度中有某种高浓度元素有较强吸收的话，会导致背景吸收过大，从而使校正的吸光度变为负值。氘灯一般在火焰原子吸收中应用较多，环境监测中常见的铅、镍、锌等分析波长都在氘灯的校正范围内，使用效果较佳。石墨炉原子吸收因石墨管中的原子蒸气分布不均，校正误差更高。

塞曼法：光源在强磁场下产生光谱线分裂的现象，称为塞曼效应。分析者应注意，带有塞曼扣背景装置产生强磁场带来的影响。塞曼效应可以在光源施加，也可以在原子化器上施加，特殊的光源增加成本，故一般在原子化器上施加。塞曼扣背景技术细分为横向恒定磁场、横向交变磁场、纵向交变磁场。横向塞曼效应在一般的正常分裂下，产生三条偏振的谱线，中间未变化的谱线正常参与原子吸收，但两侧的线则在背景吸收时才产生吸收，无论是恒定磁场还是交变磁场，都可以通过此原理进行背景扣除，但横向磁场的缺点是原子化器前需要加入起偏器，导致光源减弱，同时如果是恒定磁场，因为磁场分裂，灵敏度减弱。而纵向塞曼效应则是分裂成 2 条偏振光，由于没有中间不变的频率线，故无法在磁场恒定时使用扣除背景的技术，只有交变磁场下才可以使用，纵向交变塞曼技术不需要起偏器，故其光源能量和灵敏度能不会损失。塞曼法在背景测量和总吸收测量时是同一光源，故不会出现校正过度的情况，因为不是连续光源，也不会被邻近线吸收所干扰，其应用范围也没有限制。一般来说，恒定磁场适合应用在火焰原子吸收，而各种不同的塞曼技术都能应用在石墨炉原子吸收。塞曼扣背景装置较为复杂，成本也较高，但也是原子吸收中最为强大的背景扣除技术。

自吸收法：自吸收法也称 S-H 法，其原理是利用大电流时，光源空心阴极灯内的基态原子对光能量有所吸收，导致谱线变宽，而变宽的谱线形成双峰，双峰作为参比测量背景的吸收，而当灯源电流正常供给时，则是总吸收，相减等到待测样品的吸光度。自吸收法要求空心阴极灯在大电流和正常电流之间来回切换，装置简单，也不存在光轴调整问题，该种背景扣除方法相对于塞曼法，灵敏度影响较小，而相对于氘灯法，则有校正范围大的优点。但其使用有局限，只有一些低熔点元素较为容易出现自吸现象。另外来回切换电流对空心阴极灯的寿命有所影响。

原子吸收中背景值的扣除往往不能忽视，除了上述的背景扣除办法外，还有邻近线扣除的办法，也有依靠连续光源模拟计算的办法，这里篇幅所限，不一一描述，目前不论哪一种扣除办法，都有自身的优、缺点，但一般的仪器只会搭配某一种背景扣除办法，故在选购仪器的时候，应该结合自身需求，选择配备合适的背景扣除装置的仪器。

2.2.1.4 测量条件选择及优化

仪器在应用的时候，不同厂家的软件可供调节的参数有所不同，由于笔者水平有限，本节描述的参数可能无法适用于全部仪器，也可能出现部分软件开放的参数未被提及。

（1）火焰原子吸收

灯电流：我们常见的光源是空心阴极灯，部分厂商也会使用高强度空心阴极灯或者无极放电灯，前者的灯电流一般只有几毫安，而后两者能达到几十毫安甚至几百毫安。灯电流一般可以使用厂商提供的值，而对灯电流优化是比较末尾的选择。优化灯电流的逻辑为：提高灯电流，灯能量变强，光源变强，样品原子化吸收的能量一定时，样品的吸光度减弱，导致灵敏度下降；相反，减少灯电流，灯能量减弱，原子吸收时的吸光度增强，灵敏度会增强。但是在优化时不能无止境的调节，灯电流提高时，部分低熔点元素容易出现自吸现象，导致无法产生特征吸收，对结果造成严重影响，太强的灯电流影响着灯的寿命。当灯电流过弱时，可能要相应地调节光电倍增管电压，这会导致暗电流增加，信噪比变低。一旦切换了灯电流，需对灯进行预热，一般如空心阴极灯应预热 30 min 左右。

燃气类型及比例：火焰原子吸收常见的燃气组合是乙炔－空气、乙炔－笑气，前者适用于环境监测大部分的元素，而乙炔－笑气能提供约 2 900℃的火焰环境，适合

Ba、Cr 等元素的测定，但是乙炔 - 笑气需要特制的燃烧器，增加了成本，故一般测定这些低灵敏度的元素时，可以直接使用灵敏度更高的石墨炉原子吸收。一般环境监测配置的火焰原子吸收搭配乙炔 - 空气组合即可，根据乙炔和空气的比例不同，可分为富燃火焰、化学计量火焰和贫燃火焰。环境监测中，Cr 的灵敏度在火焰原子吸收中是较弱的，一般需要使用富燃火焰，现在的商品化仪器，在选择 Cr 这类型的元素时，通常已经是默认使用了富燃的火焰，即空气与乙炔的比例为 2∶1～3∶1，但不同仪器的构造有所不同，故比例不一定在上述范围，具体的调节范围可以咨询仪器的应用工程师。用富燃火焰时，随着乙炔比例的增加，火焰整体相较化学计量火焰或贫燃火焰越加旺盛，背景较大，颜色呈黄色，是还原性火焰。化学计量火焰是适合环境监测的常用火焰类型，每台仪器的比例不尽相同；而贫燃火焰与富燃相反，火焰燃烧完全，背景低，颜色呈蓝色，是氧化性火焰，更适合测定容易电离的元素和低背景的元素。

燃烧器水平及高度、偏转：燃烧器一般在使用前，要使用仪器商提供的方法对光路进行校正，如用校正卡纸观测光是否穿过燃烧器上端原子化区。调整完毕后，一般使用铜溶液进行高度校正。火焰在燃烧时不同燃烧区原子分布不一，在燃烧的前沿，此处有各种分子的基团，背景比较大，火焰原子吸收通过调节高度回避此处。而燃烧器上方 5～10 mm，该区域最适合环境监测常见的元素，但应注意如果是富燃火焰，该区域的位置可能出现移动。而最上部的区域，温度较低，适合易电离的元素，火焰原子吸收上端一般装有原子吸收排风罩，这区域容易受到过大的排风的影响，造成火焰抖动。不同的仪器构造不一致，而且不同的样品基体不一致，应该根据实际情况进行调节，不能盲目套用高度条件参数。Zn 元素是环境监测中常见的监测元素，《地表水环境质量标准》（GB 3838—2002）中Ⅲ类水的限值是 1 mg/L，由于 Zn 的灵敏度比较的高，如果测定波长选择不当，甚至容易出现曲线最高点无法达到 1 mg/L 的情况。解决办法除了更换测定波长外，可以通过偏转燃烧器，使有效光程减少，降低灵敏度，使测量的线性范围增大。在测试土壤时，Zn 浓度跨度范围大，偏转燃烧器能减少人工稀释的操作，提高了工作的效率。

通带宽度的选择：通带宽度通过仪器的狭缝参数进行调节。光谱通带越大，接受的各种光越多，而待测元素的光源占比越少，则待测元素的线性范围变小。而光谱通带越小，会使接受的光少，为了得到客观的光信号，灯电流和光电倍增管电压需要增加，但此时又会出现谱线变宽、暗电流增加等影响。所以在光谱干扰和分析精度上，需要对上述影响进行权衡。在一定条件下，通带宽度的选择对分析的准确度没有影响，一般调节后会影响灵敏度和线性范围。

（2）石墨炉原子吸收

1）升温程序

对于石墨炉原子吸收来说，升温程序的设置非常关键，一般升温程序分为 4 步，分别是干燥、灰化、原子化和除残。一般的仪器在软件上会给出不同元素的参考升温程序，但是由于分析的基体不一致，还有部分样品需要加入基体改进剂，需要根据实际情况重新对仪器条件进行优化，而测定标准溶液或者干净的水样时，一般可以使用默认的条件直接测量。

干燥阶段顾名思义就是对样品中的水进行干燥，待测的元素一般原子化温度和水的沸点有一段距离，可以充分利用这一差异进行灰化，但需注意升温速度不能过快，因为温度突然过高可能会造成样品中的水溶液爆沸，导致损失，故一般都设置为比水的沸点稍高，干燥水分后，再进行灰化操作。

灰化阶段目的是去除待测元素以外的物质，但一般只能去除一些低沸点物质。灰化温度越高，去除的杂质越多，但灰化温度太高，可能会使待测元素因为结合了低沸点的物质而有所损失，故不同基体，特别是引入了基体改进剂后，灰化温度和原子化温度都需要做出调整。而灰化时间也不是越长越好，可以通过测定加标回收率来确定，一般根据仪器商提供的参数进行微调。

原子化阶段既是待测元素原子态对光源进行吸收，这一步要求待测元素全部原子化，但由于有很多不同的物质没有在干燥和灰化两步中去除，故这一步容易产生背景干扰，我们可以通过扣背景手段进行扣除。与灰化阶段一样，需要根据实际情况对温度和时间进行调整，一般良好的原子化温度，峰图比较尖锐，而出锋图异常时，除了出现干扰，也有可能是灰化温度和原子化温度设置不当导致，前者会导致数据不准，而后者出现时如果确认是标准样品等基体简单的样品，则数据可以信赖。

除残阶段为清洗阶段，一般设置比原子化温度高 100～200℃，也有仪器将除残温度设置到仪器可以设置的最高温度。

2）载气

载气是指在加热过程中引入的气体，它除了防止石墨管和氧气加热氧化变质外，在灰化、干燥和除残阶段可以去除气化的杂质，而原子化通入载气，可以降低灵敏度。现在的载气一般为氩气。

3）石墨管与样品引入

随着石墨炉原子吸收的发展，除了一般的石墨管，热解石墨管和涂层石墨管逐渐成为主流。这些石墨管可避免金属碳化物的生成，也避免了样品溶液渗入石墨管管壁缝隙，但不管是哪种石墨管，在使用时，都应该进行老化，除了通过加热程序老化，也可以加入待测样品进行老化。

样品引入是影响石墨炉原子吸收精密度的重要原因，石墨管一般只能承载 50 μl 的样品，其中还需要包含可能的基体改进剂和冲刷样品管的水溶液，一般以 10～20 μl 为佳，一台性能良好的石墨炉原子吸收仪，进样系统的精度是比较关键的指标。样品引入时，可通过观测窗看到进样管进入石墨管并注射样品溶液。进样针的深度一般在中间较为适宜，太高容易导致溶液飞溅，太低进样针外壁容易带走溶液造成损失。

4）测量方式

峰高或者峰面积的测量与一般的分析仪器无异，正常的峰无杂质无干扰，使用峰高或峰面积测量都没有问题。不正常的峰，要首先判断是否存在严重干扰，如果存在干扰，则上述两种方式均不适用；如果不存在严重影响数据结果的干扰，比如峰拖尾或者不尖锐等情况，为了得到更精确的数据则建议使用峰面积测量进行计算。

2.2.1.5　仪器使用维护及注意事项

（1）火焰原子化器

燃烧器的清洗：正常的燃烧器燃烧缝上的火焰应该是均匀的、较为稳定的蓝色矩形火焰（当乙炔比例增加时，颜色渐黄），当长时间分析基体较为复杂或者发现火焰形状异常时，都应该对燃烧器进行维护。常见的维护方式是使用纯水或者稀硝酸溶液对燃烧器进行浸泡，一般倒置只浸泡燃烧缝。浸泡后应使其彻底干燥再进行测试，不然水的存在会让火焰异常，但如果是水引起的异常通过长时间燃烧可以消除。若火焰形状依旧异常，可以使用纸片或纸板等对燃烧缝来回刮动，但不可以用过硬的物体，否则容易造成损伤。

乙炔的使用：常见的火焰原子吸收使用乙炔作为燃气，乙炔易燃，建议实验室安装乙炔泄漏气体监测器保证安全。平时使用完仪器后，如果仪器允许，一般建议直接关乙炔气，自然熄火，以保证乙炔燃烧干净。另外乙炔一般溶解在丙酮中，随着乙炔压力的降低，丙酮会混入火焰中，产生干扰，一般钢瓶压力低于 0.6 MPa 时建议停止使用。

空气压缩机：空气中的水分在压缩的过程中会冷凝在空气压缩机的缓冲瓶内，在分析结束后应进行排水操作，刚开始排水时压力会较大，建议缓慢排出，使用空气压缩机前再关闭排水阀。

（2）石墨炉原子化器

进样系统的维护：进样系统的维护是石墨炉非常常见的操作，其中包括更换石墨管，维护进样针，清洁炉头，甚至更换石墨锥等。一般遇到仪器数据精密度差时，维护顺序是，清洗管路，更换石墨管（更换后老化，重新调节进样针位置），维护进样针（包括使用无水乙醇清洁进样针外壁，若进样针太脏建议直接切除前端部分），清洁炉头和光路位置，更换石墨锥。石墨锥拆除安装后容易出现没有装紧的情况，一般建议跟随工程师操作学习后再自行尝试。

冷却循环水机：冷却循环水机一般根据供应商提供的维护建议进行维护，定期换水，以免产生藻类繁殖导致管路堵塞，使冷却循环水机不运作导致石墨炉过热。

（3）光源及光学部分

一般的空心阴极灯为耗材，在长时间使用后灯能量会慢慢减弱，需要根据情况进行更换。光源也应该定期开灯保障性能，具体频次与间隔咨询相应的设备商。

裸露在外的外光路也需要定期检查是否有灰尘等的污染，一般使用无水乙醇进行擦拭，不能使用水进行清洗，否则容易产生水迹。内光路一般建议联系仪器工程师进行维护。

2.2.1.6　仪器性能配置建议

在购买原子吸收光谱仪的时候，可以参考原子吸收光谱仪检定规程中的参数要求对仪器进行筛选。作为传统的元素分析仪器，国产原子吸收光谱仪也有相当长的发展历史，国产仪器价格便宜，特别是国产火焰原子吸收也有不错的表现。在环境监测领域，常监测的元素有铅、镉、铜、锌、镍、铬、铁、锰等，大部分的仪器都能简单正常地对上述元素进行测定，无须特定的仪器功能。受制于原子吸收仪器原理，灵敏度不是最重要的指标，仪器短时间和长时间的稳定性更为重要，特别是石墨炉原子吸收，进样系统、原子化系统的稳定性是厂商较为大的挑战，下面笔者针对火焰原子吸收及石墨炉原子吸收在选型时需要注意的事项提出个人观点。

火焰原子吸收：在环境监测需要分析的元素中，铬是较难原子化的元素，也是火焰原子吸收中容易出现分析问题的元素。分析土壤铬时，大部分土壤铬元素含量在消解后的浓度在 2 mg/L 以内，故仪器最好能建立以 2 mg/L 作为曲线最高点的校准曲线，且校准曲线相关系数应该在 0.999 以上，2 mg/L 的吸光度应该至少在 0.05 左右。硬件上，笑气乙炔体系能提供更高的温度，但是需要更换烧热器，适合既要提高分析速度，节约成本，又要测定铬、钡等元素的情况。

石墨炉原子吸收：镉元素在 20 μl 进样量的情况下，正常的线性范围在 2 μg/L 以内，这个范围对于大部分环境样品来说不算高，容易造成大批量样品需要稀释。能提高线性范围的办法是稀释，比如进样量选择在 10 μl，这样对石墨炉的进样精度就有了更高的要求，可以通过校准曲线相关系数，长期稳定性等参数判断仪器是否能选择低进样量。另外有的厂商在光源等方面进行优化，从而改善其线性范围，也是可行的。石墨管的寿命也是石墨炉分析的重要一环，环境样品中对石墨管破坏较大的是引入高氯酸消解的土壤消解液，越能承受更多次的原子化程序，且稳定的石墨管更为优秀，这里需要注意不同厂商的性能报告上分析一个样品和一次原子化过程的区别，一个样品可能有多次原子化过程。

2.2.2 原子荧光

2.2.2.1 基本原理

原子荧光是蒸气相中基态原子受到具有特征波长的光源辐射后，其中一些自由原子被激发跃迁到较高能态，然后去激发跃迁到某一较低能态（常常是基态）或邻近基态的另一能态，将吸收的能量以辐射的形式发射出特征波长的原子荧光谱线。各种元素都有特定的原子荧光光谱，根据原子荧光强度可测得试样中待测元素的含量。

原子荧光光谱的类型主要分为共振荧光、非共振荧光、敏化荧光三种类型。

共振荧光的原理：自由原子吸收激发光源的特征波长辐射，成为激发态原子，并立即发射出相同波长的辐射，回到原来的能级，因而原子所吸收辐射的波长和辐射出的荧光波长相同，称为共振荧光。由于电子激发态和基态之间的共振跃迁概率比其他跃迁概率大得多，且发出的共振荧光最强，所以共振荧光是原子荧光分析中最有用的荧光谱线。跃迁结构示意图如图 11-2 所示。

非共振荧光：当激发线波长和观察到的荧光线波长不同时，就产生非共振荧光。它主要分为斯托克斯和反斯托克斯两类（图 11-3）。当发射的荧光波长大于激发波长时，即为斯托克斯荧光。当发射的荧光波长小于激发波长时，即为非斯托克斯荧光。斯托克斯荧光又分为直跃线荧光和阶跃线荧光，这里不做过多描述。

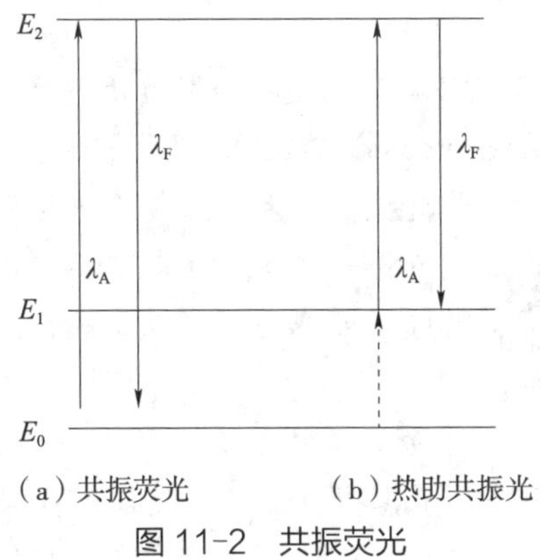

（a）共振荧光　　　　（b）热助共振光

图 11-2　共振荧光

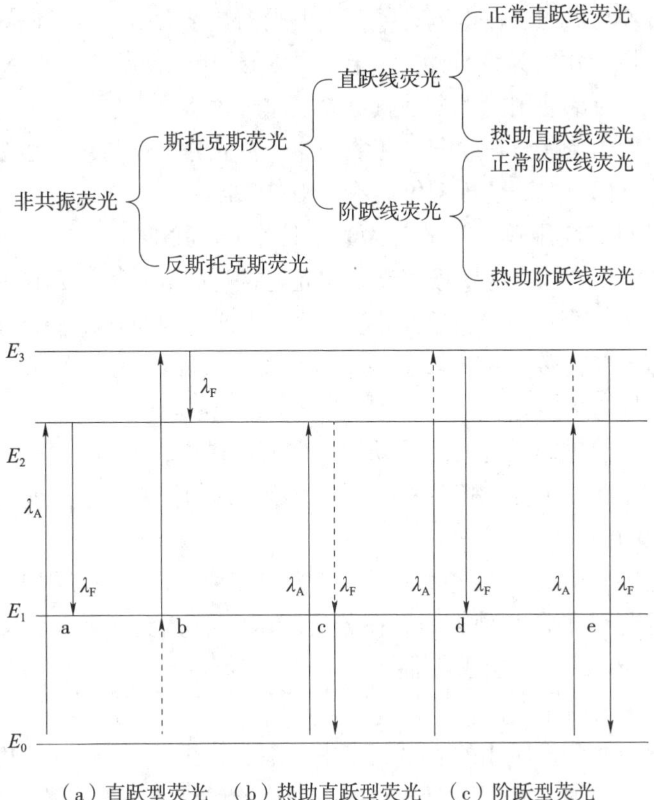

（a）直跃型荧光　（b）热助直跃型荧光　（c）阶跃型荧光

（d）热助阶跃型荧光　（e）反斯托克斯荧光

图 11-3　非共振荧光

敏化荧光：被外部光源激发的原子或分子（给予体）通过碰撞把自己的激发能量转移给待测原子（接受体），然后处于激发态的待测原子或分子（接受体）通过辐射去激发而发射出的荧光，称为敏化荧光。由于在火焰原子化器中，难以观察到原子敏化荧光，这种现象只有理论意义。

2.2.2.2 仪器结构

根据原子荧光原理制作的用来进行元素定量分析的光谱仪器被称为原子荧光光谱仪（Atomic Fluorescence Spectrometer，AFS），又称原子荧光光度计。原子荧光光谱法是在原子发射光谱法和原子吸收光谱法的基础上综合发展起来的。从理论上来说，原子荧光光谱法不仅具有原子发射光谱法和原子吸收光谱法的优点，同时也克服了两者的不足，是一种性能更为优良的原子光谱分析方法，目前也是生态环境监测重金属分析领域应用较多的一款仪器。

原子荧光光谱仪是利用原子荧光谱线的波长和强度进行物质的定性与定量分析，结构组成主要包括激发光源、原子化器、分光系统以及检测系统几个部分。

激发光源：和原子吸收类似，目前原子荧光主要使用锐线光源作为激发光源，其中又以空心阴极灯的使用较为广泛。空心阴极灯根据不同的待测元素作阴极材料制作而成，其辐射强度与灯的工作电流有关，辐射光的强度大，稳定，谱线窄。

原子化器：原子化器为将被测元素转化为原子蒸气的装置。可分为火焰原子化器和电热原子化器。目前使用的大多是氩氢火焰原子化器。

分光系统：原子荧光分析仪分非色散型原子荧光分析仪与色散型原子荧光分析仪。其差别在于单色器部分，非色散型仪器不使用单色器。

检测系统：目前应用较广泛的是为光电倍增管（PMT），它由光电阴极、若干倍增极和阳极三部分组成。光电阴极由半导体光电材料制成，入射光在上面打出光电子，由倍增极将其加上电压，阳极再收集电子，外电路形成电流输出光电倍增管，再经由检测电路将电流转换为数字信号。检测器与激发光束成直角配置，以避免激发光源对检测原子荧光信号的影响。

进样系统：目前进样系统分为手动进样和自动进样，一般实验室都配备自动进样系统，可以配制标准母液后进样系统自动按比例稀释制作标准系列曲线。

2.2.2.3 干扰及消除

原子荧光光谱分析法中干扰效应可以分为很多种类型，一般根据干扰的机理可分为光谱干扰和非光谱干扰两种类型。在分析测试中干扰效应会引起仪器灵敏度降低、准确度和重现性变差、校正曲线弯曲等。

（1）光谱干扰及消除

光谱干扰是指在分析所用的光谱通带中，除了分析元素所吸收的辐射光之外，还有来自光源或原子化器某些不需要的辐射光和待测谱线或其他元素的自有原子产生的发射吸收谱线，干扰检测器工作。前者为散射光干扰，后者为谱线重叠干扰。

散射光干扰一般是由于原子化过程中未挥发的气溶胶微粒或水蒸气形成的细小微粒对光源辐射的散射而产生的光谱干扰。这种情况多见于有机质较高的样品。目前主流的消除此类干扰的方法是设计气液分离器将气和液进行分离，有膜式、外力牵引式和静力式气液分离器等。

另一种散射光干扰易在非色散原子荧光光谱分析法中产生，为了克服这种散射光干扰，一般做法是在原子化室正对着来自空心阴极灯光束方向，成45°放置一个玻璃作为反射镜。

原子荧光光谱法在空心阴极灯辐射的激发条件下，所产生的原子吸收谱线的数目较少，比原子发射光谱的谱线要少得多，且原子荧光中非测量的荧光谱线强度一般就很微弱，因此谱线重叠干扰的概率很小，这里不做过多讨论。

（2）非光谱干扰及消除

非光谱干扰是指目标元素从混合溶液中分离后传输到原子化器的过程中所受到的干扰，一般可分为液相干扰和气相干扰。根据干扰产生的种类以及产生的过程，又可细分为以下干扰。

针对液相干扰的克服，一般可以采取以下几个措施：①适当的增加样品酸度或采用强氧化性的混合酸可以增加金属微粒的溶解度，从而较好地克服溶液中由细小的金属沉淀产生的较严重的干扰；②减少样品量或增加稀释体积可以减少干扰离子的绝对量，达到消除干扰的目的；③对于某些元素（如镍、铜等）加入络合剂可以很好地消除干扰；降低还原剂浓度可以一定程度上降低金属沉淀对目标元素的吸附，消除干扰。

针对气相干扰的克服，一般可以采取以下几个措施：①降低在气液分离器中的死体积，提升传输过程的传输效率；②气液分离器连接原子化器的管道尽量缩短，提升传输效率；③选择最佳的原子化器预加热温度，最大限度上减少原子浓度的衰减。

2.2.2.4　测量条件选择及优化

灯电流的设置：根据原子荧光光谱法的基本原理，在一定的范围内荧光强度与激发光源强度成正比，但灯电流过大会产生自吸，影响检出限和稳定性，以及缩短灯的使用寿命，并不是灯电流越大，灵敏度就越高。因此，全面了解各元素空心阴极灯的峰值电流与荧光强度的关系对如何设置灯电流获取最高灵敏度至关重要，一般做法是设置不同灯电流的背景下测定同一浓度样品，观察荧光强度对灯电流的特性曲线，获得峰值点，即为最佳灯电流。

光电倍增管负高压：光电倍增管的放大倍数与阴极和阳极之间所加的负高压有密切关系，一般来说，在一定范围内，负高压增大与放大倍数成指数关系。但由于光电倍增管自身材质的原因，负高压过大也会引起噪声变大，根据对被测元素分析灵敏度的要求对光电倍增管负高压进行优化也是非常必要的。一般做法是在固定最佳灯电流情况下，设置不同负高压的背景下测定同一浓度样品，观察分析灵敏度对负高压的特性曲线，获得最佳分析灵敏度，这一背景下的负高压即为最优条件。

原子化器：不同的分析元素对原子化器温度有不同的要求，选用适宜的原子化器的预加热温度，有利于达到最佳的分析灵敏度和测定精密度，且有利于降低记忆效应。目前主流原子荧光分析仪器预加热温度一般在 200℃左右，一般预热 20～30 min 使原子化器的预加热温度保持平衡后再进行测定。原子化器高度是指原子化器顶部与检测器窗口中心的距离，测砷炉高 8～10 mm，测汞炉高 10～12 mm。以上为参考值，需在仪器上进行优化调整。

氩气流量：载气流量对火焰的形状、大小和稳定性，对被测元素的分析灵敏度及重现性均有较大的影响，载气流量的选择应该根据不同生产厂家所采用的石英炉原子化器的结构进行选择。单层（非屏蔽）石英炉原子化器载气流量一般在 600～800 ml/min 内选择，双层石英炉原子化器载气流的设定为 300～600 ml/min，屏蔽气流量的设定为 600～1 100 ml/min，可获得最佳的分析灵敏度和重现性。

火焰观测高度：氢氩火焰的观测高度是指从石英炉原子化器炉口的平面到氩氢火焰最佳部位中心之间的高度。在一定的条件下氢氩火焰的形状是固定且稳定的，在氩氢火焰中心部位氢自由基最丰富，原子蒸气密度最大。应用单层石英炉原子化器测定重金属元素时，其最佳火焰观测高度（h）均为 7～8 mm；双层石英炉原子化器的最佳火焰观测高度（h）均为 8～10 mm。

2.2.2.5　仪器使用维护及注意事项

（1）仪器日常维护

气液分离器、炉芯、水封、注射器等进样系统主要部件需要定期清洗。不能长时间挤压泵管，需要不定期滴加硅油润滑泵管。使用后要及时清理废液，保持仪器及实验台面整洁，避免腐蚀仪器。定期开机运行，建议每周一次。

空心阴极灯的维护：选取适当大小的灯电流；低熔点元素的灯在使用过程中不能有较大的振动，使用完毕后必须待灯管冷却后才能取下，以防空心阴极变形，如果灯不经常使用，则最好每隔一定时间在额定工作电流下点燃 30 min；注意不要沾污发射窗口。若沾污，可用脱脂棉蘸无水乙醇擦拭。

当做过高浓度样品后（特别是 Hg）或者在长时间使用后，石英炉芯会被污染或结晶产生盐粒而堵住管道，此时在线清洗很难清洗干净，需要将石英炉芯拆卸下来，用 10%～20% 硝酸浸泡一段时间，然后用蒸馏水冲洗、烘干。

（2）仪器操作注意事项

1）更换元素灯和调光时，严禁带电插拔元素灯；

2）检查二级气液分离器中是否有水；

3）测量过程中气液分离器中不能有积液；

4）注射器、管路接头要拧紧，不能松动，泵管不能变形，型号不要用错，压块的松紧度要合适；

5）双道同测时，需要考虑两种元素分析条件与样品前处理的一致性；

6）硼氢化钾是强还原剂，极易与空气中的氧气和二氧化碳反应，在中性和酸性溶液中易分解产生氢气，所以配制硼氢化钾还原剂时，要将硼氢化钾固体溶解在氢氧化钠溶液中，并临用现配。

2.2.2.6　仪器性能配置建议

中华人民共和国国家计量检定规程《原子荧光光度计检定规程》（JJG 939—2009）对原子荧光光度计检定的检出限、重复性、线性范围、道间干扰、漂移、噪声等指标进行规定，采购仪器时可作为技术性能参数的参考。

在主要技术参数指标符合要求的情况下，原子荧光光谱仪还可以从仪器结构等以下几个方面考虑：

（1）多通道设计，上倾斜光路设计，可多元素同时测定，提高仪器30%灵敏度，降低50%通道干扰，并具有通道增强功能。

（2）全自动内置式双进样系统，包含注射泵进样系统和蠕动泵进样系统两种进样系统。注射泵可精确控制样品溶液进样量，蠕动泵进样系统适用于浑浊及基体复杂样品的检测，可实现自动切换。

（3）双光束双检测器，具有光源漂移扣除功能，光源实时连续监测，自动校正空心阴极灯漂移，确保仪器长期稳定性。

（4）具有双重气液分离装置，一级气液分离器具有快速除泡沫功能，避免反应溶液进入原子化器；二级气液分离器无须加水或手动排水；关机清洗可实现全管路清洗（双泵结构清洗功能），包括一级气液分离器、二级气液分离器及氢化物传输管路，避免反应系统残留和管路结晶。

（5）进样针液面探测技术，自动探测样品的液面高度，随量跟踪，控制进样针下探高度，避免样品少量时或复测时取不到样品的问题。

2.2.3　电感耦合等离子发射光谱

2.2.3.1　基本原理

电感耦合等离子体发射光谱（Inductively Coupled Plasma Optical Emission Spectrometry，ICP-OES）是利用高频电能产生的高温等离子体使待测元素产生等离子体，并发射出特征谱线，通过检测待测元素产生的特征谱线来确定待测试样中是否有含有所测元素，通过检测特征谱线光谱强度来确定待测元素的含量，从而对样品中的待测元素进行定性定量分析。

电感耦合等离子体发射光谱是等离子体光源与光谱仪的联用技术，具有以下几方面的特点：

（1）较低的检出限。ICP-OES对大部分元素均具有良好的检出限，大多数元素检出限在μg/L级别。相对原子吸收分光光度法，大部分元素具有更低的检出限，有些甚至低几个数量级。

（2）分析元素范围广。ICP-OES原则上可以分析所有金属元素和部分非金属元素，可满足各种元素定性和定量检测分析。

（3）准确度高。在多数元素的线性范围内，样品浓度高于其测定下限时，相对误差一般都能达到10%以内。

（4）精密度高。在样品浓度高于100倍检出限时，测定相对标准偏差一般在0.1%～3%。

（5）线性动态范围广。工作曲线的线性范围可以到4～6个数量级，可满足各种不同浓度样品的测定分析。

（6）干扰相对较少。方法存在的干扰相对较少，存在的主要干扰为光谱干扰，可以通过选取多条特征谱线等方式减少或者去除干扰。

（7）可进行多元素同时分析。随着技术的不断发展进步，目前主流的ICP分析仪器均可同时进行多元素同时分析。相对原子吸收等其他分析方法只能一个元素一个元素进行分析，具有更高的工作效率。

（8）缺点：对于部分元素如 As、Sb、Sn 和稀土元素，仪器灵敏度不高，且消耗氩气较多，运行成本较高。

2.2.3.2 仪器结构

ICP 光谱仪主要包括进样系统、等离子体发生系统（光源系统）、光谱系统、检测系统 4 个部分。

（1）进样系统

进样系统的主要作用是将样品中待测元素引入仪器中，将样品变成可供仪器分析的气溶胶状态。进样系统的性能对仪器性能有较大的影响，进样系统的性能好坏影响分析仪器的检出限、精密度、灵敏度。

在 ICP 分析中，进样系统按试样性状可以分为固体进样系统、液体进样系统和气体进样系统三种。目前环境监测领域中使用最多的是液体进样系统，其主要由样品提升设备、雾化器和雾化室组成。

1）样品提升设备

ICP 分析中最常用的样品提升设备是蠕动泵，也有使用注射泵进样的仪器。采用气动雾化器的进样系统利用压差来提升样品，原理类似火焰原子吸收光谱仪的毛细管进样。

蠕动泵利用滚动轴的转动，通过滚动轴和压块对具有弹性的泵管交替挤压和释放来泵送样品溶液，将液体连续泵入雾化器。在蠕动泵后端接一个六通阀，可实现样品的定量加载和注射功能。

注射泵利用步进电机驱动注射器的活塞，完成定量吸取样品和注射样品的功能。一般来说，注射泵的进样精度和稳定性较蠕动泵高。注射泵还能实现样品在线稀释。

2）雾化器

雾化器有气动雾化器、超声雾化器、高压雾化器等类型。

气动雾化器结构简单、价格低廉、容易获得，是目前使用最多的雾化器。气动雾化器是利用在喷嘴中通入载气后，喷嘴附近形成一个局部瞬时负压，在负压作用下，试样溶液被带进毛细管中，并被载气吹成各种大小的雾粒，达到雾化效果。气动雾化器通常由玻璃或石英材质制成，对于测定含氢氟酸的样品应采用 PTFE、PFA 或 PEEK 材质。

气动雾化器又分为同心雾化器、交叉雾化器（图 11-4）。同心雾化器稳定性好，但是对样品溶液中含盐量高低比较敏感，样品中含盐量增加会改变试液的物理性质，导致提升量降低。交叉雾化器，也称直角雾化器，对于含盐量高的溶液稳定性好，不易堵塞。测量海水样品可用交叉雾化器。

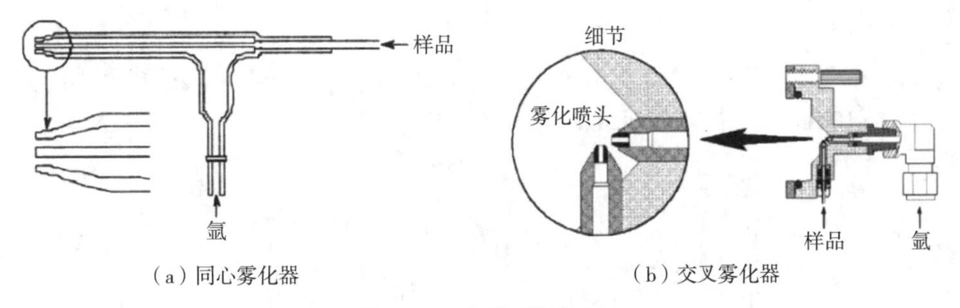

（a）同心雾化器　　（b）交叉雾化器

图 11-4　各类型雾化器

3）雾化室

雾化室将从雾化器中进入的雾粒进行进一步筛选，大的雾粒变成废液经废液管排出，剩下的小的雾滴形成气溶胶进入炬管中。雾化室还起着稳定载气的作用。

常见的雾化室有旋流雾化室、梨形雾化室和筒形雾化室。旋流雾化室具有效率高、灵敏度高、速度快、记忆效应小等优点被广泛用于各种 ICP 仪器中。梨形雾化室因其去溶剂效应好，适用于含有有机溶剂的样品。筒形雾化室（常用的是 Scott 雾化室）在早期 ICP 中较常用。雾化室有石英材质的，也有 PFA 和硫化物聚合物材质的（适合含氢氟酸的腐蚀性样品的分析）。

Scott 雾化室一般和交叉雾化器配套使用，也可以与同心雾化器配套使用；旋流雾化室一般和同心雾化器配套使用。

（2）等离子发生系统

等离子发生系统（光源系统）包括射频发生器、炬管、感应线圈及点火器等部分。

1）射频发生器

射频发生器通过工作线圈给等离子体输送高频能量，使 ICP 光源能够稳定。一般射频发生器的频率为 27.12 MHz 和 40.68 MHz，功率大于 1 kW。输出功率和频率会影响仪器的稳定性，这要求输出功率和频率稳定，不能有大的波动。

射频发生器主要有两种类型：自激式和它激式。自激式电路简单，调试容易，价格低廉，但是功率转换率低。它激式则输入转换率高，频率稳定，但是结构相对复杂，制造成本较高。

射频发生器会产生对人体有害的辐射，要注意做好防护。

2）炬管

ICP 的炬管是 ICP 火焰形成的不可或缺的一部分，对分析性能有很大的影响，是 ICP 的核心部件之一。ICP 炬管由三个同心石英管组成（图 11-5），三个石英管分别通入气体（通常为氩气，也有通入氮气、空气、氦气等的）。三个管通入的气体分别为冷却气、辅助气、雾化气，三组气体分别起不同的作用。

冷却气：从外管中引入的气体，主要起冷却作用，保护石英管不被高温所熔化，也称等离子气。

辅助气：在中心管和中层管之间引入的气体，起点燃等离子体作用，并起到保护中心管的作用。

雾化气：从内管中引入，其作用是将样品通过进样系统雾化成适当大小的雾粒，并将由 1～10 μm 大小的雾粒组成的气溶胶引入炬管中。

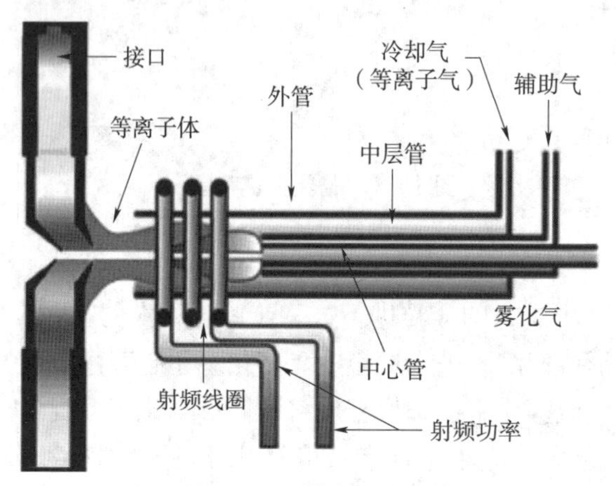

图 11-5　等离子体炬管

炬管可以是一体化的，三个管相互联接固定在一起，选用石英材质制成；也可以是可拆卸式的，中心管可以分开，并选用与外管、中管不同的材质制成。样品中心管与样品直接接触，除了使用石英材质的中心管外，也可选用其他材质制成的中心管。分析强腐蚀的样品可用陶瓷、氧化铝、铂和蓝宝石材质的中心管。

优秀的炬管一般具有以下特点：①容易点燃等离子体，节省工作气体；②产生的等离子体稳定、持续；③样品气溶胶在激发区停留时间要长，样品在等离子体中可被充分激发；④拆装方便，易于清洗维护；⑤点燃等离子体所需的功率比较小。

（3）光谱系统

光谱系统的作用：将等离子发生系统（光源系统）产生的复合光转化为可供检测系统检测的单色光。好的光谱系统在使用相同的检测器下得到的谱线数量应尽可能多，强度应尽可能强。

ICP 光谱仪对光谱系统的要求：①具有宽的波长范围；②具备较高的色散能力和分辨力；③具有良好的波长定位能力；④具有快速又稳定的分光定位检测能力；⑤具有高的信噪比；⑥具有低的杂散光。

光谱系统的核心部件为光栅，常见的光栅有平面光栅和中阶梯光栅等类型。采用平面光栅的光谱仪色散具有均匀性，长短波区域色散率比较小。用中阶梯光栅的光谱仪具有大色散、高分辨力、高光强、波长范围宽、仪器结构紧凑等优点，但是对光路系统的要求相对较高。

（4）检测系统

检测系统是 ICP 仪器的光电转换系统，其作用是将光信号转换为可供仪器检测的电信号，将电信号进行积分后，可以对信号进行定性、定量分析。常用的光电转换器件有光电倍增管和固体检测器。

光电倍增管：光电倍增管由光阴极、倍增极和阳极构成。光电倍增管具有灵敏度较高、噪声比较小、使用寿命长等优点，常温下就有比较强的工作性能，因此被长期广泛应用于ICP光谱仪中，但是单个光电倍增管很难实现全波段覆盖。

固体检测器：光信号到达检测器上时，会产生一定量的电荷，电荷在检测器上的转移过程时会被转化为电信号。常见的固体检测器有CCD（电荷耦合器件，Charge Coupled Devices）检测器、CID（电荷注入器件，Charge Injection Devices）检测器和SCD（分段耦合器件，Charge Segmented-array Coupled Devices）检测器等种类。固体检测器具有检测速度比较快、可多通道检测、噪声小、灵敏度高、检测波长范围广等优点，但是检测器对温度要求比较高，要在相对较低的温度下工作，制造成本和难度也相对较高。

2.2.3.3　干扰及消除

电感耦合等离子体发射光谱法存在的主要干扰可以分为光谱干扰和非光谱干扰。

（1）光谱干扰

光谱干扰主要包括连续背景和谱线重叠干扰。消除光谱干扰的最好方法是选择没有干扰的谱线进行检测。目前常用的消除光谱干扰的方法有背景扣除法（按照单元素和混合元素试验来确定扣除背景的位置及方式）和干扰系数法。也可以在混合标准溶液中采用基体匹配的方法消除其影响。

当存在单元素光谱干扰时，可使用如下公式计算得到干扰系数。

$$K_t=(Q_{总}-Q)/Q_t$$

式中，K_t——干扰系数；

$Q_{总}$——分析元素加干扰元素的总含量；

Q——分析元素含量；

Q_t——干扰元素的含量。

通过配制一系列已知浓度干扰元素含量的溶液，在分析元素波长的位置测定其$Q_{总}$，依照公式即可求出K_t，然后通过计算予以扣除，从而达到消除干扰的目的。使用不同仪器测定计算得到的干扰系数也会不同。元素间波长的相互干扰情况及干扰系数可通过查阅相关资料和仪器使用说明书得到，在使用前应该进行验证。

一般情况下，地表水、地下水、固废浸出液等样品中由于元素质量浓度较低，光谱和基体元素间干扰一般情况下可以忽略。废水、土壤等样品中常见目标元素测定波长光谱干扰相对较多。

（2）非光谱干扰

非光谱干扰主要包括化学干扰、电离干扰、物理干扰及去溶剂干扰等，在实际分析过程中各类干扰可能会同时存在，并且也很难将它们完全分开。是否予以补偿和校正，与样品中干扰元素的质量浓度、可溶盐含量、样品酸度等因素有关。可采用稀释法、标准加入法、内标法、优化仪器和基体匹配法等方法予以消除或降低此类干扰。消除此类干扰的最简单方法是使用稀释法和标准加入法。采用稀释法消除此类干扰时应保证待测元素的含量高于测定下限。

2.2.3.4 测量条件选择及优化

（1）谱线的选择

由于ICP光谱仪的特点，对于同一元素的分析可得到一系列不同波长的谱线，这些谱线会受到不同程度的干扰，一般选择灵敏度足够，干扰比较少的谱线进行分析。建议在进行ICP光谱分析时，选取两条以上的谱线进行分析测定，以判断是否存在干扰。发现干扰时，应选择其他波长谱线或者使用干扰系数法予以消除。

（2）雾化气流量

ICP光谱仪的工作气体主要由雾化气、冷却气和辅助气组成。冷却气和辅助气对仪器分析的性能影响不大，影响ICP光谱仪的主要是雾化气，其作用是将样品引入仪器，并将样品溶液转化为可供仪器分析的气溶胶。雾化气的流量直接影响雾化器的雾化效率及气溶胶的停留时间。在一定范围内，压力越大，气溶胶雾化效率越高，检出限越低。

（3）观测方式

水平观测：水平观测是指ICP炬管与光谱观测窗采光方向水平重合，也称轴向观测。水平观测可以获得“火焰”各个部分的全部光谱，灵敏度高，对于组成简单的样品具有较好的检出限，但是基体干扰相对较大。

垂直观测：垂直观测是指ICP炬管与光谱观测窗采光方向垂直，也称径向观测。垂直观测可以获得整个分析区域范围内的所有信号。垂直观测灵敏度较水平观测低，但是具有基体干扰小、可减少离子化干扰等优点，可用于分析含量高的样品，也适用于分析高盐分、有机物含量高、成分复杂的样品。

双向观测：双向观测是在水平观测方式的基础上，新增一套侧向采光光路。双向观测方式融合了水平观测和垂直观测的优点，极大增强了ICP光谱仪的分析能力。但其缺点是仪器稳定性会相对变差。

（4）观测高度

观测高度是指从感应线圈前端到测定轴之间的距离。采用垂直观测方式时，不同的观测高度，ICP火焰的温度会不大相同，各元素的检测能力亦会存在差异。通过优化观测高度可以提升仪器检测能力。

（5）射频发生器功率

不同的射频发生器功率，会使ICP产生的温度不同。射频发生器功率越高，ICP的温度也就越高，对于一些难以电离、难以激发的元素的检测能力也会提高。利用这一特点，可以针对不同的元素，采用不同的射频发生器功率，使仪器达到最佳的检测效果。

（6）其他条件

针对不同样品，采用不同种类的雾化器、雾化室、炬管，不同的进样速度等都会在一定程度改变仪器的检测能力，可以根据厂家推荐的条件和实际情况进行优化和选择。

2.2.3.5 仪器使用维护及注意事项

气体：使用高纯气体（氩气含量＞99.99%），气体压力应在仪器规定的范围内，在使用到剩余气量超出安全范围前应及时更换气体。

炬管：炬管经过一定数量的样品检测分析后，会逐渐变脏。变脏后的炬管应及时拆下来进行清洗，一般可以先用相对分析样品溶液稍高一些浓度（10% 左右）的稀硝酸浸泡一段时间（3～5 h），然后用去离子水清洗干净，晾干后再安装到仪器上。安装时，要注意炬管位置，防止炬管和线圈接触导致点火时烧坏炬管。

雾化器：分析前后应经常检查雾化器是否存在堵塞的现象，分析结束后应及时清洗雾化器及中心管。

泵管：应定期检查泵管，在泵管出现老化或者变形严重等情况时应及时进行更换。

冷却循环水：每半年至一年应对冷却循环水进行一次更换，根据仪器使用频率高低可适当进行调整。

清洗：样品分析完成后，应先及时使用稀硝酸（2%～5%）清洗管路（5 min 左右），然后再用去离子水清洗（5 min 左右）后再熄灭等离子体火焰，最后松开泵夹，保持泵管在不使用时处在松弛状态，以延缓泵管变形老化。

2.2.3.6　仪器性能配置建议

在进行仪器选购时，选购的仪器应具有高灵敏度、低检测限、动态响应范围宽、快速准确分析多种元素能力，同时具有高的准确性、稳定性，并能有效消除或降低光谱及非光谱等各种干扰，具体可参考所使用的分析方法和《发射光谱仪检定规程》（JJG 768—2005）关于 ICP-OES 的元素波长、检出限、重复性和稳定性等方面的要求。

在仪器性能满足工作要求的情况下，还要考虑仪器使用和维护的便捷性。需要经常维护的雾化室、雾化器、炬管等部件均应方便拆卸和安装。同时，应配备足够多位数的具有自动清洗功能的自动进样器。

方便快捷的操作软件，也是提升工作效率不可或缺的部分。操作软件应能方便连接仪器和快速设定参数，同时应具有快速的定性、半定量及定量分析功能。在分析过程中可灵活选择谱线，可实现自动的背景校正、干扰因子校正、内标校正、曲线拟合等功能；可根据不同类型的样品进行最佳实验条件的选择；可自动进行 QA/QC 控制；发射光谱存在明显的光谱干扰和基体影响，操作软件还应具有较强的谱线拟合技术。

2.2.4　电感耦合等离子体质谱

电感耦合等离子体质谱（Inductively Coupled Plasma Mass Spectrometry，ICP-MS）是一种可实现痕量无机元素测定和同位素分析的强有力的元素分析技术。ICP-MS 通过接口技术将 ICP 的高温电离特性和质量分析器快速灵敏特性结合起来，检出限比 ICP-OES 低 2～3 个数量级，达到 1～10 ng/L 甚至更低。ICP-MS 可测量的元素达 80 多个，包括绝大多数的金属元素及一部分非金属元素，特别是在痕量金属元素分析、稀土元素和贵金属分析领域，有着不可比拟的优越性。在环境领域中，地表水、废水、海水、环境空气和废气、固体废物、土壤和沉积物等样品中的金属元素均能经过适当的前处理后用 ICP-MS 检测。

ICP-MS 的优点：能够多元素同时分析、分析速度快、检出限低、灵敏度高、分析取样量少，并且能实现同位素分析。当 ICP-MS 与色谱分析联用时，可以进行元素形态研究，如应用 HPLC-ICP-MS 分析三价铬与六价铬、三价砷与五价砷。

2.2.4.1　基本原理

ICP-MS 的运行原理：样品通常以液体的形式被泵入雾化器，同时通入氩气将样品撞击成颗粒大小不同的气溶胶并带入雾室，在雾室中细颗粒气溶胶被筛选并传输到等离子体炬管中，样品气溶胶在约 10 000 K 高温的等离子体中被蒸发、解离、原子化、电离，生成的正离子在接口处被提取进入质量分析器，基体和待测元素的离子根据质荷比（*m/z*）不同而被分离，最后由离子检测系统将离子转换成电信号，根据信号的强弱进行定量分析。

2.2.4.2　仪器结构

ICP-MS 通常由样品引入系统（包括液体提升设备、雾化器、雾室和相应的气路）、等离子体源、接口、质量分析器和检测器组成，仪器组件如图 11-6 所示。

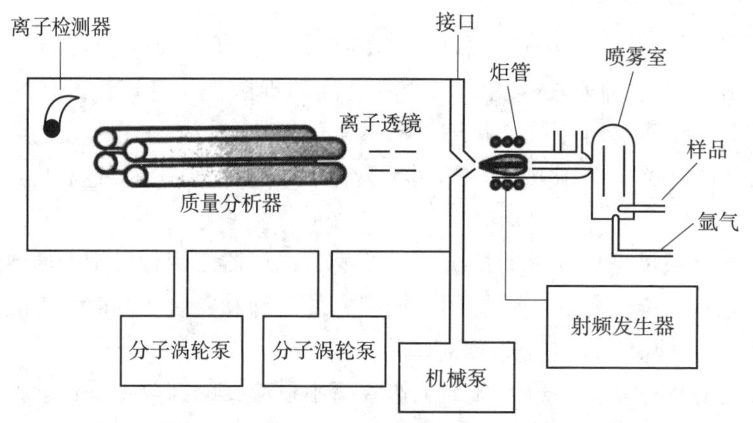

图 11-6　ICP-MS 系统基本组件示意图

（1）样品引入系统

液体样品引入系统的作用在于使样品生成均匀的细颗粒气溶胶，使其在通过等离子体时能够有效地电离，并提高分析精密度。ICP-MS 进样系统的原理和作用与 ICP-OES 的样品引入系统相似，可参见本章“2.2.3.2（1）进样系统”。

需要注意的是，ICP-OES 中使用的雾化器并不都适合在 ICP-MS 上使用，因为 ICP-MS 中接口锥的锥孔直径较小，为 0.4～1.2 mm，样品中的总溶解固体量（Total Dissolved Solids，TDS）通常必须控制在 0.2% 以下，而 ICP-OES 中通用型的雾化器可以雾化含有 1%～2% TDS 的溶液，耐高盐雾化器可雾化高达 20% TDS 的溶液，因此，除非在样品进入等离子体前能有效去除 TDS（如气溶胶稀释技术），否则这些雾化器并不适合在 ICP-MS 中使用。

（2）等离子体源

产生等离子体源的基本部件是等离子体炬管和射频发生器，详细介绍参见电感耦合等离子发射光谱"2.2.3.2（2）等离子发生系统"。ICP-MS 中等离子体炬的作用与 ICP-OES 的不尽相同：在 ICP-OES 中，等离子体炬管用于激发基态原子发射出特定波长的光子；而在 ICP-MS 中，等离子体炬管用于产生带正电荷的离子。ICP-MS 具有很高的单电荷离子产率，原因在于氩气的第一电离能约为 15.8 eV，高于绝大多数元素的第一电离能，且低于大部分元素的第二电离能。

（3）接口区

接口区是 ICP-MS 一个关键的区域，连接着 ICP 离子源和质量分析器。离子在等离子体中形成后，在接口锥被提取出来，进入离子聚焦系统，通过静电作用将离子束聚焦并引入质量分离器，同时阻止电子、光子、颗粒和中性物质到达检测器。

1）接口锥

接口锥通常由 2 个（或 3 个）同轴放置的金属圆锥（图 11-7）组成——采样锥和截取锥（超截取锥），每一个锥的顶端都有一个直径非常小的锥孔（孔径为 0.4～1.2 mm）。

采样锥和截取锥一般是用镍材料制成，但也可以用其他材料如铂制成，如分析含有高氯酸、硫酸和磷酸的样品，铂采样锥是更好的选择。采样锥位于 4 000 K 以上的高温等离子体中，为降低高温等离子体对锥的影响，接口基座需要用水冷却。

图 11-7　接口锥（从左到右分别为采样锥、截取锥、超截取锥）

2）离子聚焦系统

离子聚焦系统在接口锥和质量分析器之间，由一个或多个静电控制的透镜组成。在 ICP-MS 分析中会发现，同样浓度的离子，质量数越低，仪器响应信号越低。要解释这个原因，需要先认识一个概念——空间电荷效应。

在 ICP 中离子与电子共存，整体呈电中性，离子通过离子透镜后，电子被分离，离子被聚焦成高密度离子束。由于同种电荷相互排斥，离子束明显膨胀，质量大的离子占据离子束中心而质量小的离子偏离中心处于外围。这种由于高密度离子流造成的离子束发生散焦的现象称"空间电荷效应"。

空间电荷效应导致的结果是质量歧视：低质量数元素容易被重质量数元素排斥、碰撞而离开离子束，信号强度被抑制，灵敏度低。不同型号的仪器离子聚焦系统设计略有不同，但都是为了降低空间电荷效应的影响。

（4）多级真空系统

由 ICP 炬管产生的离子源是常压的，而在质量分析器中，需要高真空度以避免离子碰撞降低离子效率，因此需要机械泵和分子涡轮泵协同维持真空，图 11-6 展示了真空泵在 ICP-MS 的位置。

（5）碰撞 / 反应池

碰撞 / 反应池位于接口区和四极杆分析器之间，作用在于消除多原子离子干扰，通过利用特定的气体与离子间的碰撞或反应，减少或消除干扰，以此来提高测定准确度并降低方法检出限。

碰撞 / 反应池消除多原子干扰的方式分为两大类：动能甄别和质量甄别。目前，商品化的碰撞 / 反应池技术主要有三种：四极杆动态反应池技术（DRC）、六极杆碰撞反应池技术（CCT）和八极杆碰撞反应池技术（ORS）。

动能甄别：动能甄别又称动能歧视（Kenetic Energy Discrimination，KED），常用碰撞气体为氦气和氢气等分子量小且电离能高的气体。动能甄别的原理：离子穿过碰撞池时具有相似的动能，但多原子离子的体积比单原子离子大（如 $^{40}Ar^{16}O^+$ 和 $^{56}Fe^+$），受到碰撞的概率更大，动能损失更多。通过在碰撞池的出口设置一个电压，阻止动能不足的离子进入四极杆质量分析器，从而实现动能甄别，降低多原子离子干扰。需要注意的是，在碰撞池内所有离子都会发生碰撞，动能均有不同程度的损失，待测离子灵敏度也会降低。而且，KED 模式无法消除同量异位素干扰和双电荷干扰，对于体积差异不大的多原子离子干扰的消除也不佳。

质量甄别：质量甄别利用的是动态反应池（Dynamic Reaction Cell，DRC）技术，通入反应性强的气体如 NH_3、CH_4、O_2、H_2，利用化学反应使干扰物转变为不同质量数的离子，从而消除干扰。动能甄别的优点是灵敏度不损失，特异性高，但使用反应气的缺点是反应副产物多，对操作者要求高，且不同元素需用不同的反应气，专属性较强。

（6）质量分析器

质量分析器是 ICP-MS 的心脏，它将离子按质荷比（*m/z*）进行分离，从所有的非待测元素基体、溶剂和含 Ar 的离子中分离出感兴趣的离子。

常用的质量分析器类型有四极杆（Quadrupole）、扇形磁场（Sector Field，SF）和飞行时间（Time of Flight，TOF）。市场上的 ICP-MS 主要以四极杆技术为主，如未特别指出，ICP-MS 一般指的是以四极杆为质量分析器的 ICP-QMS。

四极杆质量分析器对待测元素信号峰值的测量方式有两种：多道扫描（Scan Mode）和单点跳峰（Peak hopping Mode）。

多道扫描：通常在每个质量数上有 20 个通道，并在每个通道上采集计数，并对通道内的信号峰面积进行积分，如图 11-8（a）所示。多点扫描方式适合用于扫描质谱图并观察谱峰的形状，通常用于质量校准和检查分辨率。

单点跳峰：单点跳峰是指仅测量离子峰的最高处信号强度，直接跳跃到峰的极大点处，并停留一定时间进行测量，如图 11-8（b）所示。单点跳峰技术大大缩短了扫描时间，准确度优于多道扫描，当要求达到尽可能好的检出限和测量精度时，最佳的选择是跳峰方式。

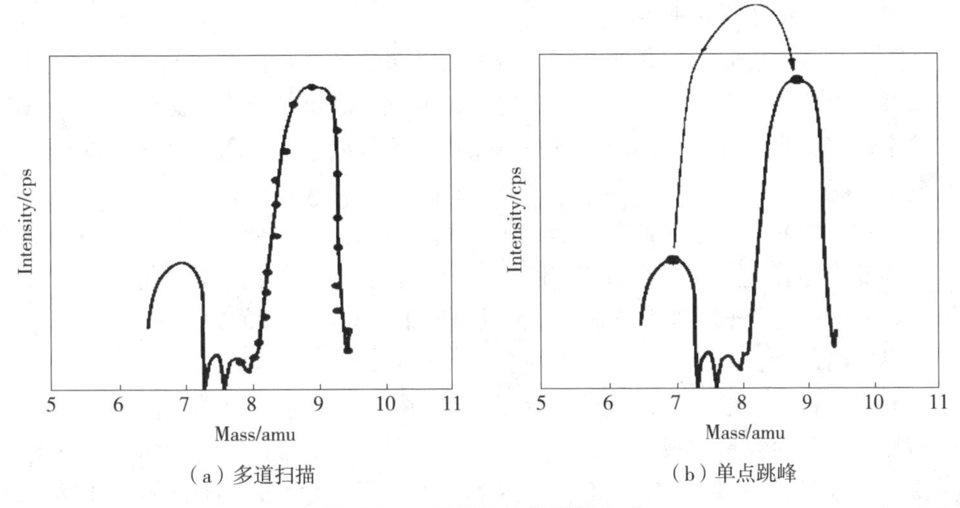

（a）多道扫描　　（b）单点跳峰

图 11-8　四极杆峰值测量方式

（7）检测器

检测器的作用是将离子转换成电脉冲，然后进行计数。电脉冲的大小与样品中的待测元素含量成正比，用校准曲线或参考标准物质的离子信号校准仪器，就可以对未知样品中的元素进行定量分析。

现在大多数 ICP-MS 的检测器具有 8 个数量级以上的动态范围，相当于能够用于分析 ng/L 水平至 mg/L 水平的样品。下面将介绍 ICP-MS 的检测器如何扩大动态范围。

检测器计数有两种方式：脉冲计数和模拟计数。脉冲计数直接记录撞击到检测器的总离子数量。模拟计数是测量部分离子产生的电势并给出模拟电压，再变换成数字信号，以保护检测器延长使用寿命。脉冲计数可以获得高的灵敏度，而模拟计数可以降低灵敏度而扩大可测量信号的浓度范围。

一般来说，脉冲计数在 $0 \sim 10^6$ cps 内是线性的，而模拟电路的线性值为 $10^4 \sim 10^9$ cps。为统一这两种范围，可采用交叉校正的方法覆盖脉冲和模拟信号所能达到的整个浓度范围。在整个质量数范围内进行交叉校正，这样在一次扫描中动态范围内能够达到 10^8 或以上。

2.2.4.3　干扰及消除

在 ICP-MS 分析中，干扰可分为质谱干扰和非质谱干扰两大类，下面将对各种干扰类型及其消除方法做具体介绍。

（1）质谱干扰

质谱干扰的本质原因是同一 *m/z* 并不对应一个元素，可能对应多个元素或分子。最常见的质谱干扰有氧化物干扰、双电荷干扰、同量异位素干扰和多原子离子干扰。质谱干扰通常表现为正干扰，但如果是待测元素生成了双电荷离子或多原子离子，则表现为负干扰。

1）氧化物干扰

氧化物干扰是样品中的元素结合来自试剂、氩气或样品基体中的 ^{16}O 形成氧化物离子，离子峰出现在 M+16 的位置。

消除样品基体引入的氧化物干扰，常用的做法是降低雾化气的流量，或增加射频功率以减少氧化物的形成。在一定的范围里，雾化气流量越大，灵敏度越高，但是氧化物产率也会越高。等离子体功率越高氧化物产率越低，但等离子体功率过高又会增加双电荷产率。

一般氧化物的产率用 CeO^+/Ce^+ 来表征，可通过仪器调谐控制氧化物产率。此外，使用带外部冷却装置的恒温雾室（一般冷却至 2～5℃），可以尽量避免溶剂进入等离子体，减少氧化物离子，气溶胶稀释也能达到降低氧化物干扰的效果。

2）双电荷干扰

当本应带有一个正电荷的离子带有两个正电荷时，它会在其质量数一半的位置产生质谱峰，对其他元素造成干扰，如 $^{138}Ba^{2+}$ 干扰 $^{69}Ga^+$、$^{150}Sm^{2+}$ 干扰 $^{75}As^+$ 的测定。只有二次电离能低于 Ar 的一次电离能（15.8 eV）的元素才会形成明显的双电荷离子，这些元素主要是碱土金属、一些过渡金属和稀土元素。当雾化器流量较低时，等离子体温度增高，双电荷产率增高。同时，双电荷离子的产率还受接口区二次放电的影响。

双电荷离子的产率通常以 Ba^{2+}/Ba^+ 来表征，有时也以 Ce^{2+}/Ce^+ 来表征。可通过仪器调谐控制双电荷产率，如通过优化雾化气流量、射频功率和等离子体的采样位置来减小影响。

3）同量异位素干扰

同量异位素干扰是指样品中其他元素的同位素与待测物的质量数相同而产生的干扰。如 ^{50}V、^{50}Ti 和 ^{50}Cr，它们互为同量异位素。在 m/z=36 以下，不存在同量异位素干扰。同量异位素干扰可以使用数学方程式进行校正，表 11-2 列出了常见的同量异位素干扰及相应的干扰校正方程，在使用前应验证所用干扰校正方程式的正确性。

表 11-2 常见的同量异位素干扰及相应的干扰校正方程

元素	同量异位素	干扰校正方程
^{82}Se	^{82}Kr	$^{82}M\times 1 \sim {}^{83}M\times 1.009$
^{98}Mo	^{98}Ru	$^{98}M\times 1 \sim {}^{99}M\times 0.146$
^{114}Cd	^{114}Sn	$^{114}M\times 1 \sim {}^{118}M\times 0.027$
^{115}In	^{115}Sn	$^{115}M\times 1 \sim {}^{118}M\times 0.016$

注：M 为通用元素符号。

4）多原子离子干扰

多原子离子干扰是 ICP-MS 最主要的干扰，它是由 2 个或 2 个以上的原子组成新离子而产生的干扰。广义来说，同量异位素和双电荷以外的质谱干扰，都可以算作多原子离子干扰。

一般而言，最严重的多原子离子干扰是由 H、C、N、O、S、Cl 的最高丰度同位素与 Ar 形成的多原子离子。因此，在分析时应慎重选择样品前处理所用的酸试剂。例如测定 V 和 As 时不建议使用 HCl 和 $HClO_4$，因为这两种酸产生的多原子离子 $^{35}C1^{16}O^+$ 和 $^{40}Ar^{35}Cl^+$ 将分别干扰 $^{51}V^+$ 和 $^{75}As^+$。H_2SO_4 和 H_3PO_4 将产生含 S 和 P 的多原子离子，要尽量避免使用。如果消解时要用到酸，则优先选择 HNO_3，虽然 HNO_3 也会产生干扰，但比其他的酸产生的干扰要小得多。

常见的多原子离子干扰见表 11-3。多原子离子对 *m/z*=82 以下的元素产生的干扰最明显。消除多原子离子干扰的方式有多种：冷等离子体技术可降低由 Ar 引起的多原子离子干扰；利用干扰校正方程；仪器条件优化；碰撞 / 反应池技术等。其中碰撞 / 反应池技术最常用，其干扰消除机理已在“2.2.4.2 碰撞 / 反应池”详述。

表 11-3　常见多原子离子干扰

多原子离子	质量	受干扰元素	多原子离子	质量	受干扰元素
$^{12}C_2^+$	24	Mg	$^{40}Ar^{14}N^1H^+$	55	Mn
$^{12}C^{14}N^+$	26	Mg	$^{40}Ar^{16}O^+$	56	Fe
$^{12}C^{16}O^+$	28	Si	$^{40}Ar^{16}O^1H^+$	57	Fe
$^{14}N_2^+$	28	Si	TiO^+	62～66	Ni、Cu、Zn
$^{14}N2^1H^+$	29	Si	$^{40}Ar^{23}Na^+$	63	Cu
$^{14}N^{16}O^+$	30	Si	$^{31}P^{16}O_2^+$	63	Cu
$^{14}N^{16}H^+$	31	P	$^{34}S^{16}O_2^+$、$^{32}S_2^+$	64	Zn
$^{16}O_2^1H^+$	32	S	$^{40}Ar^{31}P^+$	71	Ga
$^{16}O_2^1H^+$	33	S	$^{40}Ar^{32}S^+$	72	Ge
$^{36}ArH^+$	37	Cl	$^{40}Ar^{34}S^+$	74	Ge
$^{38}ArH^+$	39	K	$^{40}Ar^{35}Cl^+$	75	As
$^{40}ArH^+$	41	K	$^{40}Ar^{36}Ar^+$	76	Se
$^{12}C^{16}O_2^+$	44	Ca	$^{40}Ar^{37}Cl^+$	77	Se
$^{12}C^{16}O_2^+H$	45	Sc	$^{40}Ar^{38}Ar^+$	78	Se
$^{31}P^{16}O^+$	47	Ti	$^{40}Ar^{39}K^+$	79	Br
$^{32}S^{16}O^+$	48	Ti	$^{40}Ar^{40}Ca^+$	80	Se
$^{32}S^{16}O^1H^+$	49	Ti	$^{40}Ar_2^+$	80	Se
$^{31}P^{17}O^1H^+$	49	Ti	$^{81}Br^1H^+$	82	Se
$^{34}S^{16}O^+$	50	V、Cr	$^{79}Br^{16}O^+$	95	Mo
$^{34}S^{16}O^1H^+$	51	V	$^{81}Br^{16}O^+$	97	Mo
$^{35}Cl^{16}O^+$	51	V	$^{81}Br^{16}O^1H^+$	98	Mo
$^{35}C^{16}O^1H^+$	52	Cr	ZrO^+	106～112	Ag、Cd
$^{40}Ar^{12}C^+$、$^{36}Ar^{16}O^+$	52	Cr	MoO^+	108～116	Cd
$^{37}Cl^{16}O^+$	53	Cr	$^{93}Nb^{16}O^+$	109	Ag
$^{40}Ar^{14}N^+$	54	Cr、Fe	$^{40}Ar^{81}Br^+$	121	Sb
$^{37}Cl^{16}O^1H^+$	54	Cr			

（2）非质谱干扰

非质谱干扰主要包括基体干扰和记忆效应。

1）基体干扰

基体干扰是由样品基体本身产生的，主要有三种基本类型：样品传输效应、基体抑制效应、空间电荷效应。样品传输效应是由样品中溶解的固体或酸的浓度不同造成的，大量样品基质的存在会导致样品溶液的表面张力或黏度改变，进而造成样品溶液雾化和传输效率改变，并使分析信号出现抑制或增加。基体抑制效应是由于样品影响等离子体电荷离子化条件导致的，随着基体中组分浓度不同，信号被抑制的程度也不同。空间电荷效应已经在本章“2.2.4.2 接口区”中介绍过了。

一般来说，基体干扰可采用稀释样品、化学法去除、内标法、优化仪器条件等措施消除和降低干扰。通常，可以通过实际样品的加标回收率来判断基体干扰的大小，或者通过比较样品稀释前和稀释后（稀释 5 倍以上）的测定结果偏差大小来判断基体干扰的大小。

2）记忆效应

记忆效应是指在连续测定浓度差异较大的样品或标准品时，样品中待测元素沉积并滞留在真空界面、雾室和雾化器上，导致下一个样品信号偏高的现象。可通过分析空白样品判断记忆效应的大小，通过延长样品间的洗涤时间、使用特种清洗液来消除避免此类干扰。

2.2.4.4 测量条件选择及优化

如上一节干扰及消除所述，ICP-MS 在分析过程中面临着各种干扰，需要选择合适的分析条件并对仪器进行优化，才能实现强大的分析性能。

（1）调谐

ICP-MS 仪器工作站可以优化各项条件参数来提高仪器灵敏度或降低干扰，但需要强调的是，一味地提高仪器灵敏度，会造成干扰增加或稳定性变差，尤其是复杂的样品，灵敏度不是最主要的关注点，背景及干扰最低才是调谐的重点。因此仪器调谐是一个多种参数调节达到性能平衡的过程，以使仪器的信号灵敏度、稳定性和干扰水平均可接受，满足分析要求。

质谱调谐液一般是含有 Li、Be、Mg、Co、Y、In、Ce、Tl、Pb、Bi 等元素的溶液，浓度为 1～10 μg/L。调谐液可用于仪器性能检查和条件参数优化。

一般在 ICP-MS 每天分析前，需进行仪器性能检查，检查的内容包括不同质量数（低、中、高质量数）的灵敏度、氧化物比值、双电荷比值、峰宽、背景（220 u 处）、稳定性（以 RSD 表征）。性能检查的各项技术指标以仪器说明书为准，也可参考仪器校准规范 JJF 1159。

仪器性能检查合格后方可进行样品分析，否则应检查原因并优化条件参数。常见的优化条件参数如下：

炬管位置：炬管的位置影响信号的强弱和双电荷产率，通过调节炬管相对于采样锥口的水平、垂直位置和采样深度，以信号强度最大的位置为最佳位置。

射频功率：在一定范围内，仪器灵敏度随射频功率的增大而增大；氧化物离子的产率随射频功率的增大迅速降低，但是射频功率过高会增加双电荷离子的产率。

雾化气流量：在一定范围内，仪器的灵敏度随雾化气流量的增大而增大，同时氧化物产率也会增加。一般通过调节雾化气流量，监测 In 和 CeO^+/Ce^+ 信号，以 In 强度最大且 CeO^+/Ce^+ 可接受时（通常≤2.5%，但在分析复杂样品如土壤时，CeO^+/Ce^+ 应控制在 0.3% 以下）的流量为最佳雾化气流量。

交叉校准：为了使仪器获得宽的线性范围，需要一个系数（转换因子或 P/A 因子）将脉冲信号和模拟信号等量转化，以保证两种模式的线性一致。一般通过测定多个不同质量的元素获得这个系数，这个系数的测量与更新称为交叉校准。

碰撞 / 反应气流量：碰撞 / 反应气流量的优化原则是：空白溶液中待测元素信号强度低；样品溶液中待测元素信号强度高；背景等效浓度（BEC）低。

质量校准和分辨率检验：进行质量校准和分辨率扫描时最好采用扫描模式，以便收集谱线和峰形信息。在涵盖待测元素的质量范围内进行质量校准和分辨率校验，如质量校准结果与真实值差值超过 ±0.1 u 或调谐元素信号的分辨率在 10% 峰高处所对应的峰宽超过 0.6 u，应对质谱仪进行校正。

（2）元素同位素选择

如前所述，大部分元素有不止一个同位素，在测定时，选择同位素的一般原则是：同位素丰度较大，干扰物相对较小，可以通过质量校正方程或者采用 DRC/KED 工作模式消除离子干扰。分析一个元素时，往往会同时监测它的多个同位素，以丰度较大而干扰较小的同位素为定量离子，其他同位素作为监测离子辅助定量，帮助判断是否存在干扰。表 11-4 列出了常见元素推荐使用的定量离子和监测离子。

表 11-4　常见元素推荐使用的定量离子和监测离子

元素	定量离子	监测离子	元素	定量离子	监测离子
Ag	107	109	Mo	98	95，97
Al	27	—	Ni	60	61，62
As	75	—	Pb	206，207，208	—
Ba	137	135	Sb	121	123
Be	9	—	Se	82	78，76，77
Cd	111	106，108，114	Sn	118	120
Cr	52	53	Tl	205	203
Co	59	—	V	51	50
Cu	63	65	Zn	66	67，68
Mn	55	—			

（3）内标选择

内标校正法是在样品中加入非分析物的同位素（内标元素），通过比较未知样品中内标元素的强度与校准标准强度之间的比值，运用软件来校正未知样品中的分析物浓度。一般在样品中根据与被分析元素的电离特性选择加入 3～4 种内标元素，每一种内标元素对应一组分析物，使其质量范围覆盖感兴趣的分析元素。内标除了可以校正短期和长期信号漂移，还可以校正物理干扰、基体干扰以及基体组分缓慢堵塞接口锥锥孔产生的信号漂移，但是内标无法校正质谱干扰。

内标元素的选择原则为：样品中不含有所选内标元素，或者含量很低；内标元素不受样品基体或待分析元素的质谱干扰；待分析的元素也不受内标元素的质谱干扰；内标不应该是环境容易沾污的元素；内标通常与待分析元素的质量相近，通常建议在 ± 50 u 以内；内标与待分析元素有相近的电离能。

部分已报道的适合用作内标的元素有 ^{6}Li、^{45}Sc、^{74}Ge、^{89}Y、^{103}Rh、^{115}In、^{169}Tm、^{175}Lu、^{187}Re 和 ^{232}Th。在实际的分析过程中，有时很难找到同时符合上述几点的内标元素，一个简便有效的内标选择方法是：通过实际样品的基体加标，选择回收率最好所对应的内标。

（4）分析模式选择

根据质量分析器前的碰撞 / 反应池不同，分析模式一般分为标准模式、碰撞模式和反应模式，可根据需要分析的元素和样品基体情况选择适合的分析模式。

标准模式：标准模式是指没有碰撞 / 反应气参与的分析模式，优点是灵敏度高，没有任何灵敏度损失，但是抗干扰能力弱，适用于基体简单的样品如地表水和饮用水。

碰撞模式：碰撞模式是利用碰撞气如 He 和 H_2，通过动能甄别消除质谱干扰的分析模式。优点是普适性强，操作简单。缺点是与标准模式相比会损失大部分灵敏度。碰撞模式适用于基体较复杂的样品如废水、废气、土壤和固废。

反应模式：反应模式是利用质量甄别消除质谱干扰的分析模式。优点是灵敏度高，质谱干扰消除能力最强。缺点是通用性较差，测试前需要针对不同元素进行优化，针对不同的干扰使用不同的反应气体。反应模式适用于基体复杂的样品。

2.2.4.5　仪器使用维护及注意事项

由于 ICP-MS 检出限低，且样品中的待测元素会进入质量分析器和检测器，污染问题更应受到重视。充分了解各仪器部件的运行机理，对仪器部件定期检查和维护可以减轻各种污染问题，延长仪器使用寿命。

（1）实验室环境

由于 ICP-MS 对痕量元素分析的灵敏度高，仪器和样品容易受到环境的影响造成本底过高。因此，需对环境条件进行控制。在仪器安装时应咨询仪器商了解诸如电压、温度、湿度、排风、洁净度等环境条件。一般条件如下：

温度：实验室内温度 15～30℃，每小时温度变化＜ ± 2.8℃。仪器最佳工作温度为（20 ± 2）℃。

湿度：实验室相对湿度保持为 20%～70% RH，无冷凝。湿度大的季节，必须采用除湿机去湿。最佳相对湿度为 35%～50% RH。

洁净度：实验室应该保持干净。样品制备和仪器建议放在万级或更高洁净度的超净室内进行。

（2）气体及试剂纯度

工作气体和试剂也是分析污染来源之一，建议使用前对其质量进行核查验收。

气体纯度：ICP-MS 中等离子体气、反应气与碰撞气（Ar、O_2、NH_3、CH_4、He 等）纯度＞99.999%。

纯水纯度：电阻率＞18 MΩ · cm，并且每次做实验时使用新制备的纯水。

硝酸纯度：硝酸中铅含量较高，应使用超纯 UP 级或者电子级 MOS 试剂，或亚沸蒸馏提纯。

盐酸纯度：盐酸容易引入质谱干扰，应避免使用，尤其是分析 Cr、As 等。应使用优级纯或以上盐酸，或经等温扩散或亚沸蒸馏提纯。

（3）开机前检查与关机

开机前应确认仪器供电系统和排风系统正常，气路正常且工作体气准备充足，循环水系统和真空泵正常工作，仪器真空度正常，蠕动泵管无破损且连接正常。

分析结束后，应用 2% 硝酸和纯水清洗样品引入系统，排空后熄灭等离子体，松开蠕动泵管，1～2 min 后再关闭循环水系统和工作气体阀门。

（4）仪器部件的维护

对于 ICP-MS，需要定期检查和维护的主要区域是：蠕动泵管、雾化器、雾室、等离子体炬管、接口区、机械泵、空气过滤器和循环水。在维护部件的同时需避免带入新的污染，在拆卸、清洗维护和安装部件时应带无粉橡胶手套。不同仪器型号的部件维护略有不同，维护前应仔细阅读仪器说明书或咨询仪器工程师，一般的维护方式如下：

蠕动泵：蠕动泵泵管一般是 PVC 材质，长时间容易老化、变形甚至是破裂。定期观察泵管状态，一旦出现变形、白色污区、破裂等情况，应及时更换。正确放置蠕动泵泵管，调节适当的松紧程度，并在实验结束时松开泵管有助于延缓泵管老化破损。

雾化器：样品中含有的盐和颗粒物容易积聚在雾化器喷嘴处造成堵塞。应定期检查雾化器喷嘴：可用肉眼或放大镜观察雾化器中的毛细管喷嘴是否有积盐；或在泵入液体时肉眼观察雾化器产生的气溶胶是否稳定细密；有些仪器可实时监测雾化器背压，如果背压高于正常值则有堵塞可能；或者观察仪器信号灵敏度是否变低，稳定性变差。如果喷嘴堵塞，可用氩气反向加压或将雾化器放入合适的酸液（5% 硝酸）中浸泡。绝对不可以用细线或铜丝去捅雾化器喷嘴，否则会导致永久损坏。日常做样时应采用过滤或消解的方式去除样品中的大颗粒物，并且在每天分析前后用 2% 的硝酸和纯水清洗整个样品引入系统。

雾室：雾室容易受到记忆效应而污染下一个样品，可用中性溶剂清洁雾室，或在稀硝酸溶液中浸泡过夜，但雾室的 O 形密封圈需取下，避免橡胶圈在酸中长时间浸泡老化。

炬管：炬管的中心管因输送样品且经受高温，样品中的盐容易积聚在中心管前端，应定期观察积盐情况，需要时在50%王水/浓硝酸中浸泡，时间不宜过长，或者将炬管浸泡于5%的硝酸中过夜，最后用超纯水冲洗干净自然晾干或用气体吹干。注意炬管要干燥完全后才能安装，否则潮湿的状态下等离子体难以点火，甚至会造成炬管破坏。如果发现炬管变形或者无法清洗干净，应立即更换。

接口锥：接口区最常见的问题是接口锥的堵塞和腐蚀，一般而言采样锥的情况比截取锥更加明显。可以使用棉签蘸取2% HNO_3 擦拭锥的表面或者使用异丙醇、丙酮等有机溶剂进行超声清洗，浸泡时间不宜过长。清洗完成后用去离子水进行冲洗，自然晾干或气体吹干。将锥安装回仪器前要彻底干燥，因为上面的水和溶剂会被真空抽进质谱仪。安装完锥后要检查接口区的真空度是否正常，真空不够时，检查密封垫片的状况，并确认采样锥和截取锥已紧紧地安装至真空腔。但是，不应对锥进行过度维护。多数情况下，一套已经老化好的锥会比一套崭新的锥的性能更加出色，如分析土壤中的金属元素时，应用低浓度实际样品对接口老化30 min。要减缓锥孔的沉积，最好的办法是避免分析高TDS的样品，或者将高TDS的样品稀释到可接受程度。

真空泵：定期检查真空泵泵油是否正常，如果泵油变浑浊或者仪器真空度下降，应更换泵油，一般每半年或一年更换一次泵油。

冷却水循环系统：冷却水中通常含有抗凝剂和防腐剂，一般需要购买配套的专用冷却水。应定期检查水循环器内冷却液是否充裕，颜色是否澄清。一般每半年到一年更换循环水。同时，冷却液循环系统的过滤网应定期拆下来水洗风干再装上。

（5）常见问题及解决方案

良好的操作习惯可以避免或延缓仪器损耗；通过仪器性能检查和仪器调谐可以发现和解决一些参数设置问题；定期检查和维护仪器部件和辅助设备可以及时降低或延缓硬件的损耗和老化。ICP-MS出现问题主要表现为灵敏度低、背景高、精密度差等，只要掌握了仪器的原理和造成干扰的原因，就能对症下药，表11-5列出了常见的问题及建议措施。

表11-5 ICP-MS操作常见问题及建议措施

问题	可能的原因	建议措施
灵敏度低	质量偏离	进行质量校准
	炬管位置不正确导致离子提取效率低	优化炬管位置
	雾化气流量设置不正确	优化雾化气流量
	蠕动泵老化导致样品提升量低	更换新的泵管
	蠕动泵转速设置不正确	检查并调整蠕动泵转速
	雾化器堵塞	检查和清洗雾化器
	检测器电压设置不正确	优化脉冲和模拟电压
	射频功率设置不正确	检查并优化射频功率

续表

问题	可能的原因	建议措施
灵敏度低	接口锥堵塞	锥孔堵塞时接口区真空度变高，检查锥孔，必要时清洗接口锥
	接口区真空泄漏	检查并更换接口区 O 形圈
	接口锥孔变大	锥孔变大时接口区真空度降低，必要时更换接口锥
氧化物高	雾化气流量设置不正确	降低雾化气流量
	射频功率设置不正确	检查并优化射频功率
	蠕动泵转速设置不正确	检查并调整蠕动泵转速
	空气进入真空区	检查气路是否有泄漏，检查接口区密封圈
背景高	四极杆偏置（QRO）设置不正确	QRO<-1.5 V 时容易引起峰变宽
	碰撞反应池入 / 出口电压设置不正确	调整电压
	等离子体能量太高	降低等离子体能量
	KED 势垒设置不正确	优化 KED 势垒
	检测器老化或检测器电压设置不正确	检查检测器
精密度差	信号强度太低	选用丰度高的同位素或提高溶液溶度，检查仪器灵敏度
	蠕动泵老化导致进样不稳定	更换新的泵管
	雾化器堵塞或安装不正确	检查雾化器

2.2.4.6　仪器性能配置建议

在采购仪器时，可以参考《四极杆电感耦合等离子体质谱仪校准规范》（JJF 1159）所列技术指标，比较各品牌型号的背景噪声、检出限、灵敏度、氧化物离子产率、双电荷离子产率、质量稳定性、分辨率和长期稳定性等。

同时，实验室可根据分析需求配置仪器。如分析高基体样品（海水和土壤）时，可增配高基体引入系统，通过气溶胶稀释技术降低基体干扰；分析痕量重金属样品，或含有氢氟酸的样品时，可使用由 PFA 雾化器、PFA 雾室、铂中心管和铂采样锥等组成的样品引入系统，降低系统本底和残留，避免酸腐蚀；如果希望仪器有更好的抗干扰能力，可选择多重四极杆质谱，在碰撞池前和后都有一个四极杆，达到双重质量过滤的效果，有效控制碰撞反应产生的副产物，降低质谱干扰；为避免仪器运行或待机过程中突然断电，损坏分子涡轮泵和机械泵，建议配置不间断电源，根据仪器运行功率和需要续航的时间来选择合适的不间断电源。

2.2.5　X 射线荧光光谱

2.2.5.1　基本原理

X 射线是一种波长较短的电磁辐射，常指能量处在 0.1～100 keV 的光子。当高能电子照射样品时，入射电子被样品中的电子减速，产生宽带连续X射线谱。若入射光束为X射线，样品中的元素内层电子受其激发，产生特征X射线，称X射线荧光。该技术适用于各类固体样品中主、次、痕量多元素的同时测定，检出限在μg/g范围内，制样简单且无损。

2.2.5.2　仪器类型及结构

根据分辨X射线的方式，X射线荧光光谱仪可分为波长色散X射线荧光光谱仪（WDXRF）和能量色散X射线荧光光谱仪（EDXRF）。

（1）波长色散X射线荧光光谱仪

波长色散XRF光谱仪是利用分光晶体的衍射分离样品中的多色辐射，一般由X光管、准直器、分光晶体、检测器、记录装置等部分组成（图11-9）。

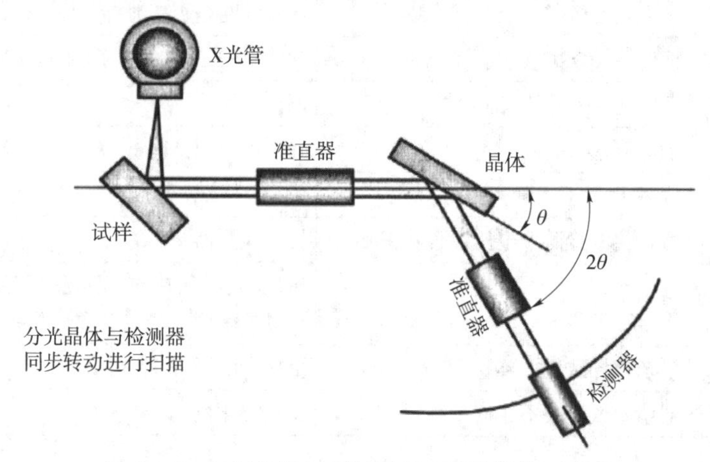

图11-9　波长色散X射线荧光光谱仪结构示意图

X光管：X光管是X射线光谱仪常用的激发源，结构类似真空二极管，由发射电子的灯丝、接受高速电子的阳极、玻璃或陶瓷真空管、水冷系统及铍窗等构成。光管有功率高低之分，高功率用于波长色散光谱仪，低功率适用于能量色散光谱仪。根据光路的设计，X光管可分为端窗和侧窗两种管型。端窗管的初级辐射的出射窗口位于光管一端，垂直于管轴的部位。常以铑或钯作为阳极材料，具有兼顾重轻元素有效激发的功能。侧窗管的窗口位于光管头部的侧面，阳极与样品室、冷却水管及仪器其他部件同时接地，保障安全。特点是输出功率高、辐射强度输出稳定、低温操作、灯丝材质好、光管寿命长、整体结构设计精密。X射线光管激发参数需根据分析要求进行选择，原则是为达到高效激发的目的，靶材特征X射线的波长必须稍短于待测元素的吸收限波长，所选靶材应具有较强的连续谱强度。当光管靶材的特征X射线不能满足相关元素的激发要求时，应选择连续谱中与待测元素吸收限短波侧相关的波长进行激发。所选激发参数包括靶材、管压、管流及初级辐射的光谱分布等。通常以临界激发电位的2～4倍作为工作电压，选择轻元素低能辐射的激发条件时，由于轻元素低能辐射的临界激发电位低，通常以临界激发电位的4～10倍作为工作电压，在确定光管的工作电流时，应根据光管的额定功率及所选的电压确定。由于轻元素特征辐射的荧光产额差异较大，选择轻元素低能辐射的激发条件时，通常选择低电压大电流，选择重元素高能辐射的激发条件时，应选择高电压低电流。

分光晶体：分光晶体是核心部件，可制成平面、柱面及对数螺线曲面等形式，功能与光学发生光谱仪的刻痕光栅类似，使样品发生的特征X射线按照波长顺序色散成为一组空间波波谱，使各种波长的辐射散布在空间不同位置。光谱仪达到的最大有效衍射角度在75°左右，不同晶体的反射效率也不同。故波长色散光谱仪通常配备不同晶体间距的多块晶体，达到有效分析不同元素的目的。对于重元素，由于谱线分布密集，干扰严重，尽可能选择高分辨晶体；对于轻元素，由于其荧光产额低，应选择高强度晶体。

准直器：准直器常由一组相互平行的布拉格狭缝组成，有提高光束准直器和分光效果的功效。在波长色散光路中准直器有初级准直器和次级准直器两种设置方式，前者用于提高光束的准直度和分辨率，消除样品的不均匀性影响，后者用于排除晶体的二次发射，降低背景、改善灵敏度。辐射光路是指从X光管铍窗至探测器窗口间入射的初级辐射及样品发射的荧光辐射所经历的路程，称辐射光路。按介质类型分为空气、氦气及真空三种光路。光路介质对分析线及初级辐射的影响随辐射波长而变。

检测器：检测器（或称探测器）的主要作用是实现光电转换，将样品发射的X射线光信号转变成可直接测量的电信号，并根据其分辨各种不同能量的脉冲信号。探测器不仅起光电转换的作用，而且通过脉冲高度选择器，在晶体色散基础上起二次分光作用，消除高次线干扰、降低散射背景等影响。常用的探测器有闪烁计数器、流气式正比计数器及封闭型探测器三种类型。流气计数器主要用于探测轻元素的长波辐射；闪烁计数器适用于波长短的重元素高能辐射的探测；封闭计数器适用于中、长波辐射的探测，主要用于波长色散多道光谱仪中的固定通道。

（2）能量色散X射线荧光光谱仪

能量色散XRF光谱仪利用探测器中产生的电压脉冲和脉高分析器来分辨样品中的特征射线，由X射线光管、滤光片、能量探测器、多道分析器、信号转换及数据处理等组成（图11-10）。与波长色散XRF光谱仪的不同是没有分光晶体，直接用能量探测器分辨特征谱线，达到定性和定量的目的。

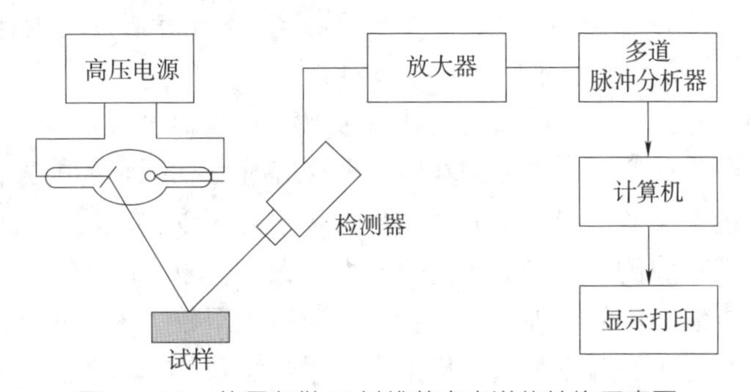

图11-10　能量色散X射线荧光光谱仪结构示意图

滤光片：滤光片的作用是调节样品表面初级辐射的辐射强度，消除光管的靶线及杂质谱线，降低散射背景。在选定的激发条件下，通过初级滤光片调整样品表面初级辐射的强度，使探测器处于最佳线性工作范围。滤光片的性能主要取决于所用的材料及厚度。常用的滤光片有钼、纤维素、铝（薄或厚）、铑或银（薄或厚）及铜等。在通用型能量色散光谱仪中，使用一种新型的单色滤光片的工作条件是光管工作电压高于靶材 K 系临界激发电位，使靶材产生高强度 K 系特征辐射，并使用与靶材相同的滤光片，对靶特征辐射的质量吸收很低，透明度极高。若光管靶材及滤光片采用其他同种材料如钼、铑或钯时，可获得同样理想的效果。

能量探测器：能量探测器是仪器核心部件，起光电转换及能量甄别作用，实现光电转换。X 光管、探测器与样品的近距离结合，使样品接受辐射的立体角变大，有利于提高样品的激发效率和探测器的探测效率。常用的探测器有锂漂移硅、锂漂移锗、高纯锗探测器及珀尔帖效应为基础的电制冷式探测器和硅漂移高分辨探测器。其中，锂漂移硅探测器由优质的半导体酰基芯片组成，必须在液氮冷却装置提供的低温（-196℃）下操作。高纯锗探测器是一种可探测钠到铀之间所有元素辐射能量的探测器，所产生的电荷经放大电路转换成幅度与入射光子的能量成正比的电压脉冲，也需要液氮冷却。电制冷式探测器是根据珀尔帖原理制冷的探测器，具备分辨率较高、漏电流小、无须液氮冷却、寿命长等优点而广泛应用，尤其适用于条件较差的现场使用。

多道分析器：多道分析器是将探测器输出的脉冲模拟信号转换成计算机能识别的数字信号，经能量甄别后储存在相应的通道中，再送入计数电路的核心部件。通常将可测脉冲的幅度范围分成若干幅度间隔，以幅度间隔的个数表示脉冲幅度分析器的道数，将幅度间隔的宽度作为脉冲幅度分析的道宽。在能谱仪中，因高计数率操作导致放大器脉冲成形时间常数、脉冲堆积消减器及多道分析器死时间的波动，需要进行修正。通常高计数率情况下两个入射光子同时进入探测器的概率很高，导致两个光子堆积形成的脉冲畸变严重，因此在电路中专门设置一种脉冲堆积消减电路，排除畸形的堆积脉冲。在分辨率随计数率增加而下降前，允许使用较高的计数率，但以损失分辨率为代价。

2.2.5.3　干扰及消除

（1）基体效应

基体效应是样品的基本化学组成和物理 - 化学状态差异对分析线强度的差异影响，通常分为吸收 - 增强效应和物理 - 化学效应两类。

吸收 - 增强效应：吸收 - 增强效应是指 X 光管初级辐射射入样品和分析线辐射出样品时受基体的吸收或增强，主要由基体对来自 X 光管初级辐射的吸收、基体对分析线辐射的吸收可能大于或小于分析元素对自身辐射的吸收或某基体元素的辐射波长位于分析元素吸收限短波侧，除初级辐射的激发外，还受该基体元素初级荧光辐射的二次激发，导致分析线强度的额外增加。目前，通过采用数学校正法可校正元素间的相互影响，其方法可分为经验系数法、理论影响系数法和基本参数法三大类。经验系数法通过测定一定量的一组标样，根据给出的组分化学分析值和测得的荧光强度数据，利用非线性最小二乘法或者人工神经网络等数学模型，求得影响系数，来进行元素定量分析的方法。理论影响系数法的数学模式是从 Sherman 方程推导出来的，目前应用比较广泛，可对基体情况变化较大的样品进行计算。基本参数法是应用荧光 X 射线强度理论计算公式及原级 X 射线的光谱强度分布、质量吸收系数、荧光产额、吸收限跃迁因子和谱线分数等基本物理常数，通过复杂的数学迭代运算，把测量强度转换为元素含量的一种数学校正方法。该法影响因素复杂，计算量巨大，其计算准确性主要取决于理论相对强度计算的准确性，但可以有效降低对标样数量的要求，适用于少标样、无标样定量分析。

物理 - 化学效应：物理 - 化学效应是指样品的颗粒度、均匀性、表面结构及化学状态差异对分析线强度的影响。对于均匀的粉末样品，分析线辐射的强度与颗粒度及填压密度间具有一定的关系，当压力一定时，颗粒度越细，荧光强度越高。对于固体样品，分析线强度还会受到样品的表面结构、光洁度、粗糙度及磨痕取向的影响。而样品表面的光洁度对长波辐射产生的影响比较严重，对短波辐射几乎不产生影响。随样品化学组成及力度不均匀性的加剧及分析线波长的增大，对测量强度与浓度的定量关系影响更严重。由于元素的特征 X 射线产生于原子内层轨道的电子跃迁，产生的特征 X 射线通常不受样品元素化学形态的影响。对于第 2、第 3 周期原子序数低于 22 的铝、磷、硫、氯等轻元素，其特征谱线由于受氧化态、配位数及化学键变化的影响，可能产生峰位漂移及峰形变宽的化学态效应。

（2）光谱背景及谱线重叠

光谱背景是在分析线位置测得的空白强度，主要来源于宇宙射线、环境的放射性辐射、放大器及探测器电噪声、初级辐射连续谱的非相干散射（康普顿散射）、放射性样品的辐射、分光晶体及其他光路器件的次级辐射等。其中光管初级辐射连续谱的非相干散射为背景的主要来源，其次是光谱仪光路器件的散射。脉冲高度分布的相应部位也可能出现背景波动。通常背景随分析线波长、样品的化学组成、基体的质量吸收系数、激发参数及样品的物理形态等多种因素而变。为了提高分析方法的灵敏度及准确度，必须采取适当措施降低背景、提高峰 / 背比。

降低光谱背景的常用方法有：

1）光管初级辐射的连续谱强度随靶材原子序数的降低而减弱。因此，在不影响样品激发的前提下应尽量选择原子序数较低的靶材，选择较低的激发电压和功率，以降低初级辐射连续谱的强度。

2）提高激发效率，选择使用适当的滤光片，降低散射背景；在确保激发效率的基础上，通过初级滤光片降低分析线的峰底背景。

3）制备轻基体粉末样品时，添加适当的重吸收—稀释剂，提高样品基体的平均原子量，降低散射背景。

4）能谱中利用二次靶的偏振原理，消除初级辐射连续谱的散射背景；波谱仪通过晶体的偏振作用有效降低散射背景的影响。

X 射线光谱中常见的光谱重叠干扰有波长干扰及能量干扰两种。波长干扰是干扰线与分析线的波长或与高次线的波长相近，从而导致谱线的重叠干扰；能量干扰是干扰线与分析线的光子脉冲幅度分布接近或相同，导致脉冲高度分布的重叠而产生干扰。波长干扰的主要来源有：X射线管靶线或杂质线的相干或非相干散射线；光谱仪光路期间的发射线及样品杯及其支撑体发射的特征X射线；样品组成元素的特征谱线及重元素的高次衍射线等。能量干扰的主要来源为晶体荧光的发射及逃逸峰，前者通常以散射背景的形式出现，后者由分析线与干扰线脉冲高度分布的重叠及分析线与其他元素逃逸峰的重叠产生。干扰程度取决于光谱线的强度及其与干扰峰的距离，分析线强度越高，干扰线强度越低，且离分析线越远，干扰越小。

消除谱线干扰的方法很多，如：更换分析元素的其他无干扰谱线；改变激发条件，抑制或降低干扰线的激发效率，提高分析线的激发效率；选择具有最佳分辨率的晶体及准直器，提高对邻近谱线的分辨率；使用脉冲高度分析器，消除轻元素一级线与重元素高次线的重叠；选择衡消滤光片，保留分析线，消除或降低干扰线的影响；采用实验或数学校正方法，校正谱线的重叠影响。此类处理方法对干扰的校正效果主要取决于分析线与干扰线的相对强度、位置、激发条件差异、计算方法的精度及可更换谱线的数量等因素。

2.2.5.4 定性及定量分析方法

X射线荧光光谱定性分析主要用来识别在未知样品中存在的元素或化合物类别并粗略估计其属于主量、次量及痕量的成分等级，定量分析的目的是确定样品中各化学组分精确的含量。

（1）定性分析

在波长色散光谱分析中，样品组成元素发射的特征X射线光谱须通过分光晶体和探测器的联动扫描采集，各种波长的特征X射线经晶体分光后按布拉格衍射规则分布在空间不同方位。该定性过程先根据全谱扫描的要求，选择合理的仪器参数和扫描测得参数，系统采集样品组成元素特征X射线的光谱数据并记录成便于出来的谱图，再根据莫塞莱定律，按公认的识别原则，用人工或自动方式执行定性分析步骤。

在能量色散X射线光谱法中，由样品元素发射的特征X射线光子同时进入探测器，并转变成与其能量成正比的脉冲，经整形放大及模数转换后由多道分析器储存在相应的能道中并由计数电路测量，并根据原子序数与各元素特征线能量的对应关系实现定性分析。相较于波谱，能谱的采谱方法简单快捷，但二者在采谱后的定性过程基本相同，大体包括样品的全谱信息采集、寻峰检索、谱峰识别、元素指认等步骤，只是能量色散光谱的解谱处理过程比较复杂。能量色散光谱定性分析过程中，通过软件的智能化解谱功能有效地消除共存元素的谱线重叠影响，获得准确的元素识别结果。

（2）定量分析

定量分析是将样品元素分析线的测量强度转换成元素浓度的过程，而分析线强度与浓度的定量关系受到多种因素的制约，需用实验或数学方法处理，故定量分析方法可分为实验校正和数学校正两类方法。通常情况下，样品中待测物的谱峰净强度与浓度的关系不是简单的线性或二次曲线关系，需要考虑共存元素的影响，即需要进行基体效应校正。实验校正主要应用于简单体系的基体效应校正，面对复杂样品或体系，需要将实验和数学校正方法相结合使用，才能达到效果。其中，实验校正方法有标准校准法、内标校准法、标准添加法、散射线内标法等。标准校准法主要利用监控样品或标准化样品，在一定程度上减少和补偿其变化，通常采用强度比和将测量强度进行标准化处理。若采用多个监控样品，可利用线性方程进行测量强度的标准化。内标法利用比值法的特点校正基体效应，或补充由于实验条件和仪器漂移等带来的变化，原则是两发射线之间不能有主、次量元素的吸收边。但添加一个元素作为内标来校正基体效应需对不同分析对象分别选择不同的内标元素，耗费时间长、实用性差，可以采用分析物自身作为内标，该方法又称标准添加法。标准添加法主要适用于分析物浓度在 5% 以下的分析体系，且仅能在分析物浓度和测量强度呈线性关系时方可使用。散射线内标法包括散射背景法、相干和非相干散射线法、靶线内标法等，其强度与原子序数的关系为一次方，峰背比对平均原子序数的依赖程度小，可以显著降低基体效应但不足以消除。

2.2.5.5　仪器使用维护及注意事项

为了使仪器稳定运行，须对其定期进行检查和保养，如定期检查真空泵油位、高压漏气检测、密闭冷却水循环系统的检测、检查初级水过滤器、X 射线光管的老化情况、样品室灰尘的清扫、探测器定期保护及核查等。不同原理及型号的 X 射线光谱仪器的维护部件不同，可根据仪器说明书定期进行维护及保养工作。

日常需要检查空压机的压力，每月排水一次并检查油位；核查冷却水流量，查看是否漏水；P10 气体钢瓶上主阀压力是否大于正常压力，二次减压阀压力是否在范围内；分光室真空度是否小于 100 Pa；仪器内部温度是否为 30℃；冷却 X 射线光管阴极水流量应为 1～4 L/min，冷却 X 射线光管阳极水流量应为 3～5 L/min，P10 气体流量应为 0.6～2 L/h；真空泵每月要将气镇阀打开，排除泵中水分，每次约 6 h。

能量色散 XRF 主要部件为半导体探测器，要在一定条件下保存、使用和维护。首先需要准确连接设备的各个部分，尤其对偏压的极性需要尤其注意；每次开始工作时，半导体探测器的偏压必须用连续可调的高压电源，由零缓慢、均匀地增减至工作电压，每一步不少于 1 min；低能辐射的半导体探测器的真空室都有一个厚度为 μg 量级的铍片支撑的入射窗，作为射线的通道，极易破碎，故不宜直接对铍窗吹气，也不能用刷清洗；对于用液氮冷却的半导体探测器，必须及时补充液氮。当温度升高时，原来在漂移过程中形成的中性离子会解离，导致半导体探测器性能下降甚至损坏；仪器放置环境必须要防潮。铍窗及真空室积水会损坏铍窗造成漏气，除经常擦拭外，最好用大塑料袋把探测器及低温容器的出口一起罩上，出口不断蒸发出的低温干燥氮气逐渐去除罩内空气和水分，并保持很小的压力，保持罩内小范围干燥。

新仪器按照调试后，需要对光谱仪器性能进行测试，并根据测试结果进行验收。仪器使用一段时间后，为检查仪器状态是否发生变化，也需要对其性能进行测试，并根据测试的综合性能直接评定其等级，确定使用范围。通常仪器检定的项目有探测器的能量分辨率、探测器的噪声、计数线性的检验、X 射线强度的检验、精密度检定、稳定性检定等具体指标，可根据相关的检定规程进行检定，核查其偏差是否在要求范围内。如果仪器有漂移，需要进行校正，具体有单点校正法、两点校正法及监控样品的条件来校正强度。

2.2.5.6 仪器性能配置建议

根据使用场景及对仪器灵敏度的需求，选择的仪器类型有较大差异。在环境监测领域，小型、便携式 XRF 采用同位素光源，主要用于野外或应急的现场元素含量监测，适用于对元素含量高的样品进行半定量分析。大型 XRF 采用液氮制冷或电制冷探测器，具有测定稳定性高、灵敏度高、准确度高等优势，在实验室中应用普遍。针对大型 XRF 仪器选型，考察的仪器参数及相关指标主要有探测器类型、X 射线光管、检出限、仪器稳定性及重复性、数据处理软件等方面。

探测器：探测器的类型的选择大致决定了 XRF 选择的方向，其性能主要体现在检出限、分辨率、探测能量范围的大小等方面。通常低、中档探测器有效测定的元素种类不如高档探测器，对痕量元素较难监测，低、中档探测器分辨率分别处于 700～1 100 eV、200～300 eV，而高档探测器可以同时测定不同浓度的大部分元素，分辨率一般为 150～180 eV，可以测定的元素范围更广，测定痕量元素可达 ppm 量级。通常，采用液氮冷却的大型 XRF 需要定期充入液氮，才能保障探测器始终维持超低温，而采用电制冷的 XRF 相对来说操作简单且维护频次低，但在灵敏度方面（尤其是浓度低的大气颗粒物样品）不如液氮型制冷的仪器。

X 射线光管：X 射线光管有寿命期限，选型期间需要考察光管厂家、光管寿命及保养细则、更换后仪器性能差异情况等。建议选型时做好备用光管预算，可先预支付后存于厂家待用。

检出限：仪器检出限常采用三倍仪器噪声值进行衡量，实际中更需要关注方法检出限。仪器选型主要考察在满足其他质控要求的条件下，实验所用的方法能从样品中检出目标物的最小浓度，尤其是在基体干扰的情况下，考察仪器的方法检出限是否满足测定需求。也可以测定实际低含量样品，考察其测定结果是否满足实际需求。

稳定性：XRF 采用 X 射线进行元素定性和定量分析，具备良好的测量稳定性和重现性至关重要。通常稳定性测定包括短期稳定性及长期稳定性。选型前可考察监测项目校准曲线各点（零点、低浓度、中浓度及高浓度）情况，对同一个标准样品连续测定多次（至少 50 次，可根据实际情况决定），考察仪器短期内各元素相对标准偏差。也可以采用连续多天或间隔天数测定标准样品多次，考察仪器测定各元素的相对标准偏差，来验证仪器是否满足采购需求。也可以每周用厂家提供的校准样，测定仪器长期稳定性。

数据处理：为了降低或消除 XRF 仪器测定期间基体效应和元素间吸收增强效应，仪器软件的算法如谱处理技术、强度拟合方法、基本参数法、理论系数法、经验系数法等尤为重要。因此，系统自带校准软件并配有相关的详细操作说明很重要，尤其在土壤及大气滤膜中各元素的谱图及数据处理方面。

维护成本：XRF 仪器维护成本包括冷却成本、定期校准频次、时长、通过率、操作成本、售后服务等方面，需要根据实际情况进行综合考察。

第三节　分析方法解析

3.1　原子吸收

3.1.1 《土壤和沉积物　铜、锌、铅、镍、铬的测定　火焰原子吸收分光光度法》（HJ 491—2019）

（1）试样的制备

该法为国家网环境质量土壤监测指定方法，在重点行业企业用地调查等土壤调查中为推荐方法或指定方法。该法使用了四酸分解的全分解处理方法，目的在于监测土壤中指定元素在土壤中的总量。该法提及的电热板消解法及石墨电热消解法都属于四酸的常压消解法，不论使用哪种方法，应注意标准上的温度参数为方法编制者所在实验室的设置温度，方法应用者的实验室里的仪器、环境等不尽相同，应该尽量自行摸索称样量、消解温度、时间等条件，并形成作业指导书。首先在测量时，应把握本次实验需要多少分析溶液，一般建议按照土液比 1∶100 的比例进行消解，即 0.5 g 的土壤对应 50 ml 的定容体积。笔者亦建议使用该比例进行方法条件的摸索，一方面在于 50 ml 的消解液满足原子吸收多个元素分析的用量需求，另一方面该比例的消解液各元素的浓度较为适合 ICP-MS、ICP-OES、原子吸收的分析，若分析低含量样品或者高含量样品时，则可以根据情况选择适合的称样量。

在电热板消解时，无论是分步加酸还是混合加酸，应该准确把握样品中溶液的量，若是过早加酸或者溶液高温时加入，容易造成样品中溶液涌出造成样品损失，也可能对消解仪或电热板的加热板产生破坏。加入氢氟酸后，因开始溶解土壤中的硅晶格，析出包裹其中的重金属，高温高压对溶解有明显帮助，最后加入高氯酸，加盖 120℃，笔者建议有条件的情况下使用密封盖，能有效帮助溶出。方法推荐加入的高氯酸量未必能使消解试样达到理想的透明不可流动液珠的状态，在大批量测定时，会出现部分样品干涸，而部分样品却一直是流动状的液体。笔者认为，前者是因为高氯酸被土壤中的还原性物质消耗，导致溶液中高氯酸含量较少，造成溶液沸点降低，前三种酸的损耗过快，后者则是情况相反，高氯酸的沸点远比方法要求的 150～170℃要高，全部消耗需要的时间会非常长，这个极端情况的例子就是实验室空白。无论是前者还是后者，笔者都不建议继续补加高氯酸，因为高氯酸会对仪器进样系统有较为明显的破坏，特别是对于石墨管，损伤尤为明显。由于在氢氟酸和高氯酸充分分解后，土壤中的重金属已经溶解，上机测试选用的仪器在去除干扰后均能准确测定结果，故消解是否达到理论终点并不重要。而高氯酸的赶酸温度不建议进一步提高，原因在于消解罐或者消解坩埚的材料主要为聚四氟乙烯，该物质在 180℃可能会变形，但一些新型的改性消解罐能耐受更高的温度。另需注意的是，土壤 Cr 与高氯酸在土壤煮干的情况下容易造成测定值偏低。环境测试中，应用全分解的6种元素（Cu、Zn、Pb、Ni、Cr和Cd），除了Cr可能会产生挥发损失外，其他元素即便出现煮干的情况，及时地加入硝酸对干涸的样品进行重新溶解，也能得到较为理想的结果。在一些消解过程中，土壤容易形成黑色的颗粒物，一般建议加入高氯酸加盖回流，但如果罐内压力不足，黑色颗粒物未必能消除，此黑色颗粒为高分子物质，一般不干扰测试。在定容时建议使用硝酸溶液回溶，因为消解时部分金属容易与氟结合形成微溶的氟化物，导致样品最后底部会有白色絮状物，同时使Pb、Ba等元素测定偏低。该法较为经典，虽然方法只限定了5个元素的测定，但实际测试中，亦适宜Cd、Mn、Fe、Co、V、Ag、Be、Ba等元素的测定。

土壤消解时也可以参照《土壤和沉积物　金属元素总量的消解　微波消解法》（HJ 832—2017）使用微波消解法，选用带有温度传感器和压力传感器的仪器，该法的优势在于消解速度快，消解效果好，但该类仪器一般位数不多且装卸麻烦，在面对大批量样品的时候比较消耗人力。由于土壤基体不一致且无法通过性状进行辨别，消解程序的统一设置容易造成个别样品消解不完全，但现在新型的微波消解仪亦能解决这方面问题。总的来说，相较于电热板或石墨电热仪法，微波消解法使用的试剂量减少可以降低本底，由于后续还需要飞硅及赶酸，时间优势并不会特别大。微波的升温程序同样需要根据自身的仪器进行优化，而后续赶酸的操作可以参考电热板或石墨电热仪法赶酸的步骤。该法适用于标准指出的17种元素。

（2）分析过程

在开机时，应该对光源进行预热，在打开乙炔时，应该检查乙炔瓶的压力，在使用还原性火焰的时候需要较为充足的乙炔气含量，一般在压力低于0.5 MPa的时候，应考虑其影响。空气压缩机等组件均打开后，大部分仪器有安全联动模式，正常后可以点火。

仪器条件测量：根据仪器操作说明书调节仪器至最佳工作状态。方法推荐的条件见表11-6。

表11-6　参考测量条件

元素	铜	锌	铅	镍	铬
光源	锐线光源（铜空心阴极灯）	锐线光源（锌空心阴极灯）	锐线光源（铅空心阴极灯）	锐线光源（镍空心阴极灯）	锐线光源（铬空心阴极灯）
灯电流 /mA	5.0	5.0	8.0	4.0	9.0
测定波长 /nm	324.7	213.0	283.3	232.0	357.9
通带宽度 /nm	0.5	1.0	0.5	0.2	0.2
火焰类型	中性	中性	中性	中性	还原性

原子吸收一般使用锐线光源，无极放电灯因为价格较贵应用较少，灯电流一般使用仪器推荐的，调节灯电流对灵敏度及精密度有一定的影响。测定的波长是可选的，

但主流为方法推荐，部分仪器在波长选择上会有不同，同仪器同条件下灵敏度有变化，但不影响准确度。对于通带宽度，标准建议 Ni 使用 0.2 nm，如果使用更大的通带宽度，会导致 Ni 线性范围变窄，一般对准确度并不会有影响。Cr 在中性火焰中难以原子化，应根据仪器使用还原性火焰，不同仪器的乙炔空气比例绝不相同，另外如果发现软件测试不同元素时推荐使用的空气乙炔比例是相同的，则说明软件并没有对不同元素进行优化，应该咨询工程师或自行优化。

（3）注意事项

土壤分析时，燃烧器高度对 Cr 分析非常关键，应该使用标准物质进行验证，但每个土壤或者标准样品的基体没有完全一样的，所以一些对准确度要求特别高的样品，建议使用标准加入法进行测定。Pb 的信号是最弱的，很多标准会使用石墨炉原子吸收法进行测定，或者使用萃取法富集再进入火焰原子吸收测定。使用哪一种仪器取决于我们对准确度的要求，根据不同仪器的检出限，选择合适的分析方法。在分析 Zn 时，Zn 在土壤中的浓度较高，而 Zn 元素的灵敏度很高，容易造成超出仪器线性范围，我们可以偏转燃烧器，减低其灵敏度，再进行分析，在处理大批量样品时更具效率。

对于基体复杂的土壤或沉积物样品，测定时需采用仪器背景校正功能。一般火焰原子吸收搭配的是氘灯扣背景功能，在此法中，波长 300 nm 以下的元素背景干扰都非常严重，不使用扣背景功能几乎不可能测准。但波长 300 nm 以上的元素在使用扣背景功能后准确度则未必有改善。

部分仪器原子化程度不稳定，可加入基体改进剂进行改善，特别对于原子化程度差的 Cr 来说，加入氯化铵会有比较明显的效果。

在上机时，部分土壤因为基体或者消解问题，导致分析时仍有黑渣，应该注意其可能堵塞进样管。在消解后，可以对样品进行过滤或取上清液分析，在消解后放置过久的样品，在使用时应摇晃再进行过滤。

3.1.2 《土壤质量　铅、镉的测定　石墨炉原子吸收分光光度法》（GB/T 17141—1997）

（1）试液的制备

该法消解使用了三酸消解，在土壤消解中可通过时间、试剂、试剂量的改变来提高准确度，应注意消解中不可或缺的酸是氢氟酸，氢氟酸溶解硅晶格的能力的是唯一的。理论上不同的土壤基体使用的最优消解体系不尽相同，应该结合自身实验的目的来进行取舍。消解的要点与《土壤和沉积物　铜、锌、铅、镍、铬的测定　火焰原子吸收分光光度法》（HJ 491—2019）的试样制备一致。另外由于使用石墨炉原子吸收仪，上机测定一般会加入基体改进剂，在定容时加入效果更好，但也可以利用自动进样器进行在线加入。

（2）分析过程

按照仪器使用说明书调节仪器至最佳工作条件，测定试液的吸光度。如火焰原子吸收法一样，石墨炉原子吸收法线性范围依旧比较窄，通过条件优化，可以让样品浓度集中在有限的线性范围内。在土壤分析条件设置上，石墨炉与火焰的差异点在于原子化过程的程序设置，不同仪器的升温程序各不相同，方法建议的温度及温度持续时间程序（以磷酸氢二铵或氯化铵为基体改进剂）见表 11-7。

表 11-7　参考测量条件

元素	铅	镉
干燥 /（℃ /s）	80～100/20	80～100/20
灰化 /（℃ /s）	700/20	500/20
原子化 /（℃ /s）	2 000/5	1 500/5
清除（除残）/（℃ /s）	2 700/3	2 600/3

不同仪器的升温程序差异可以很大，但更关键在于引入了不同的基体改进剂，例如铅在无基体改进剂的时候原子化温度可设为 1 300℃，而加入了基体改进剂之后则可设为 2 000℃，而相应的灰化温度也可以适当提高。不同仪器应使用标准物质验证其升温程序，这也是该方法分析时的要点。影响准确度的原因有很多，消解方式、石墨管的种类、不同的基体改进剂、加热方向等。另外不同土壤基体也不一致，要找到一个适用于全部土壤类型的做法非常困难，但是我们可以根据任务要求的精密度和准确度，找到一个相对适宜的做法。另外，Pb、Cd 元素在测定时，受到的背景干扰都很大，需要使用扣背景功能。

（3）注意事项

石墨炉原子吸收法对操作者要求相对较高，除了需要熟悉原理，摸索合适的条件外，还需要有对进样系统维护的能力，并且维护的频率要比一般的无机分析仪器高。维护的部件包括石墨管、进样针、炉头、石墨锥等。

在处理批量土壤样品时，石墨管受到土壤消解液残留的高氯酸的破坏，性状容易改变，曲线斜率变化的情况常有发生，解决的办法包括前处理尽量赶酸彻底、减少进样量、稀释样品或更换新的石墨管。

进样针长时间地取样及放样，容易出现进样针外壁污染、挂珠、出液受阻等现象，故应定期对其清洗，保证其状态。对于大批量样品，建议每个样品的液位在同一水平线上，防止进样针在吸取液体时交叉污染样品。进样针一般带有自动稀释功能，应该准确把握仪器进样针的精密度水平，不应吸取不合适的体积进行稀释。

3.1.3 《水质　总汞的测定　冷原子吸收分光光度法》（HJ 597—2011）

（1）试液的制备

冷原子吸收法是很成熟的痕量汞测试方法，是目前汞分析中普遍选用的方法之一。样品采集的时候应该注意防止 Hg 被还原成原子挥发损失，故应该加入盐酸及重铬酸钾固定，若重铬酸钾的橙色消失，还应该补加，使样品呈橙色保存。

样品制备时，方法提供了三种前处理方法，使用的试剂、加热方式不同，可根据水样的类别和性质选择适宜的前处理方法。消解时，若样品的 Hg 含量过高，可以适当减少取样量。应注意的是，高锰酸钾 - 过硫酸钾消解法和溴酸钾 - 溴化钾消解法在消解全过程均要保证氧化剂不被完全消耗，在测定前加入盐酸羟胺溶液还原剩余的氧化剂，待测。

（2）分析过程

根据样品浓度选择合适质量浓度的校准曲线进行绘制，将标准曲线系列依次移至反应装置中，加入氯化亚锡溶液，还原样品中的 Hg^{2+}，迅速插入吹气头，由低质量浓度到高质量浓度测定响应值。在室温下通入空气或氮气，将金属汞气化，载入冷原子吸收汞分析仪，于 253.7 nm 波长处测定响应值。

（3）注意事项

1）试验所用试剂（尤其是高锰酸钾和盐酸羟胺）中的汞含量对空白试验测定值影响较大。因此，试验中应选择汞含量尽可能低的试剂，必要时应对试剂进行除汞处理。每次测试需对空白测定值进行检验，确保其满足要求。

2）在样品还原前，所有试剂和试样的温度应保持一致（＜25℃）。环境温度低于 10℃时，灵敏度会明显降低。

3）汞的测定易受到环境中的汞污染，在测定过程中应加强对环境中汞的控制，保持清洁、加强通风。

4）汞的吸附或解吸反应易在反应容器和玻璃器皿内壁上发生，故每次测定前应采用洗液将反应容器和玻璃器皿浸泡过夜后，用水冲洗干净。反应装置的连接管宜采用硼硅玻璃、高密度聚乙烯、聚四氟乙烯、聚砜等材质，不宜采用硅胶管。

5）每测定一个样品后，取出吹气头，弃去废液，用水清洗反应装置两次，再用稀释液清洗一次，以氧化可能残留的二价锡。

6）水蒸气对汞的测定有影响，会导致测定时响应值降低，应注意保持连接管路和汞吸收池干燥。可通过红外灯加热的方式去除汞吸收池中的水蒸气。

7）吹气头与反应装置底部距离越近越好。采用抽气（或吹气）鼓泡法时，气相与液相体积比应为 1∶1～5∶1，以 2∶1～3∶1 最佳；当采用闭气振摇操作时，气相与液相体积比应为 3∶1～8∶1。

8）当采用闭气振摇操作时，试样加入氯化亚锡后，先在闭气条件下用手或振荡器充分振荡 30～60 s，待完全达到气液平衡后才将汞蒸气抽入（或吹入）吸收池。

9）当选用不同的前处理方法或取样量不同，方法的检出限会存在差异，应根据监测任务的要求进行匹配使用。

3.2　原子荧光

3.2.1 《水质　汞、砷、硒、铋和锑的测定　原子荧光法》（HJ 694—2014）

（1）方法原理

经预处理后的试液进入原子荧光仪，在酸性条件的硼氢化钾（或硼氢化钠）还原作用下，生成砷化氢、铋化氢、锑化氢、硒化氢气体和汞原子，氢化物在氩氢火焰中形成基态原子，其基态原子和汞原子受元素灯（汞、砷、硒、铋或锑）发射光的激发产生原子荧光，原子荧光强度与试液中待测元素含量在一定范围内成正比。环境监测中多采用此法分析水中汞、砷和硒。

（2）试样制备

测定可溶态样品时，样品采集后尽快用 0.45 μm 滤膜过滤，弃去初始滤液 50 ml，用少量滤液清洗采样瓶，收集滤液于采样瓶中。测定汞的样品，如水样为中性，按每升水样中加入 5 ml 盐酸的比例加入盐酸；测定砷、硒的样品，按每升水样中加入 2 ml 盐酸的比例加入盐酸。样品保存期为 14 d。

测定汞、砷、硒总量样品时，除样品采集后不经过滤外，其他的处理方法和保存期同可溶态制备一致。

（3）前处理

汞：量取 5.0 ml 混匀后的样品或于 10 ml 比色管中，加入 1 ml 盐酸 - 硝酸溶液，加塞混匀，置于沸水浴中加热消解 1 h，其间摇动 1～2 次并开盖放气。冷却，用水定容至标线，混匀，待测。

砷、硒：量取 50.0 ml 混匀后的样品或于 150 ml 锥形瓶中，加入 5 ml 硝酸 - 高氯酸混合酸，于电热板上加热至冒白烟，冷却。再加入 5 ml 盐酸溶液，加热至黄褐色烟冒尽，冷却后移入 50 ml 容量瓶中，加水稀释定容，混匀，待测。

空白试样：以水代替样品，按照之前的步骤制备空白试样。

（4）测试

校准曲线：依据仪器使用说明书调节仪器至最佳工作状态。参考测量条件见表 11-8。参考测量条件或采用自行确定的最佳测量条件，以盐酸溶液为载流，硼氢化钾溶液为还原剂，浓度由低到高依次测定汞、砷、硒标准系列的原子荧光强度，以原子荧光强度为纵坐标，质量浓度为横坐标，绘制校准曲线。

表 11-8　参考测量条件

元素	负高压 /V	灯电流 /mA	原子化器预热温度 /℃	载气流量 /（ml/min）	屏蔽气流量 /（ml/min）
Hg	240～280	15～30	200	400	900～1 000
As	260～300	40～60	200	400	900～1 000
Se	260～300	80～100	200	400	900～1 000

试样的测定：按照与绘制校准曲线相同的条件测定试样的原子荧光强度，超过校准曲线高浓度点的样品，对其消解液稀释后再行测定，并按照与测定相同步骤测定空白试样。

3.2.2 《土壤中全硒的测定》（NY/T 1104—2006）

（1）基本原理

样品经硝酸–高氯酸混合酸加热消化后，在盐酸介质中，将样品中的六价硒还原成四价硒，用硼氢化合物作还原剂，将四价硒在盐酸介质中还原成氢化物带入原子化器中进行原子化，在特制空心阴极灯照射下，基态硒原子被激发至高能态，在去活化回到基态时，发射出特征波长的荧光，其荧光强度与硒含量成正比。

（2）试样制备

取风干后的土样，用四分法分取适量样品后，全部粉碎，过 0.149 mm 孔径筛，混匀后用磨口瓶或塑料袋装，作为测定全硒的待测样品。

（3）前处理

称取待测样品 2 g（精确至 0.000 2 g）于 100 ml，加入 10～15 ml 体积比为 3∶2 的硝酸–高氯酸混合酸溶液，盖盖放置过夜，次日在电热板上 160 ℃消化至无色，继续消化至冒白烟，取下稍冷，加入体积比为 1∶1 的盐酸 10 ml，置于沸水浴中加热 10 min，冷却后用去离子水转移至 50 ml 容量瓶，定容，取上清液待测。

（4）测试

标准曲线：用硒标准使用液逐级稀释配制浓度为 0.00 μg/L、1.00 μg/L、2.00 μg/L、4.00 μg/L、8.00 μg/L 的硒标准溶液，于氢化物发生器中，通入氩气，用加液器以恒定流速注入一定量的硼氢化钾溶液。此时反应生成的硒化氢由氩气载入石英炉中进行原子化。用硒含量对应的荧光信号峰值作工作曲线。标准溶液系列的浓度范围可根据样品中硒含量的多少和仪器灵敏度高低适当调整。

样品测试：分取 10.00～20.00 ml 还原定容后的待测液，在与测定硒标准系列溶液相同的条件下，测定试液的荧光信号峰值。按照与试样测定相同的程序测定实验室空白和全程序空白。

3.2.3 《环境空气和废气　颗粒物中砷、硒、铋、锑的测定　原子荧光法》（HJ 1133—2020）

（1）基本原理

用滤膜或滤筒采集空气或废气中颗粒物，样品经硝酸–盐酸混合酸消解后，进入原子荧光光谱仪，试样中的砷、硒、铋、锑在酸性条件下与硼氢化钾（或硼氢化钠）发生氧化还原反应，生成砷化氢、硒化氢、铋化氢、锑化氢气体，氢化物在氩氢火焰中形成基态原子，在元素灯（砷、硒、铋、锑）发射光的激发下产生原子荧光，在一定浓度范围内原子荧光强度与试液中元素的含量成正比。

（2）前处理

微波消解：取整张或部分滤膜样品，用陶瓷剪刀剪成小块置于消解罐中，加入 15.0 ml 硝酸–盐酸混合溶液（55.5 ml 硝酸和 166.5 ml 盐酸混合加水定容至 1 L），使滤膜浸没其中，加盖，置于消解罐组件中并旋紧，放到微波转盘架上。设定消解温度为 200℃，消解持续时间为 15 min，开始消解。消解结束后，取出消解罐组件，冷却，用水淋洗内壁，加入约 10 ml 水，静置半小时进行浸提，过滤，用水定容至 50.0 ml，待测。若滤膜样品取样量较多，可适当增加硝酸－盐酸混合溶液的体积，使滤膜浸没其中。取整个滤筒样品，剪成小块后，加入 40.0 ml 硝酸－盐酸混合溶液，使滤筒浸没其中，其他操作与滤膜样品相同，最后定容至 100.0 ml。

电热板消解：取整张或部分滤膜样品，用陶瓷剪刀剪成小块置于聚四氟乙烯烧杯中，加入 15.0 ml 硝酸－盐酸混合溶液，使滤膜浸没其中，盖上表面皿，在 100℃加热回流 2.0 h 后冷却。用水淋洗内壁，加入约 10 ml 水，静置半小时进行浸提，过滤，用水定容至 50.0 ml，待测。若滤膜样品取样量较多，可适当增加硝酸－盐酸混合溶液的体积，使滤膜浸没其中。取整个滤筒样品，剪成小块后，加入 40.0 ml 硝酸－盐酸混合溶液，使滤筒浸没其中，其他操作与滤膜样品相同，最后定容至 100.0 ml。

（3）测试

原子荧光光谱仪开机预热，按照仪器使用说明书设定灯电流、负高压、载气流量、屏蔽气流量等工作参数，参考条件见表 11-9。

表 11-9　原子荧光光谱仪的工作参数

元素	负高压 /V	灯电流 /mA	原子化器预热温度 /℃	载气流量 /（ml/min）	屏蔽气流量 /（ml/min）	分析线波长 /nm
砷	230～300	40～80	200	300～400	800～900	193.7
硒	230～300	40～80	200	350～400	800～1 000	196.0
铋	230～300	40～80	200	300～400	600～1 000	306.8
锑	230～300	40～80	200	200～400	800～1 000	217.6

标准曲线：以硼氢化钾溶液为还原剂、盐酸溶液为载流，由低浓度到高浓度顺次测定砷、硒、铋、锑校准系列标准溶液的原子荧光强度。以相应元素的质量浓度为横坐标，以原子荧光强度为纵坐标，建立校准曲线。

试样测定：将制备好的试样导入原子荧光光谱仪中，按照与建立校准曲线相同的仪器工作条件进行测定。如果被测元素浓度超过校准曲线浓度范围，应稀释后重新进行测定。按照与试样测定相同的程序测定实验室空白和全程序空白。

3.3 电感耦合等离子发射光谱

3.3.1 《水质　32 种元素的测定　电感耦合等离子体发射光谱法》（HJ 776—2015）

（1）样品保存

采样前，使用洗涤剂和水将采样瓶清洗干净后，使用 1+1 的硝酸溶液浸泡 24 h 以上，再用纯水彻底洗干净。测定可溶性元素时，样品采集后使用 0.45 μm 水系微孔滤膜过滤，加入硝酸保存。测定元素总量时，样品采集后立即加入硝酸保存。

（2）样品前处理

测定可溶性元素，可直接上机进行分析测定。

测定元素总量，取适量样品（100 ml），加入硝酸（5 ml）后，在电热板加热消解（不沸腾）至近干。冷却后，重复消解过程至样品颜色变浅或不变。冷却后，加适量硝酸溶解残渣。再用纯水定容至取样时的体积，同时使消解后的溶液保持体积分数为1% 的硝酸酸度。对于基体复杂的废水，消解时可加入适量高氯酸消解（注意温度应不宜太高）。若消解液中含有不溶物，应通过静置或者离心处理掉，以防止不溶物堵塞进样系统干扰测定。

（3）分析过程

仪器优化：按照仪器推荐条件进行优化以选择最佳测试条件。通常需要优化的参数有：观察方式、发射功率、载气流量、辅助气流量、冷却气流量等。

校准曲线：根据样品性质和待测元素浓度选择不同的曲线浓度，一般至少要配制5 个浓度点。由低浓度到高浓度依次进样，测量发射强度。以发射强度为纵坐标，目标元素质量浓度为横坐标，建立曲线。校准曲线的相关系数必须＞0.995，曲线才可使用。

分析测定：按照与曲线相同的条件，测定空白样品满足要求后，再进行样品测定。

（4）注意事项

1）应定期对仪器谱线进行校对，必要时还要对元素间干扰校正系数进行测定。通常每半年进行一次。

2）分析时，应测定两次实验室空白，空白测定值应小于方法的测定的下限。否则应对实验室纯水、样品采集及消解过程使用的酸和容器以及仪器性能等进行检查。

3）测完高浓度样品后，应充分清洗进样系统管路，以防止高浓度样品污染低浓度样品。

3.3.2 《空气和废气　颗粒物中金属元素的测定　电感耦合等离子体发射光谱法》（HJ 777—2015）

（1）样品保存

采样前，应先对滤筒、滤膜进行质量验收，以保证其中待测元素含量低于相应排放限值 1/10。样品采集后，滤膜样品需要将有尘面两次向内对折保存；滤筒样品要将封口向内折叠，竖直放回原采样套筒中密闭保存。样品应在干燥、通风、避光、室温条件下保存。

（2）样品前处理

1）硝酸 - 盐酸混合溶液消解体系

取适量滤膜、滤筒样品，使用陶瓷剪刀剪成小块，加入 20 ml 硝酸 - 盐酸混合溶液，经电热板［（100 ± 5）℃，回流 2 h］或微波消解（200℃，15 min）消解。冷却后，加入 10 ml 水，浸提 0.5 h，过滤后定容到 100 ml，待测。当样品中有机物含量过高时，在消解过时可加入适量双氧水来分解。

2）其他消解体系

还可使用硝酸体系、硝酸–氢氟酸–（过氧化氢/高氯酸）体系、碱熔法等进行样品消解。

（3）分析过程

参数优化：按仪器厂家推荐的条件优化好射频发生器功率、等离子气流量、辅助气流量、载气流量、进样量、观测距离等参数。

波长选择：使用仪器厂商推荐的测量条件，每个待测元素均选择2～3条谱线进行分析测定，比较谱线强度及干扰情况，优先选择灵敏度高、干扰少的谱线作为待测元素的分析谱线。

校准曲线：根据样品性质和待测元素浓度选择不同的曲线浓度，至少配制5个浓度点进行分析测定。由低浓度到高浓度依次进样，测量其发射强度。以发射强度为纵坐标，待测元素质量浓度为横坐标，建立曲线。校准曲线的相关系数必须超过0.999时才可使用。

样品测定：测定完空白并满足要求后，按优化的参数和波长对样品进行分析测定。

（4）注意事项

1）每批样品应至少分析2个空白。空白试样包括试剂空白和滤膜（滤筒）空白。试剂空白中目标元素测定值应小于测定下限。待测元素实验室全程序空白的测定值≤排放标准限值的1/10。

2）每测定一批样品（20个以内）应测定一个校准曲线中间点标液，测定值与标称值的相对误差应≤10%。

3）砷、铅、镍等金属元素有毒性，样品前处理及分析测试时应做好安全防护工作。

3.3.3 《土壤和沉积物　11种元素的测定　碱熔–电感耦合等离子体发射光谱法》（HJ 974—2018）

（1）样品前处理

样品制备：去除杂物后，对土壤样品进行风干、粗磨、细磨处理。样品过尼龙筛后，测定其中水分含量。

熔剂制备：称取1.0 g碳酸钠、0.1 g四硼酸锂和0.4 g偏硼酸锂，适当混匀制成熔剂。

试样制备：在铂金坩埚底部加入少量的碳酸钠垫底，再依次加入2/3制备好的熔剂和0.2 g样品，最后放入剩余的熔剂。将其置于马弗炉中，加热至1 000℃，并持续30 min后停止加热。5 min后将铂金坩埚置于盛有100 ml水的500 ml烧杯中，待熔融物出现裂纹后，取出坩埚并向其中加水直至没过熔融物，当熔融物与坩埚脱离后，将脱落的熔融物转移至250 ml烧杯中。取40 ml硝酸–盐酸混合溶液，少量多次淋洗坩埚壁上的沉淀，将其全部转移至烧杯中，使熔融物全部溶解，转移容量瓶中并定容至500 ml。按照与试样制备相同的步骤对空白试样进行制备。

基体匹配液制备：称取 0.2 g 四硼酸锂和 0.8 g 偏硼酸锂，加入 64 ml 盐酸和 16 ml 硝酸溶解。

（2）分析过程

仪器参数设置：按仪器厂家推荐的仪器参数设置并优化仪器。

校准曲线建立：分别移取一定量的标液到 100 ml 容量瓶中，用基体匹配液定容至标线，配制至少 5 个梯度的标液。加入内标（加入后的浓度保持在 2.50～5.00 mg/L）后，按浓度由低到高依次进样测量发射强度。以目标元素质量浓度为横坐标，以目标元素与内标物发射强度的比为纵坐标，建立标准曲线。

试样测定：按照与标准曲线相同的条件进行试样的测定，并同步进行空白的测定。

（3）注意事项

1）每批样品（10 个内）进行一个空白试验，空白样品测定值应低于方法测定下限。

2）玻璃器皿在使用前应用硝酸溶液浸泡 24 h 以上，再用水冲洗干净。

3）使用过的坩埚可用盐酸溶液煮沸清洗。

3.3.4 《固体废物　22 种金属元素的测定　电感耦合等离子体发射光谱法》（HJ 781—2016）

（1）样品前处理

样品制备：按 HJ/T 20 的标准要求对固体废物样品进行样品制备。固态或可干化的半固态样品，准确称取 10 g 样品，进行干燥、研磨后，过 100 目筛。按 HJ 557、HJ/T 299、HJ/T 300 或 GB 5086.1 等标准的要求对固体废物浸出液进行样品制备。

固体废物试样微波消解法：固态或可干化的半固态样品称 0.1～0.5 g；液态或无须干化的半固态样品称 0.5 g。将样品置于消解罐中，加水润湿后加 9 ml 浓硝酸、2 ml 浓盐酸、3 ml 氢氟酸及 1 ml 过氧化氢，设定好消解升温程序（升温 5 min 至 120℃，保持 3 min；升温 3 min 至 160℃，保持 3 min；升温 3 min 至 180℃，保持 10 min）对样品进行消解。冷却后，将样品溶液转移至聚四氟乙烯坩埚中，加 2 ml 高氯酸，用电热板于 160～180℃继续消解至白烟冒尽、呈黏稠状。加硝酸溶液溶解残渣后，转移至 25 ml 容量瓶中，定容至标线，待测。

固体废物试样电热板消解法：固态或可干化的半固态样品称 0.1～0.5 g；液态或无须干化半固态样品称 0.5 g。将样品转入聚四氟乙烯坩锅中，加水润湿后，加入 5 ml 浓盐酸使用电热板于 180～200℃温度下消解至近干，取下稍冷。加 5 ml 浓硝酸、5 ml 氢氟酸、3 ml 高氯酸，加盖在 180℃温度下消解至剩 2 ml 左右溶液，继续加热，并摇动坩埚。加热至冒浓白烟时，加盖分解黑色有机碳化物。待壁上黑色有机物消失后，开盖，驱赶白烟，并蒸至黏稠状。根据消解的情况，适度补加 3 ml 浓硝酸、3 ml 氢氟酸、1 ml 高氯酸，重复上述操作步骤。加硝酸溶液溶解残渣后，转移至 25 ml 容量瓶中，定容至标线，待测。

固体废物浸出液试样微波消解法：量取固体废物浸出液样品 25.0 ml 至消解罐

中，加5 ml浓硝酸，设定好消解升温程序（升温10 min至150℃，保持5 min；升温5 min至180℃，保持5 min）对样品进行消解。消解后，冷却至室温。将消解罐中样品溶液转移至100 ml聚四氟乙烯坩埚中，于电热板上加热至180℃消解1 h后，稍冷。将样品溶液转移至25 ml容量瓶中，用硝酸溶液定容至标线，待测。

固体废物浸出液试样电热板消解法：量取固体废物浸出液样品25.0 ml于100 ml聚四氟乙烯坩埚里，加5 ml浓硝酸，在电热板上于180℃加热消解1～2 h。若有颗粒物或沉淀，加2 ml浓硝酸消解至溶液澄清。将样品溶液转移至25 ml容量瓶中，用硝酸溶液定容至标线，待测。

固体废物空白制备：不加样品，按与样品消解相同的步骤进行制备。

固体废物浸出液空白制备：使用实验用水配制成浸提剂，按照与固体废物浸出液样品制备相同的步骤进行固体废物浸出液空白的制备，按照与固体废物浸出液样品消解相同的步骤进行消解。

（2）分析过程

仪器参数设置：点火后，按厂家推荐的参数对仪器条件进行设置。仪器各项指标稳定后，开始校准曲线和样品的测量。

校准曲线绘制：根据样品中待测元素浓度，配制一系列不同浓度的标液。将标液按浓度由低到高进样，依次测定待测元素光谱强度。以质量浓度为横坐标，发射强度为纵坐标，建立校准曲线。

样品测定：进样前，清洗仪器至信号尽可能低且稳定时，进行样品测定。先测定空白样品，再测定待测样品。若样品超曲线浓度范围时，应对样品进行稀释。测定高浓度样品时，要进行充分清洗后，才能继续测定其他样品。

（3）注意事项

1）每批样品须至少测定1个实验室空白，所测元素的空白值应小于等于方法测定下限，否则应查找原因后，重新测定。

2）至少每10个样品测定一个平行双样，各元素相对偏差应小于35%。

3）待测样品中目标元素含量较低时，应适当增加取样量。

4）测定过程中所用的器材在使用前应该清洗干净。

5）测定有机质含量过高的固体废物样品时，在样品消解前，应提前加5 ml浓硝酸浸泡过夜。

3.4 电感耦合等离子体质谱

3.4.1 《水质 65种元素的测定 电感耦合等离子体质谱法》（HJ 700—2014）

该标准常用于水和废水中铜、锌、镍、铬、镉、铅等元素的分析。水样经预处理后用ICP-MS分析，以质荷比定性，元素的信号响应值与样品浓度成正比，以内标法定量。

（1）试剂要求

由于ICP-MS检出限较低，对实验用水及试剂要求较高。实验用水电阻率应

≥18 MΩ·cm，且应满足 GB/T 6682 一级水的要求。所用硝酸及盐酸要求优级纯或以上，必要时应纯化。

（2）前处理过程

要测定溶解态含量时（如地表水和地下水），样品采集后应先经 0.45 μm 滤膜过滤，然后在收集的滤液中加硝酸至 pH＜2 保存，待测。

要测定总量时（如废水），样品采集后加硝酸至 pH＜2，在上机分析前，需要电热板或微波消解。

电热板消解：取 100 ml 水样加入 2 ml（1+1）硝酸和 1 ml（1+1）盐酸，在电热板上加热，温度不得高于 85℃（盖有表面皿时，水温可升至约 95℃），蒸发至 20 ml 左右时加表面皿回流 30 min，最后转移定容至 50 ml。

微波消解：取 45 ml 样品，加入 4 ml 硝酸和 1 ml 盐酸，170℃微波消解 10 min，最后定容至 50 ml 或 100 ml。

（3）分析过程

仪器预热后应进行性能核查，合格后方能进行样品分析。根据样品浓度范围调整校准曲线的范围，绘制校准曲线，以内标法定量，内标可以加入校准溶液和样品中，也可以在线加入。样品测试前应用 2% 硝酸溶液将系统信号降至最低，然后进行分析样品。

（4）注意事项

1）对于废水样品，消解结束后如存在一些不溶物可静置过夜或离心，仍有悬浮物可过滤去除，但应避免污染。有机物含量高的样品，在消解时可酌情加入过氧化氢。样品前处理结束后应尽快分析。

2）对于铅，应同时监测 206、207、208 三个同位素，并以三者信号之和定量，原因是铅在地壳中的同位素丰度并不均一，不同的样品类型很有可能其同位素比不一致，用总信号值定量基本上能纠正不同样品同位素丰度不同造成的误差。

3）在样品分析中必须持续监测内标的强度，试样中内标的响应值应为校准曲线响应值的 70%～130%，否则说明仪器发生漂移或有干扰产生，应查找原因后重新分析。

4）标准溶液应在聚乙烯或聚丙烯瓶中保存，玻璃容器容易造成硼、锌等元素本底过高。同时应注意配制溶液的纯水本底应尽可能低。

5）实验分析过程中，空白值应符合下列情况之一：①低于方法检出限；②低于标准限值的 10%；③低于每一批样品最低测定值的 10%。

6）为判断样品是否存在基体干扰，应选取样品进行基体加标和基体重复加标测试。基体重复加标即加标平行样，两个加标样品的加标量相同。如果加标样品的回收率在 80%～120%，且两个基体重复加标样品的测定值的相对偏差在 20% 以内，即认为样品基体干扰较低不影响测定。

7）虽然 ICP-MS 具有非常宽的动态范围，可达 9 个数量级的线性范围，但并不意味着高浓度的样品可以直接上机分析，高浓度样品直接上机容易引起记忆效应，并造成检测器信号饱和。对于浓度未知的样品，可用 ICP-OES 粗测样品浓度，避免浓度过高污染仪器。

3.4.2 《海洋监测技术规程 第 1 部分：海水》（HY/T 147.1—2013）

该标准用于海水中镉、铅、铬、铜、锌、镍的测定。海水中的重金属含量非常低，一般浓度为 0～5 μg/L，然而氯化钠、氯化镁等卤素盐含量非常高，盐度可达 10‰～30‰。ICP-MS 分析海水的干扰主要有两个：一是基体干扰，高含量的盐会堵塞采样锥锥孔，造成信号的急速下降；二是多原子离子干扰，大量的 Cl 与 Ar 结合，使得无法准确分析待测元素。

（1）样品保存

水样经 0.45 μm 醋酸纤维滤膜过滤后，用硝酸调至 pH<2，待测。所用的试剂应提纯降低试剂空白。

（2）分析过程

方法使用（1+99）硝酸按体积比 1∶9 稀释样品，作为标准加入法工作曲线的零点。然后使用称重法在稀释样品中加入一系列不同浓度的标准溶液（0.5～5 μg/L），使用标准加入法定量。然后将标准加入法的工作曲线转换为外标标准曲线后进行其他样品的测定。

（3）注意事项

1）由于标准加入法无法校正背景干扰，因此应将稀释后的标准加入法样品测定值减去分析空白值。

2）使用重量法配制曲线，操作虽然烦琐，但可以提高曲线配制的准确度，应使用量感 1 mg 以上的分析天平，同时注意保证称量时的环境条件一致，温湿度波动小。

3）在海水中，因为有多原子离子 $^{40}Ar^{23}Na^{+}$ 的干扰，Cu 丰度最大的同位素 ^{63}Cu 不能被直接测量，选择 ^{65}Cu 更好。对于 Pb，同样推荐同时监测 206、207、208 三个同位素，并以三者信号之和定量。

4）由于样品稀释了 10 倍上机，待测元素浓度非常低，因此需要严格控制本底，降低试剂空白并保持环境洁净，同时仪器的进样系统应非常洁净，使元素 BEC 尽可能低，可参照“2.2.4.5 仪器使用维护及注意事项”对进样系统进行维护，如条件允许，海水分析专用一套进样系统。

5）在正常的情况下，ICP 的温度会在 10 000 K 以上，而接口处（采样锥）的温度在 700 K 左右，巨大的温差会使海水样品中的大量盐分沉积在锥孔上，使离子传输效率降低，影响灵敏度。使用内标可以校正盐分沉积带来的影响，推荐使用实际样品加标回收率确定内标元素。同时，具有气溶胶稀释技术的仪器也可以缓解盐分在锥孔沉积。

6）海水基体带来的多原子离子干扰推荐使用碰撞 / 反应池技术消除。

3.4.3《空气和废气　颗粒物中铅等金属元素的测定　电感耦合等离子体质谱法》（HJ 657—2013）

该标准用于环境空气和废气中镉、铅、铬、铜、铊、镍等多种金属元素的测定。也可以用于大气源解析。空气和废气中的颗粒物样品经滤筒或滤膜采集，经微波或电热板消解后上机分析。

（1）试剂与采样准备

方法涉及多种空白：①校准空白：（1+99）硝酸溶液，测定值应不大于方法检出限；②实验室试剂空白：只加入消解试剂，不加滤筒或滤膜，和样品的制备过程相同，每批样品应制备至少 2 个实验室试剂空白，平行双样测定值的相对偏差不应大于 50%，测定值应不大于方法测定下限；③洗涤空白：（2+98）硝酸溶液，用于冲洗仪器系统中可能来自于前一次测定的残留物；④现场空白：空白滤筒或滤膜带到采样现场，不需抽引空气或污染源废气，经过与实际样品相同的运送及处理操作，现场空白测定值应不大于方法测定下限。

滤筒或滤膜：采集样品的滤筒或滤膜应具有低且稳定的本底，推荐使用石英滤筒滤膜。对于空白滤筒滤膜，可任意选取 20～30 个进行测定以计算空白平均浓度，小批量时可选择较少数量（5%）进行测定。

（2）前处理过程

滤筒或滤膜的消解液为 5.55% HNO_3/16.75% HCl 溶液。前处理可选用电热板或微波消解。

滤膜样品：①电热板消解：加入 10.0 ml 消解液，100℃加热回流 2 h，然后冷却。加入约 10 ml 超纯水，静置 0.5 h 浸提，过滤，定容至 50.0 ml。②微波消解：加入 10.0 ml 消解液，置于消解罐中 200℃消解 15 min。消解结束后，冷却，加入约 10 ml 超纯水，静置 0.5 h 浸提，过滤，定容至 50.0 ml。

滤筒样品：加入 25.0 ml 消解液，电热板和微波操作与滤膜样品相同，最后定容至 100.0 ml。

（3）分析过程

校准曲线：浓度范围可根据测量需要进行调整。然后以第二来源标准品配制接近校准曲线中点浓度的标准溶液，并进行分析确认，其相对误差值一般在 ±10% 范围内，若超出范围需重新绘制校准曲线。

（4）注意事项

1）对于大张滤膜采集的环境空气样品，可切割成若干等份制备成平行样和加标样。

2）上机测定时，试样溶液中的酸浓度需控制在 2% 以内，以降低真空界面的损坏程度，并减少基体干扰和多原子离子干扰。

3）由于市面上滤膜中金属元素的标准样品较少，且元素种类不多，实验室可通过空白滤筒 / 滤膜加标的方式评估分析方法准确度。

3.4.4 《土壤和沉积物 12 种金属元素的测定 王水提取-电感耦合等离子体质谱法》（HJ 803—2016）

该标准用于土壤和沉积物中镉、钴、铜、铬、锰、镍、铅、锌、钒、砷、钼、锑的测定。生态环境部发布实施的《土壤环境质量 农用地土壤污染风险管控标准（试行）》（GB 15618—2018）和《土壤环境质量 建设用地土壤污染风管控标准（试行）》（GB 36600—2018）中涉及的砷、钴、钒可用该法分析。

需要注意的是，国际上土壤和沉积物中金属元素测定的前处理主要是基于王水的消解体系，或适当添加少量的双氧水或氢氟酸，但此种方法不能完全测定土壤中元素的总量，大部分元素的测定结果与《土壤和沉积物 铜、锌、铅、镍、铬的测定 火焰原子吸收法》（HJ 491—2019）或《土壤和沉积物 金属元素总量的消解 微波消解法》（HJ 832—2017）有明显差异，不能满足我国对于土壤环境调查和土壤环境监测中对土壤中金属元素总量测定的需要。

（1）样品制备

样品经风干、研磨和过筛，取过 100 目样品前处理待测。同时取过 10 目样品测定干物质含量或含水率。

（2）前处理过程

电热板消解：锥形瓶应提前用 15 ml 王水微沸消解 30 min，然后用水洗净晾干，以除去器皿的本底干扰。取 0.1 g 样品，加入 6 ml 王水，微沸回流 2 h，结束后冷却，用少量 0.5 mol/L 硝酸清洗器皿，转移并用水定容至 50 ml。

微波消解：取 0.1 g 样品，加入 6 ml 王水，按一定程序升温至 185℃消解 40 min，用少量 0.5 mol/L 硝酸清洗器皿，转移并用水定容至 50 ml。

（3）分析过程

在样品分析过程中，灵敏度不是最主要的调谐关注点，背景及干扰最低才是调谐过程中应关注的重点。氧化物产率必须小于 0.3%，否则会严重影响部分元素的准确度（Ag 和 Cd）；双电荷产率应小于 2%。浓度为 0.1 μg/L Cd 信号响应值的 RSD≤8%（空白＜5 cps），浓度为 1 μg/L Be 信号响应值的 RSD≤8%（空白＜2 cps）时，尽量降低进样量（减少雾化器流量），控制好背景。氧化物和双电荷产率的优化已在本章“2.2.4.4 测量条件选择及优化”中详述。

（4）注意事项

1）分析土壤和沉积物中的金属元素时，不仅要满足灵敏度的要求，还要考虑由于锥口积盐导致信号下降的因素，一般刚清洗过的锥建议用低浓度实际样品对接口老化 30 min。在最初的 20 min 内，仪器信号会迅速下降，但后面信号会趋于平稳，系统达到平衡。

2）大多数样品不能被王水完全溶解，不同元素的提取效率不同，同种元素在不同基体中的提取效率也不相同，应用王水浸提时需先使用参考样品进行预实验以确定该方法是否能满足分析要求。采用王水提取土壤中的重金属主要是用于考察和研究土壤中重金属污染物向生物体传递的倾向。

3）使用微波消解样品时，注意检查消解罐的密封性。检查方法为：消解后和消解前，称量样品、消解液及消解罐的总重量，两次的重量减少不应超过10%。

4）土壤中一般含有Ge和Y，因此这两个元素不适合作为内标使用，通常以铑（Rh）和铼（Re）进行校正。测定样品时如果内标回收率出现异常，应考虑样品中可能含有该元素，需选其他元素做内标，以免产生测定误差。

3.5　X射线荧光光谱

X射线荧光光谱分析技术具有试样制备简单、分析速度快、重现性好、准确度高、分析范围广、成本较低、不污染环境、非破坏性测定等优点，已广泛应用于环境、地质、冶金、生物等领域。XRF技术在环境领域中大气颗粒物、土壤及固体废弃物三个方面有明确方法标准，下文将仔细介绍。

3.5.1 《土壤和沉积物　无机元素的测定　波长色散X射线荧光光谱法》（HJ 780—2015）

（1）样品制备

用硼酸或高密度低压聚乙烯粉垫底、镶边或塑料环镶边，将5 g左右过筛样品于压片机上以一定压力压制成≥7 mm厚度的薄片。根据压力机及镶边材质确定压力及停留时间。

（2）干扰和消除

试样中待测元素的原子受辐射激发后产生的X射线荧光强度值与元素的质量分数及原级光谱的质量吸收系数有关。某元素特征谱线被基体中另一元素光电吸收，会产生基体效应（元素间吸收-增强效应）。可通过基本参数法、影响系数法或两者相结合的方法（经验系数法）进行准确的计算处理后消除这种基体效应。

试样的均匀性和表面特征均会对分析线测量强度造成影响，试样与标准样粒度等保持一致，则这些影响可以减至最小甚至可忽略不计。

用干扰校正系数校正谱线重叠干扰。重叠干扰校正系数计算方法：通过元素扫描，分析与待测元素分析线有关的干扰线，确定参加谱线重叠校正的干扰元素；利用标准样品直接测定干扰线校正X射线强度的方法，求出谱线重叠校正系数。

（3）建立测量方法

参照仪器操作程序建立测量方法。根据确定的测量元素，从数据库中选择测量谱线并校正。不同型号的仪器，其测定条件不尽相同，参照仪器厂商提供的数据库选择最佳工作条件，主要包括X光管的高压和电流、元素的分析线、分光晶体、准直器、探测器、脉冲高度分布（PHA）、背景校正。

（4）校准曲线及样品测定

按照与试样的制备相同操作步骤，将至少20个不同质量分数元素的标准样品压制成薄片。在仪器最佳工作条件下，依次上机测定分析，记录X射线荧光强度。以X射线荧光强度（kcps）为纵坐标，以对应各元素（或氧化物）的质量分数（mg/kg 或 %）为横坐标，建立校准曲线。

待测试样按照与建立校准曲线相同的条件进行测定，记录 X 射线荧光强度。

（5）质量保证和质量控制

定期对测量仪器进行漂移校正，如更换氩气－甲烷气、环境温湿度变化较大时、仪器停机状态时间较长后开机等。用于漂移校正的样品的物理与化学性质需保持稳定，漂移量偏大时需重做标准曲线，可使用高质量分数标准化样品进行校正。

每批样品分析时应至少测定 1 个土壤或沉积物的国家有证标准物质，其测定值与有证标准物质的相对误差满足要求。

每批样品应进行 20% 的平行样测定，当样品数小于 5 个时，应至少测定 1 个平行样。测定结果的相对偏差满足要求。

（6）注意事项

1）当更换氩气－甲烷气体后，应进行漂移校正或重新建立校准曲线。

2）当样品基体明显超出本方法规定的土壤和沉积物校准曲线范围时，或当元素质量分数超出测量范围时，应使用其他国家标准方法进行验证。

3）硫和氯元素具有不稳定性、极易受污染等特性，分析含硫和氯元素的样品时，制备后的试样应立即测定。

4）样品中二氧化硅质量分数大于 80.0% 时，该方法不适用。

5）更换 X 光管后，调节电压、电流时，应从低电压、电流逐步调节至工作电压、电流。

3.5.2 《环境空气　颗粒物中无机元素的测定　波长色散 X 射线荧光光谱法》（HJ 830—2017）

（1）样品保存与处理

滤膜上负载颗粒物量原则上不宜超过 100 μg/cm²，要均匀分布在直径至少为 30 mm 的范围。小流量采样器采集的颗粒物样品可直接放入样品杯，大、中流量采样器采集的石英滤膜颗粒物样品需用直径为 47 mm 圆刀裁剪成直径为 47 mm 的滤膜圆片后待测，注意避免样品测量面被沾污。

（2）标准样品及纯元素样品测量

负载在聚酯膜或聚碳酸酯核孔膜上的单元素或化合物标准样品，根据实验室条件标准样品个数可在 2～4 个选取（不包括空白滤膜），标样含量大致如下：0.5～2 μg/cm²、3～8 μg/cm²、15～25 μg/cm²、40～60 μg/cm²。负载有元素的薄膜面在支撑环下面的为 A 模式，在支撑环上面的为 B 模式。在优化下的仪器测量条件测定系列标准样品，并在相同测量条件下测量纯元素的特征谱线扫描谱图。

（3）测定样品

按照与标准样品相同的条件测量空白滤膜和样品滤膜。采用全谱图拟合或特定峰面积积分两种方式获取强度。元素含量较低且无干扰时，可选区间谱峰净面积方式获取强度。目标元素存在干扰时，应采用全谱图拟合方法对重叠谱峰进行解析，扣除干扰峰的影响，得到目标元素特征谱峰强度。根据样品滤膜和空白滤膜中目标元素的强度和校准曲线的斜率计算滤膜样品中目标元素含量。

（4）干扰和消除

通常采用全谱图拟合或特定峰面积积分两种方式获取强度。元素含量较低且无干扰时，可选某区间特定谱峰净面积方式获取强度。存在干扰时，应采用全谱图拟合方法对重叠谱峰进行解析，扣除干扰峰的影响，得到目标元素特征谱峰强度。

（5）注意事项

1）滤膜空白：每批样品应至少分析 2 个与采样用滤膜同批次购得的空白滤膜试样。用于采集无组织排放颗粒物的滤膜空白试样中目标元素测定值不得大于目标元素排放标准限值的 1/10。否则，应适当增加采样量，使颗粒物中目标元素测定值明显高于滤膜空白值。用于采集环境空气颗粒物的空白滤膜中目标元素测定值应小于方法测定下限。

2）校准曲线：建立分析方法时的校准曲线可长期使用。每批样品测定前应核对校准曲线。以接近校准曲线中间含量的实验室质控样（或不同来源滤膜标样）进行分析确认，其相对误差应满足要求。否则，应重新建立校准曲线或校准偏移度。

3）精密度：如果颗粒物滤膜样品可重复测定（如石英滤膜样品、聚丙烯滤膜样品），每批样品应抽取 10% 的样品进行重复测定。样品数量少于 10 个时，应至少测定 1 个。当元素含量高于测定下限时，平行样测定结果相对偏差应满足要求。

4）方法验证：使用本方法标准时应通过分析薄膜标准样品进行方法验证。若测量误差超过允许范围，则停止分析样品，查找原因。有条件时，可采用有证大气颗粒物标准样品进行验证。验证结果满足要求以后，才能继续进行分析。以后分析测定每批实际样品时可同时分析实验室质控样品（或不同来源滤膜标样），当元素含量高于测定下限时，实验室质控样品室内测试准确度应达到要求。对混合元素薄膜标准样品（含 Al、Si、Fe、Pb、Cu、Zn、Ni、Mn、Cr 等元素）的测定可在每批样品测量前或全部样品完成测量后进行。其测定值与标准示值的相对误差应小于 10%。此标样和实验室质控样系列测定值均可用于绘制质控图并计算期间精密度。期间精密度数值乘以 2 可用于评估测量结果扩展不确定度。若实验室条件所限，可以考虑采用仪器厂家提供的标准样品进行验证。

5）测定模式：薄膜标样根据支撑环的位置有两种模式可以选择。建议选择与实际样品测量面保持一致的模式，即 B 模式。如果薄膜标样是 A 模式，应在实际滤膜样品表面上放一个与薄膜标样支撑环厚度一致的圆环。如果仪器是下照式，在样品杯内放入圆环后再放入滤膜样品，测量面向下；对于上照式，则在样品杯上先放入滤膜样品，测量面朝上，再放入圆环后固定，使实际样品与薄膜标样受 X 射线照射的距离保持一致。

6）能谱仪测定过程中，对于下照式仪器，为了防止颗粒物掉落在仪器内，有时需要在滤膜样品表面覆盖一层 XRF 专用聚丙烯膜保护仪器。如果在测定样品时有上述考虑，建立校准曲线测定标准样品强度时需采取上述同样措施，两者测量条件应保持一致。

3.5.3《固体废物　无机元素的测定　波长色散X射线荧光光谱法》(HJ 1211—2021)

（1）样品制备

熔融玻璃片法：称取样品与熔剂无水四硼酸锂、无水偏硼酸锂混合，置于铂-金合金坩埚中，加入硝酸锂溶液和溴化锂溶液，在马弗炉中600℃加热预氧化10 min，然后转入熔融制样机，升温至1 050℃熔融。熔融过程中应摇动坩埚将气泡赶尽，并使熔融物混匀。将熔融体在铂-金合金铸模中浇注成型。玻璃状熔融样片应均匀透明、表面光洁、无气泡。

粉末压片法：用硼酸或高密度低压聚乙烯粉垫底、镶边，或塑料环镶边，将约5 g样品置于粉末压样机上，以一定的压力制成表面平整、无裂痕的薄片。对于一些不易成形的样品，可提高压力强度和压片时间，或者加入10%～20%的黏结剂，搅拌研磨混合均匀后加压成形。校准曲线的标准样品应做同样处理，样品和黏结剂配制比例应保持一致。

（2）干扰和消除

基体干扰：样品中基体干扰包括基体元素对目标元素X射线谱线强度的吸收和增强效应。通过经验系数法或基本参数法等数学解析方法计算处理后可减小这种基体效应的影响。

谱线重叠干扰：在样品分析过程中，目标元素分析谱线可能会受到基体中其他元素谱线的干扰。选择目标元素分析谱线时宜避免基体中其他元素谱线的干扰，也可通过分析多个标准样品的测定结果计算谱线重叠干扰校正系数，用于消除干扰。

颗粒效应：采用粉末压片法制备试样时，样品的粒度、不均匀性和表面结构等都会对目标元素的特征X射线谱线强度造成影响，宜控制这些因素。实测样品粒度与标准样品宜保持一致，亦可采取熔融玻璃片法减小或消除这些影响。

（3）建立测量方法

根据确定的目标元素选择并优化分析谱线，从仪器数据库中选择最佳工作条件，主要包括元素的分析谱线、X射线管的电压和电流、分光晶体、准直器、测角仪、探测器、脉冲高度分布、背景校正等，其中分析谱线谱峰、背景点位置和脉冲高度分布可根据标准样品扫描结果调整确认。

（4）校准曲线及样品测试

按照与试样制备相同的操作步骤，将至少15个不同质量分数且质量分数分布均匀的标准样品熔融制成玻璃片或者压制成片，其中粉末压片法按照固体废物类别，宜选择基体类似的标准样品分别建立校准曲线。在仪器最佳工作条件下，依次上机测定，记录目标元素和相关元素特征谱线强度。以无机元素或氧化物的质量分数为自变量，以目标元素校正后的特征谱线强度为因变量，建立校准模型。校准参数包括谱线重叠干扰系数、基体效应校正系数、校准曲线斜率和截距。测定不明来源、不明基体固体废物样品，难以获得标准样品时，可参考定性及无标样定量分析方法。

按照与校准曲线的建立相同条件测定试样。

（5）注意事项

1）制备粉末样品时，通常采用手工或机械方式进行湿法研磨，即在样品中加入适量的酒精、乙醚或乙胺醇等有机试剂的混合研磨方法。

2）每次更换氩气－甲烷气后，应复查与流气式正比计数器有关的元素测定条件，即脉冲高度分布（PHA 或 PHD）的高低限值是否有明显变化。如有明显变化，应进行漂移校正或重新建立校准曲线。

3）硫元素和氯元素具有受高能射线辐射后不稳定、极易受污染等特性，测定含硫元素或含氯元素的样品时，建议使用粉末压片法并立即测定。同时，在仪器测定过程中，样片受 X 射线照射后，氯元素的质量分数会有明显升高，因此，如需测定氯元素，应将氯元素置于测定顺序首位。熔融玻璃片法不适于测定氯元素，测定硫元素时应注意元素损失。

4）更换 X 射线管后，调节电压、电流时，应从低电压和低电流逐步调节至工作电压和工作电流。仪器每次开机时应逐步调节电压和电流，不能一次到位。

5）当元素质量分数的测定结果超出校准曲线范围时，应使用其他分析方法进行验证。

第十二章　有机污染物分析技术

第一节　有机污染物概述

1.1　定义

有机物主要是指碳、氢元素和碳、氢与氧、氮、磷、硫等微量元素结合所形成的一类化合物，严格地说是含碳键的化合物。有机物包括天然有机物和人工合成有机物。天然有机物是指在生物体内合成及其在自然条件下衍生生成的有机化合物，包括动植物、石油、天然气、煤等。人工合成有机物是指在一定实验条件下，通过化学反应合成的有机物。有机物种类繁多，远比矿物的种类多得多，并且每年还有上千种新物质不断问世。有机物分布极其广泛，上至大气圈下至水圈、岩石圈。其中有机污染物主要是指那些进入环境并且能导致生物体或生态系统产生不良效应的有机化合物。

1.2　来源

水体：天然有机物与人工合成有机物是水体有机污染物的两大主要来源。其中，天然有机物来自自然循环代谢产物，如木质素、藻类以及腐殖质，森林草原中产生的腐质酸便是其中的一种，天然有机物是消毒副产物的前体，也是有毒有害污染物的重要附着载体，通过地表径流进入水体，成为水体的有机污染来源之一。人工合成有机物种类繁多，工业废水、生活污水以及农业生产使用的大量农药便是水体中人工合成有机物的主要来源，具体详见表 12-1。

表 12-1　水体有机污染物来源

污染物类型	来源
卤代烃	金属清洗、脱脂和干洗时应用的化工原料、有机溶剂，因挥发、泄漏进入地下水
苯系物	重要化工原料、有机溶剂通过工业废水排放到水中，以及储运过程中的意外事故，如翻车、容器破裂、泄漏等，也会造成严重污染
氯苯类	杀虫剂、除草剂使用，制药及有机合成形成的废水
多环芳烃	化石燃料燃烧、原油提炼，以及火山爆发或者森林大火等形成的废水
氯酚类	木材防腐剂、除草剂和杀虫剂，造纸、炼焦、石油化工产生的工业废水
酞酸酯	一般难溶于水，但可以被吸附在水中的悬浮颗粒物上或以溶解状态存在，地表水中的酞酸酯主要来自工农业（农药、涂料、印染、化妆品、塑料薄膜等）废水，地表径流和空气中颗粒物的沉降等。而地下水中的酞酸酯主要来自受污染地表水的下渗

续表

污染物类型	来源
硝基苯类	石化、制药、火药、染料等化工行业的废水
有机农药污染	农业生产施用化肥、杀虫剂、除草剂造成水质污染
抗生素类	医院、药厂废水排放，水产养殖废水、垃圾填埋场渗滤液
酚类	主要来源于炼焦、石油化工、制酚、农药、印染、塑料、造纸等工业的废水排放
全氟化合物	纺织、造纸、包装、农药、地毯、皮革、地板打磨、电镀、灭火泡沫产生的废水
多溴二苯醚	电子拆解产生的废水
多氯联苯	多氯联苯作绝缘油的电机工厂，大量使用多氯联苯作热载体和润滑油的化学工厂，造纸厂特别是再生纸厂，船舶的耐腐蚀涂料中含有多氯联苯，这些污染源的多氯联苯以废油、渣浆、涂料剥皮等形式进入水系，沉积于水底，然后缓慢地向水中迁移，污染生态系统
石油烃	石油自然沉积中的渗漏；石油烃生产、储存和运输中的意外泄漏；石油产品构成的工业和日常生活污水和废弃物排放

大气：大气中的有机污染物主要是存在气态中的挥发性和半挥发性有机物以及存在颗粒态中的半挥发性和难挥发性有机物。有机污染物一般通过工厂烟囱、车间的排气筒等固定源排放，也通过机动车、火车、轮船等移动源排放。大气中的有机物成分及来源复杂，涉及化工、石化、制药、印刷、涂装、橡胶制品生产、家具制造、电子信息、机械设备制造、垃圾焚烧等行业，具体有机污染物及来源见表 12-2。

表 12-2 大气有机污染物来源

污染物类型	来源
二噁英	大气中 90% 的二噁英来源于城市和工业垃圾焚烧。含铅汽油、煤、防腐处理过的木材以及石油产品、各种废弃物特别是医疗废物在燃烧温度低于 300～400℃时容易产生二噁英
苯系物	在室内建筑和装饰材料、家具、家用电器、清洁剂的排放，除了机动车尾气外，化工、石油、医药等行业排放也是其重要来源
消耗臭氧层物质	工业上大量生产和使用的全氯氟烃、全溴氟烃等物质，如制冷剂、清洗剂、发泡剂和灭火剂的生产使用中的排放到大气中
非甲烷总烃	油类燃烧：汽油和其他油类燃烧过程排放的尾气中，含有众多的未燃尽物质，该类排放是非甲烷总烃人为排放的主要来源。 焚烧：由各类有机物质的焚烧过程所排放。 溶剂蒸发：在各种生产过程中使用各种有机溶剂，如用作清洗剂、化学反应过程的溶剂、油漆涂料等物质的生产和使用过程的溶剂。 石油及石油制品的贮存和运输损耗
酞酸酯	在大气中以气态或吸附于颗粒物上两种形态存在，以后者为主。酞酸酯对大气的污染主要来源于喷涂涂料，塑料垃圾的焚烧和农用薄膜中增塑剂的挥发等

续表

污染物类型	来源
硝基苯类	石化、制药、火药、染料等化工行业的废气排放
多环芳烃	炼油厂、炼焦厂、橡胶厂和火电厂等任何一家排放烟尘的工厂，各种交通车辆排放的尾气中，煤气及其他取暖设施甚至居民的炊烟中
多溴二苯醚	电子拆解过程排放到大气中
醛酮类	汽车尾气、化工行业、木材加工防腐、建筑材料、家具、装饰材料及吸烟等直接产生
多氯联苯	多氯联苯作绝缘油的电机工厂，大量使用多氯联苯作热载体和润滑油的化学工厂排放，在大气中主要附着在颗粒物上

土壤：土壤有机污染物主要来自大气沉降，工业废水和生活污水排放，农药施用，工业固废和生活垃圾堆放等。土壤中的有机物污染物质较常见的有有机农药类、多环芳烃、多氯联苯、二噁英、油类污染物质和邻苯二甲酸酯等有机化合物。其来源可以参考结合水体和大气污染物的来源，如多环芳烃、多氯联苯、二噁英和多溴二苯醚等可以通过大气颗粒物沉降进入土壤中，氯苯类、抗生素、酚类、石油烃、全氟化合物和有机农药类可以通过废水、污水排放进入土壤体系。

1.3 危害

有机污染物大多是有毒有害的，有的还会给人体健康造成较大危害，如杀虫剂、除草剂等农药类会直接干扰人体的内分泌；挥发性有机污染物（VOCs）引起的身体中毒包括血液中毒、神经性中毒、肝中毒、肾中毒和黏膜损伤，当暴露在毒性物质中时，在相当长的一段时间内它们都会表现出生殖毒性和致癌性；持久性有机污染物（POPs）大多是强亲脂且憎水的复杂有机卤化物，化学性质稳定、脂溶性好、极易损害人的肝脏并可影响生物体诸如免疫功能、激素代谢、生殖遗传等各个方面，其危害主要表现在“三致”（致癌、致畸、致突变）等对健康有重大影响的诸多方面。有机污染物在不同的环境介质以各种不同的直接或间接的方式影响着生态环境和人类健康。

水体：水污染直接影响饮用水水源的水质，当饮用水水源受到有机物污染时，则影响饮用水的安全，污染物通过饮水可直接毒害人体；水污染还会降低农作物的产量和质量、影响渔业生产的产量和质量；此外水污染会直接影响水域的生态环境，包括水生动植物的生存危机；水体污染物可以通过水生生物食物链富集进入人体，危害人类健康。

大气：大气有机污染会造成臭氧层破坏、光化学烟雾等，受污染的大气进入人体，可导致呼吸、心血管、神经等系统疾病或其他疾病；动物会由于吸入有害物质而中毒或死亡；污染物使植物机体发生生理和生物化学的变化；大气污染物通过沉降的方式还会直接或间接地污染土壤和水生生态。

土壤：土壤有机污染物会导致农作物的污染、减产；土壤污染会使污染物在植物体中积累，并通过食物链富集到人体和动物体中，危害人畜健康；土壤污染还会导致污染表土在风力和水力的作用下分别进入大气和水体中，导致大气污染、地表水污染、地下水污染和生态系统退化等其他次生生态环境问题。

1.4　管制要求

近年来随着经济的发展，人民生活水平日渐提高，大家对生活的环境问题也逐渐关注。党的十八大以来生态文明建设已成为当前国家建设之重点，生态文明是人类文明发展的历史趋势，以生态文明建设为指导，协调人与自然的关系，要解决工业文明带来的矛盾，把人类活动限制在生态环境能够承受的限度内，对山、河、林、田、湖、草、沙、气进行综合保护和系统管理。因此国家出台一系列的环境质量标准和各行各业的排放标准，从源头上控制排放，对污染物的浓度水平进行综合管控，下面就具体介绍有机污染物在各个环境介质和各行各业的排放的管制要求。

（1）水体

《地表水环境质量标准》（GB 3838—2002）：集中式生活饮用水地表水水源地特定项目中有机污染物项目 70 项，包含挥发性有机物、氯苯类、硝基苯类、苯胺类、酚类、酞酸酯类、有机磷农药、有机氯农药、多环芳烃、甲基汞、多氯联苯和微囊藻毒素等有机污染物。

《地下水质量标准》（GB/T 14848—2017）：常规指标有机污染物 4 项，包含挥发性卤代烃和苯系物类；非常规指标有机污染物 45 项，包含挥发性有机物、氯苯类、硝基苯类、多环芳烃、多氯联苯、酚类、酞酸酯、有机氯和有机磷农药类。

《海水水质标准》（GB 3097—1997）：有机污染物 5 项，包含多环芳烃、有机氯和有机磷农药。

（2）大气

《环境空气质量标准》（GB 3095—2012）：有机污染物 1 项，为苯并［*a*］芘（BaP）。

（3）土壤

《土壤环境质量　农用地土壤污染风险管控标准（试行）》（GB 15618—2018）：风险筛选有机污染物（其他项目）3 项，包含滴滴涕总量、六六六总量和苯并［*a*］芘。

《土壤环境质量　建设用地土壤污染风险管控标准（试行）》（GB 36600—2018）：风险筛选和管制有机污染物（基本项目）38 项，其中挥发性有机物 27 项、半挥发性有机物 11 项包含多环芳烃、硝基苯、苯胺和 2- 氯酚；风险筛选和管制有机污染物（其他项目）34 项，其中挥发性有机物 4 项、半挥发性有机物（六氯环二戊烯、酚类、酞酸酯类、硝基苯类、联苯胺类）10 项、有机农药类 14 项、持久性有机物（多氯联苯、多溴联苯、二噁英类）5 项、石油烃 1 项。

（4）其他排放标准

有机污染物的排放主要集中在石油化工、合成革和人造革、医药生产使用、炼焦化学化工、橡胶制品工业、农药生产使用、造纸、生活垃圾和废物焚烧等行业，其中涉及的排放标准包括但不限于《石油炼制工业污染物排放标准》（GB 31570—2015）、《合成革与人造革工业污染物排放标准》（GB 21902—2008）、《发酵类制药工业水污染物排放标准》(GB 21903—2008)、《化学合成类制药工业水污染物排放标准》(GB 21904—2008)、《提取类制药工业水污染物排放标准》(GB 21905—2008)、《炼焦化学工业污染物排放标准》(GB 16171—2012)、《挥发性有机物无组织排放控制标准》(GB 37822—2019)、《烧碱、聚氯乙烯工业污染物排放标准》(GB 15581—2016)、《橡胶制品工业污染物排放标准》(GB 27632—2011)、《杂环类农药工业水污染物排放标准》(GB 21523—2008)、《制浆造纸工业水污染物排放标准》(GB 3544—2008)、《火葬场大气污染物排放标准》(GB 13801—2015)、《生活垃圾焚烧污染物控制标准》(GB 18485—2014)、《危险废物焚烧污染控制标准》(GB 18484—2020)、《医疗废物处理处置污染控制标准》(GB 39707—2020)等。各行各业的排放标准分别对苯系物、苯胺类、挥发性卤代烃、多环芳烃类、抗生素类、非甲烷总烃、农药类和二噁英类等有机物的排放进行限值管理，直接从源头控制有机污染物的排放，为生态文明建设把好第一道门槛。

1.5 新污染物

随着工业化进程的加快，大量化工产品在为生产生活提供更加丰富、优质服务的同时，也随之带来越来越多的新污染物。新污染物又称新型污染物或新兴污染物，从改善生态环境质量和环境风险管理的角度来看，新污染物是指那些具有生物毒性、环境持久性、生物累积性等特征的有毒有害化学物质，这些有毒有害化学物质对生态环境或者人体健康也存在较大风险，但尚未纳入环境管理或者现有管理措施不足。这些物质由于缺乏毒理信息或者缺乏其对环境影响的研究，很多有机污染物并没有被纳入监测列表中。

目前，国际上尚未就新污染物的分类达成共识，通常而言，内分泌干扰物(EDCs)、药品与个人护理用品(PPCPs)、全氟化合物(PFCs)、溴代阻燃剂(BFRs)、饮用水消毒副产物、微塑料、抗菌剂、工业污染物、洗涤剂等都属于该范畴。新污染物在水体中的含量比较低，通常是μg/L，甚至是ng/L的存在，是常规污染物的1‰～1%。如何对这些有机污染物进行准确的分析，为环境管理、污染源控制、环境规划等提供科学依据是我们亟待解决的问题。2022年5月，国务院办公厅印发《新污染物治理行动方案》(以下简称《方案》)，对新污染物治理工作进行全面部署。《方案》明确，到2025年，完成高关注、高产(用)量的化学物质环境风险筛查，完成一批化学物质环境风险评估，对重点管控新污染物实施禁止、限制、限排等环境风险管控措施；新污染物治理能力明显增强。《方案》部署了六个方面的行动举措：一是加强法律法规制度和技术标准体系建设，建立新污染物治理跨部门协调机制，按照国家统筹、省负总责、市县落实的原则，全面落实新污染物治理属地责任，建立健全新污染物治理体系。二是开展调查监测，评估新污染物环境风险状况，动态发布重点管控新污染物清单。三是全面落实新化学物质环境管理登记制度，严格实施淘汰或限用措施，加强产品中重点管控新污染物含量控制，严格源头管控，防范新污染物产生。四是加强清洁生产和绿色制造，规范抗生素类药品使用管理，强化农药使用管理，强化过程控制，减少新污染物排放。五是加强新污染物多环境介质协同治理，强化含特定新污染物废物的收集利用处置，深化末端治理，降低新污染物环境风险。六是加大科技支撑力度，加强基础能力建设，夯实新污染物治理基础。

开展新污染物监测是环境监测部门未来的主要任务之一，目前我国新污染物的监测主要集中在持久性有机污染物公约履约监测上，同时利用已有监测网络开展了一些专项调查，如利用饮用水水质监测网络，在重点流域开展抗生素、全氟化合物、微塑料的专项调查。生态环境部在长江中下游地区开展了优先控制化学品的调查监测。2016 年起，国家海洋局将微塑料纳入海洋环境常规监测范围。2022 年，生态环境部生态环境监测司统一组织，国家环境分析测试中心负责牵头实施，在长江流域和黄河流域开展新污染物调查性监测工作。《2022 年新污染物调查监测工作方案》中设新污染物国家事权监测点位共 830 个，分 5 年滚动监测。2022 年监测点位数量以长江流域、黄河流域地下水型饮用水水源地为主，兼顾海洋点位和背景点位。同时鼓励有条件的地方开展新污染物监测。地方事权新污染物监测点位视地方情况逐步推进。重点管控新污染物监测指标为壬基酚、五氯酚、抗生素（喹诺酮类、磺胺类、大环内酯类、β 内酰胺类等代表化合物）、全氟类（PFOS、PFOA、PFHxS）、短链氯化石蜡、六溴环十二烷、十溴二苯醚、德克隆、VOC 等；筛查指标及特征指标为开展潜在新污染物靶向筛查，同时结合当地工业特征动态增补其他优控 / 优评化学物质。

第二节　分析技术

按照有机污染物的沸点及样品前处理方式的不同，有机污染物检测分析主要分为两大类：挥发性有机物和半挥发性有机物，其检测分析技术概述见图 12-1。

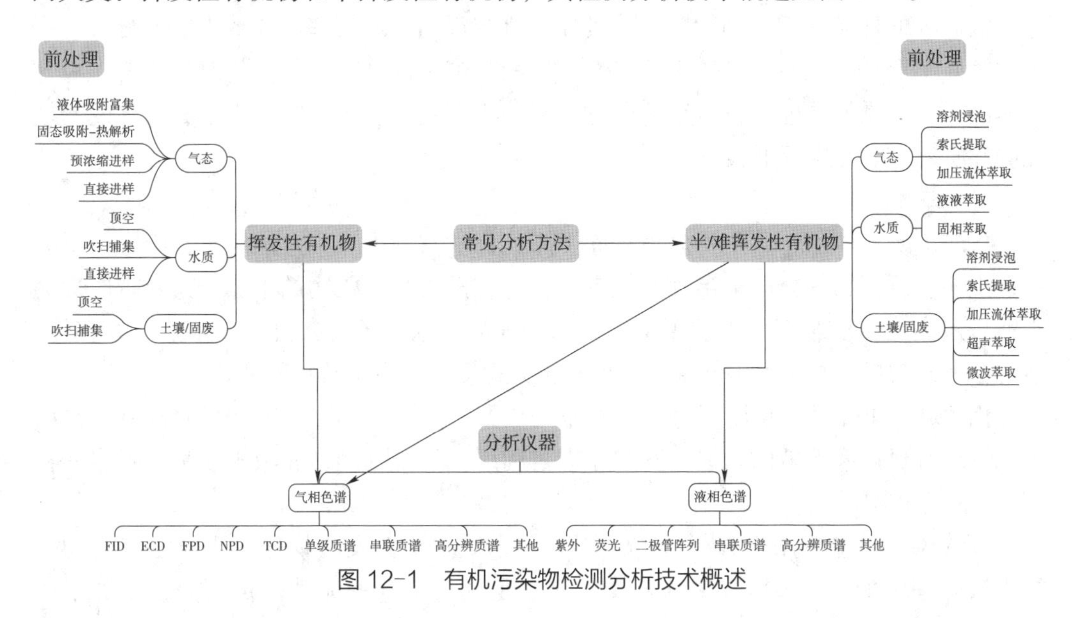

图 12-1　有机污染物检测分析技术概述

挥发性有机物分析技术：样品前处理主要包括直接进样、溶剂解析、热脱附、顶空、吹扫捕集以及大气预浓缩等技术。其中顶空和吹扫捕集技术主要应用于水介质和土壤、沉积物等固体环境介质，溶剂解析、热脱附和大气预浓缩技术主要应用于气态样品的检测分析。挥发性有机物的检测技术主要为气相色谱和气相色谱－质谱联用技术。

半挥发性有机污染物分析技术：主要包括以样品的制备、提取浓缩、净化为主的前处理技术和以色谱、色谱－质谱联用技术为主的检测技术。样品的制备主要包括固态样品的干燥、研磨、筛分以及固废样品的浸提，干燥常用技术为自然风干、冷冻干燥和化学试剂干燥。固态样品的提取技术主要为索氏提取、加速溶剂提取（加压流体萃取）、超声提取和微波提取，主要应用于土壤、沉积物、环境空气和废气等环境介质样品；液态样品的提取技术主要为液液萃取和固相萃取，一般应用于水环境介质样品；样品的净化技术主要有反萃取净化、浓硫酸净化、层析柱净化、凝胶色谱净化等。检测技术主要有气相色谱法、液相色谱法、气相色谱－质谱法、液相色谱－质谱法、气相色谱－高分辨质谱法等。其中加压流体萃取、固相萃取、凝胶色谱净化、气相色谱－高分辨质谱法、液相色谱－质谱法等是近年来飞速发展、日渐成熟的新技术，我国与时俱进地发布了一系列相关的环境分析标准。

2.1 前处理技术

2.1.1 预处理

2.1.1.1 干燥

环境监测中一般如土壤、沉积物等固态样品，均含有不同比例的水，会不同程度地影响后续的样品处理，例如影响非极性有机溶剂的提取效率、导致提取液分层、影响浓缩效率等，因此在大多数半挥发性有机物与难挥发性有机物分析时，需要先对这些样品进行干燥，才能进行后续的处理。当分析挥发性有机物时，由于其易挥发易损耗的性质，一般不进行干燥。

（1）基本原理

冷冻干燥：样品干燥主要分为冷冻干燥、化学试剂干燥和自然风干，冷冻干燥适用于土壤、沉积物等介质中半挥发性有机物与难挥发性有机物的干燥，其基本原理为水在一定高真空度与三相点温度下，冻结成冰后，水分子直接升华成水蒸气并移除，达到除水的效果，同时由于低温的保护，较大程度地减少了有机物的损失。

化学试剂干燥：常见用于手工 / 自动索式提取法提取土壤等固态介质样品的干燥，也适用于有机体系溶液的干燥。基本原理是利用化学试剂的结晶吸水或微孔吸水等特性对样品进行干燥。

自然风干：主要用于分析土壤、固废等介质中难挥发、物化性质稳定有机物时的干燥处理，如二噁英、多氯联苯类，该法是利用空气的流动带走水分的一种干燥方式。

（2）操作过程

1）冷冻干燥

预冷冻：用干净的金属或聚四氟乙烯材质的勺子等工具将样品从采样器皿中取出，转移至干净的玻璃皿、铝箔纸袋等容器中，密封好，放置在无污染的冰箱或冻干机冷冻腔进行预冷冻，冷冻至冰状固体的冻结状态，冷冻时间视样品的含水率而定，一般为 3～4 h。该步骤的目的是使常温液态的水变成冰晶，均匀分布在样品中。

仪器冻干：将预冷冻好的样品放置于稳定在设定温度下的冻干机中，装样品的器皿需留有供水蒸气逸出的小孔，同时应做好不同样品间的有效间隔，防止样品间的相互污染。盖上真空腔密封盖及关闭排空阀等连通大气的管路，检查密封情况，确保密封完好，然后启动真空泵，并跟踪观察仪器是否能达到设定的真空度且真空度稳定，否则需及时检查各部件的密封性。

2）化学试剂干燥

土壤：取新鲜的土壤样品与 400～600℃灼烧后的无水硫酸钠（参考用量为 10%～20% 样品重量）搅拌混合至流沙状，待用。

有机体系溶液：推荐手动装填无水硫酸钠柱，先在柱子底部装填少量无目标物干扰的棉花或玻璃棉，加入一定量高温灼烧过的无水硫酸钠，用少量与待干燥相同的有机溶液润洗一下，弃去润洗液，再把待干燥的溶液缓慢倒入无水硫酸钠柱进行干燥，上样完成后（待溶液流经无水硫酸钠柱后），再用润洗溶剂清洗干燥柱，合并到已干燥的有机溶液中，待用。无水硫酸钠小柱临用现装。

3）自然风干

样品摊铺：将样品平铺于干净的容器（如不锈钢、聚四氟乙烯盘等）中，摊成 2～3 cm 的薄层，适时地压碎、翻动，拣出碎石、沙砾、植物残体。

放置风干：将摊铺好的样品放置在通风良好，整洁，无尘，无易挥发性化学物质室内（严防阳光直射土样），需经常翻动样品使接触空气面保持均匀，样品成松散、干爽状视为完成。

（3）注意事项

冷冻干燥：样品完成冻干后一般需要进一步研磨，具体见本章 2.1.1.2。

化学试剂干燥：对于含有乙腈、丙酮、甲醇等极性较大溶剂的有机体系，无水硫酸钠的除水时间相对较长，效果相对非极性体系较差。对于压力溶剂萃取法，样品装填时建议使用硅藻土，不建议使用无水硫酸钠，以防止其吸水结块后堵塞仪器管路。

2.1.1.2　研磨

（1）适用范围

主要用于干燥后的土壤、沉积物等固体样品的进一步处理，目的是统一样品提取时的粒径，保证方法提取效率的一致性。常见使用工具有磨样用玛瑙研磨机（球磨机）或玛瑙研钵，以及各规格不锈钢材质或涂特氟龙材料的标准筛网。

（2）操作过程

干燥剂法：取一定量已除去石子、枝叶等杂质的新鲜样品，加入一定量的干燥剂，脱水、研磨至细小颗粒、混匀，待用。

冻干法：冻干完成后的样品，取一定量放置于清洗干净的研磨器皿中研磨，研磨后用方法要求规格的标准筛网进行筛分，收集。

（3）注意事项

研钵或研磨机装样器皿需先依次用清水和有机溶剂清洗干净、晾干后使用，每个样品研磨后都需清洗；研磨应少量多次进行；研磨后的样品应充分混合。

2.1.1.3 浸提

（1）适用范围

主要用于固体废物中固态与半固态废物的浸出毒性鉴别。通过在一定量的样品中加入浸提液，在容器中翻转振荡，模拟废物在酸性降水或填埋场渗滤液的影响下，其中有害组分从废物中浸出而进入环境的过程。

（2）操作过程

1）挥发性有机物

取样：取两份样品，一份用于测定含水率，另一份用于进行毒性浸出实验。

测定含水率：称取 50～100 g 样品于具盖容器中，于 105℃下烘干，恒重至两次称量值的误差小于 ±1%。

样品冷冻：将样品密封并放置于冰箱中冷却至 4℃，称取干基质量为 40～50 g 的样品（样品直径应小于 9.5 mm，否则应先进行破碎等处理）。

转入装置：快速转入零顶空提取装置（ZHE）。安装好 ZHE，用气泵或压缩气体缓慢加压排出顶空气。

加入浸提剂：根据样品的含水率，按液固比为 10∶1（L/kg）计算出所需浸提剂的体积，用溶液输送泵将浸提剂转移至 ZHE，安装好 ZHE，缓慢加压以排出顶空气，关闭 ZHE 阀门。

振荡：将 ZHE 固定在翻转式振荡装置上，调节转速为（30±2）r/min，于（23±2）℃下振荡（18±2）h。

浸出液转移：振荡停止后取下 ZHE，检查装置是否漏气（如果漏气，应重新取样浸出），用收集有初始液相的同一个浸出液采集装置（可用 Tedlar 气袋）收集浸出液，冷藏保存待分析。

过滤：利用压缩气体或压力泵，对 ZHE 中的浸出液进行加压过滤，4℃冷藏保存待下步处理。

2）半挥发性有机物

初始液过滤：如果样品中含有初始液相，应过滤。干固体百分率小于或等于总样品量 9% 的，所得到的初始液相即浸出液，直接进行分析；干固体百分率大于总样品量 9% 的，继续进行以下浸出步骤，并将所得到的浸出液与初始液相混合后进行分析。

测定含水率：同挥发性有机物。

配制浸提剂：取质量比为 2∶1 的浓硫酸和浓硝酸混合液适量加入空白超纯水中，并用 pH 计测定 pH，调节溶液，使 pH 为 3.20±0.05。

加入浸提剂：称取150～200 g样品（样品直径应小于9.5 mm），置于2 L特氟龙提取瓶中，根据样品的含水率，按液固比为10∶1（L/kg）计算出所需浸提剂的体积，加入浸提剂。

振荡：盖紧瓶盖后固定在翻转式振荡装置上，调节转速为（30±2）r/min，于（23±2）℃下振荡（18±2）h。

注：如果样品中含有初始液相，应先进行过滤。干固体百分率小于或等于9%的，所得到的初始液相即浸出液，直接进行分析；干固体百分率大于9%的，将滤渣按上述步骤浸出，初始液相与浸出液混合后进行分析。

过滤：利用高压过滤器对浸出液进行过滤，使用滤膜材质为一次性玻璃纤维滤膜或微孔滤膜（孔径为0.6～0.8 μm），待提取处理。

（3）注意事项

粒径：样品颗粒直径应小于9.5 mm，必要时需对样品进行破碎、切割等操作减少其粒径。

挥发性有机物：在分析挥发性有机物时，进行每个步骤均应尽量减少样品接触空气的时间，以减少目标物的损失。

过滤：过滤时应注意压力和速度的情况，防止滤膜堵塞，必要时更换新滤膜再进行过滤。

振荡：若振荡过程中有气体产生，应暂停振荡，并在通风橱中打开提取瓶，释放压力后继续振荡。

2.1.1.4　过滤

（1）适用范围

液态样品过滤多用于高效液相色谱法、高效液相色谱－质谱联用法中的前处理，其中对于液相分析，直接进样时必须要进行样品过滤，此外，也有一部分分析项目是萃取前进行样品的过滤，如水中的微囊藻毒素、百草枯和杀草快。

（2）目的

由于颗粒物会对高效液相色谱仪造成损害，还会堵塞柱子造成柱前压偏高。所以直接进样时需要过滤样品中的颗粒物。不同的方法，过滤的目的不同，例如《生活饮用水标准检验方法　第8部分：有机物指标》（GB/T 5750.8—2023）16.1 高效液相色谱法分析微囊藻毒素，方法采用过滤分离藻细胞，藻细胞冻融后提取，得到水相以及藻细胞萃取液中加和的结果；而《水中微囊藻毒素的测定》（GB/T 20466—2006）只分析水中的微囊藻毒素，因此要把藻类以及悬浮物过滤去除。

（3）操作过程

水样直接进样前的过滤：直接使用一次性注射器取一定量的样品，根据具体分析的项目，使用合适的滤头，弃去部分初滤液后，接取一定量样品进行分析。当使用滤膜进行样品过滤时，由于样品量大、膜孔径较小，流速较慢，一般推荐使用减压过滤。

有机提取浓缩液的过滤：用一次性注射器取适量定容后的样品。使用尼龙等材质的滤头，进行过滤，滤液进行上机分析。

（4）注意事项

孔径选择：常用规格为 0.45 μm 和 0.22 μm，普通高效液相色谱多用前者，超高效液相多用后者。对于浊度比较大的样品，使用尺寸较小的滤头过滤一般比较困难，可以考虑更换成横截面更大的滤头。

2.1.1.5　采样介质处理

（1）适用范围

聚氨酯泡沫：主要用于环境空气中气相和颗粒相的半挥发性有机污染物采集，如酞酸酯、有机氯农药、多氯联苯、多环芳烃、二噁英等。PUF 密度一般为 16～25 mg/cm^3，实际根据玻璃采样筒的规格确定。

滤膜（筒）：采样用的滤膜（筒）主要有石英和玻璃纤维两种材质，主要用于采集气体中的颗粒物样品。

吸附树脂：吸附树脂主要用于吸附废气样品中的有机污染物，也可用于空气样品的采集。常用的有苯乙烯－二乙烯基苯的聚合物、XAD-2 树脂、Supelpak-2 液相填料等。

吸收液：适用于通过吸收液吸收测定气态样品中有机物的项目，如甲醛、DMF（*N,N*-二甲基二酰胺）、环境空气及废气中醛酮类等。

采样罐和气袋：采样罐和气袋主要适用于采集环境空气和废气中的挥发性有机物。

（2）操作过程

PUF（索氏提取清洗）：使用前最好使用沸水烫洗，再用温水或常温纯水反复搓洗干净，沥干 PUF 中水分，用丙酮预清洗 3 次，去除水分，再放入索氏提取器，依次用丙酮回流提取 16 h，丙酮 / 正己烷（1∶1，*V/V*）提取液回流提取 16 h，更换 2～3 丙酮 / 正己烷（1∶1，*V/V*）提取液回流（提取液不变色为止），每次回流提取 16 h。然后取出，将溶剂挥干或氮气吹干（亦可采用 50℃真空干燥 8 h）。用铝箔包好放于合适的容器内密封保存。

PUF（加压流体萃取清洗）：使用前最好使用沸水烫洗，再用温水或常温纯水反复搓洗干净，沥干 PUF 中水分，用丙酮预清洗 3 次，去除水分，再放入大容量的萃取池中，用加压流体萃取仪清洗：提取溶剂，丙酮 / 正己烷（1∶1，*V/V*）；提取温度，100℃；加热时间，5 min；静态提取时间，5 min；循环次数，3 次；吹扫时间，120 s；淋洗体积，60%。清洗后尽快将 PUF 取出，将溶剂挥干或氮气吹干（亦可采用 50℃真空干燥 8 h）。用铝箔包好放于合适的容器内密封保存。

滤膜：根据采样头选择合适规格，用铝箔将滤膜包好，并留有开口，放入马弗炉中 400℃下加热 6 h。

滤筒：要求对粒径大于 0.3 μm 颗粒物的阻留效率超过 99.95%（穿透率小于 0.05%），使用之前放入马弗炉中 600℃下加热 6 h。

吸收液（DNPH 吸收液法测定空气、污染源废气中醛酮类为例）：采用 DNPH 吸收液法测定空气、污染源废气中醛酮类时，按照标准配制 DNPH 饱和吸收液，经过滤后，需进一步纯化。纯化方法为先后用二氯甲烷和正己烷萃取，分层后下层 DNPH 溶液转移至棕色试剂瓶保存。

采样罐清洗：粗真空，一般需要机械泵抽至 14 kPa 左右，再启动分子涡轮泵；高真空，分子涡轮泵启动，目标压力 7 kPa 以下，真空度越高，采样罐清洗越干净，所需循环次数可适当减少，但是达到高真空度的时间越长，建议设定为 27 Pa（200 mtorr）；充入清洗气，充至罐内气体压力大于一个大气压，建议设定为两个大气压，即 202 kPa（这个参数具体设多大影响不大，也可以更高，但应低于罐子的最高承受压力，一般为三个大气压）。达到设定压力后，还需设定保持时间，建议≥1 min，通常设定为 5 min；循环次数建议≥5 次；如果样品中含有高浓度的含氧化合物，如醛酮、醇类化合物，则建议循环次数更多一点；最终真空压力建议设为 6.7 Pa（50 mmTorr），压力太低清洗时间会很长，并且不容易保持。达到最终压力后，设定保持时间≥5 min。

气袋清洗：气袋是否重复使用一般视材质而定，一般建议气袋一次性使用，使用前需要用氮气冲洗。冲洗的方法可以直接使用钢瓶气，连接在钢瓶气的减压阀上，对于没有排气孔的气袋，则充满后拿下来用手挤压或接入无油泵抽空，尽量排空，再次充入氮气，再次排空，如此重复 5 次以上，如果是浓度较高的气袋，则重复次数要更多一点。

（3）注意事项

PUF：清洗结束后应马上从提取器中取出，防止长时间压缩而导致变型，必要时，用丙酮使 PUF 恢复原形，再挥干溶剂，变型严重的 PUF 将不能够拿去采样使用；PUF 清洗过程中须防止破损；PUF 清洗的提取溶剂也可使用二氯甲烷 / 正己烷（1∶1，*V*/*V*），索氏提取时，应注意溶剂余量，防止溶剂蒸干；建议使用大口径的索氏抽提器（1 000 ml 及以上）清洗 PUF，防止 PUF 变型，PUF 在使用加压溶剂提取仪清洗时很容易变型。清洗完的 PUF 需密封保存，尽快使用，PUF 空白中的有机污染物含量会随着放置时间的延长而显著增高。

滤膜（筒）：处理后的滤筒（或滤膜）密封保存，并注意不能有折痕。

吸附树脂：用于树脂清洗的索氏抽提器最好单独使用，不建议与抽提样品的混用，以防污染空白树脂。清洗树脂的提取溶剂也可以用二氯甲烷 / 正已烷（1∶1，*V*/*V*），但需要预先用丙酮先清洗去除树脂中的水分。清洗完的树脂需密封保存，尽快使用，树脂空白中的有机污染物含量会随着放置时间的延长而显著增高。

吸收液：每批 DNPH 溶液均应在采样前 48 h 内制备和纯化。

采样罐：用于加湿的高纯水必须没有 VOCs 的干扰，可以用煮沸或通氮气的方式除掉水中的 VOCs。清洗完毕后，把采样罐的开关阀关闭后再关闭程序。还需按比例抽取清洗完的采样罐进行空白检查。具体见相应标准方法。

气袋：气袋清洗完毕后要检查清洗情况，充入氮气后，进样分析，看是否满足空白要求，如果采集过高浓度样品的气袋，建议仅一次性使用。

2.1.2 提取技术

2.1.2.1 液液萃取

操作过程及注意事项见第十章“2.2.6 萃取”。该方法适用于水样中难溶或微溶的半挥发性有机物的提取。如需加回收率指示物或分析基质加标样品，则同步将一定量回收率指示物或标准品加入分液漏斗中，混合均匀。萃取后的溶剂一般需要经浓缩净化，如需加入内标，则在净化浓缩后加入内标，最后定容至所需最终体积，待上机分析。

2.1.2.2　固相萃取

（1）基本原理

固相萃取技术（SPE）是以液相色谱分离机理为基础，用颗粒细小的多孔固体吸附剂从流经的液体样品中选择性吸附，再通过选择性洗脱的方式对样品进行富集、分离、纯化的物理萃取过程，也可以将其近似地看作一种简单的色谱过程。

根据相似相溶机理可分为正相（吸附剂极性大于洗脱液极性）、反相（吸附剂极性小于洗脱液极性）和离子交换固相萃取。该方法适用于水样中难溶或微溶的半挥发性有机物的提取。根据萃取装置的形状，又可以分为 SPE 柱和 SPE 盘。

（2）操作过程

1）柱萃取

取样：取适量经自然沉降或过滤后水样，并同时取空白样（超纯水）。若样品中待测化合物浓度较高，可适当减少取样量。如需加回收率指示物或分析基质加标样品，则同步加入回收率指示物或标准品，混匀。用广谱 pH 试纸检查样品 pH，用（1+1）硫酸溶液或 10 mol/L NaOH 溶液调节水样至所需 pH。每份水样加入一定量甲醇，使甲醇浓度为 0.5%，混匀。

活化：将固相萃取柱安装在固相萃取装置上，用适当溶剂清洗固相萃取柱，让溶剂自然滴流，当萃取柱上方只剩下 1～2 mm 溶剂时，加入适量超纯水，让其自然滴流。在萃取柱变干之前，关闭萃取柱出口阀。活化过程流速控制约为 5 ml/min（1～2 滴 /s）。

上样：将样品通过聚四氟乙烯管线与萃取柱相连，带旋钮的一端与萃取柱相连，用手拧紧，防止空气进入，带重力球（柱）的一端放在待测样品瓶的底部。打开真空泵，调节水样的流出速度为 5～10 ml/min（2～3 滴 /s）。

淋洗：用适当溶剂淋洗小柱，去除小柱上保留较弱的杂质，真空抽干或氮吹 15 min 左右，除掉水分。

洗脱：用适当溶剂以约 5 ml/min（1～2 滴 /s）的流速洗脱富集后的小柱，收集洗脱液。

干燥：将洗脱液通过干燥柱，用少量适当溶剂洗涤接收管 2～3 次，将洗涤液一并过干燥柱脱水。收集所有脱水后的洗脱液。

净化定容：采用合适浓缩、净化技术进行浓缩净化。样品如需加入内标，则净化浓缩后加入内标，最后定容至所需体积，待上机分析。

2）盘萃取

优点：第一，SPE 盘选择粒径比传统固相萃取柱更小的填料，减少了空隙容积，增大了表面积，处理相同体积的样品时需要更小量洗脱溶剂。第二，由于使用更小粒径的填料，增加了填料的密度和均一性，减少了穿透和沟流现象，因此可以使用更高的流速（10～100 ml/min），大大减少萃取时间，提高工作效率，尤其适用于大体积水样的提取。萃取盘与萃取柱操作步骤基本一致，通常包括活化、上样、淋洗净化、干燥、洗脱这几个步骤。

注：若使用自动固相萃取仪萃取样品，则按照各自仪器的操作规程进行萃取。

（3）注意事项

悬浮物干扰：若水样含较多的悬浮物，应先用 0.45 μm 聚四氟乙烯（或尼龙等对样品无干扰的材质）微孔滤膜过滤水样，再进行固相萃取操作，防止堵塞。

萃取吸附剂的选择：主要考虑目标物的性质和样品溶液的溶剂强度。根据相似相溶原理，萃取时应尽可能选择与被分析物极性相似的固定相。反相固相萃取是最常用的固相萃取方法，常用的有 C_{18}、C_8、聚苯乙烯 - 聚二乙烯苯共聚物、碳分子筛、石墨化碳黑等；如从非极性样品中萃取相当极性的目标物，则多采用正相固相萃取方式，常用的有硅胶、氧化铝、氧化镁及硅镁型吸附剂等；如被分析物可以离子化，则多采用离子交换固相萃取方式。另外，还应考虑样品溶液的溶剂极性强度，样品溶液的溶剂极性强度相对于固定相应较弱，被分析物的保留因子就大，在固定相上必有强的吸附保留值。

pH：样品溶液 pH 对所选的吸附剂可能造成影响，pH 过高或过低可能使吸附效率较低甚至破坏吸附剂。

活化及上样：活化及上样过程中不应让萃取柱或萃取盘中的液体流干。如果活化过程中萃取柱或萃取盘流干，应重新进行活化。上样速度应保持稳定，不能过快或过慢，并尽量避免空气通过柱床。

2.1.2.3　超声提取

超声提取所用超声仪并不是超声清洗仪，而是带有探头的超声波仪，也叫细胞破碎仪，超声波提取仪的功率至少应有 300 W，带有脉冲功能，最好有隔音箱。

（1）适用范围

该方法适用于从土壤、底泥、固体废物、滤膜等固态样品中提取半挥发性和难挥发性有机物。

（2）基本原理

萃取的溶剂视目标化合物而定，没有一种溶剂普遍适用于所有被测物，可以用相似相溶的原则选择，并且一般使用混合溶剂，混合溶剂由一种水溶性溶剂和一种疏水性溶剂组成，例如与水互溶的丙酮、与水不互溶的二氯甲烷和正己烷。使用水溶性溶剂可提高湿固体样品的萃取效率，原理是水溶性溶剂能辅助混合溶剂穿透固体颗粒表面的水层来促进对湿固体的提取。疏水性溶剂萃取有机化合物可选择相似极性的溶剂，例如非极性的正己烷通常用于萃取非极性的化合物，例如 PCBs、PAHs，中极性的二氯甲烷通常用于萃取极性的化合物；丙酮的极性在混合溶剂中也能协助萃取极性化合物。

（3）操作过程

1）低浓度样品

制样：按照标准方法除去土壤样品上的异物，混匀样品，固体废物和沉积物样品按照相关标准方法进行处理。

称样：称取大约 30 g 样品（称样量可根据样品的浓度而定）置于玻璃烧杯中，记录样品重量。

替代物添加：参考标准方法要求，加入一定量的替代物到固体样品中。如果是加标样品，则同时加入一定量的目标物标准溶液。

替代物添加：对于不含砂质成分的湿样品或者粘样品，加入 60 g 无水硫酸钠，使用刮铲搅匀，加入无水硫酸钠后，样品应该可以自由流动，如果需要可以增加无水硫酸钠的用量。

试剂添加：加入 100 ml 萃取溶剂，把烧杯放置在超声波仪上，放入探头，探头的深入溶剂表面 1.2 cm 左右，在固体样品层上方，不要碰到固体样品。

萃取：开启超声萃取，萃取 3 min。待萃取完成后，先升高探头，使探头离开液面，用滴管取少量溶剂冲洗探头，洗涤液滴入烧杯中，最后再把烧杯取走。

过滤：将盛有样品和萃取溶剂的烧杯静置 2 min 后，小心将萃取液倾倒到布氏漏斗中进行过滤（使用孔径为 20～25 μm 的滤纸），用干净的烧瓶接取滤液，或者把萃取液倾倒到离心管中进行低速离心，去除固体颗粒。倾倒时尽量不要扰动下层固体样品，尽可能只倾倒液体。

收集萃取液：再重复试剂添加、萃取、过滤（重复萃取）步骤两次，最后一次萃取后过滤时，可以把整份固体样品倾倒在布氏漏斗上，并用溶剂洗涤烧杯，洗涤液再一起倾倒到漏斗上，抽滤，收集所有萃取液。如果使用离心的方法，同样把固体样品倒入离心管中离心分离，收集萃取液。

2）高浓度样品

制样：按照标准方法除去土壤样品上的异物，混匀样品，固体废物和沉积物样品按照相关标准方法进行处理。

称样：称取大约 2 g 样品（称样量可根据样品的浓度而定）置于 20 ml 带盖子的瓶子（建议使用有刻度的瓶子）中，记录样品重量。如果称量多个样品则擦干净瓶口并盖好盖子。下一步需要时再打开盖子。

替代物添加：参考标准方法要求，加入一定量的替代物到固体样品中。如果是加标样品，则同时加入一定量的目标物标准溶液。

替代物添加：对于不含砂质成分的湿样品或者粘样品，加入 2 g 无水硫酸钠，搅匀，加入无水硫酸钠后，样品应该可以自由流动，如果需要可以增加无水硫酸钠的用量。

试剂添加：加入一定量的萃取溶剂，使最终体积为 10 ml。把瓶子放置在超声波仪上，放入更小的探头（1/8 inch），探头的深入溶剂表面 1.2 cm 左右，在固体样品层上方，不要碰到固体样品。

萃取：开启超声萃取，萃取 3 min。

过滤：静置 2 min 后在一次性吸管中填充 2～3 cm 玻璃毛，过滤萃取液到合适的容器中，收集大约 5 ml 的萃取液。此过滤步骤可以使用针式过滤头进行，尽量使用玻璃针筒。

（4）注意事项

1）每个厂家的超声波提取仪不一样，使用时按照厂家的说明书进行参数的设置，并随时留意探头的磨损情况，及时更换。

2）超声时留意温度的升高和萃取的强度，调整超声功率。

3）样品量和溶剂的用量可适当调整。

4）萃取完一个样品后要用萃取溶剂清洗探头，再用于下一个样品。

2.1.2.4　索氏提取

（1）适用范围

该方法是从固体样品（土壤、沉积物、固废、滤膜等）中萃取有机物的经典的方法，适用于非水溶性和微水溶性非挥发性的有机物污染物。

（2）基本原理

索式提取是利用溶剂回流和虹吸原理，使固体物质每一次都能被冷凝下的纯溶剂所萃取，萃取效率较高。把萃取溶剂置于烧瓶中加热，溶剂受热沸腾蒸发，蒸汽通过导气管上升，到达冷凝管，受冷凝结成液态滴落到装有样品的抽提筒中，干净的重蒸溶剂浸泡样品得到样品溶液，当在抽提筒中的溶剂液面到达虹吸管顶端，样品溶液流回烧瓶中，如此循环，多次提取，直到样品中几乎所有目标物都转移到溶剂中。常用的萃取溶剂有丙酮：正己烷（1：1，*V*/*V*）、二氯甲烷：丙酮（1：1，*V*/*V*）、甲苯：甲醇（1：1，*V*/*V*）。

（3）操作过程

研磨：萃取前应先将固体物质研磨细，以增加液体浸溶的比表面积。

称量和装样：称取约 10 g 样品，参照标准方法的要求，加入一定量的替代物到固体样品中，再加入 10 g 无水硫酸钠，混匀后放在滤纸套（滤纸套使用前需用 1/1 丙酮：正己烷溶剂索氏抽提 16 h 以上）内，放置于抽提筒中。

提取：在烧瓶中倒入 300 ml 溶剂，放入几颗沸石，连接好仪器。把烧瓶放入水浴锅（或加热套）中，开启冷凝水，加热水浴，开始回流 16～24 h，调节水浴温度，使每小时 4～6 个循环。

萃取液处理：萃取结束后，关闭水浴锅，完全冷却后再把烧瓶内的萃取液进行浓缩或后续操作。留在抽提筒中的溶剂可以合并到烧瓶萃取液中。

干燥：萃取液经过无水硫酸钠柱干燥。

（4）注意事项

冷凝水的选择：如果使用的溶剂沸点较低，建议使用温度较低的冷凝水，否则在萃取过程中，冷凝效果不佳会导致溶剂挥发变少。冷凝水可使用循环冷却水，温度可设定在 5～20℃。使用冷却冷凝水时注意水管要避开索氏提取仪的连接处，以防因遇冷凝结的水珠渗入提取器中。

样品高度：提取管中样品的高度不要超过虹吸管的顶端。

萃取液量变化：萃取过程需观察溶液量的变化情况，当由于装置漏气导致溶剂量挥发明显减少不足以回流前，及时降温及补充适当量的溶剂，再继续提取。

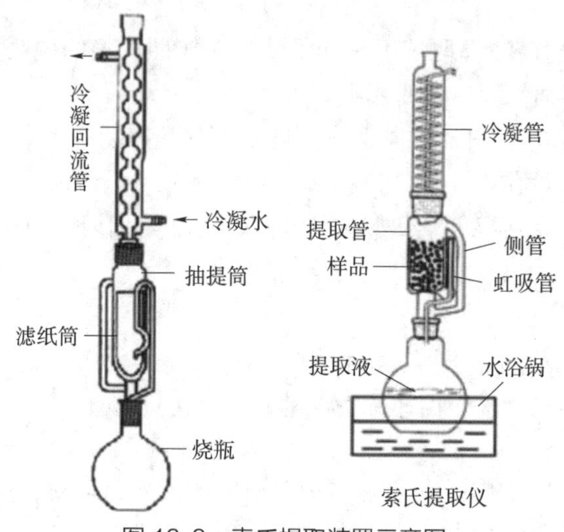

图 12-2 索氏提取装置示意图

2.1.2.5 加压流体萃取

（1）适用范围

加压流体萃取又称加速溶剂萃取、快速溶剂萃取，常用于土壤、沉积物和固体废物等环境样品中的有机磷农药、有机氯农药、氯代除草剂、多环芳烃、邻苯二甲酸酯、多氯联苯、石油烃等半挥发性有机物和难挥发性有机物的萃取。

（2）基本原理

加压流体萃取的原理是将处理后的土壤、沉积物和固体废物等环境样品加入密闭容器中，选择合适的有机溶剂，在加压、加热、惰性气体保护的条件下，液态的有机溶剂与样品充分接触，将样品中的有机物提取到有机溶剂中。

（3）操作过程

萃取池选择：一般情况下，11 ml 萃取池可装 10 g 试样；22 ml 萃取池可装 20 g 试样；34 ml 萃取池可装 30 g 试样（萃取池的具体规格参见仪器说明书）。

试样的装填：取洗净的萃取池拧紧底盖，垂直放在水平台面上。将专用的玻璃纤维滤膜放置于其底部，顶部放置专用漏斗。用小烧杯称取适量试样，如需加入替代物或同位素内标，应一并加入试样中，轻微晃动小烧杯使其混入试样。按编号将试样依次通过专用漏斗小心转移至萃取池，移去漏斗，拧紧顶盖（应避免试样粘在萃取池螺纹上或洒落）。竖直平稳地拿起萃取池，再次拧紧两端盖子，将其竖直平稳放入加压流体萃取装置样品盘中。在每个萃取池对应位置上放置干净的接收瓶，记录每个样品对应的萃取池和接收瓶的编号。对应接收瓶体积，一般为萃取池体积的 0.5～1.4 倍，不同仪器会有所不同。

溶剂的选择：根据目标物推荐使用表 12-3 溶剂或混合溶剂。

表 12-3　提取溶剂的选择

序号	目标物	溶剂或混合溶剂
1	有机磷农药	二氯甲烷或丙酮－二氯甲烷（1：1）
2	有机氯农药	丙酮－二氯甲烷（1：1）或丙酮－正己烷（1：1）
3	氯代除草剂	丙酮－二氯甲烷－磷酸溶液的混合溶液（250：125：15）
4	多环芳烃	丙酮－正己烷（1：1）
5	酞酸酯类	丙酮－二氯甲烷（1：1）或丙酮－正己烷（1：1）
6	多氯联苯	正己烷或丙酮－二氯甲烷（1：1）或丙酮－正己烷（1：1）
7	石油烃	正己烷或丙酮－正己烷（1：1）
8	其他半挥发性有机物	丙酮－二氯甲烷（1：1）或丙酮－正己烷（1：1）
9	二噁英类	甲苯
10	多溴二苯醚	二氯甲烷－正己烷（1：1）或丙酮－正己烷（1：1）
11	酚类	二氯甲烷－正己烷（2：1）

载气压力：0.8 MPa。

加热温度：100℃（有机磷农药也可选择 80℃，多氯联苯、二噁英类可选择 120℃）。

萃取池压力：1 200～2 000 psi（8.3～13.8 MPa）。

预加热平衡：5 min。

静态萃取时间：5 min。

溶剂淋洗体积：60% 池体积。

氮气吹扫时间：60 s（可根据萃取池体积适当增加吹扫时间，以便彻底淋洗样品）。

静态萃取次数：1～2 次。

上述参数为优化参考条件，也可根据目标化合物或不同仪器选择其他参考条件。

试样的自动萃取：条件设置后，启动程序，仪器自动完成萃取。

（4）注意事项

使用环境：萃取过程应在通风条件下进行。

萃取溶剂：萃取过程中不可使用自燃点在 40～200℃的萃取溶剂（如二硫化碳、乙醚和 1,4- 二氧杂环己烷等）。

萃取池使用：当转移萃取池中的试样或清洗萃取池时，应避免萃取池内壁出现划痕影响萃取效果。

萃取池清洁：使用过的萃取池应进行彻底清洗，以免造成样品交叉污染和残留样品堵塞萃取池内不锈钢砂过滤垫。具体清洗方法：将萃取池全部拆开，用热水、有机溶剂和实验用水分别在超声波清洗器中依次清洗。

条件改变：当溶剂、温度和压力等萃取条件改变时，应重新验证萃取回收率。

样品装填：装入试样后的萃取池上端，应保证留有 0.5～1.0 cm 高的空间；若萃取池上端空间大于 1.0 cm，应加入适量石英砂。

2.1.3　浓缩技术

环境样品经过提取净化后，通常在较大体积的溶剂中，目标化合物浓度相对较低，可能无法达到检测仪器分析灵敏度的要求，所以浓缩的目的是减小样品体积提高目标化合物浓度，常见方法如下：

常压浓缩：适用于挥发性和沸点相对较低的组分，通过升高温度，将溶剂由液态转化成气态被抽走或被通过冷凝器再次收集，从而达到浓缩目的。例如 K-D 浓缩和氮吹浓缩等。

减压浓缩：通过抽真空，使容器内产生负压，在不改变物质化学性质的前提下降低物质的沸点，使一些高温下化学性质不稳定或沸点高的溶剂在低温下由液态转化成气态被抽走或被通过冷凝器再次收集。例如旋转蒸发、平行浓缩、离心浓缩等。

2.1.3.1　K-D 浓缩

（1）基本原理

K-D 浓缩是一种通过在常压的条件下加热蒸发溶剂进行浓缩的技术。装置如图 12-3 所示。

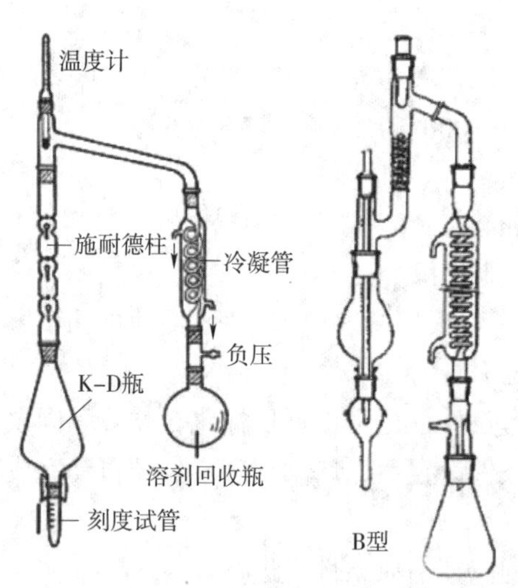

图 12-3　K-D 浓缩装置示意图

最下端是带有刻度的 10 ml 浓缩瓶，带标准磨口，与上方 K-D 瓶（蒸发瓶）连接，K-D 瓶上、下方都带标准磨口，下方与浓缩瓶连接，上方与施耐德柱（Snyder column）连接。施耐德柱（Snyder column）有常规使用的三球施耐德柱和微型两球施耐德柱（Snyder column），在萃取溶剂较多的情况下选用三球施耐德柱。施耐德柱的作用相当于精馏柱的作用，将装有溶剂的 K-D 瓶放入水浴锅中，溶剂受热沸腾，蒸汽上升到达施耐德柱（Snyder column）时，溶剂蒸汽上升受阻在此回流，如果低沸点的组分混在溶剂蒸汽中，在此冷凝后由于沸点比溶剂高，则重新溶于液相中回流到浓缩瓶中，并同时可以把蒸发瓶壁上的化合物重新溶解带回浓缩瓶，一部分溶剂蒸汽继续往上然后到达冷凝管受冷变回液态，被溶剂回收瓶接收。

（2）操作过程

组装：组装好 K-D 浓缩装置，把干燥后的样品溶液接收在 K-D 瓶中。在瓶中加入 1～2 颗干净的沸石，连接一个三球施耐德柱。然后组装好剩余的部分。

预湿施耐德柱：通过柱的顶部加入约 1 ml 二氯甲烷（或其他合适的溶剂，即萃取溶剂的一种），预湿施耐德柱。

浓缩：将 K-D 装置放在热水浴上，水浴温度在溶剂沸点 15～20℃，让浓缩瓶部分浸入热水中，烧瓶（蒸发瓶）的整个下圆形表面被热蒸汽包围。根据需要调整仪器的垂直位置和水温，在 10～20 min 内完成浓缩。在适当的蒸馏速率下，施耐德柱上的球会活跃地旋转，但柱里面不会被液体淹没。这个步骤可以开启减压泵，也可以不开启，视溶剂的沸点和蒸馏的速度，即使使用负压来进行蒸馏，负压的程度也不应太高。

冷却：当浓缩瓶里的液体只剩下约 1 ml 时，从水浴中取出 K-D 装置，等待上方的液体回流并冷却至少 10 min。

更换溶剂：如果需要更换溶剂，则迅速移开施耐德柱，加入 50 ml 要更换的溶剂，和两颗新的沸石，重新安装好施耐德柱和组装好回收装置，放入水浴锅中重复蒸馏操作。蒸馏结束后冷却。

润洗：移开施耐德柱，用 1～2 ml 溶剂清洗施耐德柱和烧瓶的连接处以及烧瓶，清洗液滴回浓缩瓶中收集。这时浓缩瓶中剩余的溶剂一般在 5 ml 以上，后续还需用氮吹或者其他方法进行最后的浓缩。

（3）注意事项

浓缩液体：在蒸馏过程中，不能让浓缩管中液体蒸干。

压力控制：开启减压蒸馏时，应从常压慢慢往下降，避免压力下降太快导致蒸馏速度失控。

温度计：温度计可以换成塞子。

2.1.3.2 氮吹浓缩

（1）适用范围

通常是将氮气吹入加热样品的表面进行样品浓缩，具有省时、操作方便、容易控制等特点，可很快得到预期的结果。广泛应用于农残分析、商检、食品、环境、制药、生物制品等行业及用于液相、气相及质谱分析中的样品制备。

（2）基本原理

氮吹浓缩是将氮气吹入样品的表面进行样品浓缩。利用氮气的快速流动打破液体上空的气液平衡，从而使液体挥发速度加快，可通过干加热或水浴加热方式升高温度，从而达到样品浓缩的目的。

（3）操作过程

样品转移：将提取液转移至浓缩管，用合适的溶剂少量多次润洗样品瓶，润洗液全部转移至浓缩管。

氮吹：打开氮吹装置，必要时打开加热温度预热，放进浓缩管，打开氮气阀门开关，设置氮气控制流量大小，开始氮吹。

结束：待氮吹至需要的样品体积以下，关闭氮气阀门开关，停止氮吹，用玻璃滴管取出样品。

（4）注意事项

适用性：不用于燃点低于 100℃的物质和酸碱性物质。

使用安全：使用氮吹仪时应当保护好自身安全，尤其是手和眼睛。

使用环境：在使用过程中应保证通风良好。

交叉感染：为防止样品交叉感染，使用后应及时清洗气针管。

气针管使用位置：气针管需放置在液面以上，不能伸入液面以下。

氮气流速：开始通入氮气时，应慢慢开启阀门，以观察到液面微动为宜，防止样品溅起造成污染。

2.1.3.3 旋转蒸发

（1）适用范围

旋转蒸发，是实验室广泛应用的一种蒸发技术，由马达、蒸馏瓶、加热锅、冷凝管等部分组成的，主要用于减压条件下连续蒸馏易挥发性溶剂，应用于化学、化工、生物医药等领域。

（2）基本原理

基于减压蒸馏的原理，通过真空泵使蒸发烧瓶处于负压状态，使烧瓶在适合的速度和温度下，溶剂挥发实现浓缩。旋转蒸发器系统可以密封减压至 400～600 mmHg；用加热浴加热蒸馏瓶中的溶剂，加热温度可接近该溶剂的沸点；同时还可进行旋转，速度为 50～160 r/min，使溶剂形成薄膜，增大蒸发面积。此外，在高效冷却器作用下，可将热蒸汽迅速液化，加快蒸发速率。

（3）操作过程

冷凝水预冷：使用前打开循环冷凝水预冷，至设定温度（建议 5℃以下）

水浴加热：打开旋转蒸发仪的电源，必要时加热水浴（亦可加入硅油），根据实际所需温度设定加热温度。

装样：在蒸发瓶中加入待蒸液体，体积不能超过 2/3，装好蒸发瓶和转接头，用卡箍卡牢（固定）。

调节压力：打开真空泵，关闭真空泵活塞开始工作抽真空，调节蒸馏速度。

调节位置：用升降控制开关将蒸发瓶置于水浴中。

转速：使用旋转旋钮调整至稳定的转速。

结束：液体体积达到浓缩要求后，先停止旋转再用升降控制开关使蒸发瓶离开水浴，打开真空泵活塞放空，取下蒸发瓶。关闭真空泵、循环冷凝水和相关电源。

废液处置：使用后要及时将废液倒入指定的废液缸。

（4）注意事项

玻璃零件：玻璃零件接装应轻拿轻放，使用前应洗干净，擦干或烘干。

水浴锅：水浴锅加热通电前必须加水，不允许无水干烧。

仪器操作：当蒸发瓶旋转或升降时，切勿用外力控制仪器。

操作顺序：旋转开启前，将蒸发瓶降低至加热锅位置，否则，沸腾的加热介质可能溅出。

蒸发瓶位置：为了保护蒸发管及其相关部件，如用到大于 1 L 的蒸发瓶，须保证瓶子一半体积浸泡在水浴锅水中，利用其浮力降低蒸发管的负荷。

压力问题：如果真空压力达不到设置要求时，检查各接头、接口是否密封；密封圈、密封面是否有效；真空泵的极限真空度是否合格，连接软管是否漏气；玻璃件是否有裂缝、碎裂、损坏的现象；低温循环泵的温度是否足够低，循环开关是否打开；如果待蒸出液是低沸点易挥发液体，也容易被抽走导致真空度低。

2.1.3.4　平行浓缩

（1）基本原理

平行浓缩又称平行蒸发，由水浴加热系统、溶剂回收系统、真空系统组成，可以同时快速蒸发多个样品，适用于处理高沸点溶剂样品。可选配多种规格的试管架（4～96 位），单个样品体积为 0.5～500 ml，每个试管独立连接到真空盖上，不存在交叉污染问题。通过同时加热、减压、旋涡振荡将多个样品快速蒸干或定量浓缩，有效的避免高温对某些目标物的破坏，全程无须操作人员看管，自动化程度高。用于在振荡状态下连续浓缩样品，低真空，从而可以快速蒸发样品中的溶剂，可以快速浓缩或干燥样品系统，可以有效地蒸发掉溶剂并通过冷阱和过滤收集。

（2）操作过程

冷却液：查看冷却液是否达到指定量，如不够应在使用前将其添加到指定量，打开冷却机电源，使冷却机工作约 30 min，冷却液温度达到约为设定温度时，开启其他电源开关。

水浴：查看水浴缸中的水是否足够，如没有达到要求，应补充加水，设定所要浓缩样品的水浴温度。

装样：把装有待浓缩溶液的浓缩管放到水浴中，如果数量较少，对应真空盖上空余的导气孔需要用密封塞塞住。把浓缩仪的真空盖盖好，真空盖上的螺丝用手轻轻拧紧，注意不能拧太紧。

浓缩：打开真空泵，在其液晶显示板面上选择该溶剂对应温度的蒸汽压值。调节水浴缸振荡旋钮，使其达到需要的合理范围。

结束：浓缩完毕后，放空真空泵，调节水浴缸振荡旋钮至最小值，把真空盖的螺丝拧开，打开真空盖即可取出浓缩完毕的浓缩管，使用完毕后关掉仪器等部件的电源。

（3）注意事项

旋钮操作：真空盖板上的旋钮不可旋得过紧，防止压碎玻璃盖板。

浓缩瓶：浓缩瓶要尽量使用原配或同一批次的产品，定制的话要规格一致，确保密封垫气密性。

浓缩管：浓缩管放置位置应尽量对称，减少旋涡重力不均匀带来的危险。

压力：若真空压力无法达到设定值，应检查空余孔位是否堵塞、浓缩瓶口是否破损、浓缩瓶安装固定时的高度是否一致、真空泵是否开启等。

参数设置：单种溶剂的浓缩可以参考仪器自带的溶剂库来设置真空压力和温度，混合溶剂的浓缩可以通过梯度方法来设置真空压力和保持的时间。

2.1.3.5 离心浓缩

（1）基本原理

离心浓缩又称离心旋转蒸发，是一种融合了离心、减压蒸馏技术的蒸发溶剂方法。离心浓缩的原理是样品溶液被放入离心机转子并高速旋转，同时抽真空使样品液处于真空环境。真空使得样品中的溶剂沸点大幅降低，在常温附近即可达到沸点挥发。而离心机旋转产生的离心力会在样品液中造成压力梯度，处于样品容器底部的液体压力较大，而处于液面部分的液体压力较小，使得沸腾从表面开始，加上离心时向心力的作用，不会造成爆沸而导致样品损失和样品间交叉污染，也不会造成浓缩腔污染。该装置使用低温，低压水蒸气来为离心浓缩管提供热量，始终使样品处于低温状态但又不会因热量不足而降至过低温度。比如，可以按所需要的样品温度来抽真空到一定压力值，使水在该温度微沸，低温水蒸气遇离心浓缩管冷凝而放出热量。

（2）操作过程

组件选择：根据样品体积选择合适的蒸发管。选择合适蒸发管适配器，利用密封组件安装 2 ml 色谱进样瓶，尽量选取透明色谱瓶，方便浓缩过程观察刻度。

冷凝液检查：检查循环冷凝器中乙二醇与纯水混合液的液面高度是否在规定的刻度内，按需要及时添加，添加比例为乙二醇：纯水 =30：70。

废液瓶清空：检查废液瓶是否清空，防止开机运行时抽真空倒吸。

循环冷凝器打开：开启循环冷凝器电源，手动设置冷凝水温度后按开始按钮，或选择默认主机方法的自动模式。

样品瓶放置：开启主机电源，打开主盖，在加热腔内加入适量的去离子水。将待浓缩的样品加入蒸发瓶中，由于浓缩过程中有离心转速，故必须将样品瓶配平并且对称放置，无样品位置放置空位塞。

浓缩：拧开内盖，将蒸发瓶放入固定槽内，盖上内盖并拧紧，旋转控制面板右侧操作手柄，选择方法，可选择自带内置方法，亦可根据需要调节的温度和浓缩时间自行编制方法。设置好参数后，按启动键，仪器开始运行。

结束：运行过程中可通过连续按两下左侧旋转手柄，透过样品可视窗口观察样品蒸发剩余体积，通过旋转手柄可观察 1～6 不同位置样品，当样品体积小于色谱进样瓶 1.0 ml 刻度可停止运行。

（3）注意事项

1）检查循环冷凝器中乙二醇与水混合液的液面高度是否在规定的刻度内。

2）适配器密封垫出现破损或污染，需及时更换新的。

3）蒸发腔体密封垫 1～2 年更换一次。

2.1.4 净化技术

2.1.4.1 浓硫酸净化

（1）适用范围

浓硫酸净化适用于性质稳定且不会被浓硫酸破坏的待分析物，这类待分析物一般不含双键（活性低的苯环除外）。如二噁英类、多氯联苯类、多溴二苯醚类以及部分有机氯农药等化合物。

（2）基本原理

浓硫酸净化主要去除样品中的不饱和脂肪酸和色素等干扰物质，其作用原理是硫酸和化合物发生加成、磺化、氧化等三类反应。比如，浓硫酸和不饱和脂肪酸会发生加成反应，和酯会发生水解，和色素会发生磺化反应，浓硫酸也有强氧化性，使羟基脱水，醛基发生氧化等复杂的反应。反应产物极性很大，从而在非极性溶剂中溶解度很小，达到分离净化的目的。因此从浓硫酸的工作原理可以看出，如果要用浓硫酸净化，待分析物必须化学性质稳定，结构上一般不含双键（活性低活性低的苯环除外），不带羟基、醛基等官能团、没有三元环等。

（3）操作过程

硫酸净化主要有分液漏斗液液萃取模式和离心管液液萃取模式。

1）分液漏斗液液萃取模式

溶剂转换：一般需要把提取液溶剂转换成正己烷（或其他非极性溶剂）体系，提取液浓缩至约 2 ml，加入 4～5 ml 正己烷继续浓缩至约 2 ml，再重复该步骤 1 次（适合提取液沸点比正己烷的沸点低）；或提取液浓缩至近干，直接加入正己烷润洗浓缩瓶即可（适合提取液沸点比正己烷的沸点高）。

提取液转移：把正己烷体系的提取液转移至 100 ml 的分液漏斗中，转移过程中需要用正己烷润洗浓缩瓶至少 3 次，润洗溶剂量控制在 20～30 ml。

浓硫酸净化：加入适量浓硫酸（10～20 ml），振荡约 5 min，静置 10 min 或以上，直至分层明显（具体操作过程可参考液液萃取章节），保留有机相（上层），弃去硫酸层（硫酸层在下层）。根据硫酸层颜色的深浅重复操作 2～4 次，直到硫酸层的颜色变浅或无色为止。

水洗：正己烷相加入约 50 ml 5% 氯化钠水溶液振荡、静置 10 min，弃去水相（下层）。重复上述步骤至水相呈中性（用滴管取水相滴在广谱 pH 试纸上，试纸不变色）。正己烷相经无水硫酸钠脱水，收集浓缩液，待下一步浓缩（具体操作步骤可参考液液萃取章节）。

2）离心管液液萃取模式

溶剂转换：步骤同分液漏斗液液萃取模式。

提取液转移：把正己烷体系的提取液转移至约 20 ml 玻璃离心管（带聚四氟乙烯垫螺纹瓶盖）中，用正己烷润洗浓缩瓶至少 3 次，正己烷溶剂控制在 7～10 ml。

浓硫酸净化：加入适量（4～8 ml）浓硫酸，密封，用涡轮振荡器充分混匀 30 s

以上，用离心机 3 000 r/min 离心 1 min，保留有机相（上层），弃去下层硫酸（用滴管吸出硫酸）。根据硫酸层颜色的深浅重复操作 2～4 次，直到硫酸层的颜色变浅或无色为止。

水洗：正己烷相加入约 5 ml 5% 氯化钠水溶液，密封，用涡轮振荡器充分混匀 30 s 以上，用离心机 3 000 r/min 离心 1 min，保留有机相（上层），弃去下层水相（用滴管吸出水相）。重复上述步骤至水相呈中性（用滴管取水相滴在广谱 pH 试纸进行测试）。正己烷相经无水硫酸钠脱水，收集浓缩液，待下一步浓缩。

（4）注意事项

硫酸使用：浓硫酸具有很强的腐蚀性，取用时需要注意安全，建议用瓶口分液器（有专门耐强酸的瓶口分液器）取用，以防倒洒和滴落。净化时需要做好个人防护，戴好手套，穿好鞋袜和实验服，尽量减少皮肤的裸露。

萃取振荡：用分液漏斗液液萃取模式时，建议第一次加入浓硫酸时稍微振荡一下即可（特别是样品基质较复杂的样品），无须充分使劲混匀，否则浓硫酸和正己烷很容易乳化，难分层。如果乳化严重难分离，就需要把乳化层进行离心分离。第二次以后就可以充分振荡混匀。

水洗：如果样品浓硫酸净化后需要进行硅胶净化，就无须进行最后一步水洗、脱水过程。可直接取正己烷层，必要时浓缩至合适体积后，直接进行下一步净化。

离心：离心管液液萃取模式中，涡轮振荡时硫酸层与正己烷层要充分混匀，离心时需注意离心管能耐离心的速率，以防速率过大离心管破裂。

取硫酸层：滴管吸取硫酸层时，需要在液体外面先挤压滴管上方的乳胶头，把滴管伸进硫酸层底部后再放开。千万不要滴管伸进液体层后再去挤压乳胶头，以防空气的挤入不利于液体的分层。

浓硫酸体积：建议净化时浓硫酸加入体积与正己烷的体积有差别，这样能更好地分辨出硫酸层和正己烷层。

2.1.4.2 铜粉（片、丝）净化

（1）适用范围

铜粉（片、丝）净化主要应用于土壤、沉积物和固废样品中，主要目的是去除样品提取液中的硫。

（2）基本原理

活化的铜粉（片、丝）与液体中的硫可以反应生成硫化亚铜黑色沉淀，以此去除提取液中的硫。

（3）操作过程

活化：先配制硝酸溶液（1+9）：取 90 ml 实验用水到 250 ml 具塞磨口瓶底烧瓶中，再慢慢加入 10 ml 浓硝酸（1.42 g/ml），混合均匀。取一个烧杯，把铜粉（片）浸泡在硝酸溶液（浓度约为 5%）中 10 min 左右，去除表面氧化层后，用实验用水洗涤至中性后，再分别用丙酮（甲醇）和正己烷洗涤 3 次，最后用干净玻璃瓶把铜粉（片）密封保存在正己烷层中，使用前取出，在通风橱内晾干后使用。铜丝的活化时，所需

硝酸溶液浓度要更低。

净化过程：索氏提取或加压流体萃取时，把 1～2 g 铜粉（片、丝）放在接收瓶中，提取结束后，如果所有的铜粉（片、丝）都变黑了，须在提取液中再加入少量的铜粉（片、丝），轻轻摇晃，静置（10 min 至过夜时间不等），直至铜粉（片、丝）不变色。使用滴管转移萃取液到浓缩瓶中，用提取溶剂（如正己烷、二氯甲烷等）润洗收集瓶和铜粉（片、丝）至少 2 次。润洗液合并转移到浓缩瓶中浓缩。

（4）注意事项

硝酸配制：配制硝酸溶液需要注意安全，必须先加水，再缓慢地沿着壁加入酸，防止液体过热飞溅出来。建议用瓶口分液器来取用硝酸，以防倒洒和滴落。

铜材质选择：建议优先选择用铜粉净化、再用铜片，最后用铜丝。铜粉的比表面积最大，更能充分地跟提取液中的硫反应。

铜粉（片、丝）除硫：不建议铜粉（片、丝）直接与样品混合，放在加压流体萃取池或者索氏提取器中净化，因为提取完成后，我们无法看到放在萃取池中和包裹在索氏提取器中的铜粉（片、丝）是否全部变色，就无法直接判断除硫是否充分。因此建议在提取液中加入铜粉（片、丝）来除硫。

样品转移：如果样品提取所用的接收瓶可以直接用于浓缩时，可以在铜粉（片、丝）净化后，先把提取液浓缩到较小体积（大约 5 ml）再用滴管转移提取液，然后用提取溶剂（如正己烷、二氯甲烷等）润洗收集瓶和铜粉（片、丝）至少 2 次。润洗液合并转移到浓缩瓶中浓缩。这样可以节省转移时间。

铜粉（片、丝）保存：活化好的铜粉（片、丝）不能长时间暴露在空气中，否则表面氧化后就失去活性，无法达到除硫的作用，需要再重新活化。

2.1.4.3　层析柱净化

（1）适用范围

该方法适用于绝大部分半挥发性有机物和持久性有机污染物的净化，适用于净化分析目标物与干扰物在层析柱上有不同的吸附能力的情况。

（2）基本原理

层析柱法又称柱色谱法，分离原理是根据物质在固定相上的吸附能力不同而进行分离，一般情况下极性大的物质易被极性固定相（如硅胶、氧化铝等）吸附，层析柱过程即吸附、解吸、再吸附和再解吸的过程。淋洗液的选择对柱层析分离效果具有很大的影响，在极性的层析柱中对极性大的组分选用强极性的淋洗剂，对极性弱的组分则选用弱极性的淋洗剂进行洗脱。

柱色谱法一般有吸附色谱和分配色谱两种。实验室中最常用的是吸附色谱，根据混合物中各组分在吸附剂中的吸附能力差异，以及对洗脱剂的溶解度不同将各组分分离，常用固定相是氧化铝和硅胶。分配色谱以硅胶、硅藻土和纤维素作为支持剂，以吸收一定量的液体作固定相，而支持剂本身不起分离作用。

层析柱净化主要有自动净化仪净化和手动净化两种方式，其中自动净化仪净化基本使用仪器配套的商品化净化柱净化；手动净化又有手工填柱净化和商品化层析柱净化。目前市面上常见的自动净化仪配套的柱子主要有复合硅胶柱、氧化铝柱、弗罗里硅土柱和活性炭柱，其最大特点是柱容量大，可以很好地去除杂质，缺点就是淋洗溶剂用量大、柱子价格昂贵，适合基体比较复杂的样品，目前实验室使用范围较小，基本用于二噁英和PCB等持久性有机物的净化；手动净化商品柱有硅胶小柱、氧化铝小柱、硅酸镁净化小柱（弗罗里硅土小柱）、活性炭小柱，其特点是淋洗溶剂用量少，净化时间短，缺点是柱容量小，去除杂质能力有限，适合基体干扰比较简单的样品；如果商品净化小柱达不到很好去除杂质干扰时，我们可以选择手工填柱的方式用来净化样品，达到去除基体干扰的影响，手工填柱的特点是可以根据需要填装不同柱容量，不同吸附剂的层析柱，净化选择性好、柱子经济实惠。

（3）操作过程

自动净化仪净化过程针对不同的目标化合物直接设定好仪器参数就行了，不同的仪器其参数设置各不相同，具体举例介绍看本章2.1.4.5中二噁英的分析净化方法。对于手动净化方式，层析柱可选择手工装填或者已装填好的商品化柱，净化过程主要有吸附剂的制备、装柱、洗柱、加样、淋洗和收集各组分等步骤。

1）吸附剂的制备

中性硅胶制备方法一：在烧杯中放入层析填充柱用硅胶（0.063～0.212 mm，70～230目），加入甲醇使其液面高于硅胶层1～2 cm，玻璃棒搅拌1～2 min后弃去甲醇。重复该步骤2次，使用二氯甲烷继续清洗2次，弃去二氯甲烷。在蒸发皿中摊开硅胶，厚度小于10 mm。待二氯甲烷挥发完全后，将硅胶至于烘箱中130℃下干燥16～18 h，然后放入干燥器冷却30 min，装入试剂瓶中密封，保存在干燥器中。

中性硅胶制备方法二：层析填充柱用硅胶（0.063～0.212 mm，70～230目）置于马弗炉中450℃烘烤4 h，再置于烘箱中170℃下干燥16～18 h，然后放入干燥器冷却30 min，装入试剂瓶中密封，保存在干燥器中。也可以长期保存在170℃烘箱中，使用前放入干燥器中冷却30 min。

注：有的样品在活性高的硅胶中分离效果不好，可以在里面加入一定质量比例的实验用水（大约3%）来降低硅胶活性。

44%/30%硫酸硅胶制备：取56 g/70 g上述制备好的硅胶至250 ml玻璃分液漏斗中，逐滴加入44 g/30 g浓硫酸（23.9 ml/16.3 ml浓硫酸），充分振摇使硅胶变成粉末状。将所制成的硅胶装入试剂瓶密封，保存在干燥器中。

碱性硅胶制备：2%氢氧化钾（氢氧化钠）硅胶：取硅胶98 g于500 ml平底烧瓶中，逐滴加入50 g/L氢氧化钾（氢氧化钠）溶液40 ml，充分振荡，混合均匀后，在旋转蒸发装置中约50℃温度下减压脱水，去除大部分水分后，继续在50～80℃减压脱水1 h，硅胶变成粉末状。所制成的硅胶含有2%（*w/w*）的氢氧化钾（氢氧化钠），将其装入试剂瓶密封，保存在干燥器内中。

10%硝酸银硅胶：取硅胶90 g于500 ml平底烧瓶中，逐滴加入400 g/L硝酸银溶液28 ml，在旋转蒸发装置中约50℃温度下减压充分脱水。配制过程中应使用棕色遮光板或铝箔遮挡光线。所制成的硅胶含有10%（*w/w*）的硝酸银，将其装入棕色试剂瓶密封，保存在干燥器中。

氧化铝制备：层析填充柱用氧化铝有中性、碱性和酸性，适用于不同类型化合物，可直接购买。购买的氧化铝可以如以下步骤进行活化。将氧化铝在烧杯中铺成厚度小于 10 mm 的薄层，在 130℃温度下烘烤 18 h，或者在培养皿中铺成厚度小于 5 mm 的薄层，在 500℃下处理灼烧 8 h，活化后的氧化铝在干燥器内冷却 30 min 后，装入试剂瓶密封，保存在干燥器中。氧化铝活化后应尽快使用。购买的氧化铝也可以长期保存在 170℃烘箱中，使用前放入干燥器内冷却 30 min。有的样品在活性高的氧化铝中分离效果不好，可以在里面加入一定质量比例的实验用水（大约 3%）来降低氧化铝活性。

硅酸镁填料制备：将硅酸镁在烧杯中铺成厚度小于 10 mm 的薄层，在 130℃温度下烘烤 18 h，或者在培养皿中铺成厚度小于 5 mm 的薄层，在 500℃下灼烧 8 h，活化后的硅酸镁在干燥器内冷却 30 min 后，装入试剂瓶密封，保存在干燥器中。硅酸镁活化后应尽快使用。购买的硅酸镁也可以长期保存在 170℃烘箱中，使用前放入干燥器内冷却 30 min。有的样品在活性高的硅酸镁中分离效果不好，可以在里面加入一定质量比例的实验用水（大约 3%）来降低硅酸镁活性。

Carbopack C/Celite 545（18%）活性炭制备：将 9.0 g 的 Carbopack C 活性炭与 41 g 的 Celite545 于附聚四氟乙烯内衬螺帽的 250 ml 玻璃瓶中混合均匀，使用前于 130℃活化 6 h，冷却后储于干燥箱内保存备用。也可以长期保存在 170℃烘箱中，使用前放入干燥器内冷却 30 min。

AX-21/Celite 545（8%）活性炭制备：将 10.7 g 的 AX-21 活性炭与 124 g 的 Celite545 于附聚四氟乙烯内衬螺帽的 250 ml 玻璃瓶中混合均匀，充分振荡搅拌，使其完全混合，使用前于 130℃活化 6 h，冷却后储于干燥箱内保存备用。也可以长期保存在 170℃烘箱中，使用前放入干燥器内冷却 30 min。

2）装柱

操作要点：装柱前柱底要垫一层脱脂棉（玻璃棉）或使用底部带砂芯隔垫的玻璃柱，以防吸附剂外漏；固定相的上表面一定要平整。层析柱装填的高度一般为柱直径长度的 8～15 倍。

装柱主要有两种方法：干法装柱和湿法装柱。

干法装柱：将柱竖直固定在铁架台上，用一支干净的玻璃棒将少量玻璃棉（或脱脂棉）轻轻推入柱底狭窄部位，不要压得太紧密，否则淋洗剂将流出太慢或根本流不出来。然后将所需量的吸附剂通过玻璃漏斗慢慢加入柱中，同时，轻轻敲柱身使柱填充紧密，再加入 1 cm 高度无水硫酸钠。

湿法装柱：将柱竖直固定在铁架台上，关闭活塞，用一支干净的玻璃棒将少量玻璃棉（或脱脂棉）轻轻推入柱底部，不要压得太紧密，否则淋洗剂将流出太慢或根本流不出来（以防止溶剂流速过慢）。加入选定的淋洗剂至柱容积的 1/4，将一定量的吸附剂置烧杯中，加入淋洗剂浸润，用玻璃棒缓缓搅动赶掉气泡，溶胀并调成糊状。打开柱下活塞调节流出速度为每秒 1 滴，将调好的吸附剂在搅拌下自柱顶缓缓注入柱中，同时用洗耳球轻轻敲击柱身，使吸附剂在淋洗剂中均匀沉降，形成均匀紧密的吸附剂柱。全部吸附剂加完后，再加入 1 cm 高度的无水硫酸钠，关闭活塞。在全部装柱过程及装完柱后，都需始终保持吸附剂上面有一段液柱，否则将会有空气进入吸附剂，在其中形成气泡而影响分离效果。如果发现柱中已经形成了气泡，应设法排除，如多敲打等方式，若不能排除，则应重装。

3）洗柱

柱子装填完成后，需要用淋洗剂（实验室常用的层析柱一般选用非极性溶剂正己烷淋洗，碳柱一般先用甲苯淋洗，再用正己烷润洗）润洗层析柱，特别是干法填的层析柱，必须把整个柱子都浸润湿透，淋洗完成后保持液面略高出固定相一点（大约 2 mm）。

如果选择商品净化小柱可以直接垂直固定在铁架台上或者安装在固相萃取装置上使用。使用时净化小柱下面安装一个流速控制阀，加入淋洗剂充满柱子，待柱充满后关闭流速控制阀浸润大约 5 min，缓慢打开控制阀，继续加入大约 5 ml 淋洗剂，在填料暴露于空气之前，关闭控制阀，弃去流出液。

4）上样

上样也有干、湿法两种。实验室常用的为湿法上样。湿法上样是将待分离物溶于尽可能少的溶剂中，将配好的溶液沿着柱内壁缓缓加入，切记勿冲起吸附剂，否则将造成吸附剂表面不平而影响分离效果。溶液加完后，小心打开柱下活塞，放出液体至溶液液面略高出固定相，继续沿柱内壁缓缓加入润洗样品的润洗液，重复操作 2 次。加样操作的关键是要避免样品溶液被冲稀。技术不熟练者，可以在加样时关闭活塞，加完样再打开活塞。

一般实验室很少会去选择使用干法上样，其主要操作过程为将待净化样品加入少量低沸点溶剂溶解，再加入约 5 倍量吸附剂，拌和均匀后在通风橱中蒸发干。将吸附了样品的吸附剂平摊在柱内吸附剂的顶端，在上面加盖一层无水硫酸钠。干法加样易于掌握，不会造成样品溶液的冲稀，但不适合对热敏感容易挥发的化合物，干法上样也不太适合应用于商品柱上。

5）淋洗和接收

样品加入后即可用大量淋洗剂淋洗。淋洗剂最好选择单一溶剂，只有在选不出合适的单一溶剂时才使用混合溶剂。混合溶剂一般由两种可以无限混合的溶剂组成，先以不同的配比做流出线性试验，选出最佳配比、最佳洗脱体积、最佳接收段。再按该比例配制好。如果在淋洗过程中需要改变洗脱溶剂的极性，需从对目标化合物洗脱能力弱到洗脱能力强的方向改变。如硅胶柱、氧化铝柱和弗罗里硅胶柱一般从非极性溶剂增加极性溶剂的比例来增强洗脱能力，碳柱是增加甲苯量来增加洗脱能力。根据所需要接收目标化合物流出时段的液体来选择。

（4）注意事项

填料的制备：制备好的填料需要干燥保存好，防止暴露在潮湿环境中导致其失活，制备好的填料如长时间放置需要重新活化，填料最好现制现用。氧化铝和硅胶的活性各分为五个等级，哪个活性级别分离效果最好，要用实验方法确定，而不是盲目选择高的活性级别，如果吸附剂活性太低，净化分离效果不好，可通过加热的方法除去吸附剂所含水分提高活性，有的样品在活性高的吸附剂中分离效果不好，可加入一定量的实验用水，来降低吸附剂的活性，提高净化效果。酸性硅胶、碱性硅胶等制备过程中，酸、碱加入要缓慢，最后逐滴加入，边加边摇晃，防止溶剂加入到瓶壁上，整个配制过程溶剂与硅胶一定要充分混合均匀，硅胶呈现松散的粉末状，摇晃起来能听到清脆的沙沙声。新鲜制备好的材料建议放置平衡至少 12 h 后再使用。

装柱：不建议使用带普通玻璃活塞的玻璃管柱，因为需在活塞上均匀涂抹真空油脂，以防止漏液，容易污染样品，建议采用特氟龙活塞玻璃管柱。装完的柱子应该要适度的紧密（太密了淋洗剂流动速度太慢），一定要均匀（不然样品就会从一侧斜着下来）。装柱过程尽量不要产生气泡，在大多数情况下柱中有一点小气泡也没太大的影响，一加压气泡就会随溶剂流出。但是柱子填料应避免开裂，开裂会影响分离效果。刚装的柱子在一段时间内可能会有长度变短的现象，所以可以给它稳定（平衡）一段时间后再投入使用。

加样：用少量的样品提取液加样，样品体积越小越好，样品体积越小，越不容易与杂质混在一起。加样时需要缓慢沿内壁加入，切勿大力冲击吸附剂。加完后将下面的活塞打开，待溶剂层下降至无水硫酸钠面时再加淋洗剂淋洗。

淋洗与收集：因为不同厂家的材料含水量、颗粒的粗细程度、酸性强弱不同，导致样品在不同厂家的材料中有不同的分离效果，溶剂的含水量和杂质含量对分离效果也有明显的影响，因此在每次更换不同品牌批次的吸附剂时，最好重新做流出曲线试验，选择最优的溶剂配比和接收时间段。淋洗剂尽量使用能够分开的极性最低的溶剂。

层析柱使用：样品净化时层析柱不一定单一使用，可以串联使用，也可以一根层析柱中装填几层不同的吸附剂，可根据样品基体情况选择合适的净化柱。

2.1.4.4　*凝胶色谱净化*

（1）适用范围

凝胶色谱技术是 20 世纪 60 年代初发展起来的一种快速而又简单的分离分析技术，由于设备简单、操作方便，不需要有机溶剂，对高分子物质有很高的分离效果。凝胶色谱法又称分子排阻色谱法。根据分离的对象是水溶性的化合物还是有机溶剂可溶物，又可分为凝胶过滤色谱（GFC）和凝胶渗透色谱（GPC）。凝胶过滤色谱一般用于分离水溶性的大分子，如多糖类化合物，凝胶的代表是葡萄糖系列，洗脱溶剂主要是水。凝胶渗透色谱法主要用于有机溶剂中可溶的高聚物（聚苯乙烯、聚氯乙烯、聚乙烯、聚甲基丙烯酸甲酯等）相对分子质量分布分析及分离，常用的凝胶为交联聚苯乙烯凝胶，洗脱溶剂为四氢呋喃和乙酸乙酯等非（弱）极性有机溶剂。实验室一般使用凝胶渗透色谱法（GPC）用于净化有机化合物样品。凝胶渗透色谱净化样品主要适用于小分子有机物，如农残、药残、毒物、代谢物等，主要去除样品中大分子有机干扰物，如蛋白质、脂肪和色素等。

（2）基本原理

含有各种分子的样品溶液缓慢地流经凝胶色谱柱时，各分子在柱内同时进行着两种不同的运动，垂直向下的移动和无定向的扩散运动。大分子物质由于直径较大，不易进入凝胶颗粒的微孔，而只能分布颗粒之间，所以在洗脱时向下移动的速度较快。小分子物质除了可在凝胶颗粒间隙中扩散外，还可以进入凝胶颗粒的微孔中，即进入凝胶相内，在向下移动的过程中，从一个凝胶内扩散到颗粒间隙后再进入另一凝胶颗粒，如此不断地进入和扩散，小分子物质的下移速度落后于大分子物质，从而使样品中分子大的先流出色谱柱，中等分子的后流出，分子最小的最后流出，这种现象叫分子筛效应。具有多孔的凝胶就是分子筛。各种分子筛的孔隙大小分布有一定范围，有最大极限和最小极限。分子直径比凝胶最大孔隙直径大的，就会全部被排阻在凝胶颗粒之外，这种情况叫全排阻。两种全排阻的分子即使大小不同，也不能有分离效果。直径比凝胶最小孔直径小的分子能进入凝胶的全部孔隙。如果两种分子都能全部进入凝胶孔隙，即使它们的大小有差别，也不会有好的分离效果。因此不同的分子筛有不同的使用范围。一是分子很小，能进入分子筛全部的内孔隙；二是分子很大，完全不能进入凝胶的任何内孔隙；三是分子大小适中，能进入凝胶的内孔隙中孔径大小相应的部分。大、中、小三类分子彼此间较易分开，但每种凝胶分离范围之外的分子，在不改变凝胶种类的情况下是很难分离的。另外，凝胶本身具有三维网状结构，大的分子在通过这种网状结构上的孔隙时阻力较大，小的分子通过时阻力较小。分子量大小不同的多种成分样品在通过凝胶床时，按照分子量大小排队，凝胶表现分子筛效应。

（3）操作过程

1）凝胶渗透色谱仪（依据 HJ 834—2017）

凝胶渗透色谱柱的校准：按照仪器说明书对凝胶渗透色谱柱进行校准，凝胶渗透色谱校准溶液得到的色谱峰应满足以下条件：所有峰形均匀对称；玉米油和邻苯二甲酸二（2- 二乙基己基）酯的色谱峰之间分辨率大于 85%；邻苯二甲酸二（2- 二乙基己基）酯和甲氧滴滴涕的色谱峰之间分辨率大于 85%；甲氧滴滴涕和苝的色谱峰之间分辨率大于 85%；苝和硫的色谱峰不能重叠，基线分离大于 90%。

确定收集时间：例如半挥发性有机物的收集时间初步定在玉米油出峰之后至硫出峰之前，苝洗脱出以后，立即停止收集。然后用半挥发性有机物标准中间液进样形成标准物谱图，根据标准物质谱图进一步确定起始和停止收集时间，并测定其回收率。沸点较低的半挥发性有机物的回收率受浓缩等因素影响导致回收率下降，当大部分的目标物回收率均大于 90% 时，即可按此收集时间和仪器条件净化样品，否则需继续调整收集时间和其他条件。

提取液净化：用凝胶渗透色谱流动相将浓缩后的提取液定容至凝胶渗透色谱仪定量环需要的体积，按照确定后的收集时间自动净化、收集流出液，待再次浓缩。

2）手工层析柱凝胶色谱

凝胶的制备：凝胶色谱的材料主要为交联葡聚糖及聚丙烯酰胺凝胶，市售商品多为干燥颗粒，使用前必须充分溶胀。方法是干凝胶缓慢地倾倒入 5～10 倍（体积比）

去离子水中，在沸水浴中将湿凝胶逐渐升温至近沸，这样可大大加速膨胀，通常在1～2 h内即可完成。充分浸泡后用倾倒法除去表面悬浮的小颗粒。这种沸水浴不但节约浸泡时间，还可消毒，除去凝胶中细菌和排除胶内的空气。

装柱：减压抽气排除凝胶悬液中的气泡，根据装柱要求一次性均匀置入柱内，注意保证湿态装柱，并避免柱内产生气泡和断层。理想的凝胶净化柱直径与长度之比一般为1：25～1：100。凝胶柱的装填方法和要求，基本上与本章节的2.1.4.3层析柱湿法装柱要求一致。

平衡凝胶层析柱：柱装好后，静置平衡10 min，然后打开出液口，排出过量洗脱剂，至洗脱剂高度在柱内胶面上部2～3 cm，再将恒压洗脱瓶与柱子相连，流过至少2倍体积的洗脱液之后，流速开始稳定下来。调节恒压洗脱瓶的高低位置，得到理想流速。

上样和洗脱：将柱床表面存留较多的洗脱液用吸管吸去，留下高于柱床表面2 cm的体积，将柱出口打开，使洗脱液流至距柱床表面1～2 mm时关闭出口，把层析柱允许最小体积样品（一般为凝胶床总体积的5%～10%），用滴管慢慢加入柱内，打开出口，使样品渗入凝胶内。当样品将近完全渗入凝胶时，用滴管仔细加入约4 cm柱高洗脱液，然后接上恒压洗脱瓶开始洗脱。根据被分离物质的性质，预先估计好一个适宜的流速，定量地分部收集流出液。各组分可用适当的方法进行定性和定量分析。

凝胶的再生和保存：凝胶层析的载体不会与被分离的物质发生任何作用，因此凝胶柱在层析分离后稍加平衡即可进行下一次的分析操作。但使用多次后，由于床体积变小，流动速率降低或杂质污染等原因，会使分离效果受到影响。此时需要对凝胶柱进行再生处理，方法是：先用水反复进行逆向冲洗，再用缓冲溶液平衡，即可进行下一次分析。

（4）注意事项

凝胶的制备：溶胀必须充分，否则会影响层析柱的均一性，甚至有引起凝胶柱破裂的危险。在凝胶溶胀和处理中，不能进行剧烈的搅拌，严禁使用电磁搅拌器，因为这样会使凝胶颗粒破裂而产生碎片，以至影响层析的流速。

装柱：柱子必须保证垂直固定在稳定的支架上，装柱时需向柱内加满洗脱剂，检查是否会漏液，再打开出口排除里面的气泡。装柱时填料要求一次性均匀置入柱内，注意保证湿态装柱，并避免柱内产生气泡和断层。

平衡凝胶层析柱：上样前用洗脱液淋洗平衡层析柱至少3～5个柱体积直到记录仪基线变得平稳为止。

上样：一般来说，上样量越少或上样体积越小，分辨率越高。通常样品液的上样量应掌握在凝胶床总体积的5%，建议初次上样量控制在1%～2%的床体积，视分离情况可以调整。上样前应仔细检查柱床表面是否平整，如发现有凸凹不平的情况，可用玻璃棒轻轻搅动表面，使凝胶重新自然沉降至表面平整。

2.1.4.5　常见净化方法

（1）多环芳烃

手工层析柱净化：多用于基质干扰较大的样品净化，活化好的中性硅胶和中性氧化铝加入3%（质量浓度）的实验用水，密封，充分振摇混合10 min，静置12 h后使用；无水硫酸钠（Na_2SO_4）在450℃下加热4 h，置于干燥器中冷却至室温，密封保存于干净的试剂瓶中。干法填柱，取8 mm×300 mm玻璃层析柱，下层装入4 cm氧化铝，中部装入6 cm硅胶，在最上端加入2 cm无水硫酸钠。将富集后的样品溶液（溶剂为正己烷，约1 ml）转移至硅胶－氧化铝层析柱上，用2～4 ml正己烷分次洗涤浓缩器皿，洗液全部转入柱中，用20 ml 1∶1（*V*/*V*）二氯甲烷/正己烷混合溶剂洗脱，收集全部洗脱液。该法多用于基质干扰较大的样品净化。

固相萃取小柱净化：将硅酸镁净化小柱（1 000 mg，柱体积为6 ml）固定，用5 ml正己烷淋洗净化小柱，再加入5 ml正己烷，待柱充满后关闭流速控制阀浸润5 min，缓慢打开控制阀，使正己烷流出，至刚好没过小柱上固相材料，关闭控制阀，弃去流出液。将样品浓缩液转移至小柱中，用2 ml正己烷分次洗涤浓缩器皿，洗液全部转入小柱中。缓慢打开控制阀，用10 ml正己烷－丙酮混合溶剂（9∶1，*V*/*V*）洗脱，收集全部洗脱液。该法多用于基质干扰较小的样品净化。

（2）多溴二苯醚

样品颜色较深时采用浓硫酸净化：将试样溶液用浓缩器浓缩到2 ml左右。将浓缩液转入22 ml玻璃管中，用正己烷定容至7 ml，加入8 ml硫酸，旋涡振荡混匀，离心（转速3 000 rpm/rcf，时间1 min），弃去下层硫酸。如果硫酸层中仍有颜色则重复上述操作至硫酸层无色为止。向玻璃管加入8 ml超纯水洗涤有机相，旋涡振荡混匀，离心（转速3 000 rpm/rcf，时间1 min），弃去水相，重复上述操作至有机相中性为止。

酸性硅胶氧化铝柱净化：干法填柱，填料为30%酸性硅胶和酸性氧化铝（活度，Ⅰ）。取8 mm×300 mm玻璃层析柱，制备8 cm的酸性硅胶柱（上）和8 cm的酸性氧化铝柱（下）（两柱串联），先用15～20 ml正己烷润洗，然后将萃取浓缩液完全转移至酸性硅胶柱（正己烷润洗3～4次，每次1 ml正己烷），用21 ml正己烷淋洗酸性硅胶柱，弃去淋洗液。等酸性硅胶柱滴完以后撤去该柱，用30 ml二氯甲烷/正己烷（20/80，*V*/*V*）淋洗酸性氧化铝柱，收集淋洗液。如果酸性硅胶柱穿透（整根柱子有明显的变色），需要再次进行净化，就需要将第一次接收的淋洗液进行氮吹浓度至2 ml左右，再次重复上面的步骤，直至酸性硅胶柱颜色较浅或无变色。

（3）有机氯农药

层析柱净化：层析柱净化方式与多环芳烃一致。

浓硫酸净化：若只分析有机氯农药中的六六六、六氯苯、七氯、环氧七氯、氯丹、*p*,*p*′-DDE、*p*,*p*′-DDD、*o*,*p*′-DDT、*p*,*p*-DDT、灭蚁灵等不会被浓硫酸破坏的因子时，可使用浓硫酸进行净化。将试样溶液用浓缩1 ml左右。将浓缩液转入22 ml玻璃管中，用正己烷定容至10 ml，加5 ml浓硫酸，旋涡振荡混匀，离心（转速2 000 rpm/rcf，时间1 min），弃去下层硫酸。如果硫酸层中仍有颜色则重复上述操作至硫酸层无色为止。向玻璃管加入5 ml氯化钠（0.05 g/ml）溶液洗涤有机相，旋涡振荡混匀，离心（转速2 000 rpm/rcf，时间1 min），弃去水相，重复上述操作至有机相中性为止。有机相经无水硫酸钠脱水后，浓缩至1 ml。

（4）二噁英

浓硫酸净化：取 22 ml 带螺纹特氟龙垫瓶盖玻璃瓶，加入 7 ml 正己烷提取液，再加入 8 ml 浓硫酸混匀、振荡，离心（转速 3 500 rpm/rcf，时间 1 min），取上层液（注：如上层液颜色较深，弃去硫酸层后，上层液再多次用浓硫酸净化，直至上层液颜色近无色）。此步骤用以去除小分子量的烃类化合物。

手工硅胶氧化铝柱净化：干法填柱，填料为 30% 酸性硅胶和酸性氧化铝（活度，I）。取 8 mm × 300 mm 玻璃层析柱，制备 8 cm 的酸性硅胶柱（上）和 8 cm 的酸性氧化铝柱（下）（两柱串联），先用 15～20 ml 正己烷润洗，把浓硫酸净化后的上层液加入硅胶柱中，再用 7 ml 正己烷清洗浓硫酸层 2 次，上层清洗液同样上柱，分别用 2 ml 正己烷清洗硅胶壁 3 次，撤掉硅胶柱，用 8 ml 二氯甲烷 / 正己烷（6/94，*V*/*V*）溶剂分 4 次清洗氧化铝柱（主要目的洗脱 PCB），以上洗脱液均收集到 40 ml 样品瓶中，保留待用以防其中含目标化合物。再用 16 ml 二氯甲烷 / 正己烷（60/40，*V*/*V*）溶剂分 2 次清洗氧化铝柱，收集洗脱液到 24 ml 样品瓶中，该洗脱液氮吹近干。此步骤用以洗脱 PCBs 类化合物，净化样品。

手工炭柱净化：（填料处理）硅藻土和中性硅胶在 450℃下烧 8 h，取出长期储放在 170℃烘箱中，活性炭长期储放在 170℃烘箱中，硅藻土和活性炭（质量比 82/18）混合充分长期储放在 170℃烘箱中。（装柱）在直径 0.6 cm 玻璃柱中，中间层是 4 cm 硅藻土和活性炭混合层（质量比 82/18），上下两层是 2 cm 中性硅胶层，两端用石英棉塞上，保证无硅胶泄漏。（洗柱）先用 10 ml 甲苯洗柱，再用 6 ml 正己烷清洗，然后把柱子倒置。（过柱）分别用 2 ml 环己烷 / 二氯甲烷（50/50，*V*/*V*）溶剂润洗 24 ml 样品瓶 3 次，清洗液上柱，用 2 ml 环己烷 / 二氯甲烷（50/50，*V*/*V*）溶剂清洗柱壁，再用 2 ml 二氯甲烷：甲醇：甲苯 =75：20：5 溶剂冲洗柱子（洗脱液收集到 40 ml 样品瓶中，保留瓶中以防其中含目标化合物）。柱子倒置，用 30 ml 甲苯溶剂洗脱，用 100 ml 平底烧瓶收集洗脱液。进一步纯化样品，去除有色有机类化合物。

自动净化仪 A：采用的碱性硅胶柱（里面含有中性硅胶填料）、酸性硅胶柱 / 碱性氧化铝柱和活性炭柱四柱串联使用，适用所有基质样品。净化参数为淋洗流速为 8 ml/min，40 ml 甲苯清洗炭柱，120 ml 正己烷淋洗串联柱，上样 5 ml，润洗 8 ml，上样，再润洗 8 ml，上样，240 ml 正己烷淋洗串联柱，再用 80 ml 二氯甲烷 / 正己烷（1/8，*V*/*V*）淋洗四根串联柱，再用 125 ml 二氯甲烷 / 正己烷（1/1，*V*/*V* 淋洗串联柱，再用 20 ml 甲苯冲洗旁路，最后用 40 ml 甲苯冲洗炭柱，接收 40 ml 甲苯炭柱洗脱液，浓缩上机分析。净化完成后需要换上空柱清洗管路，清洗管路参数设置：淋洗流速为 10 ml/min，10 ml 正己烷润洗样品管路，50 ml 正己烷冲洗整个管路。

自动净化仪 B：采用仪器公司配套的复合硅胶柱（含硝酸银层）、氧化铝柱和活性炭柱三根柱串联，适用所有基质样品，含硝酸银层，适合含硫样品。净化参数为正己烷以 7 ml/min 流速淋洗三根串联柱 15 min，上样 5 ml，润洗 3 ml，上样，再润洗 2 ml，上样，正己烷以 7 ml/min 流速预淋洗三根串联柱 3 min，再用正己烷以 7 ml/min 流速预淋洗氧化铝柱和炭柱 26 min，再用二氯甲烷 / 正己烷（1/1，*V*/*V*）以 3 ml/min 流速预淋洗炭柱 8 min，最后用甲苯 1 ml/min 流速洗脱洗炭柱 15 min，接收 15 ml 甲苯炭柱洗脱液，浓缩上机分析。净化完成后需要换上空柱清洗管路，清洗管路参数设置：淋洗流速为 10 ml/min，10 ml 正己烷润洗进样针，20 ml 正己烷冲洗管路。

（5）多氯联苯

如提取液颜色较深，可首先采用浓硫酸净化，可去除大部分有机化合物包括部分有机氯农药。样品提取液中存在杀虫剂及多氯碳氢化合物干扰时，可采用弗罗里硅土柱或硅胶柱净化；存在明显色素干扰时，可用石墨炭柱净化。沉积物样品含有大量元素硫的干扰时，可采用活化铜粉（片）去除。

铜粉（片）脱硫：在提取液中加入一定量铜粉（片），轻轻摇晃放置一段时间，如果铜粉（片）都变色了，继续往提取液中加入铜粉（片），直至铜粉（片）不变色。旋转蒸发浓缩提取液至 7 ml。

浓硫酸净化：将 7 ml 浓缩液转入 22 ml 玻璃管中，加入 8 ml 浓硫酸，旋涡振荡混匀，离心（转速 3 000 rpm/rcf，时间 1 min），弃去下层硫酸。如果硫酸层中仍有颜色则重复上述操作至硫酸层无色为止。向玻璃管加入 8 ml 氯化钠溶液（0.05 g/ml）洗涤有机相，旋涡振荡混匀，离心（转速 3 000 rpm/rcf，时间 1 min），弃去水相，重复上述操作至有机相中性为止。有机相经无水硫酸钠脱水后，氮吹浓缩至 1 ml。

弗罗里硅土固相萃取柱净化：用 10 ml 正己烷冲洗固相萃取柱（1 000 mg，6 ml）。把硫酸净化后的浓缩液全部转移至柱内，用 2～3 ml 丙酮 / 正己烷（1/9，*V*/*V*）混合溶液洗涤样品浓缩液瓶两次，一并转移到固相萃取柱上，用 10 ml 淋洗液丙酮 / 正己烷（1/9，*V*/*V*）洗脱固相萃取柱，接收淋洗液（以上步骤应始终保持柱填料上方留有液面）。

硅胶柱净化：用约 10 ml 正己烷洗涤硅胶柱（1 000 mg，6 ml）。萃取液浓缩并替换至正己烷，用硅胶柱对其进行净化，具体步骤及洗脱剂参见前文的弗罗里硅土固相萃取柱净化步骤。

石墨炭柱净化：用约 10 ml 正己烷洗涤石墨炭柱（1 000 mg，6 ml）。萃取液浓缩并替换至正己烷，全部转移至柱内，用甲苯溶剂为洗脱溶液，收集的洗脱液体积为 12 ml。

酸性氧化铝柱净化（样品较脏时选用）：干法填柱，填料为酸性氧化铝（活度，I）。取 8 mm × 300 mm 玻璃层析柱，制备 8 cm 的酸性氧化铝柱，先用 15～20 ml 正己烷润洗，然后将萃取浓缩液完全转移至酸性氧化铝柱（正己烷润洗 3～4 次，每次 1 ml 正己烷），用 21 ml 正己烷淋洗净化柱，弃去淋洗液。再用 30 ml 二氯甲烷 / 正己烷（10/90，*V*/*V*）淋洗酸性氧化铝柱，收集淋洗液。

（6）酞酸酯

样品基体干扰较大时，可以使用硅胶氧化铝柱或者硅酸镁层析柱。样品基体干扰较小时采用固相净化小柱。

硅胶氧化铝柱净化过程：活化好的中性硅胶和中性氧化铝加入 3% 质量的实验用水，密封，充分振摇混合 10 min，静置 2 h 后使用；无水硫酸钠（Na_2SO_4）在 450℃

下加热 4 h，置于干燥器中冷却至室温，密封保存于干净的试剂瓶中。取直径 1 cm，底部具有聚四氟乙烯活塞的玻璃层析柱，底部填塞玻璃棉，从下往上依次装填 12 cm 处理好的中性硅胶、6 cm 处理好的氧化铝、1 cm 无水硫酸钠。用 40 ml 正己烷预淋洗层析柱，保持液面稍高于柱床，将提取浓缩液转移至层析柱，用 1 ml 正己烷洗涤样品瓶 2 次，并转移至层析柱内，依次用 10 ml 正己烷、70 ml 二氯甲烷－正己烷混合溶液（3/7，*V*/*V*）淋洗层析柱，弃去流出液。用 40 ml 丙酮－正己烷混合溶液（2/8，*V*/*V*）洗脱层析柱，接收洗脱液。

硅酸镁层析柱净化过程：活化好的硅酸镁加入 3% 质量的实验用水，密封，充分振摇混合 10 min，静置 2 h 后使用；无水硫酸钠（Na_2SO_4）在 450℃下加热 4 h，置于干燥器中冷却至室温，密封保存于干净的试剂瓶中。取玻璃层析柱（长 350 mm，内径 20 mm，底部具有聚四氟乙烯活塞）底部填塞玻璃棉，加入 2 cm 无水硫酸钠，以正己烷为溶剂湿法填充 10 g 硅酸镁，排出气泡，上部加入 1～2 cm 无水硫酸钠。用 40 ml 正己烷预淋洗层析柱，控制流速 2 ml/min，保持液面稍高于柱床，将提取浓缩液转移至层析柱，用 1 ml 正己烷洗涤样品瓶 2 次，并转移至层析柱内，用 40 ml 正己烷淋洗层析柱，弃去流出液。用 200 ml 乙醚－正己烷混合溶液（2/8，*V*/*V*）洗脱层析柱，洗脱速度 2～5 ml/min，接收洗脱液。

固相净化小柱：取硅酸镁固相萃取柱（1 000 mg，6 ml，玻璃材质），依次用 10 ml 丙酮－正己烷混合溶液（1/9，*V*/*V*）、10 ml 正己烷预淋洗固相萃取柱，弃去流出液。保持液面稍高于柱床，将提取浓缩液转移至柱内，用 1 ml 正己烷洗涤样品瓶 2 次，并转移至柱内，依次用 5 ml 正己烷、10 ml 二氯甲烷－正己烷混合溶液（2/8，*V*/*V*）淋洗固相萃取柱，弃去流出液。用 10 ml 丙酮－正己烷混合溶液（1/9，*V*/*V*）洗脱，接收洗脱液。

（7）石油烃

固相净化小柱：依次用 10 ml 正己烷－二氯甲烷混合溶剂（1/1，*V*/*V*）、10 ml 正己烷活化硅酸镁净化小柱（玻璃）。待柱上正己烷近干时，将浓缩液全部转移至净化柱中，开始收集流出液，用约 2 ml 正己烷洗涤浓缩液收集装置，转移至净化柱，再用 12 ml 正己烷淋洗净化柱，收集淋洗液。

（8）有机磷农药

固相净化小柱：用 15 ml 正己烷活化硅胶固相萃取柱（1 000 mg，6 ml），弃去流出液。在硅胶填料暴露于空气之前，将浓缩后的萃取液移入固相萃取柱，用 1 ml 正己烷清洗瓶子，洗液全部移入固相萃取柱，用 2 ml 正己烷淋洗固相萃取柱，弃去流出液。用 15 ml 乙酸乙酯洗脱，收集洗脱液。

2.1.5　衍生技术

由于有机分析所使用的色谱法一般适用于热稳定性好（气相色谱）、检测器灵敏度较高、色谱柱选择性较好的化合物，对于遇热易分解、极易挥发、检测灵敏度较低、色谱行为较差的一些有机化合物，如果以原结构状态直接进入仪器检测可能无法达到分析的要求，此时就需要将该化合物通过衍生化的方法，将其转换成满足仪器分析条件的另一种衍生化合物进行分析。

2.1.5.1 常见衍生方法

在环境介质有机分析中，需要衍生化分析的化合物常见的有丙烯酰胺、醛酮类、除草剂类、氨基甲酸酯类等。以下介绍几类常见化合物的衍生化具体处理方法。

（1）丙烯酰胺（依据 HJ 697—2014）

1）基本原理

适用于水中丙烯酰胺 - 气相色谱法（ECD）的衍生化处理，基本原理为在 pH=1～2 的条件下，水样中的丙烯酰胺与新生成的溴发生加成反应，生成 α，β- 二溴丙烯酰胺，该化合物被乙酸乙酯萃取后经气相色谱仪 - 电子捕获检测器（GC-ECD）检测。

2）操作过程

pH 调节：量取 100 ml 的水样于 250 ml 的碘量瓶中，加入 1.84 mol/L 的硫酸溶液 6 ml（调节溶液的 pH 至 2 以下），混匀，置于 4℃冰箱中放置约 30 min。

衍生剂加入：向上述溶液中加入 15 g 溴化钾，溶解后加入 0.1 mol/L 溴酸钾溶液 10 ml，混匀，4℃冰箱中放置约 2 h。

衍生剂去除：边振荡边加入 1 mol/L 的硫代硫酸钠溶液至溶液无色。

干燥：加入 30 g 高温灼烧后的无水硫酸钠，待完全溶解后，静置 10 min，待萃取。

3）注意事项

该法的定量方法为工作曲线法，建议和工作曲线标准样品同批进行衍生化等前处理。

（2）氯代除草剂（依据 HJ 1070—2019）

1）基本原理

该法适用于水中 15 种氯代除草剂气相色谱法的测定前处理衍生化。基本原理为样品在碱性条件下水解，然后在酸性条件下，用二氯甲烷或固相萃取柱提取样品中氯代除草剂，提取液经浓缩、溶剂转换后，用五氟苄基溴衍生化，衍生物经净化后用气相色谱 ECD 分析。

2）操作过程

提取与干燥：通过液液萃取或固相萃取提取水样中的目标物，提取液经无水硫酸钠干燥。

浓缩：干燥后的提取液浓缩至近干，再用约 5 ml 丙酮溶解，待衍生化。

衍生：加入 100 g/L 碳酸钾溶液 30 μl，混匀后加入 30 g/L 五氟苄基溴溶液 200 μl，加塞密闭，在（60 ± 2）℃水浴条件下衍生化反应至少 3 h。衍生完成，待用。

（3）醛酮类化合物

1）基本原理

该法可适用于气态、土壤、沉积物介质中多个醛酮类液相色谱法的测定前处理衍生化。基本原理为醛酮类化合物在酸性条件下与 2,4- 二硝基苯肼（DNPH）发生衍生化反应，生成 2,4- 二硝基苯腙类化合物，在液相色谱分离，紫外或二极管阵列检测器检测。

2）气态介质操作过程（依据 HJ 683—2014、HJ 1153—2020、HJ 1154—2020）

DNPH 吸附管法：样品通过涂渍了 DNPH 的吸附柱（一般为商品化小柱）采集后，在吸附柱下连接 5 ml 容量瓶，用尽量接近 5 ml 的乙腈进行洗脱，并将洗脱液通过重力作用流到下方容量瓶中，最后定容至 5 ml，混匀，待上机。

溶液吸收法：称取 DNPH 4.0 g 于棕色试剂瓶中，加入 180 ml 盐酸，再加入 820 ml 水，超声 30 min。形成饱和溶液，过滤。将过滤后的 DNPH 饱和溶液转移至 2 L 分液漏斗中，加入 60 ml 的二氯甲烷，振荡萃取至少 3 min，静置，待分层后，弃去下层有机相，再重复上述操作，萃取一次。最后用 60 ml 正己烷萃取，当有机相与 DNPH 溶液分层后，将下层的 DNPH 溶液转移至经乙腈冲洗并干燥的棕色试剂瓶中，密封，于装有活性炭的干燥器内保存。吸收液采样后，醛酮类化合物在吸收液体系衍生化反应生成 2,4- 二硝基苯腙类化合物，再经萃取、干燥、浓缩等步骤处理后上机分析。

3）土壤和沉积物介质操作过程（依据 HJ 997—2018）

制样：样品用醋酸 - 醋酸钠溶液振荡提取完成，玻璃纤维滤膜过滤，收集提取液，待衍生。

衍生：取 100 ml 提取液于 200 ml 平底烧瓶中，加入 pH≈3 的柠檬酸缓冲溶液 4 ml、3.00 mg/ml 的 DNPH 衍生剂 6 ml，置于恒温振荡器中，40℃振荡 1 h（可使用可控温超声清洗器或超声萃取仪代替恒温振荡器，超声时间不少于 30 min，超声温度不超过（40 ± 2）℃。衍生后的溶液再经过萃取、干燥、浓缩等步骤处理后上机分析。

4）注意事项

根据已颁布的环境监测标准，吸附管法（HJ 683—2014）只适用于环境空气的醛酮类采集。溶液吸收法（HJ 1153—2020、HJ 1154—2020）每批 DNPH 饱和溶液应在采样前 48 h 内准备和纯化，纯化后空白应满足方法相关质控的要求。

（4）草甘膦

1）基本原理

该法适用于水、土壤、沉积物介质中草甘膦液相色谱法检测的衍生化处理。基本原理为样品经提取、净化等后加入 9- 芴甲基氯甲酸酯（FMOC-Cl）衍生化，得到草甘膦衍生物，液相色谱法荧光检测器分析。

2）水质操作过程（依据 HJ 1071—2019）

制样：水样用固相萃取小柱富集净化后，得到洗脱液。对于清洁度较好的，对目标化合物测定没有明显干扰的样品，可加入二水合柠檬酸三钠后直接经 0.45 μm 亲水滤膜过滤，待衍生。

衍生：取 2.00 ml 净化后的样品于 10 ml 聚乙烯塑料管中，加入 0.05 mol/L 四硼酸钠溶液 0.50 ml，1 000 mg/L 的 9- 芴甲基氯酸酯乙腈溶液 1.00 ml，充分混匀后置于水平振荡器上，40℃下衍生 1 h。得到的衍生液经二氯甲烷萃取与滤膜过滤后上机检测。

3）土壤和沉积物操作过程（依据 HJ 1055—2019）

制样：样品经超声提取后，取上清液用正己烷在 pH=9 的条件下净化，所得水相部分待衍生。

衍生：取 1.00 ml 净化后的水溶液于 1.5 ml 聚乙烯塑料管中，加入 0.05 mol/L 四硼酸钠溶液 0.12 ml 和 1 000 mg/L 的 9- 芴甲基氯酸酯乙腈溶液 0.2 ml，在常温下用混匀仪衍生 4 h，用 0.22 μm 有机型针式过滤器过滤后待测。

（5）氨基甲酸酯类农药（依据 HJ 960—2018 和 HJ 1025—2019）

1）基本原理

该法适用于土壤、沉积物和固体废物中氨基甲酸酯类农药液相色谱法的柱后衍生化处理，基本原理为氨基甲酸酯类农药经有机溶剂提取、固相萃取柱净化、浓缩、定容、用液相色谱柱分离后，在碱性条件下水解生成甲胺，与衍生化试剂反应生成具有强荧光物质，用荧光检测器测定，该法属于柱后衍生法。

2）操作过程

水解液：氢氧化钠溶液，c（NaOH）=0.05 mol/L。称取 2.0 g 氢氧化钠，用水溶解并稀释至 1 L，经 0.45 μm 聚醚砜滤膜过滤。

四硼酸钠溶液：c（$Na_2B_4O_7 \cdot 10H_2O$）=0.05 mol/L。称取 19.1 g 四硼酸钠，用水溶解并稀释至 1 L，经 0.45 μm 聚醚砜滤膜过滤。

衍生试剂：称取 0.1 g 邻苯二甲醛，溶于 10 ml 甲醇。移取 200 μl（土壤和沉积物）/ 1 ml（固体废物）2- 巯基乙醇或称取 2.0 g 2- 二甲氨基乙硫醇盐酸盐，溶于 0.05 mol/L 四硼酸钠溶液 10 ml。将上述 2 种溶液混合后用 0.05 mol/L 四硼酸钠溶液稀释至 1 L。

柱后仪器参考条件：水解液流速 0.3 ml/min；衍生化试剂流速 0.3 ml/min；反应器温度 100℃。

3）注意事项

水中氨基甲酸酯类农药可用 LCMS 法分析，该法无须衍生。

2.1.6 进样技术

2.1.6.1 液体直接进样

（1）适用范围

该法适用于相对洁净、被测物质浓度满足无须浓缩即可达到仪器灵敏度或相关标准现值要求的水体样品中有机物分析。

（2）操作过程

1）气相色谱分析

手动进样：取量程为 10 μl 的微量注射器，先抽取甲醇或丙酮等极性溶剂多次进行洗针，再用一级水洗针几次，样品润洗至少 3 次。取水样 1 μl 或标准规定的体积，注入气相色谱进样口，点击开始运行分析程序。进样完毕，再用甲醇或丙酮等极性溶剂洗针。

自动进样：取一定量的样品转移至进样小瓶中，放置在仪器自动进样器上；编辑自动进样序列，设置进样前洗针、样品润洗和进样后洗针次数，运行进样程序。

2）液相色谱分析

样品过滤，取滤液至进样小瓶，待上机。

（3）注意事项

气相色谱分析：由于水会促使针生锈，降低进样针使用寿命，因此建议多用溶剂洗针，置换针内残留的水分。水会对气相色谱系统造成一定的损坏，在使用气相色谱分析水体系样品时，应选择水耐受性较高的色谱柱，如聚乙二醇固定相的 WAX、FFAP 毛细柱等，升温程序的最高温应考虑设置为 150℃以上，尽量将水赶出色谱柱，检测器避免选用 ECD，一般选用 FID 检测器进行分析。

液相色谱分析：过滤器一般使用亲水性滤膜，常用规格为 0.45 μm 和 0.22 μm，普通高效液相色谱多用前者，超高效液相多用后者。常见有聚四氟乙烯、尼龙、醋酸纤维等材质，使用前应先考察滤膜对目标物的吸附情况，合格后再使用。

2.1.6.2　顶空进样

（1）适用范围

顶空进样是气相色谱特有的一种进样方法。适用于热稳定性较好的挥发性组分分析。根据取样和进样方式不同，顶空进样可分为静态顶空进样和动态顶空进样。静态顶空进样常用于水质、土壤、沉积物和固体废物等环境样品中的乙醛、丙烯醛、吡啶、苯系物、挥发性卤代烃等挥发性有机物的萃取。

（2）基本原理

将液体或固液混合体置于一个恒温密封的顶空样品瓶中，使其中的挥发性组分逸出，在达到气液、气固或气液固分配平衡后，定量采集气相部分进入气相色谱仪进行分析，通过测定样品基质挥发出来的气体成分来测定这些组分在原样品中的含量。

（3）操作过程

静态顶空进样有注射器进样、平衡式加压进样和定量环加压进样等方式。

1）注射器进样

取一定量的样品于容器中并密封好，放入恒温箱，在设定温度下保持一定时间，使瓶中气液两相平衡。使用加热至与样品瓶同样温度的气密性注射器，抽取一部分气体样品后注入气相色谱进样口，完成进样。这要求自动进样器能够加热注射器。这个过程还有可能因为样品瓶中的压力与外界不平衡而使样品损失，结果重复性受影响。但这种方式也最简单，适用于各种样品。

2）平衡式加压进样

第一步：用一个恒温箱使样品瓶加热恒温并达到平衡；

第二步：进样针刺入样品瓶并用载气为样品瓶加压；

第三步：样品瓶在较高压力下平衡后，切换阀门并保持一段特定的时间，这段时间内样品瓶成为气相色谱载气源，高压样品气体进入传输管线中。重复性非常好，因为运动部件非常少，也没有吸附和漏气损失的问题。由于这段时间是一个理论值，实际进样体积是未知的。

3）定量环加压进样

采用这种方式的仪器装有一个连有样品环的气体采样六通阀，用来将样品转移到气相色谱进样口。过程分为三步。

第一步：样品瓶同样先恒温平衡，然后被加压；

第二步：二位六通阀切换，样品瓶中的加压气体被释放至样品环内；

第三步：六通阀再次切换，载气将样品环中的样品吹入传输管线并送到气相色谱柱。六通阀和样品环都可被加热，以减少冷凝和吸附。样品环的体积固定，进样量的重复性非常好。但这种方式必须充分吹扫六通阀及样品环，以确保没有交叉污染，否则可能在气相色谱上出现鬼峰。

（4）注意事项

影响静态顶空进样分析的因素有样品性质、样品量、平衡温度、平衡时间、顶空样品瓶和密封盖等。

样品性质：静态顶空进样分析最大的优点是不需对样品做复杂的处理，而直接取其顶空气体进行分析，不同介质的样品，顶空处理时有不同的要求。

样品量：样品量直接决定相比，对分析结果影响很大。进样量是通过进样时间（压力平衡系统）或定量管（压力控制定量管系统）来控制的，它受温度和压力等因素的影响。事实上，进样量没有多大意义，重要的是进样量的重现性，只要保证进样条件重现，就能保证重现的进样量。

平衡温度：样品的平衡温度与蒸气压有关，影响分配系数。一般来说，平衡温度越高，蒸气压越高，顶空气体的浓度越高，分析灵敏度越高。待测组分的沸点越低，对温度越敏感。

平衡时间：平衡时间本质上取决于待测组分分子从样品基质到气相的扩散速度。扩散速度越快，扩散系数越大，所需平衡时间越短。

顶空样品瓶：顶空样品瓶大多采用硼硅玻璃材质，其惰性能满足绝大部分样品的分析。顶空瓶必须拥有体积准确、能承受一定压力、密封性能良好和对样品无吸附作用等特性。

密封盖：密封垫主要采用硅橡胶、氟橡胶和丁基橡胶材质。为防止密封垫对样品组分的吸附，目前多用聚四氟乙烯密封垫。密封垫在刺穿一次后可能会漏气而失去保护作用。

2.1.6.3 吹扫捕集进样

（1）适用范围

吹扫捕集是环境分析中水、土壤、固废中挥发性有机物分析的一种常见处理和进样方式。

（2）基本原理

利用氮气、氦气或其他惰性气体将目标物从样品中吹出，经捕集阱吸附后，反吹除水，最后加热脱附进入气相色谱系统进行分析。吹扫捕集是一种非平衡态的连续萃取，由于气体的吹扫，破坏了密闭容器中气、液两相的平衡，使挥发组分不断地从液相进入气相而被吹扫出来，也就是说，在液相顶部的任何组分的分压为零，从而使更多的挥发性组分逸出到气相，因此吹扫捕集法比顶空法有更低的检出限。图 12-4 展示了吹扫捕集分析流程。

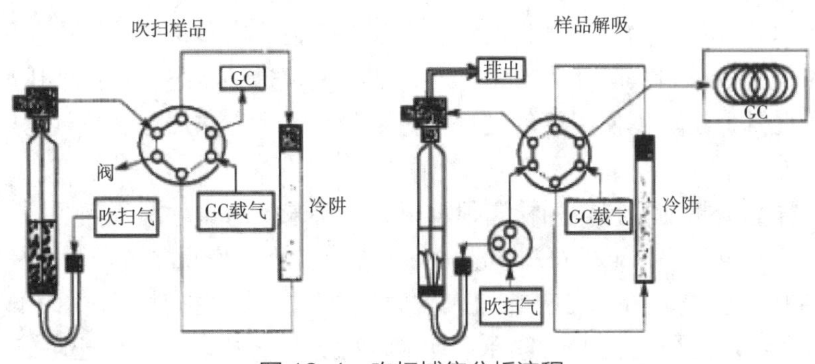

图 12-4　吹扫捕集分析流程

吹扫捕集装置一般由自动进样器（可选）、吹扫管、气路切换阀、吸附管、流量控制器、温度控制系统以及气路等元件组成。其中流量控制器是仪器性能的核心，相比起静态的顶空，吹扫捕集处于动态过程，稳定性会稍微差一些，需要对整个吹扫系统的气流实现精准控制才能保证较好重现性。吹扫捕集装置的各个分析流程都是通过气路切换阀完成，此部件运转频繁，易耗损，在仪器采购的时候，也需要关注切换阀的性能。

（3）操作过程

吹扫捕集气相色谱法分析步骤：取一定量的样品加入到吹扫瓶中；吹扫气以一定流量通入吹扫瓶，以吹脱出挥发性组分，此时气相的载气流路是独立的；吹脱出的组分被保留在吸附剂或冷阱中；打开六通阀，把吸附管置于气相色谱的分析流路；加热吸附管进行脱附，挥发性组分被吹出并进入分析柱；进行色谱分析。

仪器的操作过程：每次开机前更换清洗用的无被测物干扰空白水，如果使用仪器自动加内标和替代物功能，也最好将内标和替代物的标准使用液更换；开启吹扫气；仪器开机自检；仪器检漏（仪器检漏通过后进行仪器清洗，或者在样品分析前进行）；将待测样品置于样品盘中，选择相应的方法，编好序列，气相色谱仪就绪后就可以进行分析。

水和固体的操作方法基本类似，有些仪器同时具备水和固体吹扫功能。如果有自动往样品中加水功能的仪器，分析低浓度固体样品，可以将样品放样品盘中进行分析。对于高浓度样品，仪器也可实现自动稀释功能。

方法编辑可以使用标准方法提供的参考条件，也可以使用厂家提供的参数，或者可以根据使用的要求在厂家提供的参数基础上进行修改。

（4）注意事项

使用环境：吹扫捕集仪建议安装在低 VOCs 干扰的区域。实际工作中，仪器时常有环境干扰的情况出现，所以避免靠近大量使用有机溶剂的实验区域，或者进行有效的物理隔离。

空白检出：空白中氯甲烷、二氯甲烷、氯仿等氯代烃的检出问题。这类氯代烃主要的来源是自来水，自来水经过氯气消毒后，会形成一定量的氯代烃。如果使用纯水机制备的纯水，要注意这些化合物的干扰。一般来说，实验室的纯水机使用反渗透原理，对这种类型的分析去除能力有限，所以如果发现这种状态，可以使用加热蒸发的方式解决。此外，也可以使用氮气进行吹扫去除，这个方法需保证氮气的纯度，不然容易引入另外的干扰。

检漏：样品分析前，仪器的检漏很重要，如果未及时排除漏气问题，会导致样品结果无效。同时也要注意记录每次检漏的压力差，有助于发现非常轻微的漏气问题。

样品性状：土壤分析中需提前加入磁力搅拌子，磁力搅拌子先用甲醇超声清洗2遍，若遇到结块的样品，可以选择手动加水的方式分析。结块的土壤缝隙比较大，仪器加水后，不能没过样品，会导致吹扫效率降低。

2.1.6.4 气体直接进样

（1）基本原理

直接将气态样品导入仪器进行分析，进样量的多少可通过仪器内设的定量环/管或进样针定量移取调整。其中定量环/管为固定量，该方式进样可以避免手动进样时人为的偏差和进样针精度等影响，一般定量环/管进的实际样品量为数倍的定量环/管体积，保证定量环/管充满待测样品。气体直接进样法一般多用于气态污染源中浓度较高的VOC分析。

（2）操作过程

定量环/管进样：可用洁净的气密针从气袋或其他采样容器中取体积数倍于定量环/管的样品，注入仪器进行分析；若样品直接采集于气袋中，可用尽量短的惰性化管路将气袋出口与仪器进样口连接，通过挤压气袋的方式将样品挤进定量环/管，切换阀门，仪器载气将定量环/管的样品注入色谱柱中进行分离分析。也可使用商品化的自动进样器进样。

直接进样：用洁净的气密针从气袋或其他采样容器中取一定体积的样品，直接注入仪器进行分析。也可使用商品化的自动进样器进样。

（3）注意事项

气密针清洁：气密针取样前需用高纯氮气或其他惰性气体抽吸多遍清洗，并分析空白，保证针筒的洁净。

定量环残留：若分析了高浓度样品，需要注意定量环的残留，必要时需多走几次空白，清洗一下定量环。

2.1.6.5 热脱附进样

（1）适用范围

热脱附进样（也称热解析进样）在环境分析中常用于气相色谱法或气相色谱-质谱法测定气体样品中挥发性（甲烷除外）、半挥发性化合物。

（2）基本原理

采样现场的气体样品在采样泵抽动或自然扩散下，流经装有合适填料的吸附管，样品中的目标组分被吸附在吸附管填料中，小分子量的N_2、O_2、CO_2等则穿过吸附管填料；吸附有目标组分的吸附管放入热脱附仪中，加热至合适温度并通入载气流反吹吸附管，使吸附管中的目标组分脱附下来并进入捕集阱中进行二级吸附富集，随后对捕集阱进行快速加热使其中富集的组分进行快速的二级脱附后进入色谱进行分离检测。

（3）操作过程

实验室分析时，通常使用商品化全自动热脱附仪完成上述流程中“吸附管一级脱附”至“捕集阱二级脱附”过程，实现对色谱的自动进样和连续分析。一般操作过程为：

使用时按照仪器说明书设置相关方法参数，不同型号的全自动热脱附仪使用方式不尽相同，但仪器参数均包含热脱附样品管序列起始位置序号、吸附管脱附温度、吸附管脱附时间、吸附管脱附流量、干吹温度、干吹时间、捕集阱捕集温度、捕集阱脱附温度、捕集阱脱附时间、传输线温度等关键参数。部分热脱附仪还可实现分流等功能，根据实际情况设置合适分流比，设置分流比时应综合考虑样品浓度、仪器检出限等情况。

热脱附仪相关参数参考如下，具体使用时以仪器说明书及相关监测标准规定为准：

吸附管脱附温度：250～350℃

吸附管脱附时间：3 min

吸附管脱附流量：30 ml/min

干吹温度：40℃

干吹时间：2 min

捕集阱捕集温度：−3℃

捕集阱脱附温度：250～325℃

捕集阱脱附时间：3 min

传输线温度：120～150℃

设置序列：设置气相色谱或气相色谱 / 质谱样品序列

分析：商品化热脱附仪一般配备全自动样品盘（或架），在样品盘（或架）放置采过样品的吸附管，开始分析。如果热脱附仪具备自动触发气相色谱采集数据功能，可实现无人值守情况下不间断分析。

（4）注意事项

吸附管及填料类型：吸附管一般为不锈钢、玻璃或者玻璃内衬不锈钢材质，内径为 5～6 mm；内部装填适量单一或混合填料。吸附管均有唯一数字编号或条码用于区别不同吸附管，管壁一般都有气流方向标记，该标记箭头方向即吸附管采样时样品气流的流动方向。采集完样品的吸附管放入热脱附仪进行吸附管一级脱附时，气流方向应与管壁标记箭头的气流方向相反，因此将采集完样品的吸附管放入热脱附仪样品盘（或架）时应注意箭头朝向。

吸附管常用吸附剂填料类型及其适用范围见表 12-4。

表 12-4　常用吸附剂填料及适用样品类型

填料类别	填料名称	适用样品类型	吸附能力	备注
石英棉	石英棉	C_{30}～C_{40} 低挥发性物质	弱	—
多孔聚合物	Tenax TA（2,6- 二苯基对苯醚多孔聚合物）	C_6～C_{30} 挥发、半挥发性物质	弱	最高使用温度 350℃
	Tenax GR（含 30% 左右石墨的 Tenax TA）		弱	适合潮湿样品；最高使用温度 350℃
多孔聚合物	GDX 502、GDX 201、GDX 101 等	C_6～C_{30} 挥发、半挥发性物质	弱	国产高分子聚合物吸附剂；GDX 502 最高使用温度 250 ℃；GDX 201、GDX101 最高使用温度 270℃
石墨化炭黑	Carbograph 1TD、Carbopack B、Carbopack C 等	C_5～C_{20} 挥发、半挥发性物质	中等	最大使用温度大于 400℃
炭分子筛	Carboxen 1000、Carbosieve SIII 等	C_2～C_5 强挥发性物质	强	最高使用温度大于 400℃

吸附管的使用、保存及老化：新购的吸附管在初次使用前，或者是长时间存放的吸附管再次使用前均要进行老化，可使用吸附管专用老化装置或者在带有老化功能的热脱附仪上进行。需根据吸附管填料类别确定老化温度，一般 Tenax 类吸附剂、石墨化炭黑和碳分子筛类单一填料或混合填料的吸附管老化温度可以设定为 350℃，老化气流量一般为 50～100 ml/min，初次老化时间可设置为 120 min，日常老化时间可设置为 30～60 min。老化好的管密封两端，并在外面包裹一层铝箔纸，放置于装有活性炭的干燥器内，并将干燥器放在不含有机试剂的冰箱中，4℃保存，可以保存 7 d。特别注意吸附管在老化时，应使气流方向与采样时的气流方向相反，在老化装置上安放吸附管时要注意吸附管上气流方向的箭头标识。

2.1.6.6　大气预浓缩进样

（1）基本原理

大气预浓缩进样多用于环境空气（或废气）中挥发性有机化合物的富集进样。此进样技术使用大气浓缩仪实现。各个厂家的预浓缩仪技术各不相同，最常用的预浓缩仪有三级冷阱，冷阱使用液氮制冷。图 12-5 是其中一种的原理图。

第一级冷阱：空气样品进入到第一级冷阱，第一级冷阱是空柱或者填充玻璃微珠，通过对冷阱的冷却与升温，捕集目标化合物以及除去水或者水和氧气，目标化合物进入到第二级冷阱。例如空气样品经过一级阱时，一级阱设定温度为 -150℃，这时候所有挥发性组分包括 CO_2 和水在内都被捕集在一级阱。

第二级冷阱：第二级冷阱填充 Tenax，或者复合吸附剂。进样结束后，一级阱升温至 10℃，同时二级阱冷却到 -40℃。用 40～50 ml 的氦气冲洗转移一级阱中的所有组分到二级阱中，这时，绝大部分的水分会留在一级阱中，然后在进样后进行烘烤除去。二氧化碳则因为在 -40℃时为气态，不被二级冷阱捕获，随气流带走。

第三级冷阱：三级阱一般为空柱，起聚焦的作用，加热二级冷阱到 200℃时，三级阱被冷却到 -150℃以下，这时通入气流将从二级冷阱热解析出来的目标化合物转移至第三级冷阱。

进入色谱：最后，快速加热第三级冷阱，载气带着目标化合物进入到色谱中进行分析。

不同型号 / 厂家的预浓缩仪中不同的工作模式有差别的。建议根据仪器厂家的指引进行方法的设置。需要设置的参数除了各个捕集阱的温度之外，还有连接处、阀、传输线等的温度，以及转移时的流速、时间等。

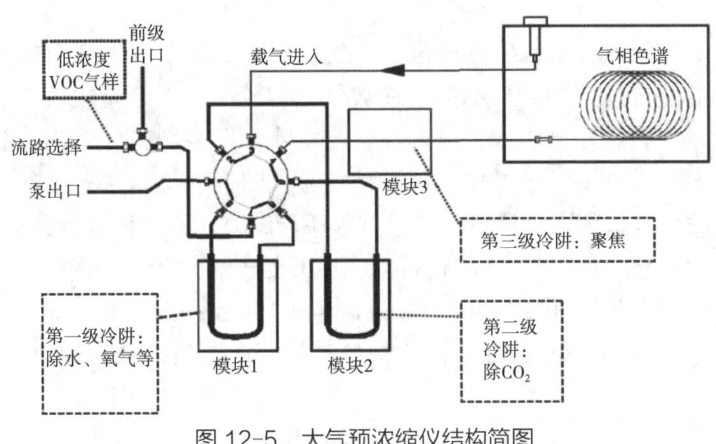

图 12-5　大气预浓缩仪结构简图

（2）操作过程

检漏：采集了样品的采样罐连接到进样系统的管路上后，用仪器的检漏功能进行检漏（采样罐的阀门为关闭状态），检漏通过后才可以进入分析步骤。

进样：检漏通过后，打开采样罐的阀门，在软件上设定进样体积和方法等，即可运行程序进行进样。

2.1.6.7　程序升温大体积进样

（1）目的

采用毛细管气相色谱传统的液体进样技术，大部分进样口和色谱柱能够一次进样 1～2 μl。试图增大进样体积会导致谱带展宽、峰形变差、溶剂峰严重拖尾、检测器饱和或者损坏。增大进样体积的目的是提高痕量分析的检出限。通过在分析系统中引入更多的样品，到达检测器的被分析物的量会成比例地增加，得到更大的峰面积和峰高。如果基线噪声不变，更大的峰高意味着更高的信噪比和更低的系统检出限。目前已有仪器厂家开发了大体积进样技术。大体积进样技术的另一个优点是能够减少预处理的样品量。通过注射 10～100 μl 体积的样品并在进样口进行浓缩，虽然样品没有进行预处理或浓缩倍数比常规的要小，但仍然能达到常规富集后的量。最常用的大体积进样技术是使用程序升温进样系统实现。

（2）基本原理

实现程序升温大体积进样是进样口在样品注射过程中保持在低的初始温度。从气路上看，进样口处于分流模式，进样口压力较低。通过进样口衬管和放空出口的气流将挥发的溶剂带走。样品的注射速度要慢，这样使得进来的液体沉积在衬管壁上，溶剂以相似的速率气化。一旦完成所有样品的注射，进样口就切换到不分流模式以转移被分析物。然后加热进样口气化浓缩的样品，与残留的溶剂及其蒸汽一同转移进入色谱柱。在足够时间确保样品转移完全之后，进样口再切换到吹扫模式，使残留在进样口衬管中的样品排走。在样品注射和溶剂排走期间，GC 柱温箱一直保持在适当的温度，以允许溶剂在色谱柱上再聚焦被分析物。完成再聚焦之后，柱温箱进行程序升温以实现分离。

程序升温大体积进样可以实现的进样体积从几微升到 1 ml，甚至更大。在大部分程序升温大体积进样方法中，样品溶剂在被分析物转移进入分离柱之前就挥发并被从系统中除去。这样，程序升温大体积进样就与氮吹挥发溶剂或旋转蒸发溶剂类似，并增加了一个优点，即在 GC 进样口，而不是在通风橱中进行。在氮吹挥发过程中可能损失的被分析物可以保留在进样口，并通过程序升温大体积进样进行分析。

例如，进样口初始温度 35℃，0.35 min 后开始升温，升温速率 700 ℃ /min 最终温度 320 ℃；放空流速（可以理解为分流流量）150 ml/min；放空口压力 5 psig；放空时间 0.33 min；吹扫时间 1.5 min；吹扫气流；50 ml/min；进样量 25 μl；进样速度 75 μl/min。

方法设定后，与普通进样口一样进行进样操作。

（3）注意事项

样品必须是有机溶剂体系的样品。如果是水样，需要用溶剂萃取，但萃取的富集倍数可以减少。

2.1.6.8 固相微萃取

（1）适用范围

固相微萃取法最早的应用就是在环境样品的检测中，至今在环境样品的微量分析中仍发挥着巨大的作用。应用比较广泛的有固态（如沉积物、土壤等）、液态（饮用水和废水等）及气态（空气、香料和废气等）的样品分析。例如底泥中丁基锡化合物的检测，土壤和沉积物中的有机氯及硝基化合物，沉积物中脂肪酸类洗涤剂组分和污泥中苯系列及其卤代物等有机化合物的检测等。

水体样品：环境水样的 1- 萘酚、2,4- 二硝基苯酚及其他苯系列化合物的分析，丙溴磷、汽油、醇类、锡、砷、铅等有机金属及其他无机金属离子、有机磷和有机氯农药、除草剂、甲基汞、胺类物质、多环芳烃、羟基化合物以及废水中烷烃、脂肪烃、醇类、酯类和挥发性芳香族化合物的检测等。

气态样品：气体中胺类物质、脂肪酸的检测以及和扩散管配合使用，应用于挥发性有机物（苯、甲基环己烷、甲苯、四氯乙烯、氯代苯、乙基苯、对二甲苯、苯乙烯、壬烷和异丙苯等）的检测以及石油烃化合物的检测。

（2）基本原理

以熔融石英光导纤维或其他材料为基体支持物，采取“相似相溶”的特点，在其表面涂渍不同性质的高分子固定相薄层，通过直接接触样品或顶空方式，对目标化合物进行提取、富集，然后将富集了目标化合物的纤维直接转移到仪器（GC 或 HPLC）中，通过一定的方式解吸附（一般是热解吸，或溶剂解吸），然后进行分析。

固相微萃取法的原理与固相萃取不同，固相微萃取不是将目标化合物全部萃取出来，其原理是建立在目标化合物在固定相和水相之间达成的平衡分配基础上。

（3）操作过程

固相微萃取方法主要分为萃取过程和解吸过程。

萃取过程：具有吸附涂层的萃取纤维暴露在样品中进行萃取。

解吸过程：将萃取器针头插入气相色谱进样装置的气化室内，使萃取纤维暴露在高温载气中，并将萃取物在高温下解吸，进入气相色谱分析。

固相微萃取有 3 种基本的萃取模式：直接萃取、顶空萃取和膜保护萃取。

直接萃取：直接萃取方法中，涂有萃取固定相的石英纤维被直接插入样品基质中，目标组分直接从样品基质中转移到萃取固定相中。在实验室操作过程中，常用搅拌方法来加速分析组分从样品基质中扩散到萃取固定相的边缘。对于气体样品而言，气体的自然对流已经足以加速分析组分在两相之间的平衡。但是对于水样品来说，组分在水中的扩散速度要比气体中低 3～4 个数量级，因此需要有效的混匀技术来实现样品中组分的快速扩散。比较常用的混匀技术有加快样品流速、晃动萃取纤维头或样品容器、转子搅拌及超声。

顶空萃取：在顶空萃取模式中，被分析组分从液相中先扩散穿透到气相中，然后被分析组分从气相转移到萃取固定相中。这种改型可以避免萃取固定相受到某些样品基质（如人体分泌物或尿液）中高分子物质和不挥发性物质的污染。

膜保护萃取：膜保护的主要目的是在分析很脏的样品时保护萃取固定相避免受到损伤，与顶空萃取相比，该方法对难挥发性物质组分的萃取富集更为有利。另外，由特殊材料制成的保护膜对萃取过程提供了一定的选择性。

（4）注意事项

1）萃取效果影响因素的选择

纤维表面固定相：选用何种固定相应当综合考虑分析组分在各相中的分配系数、极性与沸点，根据“相似者相溶”的原则，选取最适合分析组分的固定相。

试样量、容器体积：由于固相微萃取是一个固定的萃取过程，为保证萃取的效果需要对试样量、试样容器的体积进行选择，试样量与试样容器的体积对于保证结果有很大关系，试样量与试样容器体积之间存在有匹配关系，试样量增大的情况下，重现性明显变好，检出量提高。

萃取时间：萃取时间是从石英纤维与试样接触到吸附平衡所需要的时间。为保证试验结果重现性良好，应在试验中保持萃取一定时间。影响萃取时间的因素很多，例如分配系数、试样的扩散速度、试样量、容器体积、试样本身基质、温度等。

无机盐：向液体试样中加入少量氯化钠、硫酸钠等无机盐可增强离子强度，降低极性有机物在水中的溶解度即起到盐析作用，使石英纤维固定相能吸附更多的分析组分。一般情况下可有效提高萃取效率。

pH：改变 pH 同使用无机盐一样能改变分析组分与试样介质、固定相之间的分配系数，对于改善试样中分析成分的吸附是有益的。由于固定相属于非离子型聚合物，故对于吸附中性形式的分析物更有效。调节液体试样的 pH 可防止分析组分离子化，提高被固定相吸附的能力。

衍生化：衍生化反应可用于减小酚、脂肪酸等极性化合物的极性，提高挥发性，增强被固定相吸附的能力。在固相微萃取中，或向试样中直接加入衍生剂，或将衍生剂先附着在石英纤维固定相涂层上，使衍生化反应得以发生。例如对短链脂肪酸衍生化常用溴化五氟苯甲烷或重氮化五氟苯乙烷，对长链脂肪酸衍生化常用季铵碱和季铵盐，对短链和长链脂肪酸使用重氮甲烷和芘基重氮甲烷均有效。

2）萃取速度影响因素的选择

加热：加热试样可以加速试样分子运动的速度，尤其能使固体试样的分析组分尽快从试样中释放出来，增加蒸汽压，提高灵敏度，对于顶空分析尤为重要。但过高的温度会降低石英纤维固定相对组分的吸附能力。选择一个合适的温度非常重要。假如对装置进行改造，可采用对试样加以高温，用液态 CO_2 对固定相降温的方法来提高分析能力。对于有些试样，如土壤，由于分析组分与基质之间的结合力非常强，即使高温效果也不好，但在试样中加入 10% 的水或其他表面活性物质并加以高温将有助于分析组分的释放从而提高灵敏度。

混匀：磁力转子搅拌可促使试样均匀，尽快达到平衡，在很多试验中发现能明显提高萃取效率，且转速越高，达到平衡的速度也越快。使用高速匀浆的出发点与磁力转子搅拌是一致的，但高速匀浆的速度远远高于磁力转子搅拌，其效果更好，仅用磁力转子搅拌萃取时间的 1/3。使用超声头对试样进行超声更有助于分析组分的吸附，在三者中效果最好，与磁力转子搅拌相比缩短 90% 时间。由于磁力转子搅拌同高速匀浆、超声波相比所用设备最简单，所以基本上仍使用磁力转子搅拌法。

固定相的处理：固相微萃取中的关键部位是石英纤维固定相，靠它对分析组分吸附和解吸，假如曾用过而上面的组分未被解吸掉，则会对以后的分析结果有干扰。每次使用前必须将其插入气相色谱进样器，在 250℃左右放置 1 h，以去除上面吸附的干扰物，假如曾分析过衍生化组分则需要放置更长时间。

2.2 仪器分析技术

2.2.1 色谱基础知识

2.2.1.1 基本原理

色谱是一种高效的分离技术，在环境监测领域色谱法的主要作用是实现样品中不同组分的分离并分别检测。它利用被分离组分在流动相和固定相间的保留情况不同

（分配系数不同，或固定相对组分的吸附能力不同，或组分分子尺寸不同，或利用离子交换作用等）而实现样品中不同组分的分离，经分离后的组分先后进入适当的检测器而产生与其含量相关的大小不同的检测信号值。

在色谱分离系统流动体系中流动部分为流动相，固定部分则为固定相；通常根据流动相的不同将色谱分为气相色谱和液相色谱。气相色谱流动相为气体，如氮气、氦气、氢气等，液相色谱的流动相为液体，如水、甲醇、乙腈、正己烷等。色谱系统的固定相一般为色谱柱，气相色谱、液相色谱均有其专属类型的色谱柱，如气相色谱常用的各种类型开口毛细管色谱柱、填充柱；液相色谱的各种色谱柱、离子色谱（液相色谱的一种）的离子交换色谱柱等。

2.2.1.2　典型色谱图

色谱检测器检测出的信号值随时间变化的图即为色谱图，如图 12-6 所示。在色谱图上横坐标单位是时间，每种组分进入检测器被检测到而得到的色谱峰的时间即为该组分的保留时间。纵坐标为信号值，不同类型的检测器检测原理不同，信号值的单位也不同，但信号值的大小都与组分浓度（含量）呈正相关。色谱图中不同的峰通常代表着不同的组分，但有时也会出现两种或多种组分没有分开而出现在一个色谱峰中，色谱检测分析时要尽量避免这种情况的发生。

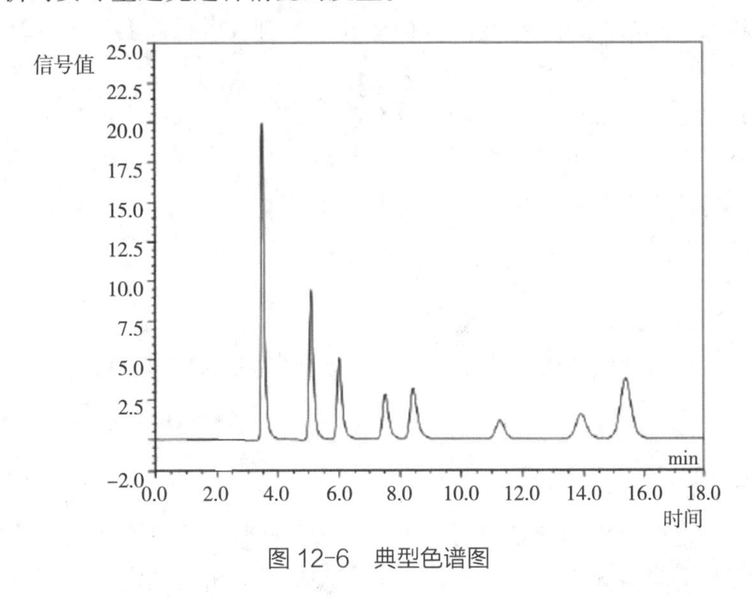

图 12-6　典型色谱图

2.2.1.3　定性分析

色谱分析中通常采用保留时间进行定性。通过比较组分与已知标准物的保留时间，如果保留时间吻合，一般就表示组分相同。但有时样品基体比较复杂时，仅通过保留时间定性可能会造成假阳性情况，就需要通过其他途径协助定性，如使用双柱定性、联用技术定性等。

2.2.1.4　定量分析

色谱定量分析的基本依据是色谱峰信号的大小与组分浓度（含量）呈正相关。因此色谱定量分析时，要使用表征色谱峰信号大小的峰面积或峰高数据。

常用定量方法有外标法、内标法、标准加入法等，气相色谱中还可使用峰面积归一化法。

外标法：即校准曲线法，通过分析一系列不同浓度（含量）的标准溶液，以标准系列中组分峰面积对浓度（含量）做校准曲线，直接通过校准曲线计算未知样品中组分浓度（含量）。外标法要求样品和标准溶液进样量严格一致。

内标法：需要在标准溶液和测试样品中都加入相同量的内标物，以标准系列中组分峰面积与内标物峰面积的比值为纵坐标，以标准系列中组分浓度（含量）与内标物浓度（含量）的比值为横坐标做校准曲线。样品分析时也加入与标准物质相同量的内标物，通过校准曲线计算未知样品中组分含量。

标准加入法、峰面积归一化法在环境监测有机分析中使用相对略少，可参阅相关书籍了解。

2.2.1.5 色谱柱的性能指标

色谱分析中衡量色谱柱性能的指标主要包括柱效、分离度、选择性。

柱效：是指色谱柱保留某一化合物而不使其扩散的能力，也即是一支色谱柱得到窄谱带和改善分离的相对能力，简单理解就是色谱柱形成尖锐峰的能力。经典塔板色谱理论通常以有效塔板数或塔板高度来衡量柱效，有效塔板高度越小，有效塔板数越大，柱效越高。

分离度：是色谱柱在一定色谱条件下对混合物综合分离能力的指标，表现在色谱图上即是将两个相邻峰彼此分开的能力。通常以相邻两峰保留时间之差的 2 倍除以两峰峰宽之和来计算分离度，如式（12-1）：

$$R = \frac{2\left(t_2 - t_1\right)}{w_1 + w_2} \tag{12-1}$$

选择性：是色谱柱确认两个峰化学与 / 或物理性质差别的能力。

2.2.2 质谱基础知识

2.2.2.1 基本原理

质谱是一种定性分析和定量分析技术。质谱分析时在质谱仪（质谱检测器）的真空环境下，经过适当方式将组分离子化后，通过质量分析器测定组分形成的各个离子的质荷比（m/z）和对应强度信息记录得到质谱图。利用相应离子化方式下的质谱图中不同离子碎片分布及相对强度信息，可以解析有机物组分的分子结构进行定性分析；利用质谱图中碎片离子强度大小与有机物组分含量正相关，可以进行组分的定量分析。

磁质谱的基本原理，是使试样中各组分在离子源中发生电离，生成不同荷质比的带正电荷的离子，经加速电场的作用，形成离子束，进入质量分析器。在质量分析器中，再利用电场和磁场使发生相反的速度色散，将它们分别聚焦而得到质谱图，从而确定其质量。

2.2.2.2 典型质谱图

按照质荷比（*m/z*）大小依次排列而被记录下来的谱图，称为质谱图（图 12-7），质谱图是棒状图。质谱图是某一静态时间（如 200 ms 极短时间段内）内质谱仪（质谱检测器）一次扫描检测记录得到的一张谱图。在色谱－质谱联用分析时，适当的质谱扫描模式下，质谱仪（质谱检测器）会随着时间的推进，进行成百上千次的扫描，因而就会得到成百上千个质谱图。

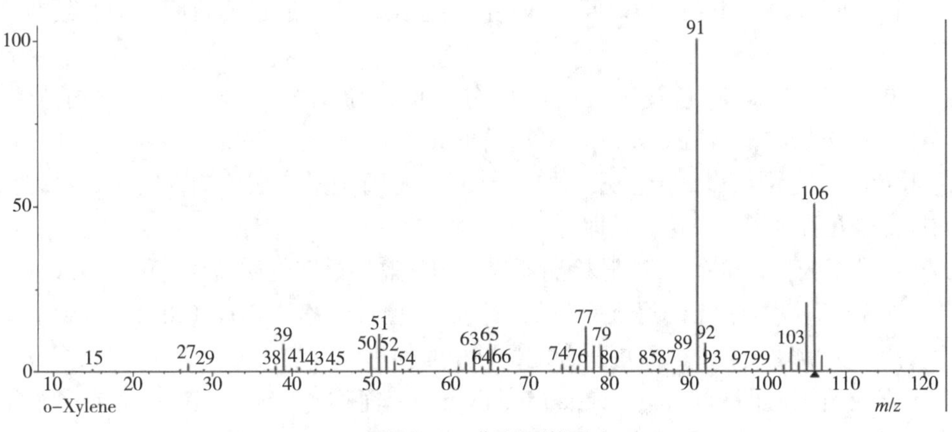

图 12-7 典型质谱图

2.2.2.3 术语

质荷比（*m/z*）：离子的质量数 *m* 除以所带电荷数 *z* 称为质荷比（*m/z*）。组分在质谱仪中被离子化后，以带电分子形式存在的离子称为分子离子，离子化过程中断裂了某些化学键而形成的带电离子称为碎片离子。分子离子和碎片离子均有其各自的质荷比。

离子丰度：质谱图中每个 *m/z* 离子的强度称作其丰度。

相对丰度：在同一张质谱图中，强度最大的质荷比 *m/z* 的离子为基峰，其强度作为 100 对整张质谱图进行归一化后，其他质荷比 *m/z* 离子的强度相对于基峰强度即为其相对丰度。

基峰：在质谱图中，指定质荷比范围内强度最大的离子峰称作基峰。

总离子流图：在选定的质量范围内，所有离子强度的总和对时间或扫描次数所作的图，也称 TIC 图。对应的监测模式是扫描模式。

选择离子流图：指定某一质量（或质荷比）的离子其强度对时间所作的图。对应的监测模式是选择离子监测（selected ion monitoring，SIM）。

母离子：一般是化合物的准分子离子峰，即与分子存在简单关系的离子，通过它可以确定分子量，液质中最常见的准分子离子峰是 $[M+H]^+$ 或 $[M-H]^-$。在 ESI 中，往往生成质量大于分子量的离子如 M+1，M+23，M+39，M+18……称准分子离子，表示为 $[M+H]^+$、$[M+Na]^+$、$[M+K]^+$ 等碎片离子。通常 ESI 正模式，以 $[M+H]^+$ 为化合物的母离子。ESI 负模式，以 $[M-H]^+$ 为化合物的母离子。

子离子：母离子经过碰撞裂解后生成的产物离子称为子离子。碎片峰的数目及其丰度则与分子结构有关，数目多表示该分子较容易断裂，丰度高的碎片峰表示该离子较稳定，也表示分子比较容易断裂生成该离子。

同位素离子：由元素的重同位素构成的离子称为同位素离子。各种元素的同位素，基本上按照其在自然界的丰度比出现在质谱中，利于质谱确定化合物及碎片的元素组成，还可利用稳定同位素合成标记化合物，在分析过程中加入标记化合物，从而能反映化合物结构，反应程度等。

驻留时间（dwell time）：指四极杆检测器让某个离子通过的时间，即有效监测的时间。

全扫描（SCAN）：色谱－质谱联用分析时，质谱检测器扫描模式分全扫描（SCAN）和选择离子扫描（SIM）。全扫描（SCAN）模式时，质谱检测器会在设定的质荷比（*m/z*）范围内以一定步长（如 *m/z*=0.1）进行全谱扫描监测，完成一轮扫描的时间通常是几百毫秒，一轮扫描即可得到一张质谱图。

选择离子扫描（SIM）：质谱检测器会只扫描监测设定的质荷比（*m/z*），故选择离子扫描（SIM）模式下无法得到完整的质谱图，但选择离子扫描（SIM）得到的离子强度较高，灵敏度较好，因而更适合定量分析时使用。

多反应监测：即 multiple reaction monitoring，简称 MRM，指对一个或多个母离子产生的相应特定子离子进行监测。LC-MSMS 进行定量的方法使用的一般就是指 MRM。MRM 的原理是离子进入质谱，通过第一个四极杆选择一定质量的离子作为母体离子，随后进入碰撞室，碰撞室内充有碰撞气体（碰撞气体：N_2、He、Ar、Xe、CH_4 等），母离子与一定碰撞能的气体分子发生碰撞反应，从而产生子离子，子离子经过第二个四极杆选择进入分析器及接收器得到电信号。

定量离子：已知目标组分的情况下，可以选取其某个特征离子的信号强度进行定量分析，该离子即为定量离子。

定性离子：色谱－质谱联用分析时会选取目标组分的一个或者几个特征离子，通过其是否出现以及相对丰度关系是否匹配等方式判定样品中目标组分是否存在。这些选中的离子即为定性离子。

2.2.2.4 定性分析

定性分析一般在全扫描模式下采集的总离子流谱图（TIC）上进行，一般的流程为选择 TIC 图上的目标峰最大响应处对应质谱图，再将该质谱图扣减该目标峰前与后的基线处背景质谱，再将扣减后的新质谱图进行自带谱库（若有购买）自动搜索，得到按匹配程度由高到低排列的化合物表，通过人工比对前几个匹配程度高的化合物标准谱图和实际谱图得出定性的大致结果。需要注意的是，一般同分异构体的质谱图基本一致，所以此时通过查看质谱无法对其识别，可通过标准文本及相关文献对同分异构体在相同色谱柱上的出峰先后顺序进行定性。

对于已知特征离子的化合物，可通过在 TIC 图上以提取离子查看的方式，快速找到目标化合物的出峰位置，再进行定性确认。

2.2.2.5　定量分析

质谱定量方法的一般设置流程与要点：

（1）设置通过定性确定各目标化合物名称及其保留时间。

（2）设置每个化合物对应的内标及内标量。质谱一般多用内标法进行定量，其中建议内标在校准曲线及实际样品中的质量保持一致以方便后续的计算。

（3）由高到低设置校准曲线中每个目标化合物的浓度。

设置定量与定性离子。选择的原则为一个（高分辨磁质谱选择 2 个）丰度较高无其他干扰的质量碎片作为定量离子，以及 1～2 个无干扰的特征离子用以辅助定性，建议定性离子避免选择离定量离子质量较近的碎片。

2.2.3　气相色谱仪（GC）

2.2.3.1　仪器结构

气相色谱主要由载气系统、进样系统、分离系统、检测器和数据处理系统几部分组成，如图 12-8 所示。

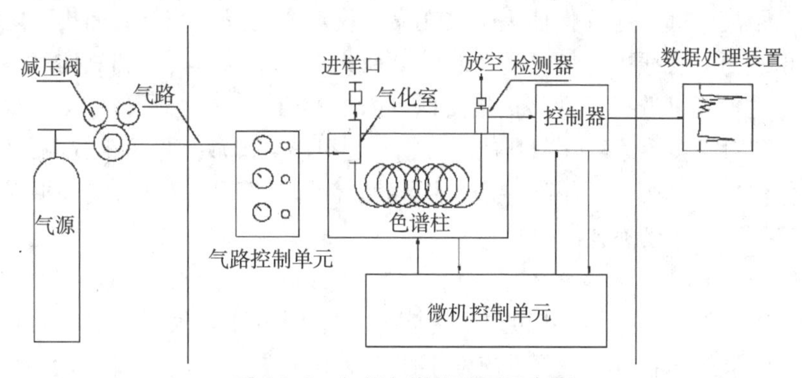

图 12-8　气相色谱仪结果示意图

气体：载气用于传送样品通过整个系统。检测器气体是指检测器所需的支持气体，如 FID 和 FPD 需要氢气、空气。

进样系统：将样品蒸汽引入分离系统，该过程对样品蒸汽的影响应尽可能小。可使用多种类型的进样口，最常用的是分流 / 不分流进样口；引入方式包括自动进样器、阀、顶空进样器或吹扫捕集装置等。

分离系统：色谱柱实现样品组分的分离；柱温箱提高分离效率。

检测器：对流出柱的样品组分进行识别和响应。

数据处理系统：将检测器的信号转化为色谱图，并进行定性、定量分析。

（1）载气系统

载气要求：惰性、干燥、纯度 99.999% 以上。

载气选择：根据特定的应用要求及所选用的检测器的类别而选择。例如，电子捕获检测器在使用氩 / 甲烷或氮气作为载气时效果最好，可参考表 12-5 选择载气种类。

表 12-5 载气的选择情况表

检测器 \ 载气	H_2	He	N_2	Ar+5%CH_4
热导检测器（TCD）	√	√	—	—
电子捕获检测器（ECD）	—	—	√	√
氢火焰离子化检测器（FID）	—	√	√	√
氮磷检测器（NPD）	—	√	√	√
火焰光度（FPD）	—	√	√	√

气路连接：钢瓶气或气体发生器—水捕集阱—氧捕集阱—仪器。

注意事项：①氧气会降低 ECD 检测器的功能，所以配置 ECD 检测器时很有必要安装氧捕集阱，微量的氧气会破坏色谱柱的固定相，对于容易受氧气影响的极性柱（如 INNOWAX 柱）同样建议使用氧捕集阱。②氧捕集阱也能捕集水分，由于氧捕集阱很难再生，成本比水捕集阱高很多，所以建议氧捕集阱装在水捕集阱之后。③如果仪器与气源距离较远，建议将捕集阱装在靠近仪器的位置。安装氧捕集阱之前需吹扫管线以防止残留在管线中的氧气消耗新的氧捕集阱。④水捕集阱和氧捕集阱属于消耗品，需定期更换，可选择指示型捕集阱以判断更换时机。⑤必须使用 GC 专用铜管或不锈钢管。塑料管会渗透氧气和其他污染物，还可能会释放其他可被检测到的干扰物。⑥管子确保洁净，否则先用甲醇冲洗并用载气吹干。⑦环境温度改变和振动可导致接头泄漏，需定期对外接头进行检漏。

（2）进样系统

将样品以一种可重复可再现的方式引入气相色谱柱中。被引入的样品应具有代表性，除特殊要求外样品引入过程不应发生任何化学反应。常见的进样口类型包括分流/不分流进样口、冷柱头进样口、隔垫吹扫填充进样口、程序升温汽化进样口、挥发进样口等。

1）分流/不分流进样口结构

图 12-9 显示了载气通过分流/不分流进样口（分流模式）的路线。载气从总流量入口进入进样口，一小部分流量通过隔垫下表面，由隔垫吹扫出口排出，剩余的流量向下进入衬管，其中一小部分流量进入色谱柱，其余气体由衬管的底部（分流平板上方）流经衬管外侧的空间，最后从分流出口排出。隔垫吹扫作用是带走隔垫分解的污染物及消除二次进样现象。

2）分流/不分流进样口 4 种操作模式

分流模式：适用于含量较高组分分析。样品分成两部分，一小部分样品进入色谱柱，大部分样品通过分流出口排出。当样品含量较高或对样品不了解时推荐选择分流模式。

不分流模式：几乎全部样品进入色谱柱，适用于痕量组分分析。

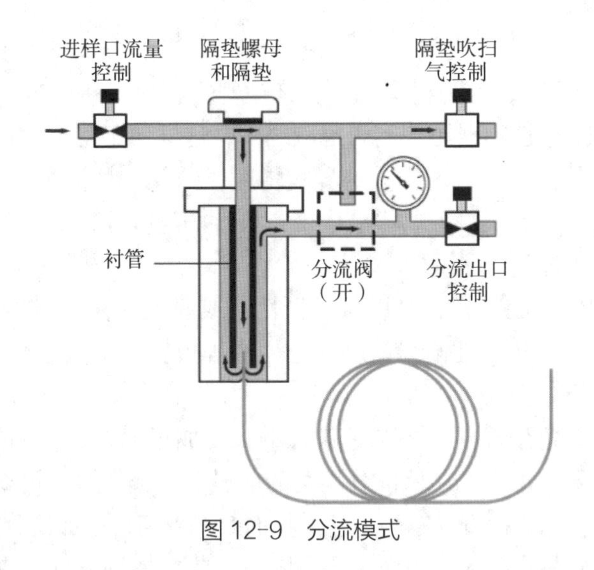

图 12-9　分流模式

脉冲不分流模式：允许更大进样量。在进样期间，进样口维持较高压力，当快速将样品吹入色谱柱之后压力恢复柱流量对应的压力。当进行痕量分析并希望大体积进样或希望加快进样速度时推荐使用脉冲不分流模式。

脉冲分流模式：允许快速进样。类似脉冲不分流，在进样期间，进样口维持较高压力，当快速将样品吹入色谱柱后压力恢复柱流量对应的压力。当样品含量较高并希望加快进样速度时推荐选择脉冲分流模式。

（3）分离系统

1）色谱柱的选择

一般在使用气相色谱仪时，根据被分离样品的组成物性质按照相似相溶原则来选择合适的固定液。以下介绍一些如何选择气相色谱仪固定液的原则。

分离非极性样品：一般选择非极性固定液，样品各组分会按照其性质，因为色散力的作用，按照沸点从低到高顺序分离，规律出峰。

分离极性样品：一般选择极性固定液。极性越大，样品与固定液之间的定向力就越强，在色谱柱中的保留时间就越长，相反，极性越小的便先出峰，因而各组分按极性从小到大的顺序规律出峰。

分离非极性和极性混合物：当被分离样品为极性物质（或易被极化物质）和非极性物质的混合物时，一般情况下也选用极性固定液，这种情况下，样品中极性物质（或易被极化的物质）因为与极性固定液的性质相似，彼此的作用力会较大，能在色谱柱中保留的时间比样品中非极性物质的长，因此非极性物质先出峰，极性物质（或易被极化的物质）后出峰。

分离能形成氢键的样品：当分离的样品能形成氢键时，一般选择的固定液会是极性固定液或者是氢键型固定液。这时的被测样品中各组分子按与固定液分子间形成氢键的能力大小顺序分离。较易形成氢键的物质会因氢键在色谱柱中的保留时间长于不易形成氢键的，因此不易形成氢键的先出峰，易形成氢键的后出峰。

分离具有酸性和碱性（吡啶类）的极性样品：当被分离样品是具有酸性和碱性（吡啶类）的极性物质时，因为样品性质会产生严重拖尾，一般选择使用极性固定液，并且加入酸性或者是碱性的减尾剂到固定液之中，这样便于得到对称峰。

分离异构体样品：当被分离样品为异构体时，一般这种情况下会选择使用强极性或有特殊作用力的固定液，以分离样品中带有极性的异构体，选用高色散力的固定液，分离非极性异构体（烃类）。

如不知道使用何种固定相，可以从非极性柱或弱极性柱如××-1或××-5开始试用，如效果不好，再按极性渐强的顺序选用中等极性直至高极性柱逐一尝试，直到有较令人满意的分析结果。

色谱柱的长度：色谱柱的效率与色谱柱的长度成正比；分辨率是色谱柱长度平方根；保留时间与长度成正比；在保证分离度的前提下，选择短柱提高工作效率。

色谱柱的直径：色谱柱直径越小，色谱柱的效率越高，可加快分析速度；色谱柱直径越大，可容纳的样品量越大，但效率会下降。需要更高效率时，使用0.18～0.25 mm内径的色谱柱，尤其适合GC-MS系统；需要高样品容量时，使用0.32 mm内径的色谱柱，对于不分流进样口或大体积进样口，这种色谱柱可得到更好的分辨率；需要更高样品容量时，使用0.53 mm内径色谱柱，对早期流出的组分有较好的分辨率。

色谱柱的液膜厚度：膜厚影响分离质量，膜厚越厚，色谱柱样品的容量越大、保留时间越长、峰越宽、效率越低、柱流失越大，应权衡每个因素的重要性来选择膜厚。

2）柱温（恒温、程序升温）及最佳柱流量设置

恒温：在整个分析过程中，色谱炉温保持恒定；设定运行时间；升温速率设为0；后流出的峰展宽。

程序升温：当组分有较宽的沸点范围（大于100℃）时使用；减少分析时间并使峰变窄；增加柱流失，引起基线漂移；可设多阶程序升温。

最佳流量设置：通常可使用表12-6推荐值确定不同类型柱的最佳流量。

表12-6 最佳流量选择情况表

类型	柱内径（英寸）	载气最佳流量	载气最佳线速度
填充柱	1/4″	50～60 ml/min	2.6～3.2 cm/sec
	1/8″	20～30 ml/min	4.2～6.3 cm/sec
毛细管柱	5.30系列柱	3～5 ml/min	22～38 cm/sec
	0.32 mm	1～3 ml/min	20～41 cm/sec
	0.200 mm	0.5～1 ml/min	21～32 cm/sec
	0.100 mm	0.2～0.5 ml/min	42～106 cm/sec

3）色谱柱的保存

色谱柱在不使用时：必须要密封保存。将色谱柱堵头插在柱两端以防止碎片进入柱内。

色谱柱使用时：必须时刻保持有载气通过，以免柱子干烧损坏。

4）色谱柱的安装

选择合适于色谱柱、进样口、检测器类型的柱尺寸，密封垫；避免重复使用密封垫；采用合适的柱切割工具；将色谱柱安装在进样口和检测器之前，确保柱端口清洁平整；根据仪器制造厂商的指标，色谱柱安装于进样口和检测器时插入适当的距离；色谱柱必须置于柱架上，柱子的任何部分都不能接触柱箱壁；柱温箱加热之前，确保所有接头都不泄漏，载气中不含氧气。重新安装色谱柱时要从柱头截去少许以确保隔垫碎屑不会堵塞在柱子内。

5）色谱柱的维护

老化：新柱需老化以除去柱中残留的溶剂，老化时柱子应与检测器断开，将检测器用堵头堵住，按实际工作时的炉温程序重复升温，通常将炉温设为比最高炉温高约10℃，但比固定相最高温低，老化过夜。

避免热损坏：色谱柱只能在最高柱温下工作 5～10 min，不要超过制定的柱温上限。如果超过色谱柱最高温度极限将加速固定相和管表面的降解，这将会导致过早的柱流失，活性化合物的峰拖尾或柱效下降（分离度下降）。热损坏是不可逆转的，色谱柱通常不能恢复到初始性能，热损耗后柱子的寿命将缩短。

避免氧化损坏：应定期检漏、更换隔垫、采用高质量载气并安装氧气捕集阱等，保证系统无氧气。氧气是所有毛细管柱的天敌，当柱温增加时，氧气会严重破坏固定相。载气流量（如管路、接头、进样口及隔垫）泄漏很容易使氧气进入色谱柱。当色谱柱被加热时，会出现固定相的快速降解。这会导致色谱柱过早的流失，活性化合物的峰拖尾和柱效（分离度）下降。

避免化学损坏：应对样品采取必要的净化手段，从样品中去除无机酸碱。无机酸碱是引起固定相化学损坏的主要原因。这类酸碱大多数都是低挥发性的，大都在柱前端积聚，如果情况严重则需要从柱前端截去损坏部分。若允许酸碱保留在柱中，将损坏固定相，已报道的对固定相产生化学损坏的有机化合物为全氟酸，这些损害会导致色谱柱的过早柱流失，活性化合物拖尾和柱效（分离度）下降。

（4）检测器

气相色谱分析时，组分经色谱柱分离后，在检测器中被检测，并且依其含量变化有相应的信号输出；由于产生的信号及其大小是组分定性和定量的依据，因此检测器是气相色谱仪的一个重要部件。

1）检测器类型

浓度敏感型检测器：检测器的响应值取决于载气中组分的浓度，为浓度敏感型检测器，简称浓度型检测器。当进样量相同，载气流速改变时，色谱峰的峰高 h 在一定范围内基本不变，而峰面积 A 则随载气流速增加而减小。此类检测器适宜用峰高定量，其代表有热导检测器、电子捕获检测器和光离子化检测器。

质量敏感型检测器：检测器的响应值与样品的质量流速有关，为质量敏感型检测器，简称质量型检测器。当进样量相同，载气流速改变时，色谱峰的峰面积 A 在一定范围内基本不变，而峰高 h 则随载气流速增加而增高。此类检测器适用于峰面积定量，其代表有火焰离子化检测器、质谱检测器、火焰光度检测器和氮磷检测器。

2）检测器的评价

基线噪声与基线漂移：在没有样品进入检测器的情况下，仅由检测器本身及操作条件的波动（如固定相流失、橡胶隔垫流失、载气、温度、电压的波动及漏气等因素）使基线在短时间内发生波动的信号称为基线噪声或噪声（N），其单位用毫伏（mV）或毫安（mA）表示。基线在一段时间内产生的偏离，称为基线漂移或漂移（M），其单位用毫伏 / 小时（mV/h）或毫安 / 小时（mA/h）表示。

线性范围：检测器的线性范围是指检测器内载气中组分的浓度 Q 与响应值 R（峰高或峰面积）成正比的范围。以最大允许进样量与最小进样量的比值表示。当进样量范围很大时，可用双对数或单对数坐标图。

$$\text{线性范围}=\frac{Q_{\max}}{Q_{\min}} \tag{12-2}$$

式中，$Q_{\min}$——检出极限确定的最小检测量；

$Q_{\max}$——偏离线性处的进样量。

若线性有变化但能在很窄的范围内进行校正，则该范围还是可用的，称为线性动态范围。

灵敏度：气相色谱检测器的灵敏度 S 是检测器中物质量变化 ΔQ 时信号量的变化率。

$$S=\frac{\Delta R}{\Delta Q} \tag{12-3}$$

式中，信号量的变量 ΔR 的单位为毫伏（mV）；物质量的变量 ΔQ 的单位应依检测器的类型而定，故灵敏度 S 的单位随之而变。

浓度型检测器灵敏度：当 Q 的单位定义为每 1 ml 载气中所含组分的体积（ml）时，则对应检测器的体积灵敏度 S_v，单位为 mV · ml/ml。当 Q 的单位定义为每 1 ml 载气中所含组分的质量（mg）时，则对应检测器的质量灵敏度 S_g，单位为 mV · ml/mg。

质量型检测器灵敏度：当 Q 的单位定义为每 1 s 所通过的组分的质量（g）时，则对应检测器的灵敏度 S_t，单位为 mV · s/g。

灵敏度之间的换算如下：

$$S_g=S_v\frac{22.4}{M}=S_t\frac{F_d}{60\times1\,000} \tag{12-4}$$

式中，M——组分的分子量；

F_d——在检测器温度和大气压下载气的流量，ml/min。

检测限：人们规定检测器产生三倍噪声信号时，单位体积的载气或单位时间内进入检测器的组分的量为检测器的检测限 D_i（亦称敏感度），用于评价检测器的灵敏度，用式（12-5）计算：

$$D_i=\frac{3N}{S_i} \tag{12-5}$$

D_i 的单位随 S_i 不同而异。对浓度型检测器，$D_v=3N/S_v$，其单位为每毫升载气所含组分的体积（ml/ml）；$D_g=3N/S_g$，其单位为每毫升载气所含组分的质量（mg/ml）。对质量型检测器，$D_t=3N/S_t$，其单位为每秒钟时间内所通过组分的质量（g/s）。

响应时间：气相色谱检测器的响应时间，是指进入检测器的组分输出达到其真值63%所需的时间。一个好的检测器应当迅速和真实地反映通过它的物质浓度的变化，即要求响应时间要短。响应时间是柱后谱带扩张的主要因素，成为一些检测器设计中的一个重要指标（如早期TCD）。早期TCD体积 V_0 通常为500～800 μl，若按800 μl（0.8 ml）计算，通过TCD的载气流量 F_d 按30 ml/min计，则检测器的响应时间为

$$0.63\times\frac{V_0}{F_d}=0.63\times\frac{0.8}{30/60}S=1.008s \quad (12\text{-}6)$$

这对于毛细管柱的分离是不能容许的。对FID则相反，由于毛细管柱可插至喷口，柱后谱带扩张的体积可小于1 μl，通过喷口的氢气和氮气一般共为60 ml/min左右，按上式计算，响应时间小于1 ms。从响应时间可以看出FID可以直接与毛细管柱联用，而早期TCD即使加尾吹气也不能与毛细管柱联用。

选择性：许多检测器是通用型检测器，如氢火焰离子化检测器、热导检测器、截面积检测器、氦离子化检测器、光离子化检测器等，对许多化合物均有输出信号。而另一些检测器仅对某些特定类别的化合物或含特殊基团的化合物有较大的输出信号，对其他类化合物无输出信号或很小，故称为选择性检测器，如火焰光度检测器、电子捕获检测器、电解电导检测器等。这类检测器的选择性是目标化合物质的输出信号与潜在干扰物质的输出信号之比。例如氮磷检测器对含N、P的化合物有极大的输出信号，检测限可达 10^{-12}～10^{-14} g/s，而对烃类化合物则很小，其比值为 10^2～10^4，也就是说氮磷检测器对烃类化合物的选择性为 10^2～10^4。

3）常用检测器

氢火焰离子化检测器（FID）：主要应用于微量有机物分析过程中；工作原理是利用有机物在氢空混合燃烧火焰的作用下化学电离而形成离子电流，电场中离子定向移动形成离子流强度进行检测；特点：检测器灵敏度高、线性范围宽、操作条件不苛刻、噪声小、死体积小，是有机化合物检测常用的检测器。检测时样品被燃烧破坏，一般只能检测那些在氢火焰中燃烧产生大量碳正离子的有机化合物。应用于环境监测领域的常见检测项目有苯系物、甲烷和非甲烷总烃、乙醛和丙烯醛、三氯乙醛、吡啶、石油烃、三甲胺等。

热导检测器（TCD）：用于常量、半微量分析，有机、无机物均有响应；工作原理是基于不同物质具有不同的热导系数，根据不同物质的热导系数来分析样品的浓度；特点：对所有的物质都有响应，是目前应用最广泛的通用型检测器。

电子捕获检测器（ECD）：用于有机氯农药残留分析；工作原理是利用电负性物质捕获电子的能力，通过测定电子流进行检测；特点：具有灵敏度高、选择性好的特点。它是一种专属型检测器，分析痕量电负性有机化合物最有效的检测器，元素的电负性越强，检测器灵敏度越高，对含卤素、硫、氧、羰基、氨基等的化合物有很高的

响应。应用于环境监测领域的常见检测项目有酚类化合物、硝基苯类化合物、有机氯农药、百菌清和溴氰菊酯、丙烯酰胺、烷基汞等。

火焰光度检测器（FPD）：用于有机磷、硫化物的微量分析；工作原理是当含磷和含硫物质在富氢火焰中燃烧时，分别发射具有特征的光谱，透过干涉滤光片，用光电倍增管测量特征光的强度；特点：对含硫和含磷的化合物有比较高的灵敏度和选择性。应用于环境监测领域的常见检测项目有硫化氢、甲硫醚、甲硫醇、二甲二硫、有机磷农药、黄磷等。

氮磷检测器（NPD）：用于有机磷、含氮化合物的微量分析；氮磷检测器（NPD）有热离子发射检测器和碱火焰电离检测器等，对氮、磷化合物的检测特殊性；特点：检测灵敏度高，选择性强，线性范围宽。目前已成为测定含氮化合物最理想的气相色谱检测器，对含磷化合物的灵敏度也高于 FPD。应用于环境监测领域的常见检测项目有三甲胺、有机磷农药、黄磷等。

2.2.3.2　仪器参数设置

气相色谱仪需对载气系统、进样系统、分离系统和检测系统分别设置参数。

（1）载气系统

选择所使用的载气类型。载气类型选择见表 12-5。

（2）进样系统

根据系统配置的样品引入方式设置参数。对于常用的分流 / 不分流进样口，一般需设置进样体积、进样口温度、进样模式（分流进样、不分流进样、脉冲分流进样和脉冲不分流进样）、分流比、隔垫吹扫流量、是否载气节省等。

进样口温度：应高于目标物沸点，既要保证样品完全汽化，又要防止样品过热分解。

进样体积：在保证灵敏度和重现性的前提下，选择较小进样体积，以防过载或峰展宽，影响定性定量，一般为 1 μl。

（3）分离系统

主要包括色谱柱、柱温和柱流量 / 柱压的设置。

色谱柱：根据所安装的色谱柱（按照标准方法推荐）输入色谱柱类型、柱长、内径、膜厚等参数，并确定控制模式，一般为恒流模式或恒压模式。

流量设置：通常可使用表 12-6 推荐值确定不同类型柱的最佳流量。

柱温的设置：分为恒温模式和程序升温模式。

恒温：在整个分析过程中，色谱炉温保持恒定；设定运行时间；升温速率设为 0；后流出的峰展宽。

程序升温：当组分有较宽的沸点范围（大于 100℃）时使用；减少分析时间并使峰变窄；增加柱流失，引起基线漂移；可设多阶程序升温。

（4）检测系统

根据所使用的检测器类型设定参数。

FID：包括检测器温度、氢气流量、空气流量、尾吹气流量等。检测器温度应高于炉温 50℃，推荐使用 250℃，如低于 150℃，火焰将无法点燃。氢气空气流量比一般为 1∶10。

TCD：包括检测器温度、尾吹气流量、参比气流量等。一般参比气流量为载气 + 尾吹气之和的 1.5～2 倍。

ECD：包括检测器温度和尾吹气流量。检测器温度一般推荐 280～300℃。

FPD：包括加热器温度、燃烧室温度、氢气流量、空气流量、尾吹气流量等。

NPD：包括检测器温度、氢气流量、空气流量、辅助气流量等。

不同品牌仪器参数推荐设定值略有不同，大型仪器的参数设置及操作使用要经过厂家的正式培训，制定作业指导书规范使用。

2.2.3.3　日常维护

气相色谱仪日常维护方法见表 12-7。

表 12-7　气相色谱仪日常维护方法

项目	维护周期	描述	备注
载气	· 压力：每天 · 净化器：根据需要	清洗钢管、更换干燥器和脱氧管	· 使用 99.999%（或更纯）的载气 · 使用金属净化器
进样口	· 根据进样体积	隔垫、衬管、橡胶 O 形环、分流板、密封圈	· 使用低流失隔垫 · 使用适当的衬管，清洗或更换分流板
色谱柱	· 根据需要	使用低流失交联柱，柱子接 MS 前老化	色谱柱在不使用时要安全保存起来。安全保存中有两大要点
垫圈	· 进样口：根据需要 · GC/MS 接口：更换柱子时	不要在 GC/MS 接口使用 100% 石墨垫圈； 不要过度拧紧	
检测器	一年	清洗检测器； 调节 EPC 压力传感器零点； 再生或更换内部和外部捕集管及化学过滤器	

2.2.3.4　常见故障及排除

气相色谱仪常见问题及排除方法见表 12-8。

表 12-8　气相色谱仪常见问题及排除方法

故障现象	可能的原因	排除方法
电源不通	插头接触不好	检查各插头是否插紧，进行处理
	电源保险丝烧断	更换电源的保险丝
	仪器的保险丝烧断	更换仪器的保险丝
进样后不出峰	记录器或检测器没有工作	检查记录器及信号线有无问题，检测器有无信号输出
	样品未气化	升高气化温度
	色谱柱断裂堵塞、管道漏气	排除漏气及堵塞
	注射器堵塞或漏气	修理或更换注射器
	气化室堵塞或吸附	清理气化室，净化气化室插管
	柱温太低	升高柱箱温度

续表

故障现象	可能的原因	排除方法
色谱柱出口无气体或气体流后不出峰	色谱柱折断	从色谱柱出口向入口逐段试漏，找出漏气部位，进行处理
	载气分流过大	调整分流
	隔热垫漏气	换垫
	气化室被破碎隔热垫堵住	清理气化室
	检测器喷口堵塞	清理喷口
色谱箱、检测器、气化室不升温	未通电或加热元件、测温元件烧断	检查电源，更换加热元件、测温元件
	温控的元件有故障	更换损坏的部件或更换温控板
点不着火	喷嘴堵塞	排除堵塞物或更换喷嘴
	点火装置有故障	修理点火装置
	进入检测器的燃烧气与助燃气的比例不当	点火时氢气流量应加大些并调整气体比例
	氢气管路漏气或气瓶压力不足	排除漏气现象或更换气瓶
	气体阀门堵塞	清理阀门
基线不能调零	基流太大	排除造成基流大的原因（如气体不纯、固定液流失、燃烧气量过大）
	检测器或放大器有故障	检查检测器与放大器的参数和元件是否正常，改正参数或更换元件
	TCD 的桥臂不平衡	更换 TCD 的加热丝
	FID 的喷口局部堵塞	清除堵塞物
	信号线短路	排除短路
基线出现小毛刺	电源受干扰	排除干优的用电设备
	接地不良	检查地线，不能用零线代替地线
	载气管路中有凝聚物	加热管路吹除管道中凝聚物或清洗管道
	气路有固体颗粒进入检测器	气路出口加玻璃毛或烧结不锈钢
	柱子担体颗粒进入检测器	填充柱后加足玻璃毛
基线抖动	放大器或记录器的灵敏度过高	适当降低放大器或记录器的灵敏度
	TCD 电桥的电流过高	减小电流量
	FID 的燃烧气量过大	减少燃烧气量
	阀中有固体，造成气流有脉冲	清洗阀
	载气不纯	更换净化器
基线波动	炉温控制不当	采取相应措施
	载气控制不当	采取相应措施
	TCD 电桥的电流不稳	检查 TCD 的电源
	使用氢气发生器时氢气波动过大	调整氢气发生器的工作电流，控制产气与用气基本平衡

续表

故障现象	可能的原因	排除方法
基线漂移	系统未稳定或漏气	等待温度达到平衡，排除泄漏
	气瓶压力不足	更换气瓶
	放大器失灵	检修放大器
	TCD 元件失灵	更换 TCD 元件
	固定液受热流失或未老化好	降低柱温，老化柱子
峰前出现负的尖端	进样量过大	减少进样量
	检测器被污染	清洗检测器
	有漏气	排除漏气
峰尾出现负的尖端	检测器超负荷	减少进样量
	检测器被污染尤其是 ECD 检测器	清洗检测器
出现反峰	ECD 的放射源被污染	清理或更换放射源
	记录器输入线接反	改正电源接线或信号倒向
	载气或燃烧气不纯	更换气体或净化器
	用热导检测器时使用氮气作载气，部分组分出反峰	改用氢气或氢气作载气
出峰后基线下降	进样量过大	减少进样量
	燃烧气减少	排除燃烧气减少的原因
	进样垫泄漏	换垫
前伸峰	进样量过大	减少进样量、增加固定相含量、增加分流比
	柱温过低	提高柱温
	进样技术欠佳	改进进样技术
	色谱柱不良	更换色谱柱
	样品分解	采用失活进样衬管、调低进样器温度或排除分解的原因
	两种化合物共洗脱	提高灵敏度，减少进样量或使柱温降低10～20℃以使峰分开；或换色谱柱
圆头峰或平头峰	采集系统饱和	改变采集系统量程、减少进样量，或增加放大器衰减减少放大器的信号输出
	检测器达到饱和	减少进样量或增加分流
	放射源 ECD 被污染	按要求清洗
峰形不平滑	放大器或采集系统的灵敏度过高	适当降低放大器或采集系统的灵敏度
	气流不稳使火焰跳动	调整气体流速
	燃烧气与助燃气比例不当	调整气体流量的比例

续表

故障现象	可能的原因	排除方法
基线呈台阶状	气流管路中有障碍物，使气流周期地脉动	清除障碍物
	直流电器的开关信号造成的影响性	用屏蔽线将其隔开
峰分不开	柱温过高	降低柱温
	柱长不够	增加柱长
	固定液已流失过多	更换色谱柱
	固定液或载体选择不当	另选固定相重做色谱柱
	载气流速太高	降低载气流速
FID 灵敏度逐渐降低	由于流失的聚硅氧烷固定相在 FID 燃烧后造成白色 SiO_2 附于收集极	清洗喷嘴和收集极
	燃气压力不足	更换气瓶
ECD 灵敏度逐渐降低	放射源受到污染	使用高纯载气，勿使污染物进入检测器
	放射源逸失	检测器使用温度不可太高，严重的更换放射源
	净化器失效	更换净化器
保留值正常，峰面积变小	进入进样器的样品量小	排除漏气
	放大器、记录器衰减改变	调节衰减
	柱吸附	采取相应措施排除柱吸附
	样品反闪	降低进样，降低气化温度换大衬管，加大分流
	进样不重复	改善进样技巧
	燃气不足	换瓶
峰高比例不正常	进样口中色谱柱的位置不正常	按说明书尺寸安装色谱柱
	分流的歧视效应	消除歧视效应
ECD 进样增加，峰高不变而峰宽增加	进样超载	减少进样或稀释进样
保留时间延长，峰面积变小	柱温变低	增加柱温
	载气流速变慢	调整载气流速
	漏气	克服漏气
程序升温时基线漂移	色谱柱未老化好	进行色谱柱老化
	载气流速不平衡	调节两根柱子流速使之平衡
	柱子被沾污	重新老化或更换色谱柱

续表

故障现象	可能的原因	排除方法
保留值不重复	进样技术不佳	提高进样技术
	漏气、特别是微漏	进样口橡胶垫要经常换，特别是在高温情况下
	载气流速控制不好	增加柱入口处压力
	柱温未达平衡	柱温升至工作温度后还应有一段时间平衡
	柱温控制不好	检查炉子封闭情况
	程序升温中，升温重复性欠佳	每次重新升温时，应用足够的等待时间，使起始温度保持一致
	程序升温过程中，流速变化较大	采用恒流操作或采用更高级气相色谱仪
	进样量太大	减少进样量或用适当溶剂将样品稀释
	柱温过高，超过了固定液的上限或太靠近温度下限	重新调节柱温
	色谱柱破损	更换色谱柱
	极性物质拖尾影响	换柱
	柱降解	切去毛细管柱头 0.5 m，或倒空填充柱柱头，或更换柱子
宽峰	采用溶剂效应时聚焦不足	降低起始柱温
	载气流太高或太低	校正柱流量
	分流流速太低	增加分流流量
	进样口吸附	更换衬管，移去填充物，增加进样温度
	柱过载	减少进样量，增加分流比或用厚液膜柱
	进样技术不佳	快速平稳进样
	柱安装不当	新装柱
鬼峰、基线渡动	样品反闪	降低进样量，降低进样口温度
	隔垫降解	用大容量衬管，加大载气速度
	色谱柱污染	降低进样口温度，更换高温隔垫；老化色谱柱
	气化室污染	清洗气化室
面积丢峰、新峰产生	气化温度太高	降低气化温度
	进样口脏	清洗更换衬管
	与金属接触	换玻璃衬管玻璃柱
	停留时间太长	增加流速
	化合物易变	衍生化样品，使用冷柱头进样
	活性的保留间隙	更换或简化保留间隙
	色谱柱污染	清洗或换色谱柱

续表

故障现象	可能的原因	排除方法
迟洗脱物的面积低	采用溶剂效应时溶剂沸点太低	使用高沸点溶剂
分裂峰	密封垫泄漏	更换密封垫
	二次进样	提高进样技术
分裂峰（PTV 和柱头进样）	溶剂和柱不匹配	换溶剂或用一个保留间隙
	溶剂和主要成分相互作用	换溶剂
溶剂峰拖尾	色谱柱在进样口端位置不正确	重插色谱柱
	载气气路中有密封垫的颗粒	清理载气气路
拖尾峰	进样器衬套或柱吸附活性样品	更换衬套及减活玻璃毛。如不能解决问题，就将柱进气端去掉 1～2 圈，再重新安装
	柱或进样器温度太低	升温（不要超过柱最高温度）。进样器温度应比样品最高沸点高 25℃
	两个化合物共洗脱	提高灵敏度，减少进样量，降低柱温 10～20℃，以使峰分开
	柱损坏	更换柱
	柱污染	从柱进口端去掉 1～2 圈，重新安装
	色谱柱选用不合适	换色谱柱
	系统死体积太大	改进气路系统、减小死体积或柱后加尾吹气
	进样技术欠佳	提高进样技术
	金属填充柱吸附	改用填充玻璃柱
假峰	柱吸附样品，随后解吸	更换衬套，如不能解决问题，就从柱进口端去掉 1～2 圈，再重新安装
	注射器污染	用新注射器及干净的溶剂试一试，如假峰消失，就将注射器冲洗几次
	进样量太大，形成倒灌	减少进样量
	进样技术太差（进样太慢）	采用快速平稳的进样技术
只有溶剂峰	进样器衬套或柱吸附活性样品	用新注射器验证
	柱或进样器温度太低	检查流速，如有必要，调整之
	两个化合物共洗脱	注入已知样品，如果结果很好，就提高灵敏度或加大注入量
	柱损坏	更换柱子
	柱污染	老化柱子，或切掉柱头 30 cm 左右
	色谱柱选用不合适	将柱更换成较厚涂层或不同极性
	系统死体积太大	检查柱箱温度，根据需要进行调整
	进样技术欠佳	检查泄漏处
	金属填充柱吸附	更换衬套，如不能解决问题，就从柱进口端去掉 1～2 圈，并重新安装

2.2.4　气相色谱－质谱联用仪（GC-MS）

气相色谱－质谱联用是环境领域中一种通用型的分析技术，气相部分原理见本章2.2.1，质谱则是作为一个检测器的部件，其原理就是将化合物分子通过电子轰击、化学电离等方式离子化后形成具有一定特征质荷比的带电碎片，这些碎片通过质量分析器过滤与筛选后，到达带电颗粒检测装置进行信号转换与放大后检测。通过检测得到的特征离子碎片及色谱保留时间进行定性，浓度与响应的正比关系进行定量。

2.2.4.1　仪器结构

包括离子源、质量分析器、检测器、真空系统四部分，如图 12-10 所示。通常所讲的四极杆、离子阱、TOF（飞行时间）质谱等是以质量分析器的不同以分类的。

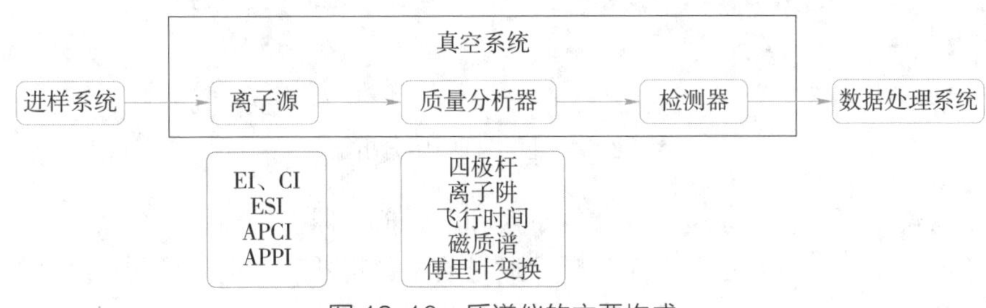

图 12-10　质谱仪的主要构成

（1）离子源（EI 源 /CI 源）

质谱中离子源的作用是将化合物分子转化为带电的离子，再进行后续的分析，目前环境分析领域使用的气相色谱质谱仪离子源主要为 EI 源，少量使用 CI 源，下面简单介绍一下这两种离子源的工作原理。

EI 源：电子轰击离子源（Electron impact ion source），通过热电效应使灯丝发射出大量电子，并通过施加一定的电位差使电子加速至阳极，在电子运动过程中，与进样系统引入的化合物分子发生碰撞，继而电离产生带电碎片。EI 源由于其轰击能量较大，因此基本很少产生分子离子的碎片，多为质荷比更低的特征碎片，EI 源的谱图能提供较为丰富的化合物结构信息，因此也称硬电离，是一种应用范围比较广的离子源。常用的轰击电子能量为 70 eV。

CI 源：化学电离源（Chemical ionzation source），其结构与 EI 源相似，增加引入了大量的甲烷、异丁烷、氨气等气体作为电离介质，灯丝产生的电子与这些电离介质作用，得到相应的离子产物（如甲烷气体会得到 CH_5^+、$C_2H_5^+$），而这些离子产物再同样品分子反应后，得到样品离子。该法得到多为分子离子信息，主要用于不稳定的化合物的分析，如多溴二苯醚等。

（2）质量分析器

质量分析器的主要作用是利用电场和磁场等物理变化发生相反的速度色散，将不同质荷比碎片分别通过，进而实现过滤与筛选。目前商业化的质量分析器产品众多，用途也各有不同，如常见的单四极杆，还有其他精度更高的分析器如 TOF（飞行时间)、双聚焦等。现简单介绍一下环境监测中应用较广的单四极杆质量分析器。

四极杆质量分析器由四根几何形状完全相同且包含双曲面截面的电极，平行围绕着一个中心对称轴合围而成的一个结构，四根电极中相对的 2 根电极被连接在一起，形成两对电极，分析时分别在这两对电极上加正负直流电压和射频信号，离子在四极杆中旋转、振荡，通过改变直流电压的大小和射频电压的幅度，形成不同的电场环境，使得特定质荷比范围的离子才能通过四极杆，而其他离子将偏转，最终打在四极杆上损失掉，从而达到顺序分析离子质量的目的，见图 12-11。

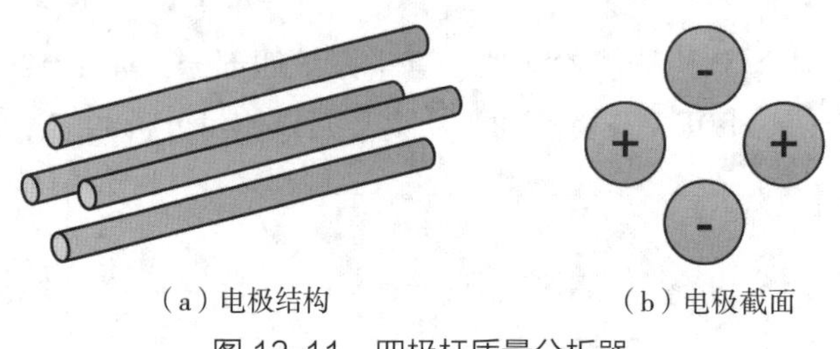

(a)电极结构　　(b)电极截面

图 12-11　四极杆质量分析器

(3)带电粒子的检测系统(高能打拿极和电子倍增器)

当不同质荷比的碎片按照一定的顺序通过质量分析器后，进入检测系统进行检测，这个检测系统包括高能打拿极和电子倍增器。其中高能打拿极将带电粒子置换成电子后，这些电子再通过电子倍增管转化成电信号供以系统识别与记录，最后得到离子流图谱。

(4)真空系统

真空系统提供真空的环境供质谱系统正常地运行，离子化器、质量分析器、电检测器几个系统均需在真空环境中工作，真空环境能减少其他背景分子对目标离子的碰撞而产生的淬灭，提高离子自由程，进而提高检测灵敏度。

普通的单四极杆质谱的真空度一般为 10^{-4} ～ 10^{-6} Pa，通常由机械泵提供粗真空，分子涡轮泵提供高真空，真空规可监控高真空情况。

2.2.4.2　仪器参数设置

为了得到最优的分辨率和灵敏度，对质谱的各种参数进行优化，这个过程称为调谐。对于四极杆质谱来说，调谐需要注入校正液全氟三丁胺(DFTBA)进入质谱，产生已知的碎片离子作为信号源，然后通过调节质量过滤器的直流电压与射频电压之比得到所需的 Amugain(AMU 增益)和 AmuOff(Amu 补偿)来得到所需的质谱峰宽度；调节电子倍增器(EM)电压以保证适当的峰强度；调节质量轴保证正确的质量分配等。

(1)调谐

对于单四极杆气相色谱质谱联用仪来说，一般在更换色谱柱、停机开机稳定后、清洗离子源、拆装离子源后、更改离子源温度、仪器响应下降等情况下均建议进行调谐。

1)调谐类型(EI 源)

一般分为自动调谐和手动调谐，顾名思义自动调谐即仪器软件自动对质谱参数进行优化，手动调谐则是用人工手动地对质谱参数进行逐一的优化。普通气质联用仪多用自动调谐，液质联用多用手动调谐。

各个不同厂家的气质联用仪所带的自动调谐也有许多类型，如通用的自动调谐、高灵敏度自动调谐、BFB 调谐、DFTPP 调谐等，最后两种是针对环境行业气质法监测或 EPA 等标准中的 BFB 和 DFTPP 性能测试而使用的，BFB 调谐用于挥发性有机物分析前的参数优化，DFTPP 调谐用于半挥发性有机物分析前的参数优化。

一般的做法是先打开校正液和灯丝做一次手动的全扫描检查，看氮气、氧气和水含量高低，太高最好不要进行自动调谐，待仪器稳定后，再对仪器进行通用的自动调谐，若用该文件参数运行 BFB 或 DFTPP 不能达到标准要求时，再用该调谐通过的参数继续用 BFB 或 DFTPP 调谐进行参数自动优化，最后再使用调谐通过的调谐参数分析 BFB 或 DFTPP 标准品，得到符合标准要求的质谱碎片。

2）调谐结果

调谐后系统软件会产生包含众多参数的调谐结果报告，需要关注以下几个参数进而判断仪器状态是否正常（此参数为参考，具体以各厂家建议值为准）。

质量数准确性：检查 PFTBA 的碎片 69、219、502 的质量数是否在 ±0.1 内。

峰宽与峰型：69、219、502 峰宽是否相近，一般在 0.5±0.1 内，轮廓图的峰型是否平滑对称。

基峰及其响应：PFTBA 的基峰（响应最大的碎片）一般为 69 或 219，响应一般在 400 000 以上。

高质量碎片响应：*m*/*z*=502 能在质谱图中看到峰。

PFTBA 主要碎片同位素丰度比与分离情况：*m*/*z* 为 69、219、502 的同位素比例一般为 1∶4∶10，503 与 502 之间的峰谷高度应小于 503 峰高的一半。

质谱背景情况：报告中质谱图的质谱峰数目不能太多（一般＜200），峰数过多时应考虑离子源是否污染的问题。

气密性：观察水峰、N_2、O_2 的响应情况，正常均应低于各类仪器的要求值。一般出现漏气时，N_2（*m*/*z*=28）和 O_2（*m*/*z*=32）的响应较大，并且会以大约 4∶1 的空气组成比例出现；若非上述情况，N_2 峰偏高，其他峰正常，考虑载气（一般为 He）气源的纯度、长期关机、更换管路或管路漏气时进了空气，导致载气过滤器积累较多 N_2 等原因导致。长期关机后再开机会出现水峰（*m*/*z*=18）偏大的问题，此时延长稳定时间或升高离子源温度烘烤后可解决。

电子倍增管电压（EM）：一般要求 EM＜2 500 V，超过 2 000 V 时应提前考虑购置新的电子倍增管。当最新调谐的 EM 值比上一次的增幅大于 300 V 时，应考虑离子源可能受到污染，需要清洗。

（2）参数设置

参数设置包含调谐文件、溶剂延迟时间、扫描方式、扫描范围、采集频率、循环时间、阈值等。分析样品之前，我们需要建立分析方法，并对该方法进行优化，初始的方法设置要注意以下几个方面。

调谐文件选择：方法中指定最新有效的调谐文件。

溶剂延迟时间：液体进样时，需设置一定的溶剂延迟时间，避免采集到强大的溶剂峰信号使质谱系统过载，发生断灯丝、系统污染等问题。

扫描方式的选择：一般初始摸索方法时先使用全扫描，采集较全的质谱信息，得到具体目标物的碎片及其丰度，优化时根据分析灵敏度等的使用需求，再进行选择离子模式的设置或者维持使用全扫描的设置。

采集频率与循环时间：无论是全扫描还是选择离子模式，均须设定一个有效的采集频率与循环时间，其中循环时间是通过扫描范围和采样频率以及一些系统延迟时间计算得来的，循环时间决定采集的频率，采样频率越高，就代表在该点的采样点重复次数越少。一般全扫模式按照扫描的范围选择仪器默认的频率，当使用选择离子模式进行分析时，每个峰的描述点个数建议在 15 个以上。需注意质谱的扫描速度，如一般 GC-MS 的峰宽约为 4 s，达到 15 个描述点，即扫描速度需要至少 0.3 s/ 循环。

2.2.4.3 日常维护

机械泵：泵油位要保持在两个刻度之间；若泵油的颜色深，应马上更换，建议每年换两次机械泵油；油气过滤器（若有），半年更换一次。有振气功能的，在待机空闲时间定时振气一下。

分子涡轮泵：注意在涡轮泵工作时不要突然断电或关机，如发生不可预见的停电时，应及时拔出电源插头，防止突然来电导致正在降速的涡轮泵重新加速启动，泵轴发生偏移损耗等情况。

电子倍增管：该部件容易受潮，容易被氧化，建议在平时清洗离子源时或关机放空后，把真空腔密闭好，气相中设定较大柱流速，让腔体内氦气充满后再关。

密封垫圈：每次打开真空腔体时，应注意各密封垫圈是否有变形，如有应及时更换；观察是否有异物，必要时用无尘布蘸取少量甲醇进行擦拭，除去异物干扰。

2.2.4.4 常见故障及排除

常见的污染、故障及排除见表 12-9、表 12-10。

表 12-9 常见污染的质量峰

质量	化合物的种类	潜在来源
18，28，32，40，44	H_2O，N_2，O_2，Ar，CO_2	气源或者真空漏气
69，219，264，414，502，614	PFTBA	EI 调谐液
77	—	苯或者是二甲苯
91，92	—	甲苯
105，106	—	二甲苯
43，58	—	丙酮
85	—	氯氟甲烷
73，147，207，222，281，295，355，429	聚二甲基硅氧烷	隔垫或者色谱柱流失
41，43，55，57，71，85，99	烃类	指印或者泵油
149	邻苯二甲酸酯	在管路，瓶子，瓶帽，样品中塑料的增塑剂

表 12-10　质谱仪常见故障及排除

序号	部件	故障	原因排查
1	真空系统	分子涡轮泵泵速只能达到 10% 以下	表明系统有大漏，需要关机重新检查
2		分子涡轮泵泵速只能达到 80% 左右	表明真空系统工作正常，但是有小漏，或者是载气流量过大、种类不对
3	离子源	调谐峰分叉、高质量的离子丰度低	离子源存在污染，需热烤、清洗等处理
4		灯丝没电流	灯丝断裂——更换灯丝； 灯丝接脚接触不良——用丙酮擦洗接脚； 灯丝短路——重新安装灯丝
5		调谐没有峰	常见为质谱接口漏气或者调谐液用完
6	检测器	EM 电压升高（>2 600 V）；502 丰度低；基线高	真空问题，逐步排除； 离子源污染，需清洗； EM 老化，需更换； HED 故障，需清洗
7	调谐结果	峰形分叉，同位素丰度比异常，分辨率差	排查真空问题或电路故障；四极杆接触不好，四极杆有破损需更换等
8		氧、氮峰较高（空气比例）	排查各漏气点位，如放空阀是否拧紧，质谱接口，色谱柱进样接口，衬管是否有破损，进样衬垫破损口较大等
9		氧、氮峰较高（非空气比例）	检查气源；检查、冲洗气路

2.2.5　液相色谱仪（LC）

与气相色谱仪相比，液相色谱仪应用范围更为广泛，但环境检测领域中的有机污染物以中小分子居多，分析项目数量上比气相色谱仪少。对于很多非挥发性化合物、极性化合物、热不稳定化合物等的分析测定，液相色谱仪还是有不可或缺的作用。

2.2.5.1　仪器结构

高效液相色谱仪一般由溶剂输送系统、进样系统、分离系统、检测系统和数据处理与记录系统组成，如图 12-12 所示。仪器的连接是从输送溶剂的储液器开始，不同溶剂经管路输送到高压泵中，泵后依靠阀等元件将进样系统连接起来进入分离系统，经分离检测后进入废液，控制系统对整个流程进行控制以及数据保存。

（1）溶剂输送系统

储液器：用于贮存仪器运行所需的流动相，一般使用试剂瓶，其中纯水 / 水溶液为棕色玻璃瓶，避光以防长藻。每种流动相均单独配有一个输送管路，管路前端配有过滤器，以防止流动相中的机械杂质进入系统内，过滤器需定期更换。新装的流动相使用前均需脱气，实验室中常用超声脱气，将流动相装进储液瓶中，超声 30～40 min 使用。每次分析前预计好每批次所需流动相的量，流动相不宜久存在试剂瓶中，一是水或水溶液容易长藻。二是溶剂瓶密封性一般的，容易挥发出部分有毒有害气体。对于易挥发性的有机相，可以使用带过滤装置的瓶盖，以防释放到空气中，对人体健康造成危害。三是盐溶液长时间放置浓度可能会有所变化。

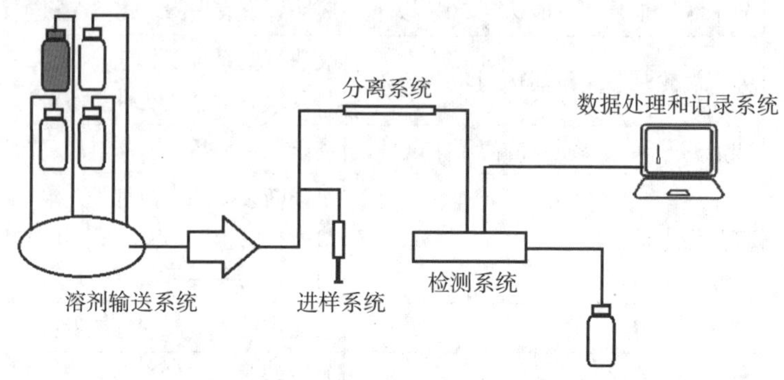

图 12-12 液相色谱仪结构示意图

在线脱气机：流动相使用前都经过了必要的脱气操作，但是随着流动相存放时间的延长又会有空气重新溶解到流动相中，还有梯度洗脱的流动相低压混合也容易产生气泡，因而高效液相色谱仪一般配有在线脱气机。其原理是流动相经过半透膜管线，其半透膜允许气体透过，在管线外通过抽真空，可实现流动相在进入高压泵前连续脱气。

梯度洗脱装置：通过改变不同流动相比例进行混合，以增加洗脱能力。梯度洗脱分为低压混合和高压混合。低压混合又称泵前混合，即不同流动相在常压下混合再进入高压泵中，每一路流动相配有一个电磁阀调节流量即可实现梯度洗脱；高压混合又称泵后混合，每一路流动相均配备一个高压泵，调节不同泵的流量，即可实现梯度洗脱。低压混合只需要配备一个高压泵即可实现梯度洗脱，高压混合至少要配备两个高压泵，从配置上来看，高压混合的成本更高，但一般来说，高压混合不容易产生气泡。两种梯度洗脱方式的仪器均有出现，而低压混合因便捷成本低占据市场主流。

高压输液泵：将储液器中的流动相连续不断地以高压形式进入液路系统，使样品在色谱柱中完成分离过程。现主流的是往复式柱塞型泵，分为双柱塞往复式并联泵、双柱塞往复式串联泵和双柱塞各自独立驱动的往复式串联泵。其中并联泵和串联泵通常由一个电动机通过传动装置带动两个活塞杆做往复运动，通过单向阀的开启和关闭，定期将流动相以高压连续输出。独立驱动的往复式串联泵则是两个独立的电动机分别控制无机械连接的柱塞杆独立运动，仅安装进口单向阀，并使用两个压力传感器稳定系统压力。相比起串联泵和并联泵，独立驱动的往复式串联泵无压力波动，能得到更准确的流量输出和高精密度的保留时间。此外，无须使用出口单向阀，降低故障率及维护频率。高压输液泵属于机械加工精密度非常高的部件，任何机械杂质进入流动相都有可能损坏部件，其使用以及维护都需除去机械杂质。除前面提到储液器中流动相管路前端要带过滤器外，还有管道过滤器需要定时更换。同时流动相都应该使用色谱纯溶剂，纯水最好使用一级纯水，而纯水和缓冲盐溶液配制后需经过 0.45 μm 的滤膜过滤后使用。

（2）进样系统

进样器是将样品送入色谱柱的装置，进样方式可以分为两种：阀进样和自动进样。阀进样是使用耐高压、低死体积的六通阀，分取样和进样两个状态，取样状态是将样品注入定量环中，多余样品排入废液，这样保证每次进样体积的一致性。进样状态是流动相将定量环中样品带入色谱柱中分离，如图 12-13 所示。

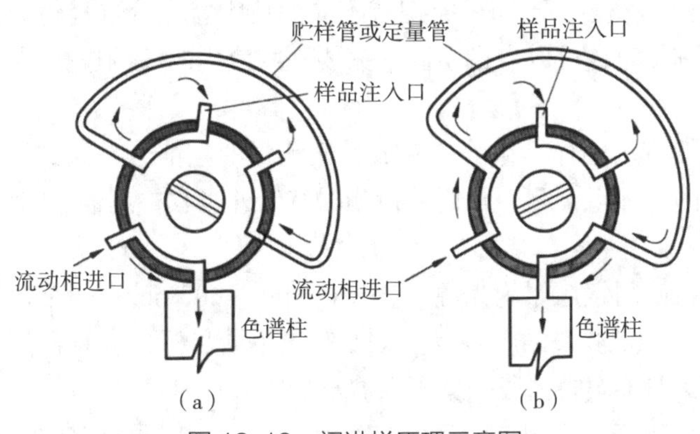

图 12-13 阀进样原理示意图

相比起阀进样每次都需要手动操作，自动进样器因进样重复性高，适合大量样品连续分析，节省人力等优点而得到广泛应用。

（3）分离系统

商品化的色谱柱一般是内径 4.6 mm 的直形不锈钢柱管，需耐高压，常见的长度是 250 mm、150 mm 和 100 mm。柱填料的固定相基体材料多为 3～5 μm 的全多孔球形和无定型硅胶，还有无机氧化物基体、高分子聚合物基体和脲醛树脂微球。填料基体表面一般键合非极性烷基（C_4、C_8、C_{18}、C_{30}）和苯基固定相；中弱极性的酚、醚、二醇基、芳香硝基固定相和极性的氰基、胺基、二胺固定相。此外还有其他色谱柱扩展，如手性分离柱、离子色谱柱和排阻色谱住等。

对色谱柱的固定相的选择可以参考以下建议：①样品的分离模式，有反相色谱分离，正向色谱分离，手性分离和亲水性相互作用 / 超临界流体；②反相色谱分离首选 C_{18} 柱，如果流动相 pH＜2 或者 pH＞8，则考虑耐酸或者耐碱的色谱柱；③反相分离柱温＞60℃，需选择相适应的柱子；④对芳香族化合物的分离选择键合芳香基团的专用柱，如多环芳烃可以使用 PAH 专用柱；⑤目标化合物在含 95% 水相流动相的条件下保留仍较弱，选择耐 100% 纯水流动相的色谱柱；⑥调节流动相也不容易分离的极性组分，可以改用带胺酰或氨基改性的色谱柱；⑦正相分离模式下，例如邻苯二甲酸酯类（HJ/T 72—2001），选择无键合硅胶柱或者亲水作用的正相色谱柱。

对色谱柱的柱长、内径和粒径的选择，可以参考以下建议：①首先需区分仪器的类型，分为 HPLC（耐压＜400 bar）、UHPLC（耐压 400～800 bar）和低扩散 UHPLC（耐压 800～1 300 bar）；②对耐压小于 400 bar 的仪器，可以选择传统的 5 μm 粒径的柱子，如果希望能对方法进一步优化，可以选择 4 μm 粒径的柱子；③根据是否希望节省溶剂选择不同的内径，一般内径是 4.6 mm，节省溶剂的是 3 mm，液质联用的色谱柱更小一些；④对耐压为 400～800 bar 的仪器，可以选择粒径更小的色谱柱，如 2.7 μm 粒径的色谱柱；⑤对低扩散 UHPLC（耐压 800～1 300 bar）可以选择 1.9 μm 粒径的色谱柱；⑥对于柱长来说，50 mm 可以实现快速分离，增加柱长可以提高分离度，但是对于某些难分离的物质，更换固定相的效果更好。

色谱柱种类极其繁多，不同厂家拥有不同的技术特点，选择色谱柱的时候最好根据相关用途来咨询厂家，可以咨询不同厂家要一些应用的案例进行对比。

（4）检测系统

将色谱柱连续流出的样品组分转变成易于测量的电信号，被数据系统接收，得到样品分离的色谱图。环境检测中常用的检测器有紫外吸收检测器、二极管阵列检测器、荧光检测器。

紫外检测器：使用氘灯作为光源，波长在 190～600 nm 内可变。该检测器在某一时刻只能采集某一特定波长的吸收信号，要解决不同目标化合物使用不同波长可通过设置采集时间表，即不同时间段采集不同波长的吸收信号。

二极管阵列检测器：使用钨灯和氘灯组合光源，实现同时多波长检测，以及采集全部紫外波长上的吸收信号，进行组分的光谱定性。

荧光检测器：使用氙灯发射 250～600 nm 连续波长的强激发光，组分吸收特定波长后产生荧光，测量与激发光成 90° 方向的荧光。荧光检测器具有高灵敏度和高选择性，对某些不产生荧光的物质，可通过衍生成荧光物质后检测。

（5）数据处理和记录系统

该系统一般是仪器软件，分几个功能，控制仪器参数、数据采集记录和数据处理。不同的仪器软件界面会差异比较大，但是其中主要的操作思路都大同小异。

2.2.5.2 仪器参数设置

液相色谱仪的参数设置首先要确定分离模式，环境检测领域常分为正相分离模式和反相分离模式。确定分离模式是为了正确配置仪器，如色谱柱、流动相。正相分离模式选择正相柱，流动相可以是正己烷与异丙醇按比例混合；反相分离模式选择反相柱，流动相选择水相与甲醇或乙腈按比例混合。

液相色谱仪需要设置的仪器参数主要有进样体积（配有自动进样器）、流速、流动相比和梯度洗脱、柱温、检测器参数以及分析时间。

进样体积：在保证灵敏度和重现性的前提下，选择较小进样体积，以防过载或者是峰展宽，影响定性定量。

流速：因柱效是柱中流动相线性流速的函数，使用不同的流速可得到不同的柱效。对于一根特定的色谱柱，要追求最佳柱效，最好使用最佳流速。对内径为 4.6 mm 的色谱柱，流速一般选择 1 ml/min，对于内径为 4.0 mm 柱，流速以 0.8 ml/min 为佳。

流动相：按目标化合物和样品的性质优化。对反相分离模式来说，增加甲醇 / 乙腈比例，可以增强洗脱能力；对正相柱来说，增加异丙醇的比例，可以增强洗脱能力。梯度洗脱可以类比气相色谱仪的程序升温，都是为了提高仪器分析性能，缩短分析时间。

柱温：一般来说对分离影响较小，如果温度需要大于60℃时，需选择特定的色谱柱。

检测器：分紫外检测器和荧光检测器，紫外检测器主要设置紫外吸收波长，或者不同时间段采集不同的吸收波长。荧光检测器需设置激发波长、发射波长，采集的信号是发射波长，也可以不同时间段设置不同的激发波长和发射波长。

分析时间：分析时间设置不但需考虑目标物出峰时间，还需考虑非目标物的出峰时间，否则样品的残留组分会干扰后面分析的样品。除了增加分析时间之外，可以提高流动相洗脱能力，尽量把所有组分洗脱干净。

大型仪器的操作最好还是经过厂家的正式培训，制定好作业指导书来规范好使用流程。

2.2.5.3　日常维护

相较于气相色谱仪，高效液相色谱仪需要维护的部件不多，主要有以下几点：

（1）流动相储液瓶中的过滤头需定时更换。

（2）管路通道的过滤芯需要定时更换。

（3）如果经常使用缓冲盐溶液，单向阀容易堵塞，需拿出来用异丙醇超声清洗。

（4）紫外灯氘灯是有一定使用寿命的，到了使用寿命信号值容易下降，也需要更换。

（5）自动进样器的进样口隔垫也需要定期更换。

（6）色谱柱使用完需进行冲洗，直到基线平稳，保存液相色谱柱时应将柱内充满乙腈或甲醇。

2.2.5.4　常见故障及排除

高效液相色谱仪五大部分中，最常发生的故障主要出现在泵压故障、基线故障、峰形故障和保留时间故障四个方面。

保留时间故障：保留时间故障主要表现为保留时间漂移、保留时间延长、保留时间缩短三个方面，其成因及排除方法如表12-11所示。

表12-11　高效液相色谱仪保留时间故障分析及排除

故障现象	可能的原因	排除方法
保留时间漂移	进样量相差大	均匀分配每次进样量
	系统不平衡	调节好系统平衡
	泵内有气体	将流速设定在5 ml/min，拧松排气阀并启动泵
	系统漏液	拧紧各处装置
	流动相污染	进行超滤，然后重新配制流动相
	色谱柱污染	对色谱柱冲洗过夜
	室内温度不稳定	保持室内温度的恒定
保留时间延长	管路泄漏	更换泵密封圈
	硅胶柱活性点变化	用流动相改性剂
	流速下降	检查泵，重新设定流速
	温度降低	确保柱子恒温

续表

故障现象	可能的原因	排除方法
保留时间缩短	流速增加	检查泵，重新设定流速
	样品超载	减少进样量
	流动相变化	避免流动相蒸发、沉淀
	温度上升	确保柱子恒温

泵压故障：泵压故障主要表现为无压力、压力不稳、压力过低、压力过高四个方面，其成因及排除方法如表 12-12 所示。

表 12-12　高效液相色谱仪泵压故障分析及排除

故障现象	可能的原因	排除方法
无压力	流动相黏度过高、被污染	选择合适的流动相和比例，重新配制，用 0.45 μm 滤膜进行过滤
	流动相内的缓冲盐引起单向阀堵塞	将流速设定在 5 ml/min，拧松排气阀并启动泵
	泵内有气体	将流速设定在 5 ml/min，拧松排气阀并启动泵
	高压密封垫变形	更换新的高压密封垫
压力不稳	单向阀被污染，如流动相中盐分析出导致球座上有微小颗粒，影响球座的密封性	将流速设定在 5 ml/min，拧松排气阀并启动泵
	高压密封垫被流动相腐蚀，加速老化	更换新的高压密封垫
	滤芯堵塞	用 10% 异丙醇超声 30 min，再用纯净水冲洗干净
	泵内、溶剂内有气体	将流速设定在 5 ml/min，拧松排气阀并启动泵；也可用溶剂进行超声脱气
	比例阀损坏	更换新的比例阀
	色谱柱堵塞	对色谱柱冲洗过夜
	系统漏液	拧紧或更换漏液处装置
压力过低	泵内有气泡	拧松排气阀，用注射器连接排气阀并抽出气体
	泵头漏液	更换新的高压密封垫
	系统漏液	拧紧或更换漏液处装置
压力过高	溶剂过滤头堵塞	使用纯净水进行超声清洗
	滤芯堵塞	用 10% 异丙醇超声 30 min，再用纯净水冲洗干净
	在线过滤器污染	取出筛板，用甲醇超声清洗，也可直接更换新的筛板
	流动相配比错误	精确配比各类溶液
	系统压力零点漂移；管路堵塞	调节系统压力零点

续表

故障现象	可能的原因	排除方法
压力过高	进样器堵塞	用注射器抽取适量纯净水（多于定量环体积），注入进样口，从废液瓶流出，重复 5 次
	色谱柱污染	冲洗过夜
	保护柱污染	更换新的保护柱
	混合器污染	拆下混合器，用纯净水进行超声清洗
	管路堵塞	冲洗过夜

基线故障：基线故障主要表现为基线漂移、噪声偏大两个方面，其成因及排除方法如表 12-13 所示。

表 12-13　高效液相色谱仪基线故障分析及排除

故障现象	可能的原因	排除方法
基线漂移	系统漏液，进入气体	拧紧各处装置，将流速设定在 5 ml/min，拧松排气阀并启动泵
	流动相被污染	进行超滤，然后重新配制流动相
	流动相比例不合理，或混合不均匀	精确配制流动相
	色谱不平衡	重新平衡色谱，保证基线稳定
	色谱柱被污染	对色谱柱冲洗过夜
	样品内有强保留物质	使用极性更好的色谱柱
	柱温变化	将柱子放置在温度恒定的环境中
	检测池被污染	清洗检测池
	电压不稳	检查电压
	紫外灯性能极限或出现故障	更换性能更强的紫外灯
噪声偏大	系统漏液	拧紧各处装置
	系统内出现气泡	将流速设定在 5 ml/min，拧松排气阀并启动泵
	流动相不相溶	进行超滤，然后重新配制流动相
	流动相混合不均匀	精确配制流动相
	色谱柱堵塞	对色谱柱冲洗过夜，或更换色谱柱
	检测池堵塞	清洗检测池
	紫外灯性能极限或出现故障	更换性能更强的紫外灯
	进样量过大	减少进样量
	设备灵敏度过高	使用合适的样品分析设备
	温度影响	调整柱温

峰形故障：峰形故障主要表现为平头峰、分叉峰、拖尾峰和伸舌峰四个方面，其成因及排除方法如表 12-14 所示。

表 12-14　高效液相色谱仪峰形故障分析及排除

故障现象	可能的原因	排除方法
平头峰	检测池污染	清洗检测池
	紫外灯性能极限或故障	更换性能更强的紫外灯
	进样量过大	减少进样量
分叉峰	保护柱被污染	更换新的保护柱
	色谱柱被污染	对色谱柱冲洗过夜
	进样阀被污染	用注射器抽取适量纯净水（多于定量环体积），注入进样口，从废液瓶流出，重复 5 次
	检测池被污染	清洗检测池
	溶剂选择不合理	合理选择溶剂
	进样量过大	减少进样量
拖尾峰	色谱柱被污染	更换新的色谱柱
	进样量过大	减少进样量
	流动相配比不合理	用合理的配比制造流动相
	流动相流速不合理	合理调节流动相流速
	色谱柱选择不合理	选择合适的色谱柱
	样品不纯	对样品进行纯化
伸舌峰	柱温过低	合理调节柱温
	溶剂并非流动相	用流动相溶解样品
	流动相配比不合理	用合理的配比制造流动相
	流动相流速不合理	合理调节流动相流速

总体来说，一般常见的故障问题有单向阀堵塞、高压泵进气、高压密封垫变形、系统或泵头漏液、滤头滤芯和色谱柱堵塞、系统污染、自动进样器隔垫损坏。

2.2.6　液相色谱质谱联用仪（HPLC-MSMS）

气质联用仪（GC-MS），适宜分析小分子、易挥发、热稳定、能气化的化合物；用一定电子轰击方式（EI）得到的谱图，可与标准谱库对比，进行初步的定性。液质联用（LC-MSMS）适用于非挥发性化合物分析测定、极性化合物的分析测定、热不稳定化合物的分析测定、大分子量化合物（包括蛋白、多肽、多聚物等）的分析测定；但由于各家仪器的离子源设计，碰撞能的不统一等因素，并没有商品化的谱库可对比检索，只能用户自己建库或解析谱图。

2.2.6.1 仪器结构

常见的质谱仪主要有磁偏转式质谱、四极杆质谱（Q-MS）、离子阱质谱（IT-MS）、飞行时间质谱（TOF-MS）和傅里叶变换离子回旋共振质谱（FTICR-MS）5种类型。HPLC主要与Q-MS、IT-MS、TOF-MS和FTICR-MS联用，其中在环境监测使用最多的是LC-Q-MS，常用的是LC-QQQ（三重四极杆），现有的环境标准中，涉及液质的方法都是LC-QQQ的方法。由于四极杆质谱的分辨率较低，并且由于各仪器生产厂商的接口技术各不相同，没有标准谱库，LC-QQQ只用于定量，而不用于定性。

MS的正常工作需要高真空环境，而流经HPLC后的流动相是在常压状态下的，为实现两者成功联用，其“接口技术”为关键，理想的“接口”装置需要能够使来自HPLC的连续流动相迅速气化，在保证MS常真空工作环境的前提下，去除流动相中基质对质谱的污染，使待测样品电离成带电离子，然后进入质量分析器分析。

接口技术是液-质联用的重要技术之，其中大气压离子化（API）接口是当前应用最广泛的接口技术，大气压离子化技术主要包括电喷雾离子化（elecrospray ionization，ESI）、大气压化学离子化（atmospheric pressure chemical ionization，APCI）和大气压光离子化（atmospheric pressure photoionizaion ionization，APPI）3种模式。这其中使用最广泛的是ESI源。

（1）ESI源

ESI源主要由五部分组成：流动相导入装置、大气压离子化区域、离子取样孔、大气压到真空的界面和离子光学系统，该区域的离子随后进入质量分析器。液相色谱的流动相流入离子源，在氮气流下汽化后进入强电场区域，强电场形成的库仑力使小液滴样品离子化，离子表面的液体借助于逆流加热的氮气分子进一步蒸发，使分子离子相互排斥形成微小分子离子颗粒。这些离子可能是单电荷或多电荷，取决于分子中酸性或碱性基团的体积和数量。

ESI是一种“软”电离方法，它的突出特点是可以生成高度带电的离子而不发生碎裂；ESI可以很方便地与其他分离技术联结，如液相色谱、毛细管电泳等，可方便地纯化样品用于质谱分析。因此在药残、药物代谢、蛋白质分析、分子生物学研究等诸多方面得到广泛的应用。ESI适合于中等极性到强极性的化合物分子，特别是那些在溶液中能预先形成离子的化合物和可以获得多个质子的大分子（如蛋白质）。APCI不适合可带多个电荷的大分子，其优势在于弱极性或中等极性的小分子的分析。

（2）APCI源

大气压化学离子化（APCI）是指借助于电晕放电启动一系列气相反应以完成离子化的过程，因此也称为放电电离或等离子电离。APCI先将溶液引入热雾化室。雾化室通常要求有较高的温度，有助于溶剂的蒸发，提高去溶剂效果。在雾化室的尾部安置一个放电针，并加高压使之产生电晕放电，背景气离子化后与样品分子经过复杂的反应后生成准分子离子，然后经筛选狭缝进入质谱，在电离过程中，通过分子的质子化，如碱性分子带H_3O^+，或者电荷交换带电，酸性分子去质子化，也可以捕获电子后离子化，如卤素和芳香烃。整个电离过程在大气压条件下完成。

由于 APCI 使用的是热喷雾，因此不适合于热不稳定性的样品分析；另外，APCI 产生的是单电荷离子，不利于对大分子的检测。APCI 与 ESI 同样是一种较“温和”的软电离方法，但碎片离子峰比 ESI 丰富，而且对溶剂的选择、流速和添加物等也不很敏感，有助于扩大其应用范围。APCI 主要针对含非离子基团（如烷烃、醇、醛、酮、醚）的样品，而且样品本身容易蒸发，或者流出液的流速、溶剂、添加物与 ESI 方式不适合时使用。APCI 通常易与正相色谱连接。非极性溶剂易于蒸发，生成的试剂离子是强气相酸，易于将质子转移至样品分子。

APCI 的优点是：形成的是单电荷的准分子离子，不会发生 ESI 过程中因形成多电荷离子而发生信号重叠、降低图谱清晰度的问题；适应高流量的梯度洗脱的流动相；采用电晕放电使流动相离子化，能大大增加离子与样品分子的碰撞频率。但目前的环境标准中尚没有使用 APCI 源。

2.2.6.2 仪器参数设置

（1）调谐

为了获得准确的质谱图，质谱需要进行优化和校正，以得到好的灵敏度、合适的质谱分辨率和准确的质量测定。调谐是通过把一系列标准物引入质谱并产生离子来完成，利用这些已知离子，调整质谱参数来达到灵敏度，分辨率和质量测定的目的。液相色谱质谱联用仪不同于气相色谱质谱仪，各个公司的仪器所使用的调谐液和调谐程序各不相同，可根据仪器公司的指引进行调谐。

（2）正、负离子模式选择

正离子模式：适合于碱性样品，可用乙酸或甲酸对样品加以酸化。样品中含有仲胺或叔胺时可优先考虑使用正离子模式。

负离子模式：适合于酸性样品，可用氨水或三乙胺对样品进行碱化。样品中含有较多的强负电性基团，如含氯、含溴和多个羟基时可尝试使用负离子模式。

（3）流动相的选择

常用的流动相为甲醇、乙腈、水和它们不同比例的混合物以及一些易挥发盐的缓冲液，如甲酸铵、乙酸铵等，还可以加入易挥发酸碱（如甲酸、乙酸和氨水等）调节 pH。

LC-MS 接口避免进入不挥发的缓冲液，避免含磷和氯的缓冲液，含钠和钾的成分必须＜1 mmol/L（盐分太高会抑制离子源的信号和堵塞喷雾针及污染仪器）。含甲酸（或乙酸）＜2%，含三氟乙酸≤0.5%（使用负模式前慎用），含三乙胺＜1%，含醋酸铵＜5 mmol/L。

（4）流量和色谱柱的选择

不加热 ESI 的最佳流速是 1～50 μl/min，应用 4.6 mm 内径 LC 柱时要求柱后分流，目前大多采用 1～2.1 mm 内径的微柱，建议使用 200～400 μl/min。APCI 的最佳流速约为 1 ml/min，常规的直径 4.6 mm 柱最合适。

为了提高分析效率，常采用≤100 mm 的短柱（此时 UV 图上并不能获得完全分离，由于质谱定量分析时使用 MRM 的功能，所以不要求各组分完全分离）。这对于大批量定量分析可以节省大量的时间。

（5）辅助气体流量和温度的设置

雾化气对流出液形成喷雾有影响，干燥气影响喷雾去溶剂效果，碰撞气影响二级质谱的产生。操作中温度的选择和优化主要是指接口的干燥气体而言，一般情况下选择干燥气温度高于分析物的沸点 20℃左右即可。对热不稳定性化合物，要选用更低的温度以避免显著的分解。

选用干燥气温度和流量大小时还要考虑流动相的组成，有机溶剂比例高时可采用适当低的温度和小一点的流量。

（6）样品的预处理

从保护仪器的角度出发以及为获得最佳的分析结果，防止固体小颗粒堵塞进样管道和喷嘴，防止污染仪器，降低分析背景，排除对分析结果的干扰，需要对样品进行处理。ESI 电荷是在液滴的表面，样品与杂质在液滴表面存在竞争，不挥发物（如磷酸盐等）妨碍带电液滴表面挥发，大量杂质妨碍带电样品离子进入气相状态，增加电荷中和的可能，因此需要对样品进行净化。

（7）方法优化的一般程序

1）查阅目标化合物的分子量、分子结构等信息。

2）根据目标化合物的官能团选择 ESI 正或负模式进行分析，一般含 N，—NH、—NH_2 的化合物适合使用正模式，含—COOH、—OH 的适合使用负模式，同时含有多种基团的，可尝试两种模式，选择响应高的模式作为最终模式。

3）配制一定浓度的标准溶液进行仪器条件的优化，不同性能的仪器以及不同模式所需浓度不一样。

4）首先使用全扫描模式进行采集，扫描范围应包含准分子离子峰，如果目标化合物有明显的色谱峰，则查看对应的质谱图，寻找准分子离子峰（$[M+H]^+$ 或 $[M-H]^-$），如果准分子离子峰没有出现，则适当调整液相条件，比如流动相可以适当添加或不添加缓冲液或调节 pH。一般理想状态是能找到分子离子峰并且分子离子峰是基峰。

5）确定子离子：使用子离子扫描模式进行，即第一个四极杆选择母离子进入碰撞池，碎裂后二级四极杆使用扫描模式，用不同的碰撞能对母离子进行碎裂，寻找合适的碰撞能下，响应较高的子离子，一个母离子要选择两个子离子，也就是一共至少有两对离子。

6）用选择后的两对离子对仪器参数进行优化，包括但不限于入口电压、离子传输通道参数、雾化气流量和压力、碰撞能、温度等（各个品牌仪器需优化参数不一样，名称也不尽相同，根据仪器的具体要求进行优化，某些品牌有自动优化功能）。

7）有需要时，还可进一步对流动相进行优化。

8）以上优化程序可以不使用色谱柱进行分离，使用单一标准溶液进行进样优化，若多个目标化合物的准分子离子峰不一样，则可以使用混合标准溶液进行优化。优化结束后再把色谱柱接入液相色谱中，对色谱柱、梯度、流量等进行优化。

（8）使用 LC-MSMS 进行检测分析的一般程序

1）为了保证质谱的准确性，质谱在使用前必须进行调谐，调谐是通过把一系列标准物引入质谱并产生特定离子，利用这些已知离子，调整质谱参数来达到较好的灵敏度、分辨率和质量测定的目的，并调整离子光学组件上的电压以在全质量范围获得最大传输，将宽度增益和宽度补偿（四极杆参数）调整以给出足够的质量分辨率。各个品牌使用的调谐液和调谐过程各不相同，可根据仪器商指引进行。

2）准备好流动相，接好色谱柱，把液相色谱管道中的空气排出后，开启液相色谱泵进行平衡，后续按照一般分析程序进行曲线、样品等的测定。

2.2.6.3　日常维护

高效液相色谱部分的日常维护见本章2.2.5.3，其他与质谱相关的如下：

色谱柱的维护：色谱柱在非分析期间，不能长时间处于极端的酸、碱环境中，否则会降低色谱柱的寿命，同样也不能长时间处于纯水中。如果使用完后长时间不用，则需要使用纯水和乙腈或甲醇对色谱柱进行冲洗，去除盐类或酸碱，最后用乙腈或甲醇充满色谱柱进行储存。

清洗离子源：液相色谱质谱联用的实验过程中，离子源是最容易污染的区域，污染物会堆积在离子入口或离子源腔体、喷针等导致仪器灵敏度下降。由于各公司仪器离子源结构的差异，清洗离子源的操作各不相同，详见仪器公司的维护手册。

检查各路气体压力或液氮量：液相色谱质谱联用仪在工作状态或待机状态下都需要耗费氮气，通常是依靠氮气发生器或液氮进行供气。如果使用液氮提供氮气，则需每隔一段时间检查液氮量以防止供气中断。如果使用氮气发生器，则要定期检查压力表是否能达到设定值，如有异常则需维护氮气发生器。

检查机械泵油：定期检查真空泵油的油量，并定期按照各公司仪器指引更换真空泵油，一般至少一年更换一次，取决于分析的频次。注意不同牌子的真空泵油不能混用，且不同的油泵用的油号也有区别。

质谱的调谐：质谱关机后再开机、长时间没有使用或发现质量数偏离时，则需要对仪器进行调谐。各个公司的仪器所使用的调谐液和调谐程序各不相同，可根据仪器公司的指引进行调谐。

2.2.6.4　常见故障及排除

高效液相色谱部分的常见故障与排除见本章2.2.5.4，其他与质谱相关的见表12-15。

表12-15　高效液相色谱质谱仪常见故障及排除

故障现象	可能的原因	排除方法
没有信号或者没有峰	漏液	检查液相色谱及离子源部分各接头是否有松动漏液，即液体是否进入离子源。如果是松动，则拧紧
	管路堵塞	检查液相系统压力是否过高。从后至前，逐段检查是否有管路堵塞；逐段进行排除
	喷针堵塞	检查喷针末端是否有喷雾，如果堵塞则更换喷雾针
	质谱故障	在手动调谐界面，注入调谐液，查看调谐液的目标峰是否正常

续表

故障现象	可能的原因	排除方法
灵敏度低或重复性差	不正常进样	检查样品液高度，瓶内、内衬管底部是否有气泡
	离子源雾化室脏	清洗雾化室
	喷针的位置没有调整好	根据仪器公司指引调整喷针位置
	流动相选择不合适	根据目标化合物的特性，选择合适的流动相
	雾化参数设置不合适	雾化气的压力或流量要根据流量设定，气流量和温度设定要保证流动相脱气
	流动相不新鲜或不干净	更换新鲜流动相

2.2.7　高分辨气相色谱–高分辨质谱联用仪（HRGC-HRMS）

2.2.7.1　仪器结构

高分辨气相色谱–高分辨质谱联用仪主要由进样系统（GC 部分）、真空系统（离子源、质量分析器和检测器）、数据处理系统组成，如图 12–14 所示。其中进样系统为气相部分前面已经有介绍，这里就不具体介绍了。离子源、分析器、检测器、真空系统是整个仪器中最重要的部分。这里着重介绍这三部分。

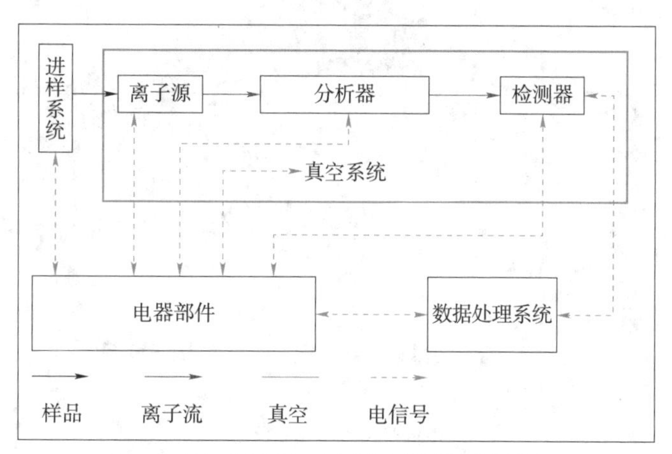

图 12–14　HRGC-HRMS 仪器结构示意图

（1）离子源

与普通质谱相比，磁质谱的离子源更为复杂，其离子源通常分为两部分，一部分为需经常清洗维护的内源（或离子盒），里面包含灯丝、Trap 和推斥极等，这部分可以在免泄真空的条件下取出和装入，方便维护清洁；另一部分为固定在离子源腔体里的外源（或其他离子源）包括离子源磁铁、聚焦透镜、离子源加热器和温度探头等装置在内的其他离子源部件。

通常离子源所用的是电子轰击源（electron impact，EI），主要用于可挥发性样品的电离。其工作原理是，首先通电加热灯丝，使灯丝表面达到炽热的状态，这时的灯丝的表面会产生热电子并脱离灯丝表面。通过给这些电子施加一定的电压，使这些电子带有一定的能量（如 70 eV 或是 35 eV），再用这些带有一定能量的电子去轰击样品分子，使得样品分子被电离形成分子离子，或者是样品分子的某些化学键断裂形成碎片离子。样品的分子离子峰可以确定样品化合物的分子量，而碎片离子峰可以得到样品化合物的结构信息。对于不同的结构和不同稳定性的化合物需要使用不同能量的电子来轰击样品，由于 EI 源具有较好的重现性，只要离子源的主要参数相同，不论在什么仪器上都可以得到非常相似的谱图，通常国际上的标准谱图是指在 70 eV 下获得的谱图，著名的 NIST 谱库就是在 70 eV 下得到的。但是有一些特殊的化合物（如二噁英类化合物）就需要用较低的能量（如 Autospec Premier 为 35 eV，DFS 为 45 eV）才能得到较好的谱图。

（2）质量分析器（离子光学）

质量分析器由若干透镜组、狭缝、静电场、磁场组成。目前市面上的磁质谱分析器有两种结构，一种是三个扇形场的前置式磁质谱，为静电场 1－磁场－静电场 2（E–B–E）结构，如图 12–15 所示。另一种为具有反向 Nier–Johnson 几何结构的两个扇形场的磁质谱仪器，为磁场－静电场（B–E）结构，如图 12–16 所示。

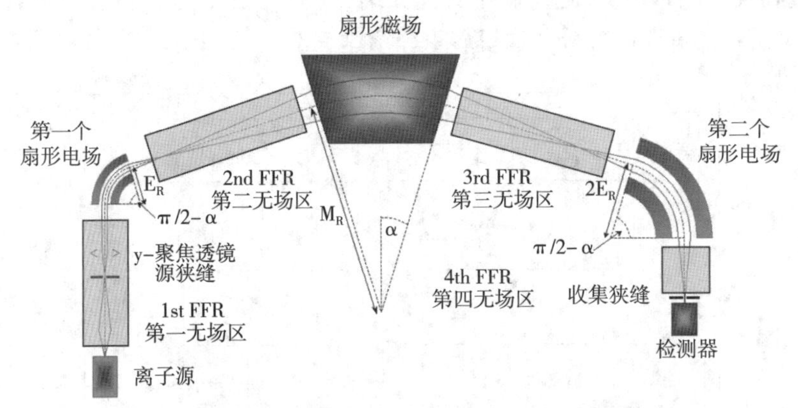

图 12–15　质量分析器（E–B–E）结构示意图

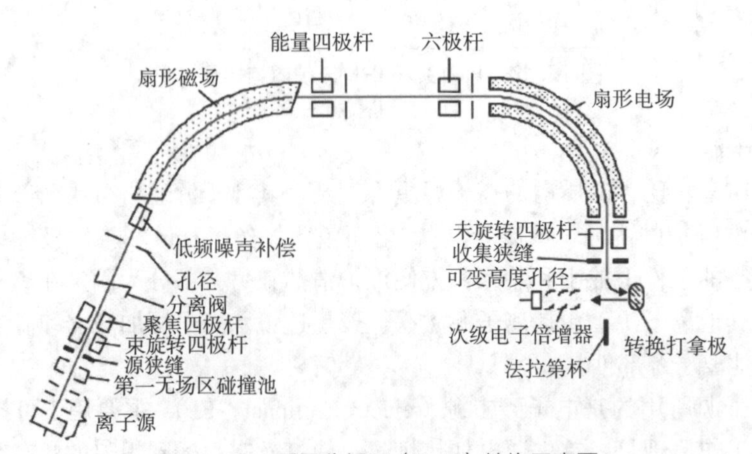

图 12–16　质量分析器（B–E）结构示意图

1）扇型磁场分析器工作原理

当一个带电的粒子以一定的速度沿与磁场方向垂直的方向进入一扇形均匀磁场，这个带电粒子在磁场中会因受到磁场的作用力（洛伦兹力）而改变原来的运动方向，洛伦兹力和离心力共同作用于带电粒子，使得这个带电粒子在磁场中做圆周运动，运动方向遵循左手定律。在磁场强度和加速电压一定的情况下，它在磁场中做圆周运动的半径与其质量成正比，实现质量分散；带有相同质量和不同能量的离子束将会被聚焦到不同的相点导致图像模糊，实现能量分散；相同质量和能量而方向不同的离子束，由于透镜效应的影响离子束被聚焦到一点，实现方向聚焦。

2）扇型电场分析器工作原理

当一束带电离子以一定速度沿垂直电力线的方向进入扇形静电场时，由于离子受到电场的作用，会做圆周运动，当一束离子以垂直电力线方向进入扇形静电场时，离子受静电场作用做圆周运动，其运动轨迹的半径只与加速电压和静电场的电势有关。在仪器中加速电压和静电场的电势是成固定比例的，因此当静电场的电势固定时，不同的能量的离子会有不同的轨迹半径，实现能量分散。而带有相同动能，但是质量数不同的离子以相同半径通过电场，指向同一相位点。因此只有扇形磁场起到质量分离器的作用，扇形电场没有质量分散。与此相反，扇形电场和磁场都有能量分散和方向聚焦的作用。与扇形磁场一样，扇形电场也起到离子光学透镜的作用：它将扇形磁场的中间图像聚焦到收集器（出口）狭缝上。在几何位置上使两场的焦平面重合，同时达到能量和方向（或角度）的聚焦，用来提高仪器的灵敏度和分辨率。这就是磁质谱里面最重要的一个工作原理 - 双聚焦工作原理，如图 12-17 所示。

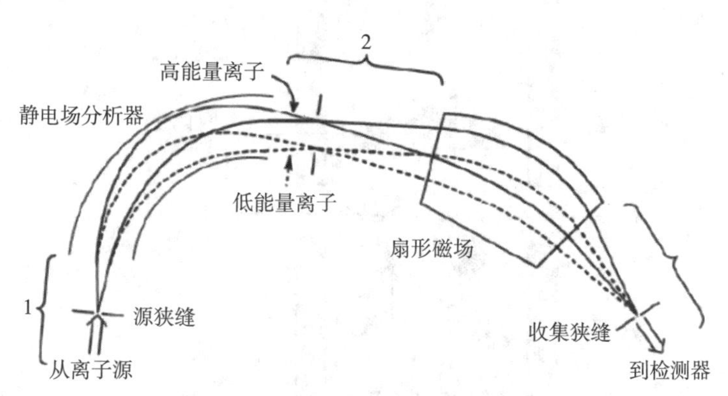

图 12-17　双聚焦工作原理示意图

（3）检测器

检测器由正负打拿极、前置放大器及光电（或电子）倍增管组成。经过优化设计的检测器系统可以提供不小于 5 个数量级的动态范围。有些仪器的检测器采用的是经久耐用的光电倍增管，由于它本身是封装在一个真空的玻璃管中，不受外界真空的影响，所以可以稳定地工作很多年，在正常使用寿命内没有需要更换和维护的部件。有些仪器的电子倍增管的性能在固定电压下逐步下降，需要不断通过增加操作电压提高其性能，操作电压由电子倍增器校准程序决定，因此至少每两个月校准一次，当电压达到一个限制时，电子倍增管就需报废，其有限的操作寿命一般为 1～2 年。

工作原理：离子在通过出口透镜后偏转向打拿极，在高电势作用下加速，离子和金属表面撞击后产生的电子和负离子加速进入电子倍增器，在倍增系统中信号将会以二次电子的形式被放大，由于二次电子（或光电）倍增器的预放大和数字化，最终信号将会被大大增加，如图 12-18、图 12-19 所示。

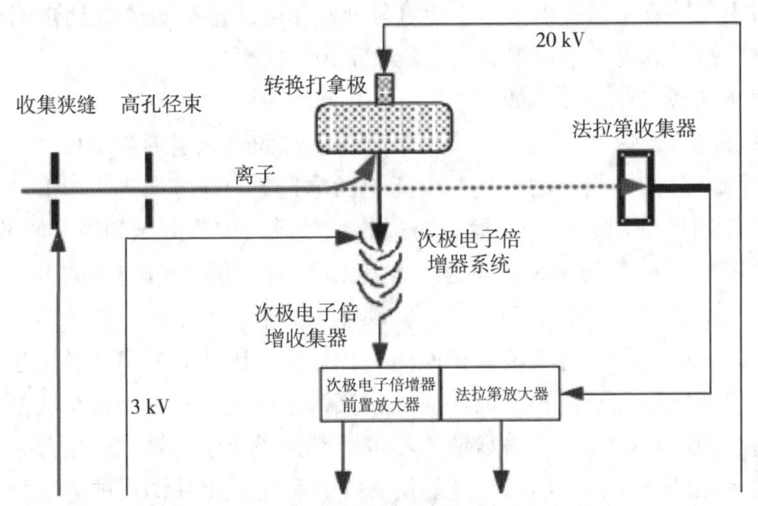

图 12-18　电子倍增管检测器原理示意图

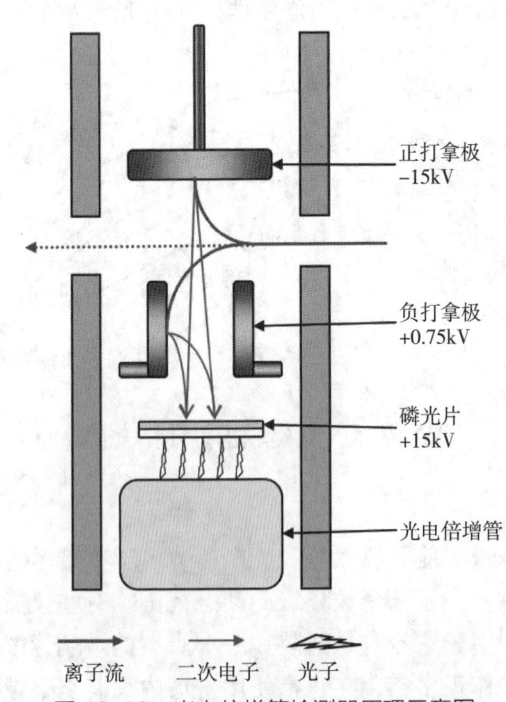

图 12-19　光电倍增管检测器原理示意图

（4）真空系统

磁质谱仪采用的是两级真空系统，第一级是由前级机械泵来完成低真空，分别负责离子源、分析器和进样系统的低真空，第二级是由三台扩散泵或涡轮分子泵来完成高真空，一台负责抽离子源的高真空，两台负责抽分析器的高真空。分析器和离子源腔体之间设有隔离阀，可以通过关闭隔离阀来相互隔离，以方便各部分的操作和维护。真空系统的各种阀和真空规是由真空控制电路板控制的，并通过真空控制电路板上的微处理器实现完备的真空控制和连锁保护，以防止操作者的人为误操作和仪器本身遇到特殊情况时对真空系统的破坏。图 12-20、图 12-21 展示了两种不同仪器的真空系统。

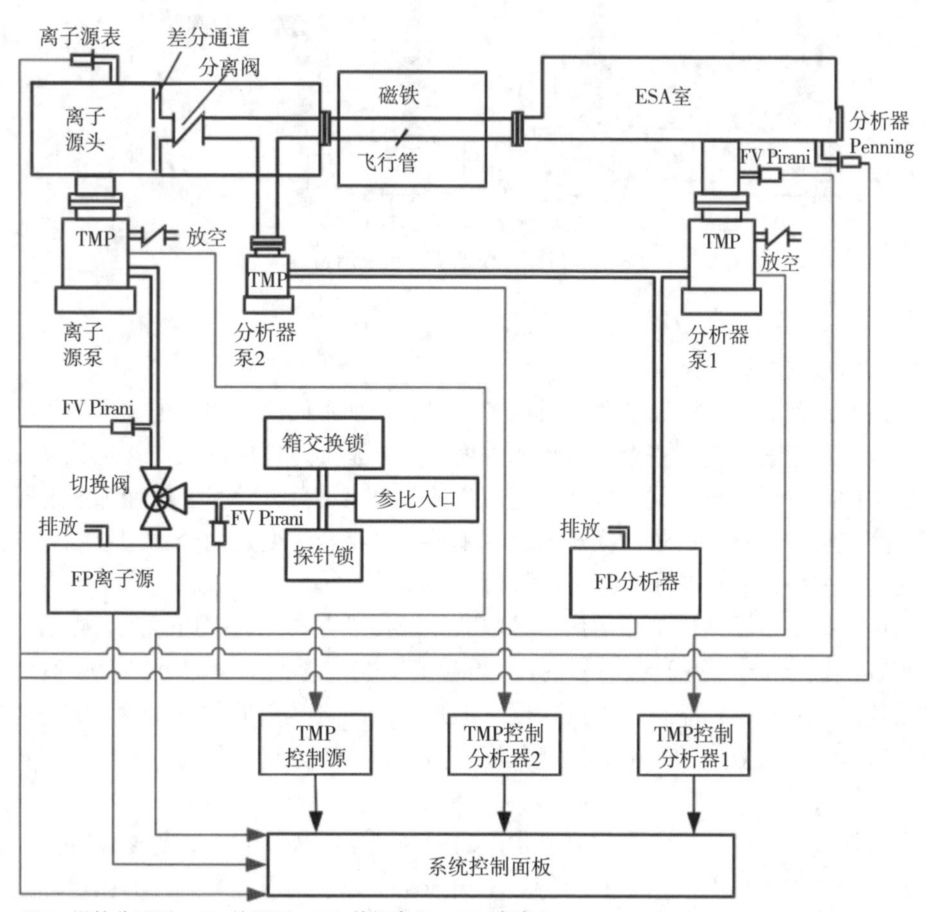

图 12-20 A 仪器真空系统示意图

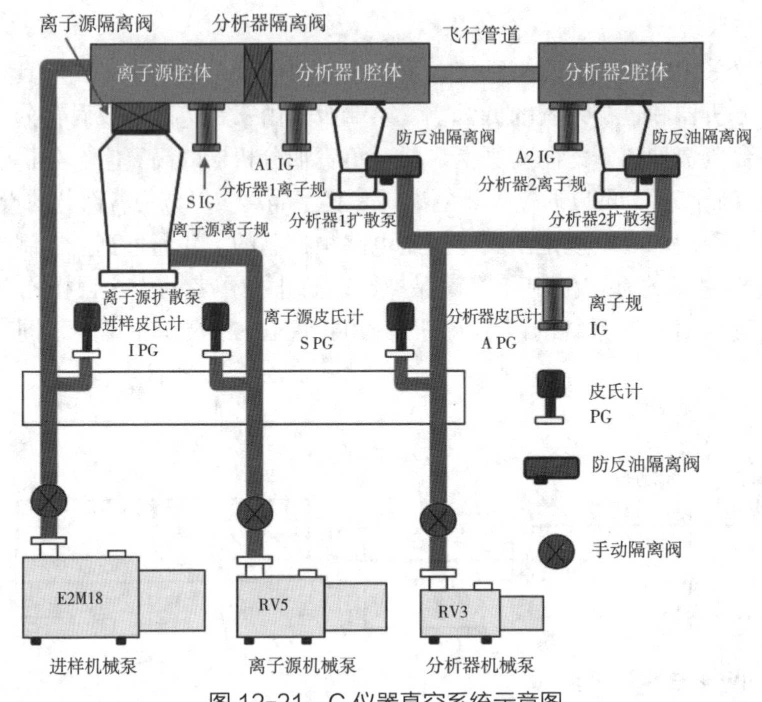

图 12-21　C 仪器真空系统示意图

2.2.7.2　仪器参数设置

（1）扫描方式的选择

从前面讲到的磁质谱原理我们可以知道，要实现不同质量的带电离子的色散分离主要依赖于两个物理量，一个是磁场的强度，一个是加速电压的大小。也就是只要改变它们中的某一个物理量就可以使不同质量的带电离子分开，只要改变加速电压或是磁场强度就可选择不同质量的离子通过，单独或是组合改变这两个物理量就可以得到不同的质谱方法，下面来分别介绍它们。

磁场扫描：磁场扫描是磁质谱最基本的一种扫描方式，它是通过改变磁场的强度来获得样品的质谱，它的特点是扫描的质量范围宽，理论上不但可以覆盖整个仪器的质量范围，而且可以获得较高的精度。但是它的缺点是扫描的速度慢，这是因为受到电磁铁具有磁滞效应的影响。因此磁场扫描适合用于分析样品出峰时间比较长的纯样品。

电压扫描：电压扫描也是磁质谱常用的一种基本扫描方式，它是通过改变加速电压的大小来获得样品的质谱，它的特点是扫描速度非常快，但是扫描的质量范围比较窄，这是因为加速电压改变幅度太大会导致信号强度变弱，对分析不利。因此电压扫描适合于分析质量范围变化不大，但是出峰时间很短的样品分析。

单离子接收（SIR）：从上面的描述我们可以知道，在磁质谱中的两种基本扫描方式都有其各自的优缺点，它们中没有一种能满足质量范围大而出峰时间又短的样品分析，不是扫描慢就是质量范围小。而单离子接收就是结合了两种基本扫描方式的优点的一种扫描方式，它很好地解决了质量范围宽而样品出峰时间又短的样品分析。它的具体方法是将要分析样品的质量范围分成若干个段或窗口，每一个段或窗口叫一个Function，在每一个段中用电压跳动来获得相对质量范围变化较小的质谱，而段与段之间通过磁场的跳变来获得质量范围较大的变化。举例来说要测量一个含有多个化合物的混合样品，它的质量为200～600，单纯用磁场扫描和电场扫描都不可能得到令人满意的结果，现在用单离子接收的方式来分析它就可以得到比较好的结果，具体的做法是，将整个质量范围分成四个段，它们分别是200～300、300～400、400～500、500～600。仪器在进行单离子接收实验方法时，先将磁场跳到第一个段的低质量端，在上例中就是200，然后磁场停在200质量数上不动，这时仪器开始降低加速电压，我们从前面有关磁质谱原理的讲解中知道，在加速电压一定的情况下，质量数与磁场成正比，而在磁场一定的情况下，加速电压与质量数成反比。也就是说加速电压越低对应的质量数越大。因此在上例中当磁场停留在质量数200时，降低加速电压可以使对应的质量数增大到这一段的高质量端也就是300，依此类推，第一段扫描完后磁场就跳到第二段的低质量端300上，然后加速电压又开始向下跳动使质量数达到本段的最高端400，以此往下。由于磁场的跳动不同于扫描，它可以很快地稳定在本段的低质量上，而不会像扫描那样需要有一个较长的稳定时间，在磁场停留在低质量端后，加速电压就开始按事先计算好的电压来跳动，以得到不同质量数的质谱，如图12-22所示。由于磁场和电压跳动的时间都很短（毫秒量级），因此在如此短的时间里仪器可以保证对各个不同的离子测量时的状态是非常一致的，这对于痕量物质的测定是非常重要的，这也是目前二噁英类化合物的测量大都离不开磁质谱的原因。

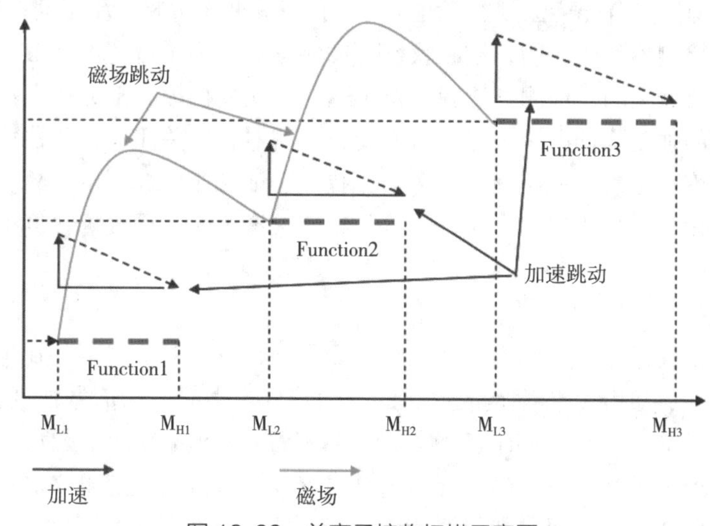

图12-22 单离子接收扫描示意图

（2）高分辨的调谐和校正

仪器调谐是高分辨仪器的一项重要的日常工作，调谐的好坏直接影响仪器的性能表现和分析结果。与常规普通质谱自动调谐和几个月调谐一次不同的是，该调谐需要手动或半手动调谐，而且每次进样前都需要调谐和校正。

1）调谐原理和目的

样品分子在离子源被电离后，要依次通过源狭缝、静电场 1（A 仪器有，B、C 仪器无）、磁场、静电场 2、接收缝、检测器、最后到达光电倍增管（或电子倍增管）变成电信号，离子流整个飞行路径长，在如此长的飞行路径当中，刚出离子源时的一束截面为竖直长方形的离子流，随着飞行距离的加长截面积会变得越来越大，而且可能会变得不再是长方形，这一点与手电筒的光柱非常相像，因此为了使离子流在经过长距离飞行后到达检测器时还能保持一个好的形状，最终能在检测器上得到一个强度和形状都非常好的成像，这就是调谐的目的。为了实现这个目的，我们就需要在每个无场区设置不同功能的透镜组来对离子流进行聚焦和修正，所谓无场区就是指在静电场和磁场以外的离子飞行经过的区域。调谐最终结果主要看峰形的分辨率，对称性以及峰的响应传输率。

2）高分辨率调节

分辨率或是分辨力，是衡量一台质谱仪器对不同质量数离子的分离能力（分辨能力）的一个指标。通常单位质量分辨率的仪器只能将整数位的质量数分开，但是当目标化合物存在质量数非常接近的干扰物的时候就会出现分不开的现象，而一般二噁英分析为痕量分析，有许多相近质量数的干扰，有些甚至质量数的差异需要到小数点后第三位才显现，这就需要高的分辨率才能分开识别，因此二噁英的分辨率需要达 10 000 以上。

分辨率的调节是主要通过入口透镜（源狭缝）和出口透镜（检测器狭缝）的宽度来实现的。当源狭缝全开，检测器狭缝全开，狭缝宽度大于离子流宽度，形成平头峰；源狭缝全开，检测器狭缝关闭，接收狭缝宽度刚好等于离子流宽度，形成三角峰，分辨率升高；源狭缝关闭，检测器狭缝保持不变，源狭缝档掉一部分离子流，峰再次变成平头峰，峰的强度降低；源狭缝保持不变，检测器狭缝关闭，检测器狭缝的宽度等于离子流的宽度，再次形成三角峰，分辨率提高，如图 12-23 所示。总体来说灵敏度和分辨率成反比。一种错误的做法是，接收狭缝过度关闭，导致峰强度下降，但是分辨率并没有上升。

3）传输率检查

传输率是指仪器在分辨率为 1 000 时的峰强与 10 000 时的峰强的比值。我们知道在磁质谱中信号强度与分辨率是成反比的，随着分辨率的增加信号强度会逐步变小，传输率反映的就是分辨率增加时信号强度降低的程度。传输率通常受两个方面的制约，一个方面是仪器离子光学系统的设计，这是仪器设计时就已经定下来的；另一个方面就是仪器的工作状况，主要包括仪器调谐是否最佳、是否有漏气、离子源和透镜是否干净、色谱柱安装是否合适等。它可以通过传输率来反映仪器的工作状态，在日常工作中应该做到心中有数，通常带上色谱柱之后传输率大概在 5% 以上，最佳状态可以达到 10% 左右。

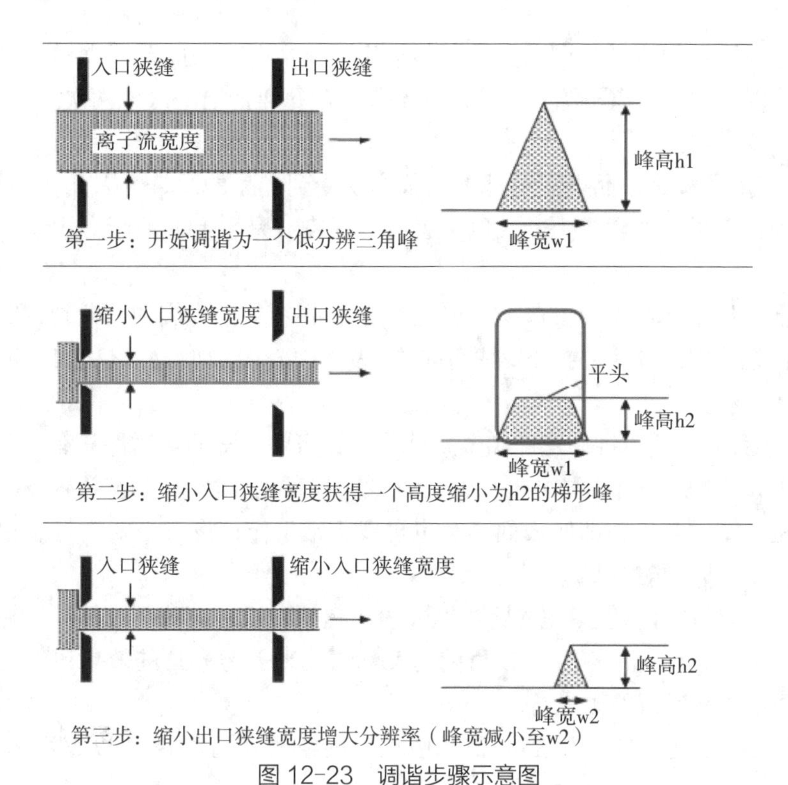

图 12-23 调谐步骤示意图

4）仪器校正

首先观看分辨率是否满足要求，其次观察峰的传输率是否满足仪器要求，最后观看峰的对称性是否符合仪器要求。以上都通过了，就需要对仪器进行校正。仪器一般采用的是基于质谱方法的校正，也就是说每一个质谱方法对应一个校正。校正成功后软件会自动产生一个校正文件，名字和质谱方法一致。在调用质谱方法时，软件会自动调用相应的校正文件，无须手动操作。正确的校正对分析结果非常重要，建议在每一次做样之前都要做一次，并打印保存校正结果（DFS 仪器无法打印校正结果，只能在线查看校正是否正常）。如果发现样品结果有问题就需要检查校正结果是否正常。校正时要注意的是，在整个校正过程中要确保每一个峰的分辨率都在 10 000 以上，并且没有认错峰的情况。

（3）测定条件设置

质谱条件设置：包含离子源温度、色质接口温度、源电压、离子加速电压、质谱采集时间段、参考离子、锁定离子、校正离子等，具体设置参数可以参考气相色谱-质谱联用仪 2.2.4.2 章节。

气相色谱条件设置：包含进样口温度、进样方式、柱温、柱流量等，具体设置参数可以参考气相色谱仪 2.2.3.2 章节。

2.2.7.3 日常维护

（1）离子源清洁

离子源是样品电离的场所，大量的样品容易导致离子源的污染，一个被污染的离子源可能会导致灵敏度低，调谐困难，传输率低等情况。因此要根据样品量的多少以及样品的浓度定期清洗离子源。离子源的部件一般每年清洁一次或两次。

清洗注意事项：

1）由于离子源是样品电离的地方，很容易受到样品的污染，因此在操作、拆卸、组装时必须戴上无粉的乳胶手套，以免手受到污染或是手上的油脂类污染已经清洗干净的内源。

2）由于用过的离子源上的灯丝变得非常脆，很容易因为震动而断裂，因此在拆下离子源后首先要把灯丝小心拆下，并小心放在一个安全的地方，以免因为拆卸内源时不小心碰坏灯丝。

3）拆散后的离子源将陶瓷件和金属件分开，需要清洗的金属件只有四个，它们是 Trap 极、Repeller 极、出口缝、电离盒。其他金属件由于不参与电离不必要每次都清洗，尤其是几个铜零件，即便表面变黑也可以正常工作，没有必要去打磨它，以免零件的尺寸变小造成接触有问题。

4）清洁的材料可以使用抛光膏、抛光粉、超细砂纸、玻璃纤维笔。选择的原则是要对零件表面的损伤越小越好，以目前的实际情况来看抛光膏的效果比较好，但是一定要确保清洁干净残留的抛光膏。

5）清洗用溶剂一般是甲醇、二氯甲烷、丙酮，在每种溶剂里超声 10～15 min 即可。

6）陶瓷件一般不需要清洁，如果是特别脏需要清洗，可以考虑选择用下列方法清洗：高温火焰烧灼（丁烷喷灯，酒精喷灯）；用马弗炉加热到 800～1 000℃，1～2 h，然后自然冷却到常温；用王水或是洗液浸泡后再用溶剂漂洗，洗净后晾干水分；特别脏的先用王水浸泡，再用马弗炉加热；如果还是脏那就只能更换一套新的陶瓷。

7）离子源上的所有螺钉、螺母（特别是 4 个固定螺钉）要松紧适度，过紧容易损坏陶瓷件，而过松则因为内源在工作时会加热，螺钉会变得更松。

（2）飞行管烘烤

对于 Autospec Premier 仪器来说仪器运行一段时间，特别是分析了比较脏的样品后，需要对飞行管进行烘烤。烘烤时间，一般以 8～12 h 为宜，太短烘烤的效果不好，太长可能会对飞行管产生不良影响。烘烤的频率，一般情况下一周烘烤一次就可以，如果样品量很少或很多，需要对烘烤的频率做相应的调整。设定自动烘烤时要注意，因为软件不会判断仪器是否在做样，所以只要时间一到仪器就会关闭磁场开始烘烤飞行管，这时如果正在做样，就会导致烘烤期间所有的样品都采集不到峰，这样就达不到清洁飞行管的目的。因此最好在连续做样时一定要注意和自动烘烤飞行管是否有冲突的问题。

（3）电子倍增器

对于使用光电倍增管检测器的仪器无须维护和更换，而对于使用电子倍增器的仪器需要对其进行定期维护和更换。电子倍增器随着使用时长会逐渐损耗，因此需要定期校正（一般为 1 个月），不断调节其增益电压以满足分析响应要求。当增益电压达到

2 800 V 以上时，就需要更换电子倍增器。

（4）仪器长时间不使用情况

如果仪器长时间不使用的情况下，需要把仪器调节为待机状态，即关掉电场和磁场扫描、关掉电子倍增器电压等，以降低仪器的损耗；而且需要放空调谐参考物质，可以降低调谐参考物质对离子源的污染；因为高分辨磁质谱分析二噁英时起始柱温较高，因此长时间不使用仪器时最好降低柱温箱以减少对柱子性能的影响。尽量减少仪器开关机，磁质谱的开关机对仪器的性能影响较大，因为磁质谱是精密仪器对环境温湿度要求较大，关机情况下空气中的湿度对仪器损耗很大。

（5）辅助设备日常维护情况

机械泵：在日常工作中应该定期检查泵油的液位和颜色，如果发现液位变低或是颜色变深就要检查是否有漏油并补充或更换。建议每月检查一次前级泵的油位。在不间断运行时，每天检查一次工作液的液位和颜色，否则在泵启动时检查。在此检查期间，清除来自排放管线的前级泵油；新油清澈透明。但在运行过程中，由于开始受到污染，它可能会起泡。但工作液的污染取决于系统的测量频率。机油会逐渐被这些污染物染上颜色。长期使用后，它甚至可能呈现深棕色。机油的着色程度和速率取决于样品的类型和溶剂量。由于没有溶剂侵入，通常分析器前级泵内的机油比离子源前级泵内的机油污染程度小。当变色为深黄色至红棕色时需要更换泵油，更换泵油需要仪器在关机状态下进行；建议每月进行一次气镇，前级泵可与气镇一起运行，以去除过量的溶剂。在这种单纯清洁模式下工作的时间不要超过 1 h，因为这段时间也是从泵中清除机油的时候。

冷却水机：冷却水机需要定期观察水的液位，液位变低需要进行补充，建议每年更换 1～2 次冷却水。

洁净空调机组：需要不定期检查空调机组是否正常，一般每个季度更换一次中低效滤网，一年更换一次高效滤网。

2.2.7.4　常见故障及排除

（1）急性峰型拖尾现象：如果在样品分析过程中忽然出现目标化合物峰型变宽并出现严重拖尾现象，特别是越晚出峰的化合物越明显，出现这种现象首先需要检查仪器的各种温度是否正常，特别是离子源和传输线的温度是否正常，如果是 C 仪器的离子源温度有问题，一般是离子源中的加热丝有问题，可以直接通过玻璃视窗观察离子源的加热丝是否亮，如果不亮或者比较暗淡说明加热丝有问题，需要联系工程师更换加热丝；如果是 A 仪器的离子源温度有问题，很大可能是软件的通信出现问题，离子源温度不受软件控制自行降温了，需要关闭运行软件重启仪器上的 F1，再重新打开仪器运行软件连接，基本就能解决这个问题。

（2）慢性峰型拖尾现象：如果样品在分析过程中峰型慢慢地变得越来越拖尾，峰型变宽，这是有可能色谱柱、隔垫和离子源被污染了，需要更换隔垫、切割进口端色谱柱约 30 cm，并对柱子重新进行老化或者清洁离子源，一般都可以明显地改善这一现象。如果峰还是会拖尾，有可能离子源中的陶瓷脏了，需要重新更换一套。

（3）平均相对响应因子 RSD 偏大：如果使用 C 仪器做校准曲线时，发现相对标准偏差较大且所有目标化合物的低浓度的标准品计算浓度比真值偏低很多，高浓度的标准品计算浓度比真值高很多的问题时，就需要检查高分辨质谱的基线是否调得过低，把样品的面积截掉了一部分，当右边监视窗口滑块下滑到最低端时，C 仪器的基线在视窗的中间部位即可，不可过低和过高。

（4）样品内标无响应：如果在运行样品时出现提取内标或进样内标的某些化合物没有响应峰，特别是连续进样之后都有这个问题，一般是 PFK 的响应太低了，某些碎片离子无法识别到峰，或者是 PFK 校正时质量数偏了，识别错了峰，导致了部分目标化合物没有响应。刚开机时出现 trap 电流升不上去的问题时，这是由于仪器放电引起的，可以双击离子源离子规，可以解决问题。

（5）样品内标响应偏低：如果样品在分析过程中响应忽然变得很低，可以检查一下 trap 电流是否正常，如果没有 trap 电流或者电流值很低没有达到设定值了，而双击离子源离子规后也没有变正常，如果灯丝不发光，就可能是灯丝断了，如果看到灯丝发光那么最大可能就是 trap 的簧片接触有问题，这需要把离子源温度降下来，关掉源隔离阀和离子规阀，然后把内源取出来，用玻璃纤维笔擦拭清洁一下内源朝下的小铜块，再把外源上的那个朝上的簧片向上拉一下，装好离子源，抽真空，按开机顺序点开软件上各个阀门，如果 trap 电流还是没有达到设定值，可以再双击离子源离子规，可以解决此问题。

（6）校正分辨率偏差问题：如果在使用 C 仪器时，在调谐窗口观看各个 PFK 的碎片离子分辨率都能满足大于 10 000 的要求，但是一进行调谐校正时，发现同一个 Fuction 窗口下，低质量数的离子分辨率与高质量数的离子分辨率相差较大，基本大于 2 000 以上，甚至更高，而且峰型不对称，左右基线高低相差很大，这很大原因是仪器的飞行管脏了，需要进行烘烤，如果烘烤还不行，那就需要请工程师上门清洗维护。

第三节　常见分析方法解析

3.1　气相色谱法

3.1.1　苯系物

3.1.1.1《水质　苯系物的测定　顶空 / 气相色谱法》（HJ 1067—2019）

（1）空白不合格

实验用水问题：未使用标准推荐的二次蒸馏水或纯水设备制备的水，实验用水放置时间过久被污染，最好现用现取。

顶空进样阀和传输线问题：顶空进样阀和传输线被污染，可提高温度烘烤，或者用溶剂超声清洗，建议配备经惰性化处理的阀和传输线。

顶空瓶问题：顶空瓶未清洗干净，建议用甲醇超声清洗，或清水洗后 80℃以上烘烤。

（2）色谱柱选择

间 / 对二甲苯是苯系物中的同分异构体，普通的非极性色谱柱无法有效分离。标准推荐使用固定液为聚乙二醇的毛细管色谱柱，能够将苯系物的同分异构体完全分离。聚乙二醇是乙二醇的聚合物，相对于弱极性色谱柱中的聚硅氧烷结构，聚乙二醇稳定性较差，即便是在惰性气体的保护下，300℃以上仍然会发生热裂解。所以聚乙二醇类的色谱柱最高使用温度都只有约 200℃，并且对氧气也更加敏感，容易氧化。所以极性柱使用寿命比非极性柱短。

（3）辅助定性

由于样品基体复杂，可能导致气相色谱法定性不准。可采用双柱或多柱辅助定性。即用聚乙二醇极性色谱柱定性定量，若在标准物质保留时间偏差范围内样品有检出，可使用弱极性色谱柱，在同等仪器参考条件，用同样标准物质得到保留时间去定性确定样品是否也有检出。推荐使用双塔双柱双检测器的气相色谱仪。

3.1.1.2 《环境空气　苯系物的测定　固体吸附 / 热脱附 - 气相色谱法》（HJ 583—2010）

（1）采样管方向

应注意采样管方向，Tenax 不锈钢管身自带的方向是气体入口，分析时是反方向解析。

（2）曲线配制

标准上曲线配制浓度为参考浓度，可选取能够覆盖样品浓度范围的至少 5 个非零浓度点。曲线配制时把标准溶液加入吸附管，高纯氮气吹干。可用微量进样针移取不同浓度的标准使用溶液，取样体积最好不超过 5 μl，推荐使用独立加载平台或装置吹扫，吹扫的气体流量建议使用流量计校准。

（3）空白不合格

空白不合格时，可排查下列原因：

热脱附仪问题：热脱附仪长时间关机未使用，系统内会有吸附残留，建议分析样品前用空管做系统空白测试。

吸附管问题：吸附管老化不充分或者放置时间过长，建议采用 300℃以上的温度老化，使用前再老化一次。

热脱附仪传输线问题：传输线被污染，可提高温度烘烤，或者用溶剂超声清洗，建议配备经过惰性化处理的传输线。

解析管问题：内部吸附解析管被污染，需要定期更换配件。

（4）样品浓度超曲线范围

样品浓度超曲线时，下列处理方式可以考虑：开展预监测；扩大曲线范围；提高热脱附分流比或气相色谱进样分流比；使用可回收二次进样热脱附设备。

3.1.1.3 《环境空气　苯系物的测定　活性炭吸附 / 二硫化碳解析 - 气相色谱法》（HJ 584—2010）

（1）适用范围限制

该方法只适用于环境空气、室内空气和常温下低湿度废气中苯系物的测定，当湿度过大时，影响活性炭管的穿透体积及采样效率。对于温湿度较大的污染源废气建议采用《空气和废气监测分析方法》（第四版增补版）6.2.1.1。

（2）二硫化碳要求

使用的萃取溶剂二硫化碳建议采用色谱纯级别。因二硫化碳常有苯、甲苯等目标物检出，实验前必须对二硫化碳进行空白检验，如检出干扰物，应先进行提纯处理或更换不同厂家或批次溶剂。

（3）活性炭管解吸效率

建议每使用一批新的活性炭管时要进行空白检验并进行解析效率测试，每个化合物的解析效率应大于等于 80%。

解析效率 =（测定值 - 空白值）/ 实际加标量

（4）色谱柱选择

为保证间 / 对二甲苯获得较好的分离度，建议使用固定液为聚乙二醇的强极性毛细管色谱柱。

（5）高浓度样品

例如某些组分超出曲线最高点，需对样品解吸液进行适当稀释后再重新上机测定。对于首次测定时在曲线范围内的组分，以首次测定结果计算；首次测定时超出曲线范围的组分，以稀释后测定结果计算。

3.1.2 总烃、甲烷和非甲烷总烃

3.1.2.1 《环境空气 总烃、甲烷和非甲烷总烃的测定 直接进样—气相色谱法》（HJ 604—2017）和《固定污染源废气 总烃、甲烷和非甲烷总烃的测定 气相色谱法》（HJ 38—2017）

（1）进样模式

可通过一次进样在仪器内分两路同时分别测定总烃和甲烷的方式，或者通过两次进样，前后分别测定总烃和甲烷的方式来测定样品中的总烃和甲烷，具体以所用仪器测量方式为准。

（2）进样方式

气袋样品手工进样可使用注射器取样，推荐使用非甲烷总烃自动进样装置，可实现标准气体和样品的自动稀释配制，注射器、气袋和采样罐的样品批量自动进样。气袋的选择和使用，可参考《固定污染源废气 挥发性有机物的采样 气袋法》（HJ 732—2014）。推荐使用气袋自动清洗装置，可实现气袋的批量自动清洗。

（3）实验用气

作为载气的氮气，其纯度应≥99.999%，FID 检测器点火用的空气，需经过除烃装置净化，通过 FID 检测器点火产生的电流正常值来判断空气是否纯净。实验室空白用的除烃空气可使用零级空气发生器制备，或直接购买瓶装气。

（4）氧峰测定

测定总烃时，要以除烃空气代替样品，测定氧在总烃柱上的响应值，总烃峰面积

扣除氧峰面积后进行计算。

（5）标气配制

可直接定制各浓度系列的有证标气，也可仅购买标准系列最高浓度点标气在实验室自行配制浓度系列。标准气体系列配制可参考下述方法：在最高浓度点标气钢瓶上安装好减压阀，减压阀出口端套装一小段硅橡胶管，使用 100 ml 注射器插入硅橡胶管出口端，缓慢拧开减压阀控制气流至合适大小使气流缓慢推动注射器活塞移动至合适体积，再将注射器插入高纯氮气钢瓶的硅橡胶管出口端，缓慢拧开减压阀控制气流至合适大小使气流缓慢推动注射器活塞移动至 100 ml 刻度，静置 2 min 使注射器内标气和稀释气混合均匀。

（6）高浓度样品

如果有些样品定量计算后发现浓度超出曲线最高点，则需要对该样品用高纯氮气稀释后，再重新上机测定。对于首次测定时在曲线范围内的组分，以首次测定数据进行计算；首次测定时超出曲线范围的组分，以稀释后测定数据进行计算。

（7）总烃峰积分

对总烃进行积分时，如果总烃峰后面还有其他峰，应一并积分算入总烃峰面积中。

（8）结果换算

根据校准曲线计算得到的样品中总烃、甲烷含量单位为 μmol/mol，需要按照标准中相应公式换算至单位为 mg/m^3；计算样品气中总烃、甲烷、非甲烷总烃含量时，要注意折算至相应计量依据上，总烃、甲烷以甲烷计；非甲烷总烃以碳计。单独检测甲烷时，结果可换算为体积百分数等表达方式。体积百分数和质量浓度之间的换算公式如下：

$$1\%=10\,000\ \text{ppm}\quad X(\text{mg/m}^3)=M(\text{摩尔质量分数})\times C(\text{ppm})/22.4 \qquad (12\text{-}7)$$

（9）注意事项

1）新安装在标气及稀释气钢瓶上的减压阀，应使用钢瓶内气体彻底冲洗 5 次以上；注射器在吸取标气前也应用待吸气体冲洗 3～5 次。

2）从钢瓶中吸取标气或稀释气时，通过控制减压阀开度使气流缓慢推动活塞移动，不需用手拉动活塞抽取。

3）标气系列要临用现配。

4）有条件可使用动态气体稀释仪配制各浓度点标气，准确度及方便性更好。

3.1.3　有机氯农药

3.1.3.1 《土壤和沉积物　有机氯农药的测定　气相色谱法》（HJ 921—2017）

（1）样品制备

如果样品中的水分含量较高（>30%），应先进行离心分离出水相，再进行干燥处理。新鲜土壤或沉积物样品也可采用冷冻干燥，可参考《土壤和沉积物　有机氯农药的测定　气相色谱-质谱法》（HJ 835—2017）。

（2）仪器性能检查

若计算结果表明异狄氏剂和 p,p'- 滴滴涕发生分解，需对进样口和色谱柱头进行维护。可使用丙酮等有机溶剂对衬管进行超声清洗，或者直接更换新衬管，同时还要截去进样口毛细管前端的 5 cm 左右。

（3）净化

可使用固相萃取装置（注意不是仪器）辅助固相萃取柱完成净化，也可使用凝胶色谱（GPC）净化。建议所有样品经过净化后才进入仪器分析，因为土壤或沉积物样品基质比较脏，很容易污染进样口，导致异狄氏剂和 p,p'- 滴滴涕发生分解。

3.1.3.2 《水和废水监测分析方法》（第四版 增补版）（国家环境保护总局 2002 年）有机氯农药 毛细柱气相色谱法（B）4.4.9（3）

（1）试剂

正己烷等有机溶剂可使用市售的色谱纯或农残级。有机氯农药标准储备溶液可使用市售有合格证书的混合标准溶液，推荐浓度 100 mg/L。

（2）校准

1）标准使用溶液

使用微量进样针取 100 µl 有机氯农药标准储备溶液，用正己烷稀释配制 10 mg/L 有机氯农药标准使用溶液（I）。

使用微量进样针取 100 µl 有机氯农药标准使用溶液（I），用正己烷稀释配制 1.0 mg/L 有机氯农药标准使用溶液（II）。

2）校准曲线

使用微量进样针分别量取有机氯农药标准使用溶液（I）或有机氯农药标准使用溶液（II），用正己烷稀释，配制标准系列，有机氯农药的质量浓度分别为 1.0 m/L、2.0 µg/L、5.0 µg/L、10.0 µg/L、20.0 µg/L、50.0 µg/L 和 100 µg/L（此为参考浓度）。

按仪器参考条件，由低浓度到高浓度依次对标准系列溶液进行进样检测。

（3）结果计算

林丹是 γ- 六六六的俗称。六六六有 α- 六六六、β- 六六六、γ- 六六六和 δ- 六六六 4 种同分异构体，计算结果需合计。

滴滴涕有 p,p'-DDE、p,p'-DDD、o,p'-DDT 和 p,p'-DDT 4 种同分异构体，计算结果需合计。环氧七氯有环氧七氯 A 和环氧七氯 B 两种同分异构体，计算结果需合计。

（4）质量保证和质量控制

空白：每 20 个样品或每批样品（≤20 个）至少分析一个实验室空白，目标物的测定值应低于方法的检出限。

校准：校准曲线各化合物的相关系数≥0.995。样品测定期间每 24 h 至少分析 1 次曲线中间浓度点，目标化合物的测定结果与标准值间的相对误差在 ±20% 以内。

平行样：每 20 个样品或每批样品（≤20 个）至少测定 1 个平行样，平行样测定结果的相对偏差应≤20%。

基体加标：每 20 个样品或每批样品（≤20 个）至少测定 1 个基体加标样品，基体加标的回收率控制在 60%～120%。

3.1.4　有机磷农药

3.1.4.1 《水质　有机磷农药的测定　气相色谱法》(GB/T 13192—1991)

(1) 适用范围

检出限 10^{-9}～10^{-10} g 为仪器最低检测的量，建议参考 HJ 168—2020 做实验室方法检出限或者参考相似标准方法的检出限，写进作业指导书，作为标准方法检出限使用。

(2) 试剂和耗材

标液：有机磷农药标准储备溶液可使用市售有合格证书的混合标准溶液，推荐浓度 100 mg/L，敌百虫需购置单标，在样品加标时使用。

无水硫酸钠：经 400℃灼烧 4 h，置于干燥器中冷却至室温后，放入试剂瓶中密封保存。

气体：氮气纯度≥99.999%，氢气纯度≥99.99%。

(3) 仪器和设备

推荐毛细管色谱柱：30 m × 0.25 mm × 0.25 μm，固定相为 50% 苯基 /50% 甲基聚硅氧烷，或使用其他等效性能的毛细管柱。

浓缩装置：推荐氮吹仪、旋转蒸发仪、平行浓缩仪等浓缩装置。具体参数应根据实际情况进行调整。推荐使用浓缩瓶带尾管，带红外自动定容。

(4) 色谱分析参考条件

进样口温度：250℃；进样方式：不分流进样。

检测器温度：280℃；载气流速：氮气 1.0 ml/min。

柱箱温度：柱箱起始温度 50℃，保持 0.5 min，以 25℃ /min 升温到 100℃，再以 6℃ /min 升温到 260℃。

(5) 标准色谱图

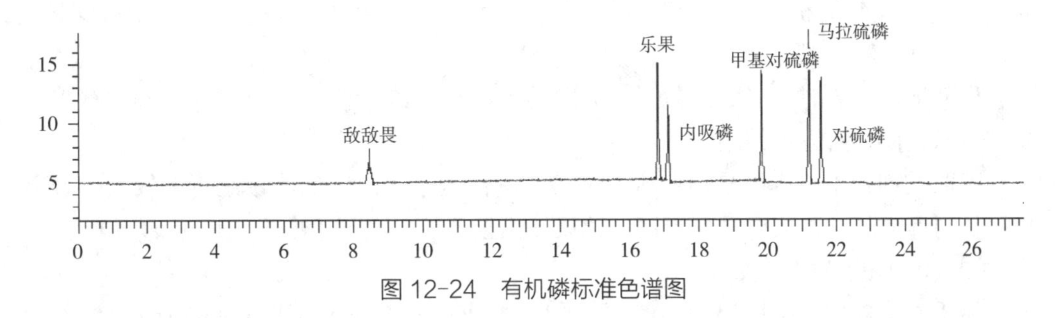

图 12-24　有机磷标准色谱图

(6) 定量分析

通过色谱峰高或峰面积，在校准曲线上查出各组分的浓度，按下式计算：

$$C=C_iV_i/V \qquad (12\text{-}8)$$

式中，C——水样中的各组分的浓度，mg/L；

C_i——相当于标准各组分的浓度，mg/L；

V_i——萃取液定容体积，ml；

V——水样体积，ml。

敌百虫含量的计算

$$c=c_1/0.86 \tag{12-9}$$

式中，c——试样中敌百虫含量，mg/L；

c_1——试样中由敌百虫转化生成的敌敌畏含量，mg/L；

0.86——敌敌畏、敌百虫分子量之比。

（7）质量保证和质量控制

空白：每 20 个样品或每批样品（≤20 个）至少分析一个实验室空白，目标物的测定值应低于方法的检出限。

校准：校准曲线各化合物的相关系数≥0.995。样品测定期间每 24 h 至少分析 1 次曲线中间浓度点，目标化合物的测定结果与标准值间的相对误差在 ±20% 以内。

平行样：每 20 个样品或每批样品（≤20 个）至少测定 1 个平行样，平行样测定结果的相对偏差应≤20%。

基体加标：每 20 个样品或每批样品（≤20 个）至少测定 1 个基体加标样品，基体加标的回收率控制在 60%～120%。

3.1.5 石油烃

3.1.5.1 《水质 可萃取性石油烃（C_{10}～C_{40}）的测定 气相色谱法》（HJ 894—2017）

色谱柱选择：色谱柱除了采用标准规定的 -5 柱之外，可使用石油烃专用柱（DB-TPH），可在一次进样中完成 3 种分析（汽油段有机物、柴油段有机物和润滑油段有机物），缩短分析时间，减少柱温升高导致的柱流失。

浓缩过程：C_{10}-C_{15} 饱和蒸汽压高，沸点较低易挥发，当浓缩至近干时，C_{10}～C_{15} 回收率明显降低，因此浓缩过程试样体积不得少于 1 ml，否则回收率偏低。

3.1.5.2 《土壤和沉积物 石油烃（C_{10}～C_{40}）的测定 气相色谱法》（HJ 1021—2019）

（1）试剂和材料

标准溶液：石油烃（C_{10}～C_{40}）标准储备溶液可参考证书要求保存，若冷藏需恢复到室温并摇匀后方可使用。

萃取试剂：由于丙酮易溶于水，环境空气湿度较大时对氮吹浓缩影响较大，且丙酮属易制毒物品，购买时受到限制。建议使用正己烷单溶剂萃取石油烃（C_{10}～C_{40}）。

（2）操作过程

加压流体提取：提取温度 80℃，提取压力 100 bar，静止提取时间 5 min，淋洗时间 2 min，氮气吹扫 2 min，循环提取时间 2 次，也可参照仪器生产商说明书设定条件。

浓缩：使用氮吹仪浓缩时，水浴温度 35℃，浓缩至 1.0 ml。亦可使用 K-D 浓缩、旋转蒸发浓缩和平行浓缩等其他合适的浓缩方法，具体参数应根据实际情况进行调整。推荐使用浓缩瓶带尾管，带红外自动定容。

3.1.6　吡啶

3.1.6.1《水质　吡啶的测定　顶空/气相色谱法》（HJ 1072—2019）

（1）保存条件

标准规定样品采集后于4℃以下冷藏、避光密封保存，3 d内分析完毕。由于吡啶挥发性较强，实际工作中发现样品保存期对结果影响较大，建议样品最好于48 h内完成分析。

（2）操作过程

顶空仪参数：采用标准化的顶空瓶，严格控制气、液体积比，样品与标准系列的平衡温度和平衡时间等条件参数需一致，当操作条件发生变化时，需重新绘制校准曲线。

二次进样：顶空样品如需第二次进样，应重新取样恒温振荡，不能同一样品瓶重复进样。

氯化钠加入量：严格控制氯化钠加入量与水样的比例为3 g/10 ml，如水样中含盐量较高，可适当减少氯化钠的加入量。

3.1.7　乙醛、丙烯醛

3.1.7.1《生活饮用水标准检验方法　第10部分：消毒副产物指标》（GB/T 5750.10—2023）和《生活饮用水标准检验方法　第8部分：有机物指标》（GB/T 5750.8—2023）

（1）方法检出限

标准的方法检出限乙醛是0.3 mg/L，不满足《地表水环境质量标准》（GB 3838—2002）的限值要求。建议取10 ml水样静态加热平衡后，然后取500 μl或1 000 μl上机分析，使用实验室方法检出限。

（2）保存条件

样品采集后应置于棕色瓶中，冷藏运输，在4℃冰箱中保存，最长保存时间为48 h，应尽快分析。

（3）仪器推荐参数

自动顶空进样器：顶空瓶加热温度：75℃，进样针温度：105℃，传输线温度：150℃，顶空进样时间：0.10 min，压力化时间：1.0 min，顶空瓶加热时间：30.0 min，载气压力：6.0 psi。

推荐使用色谱柱：规格为30 m（柱长）× 0.32 mm（内径）×0.5 μm（膜厚），100%聚乙二醇固定相毛细管柱，或其他等效毛细管柱。柱箱温度：柱箱起始温度40℃，保持5.0 min，以10℃/min到150℃，再以30℃/min到180℃，保持1.0 min。进样口温度：150℃；柱流量：2.0 ml/min。分流比为10∶1。

（4）质量保证和质量控制

建议补充标准方法实验室内部的质量保证和质量控制要求。

3.1.8 三甲胺

3.1.8.1 《环境空气和废气　三甲胺的测定　溶液吸收 - 顶空 / 气相色谱法》（HJ 1042—2019）

（1）色谱柱

推荐使用 CP-Volamine（30 m × 0.32 mm × 5.0 μm）胺类组分分析专用柱，6 种脂肪胺能够得到有效分离，峰形尖锐，且色谱柱性质稳定、重现性很好。

（2）操作过程

安全性操作：操作过程使用氨水，具有较强的刺激性及挥发性，应在通风橱内进行操作。

试剂添加：在加入氨水和氢氧化钠溶液时，微量注射器针头应放在顶空瓶底部，避免目标物逸失。

样品浓度：废气中三甲胺浓度低时，可增加采样体积；当废气中三甲胺浓度高时，可相应减少采样体积。

检测器：如采用 NPD 检测器，每次打开时，应逐级升温，防止高温导致铷珠爆裂。

（3）定性

当样品基质复杂时，可采用强极性毛细管色谱柱 CP-WAX 等进行双柱定性。但应注意使用 CP-WAX 柱时，处理样品过程中不用再添加氨水，否则会引进干扰。

3.1.9 硫化氢、甲硫醇、甲硫醚和二甲二硫

3.1.9.1 《空气质量　硫化氢、甲硫醇、甲硫醚和二甲二硫的测定　气相色谱法》（GB/T 14678—1993）

（1）进样方式

依据国标方法原理，建议采用常温下抽成真空的苏码罐（内壁经抛光惰性化处理的金属罐，采样口处经硅烷化处理）进行直接采样，利用大气预浓缩仪代替国标中较为落后的预浓缩装置和解析装置，全自动进样，在检出限、精密度及准确度等方面存在明显优势。

（2）推荐测试条件

预浓缩条件：CTD 模式，冷阱 1 捕集温度 -50℃，解析温度 10℃；冷阱 2 捕集温度 -50℃，解析温度 230℃；冷聚焦温度 -165℃，冷聚焦加入采用气体加热方式，升温速率 100℃ /s，传输线温度 110℃，阀温度 80℃。样品吹扫流速 100 ml/min，吹扫时间 10 s；样品转移速度 10 ml/min。进样时间 1 min。

GC-FPD 测定条件：石英毛细管柱，DB-1，30 m × 0.32 mm × 5 μm；载气流速 1.2 ml/min；柱温：50 ℃，保持 4 min，以 20 ℃ /min 升至 120 ℃，保持 4 min，再以 25℃ /min 升至 220℃，保持 4 min；检测器温度 220℃；燃烧气氢气 50 ml/min，助燃气空气 60 ml/min。

（3）工作曲线

由于 FPD 对硫为非线性响应，因此可采用二次曲线方程对峰面积和绝对含量进行回归，或峰面积的对数和绝对含量的对数进行线性回归，建立工作曲线。

（4）系统干扰

FPD 是一种对含磷、硫化合物有高选择性、高灵敏度的检测器，因此系统中不能含有任何含硫的基体物质，包括气相色谱仪、氢气发生器及整个气路的密封圈均需采用不含硫元素的硅胶垫。同时，由于硫化氢、硫醇等化合物反应活性极强，很容易在系统中吸附残留，整个实验系统的管路均应进行惰性化处理，并通过空白检验确定仪器系统内部无硫化物的吸附或残留。

3.1.10　黄磷

3.1.10.1 《水质　黄磷的测定　气相色谱法》（HJ 701—2014）

（1）适用范围

该标准中使用氮磷检测器（NPD）和火焰光度检测器（FPD）分析均能满足《地表水环境质量标准》（GB 3838—2002）中表 3 集中式生活饮用水地表水源地黄磷的限值（0.003 mg/L）。

（2）试剂和材料

甲苯：甲苯属于易制毒 3 类，该品根据《危险化学品安全管理条例》《易制毒化学品管理条例》受公安部门管制，购买需到公安部门备案。

黄磷标准溶液：该标准最困难的是获取黄磷标准贮备液，使用精制黄磷配制黄磷比较危险，极易引起自燃，推荐购买有证标准溶液，部分进口商有售，进口标准溶液的溶剂除了甲苯，还有其他溶剂，购买前注意选择。

（3）前处理过程

使用甲苯作为萃取剂时，务必在通风橱中操作，且戴上带过滤功能的面罩。

（4）分析过程

使用氮磷检测器（NPD）可以得到更低的检出限，而 NPD 在环境监测实验室中配置较少，主要介绍一下氮磷检测器（NPD）的激活与使用（以 Agilent 的 NPD 为例）。

安装新铷珠或者是长时间未使用，需进行氮磷检测器（NPD）的激活。参考步骤如下：

1）打开检测器的载气及使用气，氢气流量为 3 ml/min，干空流量为 60 ml/min，恒定载气 + 尾吹 =12 ml/min（也可使用标准中的参考条件）。

2）关闭 NPD 铷珠电压的 Auto adjust 功能，如果此时铷珠电压打开且为上次使用的电压，建议关闭。

3）缓慢提高检测器的温度，150 ℃维持 20 min，将温度提高至 200 ℃，维持 15 min，再将温度升至 250℃，保持 10 min，300℃维持 10 min，340℃维持 20 min。

4）打开铷珠电压，初始电压为 5.0 mV，缓慢提高铷珠电压，每次增加 0.02 mV，增加电压后输出信号会瞬间增加，当到了 50 pA 时，尽量不要超过 50 pA，停止增加铷珠电压，此后信号值会缓慢下降。

5）保持铷珠的激发电压，老化铷珠 10 h 以上。

6）铷珠老化后，增加铷珠电压，使信号输出值在 30 pA 左右，可进样分析，不过此时信号值还会一直衰减，一般情况下，铷珠运行 72 h 后保持基流信号输出稳定后再进行分析。

氮磷检测器（NPD）中的铷珠非常怕水汽，安装铷珠后，即使使用不多，其性能也会逐渐下降，表现为激活电压更高。气相色谱仪使用的时候，即使不使用 NPD，也最好加上尾吹对其进行保护。

3.1.11 苦味酸

3.1.11.1 《生活饮用水标准检验方法　第 8 部分：有机物指标》（GB/T 5750.8—2023）45 苦味酸

（1）色谱柱选择

该标准使用填充柱进行测定，实际中填充柱已很少使用，可使用弱极性毛细管柱测试，如 -5 系列等。

（2）保留时间测定

样品衍生化反应后，上机测定时有时杂峰较多，可能无法确定衍生化产物氯化苦的色谱峰位置，可以直接用氯化苦标准溶液上机用于确定氯化苦色谱峰位置用于定性分析。

（3）次氯酸钠

衍生化反应用的次氯酸钠溶液可以购买市售试剂，但应注意生产日期要较为临近才可使用。

（4）样品氯化苦本底测定

实际样品测试时，为保证测试准确性，最好测定一下样品本底中氯化苦的含量，测试方法为另取一份试样，不加次氯酸钠，其余操作步骤同样品处理，测定此试样中氯化苦的本底值。

（5）萃取剂优化

经过形成实验室技术验证材料后，可对该方法进行适当偏离优化，以正己烷为萃取溶剂取代苯，以降低测试过程使用试剂的毒性。但注意，此偏离操作应形成方法偏离验证材料，并经过实验室技术批准后才可使用。

3.1.12 百菌清和溴氰菊酯

3.1.12.1 《水质　百菌清和溴氰菊酯的测定　气相色谱法》（HJ 698—2014）

（1）色谱柱选择

为减少柱流失的影响，可以使用 MS 柱进行分析，例如使用 DM-5 MS 替代 DB-5。

（2）标准溶液

配制标准溶液时，因溴氰菊酯的响应较低，其浓度可适当配高一点。

（3）双柱定性

对于有检出的样品，需要进行双柱定性；有条件的可以使用双进样口双色谱柱双检测器仪器，一次进样完成双柱同时分析；如果不具备条件可以采用同一台仪器更换色谱柱的方法进行双柱定性分析。

（4）样品净化

比较干净的地表水和地下水样品可以不经浓硫酸净化；如果样品较脏，萃取液经浓硫酸净化后，务必要洗至中性方可上机测试，否则会造成色谱柱柱效降低甚至损坏。

3.2　气相色谱－质谱联用法

3.2.1　挥发性有机物（VOC）

3.2.1.1《环境空气　65种挥发性有机物的测定　罐采样/气相色谱－质谱法》（HJ 759—2023）

HJ 759—2023适用于环境空气和无组织空气中丙烯等65种挥发性有机物的测定，事实上这个方法可以分析更多的挥发性有机物。在有需要的时候，此方法可以进行扩展。

（1）试剂和材料

标准气：标准气可购买现成的商品化产品，或者进行定制，市面上能购买到HJ 759目标化合物的混合标气。值得注意的是，内标标准气和4-溴氟苯标准气，市售常用的内标标准气是一溴一氯甲烷、1,4-二氟苯、氯苯-d_5、4-溴氟苯的混合气，因此实际使用时只需要购买一瓶内标标准气，不需另行购买4-溴氟苯标准气。

过滤器：过滤器的作用是阻挡空气中的颗粒物进入采样罐的阀门和罐体里面，因为颗粒物的存在导致阀门摩擦加剧容易使阀门磨损漏气，并且颗粒物黏附在罐体后比较难清洗，导致采样罐中会出现活性点。常用的商品化的流量控制器一般自带有经过惰性化的不锈钢过滤器。最容易忽略的是此过滤器的清洗，严格来说，非一次性的过滤器在使用一段时间后需要进行清洗。清洗时，把过滤器拆卸下来，用水或甲醇超声15 min，再另外使用干净的水或甲醇冲洗，在烘箱中50℃烘12 h，最后用干净的零级空气或高纯氮气吹扫一段时间。

（2）样品制备

空白样品和标准使用气的配制：为了使标准使用气和空白样品与所采集样品之间的基质尽量匹配，标准使用气和空白样品应在实验室环境温度下加湿，建议加湿至相对湿度40%～50%，加湿可以通过几种方式完成：在稀释气流中使用扩散器或气体冲击器，向采样罐中添加高纯水，或这两种方法的组合。

（3）分析过程

仪器性能检查：仪器的性能检查不需要单独做，在分析每批样品前都需做的实验室空白中，已注入含有4-溴氟苯的内标气，可以使用实验室空白的数据。

校准曲线：用于绘制校准曲线的标准使用气的浓度可以按实际需要调整，方法中的 10 nmol/mol 浓度有点过高，预浓缩仪的进样体积在一定范围内才能保证准确，因此浓度最低点是 1.25 nmol/mol，在环境空气样品中，大多数的目标化合物的浓度都是低于 1 nmol/mol 的。如果仅使用一罐标准气进行校准曲线绘制，则可使用 5 nmol/mol，如果使用两罐则可以选择使用 1 nmol/mol 和 10 nmol/mol。相应的内标使用气浓度也应调整。曲线的浓度以进样 400 ml 计，如 5 nmol/mol 的标气进样 400 ml 时是 5 nmol/mol，进样 200 ml 时是 2.5 nmol/mol。

扫描方式：质谱的扫描方式一般建议使用全扫模式，在灵敏度要求比较高的时候再使用选择离子扫描模式，全扫描模式能更准确地进行定性。

曲线拟合：校准曲线拟合方式在仪器软件中选择相对响应因子法。

进样量：样品测定时默认进样 400 ml，如果浓度太高，超过曲线范围，则减少进样量，或浓度太低，需要进样量加大，得到的结果乘以 400 除以实际进样体积。

3.2.1.2 《土壤和沉积物　挥发性有机物的测定　顶空 / 气相色谱 - 质谱法》（HJ 642—2013）

（1）试剂与采样准备

空白检验：所使用的试剂与实验用品均需经过空白的检验才能使用，包括实验用水、石英砂、磷酸、甲醇、内标、替代物、载气、顶空用气、采样瓶及瓶盖等，其中石英砂使用前一般需经过不低于 400℃灼烧 3 h 以上，在无目标物干扰的环境中（如干净的干燥皿）放至室温保存。

密封检查：采集样品后，均建议人工检查每一个采样瓶瓶盖是否拧紧或压实，尽可能地减少目标物的损失。

（2）前处理过程

保存条件：采集后的样品若不能立刻分析，应保存在 4℃的无目标物干扰区域，保存期不超过 7 d，分析前需等样品瓶放置至恢复室温才能进行下一步操作。

样品暴露：在进行称取样品、加入基体改性剂、内标、替代物等的相关步骤时，应迅速操作，尽可能地减少样品直接暴露在环境中的时间，减少样品损失或环境污染的概率。

内标和替代物添加量：内标和替代物的加入体积建议控制在 10～100 μl，太低的加入体积可能会增大加入量的不确定性，进而影响后续的定量。此操作可通过适当改变中间使用液的浓度来调整加入体积，只要保证加入量达到要求即可。

（3）分析过程

调谐：BFB 检验不一定需要使用仪器自带的 BFB 调谐，只要 BFB 关键离子丰度达到要求的仪器条件均能进行下一步的分析。

扫描参数：当使用选择离子模式进行分析时，每个峰的描述点个数至少需要在 15 个以上，质谱的扫描速度需注意。如一般 GC-MS 的峰宽约为 4 s，要达到 15 个描述点，即扫描速度需要至少 0.3 s/ 循环。

衬管：气相色谱进样口可使用窄口径、小体积的无玻璃毛衬管，可进一步降低峰展宽，提高目标化合物的信噪比，进而提高响应灵敏度。

计算：在标准推荐的6%腈丙基－二甲基聚硅氧烷的色谱柱分离中，对/间－二甲苯两个同分异构体难以实现基线分离，因此在定量计算中需注意将该两个化合物浓度加和。

校准曲线：在完成校准曲线后，使用平均相对响应因子定量时，需检查相关化合物的相对响应因子是否达到标准附录A的要求；使用二元线性回归定量时，需检查曲线最低点计算结果是否在理论值的70%～130%。若否，则需采取相应的维护措施。

（4）注意事项

1）由于土壤和沉积物中的VOCs基体较复杂，为达到一个较稳定的气液固平衡状态，顶空仪的加热平衡时间一般比气态或液态样品要长，一般至少40 min以上，建议在方法验证时多分析不同类型的实际样品进行试验来得到一个效果和时间均合适的顶空方法。

2）顶空仪平衡温度不应超过85℃，以防止气相中的水分大量增高，一方面降低的气相样品浓度，另一方面可能会影响色谱柱寿命。

3）使用过的瓶盖不能二次使用。瓶盖密封垫材质推荐使用PTFE/硅氧烷或PTFE/丁基橡胶。

4）使用定量环或气密针进样时，均需注意适当延长或增加清洗的体积与次数，避免高浓度样品等因素造成的仪器残留。

5）VOCs样品原则上是一次性的，测试/打开后尽量不再重复使用。因此样品需要备份，以备将来分析，直至得到确定的结果。

3.2.1.3 《水质　挥发性有机物的测定　吹扫捕集/气相色谱－质谱法》（HJ 639—2012）

（1）适用范围

标准适用于海水、地下水、地表水、生活污水和工业废水中57种挥发性有机物的测定。若通过验证，标准也可适用于其他挥发性有机物的测定。标准中三氯苯有1,2,4-三氯苯和1,2,3-三氯苯，没有1,3,5-三氯苯；三甲苯有1,2,4-三甲苯和1,3,5-三甲苯，没有1,2,3-三甲苯，可以考虑项目能力拓展的时候加上。

（2）试剂和材料

空白试剂水：空白试剂水如果出现干扰峰或者目标物检出，可通过加热蒸发或氮气吹扫去除。

标准溶液：标准中间液保存时间为1个月，需要密封及低温保存，且存取次数不宜过多。否则氯乙烯等易挥发化合物的浓度不易保持。也可以将标准中间液中的化合物分开采购，极易挥发的化合物单独买一个混标，其他化合物一个混标，使用的时候再混合，如果发现极易挥发组分浓度明显有变化，可以单独更换。

（3）仪器和设备

色谱柱：色谱柱采购前最好咨询一下厂家，获取性能及使用注意事项等信息。还可以使用不同固定液的柱子，但需要注意的是，需选用质谱专用色谱柱，或者是低流失柱，否则不但目标物干扰严重，基线过高，还会污染离子源。

吹扫管：如果对检出限要求比较高，可以使用25 ml吹扫管进行分析。

吹扫捕集条件优化：吹扫捕集条件可以使用仪器厂家提供的优化条件，有能力最好可以自己进行条件优化。

分析条件：气相色谱条件与色谱柱最好参考标准方法的，质谱对同分异构体定性困难，采用标准方法中的色谱条件，可以省去同分异构体定性的功夫。

仪器性能检查：仪器性能检查前，有些气质联用仪可以使用针对 BFB 的调谐模式，BFB 调谐后再进行性能检查，基本都能通过。有些气质联用仪没有针对 BFB 的调谐模式，那么可以通过手动编辑调谐参数，根据 BFB 的要求建立调谐文件进行调谐。需要注意的是，气质联用仪默认的调谐与 BFB 性能检查的要求不一样，如果不对调谐参数进行调整，有时候会出现性能检查不通过的情况。仪器性能检查与调谐没有必然的关系，只要能通过性能检查就不需要做没必要的调谐。出现了性能检查不通过的情况，可以通过上述方法调谐后再测试。如果还是不行，先不要着急清洗离子源，因为这会消耗较多时间。可以结合仪器调谐报告与距离上次清洗离子源的时间、分析样品的数量以及样品的浓度等因素分析一下是否有清洗的必要。如果分析结果显示离子源可能不是太脏，可以尝试使用仪器自带的标准调谐模式（如果有）或手动调谐，再进行 BFB 调谐，这样有时候是有效的。

校准曲线绘制：校准曲线绘制要注意操作需要快速，不然氯乙烯等易挥发物质容易出现偏低的情况。或者不使用容量瓶配制，采用吹扫瓶配制。这样可以有效避免易挥发化合物偏低的问题。具体操作可参考以下步骤：加入定量的空白试剂水，近满，密封好后，用气密性注射器取一定量的标准中间液、替代物标准溶液、内标标准溶液穿过吹扫瓶盖直接注入吹扫瓶中，摇匀。使用的气密性注射器针尖外径尽量小，以防隔垫被扎多次后气密性不好。这样配制的校准曲线浓度一般都不是整数。

分析前准备：吹扫捕集装置分析前除了烘烤，最好还要做一次系统检漏。

3.2.2 半挥发性有机物（SVOC）

3.2.2.1 《土壤和沉积物 半挥发性有机物的测定 气相色谱－质谱法》（HJ 834—2017）

（1）试样的制备与前处理

索氏提取：使用索氏抽提对样品进行提取时，应将样品放置在干净的套筒或由干净滤纸折叠的纸筒中，通过折纸等方式将套筒或纸筒封闭好，防止样品漏出堵塞回流冷凝管或者流至下方溶剂接收瓶中。

层析柱净化：在使用层析柱净化前，需将萃取液浓缩，并将其溶剂体系转换成正己烷或其他能与后面的洗脱液互溶，而又不会造成目标物提前流出的有机溶剂。溶剂转换的一般操作是将提取液浓缩至 2～3 ml，再加入约 5 ml 目标体系溶剂，继续浓缩至 1～2 ml，待净化用。

系统干扰：若使用该方法分析邻苯二甲酸酯等塑化剂类化合物，因环境污染来源较多，为避免引入污染，所使用的一切接触到样品或样品提取液的试剂、耗材、容器、工具等，均需要用无背景干扰的溶剂清洗干净，在通过空白质控措施进行不断的监控且检验合格后，方能使用。

除硫：若样品有机硫含量较大时，应使用铜片、铜珠、铜丝等进行除硫。铜片（最好裁成小片以增大接触面积）、铜珠、铜丝在临使用前，需使用稀盐酸或稀硝酸（建议浓度 $V_{酸}:V_{水}=1:40$ 左右）浸泡至表面氧化层消失，再用一级水洗至中性，再用正己烷等有机溶剂清洗干净后，自然晾干或氮气吹干使用。铜与有机硫反应会使铜变黑，且其反应时间较长，反应期间需不断添加足够的铜，使得铜不再变黑为止，一般建议反应放置时间为 3～4 h。

净化方法：除了凝胶色谱可以一个方法净化分析方法适用范围的所有目标物外，其余的推荐净化方法均为针对某一类的物质，方法在使用前均需对净化方法进行回收率试验，建立适用于本实验室内的净化方法，确认方法能有效回收需分析的目标化合物。

其他注意事项参考《土壤和沉积物　多环芳烃的测定　气相色谱 - 质谱法》（HJ 805—2016）的“试样的制备”。

（2）分析过程

N- 亚硝基二甲胺易与溶剂峰一起流出，色谱峰也较容易展宽，因此需调整好起始柱温及柱流速，尽量提高其与溶剂峰的分离度；其他酚类等极性较大化合物色谱峰也会经常出现拖尾或分裂的情况，因此柱头及衬管等也需多多观察与维护，如更换衬管的石英棉、切割柱头 5～15 cm 等，以保证色谱性能的正常。

3.2.3　有机氯农药和多环芳烃

3.2.3.1《土壤和沉积物　有机氯农药的测定　气相色谱 - 质谱法》（HJ 835—2017）和《土壤和沉积物　多环芳烃的测定　气相色谱 - 质谱法》（HJ 805—2016）

（1）试样的制备

干燥：采集回来的新鲜土壤如果有时间建议进行冷冻干燥后再萃取，干燥后的土壤萃取后的萃取液除去水分比较容易。

除水：新鲜土壤萃取后的萃取液含水较多，要进行有效的除水，可以选择直接往萃取液中加入烘过的无水硫酸钠，加入的量直到有流动的无水硫酸钠存在，放置 2 h 以上，浓缩时用倾析法小心地把萃取液转移到浓缩瓶中，操作时避免把无水硫酸钠倒入浓缩瓶中，用溶剂把无水硫酸钠少量多次地进行洗涤，洗涤 2～3 次，洗涤液与萃取液合并进行浓缩。如果除水步骤没有完成好，浓缩时萃取液容易出现分层，出现分层时需重新加入 10 ml 溶剂后再加入无水硫酸钠进行脱水。

浓缩：由于萘、苊烯、苊、菲等容易挥发，浓缩时需要控制溶剂蒸发的速度，如果使用减压蒸馏，还需控制真空度，避免溶剂蒸发过快。

净化：初次净化时，需用标准溶液进行试验，以确定净化程序能有效回收目标化合物。

（2）分析过程

进样口的惰性检查：如果样品没有净化或净化不完全，进样口比较容易受污染，受污染后惰性检查则比较难通过，此时，应更换进样口衬管，截去毛细管柱前端的

10 cm以上（视污染程度而言，通常5 cm不够）。

3.2.3.2 《环境空气和废气　气相和颗粒物中多环芳烃的测定　气相色谱-质谱法》（HJ 646—2013）

（1）试样的制备与前处理

干扰和消除：多环芳烃中萘和菲等沸点相对较低的因子，多存在于试剂、采样载体等耗材中，如二氯甲烷、正己烷、滤筒、滤膜、XAD-2树脂、聚氨酯泡沫等材料中，这些材料在使用前需进行处理方能使用。滤筒、滤膜等可通过500℃高温灼烧3 h以上后使用；XAD-2树脂和聚氨酯泡沫需经过多次提取溶剂清洗、晾干后使用，清洗方法参考标准文本；所用试剂建议取和提取体积相同的量进行浓缩后上机测试其本底含量作为检验的方法。根据标准的要求，采样空白中萘、菲<50 ng，其他多环芳烃<10 ng。

乙醚的使用：提取所使用的乙醚由于其蒸气压高，常温极易挥发、易燃等特点，须密封避光保存，不可与空气接触，须储存于阴凉、通风的库房，远离火种和热源。保存温度不可超过26℃。乙醚应与氧化剂等分开存放，切忌混储，不宜大量储存或久存。使用时需特别注意，通常不建议使用高温高压的压力溶剂提取法进行样品的提取，旋转蒸发时应注意暴沸的现象，废液收集与贮存也应注意。

（2）分析过程

苯并［*a*］蒽和䓛、苯并［*b*］荧蒽和苯并［*k*］荧蒽、茚并［1,2,3,*cd*］芘和二苯并［*a,h*］蒽为难分离物质对，分析时应多跟踪色谱柱柱效情况，若发现分离度降低时，及时对色谱柱进行切割、更换等维护。

3.2.4　多氯联苯

3.2.4.1 《水质　多氯联苯的测定　气相色谱-质谱法》（HJ 715—2014）

（1）适用范围

标准适用于地表水、地下水、工业废水和生活污水中给定的18种多氯联苯的测定。地下水标准（GB/T 14848—2017）中表2地下水质量非常规指标及限值中，多氯联苯（总量）包括本标准中未给出的PCB194和PCB206。这两个目标化合物可以根据当地的CMA认证要求，补充一下。

（2）试剂和材料

乙醚：乙醚的使用与保存需要非常注意。乙醚沸点为34.5℃，挥发性很强，使用需在通风橱里面操作，并且做好防护。此外，乙醚的保存最好不要使用一般试剂柜，建议使用防爆冰箱或者是带抽风试剂柜，同时也不可大量存放。

标准溶液：有证标准溶液不仅限于正己烷溶剂，如果是甲醇溶剂，在绘制校准曲线的时候，使用正己烷稀释会出现难溶的现象，可考虑加入极少量的丙酮或乙酸乙酯助溶。当标准溶液溶剂是二氯甲烷时，样品加标出现不易溶解现象，尤其是使用固相萃取法时，溶解不好会影响回收率，可多加一些甲醇或丙酮助溶。

（3）仪器和设备

色谱柱：色谱柱可使用超惰性 / 超低流失的色谱柱，因多氯联苯浓度低，沸点高，容易受到柱流失干扰，也影响信噪比。色谱柱使用前也要进行充分的老化。

层析柱：购买玻璃层析柱的时候，可以考虑增加一个玻璃储液球。淋洗的时候可以一次性加入较多的淋洗液。

（4）试样的制备

固相萃取法：采用膜萃取法，非固相萃取小柱，方法中没有提及可以使用固相萃取小柱。

液液萃取法：使用 2 L 分液漏斗萃取 5 min，手工操作不太方便，条件允许可以采购专门的分液漏斗振荡器（注意振荡器要装得下 2 L 的分液漏斗）。除了节省人力外，还能提高分析的精密度。

（5）分析过程

高灵敏度：分析仪器如果可以选择，尽量选择灵敏度高的气质联用仪或者使用灵敏度较高的模式或参数条件。

仪器条件：质谱参考条件中离子源温度为 250℃。一般来说提高离子源温度可以提高多氯联苯的响应。离子源温度最好根据仪器的性能来选择。要注意仪器调谐或者 DFTPP 性能检查时，离子源温度应保持一致。仪器性能检查不通过时，可以选择修改参数，或者进行手动调谐。

校准曲线：浓度点为 20.0 μg/L、50.0 μg/L、100 μg/L、200 μg/L、500 μg/L，标准贮备液为 1.0 μg/ml，标准贮备液的使用量较大，而有机分析项目的标准溶液一般都是 1～2 ml，这样的话需要使用两瓶或以上的标准溶液。相比起使用多瓶标准溶液，使用同一瓶浓度更高的标准溶液会更优一些。

3.2.5　硝基苯类

3.2.5.1《水质　硝基苯类化合物的测定　气相色谱 - 质谱法》（HJ 716—2014）

（1）试剂和材料

因硝基苯类化合物具有一定极性，固相萃取小柱除了 C_{18} 填料，还可以使用 HLB 填料。

（2）试样的制备

标准溶液：硝基苯类标准使用液和替代物标准使用液的溶剂均为二氯甲烷，使用固相萃取的时候，加入替代物或者加标前，应加入适量的甲醇使之溶于水中。如发现有溶解不充分的情况，可补加甲醇。

固相萃取法：固相萃取法中，样品加载完成后，还需用水冲洗上样瓶内壁一起加载到小柱上，将可能吸附在瓶内壁的替代物 / 目标物冲洗下来。小柱洗脱前要充分抽干，也可使用高纯氮吹干。

（3）分析过程

气相色谱参考条件中，如果质谱灵敏度不足，可考虑使用不分流进样。

3.2.6 多溴二苯醚

3.2.6.1《水质 多溴二苯醚的测定 气相色谱 - 质谱法》（HJ 909—2017）

（1）提取

萃取用的分液漏斗必须干净无干扰。特别是做完一批多溴二苯醚样品继续做下一批样品时，分液漏斗必须用自来水、碱液清洁剂、纯水清洗干净后，再用二氯甲烷润洗。否则清洗不干净会出现样品净化内标回收率越做越高的情况。这是因为每次提取时加入的净化内标会吸附在分液漏斗内壁缘故。

（2）净化

根据自身实验室可以选择不同的净化手段，这里推介 2 种净化方式：浓硫酸净化和酸性硅胶氧化铝柱净化。

浓硫酸净化：将试样溶液用浓缩器浓缩到 2 ml 左右。将浓缩液转入 22 ml 玻璃管中，用正己烷定容至 7 ml，加入 8 ml 硫酸，旋涡振荡混匀，离心（转速 3 000 rpm/rcf，时间 1 min），弃去下层硫酸。如果硫酸层中仍有颜色则重复上述操作至硫酸层无色。向玻璃管加入 8 ml 超纯水洗涤有机相，旋涡振荡混匀，离心（转速 3 000 rpm/rcf，时间 1 min），弃去水相，重复上述操作至有机相中性。有机相经无水硫酸钠脱水后，氮吹浓缩至 1 ml。

酸性硅胶氧化铝柱净化：（填料制备）30% 酸性硅胶和酸性活化氧化铝制备；（柱子装填）取内径 8 mm，长 300 mm 的玻璃填充柱管，干法填柱制备 8 cm 高度的酸性硅胶柱（上）和 8 cm 高度的酸性氧化铝柱（下）（两柱串联）；（净化过程）先用 15～20 ml 正己烷润洗，然后将萃取浓缩液完全转移至酸性硅胶柱（正己烷润洗 3～4 次，每次 1 ml 正己烷），用 21 ml 正己烷淋洗酸性硅胶柱（注意每次用 1～2 ml 进行淋洗，并且保证液面高于填充柱），该液体可以当废液或收集起来。等酸性硅胶柱滴完以后撤去该柱，用 30 ml 二氯甲烷 / 正己烷（20/80，*V*/*V*）淋洗酸性氧化铝柱（每次 1～2 ml 进行淋洗），此时需收集淋洗液（样品）。如果酸性硅胶柱过完样品后颜色较深，需要再次进行净化，就需要将第一次接收的淋洗液进行氮吹浓度至 2 ml 左右，再次重复上面的步骤，直至酸性硅胶柱颜色较浅或无变色。

样品较脏时建议先选择浓硫酸净化后再进行酸性硅胶氧化铝柱净化。

（3）浓缩

萃取液和净化收集液可以选择旋转蒸发仪浓缩或使用氮吹仪浓缩，旋转蒸发仪和氮吹仪选择的水浴都为 40℃，多溴二苯醚是难挥发性有机物，浓缩时可以适当加快冷凝滴速（建议冷凝液不超过冷凝管底下第三圈）。注意使用氮吹仪浓缩时氮吹气流不能过大，避免溅出样品或污染样品；样品一定要避免浓缩干，否则 BDE-28 的回收率会偏低。

整个前处理过程尽量避光操作，以防 BDE-209 大量降解。

（4）仪器分析

内衬管：高溴代的 PBDEs 在气相色谱仪的进样口会发生降解，尤其是在内衬管不洁净的情况下。石英纤维毛上黏附的杂质、碎屑会使高溴代的PBDEs，尤其是BDE-209发生催化降解，BDE-209降解为九溴PBDEs。因此，内衬管应及时更换，进样量1.0 μl为宜。另外，使用低流失进样垫会减少碎屑掉入内衬管内，也会减少PBDEs在内衬管内的降解。通常情况下，更换新的内衬管后要进一针高浓度PBDEs，这是因为PBDEs会吸附在石英纤维毛上（因此尽量选择带砂芯无石英棉的衬管或者少填石英棉的衬管），造成实际进样量的减少。检验气相色谱内衬管是否洁净，可以采用注射1.0 μl浓度为5.0 μg/ml的*p,p′*-DDT，使用全扫描方式检测，若*p,p′*-DDT降解率小于15%，则认为气相色谱系统是洁净的。

进样方式及进样压力：为了避免BDE-209气化后在衬管中停留时间过长造成分解，选择高压进样/脉冲进样，进样压力在100～200 kPa条件下将样品快速注入气化室，由此可以缩短样品在气化室的时间，减少PBDEs在气化室中的分解，提高仪器的灵敏度。但是，如果进样口压力设置过高，会造成色谱柱流失，影响色谱柱寿命，也会对PBDEs测定产生一定影响。具体进样口压力设置应该根据本实验室仪器的具体情况而设定。通过改变进样口压力的大小，并根据全扫描方式下色谱柱流失情况，确定最佳的进样口压力。

进样温度：由于多溴二苯醚具有热不稳定性，如果进样口温度设置太高，PBDEs会在衬管内分解；如果进样口温度设置太低，PBDEs的气化又会不完全。因此，进样口温度的设定是保证PBDEs准确测定的关键环节之一。进样口温度的设置必须是使其气化完全又没有产生分解的临界温度。一般进样口温度应设置在260～280℃，具体温度设置应该根据本实验室仪器具体情况而设定，通过改变进样口的温度，并根据全扫描方式确定PBDEs的分解情况，最终确定最佳的进样口温度。

（5）质谱条件

离子源温度：如果按照方法离子源温度230℃时，高溴代的化合物响应较低时，建议可以提高离子源温度到300℃，可以使高溴代的峰形变窄，响应增高。

调谐参数：如果使用安捷伦一类的仪器，建议调谐时选择高灵敏度调谐。使用岛津一类的仪器时，选择调谐参数时调谐的参考基准离子选择为502（平时常规调谐基准参考离子为264），这是因为多溴二苯醚的定量、定性离子都在400以上。

扫描离子选择：为了提高仪器灵敏度和定量准确性，参考离子数应当设置大于或等于1个，*m/z*数应精确到小数点后至少1位，具体数值根据实验室仪器类型、调谐结果和标准溶液的全扫描结果确定。定性、定量离子的设定值需要对标准样品全扫描模式（SCAN）下确定。在初次分析、气相色谱条件改变、色谱柱变化（如切短、老化等）的情况下，都需要进行重新调谐和全扫描分析，确定化合物的定性、定量离子的*m/z*数。

定量离子选择：由于自然态和碳同位素取代的PBDEs在色谱保留时间基本一致，参照碳同位素取代的PBDEs单体的保留时间可以对目标化合物进行定性，参考离子的定性作用减弱。因此，定量离子和参考离子可以选择质谱图中*m/z*数较大的一簇峰，这种方式可以有效避免背景干扰。例如，对BDE-28定量时应设定405.9为定量离子，406.9和246.0为参考离子。在测试实际样品时会发现，由于基质背景干扰，*m/z*数较小的 246.0 存在较大的背景干扰，造成定性上的困难。如果使用 *m/z* 数较大的一簇峰，则可以有效降低背景值，同时又不影响定性结果。

仪器清洁：PBDEs 的响应情况随仪器品牌、仪器状态、进样口和质谱端清洁程度等因素的变化而不同。为保证良好的测试效果，尤其对于 BDE-209 而言，需在测试前确保进样口和质谱端的清洁。

（6）常见问题分析

实验室空白有检出：实验试剂、实验材料、仪器管路、采样器具及玻璃器皿中会含有或沾染一定的多溴二苯醚特别是 BDE-209。因此为保证实验室空白未检出需要采取以下措施：采样器具及玻璃器皿使用前应使用甲醇和二氯甲烷或正己烷依次分别洗涤 3 次。在样品分析完成后，各类器皿用丙酮洗涤 2 次，再以洗涤剂、自来水和纯水洗涤后烘干。实验试剂和实验材料中 BDE-209 的消除可以采用高温烧灼或溶剂反萃的方式。

回收率低：高溴代类的净化内标（如 ^{13}C-BDE-183、^{13}C-BDE-209）回收率越来越低，这是由于衬管和色谱柱脏了导致加速高溴代混合物的分解，解决方案为需要时可更换气相色谱的衬管和进样隔垫，并截除色谱柱进样口端 10～30 cm，或者再老化一下色谱柱，可以解决这个问题。

仪器的灵敏度（方法检出限）达不到要求：可以通过清洗离子源，更换新的色谱柱、衬管等解决，如果还达不到要求，可以通过减小最终定容体积降低方法检出限，以满足分析要求。

3.2.6.2 《土壤和沉积物　多溴二苯醚的测定　气相色谱 - 质谱法》（HJ 952—2018）

样品的制备与提取

提取溶剂：因为方法中可以采用新鲜样品分析，但新鲜样品中往往含有大量水分，萃取含有水分的样品时往往要使用一定比例的丙酮以提高萃取效率。丙酮能将样品中大量极性干扰物一并提取出来，会给净化过程带来一定的压力。同时新鲜样品很难均一化处理，提取效率也不稳定，建议使用风干或冻干样品来分析。

提取方式：本标准建议使用加速溶剂萃取仪，索氏提取器（备石英滤筒）或性能相当的萃取设备。但是加速溶剂萃取仪萃取高含量 PBDEs 样品后，会有一定的 PBDEs 存留在仪器管路中，产生背景值。加速溶剂萃取仪系统受污染时空白试样的 BDE-209 会很高，因此萃取高含量 PBDEs 土壤或沉积物样品时建议使用索氏抽提萃取样品。如果使用加速溶剂萃取仪提取样品，可以增加管路淋洗次数，或者样品和样品之间放置空的萃取池来消除和检查仪器产生的空白值。

3.2.7　酚类

《水质　酚类化合物的测定　气相色谱 - 质谱法》（HJ 744—2015）

（1）方法原理

在酸性条件下（pH≤1），用液液萃取或固相萃取法提取水样中的酚类化合物，经五氟卞基溴衍生化后用气相色谱 - 质谱法（GC-MS）分离检测，以色谱保留时间和质谱特征离子定性，外标法或内标法定量。

衍生化的目的是增加样品的挥发度；提高分离检测的选择性和灵敏度；提高分离性能，改善样品的峰形。整个衍生化原理见图 12-25。

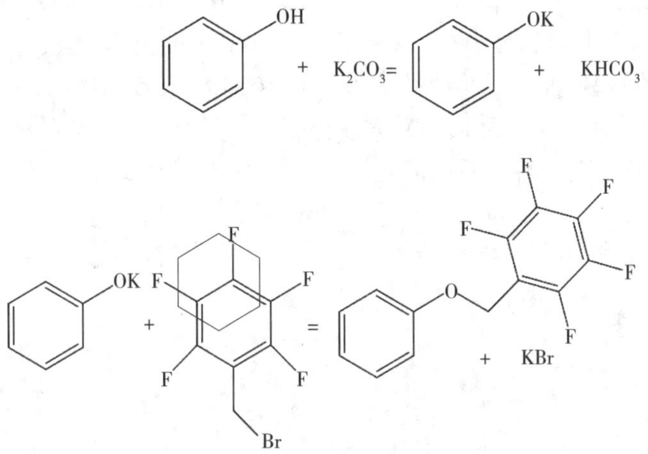

OH + K_2CO_3= OK + $KHCO_3$

OK + F F F F F Br = O F F F F F + KBr

图 12-25　酚类衍生化原理

（2）试剂与材料

五氟苄基溴衍生化试剂：称取 0.500 g 五氟苄基溴纯品溶于 9.5 ml 丙酮中，4℃下避光冷藏，可保存 2 周。这里需要注意的是，五氟苄基溴比较怕水，如果在南方比较潮湿的天气，丙酮容易吸水，五氟苄基溴衍有可能达不到 2 周的保质期，最好现配现用，或者直接使用五氟苄基溴纯品。

（3）样品前处理过程

固相萃取过程：样品在固相萃取过程中，注意在上样过程中需要保持柱子湿润，不能抽干，否则会影响样品回收率，上完样品后，柱子必须要抽干，柱子水分含量越低回收率越高。

萃取液在浓缩和转换溶剂过程：样品在浓缩过程中需要注意样品浓缩速率，酚类中某些化合物（如苯酚）容易挥发，在浓缩过程中需要注意浓缩速率，溶剂冷凝液最好不超过底下第一格冷凝管。乙酸乙酯是比较难浓缩的试剂，建议在真空度达到 300 bar 没有溶剂冷凝时在萃取液中加入丙酮，可以改善冷凝速率。在最后萃取液浓缩到 1～2 ml 时加入约 5 ml 正己烷，继续浓缩到 1 ml 左右后，再加入 5 ml 正己烷继续浓缩到 0.5 ml 左右，在浓缩瓶中加入少量的无水硫酸钠，再把浓缩液转移到衍生瓶中，浓缩瓶用正己烷润洗 2 次，润洗液同样转移到衍生瓶中，所有的正己烷相浓缩液控制在大约 1 ml，再加入 7 ml 丙酮混匀。

这里需要注意按照方法乙酸乙酯 / 二氯甲烷萃取液浓缩直接转换成丙酮系去衍生时，往往会出现这种情况：校准曲线系列衍生效果很好，但是样品提取浓缩液中的某些化合物（如苯酚、甲酚、二甲酚和氯苯酚类这 7 种化合物）的衍生效果很差，几乎没有回收率。这是因为丙酮和乙酸乙酯都是水溶性较好的试剂，使用无水硫酸钠无法完全去除乙酸乙酯和丙酮试剂中的水分；在乙酸乙酯转换成丙酮体系的过程中间再转一道正己烷，因为正己烷难溶于水，因此很容易就可以用无水硫酸钠去除浓缩液中的水分，防止对衍生化过程的干扰。

样品衍生化过程：在 8 ml 上述丙酮萃取浓缩液中，依次加入 100 μl 丙酮体系的五氟苄基溴衍生化试剂（这里建议可以直接加入 10 μl 的五氟苄基溴纯品，因为丙酮体系的五氟苄基溴容易吸水导致衍生化失败）和 100 μl K_2CO_3 溶液（这里建议可以直接加入 0.2 μg K_2CO_3 纯品，因为 K_2CO_3 溶液里面含水，影响衍生化效率，而且由于含水后期衍生化完更换至正己烷体系后需要加入无水硫酸钠除水才能上质谱分析）。盖好瓶塞，轻轻振摇、混匀。置于 60℃下衍生 60 min 后，冷却至室温。将溶剂体系更换至正己烷，浓缩定容至 1.0 ml，待测。

3.3 液相色谱法

3.3.1 微囊藻毒素

3.3.1.1 《水中微囊藻毒素的测定》（GB/T 20466—2006）高效液相色谱法

（1）适用范围

该方法主要用于测定水溶性的微囊藻毒素的浓度，包括 MC-RR、MC-YR、MC-LR 3 种。

（2）材料和试剂

试剂级别：磷酸二氢钾和磷酸最好使用优级纯的。

标准溶液：微囊藻毒素标准溶液可以直接购买市售有证标准溶液。同时要注意运输及保存。一般是低温保存，保存温度为 -20℃。购买有证标准溶液时，还需注意生厂商的可靠性，分析测试过程中，如果发现标准溶液不出峰，有较高概率是标准溶液的问题。

（3）前处理过程

样品过滤：样品前处理之前，需用 500 目不锈钢筛过滤，以及用玻璃纤维滤膜和乙酸纤维酯滤膜依次抽滤。

富集小柱选择：水样富集一般使用固相萃取小柱，因微囊藻毒素属于极性化合物，不能使用液液萃取富集方式。标准中使用 C_{18} 固相萃取小柱进行富集，一般来说，C_{18} 对极性物质的吸附能力有限，标准中说明需要富集两次，或者通过增加容量来提高回收率。这些方法不是特别有效，萃取 2 次耗时较长，增加容量则会对洗脱造成一定影响。在允许方法偏离的条件下，使用 HLB 小柱的效果最好，HLB 小柱是由亲脂性二乙烯苯和亲水性 *n*- 乙烯基吡咯烷酮两种单体按一定比例聚合成的大孔共聚物，其保留机理为反相，通过一个“特殊的极性捕获基团”来增加对极性物质的保留，提供很好的水浸润性，因而 HLB 小柱对微囊藻毒素富集效果好，但是价格相对较高。

样品富集过程：使用 C_{18} 固相萃取小柱富集时，活化和上样的过程中注意不应使 C_{18} 固相萃取小柱变干，使用全自动固相萃取仪操作时，要注意小柱活化步骤，是否有吹溶剂的步骤，这会让小柱变干，需要取消该步骤。

上样流速：上样需控制流速为 8～10 ml/min，一般来说，手动固相萃取不易控制流速，可以使用全自动固相萃取仪。

甲醇溶剂：标准中洗脱溶液为三氟乙酸酸化后的甲醇，实验中发现用纯甲醇洗脱效果也是良好的。

（4）分析过程

缓冲液配制：流动相使用甲醇与磷酸盐缓冲溶液按体积比（57∶43）混合，磷酸盐缓冲溶液配制好必须过滤后使用。

仪器系统清洁：使用缓冲盐溶液作为流动相，在完成分析后必须对整个系统用纯水和甲醇进行冲洗。

校准曲线配制：一般来说，市售的微囊藻毒素标准溶液浓度不高，量也少，需注意配制校准曲线时的用量。

灵敏度：微囊藻毒素的灵敏度不是特别高，有时候出峰比较小，可提高进样量来改善。

3.3.1.2 《生活饮用水标准检验方法　第 8 部分：有机物指标》（GB/T 5750.8—2023）16.1 微囊藻毒素　高效液相色谱法

GB/T 20466—2006 是只分析水溶性的微囊藻毒素的浓度，而 GB/T 5750.8—2023 16.1 是分析水溶性的及藻细胞中的微囊藻毒素之和。

（1）前处理过程

前处理样品体积需 5 L，也需要经过玻璃纤维滤膜过滤。水样的前处理与 GB/T 20466—2006 接近，但是其需富集 5 L 水样，所以需要用 5 g 的大容量固相萃取柱（ODS 柱）。不一样的是富集浓缩后的样品要复溶，继续过 C_{18} 柱，对样品进行净化。

过滤后得到的膜样品经过冻融 3 次，提取后上清液也经过 C_{18} 进行富集和净化。

（2）分析过程

分析条件与 GB/T 20466—2006 不一样的是流动相使用乙腈 + 水 + 三氟乙酸 =（38+62+0.04），其 pH 比较低，所以每次分析完成后必须用纯水冲洗系统。如果是样品量比较大，可以尝试使用耐酸的色谱柱。

因 ODS 柱和 C_{18} 柱对微囊藻毒素的回收率不是很高，所以计算时要以 0.6 的回收率系数折算最终浓度。

3.3.2　多环芳烃

3.3.2.1 《环境空气　苯并［*a*］芘的测定　高效液相色谱法》（HJ 956—2018）

（1）试剂和材料

标准溶液：苯并［*a*］芘市售有证标准溶液不必限于乙腈溶剂，但是尽量使用极性溶剂，如甲醇，因为配制校准曲线所用的溶剂为乙腈，如果是非极性溶剂如环己烷会难溶。

固相萃取柱：商业化的硅胶固相萃取柱净化效果比手动填装的硅胶柱净化效果差一点，如果杂质含量较多或者影响到目标物，可以使用手动填柱净化。

色谱柱：色谱柱可以选择多环芳烃专用柱，对苯并［a］芘保留能力较强，也对其峰形有一定改善，分离效果也有一定的提升。

（2）前处理过程

提取滤膜：超声提取应将滤膜切碎一些，因为纸块碎片较大，碎片之间缝隙大，体积也大，没过所有碎片需要的溶剂就多。

提取溶剂：超声提取可以使用二氯甲烷或乙腈提取，其他提取方法均为二氯甲烷。从标准适用范围可以看出，乙腈提取仅适合于采样体积为大体积的样品，且不适用于需净化的样品，因为乙腈沸点较高，不易进行溶剂转换。

溶剂转换：样品浓缩步骤需进行溶剂转换，如果转换成正己烷，可以浓缩到近干，加入 3～5 ml 正己烷复溶，再浓缩，无须像其他溶剂转换那样重复几次。

净化过程：样品净化中，应保持液面高于柱床。此外，因商品化的硅胶柱是干柱加溶剂的，硅胶层中会存在较多气泡，虽然一定程度会影响净化效果，但是对一般环境空气的样品来说问题不大。

环境：有条件的话可以在黄光灯下进行样品处理。

（3）分析过程

仪器分析条件设置：如果发现样品较为复杂，需进行一定的后运行时间。

仪器检查：荧光检测器中的管路不耐压，仪器运行前注意出口到废液的整段管有没有弯折，检查完毕再开机。

流动相：检查每个样品的运行时间，需注意整个序列的流动相用量，以防跑空。一般仪器有溶剂填充功能，运行前输入溶剂量，仪器会自动计算每一流路的总用量，如果用完了会自动停止。溶剂填充输入值可以比实际值低一点，因为溶剂瓶中的管路口不一定正好到瓶底。

3.3.2.2 《水质　多环芳烃的测定　液液萃取和固相萃取高效液相色谱法》（HJ 478—2009）

（1）适用范围

标准适用于饮用水、地下水、地表水、海水、工业废水及生活污水中 16 种多环芳烃的测定，适用性较广，且包含了环境质量标准中地表水、地下水和海水中涉及多环芳烃项目。

《地表水环境质量标准》（GB 3838—2002）中表 3 集中式生活饮用水地表水水源地的苯并［a］芘限值为 2.8×10^{-6} mg/L；《海水水质标准》（GB 3097—1997）中苯并［a］芘的限值为 0.002 5 μg/L；《地下水质量标准》（GB/T 14848—2017）中多环芳烃的Ⅰ类限值分别是萘 1 μg/L、蒽 1 μg/L、荧蒽 1 μg/L、苯并［a］荧蒽 0.1 μg/L、苯并［a］芘 0.002 μg/L。要同时满足以上质量标准限值，液液萃取需萃取样品体积为 2 L，浓缩样品至 0.1 ml，固相萃取富集样品的体积为 10 L，而且最好采用荧光检测器采集的数据进行处理。

（2）试剂和材料

标准溶液：多环芳烃标准贮备液可购买市售有证标准物质，但是乙腈溶剂不一定能买到，需注意的是，尽量不要购买二氯甲烷为溶剂的标准溶液，因为加标时需考虑溶解问题。十氟联苯是同样的问题。

色谱柱：色谱柱最好使用多环芳烃专用柱，不然可能存在分不开的组分。

分液漏斗选择：分液漏如果需要萃取 2 L 样品，需要准备 3～4 L 样品，这个规格的分液漏斗可能放不进一般的分液漏斗振荡器中振摇，手动振荡比较费劲。

（3）前处理过程

萃取溶剂：液液萃取如果是萃取 2 L 样品，萃取溶剂要多加一些。同时可以考虑用二氯甲烷萃取，因为二氯甲烷在下层，萃取完直接分出，不用转移分液漏斗中的样品。此外，集中式饮用水水源地、地下水和海水一般比较干净，所以需净化的情况不多，也避免了净化前的溶剂转换。

替代物加入：水样加入替代物后可适量多加一些甲醇助溶。

样品浓缩：样品处理后定容至 0.5 ml 后上机，可以使用带刻度的浓缩管，浓缩置换溶剂后直接定容后上机。由于萘的沸点较低，不管是液液萃取还是固相萃取，萘的回收率较低，需要谨慎选择浓缩的方式以及控制好浓缩条件。

固相萃取仪：固相萃取法如果是富集 10 L 水样，建议使用全自动固相萃取仪。

上样：样品加载完成后，建议用 10～20 ml 纯水荡洗样品瓶，再加载到固相萃取柱上。

（4）分析过程

检测器：可以进行紫外检测器和荧光检测器串联同时分析采集，注意荧光检测器必须串联在后面，管路出口连接废液。二氢苊和十氟联苯无荧光，必须使用紫外检测器进行分析。

采集波长：由于不同多环芳烃有不同的最大紫外吸收波长，以及不同的激发波长和发射波长，所以可以利用不同时间采集不同波长的方式进行编辑采集。此外，如果使用二极管阵列检测器，可以直接同时采集所需的最大紫外吸收波长。

3.3.3　醛酮类

3.3.3.1 《环境空气　醛、酮类化合物的测定　高效液相色谱法》（HJ 683—2014）

（1）试剂和材料

标准溶液：标准储备液是直接购买市售有证的醛酮类 -2,4- 二硝基苯腙衍生物标准溶液。注意标准值对应的化合物，如果是醛酮的衍生物，需将其转化成醛酮的质量浓度。

采样管：市售商品化的 DNPH 采样管可能由于生产时间、保存条件或运输问题，空白值易过高。所以做材料准备前最好进行调研，或者采购多个品牌试用。

色谱柱：色谱柱尽量买专用柱，可以将丙烯醛和丙酮的衍生物分开。此外，不同品牌的醛酮专用柱性能及使用条件会有差别。

（2）分析过程

洗脱条件：不同色谱柱所用梯度洗脱条件不一样，可根据色谱柱厂商给出的特定条件进行分析。

洗脱溶剂：如果没有醛酮专用柱，丙烯醛和丙酮可以合并计算。也可以采用往乙腈中添加四氢呋喃作为改性剂，四氢呋喃的体积分数约为10%。

衍生效率：醛酮类物质在通过DNPH小柱进行快速衍生的过程中，并不是100%衍生完全的，实验前可以通过配制未衍生的醛酮类标准溶液，测试各种醛酮的衍生效率，而对于丙烯醛这个物质，通过过DNPH小柱这种方法，衍生效率一般较低。

3.4 液相色谱-质谱联用仪法

3.4.1 苯胺类

3.4.1.1 《水质 17种苯胺类化合物的测定 液相色谱-三重四极杆质谱法》（HJ 1048—2019）

（1）试样的制备

过滤：样品直接进样时，需要对水样进行过滤，以除去水样中的细小颗粒和悬浮物，避免堵塞液相色谱管路和色谱柱。

富集：样品需要富集时，使用固相萃取，富集的样品量只有100 ml，因此使用的固相萃取柱是150 mg，在上样过程中需注意上样的流速，方法中要求流速不大于3 ml/min。

浓缩：固相萃取后的氮吹浓缩，应注意氮吹的气流量不能过大，否则易造成损失。

（2）分析

流动相：某些苯胺类化合物对流动相pH较为敏感，按方法配制流动相，如果使用其他流动相出现不出峰现象，则调整pH。

色谱柱：方法建议色谱柱为参考色谱柱，可以根据实验室的情况进行调整使用其他长度、内径、粒度的C_{18}柱，但前提是能实现各个化合物的分离。

洗脱程序：梯度洗脱程序对不同色谱柱有不同的效果，可按实际进行调整。

质谱参数：各个化合物的质谱参数、包括母离子、子离子、雾化气流速、电压等的参数，各个厂家差异较大，可根据所使用的仪器进行优化调整。但每个化合物至少需要两对离子。

标准溶液配制：配制标准系列溶液时，不得使用纯甲醇或纯乙腈溶剂，否则容易出现溶剂效应，可以使用纯水或者初始流动相进行配制。

定性分析：用于判定的定性离子的相对丰度可以使用中高浓度点的相对丰度作为基准。

3.4.2 硝基酚类

3.4.2.1 《水质 4种硝基酚类化合物的测定 液相色谱-三重四极杆质谱法》（HJ 1049—2019）

（1）试样的制备

过滤：干净的地表水（如水源水）或地下水等清洁样品可以在过滤后加入内标，

直接进样分析。样品直接进样时，需要对水样进行过滤，以除去水样中的细小颗粒和悬浮物，避免堵塞液相色谱管路和色谱柱。

净化：基体复杂的样品，例如工业废水和生活污水，或者水质较差的地表水，需要经过净化，净化的原理是利用硝基酚类的水溶性，使用正己烷和二氯甲烷（正己烷：二氯甲烷 =1：2）的混合溶液对样品进行萃取净化（被萃取的是其他溶于有机溶剂的杂质），弃去有机相，取水相进样分析。由于需要保证有机相离心后在下层，混合溶剂的正己烷比例不能过大。

（2）分析

同本章 3.4.1.1（2）。

3.5　高分辨气相色谱－高分辨质谱联用仪法

3.5.1　二噁英类

3.5.1.1 《水质　二噁英类的测定　同位素稀释高分辨气相色谱－高分辨质谱法》（HJ 77.1—2008）

（1）基本原理

方法采用同位素稀释高分辨气相色谱－高分辨质谱法测定水质中的二噁英类，采集样品后在水质样品中加入同位素标记内标，利用玻璃纤维滤膜对水质样品进行过滤，再利用液液萃取或固相萃取圆盘对水质样品中的二噁英类进行萃取，对玻璃纤维滤膜和固相萃取圆盘上吸附的二噁英进行提取处理，得到样品提取液，再经过净化、分离以及浓缩定容转化为最终分析样品，加入进样内标后使用高分辨气相色谱－高分辨质谱法（HRGC-HRMS）进行定性和定量分析。

（2）试剂和材料

有机溶剂：用于提取和净化的有机溶剂需浓缩 10 000 倍无二噁英检出。具体操作：分别取 200 ml 有机溶剂，加入提取内标（加入量与样品平时分析加入量一致）混匀，旋转蒸发浓缩近干，加入 20 μl 进样内标（进样内标浓度与定量校准溶液的进样内标浓度一致），上机分析，测试有无二噁英检出。

提取内标的选择：建议一般选取方法中附录 B 中例 2 的提取内标，化合物种类较多，定性定量会更加准确，而且分辨率只要满足 10 000 以上就可以。如果选择例 1 的提取内标，因为这款提取内标中有 $^{13}C_{12}$-1,2,3,4,6,7,8,9-O_8CDF，所以需要的分辨率要求更高，需要大于 12 000，分辨率越高它的信号强度会越低，检出限会越高，因此建议选择方法附录 B 中例 2 的提取内标。提取内标量的添加，需要注意后面的分样，需要保证最终上机分析时的浓度不能超过定量校准线性浓度范围，建议与校准曲线中提取内标浓度接近。

进样内标：$^{13}C_{12}$-1,2,3,4-T_4CDD 和 $^{13}C_{12}$-1,2,3,7,8,9-H_6CDD 作为进样内标。每样品添加量为 0.4～2.0 ng，最终需与定量校准溶液的进样内标浓度一致。

（3）样品的前处理

提取内标添加：取一定量（一般为 10 L）水样（根据仪器性能、前处理方法等情况，可增减水量，但是必须要满足方法检出限），加入提取内标（加入量建议最终样品上机分析时的提取内标浓度与工作曲线提取内标浓度一致），所以提取内标的加入量需要考虑后面样品提取液的分割比例和最后定容体积，提取内标需要均匀地加入需要分析的水样中。

过滤：将添加了提取内标的样品用布氏漏斗（玻璃纤维滤膜）过滤，分开过滤残留物与滤出液。水样过滤完毕后，可以用少量的丙酮润洗玻璃纤维滤膜（目的是去除滤膜以及滤膜上过滤残留物的水分，使滤膜以及过滤残留物更容易干燥，但如果滤出液使用固相萃取法萃取时就不能使用少量的丙酮润洗了），玻璃纤维滤膜放入干燥器中，使玻璃纤维滤膜以及滤膜上的过滤残留物充分干燥。

滤出液固相萃取法：主要注意水样在整个吸附过滤过程中需要保持固相萃取圆盘湿润；保持水的吸附速率，尤其是吸附速率不能太快，否则容易穿透，回收率较低；对于有机物种类多的样品以及无法确认吸附过水量的样品，为了防止吸附穿透，以固相萃取圆盘为例，1 个 90 mm 圆盘的水样处理量应小于 5 L。选择固相及固相萃取装置时，需满足下列条件：完成水质样品的萃取后，固相中的水分能够被充分地去除；选择的固相在充分地去除水分之后，能够在溶剂中萃取，能够应用于样品提取步骤。

滤出液液－液萃取：将过滤得到的滤出液注入分液漏斗中，以 1 L：100 ml 在滤出液中添加甲苯或二氯甲烷。以甲苯为溶剂需萃取 10 次，以二氯甲烷为溶剂需萃取 3 次，经过无水硫酸钠脱水后混合甲苯或二氯甲烷萃取液。注意：甲苯萃取液在在分液漏斗的上层，二氯甲烷萃取液在分液漏斗的下层；这里建议大家选用 2 L 以上的分液漏斗萃取，因为水的体积较大，需要几个分液漏斗才能萃取完，因此分液漏斗体积越大，萃取的份数就越少，提高效率；经过实验，甲苯的提取效率和二氯甲烷的提取效率基本相同，因此建议使用二氯甲烷提取，用二氯甲烷提取有以下几个优点：提取液在下层更容易接收；提取次数少，所用提取试剂体积少，节约时间和经济成本，更加环保；二氯甲烷购买方便，甲苯是易制毒试剂不容易购买。

固相部分索氏提取：若采用固相萃取法，将干燥好的固相（圆盘等）与玻璃纤维滤膜一起放入索氏提取器中，使用固相萃取步骤最后浓缩至 1～2 ml 萃取溶剂的平底烧瓶中加入 300 ml 甲苯进行索氏提取，索氏提取 16 h 以上。若采用液液萃取法，将干燥好的玻璃纤维滤膜一起放入索氏提取器中，用液液萃取步骤最后混合浓缩至 1～2 ml 萃取溶剂的平底烧瓶中加入 300 ml 甲苯进行索氏提取，索氏提取 16 h 以上。索氏提取时，甲苯提取液中二氯甲烷的含量不能太高，因为二氯甲烷与甲苯沸点相差较大，容易暴沸，如果二氯甲烷过多，那么在提取过程中主要也是二氯甲烷在发挥作用，甲苯没有产生作用。

固相部分加压流体萃取：以甲苯为提取溶液，按以下参考条件进行萃取：萃取温度 120℃，萃取压力 1 500 psi，静态萃取时间 5 min，淋洗为 100% 池体积，氮气吹扫时间 60 s，萃取循环次数 2 次。收集提取溶液。

浓缩：二噁英是难挥发有机化合物，因此在浓缩过程中样品不容易损失，可以加大浓缩速度。如果使用旋转蒸发仪浓缩：溶剂是甲苯时，建议使用40℃的水浴、真空度55～60 mbar、转速80 r/min；溶剂是二氯甲烷时，建议使用35℃的水浴、真空度530～580 mbar、转速80 r/min；提取溶剂的冷凝点以最终不超过冷凝管下面三圈为佳。如果使用氮吹仪浓缩：在大体积浓缩时不建议使用甲苯，浓缩速度较慢；在用于二氯甲烷溶剂的浓缩时，建议使用35℃的水浴，氮气在液体表面有小旋涡为适。需要说明的是，旋转蒸发仪的真空度应该慢慢减低，不能直接降到目标真空度，否则样品容易沸腾，致使样品损失，浓缩至近干（二氯甲烷提取的样品浓缩至1～2 ml即可），用16 ml二氯甲烷分4次润洗浓缩瓶，润洗液转移至22 ml样品瓶中，用氮吹仪吹干。

净化：手工净化和自动净化仪净化（具体操作见本章2.1.4.5小节二噁英净化部分）。

（4）仪器性能测试

在进样前首先观察仪器的各种真空度、温度、电压和电流是否正常，其次观察PFK离子碎片信号强度是否满足使用要求（Autospace Premiere高分辨质谱仪一般观察293的碎片离子，其强度在约10 000分辨率时，需要在0.4～0.6信号区间，太多需要放掉一些，太少需要加入PFK，一般加入一次可连续使用10 h左右；DFS高分辨质谱仪一般观察331碎片离子，其强度在约10 000分辨率时，需要在5×10^{5}～1.0×10^{6}信号区间，太多需要放掉一些，太少需要加入PFK，尽量不要调节PFK的进样量的阀门，一般加入一次可连续使用一个星期左右），PFK加入量过大会污染离子源，影响灵敏度，加入量低响应的参考离子将无法找到，目标物将会没有响应。确定各方面都正常后，用PFK对仪器进行调谐，首先用某一个参考离子（Autospace Premiere是293，DFS和JMS-800D是331）进行调谐，仪器分辨率达到10 000，并且分辨率从1 000到10 000的传输率大约为10，当达到要求后对质谱方法中5个时间分段的PFK碎片离子（一般为方法中的锁定离子和校正离子）进行校正，当这些碎片离子的分辨率达到10 000以上方可运行仪器进行接下来的信噪比测试。一般运行一个曲线最低点浓度，确保各种目标化合物的信噪比都在10以上，方可进行以下样品分析测试工作。

注：如果平时已经有建立曲线的情况下，也可以运行曲线的中间点，观察进样内标的峰面积是否达到做校准曲线时内标峰面积的70%以上。

（5）样品分析

取得相对响应因子之后，对处理好的分析试样按下述步骤测定。

标准溶液确认：做中间校准点确认时经常出现的问题是提取内标中五氯代和六氯代二噁英类化合物浓度偏高，八氯代二噁英类化合物浓度偏低或偏高很多，这有可能是气相色谱衬管脏了，更换一根衬管就可以解决这个问题；对DFS仪器来说仪器调试好后，需要稳定一段时间才能达到最佳状态，往往第一次运行时进样内标的峰面积达不到要求，再运行一次就能满足方法要求了。

样品分析与数据处理：各项条件都满足后，按照校准曲线制作的仪器条件方法对样品进行分析。上机分析结束后的样品，需要用定性定量软件对样品进行数据处理。

首先根据建立好的定量处理方法自动计算出各个目标化合物的浓度；其次看进样内标的峰面积是否满足要求；再逐个峰地检查保留时间和相对保留是否满足标准要求，是否有认错峰；再看看离子丰度比是否满足要求，不满足要求就要检查，峰的积分是否正确，即使离子丰度满足要求也要检查峰的积分是否正确，特别是样品浓度比较低时，峰积分往往会出错；提取内标的回收率是否满足要求，最后根据仪器得出的数据计算样品最终的浓度。

（6）样品分析过程常见问题分析

某个内标回收率偏低：如果发现某个样品中采样内标的某一个化合物的回收率偏低，其他采样内标化合物都在范围内，如某个样品中 $^{13}C_{12}$-2,3,4,7,8-P_5CDF 的回收率只有 44.8%，其他采样内标回收率为 83.9%～103.5%，平行进样 2 次都是这个结果，后打开 PFK 参考峰下的总离子图，发现在其出峰的位置正好有一个倒峰，而这个倒峰正好掩盖了其峰高，导致峰面积变小，回收率偏低，超出正常值范围，而其他化合物的出峰时间位置没有倒峰，回收率就在正常范围内。这个倒峰在 SIM 模式下看不出来，只有在 PFK 参考峰下的 TIC 总离子图才能看出。通过重新过一遍酸性硅胶氧化铝柱，解决了这个问题，没有倒峰，采样内标的回收率也在正常范围。样品中基质过脏或者过手工炭柱时掉落的硅胶玻璃棉都会扰引起此干扰。因此平时做样时不能光看提取离子后采集的色谱图，还需要打开 PFK 参考峰下的 TIC 总离子图查看，查看最后上机分析的样品基质中的杂质会不会对目标化合物有影响，这一点非常重要。

峰形有干扰：如果发现某个样品中某些化合物特别是五氯代二噁英类的化合物和提取内标有干扰时（峰形有前拖尾或后拖尾和保留时间往后移），特别有时连实验室空白样品都会出现这种情况，这是由于手工填柱时特别是手工炭柱玻璃棉没有压紧实，导致过柱时掉落的硅胶玻璃棉和硅胶都会扰引起此干扰。这时需要再过一遍酸性硅胶氧化铝以解决此干扰。因此装柱过程非常重要，下端玻璃棉需要装得紧实。样品上机之前最好先观察一下，样品中是否有颗粒物等碎屑，如果有需重新过酸性硅胶氧化铝柱。

样品基质复杂：样品提取液基质比较复杂，浓缩以后有明显的浑浊感，如果浓缩到近干转换成正己烷体系时会凝结成很难溶解的块状颗粒物，这样会导致提取内标回收率偏低。我们可以用很少量的甲苯进行溶解，再加入正己烷体系，最后再进行接下来的净化，可以改善提取内标回收率低下的问题。

3.5.1.2 《环境空气和废气　二噁英类的测定　同位素稀释高分辨气相色谱－高分辨质谱法》（HJ 77.2—2008）

该标准与 HJ 77.1—2008 比较，实验室分析这部分除了样品的提取这部分不同，其他部分基本一致。因此这里主要着重讲解样品提取这一部分。

（1）环境空气样品的提取

索氏抽提：在滤膜上加入提取内标，将滤膜放入索氏提取器中，用甲苯提取 16～24 h。在 PUF 上加入提取内标，将 PUF 放入索氏提取器中，用丙酮提取 16～24 h。将两部分提取液分别进行浓缩，溶剂转换为正己烷，再次浓缩后合并，作为该环境空气样品的试样溶液。对试样溶液进行样品净化（注：两部分的提取内标加入量要一致，两者合起来的量需要满足标准方法的要求，每个样品的添加量一般为四氯～七氯代化合物 0.4～2.0 ng，八氯代化合物 0.8～4.0 ng）。

加压流体萃取：把滤膜和 PUF 分别一起放入 40 ml 和 120 ml 萃取池中，在 PUF 上加入提取内标，滤膜以甲苯为提取溶剂，PUF 以丙酮为提取溶剂，按以下参考条件进行萃取：萃取温度 120℃（PUF 萃取温度为 100℃），萃取压力 1 500 psi，静态萃取时间 5 min，淋洗为 100% 池体积，氮气吹扫时间 60 s，萃取循环次数 2 次。收集提取溶液进行浓缩，溶剂转换为正己烷，作为该环境空气样品的试样溶液。对试样溶液进行样品净化。

（2）废气样品的提取

实验室收到的废气样品一般由三部分组成：吸附树脂（气样）、滤筒或滤膜（颗粒样）和水（冷凝水和冲洗水）。在进行提取前先在吸附树脂中加入提取内标，再进行样品预处理，最后进行提取。

吸附树脂的预处理：需要放在洁净的干燥器中干燥。

滤筒（或滤膜）：如果滤筒（或滤膜）中没有明显的烟尘，可以不用进行预处理，如果滤筒（或滤膜）中有明显的烟尘时，就需要进行酸化处理。具体步骤如下：取 50 ml 实验用水，缓慢加入 10 ml 浓盐酸（12 mol/L），配制成 2 mol/L 的盐酸，把滤筒（或滤膜）置于烧杯中，缓慢加入 2 mol/L 的盐酸，转动滤筒（或滤膜）使烟尘与盐酸充分接触并观察发泡情况，添加盐酸直到不再发泡。用布氏漏斗过滤盐酸处理液，并用水充分冲洗滤筒（或滤膜），再用少量甲醇（或丙酮）冲去水分。如滤筒架与滤筒（或滤膜）的连接部有可见灰尘，用水将灰尘冲入布氏漏斗中。将冲洗好的滤筒（或滤膜）放入烧杯中转移至洁净的干燥器中充分干燥。

注：用丙酮冲洗滤筒或滤膜时，用量不能太大，否则会影响后续盐酸处理液萃取提取的回收率。

样品液液萃取：将水这一部分按照每 1 L 溶液加 100 ml 二氯甲烷，振荡萃取，重复 3 次，萃取液用无水硫酸钠脱水。

索氏提取：充分干燥后的吸附树脂、滤筒（或滤膜）和滤纸一起放入索氏提取器中，用 300 ml 甲苯为溶剂进行索氏提取 16 h 以上。

加压流体萃取：充分干燥后的吸附树脂、滤筒（或滤膜）和滤纸一起放入 120 ml 萃取池中，以甲苯为提取溶液，按以下参考条件进行萃取：萃取温度 120℃，萃取压力 1 500 psi，静态萃取时间 5 min，淋洗为 100% 池体积，氮气吹扫时间 60 s，萃取循环次数 2 次。收集提取溶液。

浓缩：将液液萃取和索氏提取（或加压流体萃取）的萃取液和提取液分别进行浓缩，将溶剂转换为正己烷，再次浓缩后合并作为该废气样品的试样溶液。对试样溶液进行样品净化。样品提取液基质比较复杂，浓缩以后有明显的浑浊感，如果浓缩到近干转换成正己烷体系时会凝结成很难溶解的块状颗粒物，这样会导致提取内标回收率偏低。这个过程中甲苯就不需要浓缩到近干，需要留 1 ml 左右甲苯，再加入正己烷体系，最后进行接下来的净化，可以改善提取内标回收率低的问题。

3.5.1.3 《土壤和沉积物　二噁英类的测定　同位素稀释高分辨气相色谱－高分辨质谱法》（HJ 77.4—2008）

该标准与前面两个标准（HJ 77.1—2008、HJ 77.2—2008）比较，实验室分析部分除增加样品的制备和含水率部分外，其他部分基本一致。因此这里主要着重讲解样品的制备这一部分。

（1）样品的干燥：主要采取自然风干和冷冻干燥两种方法进行，具体操作见前面样品预处理章节。

（2）含水率的测定：制备好的样品最好同时进行二噁英检测分析与含水率测定，因为样品的存放环境和时间会影响样品中的水分含量，如果不同时进行会对分析结果有影响。

3.5.1.4 《固体废物　二噁英类的测定　同位素稀释高分辨气相色谱－高分辨质谱法》（HJ 77.3—2008）

该方法处理步骤中的注意事项基本与前面 3 种方法一致，这里就不具体展开说明了。具体操作参考本章 3.5.1.1～3.5.1.3。

3.6　吹扫捕集 / 气相色谱－冷原子荧光光谱法

3.6.1　烷基汞

3.6.1.1 《水质　烷基汞的测定　吹扫捕集 / 气相色谱－冷原子荧光光谱法》（HJ 977—2018）

（1）适用范围

该标准除降水外，基本适用于环境监测中的所有类型的水质，包括地表水、地下水、生活污水、工业废水和海水。

（2）试剂和材料

四丙基硼化钠：纯度≥98%，试剂需呈松散的粉末状，如果出现结块，极可能受潮失效，最好是 1 g/ 瓶分装的，一次性使用。

氢氧化钾：需为优级纯，且呈现明亮纯净白色，不可有杂色。同样是优级纯的氢氧化钾，分开看都是纯白的，放一起比较时，会发现颜色白的程度不一样，通过这种方式分辨出真正的纯净白色氢氧化钾。

四丙基硼化钠溶液：该溶液配制有一定技巧。氢氧化钾溶液先预先冷冻到 0～4℃，最好是放 -20℃冰箱冷冻到出现大量冰晶的溶液状态时，加入四丙基硼化钠。四丙基硼化钠怕潮，所以打开盖子要迅速加入氢氧化钾溶液中，在空气中停留不宜超过 10 s。摇匀时不要剧烈振动，上下颠倒溶解。溶解后，使用移液枪可以进行快速分装冷冻。

甲基汞和乙基汞标准溶液：注意要看标准溶液证书中的浓度，有些证书是氯化甲基汞和氯化乙基汞的浓度值，计算时需要换算成甲基汞和乙基汞的质量浓度。

（3）前处理过程

pH：样品蒸馏一定需注意馏出液的 pH，为 5.0～6.0。

蒸馏瓶清洁：蒸馏过比较脏的样品后，蒸馏瓶内壁会附有很多杂质，使用 1+9 硝酸溶液浸泡时间过长，可以使用更浓一点的硝酸溶液，如 1+1 硝酸溶液。

干扰消除：蒸馏过浓度较高的样品后，容易干扰后面浓度低的样品，通过浸泡也不容易完全消除，可以蒸馏一定量的空白后，再重新取样。

（4）分析过程

空白清洗液：有的仪器具有 3 个捕集阱，所以进行空白清洗时最好配制数量是 3 的倍数空白进行清洗。此外，空白的清洗也需要加四丙基硼化钠溶液。

仪器活化：仪器如果超过 1 个月未使用，可以配制 3 个高浓度的标准溶液（1 000 pg）进行活化。

吹扫管清洁：吹扫管长期使用后内壁会附有杂质，如果继续使用，吹扫出来的气泡不容易破裂，导致有水分吹进管路中使仪器停止。可拆卸下来，用浓硝酸进行荡洗。有条件的话放进重铬酸钾洗液中浸泡过夜。

衍生：甲基汞和乙基汞之间出现一个明显的干扰峰时，很多时候并不是杂质，而是衍生化反应没有控制好。其主要原因是四丙基硼化钠溶液没有配制成功。出现这种情况，可以选择重新配制试剂，或者是延长衍生化时间。延长时间有 2 种方式，其一就是常温放置 3 h，其二于 4℃冰箱中放置 12 h。

3.6.1.2 《土壤和沉积物　甲基汞和乙基汞的测定　吹扫捕集/气相色谱-冷原子荧光光谱法》（HJ 1269—2022）

（1）样品采集与制备

土壤样品的采集与制备都参照 HJ/T 166 的相关规定进行。样品制备需保持在新鲜土样的状态下进行。

（2）水分的测定

土壤样品干物质含量测定按照 HJ 613 执行。

（3）前处理过程

二氯甲烷提取：称取 0.5 g 样品（磨细）到 35 ml 特氟龙离心管中，加入 5 ml（18% KBr+5% H_2SO_4）溶液，加入 1 ml $CuSO_4$，室温下消解 1 h。消解后加入 10 ml 二氯甲烷，盖紧盖子，每隔 5 min，摇匀离心管，共 1 h。将离心管放入离心机中，转速为 3 000 r/min，30 min；移取 2 ml 有机层中二氯甲烷溶液至含有刻度的 50 ml 聚丙烯管中，加入 45 ml 去离子水及特氟龙防暴沸碎片，电热板加热至 70℃，加热时间为 3 h 左右，直至二氯甲烷层去除。加入去离子水定容至 50 ml（该样品在 48 h 内分析）。

氢氧化钾甲醇溶液提取：准确称取 0.5 g（精确到 0.1 mg）制备的土壤样品，放入 50 ml 离心管中，加入 15.0 ml 25% 氢氧化钾-甲醇溶液后，盖紧盖子，用涡旋振荡器混匀。将样品倾斜置于恒温振荡器中（保证水浴液面没过管内溶液），待温度升至 60℃后，采用 150～170 r/min 的频率加热振荡消解 3 h。取出样品冷却至室温，加入 15.0 ml 实验用水，再次涡旋混匀。将样品放入离心机，于 4 000 r/min 离心 2.0 min，转移上清液至新的样品管中，尽快上机测定。如不能立即测定，可于4℃以下避光、密闭保存，3d之内完成测定。

（4）分析

与《水质　烷基汞的测定　吹扫捕集/气相色谱-冷原子荧光光谱法》（HJ 977—2018）一致。

（5）注意事项

振荡提取时，待离心管温度升至60℃后，为防止漏液，建议再次拧紧盖子。提取后须待其充分冷却后方可加水。离心后需尽快转移上清液，避免土壤重新吸附甲基汞和乙基汞。

第四节　新污染物分析技术

4.1　分析技术概述

新污染物指由人类活动造成的，目前已在环境中明确存在，但因其生产使用历史相对较短或发现危害较晚，尚缺乏有效管理的所有污染物。新污染物可能具有多种生物毒性、环境持久性、生物累积性和富集性，对人体健康和生态环境构成威胁。

我国对新污染物的技术积累主要集中在POPs公约履约监测基础上，但是仍缺乏很多新污染物的监测标准和技术规范以及系统的非靶向识别标准技术体系。随着对新污染物的日益重视，近年来在抗生素、全氟化合物、溴系阻燃剂等新污染物的生态环境监测标准制（修）订以及三重四极杆串联质谱仪、高分辨质谱仪等高性能仪器设备的推广应用，均处于快速发展阶段，新污染物特别是新有机污染物的监测常应用到该类技术。本节梳理了《重点管控新污染物清单（2021年版）》中的28种新污染物及有机污染物，筛查现有的监测标准、征求意见稿和方法试行等分析方法，具体见表12-16。

表12-16　新型污染物监测方法及其基本原理

序号	化合物	监测方法	方法原理
1	壬基酚	水质　9种烷基酚类化合物和双酚A的测定　固相萃取/高效液相色谱法（HJ 1192—2021）	前处理：在酸性条件下，经固相萃取（HLB柱）富集、净化，用甲醇和二氯甲烷洗脱，浓缩。 仪器分析：高效液相色谱-荧光检测器，外标法定量。 参考色谱柱：C_{18}柱5 μm×4.6 mm×25 cm，或其他等效色谱柱
		水质　8种烷基酚类化合物和双酚A的测定　固相萃取-高效液相色谱-串联质谱法（试行）	前处理：在酸性条件下，经固相萃取（HLB柱）富集、净化，用甲醇和二氯甲烷洗脱，浓缩。 仪器分析：具有电喷雾离子源的高效液相色谱串联质谱仪，根据保留时间定性和离子对定性，内标法定量。 参考色谱柱：填料为十八烷基硅烷（C_{18}）键合硅胶，填料粒径2.7 μm，柱长150 mm，内径2.1 mm。也可使用满足分析要求的其他等效色谱柱

续表

序号	化合物	监测方法	方法原理
1	壬基酚	土壤和沉积物　8种烷基酚类化合物和双酚A的测定　固相萃取－高效液相色谱－串联质谱法（试行）	前处理：通过乙腈提取，浓缩。 仪器分析：具有电喷雾离子源的高效液相色谱串联质谱仪，根据保留时间定性和离子对定性，内标法定量。 参考色谱柱：填料为十八烷基硅烷（C_{18}）键合硅胶，填料粒径2.7 μm，柱长150 mm，内径2.1 mm。也可使用满足分析要求的其他等效色谱柱
2	抗生素	水质　68种抗生素的测定　高效液相色谱－三重四极杆质谱法（试行）	前处理：水样用玻璃纤维滤膜过滤后，经固相萃取小柱（HLB柱）富集、净化和洗脱，浓缩定容。根据目标物理化性质的差异，前处理分为酸性提取和碱性提取，数据采集模式分为正模式和负模式。由此，目标物分成酸性提取组（组1）和碱性提取组（组2）。组1的目标物在酸性条件下富集浓缩，组2在碱性性条件下富集浓缩，最终两组浓缩液合并。 仪器分析：高效液相色谱－三重四极质谱仪，进行仪器正模式和负模式的测试。根据保留时间、特征离子对定性，内标法定量。 参考色谱柱：填料为十八烷基硅烷键合硅胶，填料粒径2.7 μm，柱长100 mm，内径2.1 mm。也可使用满足分析要求的其他等效色谱柱
		土壤和沉积物　68种抗生素的测定　高效液相色谱－三重四极杆质谱法（试行）	前处理：样品通过乙腈（在酸性pH不高于2或碱性pH在10.0±0.5条件下）超声萃取后，经固相萃取小柱富集、净化和洗脱，浓缩定容。根据目标物理化性质的差异，前处理分为酸性提取和碱性提取，数据采集模式分为正模式和负模式。由此，目标物分成酸性提取组（组1）和碱性提取组（组2）。组1的目标物在酸性条件下富集浓缩，组2在碱性性条件下富集浓缩，最终两组浓缩液合并。 仪器分析：高效液相色谱－三重四极质谱仪，进行仪器正模式和负模式的测试。根据保留时间、特征离子对定性，内标法定量。 参考色谱柱：填料为十八烷基硅烷键合硅胶，填料粒径2.7 μm，柱长100 mm，内径2.1 mm。也可使用满足分析要求的其他等效色谱柱

续表

序号	化合物	监测方法	方法原理
3	全氟辛基磺酸及其盐类和全氟辛基磺酰氟（PFOS类）、全氟辛酸及其盐类和相关化合物（PFOA类）、全氟己基磺酸及其盐类和相关化合物（PFHxS类）	水质　全氟化合物的测定　固相萃取/液相色谱-三重四极杆质谱法（征求意见稿）	前处理：经弱阴离子交换固相萃取柱富集净化。 仪器分析：高效液相色谱-三重四极质谱仪，根据保留时间、特征离子对定性，同位素稀释法定量。 参考色谱柱：填料为十八烷基硅烷键合硅胶，填料粒径为3.5 μm，柱长为100 mm，内径为1.8 mm。也可使用满足分析要求的其他性能相近的色谱柱
		土壤和沉积物　全氟化合物的测定液相色谱-三重四极杆质谱法（征求意见稿）	前处理：经甲醇水溶液提取，弱阴离子交换固相萃取柱净化，浓缩、定容。 仪器分析：高效液相色谱-三重四极杆质谱，根据保留时间、特征离子对定性，同位素稀释法定量。 参考色谱柱为C_{18}反相柱。色谱柱：填料为十八烷基硅烷键合硅胶，填料粒径为3.5 μm，柱长为100 mm，内径为1.8 mm。也可使用满足分析要求的其他性能相近的色谱柱
		生物质　全氟化合物的测定　固相萃取高效液相色谱-三重四极杆质谱法	前处理：将生物样品用高速匀浆机匀浆，均匀后，准确称取一定质量的样品（4 g），加入回收率指示物，老化。使用乙腈重复超声萃取，离心去除固体杂质，乙腈萃取液用高纯水稀释为乙腈含量不大于20%的乙腈溶液，经填料为弱阴离子固相萃取小柱萃取，使用少量的甲醇和氨水甲醇溶液淋洗得到目标物。富集浓缩，过0.22 μm滤膜后加入内标指示物。 仪器分析：高效液相色谱-三重四极杆质谱，根据保留时间、特征离子对定性，同位素稀释法定量。 参考色谱柱：填料为十八烷基硅烷键合硅胶，填料粒径为3.5 μm，柱长为100 mm，内径为1.8 mm。也可使用满足分析要求的其他性能相近的色谱柱
4	六溴环十二烷	水质　六溴环十二烷和四溴双酚A的测定　高效液相色谱串联质谱法（征求意见稿）	前处理：在酸性条件下（pH<4），用二氯甲烷萃取水样中的六溴环十二烷和四溴双酚A，浓缩后的萃取液经硅胶固相萃取小柱或复合硅胶填充柱的净化，浓缩转溶为甲醇。 仪器分析：高效液相色谱-三重四极质谱仪，根据保留时间、特征离子对定性，同位素稀释法定量。 参考色谱柱：填料为十八烷基硅氧烷键合硅胶，填料粒径1.8 μm，柱长100 mm，内径2.1 mm。也可使用满足分析要求的其他等效色谱柱

续表

序号	化合物	监测方法	方法原理
4	六溴环十二烷	土壤和沉积物　六溴环十二烷和四溴双酚A的测定　高效液相色谱串联质谱法（征求意见稿）	前处理：样品经加压流体提取（萃取溶剂为1∶1丙酮-正己烷混合溶剂），硅胶固相萃取小柱或复合硅胶填充柱的净化，浓缩转溶为甲醇。 仪器分析：高效液相色谱-三重四极质谱仪，根据保留时间、特征离子对定性，同位素稀释法定量。 色参考色谱柱：填料为十八烷基硅烷键合硅胶，填料粒径1.8 μm，柱长100 mm，内径2.1 mm。也可使用满足分析要求的其他等效色谱柱
5	十溴二苯醚	水质　多溴二苯醚的测定　气相色谱-质谱法（HJ 909—2017）	前处理：用二氯甲烷萃取，萃取液经脱水、浓缩、复合硅胶柱净化、定容。 仪器分析：气相色谱-质谱仪（EI源）。根据保留时间、碎片离子质荷比及其丰度比定性，内标法定量。 参考色谱柱：固定相为5%苯基-甲基聚硅氧烷，15 m×0.25 mm×0.1 μm
		水质　多溴二苯醚的测定　气相色谱-高分辨质谱法（试行）	前处理：用二氯甲烷萃取，萃取液经脱水、浓缩、复合硅胶柱净化、定容。 仪器分析：气相色谱-高分辨质谱仪。根据保留时间、碎片离子质荷比及其丰度比定性，内标法定量。 参考色谱柱：固定相为5%苯基-甲基聚硅氧烷，15 m×0.25 mm×0.1 μm
		土壤和沉积物　多溴二苯醚的测定　气相色谱-质谱法（HJ 952—2018）	前处理：采用加压流体萃取或索氏提取方式提取，萃取液经脱水、浓缩、复合硅胶柱净化、定容。 仪器分析：气相色谱-质谱仪（EI源）。根据保留时间、碎片离子质荷比及其丰度比定性，使用选择离子检测，同位素稀释法定量。 参考色谱柱：固定相为5%苯基-甲基聚硅氧烷，15 m×0.25 mm×0.1 μm
		土壤和沉积物　多溴二苯醚的测定　气相色谱-高分辨质谱法（试行）	前处理：采用加压流体萃取或索氏提取方式提取，萃取液经净化、浓缩、定容。 仪器分析：气相色谱-高分辨质谱仪。根据保留时间、碎片离子质荷比及其丰度比定性，内标法定量。 参考色谱柱：固定相为5%苯基-甲基聚硅氧烷，15 m×0.25 mm×0.1 μm

续表

序号	化合物	监测方法	方法原理
5	十溴二苯醚	环境空气　多溴二苯醚的测定　高分辨气相色谱－高分辨质谱法（征求意见稿）	前处理：利用采样器将环境空气颗粒物和气相中的多溴二苯醚采集到滤膜和聚氨酯泡沫（PUF）上，向采样后的滤膜和 PUF 上加入同位素标记的提取内标后，用正己烷－二氯甲烷混合溶剂提取，提取液经浓缩、净化等操作后，向其中加入同位素标记的进样内标，制成上机样品。 仪器分析：高分辨气相色谱－高分辨质谱仪，根据保留时间和监测离子丰度比定性，同位素稀释法定量。 参考色谱柱：固定相为 5% 苯基－甲基聚硅氧烷，15 m × 0.25 mm × 0.1 μm
		生物质　多溴二苯醚的测定　同位素稀释气相色谱－质谱法	前处理：将生物样品用高速匀浆机匀浆，均匀后，准确称取一定质量的样品（2～5 g），加入回收率指示物（高脂肪含量样品萃取后添加内标）。使用环己烷－异丙醇混合液（或环己烷－丙酮混合液）重复超声萃取，离心去除固体杂质，吹干提取液中溶剂，称重、测定样品的脂肪含量百分比。提取液（脂肪部分）经浓硫酸、溶剂反向萃取净化、浓缩。 仪器分析：气相色谱－质谱仪（EI 源）。根据保留时间、碎片离子质荷比及其丰度比定性，使用选择离子检测，同位素稀释法定量。 参考色谱柱：固定相为 5% 苯基－甲基聚硅氧烷，15 m × 0.25 mm × 0.1 μm
6	短链氯化石蜡	水质　氯化石蜡的测定　液相色谱－高分辨质谱法（试行）	前处理：采用二氯甲烷液液萃取法萃取，萃取液经脱水、浓缩、复合硅胶柱净化和定容。 仪器分析：液相色谱－高分辨质谱仪。根据保留时间、碎片离子质荷比及不同离子丰度比定性，内标法定量。 参考色谱柱：UPLC BEH Shield RP18 反相色谱柱
		土壤和沉积物　氯化石蜡的测定　液相色谱－高分辨质谱法（试行）	前处理：采用索氏提取或加压流体萃取法正己烷－二氯甲烷混合溶剂萃取，萃取液经浓缩、净化和定容。 仪器分析：液相色谱－高分辨质谱仪。根据保留时间、碎片离子质荷比及不同离子丰度比定性，内标法定量。 参考色谱柱：UPLC BEH Shield RP18 反相色谱柱

续表

序号	化合物	监测方法	方法原理
7	二噁英类	水质　二噁英类的测定　同位素稀释高分辨气相色谱－高分辨质谱法（HJ 77.1—2008）	前处理：在水质样品中加入同位素标记内标，利用玻璃纤维滤膜和固相萃取圆盘对水质样品中的二噁英类进行过滤与萃取，分别对玻璃纤维滤膜和固相萃取圆盘进行提取处理得到样品提取液，再经过（浓硫酸、硅胶氧化铝柱、炭柱）净化、分离以及浓缩定容转化为最终分析样品，加入进样内标。 仪器分析：高分辨气相色谱－高分辨质谱仪（HRGC-HRMS），根据保留时间、碎片离子质荷比及其丰度比定性，使用同位素稀释法定量。 参考色谱柱：固定相 5% 苯基 -95% 聚甲基硅氧烷，柱长 60 m，内径 0.25 mm，膜厚 0.25 μm，或其他等效的色谱柱
		环境空气和废气　二噁英类的测定　同位素稀释高分辨气相色谱－高分辨质谱法（HJ 77.2—2008）	前处理：利用滤膜和吸附材料对环境空气、废气中的二噁英类进行采样，采集的样品加入同位素标记内标，分别对滤膜和吸附材料进行处理得到样品提取液，再经过（浓硫酸、硅胶氧化铝柱、炭柱）净化、分离以及浓缩定容转化为最终分析样品，加入进样内标。 仪器分析：高分辨气相色谱－高分辨质谱仪（HRGC-HRMS），根据保留时间、碎片离子质荷比及其丰度比定性，使用同位素稀释法定量。 参考色谱柱：固定相 5% 苯基 95% 聚甲基硅氧烷，柱长 60 m，内径 0.25 mm，膜厚 0.25 μm，或其他等效的色谱柱
		固体废物　二噁英类的测定　同位素稀释高分辨气相色谱－高分辨质谱法（HJ 77.3—2008）	前处理：采集的样品加入同位素标记内标，再经过提取、（浓硫酸、硅胶氧化铝柱、炭柱）净化和浓缩转化为最终分析试样，加入进样内标。 仪器分析：高分辨气相色谱－高分辨质谱仪（HRGC-HRMS），根据保留时间、碎片离子质荷比及其丰度比定性，使用同位素稀释法定量。 参考色谱柱：固定相 5% 苯基 95% 聚甲基硅氧烷，柱长 60 m，内径 0.25 mm，膜厚 0.25 μm，或其他等效的色谱柱。
		土壤和沉积物　二噁英类的测定　同位素稀释高分辨气相色谱－高分辨质谱法（HJ 77.4—2008）	前处理：按相应采样规范采集样品并干燥。加入同位素标记提取内标后使用盐酸处理。分别对盐酸处理液和盐酸处理后样品进行液液萃取（萃取剂：二氯甲烷）和索氏提取（提取剂：甲苯），萃取液和提取液溶剂置换为正己烷后合并，进行（浓硫酸、硅胶氧化铝柱、炭柱）净化、分离及浓缩，加入进样内标。 仪器分析：高分辨气相色谱－高分辨质谱仪（HRGC-HRMS），根据保留时间、碎片离子质荷比及其丰度比定性，使用同位素稀释法定量。 参考色谱柱：固定相 5% 苯基 95% 聚甲基硅氧烷，柱长 60 m，内径 0.25 mm，膜厚 0.25 μm，或其他等效的色谱柱

续表

序号	化合物	监测方法	方法原理
8	五氯苯酚及其盐类和酯类	水质　酚类化合物的测定　液液萃取/气相色谱法（HJ 676—2013）	前处理：在酸性条件下（pH<2），用二氯甲烷/乙酸乙酯混合溶剂萃取，浓缩。 仪器分析：气相色谱仪（FID），以色谱保留时间定性，外标法定量。 参考色谱柱：30 m×0.32 mm，膜厚0.25 μm，固定液为5%苯基-95%甲基聚硅氧烷，或其他等效的色谱柱
		水质　酚类化合物的测定　气相色谱-质谱法（HJ 744—2015）	前处理：在酸性条件下（pH≤1），用液液萃取或固相萃取法（萃取溶剂：二氯甲烷/乙酸乙酯混合溶剂）提取，经五氟下基溴衍生化。 仪器分析：气相色谱-质谱仪（EI源），以色谱保留时间和质谱特征离子定性，外标法或内标法定量。 参考色谱柱：30 m×0.25 mm，膜厚0.25 μm（5%苯基-甲基聚硅氧烷固定液），或其他等效毛细管柱
		水质　五氯酚的测定　气相色谱法（HJ 591—2010）	前处理：在酸性条件下，将样品中的五氯酚盐转化为五氯酚，用正己烷萃取，再用碳酸钾溶液反萃取，使有机相中五氯酚转化为五氯酚盐进入碱性水溶液中。在碱性水溶液中加入乙酸酐与五氯酚盐进行衍生化反应，生成五氯苯乙酸酯，经正己烷萃取后，浓缩定容。 仪器分析：气相色谱仪（ECD），以色谱保留时间定性，外标法定量。 参考色谱柱：固定相为5%苯基-95%甲基聚硅氧烷，30 m×0.32 mm（内径）×0.25 μm（膜厚），或其他等效毛细管柱
		土壤和沉积物　酚类化合物的测定　气相色谱法（HJ 703—2014）	前处理：采用合适的提取方式（索氏提取、加压流体萃取、超声波提取或微波提取）经二氯甲烷-正己烷混合溶剂提取，提取液经酸碱分配净化，酚类化合物进入水相后，将水相调节至酸性，用二氯甲烷与乙酸乙酯混合溶剂萃取水相，萃取液经脱水、浓缩、定容。 仪器分析：气相色谱仪（FID），以保留时间定性，外标法定量。 参考色谱柱：30 m×0.25 mm×0.25 μm，100%甲基聚硅氧烷毛细管柱；或30 m×0.25 mm×0.25 μm，50%苯基50%甲基聚硅氧烷毛细管柱，或其他等效毛细管柱
9	得克隆	水质　得克隆的测定　气相色谱-三重四极杆质谱法（试行）	前处理：采用二氯甲烷液液萃取法萃取，萃取液经脱水、浓缩、复合硅胶柱净化和定容。 仪器分析：气相色谱-三重四极杆质谱仪（CI源）。根据保留时间、碎片离子对质荷比及不同离子对丰度比定性，内标法定量。 参考色谱柱：石英毛细管柱，长30 m，内径0.25 mm，膜厚0.1 μm，固定相为5%二苯基/95%二甲基聚硅氧烷

续表

序号	化合物	监测方法	方法原理
9	得克隆	土壤和沉积物　得克隆的测定　气相色谱－三重四极杆质谱法（试行）	前处理：采用索氏提取或加压流体萃取法（萃取溶剂：正己烷－二氯甲烷混合溶剂）萃取，萃取液经浓缩、复合硅胶柱净化和定容。 仪器分析：气相色谱－三重四极杆质谱仪（CI 源）。根据保留时间、碎片离子对质荷比及不同离子对丰度比定性，内标法定量。 参考色谱柱：石英毛细管柱，长 30 m，内径 0.25 mm，膜厚 0.1 μm，固定相为 5% 二苯基 /95% 二甲基聚硅氧烷
10	六氯丁二烯、二氯甲烷、三氯甲烷、三氯乙烯、四氯乙烯	水质　挥发性卤代烃的测定　顶空气相色谱法（HJ 620—2011）	前处理：将水样置于密封的顶空瓶中，在一定的温度下经过一定的时间平衡，水中的挥发性卤代烃逸至上部空间，在气液两相达到热力学动态平衡。此时，挥发性卤代烃在气相中的质量浓度与在液相中的质量浓度成正比。 仪器分析：气相色谱仪（ECD），以保留时间定性，外标法定量。 参考色谱柱：60 m × 0.25 mm，膜厚 1.4 mm（6% 腈丙苯基 -94% 二甲基聚硅氧烷固定液），或其他等效毛细管色谱柱
		水质　挥发性有机物的测定　吹扫捕集 / 气相色谱－质谱法（HJ 639—2012）	前处理：样品中的挥发性有机物经高纯氦气（或氮气）吹扫后吸附于捕集管中，将捕集管加热并以高纯氦气反吹。 仪器分析：气相色谱－质谱仪（EI 源），通过与待测目标化合物保留时间和标准质谱图或特征离子相比较进行定性，内标法定量。 参考色谱柱：60 m × 0.25 mm，膜厚 1.4 mm（6% 腈丙苯基 -94% 二甲基聚硅氧烷固定液），或其他等效毛细管色谱柱
		水质　挥发性有机物的测定　吹扫捕集 / 气相色谱法（HJ 686—2014）	前处理：样品中的挥发性有机物经高纯氮气吹扫后吸附于捕集管中，将捕集管加热并以高纯氮气反吹。 仪器分析：气相色谱仪（ECD 或 FID），根据保留时间定性，外标法定量。 参考色谱柱：石英毛细管色谱柱，30 m（长）× 320 μm（内径）× 1.80 μm（膜厚），固定相为 6% 腈丙苯基 -94% 二甲基聚硅氧烷。也可使用其他等效毛细管柱
		水质　挥发性有机物的测定　顶空 / 气相色谱－质谱法（HJ 810—2016）	前处理：在一定的温度条件下，顶空瓶内样品中挥发性组分向液上空间挥发，产生蒸气压，在气液两相达到热力学动态平衡。 仪器分析：气相色谱－质谱仪（EI 源），通过与标准物质保留时间和质谱图相比较进行定性，内标法定量。 参考色谱柱：60 m（或 30 m）× 0.25 mm；膜厚 1.4 mm（6% 腈丙苯基 -94% 二甲基聚硅氧烷固定液），或其他等效毛细管色谱柱

续表

序号	化合物	监测方法	方法原理
10	六氯丁二烯、二氯甲烷、三氯甲烷、三氯乙烯、四氯乙烯	环境空气 挥发性有机物的测定 吸附管采样－热脱附/气相色谱－质谱法（HJ 644—2013）	前处理：采用固体吸附剂富集环境空气中挥发性有机物，将吸附管置于热脱附仪中。 仪器分析：气相色谱－质谱仪（EI源），通过与待测目标物标准质谱图相比较和保留时间进行定性，外标法或内标法定量。 参考色谱柱：30 m × 0.25 mm，1.4 μm膜厚（6%腈丙苯基-94%二甲基聚硅氧烷固定液），也可使用其他等效的毛细管柱
		固定污染源废气 挥发性有机物的测定 固相吸附－热脱附/气相色谱－质谱法（HJ 734—2014）	前处理：使用填充了合适吸附剂的吸附管直接采集固定污染源废气中挥发性有机物（或先用气袋采集然后再将气袋中的气体采集到固体吸附管中），将吸附管置于热脱附仪中进行二级热脱附。 仪器分析：气相色谱－质谱仪（EI源），根据保留时间、质谱图或特征离子定性，内标法或外标法定量。 参考色谱柱：可以根据需要选择内径0.18 mm、0.25 mm、0.32 mm，1.0 μm膜厚，20～60 m长的100%甲基聚硅氧烷毛细柱（色谱柱-1）或等效柱
		环境空气 65种挥发性有机物的测定罐采样/气相色谱－质谱法（HJ 759—2023）	前处理：用内壁惰性化处理的不锈钢罐采集环境空气样品，经冷阱浓缩、热解析。 仪器分析：气相色谱－质谱仪（EI源），通过与标准物质质谱图和保留时间比较定性，内标法定量。 参考色谱柱：60 m × 0.25 mm，1.4 μm膜厚（6%腈丙苯基-94%二甲基聚硅氧烷固定液），或其他等效毛细管色谱柱
		土壤和沉积物 挥发性有机物的测定 吹扫捕集/气相色谱－质谱法（HJ 605—2011）	前处理：样品中的挥发性有机物经高纯氦气（或氮气）吹扫富集于捕集管中，将捕集管加热并以高纯氦气反吹。 仪器分析：气相色谱－质谱仪（EI源），通过与待测目标物标准质谱图相比较和保留时间进行定性，内标法定量。 参考色谱柱：30 m × 0.25 mm，1.4 μm膜厚（6 %腈丙苯基-94%二甲基聚硅氧烷固定液），或使用其他等效性能的毛细管柱
		土壤和沉积物 挥发性有机物的测定 顶空/气相色谱—质谱法（HJ 642—2013）	前处理：在一定的温度条件下，顶空瓶内样品中挥发性组分向液上空间挥发，产生蒸气压，在气液固三相达到热力学动态平衡。 仪器分析：气相色谱－质谱仪（EI源），通过与待测目标物标准质谱图相比较和保留时间进行定性，内标法定量。 参考色谱柱：30 m × 0.25 mm，1.4 μm膜厚（6%腈丙苯基-94%二甲基聚硅氧烷固定液），或使用其他等效性能的毛细管柱

续表

序号	化合物	监测方法	方法原理
10	六氯丁二烯、二氯甲烷、三氯甲烷、三氯乙烯、四氯乙烯	土壤和沉积物　挥发性卤代烃的测定　顶空/气相色谱-质谱法（HJ 736—2015）	前处理：在一定的温度条件下，顶空瓶内样品中的挥发性卤代烃向液上空间挥发，产生一定的蒸气压，并达到气液固三相平衡。 仪器分析：气相色谱-质谱仪（EI 源），根据保留时间、碎片离子质荷比及不同离子丰度比定性，内标法定量。 参考色谱柱：石英毛细管柱，长 30 m，内径 0.25 mm，膜厚 1.4 μm，固定相为 6% 腈丙苯基 /94% 二甲基聚硅氧烷，也可使用其他等效毛细柱
		土壤和沉积物　挥发性有机物的测定　顶空/气相色谱法（HJ 741—2015）	前处理：在一定的温度下，顶空瓶内样品中挥发性有机物向液上空间挥发，在气液固三相达到热力学动态平衡。 仪器分析：气相色谱仪（FID），以保留时间定性，外标法定量。 参考色谱柱：柱 1：60 m × 0.25 mm，膜厚 1.4 mm（6% 腈丙苯基 -94% 二甲基聚硅氧烷固定液），也可使用其他等效毛细柱。柱 2：30 m × 0.32 mm，膜厚 0.25 mm（聚乙二醇 -20M），也可使用其他等效毛细柱
		固体废物　挥发性有机物的测定　顶空/气相色谱-质谱法（HJ 643—2013）	前处理：在一定的温度条件下，顶空瓶内样品中挥发性组分向液上空间挥发，产生蒸气压，在气液固三相达到热力学动态平衡。 仪器分析：气相色谱-质谱仪（EI 源），通过与标准物质保留时间和质谱图相比较进行定性，内标法定量。 参考色谱柱：60 m × 0.25 mm × 1.4 μm（6% 腈丙苯基 -94% 二甲基聚硅氧烷固定液），也可使用其他等效毛细柱
		固体废物　挥发性卤代烃的测定　吹扫捕集/气相色谱-质谱法（HJ 713—2014）	前处理：样品中的挥发性卤代烃用氦气吹扫出来，吸附于捕集管中，将捕集管加热并用氦气反吹，捕集管中的挥发性卤代烃被热脱附出来。 仪器分析：气相色谱-质谱仪（EI 源），根据保留时间、碎片离子质荷比及不同离子丰度比定性，内标法定量。 参考色谱柱：石英毛细管柱，长 30 m，内径 0.25 mm，膜厚 1.4 μm，固定相为 6% 腈丙苯基 /94% 二甲基聚硅氧烷，也可使用其他等效毛细柱
		固体废物　挥发性卤代烃的测定　顶空/气相色谱-质谱法（HJ 714—2014）	前处理：在一定的温度条件下，顶空瓶内样品中的挥发性卤代烃向液上空间挥发，产生一定的蒸气压，并达到气液固三相平衡。 仪器分析：气相色谱-质谱仪（EI 源），根据保留时间、碎片离子质荷比及不同离子丰度比定性，内标法定量。 参考色谱柱：石英毛细管柱，长 30 m，内径 0.25 mm，膜厚 1.4 μm，固定相为 6% 腈丙苯基 /94% 二甲基聚硅氧烷，也可使用其他等效毛细柱

续表

序号	化合物	监测方法	方法原理
11	甲醛、乙醛	水质　甲醛的测定　乙酰丙酮分光光度法（HJ 601—2011）	前处理：甲醛在过量铵盐存在下，与乙酰丙酮生成黄色的化合物，该有色化合物在 414 nm 波长处有最大吸收。有色物质在 3 h 内吸光度基本持不变。 仪器分析：分光光度计（414 nm 波长）、10 mm 比色皿
		空气质量　甲醛的测定　乙酰丙酮分光光度法（GB/T 15516—1995）	前处理：甲醛气体经水吸收后，在 pH=6 的乙酸－乙酸铵缓冲溶液中，与乙酰丙酮作用，在沸水浴条件下，迅速生成稳定的黄色化合物，在波长 413 nm 处测定。 仪器分析：分光光度计（413 nm 波长）、10 mm 比色皿
		环境空气　醛、酮类化合物的测定　高效液相色谱法（HJ 683—2014）	前处理：使用填充了涂渍 2,4- 二硝基苯肼（DNPH）的采样管采集一定体积的空气样品，样品中的醛酮类化合物经强酸催化与涂渍于硅胶上的 DNPH 反应，生成稳定有颜色的腙类衍生物，经乙腈洗脱。 仪器分析：高效液相色谱仪［紫外（360 nm）或二极管阵列检测器］，保留时间定性，峰面积定量。 参考色谱柱：C_{18} 柱，4.60 mm × 250 mm，粒径为 5.0 μm，或其他等效色谱柱
		土壤和沉积物　醛、酮类化合物的测定　高效液相色谱法（HJ 997—2018）	前处理：样品用醋酸－醋酸钠溶液振荡提取，提取液中醛、酮类化合物在一定温度和 pH 下与 2,4- 二硝基苯肼（DNPH）发生衍生化反应，生成稳定的腙类化合物，经萃取浓缩。 仪器分析：高效液相色谱仪（紫外检测器），根据保留时间定性，外标法定量。 参考色谱柱：C_{18} 柱，4.60 mm × 250 mm，粒径为 5.0 μm，或其他等效色谱柱
		生活饮用水标准检验方法　第 10 部分：消毒副产物指标（GB/T 5750.10—2023）（7.1 乙醛气相色谱法）	前处理：直接进样。 仪器分析：气相色谱仪（FID）。 参考色谱柱：石英毛细管柱，长 30 m，内径 0.32 mm，膜厚 0.5 μm，固定相聚乙二醇，或其他等效色谱柱
12	氯丹、灭蚁灵、六氯苯、滴滴涕、α- 六氯环己烷、β- 六氯环己烷、林丹、硫丹、三氯杀螨醇	水质　有机氯农药和氯苯类化合物的测定　气相色谱－质谱法（HJ 699—2014）	前处理：采用正己烷液液萃取或固相萃取（C_{18} 小柱）方法，萃取样品中有机氯农药和氯苯类化合物，萃取液脱水、浓缩、净化、定容。 仪器分析：气相色谱－质谱仪（EI 源），根据保留时间、碎片离子质荷比及不同离子丰度比定性，内标法定量。 参考色谱柱：石英毛细管柱，长 30 m，内径 0.25 mm，膜厚 0.25 μm，固定相为 35% 苯基甲基聚硅氧烷

续表

序号	化合物	监测方法	方法原理
12	氯丹、灭蚁灵、六氯苯、滴滴涕、α-六氯环己烷、β-六氯环己烷、林丹、硫丹、三氯杀螨醇	环境空气 有机氯农药的测定 气相色谱-质谱法（HJ 900—2017）	前处理：用大流量采样器将环境空气气相和颗粒物中的有机氯农药采集到滤膜和聚氨酯泡沫（PUF）上，用乙醚-正己烷混合溶剂提取，提取液经浓缩、（硫酸、硅酸镁柱）净化。 仪器分析：气相色谱-质谱仪（EI源），根据保留时间和特征离子丰度比定性，内标法定量。 参考色谱柱：低流失石英毛细管色谱柱，30 m（长）× 0.25 mm（内径）× 0.25 μm（膜厚），固定相为5%苯基95%二甲基聚硅氧烷，也可采用固定相为35%苯基65%二甲基聚硅氧烷柱，或其他等效的低流失色谱柱
		环境空气 有机氯农药的测定 气相色谱法（HJ 901—2017）	前处理：用大流量采样器将环境空气气相和颗粒物中的有机氯农药采集到滤膜和聚氨酯泡沫（PUF）上，用乙醚-正己烷混合溶剂提取，提取液经浓缩、（硫酸、硅酸镁柱）净化。 仪器分析：气相色谱仪（ECD），根据保留时间定性，内标法或外标法定量。 参考色谱柱：石英毛细管色谱柱，30 m（长）× 0.25 mm（内径）× 0.25 μm（膜厚），选择两根固定相极性不同的色谱柱。推荐色谱柱1固定相为5%苯基95%二甲基聚硅氧烷或其他等效色谱柱；色谱柱2固定相为14%腈丙基苯基86%二甲基聚硅氧烷，或35%苯基65%二甲基聚硅氧烷，或其他等效色谱柱
		土壤和沉积物 有机氯农药的测定 气相色谱-质谱法（HJ 835—2017）	前处理：采用适合的萃取方法（索氏提取、加压流体萃取等）正己烷-丙酮混合溶剂提取，根据样品基体干扰情况选择合适的净化方法（铜粉脱硫、硅酸镁柱或凝胶渗透色谱），对提取液净化，再浓缩、定容。 仪器分析：气相色谱-质谱仪（EI源），根据标准物质质谱图、保留时间、碎片离子质荷比及其丰度定性，内标法定量。 参考色谱柱：石英毛细管柱，长30 m，内径0.25 mm，膜厚0.25 μm，固定相为5%-苯基-甲基聚硅氧烷，或其他等效的毛细管色谱柱
		土壤和沉积物 有机氯农药的测定 气相色谱法（HJ 921—2017）	前处理：采用适合的萃取方法（索氏提取、加压流体萃取、微波萃取等）丙酮-正己烷混合溶剂提取、硅酸镁固相萃取柱净化、浓缩、定容。 仪器分析：气相色谱仪（ECD），根据保留时间定性，外标法定量。 参考色谱柱：色谱柱1：柱长30 m，内径0.32 mm，膜厚0.25 μm，固定相为5%聚二苯基硅氧烷和95%聚二甲基硅氧烷，或其他等效的色谱柱。色谱柱2：柱长30 m，内径0.32 mm，膜厚0.25 μm，固定相为14%聚苯基氰丙基硅氧烷和86%聚二甲基硅氧烷，或其他等效的色谱柱

续表

序号	化合物	监测方法	方法原理
12	氯丹、灭蚁灵、六氯苯、滴滴涕、α-六氯环己烷、β-六氯环己烷、林丹、硫丹、三氯杀螨醇	固体废物　有机氯农药的测定　气相色谱-质谱法（HJ 912—2017）	前处理：固态、半固态固体废物（索氏提取、加压流体萃取、微波萃取或其他等效萃取方法）经正己烷-丙酮混合溶剂或二氯甲烷-丙酮混合溶剂提取。水性液态、油状液态固体废物和浸出液经二氯甲烷液液萃取、（硅酸镁层析柱或凝胶渗透色谱）净化、浓缩、定容。 仪器分析：气相色谱-质谱仪（EI 源），根据质谱图、保留时间、碎片离子质荷比及其丰度定性，内标法定量。 参考色谱柱：石英毛细管柱，30 m × 0.25 mm × 0.25 μm，固定相为 5% 苯基 -95% 甲基聚硅氧烷，或其他等效的毛细管色谱柱
13	多氯联苯	水质　多氯联苯的测定　气相色谱-质谱法（HJ 715—2014）	前处理：采用正己烷液萃取溶剂液萃取法或固相萃取法萃取样品中的多氯联苯，萃取液经脱水、浓缩、（浓硫酸、弗罗里硅土柱）净化和定容。 仪器分析：气相色谱-质谱仪（EI 源），根据保留时间、碎片离子质荷比及不同离子丰度比定性，内标法定量。 参考色谱柱：石英毛细管柱，长 30 m，内径 0.25 mm，膜厚 0.25 μm，固定相为 5% 二苯基 /95% 二甲基聚硅氧烷
		环境空气　多氯联苯的测定　气相色谱-质谱法（HJ 902—2017）	前处理：用大流量采样器将环境空气气相和颗粒物中的多氯联苯采集到滤膜和聚氨酯泡沫（PUF）上，用乙醚-正己烷混合溶剂提取，提取液经浓缩、（浓硫酸、硅酸镁层析柱、复合硅胶柱）净化。 仪器分析：气相色谱-质谱仪（EI 源），根据保留时间和特征离子丰度比定性，内标法定量。 参考色谱柱：低流失石英毛细管色谱柱，30 m（长）× 0.25 mm（内径）× 0.25 μm（膜厚），固定相为 5% 苯基 95% 二甲基聚硅氧烷，或其他等效的低流失色谱柱
		环境空气　多氯联苯的测定　气相色谱法（HJ 903—2017）	前处理：用大流量采样器将环境空气气相和颗粒物中的多氯联苯采集到滤膜和聚氨酯泡沫（PUF）上，用乙醚-正己烷混合溶剂提取，提取液经浓缩、（浓硫酸、硅酸镁层析柱、复合硅胶柱）净化。 仪器分析：气相色谱仪（ECD），根据保留时间定性，内标法或外标法定量。 参考色谱柱：石英毛细管色谱柱，30 m（长）× 0.25 mm（内径）× 0.25 μm（膜厚），选择两根固定相极性不同的色谱柱。推荐色谱柱 1 固定相为 5% 苯基 95% 二甲基聚硅氧烷或其他等效色谱柱，色谱柱 2 固定相为 14% 腈丙苯基 86% 二甲基聚硅氧烷或其他等效色谱柱

续表

序号	化合物	监测方法	方法原理
13	多氯联苯	环境空气　多氯联苯混合物的测定　气相色谱法（HJ 904—2017）	前处理：用大流量或中流量采样器将环境空气气相和颗粒物中的多氯联苯采集到滤膜和聚氨酯泡沫（PUF）上，用乙醚－正己烷混合溶剂提取，提取液经浓缩、（浓硫酸、硅酸镁层析柱、复合硅胶柱）净化。 仪器分析：气相色谱仪（ECD），根据色谱峰与标准品的峰形和保留时间进行比较定性，选择 3～5 个特征峰，用内标法或外标法取其平均值定量。 参考色谱柱：石英毛细管色谱柱，30 m（长）×0.25 mm（内径）×0.25 μm（膜厚），选择两根固定相极性不同的色谱柱。推荐色谱柱 1 固定相为 5% 苯基 -95% 二甲基聚硅氧烷或其他等效色谱柱，色谱柱 2 固定相为 14% 腈丙苯基 -86% 二甲基聚硅氧烷或其他等效色谱柱
		土壤和沉积物　多氯联苯的测定　气相色谱－质谱法（HJ 743—2015）	前处理：采用合适的萃取方法（微波萃取、超声波萃取等）提取（提取剂：正己烷－丙酮混合溶剂），根据样品基体干扰情况选择合适的净化方法（浓硫酸磺化、铜粉脱硫、弗罗里硅土柱、硅胶柱、凝胶渗透净化小柱），对提取液净化、浓缩、定容。 仪器分析：气相色谱－质谱仪（EI 源），内标法定量。 参考色谱柱：石英毛细管柱，长 30 m，内径 0.25 mm，膜厚 0.25 μm，固定相为 5% 苯基 -95% 甲基聚硅氧烷，或等效的色谱柱
		土壤和沉积物　多氯联苯混合物的测定　气相色谱法（HJ 890—2017）	前处理：采用二氯甲烷－正己烷混合溶剂（碱液回流：氢氧化钾－乙醇提取溶剂）提取（碱液回流、加压流体萃取、索氏抽提），提取液经浓硫酸、硅胶柱净化，浓缩定容。 仪器分析：气相色谱仪（ECD），通过样品色谱峰的保留时间和峰形与标准样品进行比对定性，选择 5～10 个特征识别峰，用外标法定量。 参考色谱柱：分析柱：非极性，柱长 30 m，内径 0.25 mm，膜厚 0.25 μm，100% 聚甲基硅氧烷固定液，或其他等效色谱柱。确认柱：中极性，30 m×0.25 mm×0.25 μm，14% 腈丙苯基 -86% 二甲基聚硅氧烷固定液，或其他等效色谱柱

续表

序号	化合物	监测方法	方法原理
13	多氯联苯	土壤和沉积物　多氯联苯的测定　气相色谱法（HJ 922—2017）	前处理：样品经正己烷 - 丙酮混合溶剂（微波萃取、加压流体萃取、索氏抽提）提取、（浓硫酸、硅酸镁固相萃取柱）净化、浓缩、定容。 仪器分析：气相色谱仪（ECD），根据保留时间定性，外标法定量。 参考色谱柱 1：柱长 30 m，内径 0.32 mm，膜厚 0.25 μm，固定相为 5% 聚二苯基硅氧烷和 95% 聚二甲基硅氧烷，或其他等效的色谱柱。参考色谱柱 2：柱长 30 m，内径 0.32 mm，膜厚 0.25 μm，固定相为 14% 聚苯基氰丙基硅氧烷和 86% 聚二甲基硅氧烷，或其他等效的色谱柱
		固体废物　多氯联苯的测定　气相色谱 - 质谱法（HJ 891—2017）	前处理：固体废物中的多氯联苯采用索式提取或加压流体萃取等方式提取（提取溶剂：正己烷 - 丙酮混合溶剂或甲苯），浸出液中的多氯联苯采用液液萃取（萃取溶剂：二氯甲烷），提取液选择合适的方法净化（浓硫酸磺化、铜粉脱硫、硅酸镁层析柱、多层硅胶柱、自动凝胶渗透色谱）、浓缩。 仪器分析：气相色谱 - 质谱仪（EI 源），根据保留时间和特征离子丰度比定性，内标法定量。 参考色谱柱：低流失石英毛细管柱。色谱柱Ⅰ：30 m（长）× 0.25 mm（内径）× 0.25 μm（膜厚），固定相为 5% 苯基 -95% 甲基聚硅氧烷。色谱柱Ⅱ：60 m（长）× 0.25 mm（内径）× 0.25 μm（膜厚），固定相为改性 5% 苯基 -95% 甲基聚硅氧烷。也可采用其他等效的低流失色谱柱
14	有机污染物筛查	水质　有机污染物的筛查　气相色谱 - 高分辨质谱法	前处理：样品经二氯甲烷液液萃取，浓缩。 仪器分析：气相色谱 - 高分辨质谱仪（GC/QE/QTOF），根据数据库中目标物保留时间、特征离子定性，标准物质分析确证。 参考色谱柱：30 m × 0.25 mm × 0.25 μm，固定相为 5% 苯基 - 甲基聚硅氧烷的熔融石英毛细管柱
		水质　有机污染物的筛查　液相色谱 - 高分辨质谱法	前处理：样品经 WAX、HLB 固相萃取柱富集净化。 仪器分析：高效液相色谱 - 高分辨质谱仪（LC/QE/QTOF），根据数据库中目标物保留时间、特征离子定性，标准物质分析确证。 参考色谱柱：填料为十八烷基硅烷键合硅胶，填料粒径为 2.7 μm，柱长为 150 mm，内径为 2.1 mm。也可使用满足分析要求的其他性能相近的色谱柱

续表

序号	化合物	监测方法	方法原理
14	有机污染物筛查	土壤和沉积物 有机污染物的筛查 气相色谱-高分辨质谱法	前处理：样品经加压流体萃取或索氏提取方法提取（提取溶剂：二氯甲烷-丙酮混合溶剂），浓缩。 仪器分析：气相色谱-高分辨质谱仪（GC/QE/QTOF），根据数据库中目标物保留时间、特征离子定性，标准物质分析确证。 参考色谱柱：30 m × 0.25 mm × 0.25 μm，固定相为5%苯基-甲基聚硅氧烷的熔融石英毛细管柱。
		土壤和沉积物 有机污染物的筛查 液相色谱-高分辨质谱法	前处理：样品经甲醇和乙腈超声萃取，萃取液经WAX、HLB固相萃取柱富集净化。 仪器分析：高效液相色谱-高分辨质谱仪（LC/QE/QTOF），根据数据库中目标物保留时间、特征离子定性，标准物质分析确证。 参考色谱柱：填料为十八烷基硅烷键合硅胶，填料粒径为2.7 μm，柱长为150 mm，内径为2.1 mm，也可使用满足分析要求的其他性能相近的色谱柱。

4.2 生物质 全氟化合物的测定 固相萃取高效液相色谱串联质谱法

4.2.1 适用范围

方法适用于水环境中生物质（如鱼类、贻贝及蟹）中全氟化合物（全氟辛酸（PFOA）、全氟辛烷磺酸（PFOS）和全氟辛烷磺酸胺（PFOSA）污染物的样品处理及其定性和定量工作。

4.2.2 主要试剂配制

（1）氨水-甲醇混合溶液：2+98。

用氨水［w（NH_3）=25%］和甲醇（色谱纯）按2∶98的体积比混合。

（2）乙酸铵水溶液：c（CH_3COONH_4）=2 mmol/L。

取154 mg乙酸铵（优级纯），用水溶解定容至1 000 ml。

（3）乙酸铵缓冲液：0.025 mol/L，pH=4。

取387 mg乙酸铵（优级纯），溶于1.143 ml乙酸（色谱纯），并用水定容至1 000 ml。

4.2.3 预处理

根据处理量的大小，生物质可选用高速匀浆机或研磨仪进行均匀化。

注意：操作过程应避免使用任何玻璃或特氟隆（Teflon）材质的器材。

4.2.4 提取

经过确证的标准物质或对照样品需与每组分析样品同时进行分析。2～3个空白样品也需与每组样品（溶剂中添加内标）同时进行分析。每2～3个空白或对照样品仅能代表少于或等于25个样品。

（1）称样：称取4 g均匀化生物质样品，加入50 µl同位素内标回收率指示物（每种化合物50 ng），置于离心管中。

（2）超声萃取：向样品中加入30 ml乙腈溶剂，充分摇匀，超声萃取30 min。

（3）离心：提取物以3 500 r/min进行离心10 min，并将溶剂置于新的管中。

（4）重复萃取：向提取物中加入15 ml乙腈溶剂再次进行萃取。

（5）浓缩：将两次乙腈提取液合并，并在35℃真空条件下以温和的氮吹流速浓缩至10 ml。

（6）乙腈水溶液：向最终提取液中加入50 ml水，得到萃取液的乙腈水溶液。

4.2.5 净化

提取液使用固相萃取柱（SPE柱，Water Oasis WAX 6 cc 150 mg）。

（1）活化：开通真空泵，调节流速3～5 ml/min，依次用6 ml氨水－甲醇混合溶液、6 ml甲醇和6 ml水活化固相萃取柱，在活化过程中液面应保持在填料以上。

（2）上样：将60 ml萃取液的乙腈水溶液，以3～5 ml/min的流速通过固相萃取柱。

（3）净化：使用8 ml乙酸铵缓冲液淋洗固相萃取柱，弃去淋洗液。

（4）洗脱：使用真空泵干燥固相萃取柱10 min，然后用8 ml甲醇淋洗得到PFOSA洗脱液，收集洗脱液于10 ml离心管中；再加入5 ml 0.5%氨水甲醇溶液淋洗得到PFOA和PFOS的洗脱液，收集洗脱液于10 ml离心管中。

（5）浓缩：将洗脱液在40℃用氮吹仪浓缩至1 ml。

（6）净化（去除脂肪）：向洗脱液离心管中加入50 mg活性炭和50 µl乙酸，充分摇匀至溶液澄清（若溶液尚未澄清，则可继续加入活性炭和乙酸），将上清液转移至新的10 ml PP离心管中（必要时，可将样品以10 000 r/min高转速进行离心），继续在35℃用氮吹仪温和浓缩至近干。

（7）过滤：甲醇定容至0.5 ml后过0.22 µm滤膜；再用0.5 ml甲醇清洗滤膜，转移至PP材质细胞瓶中，用超纯水定容至1 ml。

4.2.6 添加内标

在定容后的样品中加入进样内标（$^{13}C_2$-PFOA）5 ng，使内标浓度与制作校准曲线内标浓度相同，密封保存待测。

4.2.7 仪器分析

（1）液相色谱参考条件

梯度淋洗条件见表 12-17。A：5 mmol/L 乙酸铵水溶液；B：乙腈。

表 12-17 梯度淋洗程序

梯度淋洗条件时间 /min	流速 /（ml/min）	A/%	B/%
0	0.4	90	10
0.5	0.4	90	10
2.5	0.4	10	90
4.0	0.4	90	10
6.0	0.4	90	10

色谱柱：Waters XTerra MS C_{18}，15 μm，2.1 mm × 100 mm。

色谱柱温度：50 ℃。

进样方式：5 μl。

（2）质谱参考条件

离子源：电喷雾离子源（ESI）；具体质谱条件参数见表 12-18。

表 12-18 质谱条件

参数	PFOS	PFOA	FOSA
极性	Negative		
扫描方式	MRM（MRM）		
电子喷雾电压 /V	−3 000		
离子源温度 /℃	600		
入口电压 /V	−10		
去簇电压 /V	−89	−25	−70
碰撞电压 /V	−36.35	−34.03	−36.32
碰撞能量 /V	−90	−23	−70
出口电压 /eV	−1.0	−3.5	−1.0
保留时间 /min	2.69	2.40	2.91
母离子（*m/z*）	498.9	412.9	506.0
子离子（*m/z*）	79.8	368.9	77.9

4.2.8 校准

（1）质量校准

仪器分析开始前需进行质量校准，将 PPG 校准溶液吸入针筒，开针泵进行连续进样，用手动模式进行质量数校准。把此次校准数据与仪器安装期间的校准数据进行比较，看强度是否有明显变化。如果仪器运行正常，所有离子强度变化应在 15% 内，所有 PPG 离子的峰宽变化应在 0.1 内，若个别离子峰宽变化大于 0.1，应进行手动调整。

（2）灵敏度确认

标准溶液浓度序列中最低浓度的化合物信噪比（S/N）应大于 10。取噪声最大值和最小值之差的 2/5 作为噪声值 N。以噪声中线为基准，到峰顶的高度为峰高（信号 S）。

（3）校准曲线的绘制

标准溶液质量浓度序列应有 5 种以上质量浓度，对标准溶液浓度序列中的每个浓度重复 3 次进样测定。

分别取 PFOS、PFOA、PFOSA 标准溶液（浓度为 50 mg/L）各 100 μl 于 10 ml 的容量瓶中，用甲醇定容至 10 ml，配制成浓度为 500 ng/ml 的标准储备溶液。再从储备溶液中分别取 0.4 μl、1 μl、2 μl、3 μl、5 μl、8 μl 于 1 ml 甲醇中，分别加入内标 M_2PFOA（浓度为 2.38 μg/ml）2 μl，配制的混合校准曲线浓度如下：0.20 ng/ml、0.50 ng/ml、1.00 ng/ml、1.50 ng/ml、2.49 ng/ml、3.97 ng/ml。

分别取回收率指示物 MPFOS、M_8PFOA、M_8FOSA 标准溶液（浓度为 50 mg/L）各 10 μl 于 1 ml 甲醇中，配制成浓度为 485 ng/ml 的标准储备溶液。再从储备溶液中分别取 1 μl、2 μl、4 μl、6 μl、10 μl、20 μl、24 μl 于 1 ml 甲醇中，分别加入内标 M_2PFOA（浓度为 2.38 μg/ml）2 μl，配制的混合校准曲线浓度如下：0.48 ng/ml、0.97 ng/ml、1.93 ng/ml、2.89 ng/ml、4.80 ng/ml、9.51 ng/ml、11.4 ng/ml。

（4）相对响应因子计算

与各浓度点待测化合物相对应的回收率指示物的相对响应因子（RRF_{es}），并计算其平均值和相对标准偏差，相对标准偏差应在 ±20% 以内，否则应重新制作校准曲线。

$$RRF_{es} = \frac{Q_{es}}{Q_s} \times \frac{A_s}{A_{es}} \quad (12\text{-}10)$$

式中，Q_{es}——标准溶液中回收率指示物的绝对量，ng；

Q_s——标准溶液中待测化合物的绝对量，ng；

A_s——标准溶液中待测化合物的监测离子峰面积之和；

A_{es}——标准溶液中回收率指示物的监测离子峰面积之和。

用式（12-11）计算回收率指示物相对于内标的相对响应因子（RRF_{rs}）。

$$RRF_{rs} = \frac{Q_{rs}}{Q_{es}} \times \frac{A_{es}}{A_{rs}} \quad (12\text{-}11)$$

式中，Q_{rs}——标准溶液中内标物质的绝对量，ng；

Q_{es}——标准溶液中回收率指示物物质的绝对量，ng；

A_{es}——标准溶液中回收率指示物物质的监测离子峰面积之和；

A_{rs}——标准溶液中内标物质的监测离子峰面积之和。

4.2.9　样品测定

（1）标准溶液确认

选择中间浓度的标准溶液，按一定周期或频次（每 12 h 或每批样品测定至少 1 次）测定。浓度变化不应超过 ±20%，否则应查找原因，重新测定或重新制作相对响应因子。

（2）测定样品

将空白样品和分析样品按照上述步骤进行测定，得到全氟化合物各监测离子的色谱图。

4.2.10　数据处理

（1）色谱峰确认

进样内标确认：分析试料中进样内标的峰面积应不低于标准溶液中进样内标峰面积的 70%。否则应查找原因，重新测定。

色谱峰确认：在色谱图上，对信噪比 S/N=3 以上的色谱峰视为有效峰并进行定性和定量。

（2）定性

保留时间：待测样品中化合物色谱峰的保留时间与标准溶液相比变化应在 ±2.5% 内。

定量离子、定性离子及子离子丰度比：每种化合物的质谱定性离子必须出现，至少应包括一个母离子和两个子离子，而且同一检测批次对同一化合物，样品中目标化合物的两个子离子的相对丰度比与浓度相当的标准溶液相比，其允许偏差不超过表 12-19 规定的范围。

表 12-19　定性时相对离子丰度的最大允许偏差

相对离子丰度	＞50%	＞20%～50%	＞10%～20%	≤10%
允许的相对偏差	±20%	±25%	±30%	±50%

（3）定量

采用内标法计算分析试料中被检出的 PFCs 的绝对量（Q_i）按式（12-12）计算。RRF_{es} 均值计算。

$$Q_i = \frac{A_i}{A_{esi}} \times \frac{Q_{esi}}{RRF_{es}} \tag{12-12}$$

式中，Q_i——分析试样中待测化合物的量，ng；

A_i——色谱图上待测化合物的检测离子峰面积；

A_{esi}——相应回收率指示物的检测离子峰面积；

Q_{esi}——相应回收率指示物的添加量，ng；

RRF_{es}——待测化合物相对回收率指示物的相对响应因子。

根据所计算的各同类物的 Q_i，用式（12-13）计算样品中的待测化合物浓度，结果修约为 3 位有效数字。

$$\rho = \frac{Q_i - Q_t}{M} \tag{12-13}$$

式中，ρ——样品中的待测化合物浓度，ng/kg；

Q_i——样品中待测化合物的总量，ng；

Q_t——空白样品中待测化合物的总量，ng；

M——样品量，kg。

（4）回收率

根据回收率指示物峰面积与内标峰面积的比以及对应的相对响应因子（RRF_{rs}）均值，按式（12-14）计算回收率指示物的回收率并确认其回收率在 50%～130%，否则样品重新测试。

$$R_e = \frac{A_{esi}}{A_{rsi}} \times \frac{Q_{rsi}}{RRF_{rs}} \times \frac{100\%}{Q_{esi}} \tag{12-14}$$

式中，R_e——回收率指示物的回收率，%；

A_{esi}——回收率指示物的检测离子峰面积之和；

A_{rsi}——相应内标的检测离子峰面积之和；

Q_{rsi}——相应内标的添加量，ng；

RRF_{rs}——相应内标的相对响应因子；

Q_{esi}——回收率指示物的添加量，ng。

4.2.11 报告

（1）报告格式

结果报告宜采用表格的形式，表中包括测定对象、实测浓度。应保存的数据内容包括样品号和样品名称、采样记录、分析日期和时间、提取和净化记录、提取液分取情况、内标添加记录、进样前的样品体积及进样体积、仪器和操作条件、色谱图和其他原始数据记录、结果报告、其他相关资料。

（2）计算

实测浓度：大于方法检出限的 PFCs 浓度直接记录，低于方法检出限的浓度记为低于方法检出限（N.D.）。

浓度单位：实测浓度单位以 μg/kg 表示。

（3）数值修约与表达

报告检出限按数值修约规则（GB/T 8170）修约到 2 位小数。浓度结果小数点后位数应不多于检出限小数点后位数，按数值修约规则（GB/T 8170）修约为 3 位有效数字。

4.2.12　质量控制和质量保证

（1）回收率指示物的回收率：应始终对其回收率进行确认。若回收率在 50%～130% 的范围，应查找原因，重新进行提取和净化操作。

（2）空白实验：试剂空白与操作空白。任何样品的仪器分析都应该同时分析待测样品溶液所使用的溶剂作为试剂空白，所有试剂空白测试结果应低于方法检出限；操作空白实验的目的是建立一个不受污染干扰的分析环境。操作空白除无实际样品外，按照与样品分析相同的操作步骤进行样品制备、前处理仪器分析和数据处理，操作空白应低于方法检出限。如果操作过程中污染得到控制，就不必每次重复操作空白实验。但在样品制备过程有重大变化时（如使用新的试剂或仪器器具，或者仪器维修后再次使用时）或样品可能导致交叉污染时（如高浓度样品）应进行操作空白的分析。

（3）平行实验：平行实验频度取样品总数的 10% 左右。大于检出限 3 倍以上的平行实验结果取平均值，单次平行实验结果应在平均值的 ±30% 以内。

4.3　生物质　多溴二苯醚的测定　气相色谱 - 质谱法

4.3.1　适用范围

方法适用于水环境中生物质（如鱼类、贻贝及蟹）中 8 种多溴二苯醚（BDE-28、BDE-47、BDE-99、BDE-100、BDE-153、BDE-154、BDE-183 和 BDE-209）的样品处理及其定性与定量分析。

4.3.2　样品预处理

根据处理量的大小，生物质可选用高速匀浆机（ultra-turax）或研磨仪（grindomix）进行均匀化。

4.3.3　提取

高脂肪含量与低脂肪含量样品需被分离。鳕鱼肝脏、鲑鱼肉片和蟹肉通常脂肪含量较高，而鳕鱼肌肉（鳕鱼肉片部分）和紫贻贝通常脂肪含量较低。

经过确证的标准物质或对照样品需与每组分析样品同时进行分析。空白样品也需与每组样品（溶剂中添加内标）同时进行分析。每个空白或对照样品仅能代表少于或等于 25 个样品。

（1）称样：从均匀的样品中称一定量样品（高脂肪：2～5 g，低脂肪：5～10 g）置于配有盖子的离心管中。加入同位素提取内标，放置 30 min（高脂肪样品提取后添加内标）。

（2）提取：向离心管中加入 40 ml 1∶1 的环已烷 / 异丙醇混合溶剂，大力振摇 2 h（一般用振荡器振荡 2 h）。

（3）离心：样品以 3 500 r/min 离心 10 min，溶剂转移至新的离心管中。

（4）重复提取：加入 30 ml 1∶1 环已烷 / 异丙醇混合溶剂进行重复振荡提取 2 h，

并将两次提取液进行合并。

（5）洗涤：向提取液中加入 20 ml 0.5% NaCl 溶液，充分振荡并进行离心。

（6）脂肪含量测定：将提取液转移至已称重的玻璃管中，在氮吹仪中将溶剂吹干，并对剩余脂肪部分进行称重，以测定样品的脂肪含量百分比。

4.3.4 净化

对于低脂肪含量样品，全部提取液（脂肪部分）将被用于分析。对于高脂肪含量样品，称取 0.2 g 提取物质置于玻璃管中，加入内标（如果尚未添加）。记录每个样品何时添加了内标。

（1）硫酸添加：将脂肪样品溶于 2 ml 的异己烷中，并加入 2 ml 浓硫酸，小心摇晃玻璃管 2～3 次，静置几分钟。注意：进行第一次酸处理时切忌摇晃玻璃管。

（2）离心分离：样品以 2 500 r/min 离心 10 min，并弃去酸液部分。必要时更换玻璃管（如果玻璃管很脏）。

（3）重复硫酸净化：样品需进行 2～4 次酸处理，直至添加的酸液不会变色或只是轻微变色。第一次酸处理后，样品才可以与酸液一起被摇晃。在最后一次酸处理期间，样品需在旋涡混合器中充分摇匀。样品应该尽可能在酸液中静置一夜，但注意必须要避光。

注意：在多次酸处理过程中，均要避免剧烈摇晃，只稍微摇动即可，只在最后一次浓硫酸不变色或稍变色时才稍微用力振摇和旋涡振荡，过夜分离。

（4）有机相转移：在最后一次酸处理后，将有机相转移至新的玻璃管中。切勿将酸液转移至新的玻璃管中。

（5）浓缩：氮吹硫酸净化样品至约 1.5 ml。

（6）溶剂转换：向约 1.5 ml 的有机相中加入 0.8 ml 乙腈的异己烷饱和溶液，以 2 000 r/min 转速充分振摇 5 min。对于不同的样品，乙腈可能在上层或下层，注意记录乙腈在哪一层。

（7）离心浓缩：样品以 2 500 r/min 离心 1 min，将乙腈提取液转移至样品瓶中，氮吹浓缩至 0.1 ml。

（8）重复溶剂转换：异己烷提取液每次萃取（3～4 次）需要使用大于 0.8 ml 乙腈的异己烷饱和溶液，每一次的乙腈提取液均须转移至同一样品瓶中，氮吹浓缩至总体积 0.1 ml。

4.3.5 添加进样内标

添加进样内标（^{13}C-PCB 209）后用正己烷定容至 1 ml，使进样内标浓度同制作校准曲线进样内标浓度相同，封装后作为分析试料。

4.3.6 仪器条件

（1）气相色谱参考条件

进样方式：高压脉冲进样 1 μl（15 psi）。

进样口温度：270℃。

载气流量（恒流模式）：2.0 ml/min。

色谱柱：××-5HT（15 m×0.25 mm×0.1 μm）。

程序升温：60℃（保持 1 min），以 30℃/min 升至 200℃（保持 1 min），再以 10℃/min 升至 260℃，再以 20℃/min 升至 320℃（保持 3 min）。

（2）质谱参考条件

离子源温度：300℃；四极杆温度：150℃；传输线温度：300℃；离子化能量：70 eV。数据采集方式：选择离子监测。

（3）SIM 检测

选择离子扫描（SIM）：扫描时间范围及扫描离子见表 12-20。

表 12-20 扫描时间段及扫描离子

开始时间 /min	扫描离子（*m*/*z*）
6.00	407.8、405.8、409.8、417.9、419.9、446.2
7.50	485.7、487.8、483.7、497.8、495.8、499.8
8.70	565.7、563.7、403.9、575.8、577.8、415.9
10.10	511.8、507.8、509.8
10.60	643.6、645.6、483.8、655.7、495.8、657.6
12.00	721.6、561.7、563.7、733.6、573.8、735.6
14.00	799.3、801.3、959.1、811.3、813.3、973.1

（4）定性和定量离子

用 EI 源分析各化合物所使用的定量和定性离子见表 12-21。

表 12-21 化合物的定量和定性离子

序号	化合物	*m*/*z*		
		定量离子 1	参考离子 2	参考离子 3
1	BDE-28	407.8	405.8	409.8
2（净化内标）	^{13}C-BDE-28	417.9	419.9	446.2
3	BDE-47	485.7	483.7	487.8
4（净化内标）	^{13}C-BDE-47	497.8	499.8	495.8
5	BDE-100	563.7	565.7	403.9
6（净化内标）	^{13}C-BDE-100	577.8	575.8	415.9
7	BDE-99	563.7	565.7	403.9
8（净化内标）	^{13}C-BDE-99	577.8	575.8	415.9
9	BDE-154	643.6	645.6	483.8

续表

序号	化合物	m/z		
		定量离子 1	参考离子 2	参考离子 3
10（净化内标）	^{13}C-BDE-154	655.7	495.8	657.6
11	BDE-153	643.6	645.6	483.8
12（净化内标）	^{13}C-BDE-153	655.7	495.8	657.6
13	BDE-183	721.6	561.7	563.7
14（净化内标）	^{13}C-BDE-183	733.6	573.8	735.6
15	BDE-209	799.3	801.3	959.1
16（净化内标）	^{13}C-BDE-209	811.3	813.3	973.1
17（进样内标）	^{13}C-PCB-209	509.8	511.8	507.8

4.3.7 相对响应因子

（1）标准溶液测定

标准溶液质量浓度序列应有 5 种以上质量浓度，对标准溶液浓度序列中的每个浓度重复 3 次进样测定。

（2）灵敏度确认

标准溶液浓度序列中最低浓度的化合物信噪比（S/N）应大于 10。取噪声最大值和最小值之差的 2/5 作为噪声值 N。以噪声中线为基准，到峰顶的高度为峰高（信号 S）。

（3）相对响应因子计算

与各浓度点待测化合物相对应的提取内标的相对响应因子（RRF_{es}），并计算其平均值和相对标准偏差，相对标准偏差应在 ±20% 以内，否则应重新制作校准曲线。

$$RRF_{es}=\frac{Q_{es}}{Q_s}\times\frac{A_s}{A_{es}} \quad (12\text{-}15)$$

式中，RRF_{es}——提取内标的相对相应因子；

Q_{es}——标准溶液中提取内标物质的绝对量，pg；

Q_s——标准溶液中待测化合物的绝对量，pg；

A_s——标准溶液中待测化合物的监测离子峰面积之和；

A_{es}——标准溶液中提取内标物质的监测离子峰面积之和。

用式（12-16）计算进样内标相对于提取内标相对响应因子（RRF_{rs}）。

$$RRF_{rs}=\frac{Q_{rs}}{Q_{es}}\times\frac{A_{es}}{A_{rs}} \quad (12\text{-}16)$$

式中，RRF_{rs}——进样内标相对于提取内标的相对响应因子；

Q_{rs}——标准溶液中进样内标物质的绝对量，pg；

Q_{es}——标准溶液中提取内标物质的绝对量，pg；

A_{es}——标准溶液中提取内标物质的监测离子峰面积之和；

A_{rs}——标准溶液中进样内标物质的监测离子峰面积之和。

4.3.8　样品测定

标准溶液确认：选择中间浓度的标准溶液，按一定周期或频次（每 12 h 或每批样品测定至少 1 次）测定。浓度相对偏差变化不应超过 ±30%，否则应查找原因，重新测定或重新制作相对响应因子。

测定样品：将空白样品和分析样品按照本章 4.2.7 所述的程序进行测定。

4.3.9　数据处理

（1）色谱峰确认

进样内标确认：分析试料中进样内标的峰面积应不低于标准溶液中进样内标峰面积的 70%。否则应查找原因，重新测定。

色谱峰确认：在色谱图上，对信噪比 S/N=3 以上的色谱峰视为有效峰并进行定性和定量。

（2）定性

PBDEs 同类物的两个监测离子在指定保留时间窗口内（以同位素 PBDEs 色谱峰做保留时间参考），并同时存在且其离子强度比与理论离子强度比一致，相对偏差<15%。同时满足上述条件的色谱峰定性为 PBDEs。

（3）定量

采用内标法计算分析试料中被检出的 PBDEs 的绝对量（Q_i），按式（12-17）计算。RRF_{es} 均值计算。

$$Q_i = \frac{A_i}{A_{csi}} \times \frac{Q_{csi}}{\mathrm{RRF}_{cs}} \qquad (12\text{-}17)$$

式中，Q_i——分析试样中待测化合物的量，ng；

A_i——色谱图上待测化合物的监测离子峰面积；

A_{esi}——相应提取内标的监测离子峰面积；

Q_{csi}——相应提取内标的添加量，ng；

RRF_{es}——待测化合物相对提取内标的相对响应因子。

根据所计算的各同类物的 Q_i，用式（12-18）计算样品中的待测化合物浓度，结果修约为 2 位有效数字。

$$\rho=(Q_i-Q_t)/M \qquad (12\text{-}18)$$

式中，ρ——样品中的待测化合物浓度，μg/kg；

Q_i——分析试样中待测化合物的总量，ng；

Q_t——空白样品中待测化合物的总量，ng；

M——样品量，g。

（4）提取内标的回收率

根据提取内标峰面积与进样内标峰面积的比以及对应的相对响应因子（RRF_{rs}）均值，按式（12-19）计算提取内标的回收率并确认提取内标的回收率在 10%～100%，否则样品重新测试。

$$R_c = \frac{A_{esi}}{A_{rsi}} \times \frac{Q_{rsi}}{RRF_{rs}} \times \frac{100}{Q_{esi}} \tag{12-19}$$

式中，R_c——提取内标回收率，%；

A_{esi}——提取内标的监测离子峰面积之和；

A_{rsi}——相应进样内标的监测离子峰面积之和；

Q_{rsi}——相应进样内标的添加量，ng；

RRF_{rs}——相应进样内标的相对响应因子；

Q_{esi}——提取内标的添加量，ng。

4.3.10 报告

（1）报告格式

结果报告宜采用表格的形式，表中包括测定对象、实测浓度。应保存的数据内容包括样品号和样品名称、采样记录、分析日期和时间、提取和净化记录、提取液分取情况、内标添加记录、进样前的样品体积及进样体积、仪器和操作条件、色谱图和其他原始数据记录、结果报告、其他相关资料。

（2）计算

实测浓度：大于方法检出限的 PBDEs 浓度直接记录，低于方法检出限的浓度记为低于方法检出限（N.D.）。

浓度单位：实测浓度单位以 μg/kg 表示。

数值修约与表达：报告检出限按数值修约规则（GB/T 8170）修约为 1 位有效数字。浓度结果小数点后位数应不多于检出限小数点后位数，按数值修约规则（GB/T 8170）修约为 2 位有效数字。

4.3.11 质量控制和质量保证

提取内标的回收率：应始终对提取内标的回收率进行确认。若提取内标的回收率在 10%～100% 的范围，应查找原因，重新进行提取和净化操作。

空白实验：空白实验分为试剂空白与操作空白。任何样品的仪器分析都应该同时分析待测样品溶液所使用的溶剂作为试剂空白，所有试剂空白测试结果应低于方法检出限；操作空白实验的目的是建立一个不受污染干扰的分析环境。操作空白除无实际样品外，按照与样品分析相同的操作步骤进行样品制备、前处理仪器分析和数据处理，操作空白应低于方法检出限。如果操作过程中污染得到控制，就不必每次重复操作空白实验。但在样品制备过程有重大变化时（如使用新的试剂或仪器器具，或者仪器维修后再次使用时）或样品可能导致交叉污染时（如高浓度样品）应进行操作空白的分析。

平行实验：平行实验频度取样品总数的 10% 左右。大于检出限 3 倍以上的平行实验结果取平均值，单次平行实验结果应在平均值的 ±30% 以内。

4.3.12　操作要求和注意事项

样品提取：样品在萃取之前应充分干燥（在干净的空气中风干），特别注意在不洁净的实验室干燥会引入 PBDEs 污染，尤其是 BDE-209 污染。

气相色谱：确认响应的稳定性、每种 PBDEs 的保留时间在合理的范围且色谱峰有效分离。保留时间的变动通常是分离柱的性能退化引起的，如果分析目标化合物不能与其他化合物充分分离，可以尝试把色谱柱的一端或两端截掉 10～30 cm；如果问题仍没有解决，则应更换新的色谱柱。PBDEs 尤其是 BDE-209 容易在气相色谱系统内产生分解，因此，在测试 BDE-209 之前必须检查仪器气相部分的洁净程度，测试方法可以使用 *p*,*p*′-DDT 分解实验验证系统清洁程度。如果不符合测试条件，需要更换气相系统的衬管和进样垫，并截除色谱柱进样口端和质谱端各 10～30 cm 以保证系统清洁。

第五节　仪器的选配

5.1　业务的需求

仪器选择最具决定因素的是业务的需求。环境监测中开展的有机项目常见的分析仪器有气相色谱仪、气相色谱－质谱联用仪以及液相色谱仪，这 3 种分析仪器能覆盖大部分的环境监测的有机项目。液相色谱－质谱联用仪与高分辨气相色谱－高分辨质谱仪因价格相对昂贵，受资金预算制约明显，在环境监测领域覆盖面不广，是往深度发展的仪器设备，数量上远少于其他仪器设备。不过在某些特定业务或者特定项目上，这类贵重仪器是不可替代的。例如，二噁英的分析目前只有高分辨气相色谱－高分辨质谱法；还有抗生素、全氟化合物等新型污染物需使用液相色谱－三重四极杆质谱法。如果没有这些仪器，相关业务就容易受到限制。

前处理设备与分析仪器一样，均由项目而定。只具备了分析仪器，缺少前处理设备，很多项目一筹莫展、举步维艰。例如，开展地表水和地下水的有机分析项目，大致可以根据挥发性有机物和半挥发性有机物两类不同性质的分析项目来选择仪器设备。地表水和地下水的挥发性有机物使用吹扫捕集仪和气相色谱－质谱联用仪分析比较合适，因为《地表水环境质量标准》（GB 3838—2002）和《地下水质量标准》（GB/T 14848—2017）中挥发性有机物的限值较低，使用这个组合分析可以满足要求。半挥发性有机物前处理需要提取浓缩的前处理设备，提取直接使用分液漏斗或者固相萃取装置，浓缩则需要采购旋蒸仪 / 氮吹仪等浓缩设备。对于开展土壤的项目，在地表水和地下水业务的基础上加上固体的提取设备，例如索氏提取仪或加压流体萃取仪。土壤项目可以配上冷冻干燥仪。在水和土壤的基础上，还可以拓展固废的业务。目前环境监测机构比较常用的前处理设备有吹扫捕集仪、加压流体萃取仪或索氏提取装置、旋蒸仪或氮吹仪、热脱附仪、顶空仪、超声仪等。环境监测的有机设备既需要有一定的组合搭配，又相互交叉，对开展的业务做总体的规划可以使仪器采购选择更加清晰明了。

5.2 价格与预算

仪器的价格与资金预算是仪器选择的一个重要因素，更多影响了仪器的品牌型号的选择。同一种类型的仪器，价格的差别主要在于品牌、型号、配置、耗材等方面的不同。其中，品牌是差别最大的，分进口品牌和国产品牌。进口品牌的仪器设备一般比国产品牌价格要高很多，一是进口设备相对来说更为精密稳定，二是进口设备还需要加上关税和汇率变化的额外金额，因此资金预算的多少也直接决定了仪器选型的范围。近年来，国产仪器的发展也有了很大的提升，很多仪器设备基本能满足使用要求，在市场上也占据了一席之地。

5.3 安装使用环境

仪器的使用环境条件对电、温度、空气湿度有一定要求。仪器的运行少不了电的驱动，电是首要的问题，包括电压、功率以及接地线的要求。例如，质谱仪一般需要稳压，最好是带不间断电源，接地线还需其中零线和地线有一定电压差；还有功率比较大的设备，需要对实验室设计功率、电路和插座进行核查或者改装，功率较大的设备电流比较大，需要 16 A 以上的插座、380 V 的电压，还需要考虑电箱的保险丝电流等；气相色谱仪因需要持续的升降温运转，实验室内须配备空调来进行温度的控制；氮吹仪会向环境释放大量的挥发性有机物，需放置在通风橱中，否则对实验环境和人体健康造成影响。对温湿度要求最高的高分辨质谱仪，最好能放置在恒温恒湿的实验室中。最好是能够在仪器设备安装前了解仪器的安装使用条件，在不适合的环境中运行会影响仪器性能，甚至是不能使用。

5.4 有机设备选型要点

如何评价一部设备的好坏，一般来说可以通过仪器性能、故障率、便捷性、售后服务、用户范围这些方面进行调研。其中，故障率、便捷性、售后服务、用户范围这些方面可以咨询在用用户，而仪器性能一般通过技术参数来体现，可以从稳定性、精密度、检出限、准确度进行考虑。

5.4.1 分析仪器

5.4.1.1 技术参数

分析仪器的稳定性技术参数可以根据仪器每个结构部件的特点来进行。气相色谱仪的稳定性参数一般有流量控制器控压能力、柱箱控温能力、检测器的基线漂移。质谱的稳定性主要体现在质量轴上，因质谱结构相对复杂，影响因素较多，要评价质谱的其他的稳定性，如离子丰度、同位素比率、峰形等，还是有一定困难的，因为这些是在使用过程中，通过大量数据比较才容易得出结论。液相色谱仪的稳定性主要有泵压、流量以及检测器的基线漂移。

精密度是仪器设备中最重要的一个参数，也是计量认证中必须要测定的参数。可以通过仪器设备的重复运行得到。从每个项目的标准分析方法来看，精密度的要求大多为 10%～30%，这是因为分析方法是一个总的过程，涉及多个步骤以及仪器设备，而只评价分析仪器的精密度，要求会较为严格，一般低于 10%，甚至到 5% 以下。

仪器检出限一般是需要得到分析结果才能计算出来的参数，主要针对分析仪器的。有机分析仪器一般不会一台仪器分析一个项目，不同的项目检出限不一样，因此要评价检出限，可以选择特定的项目来评价。例如，仪器的检出限是按检测器来区分的，气相色谱仪的 FID 使用十二烷或者十三烷，ECD 使用林丹，FPD 使用十二烷硫醇和磷酸丁三酯混合物或甲基对硫磷，液相色谱仪的紫外检测器和荧光检测器均使用萘，气相色谱 - 质谱联用仪使用八氟萘。值得注意的是，仪器的检出限只能用来表征仪器性能，通常不能用于真实分析。此外，检出限也会受到很多因素的影响，如供气或者溶剂的不纯会提高检测器的基线，从而提高仪器检出限。

仪器分析的准确度一般不好评价，因为其受环境试剂和人员的影响比较大。如果确定要评价，可以参考检出限的方法，选择特定项目，使用计量认证的标准样品进行分析。

总体来说，仪器设备的参数要求可以根据自身监测目的、实验室条件来确定。如果对仪器设备的技术参数不是特别熟悉，可以让厂家提供详细的技术参数进行分析，筛选出有用的参数进行评价。

5.4.1.2　仪器配置

仪器设备的选购中往往比较注重品牌型号，而忽视仪器设备的配置，以至于后期要补充添加，后期采购的价格比随设备采购的要高一些。所谓的配置是指同一款仪器设备除了主体结构也就是主机，还有很多扩充功能、提升性能以及加强便捷性的配置选择，一般以硬件配置较多，少数还存在软件的功能配置。

在气相色谱仪中，最常见的就是检测器种类与数量的配置。配备多个检测器会较高地提升仪器的使用效率，但是不同仪器由于结构问题，在检测器的配置数量上会有所限制，一般是 2～3 个。有必要的话，有些品牌型号的仪器通过扩容模块，可以安装 4 个检测器，这个在采购时可以进行了解。在检测器的配置上最容易忽视的问题是 FID、FPD 和 NPD 是需要使用氢气的。对于易燃易爆气体的安全使用有不少的要求，如果使用钢瓶气，那么在仪器设备投入使用前，其场所需提前布设好，如要使用防爆气瓶柜、安装气体泄漏报警器等，此外氢气钢瓶的减压阀也与其他气体不同。相对于使用氢气钢瓶，氢气发生器就方便安全很多，因此在仪器设备的采购中，氢气发生器这种额外的设备配置也是有必要进行考虑的。助燃气干燥空气是可以由带有除烃除湿功能的空压机产生。气相色谱仪的自动进样器也有不同配置，是否具有样品盘、样品盘的位数等。气体阀进样装置也是一个考虑的配置。进样口常规配置就可以满足要求了，数量基本是两个。而进样口也有高配选择，如程序升温进样口、氦气节省进样口（部分品牌的气相色谱-质谱联用仪中使用）、特殊材质的全惰性化进样口等。气相色谱仪采购中，耗材数量可以考虑适当增加，如气体净化装置、隔垫、衬管、O形圈、分流平板、色谱柱等。这些耗材有很多种类，其中衬管和色谱柱种类最多，可在仪器厂家的建议下选购。

气相色谱-质谱联用仪气相部分的配置选购与气相色谱仪基本一致，气相色谱-质谱联用仪是可以配置检测器作为气相色谱仪用的。质谱部分的配置，不同品牌的仪器既有相同的地方，又各具特色。机械泵及分子涡轮泵决定了抽真空的效果及速度，也会对仪器性能产生影响，因此抽真空能力越强的机械泵跟分子涡轮泵其价格也越高。离子源的话可以选择EI源，或者CI源，有的仪器还可以两者兼容，有的仪器可以选择不同性能的EI离子源。有的仪器可以配上真空锁，实现不放真空换色谱柱，甚至是换离子源。质谱的耗材一般是灯丝、泵油以及离子源清洗的用品等。

液相色谱仪的自动进样器是可以选配的，如果不采购自动进样器，也可以选择手动的阀进样。检测器与气相色谱仪类似，可以选择多个，而且数量上不受仪器结构的限制。液相色谱仪还可以搭配柱后衍生装置。常见耗材有滤头、滤芯、阀芯隔垫、色谱柱、保护柱等。如果需要使用缓冲溶液，也需配备上流动相的过滤装置。

对于软件的配置，一般直接按标准配置就可以。部分分析仪器可以有不同的数据处理软件，可以按使用习惯进行配置。还有些软件具有高级功能，需要另外升级才可以使用的。近年来，实验室人机分离的概念也越来越多地应用，有些软件版本是专门针对实验室人机分离而设计的。

5.4.2 前处理设备

前处理设备的选择原则基本与分析仪器一致，与业务类型息息相关。而前处理设备有同类型的仪器可以相互替代或者补充，选择会更加多样化。例如，顶空仪和吹扫捕集仪均可以用于水土等介质中的挥发性有机物分析；索氏提取仪设备与加压流体萃取仪、固相萃取装置，均可以用于土壤或固废中有机物的提取；还有氮吹仪、旋蒸仪和平行蒸发仪均可用于提取液的浓缩。这些同类型前处理设备的选择可以根据其特点及需求来进行选择。

5.4.2.1 技术参数

前处理设备的关键参数可以从稳定性、精密度、处理效率、容量以及功能来考虑。对于前处理设备而言，同类型的仪器构造可以是大同小异，也可以是截然不同，要进行比较不太容易。稳定性往往涉及温度和流量这两个参数，对这两个参数的比较，也可以看出前处理设备精密程度。精密性可以与分析仪器联用，通过重复运行就可以得到，但是这个精密度是包含了分析仪器的精密度，不容易单独评价，需要综合考虑。处理效率是可以影响这个分析流程的，例如，加压流体萃取仪有两种处理模式的设备，在同样的分析步骤和时间下，一种是一次处理一个，一种是一次处理多个，一次处理多个的设备效率更高，实验分析的流程可以得到优化。处理容量是指处理样品的数量或样品的取样量，例如，全自动固相萃取仪有些一批次处理个位数的样品，有些可以处理几十个，这样处理样品数量多的设备可以利用晚上下班的时间进行前处理。取样量的多少决定了前处理设备的灵活性，氮吹仪用于样品的浓缩，但是不同项目浓缩的体积不一样，能兼容 10 ml 以下和 50 ml 以上的氮吹仪其用途会更广。前处理设备多种多样的一个表现在于功能上，有些全自动固相萃取仪可以有浓缩功能，或者有小体积样品净化功能；有些氮吹仪或者平行浓缩仪有定容功能；有些吹扫捕集仪可以水土一体化……功能不是越多越好，但是能在实际的分析过程提供便利的功能还是值得考虑的。

5.4.2.2　安装要点

另外，对于连接分析仪器的前处理设备，如顶空仪、吹扫捕集仪、热脱附仪、大气预浓缩仪等，需要考虑与仪器设备连接的问题，大概可以分为以下几点：

（1）前处理设备传输管的长度问题。有些前处理设备传输管是固定长度，且不是特别长，就需要考虑摆放在分析仪器的位置，以及自动进样器上的样品盘是否存在遮挡问题。

（2）仪器兼容问题。前处理设备与分析仪器的控制都是软件分别控制的，所以单独运行没有问题。但是仪器之间的联用，是需要靠信号传输的，分析仪器需要将就绪状态传输给前处理设备，前处理设备进样需要触发分析仪器开始数据采集。如果设备之间兼容不好，容易出现信号没有采集的问题。

（3）特别针对气相色谱仪来说，有些前处理设备会占据进样口，还因为有些气相色谱仪两个进样口距离较小，自动进样器与前处理设备的管线有可能会冲突。

（4）一台分析仪器上连接多个前处理设备的问题。这种情况需同时考虑传输管长度、仪器位置以及进样口的影响。也可以通过加装多功能处理平台进行处理。

（5）软件版本问题。一般仪器软件是安装在 Windows 系统上的，Windows 系统除了有 32 位和 64 位的不同之外，还有很多不同版本。仪器软件的安装有不少限定电脑系统的，如果新旧仪器连接，有可能需要分开两台电脑安装。

第十三章　生物分析技术

第一节　概　述

生物监测主要包括微生物和水生生物。微生物是指个体微小、结构简单，肉眼难以看清、需要借助光学显微镜或电子显微镜才能观察到的一切微小生物的总称。本书微生物的指标涉及细菌总数、总大肠菌群、粪大肠菌群。分析方法涉及《水质　细菌总数的测定　平皿计数法》（HJ 1000—2018）、《水质　粪大肠菌群的测定　多管发酵法》（HJ 347.2—2018）、《水质　粪大肠菌群的测定　滤膜法》（HJ 347.1—2018）、《水质　总大肠菌群、粪大肠菌群和大肠埃希氏菌的测定　酶底物法》（HJ 1001—2018）和《水质　总大肠菌群和粪大肠菌群的测定　纸片快速法》（HJ 755—2015），总大肠菌群（多管发酵法和滤膜法）无国家和行业分析标准，目前参照《水和废水监测分析方法》（第四版）。

水生生物是生活在各类水体中的生物的总称。水生生物种类繁多，有各种浮游藻类、浮游动物、水生高等植物、各种无脊椎动物和脊椎动物。其生活方式也多种多样，有漂浮、浮游、游泳、固着和穴居等。有的适于淡水中生活，有的则适于海水中生活。

水生生物学就是研究生活在水中的植物和动物的形态、分类、生态，阐明其生命活动的各种规律，并探讨其控制利用的学科。它也是研究水生生物的种类、组成、演替、生命活动的规律及其与环境之间相互关系的综合性学科。本书水生生物涉及浮游植物、着生藻类、浮游动物和大型底栖无脊椎动物。分析方法涉及《水质　浮游植物的测定　0.1 ml 计数框－显微镜计数法》（HJ 1216—2021），着生藻类、浮游动物和大型无脊椎动物参照《水生态监测技术要求　淡水着生藻类（试行）》（总站水字〔2022〕33 号）、《水生态监测技术要求　淡水浮游动物（试行）》（总站水字〔2022〕47 号）和《水生态监测技术要求　淡水大型无脊椎动物（试行）》（总站水字〔2021〕629 号）。

第二节　微生物分析技术

2.1　分析原理

微生物分析方法主要包括平板计数法、多管发酵法、滤膜法、酶底物法、纸片快速法。

细菌总数平板计数法：将样品接种于营养琼脂培养基中，在特定的物理条件下（36℃培养 48 h）培养，生长的需氧菌和兼性厌氧菌总数即为样品中细菌菌落的总数。

多管发酵法：根据大肠菌群细菌能发酵乳糖、产酸产气以及具备革兰氏染色阴性、无芽孢、呈杆状等有关特性，以求得水样中的大肠菌群数。多管发酵法是以最大可能数（most probable number，MPN）来表示结果的。实际上，它是根据统计学理论，估计水体中的大肠杆菌密度和卫生质量的一种方法。如果从理论上考虑，并且进行大量的重复检定，可以发现这种估计有大于实际数字的倾向。不过只要每一稀释度试管重复数目增加，这种差异便会减少，对于细菌含量的估计值，大部分取决于那些既显示阳性又显示阴性的稀释度。因此在实验设计上，水样检验所要求重复的数目，要根据所要求数据的情况而定。

滤膜法：滤膜是一种微孔性薄膜，将水样注入已灭菌的放有滤膜（孔径 0.45 pm）的滤器中，经过抽滤，细菌即被截留在膜上，然后将滤膜贴于品红亚硫酸钠培养基上进行培养。因大肠菌群细菌可发酵乳糖，在滤膜上出现紫红色具有金属光泽的菌落，计数滤膜上生长的此特性的菌落数，计算出每 1 L 水样中含有总大肠菌群数。如有必要，对可疑菌落应进行涂片染色镜检，并再接种乳糖发酵管做进一步鉴定。

酶底物法：在特定温度下培养特定的时间，总大肠菌群、粪大肠菌群、大肠埃希氏菌能产生 β- 半乳糖苷酶，将选择性培养基中的无色底物邻硝基苯 -β-D- 吡喃半乳糖苷（ONPG）分解为黄色的邻硝基苯酚（ONP）；大肠埃希氏菌同时能产生 β- 葡萄糖醛酸酶，将选择性培养基中的 4- 甲基伞形酮 -β-D- 葡萄糖醛酸苷（MUG）分解为 4- 甲基伞形酮，在紫外灯照射下产生荧光。统计阳性反应出现数量，查 MPN 表，分别计算样品中总大肠菌群、粪大肠菌群、大肠埃希氏菌的浓度值。

纸片快速法：按 MPN 法，将一定量的水样以无菌操作的方式接种到吸附有适量指示剂（溴甲酚紫和 2,3,5- 氯化三苯基四氮唑，TTC）以及乳糖等营养成分的无菌滤纸上，在特定的温度（37℃或 44.5℃）培养 24 h，当细菌生长繁殖时，产酸使 pH 降低，溴甲酚紫指示剂由紫色变黄色，同时，产气过程相应的脱氢酶在适宜的 pH 范围内，催化底物脱氢还原 TTC 形成红色的不溶性三苯甲臜（TTF），即可在产酸后的黄色背景下显示出红色斑点（或红晕）。通过上述指示剂的颜色变化就可对是否产酸产气做出判断，从而确定是否有总大肠菌群或粪大肠菌群存在，再通过查 MPN 表就可得出相应总大肠菌群或粪大肠菌群的浓度值。

适用范围：多管发酵法可适用于各种水样（包括底泥），但操作较烦琐，分析时间较长。滤膜法具有高度的再现性，可用于检验体积较大的水样，能比多管发酵技术更快地获得肯定的结果。不过在检验浑浊度高、非大肠杆菌类细菌密度大的水样时，有其局限性。酶底物法适用于地表水、地下水、生活污水和工业废水，可快速测定总大肠菌群、粪大肠菌群和大肠埃希氏菌。

2.2 注意事项

2.2.1 样品采集

点位布设及采样频次按照 GB/T 14581、HJ 494、HJ 91.1 和 HJ 91.2 的相关规定执行。

采集微生物样品时，采样瓶不得用样品洗涤，采集样品于灭菌的采样瓶中。

采集河流、湖库等地表水样品时，可握住瓶子下部直接将带塞采样瓶插入水中，距水面 10～15 cm 处，瓶口朝水流方向，拔瓶塞，使样品灌入瓶内然后盖上瓶塞，将采样瓶从水中取出。如果没有水流，可握住瓶子水平往前推。采样量一般为采样瓶容量的 80% 左右。样品采集完毕后，迅速扎上无菌包装纸。

从龙头装置采集样品时，不要选用漏水龙头，采水前将龙头打开至最大，放水 3～5 min，然后将龙头关闭，用火焰灼烧约 3 min 灭菌或用 70%～75% 的酒精对龙头进行消毒，开足龙头，再放水 1 min，以充分除去水管中的滞留杂质。采样时控制水流速度，小心接入瓶内。

采集地表水、废水样品及一定深度的样品时，也可使用灭菌过的专用采样装置采样。

在同一采样点进行分层采样时，应自上而下进行，以免不同层次的搅扰。

2.2.2 样品保存

采样后应在 2 h 内检测，否则，应 10℃以下冷藏但不得超过 6 h。实验室接样后，不能立即开展检测的，将样品于 4℃以下冷藏并在 2 h 内检测。

2.2.3 干扰和消除

如果采集的是含有活性氯的样品，需在采样瓶灭菌前加入硫代硫酸钠溶液，以除去活性氯对细菌的抑制作用；如果采集的是重金属离子含量较高的样品，则在采样瓶灭菌前加入乙二胺四乙酸二钠溶液，以消除干扰。

2.2.4 质量保证和质量控制

培养基检验：更换不同批次培养基时要进行阳性菌株检验，以确保其符合要求。

空白试验：每次试验都要用无菌水进行实验室空白测定，检查稀释水、玻璃器皿和其他器具的无菌性。培养后平皿上不得有菌落生长，否则，该次样品测定结果无效，应查明原因后重新测定。

平行样（酶底物法）：每 20 个样品或每批次样品（≤20 个 / 批）测定一个平行双样。

标准菌株 / 标准样品：定期使用有证标准菌株 / 标准样品进行质量控制。

第三节 水生生物分析技术

3.1 叶绿素 a

3.1.1 方法原理

将一定量样品用滤膜过滤截留藻类，研磨破碎藻类细胞，用丙酮溶液提取叶绿素 a，离心分离后分别于 750 nm、664 nm、647 nm 和 630 nm 波长处测定提取液吸光度，根据公式计算水中叶绿素 a 的浓度。

3.1.2　采样

按照 GB/T 14581、HJ 91.2 和 HJ 494 中的相关规定进行样品的采集。样品的采集一般使用有机玻璃采水器或其他适当的采样器采集水面下 0.5 m 样品，湖泊、水库根据需要可分层采样或混合采样，采样体积为 1 L 或 500 ml。在每升样品中加入 1 ml 碳酸镁悬浊液，以防止酸化引起色素溶解。

如果样品中含沉降性固体（如泥沙等），应将样品摇匀后倒入 2 L 量筒，避光静置 30 min，取水面下 5 cm 样品，转移至采样瓶。

3.1.3　样品保存

样品采集后应在 0～4℃避光保存、运输，24 h 内运送至检测实验室过滤（若样品 24 h 内不能送达检测实验室，应现场过滤，滤膜避光冷冻运输），样品滤膜于 −20℃避光保存，14 d 内分析完毕。

3.1.4　分析步骤

过滤：在过滤装置上装好玻璃纤维滤膜。根据水体的营养状态确定取样体积。用量筒量取一定体积的混匀样品，进行过滤，最后用少量蒸馏水冲洗滤器壁。过滤时负压不超过 50 kPa，在样品刚刚完全通过滤膜时结束抽滤，用镊子将滤膜取出，将有样品的一面对折，用滤纸吸干滤膜水分。

注：仅当高营养化水体的样品无法通过玻璃纤维滤膜时，可采用离心法浓缩样品，但转移过程中应保证提取效率，避免叶绿素 a 的损失及水分对丙酮溶液浓度的影响。

研磨：将样品滤膜放置于研磨装置中，加入 3～4 ml 丙酮溶液，研磨至糊状。补加 3～4 ml 丙酮溶液，继续研磨，并重复 1～2 次，保证充分研磨 5 min 以上。将完全破碎后的细胞提取液转移至玻璃刻度离心管中，用丙酮溶液冲洗研钵及研磨杵，一并转入离心管中，定容至 10 ml。

注：叶绿素 a 对光及酸性物质敏感，实验室光线应尽量微弱，能进行分析操作即可，所有器皿不能用酸浸泡或洗涤。

浸泡提取：将离心管中的研磨提取液充分振荡混匀后，用铝箔包好，放置于 4℃避光浸泡提取 2 h 以上，不超过 24 h。在浸泡过程中要颠倒摇匀 2～3 次。

离心：将离心管放入离心机，以相对离心力 1 000 × *g*（转速 3 000～4 000 r/min）离心 10 min。然后用针式滤器过滤上清液得到叶绿素 a 的丙酮提取液（试样）待测。

分光光度计测定：将试样移至比色皿中，以丙酮溶液为参比溶液，于波长 750 nm、664 nm、647 nm、630 nm 处测量吸光度。750 nm 波长处的吸光度应小于 0.005，否则需重新用针式滤器过滤后测定。

3.1.5 质量保证和质量控制

空白试验：每批样品应至少做一个实验室空白试验，其测定结果应低于方法检出限。

平行样测定：每批样品应至少测定 10% 的平行双样。样品数量少于 10 个时，应至少测定一个平行双样，测定结果的相对偏差应≤20%。

3.2 浮游植物

3.2.1 方法原理

浮游植物（phytoplankton）是指在水中营浮游生活的藻类植物，通常浮游植物就是浮游藻类，包括原核的蓝藻门和其他各类真核藻类。其方法原理为在显微镜下，利用 0.1 ml 计数框对样品中的浮游植物进行人工分类和计数，计算单位体积样品中各种类浮游植物的细胞数量。

3.2.2 采样

定性样品：点位布设及采样频次按照 GB/T 14581、HJ 91.2 和 HJ 494 的相关规定执行。也可根据调查研究目的确定。使用 25 号浮游生物网采集定性样品。关闭浮游生物网底端出水活塞开关，在水面表层至 0.5 m 深处以 20～30 cm/s 的速度做“∞”形往复，缓慢拖动 1～3 min，待网中明显有浮游植物进入，将浮游生物网提出水面，网内水自然通过网孔滤出，待底部还剩少许水样（5～10 ml）时，将底端出口移入定性采样瓶中，打开底端活塞开关收集定性样品。采集分层样品时，用 25 号浮游生物网过滤特定水层样品，其他步骤同采集表层样品。定性样品采集完成后及时将浮游生物网清洗干净。样品采集后冷藏避光运输。

定量样品：按照 GB/T 14581、HJ 91.2 和 HJ 494 的相关规定进行定量样品的采集。用采水器采集样品至定量采样瓶中，一般采集不少于 500 ml 样品。若水体透明度较高，浮游植物数量较少时，应酌情增加采样体积。定量样品采集后，样品瓶不应装满，以便摇匀。

定量样品采集应在定性样品采集之前。应保持固定时间段采样，以便结果之间可相互比较。

3.2.3 样品保存

定性样品：定性样品采集后立即加入鲁哥氏碘液，用量为水样体积的 1.0%～1.5%。镜检活体样品不加鲁哥氏碘液固定。定性样品在室温避光条件下可保存 3 周；1～5℃冷藏避光条件下可保存 12 个月。活体样品在 4～10℃避光条件下可保存 36 h。

定量样品：定量样品采集后立即加入鲁哥氏碘液固定，用量为水样体积的 1.0%～1.5%。也可将鲁哥氏碘液提前加入定量采样瓶中带至现场使用。定量样品在室温避光条件下可保存 3 周；1～5℃冷藏避光条件下可保存 12 个月。

样品在保存过程中，应每周检查鲁哥氏碘液的氧化程度，若样品颜色变浅，应向样品中补加适量的鲁哥氏碘液，直到样品的颜色恢复为黄褐色。

若样品需长期保存，应加入甲醛溶液，用量为水样体积的 4%。

3.2.4　分析步骤

定性样品：在显微镜下观察定性样品，鉴定浮游植物的种类。优势种类鉴定到种，其他种类至少鉴定到属。部分物种鉴定参考资料见参考文献。

注：种类鉴定除用定性样品观察外，还可吸取已完成计数的定量样品进行观察。

定量样品分析步骤如下：

（1）预检：取 0.1 ml 混匀样品，注入 0.1 ml 浮游植物计数框中，用盖玻片将计数框盖住，静置片刻，无气泡即可观察样品。随机选取若干计数小格或视野，初步估计浮游植物的数量。对于含有细胞聚集成团且不易辨别的浮游植物样品，可进行超声波分散处理。

（2）调整浮游植物密度：适宜测定的浮游植物密度为 10^7～10^8 cells/L。若定量样品中的浮游植物细胞密度低于 10^7 cells/L，应浓缩样品；若定量样品中的浮游植物细胞密度高于 10^8 cells/L，应稀释样品。最终使加入计数框中的 0.1 ml 样品含有 500～10 000 个浮游植物细胞。

（3）样品浓缩：将样品摇匀倒入浓缩装置中，避免阳光直射的环境下，静置 48 h。用虹吸管吸取上清液置于烧杯中，直至浮游植物沉淀物体积约 20 ml。将浮游植物沉淀物转移至 100 ml 量筒中。用少许上清液冲洗浓缩装置 1～3 次，将冲洗水一并放入量筒中，再用上清液定容至所需浓缩倍数的体积。如果采样量为 1 L 及以上时，可多次浓缩，即每次浓缩后再静置 24～48 h，重复浓缩操作。

（4）样品稀释：根据稀释倍数，选取相应体积的容量瓶，量取不少于 25 ml 混匀后的定量样品或经超声分散处理后的样品，用水定容至刻线。如要保存稀释后的样品，应注意补充鲁哥氏碘液，使稀释后的样品中的鲁哥氏碘液浓度与稀释前一致。

（5）显微镜计数：取 0.1 ml 混匀样品，注入 0.1 ml 浮游植物计数框中，用盖玻片将计数框盖住，静置片刻，无气泡即可观察样品。在 40× 物镜下，观察浮游植物计数框中的浮游植物种类和数量，若浮游植物细胞体积较大，可降低物镜倍数。使浮游植物细胞的总计数量为 500～1 500 个。每一样品装片计数两次。两次浮游植物细胞总计数量结果相对偏差应在 ±15% 以内，否则应增加计数一次，直至某两次计数结果符合这一要求。

3.2.5　质量保证和质量控制

浮游植物均匀性：在开始显微镜计数前，应确认浮游植物在计数框中分布的均匀性。使用低倍数物镜观察浮游植物在整个计数框中的分布情况，若分布不均匀，应重新取样。

最少计数量：在单次测定中，浮游植物细胞总计数量不少于500个。如果测定精度难以达到要求，可适当增加每次测定中浮游植物细胞的计数总量。

平行样：每批次样品中，随机抽取10%的样品做平行测定。

显微镜标定：定期标定显微镜，每年1次。

3.3 着生藻类

3.3.1 原理

着生藻类（Perphytic Algae）生长在浸没于水中的各种基质表面上的微型藻类植物。根据基质的不同，着生藻类可分为附石藻类、附植藻类、附砂藻类、附泥藻类和附动藻类等。淡水中着生藻类以硅藻门（Bacillariophyta）为主，其次包括绿藻门（Chlorophyta）、蓝藻门（Cyanophyta）、隐藻门（Cryptophyta）和裸藻门（Euglenophyta）等。

3.3.2 采样

位置选择：采样点位应根据监测研究目的、水体自然生态类型、人类干扰的空间特性和点位周边生态环境等因素确定。着生藻类的采样点位应尽量与底栖动物及常规理化监测采样点位保持一致，以保持监测数据的可获得性和监测结果的可比性。

着生藻类采样应在河流采样点位上下游50 m的河段范围内开展；若针对湖泊的着生藻类监测，宜在可涉水湖滨带开展；在无可涉水河岸的河流或存在明显消落带的水库可考虑在监测点位采用人工基质进行硅藻样品采集。

调查时间与次数：每年至少监测一次，建议枯水期或平水期开展监测；也可根据监测目的调整采样频次，按水期、季节或月度等开展监测。

基质的选择：每个采样点位尽量选择采集同一基质类型的样品，保证各点位间监测结果可比性。也可根据监测目的，从调查河段内所有可达的生境和基质中采集着生藻类，获得一个能够代表该河段内现存着生藻类群落的混合样品。着生藻类可以在多数水下基质表面生长，其群落组成因其附着基质而异。在保证采样安全的前提下，建议在河床或湖滨带优先选择天然存在的可从水中移出的坚硬基质（如卵石、砾石和岩块等）。其次，可对码头和桥墩等稳定的人造基质的垂直面进行取样，取样区域应为基质水下非木质结构部分；或选择其他人造基质的硬表面取样，如瓷砖、砖块、人造石板等。若调查河段无法满足上述两类采样基质，则选择从沉水植物或挺水植物的水下部分采集。需保证以上基质已经在水中浸没足够长的时间（至少15 d），以确保基质表面着生藻类群落发育稳定。

3.3.3 样品保存与运输

如果样本能在24 h内被带到实验室并马上处理，则可将样品遮光冷藏保存；若无法满足，则有必要在现场添加固定剂，以防止微生物生长或硅藻的化学溶解。应根据后续实验处理分析及监测评价的需要对样品进行固定：如需分析全部门类的藻类，按

10%～15% 比例加入鲁哥式液；如仅需分析硅藻群落结构，按 1%～4% 体积比加入甲醛溶液；如需长期保存，按 1%～4% 体积比加入甲醛溶液，实际体积根据样品情况调整。

将样品带回实验室过程中，应注意样品瓶的密封和缓冲保护，防止在运输过程中样品瓶破损。

3.3.4 分析步骤

样品前处理：若采集到的着生藻类样品中含有大量的泥沙，可剧烈摇匀后短暂静置 30 s 使泥沙迅速沉淀至样品瓶底，吸取液体中下部的样品进行下一步处理。着生藻类样品应根据监测评价所需选择不同的处理分析方法，一般可按硅藻类和全藻类进行处理及分析。

全藻类样品可参考浮游植物样品处理方法。硅藻类样品前处理步骤如下：

样品消解：由于硅藻种类的形态学鉴定主要依据其纹饰和壳体形状，应在鉴定之前，对样品进行消解，以去除藻体中的原生质，只保留主要由二氧化硅组成的硅质外壳。预处理的方法很多，只要保持试剂之间的比例，数量是可以调整的，以适应不同的条件。预处理常用方法有以下 3 种，可根据实际情况选取适合的方式。主要消解方法有双氧水法、微波硝酸消解法和三酸法。

样品清洗：将预处理后的样品静置沉降 24 h，移除上清液，向试管中加入蒸馏水，混匀后静置沉降，移除上清液。如此反复操作 3～5 次，至悬浮液接近中性；也可通过离心分离的方式，将预处理后的样品转移至离心管内，3 000 r/min 离心 5 min。

样品干燥：在清洗后的样品中，加入 95% 酒精稀释至合适浓度（在光线照射下，悬浮液中的颗粒肉眼可见）。如果悬浮液呈乳白色或浑浊，则继续加入 95% 酒精稀释，以保证玻片中硅藻细胞不重叠，分布均匀；如果悬浮物非常稀，则应再次浓缩样品。吸取稀释后的水样滴加在清洗干净的盖玻片上，直至水样覆盖整个盖玻片而不溢出。在室温环境下，将滴加水样的盖玻片进行干燥处理，干燥时可将玻片用罩子罩住以免样品被污染。也可通过加热板或烘箱来提高盖玻片的干燥速度，但温度建议不超过 50℃。

调整样品浓度：将干燥后的盖玻片放在载玻片上，在显微镜 10×40 倍数下观察，以每个视野中平均出现 30～50 个硅藻壳面为宜。若单个视野中出现的硅藻细胞过多或过少，则应调整样品稀释度，然后重新干燥处理样品。

制片：在载玻片上滴一滴封片胶（Naphrax），将盖玻片有硅藻的一面朝下放到封片胶上，使胶慢慢散开，接近或完全扩散到整张盖玻片上。将载玻片放到电热板或光波炉加热，待封片胶溶化后继续加热直至气泡消失。迅速将载玻片取下，用镊子或玻璃棒轻轻按压盖玻片，以除去玻片中残留的气泡，并使得硅藻细胞分散在同一个层面上。待玻片冷却后，对其进行质量检查。一个合格的玻片标本应符合以下要求：①尽可能少的含有矿物晶体、泥沙杂质和气泡；②盖玻片应完全充满封片胶；③在显微镜 10×40 倍数下观察，玻片中硅藻细胞应分布较均匀，密度适中。在玻片上贴好标签，记录样品的详细信息。

样品镜检分析：全藻类样品的镜检分析参照浮游植物的测定。硅藻类样品的镜检分析如下：将制作合格的硅藻玻片置于光学显微镜 10×100 倍油镜下观察，鉴定分析至属或种，其中优势种应尽量鉴定到种；对于部分个体较小的优势种类，若光学显微镜无法鉴定种类，有条件情况下可借助电子显微镜鉴定分析。至少计数 400 个硅藻细胞。将稀释至合适浓度的硅藻样品转移至干净的小瓶中，加入终浓度为 1% 的甲醛防止真菌生长，贴好标签，样品可长期保存。

3.3.5 质量保证和质量控制

生物鉴定：从事着生藻类样品检测的人员必须经过相关培训和课程，具备一定的生物鉴定专业知识。建议以流域为单位开展着生藻类名录和图谱库数据平台建设，流域内分析鉴定应基于统一的分类资料进行，命名需与权威资料中的名称一致。对于样品中的优势种、存疑或不确定种应拍摄照片或视频，请分类学专家对该物种进行确认。新种、新记录种必须留出典型、完好的标本，永久保存，并请分类学专家进行确认。定期邀请相关专业的分类学家和生态学家检查鉴定结果的合理性。

人员比对：由内部检测技术人员或邀请外部分类专家开展人员实验比对，比对样品应为同一玻片。根据监测目的制定人员比对质控目标，如 PDE≤30%、PTD≤40%。

分类鉴定差异比对：抽取一定比例的样品（如 10%），分别由 2 名技术人员或者 1 名技术人员 +1 名质控专家重复计数，以分类鉴定误差率（PTD）来评估分类鉴定结果的准确性。

计数差异比对：定量样品随机抽取一定比例的样品（如 10%）作平行测定，以计数差异率（PDE）以评估计数精密度。

显微镜标定：定期标定显微镜，每年 1 次。

3.4 浮游动物

3.4.1 原理

浮游动物（zooplankton）是指在水中营浮游生活的，不具备游泳能力或者游泳能力弱的一类动物类群，主要包括原生动物（Protozoa）、轮虫（Rotifer）、枝角类（Cladocera）、桡足类（Copepod）。

3.4.2 采样

点位布设：点位布设按照 GB/T 14581、HJ 91.2 和 HJ 494 的相关规定执行。兼顾不同生态功能（如重点饮用水水源地、重要物种保护区等）、不同生态类型（草型湖库、藻型湖库、重要出入湖河口区等）、不同污染水平和富营养化程度的湖区等需要重点关注的区域，适当增设点位。

采样层次：浮游动物分层采样应满足以下要求：①对于水深小于 5 m 或者混合均

匀的水体，在水面下 0.5 m 处布设一个采样点；②当水深为 5～10 m 时，分别在水面下 0.5 m 处和透光层底部各布设一个采样点（透光层深度以 3 倍透明度计），进行分层采样或取混合样；③当水深大于 10 m 时，分别在水面下 0.5 m、1/2 透光层处及透光层底部各布设 1 个采样点，进行分层采样或取混合样。

监测频次及时间：一般情况下，监测频次以年为周期，每年至少监测 2 次，分别在春秋季开展监测。对于地区特定种类有特殊繁殖时间段的，采样时间需在此繁殖时间段内。监测频次确定需同时考虑下列事项：①若进行逐季或逐月监测，各季或各月监测时间间隔应基本相同；②同一水体的监测应使水质、水文及生物采样时间保持一致。

样品的采集：在采集水体中浮游动物样品时，须遵循先采定量样品，后采定性样品的原则。①定量样品采集：轮虫定量样品采集量一般为 1 L。枝角类和桡足类浮游动物一般采集 20 L，蓝藻水华暴发期间采集 10 L，水体初级生产力比较低点位采集 30～50 L，并通过 25 号浮游生物网过滤浓缩，加入 100 ml 具塞聚乙烯瓶。②定性样品采集：只监测轮虫时，定性样品的采集使用 25 号浮游生物网；只监测枝角类和桡足类时，定性样品的采集使用 13 号浮游生物网；监测轮虫、枝角类和桡足类时，可仅用 25 号浮游生物网进行定性样品采集。在水体表层至 0.5 m 水深处以 20～30 cm/s 的速度做“∞”形往复、缓慢拖动 1～3 min，将浮游生物网提出水面，定性样品被收集在网底部容器中，将底端出口伸入 100 ml 具塞聚乙烯瓶打开底端活塞开关收集定性样品。

3.4.3　样品固定、保存和运输

轮虫定量样品按每 1 L 水样加 10～15 ml 鲁哥氏液；轮虫定性样品、枝角类和桡足类定量及定性样品按每 100 ml 水样中加 3～5 ml 鲁哥氏液。若不能及时开展鉴定，每两周检查一次样品的颜色，如果样品颜色变浅，则需补加鲁哥氏液。

若需长期保存，可使用甲醛溶液固定，添加量为水样体积的 5%，蜡封存放于阴暗避光处。

根据采样记录核对样品。运输中应确保样品无破损、无污染。固定后的样品可常温保存并带回实验室待处理。

3.4.4　分析步骤

样品前处理：轮虫定量样品前处理方法为将轮虫全部定量样品摇匀倒入浓缩装置中，静置 24～48 h。用虹吸装置吸取上清液，直至样品沉淀物处于 50 ml 标记线左右。旋开浓缩装置底部活塞，将轮虫沉淀物收集在 100 ml 量筒中，再用少许上清液冲洗浓缩装置 1～3 次，将冲洗水一并收集在量筒中，读取量筒中样品体积，即为浓缩体积，将浓缩液转入 100 ml 聚乙烯瓶中。静置初期，应适时轻敲浓缩装置器壁减少吸附。虹吸过程中，吸液口与轮虫沉淀物间距离应大于 3 cm。枝角类和桡足类定量样品及浮游动物定性样品无须前处理，可直接用于鉴定。

样品镜检分析步骤如下：

定性分析：定性样品取样前不需要摇匀，轮虫定性样品鉴定时使用吸管从瓶底吸取约 1 ml 样品放于 1 ml 计数框中，枝角类和桡足类样品鉴定时从瓶底吸取约 5 ml 样品放于 5 ml 计数框中，在显微镜下观察鉴定。对于密度较高或杂质较多的样品，需要稀释后再进行物种鉴定。

定量分析：枝角类和桡足类：用移液器准确吸取 5 ml 样品，置于 5 ml 浮游生物计数框内，在显微镜 4× 或 10× 下计数。枝角类和桡足类样品需要全样计数，水华暴发期间采集的样品稀释后再进行计数。轮虫：将浓缩样品充分摇匀，用移液器准确吸取 1 ml 样品，置于 1 ml 浮游生物计数框内，在显微镜 10× 或 20× 下全片计数。每一样品需平行计数 2 次，取平均值，每次计数结果与其平均值之差应不大于 15%，否则应增加计数 1 次，直至有两次计数结果符合要求。残体以头部或尾部计数，同一种类（或同一态）的残体只能按其中一种方法计数，以数量较多者为准。枝角类和桡足类优势种鉴定到种，其他鉴定到属，轮虫鉴定到属。

3.4.5 质量保证和质量控制

生物鉴定：从事浮游动物样品检测的人员需具备一定的生物鉴定专业知识，应定期参加专业技术培训学习。对于样品中的优势种、存疑或不确定种应拍摄照片或视频，请分类学专家对该物种进行确认。新种、新记录种必须留出典型、完好的标本，永久保存，并请分类学专家进行确认。定期邀请相关专业的分类学家和生态学家检查鉴定结果的合理性。

平行样：样品鉴定完毕后，随机抽取 10% 样品做平行测定。

人员或实验室间比对：定期开展人员或实验室间比对。

显微镜标定：定期标定显微镜，每年至少 1 次。

3.5 大型底栖无脊椎动物

3.5.1 原理

大型底栖无脊椎动物（Freshwater benthic macroinvertebrate）是指生活史全部或至少一个时期栖息于内陆淡水（包括流水与静水）水体底部表面或基质中且个体不能通过 425 μm（40 目）网筛的无脊椎动物，它们具有相对稳定的生活环境，移动能力差。淡水中常见的大型底栖无脊椎动物主要包括水生的扁形动物（Platyhelminthes）、线形动物（Nematomorpha）、环节动物（Annelida）、软体动物（Mollusca）、节肢动物（Arthropoda）等。

3.5.2 采样

点位布设：根据监测目的，结合水体自然条件和人类干扰特点布设有代表性的监测点位。通常情况下，湖泊和水库可在沿岸带、湾区、敞水区、河口区、草型区、藻型区等区域布设监测点位，深水区应仅设少量具代表性的监测点位；在深水、浅水复合生境的情况下，可只在浅水区设置采样样方、样带。河流（可涉水河流和不可涉水河流）可在上游河段、中游河段、下游河段、支流汇入口上下游、排污口上下游、城镇上下游等区域布设监测点位。监测点位设置应尽可能与理化监测点位一致，监测点位已布设完成的按相关监测方案执行，同时可结合实际，在前期摸底监测的基础之上对点位进行适当优化调整，应避开主航道、航标塔、闸坝下方、渡口等地。

采样位置：①湖泊和水库：以监测点位经纬度坐标为中心，半径 100 m 的圆形范围为采样区域，根据采样区域内的不同生境选定样方或样带。每一个不同生境至少选择一个样方，样带必须覆盖采样区域的主要生境，单个采样区域中设置不少于 4 个定量采集的样方和 1 个半定量采集的样带，单个样方不少于 0.062 5 m^2，单个样带不少于 0.9 m^2，或单个采样区域放置不少于 2 个人工基质采样器（篮式采样器或十字采样器）。②河流：对于可涉水河流，以监测点位经纬度坐标为中心，上下游各 50 m 范围的河段为采样区域；对于不可涉水河流，当河宽不超过 200 m 时，以监测点位经纬度坐标为中心，上下游各 100 m 范围的河段为采样区域，当河宽为 200 m 及以上时，以监测点位经纬度坐标为中心，上下游各 200 m 范围的河段为采样区域。根据采样区域内的不同生境选定样方或样带，每一个不同生境至少选择一个样方，样带必须覆盖采样区域的主要生境，单个采样区域中设置不少于 4 个定量采集的样方和 1 个半定量采集的样带，单个样方不少于 0.062 5 m^2，单个样带不少于 0.9 m^2，单个采样区域放置不少于 2 个人工基质采样器（篮式采样器或十字采样器）。

采样量：一般情况下，湖泊和水库总采样量不低于 1.5 m^2 或 2 个人工基质采样器（篮式采样器或十字采样器）；河流总采样量不低于 1.36 m^2 或 2 个人工基质采样器（篮式采样器或十字采样器）。

为进一步保证采样代表性，可按以下步骤确定适宜采样量，首先判别生态类型状况，在生态类型一致的区域选取至少 3 个生态条件良好（尽量选择表 13-1 中物种多样性高的生境影响因子）的点位，再以最小单位采样量（如采泥器抓取一次或一个人工基质采样器的采样量）逐个增加的形式增加采样量，当新出现的物种分类单元数增加量不足一种时，所对应的总采样量为该区域适宜的采样量。

表 13-1　大型底栖无脊椎动物多样性生境影响因子梯度分布

<table>
<tr><th colspan="3">生境影响因子</th><th colspan="3">物种多样性由高到低的一般顺序</th></tr>
<tr><td rowspan="5">物理条件</td><td rowspan="2">底质</td><td>硬质底质</td><td>鹅卵石、砾石</td><td>基岩、漂石</td><td>砂石</td></tr>
<tr><td>软质底质</td><td>软泥</td><td>黏土</td><td></td></tr>
<tr><td colspan="2">水深</td><td>可涉水河流、湖泊和水库的沿岸带浅水区</td><td>不可涉水河流、湖泊和水库的深水区</td><td></td></tr>
<tr><td colspan="2">流速</td><td>0.3～1.2 m/s</td><td>1.2～5.5 m/s</td><td>＜0.3 m/s 或＞5.5 m/s</td></tr>
<tr><td colspan="2">水位</td><td>平水期</td><td>枯水期</td><td>丰水期</td></tr>
</table>

续表

<table>
<tr><th colspan="3">生境影响因子</th><th colspan="3">物种多样性由高到低的一般顺序</th></tr>
<tr><td rowspan="4">物理条件</td><td rowspan="2">水体</td><td>河流</td><td>常年流水</td><td>季节河流</td><td></td></tr>
<tr><td>湖泊和水库</td><td>沿岸带及水量稳定</td><td>沿岸带破碎，水量涨落频繁</td><td></td></tr>
<tr><td colspan="2">地形地貌</td><td>低山丘陵</td><td>平原</td><td>高山</td></tr>
<tr><td colspan="2">土地利用</td><td>林地、湿地</td><td>农田</td><td>城镇</td></tr>
<tr><td rowspan="2">化学条件</td><td colspan="2">溶解氧</td><td>5～7.5 mg/L</td><td><5 mg/ 或>7.5 mg/L</td><td></td></tr>
<tr><td colspan="2">污染程度</td><td>清洁</td><td>污染</td><td>严重污染</td></tr>
<tr><td>生物条件</td><td colspan="2">水生植物</td><td>有适量水生植物</td><td>无水生植物或被大量水生植物覆盖</td><td></td></tr>
</table>

监测频次及时间：以年为周期，每年至少监测 2 次，可分别在春秋季开展监测。对于特殊区域，如大型底栖无脊椎动物生长繁殖仅有一季的区域则可选择适宜生物生长、繁殖的时段每年仅进行 1 次监测。对于地区特定种类有特殊繁殖时间段的，采样时间需在此繁殖时间段内。

样品采集：淡水大型底栖无脊椎动物与生境、水质或其他生物类群样品同步采样时，一般情况下，最后采集淡水大型底栖无脊椎动物样品。淡水大型底栖无脊椎动物监测过程中，应保证至少 2 人参与。到达监测点位后，使用手持式全球定位系统准确定位监测点位经纬度。测定并记录水深、水温、pH、溶解氧、电导率、浊度等现场指标，湖泊和水库增测透明度。在采样之前，先观测、记录并拍摄生境状况。根据水体类型和监测要求，选择相应的采样工具进行样品采集。采样一般顺序依次为定量采样、半定量采样和定性采样。采集湖泊和水库样品时，如需了解大型底栖无脊椎动物整体状况，则必须采集滨岸带的大型底栖无脊椎动物。采集河流样品时，需根据水流方向，按照逆流采样原则，自下而上开展样品采集。

样品现场筛洗：通常情况下，将每个监测点位的样品经孔径为 425 μm（40 目）的筛网筛洗，直至过筛网后的出水澄清。拣出筛网内较大的杂物，如叶片、植物残枝、石块、塑料袋等，将附着在其表面的动物个体冲洗入筛网后丢弃。当样品中含有较多沙粒、砂石和石块时，可将样品放入塑料盆内冲水进行浮洗分离，将上层泥水等混合物倒入筛网，如此重复 3～5 次。肉眼检查塑料盆内剩余残渣，将遗留的动物个体挑拣放入筛内，确认无遗留后丢弃残渣。当样品较干净且挑拣条件具备时，可在现场开展样品挑拣，否则将样品筛洗、封装并按要求保存后，运送回驻地或实验室进行处理。

3.5.3 样品封装和保存

将样品筛洗后的剩余物全部装入塑料自封袋或广口塑料瓶内，并检查筛网，确保无动物个体遗留。贴上标签，注明监测点位名称、样品采集日期、采集人员以及样品唯一性标识码等信息。当某个点位的样品需分装多个样品袋或样品瓶时，标明样品编号及总数。必要时，可在样品袋或样品瓶内放入相同信息的标签。封好袋口或盖紧瓶盖，填写现场采样记录表。整理、清点、核对样品无误后，冷藏保存并运送回实验室处理。

采集好的样品应及时挑拣，冷藏保存一般不宜超过 24 h，室温保存一般不宜超过 5 h。若无法及时挑拣，则应加入适量的无水乙醇或甲醛溶液进行固定，保证样品中乙醇终浓度约 75% 或甲醛终浓度约 4%，以防样品腐烂。固定保存时间一般不超过 2 周。

3.5.4　分析步骤

3.5.4.1　样品前处理

样品筛洗：将现场采回的样品，用自来水再次筛洗，直至出水完全澄清。若样品中已添加了固定液，则将样品在水中浸泡 15 min 左右，洗脱固定液并使动物样本充分吸水。若样品分装了多个样品袋或样品瓶时，应将其合并，并在筛洗过程中保持水流速度较缓，轻轻搅动，混合均匀。

样品挑拣：动物样本的挑拣不包括空壳。如挑拣出大量动物空壳，则要重新设置采样时间或采样位置。一般情况下，样品中的动物个体全部挑拣。将经过筛洗处理的动物样本放入 1 个至数个搪瓷盘中，由数个挑样人员挑拣，首先通过肉眼观察，使用镊子挑拣出个体相对较大的动物样本，再使用镊子或细口吸管挑拣出个体相对较小的动物样本，当肉眼视力无法识别时，可借助放大镜或体视显微镜挑拣。当日的挑拣工作出现中断时，应将待挑拣样品冷藏保存，保存时间一般不超过 24 h。当样品的动物个体数量很大且杂质很多时，先对整个样品进行初步查看，将形态、大小、颜色等有明显特征差异的动物个体挑出，再将样品进行均等分样，直至分样中的动物个体数约 10 头，停止分样，所得的分样称为最小分样单元。随机选取最小分样单元，逐一进行动物个体挑拣，按形态、大小、颜色等差异特征分不同组分别放置。当任一组内挑拣到的动物个体达 50 头时，继续完成该最小分样单元的挑拣，即可停止样品挑拣。对累计挑拣时间达 8 h，仍无法完成的样品，可停止挑拣，并记录样品的挑拣比例。挑拣过程中，若发现小个体样本、偶见物种样本或暂时难以辨认的样本时，应单独保存，并予以记录。挑拣结束前，检查并确保用于样品挑拣的工具均无动物样本残留，避免交叉干扰。

样品固定：软体动物和水生昆虫：先用 4% 甲醛溶液至少固定 2 d 以上，随后可用孔径 425 μm（40 目）筛网兜住瓶口，将甲醛固定液倒出并加入 75% 乙醇溶液固定。水栖寡毛类和其他动物：先放入培养皿中，加少量水，并缓缓滴加数滴 75% 乙醇溶液将其麻醉，待其完全舒展伸直后，然后按“软体动物和水生昆虫”的方法固定。无法进行以上方法的固定时，可直接用无水乙醇固定，固定液中乙醇终浓度约 75%。挑拣剩余的样品用无水乙醇固定，固定液中乙醇终浓度约 75%，保存备检。固定液应完全浸没动物样本，加入固定液后的 2～3 d 检查固定液是否澄清，出现浑浊则需更换一次固定液。在动物样本瓶外贴上标签，注明监测点位名称、样品固定日期、样品处理人员、样品挑拣比例等相关信息，当某个点位的动物样本需分装多个样本瓶或样本盒时，标明样本编号及分装总数；必要时，可在样本瓶或样本盒内放入相同信息的标签。

3.5.4.2 样品镜检分析

（1）物种鉴定

分析实验室应统一系统分类学检索书目、图谱及参考标本，建立淡水大型底栖无脊椎动物参考标本库。

根据动物样本的大小，选择肉眼、放大镜、体视显微镜或生物显微镜对其进行形态学观察。若存在卵、蛹等且可以被鉴定的，标明其生命阶段。使用生物显微镜对摇蚊幼虫、寡毛纲等类群中的一些较小个体样本进行制片观察时，滴加1～2滴丙三醇，增加透光性，辅助观察分类特征。

一般情况下，物种的鉴定要求分类到属，区分到种，也可依据监测工作目标的实际需求，将其鉴定到不同分类级别。鉴定完成后，将个体完整、分类特征明显的样本单独存放，添加约75%的乙醇溶液进行固定。需进一步观察、研究或尚有异议的物种，用加拿大树胶或普氏胶制作典型分类特征部位的封片，保存待研究。

建议对于一些不能确认的物种，拍摄典型特征照片或提供动物样本，邀请专家指导鉴定，做好信息记录，包括鉴定人姓名、所在单位、日期等；对于样品中完整个体较少且鉴定过程会造成不可逆破坏的样本（如需制片观察的摇蚊幼虫），尽可能多地拍摄典型特征照片，以备复核和长期保存。此外，建议有条件的实验室可借助分子生物学技术辅助鉴定。

（2）计数和称重

若遇不完整的动物个体，一般只以头部计数，其中节肢动物只统计包含头节和胸节的个体，不统计零散的腹部、附肢等。

大型底栖无脊椎动物的空壳、枝角类（Cladocera）、桡足类（Copepoda）以及陆生无脊椎动物不计。

有生物量测定需求的实验室，按动物样本的个体大小选择相应量程及分度值的天平，对每个监测点位的物种进行分类称重。去除待称重个体样本附着的杂物，使用吸水纸吸干表面水分。吸干软体动物等外套腔内的水分，并带壳称重。对于个体较小且无法直接称量获得生物量数据的物种，其生物量以天平的最小分度值（0.000 1 g）计。

3.5.5 质量保证和质量控制

挑拣遗漏比：在每批样品中，对每个挑样人员挑拣的搪瓷盘样品，由挑拣经验丰富的质控人员抽取不低于10%的量进行复拣。每个挑拣员的任一挑拣遗漏比（POR）应≥10，否则该挑拣员所挑拣的搪瓷盘样品应重新挑拣。

样品的比对：样品分析结果符合下列要求，分析结果方为有效。否则，查明原因后重新进行样品分析。①物种分类差异百分比（PTD）≤15%。②计数差异百分比（PDE）≤5%。

人员或实验室间比对：至少选择10%已完成分析的样品，开展实验室内人员比对或实验室间比对或与分类鉴定质控专家比对。

显微镜标定：定期标定显微镜，每年至少1次。

第四部分
生态环境其他监测技术

第十四章　自动监测

第一节　概　述

1.1　定义

环境自动监测是指由计算机控制的仪器设备取代人工操作，对环境污染定点定时进行连续的监测活动。监测人员根据监测目的和项目的需要，对计算机设置程序，由自动监测仪器执行从环境采样、预处理、测定、数据分析和整理直至打印出最终报告的全过程。不需要或仅需要很少的人工干预，可节约人力、物力和时间，能较正确和及时地反映环境质量状况和动态变化，为预测预报环境质量提供依据。环境自动监测系统一般由若干个监测子站和一个中心监测站组成。各监测子站采用自动监测仪器和技术，经计算机等数据处理和信息传输手段，将监测结果与数据汇总到中心监测站进行数据处理、统计和显示，并向管理部门报告环境质量状况和向社会发布环境质量信息。

1.2　历史

我国在20世纪80年代初开始探索自动环境监测，首先在北京、上海、青岛等15个城市相继建立了地面大气自动监测站，之后又在黄浦江、天津引滦入津河段以及吉化、宝钢、武钢等大型企业的供排水系统建立了水质自动监测系统。在全国推广自动监测则始于“九五”时期，至今已经形成了门类齐全、自动监测技术规范标准化、监测仪器国产化的自动监测局面，为我国生态环境保护事业每时每刻提供连续、稳定、可靠的环境监测数据，持续促进生态文明建设发展。

1.3　自动监测系统的组成

自动监测系统主要包括采样装置、预处理设备、分析及校准设备、数据采集和传输设备以及其他辅助设备等。除采样装置外，其他设备一般容纳于监测站房内。

1.4　自动监测系统的建设

自动监测系统为达到建设目标，在站址选择中应考虑可行性、代表性、长期性、系统安全性和运行经济性。并且所选取的站址应具备良好的交通、电力、清洁水（如需）、通信、采样点距离、采样可行性和运行维护安全性等建站基础条件。并且监测站房应有必要的防水、防潮、隔热、保温等措施，在特定场合还应具备防爆功能。

第二节　分　类

环境自动监测按照监测对象可以分为环境空气自动监测、固定污染源烟气自动监测、地表水水质自动监测、污染源水质自动监测和环境噪声自动监测等。

2.1　环境空气自动监测

2.1.1　方法原理

环境空气自动监测一般有常规的大气 6 参数（$PM_{2.5}$、PM_{10}、O_3、SO_2、NO_2、CO）及气象 5 参数（温度、气压、湿度、风向、风速）。监测原理以光化学法、β 射线法或振荡天平法等为主（表 14-1）。

表 14-1　环境空气自动监测系统的分析方法

<table>
<tr><th>污染物形态</th><th>监测项目</th><th colspan="2">分析仪器</th></tr>
<tr><td rowspan="2">颗粒态污染物</td><td rowspan="2">PM_{10} 和 $PM_{2.5}$</td><td colspan="2">β 射线吸收法</td></tr>
<tr><td colspan="2">微量振荡天平法</td></tr>
<tr><td rowspan="5">气态污染物</td><td></td><td>点式分析仪器</td><td>开放光程分析仪器</td></tr>
<tr><td>NO_2</td><td>化学发光法</td><td>差分吸收光谱法</td></tr>
<tr><td>SO_2</td><td>紫外荧光法</td><td>差分吸收光谱法</td></tr>
<tr><td>O_3</td><td>紫外荧光法</td><td>差分吸收光谱法</td></tr>
<tr><td>CO</td><td>非分散红外吸收法、
气体滤波相关红外吸收法</td><td>—</td></tr>
</table>

2.1.2　系统建设

（1）监测点位

1）监测点位置的确定应首先进行周密的调查研究，采用间断性的监测，对本地区空气污染状况有粗略的概念后再确定监测点的位置，点位应符合相关技术规范要求。监测点的位置一经确定应能长期使用，不宜轻易变动，以保证监测资料的连续性和可比性。

2）在监测点周围，不能有高大建筑物、树木或其他障碍物阻碍环境空气流通。从监测点采样口到附近最高障碍物之间的水平距离，至少是该障碍物高出采样口垂直距离的两倍以上。

3）监测点周围建设情况相对稳定，在相当长的时间内不能有新的建筑工地出现。

4）监测点应地处相对安全和防火措施有保障的地方。

5）监测点附近应无强电磁干扰，周围有稳定可靠的电力供应，通信线路方便安装和检修。

6）监测点周围应有合适的车辆通道以满足设备运输和安装维护需要。

7）不同功能监测点的具体位置要求应根据监测目的按照相关技术规范确定。

（2）仪器采样口位置要求

1）采样口距地面的高度应在 3～15 m。

2）在采样口周围 270° 捕集空间范围内环境空气流动应不受任何影响。

3）针对道路交通的污染监控点，其采样口离地面的高度应在 2～5 m。

4）在保证监测点具有空间代表性的前提下，若所选点位周围半径 300～500 m 建筑物平均高度在 20 m 以上，无法满足前述高度要求时，其采样口高度可以在 15～25 m 选取。

5）采样口离建筑物墙壁、屋顶等支撑物表面的距离应大于 1 m，若支撑物表面有实体围栏，采样口应高于实体围栏至少 0.5 m。

6）当设置多个颗粒态污染物采样口时，为防止其他采样口干扰颗粒物样品的采集，颗粒物采样口与其他采样口之间的水平距离应大于 1 m。

7）进行颗粒态污染物比对监测时，若参比采样器的流量≤200 L/min，采样器和监测仪的各个采样口之间的相互直线距离应在 1 m 左右；若参比采样器的流量＞200 L/min，其相互直线距离应在 2～4 m；使用高真空大流量采样装置进行比对监测，其相互直线距离应在 3～4 m。

8）点式连续监测系统采样总管应竖直安装，且与屋顶法兰连接部分密封防水，接地良好，接地电阻应小于 4 Ω；采样总管各支路连接部分密闭不漏气，支撑部件与房顶和采样总管的连接应牢固、可靠。点式连续监测系统加热器与采样总管的连接应牢固，加热温度一般控制在 30～50 ℃。

9）开放光程连续监测系统监测光束能完全通过的情况下，允许监测光束从日平均机动车流量少于 10 000 辆的道路上空、对监测结果影响不大的小污染源和少量未达到间隔距离要求的树木或建筑物上空穿过，穿过的合计距离，不能超过监测光束总光程的 10%。

（3）监测站房及辅助设施

1）新建监测站房房顶应为平面结构，坡度不大于 10°，房顶安装护栏，护栏高度不低于 1.2 m，并预留采样管安装孔。站房室内使用面积应不小于 15 m^2。监测站房应做到专室专用。

2）监测站房应配备通往房顶的 Z 字形梯或旋梯，房顶平台应有足够的空间放置参比方法比对监测的采样器，满足上述比对监测的需求，房顶承重应大于或等于 250 kg/m^2。

3）站房室内到天花板高度应不小于 2.5 m，且距房顶平台高度不大于 5 m。

4）站房应用防水、防潮、隔热、保温措施，一般站房内地面应离地表（或建筑房顶）有 25 cm 以上的距离。

5）站房应有防雷和防电磁干扰的设施，防雷接地装置的选材和安装应参照相关标准的相关要求。

6）站房为无窗或双层密封窗结构，有条件时，门与仪器房之间可设有缓冲间，以保持站房内温湿度恒定，防止将灰尘和泥土带入站房内。

7）采样装置抽气风机排气口和监测仪器排气口的位置，应设置在靠近站房下部的墙壁上，排气口离站房内地面的距离应在 20 cm 以上。

8）使用开放光程监测系统的站房，开放光程监测系统的光源发射端和接收端应固定在安装基座上。基座应采用实心砖平台结构或混凝土水泥桩结构，建在受环境变化影响不大的建筑物主承重混凝土结构上，离地高度 0.6～1.2 m，长度和宽度尺寸应比发射端和接收端底座四个边缘宽 15 cm 以上。

9）使用开放光程监测系统的站房，应在墙面预留圆形通孔，通孔直径应大于光源发射端的外径。

10）在已有建筑物上建立站房时，应首先核实该建筑物的承重能力。

11）监测站房如采用彩钢夹芯板搭建，应符合相关临时性建（构）筑物设计和建造要求。

12）监测站房的设置应避免对企业安全生产和环境造成影响。

13）站房内环境温度 15～35℃；相对湿度≤85%；大气压 80～106 kPa。低温、低压等特殊环境条件下，仪器设备的配置应满足当地环境条件的使用要求。

14）站房供电系统应配有电源过压、过载保护装置，电源电压波动不超过 AC（220 ± 22）V，频率波动不超过（50 ± 1）Hz。

15）站房应采用三相五线供电，入室处装有配电箱，配电箱内连接入室引线应分别装有 3 个单相 15A 空气开关作为三相电源的总开关，分相使用。

16）站房灯具安装以保证操作人员工作时有足够的亮度为原则，开关位置应方便使用。

17）站房应依照电工规范中的要求制作保护地线，用于机柜、仪器外壳等的接地保护，接地电阻应小于 4 Ω。

18）站房的线路要求走线美观，布线应加装线槽。

19）站房内安装的冷暖式空调机出风口不能正对仪器和采样管，且空调应具有来电自启动功能。

20）站房应配备自动灭火装置。

21）站房应安装有排气风扇，排风扇要求带防尘百叶窗。

2.1.3　仪器安装要求

（1）点式分析仪器安装要求

1）分析仪器应水平安装在机柜内或平台上，有必要的防震措施。

2）采样装置应连接紧密，避免漏气。采样装置总管入口应防止雨水和粗大的颗粒物进入，同时应避免鸟类、小动物和大型昆虫进入。采样头的设计应保证采样气流不受风向影响，稳定进入采样总管。

3）采样装置的制作材料，应选用不与被监测污染物发生化学反应和不释放有干扰物质的材料。一般以聚四氟乙烯或硼硅酸盐玻璃等为制作材料；对于只用于监测 NO_2 和 SO_2 的采样总管，也可选用不锈钢材料。

4）采样总管内径为 1.5～15 cm，总管内的气流应保持层流状态，采样气体在总管内的滞留时间应小于 20 s，同时所采集气体样品的压力应接近大气压。支管接头应设置于采样总管的层流区域内，各支管接头之间间隔距离大于 8 cm。

5）为了防止因室内外空气温度的差异致使采样总管内壁结露对监测污染物吸附，采样总管应加装保温套或加热器，加热温度一般控制在 30～50℃。

6）分析仪器与支管接头连接的管线应选用不与被监测污染物发生化学反应和不释放有干扰物质的材料；长度不应超过 3 m，同时应避免空调机的出风直接吹向采样总管和支管。

7）为防止颗粒物进入分析仪器，应在分析仪器与支管气路之间安装孔径不大于 5 μm 的聚四氟乙烯滤膜。

8）为防止结露水流和管壁气流波动的影响，分析仪器与支管接头连接的管线，连接总管时应伸向总管接近中心的位置。

9）分析仪器的排气口应通过管线与站房的总排气管连接。

10）在不使用采样总管时，可直接用管线采样，但是采样管线应选用不与被监测污染物发生化学反应和不释放有干扰物质的材料，采样气体滞留在采样管线内的时间应小于 20 s。

（2）开放光程分析仪器安装要求

1）分析仪器应安装在机柜内或平台上，确保仪器后方有 0.8 m 以上的操作维护空间。

2）分析仪器光源发射、接收装置应与站房墙体密封。

3）分析仪器光程大于或等于 200 m 时，光程误差应不超过 ±3 m；当光程小于 200 m 时，光程误差应不超过 ±1.5%。

4）光源发射端和接收端（反射端）应在同一直线上，与水平面之间俯仰角不超过 15°。

5）光源接收端（反射端）应避光安装，同时注意尽量避免将其安装在住宅区或窗户附近以免造成杂散光干扰。

6）光源发射端、接收端（反射端）应在光路调试完毕后固定在基座上。

7）电缆和管路以及电缆和管路的两端做明显标识。电缆线路的施工还应满足相关要求。

（3）颗粒态采样器安装要求

1）仪器应安装在机柜内或平台上，确保安装水平，确保仪器后方有 0.8 m 以上的操作维护空间。

2）仪器设备安装完毕后，确保仪器采样入口和站房天花板的间距不少于 0.4 m。

3）采样管安装：采样管应竖直安装；保证采样管与各气路连接部分密闭不漏气；保证采样管与屋顶法兰连接部分密封防水；采样管长度不超过 5 m；采样管应接地良

好，接地电阻应小于 4 Ω。

4）切割器安装：切割器出口与采样管或等流速流量分配器连接应密封良好；切割器应方便拆装、清洗。

5）辅助设备安装：采样管支撑部件与房顶和采样管的连接应牢固、可靠，防止采样管摇摆；采样辅助设备与采样管应连接可靠；环境温度或大气压传感器应安装在采样入口附近，不干扰切割器正常工作；环境温度或大气压传感器信号传输线与站房连接处应符合防水要求。

2.1.4　数据采集和传输

（1）设备应采用有线或无线通信方式。

（2）设备应安装在机柜内或平台上，确保设备与机柜或平台的连接牢固、可靠。

（3）设备应能正确记录、存储、显示采集到的数据和状态。

2.1.5　仪器性能指标要求

环境空气自动监测系统仪器性能指标应符合表 14-2～表 14-4 的指标要求。

表 14-2　点式连续监测系统气态污染物（SO_2、NO_2、O_3 和 CO）检测项目性能指标

项目	SO_2 分析仪器	NO_2 分析仪器	O_3 分析仪器	CO 分析仪器
测量范围	0～500 ppb	0～500 ppb	0～500 ppb	0～50 ppm
零点噪声	≤1 ppb	≤1 ppb	≤1 ppb	≤0.25 ppm
最低检出限	≤2 ppb	≤2 ppb	≤2 ppb	≤0.5 ppm
量程噪声	≤5 ppb	≤5 ppb	≤5 ppb	≤1 ppm
示值误差	± 2%F.S.	± 2%F.S.	± 4%F.S.	± 2%F.S.
20% 量程精密度	≤5 ppb	≤5 ppb	≤5 ppb	≤0.5 ppm
80% 量程精密度	≤10 ppb	≤10 ppb	≤10 ppb	≤0.5 ppm
24 h 零点漂移	± 5 ppb	± 5 ppb	± 5 ppb	± 1 ppm
24 h 20% 量程漂移	± 5 ppb	± 5 ppb	± 5 ppb	± 1 ppm
24 h 80% 量程漂移	± 10 ppb	± 10 ppb	± 10 ppb	± 1 ppm
响应时间	≤5 min	≤5 min	≤5 min	≤4 min
电压稳定性	± 1%F.S.	± 1%F.S.	± 1%F.S.	± 1%F.S.
流量稳定性	± 10%	± 10%	± 10%	± 10%
环境温度变化的影响	≤1 ppb/℃	≤3 ppb/℃	≤1 ppb/℃	≤0.3 ppm/℃
转换效率	—	＞96%	—	—

续表

项目		SO_2 分析仪器	NO_2 分析仪器	O_3 分析仪器	CO 分析仪器
干扰成分的影响		± 4%F.S.（2%H_2O）	± 4%F.S.（2.5%H_2O）	± 4%F.S.（2%H_2O）	± 5%F.S.（2.5%H_2O）
		± 4%F.S.（0.1 ppm 甲苯）	± 4%F.S.（1 ppm NH_3）	± 4%F.S.（1 ppm 甲苯）	± 5%F.S.（1 000 ppm CO_2）
		± 4% F.S.（3 000 ppm CH_4）	± 4%F.S.（200 ppb O_3）	± 4% F.S.（0.2 ppm SO_2）	—
		—	± 4%F.S.（500 ppb SO_2）	± 6%F.S.（0.5 ppm NO/NO_2）	—
采样口和校准口浓度偏差		± 1%	± 1%	± 1%	± 1%
无人值守工作时间	长期零点漂移	± 10 ppb	± 10 ppb	± 10 ppb	± 2 ppm
	长期量程漂移	± 20 ppb	± 20 ppb	± 20 ppb	± 2 ppm
	平均故障间隔天数	≥7d	≥7d	≥7d	≥7d

表 14-3　开放光程连续监测系统检测项目性能指标

项目	SO_2 分析仪器	NO_2 分析仪器	O_3 分析仪器
测量范围	0～500 ppb	0～500 ppb	0～500 ppb
零点噪声	≤1 ppb	≤1 ppb	≤1 ppb
最低检出限	≤2 ppb	≤2 ppb	≤2 ppb
量程噪声	≤5 ppb	≤5 ppb	≤5 ppb
示值误差	± 2%F.S.	± 2%F.S.	± 4%F.S.
20% 量程精密度	≤5 ppb	≤5 ppb	≤5 ppb
80% 量程精密度	≤10 ppb	≤10 ppb	≤10 ppb
24 h 零点漂移	± 5 ppb	± 5 ppb	± 5 ppb
24 h20% 量程漂移	± 5 ppb	± 5 ppb	± 5 ppb
24 h80% 量程漂移	± 10 ppb	± 10 ppb	± 10 ppb
响应时间	≤5 min	≤5 min	≤5 min
电压稳定性	± 1%F.S.	± 1%F.S.	± 1%F.S.
环境温度变化的影响	≤1 ppb/℃	≤3 ppb/℃	≤1 ppb/℃
干扰成分的影响	± 3%F.S.（0.035 ppm 苯）	± 2%F.S.（0.33 ppm NH_3）	± 5%F.S.（0.035 ppm 苯）
	± 2% F.S.（3 000 ppm CH_4）	± 2%F.S.（200 ppb O_3）	± 2% F.S.（0.3 ppm SO_2）
	—	± 2%F.S.（300 ppb SO_2）	± 2%F.S.（0.35 ppm NO/NO_2）

续表

项目		SO_2 分析仪器	NO_2 分析仪器	O_3 分析仪器
校准池长度的影响		± 2%	± 2%	± 2%
光源强度的影响		± 2%F.S.	± 2%F.S.	± 4%F.S.
无人值守工作时间	长期零点漂移	± 10 ppb	± 10 ppb	± 10 ppb
	长期量程漂移	± 20 ppb	± 20 ppb	± 20 ppb
	平均故障间隔天数	≥7d	≥7d	≥7d

表 14-4　PM_{10} 和 $PM_{2.5}$ 连续监测系统检测项目性能指标

检测项目	PM_{10} 连续监测系统	$PM_{2.5}$ 连续监测系统
测量范围	0～1 000 μg/m^3 或 0～10 000 μg/m^3（可选）	0～1 000 μg/m^3 或 0～10 000 μg/m^3（可选）
最小显示单位	0.1 μg/m^3	0.1 μg/m^3
切割器性能	Da_{50}=10 ± 0.5 μm； σ_g=1.5 ± 0.1	Da_{50}=2.5 ± 0.2 μm； σ_g=1.2 ± 0.1
时钟误差	正常条件下 ± 20 s； 断电条件下 ± 2 min	正常条件下 ± 20 s； 断电条件下 ± 2 min
温度测量示值误差	± 2℃	± 2℃
大气压测量示值误差	≤1 kPa	≤1 kPa
流量测试	每一次测试时间点流量变化 ± 10% 设定流量； 24 h 平均流量变化 ± 5% 设定流量	平均流量偏差 ± 5% 设定流量； 流量相对标准偏差≤2%； 平均流量示值误差≤2%
校准膜重现性	± 2%（标称值）	± 2%（标称值）
环境条件影响测试	供电电压变化 ± 10%，监测仪标准膜测量值的变化 ± 5%（标称值）	监测仪分别在不同的气压、温度和供电电压等 6 种环境条件下进行测试，应符合流量测试指标
平行性	≤10%	≤15%
参比方法比对调试	斜率：1 ± 0.15； 截距：（0 ± 10）μg/m^3； 相关系数≥0.95	斜率：1 ± 0.15； 截距：（0 ± 10）μg/m^3； 相关系数≥0.93
气溶胶传输效率	—	≥97%
加载测试	—	在一个维护周期内，加载后的切割器应符合切割性能指标
有效数据率	连续运行至少 90 d，有效数据率不低于 85%	连续运行至少 90 d，有效数据率不低于 85%

2.1.6 试运行

（1）监测系统试运行至少 60 d。

（2）因系统故障等造成运行中断，恢复正常后，重新开始试运行。

（3）试运行结束时，按以下公式计算系统数据获取率，应大于或等于 90%：

$$数据获取率（\%）=（系统正常运行小时数 \div 试运行总小时数）\times 100\%$$

$$系统正常运行小时数 = 试运行总小时数 - 系统故障小时数$$

（4）根据试运行结果，编制试运行报告。

2.1.7 联网技术要求

联网技术要求见表 14-5。

表 14-5 联网技术指标

检测项目	考核指标
通信稳定性	1. 现场机在线率在 90% 以上； 2. 正常情况下，掉线后，应在 5 min 之内重新上线； 3. 单台数据采集传输仪每日掉线次数在 5 次以内； 4. 报文传输稳定性在 99% 以上，当出现报文错误或丢失时，启动纠错逻辑，要求数据采集传输仪重新发送报文
数据传输安全性	1. 对所传输的数据应按照 HJ/T 212 中规定的加密方法进行加密处理传输，保证数据传输的安全性； 2. 服务器端对请求连接的客户端进行身份验证
通信协议正确性	现场机和上位机的通信协议应符合 HJ/T 212 中的规定，正确率 100%
数据传输正确性	随机抽取试运行期间 7 d 的监测数据，对比上位机接收到的数据和现场机存储的数据，数据传输正确率应大于或等于 95%
联网稳定性	在连续一个月内，不出现除通信稳定性、通信协议正确性、数据传输正确性以外的其他联网问题

2.2 固定污染源烟气自动监测

2.2.1 方法原理

采样泵通过采样探头抽取气体，采样探头具备除尘、加热、恒温控制等功能，气样被引导至预处理系统，去除颗粒物、水分、腐蚀性气体等，再由控制系统对气样进行切换，分配气样经由疏水过滤器后进入气体分析仪中进行分析，测量 SO_2、NO_x、氧含量等参数。

2.2.2 系统建设

（1）站房建设

1）监测站房与采样点之间距离应尽可能近，原则上不超过 70 m。

2）监测站房的基础荷载强度应≥2 000 kg/m^2。若站房内仅放置单台机柜，面积应≥2.5×2.5 m^2。若同一站房放置多套分析仪表的，每增加一台机柜，站房面积应至少增加3 m^2，便于开展运维操作。站房空间高度应≥2.8 m，站房建在标高≥0 m处。

3）监测站房内应安装空调和采暖设备，室内温度应保持在15～30℃，相对湿度应≤60%，空调应具有来电自动重启功能，站房内应安装排风扇或其他通风设施。

4）监测站房内配电功率能够满足仪表实际要求，功率不少于8 kW，至少预留三孔插座5个、稳压电源1个、UPS电源一个。

5）监测站房内应配备不同浓度的有证标准气体，且在有效期内。标准气体应当包含零气（含二氧化硫、氮氧化物浓度均≤0.1 μmol/mol的标准气体，一般为高纯氮气，纯度≥99.999%；当测量烟气中二氧化碳时，零气中二氧化碳≤400 μmol/mol，含有其他气体的浓度不得干扰仪器的读数）和系统测量的各种气体（SO_2、NO_x、O_2）的量程标气，以满足日常零点、量程校准、校验的需要。低浓度标准气体可由高浓度标准气体通过经校准合格的等比例稀释设备获得（精密度≤1%），也可单独配备。

6）监测站房应有必要的防水、防潮、隔热、保温措施，在特定场合还应具备防爆功能。

7）监测站房应具有能够满足系统数据传输要求的通信条件。

（2）系统安装位置要求

1）位于固定污染源排放控制设备的下游和比对监测断面上游。

2）不受环境光线和电磁辐射的影响。

3）烟道振动幅度尽可能小。

4）安装位置应尽量避开烟气中水滴和水雾的干扰，如不能避开，应选用能够适用的检测探头及仪器。

5）安装位置不漏风。

6）安装系统的工作区域应设置一个防水低压配电箱，内设漏电保护器、不少于2个10 A插座，保证监测设备所需电力。

7）应合理布置采样平台与采样孔：

采样或监测平台长度应≥2 m，宽度应≥2 m或不小于采样枪长度外延1 m，周围设置1.2 m以上的安全防护栏，有牢固并符合要求的安全措施，便于日常维护（清洁光学镜头、检查和调整光路准直、检测仪器性能和更换部件等）和比对监测。

采样或监测平台应易于人员和监测仪器到达，当采样平台设置在离地面高度≥2 m的位置时，应有通往平台的斜梯（或Z字形梯、旋梯），宽度应≥0.9 m；当采样平台设置在离地面高度≥20 m的位置时，应有通往平台的升降梯。

当系统安装在矩形烟道时，若烟道截面的高度＞4 m，则不宜在烟道顶层开设参比方法采样孔；若烟道截面的宽度＞4 m，则应在烟道两侧开设参比方法采样孔，并设置多层采样平台。

在系统监测断面下游应预留参比方法采样孔，采样孔位置和数目按照GB/T 16157的要求确定。现有污染源参比方法采样孔内径应≥80 mm，新建或改建污染源参比方法采样孔内径应≥90 mm。在互不影响测量的前提下，参比方法采样孔应尽可能靠近系统监测断面。当烟道为正压烟道或有毒气时，应采用带闸板阀的密封采样孔。

2.2.3 仪器安装要求

（1）外观要求

1）系统应具有产品铭牌，铭牌上应标有仪器名称、型号、生产单位、出厂编号、制造日期等信息。

2）系统仪器表面应完好无损，无明显缺陷，各零部件连接可靠，各操作键、按钮使用灵活，定位准确。

3）系统主机面板显示清晰，涂色牢固，字符、标识易于识别，不应有影响读数的缺陷。

4）系统外壳或外罩应耐腐蚀、密封性能良好、防尘、防雨。

（2）工作条件

系统在以下条件中应能正常工作：

1）室内环境温度：15～35℃；室外环境温度：-20～50℃；

2）相对湿度：≤85%；

3）大气压：80～106 kPa；

4）供电电压：AC（220±22）V，（50±1）Hz。

注：低温、低压等特殊环境条件下，仪器设备的配置应满足当地环境条件的使用要求。

（3）安全要求

1）绝缘电阻：在环境温度为15～35℃，相对湿度≤85%条件下，系统电源端子对地或机壳的绝缘电阻不小于20 MΩ。

2）绝缘强度：在环境温度为15～35℃，相对湿度≤85%条件下，系统在1 500 V（有效值）、50 Hz正弦波实验电压下持续1 min，不应出现击穿或飞弧现象。

3）系统应具有漏电保护装置，具备良好的接地措施，防止雷击等对系统造成损坏。

（4）功能要求

1）样品采集和传输装置要求

样品采集装置应具备加热、保温和反吹净化功能。其加热温度一般在120℃以上，且应高于烟气露点温度10℃以上，其实际温度值应能够在机柜或系统软件中显示查询。

样品采集装置的材质应选用耐高温、防腐蚀和不吸附、不与气态污染物发生反应的材料，应不影响待测污染物的正常测量。

气态污染物样品采集装置应具备颗粒物过滤功能。其采样设备的前端或后端应具备便于更换或清洗的颗粒物过滤器，过滤器滤料的材质应不吸附和不与气态污染物发生反应，过滤器应至少能过滤5～10 μm粒径的颗粒物。

样品传输管线应长度适中。当使用伴热管线时应具备稳定、均匀加热和保温的功能；其设置加热温度一般在120℃以上，且应高于烟气露点温度10℃以上，其实际温度值应能够在机柜或系统软件中显示查询。

样品传输管线内包覆的气体传输管应至少为两根，一根用于样品气体的采集传输，另一根用于标准气体的全系统校准；系统样品采集和传输装置应具备完成系统全系统校准的功能要求。

样品传输管线应使用不吸附和不与气态污染物发生反应的材料，其技术指标应符合表 14-6 的技术要求。

表 14-6　系统样气加热传输管线技术要求

检测项目	技术要求
外观	加热采样管线粗细均匀、最小弯曲半径≤30 cm
温度均匀性	各测试点温度与设定温度差值小于设定值的 10%
保温性能	加热线达到设定温度 120～220℃时，表面温度小于或等于 55℃
气密性能	冷状态下加热管线气路耐压≥0.6 MPa

采样泵应具备克服烟道负压的足够抽气能力，并且保障采样流量准确可靠、相对稳定。

采用抽取测量方式的颗粒物系统，其抽取采样装置应具备自动跟踪烟气流速变化调节采样流量的等速跟踪采样功能，等速跟踪吸引误差应不超过 ±8%。

2）预处理设备要求

系统预处理设备及其部件应方便清理和更换。

系统除湿设备的设置温度应保持在 4℃左右（设备出口烟气露点温度应≤4℃），正常波动在 ±2℃以内，其实际温度数值应能够在机柜或系统软件中显示查询。

预处理设备的材质应使用不吸附和不与气态污染物发生反应的材料，其技术指标应符合表 14-7 的技术要求。

表 14-7　系统样气冷凝除湿设备技术要求

检测项目	技术要求
稳定性能	冷凝器稳定后温度波动范围 ±2℃
脱水效率	当 5.0%＜湿度≤10.0% 时，脱水率≥85% 当 10.0%＜湿度≤15.0% 时，脱水率≥90% 当湿度＞15.0% 时，脱水率≥95%
SO_2 组分丢失率	湿度 15% 条件下： SO_2 浓度≥250 μmol/mol（715 mg/m^3）时，SO_2 丢失率≤5% SO_2 浓度＜250 μmol/mol（715 mg/m^3）时，SO_2 丢失率≤8% SO_2 浓度＜50 μmol/mol（143 mg/m^3）时，SO_2 丢失量≤5 μmol/mol（14 mg/m^3）

除湿设备除湿过程产生的冷凝液应采用自动方式通过冷凝液收集和排放装置及时、顺畅排出。

为防止颗粒物污染气态污染物分析仪，在气体样品进入分析仪之前可设置精细过滤器；过滤器滤料应使用不吸附和不与气态污染物发生反应的疏水材料，过滤器应至少能过滤 0.5～2 μm 粒径的颗粒物。

2.2.4 辅助设备要求

（1）系统排气管路应规范敷设，不应随意放置，防止排放尾气污染周围环境。

（2）当室外环境温度低于 0℃时，系统尾气排放管应配套加热或伴热装置，确保排放尾气中的水分不冷凝或结冰，造成尾气排放管堵塞和排气不畅。

（3）系统应配备定期反吹装置，用以定期对样品采集装置等其他测量部件进行反吹，避免出现由于颗粒物等累积造成的堵塞状况。

（4）系统应具有防止外部光学镜头和插入烟囱或烟道内的反射或测量光学镜头被烟气污染的净化系统（气幕保护系统）；净化系统应能克服烟气压力，保持光学镜头的清洁；净化系统使用的净化气体应经过适当预处理确保其不影响测量结果。

（5）具备除湿冷凝设备的系统，其除湿过程产生的冷凝液应通过冷凝液排放装置及时、顺畅排出。

（6）具备稀释采样系统的系统，其稀释零空气必须配备完备的气体预处理系统，主要包括气体的过滤、除水、除油、除烃以及除二氧化硫和氮氧化物等环节。

（7）系统机柜内部气体管路以及电路、数据传输线路等应规范敷设，同类管路应尽可能集中汇总设置；不同类型的管路或不同作用、方向的管路应采用明确标识加以区分；各种走线应安全合理，便于查找维护维修。

（8）系统机柜内应具备良好的散热装置，确保机柜内的温度符合仪器正常工作温度；应配备照明设备，便于日常维护和检查。

2.2.5 校准功能要求

系统应能用手动和（或）自动方式进行零点和量程校准。

采用抽取测量方式的气态污染物系统，应具备固定的和便于操作的标准气体全系统校准功能；即能够完成从样品采集和传输装置、预处理设备和分析仪器的全系统校准。

采用直接测量方式的气态污染物系统，应具备稳定可靠和便于操作的标准气体流动等效校准功能；即能够通过内置或外置的校准池，完成对系统的等效校准。

2.2.6 数据采集和传输设备要求

（1）设备应显示和记录超出其零点以下和量程以上至少 10% 的数据值。当测量结果超过零点以下和量程以上 10% 时，数据记录存储其最小或最大值。

（2）应具备显示、设置系统时间和时间标签功能，数据为设置时段的平均值。

（3）能够显示实时数据，具备查询历史数据的功能，并能以报表或报告形式输出。

（4）具备数字信号输出功能。

（5）具有中文数据采集、记录、处理和控制软件。

（6）仪器掉电后，能自动保存数据；恢复供电后系统可自动启动，恢复运行状态并正常开始工作。

2.2.7　性能指标要求

固定污染源烟气（SO_2、NO_x、颗粒物）排放连续监测系统性能指标应符合表 14-8、表 14-9 要求。

表 14-8　固定污染源烟气（SO_2、NO_x、颗粒物）排放连续监测系统实验室检测项目

检测项目		技术要求
二氧化硫监测单元	仪表响应时间（上升时间和下降时间）	≤120 s
	重复性	≤2%
	线性误差	± 2%F.S.
	24 h 零点漂移和量程漂移	± 2%F.S.
	一周零点漂移和量程漂移	± 3%F.S.
	环境温度变化的影响	± 5%F.S.
	进样流量变化的影响	± 2%F.S.
	供电电压变化的影响	± 2%F.S.
	干扰成分的影响	± 5% F.S.
	振动的影响	± 2%F.S.
	平行性	≤5%
氮氧化物监测单元	仪表响应时间（上升时间和下降时间）	≤120 s
	重复性	≤2%
	线性误差	± 2%F.S.
	24 h 零点漂移和量程漂移	± 2%F.S.
	一周零点漂移和量程漂移	± 3%F.S.
	环境温度变化的影响	± 5%F.S.
	进样流量变化的影响	± 2%F.S.
	供电电压变化的影响	± 2%F.S.
	干扰成分的影响	± 5% F.S.
	振动的影响	± 2%F.S.
	二氧化氮转换效率	≥95%
	平行性	≤5%
氧气监测单元	仪表响应时间（上升时间和下降时间）	≤120 s
	重复性	≤2%
	线性误差	± 2%F.S.
	24 h 零点漂移和量程漂移	± 2%F.S.
	一周零点漂移和量程漂移	± 3%F.S.
	环境温度变化的影响	± 5%F.S.
	进样流量变化的影响	± 2%F.S.

续表

检测项目		技术要求
氧气监测单元	供电电压变化的影响	± 2%F.S.
	干扰成分的影响	± 5% F.S.
	振动的影响	± 2%F.S.
	平行性	≤5%
颗粒物监测单元	重复性	≤2%
	24 h 零点漂移和量程漂移	± 2%F.S.
	一周零点漂移和量程漂移	± 3%F.S.
	环境温度变化的影响	± 5%F.S.
	供电电压变化的影响	± 2%F.S.
	振动的影响	± 2%F.S.
	检出限（满量程≤50 mg/m^3）	≤1.0 mg/m^3

注：F.S. 表示满量程，氮氧化物以 NO_2 计。

表 14-9　固定污染源烟气（SO_2、NO_x、颗粒物）排放连续监测系统现场检测项目

检测项目			技术要求
二氧化硫	初检期间	示值误差	满量程≥100 μmol/mol（286 mg/m^3）时，± 5%（标称值） 满量程＜100 μmol/mol（286 mg/m^3）时，± 2.5%F.S.
		系统响应时间	≤200 s
		24 h 零点漂移和量程漂移	± 2.5%F.S.
		准确度	排放浓度平均值： ≥250 μmol/mol（715 mg/m^3）时，相对准确度≤15% ≥50 μmol/mol（143 mg/m^3）～＜250 μmol/mol（715 mg/m^3）时，绝对误差≤20 μmol/mol（57 mg/m^3） ≥20 μmol/mol（57 mg/m^3）～＜50 μmol/mol（143 mg/m^3）时，相对误差≤30% ＜20 μmol/mol（57 mg/m^3）时，绝对误差 ≤6 μmol/mol（17 mg/m^3）
	复检期间	24 h 零点漂移和量程漂移	± 2.5%F.S.
		准确度	排放浓度平均值： ≥250 μmol/mol（715 mg/m^3）时，相对准确度≤15% ≥50 μmol/mol（143 mg/m^3）～＜250 μmol/mol（715 mg/m^3）时，绝对误差≤20 μmol/mol（57 mg/m^3） ≥20 μmol/mol（57 mg/m^3）～＜50 μmol/mol（143 mg/m^3）时，相对误差≤30% ＜20 μmol/mol（57 mg/m^3）时，绝对误差≤6 μmol/mol（17 mg/m^3）

续表

检测项目			技术要求
氮氧化物	初检期间	示值误差	当满量程≥200 μmol/mol（410 mg/m³）时，±5%（标称值）； 当满量程<200 μmol/mol（410 mg/m³）时，±2.5%F.S.
		系统响应时间	≤200 s
		24 h 零点漂移和量程漂移	±2.5%F.S.
		准确度	排放浓度平均值： ≥250 μmol/mol（513 mg/m³）时，相对准确度≤15% ≥50 μmol/mol（103 mg/m³）～<250 μmol/mol（513 mg/m³）时，绝对误差≤20 μmol/mol（41 mg/m³） ≥20 μmol/mol（41 mg/m³）～<50 μmol/mol（103 mg/m³）时，相对误差≤30% <20 μmol/mol（41 mg/m³）时，绝对误差≤6 μmol/mol（12 mg/m³）
	复检期间	24 h 零点漂移和量程漂移	±2.5%F.S.
		准确度	排放浓度平均值： ≥250 μmol/mol（513 mg/m³）时，相对准确度≤15% ≥50 μmol/mol（103 mg/m³）～<250 μmol/mol（513 mg/m³）时，绝对误差≤20 μmol/mol（41 mg/m³） ≥20 μmol/mol（41 mg/m³）～<50 μmol/mol（103 mg/m³）时，相对误差≤30% <20 μmol/mol（41 mg/m³）时，绝对误差≤6 μmol/mol（12 mg/m³）
氧气	检测期间	示值误差	±5%（标称值）
		系统响应时间	≤200 s
		24 h 零点漂移和量程漂移	±2.5%F.S.
		准确度	相对准确度≤15%
	复检期间	24 h 零点漂移和量程漂移	±2.5%F.S.
		准确度	相对准确度≤15%
颗粒物	初检期间	24 h 零点漂移和量程漂移	±2%F.S.
		相关系数	≥0.85
			当测量范围上限≤50 mg/m³ 时，≥0.75
		置信区间半宽	≤10%
		允许区间半宽	≤25%

续表

检测项目			技术要求
颗粒物	复检期间	24 h 零点漂移和量程漂移	±2%F.S.
		准确度	排放浓度平均值： ＞200 mg/m^3 时，相对误差为 ±15% ＞100 mg/m^3～≤200 mg/m^3 时，相对误差为 ±20% ＞50 mg/m^3～≤100 mg/m^3 时，相对误差为 ±25% ＞20 mg/m^3～≤50 mg/m^3 时，相对误差为 ±30% ＞10 mg/m^3～≤20 mg/m^3 时，绝对误差为 ±6 mg/m^3 ≤10 mg/m^3 时，绝对误差为 ±5 mg/m^3
流速	初检期间	速度场系数精密度	≤5%
	复检期间	准确度	烟气流速平均值： ＞10 m/s 时，相对误差为 ±10% ≤10 m/s 时，相对误差为 ±12%
温度	初检期间	准确度	±3℃
	复检期间	准确度	±3℃
湿度	初检期间	准确度	烟气湿度平均值： ＞5.0% 时，相对误差为 ±25% ≤5.0% 时，绝对误差为 ±1.5%
	复检期间	准确度	烟气湿度平均值： ＞5.0% 时，相对误差为 ±25% ≤5.0% 时，绝对误差为 ±1.5%

2.2.8 辅助设备要求

联网技术指标要求应符合表 14-10 的要求。

表 14-10 联网技术指标要求

检测项目	考核指标
通信稳定性	1. 现场机在线率在 95% 以上； 2. 正常情况下，掉线后，应在 5 min 之内重新上线； 3. 单台数据采集传输仪每日掉线次数在 3 次以内； 4. 报文传输稳定性在 99% 以上，当出现报文错误或丢失时，启动纠错逻辑，要求数据采集传输仪重新发送报文

续表

检测项目	考核指标
数据传输安全性	1. 对所传输的数据应按照 HJ/T 212 中规定的加密方法进行加密处理传输，保证数据传输的安全性。 2. 服务器端对请求连接的客户端进行身份验证
通信协议正确性	现场机和上位机的通信协议应符合 HJ/T 212 的规定，正确率 100%
数据传输正确性	系统稳定运行一星期后，对一星期的数据进行检查，对比接收的数据和现场的数据一致，精确至小数点后一位，抽查数据正确率 100%
联网稳定性	系统稳定运行一个月，不出现除通信稳定性、通信协议正确性、数据传输正确性以外的其他联网问题

2.3　地表水水质自动监测

2.3.1　方法原理

水质自动监测系统是将内嵌式技术、传感技术、测量技术、计算机技术、自控技术等通过通信技术融合到一起，产生各因子自动监测分析。原理是通过系统集成技术，将采水单元、配水及预处理单元、分析单元（采用电极法、光度法等）、控制单元、数据收集与传送和协助单元等进行设备的安装调试和联网传送，最终实现一些水质监测项目的线上监测。

2.3.2　系统建设

（1）站址选择

站址选择原则包括建站可行性、水质代表性、监测长期性、系统安全性和运行经济性。

为确保水质自动监测系统的长期稳定运行，所选取的站址应具备良好的交通、电力、清洁水、通信、采水点距离、采水扬程、枯水期采水可行性和运行维护安全性等建站基础条件。

所选取站点的监测结果能代表监测水体的水质状况和变化趋势。河流监测断面一般选择在水质分布均匀、流速稳定的平直河段，距上游入河口或排污口的距离大于 1 km，原则上与原有的常规监测断面一致或者相近，以保证监测数据的连续性。湖库断面要有较好的水力交换，所在位置能全面反映被监测区域湖库水质真实状况，避免设置在回水区、死水区以及容易造成淤积和水草生长处。

（2）站房建设

站房建设根据站点的现场环境、建设周期、监测仪器设备安装条件等实际情况，采用固定站房、简易式站房、小型式站房、水上固定平台站、水上浮标（船）站等方式进行系统建设。站房的设计与施工结合地质结构、水位、气候等周边环境状况进行，同时做好防雷、抗震、防洪、防低温、防鼠害、防火、防盗、防断电及视频监控等措施。站房配套设计废液处理和生活污水收集设施。

2.3.3 仪器性能要求

（1）仪器性能指标

水质自动监测系统各仪器性能指标应符合或优于表 14-11 的要求。

表 14-11 水质自动监测系统仪器性能指标技术要求

监测项目	检测方法	检出限	精密度	准确度	稳定性		标准曲线相关系数	加标回收率	实际水样比对
					零点漂移	量程漂移			
pH	电极法	—	—	± 0.1	—	± 0.1	—	—	± 0.1
水温 /℃	电极法	—	—	± 0.2	—	± 0.2	—	—	± 0.2
溶解氧 /（mg/L）	电极法	—	—	± 0.3	± 0.3	± 0.3	—	—	± 0.3
电导率 /（μS/cm）	电极法	—	± 1%	± 1%	± 1%	± 1%	—	—	± 10%
浊度 /NTU	电极法	—	± 5%	± 5%	± 3%	± 5%	—	—	± 10%
氨氮 /（mg/L）	电极法	0.1	± 5%	± 10%	± 5%	± 5%	≥0.995	80%～120%	②
	光度法	0.05	± 5%	± 5%	± 5%	± 5%	≥0.995	80%～120%	
高锰酸盐指数 /（mg/L）	电极法、光度法	1	± 5%	± 10%	± 5%	± 5%	≥0.995	—	②
总有机碳 /（mg/L）	干式、湿式氧化法	0.3	± 5%	± 5%	± 5%	± 5%	≥0.999	80%～120%	②
总氮 /（mg/L）	光度法	0.1	± 10%	± 10%	± 5%	± 10%	≥0.995	80%～120%	②
总磷 /（mg/L）	光度法	0.01	± 10%	± 10%	± 5%	± 10%	≥0.995	80%～120%	②
生化需氧量 /（mg/L）	微生物膜法	2	± 10%	± 10%	± 5%	± 10%	≥0.995	80%～120%	②
其他污染指标	—	①	③						

注：①须优于 GB 3838 规定的标准限值（GB 3838 表 1 中的指标须优于 I 类标准限值）。

②当 $C_x > B_{\text{IV}}$，比对实验的相对误差在 20% 以内；

当 $B_{\text{II}} < C_x \leqslant B_{\text{IV}}$，比对实验的相对误差在 30% 以内；

当 $4DL < C_x \leqslant B_{\text{II}}$，比对实验的相对误差在 40% 以内；

当自动监测数据和实验室分析结果双方都未检出，或有一方未检出且另一方的测定值低于 B_{I} 时，均认定对比实验结果合格；

式中：C_x——仪器测定浓度；

B——GB 3838 表 1 中相应的水质类别标准限值；

4DL——测定下限。

③须满足仪器出厂技术指标要求。

（2）仪器性能核查要求与方法

仪器性能核查是获得有效数据的基本保证和自动监测系统正常运行的关键，包括测定的准确度、精密度、检出限、标准曲线、加标回收率、零点漂移、量程漂移检查及每次仪器维护前后的校准工作。仪器性能核查要求如下：

1）至少每半年进行一次准确度、精密度、检出限、标准曲线和加标回收率的检查；

2）至少每半年进行一次零点漂移和量程漂移检查；

3）更新检测器后，进行一次标准曲线和精密度检查；

4）更新仪器后，对所有仪器性能指标进行一次检查；

5）至少每月进行一次仪器校准工作。

仪器性能核查的数据采集频次可以调整到小于日常监测数据采集频次，同时保证样品测定不受前一个样品的影响。

2.4　污染源水质自动监测

2.4.1　方法原理与组成

污染源水质自动监测与地表水水质自动监测的原理基本相同，针对不同的污染源排放污染物和监测需求，排污单位设置不同的自动监测模块。

污染源水质自动监测系统主要由流量监测单元、水质自动采样单元、在线监测仪器、数据控制单元以及监测站房等组成，见图 14-1。

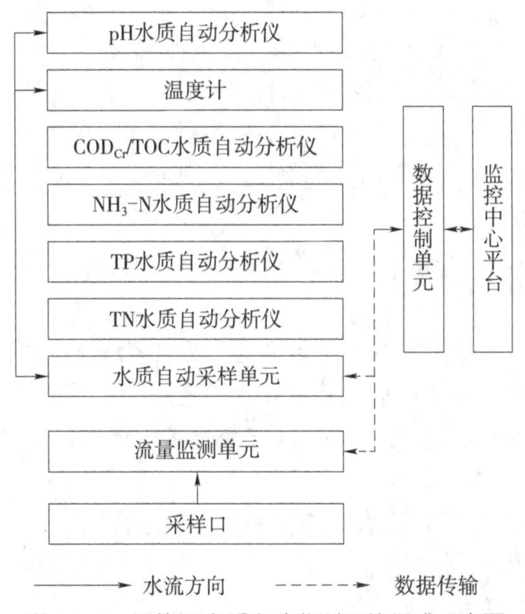

图 14-1　污染源水质自动监测系统组成示意图

2.4.2　系统建设

（1）水污染源排放口

1）按照《污水监测技术规范》（HJ 91.1—2019）中的布设原则选择水污染源排放口位置。

2）排放口依照《环境保护图形标志——排放口（源）》（GB 15562.1—1995）的要求设置环境保护图形标志牌。

3）排放口应能满足流量监测单元建设要求。

4）排放口应能满足水质自动采样单元建设要求。

（2）流量监测单元

1）需测定流量的排污单位，根据地形和排水方式及排水量大小，应在其排放口上游能包含全部污水束流的位置，修建一段特殊渠（管）道的测流段，以满足测量流量、流速的要求。

2）一般可安装三角形薄壁堰、矩形薄壁堰、巴歇尔槽等标准化计量堰（槽）。

3）标准化计量堰（槽）的建设：能够清除堰板附近堆积物，能够进行明渠流量计比对工作。

4）管道流量计的建设：管道及周围应留有足够的长度及空间以满足管道流量计的计量检定和手工比对。

（3）监测站房建设

1）应建有专用监测站房，新建监测站房面积应满足不同监控站房的功能需要并保证水污染源在线监测系统的摆放、运转和维护，使用面积应不小于15 m^2，站房高度不低于2.8 m。

2）监测站房应尽量靠近采样点，与采样点的距离应小于50 m。

3）应安装空调和冬季采暖设备，空调具有来电自启动功能，具备温湿度计，保证室内清洁，环境温度、相对湿度和大气压等应符合要求。

4）监测站房内应配置安全合格的配电设备，能提供足够的电力负荷，功率≥5 kW，站房内应配置稳压电源。

5）监测站房内应配置合格的给、排水设施，使用符合实验要求的用水清洗仪器及有关装置。

6）监测站房应配置完善规范的接地装置和避雷措施、防盗和防止人为破坏的设施，接地装置安装工程的施工应满足相关要求，建筑物防雷设计应满足相关要求。

7）监测站房应配备灭火器箱、手提式二氧化碳灭火器、干粉灭火器或沙桶等，按消防相关要求布置。

8）监测站房不应位于通信盲区，应能够实现数据传输。

9）监测站房的设置应避免对企业安全生产和环境造成影响。

10）监测站房内、采样口等区域应安装视频监控设备。

（4）水质自动采样单元

1）水质自动采样单元具有采集瞬时水样及混合水样，混匀及暂存水样、自动润洗及排空混匀桶，以及留样功能。

2）pH水质自动分析仪和温度计应原位测量或测量瞬时水样。

3）COD_{Cr}、TOC、NH_3-N、TP、TN水质自动分析仪应测量混合水样。

4）水质自动采样单元的构造应保证将水样不变质地输送到各水质分析仪，应有必要的防冻和防腐设施。

5）水质自动采样单元应设置混合水样的人工比对采样口。

6）水质自动采样单元的管路宜设置为明管，并标注水流方向。

7）水质自动采样单元的管材应采用优质的聚氯乙烯（PVC）、三丙聚丙烯（PPR）等不影响分析结果的硬管。

8）采用明渠流量计测量流量时，水质自动采样单元的采水口应设置在堰槽前方，合流后充分混合的场所，并尽量设在流量监测单元标准化计量堰（槽）取水口头部的流路中央，采水口朝向与水流的方向一致，减少采水部前端的堵塞。采水装置宜设置成可随水面涨落而上下移动的形式。

9）采样泵应根据采样流量、水质自动采样单元的水头损失及水位差合理选择。应使用寿命长、易维护，并且对水质参数没有影响的采样泵，安装位置应便于采样泵的维护。

（5）数据控制单元

1）数据控制单元可协调统一运行水污染源在线监测系统，采集、储存、显示监测数据及运行日志，向监控中心平台上传污染源监测数据。

2）数据控制单元可控制水质自动采样单元采样、送样及留样等操作。

3）数据控制单元触发水污染源在线监测仪器进行测量、标液核查和校准等操作。

4）数据控制单元读取各个水污染源在线监测仪器的测量数据，并实现实时数据、小时均值和日均值等项目的查询与显示，并通过数据采集传输仪上传至监控中心平台。

5）数据控制单元记录并上传的污染源监测数据，上报数据应带有时间和数据状态标识。

6）数据控制单元可生成、显示各水污染源在线监测仪器监测数据的日统计表、月统计表和年统计表。

2.4.3　仪器性能要求

2.4.3.1　标准技术要求（表 14-12）

表 14-12　污染源在线监测仪器技术要求

序号	水污染源在线监测仪器	技术要求
1	超声波明渠污水流量计	HJ 15
2	电磁流量计	HJ/T 367
3	化学需氧量（COD_{Cr}）水质自动分析仪	HJ 377
4	氨氮（NH_3-N）水质自动分析仪	HJ 101
5	总氮（TN）水质自动分析仪	HJ/T 102
6	总磷（TP）水质自动分析仪	HJ/T 103
7	pH 水质自动分析仪	HJ/T 96
8	水质自动采样器	HJ/T 372
9	数据采集传输仪	HJ 477

2.4.3.2　其他要求

（1）水污染源在线监测仪器的各种电缆和管路应加保护管，保护管应在地下铺设或空中架设，空中架设的电缆应附着在牢固的桥架上，并在电缆、管路以及电缆和管路的两端设立明显标识。电缆线路的施工应满足相关要求。

（2）各仪器应落地或壁挂式安装，有必要的防震措施，保证设备安装牢固稳定。在仪器周围应留有足够空间，方便仪器维护。其他要求参照仪器相应说明书相关内容，应满足相关要求。

（3）必要时（如南方的雷电多发区），仪器和电源应设置防雷设施。

2.4.3.3　流量计

（1）采用明渠流量计测定流量，应按照相关技术要求修建或安装标准化计量堰（槽），并通过计量部门检定。

（2）应根据测量流量范围选择合适的标准化计量堰（槽），根据计量堰（槽）的类型确定明渠流量计的安装点位，具体要求如表 14-13 所示。

表 14-13　计量堰（槽）的选型及流量计安装点位

序号	堰槽类型	测量流量范围 /（m^3/s）	流量计安装点位
1	巴歇尔槽	0.1×10^{-3} ～ 93	应位于堰槽入口段（收缩段）1/3 处
2	三角形薄壁堰	0.2×10^{-3} ～ 1.8	应位于堰板上游 3 ～ 4 倍最大液位处
3	矩形薄壁堰	1.4×10^{-3} ～ 49	应位于堰板上游 3 ～ 4 倍最大液位处

（3）采用管道电磁流量计测定流量，应按照《环境保护产品技术要求　电磁管道流量计》（HJ/T 367—2007）等技术要求进行选型、设计和安装，并通过计量部门检定。

（4）电磁流量计在垂直管道上安装时，被测流体的流向应自下而上，在水平管道上安装时，两个测量电极不应在管道的正上方和正下方位置。流量计上游直管段长度和安装支撑方式应符合设计文件要求。管道设计应保证流量计测量部分管道水流时刻满管。

（5）流量计应安装牢固稳定，有必要的防震措施。仪器周围应留有足够空间，方便仪器维护与比对。

2.4.3.4　水质自动采样器

（1）水质自动采样器具有采集瞬时水样和混合水样、冷藏保存水样的功能。

（2）水质自动采样器具有远程启动采样、留样及平行监测功能，记录瓶号、时间、平行监测等信息。

（3）水质自动采样器采集的水样量应满足各类水质自动分析仪润洗、分析需求。

2.4.3.5　水质自动分析仪

（1）应根据企业废水实际情况选择合适的水质自动分析仪。根据所登记的企业实际排放废水浓度选择合适的水质自动分析仪现场工作量程。

（2）安装高温加热装置的水质自动分析仪，应避开可燃物和严禁烟火的场所。

（3）水质自动分析仪与数据控制系统的电缆连接应可靠稳定，并尽量缩短信号传输距离，减少信号损失。

（4）水质自动分析仪工作所必需的高压气体钢瓶，应稳固固定，防止钢瓶跌倒，有条件的站房可以设置钢瓶间。

（5）COD_{Cr}、TOC、NH_3-N、TP、TN 水质自动分析仪可自动调节零点和校准量程值，两次校准时间间隔不小于 24 h。

（6）根据企业排放废水实际情况，水质自动分析仪可安装过滤等前处理装置，经过前处理装置所安装的过滤等前处理装置应防止过度过滤，过滤后实际水样比对结果满足表 14-14 要求。

表 14-14　水污染源在线监测仪器调试期性能指标

<table>
<tr><th>仪器类型</th><th colspan="2">调试项目</th><th>指标限值</th></tr>
<tr><td rowspan="2">明渠流量计</td><td colspan="2">液位比对误差</td><td>12 mm</td></tr>
<tr><td colspan="2">流量比对误差</td><td>± 10%</td></tr>
<tr><td rowspan="2">水质自动采样器</td><td colspan="2">采样量误差</td><td>± 10%</td></tr>
<tr><td colspan="2">温度控制误差</td><td>± 2℃</td></tr>
<tr><td rowspan="11">COD_{Cr} 水质自动分析仪 / TOC 水质自动分析仪</td><td rowspan="2">24 h 漂移</td><td>20% 量程上限值</td><td>± 5%F.S.</td></tr>
<tr><td>80% 量程上限值</td><td>± 10%F.S.</td></tr>
<tr><td colspan="2">重复性</td><td>≤10%</td></tr>
<tr><td colspan="2">示值误差</td><td>± 10%</td></tr>
<tr><td rowspan="2">准确度</td><td>有证标准溶液＜30 mg/L</td><td>± 5 mg/L</td></tr>
<tr><td>有证标准溶液≥30 mg/L</td><td>± 10%</td></tr>
<tr><td rowspan="4">实际水样比对</td><td>COD_{Cr}＜30 mg/L
（用浓度为 20～25 mg/L 的标准样品替代实际水样进行试验）</td><td>± 5 mg/L</td></tr>
<tr><td>30 mg/L≤实际水样 COD_{Cr}＜60 mg/L</td><td>± 30%</td></tr>
<tr><td>60 mg/L≤实际水样 COD_{Cr}＜100 mg/L</td><td>± 20%</td></tr>
<tr><td>实际水样 COD_{Cr}≥100 mg/L</td><td>± 15%</td></tr>
<tr><td rowspan="8">NH_3-N 水质自动分析仪</td><td rowspan="2">24 h 漂移</td><td>20% 量程上限值</td><td>± 5%F.S.</td></tr>
<tr><td>80% 量程上限值</td><td>± 10%F.S.</td></tr>
<tr><td colspan="2">重复性</td><td>≤10%</td></tr>
<tr><td colspan="2">示值误差</td><td>± 10%</td></tr>
<tr><td rowspan="2">准确度</td><td>有证标准溶液＜2 mg/L</td><td>± 0.3 mg/L</td></tr>
<tr><td>有证标准溶液≥2 mg/L</td><td>± 10%</td></tr>
<tr><td rowspan="2">实际水样比对</td><td>实际水样氨氮＜2 mg/L
（用浓度为 1.5 mg/L 的标准样品替代实际水样进行试验）</td><td>± 0.3 mg/L</td></tr>
<tr><td>实际水样氨氮≥2 mg/L</td><td>± 15%</td></tr>
</table>

续表

<table>
<tr><th>仪器类型</th><th colspan="2">调试项目</th><th>指标限值</th></tr>
<tr><td rowspan="9">TP 水质自动分析仪</td><td rowspan="2">24 h 漂移</td><td>20% 量程上限值</td><td>± 5%F.S.</td></tr>
<tr><td>80% 量程上限值</td><td>± 10%F.S.</td></tr>
<tr><td colspan="2">重复性</td><td>≤10%</td></tr>
<tr><td colspan="2">示值误差</td><td>± 10%</td></tr>
<tr><td rowspan="2">准确度</td><td>有证标准溶液＜0.4 mg/L</td><td>± 0.06 mg/L</td></tr>
<tr><td>有证标准溶液≥0.4 mg/L</td><td>± 10%</td></tr>
<tr><td rowspan="2">实际水样比对</td><td>实际水样总磷＜0.4 mg/L
（用浓度为 0.3 mg/L 的标准样品替代实际水样进行试验）</td><td>± 0.06 mg/L</td></tr>
<tr><td>实际水样总磷≥0.4 mg/L</td><td>± 15%</td></tr>
<tr><td rowspan="9">TN 水质自动分析仪</td><td rowspan="2">24 h 漂移</td><td>20% 量程上限值</td><td>± 5%F.S.</td></tr>
<tr><td>80% 量程上限值</td><td>± 10%F.S.</td></tr>
<tr><td colspan="2">重复性</td><td>≤10%</td></tr>
<tr><td colspan="2">示值误差</td><td>± 10%</td></tr>
<tr><td rowspan="2">准确度</td><td>有证标准溶液＜2 mg/L</td><td>± 0.3 mg/L</td></tr>
<tr><td>有证标准溶液≥2 mg/L</td><td>± 10%</td></tr>
<tr><td rowspan="2">实际水样比对</td><td>实际水样总氮＜2 mg/L
（用浓度为 1.5 mg/L 的标准样品替代实际水样进行试验）</td><td>± 0.3 mg/L</td></tr>
<tr><td>实际水样总氮≥2 mg/L</td><td>± 15%</td></tr>
<tr><td rowspan="3">pH 水质自动分析仪</td><td colspan="2">示值误差</td><td>± 0.5</td></tr>
<tr><td colspan="2">24 h 漂移</td><td>± 0.5</td></tr>
<tr><td colspan="2">实际水样比对</td><td>± 0.5</td></tr>
</table>

2.5 环境噪声自动监测

2.5.1 方法原理与组成

（1）环境噪声自动监测系统

环境噪声自动监测系统是利用传感、通信、计算机、机电、信息等技术，对声环境状态进行实时在线监测及数据处理的综合性网络。系统一般由噪声监测单元（监测子站）、通信网络、数据管理软件、中心控制室等部分组成。

（2）噪声监测子站

噪声监测子站是环境噪声自动监测系统的户外采样部分，一般分为固定式和移动式两种类型。噪声监测子站包括全天候户外传声器、噪声采集分析单元、通信单元、电源控制单元以及机箱等配套安全防护单元。

（3）中心控制室

中心控制室是集计算机技术、网络技术、通信技术和数据库管理技术于一体，对各子站监测数据和仪器工作状态信息进行存储和处理、报告生成、信息发布等过程控制的工作平台。

2.5.2　系统建设

2.5.2.1　噪声监测子站的选址

子站选址安装应符合国家相关技术规定，并满足以下条件：

（1）监测点位的设置符合优化布点的要求；

（2）周围环境状况相对稳定，有安全和防抗干扰措施；

（3）设置气象仪器的子站站点，其地理位置能满足气象参数测量的要求；

（4）设置车流量监测单元地理位置应满足车流量等参数测量的要求；

（5）子站仪器设备安装牢固可靠，防护箱门与校准翻转支架运转灵活、无卡滞现象；

（6）传声器有防雨、防风和防鸟停措施；

（7）传声器离地面的高度大于 4 m，传声器离建筑物墙壁、屋顶等支撑物反射面的距离大于 2 m，传声器周围水平面应保证 270° 以上的捕集空间，如果传声器一边靠近建筑物，周围水平面应有 180° 以上的自由空间；

（8）机柜的垂直度的偏差应小于 3 mm/m，水平度的偏差应小于 3 mm/m。

2.5.2.2　噪声监测子站的安装要求

子站应在以下环境条件中正常工作：

（1）环境温度：-30～50℃。如噪声监测子站布设在其他温度环境中，应采取措施保证仪器能正常工作。

（2）环境相对湿度：0～100%（不凝结）。

（3）环境压力：65～108 kPa。

（4）应具有全天候监测性能，具有防风、防水、防鸟停措施，安装牢固、设置稳定。

2.5.3　监测系统性能要求

环境噪声自动监测系统性能指标具体参照表 14-15 的要求

表 14-15　主要性能指标

序号	项目	主要性能指标
1	准确度	符合 JJG 778、GB/T 3785.1 或 JJG 188 的要求
2	监测参数	L_{eq}，L_{max}，L_{min}，L_d，L_n，L_{dn}，L_{10}，L_{50}，L_{90}，SD 等
3	量程范围	30～130 dB（A）
4	灵敏度	符合 JJG 778、GB/T 3785.1 或 JJG 188 的要求
5	频率范围	符合 JJG 778、GB/T 3785.1 或 JJG 188 的要求
6	指向性	全方向

续表

序号	项目	主要性能指标	
7	时间误差（主机）	24 h 内误差≤0.1 s	
8	气象单元 风速	测量范围 0～50 m/s	准确度 ±1 m/s
9	气象单元 风向	测量范围 0～360°	准确度 ±7°
10	气象单元 温度	测量范围 -50～50℃	准确度 ±0.5℃
11	气象单元 湿度	测量范围 0～100%	准确度 ±10%
12	气象单元 气压	测量范围 60～110 kPa	准确度 ±0.1 kPa
13	气象单元 降水	测量范围 0～200 mm/h	准确度≤4%
14	车流总量	具备自动测量功能	
15	平均车速	测量范围 0～120 km/h	准确度≤2%
16	车型长度	测量范围 3～30 m/ 辆	准确度≤2%
17	平均无故障连续运行时间（MTBF）①	≥10 000 h/ 次	
18	系统带电硬件绝缘电阻	≥5 MΩ	
19	系统硬件设备接地电阻	≥4 Ω	

注：①平均无故障连续运行时间：指系统在监测期间的总运行时间（h）与发生故障次数（次）的比值，以“MTBF”表示，单位为：h/ 次。

第三节　自动监测系统运维管理

自动监测系统运行维护管理可分为日常维护管理和数据质控管理。

日常维护包括日常例行维护、停机维护和故障检修等，其中停机维护和故障检修，一般由设备厂家的专业技术人员组织进行。

数据质控管理的内容包括数据的准确性和有效性审核判断、数据审核和处理、数据平台的日常管理、日常运行质量保证等。不同类别、不同项目和不同的浓度数值，数据质量保证和质量控制都有细则要求，生态环境部颁布的一系列在线监测系统安装验收要求、自动在线监测技术要求、在线监测系统运行与考核技术规范、数据有效性判别技术规范等均有涉及，在实际工作的各个环节，应遵循技术规范文件要求做好硬件和软件的管理，保障整个工作环节的数据质量。

根据监测对象的不同，常见几种自动监测系统的运维管理可参照以下内容。

3.1　环境空气自动监测系统的维护管理

环境空气自动监测仪器应全年 365 d（闰年 366 d）连续运行，停运超过 3 d 以上，须报负责该点位管理的主管部门备案，并采取有效措施及时恢复运行。需要主动停运的，须提前报负责该点位管理的主管部门批准。

在日常运行中因仪器故障需要临时使用备用监测仪器开展监测，或因设备报废需要更新监测仪器的，须于仪器更换后 1 周内报负责该点位管理的主管部门备案。仪器更新须执行前述相关要求。

监测仪器主要技术参数应与仪器说明书要求和系统安装验收时的设置值保持一致。如确需对主要技术参数进行调整，应开展参数调整试验和仪器性能测试，记录测试结果并编制参数调整测试报告。主要技术参数调整，须报负责该点位管理的主管部门批准。

日常维护的操作，包括子站日常巡检和监测仪器设备日常维护。

3.2　固定污染源烟气自动监测系统的维护管理

3.2.1　日常巡检

固定污染源烟气自动监测系统运维单位应根据标准和仪器使用说明中的相关要求制定巡检规程，并严格按照规程开展日常巡检工作并做好记录。日常巡检记录应包括检查项目、检查日期、被检项目的运行状态等内容，每次巡检应记录并归档。日常巡检时间间隔不超过 7 d。

3.2.2　日常维护保养

应根据自动监测系统说明书的要求对系统保养内容、保养周期或耗材更换周期等做出明确规定，每次保养情况应记录并归档。每次进行备件或材料更换时，更换的备件或材料的品名、规格、数量等应记录并归档。如更换有证标准物质或标准样品，还需记录新标准物质或标准样品的来源、有效期和浓度等信息。对日常巡检或维护保养中发现的故障或问题，系统管理维护人员应及时处理并记录。

3.3　地表水水质自动监测系统的维护管理

日常例行维护包括站房环境检查、仪器与系统检查、易损件更换、耗材更换、试剂更换、管路清洗等工作。运行维护单位定期对水站进行巡检，巡检频次不得低于每周一次，并记录巡检情况。每次对水站巡检时进行下列工作：

（1）查看各台分析仪器及辅助设备的运行状态和主要技术参数，判断运行是否正常；检查仪器供电、过程温度、搅拌电机、传感器、电极以及工作时序等是否正常，检查有无漏液、管路里是否有气泡等；定期清洗常规五参数、叶绿素及蓝绿藻电极。

（2）依据仪器运行情况、断面水质状况和水站环境条件制定易耗品和消耗品（如泵管、接头、密封件等）的更换周期，并保证在耗材使用到期前完成更换；如果需要更换零配件（如电极等），应备有库存保证及时更换。

（3）检查试剂状况，定期添加、更换试剂。所用纯水和试剂须达到相关技术要求，更换周期不得超过操作规程或仪器说明规定的试剂保质期，室内温度较高时应缩短更换周期。每次更换主要试剂后应按相应操作规程或仪器说明重新校准仪器。试剂配制工作应由有资质的实验室完成，提供试剂来源证明，并粘贴标签。

（4）及时整理站房及仪器，完成废液收集并按相关规定要求做好处理处置工作，且留档备查；保持水站站房及各仪器干净整洁，及时关闭门窗，避免日光直射各类分析仪器。

（5）检查采水系统、配水系统是否正常，如采水浮筒固定情况，自吸泵运行情况等；定期清洗采配水系统，包括采水头、吊桶、泵体、沉砂池、过滤头、样水杯、阀门、相关管路等，对于无法清洗干净的应及时更换。

（6）检查水站电路系统是否正常，接地线路是否可靠，检查采样和排液管路是否有漏液或堵塞现象，排水、排气装置工作是否正常。

（7）检查站房空调及保温措施，保持温度稳定；检查水泵及空压机固定情况，避免仪器振动；检查空压机、不间断电源（UPS）、除藻装置、纯水机等辅助设施运行状态，及时更换耗材，并排空空压机积水。

（8）检查工控机运行状态，有无中毒现象，至少每季度备份一次现场数据及控制软件；检查仪器与系统的通信线路是否正常，模拟量传输的数据偏差是否符合要求。

（9）站房周围的杂草和积水应及时清除，检查防雷设施是否可靠，站房是否有漏雨现象，站房外围的其他设施是否有损坏或被水淹，如遇到以上问题及时处理，保证系统安全运行。在封冻期来临前做好采水管路和站房保温等维护工作。

（10）做好日常例行维护工作记录，重要的工作内容拍照存档。

3.4 污染源水质自动监测系统的维护管理

3.4.1 日检查维护

每天应通过远程查看数据或现场察看的方式检查仪器运行状态、数据传输系统以及视频监控系统是否正常，并判断水污染源在线监测系统运行是否正常。如发现数据有持续异常等情况，应前往站点检查。

3.4.2 周检查维护

（1）每 7 d 对水污染源在线监测系统至少进行 1 次现场维护。

（2）检查自来水供应、泵取水情况，检查内部管路是否通畅，仪器自动清洗装置是否运行正常，检查各仪器的进样水管和排水管是否清洁，必要时进行清洗。定期对水泵和过滤网进行清洗。

（3）检查监测站房内电路系统、通信系统是否正常。

（4）对于用电极法测量的仪器，检查电极填充液是否正常，必要时对电极探头进行清洗。

（5）检查各水污染源在线监测仪器标准溶液和试剂是否在有效使用期内，保证按相关要求定期更换标准溶液和试剂。

（6）检查数据采集传输仪运行情况，并检查连接处有无损坏，对数据进行抽样检查，对比水污染源在线监测仪、数据采集传输仪及监控中心平台接收到的数据是否一致。

（7）检查水质自动采样系统管路是否清洁，采样泵、采样桶和留样系统是否正常工作，留样保存温度是否正常。

（8）若部分站点使用气体钢瓶，应检查载气气路系统是否密封，气压是否满足使用要求。

3.4.3　月检查维护

（1）每月的现场维护应包括对水污染源在线监测仪器进行一次保养，对仪器分析系统进行维护；对数据存储或控制系统工作状态进行一次检查；检查监测仪器接地情况，检查监测站房防雷措施。

（2）水污染源在线监测仪器：根据相应仪器操作维护说明，检查和保养易损耗件，必要时更换；检查及清洗取样单元、消解单元、检测单元、计量单元等。

（3）水质自动采样系统：根据情况更换蠕动泵管、清洗混合采样瓶等。

（4）TOC 水质自动分析仪：检查 TOC-COD_{Cr} 转换系数是否适用，必要时进行修正。对 TOC 水质自动分析仪的泵、管、加热炉温度进行一次检查，检查试剂余量（必要时添加或更换），检查卤素洗涤器、冷凝器水封容器、增湿器，必要时加蒸馏水。

（5）pH 水质自动分析仪：用酸液清洗一次电极，检查 pH 电极是否钝化，必要时进行校准或更换。

（6）温度计：每月至少进行一次现场水温比对试验，必要时进行校准或更换。

（7）超声波明渠流量计：检查流量计液位传感器高度是否发生变化，检查超声波探头与水面之间是否有干扰测量的物体，对堰体内影响流量计测定的干扰物进行清理。

（8）管道电磁流量计：检查管道电磁流量计的检定证书是否在有效期内。

3.4.4　季度检查维护

（1）水污染源在线监测仪器：根据相应仪器操作维护说明，检查及更换易损耗件，检查关键零部件可靠性，如计量单元准确性、反应室密封性等，必要时进行更换。

（2）对于水污染源在线监测仪器所产生的废液应以专用容器予以回收，并按照 GB 18597 的有关规定，交由有危险废物处理资质的单位处理，不得随意排放或回流入污水排放口。

3.4.5　检查维护记录

运行人员在对水污染源在线监测系统进行故障排查与检查维护时，应做好记录。

3.4.6　其他检查维护

（1）保证监测站房的安全性，进出监测站房应进行登记，包括出入时间、人员、出入站房原因等，应设置视频监控系统。

（2）保持监测站房的清洁，保持设备的清洁，保证监测站房内的温度、湿度满足仪器正常运行的需求。

（3）保持各仪器管路通畅，出水正常，无漏液。

（4）对电源控制器、空调、排风扇、供暖、消防设备等辅助设备要进行经常性检查。

（5）其他维护按相关仪器说明书的要求进行仪器维护保养、易耗品的定期更换工作。

3.5 环境噪声自动监测系统的维护管理

（1）有足够的备品、备件及备用仪器，并定期进行清点，根据实际需要进行增购，以不断调整和补充存储数量。

（2）每日检查各子站的运行状况。特殊天气（如雷电、大雨、强风等）过后，要对各子站进行巡查（或进行仪器校准），确保系统正常运行。

（3）每月至少进行一次系统运行状况与子站远程检查。

（4）每季度对子站进行一次巡检与传声器手工校准。

（5）仪器出现故障经检修与维护，要重新对仪器进行校准。

（6）仪器设备每年至少进行一次性能审核和预防性检修。

（7）声级传声器每年送有资质机构检定一次。

（8）气象单元要定期送有资质的机构校验。

（9）每日检查中心控制室与各子站的数据传输状况是否正常。

第十五章　应急监测

第一节　概　述

应急监测是指突发环境污染事件后至应急响应终止前，对污染物、污染物浓度、污染范围及其变化趋势进行的监测。应急监测包括污染态势初步判别和跟踪监测两个阶段。污染态势初步判别是突发环境污染事件应急监测的第一阶段，指突发环境污染事件后，确定污染物种类、监测项目及污染范围的过程。跟踪监测是突发环境污染事件应急监测的第二阶段，指污染态势初步判别阶段后至应急响应终止前，开展的确定污染物浓度及其变化趋势的环境监测活动。

1.1　基本要求

由于突发环境污染事件形式多样、发生突然、危害严重。为尽快采取有效措施遏制事态扩大、降低次生危害发生的风险，就必须做好应急监测工作。其基本要求主要有以下几点：

（1）及时

突发环境污染事件危害严重、社会影响较大。对事故处置的分秒延误都可能酿成更大的生态灾难，导致社会不安定事件的发生。这就要求应急监测人员提早介入、及时开展工作、及时出具监测数据、及时为事故处置的正确决策提供依据。

（2）准确

现场应急监测任务的紧迫性要求在事故的开始阶段准确报出定性监测结果、准确查明造成事故的污染物种类；同时，要进行精确的定量检测。确定在不同源强、不同气象条件下、不同环境介质中污染物的浓度分布情况。为污染事件的准确分级提供直接的依据。这就要求对分析方法和监测仪器做出正确的选择。分析方法的选择性和抗干扰性要强。分析结果要直观、易判断，且结果具有较好的再现性。监测仪器要轻便、易携，最好有比较快速的扫描功能且具备较高的灵敏度和准确度。

（3）代表性

由于事发突然、现场复杂，应急监测人员不可能在整个事故影响区域广泛布点，就要求应急监测人员在现场选取最具代表性的监测点位。既能准确表征事故特征又能为事故的处置赢得时间。

1.2 特点及作用

1.2.1 特点

由于突发环境污染事件存在突然性、不可预见性、危害后果的严重性、形式和种类的多样性、应急处理处置和环境恢复的艰巨性等特点。监测的时间、地点难以预先确定。监测对象的种类、数量、浓度及排放方式、排放途径等信息往往也难以预料。

应急监测工作包括日常应急监测和事故应急监测，在突发环境污染事件发生前、中、后不同时期进行监测。为事故的预警、防范及事故期间的应急响应处理和环境恢复提供科学的决策依据。

1.2.2 作用

应急监测在突发环境污染事件中的基础和特殊地位直接决定了应急处置的成功概率。通过环境应急监测，可以及时发布信息，以正视听，让人民群众满意，让政府放心。因此，环境应急监测也是一项严肃的、特殊的、重要的政治任务。

应急监测以迅速开展监测分析，准确判断污染物的来源、种类、污染物的浓度、污染程度、污染范围、发展趋势和可能产生的环境危害为核心，通过应急监测确定污染性质提供个人防护要求；提供事故污染排放源的位置、规模等信息；提供事故现场污染控制、污染物清理和处理效果的相关信息。其目的是发现和查明环境污染状况，掌握污染的范围和程度及污染的变化趋势。应急监测的主要作用有以下 4 个方面。

（1）对突发生态环境污染事件做出初步分析

由应急监测迅速获得污染事件的初步分析结果，可掌握污染物的种类、排放量、存在形态和排放浓度，结合气象条件、地理地质条件、水文条件等，预测污染物向周边环境扩散的区域和范围、扩散速率、有无复合型污染、污染物削减量、降解速率及污染物的理化特性（含残留毒性、挥发性）等。

（2）为应急处置提供技术支持

由于突发生态环境污染事件事发突然、后果严重，可根据现场初步分析结果迅速、合理地制定应急处置措施，确保应急处置的有效性，降低突发环境污染事件的危害程度。

（3）跟踪事态发展

由于在特定的时间或空间，随着现场形势的变化，应急处置措施要适时进行调整。因此连续、实时地应急监测对判断事故对影响区域环境的延续性、事故处置措施的改进有着重要的作用。

（4）为事故评估和事后恢复提供依据

通过对应急监测数据的分析，可以掌握污染事故的类型、等级等信息，为污染事故的后评估提供重要的参考资料，并且可以为突发环境污染事件事后恢复计划的制订和修订，持续提供翔实、充分的信息和数据。

第二节　应急监测方案

启动应急监测预案后，应尽快编制应急监测方案。应急监测方案主要包括监测内容、监测布点及示意图、监测方法、评价标准、质量保证与控制等。监测方案应根据事件发展情况适时调整并简述调整原因，标注版次。

2.1　人员配备

发生突发环境污染事件，应由监测指挥组第一时间调集本行政区域生态环境监测部门的人员开展现场采样和监测工作，人员不足时可请求上级部门支援或协调社会环境监测机构进行补充，现场人员数量应确保可以昼夜轮换工作。水质现场采样和监测、大气现场采样和监测人员不交叉，每组现场采样和监测人员负责适宜点位数量，完成现场采样立即送实验室分析。

对于重特大以上级别水环境应急监测，每个监测断面（点）配备 2～4 组现场监测人员，每组至少 2 人，每组至少配备一辆样品运输车。对于交通不便的采样断面（点），可根据实际情况适当增加现场监测人员及样品运输车辆。

2.2　监测内容

监测内容主要包括各监测断面（点）名称及编号、监测项目、频次等。当情况复杂、涉及的任务量大并且有多个单位参与应急监测时，必须明确任务分工，在监测内容中增加任务分工相关内容。监测内容尽量以表格进行展示，示例见表 15-1。

表 15-1　监测内容

监测类别	编号	监测断面（点）名称	监测项目	监测频次	任务分工
大气环境					
地表水					

（1）监测项目

根据事件类型、污染源特征、生产工艺等情况，并结合应急监测初筛结果等信息综合确定监测项目。对于爆炸、燃烧等原因造成的环境事件，确定监测项目要充分考虑化学反应产生的二次污染物。各环境介质监测项目选择一般不超过 3 个。

（2）监测项目监测频次

对于水污染监测，污染态势初步判别时期，原则上水质控制断面、取水口断面 1～2 h 开展一次监测，对照断面 8～12 h 监测一次，各控制断面应同时采集样品。跟踪监测阶段，各监测断面根据需要确定监测频次。对于大气监测，优先使用走航车、便携式仪器开展实时监测，使用手工监测时，1～2 h 开展一次监测。

用于发布信息的断面（监测点）原则上每天监测次数不少于 1 次。监测频次根据处置情况和污染物浓度变化态势进行动态调整。

2.3 点位布设

2.3.1 水污染事件

根据事故影响范围、处置措施、敏感点（取水口）分布情况，兼顾可行性和方便性，水质监测一般在事故污水排放口布设监测断面（点），在受影响的地表水布设对照断面、控制断面、加密断面、取水口断面，视情况在处置设施（如截污坝）、污水处理站出口等处布设监测点。地下水受到污染时，在事故周边现有地下水监测井、居民饮用水水井进行布点监测。

2.3.2 大气污染事件

应以事故地为中心，在下风向按 500～1 000 m 间隔以扇形或圆形布点（布点间隔应事件类型和处置要求，可适当调整），同时在事故点的上风向未受影响的位置布设对照点；在可能受污染影响的居民住宅区、学校、医院等敏感点必须设置采样点；大气污染物采样高度约 1.5 m。

2.3.3 土壤污染事件

2.3.3.1 对照点

应在未受事件污染区域设定 2～3 个背景参照点。

2.3.3.2 事件点

（1）固体抛撒污染型

固体污染物抛撒污染现场，等清理现场后采集表层 5 cm 土样，采样点数不少于 3 个。

（2）液体倾翻污染型

液体污染物倾翻型污染事件中，污染物会向低洼处流动，同时向土壤深度方向渗透并向两侧横向扩散，每个点分层采样，事件发生点采样点较密，采样深度较深，离事件发生点相对远处采样点较疏，采样深度较浅。采样点不少于 5 个。

（3）爆炸污染型

以放射性同心圆方式布点，采样点不少于 5 个，爆炸中心分层采样，爆炸周围表层土（0～20 cm）采样。

2.3.3.3 敏感点

在可能受污染影响的农用地、居民点等敏感区域设置监测点。

注意事项：采样点应设置编号标志牌，顺位编写点位编号，拍照记录经纬度及周边情况，点位编号与对应名称固定不变。采集地表水时，在两个采样点间增加采样点，编号首位使用较小数字加

“-”，再加数字。例如，在6#与7#点间增加一个断面，编号应为6-1，依此类推。

2.4 评价标准

按应急监测评价对象，可分为环境质量标准和污染物排放标准。其中，环境质量标准适用于学校、医院、居民区等环境敏感点以及自然生态环境；污染物排放标准适用于企业排污口、厂界和污水暂存池等。国家标准、行业标准或地方标准未涵盖的污染物，可视情况参考卫生、安全等部门的相关标准和国外、国际标准。

2.4.1 环境质量标准

（1）空气质量评价

优先选用《环境空气质量标准》（GB 3095—2012），学校、医院、居民区等敏感点可选用《室内空气质量标准》（GB/T 18883—2022）。前述标准未涵盖的污染物可参考《环境影响评价技术导则 大气环境》（HJ 2.2—2018）附录D，建议去除苏联的污染物参考标准，改为国家职业卫生标准《工作场所有害因素职业接触限值 第1部分：化学有害因素》（GBZ 2.1—2019），或住建部国家标准《民用建筑工程室内环境污染控制标准》（GB 50325—2020）。其他污染物参考上风向背景参照点进行评价。

（2）地表水质量评价

优先选用《地表水环境质量标准》（GB 3838—2002）。前者未涵盖的污染物可参考《生活饮用水卫生标准》（GB 5749—2022），其他污染物参考背景参照点进行评价。跨境河流（湖泊）应同时参考上下游国家（地区）的相关地表水环境质量标准进行评价；对于未划定功能区类别水体参考《地表水环境质量标准》（GB 3838—2002）V类标准限值对监测结果进行评价；非生活饮用地表水，补充项目和特定项目监测结果参考参照点结果评价或不做评价。

（3）土壤环境质量评价

根据土地利用类型，选择相关评价标准中的污染物标准限值，相关标准有《食用农产品产地环境质量评价标准》（HJ/T 332—2006）、《温室蔬菜产地环境质量评价标准》（HJ/T 333—2006）、《土壤环境质量 建设用地土壤污染风险管控标准（试行）》（GB 36600—2018）、《土壤环境质量 农用地土壤污染风险管控标准（试行）》（GB 15618—2018）。前述标准未涵盖的污染物可参考背景参照点进行评价。

（4）地下水质量评价

选用《地下水质量标准》（GB/T 14848—2017），前述未涵盖的污染物可参考背景参照点进行评价。

2.4.2 污染物排放标准

（1）大气污染物无组织排放评价

优先执行污染物排放的地方标准和行业标准。前述标准未涵盖的，执行《大气污染物综合排放标准》（GB 16297—1996）及《恶臭污染物排放标准》（GB 14554—

1993）。无相关评价标准的污染物参考上风向背景参照点进行评价。

（2）水污染物排放评价

优先执行污染物排放的地方标准和行业标准。前述标准未涵盖的执行《污水综合排放标准》（GB 8978—1996）。

评价标准一般以列表的形式展示（表 15-2），需明确各项污染物的标准限值和标准出处，若使用参考标准，应予以注明。

表 15-2　评价标准

污染类别	项目	评价标准	标准限值
大气环境污染			
地表水环境污染			
土壤环境污染			

2.5　质量保证与质量控制

应急监测的质量保证及质量控制应覆盖突发环境污染事件应急监测全过程，重点关注方案中点位、项目、频次的设定，采样及现场监测、样品管理、实验室分析、数据处理和报告编制等关键环节。针对不同的突发环境污染事件类型和应急监测的不同阶段，应有不同的质量管理要求及质量控制措施。污染态势初步判别阶段质量控制重点在于快速与及时，跟踪监测阶段质量控制重点在于准确与全面。力求在最短的时间内，用最有效的方法获取最有用的监测数据和信息，既能满足应急工作的需要，又切实可行。

2.5.1　现场监测的质量保证和控制

（1）采样人员与现场监测人员须具备相关经验，能切实掌握突发环境污染事件布点采样技术，熟知采样器具的使用和样品采集（富集）、固定、保存、运输条件。

（2）采样和现场监测仪器应进行日常的维护、保养，确保仪器设备保持正常状态，仪器离开实验室前应进行必要的检查。

（3）应急监测时，允许使用便携式仪器和非标准监测分析方法，可采用自校准或标准样品测定等方式进行质量控制。用试纸、快速检测管和便携式监测仪器进行定性时，若结果为未检出则可基本排除该污染物；若结果检出则只能暂时判定为“疑是”，需再用不同原理的其他方法进行确认，若两种方法得出的结果基本一致，则结果可信，否则需继续核实或采样后送实验室分析确定。

（4）采样的其他质量保证措施可参照相应的监测技术规范执行。

2.5.2　样品管理的质量保证

（1）应保证样品从采集、保存、运输、分析、处置的全过程都有记录，确保样品管理处在受控状态。

（2）样品在采集和运输过程中应防止样品被污染及样品对环境造成的污染。选择合适的运输工具，运输过程中应采取必要的防震、防雨、防尘、防爆等防护措施，以保证人员和样品的安全。

2.5.3　实验室分析的质量保证和控制

（1）实验室分析人员须熟练掌握实验室相关分析仪器的操作使用方法和质控措施。

（2）用于监测的各种计量器具要按有关规定定期检定（校准），并在检定（校准）周期内进行期间核查。仪器设备应定期检查和维护保养，以保证其正常运转。

（3）实验用水要符合分析方法的要求，试剂和实验辅助材料应检验合格后才可投入使用。

（4）实验室采购服务应选择合格的供应商。

（5）实验室环境条件应满足分析方法要求，需控制温度、湿度等条件的实验室要配备相应设备，监控并记录环境条件。

（6）如需利用企业或非认证实验室开展样品测试，应通过比对实验、质控样测试等方法进行质控。

（7）实验室质量保证和质量控制的具体措施参照相应的技术规范执行。

2.5.4　联合应急监测的质量保证及质量控制

对于跨省突发环境污染事件，受事件影响的上下游地区应共同商定应急监测方法，确保地区之间监测数据互通互认。对多个环境监测队伍协同参与的突发环境污染事件，各监测方应选用应急指挥部确定的统一的应急监测方法。

第三节　仪器设备与方法

近年来，随着科技水平的提高，在传统实验室仪器设备基础上，应用于突发环境事件应急监测的仪器设备制造技术得到快速发展，市场上涌现出大量应急监测仪器设备。按工作原理来分，主要包括便携式光学分析仪、色谱/质谱分析仪、电化学/传感器分析仪及生物技术分析仪等几大类。各种具有代表性的应急仪器设备主要工作原理及应用见表 15-3。

表 15-3 常用应急监测设备

仪器类型	名称	原理	应用
光学分析仪	便携式（车载）紫外-可见分光光度分析仪	待测物质有其特有的、固定的吸收光谱曲线，可根据吸收光谱上的某些特征波长处吸光度的高低判别并测定该物质的含量	水中COD、氨氮、总磷、硝酸盐、亚硝酸盐、挥发酚、氰化物、硫化物、重金属等的测定
	便携式（车载）流动注射分析仪	把一定体积的试样溶液注入一个流动着的、非空气间隔的试剂溶液载流中，被注入的试样溶液（或水）流入反应盘管，形成一个区域，并与载流中的试剂混合、反应，再进入流通检测器进行测定分析并记录	水中COD、氨氮、总磷、硫化物、挥发酚、氰化物、阴离子表面活性剂等的测定
	便携式傅里叶红外分析仪	光源发出的光被分束器（类似半透半反镜）分为两束，一束经透射到达动镜，另一束经反射到达定镜。两束光分别经定镜和动镜反射再回到分束器，动镜以一恒定速度做直线运动，因而经分束器分束后的两束光形成光程差，产生干涉光。干涉光在分束器会合后通过样品池，通过样品后含有样品信息的干涉光到达检测器，然后通过傅里叶变换对信号进行处理，最终得到透过率或吸收光谱图，再根据透过率或吸收光谱图进行定性和定量	仪器的型号和品牌不同，应用领域不同。部分仪器可对固体和液体样品进行定性鉴别，另一些仪器可用于对气体样品中有机和无机化合物进行定性和定量分析，但要实现定量分析，需自带工作曲线
	远距离遥测红外分析仪	任何高于绝对零度的物体都会发出红外辐射，遥测红外分析仪直接收集待测气团发射的红外光，利用光的相干性，对干涉后的红外光进行傅里叶变换，根据气体红外指纹特征谱和相关算法处理，实现有毒有害气体定性定量分析，理论上可以监测上千种无机、有机气体	适用于有毒有害气体预警监测和应急救援。对目标对象进行风险评估，判断气体的化学组成及对应浓度
	便携式红外测油仪	水样在pH≤2条件下，用四氯乙烯萃取水中油类物质，测定总萃取物，然后将萃取液用硅酸镁吸附，经脱除动植物油等极性物质后，测定石油类。总萃取物和石油类的含量均由波数分别为 2 930 cm^{-1}、2 960 cm^{-1} 和 3 030 cm^{-1} 谱带处的吸光度进行计算。动植物油的含量由总萃取物与石油类含量之差计算	水中石油类的测定
	便携式紫外荧光测油仪	水中石油类物质经正己烷萃取后，石油类中的多环芳烃在紫外光激发下可产生荧光，荧光的强度和石油类含量呈良好的线性关系	水中石油类的测定

续表

仪器类型	名称	原理	应用
光学分析仪	便携式X射线荧光分析仪	当仪器内部激发出X射线照射在需测样品上，内层电子在足够能量的X射线照射下脱离原子的束缚，使原子处于激发态，这时，其他外层电子便会填补这一空位，也就是所谓电子跃迁，同时以发出X射线的形式释放出能量，这种能量称为特征X射线，通过测定特征X射线的能量，便可以确定相应元素的存在，而特征X射线的强弱则代表该元素的含量	土壤、沉积物、煤质、灰尘、矿渣、大气颗粒物中重金属含量的测定
	便携式荧光溶解氧仪	基于荧光猝熄原理。溶解氧仪的传感器为一层荧光物质所覆盖，当LED光源发出的蓝光照射到传感器表面的荧光物质时，荧光物质受到激发释放出红光。从发出蓝光到释放出红光的这段时间被记录下来。由于氧分子可以带走能量（猝熄效应），所以激发的红光的时间和强度与氧分子的浓度成反比，从而可计算出氧分子的浓度	水中溶解氧的测定
	便携式冷原子吸收测汞仪	利用$SnCl_2$将样品中的二价汞还原成零价汞，在室温下通过洁净空气中将汞气化，载入便携式冷原子吸收测汞仪，汞原子蒸气对波长253.7 nm的紫外光具有强烈吸收作用，汞蒸气浓度与吸收峰峰面积在一定范围内成正比，根据测定的峰面积，可求得试样中汞的含量	水、气、土壤、固废等汞的测定
色谱/质谱分析仪	便携式气相色谱	载气推动样品通过色谱柱，由于分子量、极性和沸点等差异使各物质在固定相中保留能力不同，从而实现样品中各组分的分离，最后到达检测器，得到不同组分色谱图。便携式气相色谱利用保留时间定性，根据峰高或峰面积定量	气体中挥发性有机物的测定，与便携式顶空或固相萃取仪联用，可用于水或土壤中挥发性有机物和半挥发性有机物的测定
	便携式、车载质谱仪	试样中各组分在离子源中发生电离，生成不同质荷比的带正电荷的离子，经加速电场的作用，形成离子束，进入质量分析器，再利用电场和磁场的作用，将它们分别聚焦并被离子检测器检测，从而得到质谱图，通过质谱图及离子强度进行定性定量	实现现场环境连续在线监测、应急事故快速监测等快速移动监测，用于挥发性有机化合物定性定量检测
	便携式气相色谱质谱联用仪	通过气相色谱将待测物质进行分离，再通过质谱部分将分离后的物质进行离子化分离，通过与特定谱库的比对进行定性和定量。在气质联用仪中，质谱是气相色谱的一种质量分析器	气体中挥发性有机物的测定，与便携式顶空或固相萃取仪联用，可用于水或土壤中挥发性有机物和半挥发性有机的测定，相较于便携式气相色谱，便携式气相色谱质谱联用仪的定性功能更准确

续表

仪器类型	名称	原理	应用
色谱 / 质谱分析仪	车载电感耦合等离子体质谱仪	以电感耦合等离子体为离子源，以质谱进行检测无机多元素和同位素分析技术	水、气、土壤、沉积物、固废等重金属元素的检测
电化学 / 传感器分析仪	便携式阳极溶出伏安仪	阳极溶出伏安法包括还原沉积和氧化溶出两个步骤。其中，还原沉积是将水溶液中待测金属离子全部或部分沉积在电极上，再从电极上氧化溶出并获取溶出伏安峰，利用峰电位及峰高或峰面积信息进行定性及定量分析	水中铜、镍、镉、锌等金属元素检测
	便携式离子选择电极	离子选择电极是一种利用膜电势测定溶液中离子活度或浓度的电化学传感器，一般由内参比电极、内参比液和敏感膜三部分组成。其中，内参比液含有该电极响应的离子和内参比电极所需的离子，当电极和含待测离子溶液接触时，在它的敏感膜和溶液的相界面上会产生与该离子活度直接有关的膜电势。离子选择电极对某一特定离子的测定，一般是基于这个膜电势进行的	pH、氟化物、氯化物、氨等
	便携式气体检测仪（光离子化传感器）	使用离子灯产生的紫外光对目标气体进行照射 / 轰击，目标气体吸收了足够的紫外光能后被电离，通过检测气体电离后产生的微小电流，检测出目标气体的浓度。离子灯能量可分为 9.6 eV、10.6 eV 和 11.7 eV 3 个种类，其中 9.6 eV 和 10.6 eV 是较常用的类型	气中 VOCs 的检测
生物技术分析仪	便携式叶绿素（蓝绿藻）测定仪	通过荧光分析法来检测叶绿素（蓝绿藻）的含量。该方法直接检测叶绿素（蓝绿藻）细胞中特定色素的荧光物质，以确定相对的藻类毒素。叶绿素（蓝绿藻）中所含的叶绿素（蓝绿藻素）会接收特定波长 x 的光线，然后释放出具有特征波长 y 的另一种光线，释放光线的强度与水中的叶绿素（蓝绿藻素）数量成正比，测定仪探头通过测量藻蓝素所释放的 y 光线强度从而实现对蓝绿藻含量的测量	水中叶绿素（蓝绿藻）检测
	便携式发光菌综合毒性分析仪	发光菌是一种自身能够进行生物发光的细菌，当遇到外界不利的环境时，生理活动会受到影响，从而发光反应被抑制，发光程度也受到了影响。而发光受到抑制的程度与有毒物质的毒性大小及浓度有关，光强的变化可以利用水质急性毒性测定仪得到，从而判断水质有害物质的毒性和浓度	水的毒性检测

第四节　现场采样监测

4.1　现场监测准备与实施

4.1.1　现场勘查

采样人员到达事故现场后，第一时间开展现场勘查，全面核实并掌握突发环境污染事件现状，包括污染源情况、环境敏感目标受影响及应对情况、应急处置工程措施选址、实施情况、了解水文、气象参数、寻找到适合采样布点与监测位置等。现场勘查人员须及时将勘查到的信息反馈给监测方案编制人员。

4.1.2　现场采样与监测

根据应急监测方案，现场人员开展应急采样和现场监测工作，现场监测人员须受过一定的专业训练，采样量应同时满足快速监测和实验室分析需要，采样位置满足监测标准与规范要求，样品采集要有代表性。

现场监测应能快速鉴定、鉴别污染物，并能给出定性、半定量的监测结果，直接读数，使用方便，易于携带，对样品前处理要求低。凡具备现场监测条件的项目，应尽量进行现场测定。必要时，另采集一份样品送实验室分析测定，以确认现场的定性或定量分析结果。用检测试纸、快速检测管和便携式监测仪器进行测定时，应至少连续平行测定 2 次，以确认现场测定结果。必要时，送实验室用不同的分析方法对现场监测结果加以确认、鉴别。

在现场采样与监测的同时，应按格式规范记录，保证信息完整，可充分利用常规例行监测表格进行规范记录，主要包括环境条件、分析项目、分析方法、分析日期、仪器名称、仪器型号、仪器编号、测定结果、监测断面（点位）示意图、分析人员、校核人员、审核人员签名等。根据需要并在可能的情况下，同时记录风向、风速、水流流向、流速等气象水文信息。

同时应注意便携式监测仪器要定期检定 / 校准或核查，日常维护、保养及检测试纸、快速检测管等应按规定的保存要求进行保管，并保证在有效期内使用。

4.1.3　现场采样和监测的安全防护

进入突发环境事件现场的应急监测人员，必须注意自身的安全防护，对事故现场不熟悉、不能确认现场安全或不按规定佩戴必要的防护设备（如防护服、防毒呼吸器等），未经现场指挥 / 警戒人员许可，不应进入事故现场进行采样监测。

常用的安全防护设备有：

（1）一氧化碳、硫化氢、氯化氢、氯气、氨报警器，测爆仪。

（2）防护服、防护手套、胶靴等防酸碱、防有机物渗透的各类防护用品。

（3）各类防毒面具，防毒呼吸器及常用的解毒药品。

（4）防爆应急灯、醒目安全帽、反光背心、救生衣、防护安全带（绳）、呼救器等。

采样和现场监测安全注意事项：

（1）应急监测，至少两人同行。

（2）进入易燃易爆事故现场的应急监测车辆应有防火、防爆安全装置，应使用防爆的现场应急监测仪器设备（包括附件如电源等）进行现场监测，或在确认安全的情况下使用现场应急监测设备进行现场监测。

（3）进入水体或登高采样，应穿戴救生衣或佩戴防护安全带（绳）。

第五节　案　例

针对近年来较为典型的突发环境事件，结合相关部门的实际工作，整理归纳了2个突发环境事件应急监测实例，对相关环境事件的应急监测经验及其教训进行介绍，以期发挥典型案例借鉴和警示教育作用。

5.1　典型案例1

“4·02”肇庆市×××公司火灾应急监测

摘要：2020年4月2日21时许，位于肇庆市×××公司临时仓库发生火灾事件，事件消防废水流入外环境引起突发环境污染事件。该仓库内主要存放油性污泥、废树脂、废抹布、包装物等约5 000 t危险废物，消防废水产生的水污染物因子主要是pH、铜、镍。消防废水经厂外排渠到白诸水，白诸水经新兴江流入西江。事件发生后，广东省生态环境厅、广东省生态环境监测中心、肇庆市生态环境局、肇庆生态环境监测站、高要区环境保护监测站三级联动，迅速启动了突发环境污染事件应急预案，了解事件现场情况，科学制定监测方案，组织现场监测，及时提供准确监测数据，为现场处理处置指挥提供决策依据。监测结果表明，本次突发环境污染事件未对西江水质造成影响，未发生人员伤亡情况。

关键词：镍；铜；pH；火灾；地表水；环境空气

5.1.1　应急监测启动

（1）应急接报

2020年4月2日23时许，接到市生态环境局关于×××公司临时仓库发生火灾事件电话通报后，肇庆生态环境监测站立即启动突发环境污染事件应急预案，迅速组织监测人员开展监测工作，并将事件情况通报给广东省生态环境监测中心。广东省生态监测中心接报后，立即派出技术人员赶赴事件现场，协助开展环境应急监测工作。

（2）现场情况

事发现场火势较大，间或有爆炸声，但事件并未造成人员伤亡，空气中弥漫着刺激性气味，附近地区环境质量受到一定影响。事件企业周边 3 km 范围内有 13 个居民住宅、活动敏感点，最近的敏感点距离事件企业约 1 km。现场消防废水通过厂外排渠流入白诸水，排渠到白诸水长约 2 km，白诸水到新兴江长约 5 km，新兴江到西江长约 18 km，新兴江汇入西江后，下游约 1 km 为西江东区水厂饮用水源保护区二级保护区上边界（东区水厂设计日供水量 5.5 万 m^3）。

（3）污染物特性

镍，重金属元素。镍具有积蓄性、对人体危害较大，可在人体各器官中积累，以肾、脾、肝中最多。人体皮肤接触，可引起皮炎、皮肤剧痒、后出现丘疹、疱疹及红斑，重者化脓、溃烂。长期接触镍，能使人头发变白、神经衰弱、代谢紊乱，还能诱发癌症。

铜，常见金属元素，也是人体所需微量元素。受铜污染的水体，容易被鱼类等吸收，富集到脂肪里，再通过食物链转移到人体。当人体内残存了大量的铜后，对身体内的脏器造成负担，特别是肝和胆，当这两种器官出现问题后，维持人体内的新陈代谢就会出现紊乱，出现肝硬化、肝腹水甚至更为严重的疾病。

5.1.2　应急监测方案

（1）人员分工

肇庆生态环境监测站接报后，立即启动应急预案，各科室按《应急监测操作手册》开展工作，主要分为现场采样组、样品交接组、分析测试组、数据报送组和综合分析组等，肇庆生态监测站站长担任监测总指挥。本次应急监测共出动监测人员约 800 人次，车辆约 620 辆次。

从 4 月 2 日 23：30 开始第一次现场监测，到 4 月 11 日 9 时应急监测终止，此次应急监测总共历时 10 天。其中环境空气监测于 4 日 16 时结束，水质监测于 11 日 9 时结束，后续还开展了 3 天的水质跟踪监测。监测人员在做好个人防护的前提下开展现场监测，未发生个人安全事件。

资料收集：综合业务室首先根据环评资料和卫星地图确认事发地点的周边敏感点和水系情况，初步制定监测方案，然后与监测人员进行现场实地调查，进一步明晰地理、气象、水文等信息，查看了截污水坝的位置、水流去向并根据反馈信息对监测方案进行优化。

样品运输及分析：样品运输由样品交接组统筹调度，指挥人员和车辆开展样品运输工作，确保样品及时无误地送达实验室；样品分析则根据实时情况，驻市站、高要站、××× 公司实验室联动监测，经实验室比对后果断部署现场。高浓度废水监测任务由事发企业实验室负责，水环境质量样品送市站实验室分析。截至 4 月 11 日 9 时，共计采集 996 个样品，累计出具监测数据 3 241 个（其中水环境监测数据 3 159 个）。

材料报告：由综合业务室承担方案调整、结果审核、数据报送和快报编写工作，根据指挥部要求制作污染物流程变化图和浓度趋势图，进行分析预判。本次应急共编制环境应急监测快报 16 期、废水应急监测方案 15 个、废气应急监测方案 2 个、环境应急监测简报 3 份，为各级领导及时掌握事件发展动态、指挥事件处理处置、控制舆情提供了重要支撑。

（2）监测布点

环境空气：根据事件发生地的风向、敏感点的地理位置情况，共布设格塘村、留墩村、白诸镇区等 9 个监测点位，详见图 15-1。

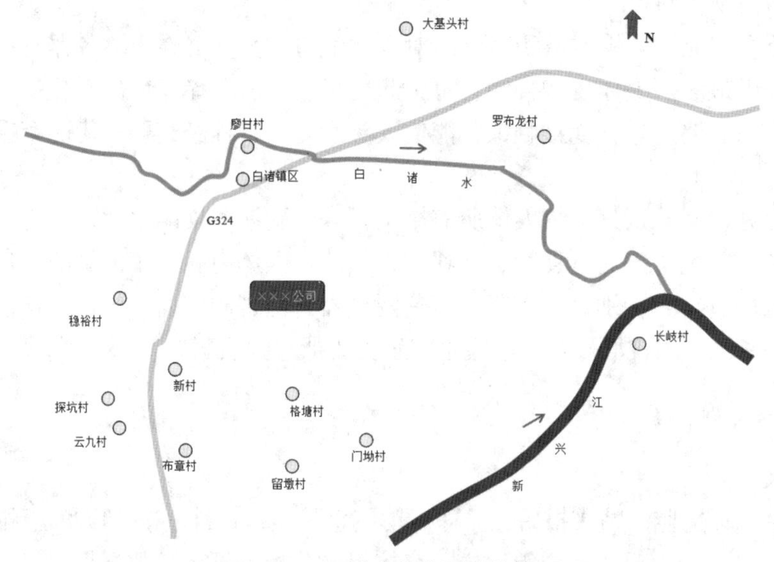

图 15-1　环境空气监测点位分布

地表水：应急监测期间，随着污染物的迁移，地表水监测布点做过一定的调整，在事件点排水渠、白诸水、新兴江、西江共布设 16 个监测断面，详见图 15-2。

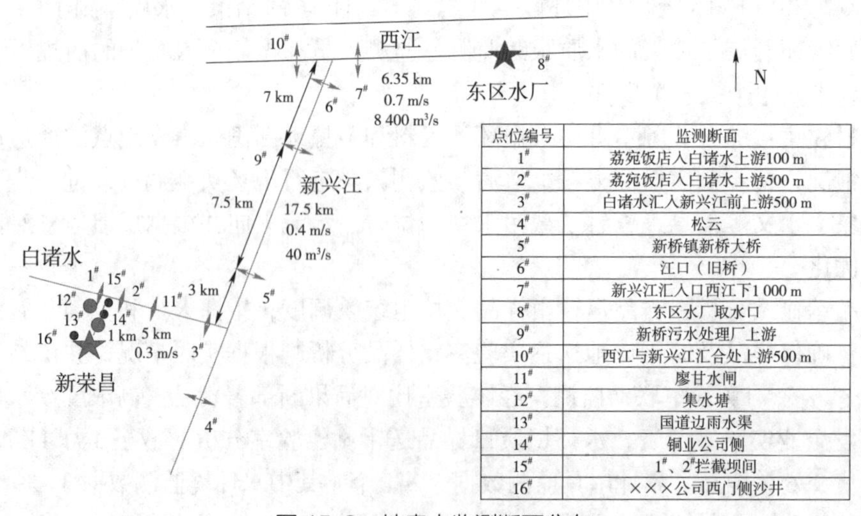

点位编号	监测断面
1#	荔宛饭店入白诸水上游100 m
2#	荔宛饭店入白诸水上游500 m
3#	白诸水汇入新兴江前上游500 m
4#	松云
5#	新桥镇新桥大桥
6#	江口（旧桥）
7#	新兴江汇入口西江下1 000 m
8#	东区水厂取水口
9#	新桥污水处理厂上游
10#	西江与新兴江汇合处上游500 m
11#	廖甘水闸
12#	集水塘
13#	国道边雨水渠
14#	铜业公司侧
15#	1#、2#拦截坝间
16#	×××公司西门侧沙井

图 15-2　地表水监测断面分布

（3）监测因子的确定

环境空气：监测因子为 TVOC。

地表水：经筛查最后确定主要监测因子为 pH、镍、铜。

（4）监测频次

环境空气：初期每 2 h 监测一次，到后期每天 8 时、14 时、20 时各监测一次。

地表水：初期每 2 h 监测一次，中期根据需要每小时加密监测一次，到后期每 8 h 监测一次，应急响应终止后开展连续 3 d 每天一次的跟踪应急监测。

环境空气和地表水监测频次根据现场监测方案要求实时调整。

（5）监测方法的选择

环境空气：TVOC 使用便携式 PID 气体检测仪法监测。

地表水：铜、镍使用《水质　65 种元素的测定　电感耦合等离子体质谱法》（HJ 700—2014）监测；pH 使用《水质　pH 的测定　玻璃电极法》（GB/T 6920—1986）监测。

（6）监测仪器

环境空气监测使用便携式 PID 气体检测仪、便携式 pH 计；地表水监测使用电感耦合等离子体质谱仪等。

5.1.3　监测结果及污染评估

（1）环境空气

事件发生后，环境空气监测持续了 2 d，各监测点 TVOC 均浓度低于《住宅设计规范》（GB 50096—2011）参考标准，4 月 3 日 5 时 30 分左右事件现场明火被扑灭，4 月 4 日 16 时终止环境空气应急监测。

（2）地表水

pH，4 月 3 日 5 时在第 2 监测点位荔宛饭店入白诸水下游 500 m 出现峰值 2.83，超标 3.17 个 pH 单位，随后逐步平稳。4 月 3 日 16 时后，白诸水、新兴江和西江各监测断面 pH 测得值符合《地表水环境质量标准》（GB 3838—2002）基本项目Ⅱ类标准限值要求。

镍，这次事件的主要污染物，4 月 3 日 7 时在第 2 监测点位荔宛饭店入白诸水下游 500 m 出现峰值 0.785 mg/L，随后浓度逐渐下降，较为平稳。在 4 月 5 日 22 时第 5 监测点位新桥镇新桥大桥，镍浓度突然升高，出现第二峰值 0.413 mg/L。这是由于罗布水闸开闸导致之前堵截的废水流入新兴江，以致出现第二峰值，随后至应急监测终止，镍浓度持续平稳。主要污染物镍的浓度变化趋势见图 15-3。

铜，4 月 3 日 7 时在第 2 监测点位荔宛饭店入白诸水下游 500 m 出现峰值 3.353 mg/L，超标 2.35 倍，随后逐步平稳。4 月 3 日 12 时后，白诸水、新兴江和西江各监测断面铜测得值符合《地表水环境质量标准》（GB 3838—2002）基本项目Ⅱ类标准限值要求。

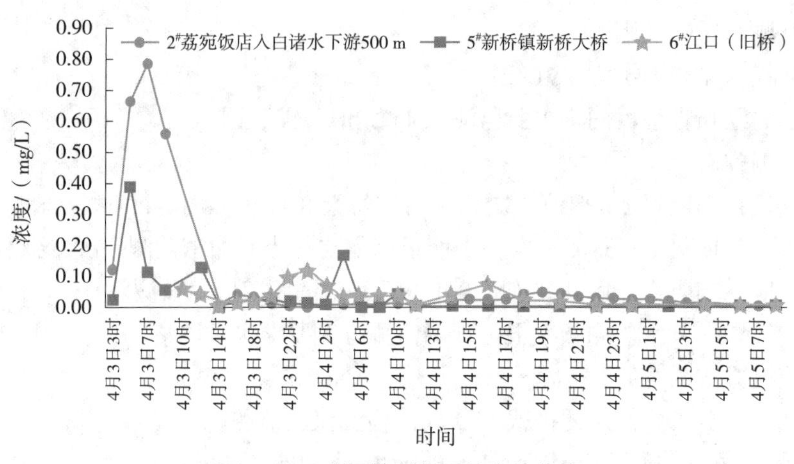

图 15-3　主要控制断面镍变化趋势

5.1.4　总结与建议

（1）总结

高度重视，及时响应：4 月 2 日 23 时接到事件通报，3 日 1 时开展采样监测，3 日 3 时出具第 1 期监测快报，前后耗时 4 h。

统筹调度，密切衔接：统筹全市监测资源，实现“一方有难、八方支援”的团队精神；建立简易样品流转中心，专人专车运送，做到无遗失、无错漏；采取轮换工作制，监测紧张有序、忙而不乱开展，做到人员安全、设备正常、数据及时。

深入分析，科学研判：结合水文资料，借助省监测中心水动力模型，及时捕捉污染团，合理推算污染团的削减稀释浓度。

未雨绸缪，常备不懈：及时修订应急值班制度；动态管理应急资料文档，根据新发布技术规范，及时修订应急快报、应急预案、应急手册等文件，力争做到管理规范化；定期盘点应急物资和开展多形式的应急培训和演练。

（2）存在的问题

应急意识亟待加强：风险意识有待加强、临场应对不够充分，未能做到现场快速全面定性分析。

沟通协调渠道有待畅通：应急监测、应急处置和污染排查等工作信息沟通不够充分，未能及时对应急工作全过程进行动态优化和评估。

大气应急监测能力薄弱：7 个县（市、区）站除高新区站外，均不具备大气应急监测能力，且鲜有开展大气应急演练和培训。

（3）建议

加强应急监测机制建设，注重应急监测演练：健全环境应急监测预案和实用操作手册，确保响应快速、行动到位、数据准确、信息报送及时。注重应急演练实效，提高应急监测的效能。

提高应急能力建设，打造特色监测网络：针对区域污染源和风险源，强化应急监测能力建设，因地制宜，打造地方特色的应急监测网络。

统筹应急监测资源，实现信息共建共享：加强区域政府、社会、企业等监测资源统筹，打通地理、气象、水文等信息沟通渠道。建立和完善监测资源综合数据库，对接环境大数据，开发软件，动态管理和应用生态监测网络信息。

健全应急处置信息沟通机制，实现应急处置流程科学动态管理：强化执法、处置和监测之间的协调联动，互通实时应急处置措施、工作进度及监测数据，实现信息资源共建共享，及时优化调整应急措施、科学合理分配监测资源。

5.2　典型案例 2

“9·03”粤赣高速河源市和平县往江西方向危化品车辆交通事件二甲苯泄漏应急监测

摘要：2019 年 9 月 3 日中午 12 时许，粤赣高速河源市和平县往江西方向大路岗隧道发生一起危化品车辆与一辆货车追尾事件，导致一辆装载约 29 t 二甲苯的危化品车辆发生泄漏，泄漏的二甲苯通过隧道排水道流入和平县大坝镇银湖村小河中（该河经石谷河、鹅塘河汇入和平河并最终流入东江）。事发后，广东省生态环境监测中心、河源生态环境监测站、和平县环境监测站三级联动，迅速启动了突发环境污染事件应急预案，了解事件现场情况，科学制定监测方案，组织现场监测，及时提供准确监测数据，为现场处理处置指挥提供决策依据。生态环境部委派生态环境部华南环科所、珠江流域生态环境监督管理局相关专家赶赴现场指导。本次二甲苯泄漏污染事件未对东江水质造成影响，未发生人员伤亡情况。

关键词：二甲苯；泄漏；地表水；环境空气

5.2.1　应急监测启动

（1）应急接报

2019 年 9 月 3 日 13 时 30 分，接到河源市应急管理局关于粤赣高速危化品车辆交通事件二甲苯泄漏情况电话通报后，河源市生态环境局立即启动突发环境污染事件应急预案，迅速组织河源市环境监测人员开展监测工作，并将事件情况通报给广东省生态环境厅。省生态环境厅接报后，立即指派省生态环境监测中心相关人员赶赴事件现场，组织协调环境应急监测工作。

（2）现场情况

现场二甲苯等污染物通过隧道的排水道流入和平县大坝镇银湖村小河中，事发地地面已被消防员清理干净，空气中弥漫着刺激性气味，附近地区受到影响，但无人员伤亡。事件发生时风向为东北向，风速 2.8～3.5 m/s，利于有害气体扩散。应急处置人员用吸油棉、活性炭设置了五道水坝对流入小河的污染物进行拦截，并对小河中的污染物进行打捞清理。当地政府已组织相关人员严密监控事件态势。

（3）污染物特性

二甲苯常温下是一种比水轻、无色透明易燃液体，有类似甲苯的芳香气味。二甲苯对人体的危害途径有吸入、食入、皮肤吸收等。短期内吸入较高浓度二甲苯会出现眼及上呼吸道刺激、眼结膜及咽喉充血、头晕、恶心、呕吐、胸闷、四肢无力、意识模糊等症状。长期接触会导致神经衰弱综合征、皮肤干燥、皲裂等症状。事件现场会弥漫二甲苯特殊的芳香味，倾泄入水中的二甲苯漂浮在水面上，或呈油状物分布在水面，可造成鱼类和水生生物死亡。二甲苯为易燃、易爆有机物，其蒸气与空气可形成爆炸混合物，遇明火、高热将引起燃烧爆炸，与氧化剂能发生强烈化学反应。流速过快，容易产生和积聚静电。其蒸气密度比空气大，能在较低处扩散，遇明火会引起回燃，燃烧产物为一氧化碳、二氧化碳和水。

5.2.2 应急监测方案

（1）人员分工

2019年9月3日15时，河源生态环境监测站应急监测人员到达和平县监测站后，立即召开了应急监测工作会议，就本次事件环境空气、地表水环境污染情况进行讨论，初步确立了环境空气监测点位和地表水监测断面，明确了人员分工及监测要求。

应急监测会议把现场人员分为现场采样监测组、样品分析组、材料报告组和后勤保障与通信组，河源生态环境监测站站长担任监测总指挥。样品由后勤人员送至河源生态环境监测站分析。

2019年9月3日20时，省生态环境监测中心支援人员携带2台便携式气质及1台便携式吹扫捕集仪赶到现场，协助现场指挥，并承担样品分析工作，同时将全部样品分析工作集中在和平县环境监测站，大大减少了送样时间。

现场调查：先期赶赴现场的监测人员仔细踏勘了现场情况。收集了地理、水文等相关资料，查看了截污水坝的位置、水流去向，弄清了敏感点分布情况，监测了现场气象参数，为监测布点提供了依据。

现场监测：从9月3日16时开始第一次现场监测，到9月10日10时应急监测终止，此次现场应急监测总共历时8天。其中环境空气监测到4日16时结束，水质监测到10日10时结束。监测人员在做好个人防护，确保人身安全的情况下开展现场监测，没有发生个人安全事件。

样品分析：此次应急监测共计采集300多个样品，出具近2 000个大气、地表水监测数据，大部分样品分析工作在距离事件现场较近的和平县环境监测站完成。

材料报告：应急监测工作中，共编制环境空气、地表水监测快报40多期，发布监测方案11份，发布突发环境污染事件信息专报10多份，为各级领导及时掌握事件发展动态，指挥事件处置、控制舆情提供了重要支撑。

后勤保障与通信：“‘9·03’粤赣高速河源市和平县往江西方向危化品车辆交通事件二甲苯泄漏”共出动监测人员约910人次，车辆约220辆次。监测信息、资料以电话、网络、电子邮件等形式及时报送国家、省、市各级部门，及时、准确地为政府决策提供监测信息，为社会公众提供污染动态。

（2）监测布点

环境空气：根据事件发生地的风向、敏感点的地理位置情况，分别在事件点隧道口南向约 100 m、500 m、距离事件点约 800 m 的银湖村、距离事件点约 6 000 m 的鹅塘村、距离事件点 7 000 m 的上正村分别布置监测点。

地表水：应急监测期间，随着污染物的迁移，地表水监测布点做过一定的调整，最多时共计布设了 19 个监测断面，最主要的监测点包括五道污染物拦截坝下游、和平河、俐江、东江共 12 个监测断面，详见图 15-4。

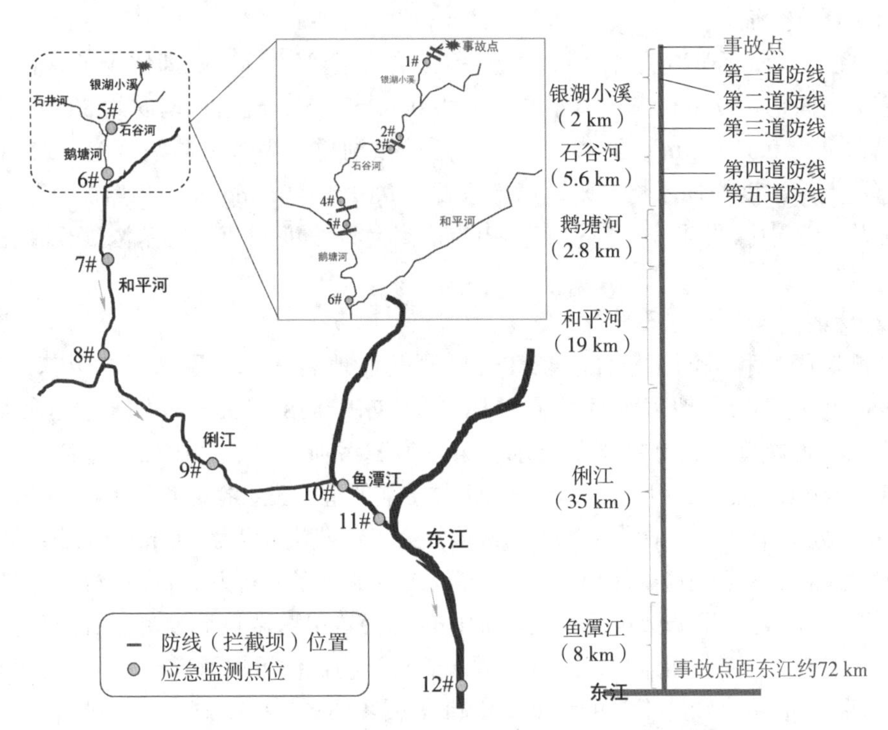

图 15-4 事件应急工程布置及地表水监测点位示意图

（3）监测因子的确定

环境空气：根据泄漏事件的具体情况，确定环境空气监测因子为苯、甲苯、对（间、邻）二甲苯、气象参数。

地表水：地表水监测因子为苯、甲苯、对（间、邻）二甲苯、乙苯和异丙苯。

（4）监测频次

事发当天，环境空气每 2 h 监测一次，第二天每 4 h 监测一次，共持续 24 h。地表水在全面达标前，每 2 h 监测一次，达标后每 4 h 监测一次。环境空气和地表水监测频次根据现场监测方案要求实时调整。

（5）监测方法的选择

环境空气中苯系物的测定依据《环境空气 苯系物的测定 活性炭吸附 / 二硫化碳解析 – 气相色谱法》（HJ 584—2010）及便携式气相色谱 – 质谱联用法。

地表水中苯系物的测定依据《水质　苯系物的测定　气相色谱法》（GB 11890—1989）及便携式吹扫捕集–气相色谱/质谱联用法。

（6）监测仪器

环境空气监测使用台式气相色谱仪、便携式气质联用仪、便携式气象参数测定仪；地表水监测使用台式气相色谱仪、便携式吹扫捕集–气相色谱/质谱联用仪等。

5.2.3　监测结果及污染评估

（1）环境空气

事件发生后，环境空气监测持续了一天，结果全部达标，随即停止了监测。事件点隧道口南向约 100 m 处二甲苯最高浓度为 0.04 mg/m^3、隧道口南向约 500 m 处二甲苯最高浓度为 0.02 mg/m^3，距离事件点最近的银湖村二甲苯最高浓度为 0.22 mg/m^3；所有监测点苯浓度均低于检出限，甲苯浓度为 0.01～0.05 mg/m^3。各监测点苯、二甲苯浓度均低于中国居住区大气中有害物质最高允许浓度限值。甲苯浓度也在正常范围内。

（2）地表水

监测期间，和平河、俐江、东江各监测断面地表水苯、甲苯、二甲苯、乙苯、异丙苯浓度均符合《地表水环境质量标准》（GB 3838—2002）集中式生活饮用水地表水水源地特定项目标准限值要求。第一道截污坝上游水潭中二甲苯浓度最高达 13 648.62 mg/L，其他二甲苯浓度超标点都位于前四道污染物拦截坝处，第一道截污坝下游 20 m 处二甲苯浓度最高为 27.55 mg/L，第二道截污坝下游 20 m 处二甲苯浓度最高为 13.90 mg/L，第三道截污坝下游 20 m 处二甲苯浓度最高为 1.531 mg/L，第四道截污坝下游 20 m 处二甲苯浓度最高为 0.791 mg/L，二甲苯浓度到 9 月 5 日中午全面达标。除二甲苯外，苯、甲苯、乙苯、异丙苯等污染物在截污坝附近有不同程度的检出。拦截坝下游主要污染物二甲苯的浓度变化趋势见图 15–5。

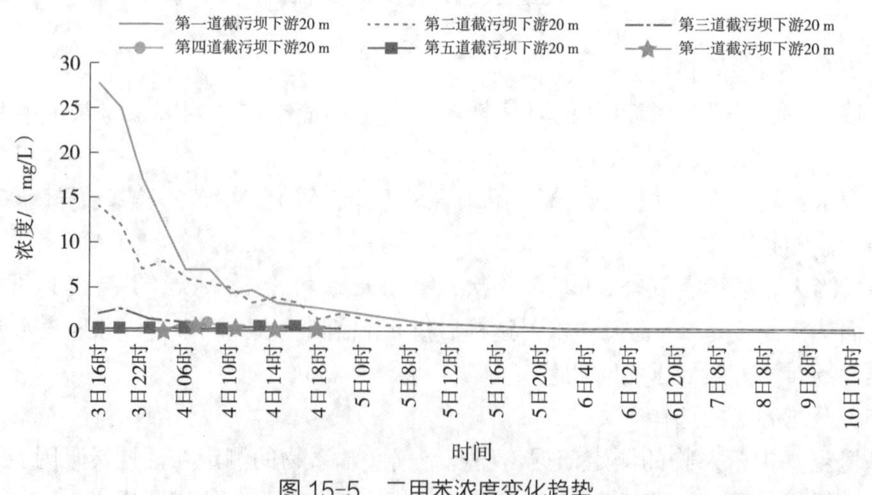

图 15–5　二甲苯浓度变化趋势

5.2.4　总结与思考

（1）事件泄漏的二甲苯通过高速公路隧道的排水道流入水潭，大部分污染物滞留在排水道和水潭中，银河村小河水流平缓且水量小，给截污和处理处置带来便利。

（2）处理处置污染物使用了大量吸附棉及活性炭，处理措施得当，污染物浓度下降较快，未对生活饮用水地表水水源地东江造成影响。

（3）整个应急监测过程中，根据污染状况的变化情况及生态环境部委派专家的要求，监测方案共调整 11 次。

（4）整个事件处置过程中，应急监测程序运行正常，指挥正确，准备充分，反应迅速，报告及时，为事件处置决策提供科学依据；在处置事件中检验了应急预案，也锻炼了应急监测队伍。

（5）污染物处理过程中使用的吸附棉及活性炭，未能及时找到有资质的处理单位，在室外存放期间向大气释放污染物，造成了一定的二次污染。

（6）应急监测过程中只注重污染物对水体、大气的影响，忽视了土壤、底泥中污染物浓度的监测。

（7）事件暴露了高速公路应急设施的缺乏及管理不善问题，排水道末端未设置应急池，从而使污染物流入沟渠中。

（8）县级环境监测站人员编制少，有机污染物监测能力较薄弱。

第十六章　生态质量监测

第一节　生态质量监测基础知识

1.1　生态质量监测的定义

生态（质量）监测是指利用物理、化学、生化、生态学等技术手段，对生态环境中的各个要素、生物与环境之间的相互关系、生态系统结构（包括生物和群落、生物种群）功能进行监控和测试，对人类活动影响下自然环境变化的监测。通过不断监视自然和人工生态系统及生物圈其他组成部分（外部大气圈、地下水等）的状况，观测与评价生态系统对自然变化及人为变化所做出的反应，是对各类生态系统结构和功能的时空格局的度量。

1.2　生态质量监测的历史

生态环境部门的生态监测开始于 1993 年，初始以水生物监测为主，2000 年联合中国科学院开展了我国第一次生态遥感调查，2005 年颁布了我国第一个生态评价标准，2015 年进行修订，即《生态环境状况评价技术规范》（HJ 192—2015），并以遥感为主，综合环境监测等多源数据，每年对我国县域、省域和流域生态状况进行评价，评价结果作为生态部分纳入《中国生态环境质量报告》和《中国生态环境状况公报》公开发布。

2010 年，生态地面监测逐步得到重视，我国先后开展了森林、草原、湿地等典型生态系统的群落组成、生境、生态功能的试点监测，为全国生态地面监测提供了技术探索和储备。2012 年，环境保护部开展了生物多样性调查，在全国范围内对维管束植物、哺乳动物、鸟类、爬行动物、两栖动物、鱼类等生物类群的数量和空间分布进行了调查和监测，初步建成了生物多样性调查网络。

但我国生态质量监测仍存在一定问题，首先是国家生态质量监测网尚未形成，主要是因为国家生态监测技术体系尚不统一，面向国家生态监管的监测指标体系和技术体系还不健全，缺乏技术方法和质控技术体系，监测范围和要素覆盖不全面，生态环境监管能力相对薄弱。

1.3　生态质量监测的发展趋势

国家在“十四五”期间要求构建生态质量监测体系。建立天地一体的生态质量监测网络和指标体系，涵盖生态格局、生态功能、生物多样性、生态胁迫等内容，总体反映区域生态系统质量状况及变化。推进国产生态环境卫星与专题产品研制应用，加强生态遥感监测数据获取、解译分析和地面验证。大力推动生态质量监测部门合作与央地共建，统筹规划、联合组建生态质量地面监测网络，布设约300个生态质量监测站点和监测样地样带，覆盖全国典型生态系统和重要生态空间。加强生态科研观测、生态资源调查监测、生态质量监测数据共享，研究生态质量协同监测预警。鼓励各地按照统一规范开展本区域生态质量监测，在长江和黄河重点生态区、东北森林带、北方防沙带、南方丘陵山地带、青藏高原生态屏障区、海岸带等重要生态系统和其他具有代表性的典型生态系统，加密建设生态质量综合监测站和监测样地，强化生态保护监管监督支撑。本书的内容主要涉及生物多样性监测、生态遥感监测、生态系统服务功能等三个方面。

第二节　生物多样性监测

2.1　引言

生物多样性是人类赖以生存的物质基础，关系人类福祉和可持续发展。随着世界人口不断增长，由人类活动引起的资源过度利用、气候变化、栖息地丧失、生境破碎化、环境污染以及生物入侵等诸多问题，加快了物种灭绝速率，进而导致全球生物多样性保护面临巨大的挑战。

我国是世界上生物多样性最为丰富的国家之一，也是北半球生物多样性最丰富的国家。在当前社会经济快速增长，资源开发与利用日益加大的背景下，我国生物多样性受到了严重威胁，因此生物多样性的保护工作也面临十分严峻的挑战。

针对生物多样性当前严峻形势，国家印发了《关于进一步加强生物多样性保护的意见》，要求建立反映生态环境质量的指示物种清单，构建国家生物多样性监测网络，开展长期监测，完善生物多样性保护与监测信息云平台，到2025年基本建立生物多样性监测体系，推动生物多样性监测现代化。

2.2　不同类型生物多样性观测

2.2.1　哺乳动物

2.2.1.1　观测方法

观测准备：包括确定观测目标、确定并了解观测对象、提出观测计划、准备观测仪器和工具。

观测样地的确定：①根据观测对象的生物学及生态学特征和观测目标，在观测区域内设立样地；②样地的数量应符合统计学的要求，并考虑人力、资金等因素；③样地的抽取采用简单随机抽样法、系统抽样法或分层随机抽样法进行；④采用分层随机抽样时，应根据生境类型、气候、海拔、土地利用类型或物种丰富度等因素进行分层。

观测方法：包括总体计数法（直接计数法和航空调查法）、样方法、可变距离样线法（截线法）、固定宽度样线法、标记重捕法、指数估计法 / 间接调查法、红外相机自动拍摄法、卫星定位追踪技术、非损伤性 DNA 检测法。

下面介绍常用的 3 种方法：

（1）样方法

适用范围：样方法是生物多样性观测的基本方法，适用于森林、草地和荒漠哺乳动物种群密度的调查。例如，适用于山体切割剧烈、地形复杂、难以连续行走的特殊地区，可运用于偶蹄类（如麝类、马鹿、狍、梅花鹿、驼鹿、黑尾鹿、野猪）和小型陆生哺乳动物等的观测。

样方设置：将观测样地划分为若干个相同面积的样方。样方一般设置为方形。统计动物实体时，样方面积一般在 500 m × 500 m 左右；当利用动物活动痕迹（如粪便、卧迹、足迹链、尿迹等）进行统计时，样方面积应不小于 50 m × 50 m。小型陆生哺乳动物观测可以设置 100 m × 100 m 样方。用 GPS 定位仪定位样方坐标。

样方统计：随机抽取一定数量样方并统计其中观测对象的数量，所抽取的样方应涵盖样地内不同生境类型，且每种生境类型至少有 7 个样方，样方之间应间隔 0.5 km 以上。小型陆生哺乳动物可采用铗日法或者陷阱法调查样方内物种和个体数量，每种生境类型至少有 500 个铗日。对于洞穴型翼手类，采用网捕法调查样方内物种和个体数量，或傍晚在洞口采用直接计数法调查从洞穴中飞出的物种和个体数量；对于树栖型翼手类，将雾网或蝙蝠竖琴网安放在林道等飞行活动通道捕获并计数物种和个体数量。对观测到的哺乳动物拍照记录，便于物种鉴定。

（2）红外相机自动拍摄法

适用范围：红外感应自动照相机能拍摄到稀有或活动隐蔽的哺乳动物，可观测其分布和活动节律，也可结合相关模型估测种群密度。

红外相机安置：安置前，应充分掌握拟观测哺乳动物的基本习性、活动区域和日常活动路线。尽量将相机安置在目标动物经常出没的通道上或其活动痕迹密集处。水源附近往往是动物活动频繁的区域，其他如盐井（天然或人工）、取食点（特殊食物资源，如坚果或浆果）、动物（尿液）标记处、求偶场、倒木、林间道路等也是动物经常活动的地点，应优先考虑。

观测样点设置：可采用分层抽样法或系统抽样法设置观测样点。分层抽样法中，观测样点应涵盖观测样地内不同的生境类型，每种生境类型设置 7 个以上样点（样点之间间距 0.5 km 以上）。系统抽样法中，在观测样地内划定网格设置观测样点，网格大小为 1 km × 1 km。每 1 km^2 至少设置 1 个观测样点。在每个样点于树干、树桩或岩石上装设 1 台或 2 台红外感应自动相机。相机架设位置一般距离地面 0.3～1.0 m，架设方向尽量不朝东方太阳直射处。相机镜头与地面大致平行，略向下倾，一般与动物活动路径呈锐角夹角，并清理相机前的空间，减少对照片成像质量的干扰。对相机编号，并用 GPS 定位仪记录位置。

注意事项：每一个样点应该至少收集 1 000 个相机工作小时的数据。在夏季每个样点需至少连续工作 30 d，以完成一个观测周期。根据设备供电情况，定期巡视样点并更换电池，调试设备，下载数据。记录各样点拍摄起止日期、照片和视频拍摄时间、动物物种与数量、年龄等级、可能的性别、外形特征等信息，建立信息库，归档保存。

（3）非损伤性 DNA 检测法

非损伤性 DNA 检测法适用于观测所有哺乳动物。检测方法主要包括采集与保存样品、微量 DNA 提取、PCR 扩增反应和 DNA 多态性分析。

采集与保存样品：按照 HJ 628 的规定进行样品采集。对采集的样品逐一编号，记录物种名称、样品类型（毛发、粪便、尿液等）、采集日期、地点、采集人员等信息。采用干燥保存法（硅胶保存法）、冷冻保存法、乙醇保存法等处理并初步保存采集的样品，室内保存于 -20℃冰箱。

微量 DNA 提取：首先对样品进行预处理，然后采用酚 - 氯仿抽提法、硫氰酸胍（GuSCN）裂解法、Chelex-100 煮沸法、十六烷基三甲基溴化铵（CTAB）两步法等提取 DNA。

PCR 扩增反应和 DNA 多态性分析：选择合适的遗传标记（如线粒体 DNA、微卫星等），通过 PCR 扩增特异性目的片断，再进行序列测定或基因分型。

2.2.1.2　观测内容和指标

哺乳动物观测的内容主要包括观测区域中哺乳动物的种类组成、空间分布、种群动态、受威胁程度、生境状况等。

哺乳动物观测指标应定义清楚、可测量、可重复、简便实用、数据采集成本相对低廉。

哺乳动物观测指标包括哺乳动物的种类组成、区域分布、种群数量、性比、繁殖习性、植被类型、海拔、食物丰富度、栖息地状况、受威胁因素等。

2.2.1.3　观测时间和频次

观测时间根据哺乳动物的习性而定。对于大型哺乳动物主要在地表植被相对稀疏的冬季进行。

每天的观测时间应根据观测对象的习性确定，一般在观测对象一天的活动高峰期进行，如猫科动物的观测应在早晨或黄昏进行。取样的时间长度视哺乳动物分布密度和范围而定，对于小范围分布、密度较高的种类，观测时间相对较短；而对于分布密度低的珍稀动物类群，取样时间可以增至 2～3 倍。

观测频次应视哺乳动物的习性和环境变化的情况而定，一般应在春季、秋季或冬季各进行 1 次观测，每次应有 2～3 个重复，每个重复应间隔 7 d 以上。

2.2.2　鸟类

2.2.2.1　观测方法

观测准备：确定观测目标、确定并了解观测对象、提出观测计划、准备观测仪器和工具以及人员培训。

观测样地、样线和样点设置：①根据观测对象的生物学、生态学特征和观测目标，在观测区域内设立样地。②样地的数量应符合统计学的要求，并考虑人力、资金等因素。③采用简单随机抽样、系统抽样或分层随机抽样等方法，在样地内设置观测样线或样点。

简单随机抽样法：在样地内采用随机数或抽签等随机抽样方法，设置观测样线或样点。

系统抽样法：在样地内按一定的距离间隔，设置观测样线或样点。

分层随机抽样法：按照生境类型、海拔、人为干扰程度等因素对样地进行分层，在每层中按简单随机抽样方法设置观测样线或样点。分层随机抽样是较为常用的方法。

观测方法：包括分区直数法、样线法、样点法、网捕法、领域标图法、红外相机自动拍摄法、非损伤性脱氧核糖核酸（DNA）检测法。

2.2.2.2　观测内容和指标

鸟类观测内容和指标见表 16-1。

表 16-1　鸟类观测内容和指标

观测内容	观测指标	调查方法
种群结构	种类	野外调查
	性比（雄：雌）	野外调查
	成幼比例（成：幼）	野外调查
	物种居留型	资料查阅和野外调查
鸟类多样性	种类数量	野外调查
	各物种种群数量	野外调查
珍稀、濒危和特有鸟类资源状况	珍稀、濒危和特有物种种类	野外调查和访问调查
	珍稀、濒危和特有物种数量	野外调查和访问调查
	珍稀、濒危和特有物种生存状况	野外调查和访问调查
	主要威胁因素	野外调查和访问调查
生境状况	人为干扰活动类型	野外调查和访问调查
	人为干扰活动强度	野外调查和访问调查
	适宜生境面积	野外调查
	适宜生境斑块化情况	野外调查
迁徙活动规律	春季迁徙起始时间	野外调查和访问调查
	秋季迁徙起始时间	野外调查和访问调查
	迁徙时期种类数量变化	野外调查
	迁徙时期各物种种群数量变化	野外调查

2.2.2.3　观测时间和频次

鸟类具有迁徙的特点，应根据观测目标和观测区域鸟类的繁殖、迁徙及越冬习性确定观测的时间。

繁殖期鸟类观测：观测时间通常从繁殖季节开始持续到繁殖季节结束，包括整个繁殖季节，或选择其中的一个时间段进行观测。在我国通常为3—7月，但不同地区的繁殖时间有很大的差异，繁殖鸟类占区鸣唱的高峰期是最佳的观测时间。繁殖期鸟类观测，应至少开展2次，繁殖前期和繁殖后期各开展1次。

越冬期鸟类观测：通常在越冬种群数量比较稳定的阶段进行。在资金和人力充足的情况下，可在每年10月至次年3月开展每月1次的观测；在资金和人力不足时，可选择12月或次年1月开展1次观测。

迁徙期鸟类观测：通常包括整个迁徙期，在我国主要是春季和秋季。根据资金和人力情况，开展每月1次或每周1次的观测。

观测时间：根据鸟类活动高峰期确定一天中的观测时间。观测时的天气应为晴天或多云天气，雨天或大风天气不能开展观测。一般在早晨日出后3 h内和傍晚日落前3 h内进行观测，高海拔地区观测时间应根据鸟类活动时间做适当提前或延后。

2.2.3　爬行动物

2.2.3.1　观测方法

观测准备：确定观测目标、收集观测区域相关资料、确定并了解观测对象、提出观测计划、成立观测小组、准备观测仪器和工具。仪器和工具主要包括抄网、布袋、蛇夹、塑料袋、密封袋、塑料瓶、电筒、头灯、水鞋、塑料桶、照相机、全球定位系统（GPS）定位仪、温度计、溶氧测定仪、pH计、传导率测定仪、记录表、记录笔、解剖盘、解剖刀、手术剪、镊子、针线、注射器、麻醉瓶、纱布、脱脂棉、卷尺、量杯、蜡盘、大头针、脱氧核糖核酸（DNA）样本采集工具、乙醚或氯仿、甲醛、乙醇、常备药品等。

观测样地设置：①采用分层随机抽样方法，选择观测样地。可按生境类型、气候、海拔、土地利用类型或物种丰富度等因素进行分层。所选样地应涵盖主要生态系统类型。②采用GPS定位仪对观测样地准确定位，并在地形图上标注样地的位置。

观测方法：包括样线法、样方法、栅栏陷阱法、人工覆盖物法、标记重捕法、物种鉴定与DNA检测。

2.2.3.2　观测内容和指标

爬行动物观测的内容主要包括观测区域中爬行动物的种类组成、空间分布、种群动态、受威胁程度、生境状况等。

爬行动物观测指标应定义清晰、可测量、简便实用、数据采集成本相对低廉。

爬行动物观测指标包括爬行动物的种类组成、区域分布、种群数量、性比、繁殖习性、食性、种群遗传结构、生境类型、人为干扰活动的类型和强度、环境因子、食物丰富度等（表16-2）。

表 16-2 爬行动物观测内容与指标

观测内容	观测指标	观测方法
生境状况和受威胁程度	生境类型	资料查阅和野外调查
	水文、气候、天气等环境因子	资料查阅和野外调查
	食性及食物丰富度	野外调查
	土地利用改变、环境污染、过度利用、外来物种入侵等威胁因素	资料查阅和野外调查
爬行动物群落特征	种类组成与区域分布	样线法 / 栅栏陷阱法 / 样方法 / 人工覆盖物法 / 标记重捕法
	种群数量	样线法 / 栅栏陷阱法 / 样方法 / 人工覆盖物法 / 标记重捕法
	性比	栅栏陷阱法 / 样方法 / 人工覆盖物法 / 标记重捕法
	繁殖习性	野外调查
	种群遗传结构	栅栏陷阱法 / 样方法 / 人工覆盖物法 / 标记重捕法

2.2.3.3 观测时间和频次

根据爬行动物生活习性及气候条件，一般每年观测 3 次，高纬度及高海拔地区可适当减为 2 次。其中在爬行动物繁殖季节开展并完成 1 次观测，其他 2 次观测分别在其前后完成。每次观测以 10 d 为宜。相邻 2 次观测应至少间隔 1 个月。

爬行动物受环境温度变化的影响较大，应根据其活动盛期选择观测时间。每天观测时间节点根据物种的活动节律、习性确定。

观测频率和时间一经确定，应保持长期不变，不得随意更改。同时要注意观测时选择的气候条件相似，当遇到恶劣天气时，可适当顺延。

若因观测目标及科学研究的需要，需增加观测的频率，应在原有观测频率的基础上增加观测次数。

2.2.4 两栖动物

2.2.4.1 观测方法

观测准备：主要包括明确观测目的、选择观测对象、确定观测区域、制定观测方案、培训观测者、准备观测仪器和工具。

观测样地设置：①观测样地应具有代表性，能代表观测区域的不同生境类型。②所选择的观测样地应操作方便、可行，便于观测工作的开展。③所选择的观测样地一旦确定应保持固定，以利于观测工作的长期开展。④采用 GPS 定位仪和其他方法对观测样地定位，并在电子地图上标明观测样地的位置。

观测方法：主要包括样线法、样方法、栅栏陷阱法、人工覆盖物法、人工庇护所法、标记重捕法。

2.2.4.2 观测内容和指标

包括两栖动物的种类、个体数、生活史阶段、性别、体长、体重、疾病状况（壶菌、寄生虫等），物种的分布地点和范围，生境类型、人为干扰类型和强度等。

2.2.4.3 观测时间和频次

于两栖动物活动季节开展观测，每年观测 2～4 次，每次以 6～10 d 为宜。两次观测至少间隔一个月。观测时间一旦确定，应保持固定。但当遇到恶劣天气时，观测时间可适当顺延。

2.2.5 昆虫

2.2.5.1 观测方法

观测准备：主要包括明确观测目标、选择观测对象、确定观测区域、本底资源调查、制订观测计划、观测者培训、准备观测器和工具。

设置观测样地：采用系统抽样法或分层随机抽样法，根据观测目标以及观测要求，计算样本量，设置观测样地。采用分层随机抽样时，可根据生境类型、气候、海拔、土地利用类型等因素进行分层。

观测方法：主要包括样线法、野外采样方法。

2.2.5.2 观测内容和指标

观测内容主要包括昆虫种类组成、区系分布、种群动态、空间分布、受威胁程度、生境状况等。

观测指标应定义清晰、可测量、简便实用，采集成本应相对低廉。

观测指标包括昆虫的种类、种群数量、区系分布、性比、受威胁因素、生境类型、植物物候期、植被类型、气候、水文等。

2.2.5.3 观测时间和频次

一般在每年 3—10 月，每周观测 1 次；或每月观测 1～2 次，每次间隔 15 d 以上；也可在每年 6—8 月观测 2 次，每次间隔 20 d 以上。

观测应在晴朗（13℃以上）或多云（17℃以上）时进行，每天的观测时间一般为 9：00—17：00，但应避开夏季极热天气。

观测时间和频次一经确定，应保持长期不变，以利于年际间数据分析。

在进行野外生物多样性观测时，还需要注意以下管理要求：

（1）严格按科学性、可操作性和可持续性原则选择样地。在首次确定样线或样点后，应采取必要的保护措施，保证其长期有效性。

（2）观测者应接受专业培训，并具备一定的野外实践经验，掌握动物识别、野外距离估算技术，掌握观测程序和方法。严格按照规范填写记录表，原始记录要归档并长期保存。

（3）应及时整理、审核和检查观测数据，并及时进行必要的补充，保证数据的准确性。

（4）作业期间，在确保人员和操作安全的情况下方可进行观测；禁止在雷雨、大风、大雾等影响观测结果和人身安全的天气条件下进行观测，尽量避免单人作业。

每次观测结束后，需要编制观测报告。观测报告内容应包括前言、观测区域概况、观测方法、种类组成、区域分布、种群动态、面临的威胁、对策建议等。

2.2.6 植物生物多样性观测

2.2.6.1 观测方法

（1）观测准备

观测目的：通过选定具有代表群落基本特征的地段作为植物生物多样性长期定位观测样地，获取生态系统结构参数的样地观测数据，为生态系统水文、土壤、气候等观测提供背景资料。同时，揭示生态系统生物群落的动态变化规律，为深入研究生态系统的结构与功能、可持续利用的途径和方法提供数据服务。

方法制定：准备观测区域植被类型图、1∶10 000 地形图、气候资料、动植物区系等资料，对观测区域进行野外踏查，根据观测目的制定科学合理的观测方案。

工具准备：根据观测方案，准备相应的仪器、设备、工具，包括森林罗盘仪、经纬仪（全站仪）、全球定位系统（GPS）定位仪、50 m 卷尺、5 m 卷尺、胸径尺、锤子、记录夹、记录纸、记录笔、油漆刷、铅笔、橡皮、标本夹、测高杆、便携式激光测距仪等。

（2）观测样地的确定

观测对象的选择：根据观测目的和任务，在观测区内选择具有代表性的群落，对群落中的植物物种多样性进行观测。森林群落观测对象为乔木、灌木和草本植物。灌丛群落观测对象为灌木和草本植物。草地群落观测对象为草本植物。

观测内容：乔木层，群落中所有乔木种的胸径、树高、冠幅、郁闭度、密度等；灌木层，灌木种的株数（丛数）、株高、基径、盖度和多度等；草本层，草本植物的种类、数量、高度、多度和盖度等；层间植物，藤本植物的藤高、蔓数、基径和藤冠等；附（寄）生植物的附（寄）主种名、多度等。

观测时间和频次：可在植物生长旺盛期进行植物观测，一般为夏季。对于森林群落，胸径大于或等于 1 cm 的乔木、灌木每 5 年观测一次；胸径小于 1 cm 的乔木、灌木每年一次或两次；灌丛群落灌木植物每 3 年观测一次；草本植物每年观测一次。观测时间一经确定，应保持长期不变，以利于对比年际间数据。

2.2.6.2 数据处理和分析

重要值是评价植物种群在群落中的地位和作用的一项综合性指标，按式（16-1）计算，分别对乔木、灌木、草本植物进行评价；对于森林和灌丛群落，分别对胸径大于或等于 1 cm 及胸径小于 1 cm 的乔木和灌木进行重要值评价。

$$IV=\mathrm{RCO}+\mathrm{RFE}+\mathrm{RDE} \tag{16-1}$$

式中，IV——重要值；

RCO——相对盖度或相对胸高断面积，%；

RFE——相对频度，%；

RDE——相对密度，%。

相对盖度按式（16-2）计算：

$$RCO = \frac{C_i}{\sum C_i} \times 100 \quad (16-2)$$

相对频度按式（16-3）计算：

$$RFE = \frac{F_i}{\sum F_i} \times 100 \quad (16-3)$$

相对密度按式（16-4）计算：

$$RDE = \frac{D_i}{\sum D_i} \times 100 \quad (16-4)$$

式中，C_i——样方中第 i 种植物的盖度，%，或胸高断面积之和，m^2；

$\sum C$——所有植物种盖度之和，%，或胸高断面积之和，m^2；

F_i——第 i 种植物的频度，%；

$\sum F$——所有植物种的总频度，%；

D_i——样方内第 i 种植物的密度，株 /m^2；

$\sum D$——群落所有植物群落密度的总和，株 /m^2。

2.2.6.3 质量控制和安全管理

样地设置环节的质量控制：严格按照样地选取要求进行样地的选址、设置和采样设计，对依据与过程、样地本底调查等操作进行详细、如实的记录。

野外观测与采样环节的质量控制：观测者应掌握野外观测标准及相关知识，熟练掌握所承担观测项目的操作规程，严格按照观测标准要求在适当的采样时间，完成规定的采样点数、样方重复数。

数据记录、整理与存档环节的质量控制：规范填写观测数据，完好保存原始数据记录。原始数据不得涂改，若有错误需要改正，可在原始数据上画一横线，再在其上方填写改正的数据，并签上数据记录者的姓名以示负责。原始记录、数据整理过程记录及过程数据需要建档并存档。

数据备份：所有长期观测数据和文档需进行备份（光盘、硬盘），保证数据的安全性。每半年检查并更新、备份数据一次，防止由于储存介质问题导致数据丢失。

2.2.6.4 观测报告编写

维管束植物观测报告包括前言，观测区域概况，观测方法，观测区域维管束植物的种类组成、区域分布、种群动态、面临的威胁，对策建议等。

第三节 生态遥感监测

3.1 概述

随着工业化水平的提高，我国经济快速发展，给生态环境带来了巨大的压力并导致了一系列环境问题。传统的生态环境监测方法，如实地采样法等，受到自然条件和时空因素的限制，无法准确、及时、全面地反映生态环境的变化情况。遥感是一种非接触地获取地球表面信息的技术，通过探测和记录地面目标的电磁波辐射信息，对其进行处理、分析和应用，从而确定地面目标的位置、性质、属性和变化规律。遥感在本质上是对地面目标的电磁波信息收集、处理和应用的过程。遥感图像获取是前提和基础，遥感图像处理是手段和途径，遥感图像应用是目的和归宿，遥感技术是城市生态环境监测的重要手段。

3.1.1 生态系统遥感监测基础概念

在城市生态监测应用中，常规站点实测数据只能反映监测点非常小范围的环境情况，而无法获知区域范围的整体环境特征和区域分异性。遥感即"遥远的感知"，远距离不接触"物体"而获得其信息。它是通过遥感器"遥远"地采集目标对象的数据，并通过对数据的分析来获取有关地物目标，或地区或现象的信息的一门科学和技术。遥感对地观测技术这一能够观测大范围地表信息的能力和多源遥感数据能够提供长时间序列观测信息的优势克服了地面观测的采样空间代表性小和时间跨度短的局限性。遥感已经为生态系统研究和管理提供了大量时间连续、空间一致的数据产品，对生态学的发展和方法论创新起到了推动作用，这些产品既能描述功能，又能刻画功能的时间变化，而且以全球尺度为主，时空连续。

遥感技术在城市生态研究中有巨大的应用潜力。首先，多平台、多时相、多方式的遥感数据为生态系统的全方位研究提供了数据支持；其次，利用遥感技术可以对系统运行情况进行实时监控、修正系统模型或仿真程序极为方便；最后，遥感技术收集数据资料周期短、费用小。动态大系统理论为研究高维、多目标、动态演变的城市生态系统提供了有效方法；专家系统和地理信息系统提供了客观的、可供讨论的数据处理和分析软件体系，并使遥感技术在地学领域广泛应用成为可能。

3.1.2 生态遥感的常用数据

目前，城市生态系统监测中多源遥感数据得到广泛运用，发挥"天基"航天遥感、"空基"航空遥感以及"地基"地面遥感的定位观测地面调查等各种技术手段优势，"天 - 空 - 地"一体化的城市生态监测体系正在逐步完善。

3.1.2.1 "天基"航天遥感数据

航天遥感把传感器设置在航天器上，如人造卫星、宇宙飞船、空间实验室等，卫星遥感是目前应用最广泛的航天遥感技术。根据遥感卫星探测能量的波长和探测方式、应用目的，可以将遥感卫星数据产品分为光学数据产品、微波数据产品、激光数据产品和其他数据产品。

光学数据产品：其中光学数据产品又可以根据探测地物的特征划分为可见光 - 反射红外数据产品（全色数据产品、多光谱数据产品和高光谱数据产品）和热红外数据产品。

微波数据产品：微波数据产品根据探测方式划分为主动微波数据产品和被动微波数据产品。遥感卫星探测和测量目标自身发出的微波热辐射获得被动微波数据产品，记录了地物的亮度和温度数据。目前，微波遥感已经成为气象卫星的主要载荷，在城市的数值天气预报和气候研究中发挥着越来越重要的作用。

激光数据产品：遥感卫星通过发射接收激光，进行信息处理从而获得目标的距离等信息得到激光数据产品，记录了距离和后向散射系数。

其他数据产品：其他数据产品包括探测地球重力、磁场等遥感探测数据等。

3.1.2.2 “空基”航空遥感数据

航空遥感把遥感器设置在航空器上，如气球、航模、飞机等，无人机遥感是目前应用最广泛的航空遥感技术。无人机根据不同的应用具有不同的载荷，如光学、红外谱段、激光雷达、成像光谱、合成孔径雷达及偏振载荷等。无人机光学遥感使用数码相机代替胶片相机获取光学数据产品。无人机红外谱段遥感使用红外探测器和光学系统组成红外载荷获取热红外数据产品。无人机激光雷达遥感使用激光雷达作为载荷获得高分辨率点云数据产品。无人机成像光谱遥感使用机载成像光谱仪获取光谱影像数据产品。无人机偏振遥感使用偏振相机获取光的强度、地物偏振度、偏振方位角等多维度数据产品。

3.1.2.3 “地基”地面遥感数据

地面遥感把传感器设置在地面平台上，如车载、船载、手提、固定或活动高架平台等，地面遥感主要用于近距离测量地物波谱和摄取实验研究用的城市地物的细节影像。激光雷达在地面遥感数据获取中得到广泛应用，根据搭载平台的不同分为地基激光雷达系统、车载激光雷达系统、背包激光雷达系统、船载激光雷达系统、高塔激光雷达系统等。通过激光雷达获取的地面数据，能够进行高精度的三维信息的提取、城市区域自然资源监测以及结构参数的提取。

3.2 生态遥感的常用方法

遥感传感器数据获取技术趋向“三多”（多平台、多传感器、多角度）和“三高”（高空间分辨率、高时间分辨率、高光谱分辨率），利用多源、多时相遥感数据探测地表变化已趋向实时化，全定量化的方法正在走向实用，逐步实现目标信息的实时自动化提取。遥感技术的发展、遥感采集手段的多样性、观测条件的可控性，确保了所获得的遥感数据的多元性，即多平台、多波段、多视场、多角度、多极化等。因此，利用多源遥感数据对城市生态系统进行监测的方法也存在多样性。本书将城市生态系统的遥感监测方法分为基于植被指数反演方法、统计学方法、物理模型方法、人工智能方法、生态系统格局指数以及多种方法结合的方法等。

3.2.1 基于植被指数反演方法

植被指数是依据植被的光谱特性，不同光谱反射率经线性或非线性组合在一定条件下可以用来描述植被的生长状况。自 20 世纪 70 年代初，近红外与红光波段反射率的区别已用于研究植被及物候，大部分研究的落脚点就是建立地表实测植被生理参数与植被指数的经验关系。植被指数是指由遥感传感器获取的光谱数据，经线性和非线性组合而构成的对植被有一定指示意义的各种数值。随着植被遥感的发展，植被指数一直是从遥感影像获取大范围植被覆盖信息较经济、有效且常用的方法。在实际生产和研究中，植被指数常用来反演植被物理类参数、生化组分类参数、PAR 等能量和生产功能类参数，所以植被指数在植被定量遥感中有着不可或缺的意义。

3.2.2 统计学方法

统计学方法是生态遥感监测的常用手段。通过对水文资料、气象资料、环境统计和社会经济进行统计分析，能够从不同的地理现象得到具有参考性价值的信息。也可以利用统计学中的回归分析方法，对某些变量与现象做归因分析。植被指数法属于回归模型法的范畴，之所以将植被指数法从回归模型法中分离开，主要是因为植被指数形式简单、应用广泛，而且相对于其他回归模型来说更容易推广。回归模型法能够充分利用高光谱数据高维光谱信息，目前在植被高光谱研究中被普遍采用。回归模型法以光谱数据或它们的变换形式（如原始光谱反射率、一阶或二阶微分变换、对数变换、倒数后的对数变换等）为自变量，以生物物理、生物化学参数（如叶面积指数、生物量、覆盖度、叶绿素含量等）为因变量，建立多元回归估计（预测）模型。

3.2.3 物理模型方法

物理模型是反演很多重要植被参数的常用方法，其核心是基于辐射传输模型模拟叶片结构和生化成分等叶片光学特性。在冠层反射率模型中，通常分为两类，即几何光学模型与辐射传输模型。之所以分成两类，是因为地面的植被（在生态学上就是森林、草地、农作物）主要有两种外在形态。一种是几何特征明显（如树木、灌丛、成垄分布的农作物等），另一种是无明显几何特征（如大面积的草地、已封垄的农作物等）。当然，由于相互融合，两类模型现在已经区分不明显了，即以几何光学为基础的模型加入了对多次散射的考虑，以辐射传输为基础的模型加入了对热点现象的考虑。植被遥感接收的信息是植被上界的出射辐射（不考虑大气影响），它是辐射在植被土壤耦合体系中多次散射和吸收的结果，而辐射传输理论可以比较系统、较完整地描述该过程。通过辐射传输理论，我们可以准确地计算植被上界的出射辐射量，或根据这一信息反演植被的光学特性和结构特性，因而从理论的高度解决了植被遥感的定量化问题。

3.2.4 人工智能方法

随着人工智能的不断发展，机器学习的方法在生态遥感监测中也被广泛应用。机器学习的算法被应用到植被的物理参数的反演中，包括各种神经网络模型算法、经大量经验设计的模型和基于核的网络模型算法。其中，神经网络模型算法包括 BP 神经网络模型和深度神经网络等。在土地覆被类型图的制作和不同类别的地物提取中，人工智能的方法也被广泛应用。充分利用国土资源领域已有的数据和工作积累，辅以实地勘测手段，以卫星遥感、航空、无人机等多源多尺度多时相遥感影像为数据源，结合遥感影像处理和分析技术获取地表信息，通过人工智能等方法、模型，挖掘深层关键信息，最终构建生态系统遥感监测体系。其中不同类型遥感数据的处理与信息挖掘是技术要点。

3.2.5　生态系统景观格局指数

景观格局是指区域景观系统中景观组分（斑块）的空间分布和组合特征，景观格局分析的目的就是从看似无序的景观斑块镶嵌体中，发现潜在的、有意义的规律性。研究景观空间格局特征要建立具有科学性、系统性和全面性以及可获取性的评价指标体系，应选取对评价区域景观生态空间格局状况意义最大和反映区域生态环境最主要特征的一系列指标作为评价因子——景观格局指数。景观格局指数是指可以浓缩景观格局信息并能够反映其结构组成和空间配置特征的简单定量指标。指数的选择需要体现研究区的景观多样性、斑块形状特征及空间分布的特定表达。景观格局指数可以定量分析同时异地、同地异时、异时异地等多尺度、多维度的景观静态和动态变化。

结合遥感、地理信息系统和景观生态学手段，在大空间尺度上探讨不同景观斑块类型及其空间组合，分析景观生态格局形成的自然和人为成因，提出优化景观格局的方案，为城市生态系统的遥感监测服务。城市景观生态遥感监测的方法大致分为以下几个层次：利用遥感影像作为数据源，获取景观格局矢量，用 GIS 进行统计，计算格局指数；用遥感图像处理技术，自动获取栅格的格局分布，利用软件或编程计算各种景观指数；在第二条的基础上通过栅格计算及空间分析等功能分析景观格局的时空演变；利用遥感、地理信息系统结合地统计方法获取景观效应地空间分布格局，探讨景观格局与过程的关系；在景观格局与过程分析中，引入非线性方法如分形、小波、神经网络等，从不同层次、不同侧面对景观格局过程及尺度进行研究。

3.2.6　多种方法结合的方法

单一方法的使用存在一定的弊端，所以目前除运用基于植被指数的方法、统计学方法、物理模型方法、人工智能方法、生态系统格局指数的方法以外，还呈现多种方法结合发展的趋势。以两个或两个以上的模型相互结合进而形成新的反演模型，且使得组合模型的精度明显提高，但是方法间结合的形式如何选择、各部分方法如何结合、各部分方法如何实现均是要重点研究和探讨的问题。

第四节　生态系统服务功能

自 20 世纪末，随着 Costanza 及 Daily 等学者研究成果的发表，生态系统服务研究引起了国际上的空前重视，特别是千年生态系统评估（MA）的开展极大推动了全球范围内的生态系统服务研究，随后开展的综合环境与经济核算（SNA、SEEA）、生态系统与生物多样性经济学（TEEB）研究、生物多样性和生态系统服务政府间科学-政策（IPBSE）平台等又逐步推动了各国政府尝试将生态系统价值纳入国民经济核算体系。

我国也高度重视生态系统服务功能价值研究，并取得了重要进展，其间，我国学者进一步阐明了生态系统服务的理论基础，揭示了生态系统服务的形成机理，建立了生态系统估算和价值化评价方法，制定了森林、荒漠、滨海湿地等生态系统服务评估规范或技术规程，并针对我国不同地区、不同生态系统类型开展了广泛研究。

4.1 生态系统服务功能的概念

生态系统服务功能是指生态系统与生态过程所形成及维持的人类赖以生存的自然环境条件与效用。它不仅为人类提供了食品、医药及其他生产生活原料，更重要的是维持了人类赖以生存的生命支持系统，维持生命物质的生物地化循环与水文循环，维持生物物种与遗传多样性，净化环境，维持大气化学的平衡与稳定。

农产品供给服务功能：农林产品供给是指陆地生态系统提供的农产品和林产品的种类、数量和价值量。其中，农产品是广义的概念，具体包括狭义上的农产品、畜产品和水产品。

径流调节服务功能：径流调节服务是陆地植被生态系统水文调节服务的一项重要内容，是指地表植被生态系统在一定的时空范围和条件下，通过对降雨截留、吸收，使降水保存在林冠层、枯枝落叶层、土壤及地下水中，从而改变降水径流的时空分配，主要表现为减少汛期洪峰、增加枯季径流量、延长汇流时间等。

土壤保持服务功能：土壤保持服务是指森林、草地等生态系统对土壤起到的覆盖保护及对养分、水分调节过程，以防止地球表面的土壤被侵蚀的功能，包括减少泥沙淤积和保持土壤养分两个方面。

生态系统固碳服务功能：生态系统中植物通过光合作用吸收大气中的二氧化碳（CO_2），并将其转化为有机质固定在植被和土壤中，进而降低了大气中 CO_2 浓度，减缓了温室效应。固碳服务对生态系统固碳增汇、调节区域小气候、减缓全球气候变化以及维持生态平衡具有重要意义。

物种保育服务功能：物种保育更新服务可以理解为生态系统在当前生境条件下维持物种多样性及种群更新的能力，可以从生境质量、物种的珍稀濒危状况以及物种更新率三个方面开展评估。

洪水调蓄服务功能：洪水调蓄是指陆地地表水域（包括水库和湖泊）通过截留、储存降水以拦蓄洪水、降低洪水灾害损失的服务，是陆地地表水生态系统水文调节服务的一项重要内容。

温度调节服务功能：生态系统温度调节服务主要是指生态系统通过绿色植被的蒸腾作用吸收太阳入射辐射中用于近地表空气温度增加的能量，减缓周围环境温度，达到降低夏季高温及缓解城市热岛效应的功能。

空气负离子服务功能：空气负离子是指获得多余电子而带负电荷的氧气离子，它是空气中的氧分子结合自由电子而形成的，也叫负氧离子。

清新空气服务功能：清新空气指满足人体健康和舒适性的大气环境。大气环境中某些物质的含量如果超过一定的浓度阈值，可降低整个生态系统的功能，影响人类正常生存与发展。大气污染可对人体造成各种负面健康效应，不仅增加疾病发病率、住院人数和门诊人数，也可导致呼吸系统疾病、循环系统疾病甚至造成死亡。环境空气是人类不可或缺的，而清新空气更是全人类持续、健康发展的重要基础之一。

干净水源服务功能：水资源供给是陆地水生态系统供给服务中重要的一项细分服务，源于生态系统对水的储存和保持功能。供给的水资源作为产品时，评估其价值不但应该考虑供给的数量，即水量，也应该考虑供给的质量，即水质。

休憩服务功能：生态系统休憩服务主要体现在满足游客游憩休闲的需要，能够提供游憩休闲活动所需的自然环境、旅游服务及基础设施，是整合生态系统自然属性与人文建设的服务。休憩服务主要反映人类与生态系统的关系，休憩服务价值即生态系统为人类提供休闲和娱乐场所而产生价值，主要包括旅游观光价值和日常休憩价值。

4.2　生态系统服务功能核算的基本方法

生态系统服务功能核算的基本方法主要有两类：一类是物质量评价法，另一类是价值量评价法。以生态学为基础对生态系统提供的产品与服务的物质数量进行评价，即物质量评价，对这些产品和服务进行经济评价，即价值量评价。

（1）物质量评价

物质量评价主要是从生态学的角度对生态系统提供的各项服务进行定量评价，即根据不同区域、不同生态系统的结构、功能和过程，从生态系统服务功能的机制出发，利用适宜的定量方法确定产生的服务的物质数量。

单纯利用物质量评价方法也有局限性，主要表现在其结果不直观，不易引起全社会的关注，并且由于各单项生态系统服务功能量纲不同，所以无法进行加总，从而无法评价某一生态系统的综合服务功能。

（2）价值量评价

价值量评价方法主要是利用一些经济学方法将服务功能价值化的过程，许多学者对价值评价方法进行了探索性研究，但是由于生态系统服务的特殊性和复杂性，其评价和价值计算至今是一件十分困难的事情。生态系统服务功能的价值可分为直接利用价值、间接利用价值、选择价值与存在价值。生态系统服务功能价值评估方法，因其功能类型不同而异。

直接利用价值主要是指生态系统产品所产生的价值，可以直接估算。间接利用价值主要是指无法商品化的生态系统服务功能，如水文循环、河流输沙、侵蚀控制、气候调节等支撑与维持地球生命支持系统的功能，可以用防护费用法、恢复费用法、替代市场法等进行估算。选择价值是人们为了将来能直接利用与间接利用某种生态系统服务功能的支付意愿。存在价值是人们为确保生态系统服务功能继续存在的支付意愿。

根据已有的生态系统服务功能价值评价技术和评价方法，结合生态系统服务与自然资本的发育程度，可将价值评价方法划分为市场价值法、替代市场价值法和假想市场价值法三大类，包括生产要素价格不变、机会成本法、影子价格法、替代工程法、替代成本法、因子收益法、人力资本法、特征价格法、旅行费用法、条件价值法和群体价值法等，这些经济学评价方法的主要特点见表 16-3。

表 16-3　生态系统服务功能主要价值评价方法

类型	具体评价方法	方法特点
市场价值法	生产要素价格不变	将生态系统作为生产中的一个要素，其变化影响产量和预期收益变化
替代市场价值法	机会成本法（OC）	以其他利用方案中的最大经济效益作为该选择的机会成本
	影子价格法（SV）	以市场上相同产品的价格进行估算
	替代工程法（RE）	以替代工程建造费用进行估算
	防护费用法（AC）	以消除或减少该问题而承担的治理费用进行估算
	恢复费用法（RC）	以恢复原有状况需承担的治理费用进行估算
	因子收益法（FI）	以因生态系统服务而增加的收益进行估算
	人力资本法（HC）	通过市场价格或工资来确定个人对社会的潜在贡献，并以此来估算生态服务对人体健康的贡献
	特征价格法（HP）	以生态环境变化对产品或生产要素价格的影响来进行估算
	旅行费用法（TC）	以游客旅行费用、时间成本及消费者剩余进行估算
假想市场价值法	条件价值法（CV）	以直接调查得到的消费者支付意愿（WTP）或最少受偿意愿（WTA）进行价值计量
	群体价值法（GV）	通过小组群体辩论以民主的方式确定价值或进行决策

在估算生态服务货币化价值时，应尽可能采用市场价值法；如果采用市场价值法条件不具备，则采用替代市场价值法；只有在上述两类方法都不具备时，才采用假想市场法。

第五部分
生态环境监测质量管理与质量控制

第十七章　质量管理

第一节　概　述

质量管理是为实现质量目标而进行的管理性活动。监测机构开展质量管理的目的是保证监测活动独立、公正、科学、诚信，旨在通过质量策划、质量控制、质量保证和质量改进，以求在质量方面指挥和控制监测机构的各项活动，实现预定的质量目标。

监测机构在从事向社会出具具有证明作用的数据、结果的检测活动时，需申请并通过资质认定（CMA）。监测机构要赢得政府部门、社会各界的信任，获得签署互认协议方国家和地区认可机构的承认，提高知名度等，可申请国家实验室认可（CNAS）以获得CNAS资质。

1.1　资质认定

资质认定（CMA）是指依照《检验检测机构资质认定管理办法》的相关规定，由市场监督管理部门依照法律、行政法规规定，对向社会出具具有证明作用的数据、结果的检验检测机构的基本条件和技术能力是否符合法定要求实施的评价许可。国家市场监督管理总局主管全国检验检测机构资质认定工作，并负责检验检测机构资质认定的统一管理、组织实施、综合协调工作。省级市场监督管理部门负责本行政区域内检验检测机构的资质认定工作。

1.2　实验室认可

国家实验室认可（CNAS）是指由政府授权或法律规定的一个权威机构对检测/校准实验室和检验机构有能力完成特定任务做出正式承认的程序，属于自愿性认证体系，它由中国合格评定国家认可委员会组织进行。

1.3　质量管理依据

生态环境监测机构依据《检验检测机构资质认定管理办法》（2015年4月9日国家质量监督检验检疫总局令　第163号，根据2021年4月2日国家市场监督管理总局令　第38号《国家市场监督管理总局关于废止和修改部分规章的决定》修改）、《检验检测机构监督管理办法》（国家市场监督管理总局令　第39号）、《检验检测机构资质认定评审准则》《检验检测机构资质认定能力评价　检验检测机构通用要求》（RB/T 214—2017）、《检验检测机构资质认定　生态环境监测机构评审补充要求》（国市监检测〔2018〕245号 附件）以及生态环境相关法律法规、生态环境监测相关技术标准规范建立质量管理体系，开展质量管理工作。

第二节　质量管理体系

2.1　作用

监测机构的质量管理体系是指在质量方面指挥和控制组织的管理体系，建立和实施质量管理体系旨在对监测活动的全过程进行有效的管理和控制，保证实现质量目标，出具的监测结果客观、真实、有效，质量管理体系由一套系统完整的管理要求组成，且需形成文件。

质量管理体系是相互关联和作用的组合体，需对影响监测结果质量的因素，包括人员、设备、场所环境、试剂耗材、监测方法、采样、样品的处置、计量溯源等进行规定，需以整体优化的要求处理监测实施过程中各项要素间的协调与配合，将质量管理的各项要求文件化并严格落实，从而达到预期的质量目标和管理要求。

2.2　构成

将质量管理体系文件化时，制定的文件通常包括质量手册（或管理手册）、程序文件、作业指导书（包括管理制度、操作规程、监测细则等）、记录表格和报告四层文件。对于人员少、监测能力参数少的小型监测机构，可以适当简化，文件制定的详细程度要与本机构的实际情况相符，以满足管理要求为标准。比如，对于人员流动大、机构成立运行时间短、监测工作经历和经验少的机构，文件规定应尽可能详尽，以便新进人员能够尽快熟悉和理解。

2.3　主要内容

2.3.1　人员

监测机构应制定内部的人员管理文件，可以以质量手册、程序文件、管理规定的方式编制和发布，通常是建立并运行一个或多个关于人员方面的程序文件，以达到对人员的录用、培训、岗位职责、任职要求、工作关系、资格能力确认、岗位授权、监督与监控、能力维持等方面进行管理，在文件中明确工作目的要求、实现路径，效果评价等相关内容。

（1）管理层

监测机构应明确全权负责的管理层构成，应以质量手册或内部文件形式印发并公布。管理层可以是一个人或多人组成，管理层是一组人时，一般由最高管理者、技术负责人、质量负责人及监测机构行政管理层人员组成，对于生态环境监测机构等事业或国有企业单位，管理层一般是由单位的领导层组成，对于社会检测机构，管理层可以由最高管理者、技术负责人、质量负责人等组成。

（2）关键岗位

技术负责人：一个监测机构可以有多个技术负责人，分领域进行分工负责。技术负责人应具备分管领域技术工作相关经历，熟悉分管领域技术工作要求。最高管理层（者）应确保技术负责人具有人力和资源配置能力。

质量负责人：一个监测机构只能任命一名质量负责人负责管理体系的运行，质量负责人应经过资质认定准则的系统培训和内审员培训，具备内审员的资质和能力，可以由最高管理者、最高管理层成员或其他人员担任，但应确保能够直接与最高管理者沟通对话和反馈问题。

授权签字人：授权签字人应经本机构管理层授权，且经资质认定评审组考核合格并经发证机关批准的授权签字人，方可在授权的范围内履行报告签发职责。获得资质认定部门批准的授权签字人，可根据机构内部分工再次细分或明确授权签字领域和分工。

监测人员：生态环境监测机构应具有与所开展的监测活动相匹配的监测人员数量。监测人员包括从事生态环境监测样品采集、现场测试、样品处理、样品分析、数据处理、数据复核和审核、设备操作、自动在线检测设备运营、报告编撰审核及签发、质量管理、试剂耗材管理等监测全流程的技术人员，不包括财务、行政、销售人员。

内审员和质量监督员：监测机构应根据需要任命一定数量的内审员和质量监督员，授权应形成书面文件，可以以体系文件或内部文件方式发布。内审应独立于被审核的工作，即内审员不安排审核本人所在部门、本人负责的工作。内审员应熟悉环境监测及相关业务，熟悉资质认定相关要求和机构质量管理体系文件，接受过内审员相关培训，具备发现问题并准确描述不符合项、跟踪验证不符合项整改的能力。质量监督员应具备被监督工作岗位的工作经历和经验，熟悉相关业务和有关的法律、法规、标准和规定，质量监督员一般由本部门的负责人、业务骨干担任，在日常监测工作中同步开展监督。

（3）人员能力确认

监测人员独立开展工作前应经过必要的培训和能力确认，能力确认方式应包括基础理论、基本技能、样品分析的培训与考核等。

各级生态环境主管部门所属生态环境监测机构的监测人员，应持有由中国环境监测总站、省（区、市）生态环境部门或其委托机构颁发的上岗证方能从事监测技术工作，其中省（区、市）生态环境监测机构监测人员应通过中国环境监测总站主持的上岗证考核并获得上岗证，省（区、市）以下（含省驻市站）生态环境监测机构监测人员应通过省（区、市）生态环境部门或其委托机构主持的上岗证考核并获得上岗证。

社会化环境监测机构的监测人员能力确认（上岗证考核），可采取适合本机构、具有可操作性的培训考核制度，如由具备能力的内部人员为授课和指导人员，开展内部培训和操作技能考核，或者聘请外部专家对人员进行培训和操作技能考核，或委托有能力的培训机构开展培训和操作技能考核。结合人员的专业教育背景、工作经验和培训考核情况，由机构的技术负责人（或委托人）对从事采样、现场测试、样品处理、样品分析、设备操作、自动在线检测设备运营、报告审核及签发等技术人员进行授权（或颁发上岗证）。

（4）人员监督与能力监控

检测机构应设置覆盖其全部检测领域的监督员，对从事监测工作的新进人员、新换岗人员、实习人员进行监督，对已在岗人员因新设备、新方法使用的能力持续情况进行确认和监控。质量监督员应由熟悉检测目的、方法和程序，具有对检测结果进行评价能力的人员担任，尽可能由本部门人员、同岗位人员或与监督工作密切相关的人员担任。监测机构应在每年初制订人员监督监控计划并落实，监督监控计划应明确被监督监控人员，并在实施过程中，根据人员变动和工作岗位调整等情况，调整和补充监督监控计划。监督内容包括人员对标准、规范、文件的理解是否全面、准确；人员实验和仪器操作是否熟练、规范、符合要求；人员对所在工作岗位的工作流程、要求是否熟悉、理解到位；人员进行技术和质量记录时，是否完整、规范、准确填写。监督方式可采用盲样考核、现场见证、交流询问、资料查阅等方式，或采用一种或几种方式组合，根据监督监控结果对被监督监控人员能力进行评价，保存监督监控记录。

（5）案例

1）技术负责人资格不符合要求

在对某一生态环境监测机构进行质量飞行检查时，该机构唯一一名技术负责人刘 ××3 年前从环境工程专业大学本科毕业后进入该机构从事现场采样和分析工作，目前为助理工程师。

问题及说明：技术负责人刘 ×× 不满足同等学历要求。技术负责人应具备中级职称或同等学历，本科毕业的同等学历应为本科毕业后满 5 年以上生态环境监测工作经历。

2）人员未经授权

在对某生态环境监测机构进行资质认定扩项现场评审时，询问负责土壤采样人员陈 ××，对土壤采样规范不熟悉，查阅其个人档案，曾参加机构内部组织的土壤采样理论培训，但未经过考核和授权，他目前持有的上岗证授权能力范围只有水和废水、空气和废气及噪声现场采样和监测。

问题及说明：陈 ×× 未取得土壤采样上岗证，但从事土壤采样工作。监测人员应经过培训和能力确认，持有上岗证或授权证明方可从事相关监测工作。

3）未对新进人员进行监督

在对某生态环境监测机构进行质量检查时，询问负责水质硫化物分析的人员，发现其对方法标准中关于样品前处理要求不熟悉，查由其完成的硫化物分析原始记录，缺少样品前处理信息，经询问和查阅资料，该人员为当年新进人员，上月经过上岗考核并授权从事水质硫化物室内分析工作，查该机构的人员监督计划和记录发现，未对该人员进行监督。

问题及说明：机构未对新进人员进行监督。应安排熟悉检测目的、方法和程序、具有对检测结果进行评价能力的人员对新进人员、新换岗人员、实习人员进行监督，并形成记录。

2.3.2 设备

监测机构应建立一套完整的、规范的、有效的关于监测设备（含辅助设备、标准物质）的管理文件，一般需制定一个或多个关于设备管理的程序文件和若干个关于设备使用与管理的作业指导书，以规范管理监测设备的采购、验收、使用、维护、保管、运输、计量溯源、期间核查、停用、报废、处置、状态标识等工作。对贵重、精密、技术复杂设备的操作使用人员，需经培训后由技术负责人授权使用，授权应形成书面文件。所有的设备维护均应形成记录，纳入设备档案进行管理，每台设备的档案应有清单或目录，并定期更新，以便跟踪设备的性能状况及变化。

（1）设备配备

监测机构应配齐包括现场监测和采样、样品保存运输和制备、实验室分析及数据处理等各环节所需的仪器设备，设备的性能指标和数量需满足相关监测标准、技术规范和实际工作量的要求。

（2）设备租借

监测机构不能租借仪器设备用于申请或维持能力，已具备监测能力但因工作量突增或设备临时出现故障时，可租借现场监测和采样设备，应保存相关的租借、使用、检定 / 校准记录。租借设备应产权清晰、性能良好并在检定 / 校准有效期内，由租借设备的环境监测机构人员使用、维护。委托检定 / 校准机构可以是借出单位，也可以是借入单位，只要检定 / 校准在有效期内并经确认符合使用要求即可。

（3）检定 / 校准

监测机构应在每年初制订设备检定 / 校准计划，对监测结果、采样结果的准确性或有效性有影响或计量溯源性有要求的设备，包括用于测量环境条件等辅助设备，有计划地实施检定或校准，计划应明确校准的具体指标或参数及评价要求，且应与本监测机构的使用范围和要求相一致。对于强制检定目录内的仪器，应交当地授权的计量检定机构按检定规程的参数和频次实施检定，检定合格的仪器方可投入使用。对于非强制检定的计量设备，应委托具备 CNAS 校准资质的机构进行校准，校准的指标或参数应符合监测机构的要求。监测机构应对检定 / 校准结果进行确认，确认检定结果是否合格，校准的参数是否与使用要求一致，校准结果是否符合使用要求，是否产生修正因子，修正因子如何使用等，只有经确认检定 / 校准结果满足本机构使用要求的设备方可投入使用。设备长期停用，重新使用前及维修后再投入使用前，即使还在检定 / 校准有效期，如果影响监测结果的准确性应重新检定或校准。无法溯源到国家或国际测量标准时，测量结果可溯源至有证标准物质、公认的或约定的测量方法、标准，或者通过比对等途径，证明其测量结果与同类检验检测机构的一致性，并提供溯源性证据，可以是比对记录或报告等。检测机构开展内部校准时，应按外部校准的一致要求，实施内部校准的人员应通过培训，获得校准员资格，校准报告应提供不确定度信息，只有非强制检定设备才能开展内部校准。

（4）期间核查

监测机构应在每年初制订设备期间核查计划并经审批，计划应明确核查的指标、方式、时间、频次、责任人等，核查要针对每台设备特点和现状确定，要特别关注易漂移、使用频次高、经常携带到现场、出现故障频次高、能力验证或考核结果不满意、不合格的设备。开展期间核查时需对核查结果进行评判，并提出该设备下一步的使用或维护维修安排的建议。核查要有相应的记录，可以是专门的核查记录，也可以在监测原始记录中进行记录。

（5）设备故障

当设备出现故障、过载损坏、灵敏度降低和出具结果可疑等情况，或者期间核查不合格时，设备使用人或保管人应立即停止使用并及时报告，提出维修申请。当设备达到或已超过使用年限，出现技术性能降低或部分功能丧失时，可以根据需要对仪器限制使用范围。对设备限制使用范围的，应根据检定或校准情况提出限制使用范围的申请，经相应的审批程序批准后方可进行。限制使用情况应列入仪器设备档案。对仪器设备技术性能不稳定、经维修不能满足环境监测技术要求的，或出现故障后无修复价值的，可申请报废。设备报废应遵循监测机构内部的审批程序，并且对待报废的设备进行清晰标识和隔离，尽量不存放在原使用地点，以免误用。设备发现故障或缺陷时，应对之前出具的结果进行追溯。

（6）设备停用

当监测设备长期闲置或出现故障短时间不能修复时，应办理停用手续，因工作任务调整，设备数量超出当前一段时期任务需求时，可以对多余的设备暂时作停用处理。对于停用后需重新启用的设备，应采用检定 / 校准或内部核查方式证明符合使用要求后再投入使用。设备停用未能及时修复影响监测能力维持时，应向发证部门报备或申请注销。

（7）案例

1）设备配备不满足要求

在对某生态环境监测机构开展资质认定扩项现场评审时发现，该机构申请了环境空气和厂界无组织废气中的二氧化硫和氮氧化物参数，但仅配备了一台小流量（0～1 L/min）环境空气采样器。

问题及说明：二氧化硫和氮氧化物采样设备数量不能满足实际工作同时布点采样的要求。开展环境空气和厂界无组织废气监测时，需要多个监测点同时采样，需要配备 3 台以上的同功能设备。

2）租借设备管理不符合要求

在对某生态环境监测机构开展资质认定现场评审时发现，用于土壤中氡浓度监测的型号为 FD218 的 α 能谱氡测量仪张贴非该公司的资产标识，且无状态标识。经询问，该公司测氡仪出现故障，临时向 ×× 公司借入上述设备用于某个委托监测任务。该机构口头向出借仪器的公司了解该仪器在检定 / 校准期内，性能状态正常，但双方未办理租借书面协议，未要求出借方提供检定 / 校准证书，该公司也未对该仪器进行检定 / 校准即投入使用。

问题及说明：对租借设备的管理不符合要求。租借设备应产权清晰、性能良好并确保在检定 / 校准有效期内且能提供书面证明材料。

3）设备未按使用要求进行校准

在对某生态环境监测机构进行质量检查时，查阅资料发现用于水质粪大肠菌群测定的培养箱校准参数未覆盖 44.5℃工作点，负责检定 / 校准的工作人员解释，该培养箱对细菌总数监测的 36℃工作点进行了校准。

问题及说明：设备的校准未覆盖所使用的参数要求。仪器设备的检定内容和校准指标要与设备在本监测机构的使用范围和要求相一致。

4）期间核查不符合要求

在对某生态环境监测机构开展资质认定现场评审时，查仪器期间核查记录发现，用于水质现场监测的便携式溶解氧测定仪缺期间核查记录，进一步检查发现，该机构制订的年度仪器设备期间核查计划未将其纳入期间核查计划。

问题及说明：对现场设备的期间核查不符合要求。制订的设备期间核查计划应包括经常携带到现场监测的设备核查计划，在设备的两次周期检定或校准之间采用适当的方法进行期间核查，以降低由于稳定性变化所造成的监测风险。

5）设备故障管理不规范

对某生态环境监测机构进行质量检查时，现场参观实验室发现，光谱室放置的一台原子荧光仪张贴的合格标签已过有效期，负责该室的监测人员解释，该仪器多次出现故障且使用年限较长，已没有修理的价值，准备报废处理，因为目前暂时无法办理报废手续，所以还没有办理相关申请审批，我们使用人员都清楚，不会误用。

问题及说明：设备的状态标识不能准确反映设备的真实状态。设备报废应按照机构内部的工作程序走申请审批流程并保存相关记录，应及时对设备进行清晰标识和隔离，只要条件允许，尽量不存放在原使用地点，以免误用。

2.3.3　场所环境

监测机构应制定关于实验场所环境控制、内务管理的内部文件，通常是制定一个或多个关于场所环境控制的程序文件，必要时可增加若干作业指导书进行详细规定，以达到对实验场所的布局，环境条件设施的配备，环境条件的控制，互相干扰的防范，安全设施的安装、使用和维护，实验室内务管理等方面进行管理和控制。

（1）场所配备要求

监测机构应具有与机构已获资质能力和工作量相匹配的实验场所，实验场所包括现场采样监测设备存放、样品存放、标准物质存放、样品制备和前处理、试剂耗材库房、分析测试等区域。实验场所可以自有产权、上级配置、出资方调配或租赁，但均应合法且对其具有完全使用权。

（2）场所环境条件

监测机构实验场所的环境条件应满足监测标准或技术规范要求，并进行有效控制。应对实验区域进行合理分区，比如，恒温室、天平室应远离高温和阳光暴晒的区域。存在相互干扰的样品制备、样品前处理区域、仪器分析区域应实施有效隔离，重点关注挥发性有机物与半挥发性有机物样品前处理和上机测试过程的相互干扰，关注氨气、甲醛、挥发性酸、汞等易挥发物质、土壤、固体废物制样产生粉尘对监测工作造成的影响。挥发性有机物与半挥发性有机物监测场所尽可能互相远离，如果条件允许，尽量设置在不同楼层，土壤和固体废物的风干研磨过筛制备应独立设置并远离大型精密仪器、痕量分析区域。各实验区域应按具体功能进行标识。比如，对有机、无机样品前处理室和一般理化实验室只按理化一室、理化二室、理化三室进行标识是不足够的。

（3）安全防护

监测机构要配备与监测能力匹配的安全防护设施并定期检查其有效性。比如，现场测试或采样场所应放置安全警示标识；又如，在开展道路交通噪声、油气回收监测时，应设置安全围栏并有警示标识，防止无关人员闯入。定期检查实验室区域的洗眼器、喷淋设施、报警器是否正常，消防器材的种类、数量配备是否适当、是否在有效期内且易于获取，在用的有毒有害试剂是否安全保管，实验室的有毒有害气体是否有效收集处置。

（4）案例

1）场所缺使用证明

在对某生态环境监测机构进行复评审时，发现其中土壤风干制备、空气和废气中臭气浓度的实验场所不在申请评审的所在地，询问负责人，负责人说因为原有的场所不够用，于是把上述两个实验场所调整到离资质认定证书上地址约 3 km 的另一个场所，并解释该地址也是本机构的总公司自有产权房屋，在此之前总公司无偿给其下属一个部门使用，目前该部门场所充裕，同意无偿给该机构使用，但该机构未能提供书面的无偿使用证明材料。

问题及说明：场所变更未向资质部门提出变更评审申请，场所未能提供可支配使用的证明。实验场所发生变更或增加地址时，应向资质认定部门提出地址变更评审申请，且提供相应的证明。

2）相邻场所互相干扰

在对某生态环境监测机构进行质量检查时发现，土壤样品的研磨过筛制样与固废样品的研磨过筛制样共用一室，且制样器具放置在同一实验台。

问题及说明：未对可能产生交叉污染的区域进行有效隔离。土壤样品与固废样品因浓度级别不一致存在交叉污染风险。

3）场所存在安全隐患

在对某生态环境监测机构进行现场评审时发现，气瓶室用于放置乙炔易燃气体的气瓶柜未安装对外排风设施，且未张贴易燃易爆警示标识。

问题及说明：实验室安全措施不到位、警示标识不清晰。实验场所应根据需要配备安全防护装备或设施，应有安全警示标识。

2.3.4 试剂耗材

监测机构应制定关于试剂耗材的内部文件，通常是制定一个或多个关于试剂耗材管理的程序文件，必要时可增加若干作业指导书进行详细规定，以达到对试剂耗材采购、验收 、存储、管理、使用、保管、安全处置等方面进行管理和控制。

（1）试剂分类

监测机构常用的试剂按形态分，有固态、液态、气态；按级别和类别分，有基准试剂、色谱纯、光谱纯、生化试剂和指示剂等；按配制环节分，有试剂原液、贮备液、使用液等。常用的耗材包括样品容器、玻璃器皿、玻璃吸收瓶（管）、滤膜、滤筒、吸附管、气袋、针筒等。监测机构应对试剂与耗材的采购、验收、存贮、使用等环节进行管理。

（2）试剂耗材供应商管理

在采购试剂耗材前，使用部门根据方法、规范和使用要求提出采购申请，明确规格、指标、参数以及采购数量、交货时间等要求。采购时通过资料查询、问询、现场考察、同行使用评价等方式进行调研，对供应商是否通过质量管理体系认证、货源是否充足、质量是否稳定、价格是否合理、供货是否及时、履行合同情况等进行审查、评价，必要时提供样板进行试用，经过评估，建立合格供应商名录，定期（通常为每年一次）对在用合格供应商名录进行综合评价，更新合格供应商名录。在使用合格供应商名录时，仍需关注其资质、能力是否发生变化。

（3）试剂耗材采购

采购试剂耗材时，在合格供应商名录中选取供应商作为采购供应商。如果合格供应商名录不能满足采购需求，需要增加供应商时，应开展调查和评估，补充完善合格供应商名录后，方可实施采购。对于公开招标，无法事先确定采购商的情况，应将对供应商和采购货物及服务的要求写进采购需求书、招标文件中，以保证采购标的符合要求。

（4）试剂耗材验收

试剂耗材采购后，经验收合格才能投入使用，验收可采用外观验收和技术指标验收方式，外观验收时检查外包装、标签、证书或其他证明文件的信息。对监测质量有影响的重要试剂与耗材应通过检测手段进行性能验收，以确保满足监测方法的要求。通常需要通过检测手段进行性能验收的试剂和材料包括采样介质（如滤筒、气袋、树脂、吸附管等）、关键试剂（二硫化碳、正己烷、四氯乙烯、氢氧化钠、微生物培养基等）和仪器分析关键耗材（如色谱柱）等。在外购纯净水作为实验用水时，应按照使用要求进行外观和技术指标检测验收。

（5）试剂耗材存贮

试剂耗材的存贮应满足方法及规范要求，储存设施和条件应安全、有效。存放试剂与耗材库房应独立设置，远离实验区和办公区，远离火种和热源，保证通风、避光、保持阴凉干燥，安装相应安全报警设施，如烟雾报警器、毒气报警器。在实验室前期布局时结合整体布局和方位合理安排库房的位置。应根据试剂耗材的性质分区存放，防止产生反应或交叉污染。根据试剂耗材的危害程度，采取不同的安全防范措施，剧毒试剂必须贮于专柜中，实行双人双锁保管，严格领用批准制度，随用随领，对其领用的数量、用途、流向和剩余的库存量等做详细记录。易制毒易制爆试剂应存放在库房上锁并由专人管理，随用随领，均要建账管理。易燃、易爆、腐蚀、毒害和放射性危险化学品的贮存除满足一般试剂的要求外，还应注意以下各点：易燃、易爆试剂应根据不同的理化特性，分别贮放，并控制存放量；易挥发、易燃烧液体应严密瓶封；放射性物质应有必要的屏蔽设施和测量装置，严格做好个人防护。

（6）试剂耗材使用

试剂耗材使用前应检查外观、有效期，变质、失效的试剂应及时废弃和妥善处理；在同一批样品分析中应使用相同厂家生产的同一批试剂耗材。试剂溶液的配制和稀释过程应详细记录。从冰箱内取出的试液，应放置至室温平衡后方可取用。需加热助溶或在溶解过程中释放大量热量，应在烧杯内配制待冷却至室温再定容装瓶。取用固体试剂时应遵守“只出不回，量用为出”的原则，倒出使用后的剩余试剂不得倒回原瓶。试剂瓶标签应包括试液名称、介质、浓度、配制日期、有效期和配制者等信息。

（7）案例

1）供应商管理不符合要求

在对某生态环境监测机构进行现场评审时，查阅合格供应商名录，为该机构提供硝酸、硫酸试剂的供货商 ××× 公司不在合格供应商名录中，继续询问和查阅资料发现，该机构未对该供货商进行资质调查和评价。

问题及说明：未对监测质量产生影响的试剂耗材供货商资质进行评价。需对采购服务供应商进行调查评估，建立合格供应商名录，试剂与耗材采购时，在合格供应商名录中选取采购供应商。

2）未按要求开展试剂验收

在对某生态环境监测机构进行质量检查时，查阅水质总氮分析原始记录发现，空白试验的校正吸光度 A_b 不能稳定小于 0.030，进一步检查发现，用于该参数测试的氢氧化钠和过硫酸钾试剂未对其含氮量进行测定。

问题及说明：关键试剂验收未按方法要求进行性能指标验收。对监测质量有影响的重要物质应通过检测手段进行性能验收，以确保满足监测方法的要求。

3）试剂耗材管理不符合规定

在对某生态环境监测机构进行现场评审时发现，一批标识为两天前进行老化的吸附管未经密封放置在老化仪旁边，询问实验人员，实验人员说该吸附管正准备用于固定污染源废气中挥发性有机物采样（HJ 734—2014），因为放置时间不长，故没有按方法要求放在密封袋或密封盒中，再存放于装有活性炭的盒子或干燥器中，4℃保存。

问题及说明：试剂及耗材的存贮与保存不符合要求。试剂及耗材的存贮与保存应满足方法及规范要求，储存设施和条件应安全、有效。

4）试剂标识不规范

在对某生态环境监测机构进行飞行检查时，该机构理化实验室在用试剂瓶标签只有试剂名称和适用测试参数信息，负责该实验室日常管理的人员解释说，分析人员对自己使用的试剂都很清楚，不会混淆，另因为工作量大，他们的试剂都很快用完，不存在过期的情况。

问题及说明：试剂标签不规范。试剂瓶的标签应包括试液名称、介质、浓度、配制日期、有效期和配制者。

2.3.5 监测方法

监测机构应制定一个或多个关于监测方法管理的程序文件，以达到对监测方法的选用、查新、标准方法验证、非标方法确认、测量不确定度评定等方面进行管理和控制。

（1）方法选择

监测机构应使用国家标准（GB 或 GB/T）、生态环境监测行业标准（HJ 或 HJ/T）或地方标准（DB××），在无以上方法可选用时，经上级主管部门或客户同意，可选用其他方法，包括非标方法。在选用监测方法时，应优先采用质量标准或排放标准中指定的国家标准方法、生态环境行业标准方法，在没有以上标准方法可选用时，则可选用质量标准或排放标准中指定的其他方法，如果有质量标准或排放标准指定之外的新方法且方法指标优于指定方法且能满足标准限值判定要求的，可以采用标准指定之外的监测方法。在选用监测方法时，应考虑方法检出限或测定下限满足结果判定的限值要求，一般要求方法检出限应低于判定限值的 1/4。

（2）扩项与扩方法

监测机构要新增监测能力，应对新扩项目或新扩方法开展方法验证，并通过 CMA 或 CNAS 评审。新扩项目是指机构原不具备某个参数的所有方法，比如，机构不具备水和废水中铊的监测能力，现扩项增加《水质　铊的测定　石墨炉原子吸收分光光度法》（HJ 748—2015）水质铊的监测能力；新扩方法是指机构已具备某个参数的其他方法，新增一个方法，比如，机构目前已具备水和废水中铅的《水质　铜、锌、铅、镉的测定　原子吸收分光光度法》（GB/T 7475—1987）监测方法，现新扩方法增加《水质　65 种元素的测定　电感耦合等离子体质谱法》（HJ 700—2014）。

（3）方法验证与确认

在新增监测能力之前，监测机构应对初次使用的标准方法进行验证，对非标方法进行确认。方法验证是验证机构是否能够正确运用标准方法，方法确认是确保方法是否能够达到预期的用途。开展方法验证时应成立方法验证工作小组，指定负责人对样品的采集、运输、保存、样品制备、监测分析、数据处理、报告编制等全过程进行方法验证。包括对方法涉及的人员培训和技术能力、设施和环境条件、采样及分析仪器设备、试剂材料、标准物质、原始记录和监测报告格式、方法性能指标（如校准曲线、检出限、测定下限、正确度、精密度）等内容进行验证，并根据标准的适用范围，选取不少于一种有检出的实际样品进行测定。如果在用标准方法发生了变化应重新进行验证，并向 CMA 或 CNAS 发证机构申请备案或评审。除非特殊情况，不建议监测机构使用非标方法，如确实需要使用非标方法时，应确保方法适用于预期的用途并能提供相关证明材料，投入使用前应征得客户的同意，一般是在订立合同中予以明确，同时告知非标方法可能存在的风险。

（4）方法偏离

监测机构应严格按照方法要求和步骤开展监测工作，不建议采用方法偏离对外出具正式监测结果和报告，如确需要方法偏离，机构应对方法偏离进行文件规定，在实施偏离之前应获得机构技术负责人批准，且征得客户同意。方法偏离是临时性的，只针对经批准偏离的某一特定情况或某一特殊任务，长时间、多次任务的连续不按标准方法操作属于非标方法，不属于方法偏离。

（5）监测细则

当标准方法描述不够详尽或方法有多种选择时（如仪器分析条件、色谱柱选择、校准，曲线制作、监测参数等），不能被操作人员直接使用，或其内容不便于理解，规定不够简明或缺少足够的信息，会在方法运用时造成因人而异，可能影响监测数据和结果正确性时，则应制定包含所有关键技术内容的监测细则，以确保方法应用的一致性。制定监测细则时，应指向特定的标准方法，并经批准后方可使用。

（6）案例

1）方法选择不合适

某生态环境监测机构报告签发人在审核饮用水有机物监测报告时发现，水中苯并［*a*］芘的检出限为 0.004 μg/L，高于地表水饮用标准 2.8×10^{-6} mg/L。询问负责该项目的分析人员，分析人员说，他采用的是《水质　多环芳烃的测定　液液萃取和固相萃取高效液相色谱法》（HJ 478—2009）其中的液液萃取法，他认为该方法的适用范围包括饮用水、地下水、地表水的监测，且通过资质认定，是合适的方法，并没有考虑监测结果与判定限值的关系。

问题及说明：选用方法的检出限过高，不能满足监测任务要求。在选用监测方法时，应考虑方法的检出限或测定下限满足结果判定的限值要求，一般要求方法检出限应低于判定限值的 1/4，检出限高于结果判定的限值的方法是不适宜的。

2）方法验证不完整

在对某生态环境监测机构进行扩项现场评审时发现，《土壤　水溶性氟化物和总氟化物的测定　离子选择电极法》（HJ 873—2017）方法验证报告未对样品采集、样品制备能力进行验证。

问题及说明：方法验证不全面。初次使用标准方法前，应根据方法的适用范围，对样品的采集、运输、保存、样品制备、检测分析、数据处理等全过程进行方法验证。

3）未按规定制定监测方法细则

在对某生态环境监测机构进行现场评审时发现，实验室使用的监测方法“《土壤元素的近代分析方法》中国环境监测总站 1992 年 ICP-AES 法同时测定土壤中的多种元素 7.7”中未明确样品制备要求，但实验室未针对样品制备制定监测细则。

问题及说明：没有针对方法中不够详尽的操作步骤制定监测细则。因未明确样品制备要求，在实际操作时容易造成因人而异，影响监测数据和结果正确性。

2.3.6 监测过程质量控制

监测机构应制定关于监测质量控制的程序文件，明确质量控制手段与方式、能力验证与能力考核、实验室间比对等方面的要求，以达到对监测全过程进行有效管理和控制。

实施采样前，应对现场采样监测设备进行状态检查、性能检查、校准、标定，对于多台（套）同功能现场监测设备，在出发至现场前开展设备比对，保证设备测量结果的一致性和可比性。采样监测时，按规范要求开展全程序空白（现场空白）、设备空白、现场平行、现场加标等质控措施，以检验采样器具、采样设备、样品运输、样品暂存是否受到污染，采样操作与同批次样品是否一致等。

样品分析测试前，应按规范和方法要求进行样品制备和前处理。利用大型设备对样品进行分析测试时，应同步绘制校准曲线，校准曲线回归方程的相关系数、截距和斜率应符合标准方法中规定的要求，被测结果数值应在校准曲线的线性范围内。实验室对样品进行测试时应同步开展实验室空白、试剂耗材空白、室内平行、同步标样分析、加标测试、留样复测等内部质量控制，质控手段的频次、比例和评判结果应符合方法要求，对于某一特定的监测项目或方法，可以采取适合方法特性的一种或多种质量控制手段，不是所有质控手段均适合所有分析测试项目。

监测机构的质量管理部门应定期对测试分析人员进行考核，通常采用实验室内的人员比对、设备比对、方法比对、留样复测、盲样考核等方式，以了解和掌握实验室内分析质量。监测机构应积极参加外部单位举办的能力验证和上级主管部门、发证机构组织的能力考核，以保证监测结果的准确性和可比性。监测机构也可以参加同行举办或自行组织的实验室间比对，以了解监测水平与同行机构之间的差异。

2.3.7 监测报告管理

监测机构应制定关于监测报告管理的程序文件，以达到对监测报告的编制、审核、签发、发布发送、保存等方面进行管理和控制。监测机构应规定监测报告的格式。

（1）监测报告编审

监测报告编制时应保证结果与原始记录保持一致，信息表述要准确、完整、规范，不会产生歧义，分包或外委监测结果应在报告中清晰地标明，报告格式要符合机构内部的文件规定，监测报告应有唯一性编号。

监测报告审核时主要关注报告使用标准依据的正确性、内容完整性、数据和结论的正确性。

监测报告授权签字人主要对报告完整性、项目齐全性、数据和结论准确性进行审查并负责解释。授权签字人的授权范围应能覆盖监测报告的类别，授权要在有效期内。

（2）监测报告管理

监测报告应在资质范围使用CMA或CNAS标识，检测专用章应加盖在机构名称或结论位置。监测报告应及时发布、发送和签收，并在任务或合同要求的时间内提交。

监测报告及相关原始记录应按资质认定和《生态环境档案管理规范　生态环境监测》（HJ 8.2—2020）的规定进行长期或永久保存，应及时归档造册保存，要有清晰的目录，做到安全保密，方便查询。

（3）案例

1）超范围签发监测报告

在对某生态环境监测机构进行现场复评审时，评审员查阅其中一份包含废水、废气、噪声、土壤类别的监测报告发现，签发报告的授权签字人李××的授权签字领域只有废水、废气、噪声类别，没有土壤类别。

问题及说明：授权签字人超范围签发监测报告。授权签字人应在资质认定或实验室认可评定机构批准授权范围内签发监测报告，不能超范围签发报告。

2）监测报告管理不符合要求

某生态环境监测机构在进行内审时，内审员查阅监测报告发送记录时发现，其中一份已完成报告归档的监测报告无发送和委托方签收记录，询问负责报告发送人员，该人员称已通知委托方来领取报告，但委托方一直未来领取，因为时间太久了，就直接归档了，也不记得再通知委托方。

问题及说明：监测报告未及时发送。监测报告经签发交付印刷盖章后，应及时上报任务委派方或通知任务委托方，并对送达发布情况予以记录。

3）监测报告保存期限不符合规定

在对某生态环境监测机构进行质量检查时，抽取一批上一年度完成已归档保存的监测报告，发现监测报告及原始记录的保存期限均设置为6年。

问题及说明：监测报告和记录的保存期限不符合生态环境监测行业档案管理要求。生态环境监测报告及所有原始记录归档应长期或永久保存，为“谁出数谁负责、谁签字谁负责”的责任追溯提供保障并符合《生态环境档案管理规范　生态环境监测》（HJ 8.2—2020）的规定。

2.3.8　归档

2.3.8.1　概述

生态环境监测材料档案按照认证认可规范、准则中档案相关条款及《环境保护档案管理办法》[环境保护部　国家档案局令　第43号（2021年修订版）]、《生态环境档案管理规范　生态环境监测》（HJ 8.2—2020）、《电子文件归档与电子档案管理规范》（GB/T 18894—2016）、《数码照片归档与管理规范》（DA/T 50—2014）、《录音录像档案管理规范》（DA/T 78—2019）等相关规章、规范要求进行归档。

2.3.8.2　归档范围

（1）按档案内容分类

根据监测工作和活动类别，归档范围包括技术记录和质量记录。技术记录是实验室对所开展的每一项检测或采样活动做出的一个完整的任务链记录，包括从客户申请到出具报告所涉及的所有资料和记录。质量记录是实验室质量管理体系运行过程中所产生的文件、计划、方案、活动记录等。

（2）按档案载体分类

根据文件材料的载体，归档范围包括纸质文件和电子文件。电子文件指通过计算机等电子设备形成、办理、传输和存储的数字格式的各种信息记录，包括文书类电子文件、照片、录音、录像等声像类电子文件、仪器设备直接输出的电子数据和谱图、实验室信息管理系统直接采集的数据信息等。

2.3.8.3　归档要求

一般纸质文件归档 1 份，重要的、利用频繁的和有专门需要的可适当增加份数；电子文件可采用在线或离线方式归档，并至少储存备份 2 套。归档的电子文件（含电子数据）应采用符合国家标准或能够转换成符合国家标准的文件格式，并和纸质文件保持一致，具有重要价值的电子文件应当同时转换为纸质文件归档。

需要注意的是，人员监督支撑材料与监督记录、方法验证 / 确认相关审批记录与方法验证 / 确认报告、客户满意度调查表与投诉记录、监测业务全过程技术记录与监测报告，不符合工作记录与其产生原因的相关记录、改进记录与其产生原因的相关记录等存在前后关联的记录应一并归档。

监测业务相关技术记录档案、技术人员档案和设备档案长期保存（除非人员已从机构调离或设备报废），文件发放、回收等文件控制记录档案、供应商调查评价等供应商相关记录档案、实验室信息管理系统等业务软件运行维护等管理记录档案保管期限为 10 年，其余记录档案保管期限为 30 年。

2.3.8.4　归档清单

归档清单内容参照附录 2。

第十八章　质量控制与监督评价

第一节　质量控制

1.1　概述

质量控制是指为达到质量要求所采取的作业技术和活动。质量控制是通过监控监测工作的全过程，及时消除所有环节引起不合格或不满意效果的因素，以达到预期质量要求。对监测活动实施全过程质量控制，为出具客观、真实、有效的监测结果提供保障。

1.2　关键环节

在环境监测实际工作中，涉及环节众多，包括方案编制、样品采集、检测分析、样品管理、数据审核和数据分析等。在具体实施过程中，每个环节都有能影响最终监测数据结果溯源性、客观性、合理性的技术细节，因此将其识别并明确是确保数据质量的关键。

1.2.1　方案编制

方案或计划的编制是监测活动的第一步，为整个监测工作提供依据制定要求。其中需要关注以下技术细节：

（1）现场踏勘

在水、气、土任何监测类别的工作，都需要在实施现场监测或样品采集前，先确认点位布设的代表性、合理性。

监测点位应到现场勘测逐个确认，并做好标识或者记录经纬度。

如条件不允许，例如大规模的土壤点位布设，无法逐个确认的情况下，应以确认点位准确性、规范性为原则，根据实际情况抽取一定比例做现场核实。

（2）监测项目及样品数量

监测项目的确定主要有以下两种情况，一是委托方有明确要求，二是委托方仅提出监测结果判别标准（排放标准）作为指引。委托方有明确要求，按合同要求确定监测项目即可。若无明确指引，在选择规定必测项目外，还需要根据周边环境、企业生产工艺、使用的原辅材料等情况，分析介质中可能存在的特征污染物。

样品数量则根据布点情况和监测项目来确定，同时务必考虑现场质控样品的比例和数量，以及确定哪些样品需要单独采样，哪些可以合并采集。

（3）监测方法选择

监测方法的选择需同时考虑以下几个因素：一是监测方法具备CMA资质；二是原则上监测方法的检出限为判定标准限值的1/4以下，避免“检出即超标”的情况；三是人员经确认能对监测方法掌握运用成熟，确保检测结果稳定；四是仪器设备在检定校准周期内，状态正常稳定。

（4）现场质控手段

主要的现场质控手段有全程序空白（或称现场空白）、现场平行、现场加标、运输空白、设备空白等。根据相应的检测方法要求，实施各类现场质控手段。

全程序空白（或称现场空白）：目的在于判断水质或气体样品采集、运输流转、保存、前处理和检测分析过程中是否存在污染或干扰。一般情况下，每批次样品采集时至少采集一个全程序空白样品。

现场平行：指的是在相同采样条件下，同一组人对相同目标物用相同方式进行双样采集。目的在于判断采样过程的重现性、样品的代表性。有的监测项目由于在介质中为非均质状态，如水中油类、微生物类等，则不需采集现场平行样品。

运输空白：采样前将实验用水、吸收液或采样介质装入采样容器中，密封运输到采样现场，采样时不打开容器，采样结束后将其同实际样品运回到实验室，按照与实际样品相同程序分析，称为运输空白。目的用于判断运输过程、现场处理、贮存期间以及采样容器是否存在污染。运输空白在挥发性有机物的样品采集时尤为重要，如HJ 686—2014、HJ 1019—2019中均提到每批次样品采集时均需带1个运输空白。

现场加标：采集两份完全一致的样品，在采样现场向其中一份添加标准物质，随后将这两份样品同批次运回实验室，同批次采用相同的监测方法进行分析测试，依据两个样品检测结果和标准物质添加量计算加标回收率，根据回收率结果评价方法和操作的准确性。

设备空白：将采样试剂或用水带到现场，将试剂或用水浸泡清洁后的采样设备、管线并收集浸泡液，运回实验室，按样品相同的分析步骤进行处理和测定，用于检查采样设备是否受到污染。

特殊情况处理：当现场发现点位不具备采样条件时，需要点位偏移时，或者有的样品采集不到时，都要在方案里考虑到，并提出应急预案。

1.2.2 样品采集

（1）质控样品采集

现场质控样品类型包括现场平行样、现场空白样、运输空白样等。油类、微生物类等监测项目不要求采集现场平行和空白样品。

（2）固定剂的使用

固定剂的使用是一个通常会被忽视却又容易影响样品真实性的问题。由于固定剂经常带入监测现场，开合量取次数频繁，因此容易受到污染而变质。变质的固定剂，不但不能稳定样品，反而会引入干扰，影响监测数据结果，因此固定剂应保管存储得当。

避免使用纯度级别低的试剂作为固定剂，对固定剂的管理存储也要与其他重要试剂同等对待，并定期检查试剂的性状和有效期限。

在外出采样前，应将固定剂分装到适量规格的容器中，不宜整瓶携带外出。在量取固定剂时，滴管或药匙应专瓶专用，不可混用工具量取不同固定剂，并定期更换滴管和药匙。

（3）现场采样记录

在开展现场监测 / 采样工作时，应及时记录现场信息和监测活动情况，记录采样依据、样品信息、固定剂添加情况以及现场特殊情况。不可追记补记，现场记录的信息应能做到还原整个监测采样过程。

有仪器数据记录的应及时打印附在现场监测记录上，可用复印或拍照的方式解决热敏材质数据纸的时限问题。

1.2.3　样品管理

样品管理工作是容易被忽视的环节，因样品不符合要求或遗失等质量问题，是导致实验室的数据出错易发环节，实验室应设置符合要求的样品存放区域，进行分区存放，并配备样品管理人员进行管理。

样品交接：样品交接包括采样人员与样品管理员的交接，以及样品管理员与分析人员的交接。每个交接环节都应该确认样品的完整性、样品量和容器的规范性，以及样品的有效期限，如有不符合情况应及时记录并处理。

样品转码：如实验室需对样品进行二次编码时，应确保转码和解码过程无误，尽可能使用智能信息手段完成该工作，避免手工操作时出错。

样品保存：样品保存的关键包括环境条件的维持、样品间的相互影响，可能存在互相影响和交叉的样品应分区存放，并进行标识。比如，挥发性与半挥发性样品、不同介质类型的样品、待检与检毕的样品。

样品处置：实验室对样品处置工作进行整体安排。例如，对处置样品人员进行授权，对样品处置时间、方式等进行文件规定，处置计划需审核确认，样品处置需形成记录等。

1.2.4　样品测试分析

当分析人员取得样品后，测试分析工作正式展开，在此过程中，样品会经历量取、制备、前处理、检测、数据分析等环节。其过程中的以下技术细节需关注。

1.2.4.1　样品制备（以土壤样品为例）

除土壤有机样品外，其他项目的土壤样品均需先经制备再分析。土壤无机样品一般需长期保存或按客户要求保存。

样品风干：土壤样品制备需全量风干，有的实验室为求方便，只取部分样品进行风干，破坏了样品的整体性，不能保证其均匀性，不具代表性。风干环节要记录下风干前样品重量，以及风干后样品的重量，并对差值重量进行说明，例如差值为石块重量等。若差值太大，要考虑样品有效性。

样品粗磨：根据 HJ/T 166—2014，需要将风干的土壤样品全量进行粗磨，粗磨器具“一样一换”，避免交叉污染。为确保样品代表性，每个样品应全量研磨过筛。粗磨完成后，四分法充分混匀，取其中两份，一份入库保存，一份用于细磨。

样品细磨：如有不同粒径要求，用于细磨的样品应再次混匀四分，分别取样进行不同粒径的研磨过筛工序。细磨过筛后的待分析样品，应达到 100 g 及以上的样品量，以保证样品的代表性。

制样记录：原始数据信息记录贯穿整个制样过程，记录信息包括但不限于：风干、粗磨、细磨的具体时间、制样工位、风干前后样品重量、粗磨前后样品重量、细磨前后样品重量、样品过筛率和样品丢弃率等。

1.2.4.2 样品前处理

样品前处理也称样品预处理，是指将样品分解，使被测组分定量地转入溶液中以便进行分析测定的过程。样品前处理的操作应根据所选用监测方法要求进行，监测方法中的前处理步骤和要求主要分两种情形。

步骤内容不可选择：大部分的检测分析前处理步骤已在检测方法中明确规定，不可随意更改或选择性执行。特别是在有机分析的工作中，有的实验室为了让回收率高一些，会选择性省略净化等步骤，要特别引起重视。

步骤内容可选择：部分监测方法对样品的性状或是否存在干扰做出了分类，并对不同情况下样品的前处理进行了规定，如 HJ 535—2009 中，前处理的方式有去除余氯、絮凝沉淀和预蒸馏，可根据样品实际情况选择适当的前处理方式。分析人员以及数据审核人员，应特别关注前处理方式选择的合理性。当监测方法存在多种前处理方式时，方法验证工作应覆盖每一种前处理方式。

1.2.4.3 校准曲线绘制

校准曲线分为标准曲线和工作曲线，用于对样品进行定量。

（1）曲线浓度范围选择：大部分实验室的做法是直接按照监测分析方法中的曲线绘制规定进行校准曲线绘制。在实际工作中，应综合考虑整个批次的样品及质控样品浓度梯度，制定校准曲线的定量范围以及各浓度点之间的间隔。

1）尽可能使样品浓度落在曲线中段区间；

2）注意曲线的第一个非零浓度点不可过低，应高于方法测定下限；

3）对于个别浓度特别高的样品，如方法允许，可进行合理稀释后测定；

4）如果同批次大部分的样品浓度在曲线上限内时，则需考虑调整曲线范围；

5）必要时，可绘制两条校准曲线分别对浓度相差较大的样品进行定量。

（2）曲线有效期：在监测方法没有明确校准曲线的有效使用期限的情况下，实验室可根据以下因素综合考虑校准曲线的有效期，建议最长不超过 2 个月。如存在一些不稳定或不确定的因素，建议实验室根据实际情况和需求确定校准曲线的时限要求。

1）该测试项目的监测分析频次是否频繁（如每天 / 每周）；

2）样品浓度范围是否稳定（如长期做某一个浓度范围的样品，可预见）；

3）仪器设备工作状态是否稳定（如期间有维修或仪器搬动，应重新绘制校准曲线）；

4）岗位人员是否稳定（更换了分析人员，应重新绘制校准曲线）；

5）环境条件的稳定性（温湿度、气压的变化）。

1.2.4.4　室内质控措施

实验室内部的质控措施，通常包括实验室空白、容器空白、室内平行、标准样品和加标回收测试等。质控样品的比例一般不低于该批次测试项目样品数量的10%。

实验室空白：将实验用水或溶剂作为样品按方法规定的步骤进行检测，目的在于检验仪器的噪声、试剂中的杂质、环境及操作过程中的沾污等因素对样品测定产生的综合影响，直接关系到测定的最终结果的准确性。

容器空白：完成一批次样品容器的洗涤后，抽取一定比例对容器进行空白试验，目的在于检验清洗后的容器是否还残留目标检测物，或是否存在材质溶出物，引入污染因素影响样品测试结果。

室内平行样：选取一定比例的样品进行平行样测试，目的在于检验分析测试过程的精密性，结果用相对偏差来评价。要注意的是，平行样测试是从同一个样品中取出两份，分别从样品前处理开始到最后检测分析（若是土壤样品则需从样品制备环节开始），而不是将同一份样品上机分析两次。平行样的选择应优先选取外观特别、基体复杂或在该批次中检测结果较高或较低的样品进行平行样测试。如遇到检测结果超标的样品，应马上进行复查确认。

标准样品测试：对于有标准样品的检测项目，在测试样品的同时开展标准样品的测试，用于检验分析过程的正确性。标准样品浓度范围应尽可能与该批次样品浓度相近。

加标回收率测试：加标回收率用于评价和检验分析全过程的正确性。样品的选择原则上与室内平行样相同。加标应在前处理之前完成，加标量应为原样品浓度的0.5～3倍，如原样品为“未检出”，则加标量不超过测定下限的3倍。

1.2.4.5　可疑数据处理

作为检测分析人员，当完成一批次的样品测试后，应对该批次样品的数据质量有一个基本的判断。除对室内平行、标准样品和加标回收测试结果的符合性进行判断外，还应对出现的“可疑”现象能敏锐识别，并调查分析。

样品异常：在前处理及整个测试分析过程中，当样品外观或感官上出现与理论或与以往不同的现象时，应特别关注并反复确认检测结果，可从试剂是否过期、是否存在基体干扰等方面进行分析。

示值异常：当仪器示值或根据示值计算得出的结果大面积出现负值时，应引起注意并调查原因，不可草率填写“未检出”了事。

超标/特殊样品：当遇到样品结果超出评价标准，或异常高/低时，应谨慎对待。除对其进行平行样、加标回收测试外，建议用不同方法、仪器等多方面确认。

大面积未检出：这种情况常见于前处理步骤较多的测试工作，例如有机类的检测项目，以及大部分土壤样品的检测项目。分析人员应确认是样品含量低，还是样品处理不当导致目标物未能提取，或出现逸散而无法检出。

1.2.4.6　数据分析审核

实验室需对监测数据进行审核，审核人员对样品数据的合理性以及质控数据的符合性进行审核分析时，需注意以下几点：

数据合理性分析：审核人员可根据历史数据浓度区间，结合现场监测实际情况，判断该批次数据结果的合理性。也可根据检测项目之间的关联性，如“总氮”与“氨氮”，“总铬”与“六价铬”，“化学需氧量”与“生化需氧量”等，对数据结果进行合理性判断。

质控数据的审核：质控数据包括空白样、平行样、内部质控样品和加标回收测试结果。数据结果符合性的评判标准应执行相应的监测分析方法或相关技术规范。当方法或规范中无明确要求时，实验室需根据自身历史数据形成内部质控分析图，并参照其他相关规定，确定质控指标的评价合格范围。校准曲线的信息可反映仪器响应的稳定性和人员操作规范性、室内空白的符合性。审核人员审核时应关注校准曲线回归系数，还应关注斜率与截距的数值，并且与历史曲线的信息对比是否有异常的偏差。

数据可靠性溯源：从现场采样、样品交接、检测分析到报告编制，应形成完整监测过程的溯源链条。对于容易忽略的环节，比如从测试分析数据到报告编制之间的数据处理和计算，特别是环境空气、污染源废气等监测类别的项目，涉及标况体积、排放速率、折算浓度等计算过程，均应形成记录并保存。

第二节　质量监督

2.1　概述

质量监督是保证质量管理体系有效运行中不可或缺的重要手段，通过监督可以监控和掌握实验室在实际运行中是否保持与体系文件和相关技术规范要求的一致性和符合性。

质量监督分为内部监督和外部监督。内部监督主要包括对人员的日常监督监控、监测工作过程的监督以及定期的专项监督。外部监督包括外部评审和专项监督检查。

对于检测实验室，内部监督是常规工作。一个实验室应通过日常监督和内部审核等方式，发现质量管理体系运行中出现的质量问题或存在的质量隐患并及时纠正。

外部监督是对检测实验室质量管理体系是否有效运行的检验。实验室应利用外部监督结果来改进提升质量管理体系运行的规范性和有效性。

2.2　人员监督

2.2.1　监督计划

人员监督与能力监控工作应贯穿于监测工作全过程，应制订详细的年度计划并有效地落实。根据监督监控结果对被监督监控人员能力进行评价，保存监督监控记录。

2.2.1.1　监督监控对象

监督对象主要为实习人员、新进人员、转岗人员等，对已在岗人员因新设备、新方法使用的能力持续情况进行确认和监控。根据实际需求，可对其他已上岗人员进行能力监控，如技术难度大或数据结果存在被申诉投诉情况的岗位等。

2.2.1.2　监督监控内容

监督监控的内容应涵盖监测人员工作范畴，重点关注对监测数据结果有效性有影响的工作质量，关注重点内容如下：

（1）仪器设备操作的符合性；

（2）监测分析操作的符合性；

（3）废弃物处置的符合性；

（4）原始记录的符合性；

（5）数据处理的符合性；

（6）采样计划执行符合性；

（7）监测方法 / 标准运用执行的符合性；

（8）样品管理的符合性。

针对每个人员岗位，根据监督监控内容，分别细化对应的内容要点，制定监督监控记录表。内容要点应根据岗位工作内容特点设置，要具有针对性和可操作性。

2.2.1.3　监督监控频次

频次可根据每个具体对象及实验室实际情况而定，一般情况下对新上岗人员的监督频次可相对频繁，如每月一次，视监督结果可逐步减少监督频次。

2.2.1.4　监督监控方式

通常可通过日常观察、核查工作记录和报告、模拟考核、外部考核结果、座谈交流等形式，对人员开展工作的符合性进行监督监控。

2.2.2　常见问题及解决途径

在实施人员监督监控工作过程中，有以下常见问题影响工作的有效性，以及质量监督员的工作积极性。

内容有缺失：制定的监督监控范围或内容覆盖不全、频次不足，导致未能发现存在的质量问题。

对象有遗漏：监督监控对象覆盖不全面，遗漏了需要关注的人员，造成工作盲区。

记录不完善：监督监控记录表格设计不合理，要点过于空泛，导致执行困难；或未要求填写监督监控具体情况和不符合情况说明，导致监督监控结果仅有合格与否的评判，无法根据记录对具体情况进行溯源，影响下一步工作。

时机不合适：监督监控时机把握不准确，未能在工作周期内合理安排监督监控时间，错过了最能考验人员工作质量和能力的时机，如遇到基质复杂的样品时，遇到大批量样品时，在仪器设备状态有可能不稳定时等。

问题整改不到位：在之前的监督监控中发现的不符合工作整改不到位，同类型问题反复出现，影响后续监督监控工作。

工作方式单一：监督监控方式过于单一容易造成人员懈怠流于形式，影响工作效果，应从多角度、多方面对监督监控对象的工作情况进行了解与跟进。

为避免上述问题，实验室应提高全员质量意识，定期开展监测技术和质量管理相关培训，同时加强对质量监督员的培训，明确监督员权力和责任。根据监督监控的结果，定期召开监督员会议和质量分析会议，对目前的问题进行研讨，根据出现的问题及时调整监督监控计划方案。

2.2.3 工作有效性评价

定期对监督监控工作的有效性进行评价，并把评价结果作为管理评审输入项，评价要点应考虑以下几个方面：

（1）是否能发现不符合工作或质量问题；

（2）对不符合工作的整改是否有效；

（3）是否需要调整监督监控计划；

（4）监督员对问题判断是否合理，处理方式是否妥当；

（5）监督员能力是否满足工作要求。

2.3 内部审核

内部审核是实验室的年度重要工作，在 CMA 或 CNAS 等相关文件中均对此有明确的要求。各实验室在开展内审工作前，应考虑包括审核频次、审核内容、组织形式、审核方式等事项，确保内审工作的有效性。

2.3.1 审核频次

每年由质量负责人组织编制年度审核计划，制订的年度计划应覆盖管理体系，涉及所有要求、所有部门、所有场所。管理体系审核每年至少安排一次，当出现以下特殊情况时可考虑增加审核频次：

（1）管理体系有重大变更或机构和职能发生重大变更时；

（2）质量监督员发现某方面要求或环节存在严重不符合项时；

（3）出现质量事故，或客户对某一环节连续投诉时；

（4）开展认证认可现场评审前。

2.3.2 内审员

由具备相应资格，经实验室任命授权后的内审员对实验室质量体系运行情况开展审核活动。内审员应具备以下条件（不限于）：

（1）受过培训，熟悉“通用要求”“补充要求”等相关规定，了解内部审核工作；

（2）熟悉本实验室质量管理体系和技术流程运作情况；

（3）监测技术能力强、有责任心、实事求是、善于观察与沟通；

（4）负责审核管理层的内审员，最好能具有一定资历或职务；
（5）如条件允许，内审员应回避自身部门的内审工作。

2.3.3　内审方案

内审工作开展前应根据实验室实际情况编制内审方案，用于指导内审工作的开展，方案需明确以下内容（不限于）：

（1）明确审核目的、依据、时间，审核范围、涵盖的部门、要素；
（2）根据 CMA 或 CNAS 等相关文件及实验室体系文件等审核依据，制定对不同审核对象及对应条款的具体检查内容，要具有可操作性，列在内审检查表中；
（3）列出需要检查的资料、记录名称，抽查数量和年份要求；
（4）明确审核的工作流程安排，以及各审核对象的配合工作；
（5）内审员名单，分组分工，组长与组员的职责。

2.3.4　审核重点

内审过程中，除了根据实验室制定的内审检查表中的内容开展审核，还应特别关注：
（1）上一次内审发现的问题及不符合项，在本次内审中是否仍然存在；
（2）实验室实际工作过程中识别出的管理上的薄弱环节，或存在部门间衔接不顺畅的环节，分析其中原因；
（3）如在周期内存在曾被投诉的或出现质量问题的情况时，检查涉及的相关程序和工作记录，是否仍存在质量隐患；
（4）当客户有特殊要求时，可以此为依据审核实验室相关内容。

2.3.5　审核方法

为了能在有限的工作时间内提高工作效率，内审员除按照检查表内容开展资料和记录检查外，还应对整个内审工作有整体认识，思考现象之间的关联性，采取全面客观、有效的方式开展内审。

总体观察：通常作为内审的其中一个环节，内审员可通过对实验室现场巡查，观察实验室的设施环境、设备与布局、岗位人员表现以及安全问题等形成初步总体印象，为后续的进一步审核工作做好铺垫。

查问结合：查看与提问相结合，按计划查看相关记录材料和工作现场情况，询问人员对文件要求的理解以及实际落实情况，并确认审核对象提供的资料是否具有代表性，判断体系运行情况是否与文件规定具有一致性。这是内审员的主要常规方式。

追踪关联：关注某一项工作的启动到终止闭环，查看过程中涉及的记录和材料，判断工作流程是否顺畅，过程是否可溯源，其中是否存在质量隐患等。

以点带面：在审核监测工作全流程时，可以随机抽取一个样品并以此样品编码为起点，从样品采集、交接、检测分析、数据处理到形成监测报告等全过程进行数据信息的溯源；也可以随机抽取一份监测报告作为起点，根据里面相关监测项目分别往前溯源相关原始数据、原始谱图和信息记录。这是审核实验室数据和信息溯源性、规范性的高效途径。

2.3.6 注意事项

（1）组长应随时跟进组员的工作进度和检查情况，对审核内容、范围、对象和方法进行针对性调整。

（2）选择正确的提问对象，如部门负责人，具体执行工作的一线工作人员等，确保询问结果具有代表性。

（3）审核过程中记录客观事实，如具体的文件名称、合同号、记录编号、设备编号、房间号等。

2.4 外部评审

外部评审最常见的是 CMA 和 CNAS 评审，分别由市场监督管理局和中国合格评定国家认可委员会组织开展。

外部评审关注的重点是质量管理体系的运行情况和技术能力和符合性，评审依据、评审方式与内审基本相同。不同的是外部评审除了根据相关条款开展评审和取证查实外，还需要对授权签字人进行考核。

2.5 专项监督检查

专项监督检查包括由当地市场监督管理局、生态环境主管部门组织的“双随机”检查、特定专项的监督检查等，具有行政监督性质。监督检查工作依据包括 CMA 或 CNAS 要求、相关技术规范、专项任务的相关文件等，检查重点有以下内容：

（1）数据代表性、真实性和溯源性；

（2）原始记录完整性、规范性；

（3）质控手段和结果；

（4）分包工作的规范性和监测结果的质量；

（5）数据处理和结果报告，特别是可疑或异常数据的处理。

2.6 不符合工作整改

在完成评审、监督等工作中发现的不符合工作，均需进行纠正整改。行之有效的整改工作需要多方配合，首先要将每一项整改工作责任到人，并根据不符合工作的性质和类别进行原因分析，制定整改措施，设定完成时间，责任到人落实整改。整改工作的核心在于发现问题根源、举一反三，重点在于要形成闭环并且跟进整改效果。

2.6.1 整改常见问题

在整改过程中，容易出现以下问题导致整改效果不佳及信息溯源困难。

（1）对不符合工作的原因分析过于表面，或是避重就轻，未究其根源。

（2）纠正措施不对症，整改效果打折扣，导致该类不符合情况反复发生。

（3）仅针对单类现象进行整改，未举一反三自查问题，整改不彻底。

（4）整改记录不齐全，未能对整改工作的完整过程进行溯源。

2.6.2 整改措施

整改措施应全面、有针对性，以下列举几种常见的整改措施的制定思路：

（1）修订或新增质量管理体系文件内容或相关工作表格。

（2）不符合项涉及以下要素时，可参考以下方式安排整改工作。

人：重新进行人员能力确认 / 考核，对人员进行授权，或改进监督方式。

机：重新按要求确认设备状态，对仪器进行检定 / 校准等。

料：更换符合要求的试剂及消耗品，或完善验收工作。

法：对方法查新、方法验证等工作进行完善。

环：修正并保持控制环境条件。

（3）追溯不符合工作是否影响以往监测结果准确性，追回报告，必要时重新监测。

（4）举一反三、自查其他工作环节、部门、人员、物资是否存在同类问题，一并整改。

（5）对相关人员进行培训和宣贯，包括质量管理体系文件、质量管理和专业技术相关标准、法律法规。

2.6.3 整改材料

编制整改报告时，应详细表述不符合项与对应的整改措施，每项整改措施应能与整改证明材料逐一对应，证明资料作为附件放在一起，便于溯源。

（1）涉及文件修订和增补时，整改材料应包括修订记录、修订和增补的文本以及文件控制记录等。

（2）涉及采购时，整改材料应提供采购合同、票据、货物清单，必要时提供验收记录等。

（3）涉及仪器设备时，整改材料应提供检定 / 校准报告及结果确认记录或维修记录等。

（4）涉及人员考核或监督时，整改材料应包括考核记录、检测原始记录或监督记录等。

（5）涉及监测工作时，整改材料应包括监测原始记录、监测报告等。

（6）涉及培训时，整改材料应包括培训记录、人员签到记录和现场照片等。

第三节 风险评价

3.1 风险的定义和类别

风险指不确定性的影响，影响是指偏离预期［《质量管理体系 基础和术语》

（GB/T 19000—2016），3.7.9］，可能是负面的，也可能是正面的，机遇即正面的风险。“风险”一词有时仅在有负面结果的可能性时使用。不确定性是一种对某个事件，或是事件的局部的结果或可能性缺乏理解或知识方面的信息的情形。风险强调的是损害的潜在可能性，而不是事实上的损害。

风险的类别按识别途径可分为内部风险和外部风险；按监测工作顺序可分为监测前风险、监测中风险和监测后风险；按风险属性可分为法律风险、质量责任风险、安全风险和环境风险等。

3.2 风险点识别

风险管理可以采用PDCA（计划—执行—检查—处理）循环。管理体系建立之初，实验室应基于风险意识，识别风险点，评估风险程度，提出应对风险措施，研究、形成对风险管控的管理体系文件，在日常的质量管理活动中跟踪评价风险管控的有效性，从而不断改进。本节主要按风险属性，对监测活动中可能出现的风险点进行分类识别。

法律风险：主要有聘用人员劳动合同签订、委托监测合同或其他委托服务合同签订、监测报告的最高人民法院和最高人民检察院的司法解释、监测人员弄虚作假等的法律责任风险。

质量风险：主要包括合同评审不全面的风险、样品的保存及流转不符合要求的风险、人员能力不足及操作不规范的风险、仪器设备精密度及准确度低的风险、试剂耗材的质量差及使用不规范的风险、监测方法不适用的风险、监测过程质控措施不到位的风险、数据处理错误的风险、记录不可溯源及记录作假的风险、报告内容有误的风险等。

安全风险：主要包括实验室化学试剂使用及用电、用火、用气等的安全风险，以及监测人员在企业采样监测平台、野外采样现场监测时的人身安全风险。

环境风险：主要包括实验室环境条件失控的风险、实验室产生的危废安全处置风险、对外部环境造成噪声或化学污染的风险等。

3.3 风险评估

3.3.1 评估方法

识别风险后，需要对风险程度进行评估。通常，风险以某个事件的后果（包括情况变化）及其发生的有关可能性的组合来表述，即可通过以下公式进行评估：

R（风险度）=S（风险可能产生的影响）×P（风险发生的可能性）

风险发生的可能性（P）重点考虑发生的条件和发生的频次，如经常发生、偶尔发生、几乎不发生，根据这些情况将可能性从不发生到发生划分为1～3级。

风险可能产生的影响（S）重点考虑对客户造成的影响、对实验室形象造成的影响、对实验室人员是否造成人身伤害或伤害是否严重、对环境造成的影响、对社会造成的影响等，根据以上情况，将严重性程度从轻微到严重划分为1～3级。

3.3.2 风险度（R=S×P）评估

风险度评估见表 18-1。

表 18-1 风险度评估表

风险重要性（S）	风险可能性（P）		
1 级	1 级	2 级	3 级
2 级	2 级	4 级	6 级
3 级	3 级	6 级	9 级

3.3.3 风险分级

根据分析评估的结果，将风险分为轻微风险（可接受的风险）、一般风险（有条件接受的风险）、严重风险（不希望有的风险）、不容许风险（不可接受的风险）4 级，见表 18-2。

表 18-2 风险分级表

风险分级	轻微风险	一般风险	严重风险	不容许风险
风险度（R）	1～2	3～4	6	9

需要注意的是，风险等级是“因人而异”的。对于同一个风险点，不同实验室评估出来的等级可能不一样。管理体系完善、日常管理到位、设施设备先进的实验室，风险发生的可能性和可能产生的影响相对较低，评估的风险等级就较低，反之风险等级就较高。例如，对于监测人员使用强酸强碱的安全风险，A 实验室有相关程序文件规定安全防范措施且日常监督实施到位，洗眼器等应急安全设施安装位置合理且日常维护到位，则该风险发生的可能性较低为 1 级，风险可能对监测人员造成的人身伤害为 2 级，风险度 R=1×2=2，为轻微风险；B 实验室无相关安全防范规定，有安装洗眼器等应急安全设施但未定期维护存在故障，则该风险发生的可能性较高为 2 级，风险可能对监测人员造成的人身伤害为 3 级，风险度 R=2×3=6，为严重风险。

3.3.4 评估周期

管理层每年定期组织风险评估和控制措施的分析和评审，可结合当年度的管理评审开展。在发展新客户、进入新监测领域、开展新的监测项目、开展新技术研发、引入新管理方法时，应事先进行风险评估。当相关政策、法律法规、标准等发生改变时，发生风险事故时，关键人员、环境、设施发生变化时，应重新进行风险评估。

3.4 风险控制措施

同一风险点对于不同实验室，其风险等级不同，则制定的控制措施也不同。实验室应根据评估出来的风险等级或性质，采取适宜自身情况的应对措施，大体可按以下原则进行制定：

（1）针对在管理范畴内不可控制的风险，可采取规避的方式进行处理，使该风险不再出现在实验室日常活动中。例如，在缺少技术能力的情况下，不要进入新的监测领域；在专业技术人员、仪器设备数量不足的情况下，不要突破最大承担任务量等。

（2）对于客观存在的风险，实验室应在识别、分析、评估的基础上，提出对应的控制措施，并建立和保持管理体系文件，通过规范操作和防护，消除或降低已知风险。风险控制措施应优先考虑消除风险（可能消除时），然后再考虑降低风险（降低其可能性和严重程度），最后再考虑应急方案。

（3）对于风险等级为轻微风险时，可考虑不采取措施且不留存记录；对于风险等级为一般风险时，应在考虑预防成本的基础上，制定相应的控制措施，并限期完成；对于风险等级为严重风险和不容许风险时，应按照相关规定，制定控制的目标，直到风险降低后方可继续工作，必要时采取应急措施。

例如，上述风险评估的例子中，A 实验室风险等级为轻微风险，可暂不采取措施；B 实验室为严重风险，则需要暂停工作，首先制定相关安全防范规定并监督实施，维修洗眼器等安全设施并定期维护，对风险控制措施进行跟踪评价，风险等级降低后方可继续工作。

3.5 风险控制跟踪评价

对于纳入管理体系文件控制的风险点，可利用现有管理体系文件的评审、管理体系运行的跟踪、客户需求调研、内审、监督、监控、投诉、不符合、纠正措施、改进等活动，开展风险管控措施有效性的持续评价。必要时，重新启动风险管理的过程，循环上升，持续改进管理体系。

第六部分
生态环境综合评价

第十九章　环境质量评价

《中华人民共和国环境保护法》中的环境指影响人类生存和发展的各种天然的和经过人工改造的自然因素的总体，包括大气、水、海洋、土地、矿藏、森林、草原、湿地、野生生物、自然遗迹、人文遗迹、自然保护区、风景名胜区、城市和乡村等。

环境质量评价是对环境质量优与劣的评定过程，是对环境的总体或环境的某些要素对人类以及社会经济发展的适宜程度的评定。具体来说，是通过化学、生物学、物理学等方法对环境中污染物的性质、浓度、影响范围及其时间变化等进行现场的、长期的、连续的监测和测定，并以此为评价的对象，按照一定评价标准和方法，对一定区域范围内的环境质量进行说明、评定和预测。

按照评价的对象，环境质量评价主要分为环境空气、城市降水、水环境、土壤环境、声环境、海水环境、生态环境、土壤环境和辐射环境质量评价。

第一节　水质量评价

1.1　评价依据与标准

地表水一般按照《地表水环境质量标准》（GB 3838—2002）表 1 的基本项目开展监测和评价，湖泊、水库（以下简称湖库）要增加富营养化监测项目并按相关规范开展富营养评价，对于一些特定区域的水体，如入海河流、饮用水水源，可以按照管理的要求和其他研究目的增加《地表水环境质量标准》（GB 3838—2002）表 2 集中式生活饮用水地表水水源地补充项目、表 3 集中式生活饮用水地表水水源地特定项目和其他项目。

依据地表水水域环境功能和保护目标，将地表水按功能高低依次划分为 5 类，其中Ⅰ类主要适用于源头水、国家自然保护区；Ⅱ类主要适用于集中式生活饮用水地表水水源地一级保护区、珍稀水生生物栖息地、鱼虾类产卵场、仔稚幼鱼的索饵场等；Ⅲ类主要适用于集中式生活饮用水地表水水源地二级保护区、鱼虾类越冬场、洄游通道、水产养殖区等渔业水域及游泳区；Ⅳ类主要适用于一般工业用水区及人体非直接接触的娱乐用水区；Ⅴ类主要适用于农业用水区及一般景观要求水域。对应地表水上述 5 类水域功能，将地表水环境质量标准基本项目标准值分为 5 类，不同功能类别分别执行相应类别的标准值（表 19-1）。对《地表水环境质量标准》（GB 3838—2002）基本项目的浓度值不能满足Ⅴ类标准的，常称为劣Ⅴ类。

1.2　数据处理

地表水环境质量统计数据严格按照《数值修约规则与极限数值的表示和判定》（GB/T 8170—2008）“四舍六入五成双”规则进行修约，如 70.41、70.50、71.50 三个监测数据修约至个位数，修约后数据为 70、70、72。原则上，监测数据小数位数与监测方法检出限一致进行数据统计评价，但在国家开展采测分离和地表水自动监测融合评价的情景下，目前生态环境部对国家地表水环境质量监测网的国控地表水监测数据指定统一的小数位进行修约评价。具体为，结合《地表水环境质量标准》（GB 3838—2002）和目前《国家地表水环境质量监测网监测任务作业指导书（试行）》中灵敏度最低的方法检出限确定修约小数保留位数，最终修约的有效位数不超过 3 位；当修约后结果为 0 时，保留 1 位有效数字。水环境监测项目具体保留小数位数见表 19-2。

表 19-1　地表水环境质量标准基本项目标准限值　　单位：mg/L

序号	项目		Ⅰ类	Ⅱ类	Ⅲ类	Ⅳ类	Ⅴ类
1	水温 /℃		人为造成的环境水温变化应限制在：周平均最大温升≤1；周平均最大温降≤2				
2	pH/ 量纲一		6～9				
3	溶解氧	≥	饱和率 90%（或 7.5）	6	5	3	2
4	高锰酸盐指数	≤	2	4	6	10	15
5	化学需氧量（COD）	≥	15	15	20	30	40
6	五日生化需氧量（BOD_5）	≤	3	3	34	6	10
7	氨氮（NH_3-N）	≤	0.15	0.5	1.0	1.5	2.0
8	总磷（以 P 计）	≤	0.02	0.1	0.2	0.3	0.4
9	总氮（湖、库，以 N 计）	≤	0.2	0.5	1.0	1.5	2.0
10	铜	≤	0.1	1.0	1.0	1.0	1.0
11	锌	≤	0.05	1.0	1.0	2.0	2.0
12	氟化物（以 F^- 计）	≤	1.0	1.0	1.0	1.5	1.5
13	硒	≤	0.01	0.01	0.01	0.02	0.02
14	砷	≤	0.05	0.05	0.05	0.1	0.1
15	汞	≤	0.000 05	0.000 05	0.000 1	0.001	0.001
16	镉	≤	0.001	0.005	0.005	0.005	0.01
17	铬（六价）	≤	0.01	0.05	0.05	0.05	0.1
18	铅	≤	0.01	0.01	0.05	0.05	0.1
19	氰化物	≤	0.005	0.05	0.2	0.2	0.2

续表

序号	项目		Ⅰ类	Ⅱ类	Ⅲ类	Ⅳ类	Ⅴ类
20	挥发酚	≤	0.002	0.002	0.005	0.01	0.1
21	石油类	≤	0.05	0.05	0.05	0.5	1.0
22	阴离子表面活性剂	≤	0.2	0.2	0.2	0.3	0.3
23	硫化物	≤	0.05	0.1	0.2	0.5	1.0
24	粪大肠菌群 /（个 /L）	≤	200	2 000	10 000	20 000	40 000

表 19-2　水环境监测项目评价时保留小数位数要求

序号	监测项目	保留小数位数
1	pH	0
2	溶解氧	1
3	高锰酸盐指数	1
4	化学需氧量	1
5	五日生化需氧量	1
6	氨氮	2
7	总磷	3
8	总氮	2
9	铜	2
10	锌	2
11	氟化物	2
12	硒	3
13	砷	2
14	汞	5
15	镉	3
16	铬（六价铬）	3
17	铅	3
18	氰化物	3
19	挥发酚	4
20	石油类	2
21	阴离子表面活性剂	2
22	硫化物	3
23	叶绿素 a	3
24	透明度	1

1.3 评价指标计算

1.3.1 评价指标

地表水体对水质状况及达标情况开展评价，湖库还应该开展营养状态评价。

水质状况、达标状况评价项目为《地表水环境质量标准》（GB 3838—2002）表1中除水温、总氮、粪大肠菌群以外的21项指标。水温、总氮、粪大肠菌群作为参考指标单独评价（河流总氮除外）。

湖库营养状态评价指标为叶绿素a、总磷、总氮、透明度和高锰酸盐指数共5项。

地表水饮用水水源地达标评价项目还包括GB 3838—2002表2补充项目和表3特定项目。

1.3.2 评价方法

1.3.2.1 河流断面水质评价

河流断面水质评价应指出其水质类别、达标状况和超标倍数等，还可以增加分析主要污染指标，并采用达标率、超标率、标准指数、综合污染指数、水质指数等指标表征水质状况。

水质类别采用单因子评价法，即评价时段内各参评指标逐项与评价标准比较，根据该断面参评指标中水质类别最差的一项来确定该断面水质。描述断面的水质类别时，用“符合”或“劣于”等词语，水质状况参照表19-3的用语。

表19-3 断面水质定性评价

断面水质类别	断面水质状况
Ⅰ～Ⅱ类水质	优
Ⅲ类水质	良好
Ⅳ类水质	轻度污染
Ⅴ类水质	中度污染
劣Ⅴ类水质	重度污染

达标评价，根据断面所在水域功能类别或水质管理目标，选取相应类别标准，进行单因子评价，若有一个监测项目超过目标限值，该断面水质即为不达标，不达标时，应该注明超标指标和超标倍数，对于水温、pH和溶解氧等项目不计算超标倍数。

$$\text{超标倍数}=\frac{\text{某指标浓度值-该指标水质目标限值}}{\text{该指标水质目标限值}}$$

综合污染指数是表征水质状态的综合指数，反映污染物总量的总体水平。为具有可比性，综合污染指数均统一按Ⅲ类标准计算，计算项目为《地表水环境质量标准》

(GB 3838—2002)中的19个基本项目(水温、pH、溶解氧、粪大肠菌群和总氮不参加计算)。

1.3.2.2 河段、水系水质评价

当评价区域、流域的河段或整个水系的流域水质状况时，可以用断面均值法、水质比例法或河长评价法。

断面均值法：根据《地表水环境质量评价办法(试行)》(环办〔2011〕22号)，当断面数量较少时，一般为少于5个，可参考断面评价的方法，采用断面均值进行评价。先按断面计算评价时段内各个监测断面的平均值，再计算全部断面各项指标的平均值，然后按断面评价的方法评价水质状况、达标状况和超标倍数等，此时还需要指出各单个断面的水质状况和达标状况。

水质比例法：根据《地表水环境质量评价办法(试行)》(环办〔2011〕22号)，当断面总数较多，一般为5个或5个以上，计算出各水质类别断面数占评价断面总数的百分比，以表19-4所示的比例对其评价。

表19-4 河段、水系水质定性评价

断面水质类别比例	河段、水系水质状况
Ⅰ～Ⅲ类水质比例≥90%	优
75%≤Ⅰ～Ⅲ类水质比例<90%	良好
Ⅰ～Ⅲ类水质比例<75%，且劣Ⅴ类比例<20%	轻度污染
Ⅰ～Ⅲ类水质比例<75%，且20%≤劣Ⅴ类比例<40%	中度污染
Ⅰ～Ⅲ类水质比例<60%，且劣Ⅴ类比例≥40%	重度污染

1.3.2.3 主要污染指标的确定

(1)断面主要污染指标的确定方法

评价时段内，断面水质为“优”或“良好”时，不评价主要污染指标。断面水质超过Ⅲ类标准时，先按照不同指标对应水质类别的优劣，选择水质类别最差的前三项指标作为主要污染指标。当不同指标对应的水质类别相同时计算超标倍数，将超标指标按其超标倍数大小排列，取超标倍数最大的前三项为主要污染指标。

当氰化物或铅、铬等重金属超标时，优先作为主要污染指标。确定了主要污染指标的同时，应在指标后标注该指标浓度超过Ⅲ类水质标准的倍数，即超标倍数，如高锰酸盐指数(1.2)。

对于水温、pH和溶解氧等项目不计算超标倍数，溶解氧应计算其低于Ⅲ类标准的量，pH计算超出标准的量。

$$超标倍数=\frac{某指标的浓度值-该指标的Ⅲ类水质标准}{该指标的Ⅲ类水质标准}$$

(2)河流(湖库)、流域(水系)主要污染指标的确定方法

将水质超过Ⅲ类标准的指标按其断面超标率大小排列，一般取断面超标率最大的

前三项为主要污染指标。对于断面数少于 5 个的河流（湖库）、流域（水系），按“（1）断面主要污染指标的确定方法”确定每个断面的主要污染指标。

$$断面超标率=\frac{某评价指标超过Ⅲ类标准的断面（点位）个数}{断面（点位）总数}\times 100\%$$

1.3.2.4　湖库水质评价

湖库水质评价，除评价水质类别、达标状况和超标倍数外，还应该开展营养状态评价。

（1）水质评价

湖库点位的水质评价，可参照“河流断面水质评价”方法进行，但总磷执行湖库的标准限值。当水库认定为河流型水库时，总磷执行河流总磷评价标准。

当一个湖库有多个监测点位时，计算湖库多个点位各评价指标浓度算术平均值，然后参照“河流断面水质评价”方法评价。对于大型湖库，也可分不同的湖库区进行水质评价。

湖库多次监测结果的水质评价，先按时间序列计算湖库各个点位各个评价指标浓度的算术平均值，再按空间序列计算湖库所有点位各个评价指标浓度的算术平均值。

（2）营养状态评价

富营养化程度采用营养状态指数评价，计算公式为

$$\mathrm{TLI}(\Sigma)=\sum_{j=1}^{m}W_j\cdot\mathrm{TLI}(j)$$

式中，TLI（∑）——综合营养状态指数；

W_j——第 j 种参数的营养状态指数的相关权重；

TLI（j）——第 j 种参数的营养状态指数。

以 Chla 作为基准参数，则第 j 种参数的归一化相关权重计算公式为

$$W_j=\frac{r_{ij}^2}{\sum_{j=1}^{m}r_{ij}^2}$$

式中，r_{ij}——第 j 种参数与基准参数 Chla 的相关系数；

m——评价参数的个数。

湖库的 Chla 与其他参数之间的相关关系 r_{ij} 及 r_{ij2} 见表 19-5。

表 19-5　湖库的 Chla 与其他参数之间的相关关系

参数	Chla	TP	TN	SD	COD_{Mn}
r_{ij}	1	0.84	0.82	−0.83	0.83
r_{ij2}	1	0.705 6	0.672 4	0.688 9	0.688 9

各参数的营养状态指数计算公式为

$$TLI(Chla)=10(2.5+1.086\ln Chla)$$

$$TLI(TP)=10(9.436+1.624\ln TP)$$

$$TLI(TN)=10(5.453+1.694\ln TN)$$

$$TLI(SD)=10(5.118-1.94\ln SD)$$

$$TLI(COD_{Mn})=10(0.109+2.661\ln COD_{Mn})$$

式中，叶绿素 a（Chla）单位为 mg/m^3，透明度（SD）单位为 m，总氮（TN）、总磷（TP）、高锰酸盐指数（COD_{Mn}）单位均为 mg/L。

湖库营养状态分级见表 19-6，在同一营养状态下，指数值越高，其营养程度越重。

表 19-6 营养状态指数和营养程度分级

营养状态指数	营养程度
TLI（∑）＜30	贫营养
30≤TLI（∑）≤50	中营养
TLI（∑）＞50	富营养
50＜TLI（∑）≤60	轻度富营养
60＜TLI（∑）≤70	中度富营养
TLI（∑）＞70	重度富营养

1.4 水质变化趋势分析方法

1.4.1 基本要求

河流（湖库）、流域（水系）、全国及行政区域内水质状况与前一时段、前一年度同期或进行多时段变化趋势分析时，必须满足下列三个条件，以保证数据的可比性：

（1）选择的监测指标必须相同；

（2）选择的断面（点位）基本相同；

（3）定性评价必须以定量评价为依据。

1.4.2 不同时段定量比较

不同时段定量比较是指同一断面、河流（湖库）、流域（水系）、全国及行政区域内的水质状况与前一时段、前一年度同期或某两个时段进行比较。比较方法有单因子浓度比较和水质类别比例比较。

断面（点位）单因子浓度比较：评价某一断面（点位）在不同时段的水质变化时，可直接比较评价指标的浓度值，并以折线图表征其比较结果。

河流（湖库）、流域（水系）、全国及行政区域内水质类别比例比较：对不同时段的某一河流（湖库）、流域（水系）、全国及行政区域内水质的时间变化趋势进行评价，可直接进行各类水质类别比例变化的分析，并以图表表征。

1.4.3　水质变化趋势分析

1.4.3.1　不同时段水质变化趋势评价

对断面（点位）、河流（湖库）、流域（水系）、全国及行政区域内不同时段的水质变化趋势分析，以断面（点位）的水质类别或河流（湖库）、流域（水系）、全国及行政区域内水质类别比例的变化为依据，对照表 19-3 或表 19-4 的规定，按下述方法评价。

（1）按水质状况等级变化评价：

1）当水质状况等级不变时，则评价为无明显变化；

2）当水质状况等级发生一级变化时，则评价为有所变化（好转或变差、下降）；

3）当水质状况等级发生两级以上（含两级）变化时，则评价为明显变化（好转或变差、下降、恶化）。

（2）按组合类别比例法评价：

设 ΔG 为后时段与前时段Ⅰ～Ⅲ类水质百分点之差：$\Delta G=G2-G1$；ΔD 为后时段与前时段劣Ⅴ类水质百分点之差：$\Delta D=D2-D1$。

1）当 $\Delta G-\Delta D>0$ 时，水质变好；当 $\Delta G-\Delta D<0$ 时，水质变差。

2）当 $|\Delta G-\Delta D|\leqslant 10$ 时，则评价为无明显变化。

3）当 $10<|\Delta G-\Delta D|\leqslant 20$ 时，则评价有所变化（好转或变差、下降）。

4）当 $|\Delta G-\Delta D|>20$ 时，则评价为明显变化（好转或变差、下降、恶化）。

1.4.3.2　多时段的变化趋势评价

分析断面（点位）、河流（湖库）、流域（水系）、全国及行政区域内多时段的水质变化趋势及变化程度，应对评价指标值（如指标浓度、水质类别比例等）与时间序列进行相关性分析，可采用 Spearman 秩相关系数法，检验相关系数和斜率的显著性意义，确定其是否有变化和变化程度。变化趋势可用折线图来表征。

1.5　典型案例

以生态环境部通报的《×××× 年全国地表水水质月报（12 月）》为例。

（1）数据来源：中国环境监测总站组织开展全国地表水国考断面水质监测工作的数据。

（2）评价范围：全国地表水环境质量的评价。

（3）评价指标：地表水水质评价指标为《地表水环境质量标准》（GB 3838—2002）表 1 中除水温、总氮、粪大肠菌群以外的 21 项指标，即 pH、溶解氧、高锰酸盐指数、化学需氧量、五日生化需氧量、氨氮、总磷、铜、锌、氟化物、硒、砷、汞、镉、铬（六价）、铅、氰化物、挥发酚、石油类、阴离子表面活性剂和硫化物。总氮作为参考指标单独评价。水温仅作为参考指标。湖库的营养状态评价包括叶绿素 a

（Chla）、总磷（TP）、总氮（TN）、透明度（SD）和高锰酸盐指数（COD_{Mn}）共5项。

（4）评价标准、内容和评价方法：水质评价标准执行《地表水环境质量标准》（GB 3838—2002），单个断面水质采用单因子评价法，分为Ⅰ类、Ⅱ类、Ⅲ类、Ⅳ类、Ⅴ类、劣Ⅴ类六个类别，水系按照水质比例法进行评价，水质状况分为优、良好、轻度污染、中度污染和重度污染五个等级，同时还要评价断面或河流的主要污染指标。湖泊和水库营养化评价采用营养状态指数法，分为贫营养～重度富营养五个级别进行。

（5）评价结果如下：

1）主要江河

2002年12月全国主要江河总体水质为优。监测的1 587条主要河流的2 816个断面中：Ⅰ类水质断面占15.6%，Ⅱ类占52.3%，Ⅲ类占24.3%，Ⅳ类占6.0%，Ⅴ类占1.4%，劣Ⅴ类占0.4%。主要污染指标见图19-1。

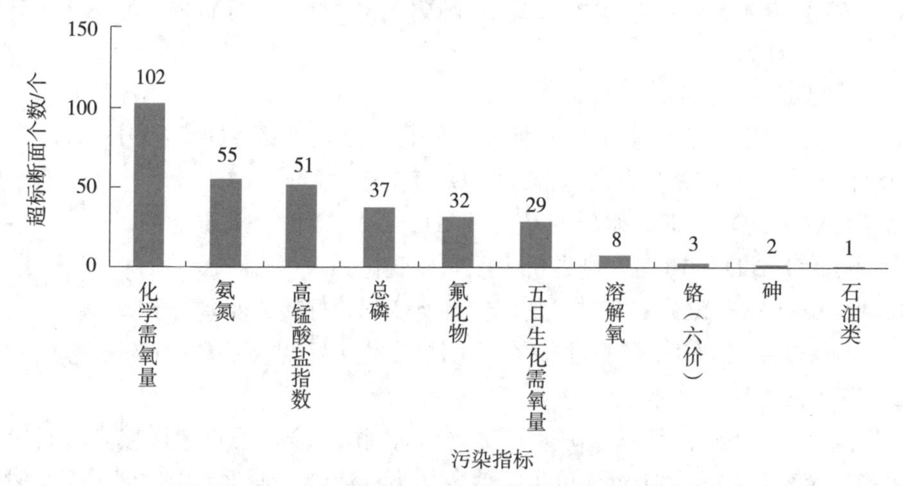

图19-1　2022年12月主要江河污染指标统计

注：对于各指标按照超Ⅲ类的断面数量排序，超标断面数量越多，排序越前，为主要污杂指标。

注：全国河流2 816个断面，对单个断面，按单因子评价法评价出每个断面的水质类别，对于全国水系，大于5个断面，用水质比例法评价总体水质情况，全国优良率>90%，总体评价水质为优。

与去年同期相比，水质无明显变化。其中，Ⅰ类水质断面比例下降0.7个百分点，Ⅱ类下降1.1个百分点，Ⅲ类上升3.2个百分点，Ⅳ类下降1.2个百分点，Ⅴ类上升0.1个百分点，劣Ⅴ类下降0.4个百分点。

注：与去年同期相比，采用按组合类别比例法评价，劣Ⅴ类比例变化－优良断面比例变化<10%，水质总体评价结果为无明显变化。

2）重要湖库

2022年12月监测的181个重要湖泊和水库中：程海等8个湖库为重度污染，洪湖等8个湖库为中度污染，仙女湖等31个湖库为轻度污染，主要污染指标为总磷、化学需氧量、高锰酸盐指数、五日生化需氧量和氟化物，见图 19-2。其余湖库水质优良。

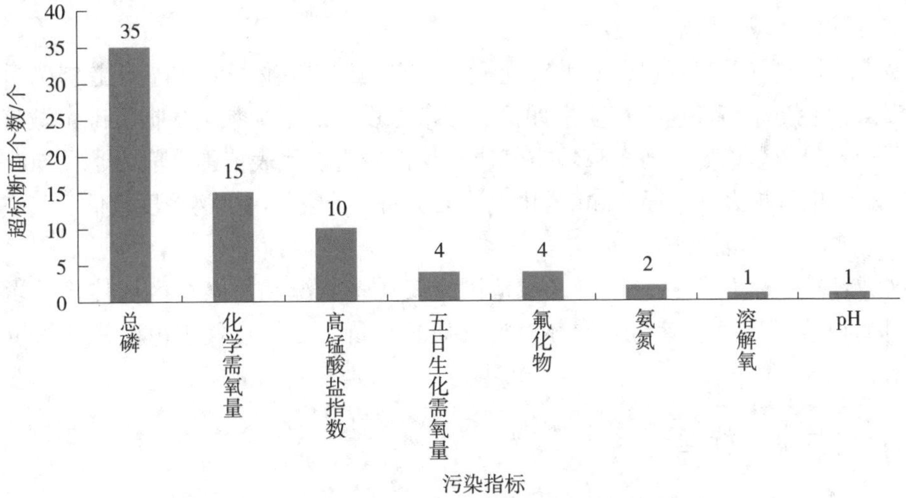

图 19-2　2022 年 12 月全国重要湖库污染指标统计

注：全国 181 个重要湖库，对单个湖库，参考河流断面的评价方法，评价每个湖库的水质状况，具有多个点位时，取多个点位平均值评价湖库水质状况，参考主要污染指标计算方法得到主要的污染指标。

总氮单独评价时：东武仕水库等 21 个湖库为劣Ⅴ类水质，密云水库等 16 个湖库为Ⅴ类，官厅水库等 32 个湖库为Ⅳ类，其余湖库水质均满足Ⅲ类水质标准。

注：湖库总氮单独评价。

监测营养状态的 81 个湖库中：洪湖为重度富营养状态，星云湖等 4 个湖库为中度富营养状态，滇池等 32 个湖库为轻度富营养状态，其他湖库均为中营养和贫营养状态。

注：采用营养状态指数法评价营养状态。

第二节　环境空气质量评价

2.1　概述

环境空气质量是反映空气污染程度的指标，它是依据空气中污染物浓度的高低来判断的。空气污染是一个复杂的现象，在特定时间和地点空气污染物浓度受到许多因素影响。来自固定和流动污染源的人为污染物排放大小是影响空气质量的最主要因素之一，其中包括车辆、船舶、飞机的尾气、工业污染、居民生活和取暖、垃圾焚烧等。城市的发展密度、地形地貌和气象等也是影响空气质量的重要因素。环境空气中，主要的污染物包括二氧化硫（SO_2）、二氧化氮（NO_2）、细颗粒物（$PM_{2.5}$）、可吸入颗粒物（PM_{10}）、臭氧（O_3）和一氧化碳（CO）。

根据国家和地方各级环境保护主管部门为确定环境空气质量状况，防治空气污染所进行的常规例行环境空气质量监测活动，环境空气质量监测的主要内容包括城市环境空气质量、区域环境空气质量。

城市环境空气质量：以监测城市建成区的空气质量整体状况和变化趋势为目的设置城市点，参与城市环境空气质量评价。城市点设置的最少数量根据标准由城市建成区面积和人口数量确定。每个环境空气质量评价城市点代表范围一般为半径 500 m 至 4 km，有时也可扩大到半径 4 km 至几十千米（如对于空气污染物浓度较低，其空间变化较小的地区）的范围。

区域环境空气质量：以监测区域范围空气质量状况和污染物区域传输及影响范围为目的设置区域点，参与区域环境空气质量评价。区域点代表范围一般为半径几十千米。

2.2 评价依据与标准

2.2.1 城市环境空气质量

城市环境空气质量按照《环境空气质量标准》（GB 3095—2012）及其修改单要求开展监测，依据该标准和《环境空气质量评价技术规范（试行）》（HJ 663—2013）进行评价和排名，评价项目为二氧化硫、二氧化氮、可吸入颗粒物、细颗粒物、臭氧、一氧化碳 6 项，统计环境空气质量指数（AQI）。

标准限值：标准根据环境空气质量功能区分类，规定了各项污染物的两级浓度限值（表 19-7）；空气质量指数范围及相对应的环境空气质量状况见表 19-8。空气质量分指数（IAQI）级别及对应的污染物项目浓度限值见表 19-9。

表 19-7 环境空气污染物基本项目浓度限值

污染物	平均时间	浓度限值		单位
		一级标准	二级标准	
二氧化硫（SO_2）	年平均	20	60	μg/m^3
	日平均	50	150	
二氧化氮（NO_2）	年平均	40	40	μg/m^3
	日平均	80	80	
一氧化碳（CO）	年平均	4	4	mg/m^3
	日平均	10	10	
臭氧（O_3）	日最大 8 h 平均	100	160	μg/m^3
可吸入颗粒物 PM_{10}（粒径小于等于 10 μm）	年平均	40	70	μg/m^3
	日平均	50	150	
细颗粒物 $PM_{2.5}$（粒径小于等于 2.5 μm）	年平均	15	35	μg/m^3
	日平均	35	75	

表 19-8　AQI 范围及相应的空气质量类别

空气质量指数	空气质量指数级别	空气质量指数类别及表示颜色		对健康影响情况	建议采取的措施
0～50	一级	优	绿色	空气质量令人满意，基本无空气污染	各类人群可正常活动
51～100	二级	良	黄色	空气质量可接受，但某些污染物可能对极少数异常敏感人群健康有较弱影响	极少数异常敏感人群应减少户外活动
101～150	三级	轻度污染	橙色	易感人群症状有轻度加剧，健康人群出现刺激症状	儿童、老年人及心脏病、呼吸系统疾病患者应减少长时间、高强度的户外锻炼
151～200	四级	中度污染	红色	进一步加剧易感人群症状，可能对健康人群心脏、呼吸系统有影响	儿童、老年人及心脏病、呼吸系统疾病患者避免长时间、高强度的户外锻炼，一般人群适量减少户外运动
201～300	五级	重度污染	紫色	心脏病和肺病患者症状显著加剧，运动耐受力降低，健康人群普遍出现症状	老年人和心脏病、肺病患者应停留在室内，停止户外运动，一般人群减少户外运动
>300	六级	严重污染	褐红色	健康人运动耐受力降低，有明显强烈症状，提前出现某些疾病	老年人和病人应当留在室内，避免体力消耗，一般人群应避免户外活动

表 19-9　空气质量分指数

空气质量分指数（IAQI）	污染物项目浓度限值									
	二氧化硫（SO_2）	二氧化硫（SO_2）	二氧化氮（NO_2）	二氧化氮（NO_2）	可吸入颗粒物（PM_{10}）	一氧化碳（CO）	一氧化碳（CO）	臭氧（O_3）	臭氧（O_3）	细颗粒物（$PM_{2.5}$）
	24 h 平均/（μg/m³）	1 h 平均/（μg/m³）[1]	24 h 平均/（μg/m³）	1 h 平均/（μg/m³）[1]	24 h 平均/（μg/m³）	24 h 平均/（mg/m³）	1 h 平均/（mg/m³）[1]	1 h 平均/（μg/m³）	8 h 滑动平均/（μg/m³）	24 h 平均/（μg/m³）
0	0	0	0	0	0	0	0	0	0	0
50	50	150	40	100	50	2	5	160	100	35
100	150	500	80	200	150	4	10	200	160	75
150	475	650	180	700	250	14	35	300	215	115
200	800	800	280	1 200	350	24	60	400	265	150
300	1 600	–[2]	565	2 340	420	36	90	800	800	250

续表

空气质量分指数（IAQI）	污染物项目浓度限值									
	二氧化硫（SO_2）	二氧化硫（SO_2）	二氧化氮（NO_2）	二氧化氮（NO_2）	可吸入颗粒物（PM_{10}）	一氧化碳（CO）	一氧化碳（CO）	臭氧（O_3）	臭氧（O_3）	细颗粒物（$PM_{2.5}$）
	24 h 平均/（μg/m^3）	1 h 平均/（μg/m^3）(1)	24 h 平均/（μg/m^3）	1 h 平均/（μg/m^3）(1)	24 h 平均/（μg/m^3）	24 h 平均/（mg/m^3）	1 h 平均/（mg/m^3）(1)	1 h 平均/（μg/m^3）	8 h 滑动平均/（μg/m^3）	24 h 平均/（μg/m^3）
400	2 100	—(2)	750	3 090	500	48	120	1 000	—(3)	350
500	2 620	—(2)	940	3 840	600	60	150	1 200	—(3)	500

注：（1）二氧化硫（SO_2）1 h 平均、二氧化氮（NO_2）1 h 平均和一氧化碳（CO）1 h 平均三个项目仅用于实时报，在日报中需使用相应污染物的 24 h 平均项目。

（2）二氧化硫（SO_2）1 h 平均浓度值高于 800 μg/m^3 的，不进行其空气质量分指数计算。

（3）臭氧（O_3）8 h 平均浓度值高于 800 μg/m^3 的，不进行其空气质量分指数计算。

2.3 数据处理

根据《环境空气质量评价技术规范（试行）》（HJ 663—2013），环境空气污染物的浓度单位及保留小数位数要求见表 19-10。污染物浓度的小时浓度值作为基础数据单元，使用前也应进行修约。

表 19-10 环境空气污染物的浓度单位和保留小数位数要求

污染物	单位	保留小数位数
SO_2、NO_2、PM_{10}、$PM_{2.5}$、O_3、TSP 和 NO_x	μg/m^3	0
CO	mg/m^3	1
Pb	μg/m^3	2
BaP	μg/m^3	4
超标倍数	—	2
达标率	%	1

2.4 评价指标计算

2.4.1 城市环境空气质量

日均值：监测点日均值指某监测站点一个自然日 24 h 平均浓度的算术平均值。城市（区域）日均值指某城市（区域）内所有监测站点日平均浓度的算术平均值。

日最大 8 h 平均：监测点臭氧 8 h 滑动平均是指某一监测站点连续 8 h 平均浓度的

算术平均值。监测点臭氧日最大 8 h 平均是指某一监测站点一个自然日臭氧 8 h 滑动平均的最大值。城市（区域）臭氧日最大 8 h 平均指某城市（区域）内所有监测站点臭氧日最大 8 h 平均的算术平均值。

月平均：监测点月均值指某监测站点一个日历月内各日平均浓度的算术平均值。城市（区域）月均值指某城市（区域）一个日历月城市（区域）日平均浓度的算术平均值，即先按空间平均取城市（区域）的日均值，再按时间平均取城市（区域）的月均值。

年平均：监测点年均值指某监测站点一个日历年内各日平均浓度的算术平均值。城市（区域）年均值指某城市（区域）一个日历年城市（区域）日平均浓度的算术平均值，即先按空间平均取城市（区域）的日均值，再按时间平均取城市（区域）的年均值。

百分位数：污染物浓度序列的第 p 位百分位数。计算方法如下：

将污染物浓度序列按数值从小到大排序，排序后的浓度序列为 $\{X_{(i)}, i=1, 2, \cdots, n\}$；

计算第 p 百分位数 m_p 的序数 k，序数 k 按下式计算：

$$k=1+(n-1)\cdot p\%$$

式中，k——$p\%$ 位置对应的序数；

n——污染物浓度序列中的浓度值数量。

第 p 百分位数 m_p 按如下公式计算：

$$m_p=X(s)+[X(s+1)-X(s)]\times(k-s)$$

式中，s——k 的整数部分，当 k 为整数时，s 与 k 相等。

AQI：AQI 评价项目为二氧化硫、二氧化氮、可吸入颗粒物、细颗粒物、臭氧和一氧化碳 6 项。评价标准为《环境空气质量标准》（GB 3095—2012）中的日均值二级标准。AQI 计算方法如下：

首先计算污染物项目 P 的空气质量分指数（IAQI），按如下式计算：

$$\mathrm{IAQI_p}=\frac{\mathrm{IAQI_{Hi}}-\mathrm{IAQI_{Lo}}}{\mathrm{BP_{Hi}}-\mathrm{BP_{Lo}}}(C_P-\mathrm{BP_{Lo}})+\mathrm{IAQI_{Lo}}$$

式中，$\mathrm{IAQI_P}$——污染物项目 P 的空气质量分指数；

C_P——污染物项目 P 的质量浓度值；

$\mathrm{BP_{Hi}}$——评价标准表 1 中与 C_P 相近的污染物浓度限值的高位值；

$\mathrm{BP_{Lo}}$——评价标准表 1 中与 C_P 相近的污染物浓度限值的低位值；

$\mathrm{IAQI_{Hi}}$——评价标准表 1 中与 $\mathrm{BP_{Hi}}$ 对应的空气质量分指数；

$\mathrm{IAQI_{Lo}}$——评价标准表 1 中与 $\mathrm{BP_{Lo}}$ 对应的空气质量分指数。

空气质量指数按如下公式计算：

$$\mathrm{AQI}=\max\{\mathrm{IAQI_1}, \mathrm{IAQI_2}, \mathrm{IAQI_3}, \cdots, \mathrm{IAQI}_n\}$$

式中，IAQI——空气质量分指数；

n——污染物项目。

2.5　监测结果评价

以 GB 3095—2012 为依据，对某空间范围内的环境空气质量进行定性或定量评价的过程，包括环境空气质量的达标情况判断、变化趋势分析和空气质量优劣相互比较。

评价范围包括点位、城市以及区域，根据评价范围不同，环境空气质量评价分为单点环境空气质量评价、城市环境空气质量评价和区域环境空气质量评价。

单点环境空气质量评价：指针对某监测点位所代表空间范围的环境空气质量评价。监测点位包括城市点、区域点、背景点、污染监控点和路边交通点。

城市环境空气质量评价：指针对城市建成区范围的环境空气质量评价。对地级及以上城市，评价采用国控城市点。对县级城市，评价采用地方监测网络中的空气质量评价城市点。

区域环境空气：指针对由多个城市组成的连续空间区域范围的环境空气质量评价，包括城市建成区环境空气质量状况评价和非城市建成区环境空气质量状况评价。城市建成区评价采用城市点、非城市建成区评价采用区域点进行评价。

环境空气质量达标：污染物浓度评价结果符合 GB 3095—2012 和 HJ 633—2013 规定，即为达标。所有污染物浓度均达标，即为环境空气质量达标。

2.6 典型案例

20×× 年 ×× 市区参与国家环境空气质量监测考核评价的点位共 6 个，各监测点位均开展了 6 项主要环境空气污染物的 24 h 连续在线质量浓度监测，监测数据见表 19-11，请评价该市区的当日环境质量状况。

表 19-11　20×× 年 × 月 × 日 × 市环境空气质量状况

站点	SO_2/（μg/m^3）	NO_2/（μg/m^3）	CO/（mg/m^3）	O_3_8 h/（μg/m^3）	PM_{10}/（μg/m^3）	$PM_{2.5}$/（μg/m^3）	AQI
××	8	31	0.6	88	60	40	57
××	3	45	0.7	68	65	31	58
××	8	31	0.4	84	55	43	60
××	5	43	0.6	50	65	47	65
××	7	33	0.7	59	52	36	52
××	4	36	0.6	61	74	37	62
全市	6	36	0.6	68	62	39	56

评价标准：《环境空气质量标准》（GB 3095—2012）及其修改单和《环境空气质量评价技术规范（试行）》（HJ 663—2013）。

经计算：

全市 SO_2 浓度为 6 μg/m^3，日评价浓度达到一级标准；

全市 NO_2 浓度为 36 μg/m^3，日评价浓度达到一级标准；

全市 PM_{10} 浓度为 62 μg/m^3，日评价浓度达到二级标准；

全市 $PM_{2.5}$ 浓度为 39 μg/m^3，日评价浓度达到一级标准；

全市 CO 浓度为 0.6 mg/m^3，日评价浓度达到一级标准；

全市 O_3 日最大 8 h 滑动均值浓度为 68 μg/m^3，日评价浓度达到一级标准；全市日 AQI 指数为 56，达到二级标准，具体评价为“良”。

第三节　声环境质量评价

3.1　概述

根据质量评价规范对监测结果进行综合分析评价，以得出一段时期内某个行政区域内生态环境质量总体水平的评估结果，以便为环境管理、政府决策提供依据，为企事业单位的生产和日常运作、居民的日常生活提供参考。分别用区域环境噪声、道路交通噪声和功能区噪声评价区域声环境、道路交通声环境、功能区声环境质量状况。

区域环境噪声，即区域声环境，是对整个城市进行网格化，在各网格中心点布点监测，将整个城市全部网格点测得的声级分别计算昼间和夜间平均等效声级，用于评价整个城市的环境噪声整体水平，分析城市声环境状况的年度变化规律和变化趋势。

道路交通噪声，即道路交通声环境，是通过对城市建成区各类道路，包括城市快速路，城市主干路，城市次干路、含轨道交通走廊的道路及穿过城市的高速公路的交通噪声进行监测，以反映道路交通噪声源的噪声强度，分析道路交通噪声声级、车流量、路况等的关系及变化规律，分析城市道路交通的年度变化规律和变化趋势。

功能区噪声，即功能区声环境，是对各类功能区选择一定数量的具有代表性的点位进行监测，计算出各类功能区各点位的昼间等效声级和夜间等效声级，统计各类功能区昼间和夜间的点次达标情况，用于评价各类功能区的噪声环境质量状况。

3.2　评价依据与标准

声环境监测评价依据及标准见表 19-12。

表 19-12　声环境监测评价依据及标准

序号	指标	标准 / 政策文件
1	区域噪声	《声环境质量标准》（GB 3096—2008）
		《环境噪声监测技术规范　城市声环境常规监测》（HJ 640—2012）
2	道路交通噪声	《声环境质量标准》（GB 3096—2008）
		《环境噪声监测技术规范　城市声环境常规监测》（HJ 640—2012）
3	功能区噪声	《声环境质量标准》（GB 3096—2008）
		《环境噪声监测技术规范　城市声环境常规监测》（HJ 640—2012）

3.3　数据处理

计算结果修约到小数点后 1 位。

3.4 评价指标计算

3.4.1 区域声环境监测

将整个城市全部网格测点测得的等效声级分昼间和夜间，按下式进行算术平均运算，所得到的昼间平均等效声级$\overline{S}_d$和夜间平均等效声级$\overline{S}_n$代表该城市昼间和夜间的环境噪声总体水平，计算出整个城市环境噪声总体水平。

$$\overline{S}=\frac{1}{n}\sum_{i=1}^{n}L_i$$

式中，$\overline{S}$——城市区域昼间平均等效声级（$\overline{S}_d$）或夜间平均等效声级（$\overline{S}_n$），dB（A）；

L_i——第 i 个网络测得的等效声级，dB（A）；

n——有效网格总数。

按整个城市环境噪声总体水平进行评价，评价标准见表 19-13。

表 19-13 城市区域环境噪声总体水平等级划分标准与评价等级 单位：dB（A）

评价项目	评价等级				
	一级（好）	二级（较好）	三级（一般）	四级（较差）	五级（差）
昼间平均等效声级（$\overline{S}_d$）	≤50.0	50.1～55.0	55.1～60.0	60.1～65.0	＞65.0
夜间平均等效声级（$\overline{S}_n$）	≤40.0	40.1～45.0	45.1～50.0	50.1～55.0	＞55.0

3.4.2 道路交通声环境监测

将整个城市道路交通噪声监测的等效声级采用路段长度加权算术平均法按下式计算城市道路交通噪声平均值。

$$\overline{L}=\frac{1}{l}\sum_{i=1}^{n}\left(l_i\times L_i\right)$$

式中，$\overline{L}$——道路交通昼间平均等效声级（$\overline{L}_d$）或夜间平均等效声级（$\overline{L}_n$），dB（A）；

l——监测的路段总长，$l=\sum_{i=1}^{n}l_i$，m；

l_i——第 i 测点代表的路段长度，m；

L_i——第 i 测点测得的等效声级，dB（A）。

道路交通噪声平均值的强度级别按表 19-14 进行评价。

表 19-14 道路交通噪声强度等级划分标准 单位：dB（A）

评价项目	评价等级				
	一级（好）	二级（较好）	三级（一般）	四级（较差）	五级（差）
昼间平均等效声级（$\overline{L}_d$）	≤68.0	68.1～70.0	70.1～72.0	72.1～74.0	＞74.0
夜间平均等效声级（$\overline{L}_n$）	≤58.0	58.1～60.0	60.1～62.0	62.1～64.0	＞64.0

3.4.3　功能区噪声监测

将整个城市的某一功能区昼间连续 16 h 和夜间 8 h 测得的等效声级进行能量平均，按下式计算昼间等效声级和夜间等效声级。

$$L_d=10\lg\left(\frac{1}{16}\sum_{i=1}^{16}10^{0.1L_i}\right)$$

$$L_n=10\lg\left(\frac{1}{8}\sum_{i=1}^{8}10^{0.1L_i}\right)$$

式中，L_d——昼间等效声级，dB（A）；

L_n——夜间等效声级，dB（A）；

L_i——昼间或夜间小时等效声级，dB（A）。

根据各监测点位所属的声环境功能区域类别，昼间、夜间等效声级按《声环境质量标准》（GB 3096—2008）中的标准限值进行独立评价。

各功能区按点次分别统计昼间、夜间达标率。

3.5　案例

根据 20×× 年（五年规划的第三年）某市声环境质量监测数据，分别对该市的区域环境噪声质量、道路交通噪声质量、功能区噪声质量进行评价，并对该市的声环境质量进行综合评价。

3.5.1　区域环境噪声质量评价

20×× 年 ×× 市区域环境噪声监测有效网格总数 340 个，监测网格覆盖面积 143.65 km^2。2018 年于 4 月开展了区域环境噪声昼间、夜间监测。

通过计算，全市昼间平均等效声级为 58.3 dB（A），详见表 19-15，对照《城市区域环境噪声总体水平等级划分标准与评价等级》（表 19-13），达到城市区域环境噪声总体水平的昼间三级要求，总体评价为“一般”。

夜间平均等效声级为 49.5 dB（A），详见表 19-15，对照《城市区域环境噪声总体水平等级划分标准与评价等级》（表 19-13），达到城市区域环境噪声总体水平的夜间三级要求，总体评价为“一般”。

注：可以对不同声环境功能区的昼间、夜间平均等效声级，对应覆盖的面积和人口数量及占比，不同噪声源的影响程度等进行分析。

表 19-15　20×× 年 ×× 市区域环境噪声监测结果　　单位：dB（A）

测点编号	测点名称	声源代码	功能区	监测月份	昼间等效声级（L_d）	夜间等效声级（L_n）
×××××××××××××	×××	2	3	4	58.2	49.6
×××××××××××××	×××	1	3	4	61.8	48.6
……	……	……	……	……	……	……
×××××××××××××	×××	5	1	4	47.2	42.6

续表

测点编号	测点名称	声源代码	功能区	监测月份	昼间等效声级（L_d）	夜间等效声级（L_n）
全市昼间平均等效声级$\overline{S}_d$		$\overline{S}_d$ =（$L_{d1}+L_{d2}+\cdots+L_{d340}$）/340=（58.2+61.8+…+47.2）/340=58.3			58.3	
全市夜间平均等效声级$\overline{S}_n$		$\overline{S}_n$ =（$L_{d1}+L_{d2}+\cdots+L_{d340}$）/340=（49.6+48.6+42.6）/340=49.5				49.5

注：声源代码：1—生活；2—工业；3—施工；4—交通；5—其他。

功能区代码：0—0 类区；1—1 类区；2—2 类区；3—3 类区；4—4 类区。

3.5.2 道路交通噪声质量评价

××市道路交通噪声点位共365个，2018年有效监测点位为351个，其中部分点位因道路施工未开展监测，点位数量满足监测技术规范要求，监测道路总长度289.2 km，于9月开展了昼间、夜间监测，监测数据见表19-16。

表 19-16 20×× 年 ×× 市交通噪声监测结果　　单位：dB（A）

测点编号	道路名称	测点名称	路段长度 /m	监测月份	昼间等效声级（L_d）	夜间等效声级（L_n）
×××××××××××××	×××	2	903	9	78.2	69.9
×××××××××××××	×××	1	965	9	72.4	68.7
……	……	……	……	……	……	……
×××××××××××××	×××	5	600	9	65.9	63.0
全市昼间平均等效声级$\overline{L}_d$		$\overline{L}_d$ =（$L_{d1}\times l_1+L_{d2}\times l_2+\cdots+L_{d351}\times l_{351}$）÷ $l_总$ =（78.2×903+72.4×965+…+65.9×600）÷289 200=69.2			69.2	
全市夜间平均等效声级$\overline{L}_n$		$\overline{L}_n$ =（$L_{n1}\times l_1+L_{n2}\times l_2+\cdots+L_{n351}\times l_{351}$）÷ $l_总$ =（69.9×903+68.7×965+…+63.0×600）÷289 200=63.3				63.3

通过计算，全市昼间平均等效声级为69.2 dB（A），对照《道路交通噪声强度等级划分标准》（表19-14），达到道路交通噪声强度二级水平，总体评价为“较好”水平。

夜间平均等效声级为63.3 dB（A），对照《道路交通噪声强度等级划分标准》（表19-14），达到道路交通噪声强度四级水平，总体评价为“较差”水平。

注：可根据需要，对不同噪声级别范围对应的路长及占比、不同区域、不同级别道路的噪声强度和水平进行详细分析。

3.5.3 功能区噪声质量评价

20×× 年 ×× 市于2月、5月、8月、11月对4类功能区共17个监测点位进行了4次环境噪声功能区监测，其中1类区3个监测点、2类区9个监测点、3类区2个监测点、4a类区3个监测点，其中第一季度监测结果见表19-17（只列举部分数据说明）。

表 19-17　20×× 年 ×× 市功能区噪声监测数据

单位：dB（A）

测点编号	监测点名称	功能区	季度	月	日	昼间平均等效声级 L_d		夜间平均等效声级 L_n	
						监测结果	是否达标	监测结果	是否达标
1	××××××××××	1 类区	1	2	8—9	57.1	超标	51.2	超标

连续 24 h 等效声级

0	h1	h2	h3	h4	h5	h6	h7	h8	h9	h10	h11	h12	h13	h14	h15	h16	h17	h18	h19	h20	h21	h22	h23
51.1	50.3	46.6	45.2	50.9	49.8	54.4	55.7	57.4	57.7	57.0	57.4	58.6	58.5	59.6	57.8	56.9	58.0	54.8	55.6	55.5	55.1	55.5	52.5

昼间平均等效声级计算过程：$L_d=10\lg\left(\frac{1}{16}\sum_{i=1}^{16}10^{0.1L_i}\right)=10\lg\{[1/16(10^{0.1\times54.4}+10^{0.1\times55.7}+10^{0.1\times57.4}+10^{0.1\times57.7}+10^{0.1\times57.0}+10^{0.1\times57.4}+10^{0.1\times58.6}+10^{0.1\times58.5}+10^{0.1\times59.6}+10^{0.1\times57.8}+10^{0.1\times56.9}+10^{0.1\times58.0}+10^{0.1\times54.8}+10^{0.1\times55.6}+10^{0.1\times55.5}+10^{0.1\times55.1})]\}=57.1$

夜间平均等效声级计算过程：$L_n=10\lg\left(\frac{1}{8}\sum_{i=1}^{8}10^{0.1L_i}\right)=10\lg\{[1/16(10^{0.1\times51.1}+10^{0.1\times50.3}+10^{0.1\times46.6}+10^{0.1\times45.2}+10^{0.1\times50.9}+10^{0.1\times49.8}+10^{0.1\times55.5}+10^{0.1\times52.5})]\}=51.2$

测点编号	监测点名称	功能区	季度	月	日	昼间监测结果	昼间是否达标	夜间监测结果	夜间是否达标
2	××××××××××	2 类区	1	2	6—7	53.8	达标	47.7	达标

连续 24 h 等效声级

0	h1	h2	h3	h4	h5	h6	h7	h8	h9	h10	h11	h12	h13	h14	h15	h16	h17	h18	h19	h20	h21	h22	h23
47.9	46.2	44.4	45.9	45.3	48.9	52.6	54.2	53.6	54.8	54.0	54.0	53.4	52.8	53.4	53.8	54.8	55.0	54.5	54.1	53.7	51.4	50.3	49.2

昼间平均等效声级计算过程：$L_d=10\lg\left(\frac{1}{16}\sum_{i=1}^{16}10^{0.1L_i}\right)=10\lg\{[1/16(10^{0.1\times52.6}+10^{0.1\times54.2}+10^{0.1\times53.6}+10^{0.1\times54.8}+10^{0.1\times54.0}+10^{0.1\times54.0}+10^{0.1\times53.4}+10^{0.1\times52.8}+10^{0.1\times53.4}+10^{0.1\times53.8}+10^{0.1\times54.8}+10^{0.1\times55.0}+10^{0.1\times54.5}+10^{0.1\times54.1}+10^{0.1\times53.7}+10^{0.1\times51.4})]\}=53.8$

夜间平均等效声级计算过程：$L_n=10\lg\left(\frac{1}{8}\sum_{i=1}^{8}10^{0.1L_i}\right)=10\lg\{[1/16(10^{0.1\times47.9}+10^{0.1\times46.2}+10^{0.1\times44.4}+10^{0.1\times45.9}+10^{0.1\times45.3}+10^{0.1\times48.9}+10^{0.1\times50.3}+10^{0.1\times49.2})]\}=47.7$

续表

测点编号	监测点名称	功能区	季度	月	日	昼间平均等效声级 L_d		夜间平均等效声级 L_n	
						监测结果	是否达标	监测结果	是否达标
16	×××××××××××	3 类区	1	2	20—21	59.2	达标	55.4	超标

连续 24 h 等效声级

0	h1	h2	h3	h4	h5	h6	h7	h8	h9	h10	h11	h12	h13	h14	h15	h16	h17	h18	h19	h20	h21	h22	h23
53.4	52.9	54.8	52.0	54.4	60.6	59.6	59.1	60.5	60.7	55.7	63.8	53.2	55.7	58.4	60.3	61.9	60.8	57.2	54.2	56.6	56.7	54.2	52.2

昼间平均等效声级计算过程：$L_d=10\lg\left(\frac{1}{16}\sum_{i=1}^{16}10^{0.1L_i}\right)=10\lg\{[1/16(10^{0.1\times59.6}+10^{0.1\times59.1}+10^{0.1\times60.5}+10^{0.1\times60.7}+10^{0.1\times55.7}+10^{0.1\times63.8}+10^{0.1\times53.2}+10^{0.1\times55.7}+10^{0.1\times58.4}+10^{0.1\times60.3}+10^{0.1\times61.9}+10^{0.1\times60.8}+10^{0.1\times57.2}+10^{0.1\times54.2}+10^{0.1\times56.6}+10^{0.1\times56.7})]\}=59.2$

夜间平均等效声级计算过程：$L_n=10\lg\left(\frac{1}{8}\sum_{i=1}^{8}10^{0.1L_i}\right)=10\lg\{[1/16(10^{0.1\times53.4}+10^{0.1\times52.9}+10^{0.1\times54.8}+10^{0.1\times52.0}+10^{0.1\times54.4}+10^{0.1\times60.6}+10^{0.1\times54.2}+10^{0.1\times52.2})]\}=55.4$

测点编号	监测点名称	功能区	季度	月	日	昼间监测结果	是否达标	夜间监测结果	是否达标
17	×××××××××××	4 类区	1	2	12—13	62.4	达标	55.4	超标

连续 24 h 等效声级

0	h1	h2	h3	h4	h5	h6	h7	h8	h9	h10	h11	h12	h13	h14	h15	h16	h17	h18	h19	h20	h21	h22	h23
57.0	54.8	53.1	51.7	51.1	53.1	58.4	62.4	61.3	62.3	62.5	62.0	61.5	62.5	65.4	64.6	65.4	60.9	59.4	60.5	62.9	59.4	58.8	57.4

昼间平均等效声级计算过程：$L_d=10\lg\left(\frac{1}{16}\sum_{i=1}^{16}10^{0.1L_i}\right)=10\lg\{[1/16(10^{0.1\times58.4}+10^{0.1\times62.4}+10^{0.1\times61.3}+10^{0.1\times62.3}+10^{0.1\times62.5}+10^{0.1\times62.0}+10^{0.1\times61.5}+10^{0.1\times62.5}+10^{0.1\times65.4}+10^{0.1\times64.6}+10^{0.1\times65.4}+10^{0.1\times60.9}+10^{0.1\times59.4}+10^{0.1\times60.5}+10^{0.1\times62.9}+10^{0.1\times59.4})]\}=62.4$

夜间平均等效声级计算过程：$L_n=10\lg\left(\frac{1}{8}\sum_{i=1}^{8}10^{0.1L_i}\right)=10\lg\{[1/16(10^{0.1\times57.0}+10^{0.1\times54.8}+10^{0.1\times53.1}+10^{0.1\times51.7}+10^{0.1\times51.1}+10^{0.1\times53.1}+10^{0.1\times58.8}+10^{0.1\times57.4})]\}=55.4$

经计算，全市第一季度1类至4a类共17个功能区噪声昼间点次达标率为82.3%，其中1类区的点次达标率为66.7%、2类区的点次达标率为77.8%、3类区的点次达标率为100%、4a类区的点次达标率为100%；××市第一季度1类至4a类17个功能区噪声夜间点次达标率为52.9%，其中1类区的点次达标率为33.3%、2类区的点次达标率为55.5%、3类区的点次达标率为50.0%、4a类区的点次达标率为75.0%，详见表19-18。

表19-18　20××年××市第一季度功能区噪声监测结果

功能区	测点个数/个	昼间达标点位数量/个	昼间点次达标率/%	夜间达标点位数量/个	夜间点次达标率/%
1类区	3	2	66.7	1	33.3
2类区	9	7	77.8	5	55.5
3类区	2	2	100.0	1	50.0
4a类区	3	3	100.0	2	75.0
全市	17	14	82.3	9	52.9

对××市20××年全年1类至4a类共17个功能区噪声监测结果进行统计，1类至4a类共17个功能区噪声昼间点次达标率为82.3%，其中1类区的点次达标率为75.0%、2类区的点次达标率为83.3%、3类区的点次达标率为75.0%、4a类区的点次达标率为100%；1类至4a类17个功能区噪声夜间点次达标率为54.4%，其中1类区的点次达标率为50.0%、2类区的点次达标率为52.7%、3类区的点次达标率为75.0%、4a类区的点次达标率为50.0%，详见表19-19。

表19-19　20××年××市功能区噪声监测结果

功能区	测点个数/个	监测点次数量/个	昼间达标点次数量/个	昼间点次达标率/%	夜间达标点次数量/个	夜间点次达标率/%
1类区	3	12	8	75.0	6	50.0
2类区	9	36	30	83.3	19	52.7
3类区	2	8	6	75.0	6	75.0
4a类区	3	12	12	100	6	50.0
全市	17	68	56	82.3	37	54.4

3.5.4　噪声环境质量现状结论

20××年××市区域环境噪声昼间平均等效声级为58.3dB（A），评价水平均为“一般”，区域环境噪声夜间平均等效声级为49.5dB（A），评价水平均为“一般”；20××年××市道路交通噪声昼间平均等效声级为69.2dB（A），评价水平为“较好”，夜间平均等效声级为 63.3 dB（A），评价水平为“较差”；20×× 年 ×× 市功能区噪声昼间和夜间点次达标率分别为 82.3% 和 54.4%，夜间的点次达标率较低。

第四节　其他要素质量评价

4.1　土壤环境质量评价

4.1.1　超标率评价

依据《土壤环境质量　农用地土壤污染风险管控标准（试行）》（GB 15618—2018）、《土壤环境质量　建设用地土壤污染风险管控标准（试行）》（GB 36600—2018）中的筛选值和管制值，计算土壤污染物含量超过筛选值或超过管制值的点位占监测点位总数的比例。

单因子筛选值超标率：土壤中某种污染因子含量超过筛选值（含超过管制值）的点位占监测点位总数的比例。

单因子管制值超标率：土壤中某种污染因子含量超过管制值的点位占监测点位总数的比例。

点位筛选值超标率：以超标程度最重的污染因子的超标程度确定点位的超标程度，计算超过筛选值（含超过管制值）的点位占监测点位总数的比例。

点位管制值超标率：以超标程度最重的污染因子的超标程度确定点位的超标程度，计算超过管制值的点位占监测点位总数的比例。

4.1.2　超标程度分级评价

当讨论某种类型点位的超标程度分级比例时，按照“不超筛选值”“超过筛选值但不超管制值”（筛选值～管制值）和“超管制值”三级统计评价。

4.1.3　背景点位土壤环境质量变化程度

按照《全国土壤污染状况调查评价技术规定》（环发〔2008〕39 号）的要求，污染物含量变化程度采用百分数 % 表示，计算公式为

$$P_B = \frac{C_i - S_B}{S_B} \times 100\%$$

式中，P_B——土壤某元素变化百分率，%；

C_i——背景调查点位土壤中某元素 i 的实测含量；

S_B——某元素 i 的土壤环境背景数据或背景值。

将变化程度划分为 4 级，8 种常规重金属依据《全国土壤污染状况调查评价技术规定》（环发〔2008〕39 号）进行变化强度分级（表 19-20），其他 53 项无机元素考虑到不同元素测试技术水平程度，在 8 种常规重金属分级基础上适当放宽（表 19-21）。

表 19-20　土壤环境质量变化程度分级表（8 种常规重金属）

等级	P_B/%	变化强度
Ⅰ	$P_B \leqslant 10$	基本无变化
Ⅱ	$10 < P_B \leqslant 100$	轻度变化
Ⅲ	$100 < P_B \leqslant 300$	中度变化
Ⅳ	$P_B > 300$	重度变化

表 19-21　土壤环境质量变化程度分级表（53 项非常规无机项目）

等级	P_B/%	变化强度
Ⅰ	$P_B \leqslant 25$	基本无变化
Ⅱ	$25 < P_B \leqslant 150$	轻度变化
Ⅲ	$150 < P_B \leqslant 300$	中度变化
Ⅳ	$P_B > 300$	重度变化

4.1.4　背景点位土壤重金属累积性分析

按照《农用地土壤环境风险评价技术规定（试行）》（环办土壤函〔2018〕1479 号）的规定，采用累积系数法表征表层土壤重金属累积性，计算公式为

$$A_i = \frac{C_i}{B_i}$$

式中，A_i——土壤中重金属 i 的单因子累积系数；

C_i——表层土壤中重金属 i 的测定值；

B_i——深层土壤（一般为 100 cm 以下）中重金属 i 的测定值，单位与 C_i 保持一致。

根据 A_i 值的大小，进行土壤调查点位单项重金属累积性分析，累积程度分级方法见表 19-22。

表 19-22　土壤单项重金属累积程度分级

累积程度分级	A_i 值
无明显累积	$A_i \leqslant 1.5$
轻度累积	$1.5 < A_i \leqslant 3$
中度累积	$3 < A_i \leqslant 6$
重度累积	$A_i > 6$

4.2 地下水质量评价

地下水质量评价的目的旨在说明地下水质量的好坏及其适用性，依据《地下水质量标准》（GB/T 14848—2017）进行单指标评价，确定地下水质量类别，指标限值相同时，从优不从劣。

4.3 海水质量评价

海水质量评价是海洋环境监测重要的一环，以科学的监测依据为基础，利用合理的评价方法，对海洋环境做出客观正确的评价。为分析环境质量的变化原因、发展趋势和存在的主要问题提供有力的支撑。

4.3.1 评价依据

近岸海域海水水质评价依据和标准见表 19-23。

表 19-23 近岸海域海水水质评价依据和标准

序号	标准依据	涉及内容
1	《海水水质标准》（GB 3097—1997）	评价
2	《海洋监测规范 第 2 部分：数据处理与分析质量控制》（GB 17378.2—2007）	数据处理
3	《近岸海域环境监测技术规范 第二部分 数据处理与信息管理》（HJ 442.2—2020）	数据处理
4	《近岸海域环境监测技术规范 第十部分 评价与报告》（HJ 442.10—2020）	评价
5	《海水质量状况评价技术规程（试行）》（海环字〔2015〕25 号）	评价

4.3.2 数据处理

监测数据的修约遵循《海洋监测规范 第 2 部分：数据处理与分析质量控制》（GB 17378.2—2007）和《近岸海域环境监测技术规范 第二部分 数据处理与信息管理》（HJ 442.2—2020）的相关要求，遵守四舍六入五逢双的原则。

监测项目的平均值为其算术平均值，未检出项目按其检出限的 1/2 参与计算。若评价点位存在多层数据，当点位水深小于等于 50 m 时采用多层数据的算术平均值进行评价，当水深大于 50 m 时采用表层数据进行评价。

pH 平均值一般为其算术平均；当参加计算的 pH 存在大于 7 和小于 7，且一组数据最大值和最小值差值大于 2 时，遵循《近岸海域环境监测技术规范 第二部分 数据处理与信息管理》（HJ 442.2—2020）的相关要求计算。

4.3.3 评价方法

（1）单点位海水水质评价

单点位的海水水质等级评价，遵循《海水水质标准》（GB 3097—1997）的相关要求，采用单因子污染指数评价法确定其水质类别。判断考核点位是否超标时统一采用二类海水水质标准。

各监测项目的超标倍数的计算方法为超标倍数 = 某监测项目的均值 / 该监测项目的标准值 -1；定类因子为该点位水质类别下的监测项目，当该点位为一类或二类时，可不计算超标倍数和定类因子。

（2）区域点位海水水质评价

进行区域海水水质评价时，通常可分为点位法和面积法。

点位法：点位计算法是以某一类别或某几类别的监测点位数与监测点位总数的比值来表示的。

面积法：面积计算法采用距离反比例法对监测数据进行插值，先进行单要素评价，然后对各单要素质量等级的网格进行叠加比较，依据所有单要素中质量最差的等级，确定该网格的综合质量等级。实际工作过程中，我们采用国家海洋环境监测中心开发的“海水质量评价系统”进行评价。

第二十章　污染源排放评价

为改善生态环境质量，控制排入环境中的污染物或者其他有害因素，根据生态环境质量标准和经济、技术条件，制定污染物排放标准。国家污染物排放标准是对全国范围内污染物排放控制的基本要求。地方污染物排放标准是地方为进一步改善生态环境质量和优化经济社会发展，对本行政区域提出的国家污染物排放标准补充规定或更加严格的规定。

目前，我国实施排污许可证制度，规定了排污单位应按证排污，相较于污染物排放标准主要针对特定行业的规定和要求，排污证指向性清晰，一企一证，不仅直接为排污单位指明了生态环境法律法规和排放标准的执行要求，证上还登记有排污单位的生产设施、产污环节和对应的治理设施，为生态环境管理部门监管工作提供极大的便利。

第一节　大气污染物排放评价

1.1　评价依据

我国现有的评价体系中，大气污染物排放评价基本按照综合性排放标准与行业性排放标准不交叉执行的原则。根据我国大气污染物排放特点，确定锅炉、水泥厂、火电厂、炼焦炉、工业炉窑（含黑色冶金、有色冶金、建材）等作为重点排放设备或行业，单独为其制定排放标准。锅炉执行《锅炉大气污染物排放标准》（GB 13271）、火力发电机组执行《火电厂大气污染物排放标准》（GB 13223）、工业炉窑执行《工业炉窑大气污染物排放标准》（GB 9078）、炼焦炉执行《炼焦化学工业污染物排放标准》（GB 16171）、恶臭物质排放执行《恶臭污染物排放标准》（GB 14554）；水泥厂执行《水泥大气污染物排放标准》（GB 4915）、炼油厂执行《石油炼制工业污染物排放标准》（GB 31570）等，已发布行业排放标准的，其生产过程污染物排放执行行业排放标准。综合排放标准与行业性排放标准不交叉执行的规定是指，假如锅炉排放氮氧化物，但锅炉排放标准未规定氮氧化物排放要求，尽管《大气污染物综合排放排放标准》（GB 16297）有排放限值，但锅炉不执行综合排放标准中的氮氧化物排放限值。凡有行业性国家标准规定的大气污染物排放，应执行行业性国家标准，除此之外，其他大气污染物排放均应执行综合标准。

1.2　评价标准选择原则

可直接根据企业排污许可证 / 登记表给定的限值要求评价。排污许可证限值给定原则结合排放标准和地方监管要求。

地方污染物排放标准优先于国家污染物排放标准；地方污染物排放标准未规定的项目，应当执行国家污染物排放标准的相关规定。一般来说，地方标准是对国家标准的补充。地方标准的出台，往往是由于以下几种情况。一是由于某些地区的技术经济实力较强，或出于某种特殊的理由，需要该地区达到比国家规定更高的环境目标；二是由于某些地区的大气污染源过分密集，或由于该地区的自然条件过分恶劣，致使按国家排放标准执行的结果，不能达到最基本的环境目标；三是排放标准中未做出规定的污染物项目；四是国家排放标准中未做出或未能做出更具体的规定，必须由地方政府予以做出规定的其他问题。因此，有地方标准的，应执行地方标准（新的国家标准发布且排放限值严于地方标准的情况除外）。

同属国家污染物排放标准的，行业型污染物排放标准优先于综合型和通用型污染物排放标准；行业型或者综合型污染物排放标准未规定的项目，应当执行通用型污染物排放标准的相关规定。

同属地方污染物排放标准的，流域（海域）或者区域型污染物排放标准优先于行业型污染物排放标准，行业型污染物排放标准优先于综合型和通用型污染物排放标准。流域（海域）或者区域型污染物排放标准未规定的项目，应当执行行业型或者综合型污染物排放标准的相关规定；流域（海域）或者区域型、行业型或者综合型污染物排放标准均未规定的项目，应当执行通用型污染物排放标准的相关规定。

1.3　评价内容

1.3.1　有组织排放废气

有组织排放废气通常以 1 h 浓度平均值作为评价标准限值。最高允许排放浓度是指处理设施后排气筒中的污染物任何 1 h 浓度平均值不得超过的限值，或指无处理设施排气中污染物任何 1 h 浓度平均值不得超过的限值。除相关标准另有规定，废气须连续 1 h 采样获取平均值或在 1 h 内，以等时间间隔采集 3～4 个样品，计算平均值。

有组织排放废气评价还存在以 2 h 均值、三样均值、最大值评价的情况。例如，二噁英类污染物排放每个样品采集时间不少于 2 h，不同行业标准中评价方式不同，有以 1 个样监测值评价，也有以 3 个样平均值评价，实际工作中应根据评价标准的要求确定采样个数，以获取有效的监测数据。恶臭污染物则采集的 3 次或 4 次中的最大值评价。

执行综合排放标准的，污染物排放需同时满足浓度限值和速率限值要求。最高允许排放速率指一定高度的排气筒任何 1 h 排放污染物的质量不得超过的限值。排放速率，又称单位时间排放量，一般以 kg/h 表示。排放速率限值与排气筒高度有关，这是由于污染物排放后，受到空气的稀释和扩散，并对周围的环境空气造成一定的污染，对于同一扩散条件的污染物排放，当排气筒越高时，所允许的排放速率就越大。此外，

《大气污染物综合排放标准》（GB 16297—1996）还规定了限值严格 50% 执行和等效排气筒的相应评价：

（1）限值严格 50% 的评价

排气筒高度除须遵守标准所列的排放速率标准值外，还应高出周围 200 m 半径范围的建筑 5 m 以上，不能达到该要求的排气筒，应按其高度对应的表列排放速率标准值严格 50% 执行；新污染源的排气筒一般不应低于 15 m，若某新污染源的排气筒必须低于 15 m，其排放速率标准值按外推法计算结果再严格 50% 执行。

（2）等效排气筒的评价

两个排放相同污染物（不论其是否由同一生产工艺过程产生）的排气筒，若其距离小于其几何高度之和，应合并视为一根等效排气筒；若有三根以上的近距排气筒，且排放同一种污染物，应以前两根的等效排气筒，依次与第三、第四根排气筒取等效值。

若某排气筒的高度处于排放标准所列的两个值之间，其执行的最高允许排放速率以内插法计算。一般情况下，当某排气筒的高度大于或小于标准列出的最大或最小值时，以外推法计算其最高允许排放速率，恶臭污染物评价除外。《恶臭污染物排放标准》（GB 14554—1993）规定凡在标准所列两种高度之间的排气筒，采用四舍五入法计算其排气筒的高度，再按照所列高度对应的限值进行评价。

1）等效排气筒的有关参数计算

当排气筒 1 和排气筒 2 排放同一种污染物，其距离小于这两个排气筒的高度之和时，应以一个等效排气筒代表这两个排气筒。

a）等效排气筒污染物排放速率按下式计算：

$$Q=Q_1+Q_2$$

式中，Q——等效排气筒某污染物排放速率；

Q_1、Q_2——分别为排气筒 1 和排气筒 2 的某污染物排放速率。

b）等效排气筒高度按下式计算：

$$h=\sqrt{\frac{1}{2}\left(h_1^2+h_2^2\right)}$$

式中，h——等效排气筒高度；

h_1、h_2——分别为排气筒 1 和排气筒 2 的高度。

c）等效排气筒的位置，应于排气筒 1 和排气筒 2 的连线上，若以排气筒 1 为原点，则等效排气筒距原点的距离按下式计算：

$$x=a\left(Q-Q_1\right)/Q=aQ_2/Q$$

式中，x——等效排气筒距排气筒 1 的距离；

a——排气筒 1 至排气筒 2 的距离。

2）确定某排气筒最高允许排放速率的内插法和外推法

a）某排气筒高度处于标准所列两高度之间，用内插法计算其最高允许排放速率，按下式计算：

$$Q = Q_a + (Q_{a+1} - Q_a)(h - h_a) / (h_{a+1} - h_a)$$

式中，Q——某排气筒最高允许排放速率；

Q_a——比某排气筒低的标准所列限值中的最大值；

Q_{a+1}——比某排气筒高的标准所列限值中的最小值；

h——某排气筒的几何高度；

h_a——比某排气筒低的标准所列高度中的最大值；

h_{a+1}——比某排气筒高的标准所列高度中的最小值。

b）某排气筒高度高于标准所列排气筒高度的最高值，用外推法计算其最高允许排放速率。按下式计算：

$$Q = Q_b (h / h_b)^2$$

式中，Q_b——标准所列排气筒最高高度对应的最高允许排故速率；

h_b——标准所列排气筒的最高高度。

c）某排气筒高度低于标准表列排气筒高度的最低值，用外推法计算其最高允许排放速率，按下式计算：

$$Q = Q_c (h / h_c)^2$$

式中，Q_c——标准列排气筒最低高度对应的最高允许排放速率；

h_c——标准所列排气筒的最低高度。

需要注意的是，按照执行标准，部分大气污染物应根据实测浓度换算成基准含氧量或单位产品基准排气量下的基准排放浓度后再进行达标情况的判定，无须换算的则用实测浓度进行评价。单位产品排气量是指用于核定废气污染物排放浓度而规定的生产单位产品的废气排放量的上限值。凡排放标准中规定单位产品基准排气量的，实际工作中须核算单位产品实际排气量。例如，《电镀污染物排放标准》（GB 21900—2008）规定了各种单位产品基准排气量，实际工作中须核算单位产品实际排气量，若单位产品实际排气量超过单位产品基准排气量，须将实际大气污染物浓度换算为大气污染物基准气量排放浓度，并以大气污染物基准气量排放浓度作为判定排放是否达标的依据，大气污染物基准气量排放浓度的换算按行业排放标准的规定执行。

1.3.2　无组织排放废气

我国以控制无组织排放所造成的后果对无组织排放实行监督和限制，规定设立监控点（下风向监测点）和规定监控点的空气浓度限值，一般来说，在二氧化硫、氮氧化物、颗粒物和氟化物的无组织排放源下风向设置监控点，同时在其排放源上风向设参照点，以监控点同参照点的浓度差值不超过规定限值来限制无组织排放，除二氧化硫、氮氧化物、颗粒物和氟化物外，其余污染物以单位周界外监控点的浓度直接评价，不再扣除上风向参照点浓度值。但是需要注意的是，目前，根据《大气污染物综合排放标准》(GB 16297—1996),1997 年 1 月 1 日起设立(包括新建、扩建、改扩建)的污染源,其排放的二氧化硫、氮氧化物、颗粒物和氟化物无组织排放监控点限值以周界外浓度最高点进行评价,不再扣除上风向参照点浓度值。此外,部分行业排放标准对布点方式和评价与综合排放标准有不同之处,详细可参见第五章 3.2.4 内容。

第二节　水污染物排放评价

2.1　评价依据

按照国家综合排放标准与国家行业排放标准不交叉执行的原则,造纸工业执行《制浆造纸工业水污染物排放标准》(GB 3544),畜禽养殖业执行《畜禽养殖业污染物排放标准》(GB 18596),船舶工业执行《船舶工业污染物排放标准》(GB 4286),纺织染整工业执行《纺织染整工业水污染物排放标准》(GB 4287),肉类加工工业执行《肉类加工工业水污染物排放标准》(GB 13457),合成氨工业执行《合成氨工业水污染物排放标准》(GB 13458),钢铁工业执行《钢铁工业水污染物排放标准》(GB 13456),未发布行业排放标准的其他水污染物排放均执行《污水综合排放标准》(GB 8978)。

2.2　评价标准选择原则

可直接根据企业排污许可证 / 登记表给定的限值要求评价。排污许可证限值给定原则结合排放标准和地方监管要求。

地方污染物排放标准优先于国家污染物排放标准;地方污染物排放标准未规定的项目,应当执行国家污染物排放标准的相关规定。一般来说,地方标准是对国家标准的补充。地方标准严于国家标准。因此,有地方标准的,应执行地方标准(新的国家标准发布且排放限值严于地方标准的情况除外)。例如,同属广东省地方标准序列,小东江的流域标准中对畜禽养殖的要求,优先于广东省的畜禽养殖行业标准,广东省的畜禽养殖行业标准又优先于广东省的水污染物排放限值标准。

废水污染物排放一般执行行业排放标准的要求,凡有行业型国家标准规定的水污染物排放,应执行行业型国家标准,未发布行业排放标准的应执行综合标准。例如,同属国家标准序列,国家电镀污染物排放标准、国家畜禽养殖业标准,优先于国家污水综合排放标准。同属国家污染物排放标准的,行业型污染物排放标准优先于综合型和通用型污染物排放标准;行业型或者综合型污染物排放标准未规定的项目,应当执行通用型污染物排放标准的相关规定。

同属地方污染物排放标准的,流域(海域)或区域型污染物排放标准优先于行业型污染物排放标准,行业型污染物排放标准优先于综合型和通用型污染物排放标准。流域(海域)或区域型污染物排放标准未规定的项目,应当执行行业型或综合型污染物排放标准的相关规定；流域（海域）或区域型、行业型、综合型污染物排放标准均未规定的项目，应当执行通用型污染物排放标准的相关规定。

2.3　评价方法

2.3.1　污染物排放达标评价

根据已发布的行业排放标准，水污染物控制项目和限值基本不再按污染物排放去向及接纳水体功能确定，而是根据污染源设立的时间和相应的污染控制技术水平，根据现有企业和新建企业分现有污染源和新污染源，分时段确定。对现有企业的现有污染源，考虑历史原因和现阶段的技术经济水平，执行现有企业标准值。对于新建企业，对新污染源从严要求，执行新建企业标准值。因此，在评价污染物达标与否时，需正确区分现有企业和新建企业对应排放限值的时间要求。

综合型排放标准和部分行业型标准（如污水处理厂），一般根据污染物排放去向及接纳水体功能确定，特殊控制区的水域是禁止新建排污口的，现有的排污口执行一级标准且不得增加污染物排放总量；排入一类控制区（划分为Ⅲ类的水域）的污水执行一级标准；排入二类控制区（划分为Ⅳ类、Ⅴ类的水域）的污水执行二级标准；排入建成运行的城镇二级污水处理厂的污水执行三级标准。

2.3.2　污染物基准水量排放浓度达标评价

单位产品排水量是指用于核定水污染物排放浓度而规定的生产单位产品的废水排放量的上限值。凡排放标准中规定单位产品基准排水量的，实际工作中须核算单位产品实际排水量。例如，《电镀污染物排放标准》（GB 21900—2008）规定了各种单位产品基准排水量，实际工作中须核算单位产品实际排水量，若单位产品实际排水量超过单位产品基准排水量，须将实际水污染物浓度换算为水污染物基准水量排放浓度，并将水污染物基准水量排放浓度作为判定排放是否达标的依据，水污染物基准水量排放浓度的换算按行业排放标准的规定执行。

附录1　监测方案参考模板

案例一：常规地表水环境质量监测方案案例

××市20××年度地表水环境质量监测方案

编制单位：×××××××

方案编制：×××　×××

方案审核：×××

方案审定：×××

项目负责人：×××

现场负责人：×××

参加人员：×××　×××　×××　×××　×××　×××　×××　×××

×××××××（编制单位）

××××（编制日期）

1. 任务概述

据《20××年×××××××生态环境监测工作方案》，结合本机构的内部工作分工，编制我单位20××年度地表水环境质量监测方案。任务内容是对×××个地表水监测断面开展每月一次的常规24项指标监测，每月上旬完成现场采样，22日前将监测结果上报省中心×××平台。

2. 职责分工与人员安排

（1）职责分工

×××室：负责编制水环境质量监测方案并统筹水环境质量监测工作。

×××室：负责实验室设施环境和安全防护设施的配备、试剂耗材的采购和管理。

×××室：负责每月的任务下达，样品接收和流转，标准物质采购和管理、组织水环境质量监测业务全过程的质量保证工作。

×××室：负责现场采样和现场监测工作。

×××室：负责室内样品分析测试，样品瓶的清洗。

×××室：负责监测数据的汇总、统计和上报工作，向省中心和市生态环境局报送监测数据。

质量负责人（×××）：主持环境监测质量管理工作，保证管理体系有效运行和监测结果准确、有效。

技术负责人（×××）：负责分管室的技术运作、确保实验室运作质量所需的资源得到保障。

授权签字人（×××）：负责审核监测结果、签发监测报告。

（2）人员安排

分管领导：×××

现场监测负责人：×××

现场采样人员：×××，×××，×××，×××，×××，×××，×××，×××，×××

样品交接：×××，×××

标准物质管理：×××

实验室分析：×××，×××，×××，×××，×××，×××，×××，×××，×××，×××，×××，×××

试剂耗材管理：×××，×××

数据汇总与上报：×××

数据报表审核：×××

数据报表签发：×××

3. 监测内容

共 ×× 个断面，每个监测断面根据河宽、水深和受潮期影响程度确定采样点位和样品数量，每月监测一次，监测项目为《地表水环境质量标准》中 24 项常规指标，详见附表 1-1。

附表 1-1　监测点位信息及采样点数量

序号	河流名称	断面名称	断面功能（属性）	点位经纬度	监测频次	采样点位及采样潮期		
						水平位置	垂直位置	潮期
1	×××	×××	国控国考	×××××，×××××	1 次 / 月	左中右	上中下	涨、退
2	×××	×××	国考	×××××，×××××	1 次 / 月	左中右	上下	涨、退
3	×××	×××	省控省考	×××××，×××××	1 次 / 月	左中右	下	涨、退
4	×××	×××	省考	×××××，×××××	1 次 / 月	左右	上中下	涨、退
5	×××	×××	省考	×××××，×××××	1 次 / 月	左右	上下	涨、退
6	×××	×××	交界	×××××，×××××	1 次 / 月	左右	上	退
7	×××	×××	工业用水	×××××，×××××	1 次 / 月	中	上下	退
8	×××	×××	渔业用水	×××××，×××××	1 次 / 月	中	上	退
……								

4. 监测方法与设备

监测方法选用检出限满足地表水Ⅲ类水质评价的现行有效的标准方法。监测设备包括现场采样监测设备和实验室分析设备及相关辅助设备，包括采水器、现场水样过滤器、多参数水质分析仪，室内分析设备包括生化培养箱、溶解氧测定仪、可见分光光度计、紫外分光光计、氟离子计、原子荧光光谱仪、原子吸收分光光度计、ICP-MS、高压蒸汽灭菌器、恒温培养箱等，设备应在检定 / 校准有效期内并经确认符合监测方法使用要求，设备数量应满足现场分组、样品及时分析的数量要求，且使用档期不会与其他任务冲突，详见附表 1-2。

附表 1-2　监测项目、方法、设备

序号	监测项目	监测方法	监测设备	备注
1	水温	《水质　水温的测定　温度计或颠倒温度计测定法》（GB/T 13195—1991）	多参数水质分析仪	现场监测
2	溶解氧	《水质　溶解氧的测定　电化学探头法》（HJ 506—2009）	多参数水质分析仪	现场监测
3	pH	《水质　pH 值的测定　电极法》（HJ 1147—2020）	多参数水质分析仪	现场监测
4	五日生化需氧量	《水质　五日生化需氧量（BOD_5）的测定　稀释与接种法》（HJ 505—2009）	生化培养箱、溶解氧仪	室内分析
5	氨氮	《水质　氨氮的测定　纳氏试剂分光光度法》（HJ 535—2009）	可见分光光度计	室内分析
6	总磷	《水质　总磷的测定　钼酸铵分光光度法》（GB/T 11893—1989）	可见分光光度计	室内分析
……				

5. 试剂耗材

采样器具、样品瓶、样品固定剂、样品冷藏设备、实验室样品冷藏暂存设施、监测分析使用的试剂、大型设备用气、耗材等应符合《地表水环境质量监测技术规范》（HJ 91.2—2022）和《国家地表水环境质量监测网监测任务作业指导书（试行）》以及分析方法要求，对性能指标有要求的试剂耗材应通过检测手段验收合格后使用。

6. 现场采样与监测

现场采样与监测每组至少保证 2 名持证人员，并指定负责人组织管理现场采样监测工作和安全防护工作。到达现场后应在规定的点位和时间开展采样，采样时，每个采样点位采集瞬时样品，按照《地表水环境质量监测技术规范》（HJ 91.2—2022）和《国家地表水环境质量监测网监测任务作业指导书（试行）》规范操作。样品采集后应及时规范对样品进行处置、暂存运输，尽快送回实验室，样品采集、处置和保存要求详见附表 1-3。现场采样和监测时，应做好水上作业、交通安全、进行现场监测和对样品加固定剂时，做好个人防护。

7. 样品交接

样品到达后，现场监测人员应第一时间将样品移交给 ××× 室的样品管理员，进行当面清点。××× 室样品管理员对样品清点确认后，将样品交分析测试室的样品接收员，流转至实验室分析测试环节，待测样品应按附表 1-3 的要求规范暂存和保管。

附表 1-3　样品采集、处置和保存要求

项目	采样容器	保存剂用量	保存期	最少采样量	采样注意事项	备注
水温、溶解氧、pH	—	—	—	—	—	现场监测
五日生化需氧量	棕 G	0～5℃避光保存	24 h	1 000 L	采集的样品必须注满采样瓶，上部不留空间	
氨氮	G、P	—	尽快分析	250 L	—	
		H_2SO_4，使样品 pH≤2，0～5℃保存	7d			
……						

8. 样品测试

样品接收员接收样品后，按照室内的人员分工将样品派发至每个分析人员。分析人员按样品保存时限要求，按照附表 1-2 的分析方法，尽快完成样品处理和测试、数据处理和复核、审核。在开展实验室样品测试时，应做好有毒有害试剂、实验室废气、易燃易爆和高压气体的安全防护，保障人身和实验设备的安全。

9. 质量控制

（1）每月初采样开始前，由 ××× 室对 21 个室内分析项目抽取至少 2 个清洗后的空白容器进行验收，检测结果应低于方法检出限或方法规定的空白测试要求。

（2）现场空白 / 全程序空白：每个采样组至少采集 1 个现场空白 / 全程序空白，测试结果应低于方法测定下限（方法有规定的除外）。

（3）现场平行：除现场监测项目（水温、溶解氧、pH）、石油类、粪大肠菌群外的项目，每个采样小组按 10% 的比例采现场平行样品，当样品总数小于 10 个时，现场平行样不得少于 1 个，平行样相对偏差应符合方法要求。

（4）校准曲线回归方程的相关系数、截距和斜率应符合标准方法中规定的要求，被测结果数值应在校准曲线的线性范围内。当曲线与样品非同批次制作时，应对曲线的中间浓度点进行校核，校核结果应满足标准规范要求。

（5）空内空白：每批次（≤20 个）应至少做两个空白试验，两个空白样品测定结果之间的相对偏差不得大于 50%，空白样测试结果应低于方法检出限。

（6）室内平行：除石油类、粪大肠菌群外的室内分析项目，每批次（≤20 个）按样品数量 10% 的比例开展室内平行样品分析，测定结果的相对偏差应满足方法要求。

（7）样品加标：除石油类、粪大肠菌群外的室内分析项目，每批次（≤20 个）按样品数量 10% 的比例开展样品加标分析，回收率应满足方法要求。

（8）带标分析：除粪大肠菌群外的室内分析项目，每批次（≤20 个）至少同步测定一个有证标准样品，有证标准样品的测定值应在标准值范围内。

10. 数据汇总上报

×××室每月 17—20 日对 ×××室提交上来的监测结果进行汇总，对各断面的达标情况进行评价，经分管领导审核或签发后上传指定的平台，经签发盖章的纸质报表每年统一移交归档保存，报表格式详见附表 1-4 和附表 1-5。

附表 1-4　常规地表水水质监测原始数据

监测单位：××××××××									单位：毫克/升（水温、pH、粪大肠菌群除外）								
断面名称	月	日	位置	潮期	水温/℃	pH（无量纲）	溶解氧	高锰酸盐指数	化学需氧量	生化需氧量	氨氮	总磷	铜	锌	氟化物	硒	……
×××	×	×	左	涨	×	×	×	×	×	×	×	×	×	×	×	×	……
	×	×	中	涨	×	×	×	×	×	×	×	×	×	×	×	×	……
	×	×	右	涨	×	×	×	×	×	×	×	×	×	×	×	×	……
	×	×	左	退	×	×	×	×	×	×	×	×	×	×	×	×	……
	×	×	中	退	×	×	×	×	×	×	×	×	×	×	×	×	……
	×	×	右	退	×	×	×	×	×	×	×	×	×	×	×	×	……
标准级别及限值			×		×	×	×	×	×	×	×	×	×	×	×	≤0.01	……
备注：																	

附表 1-5　常规地表水水质监测数据（月/年）汇总

监测单位：××××××××								单位：毫克/升（水温、pH、粪大肠菌群除外）							
断面名称	月份或年度	统计指标（月/年均值）	水温/℃	pH（无量纲）	溶解氧	高锰酸盐指数	化学需氧量	生化需氧量	氨氮	总磷	铜	锌	氟化物	硒	……
×	×	月平均值	×	×	×	×	×	×	×	×	×	×	×	×	……
×	×	年平均值	×	×	×	×	×	×	×	×	×	×	×	×	……
……	……	……	……	……	……	……	……	……	……	……	……	……	……	……	……
标准级别及限值		×	×	×	×	×	×	×	×	×	×	×	×	×	……
备注：															

11. 工作进度安排

（1）现场采样与监测：每月上旬，春节当月、4 月、5 月、10 月顺延至 11 日。

（2）实验室分析：每月 16 日前完成室内分析测试和数据审核，春节当月、4 月、5 月、10 月顺延至 18 日。

（3）数据和报告审核：每月 17—20 日，春节当月、4 月、5 月、10 月按上级要求顺延。

（4）结果提交：每月 22 日前，春节当月、4 月、5 月、10 月按上级要求顺延。

案例二：污染源排放监测方案案例

×××污染源排放监测方案

编制单位：×××××××

方案编制：×××　×××

方案审核：×××

方案审定：×××

项目负责人：×××

现场负责人：×××

参加人员：××× ××× ××× ××× ××× ××× ××× ×××

×××××××（编制单位）

××××（编制日期）

1. 任务概述

受××××的委托，由本机构对×××（企业）排放的废水、废气和工业企业厂界环境噪声进行一次全指标监测，现场监测后 10 个工作日内提交正式监测报告，为了使监测工作有序开展，保证按要求完成监测任务，按时提交监测结果和报告，现编制该监测方案。

2. 职责分工与人员安排

（1）职责分工

×××室：负责编制监测方案，统筹该任务的监测工作，负责现场采样和现场监测工作。

×××室：负责实验室设施环境和安全防护设施的配备、试剂耗材的采购和管理。

×××室：负责任务下达，样品接收和流转，标准物质采购和管理、组织监测全过程质量保证工作。

×××室：负责室内样品分析测试和样品测试耗材的准备。

×××室：负责监测报告编制、审核，组织监测报告签发，监测报告打印、盖章和发送。

质量负责人（×××）：主持质量管理工作，保证管理体系有效运行和监测结果准确、有效。

技术负责人（×××）：负责技术运作、确保实验室运作质量所需的资源得到保障。

授权签字人（×××）：负责审核监测结果、签发监测报告。

（2）人员安排

项目负责人：×××

现场监测负责人：×××

现场采样人员：×××，×××，×××，×××，×××，×××

样品交接：×××

标准物质管理：×××

实验室分析：×××，×××，×××，×××，×××，×××，×××，×××，×××，×××，×××，×××

试剂耗材管理：×××，×××

监测报告编制：×××

监测报告审核：×××

监测报告签发：×××

监测报告印制发送：×××

3. 监测内容

该企业为印染企业，企业正常生产时间为每天 8：00—18：00，共有一个印染废水排放口，一个燃气锅炉废气排放口，要求按印染废水排放标准、锅炉废气排放标准和工业企业厂界噪声排放标准进行一次全指标监测，详见附表 1-6。

附表 1-6　监测点位、项目及频次

序号	监测类别	监测点位	监测项目	监测频次
1	废水	处理后废水排放口	pH、化学需氧量、五日生化需氧量、悬浮物、氨氮、总氮、总磷、二氧化氯、可吸附有机卤素（AOX）、硫化物、苯胺类、六价铬	1 天（日均值）
2	废气	处理后废气排放口	颗粒物、二氧化硫、氮氧化物、烟气黑度（林格曼黑度）	1 次（小时均值）
3	噪声	厂界外 1 m 处，初定 4 个点位，现场核查后确定具体点位	工业企业厂界环境噪声（昼间）	昼间 1 次

4. 监测方法与设备

监测方法选用执行排放标准中指定方法。监测设备包括现场采样监测设备和实验室分析设备及相关辅助设备，设备应在检定 / 校准有效期内并经确认符合监测方法使用要求，设备数量应满足现场分组、样品及时分析的数量要求，且使用档期不会与其他任务冲突，详见附表 1-7。

附表 1-7　监测方法及设备

序号	监测项目	监测方法	监测设备	备注
废水				
1	pH	《水质　pH 值的测定　电极法》（HJ 1147—2020）	多参数水质分析仪	现场监测
2	化学需氧量	《水质　化学需氧量的测定　重铬酸盐法》（HJ 828—2017）	回流装置、酸式滴定管	室内分析
3	五日生化需氧量	《水质　五日生化需氧量（BOD_5）的测定　稀释与接种法》（HJ 505—2009）	生化培养箱、溶解氧仪	室内分析
4	悬浮物	《水质　悬浮物的测定　重量法》（GB/T 11901—1989）	万分之一天平、电热烘箱	室内分析
5	色度	《水质　色度的测定　稀释倍数法》（HJ 1182—2021）	pH 计、量筒、容量瓶	室内分析
6	氨氮	《水质　氨氮的测定　纳氏试剂分光光度法》（HJ 535—2009）	可见分光光度计	室内分析
7	总氮	《水质　总氮的测定　碱性过硫酸钾消解紫外分光光度法》（HJ 636—2012）	可见分光光度计	室内分析
8	总磷	《水质　总磷的测定　钼酸铵分光光度法》（GB/T 11893—1989）	可见分光光度计	室内分析
9	二氧化氯	《水质　二氧化氯和亚氯酸盐的测定　连续滴定碘量法》（HJ 551—2016）	棕色酸式滴定管	室内分析
10	可吸附有机卤素（AOX）	《水质　可吸附有机卤素（AOX）的测定　离子色谱法》（HJ/T 83—2001）	离子色谱仪	室内分析
11	硫化物	《水质　硫化物的测定　亚甲基蓝分光光度法》（HJ 1226—2021）	可见分光光度计	室内分析
12	苯胺类	《水质　苯胺类化合物的测定　*N*-（1-萘基）乙二胺偶氮分光光度法》（GB/T 11889—1989）	可见分光光度计	室内分析
13	六价铬	《水质　六价铬的测定　二苯碳酰二肼分光光度法》（GB/T 7467—1987）	可见分光光度计	室内分析
废气				
14	颗粒物	《固定污染源废气　低浓度颗粒物的测定　重量法》（HJ 836—2017）	低浓度颗粒物采样设备、烘箱、马弗炉、恒温恒湿设备、十万分之一天平	室内分析

续表

序号	监测项目	监测方法	监测设备	备注
15	二氧化硫	《固定污染源废气　二氧化硫的测定　定电位电解法》（HJ 57—2017）	定电位电解法二氧化硫测定仪、烟尘测试仪	现场监测
16	氮氧化物	《固定污染源废气　氮氧化物的测定　定电位电解法》（HJ 693—2014）	定电位电解法氮氧化物测定仪、烟尘测试仪	现场监测
17	烟气黑度（林格曼黑度）	《固定污染源排放烟气黑度的测定　林格曼烟气黑度图法》（HJ 398—2007）	林格曼烟气黑度图、计时器、风向风速仪	现场监测
噪声				
18	工业企业厂界噪声	《工业企业厂界环境噪声排放标准》（GB 12348—2008）	积分平均声级计、声校准器（2 级）	现场监测

5. 试剂耗材

采样器具、样品瓶、废气采样枪及不同规格的采样嘴、水样固定剂、冷藏设备、监测分析使用的试剂、大型设备用气、耗材等应符合《污水监测技术规范》（HJ 91.1—2019）、《固定污染源监测质量保证与质量控制技术规范（试行）》（HJ 373—2007）以及分析方法要求，对性能指标有要求的试剂耗材应通过检测手段验收合格后使用。

6. 现场采样与监测

现场采样与监测每组至少保证 2 名持证人员，并指定负责人组织管理现场采样监测工作和安全防护工作。到达现场后应先进行企业生产工况核查，确定企业的生产和污染物排放方式，按规范要求布设采样及监测点位，确定在企业正常生产且污染治理设施正常运行的情况下开展采样监测。

废水采用瞬时采样方式，采样频次根据企业的生产周期和污水排放情况确定，在污水处理设施向外环境排放口混合均匀位置采集，按照《污水监测技术规范》（HJ 91.1—2019）和《固定污染源监测　质量保证与质量控制技术规范（试行）》（HJ 373—2007）规范操作。样品采集后应及时规范对样品进行处置、封存、暂存运输，尽快送回实验室，样品采集、处置和保存要求详见附表 1-8。

附表 1-8　样品采集、处置和保存要求

项目	采样容器	样品处置与保存	保存期	最少采样量	采样注意事项	备注
pH	—	—	—	—		现场监测
化学需氧量	G	H_2SO_4，pH≤2	2d	500 ml		实验室分析
五日生化需氧量	棕 G（溶解氧瓶）	0～5℃避光保存	12 h	250 L	采集的样品必须注满采样瓶，上部不留空间	实验室分析

续表

项目	采样容器	样品处置与保存	保存期	最少采样量	采样注意事项	备注
悬浮物	G、P		12 h	1 000 ml	单独采样	实验室分析
色度	G、P	0～5℃避光	14d	500 ml		实验室分析
氨氮	G、P	H_2SO_4，pH≤2	24 h	250 L	/	实验室分析
		H_2SO_4，pH≤2 0～5℃	7d			
……						
颗粒物	滤膜	防静电密封盒包装后放入样品箱	不限	采气量大于 1 m^3	防止污染，防止静电	实验室分析

废气采样监测应在锅炉正常燃烧和废气治理设施正常运行的情况下开展采样和监测。正式采样监测前，应采用有证标准气体对二氧化硫和氮氧化物测定仪进行量程校准，用流量校准器对烟尘测试仪和低浓度颗粒物采样设备进行流量校准。

二氧化硫和氮氧化物测定前，先进行零点校准，然后将采样管前端置于排气筒中，堵严采样口使之不漏气，记录并保存每分钟的测定数据，5～15 min 的测定数据平均值作为一次测量值，监测时间应覆盖不少于 1 h 的多次测量结果平均值作为最终的测量结果。测定二氧化硫时，应同步测定和记录一氧化碳的分钟监测数据，用于判定二氧化硫的数据是否可被采用，应同步测定烟气参数用于计算排放浓度和排放速率。

低浓度颗粒物采样时，应采集一个全程序空白样品，尽可能选用入口直径大的采样嘴，保证每个样品的采样体积大于 1 m^3，共采集 3 个样品，总的采样时间不少于 1 h。

噪声监测时，应调查企业的主要噪声源及排放方式和厂界处的主要噪声敏感点及分布，结合以上调查情况进行布点，并确定合适的时间开展监测，应了解企业所在区域的噪声功能区属性。正式开展监测前，应进行预测以判断噪声排放的时间特性，从而确定每次监测的持续时间。监测前应先测定风速，风速低于 5 m/s 时方可开展监测，用声校准器校准噪声监测仪，测量后再次进行校验，噪声仪校验合格，监测结果才有效。

现场采样和监测时，应做好安全防护，采集水样时，应戴防护手套，防止酸碱和有毒有害物质腐蚀，防止滑落或跌入水中；废气采样和监测时，应做好高空高温作业防护，戴好头盔和口罩，防止高空掉物或烟尘废气吸入；噪声监测时应注意高频噪声和监测点周边的交通安全。

7. 样品交接

样品到达后，现场监测人员应第一时间将样品移交给 ××× 室的样品管理员，进行当面清点。××× 室样品管理员对样品清点确认后，将样品移交给样品接收员，流转至实验室分析测试环节，待测样品应按附表 1-8 的要求规范暂存和保管。

8. 样品测试

样品接收员接收样品后，按照人员分工将样品派发至每个分析人员。分析人员按样品保存时限要求，按照附表 1-7 的分析方法和样品保存期，在样品有效期内完成样品处理和测试、数据处理和复核、审核。在开展实验室样品测试时，应做好有毒有害试剂、实验室废气、易燃易爆和高压气体的安全防护，保障人身和实验设备的安全。

9. 质量控制

（1）采样开始前，由 ××× 室对用于盛装废水的样品瓶抽取至少 2 个清洗后的空白容器进行验收，检测结果应低于方法检出限或方法规定的空白测试要求。用于废气颗粒物采样的采样嘴应清洗干净并烘烤，装入滤膜后应经恒温恒湿设备平衡 24 h。

（2）全程序空白：废水和废气颗粒物采集 1 个全程序空白，测试结果应低于方法测定下限（方法有规定的除外）。

（3）现场平行：废水除现场监测项目 pH 和悬浮物外，其余项目采集一个平行样品，平行样品相对偏差应符合方法要求。

（4）校准曲线回归方程的相关系数、截距和斜率应符合标准方法中规定的要求，被测结果数值应在校准曲线的线性范围内。当曲线与样品非同批次制作时，应对曲线的中间浓度点进行校核，校核结果应满足标准规范要求。

（5）室内空白：室内分析时，每批次废水样品（≤20 个）应至少做两个空白试验，两个空白样品测定结果之间的相对偏差不得大于 50%，空白样品测试结果应低于方法检出限。

（6）室内平行：除悬浮物外的室内分析项目，每批次废水样品（≤20 个）按 10% 的比例开展室内平行样品分析，测定结果的相对偏差应满足方法要求。

（7）样品加标：室内分析项目，每批次废水样品（≤20 个）按 10% 的比例开展样品加标分析，回收率应满足方法要求。

（8）带标分析：可获得标准样品的室内分析项目，每批次（≤20 个）至少同步测定一个有证标准样品，有证标准样品的测定值应在标准值范围内。

10. 监测报告编审和发送

××× 室负责监测报告编制、审核，并组织监测报告的签发、打印、盖章和对外发送，经签发盖章的报告及时移交归档保存。

11. 工作进度安排

（1）现场采样与监测：××××××

（2）实验室分析：××××××××××

（3）监测报告编制：××××××××××

（4）监测报告发送：××××××××××

附录 2　归档清单

附表 2-1　归档清单

记录类别	事项分类	记录名称	归档要求	备注
日常质量管控记录	人员培训	年度人员培训目标与计划	次年 3 月前归档	
		计划外派培训申请表	次年 3 月前归档	
		外派培训申请表	次年 3 月前归档	
		人员培训记录	次年 3 月前归档	
		年度培训评价表	次年 3 月前归档	
		人员培训证明 / 证书	次年 3 月前归档	归入个人技术档案
	人员监督	年度人员监督 / 监控计划	次年 3 月前归档	
		内部人员监督 / 监控记录	次年 3 月前归档	
		外部人员监督记录	次年 3 月前归档	
		人员监督 / 监控支撑材料	次年 3 月前归档	与监督 / 监控记录一并归档
	人员能力确认和授权	监测人员持证上岗技术考核申报表	次年 3 月前归档	
		人员能力确认与授权记录	次年 3 月前归档	归入个人技术档案
		人员技术能力持续评价与授权核查记录	次年 3 月前归档	
		人员任命通知	次年 3 月前归档	
		人员技术档案	及时建档与更新	
	人员持证上岗考核	持证上岗现场考核计划和考核记录表（自认定）	持证上岗考核结束后归档	
		持证上岗自认定考核通知	持证上岗考核结束后归档	
		持证上岗自认定考核材料	持证上岗考核结束后归档	

续表

记录类别	事项分类	记录名称	归档要求	备注
日常质量管控记录	仪器设备管理	仪器设备台账	次年3月前归档	每年度归档一次
		仪器设备档案	及时建档与更新	
		仪器设备使用记录表	次年3月前归档	归入仪器设备档案
		仪器设备维护记录表	次年3月前归档	归入仪器设备档案
		仪器设备进出仓登记表	次年3月前归档	
		仪器设备维修采购申请表	次年3月前归档	归入仪器设备档案
		维修服务合同	次年3月前归档	归入仪器设备档案
		仪器设备维修记录表	次年3月前归档	归入仪器设备档案
		仪器设备报废需求表	次年3月前归档	归入仪器设备档案
		仪器设备停用/启用申请表	次年3月前归档	归入仪器设备档案
		仪器设备借用/归还记录表	次年3月前归档	归入仪器设备档案
	仪器设备检定/校准	仪器设备量值溯源台账	次年3月前归档	
		仪器设备检定/校准计划	次年3月前归档	
		仪器设备检定/校准服务采购申请表	次年3月前归档	
		检定/校准服务合同	次年3月前归档	
		仪器设备检定/校准证书	次年3月前归档	归入仪器设备档案
		仪器设备检定/校准结果确认表	次年3月前归档	归入仪器设备档案
		自校记录表	次年3月前归档	归入仪器设备档案
	仪器设备期间核查	仪器设备期间核查计划	次年3月前归档	
		仪器设备期间核查记录表	次年3月前归档	归入仪器设备档案
	标准物质管理	标准物质需求计划表	次年3月前归档	
		标准物质领用申请表	次年3月前归档	
		标准物质处置记录表	次年3月前归档	
		标准物质证书	次年3月前归档	
	标准物质期间核查	标准物质期间核查计划	次年3月前归档	
		标准物质期间核查记录表	次年3月前归档	
	方法管理	标准查新记录表	次年3月前归档	
		开展监测方法验证/确认申请表	次年3月前归档	与方法验证/确认报告一并归档
		监测方法投入使用审批表	次年3月前归档	与方法验证/确认报告一并归档
		方法验证/确认报告	次年3月前归档	
		方法能力取消审批表	次年3月前归档	
		测量不确定度评定报告	次年3月前归档	

续表

记录类别	事项分类	记录名称	归档要求	备注
日常质量管控记录	场所环境及安全	现场安全防护器材基本情况检查表	次年 3 月前归档	
		现场安全防护器材使用情况检查表	次年 3 月前归档	
		实验室安全卫生日常情况自查表	次年 3 月前归档	
		来访人员登记表	次年 3 月前归档	
		危险废物产生及暂存台账	次年 3 月前归档	
		危险废物处置记录	次年 3 月前归档	
		二噁英实验室安全卫生日常情况自查表	次年 3 月前归档	
	质量控制	管理体系运行年度计划	次年 3 月前归档	
		能力验证 / 能力考核 / 实验室间比对 / 协作定值通知、报名记录、实施记录、结果证书、结果报告	次年 3 月前归档	
		质量分析会记录	次年 3 月前归档	
		不常操作项目能力维持计划及实施监测报告	计划完成后归档	
监测业务相关记录	监测全过程记录	委托监测申请（任务）单	监测任务完成后归档	以监测任务为单位，所有记录与监测报告一并归档
		客户同意记录表		
		分包 / 委托监测申请表		
		分包 / 委托监测能力调查评价表		
		分包质量控制 / 监督记录		
		采样计划 / 方案		
		采样记录（包括照片、视频等）		
		样品交接单		
		样品编码对照表		
		监测报告及原始记录		
		监测报告修改记录表		
		监测结果准确性和有效性可疑情况通知单		
	监测相关物品管理	采样用品交接记录表	次年 3 月前归档	
		检毕样品处置记录表	次年 3 月前归档	

续表

记录类别	事项分类	记录名称	归档要求	备注
监测业务相关记录	委托单/合同管理	合同评审记录表	次年3月前归档	
		合同执行记录表	次年3月前归档	
	监测报告管理	监测报告分发记录表	次年3月前归档	
		业务用章使用登记表	次年3月前归档	
	客户服务	公正性承诺	次年3月前归档	
		保护客户机密信息和所有权规定的执行记录	次年3月前归档	
		违反保护客户机密规定的调查处理记录表	次年3月前归档	
		客户满意度调查表	次年3月前归档	
		投诉登记与处理记录表	次年3月前归档	
		投诉整改材料	次年3月前归档	
		客户满意度调查表	次年3月前归档	与投诉记录一并归档
日常管理体系运行活动记录	机构管理	有关内设机构及职能分配的通知	次年3月前归档	
		法人证、固定场所产权使用权证明文件（不动产权证书）	获得即归档	
		统计直报通知、上报数据、年度报告	次年3月前归档	
	文件管理	文件新增/修订审批表	次年3月前归档	
		文件受控/发放申请表	次年3月前归档	
		文件发放/回收登记表	次年3月前归档	
		质量手册、程序文件汇编	每次换版归档一份	
	采购	政府采购需求申请表	次年3月前归档	以采购包组为单位，从采购申请至验收报账涉及的记录一并归档
		标准物质需求计划表	次年3月前归档	
		货物采购申请表	次年3月前归档	
		工程、服务采购申请表	次年3月前归档	
		仪器设备采购需求函审意见表	次年3月前归档	
		中标供应商确认审批表	次年3月前归档	
		采购合同及供货记录	次年3月前归档	
		专业耗材入仓单	次年3月前归档	
		专业耗材出仓单	次年3月前归档	
		专业耗材使用管理台账	次年3月前归档	
		一般货物验收记录表	次年3月前归档	

续表

记录类别	事项分类	记录名称	归档要求	备注
日常管理体系运行活动记录	采购	重要货物验收记录表	次年 3 月前归档	以采购包组为单位，从采购申请至验收报账涉及的记录一并归档
		关键货物开箱检查记录表	次年 3 月前归档	
		关键货物安装和调试工作记录表	次年 3 月前归档	
		关键货物性能确认记录表	次年 3 月前归档	
		关键货物验收报告	次年 3 月前归档	
		关键货物验收报告审批表	次年 3 月前归档	
		仪器采购合同验收完成情况确认表	次年 3 月前归档	
		货物类别识别清单	次年 3 月前归档	
		采购结果报告表	次年 3 月前归档	
		政府采购执行情况登记表	次年 3 月前归档	
		供应商评价表	次年 3 月前归档	
		合格供应商名录	次年 3 月前归档	
		合格供应商资质材料	次年 3 月前归档	
	内部审核	内审计划表	次年 3 月前归档	
		内审通知	次年 3 月前归档	
		内审检查表	次年 3 月前归档	
		内审报告	次年 3 月前归档	
		内审不符合项整改材料	次年 3 月前归档	
	管理评审	管理评审工作计划	下次管理评审前归档	
		管理评审通知	下次管理评审前归档	
		管理评审输入项报告	下次管理评审前归档	
		管理评审报告	下次管理评审前归档	
		质量管理体系会议记录	下次管理评审前归档	
		改进工作记录表	下次管理评审前归档	
	不符合工作及改进	不符合工作记录表	按产生原因与相关记录一并归档	
		改进工作记录表	按产生原因与相关记录一并归档	
	风险管控	风险识别与评估记录	次年 3 月前归档	
		风险控制实施记录	次年 3 月前归档	
	数据信息管理	LIMS 系统适用性确认表	次年 3 月前归档	
	档案管理	档案移交清单	次年 3 月前归档	
		档案借阅记录	次年 3 月前归档	

参考文献

[1] 陈善荣，陈传忠，文小明，等．“十四五”生态环境监测发展的总体思路与重点内容[J]. Environmental Protection，2022，50(3-4)：12-16.

[2] 王炳华，赵明．美国环境监测一百年历史回顾及其借鉴[J]. 环境监测管理与技术，2000，12(6)：13-17.

[3] 刘建国，孟德硕，桂华侨，等．环境监测领域颠覆性技术的发展与展望[J]. 中国工程科学，2018，20(6)：50-56.

[4] “十四五”生态环境监测规划．生态环境部，2021 年 12 月．

[5] 魏复盛．土壤元素的近代元素分析方法[M]. 北京：中国环境科学出版社，1992.

[6] 齐文启．环境监测实用技术[M]. 北京：中国环境科学出版社，2006.

[7] 周天泽，邹红．原子光谱样品处理技术[M]. 北京：化学工业出版社，2006.

[8] 赵志南，冯文坤，张力，等．ICP-OES 测定《全国土壤污染状况详查》项目中 9 种金属元素[J]. 环境化学，2017，36(3)：685-687.

[9] 赵志南，陈观宇，杨仁康．土壤样品快速消解与 ICP-MS 测定条件的优化[J]. 环境化学，2017，36(6)：1428-1431.

[10] 赵志南，严冬，何群华，等．ICP-MS测定《全国土壤污染状况详查》项目中14种元素[J]. 环境化学，2017，36(2)：448-452.

[11] 邓勃．实用原子光谱分析[M]. 北京：化学工业出版社，2013.

[12] 章诒学，何华焜，陈江韩．原子吸收光谱仪[M]. 北京：化学工业出版社，2006.

[13] Bernhard Welz. 原子吸收光谱法[M]. 余国辉等译．北京：海洋出版社，1980.

[14] 武内次夫，铃木正巳．原子吸收分光光度分析[M]. 北京：科学出版社，1975.

[15] 杨根元，金瑞祥，应武林．实用仪器分析[M]. 北京：北京大学出版社，1997.

[16] 辛仁轩．等离子体发射光谱分析(第三版)[M]. 北京：化学工业出版社，2017.

[17] 郑国经，计子华，余兴．原子发射光谱分析技术及应用[M]. 北京：化学工业出版社，2010.

[18] Robert Thomas. ICP-MS 实践指南[M]. 李金英，等译．北京：原子能出版社，2006.

[19] 戴特，格雷．电感耦合等离子体质谱分析的应用[M]. 李金英等译．北京：原子能出版社，1998.

[20] 刘虎生，邵宏翔．电感耦合等离子体质谱技术与应用[M]. 北京：化学工业出版社，2005.

[21] 辛仁轩.等离子体光谱光源技术的研究进展[J].中国无机分析化学，2019，9(1)：17-26.

[22] 侯艳霞，杨国武，李小佳，等.ICP-MS/MS 分析高温合金中痕量镉的质谱干扰消除研究[J].分析试验室，2022，41(3)：330-334.

[23] 李金英，孙嘉忆，张旭，等.碘的质谱测量方法研究进展[J].质谱学报，2021，42(5)：533-552.

[24] 李金英，徐书荣.ICP-MS 仪器的过去、现在和未来[J].现代科学仪器，2011(5)：29-34.

[25] 母清林，方杰，佘运勇，等.在线稀释/预浓缩-电感耦合等离子体质谱法分析海水中11 种痕量元素[J].分析化学，2015，43(9)：1360-1365.

[26] 高新华，宋武元，邓赛文，等.实用 X 射线光谱分析[M].北京：化学工业出版社，2016.

[27] 罗立强，詹秀春，李国会.X 射线荧光光谱分析[M].北京：化学工业出版社，2015.

[28] 汪正范，杨树民，吴侔天，等.色谱联用技术[M].北京：化学工业出版社，2001.

[29] 北京大学化学系仪器分析教学组.仪器分析教程[M].北京：北京大学出版社，1997.

[30] 李军.水质有机污染物分析方法论述[J].资源节约与环保，2018(7)：37-40.

[31] 张雪凤.环境有机污染物监测的发展趋势分析[J].清洗世界，2021，37(3)：114-115.

[32] 张新详.仪器分析教程(第三版)[M].北京：北京大学出版社，2022.

[33] 江苏省环境监测中心国家环境保护地表水环境有机污染物监测分析重点实验室.地表水环境质量 80 个特定项目监测分析方法[M].北京：中国环境科学出版社，2009.

[34] 陈斌，王业耀.地表水环境质量标准 109 项全分析技术难点研究[M].北京：化学工业出版社，2013.

[35] 刘虎威.气相色谱方法及应用[M].北京：化学工业出版社，2000.

[36] 吴烈钧.气相色谱检测方法[M].北京：化学工业出版社，2000.

[37] 国家环境保护总局.水和废水监测分析方法(第四版.增补版)[M].北京：中国环境科学出版社，2002.

[38] 国家环境保护总局.空气和废气监测分析方法(第四版.增补版)[M].北京：中国环境科学出版社，2003.

[39] 贺小蔚，李卫建，娄炯炯，等.高效液相色谱仪的常见故障及简易排除方法[J].现代科学仪器，2012(1)：4.

[40] 李帅，程瑛琨.Waters2695 型高效液相色谱仪的使用与维护及常见问题处理方法[J].现代科学仪器，2020(3)：80-84.

[41] 杨金香.高效液相色谱仪常见故障分析及解决方法[J].中国计量，2011(11)：2.

[42] 苑宁萍，顾艳丽.高效液相色谱仪异常故障智能诊断仿真[J].计算机仿真，2019，36(6)：442-445.

[43] 仝慧.高效液相色谱仪的故障分析及解决办法[J].山东化工，2020，49(12)：88-89.

[44] 卓宇桢 . 高效液相色谱仪常见故障原因分析和解决方法[J]. 化工管理，2015(23)：1.
[45] 张营利 . 高效液相色谱仪的故障分析及处理措施[J]. 化工管理，2020(22)：167-168.
[46] 王德利，杨昊 . 高效液相色谱仪常见故障解决方法及操作流程[J]. 设备管理与维修，2020(14)：63-65.
[47] 欧阳钢锋，波利西恩 . 固相微萃取原理与应用[M]. 北京：化学工业出版社，2012.
[48] 丁明玉 . 分析样品前处理技术与应用[M]. 北京：清华大学出版社，2017.
[49] 吴方迪，张庆合 . 色谱仪器维护与故障排除[M]. 北京：化学工业出版社，2008.
[50] 王立，汪正范 . 色谱分析样品处理[M]. 北京：化学工业出版社，2006.
[51] 王敏，曾秀琼，郭伟强 . 分析化学手册 2：化学分析（第三版）[M]. 北京：化学工业出版社，2016.
[52] 王敏，曾秀琼，郭伟强 . 分析化学手册 5：气相色谱分析（第三版）[M]. 北京：化学工业出版社，2016.
[53] 李国刚 . 环境化学污染事故应急监测技术与装备[M]. 北京：化学工业出版社，2005.
[54] 解光武 . 突发环境污染事件应急监测实用手册[M]. 北京：中国环境出版社，2021.
[55] 陈志莉 . 突发性环境污染事故应急技术与管理[M]. 北京：化学工业出版社，2019.
[56] 肖昕 . 环境监测[M]. 北京：科学出版社，2017.
[57] 李国刚 . 环境监测质量管理工作指南[M]. 北京：中国环境科学出版社，2010.
[58] 王菊英，姚子伟 . 海洋生态环境监测技术方法培训教材 - 化学分册[M]. 北京：海洋出版社，2019.
[59] BARCELONA, JAMES P. GIBB. JOHN A. HELFRICH, and EDWARD E. GARSKE, PRACTICAL GUIDE FOR GROUND-WATER SAMPLING, MICHAEL J. 1985. ISWS Contract Report 374.
[60] Baskaran Sundaram，Andrew J. Feitz，Patrice de Caritat, Aleksandra Plazinska, Ross S. Brodie, Jane Coram and Tim Ransley. Groundwater Sampling and Analysis – A Field Guide. GEOSCIENCE AUSTRALIA RECORD 2009/27.
[61] 李小杰，潘德元，叶成明，等 . 国外地下水监测采样设备综述[J]. 探矿工程（岩土钻掘工程），2014，41(12)：83-85.
[62] 孙继朝，刘景涛，齐继祥，等 . 我国地下水污染调查监理全流程现代化调查取样分析技术体系[J]. 地球学报，2015，36(6)：701-707.
[63] 房吉敦，杜晓明，徐竹，等 . 采用分层采样技术对场地地下水污染物进行三维空间描述[J]. 环境工程学报，2013，7(6)：2147-2152.
[64] 李媛媛，刘凯，邢丽娜 . 污染场地地下水调查布点及样品采集技术研究[J]. 技术应用，2014，9(2)：51-54.
[65] 韩术鑫，王利红，赵长盛 . 内梅罗指数法在环境质量评价中的适用性与修正原则[J]. 农业环境科学学报，2017，36(10)：2153-2160.
[66] 韩智勇，许模，刘国，等 . 生活垃圾填埋场地下水污染物识别与质量评价[J]. 中国环

境科学, 2015, 35(9): 2843-2852.

[67] 金爱芳, 李广贺, 张旭. 地下水污染风险源识别与分级方法[J]. 地球科学, 2012, 37(2): 247-252.

[68] 中国环境监测总站. 环境水质监测质量保证手册(第二版)[M]. 北京: 化学工业出版社, 2002.

[69] 牟世芬, 朱岩, 刘克纳. 离子色谱方法及应用(第三版)[M]. 北京: 化学工业出版社, 2018.